Nr. 43
S. 15269 – 15636

1961
25. Oktober

# Chemisches Zentralblatt

Vollständiges Repertorium für alle Zweige der reinen und angewandten Chemie

1830 gegründet. 1897—1945 von der Deutschen Chemischen Gesellschaft fortgeführt. Im Auftrage der Deutschen Akademie der Wissenschaften zu Berlin, der Chemischen Gesellschaft in der DDR, der Akademie der Wissenschaften zu Göttingen und der Gesellschaft Deutscher Chemiker (in der BRD)

herausgegeben von Prof. Dr. **Heinrich Bertsch** und Prof. Dr. Dr. h. c. **Wilhelm Klemm**

**132. Jahrgang**

**1 9 6 1**

Chefredakteure: Dr. Willi Barz (komm.) und Dr. Eugen Klever

Akademie-Verlag GmbH., Berlin — Verlag Chemie, GmbH., Weinheim/Bergstr.

## Inhalt





Postverlagsort: Berlin

# Chemisches Zentralblatt

1961 | Bibliographien | Nr. 43

## Neue Fachzeitschriften

**Kunststoffe,** plásticos. Revista alemana para la producción y elaboración de plásticos. Año 1, 1957, Nr. 1. München: Hanser. 1957. Zeitschrift erscheint zweimonatlich. Einzelnr. DM 8,—.

## Neue Bücher

### Geschichte. Unterricht

**Roger Nett and Stanley A. Hetzler,** An Introduction to Electronic Data Processing New York: The Free Press of Glencoe, Illinois. 1959. (287 S.) $ 6.75.
Anhand der Instruktionen für die beiden elektron. Rechenmaschinen UNIVAC u. IBM 705 wird in leichtverständlicher Sprache ein Einblick in Anlage, Arbeitsweise u. Verwendungsmöglichkeiten elektron. Rechenmaschinen (Literaturaufbereitung u. a. m.) gegeben. Im Anhang (S. 221—77) werden eine Reihe amerikan. Modelle solcher Maschinen beschrieben, die sich am besten für die Datenverarbeitung eignen. Für den deutschen Leser wird der bis 1958 gehende Literaturhinweis über dieses Gebiet nützlich sein. (7 Bibliographien, 44 Bücher, 46 Zeitschriftenartikel). F. MOSSNER

### $A_4$. Thermodynamik. Thermochemie

**W. I. Blinow und G. N. Chudjakow,** Die Diffusionsverbrennung von Flüssigkeiten. Moskau: Verl. der Akad. der Wiss. der UdSSR. 1961. (208 S.) 1 Rbl. 28 Kop [Russ.]

### $A_6$. Strukturforschung

**P. P. Budnikow und A. M. Ginstling,** Die Reaktionen in Gemischen von Feststoffen. Moskau: Gosstroiisdat. 1961. (423 S.) 1 Rbl. 53 Kop. [Russ.]

### $A_8$. Präparative anorganische Chemie. Komplexverbindungen Metallorganische Verbindungen

**A. D. Gelman, A. I. Mosskwin, L. M. Saltzew und M. P. Mefodjewa,** Die Komplexverbindnngen der Transuranelemente. Moskau: Verl. der Akad. der Wiss. der UdSSR. 1961. (222 S.) 1 Rbl. 07 Kop. [Russ.]

**N. K. Wosskressenskaja u. a.** Handbuch der Schmelzbarkeit von Systemen aus wasserfreien anorganischen Salzen. Bd. 1. Binäre Systeme. Moskau-Leningrad: Verl. der Akad. der Wiss. der UdSSR, Leningrader Abt. 1961. (847 S.) 3 Rbl. 18 Kop. [Russ.]

### H. V. Anorganische Industrie

**Melvin Jensen Astle,** Industrial organic nitrogen compounds. New York: Reinhold; London: Chapman & Hall. 1961. (VII + 392 S. m. Tab.) = American Chemical Society. Monographs no. 150. 5 £ 12 s.

### VIII. Metallurgie. Korrosion

**A. I. Beljajew,** Der Elektrolyt von Aluminiumbädern. Moskau: Metallurgisdat. 1961. (199 S. m. Abb.) 75 Kop. [Russ.]

**W. B. Schewtschenko und B. N. Ssudarikow,** Die Technologie des Urans. Moskau: Gossatomisdat. 1961 (330 S. m. Abb.) 1 Rbl. 63 Kop. [Russ.]

### XI. b) Plaste (Kunstharze. Plastische Massen)

—, Year book 1961. A classified guide to the plastics industry. London: Iliffe. 1961. (709 S. m. Tab.) 45 s.

**Phillip Morgan,** ed., British plastics. Progress in plastics; papers and discussions at the International Plastics Convention. 1959. New York: Macmillan. 1960. (216 S. m. Abb. u. Diagr.) $ 12.—.

## Ausgewertete Bibliographie-Fachzeitschriften

|  |  |
|---|---|
| Belgien | Bibliographie de Belgique — Belgische Bibliographie |
| ČSSR | Bulletin — Die Neuesten Forschungsergebnisse der Tschechoslowakischen Wissenschaft |
| | Nové Knihy (Neue Bücher) |
| | Novinky (Neuheiten) |
| Dänemark | Danske Bogmarked |
| Deutschland | Börsenblatt für den Deutschen Buchhandel — Frankfurter Ausgabe |
| | Börsenblatt für den Deutschen Buchhandel — Leipziger Ausgabe |
| | Deutsche Bibliographie. Wöchentliches Verzeichnis. Ausgabe II. [Frankfurt/Main] |
| | Deutsche Nationalbibliographie. Reihe A: Neuerscheinungen des Buchhandels [Leipzig] |
| England | British Books (Incorporating the Publishers Circular & Booksellers Record) |
| | British National Bibliography |
| Frankreich | Bibliographie de la France |
| Holland | Nieuwsblad voor de Boekhandel |
| Italien | Bibliografia Nazionale Italiana |
| Japan | Nōhon Shūhō (Current Publications) |
| Österreich | Österreichische Bibliographie |
| Schweiz | Schweizer Buch. Serie A und Serie B |
| UdSSR | Bücherverzeichnis des Jahres (Книжная летопись) |
| | Neue Bücher (Новые книги) |
| USA | Publishers' Weekly |

# Namenregister

# Patentregister

**Italienische Patente**

**(It.P.)**



**Japanische Auslegeschriften**

**(Jap.A.S.)**



**Norwegische Patente**

**(Norw.P.)**



**Österreichische Patente**

**(Oe.P.)**



**Schwedische Patente**

**(Schwed.P.)**



**Schweizer Patente**

**(Schwz.P.)**



**Ungarische Patente**

**(Ung.P.)**

Chemisches Zentralblatt

1961 Nr. 43 25. Oktober

## Geschichte. Unterricht

**H. P. Kaufmann zum 70. Geburtstag am 20. Oktober 1959.** K. Täufel. (Nahrung 3. 789—92. 1959.) (Dt.)

Kurze Schilderung der wissenschaftlichen Laufbahn Prof. Dr. Dr. h. c. H. P. KAUFMANNs, seiner Tätigkeit als Hochschullehrer, Organisator wissenschaftlicher Bestrebungen, Herausgeber der „Fette, Seifen, Anstrichmittel" u. jetzt als Leiter des Dt. Inst. für Fettforsch. in Münster. Würdigung der Veröffentlichungen auf den Gebieten der Fett- u. Lipidforschung u. der Arznei- u. Desinfektionsmittel. M. HAGEDORN. 1 □

**Hans Kautsky zum 70. Geburtstage.** Werner Kuhn. (Z. Elektrochem., Ber. Bunsenges. physik. Chem. **65.** 305—06. Juni 1961.) (Dt.)

Würdigung der Persönlichkeit u. der vielseitigen Forschungen auf verschiedensten Gebieten von H. KAUTSKY aus Anlaß seines 70. Geburtstags. — Bild. E. KLEVER. 1 □

**Peter Pringsheim zum achtzigsten Geburtstag.** Ernst Lamla. (Naturwissenschaften **48.** 145. 2. März-H. 1961. Göttingen.) (Dt.)

Lebensbild von P. PRINGSHEIM, geb. 19/3. 1881 in München, Prof. in Berlin u. Chicago, u. Würdigung seiner Forschungen, deren wichtigste in seinem Buch über „Fluorescenz u. Phosphorescenz im Lichte der neueren Atomtheorie" zusammengefaßt sind. — Bild. W. KUNTZ. 1 □

**Donald J. Hughes, Kernphysiker.** Harry Palevsky. (Science [Washington] **131.** 1590—92. 17/5. 1960. Upton, N.Y., Brookhaven Nat. Labor.) (Engl.)

Lebenslauf von D. J. HUGHES (geb. 1915 in Chicago, gest. 12/4. 1960) mit bes. Würdigung seiner Arbeiten auf dem Gebiet der Neutronenphysik. — Bild. HERBERT WEBER. 1

**Abram Fedorowitsch Ioffe (zum 80. Geburtstag).** I. K. Kikoin und M. Ss. Ssominski. (Успехи Физических Наук [Fortschr. physik. Wiss.] **72.** 307—19. Nachruf in Beilage. Okt. 1960.) (Russ.)

Würdigung des wissenschaftlichen Werkes von A. F. IOFFE auf den verschiedensten Gebieten der Physik. In einer Beilage wird das Ableben von F. A. IOFFE am 14/10. 1960 mitgeteilt. — Bild. E. KLEVER. 1 □

**Lew Iljitsch Russinow.** L. Sliw und Je. Masetz. (Успехи Физических Наук [Fortschr. physik. Wiss.] **73.** 183—86. Jan. 1961.) (Russ.)

Nachruf auf den russ. Physiker L. I. RUSSINOW (geb. am 21/4. 1907 in Minsk, gest. am 18/5. 1960). Von ihm stammen zahlreiche hervorragende Arbeiten auf dem Gebiet der Physik der Atomkerne. — Bild. E. KLEVER. 1 □

**Zur Geschichte der Sterin- und Vitamin-Forschung. Adolf Windaus zum Gedächtnis.** A. Butenandt. (Angew. Chem. **72.** 645—51. 21/9. 1960. München.) (Dt.)

Vortrag zum Gedächtnis an A. WINDAUS mit eingehender Würdigung seiner Arbeiten auf dem Gebiet der Sterine u. Vitamine. P. GOLINSKE. 1 □

**Vortrag zum Gedächtnis an A. Windaus.** Adolf Butenandt. (Proc. chem. Soc. [London] **1961.** 131—38. April. München.) (Engl.)

Inhaltlich ident. mit vorst. Referat. P. GOLINSKE. 1 □

**Adolph Frank, ein Gründer der deutschen Kaliindustrie.** Kurt Ziekursch. (Kali u. Steinsalz **2.** 301—04. Febr. 1959. Hannover.) (Dt.)

Lebensbild von ADOLPH FRANK, geb. 20/1. 1834 in Klötze, Kr. Gardelegen, gest. 30/5. 1916 in Charlottenburg, u. Würdigung seiner Tätigkeit in verschiedenen Zweigen der chem. Industrie. Seine frühe fabrikator. Gewinnung von Kalisalzen als Düngemittel aus dem Carnallit der Abraumlager der Staßfurter Salzwerke nach eigenem Verf. berechtigt dazu, ihn neben VORSTER u. GRÜNEBERG als Begründer der deutschen Kaliindustrie zu nennen. W. KUNTZ. 1 □

**Die Lavoisier-Sammlung im Conservatoire National des Arts et Métiers.** M. Daumas und Gregory D. Seaman. (J. chem. Educat. **36.** 231—32. Mai 1959. Paris; Wooster, Ohio, Coll. of Wooster.) (Engl.)

Das Pariser Conservatoire National des Arts et Métiers besitzt nunmehr alle noch vorhandenen Instrumente u. Einrichtungsgegenstände des Labor. von LAVOISIER. Der größte Teil, nahezu 400 Einzelteile, wurde 1952 durch Schenkung überwiesen; die wichtigsten App. werden aufgezählt. M. HAGEDORN. 2☐

**Historischer Überblick über die frühe Entwicklung des infraroten Spektralbereiches.** E. Scott Barr. (Amer. J. Physics **28.** 42—54. Jan. 1960. Redstone Arsenal, Ala., Army Rocker and Guided Missile Agency.) (Engl.) C. GOTTFRIED. 2

**Die Gießerei ILVA von Follonica hat den Betrieb eingestellt.** Guglielmo Somigli. (Fonderia ital. **9.** 281—84. Juni 1960.) (Ital.)

Es handelt sich um eines der ältesten Eisenhüttenwerke Italiens (seit 1440), das um die Jahrhundertwende durch die Produktion von Gußeisenornamenten bes. bekannt war. G. PLATZER. 2☐

**Flüssigkeitstropfen-Kernmodell.** W. K. Bertram, L. N. Hadley und F. K. Itamoto. (Amer. J. Physics **27.** 668. Dez. 1959. Fort Collins, Colo., Colorado State Univ.) (Engl.)

In einer Glasküvette wird Nitrobenzol mit W. überschichtet; bei Zugabe von konz. $H_2SO_4$ zieht sich das Nitrobenzol zu einem Tropfen zusammen, der durch entsprechende Wahl des Dichtegradienten in die zur Projektion geeignete Höhe gebracht werden kann. An diesem Tropfen lassen sich unelast. Streuung, Neutroneneinfang, (n, d)-Rkk. u. Spaltung demonstrieren. H. SCHIRRWITZ. 6☐

**Unterkritischer Reaktor als eine Hochschuleinrichtung.** Frank S. Dietrich. (Amer. J. Physics **28.** 309—14. April 1960. Haverford, Pa., Haverford Coll., Dep. of Phys.) (Engl.)

Für Unterrichtszwecke wird im Haverford-College ein Reaktor konstruiert, der aus einer heterogenen Anordnung von Natururan besteht u. mit leichtem W. moderiert wird. Das Core, die Reaktorparameter sowie die mit dieser Anordnung durchgeführten experimentellen u. theoret. Messungen werden beschrieben. GERHARD SCHMIDT. 6☐

**Apparat zur Messung der Porosität.** F. B. Stumpf und F. J. Lukman. (Amer. J. Physics **28.** 503—04. Mai 1960. Athens, Ohio, Univ.) (Engl.)

Vff. beschreiben einen von BERANEK (vgl. J. acoust. Soc. America **13.** [1942.] 248) entwickelten App. zur Messung der Porosität, mit dem sich von Fortgeschritteneren u. a. die Porosität von akust. Dämpfermaterial messen läßt. C. GOTTFRIED. 6

**„Der Nylon-Seiltrick."** Paul W. Morgan und Stephanie L. Kwolek. (J. chem. Educat. **36.** 530. Okt. 1959. Wilmington, Del., E. I. du Pont de Nemours & Co., Textile Fibres Dep.) (Engl.) — Vgl. C. **1960.** **11533.**

Man spart eine Aufwickel-Vorr., wenn man den an der Phasengrenzfläche gebildeten Film als Seil zur Umlenkung über 2 Glasstäbe zieht u. ihn dann frei ca. 3—4 feet fallen läßt. — Das Nachfüllen der unteren Phase (1,5 ml Sebacoylchlorid in 50 ml $C_2Cl_4$) darf nicht durch die Grenzschicht erfolgen, sondern entweder durch einen unten befindlichen Stutzen oder durch Einsetzen eines Glaszylinders in das Becherglas, so daß sich die wss. Phase (2,2 g Hexamethylendiamin + 4 g $Na_2CO_3$ in 50 ml W.) im inneren Zylinder, die darunterliegende organ. Phase außen befindet. R. JUNGE. 6☐

---

**Roger Nett and Stanley A. Hetzler**, An Introduction to Electronic Data Processing New York: The Free Press of Glencoe, Illinois. 1959. (287 S.) $ 6.75.

An Hand der Instruktionen für die beiden elektron. Rechenmaschinen UNIVAC u. IBM 705 wird in leicht verständlicher Sprache ein Einblick in Anlage, Arbeitsweise u. Verwendungsmöglichkeiten elektron. Rechenmaschinen (Literaturaufbereitung u. a. m.) gegeben. Im Anhang (S. 221—77) wird eine Reihe amerikan. Modelle solcher Maschinen beschrieben, die sich am besten für die Datenverarbeitnng eignen. Für den deutschen Leser wird der bis 1958 gehende Literaturhinweis über dieses Gebiet nützlich sein. (7 Bibliographien, 44 Bücher, 46 Zeitschriftenartikel). F. MOSSNER

# A. Allgemeine, physikalische und anorganische Chemie

**Statistische Quantenmechanik. Dichteoperatoren und thermodynamische Größen.** J. Yvon. (J. Physique Radium **21.** 569—74. Juli 1960. Saclay, C.E.N.) (Franz.)

Die einfachen u. doppelten Dichteoperatoren werden als Funktionen der Temp. u. Aktivität für ein Gleichgewichts-Syst. berechnet. Der Streuoperator erlaubt in einigen Fällen die Trennung der thermodynam. Variablen. J.-M. SPAETH. 10☐

**Thermodynamisch äquivalente Hamilton-Funktion für einige Vielkörperprobleme.** G. Wentzel. (Physic. Rev. [2] **120.** 1572—75. 1/12. 1960. Chicago, Ill., Univ. of Chicago, Enrico Fermi Inst. for Nucl. Studies.) (Engl.)

Vf. verallgemeinert eine Meth. zur strengen Behandlung der statist. Mechanik eines Supraleiters (Modell von Bardeen-Cooper-Schrieffer) derart, daß auch eine größere Klasse von Mehr-Fermionen- oder Mehr-Bosonen-Syst. damit untersucht werden kann. Als Beispiel wird ein entartetes Bosonengas betrachtet; die Ggw. einer bereits von anderen Autoren gefundenen „Lücke" im Energiespektrum der niedrigsten Anregungen wird bestätigt. D. Jörchel. 10□

**Störungstheorie in der Statistischen Mechanik und die Theorie der Supraleitung.** David J. Thouless. (Ann. Physics **10.** 553—88. Aug. 1960. Birmingham, Univ., Dep. of Math. Phys.) (Engl.)

Vf. untersucht die Beziehung zwischen der formalen Störungstheorie u. der modernen Theorie der Supraleitung. G. Kirschstein. 10□

## $A_1$. Kernphysik und Kernchemie

**Methode zum Nachweis der möglichen Existenz energiereicher Deuteronen in der primären Höhenstrahlung.** R. R. Daniel, P. J. Lavakare und P. K. Aditya. (Nuovo Cimento [10] **17.** 837—44. 16/9. 1960. Bombay, Tata Inst. of Fundament. Res.; Chandigarh, Panjab Univ., Dep. of Phys.) (Engl.)

Emulsionen wurden an Stellen exponiert, wo die vertikale cut-off-Energie der Höhenstrahlung 5 bzw. 1,55 GeV/Nucleon beträgt. Die mittlere freie Weglänge der Deuteronen in Kernemulsionen wurde so zu $\lambda_d = 15{,}8$ cm bestimmt u. der Anteil von (d, p)-Sternen, bei denen nur das Neutron teilnimmt, während das Proton des Deuterons ohne Ablenkung weiterfliegt, zu $f$ (d, p) = 0,4. Wenn Deuteronen mehr als 5% der einfach geladenen Teilchen in der prim. Höhenstrahlung ausmachen, sollten sie nach diesem Verf. erfaßt werden können. M. Wiedemann. 85□

**Energiespektren der Elektron-Photon-Komponente der breiten atmosphärischen Schauer in der Nähe der Achse.** O. I. Dowshenko, Ss. I. Nikolski und I. W. Rakobolskaja. (Журнал Экспериментальной и Теоретической Физики [J. exp. theoret. Physik] **38.** 1361—69. Mai 1960. Physikal. Lebedew-Inst. der Akad. der Wiss. der UdSSR.) (Russ.; Auszug: Engl.)

Auf Seehöhe wurden mittels einer Wilson-Kammer, die Pb-Platten der Dicke 1, 2, 2,5, 2, 2,5 u. 1,5 cm enthielt, u. einer Zähleranordnung insgesamt ca. 4000 Schauer mit Teilchenzahlen von $8 \cdot 10^3$, $1{,}2 \cdot 10^4$ u. $3 \cdot 10^4$ u. Abständen der Achse von der Kammer von 0—3 m untersucht. Die Energiespektren der Elektronen u. Photonen zeigten für $E = 2 \cdot 10^8 - 10^9$ eV einen Exponenten von 0,65; für $E = 2 \cdot 10^9 - 10^{10}$ eV einen von 1,8. Innerhalb eines Abstands von 0—0,3 m von der Achse betrugen die Exponenten 0,34 bzw. 1,3. Der Anteil der Elektronen u. Photonen hoher Energie wurde im Abstandsintervall 0—3 m zu ca. 15%, für 0—0,3 m zu 56% ermittelt. M. Wiedemann. 85□

**Über die Übergänge zwischen den Hyperfeinstrukturniveaus in $\mu$-Mesoatomen.** A. Je. Ignatenko. (Журнал Экспериментальной и Теоретической Физики [J. exp. theoret. Physik] **38.** 1515—17. Mai 1960. Verein. Inst. für Kernforsch.) (Russ.; Auszug: Engl.)

Es wird gezeigt, daß die Messung der Präzessionsfrequenz von Mesoatomen bei solchen mit einem Kernspin $>1/2$ die Möglichkeit gibt, die Existenz von Übergängen zwischen den Hyperfeinstrukturniveaus der Mesoatome experimentell zu bestätigen. M. Wiedemann. 90□

**Ladungsaustauschstreuung von $\pi^-$-Mesonen an Wasserstoff bei Energien von 240—330 MeV.** W. G. Sinow und Ss. M. Korentschenko. (Журнал Экспериментальной и Теоретической Физики [J. exp. theoret. Physik] **38.** 1399—1406. Mai 1960. Verein. Inst. für Kernforsch.) (Russ.; Auszug: Engl.)

Die Ladungsaustauschstreuung von $\pi^-$ zu $\pi^0$ an fl. $H_2$ wurde untersucht. Die Winkelverteilung der $\pi^-$ wurde mittels Teleskop aus Scintillatoren aus der Winkelverteilung der Zerfalls-$\gamma$-Quanten ermittelt. Die differentiellen Wrkg.-Querschnitte zeigen ein Minimum in der Nähe des Winkels 90—100°. Sie lassen sich durch einen Ausdruck $d\sigma/d\omega = A_0^0 + A_1^0 (\cos\vartheta) + A_2^0 P_2 (\cos\vartheta)$ wiedergeben, die Koeff. werden berechnet. Die totalen Wrkg.-Querschnitte betragen bei 240 MeV 30,0, 270 MeV 23,9, 307 MeV 17,8 u. bei 333 MeV $18{,}0 \cdot 10^{-27}$ cm². M. Wiedemann. 90□

**Phasenverschiebungsanalyse der Streuung von $\pi$-Mesonen an Wasserstoff im Energiegebiet von 240—330 MeV.** W. G. Sinow, Ss. M. Korentschenko, N. I. Polumordwinowa und G. N. Tentjukowa. (Журнал Экспериментальной и Теоретической Физики [J. exp. theoret. Physik] **38.** 1407—18. Mai 1960.) (Russ.; Auszug: Engl.) — Vgl. vorst. Referat.

Die experimentellen Daten (l. c.) über die Streuung von Pionen an Nucleonen im Bereich von 240—330 MeV werden einer Phasenverschiebungsanalyse unterworfen. Für die Wechselwrkg. der Pionen in Zuständen mit dem Spin T = 1/2 kann die Phasenverschiebung mit genügender Genauigkeit erhalten werden. M. Wiedemann. 90□

**Querschnitt und Zerfallsasymmetrien von neutralen V-Teilchen, die durch $\pi^-$-Mesonen in Kupfer erzeugt wurden.** George R. Kalbfleisch. (Physic. Rev. [2] **121.** 1544—49. 1/3. 1961. Berkeley, Calif., Univ. of California, Lawrence Radiat. Labor.) (Engl.)

Die geladenen Zerfallsmodi von 189 $\Lambda$- u. 77 $K^0$-Teilchen, die durch $\pi^-$-Mesonen von 1,12 GeV/c in der Cu-Wand der 10-in.-$H_2$-Blasenkammer erzeugt wurden, werden analysiert. Die erhaltenen Asymmetrien für sowohl $\Lambda$ als auch $K^0$ sind mit der Annahme der Paritätserhaltung beim Erzeugungsprozeß $\pi^- + p$ (im Kern) $\rightarrow \Lambda + K^0$ im Einklang. Der Querschnitt für die assoziierte Erzeugung von $\Lambda K^0$ u. $\Sigma^0 K^0$ wurde zu $10{,}5 \pm 0{,}9$ mbarn pro Cu-Kern bestimmt. Nachfolgende Wechselwrkg. des Hyperons mit einem anderen Nucleon im gleichen Kern, in dem es erzeugt wurde, sind häufig. Für die Wahrscheinlichkeit der Streuung des $\Lambda$ kann eine untere Grenze von $0{,}23 \pm 0{,}07$ festgesetzt werden, was im Einklang mit dem beobachteten $\Lambda + p$-Querschnitt ist. Herbert Weber. 90□

**Zweipionenaustausch-Mechanismus bei $K^+$-N-Streuung.** Benjamin W. Lee. (Physic. Rev. [2] **121.** 1550—52. 1/3. 1961. Philadelphia, Pa., Univ. of Pennsylvania, Dep. of Phys.) (Engl.)

Unters. der Streuung von $K^+$-Mesonen an Nucleonen in der Doppeldispersionsdarstellung. Herbert Weber. 90□

**Über neue fremdartige Teilchen.** B. Pontecorvo. (Журнал Экспериментальной и Теоретической Физики [J. exp. theoret. Physik] **38.** 1654—56. Mai 1960. Verein. Inst. für Kernforsch.) (Russ.; Auszug: Engl.)

Die experimentellen u. theoret. Hinweise auf die Existenz eines Teilchens mit der Masse 750 MeV u. der Strangeness +2, das nach $D^+ \rightarrow K + \pi$ ($K^0 + \pi^+$, $K^+ + \pi^0$) zerfällt, werden diskutiert. Es wird vorgeschlagen, daß seine Lebensdauer $10^{-10}$ s nicht überschreitet. Die Möglichkeiten eines Nachw. werden erörtert. M. Wiedemann. 90□

**Spin- und Paritätsanalyse von Erzeugung und Zerfall von Hyperonenresonanzzuständen.** R. Gatto und H. P. Stapp. (Physic. Rev. [2] **121.** 1553—55. 1/3. 1961. Berkeley, Calif., Univ. of California, Phys. Dep. and Lawrence Radiat. Labor.) (Engl.)

Theoret. Unters. der Möglichkeit, aus den durch den $\Lambda$-$\pi$-Resonanzzustand $Y^*$ beherrschten Prozessen Beziehungen zu erhalten, die eine Best. des $Y^*$-Spins, der relativen Paritäten von $\Lambda$, $\Sigma$, K u. $Y^*$ sowie der Verhältnisse der verschiedenen Hyperon-Zerfallsasymmetrieparameter erlauben. Herbert Weber. 90□

**Über $\gamma$-Quantenbündel hoher Energie.** W. Ss. Baraschenkow und Din-tschan Ssjan. (Атомная Энергия [Atomenergie] **9.** 300—01. Okt. 1960.) (Russ.)

In großen Protonenbeschleunigern entstehen infolge des Zerfalls der $\pi^0$ intensive $\gamma$-Bündel hoher Energie. Die mittlere Zahl der $\gamma$-Quanten, die je Nucleon–Nucleon-Stoß infolge $\pi^0$-Zerfalls sich bilden, steigt bei 30 GeV auf über 3 an. Auch das Energiespektrum, integriert über sämtliche Winkel, u. die Winkelverteilung, integriert über alle Energien, sind wiedergegeben. M. Wiedemann. 90□

**Mössbauer-Effekt in Cyanoferrat(II).** S. L. Ruby, L. M. Epstein und K. H. Sun. (Rev. sci. Instruments **31.** 580—81. Mai 1960. East Pittsburgh, Pa., Westinghouse Electr. Corp., Radiat. and Nucleon. Labor. of the Mater. Labor.) (Engl.)

Vff. verglichen den mit einer $^{57}Co$-$\gamma$-Strahlung ausgelösten Mössbauer-Effekt in $Na_4Fe(CN)_6 \cdot 10\,H_2O$ mit dem in reinem Fe. Für die Durchlässigkeit als Funktion der Geschw. werden Kurven angegeben. H. Hauswald. 90□

**Gammastrahlen-Korrelationsfunktion in der adiabatischen Approximation.** J. S. Blair und L. Wilets. (Physic. Rev. [2] **121.** 1493—99. 1/3. 1961. Seattle, Wash., Univ. of Washington.) (Engl.)

Die Korrelationsfunktion der $\gamma$-Strahlen, die der unelast. Anregung eines gerade-A-Kerns durch ein spinloses Beschußteilchen folgen, wurde unter alleiniger Benutzung der adiabat. Approximation u. der Theoreme bzgl. der elast. Streuung analysiert. Eine Analyse von Experimenten bestätigt die allg. Züge des Modells. Herbert Weber. 90□

**Einphotonenvernichtung und Erzeugung von Elektronenpaaren in einem Medium.** G. Ss. Ssaakjan. (Журнал Экспериментальной и Теоретической Физики [J. exp. theoret. Physik] **38.** 1593—96. Mai 1960. Erewan, Univ.) (Russ.; Auszug: Engl.)

In einem dispersen Medium mit einem Brechungsindex $< 1$ kann die Rk. $e^+ + e^- \rightleftharpoons \gamma$ ablaufen, die Photonenenergie muß dabei zwischen 2 m (m = Ruhmasse des Elektrons) u. $N^{1/3}$ (N = Elektronendichte im Medium) liegen. Im Bereich zwischen 2 m u. 10 m

dominieren die Vavilov-Čerenkov-Prozesse. Die Wahrscheinlichkeit der Erzeugung von Elektronenpaaren unter Vernichtung eines Photons wird berechnet.
M. Wiedemann. 90□

**Fluktuationen in der Winkelverteilung sekundärer Teilchen in Explosionsschauern.** B. A. Nikolski und A. P. Mischakowa. (Журнал Экспериментальной и Теоретической Физики [J. exp. theoret. Physik] **38.** 1507—11. Mai 1960.) (Russ.; Auszug: Engl.)

Nach der Monte-Carlo-Meth. wird für den Zweizentren-Schauererzeugungsmechanismus die Schwankung in der Winkelverteilung der Schauerteilchen berechnet. Hieraus folgt, daß die meisten experimentell beobachteten Schauer mit einer Zweizentren-Winkelverteilung durch die natürlichen statist. Schwankungen in der Winkelverteilung gedeutet werden können. M. Wiedemann. 90□

**Elastische Streuung von Nucleonen und Pionen bei sehr hoher Energie.** Z. Koba, A. Krzywicki, R. Rączka und Z. Chyliński. (Nuclear Physics **19.** 199—220. 1. Okt.-H. 1960. Warsaw, Inst. for Nucl. Res.; Warsaw, Univ.; Krakow, Inst. for Nucl. Res. — C. **1961.** 7470.) (Engl.) M. Wiedemann. 90□

**Über den Einfluß der Coulomb-Anziehung auf den Absorptionsquerschnitt von Antiprotonen durch Kerne.** P. E. Nemirowski und Ju. D. Fiweisski. (Журнал Экспериментальной и Теоретической Физики [J. exp. theoret. Physik] **38.** 1486—88. Mai 1960.) (Russ.; Auszug: Engl.)

Die Wechselwrkg. zwischen Antiprotonen u. Kernen wird nach dem opt. Modell behandelt u. der Einfl. der Coulomb-Anziehung auf den Absorptionsquerschnitt untersucht. Infolge dieser Anziehung ist bei Energien unter der Coulomb-Energie der Wrkg.-Querschnitt für Antiprotonen ca. 4—10mal größer als für Antineutronen. Die Rechnungen wurden für *C, Cu* u. *Pb* durchgeführt. M. Wiedemann. 90□

**Analyse der Erzeugung von K-Mesonen durch $\bar{p}$-Vernichtung.** T. F. Hoang. (Physic. Rev. [2] **121.** 1523—24. 1/3. 1961. Berkeley, Calif., Univ. of California, Lawrence Radiat. Labor.) (Engl.)

Die Erzeugung von K-Mesonen durch $\bar{p}$-Vernichtung wurde unter Benutzung eines Isobarenmodells untersucht. Ein Vgl. der Aussagen dieses Modells mit experimentellen Daten (vgl. nachst. Ref.) schließt die Annahme eines Isobarenzustands von ($\pi\pi$), der eine Masse von mehr als 3 Pionenmassen hat, aus. Herbert Weber. 90□

**Antiprotonen-Vernichtungen in Propan.** Sulamith Goldhaber, Gerson Goldhaber, Wilson M. Powell und Rein Silberberg. (Physic. Rev. [2] **121.** 1525 bis 1533. 1/3. 1961. Berkeley, Calif., Univ. of California, Lawrence Radiat. Labor.) (Engl.)

Die Unters. des $\bar{p}$-Vernichtungsprozesses bei 1,05 GeV/c wurde mit der 30-in.-Propanblasenkammer durchgeführt. Es zeigte sich, daß die Erzeugung von K-Mesonen bei Vernichtungsereignissen stark mit dem Anwachsen der Energie steigt, nämlich von $4 \pm 1\%$ für Vernichtungen bei oder nahe „Ruhe“ bis $8 \pm 1\%$. Andererseits wächst die Pionenmultiplizität nicht wesentlich mit der verfügbaren Energie, sie ergab sich zu $5{,}0 \pm 0{,}2$. Diese Zahlen werden diskutiert u. mit bestehenden Modellen für den $\bar{p}$-Vernichtungsprozeß verglichen. Für einen $\bar{p}$-Impuls von 1,05 GeV/c wurden Querschnitte für eine $\bar{p}$–H-Vernichtung von $51 \pm 10$ mbarn u. für eine $\bar{p}$–C-Vernichtung von $368 \pm 60$ mbarn erhalten. Grobe Best. des $\bar{p}$-Ladungsaustauschprozesses ($\bar{p} + p \rightarrow \bar{n} + n$), der einen Vorwärtspeak zeigt, u. der unelast. $\bar{p}$-Streuereignisse, die zur Pionenerzeugung führen, werden ebenfalls diskutiert. Herbert Weber. 90□

**Über die Berechnung von Streuphasenverschiebungen.** W. K. Petersson. (Журнал Экспериментальной и Теоретической Физики [J. exp. theoret. Physik] **38.** 1525—27. Mai 1960. Moskau, Univ.) (Russ.; Auszug: Engl.)

Die Phasenverschiebungen von Teilchen in einem zentralsymm. Potentialfeld werden behandelt u. durch eine Potenzreihe einer Konst., die die Dimensionen der Potentialmulde charakterisiert, ausgedrückt. Als Beispiel wird die Streuung von 20,5-MeV-Neutronen an einem Potential der Tiefe von 41 MeV diskutiert. M. Wiedemann. 90□

**Verteilung des Neutronenstromes im siedenden Homogenreaktor.** B. S. Torlin. (Атомная Энергия [Atomenergie] **9.** 257—61. Okt. 1960.) (Russ.)

Bei diesem Reaktor ändert sich die Dichte des Mediums mit der Höhe. Die Dampfblasen des Moderators müssen klein gegenüber der Weglänge der Neutronen sein. Für einen zylindr. Reaktor führt die Lösung der Diffusionsgleichung auf ellipt. Integrale. Im Falle, daß der Radius des Reaktors weit größer als die Höhe ist, läßt sich die Lösung durch elementare Funktionen ausdrücken. Die Verteilung des Neutronenstroms mit der Höhe ist graph. u. zahlenmäßig angegeben. M. Wiedemann. 90□

**Untersuchung der Schwächungsfunktionen von Neutronen isotroper und monogerichteter Spaltquellen in Wasser.** W. A. Dulin, Ju. A. Kasanski, W. P. Maschkowitsch, Je. A. Panow und Ss. G. Zypin. (Атомная Энергия [Atomenergie] **9.** 315—17. Okt. 1960.) (Russ.)

Spaltneutronen traten aus einem 250 mm breiten Kanal u. fielen auf W. in einem Behälter von 137×139×217 cm³. Ihre räumliche Verteilung wurde mit Proportionalzählern nachgewiesen. Die Meßdaten werden mit den berechneten verglichen. Ferner wurde der Einfl. der Form der Quelle, punktförmig oder nach einer Seite gerichtete Scheibe, geprüft. Dieser war jedoch äußerst gering. M. Wiedemann. 90☐

**Energieverteilung schneller Spaltneutronen in Wasser.** W. A. Dulin, W. P. Maschkowitsch, Je. A. Panow und Ss. G. Zypin. (Атомная Энергия [Atomenergie] **9.** 318—19. Okt. 1960.) (Russ.)

Mittels Indicatoren in Scheibenform mit 35 mm ∅ u. Höhen von 3,5—6 mm, deren Energieschwellen bei 1,5—6,0 MeV lagen, wurde die Energieverteilung von Spaltneutronen (Reaktor) in W. untersucht. Zum Nachw. diente die (n, p)-Rk. an $^{31}P$, $^{32}S$, $^{27}Al$, ferner die Rk. $^{27}Al(n, \alpha)^{24}Na$. Die gemessenen Spektren stimmen mit den berechneten befriedigend überein. M. Wiedemann. 90☐

**Wirksamkeit des Systems von absorbierenden Stäben im Reaktor mit Reflektor.** W. I. Nossow. (Атомная Энергия [Atomenergie] **9.** 262—69. Okt. 1960.) (Russ.)

Ein homogener therm. Reaktor mit einem Syst. absorbierender Stäbe, die auf dem Reflektor im Kreisring in gleichen Abständen voneinander angeordnet sind, wird nach der Zweigruppennäherung behandelt. Für das krit. Verh. u. die Verteilung des Neutronenstroms werden Formeln abgeleitet. Der Einfl. der Zahl, der Anordnung u. des Radius der Stäbe wurde untersucht. M. Wiedemann. 90☐

**Berechnung des Fermi-Alters und des Leckfaktors von heterogenen Leichtwasser-Reaktoren mit der Monte-Carlo-Methode.** Wilhelm Matthes. (Nukleonik **2.** 21—31. Jan. 1960. München, TH, Labor. für techn. Phys.) (Dt.) — Vgl. C. **1961.** 5321.

Vf. beschreibt ein Monte-Carlo-Programm zur Ermittlung des Fermi-Alters in heterogenen Uranstab–W.-Reaktoren u. der räumlichen Verteilung der schnellen u. langsamen Neutronen. 6 quadrat. Gitter zylindr. Stäbe mit Vol.-Verhältnissen V ($H_2O$)/V (U) von 1 u. 2 u. 3,5 bei Stabdurchmessern von 1,5 u. 3 cm werden untersucht. Auf den Zusammenhang zwischen Leckfaktor u. Fermi-Alter wird eingegangen. W. Menz. 90☐

**Resonanzeinfang von Neutronen in bündelförmigen Anordnungen von Brennelementen.** Gerd Blässer. (Nukleonik **2.** 31—36. Jan. 1960. Karlsruhe, Kernreaktor-Stat., Inst. für Neutronenphys. u. Reaktortechn.) (Dt.) — Vgl. C. **1961.** 10818.

Vf. berechnet den Resonanzeinfang von Neutronen in der Wigner-Näherung für ein ebenes Plattenbündel u. vergleicht die gewonnenen Werte mit experimentellen Werten für den Resonanzeinfang im Stabbündel. W. Menz. 90☐

**Kritizität der Brennelemente vom MTR-Typ.** Robert E. Lightle. (Nucleonics **18.** Nr. 7. 59. Juli 1960. Lynchburg, Va., Babcock & Wilcox Co.) (Engl.)

Vf. verwendet eine einfache graph. Meth. zur Voraussage der Kritizität von Brennelementen des MTR-Typs. Die Meth. liefert $k_{eff}$ für ein krit. oder nahezu krit. Core innerhalb 4% des gemessenen Werts. Gerhard Schmidt. 90☐

**p-p-Streuphasenverschiebungen für niedrige Energie und Dispersionsbeziehungen.** Riazuddin. (Physic. Rev. [2] **121.** 1509—12. 1/3. 1961. Lahore, Pakistan, Panjab Univ., Dep. of Phys.) (Engl.)

Nucleon–Nucleon-Dispersionsbeziehungen wurden benutzt, um eine Auswahl unter den verschiedenen Reihen von Lösungen für p–p-Streuung niedriger Energie zu treffen, die von MacGregor (C. **1959.** 16901) angegeben worden sind. Damit konnten die bei der Phasenverschiebungsanalyse für niedrige Energien existierenden Mehrdeutigkeiten stark red. werden. Herbert Weber. 90☐

**Elastische Streuung von polarisierten 10-MeV-Protonen an komplexen Kernen.** L. Rosen, J. E. Brolley jun. und L. Stewart. (Physic. Rev. [2] **121.** 1423—37. 1/3. 1961. Los Alamos, N.Mex., Univ. of California, Los Alamos Scient. Labor.) (Engl.)

Eine systemat. Unters. wurde über die Winkelabhängigkeit der Polarisation bei der elast. Streuung von 10-MeV-Protonen an komplexen Kernen durchgeführt. Starke Polarisationseffekte, die sich stetig mit dem Streuwinkel u. der Ordnungszahl des Targetkerns ändern, scheinen eine allg. Eig. des Streuprozesses zu sein. Alle Daten können gut wiedergegeben werden durch ein „5-Parameter-Potential des opt. Modells“ (einen Spin–Bahn-Term enthaltend), bei dem die einzige Variable die $A^{1/3}$-Abhängigkeit des Radius ist. Die Stärke des erforderlichen Spin–Bahn-Terms ist die gleiche, wie sie im Schalenmodell postuliert worden ist. Herbert Weber. 90☐

**Dreifachstreuung von 660-MeV-Protonen.** 2. Mitt. **Winkelabhängigkeit der Depolarisation.** Ju. P. Kumekin, M. G. Meschtscherjakow, Ss. B. Nuruschew und G. D. Stoletow. (Журнал Экспериментальной и Теоретической Физики [J. exp. theoret. Physik] **38.** 1451—55. Mai 1960.) (Russ.; Auszug: Engl.) — 1. vgl. C. **1960.** 2075.

Das Protonenbündel mit der Energie 640 MeV u. dem Polarisationsgrad 0,58 wurde innerhalb der Synchrocyclotronkammer am Be-Polarisator um den Winkel 9° gestreut, die zweite Streuung erfolgte in einem zylindr. Gefäß an fl. $H_2$. Die Depolarisationsparameter wurden unter 54, 72, 90, 108 u. 126° im Schwerpunkt-Syst. gemessen. Unter den ersten drei Winkeln änderte sich die Normalkomponente der Polarisation nur wenig.

M. Wiedemann. 90□

**Reichweite von $^8$Li-Ionen der Energie 40—450 keV in Wasserstoff, Deuterium und Helium.** H. C. Clerc, H. Wäffler und F. Berthold. (Z. Naturforsch. **16a.** 149—54. Febr. 1961. Mainz, MPI für Chem. [Otto-Hahn-Inst.], Kernphys. Abt.) (Dt.)

Die $^8$Li-Ionen wurden in der Rk. $^7$Li(d, p)$^8$Li erzeugt. Für Deuteronenenergien von 0,7—1,1 MeV erhalten die $^8$Li-Rückstoßkerne, je nach der Wahl des Winkels zwischen den Impulsvektoren von Deuteronen u. $^8$Li, Energien zwischen 40 u. 500 keV. Durch den Nachw. der Zerfallselektronen (Maximalenergie 13 MeV) wird der Endpunkt der Bahn der $^8$Li-Kerne fixiert. Die Reichweite-Energie-Beziehung für $^8$Li-Ionen wurde von 40—450 keV für $H_2$, $D_2$ u. He als Bremsgas bestimmt. Die Ergebnisse für $H_2$ u. He sind in guter Übereinstimmung mit den Bremsquerschnitten für $^7$Li-Ionen (vgl. Allison u. Littlejohn, C. **1958.** 9680). Wenn der Effekt der elast. Kernstöße berücksichtigt wird, nähern sich die experimentellen Unterschiede zwischen den Reichweiten in $H_2$ u. $D_2$ den nach der Theorie von Bohr [1948] berechneten Werten. Die Anwendung der Reichweite–Energie-Beziehung auf $^6$Li- u. $^7$Li-Ionen wird diskutiert. Herbert Weber. 90□

**Untersuchung der Struktur des Atomkernes.** A. P. Komar. (Вестник Академии Наук СССР [Nachr. Akad. Wiss. UdSSR] **31.** Nr. 2. 64—68. Febr. 1961.) (Russ.)

Bericht über die internationale Konferenz über die Struktur der Atomkerne in Kanada im Herbst 1960 (Kingston). M. Wiedemann. 95□

**Zur Theorie der Kernmaterie.** G. M. Wagradow und D. A. Kirshnitz. (Журнал Экспериментальной и Теоретической Физики [J. exp. theoret. Physik] **38.** 1499—1506. Mai 1960. Physik. Lebedew-Inst. der Akad. der Wiss. der UdSSR.) (Russ.; Auszug: Engl.)

Es wird eine einfache Meth. zur quant. Beschreibung des Grundzustandes der Materie entwickelt, bei der die Gas-Approximation mit einem modifizierten Gesetz für die Nucleonendispersion verwendet wird. M. Wiedemann. 95□

**Methode zur Bestimmung der Energieabhängigkeit der Reaktionsquerschnitte bei Bildung eines Compoundkerns.** Raymond Fox und Richard D. Albert. (Physic. Rev. [2] **121.** 1779—81. 15/3. 1961. Livermore, Calif., Univ. of California, Lawrence Radiat. Labor.) (Engl.)

Die Berechnungen der Vff. zeigen, daß die Messung der Energieverteilungen emittierter Teilchen bei zwei verschiedenen Einfallsenergien u. zwei Rk.-Querschnitten ausreicht, um die Energieabhängigkeit eines Rk.-Querschnittes beim Vorliegen eines Compoundkerns zu erhalten. Die Querschnitte sind eine Funktion der Anregungsenergie des Restkerns. Sie sind die üblichen Rk.-Querschnitte bei Null-Anregungsenergie, wenn angenommen wird, daß sich der Rk.-Querschnitt nicht mit der Anregungsenergie des Targetkerns ändert. Durch Vgl. der so erhaltenen Rk.-Querschnitte mit den gemessenen unelast. Querschnitten kann auch der elast. Querschnitt des Compoundkerns erhalten werden. In dem angeführten Beispiel werden 2 gemessene Energieverteilungen u. 2 gemessene Querschnitte verwendet, um die Energieabhängigkeit des Rk.-Querschnittes von *Ni* im Energiebereich von 2,5—7 MeV zu erhalten.

Gerhard Schmidt. 103□

**Energieabhängigkeit der differentiellen Querschnitte und der Mechanismus der (d, p)-Reaktion.** W. B. Beljajew, B. N. Sacharjew und W. G. Neudatschin. (Атомная Энергия [Atomenergie] **9.** 298—300. Okt. 1960.) (Russ.)

Die Daten über die Energieabhängigkeit der differentiellen Wrkg.-Querschnitte folgender Stripping-Rkk. werden zusammengestellt: $^{12}C$(d, p)$^{13}$C, $^9Be$(d, p)$^{10}$Be, $^{16}O$(d, p)$^{17}$O, $^{14}N$(d, p)$^{15}$N. Die einzelnen Niveaus, Spins u. Paritäten sind tabelliert. Die Deuteronenenergien betrugen bis zu 19 MeV. Die Niveaubreiten erweisen sich als stark von $E_d$ abhängig. M. Wiedemann. 103□

**Die Photozertrümmerung von Stickstoff.** D. Balfour und D. C. Menzies. (Proc. physic. Soc. **75.** 543—56. 1/4. 1960. Glasgow, Univ., Dep. of Natural Philosophy.) (Engl.)

Eine Nebelkammer wurde einem Bremsstrahlungsbündel aus dem 340-MeV-Synchrotron ausgesetzt. Energie- u. Winkelverteilungen der $^{13}C$-, $^{13}N$- u. $^{12}C$-Rückstoßkerne aus den ($\gamma$, p)-, ($\gamma$, n)- u. ($\gamma$, pn)-Rkk. an $^{14}N$ wurden gemessen. Die Ergebnisse werden mit den nach verschiedenen Kernmodellen zu erwartenden Verteilungen verglichen. Die ($\gamma$, p)- u. ($\gamma$, n)-Rkk. werden durch das Wilkonson-Modell befriedigend beschrieben, während die ($\gamma$, pn)-Rk. entweder über einen statist. oder einen „knock-on"-Prozeß zu verlaufen scheint. Für die Annahme, daß viele der beobachteten ($\gamma$, pn)-Ereignisse durch das Quasideuteronenmodell von Levinger erklärt werden können, wurde kein Hinweis gefunden. Herbert Weber. 103□

**Neutroneneinfang-$\gamma$-Spektren der Nickelisotope.** P. A. Treado und P. R. Chagnon. (Physic. Rev. [2] **121.** 1734—39. 15/3. 1961. Ann Arbor, Mich., Univ. of Michigan, Phys. Dep.) (Engl.)

Natürliches Ni in Form von Nickeloxydpulver u. $^{58}Ni$, $^{60}Ni$ u. $^{62}Ni$ in Form von isotop. angereicherten Barren werden mit Reaktorneutronen beschossen. Die $\gamma$-Spektren werden mittels eines Scintillations-Einkristalls u. eines Dreikristall-Scintillationsspektrometers nachgewiesen. Der Einkristall wird im Energiebereich von 0—2,0 MeV u. das Dreikristallspektrometer im Energiebereich von 1,5—10,0 MeV verwendet. Energien u. Intensitäten der $\gamma$-Strahlen aus jedem untersuchten Ni-Isotop werden wiedergegeben. Jede der mit natürlichem Ni beobachteten Linien wird den Rkk. $^{58}Ni(n, \gamma)^{59}Ni$, $^{60}Ni(n, \gamma)^{61}Ni$ oder $^{62}Ni(n, \gamma)^{63}Ni$ zugeordnet. In einigen Fällen werden $\gamma$-Strahlen nahezu ident. Energien in zwei oder in sämtlichen drei Isotopen beobachtet. Zusätzliche, nicht im natürlichen Ni-Spektrum aufgelöste $\gamma$-Strahlen erscheinen in der Rk. $^{58}Ni(n, \gamma)^{59}Ni$ bei 7,65 MeV, in der Rk. $^{60}Ni(n, \gamma)^{61}Ni$ bei 7,65 MeV u. in der Rk. $^{60}Ni(n, \gamma)^{61}Ni$ bei 4,70 u. 5,55 MeV. Das Spektrum der Rk. $^{62}Ni(n, \gamma)^{63}Ni$ ist durch eine starke Linie bei 6,80 MeV gek., die wahrscheinlich den Grundzustandsübergang darstellt.

Gerhard Schmidt. 103□

**Durch die (d, p)-Reaktion angeregte Niveaus in $^{91}Zr$.** R. L. Preston, H. J. Martin jun. und M. B. Sampson. (Physic. Rev. [2] **121.** 1741—44. 15/3. 1961. Bloomington, Ind., Indiana Univ.) (Engl.)

Vff. verwenden Targets aus natürlichem Zr u. aus angereichertem $ZrO_2$. Die Targets werden mit 10,85-MeV-Deuteronen aus dem Cyclotron beschossen. Bzgl. der experimentellen Anordnung u. des Magnetspektrometers wird auf die Unterss. von Rees u. Sampson (C. **1958.** 8239) verwiesen. Durch (d, p)-Rkk. werden 11 Energieniveaus in $^{91}Zr$ angeregt. Die Anregungsenergien der Niveaus betragen 0, 1,22, 2,07, 2,19, 2,56, 2,84, 3,05, 3,25, 3,45, 3,65 u. 3,87 MeV. Winkelverteilungen werden für die ersten vier Niveaus gemessen, u. Zuordnungen werden unter Verw. des Schalenmodells u. der Butlerschen Stripping-Theorie durchgeführt. Die Zuordnungen sind $2d_{5/2}$ für den Grundzustand, $2s_{1/2}$ für den 1,22-MeV-Zustand, $2d_{3/2}$ für den 2,07-MeV-Zustand u. $1g_{7/2}$ für den 2,19-MeV-Zustand. Die Anwendung der Butler-Theorie auf die Daten liefert befriedigende Übereinstimmung. Der Grundzustands-Q-Wert ergibt sich zu $5{,}02 \pm 0{,}03$ MeV.

Gerhard Schmidt. 103□

**Ein neues Isotop $^{115}Te$.** I. P. Sselinow, N. A. Wartanow, D. Je. Chulelidse, Ju. A. Bliodse, N. G. Saitzewa und W. A. Chalkin. (Журнал Экспериментальной и Теоретической Физики [J. exp. theoret. Physik] **38.** 1654. Mai 1960.) (Russ.; Auszug: Engl.)

Eine mit $^{112}Sn$ (52,3%) angereicherte Sn-Folie wurde mit 21-MeV-$\alpha$-Teilchen beschossen u. anschließend die Sb- sowie die Te-Fraktion abgetrennt. Die Halbwertszeit von $^{115}Te$ aus der Rk. $^{112}Sn(\alpha, n)^{115}Te$ wurde direkt mit Ringzähler u. $\gamma$-Spektrometer zu 6 Min. bestimmt. Durch Abtrennung des Folge-Prod. $^{115}Sb$ mit 32 Min. Halbwertszeit in Intervallen von 5 Min. aus der Lsg. wurde die Halbwertszeit von $^{115}Te$ zu $6{,}0 \pm 0{,}5$ Min. ermittelt. M. Wiedemann. 103□

**Bestimmung der Spins der $^{196}Pt$-Kernniveaus aus den $\gamma$-Strahlen beim Einfang von Resonanzneutronen.** N. D. Galanina, B. F. Schwarzman und A. Ja. Diament. (Журнал Экспериментальной и Теоретической Физики [J. exp. theoret. Physik] **38.** 1446—50. Mai 1960.) (Russ.; Auszug: Engl.)

Als Neutronenquelle diente ein Cyclotron, die Impulse dauerten 2—3 $\mu$s. Die beim Einfang von Reconanzneutronen hervorgerufenen $\gamma$-Strahlen wurden mittels Kristallszintillatoren nachgewiesen. Auf diese Weise konnte der Spin des Compoundkerns $^{196}Pt$ bestimmt werden. Für die Niveaus mit Neutronenenergien von 11,9 u. 68,2 eV hat dieser Kern den Spin 1 u. für die Neutronenenergie 19,6 eV den Spin Null.

M. Wiedemann. 103□

**Natürliche $\alpha$-Radioaktivität in mittelschweren Elementen.** Ronald D. Mac Farlane und Truman P. Kohman. (Physic. Rev. [2] **121.** 1758—69. 15/3. 1961. Pittsburgh, Pa., Carnegie Inst. of Technol., Dep. of Chem.) (Engl.)

Vff. verwenden eine große zylindr. Ionenkammer (51,5 cm Länge, 11,2 cm innerer ∅) zur Aufnahme von Proben mit einer Flächenausdehnung bis zu 1200 $cm^2$, um die natürliche α-Radioaktivität in mittelschweren Elementen zu messen. Das Zählgas besteht aus 94% Ar, 5% Äthylen u. 1% $N_2$. Optimale Bedingungen für die Auflösung der α-Spektren werden bei einem Druck von 160 cm Hg u. einer Anodenspannung von +1400 V festgestellt. Zur Aufnahme der Spektren wird die Technik mit niedrigem Background u. die Mehrkanal-Impulsanalyse verwendet. Es zeigt sich, daß die angewandte Meth. eine größere Energieauflösung u. bessere Zählstatistik als die Kernemulsionstechnik besitzt; die Empfindlichkeit dagegen ist kleiner. Ergebnisse aus Messungen an natürlichen Elementen u. isotop. angereicherten Proben werden erhalten für $^{142}Ce$, $^{144}Nd$, $^{146, 147, 148, 149}Sm$, $^{152}Gd$, $^{174}Hf$, $^{180}W$, $^{190}Pt$ u. $^{196}Hg$. GERHARD SCHMIDT. 103□

**Untersuchung der Polarisation von inneren Konversionselektronen bei Übergängen, die dem $\beta^-$-Zerfall schwerer Elemente folgen.** M. Je. Wischnewski, W. A. Ljubimow, Je. F. Tretjakow und G. I. Grischuk. (Журнал Экспериментальной и Теоретической Физики [J. exp. theoret. Physik] **38.** 1424—29. Mai 1960.) (Russ.; Auszug: Engl.)

An den β-Quellen $^{170}Tm$, $^{233}Pa$, $^{203}Hg$ u. $^{186}Re$ wurde die Polarisation der nach dem β-Zerfall emittierten Konversionselektronen durch MOTTsche Streuung an Au bestimmt. Bei Tm u. Re lag die Polarisation in Richtung der β-Emission, die Daten werden mit den theoret. verglichen, die Polarisation beträgt bei $^{170}$Tm 0,49 v/c. Bei Hg u. Pa sind die Konversionselektronen entgegengesetzt zur Richtung der β-Emission polarisiert. Für $^{203}$Hg hat der Grundzustand den Spin $5/2^+$ oder $3/2^+$, nicht jedoch $1/2^+$, für $^{233}$Pa folgt aus den Messungen 1/2 oder 3/2. M. WIEDEMANN. 103□

**Die Zerfallsenergie der Spaltprodukte von $^{235}$U.** I. J. Macbean. (Nuclear Power **5.** Nr. 49. 115—17. Mai 1960. Winfrith, Atom. Energy Establ.) (Engl.)

Vf. ermittelt aus den bekannten Strahlungswerten der Spalt-Prodd. u. Energiemessungen durch graph. Meth. die freiwerdende gesamte γ-Energie u. die Summe der γ- u. β-Energie als Funktion der Zerfallszeit. W. MENZ. 103□

**Vorhersagen der Halbwertszeiten der spontanen Spaltung für schwere Kerne.** David W. Dorn. (Physic. Rev. [2] **121.** 1740. 15/3. 1961. Livermore, Calif., Univ. of California, Lawrence Radiat. Labor.) (Engl.) — Vgl. SWIATECKI, C. **1956.** 7134.

Die Arbeiten von SWIATECKI (l. c.) über die Korrelation von Halbwertszeiten der spontanen Spaltung werden ausgedehnt u. an einigen Stellen revidiert. Der log der vorhergesagten Halbwertszeiten der spontanen Spaltung für ausgewählte Kerne wird bis zum Element 106 angegeben. Die auf dieser Basis erhaltenen Halbwertszeiten sind unerwartet hoch, so wird z. B. die partielle Halbwertszeit für Z = 106, A = 271 zu ca. 13 Jahren vorhergesagt. GERHARD SCHMIDT. 103□

**Über die Trennung der Borisotope durch chemischen Austausch.** B. P. Kisselew. (Атомная Энергия [Atomenergie] **9.** 312—13. Okt. 1960.) (Russ.)

Der Austausch zwischen gasförmigem $BF_3$ u. $BF_4^-$ wurde bei 20—30° untersucht, massenspektrometr. wurde eine Anreicherung des leichten Isotops $^{10}$B in der Gasphase gefunden. Der Verteilungs-Koeff. ergab sich im Mittel zu $1,028 \pm 0,008$.
M. WIEDEMANN. 104□

**Die Organisation der Isotopen-Produktion in Frankreich.** P. Tempus. (Neue Techn. [Zürich] **1.** Nr. 4. 9—18. Aug. 1959. Würenlingen, Reaktor AG.) (Dt.)

Vf. beschreibt die Isotopenproduktion im französ. Kernforschungszentrum Saclay. Bes. wird die Herst. von trägerarmem $^{32}P$, $^{3}H$, $^{131}J$ u. $^{137}Cs$ sowie die von Isotopen mit erhöhter spezif. Aktivität u. die von koll. $^{198}Au$ behandelt. H. HAUSWALD. 104□

**Kernenergie im Weltraum.** William R. Corliss. (Nucleonics **18.** Nr. 8. 58—63. Aug. 1960. Baltimore, Md., Martin Co.) (Engl.)

Gegenwärtiger Stand u. Aussichten der verschiedenen Energiequellen (chem., Radionuclide, Spaltung oder Fusion, solare Kollektoren usw.) für Weltraumfahrzeuge. Die RANKINE-Anlage mit $^{235}UO_2$ als Brennstoff, Rb als Wärmeübertrager u. einem Leistungsniveau von 1 MW (elektr.) erweist sich als aussichtsreich.
GERHARD SCHMIDT. 110□

**Neuere Entwicklungstendenzen auf dem Gebiet der Kernbrennstoff-Elemente.** 2. Mitt. O. Werner. (Kerntechnik **2.** 234—38. Juli/Aug. 1960. Berlin-Dahlem, Bundesanst. für Materialprüf.) (Dt.) — 1. vgl. C. **1961.** 9675.

Übersicht über die Eigg. der keram. Brennstoffe, bes. der Oxyde u. Carbide des U sowie der Umhüllungswerkstoffe. H. SCHIRRWITZ. 110□

**Reduzierung des Radioaktivitäts-Buildup in Druckwasserreaktoren.** William S. Brown und Carl A. Bergmann. (Nucleonics **18.** Nr. 7. 60—63. Juli 1960. Schenectady, N. Y., Alco Prod., Inc.) (Engl.)

Vff. untersuchen den Buildup der langlebigen $\gamma$-Aktivität im prim. Kühl-Syst. verschiedener Druckwasserreaktoren, hauptsächlich die Neutronenaktivierung der Reaktorbaustoffe u. den Transport der Aktivität durch das Primärsystem. Messungen am SM 1-Reaktor dienen zur Anzeige des Mechanismus des Buildup; Maßnahmen zur Herabsetzung des Buildup werden diskutiert. Es zeigt sich, daß der Grad des Buildup der Aktivität eine Funktion mehrerer Parameter ist, wobei der Korrosionsanteil der Materialien des Primär-Syst. sowie die nuclearen Eigg. des Core u. der Baustoffe von ausschlaggebender Bedeutung sind. Gerhard Schmidt. 110□

**Die Forschungen an der kontrollierten thermonuclearen Fusion in Saclay.** 2. Mitt. Jean Charon. (Ind. atom. **2.** Nr. 7—8. 115—23. 1958. Saclay.) (Franz.) — 1. vgl. C. **1961.** 12342.

Beschreibung der Vers.-Anordnungen u. der vorläufigen Ergebnisse.

Gerhard Schmidt. 112□

**Vergleich der Schemata von Kaskadengeneratoren zur Gewinnung von großen Strömen bei kleinen Impulsen.** A. A. Worobjew und Ss. F. Pokrowski. (Атомная Энергия [Atomenergie] **9.** 305—08. Okt. 1960.) (Russ.)

Die Resultate der Berechnung der Arbeitsweisen von Kaskadengeneratoren verschiedenen Typs nach verschiedenen Theorien werden mit den experimentellen Daten verglichen. M. Wiedemann. 112□

**Über den Verlust eines Bündels am Grenzradius im Phasotron.** W. P. Dmitrijewski, B. I. Samolodtschikow und W. W. Kolga. (Атомная Энергия [Atomenergie] **9.** 303—05. Okt. 1960.) (Russ.)

Behandelt wird die Resonanzwechselwrkg. radialer u. vertikaler Schwingungen nahe n = 0,25. Es wird untersucht, durch welche Effekte die Vergrößerung der Amplitude der vertikalen Schwingungen beim Vorhandensein einer azimutalen Inhomogenität des Magnetfeldes hervorgerufen wird. Als Beispiel sind zwei Phasotrons mit $E_k = 680$ u. $E_k = 57$ MeV angeführt. Der Durchgang durch die Resonanzzone ist graph. wiedergegeben. Die Abhängigkeit der maximalen Amplitude von der ersten Harmon. des Magnetfeldes wird für die beiden Beispiele ermittelt. Bei großen Phasotrons bestimmt die Resonanz den äußersten Radius, bis zu dem die Ionen beschleunigt werden.

M. Wiedemann. 112□

**Ein Beschleuniger mit einem spiralförmigen Feld.** Jiří Teichman. (Czechoslov. J. Physics **9.** 262—63. 1959. Prague, Res. Inst. of Vacuum Electron.) (Engl.)

Theoret. Beschreibung des Beschleunigungsprinzips für Elektronen.

L. Roth. 112□

**Einfluß des Streufeldes von Sektormagneten auf die doppelte Fokussierung eines Bündels.** Ju. A. Cholmowski. (Атомная Энергия [Atomenergie] **9.** 301—03. Okt. 1960.) (Russ.)

Der Einfl. des Streufeldes auf die vertikale Fokussierung geladener Teilchen wird behandelt u. eine Meth. zur Berechnung der Magnetsektoren bei doppelter Fokussierung unter Berücksichtigung des Streufeldes entwickelt. Auch die horizontale Fokussierung wird erörtert. M. Wiedemann. 112□

**Massenabhängige Ionensammelwirksamkeiten in einem Massenspektrometer.** Don A. Kubose und William H. Hamill. (J. physic. Chem. **65.** 183—84. Jan. 1961. Notre Dame, Ind., Univ. of Notre Dame, Dep. of Chem.) (Engl.)

Vff. untersuchen die Frage, welche Einfl. zu einer Unterschiedlichkeit der Sammelwirksamkeiten führen, die zwischen Ionen bei unterschiedlichem m/e sowie zwischen prim. u. sek. Ionen bestehen, die in verschiedenen Bereichen der Ionisationskammer auftreten. Das Verhältnis des bei gegebenem m/e gemessenen Ionenstroms $I_a$ zum gesamten, an einer negativen Rückstoßelektrode gemessenen Sättigungsstrom $I_t$ wurde für die Edelgase sowie für $CH_4$, $CD_4$, $C_2H_2$ u. $H_2S$ bestimmt. In den untersuchten m/e-Bereichen konnten außer bei niedrigem m/e für alle Rückstoßfelder nur eine geringe Unterschiedlichkeit des Verhältnisses festgestellt werden. H. Fries. 112□

**Die Messung von Zenti- und Milli-Mikrosekunden.** J. Piesch. (Atompraxis **5.** 482—87. 1959. Wien, TH.) (Dt.)

Es werden verschiedene Meth. u. Schaltungen zur Best. von Zeitintervallen der Größenordnung $10^{-8}$ bis $10^{-9}$ s beschrieben. G. Pankow. 112□

**Transistorisierter Verstärker für schnelle Proportionalzählung.** John B. S. Waugh und Roy W. Nicholson. (Nucleonics **18.** Nr. 7. 70—74. Juli 1960. Chalk River, Ont., A.E. of Canada Ltd.) (Engl.)

Vff. untersuchen Stromverstärker bei niedriger Eingangsimpedanz mit wirksamem Überspannungsschutz. Das Schaltschema des Verstärkers wird wiedergegeben.

Gerhard Schmidt. 112□

**Reduzierung der unechten Streuung in Ilford G-5- und K-5-Emulsionen.** B. Judek. (Nuovo Cimento [10] **16.** 834—47. 1/6. 1960. Ottawa, Nat. Res. Council, Div. of Pure Phys.) (Engl.) — Vgl. C. **1961.** 3981.

Durch Variation der Entw.-Bedingungen, bes. Erniedrigung der Entw.-Temp., wird eine beträchtliche Reduzierung der unechten Streuung in Kernspuremulsionen bei guten Korndichten im Falle geringer Spuren sowie gleichmäßiger Entw. in der Tiefe erzielt. H. SCHIRRWITZ. 112□

**Radioaktive Meßeinrichtungen für luftgekühlte Turbinenschaufeln.** 1. Mitt. **Test mit flüssiger Quelle für Hohlschaufeln und Flansche.** William J. Mayer, Walter H. Lange und William L. Shelly. (Nucleonics **18.** Nr. 7. 64—67. Juli 1960. Warren, Mich., Gen. Motors Corp., Res. Labor.; Indianapolis, Ind., Gen. Motors Corp., Allison Div.) (Engl.)

Diskussion des Problems, Oberflächendicken ohne Zerstören der Probe zu messen. Es zeigte sich, daß kompliziert geformte Gußformen mit einer $\gamma$-emittierenden Lsg. gefüllt werden können, wobei die durchgelassenen $\gamma$-Strahlen an geeigneten Oberflächenpunkten erfaßt werden. Bei den Verss. erweist sich die $\gamma$-Strahlung von $^{153}Sm$ als am geeignetsten. GERHARD SCHMIDT. 112□

**Radioaktive Meßeinrichtungen für luftgekühlte Turbinenschaufeln.** 2. Mitt. **Registrierende $\beta$-Meßanordnung für Kühlkanalwände.** Herbert E. Farmer. (Nucleonics **18.** Nr. 7. 67—68. Juli 1960. Lynn, Mass., Gen. Electr. Co.) (Engl.)

Vf. entwickelt eine registrierende $\beta$-Messung, bei der die Probe in den zu untersuchenden Kanal hineingebracht wird, während der Detektor unterhalb der Probe vorbeistreicht. Hierbei bestimmt die Zählrate, ob die Wandstärke des zu untersuchenden Objektes innerhalb der Toleranzen liegt. Als $\beta$-Quelle werden 0,3—0,4 mc $^{90}Sr$–$^{90}Y$ an der Spitze einer Hohlnadel aus rostfreiem Stahl benutzt. Der Detektor besteht aus einem Stilben-Scintillator von 1 in. Ø u. $^1/_{16}$ in. Dicke. GERHARD SCHMIDT. 112□

**Dichtebestimmung mit Gammastrahlen an biologischen Objekten.** H. Glubrecht, E. G. Niemann und H. Rundfeldt. (Atompraxis **5.** 237—39. Juni 1959. Hannover, TH, Inst. für gärtner. Pflanzenzücht. u. Inst. für Strahlenbiol.) (Dt.)

Beschreibung einer Meßapp. für die Dichtemessung an biolog. Objekten nach der $\gamma$-Absorptionsmeth. mit einem 2-mc-$^{137}$Cs-Präp., Halogenzählrohr u. transistorierten Zählgerät unter Erörterung spezieller biolog. Probleme. H. HART. 112□

**Über die Abgrenzung der Erdöl- und wasserhaltigen Schichten durch Verwendung von Elektronen- und Photonenbündeln.** W. I. Gomonai, I. Ju. Kriwski, N.W. Ryshkina, W. A. Schkoda-Uljanow und A. M. Parlag. (Атомная Энергия [Atomenergie] **9.** 313—15. Okt. 1960.) (Russ.)

Die Schwellen für die ($\gamma$, n)-Rk. der einzelnen Isotope $D$, $^{12}C$, $^{13}C$, $^{16}O$, $^{17}O$ u. $^{18}$O, die sich in W. u. in Petroleum finden, werden zusammengestellt. Hieraus wird die Zahl der Photoneutronen aus W. u. Petroleum in Abhängigkeit von der Elektronen- bzw. Photonenenergie berechnet. Bei ca. 8 MeV ist die Zahl der Photoneutronen in W. ($^{17}$O) etwa 40 mal kleiner als in Petroleum ($^{13}$C). Auch zwischen 17—21 MeV ist der Unterschied wesentlich, hier überwiegen die Photoneutronen aus Wasser. M. WIEDEMANN. 112□

**Neutronenspektroskopie mit nuclearen Explosionen.** Donald J. Hughes. (Nucleonics **18.** Nr. 7. 54—59. Juli 1960. Upton, N.Y., Brookhaven Nat. Labor.) (Engl.)

Vf. betrachtet die Möglichkeit der Weiterentwicklung der Neutronenspektroskopie durch Verw. von nuclearen Explosionen. Die Ergebnisse der Neutronenspektroskopiemessungen, die aus Neutronenresonanzparametern bestehen, liefern eine detaillierte Übersicht der Energieniveaus in einem sehr schmalen Bereich der Anregungsenergien von Compoundkernen für eine große Anzahl von Kernen. Die Energieniveaus erscheinen als Resonanzen in dem gemessenen Querschnitt, wenn dieser als eine Funktion der Neutronenergie aufgetragen wird. Verss. mit nuclearen Explosionen könnten die Ergebnisse der Messungen von Resonanzquerschnitten um eine Größenordnung verbessern. GERHARD SCHMIDT. 112□

**Neutronendosismessung.** Arnold Clare. (Nuclear Power **5.** Nr. 49. 117—18. Mai 1960. Harwell, AERE, Electron. Div.) (Engl.)

Übersicht. W. MENZ. 112□

**Dosimetrie mit Hilfe der Thermoluminescenz.** H. Stauffer. (Neue Techn. [Zürich] **1.** Nr. 4. 3—9. Aug. 1959. Bern, Univ., Physik. Inst.) (Dt.)

Vf. leitet die für die Wahl der Dosimetersubstanz grundlegenden Bedingungen ab. Unterss. an Dosimetern aus synthet., Mn-aktiviertem u. natürlichem Flußspat ergaben bei $\beta$- u. $\gamma$-Bestrahlung gute Meßgenauigkeit u. Reproduzierbarkeit, einen Dosisbereich von $10^{-3}$ bis $10^6$ r, lineare Abhängigkeit von der Dosis bis zu $10^4$ r, weitgehende Unabhängigkeit von der Zeit zwischen Bestrahlung u. Messung sowie von der Temp. (bis über 50°) bei u. nach der Bestrahlung u. von der Energie der $\gamma$-Strahlung (für Energien $>$ 200 keV). H. Hauswald. 112□

**Ein Nomogramm zur Berechnung des $\gamma$-Strahlenschutzes für eine punktförmige Strahlenquelle.** Konrad Sagel. (Atompraxis **5.** 229–32. Juni 1959. Frankfurt/M., Metallges. A. G., Metall-Labor.) (Dt.)

Nomogramm I dient zur Best. der Dosisleistung in einem bestimmten Abstand aus Aktivität u. Strahlenenergie. Damit entnimmt man aus Nomogramm II die Absorberdicken für Beton, Stahl, Pb u. $H_2O$, die (unter Berücksichtigung des Fano-Faktors) zur Schwächung der Strahlung auf eine bestimmte zulässige Dosisleistung erforderlich sind. H. Hart. 112□

**Berechnung der Dosis, die im bestrahlten Objekt bei seiner Bewegung im Strahlungsfeld einer linearen Quelle auftritt.** U. Ja. Marguliss, Ss. M. Stepanow und W. G. Chruschtschew. (Атомная Энергия [Atomenergie] **9.** 320. Okt. 1960.) (Russ.)

Die Dosis, die ein sich mit bestimmter Geschw. geradlinig bewegender Körper von einer linearen Strahlenquelle erhält, wird berechnet. M. Wiedemann. 112□

**Einfache calorimetrische Methode zur Messung der absoluten Energiedosis, die durch Substanzen in starken ionisierenden Strahlungsfeldern erhalten wird.** M. B. Fiweisski, Ju. Ss. Lasurkin und M. A. Mokulski. (Атомная Энергия [Atomenergie] **9.** 321–23. Okt. 1960.) (Russ.)

Zur Messung der von Substanzen in den Strahlungsfeldern starker Quellen absorbierten Energie eignet sich ein Calorimeter, bei dem der lineare Anstieg der Temp. über 2–3 Min. mittels Thermoelementen gemessen wird. Als Substanzen dienen Zylinder von 3 cm Ø u. 5 cm Höhe aus Polystyrol, Polyäthylen, Siliconkautschuk, Teflon oder geschmolzenem Quarz. Beispiele für die Dosisverteilung in Reaktorkanälen werden angeführt. M. Wiedemann. 112□

**Calorimetrische Messungen an einer Cäsium-137-Teletherapie-Einheit.** Paul N. Goodwin. (Radiation Res. **10.** 6–12. Jan. 1959. London, Royal Cancer Hosp., Inst. of Cancer Res., Phys. Dep.) (Engl.)

Es wird ein Calorimeter für die Röntgen- u. $\gamma$-Dosimetrie beschrieben, das als Absorber einen an Nylonfäden aufgehängten Pb-Zylinder (von 10,2 cm Ø u. 5,7 cm Höhe) u. als Temp.-Detektor einen Thermistor benutzt. Die Erprobung erfolgte mit einer 1400-c-Teletherapieanlage. Durch einen Vgl. zwischen den gemessenen Werten (in erg/cm$^2$) u. den Ergebnissen der mit Hilfe einer Fingerhutkammer durchgeführten Ionisationsmessungen konnte als Faktor für die Umrechnung bei 662 keV in r 2959 $\pm$ 44 erg/cm$^2$/r ermittelt werden. H. Hart. 112□

**Dosis der äußeren $\gamma$-Strahlung radioaktiver Niederschläge für 1959.** W. P. Schwedow, G. W. Jakowlewa und M. I. Shilkina. (Атомная Энергия [Atomenergie] **9.** 323–24. Okt. 1960.) (Russ.)

Mittels eines $\gamma$-Spektrometers wurde die Radioaktivität der Ndd. in den Jahren 1958 u. 1959 monatlich in der Nähe Leningrads registriert. Die Aktivitäten von $^{106}Ru$, $^{137}Cs$, $^{95}Zr$, $^{103}Ru$, $^{141}Cs$ sind angegeben. Die 30-a-Dosis, ausgehend von 1959, ergibt sich zu 19,2 mr. M. Wiedemann. 112□

**Erhöhung der Radioaktivität der Niederschläge in Hradec Králové (Tschechoslowakei) als Ergebnis der Kernexplosionsversuche in der Sahara.** W. Ssantgolser. (Атомная Энергия [Atomenergie] **9.** 324–26. Okt. 1960.) (Russ.)

Die Radioaktivität des Regenwassers im Liter sowie auch die der Ndd./km$^2$ wurde von 1956 an registriert. Infolge der Kernexplosion in der Sahara (3/2. 1960) stieg die Aktivität im März auf 23,38 mc/km$^2$ gegenüber 0,91 bzw. 0,55 im Februar u. Januar an. M. Wiedemann. 112□

**Amerikanischer Standpunkt über den Wert der Umgebungsüberwachung eines Reaktorstandortes.** W. B. Harris. (Nucleonics **18.** Nr. 8. 66–67. Aug. 1960. New York, N.Y., U.S. AEC, Health and Safety Labor.) (Engl.)

Aufstellung eines Untersuchungsprogramms für die Zeit vor der Inbetriebnahme des Reaktors, während des Betriebes u. nach einer möglichen Kontaminierung. Gerhard Schmidt. 112□

**Englischer Standpunkt über den Wert der Umgebungsüberwachung eines Reaktorstandortes.** H. J. Dunster. (Nucleonics **18.** Nr. 8. 67. Aug. 1960. U.K.A.E.A., Health and Safety Branch.) (Engl.) — Vgl. vorst. Referat.

Krit. Bemerkungen über die Bedeutung von Backgroundmessungen. Gerhard Schmidt. 112□

## $A_2$. Optisches Verhalten der Materie

**Das Spektrum von RR Telescopii zwischen Mai 1949 und August 1950.** Stuart R. Pottasch und Carlos M. Varsavsky. (Ann. Astrophysique **23.** 516—27. Juli/Aug. 1960. Harvard Coll. Observ.) (Engl.)

Vff. berichten über das Spektrum der Nova RR Telescopii vor, während u. kurz nach ihrem Helligkeitsmaximum. Die folgenden Linien, teils in Absorption, teils in Emission sind tabellar. aufgeführt. $H_\beta$–$H_8$, He I, He II, N III, Ca I, CaII, Mg II, Fe I, Fe II, Ti II, V II, Zr II, Sr II u. Sc II. C. GOTTFRIED. 113□

**Planetarische Nebel.** M. J. Seaton. (Rep. Progr. Physics **23.** 313—54. 1960. London, Univ. College, Dep. of Phys.) (Engl.)

Planetar. Nebel sind Gaswolken, die bestimmte heiße Sterne umgeben. Vf. deutet die beobachteten Daten als Funktion der Prozesse, die in einem ionisierten Gas geringer Dichte unter der Einwrkg. schwacher UV-Strahlung stattfinden, u. zeigt, wie man Informationen über die Dichte, die kinet. Temp. u. die chem. Zus. der Nebel sowie über die Natur des UV-Strahlungsfeldes gewinnen kann. Im einzelnen werden u. a. behandelt: H- u. He-Spektren, Übertragungsprobleme, die verbotenen Linien, Fluorescenzmechanismus, chem. Zuss., Größe ionisierter Bereiche, Stern-Tempp. u. Zustandsgleichung. D. JÖRCHEL. 113□

**Innere Kinematik bei planetarischen Nebeln.** O. C. Wilson. (Rev. mod. Physics **30.** 1025—29. Juli 1958. Carnegie Institution of Wash., Mt. Wilson and Palomar Observ.; Pasadena, Calif., California Inst. of Technol.) (Engl.)

Mit Hilfe eines modernen COUDÉ-Spektrographen werden Beobachtungen an planetar. Nebeln vorgenommen, welche Schlüsse auf die innere Kinematik zulassen. M. VOGELMANN. 113□

**Über die Abkühlung interstellarer Materie.** E. Schatzman. (Rev. mod. Physics **30.** 1009—11. Juli 1958. Paris, Inst. d'Astrophys.) (Engl.)

Das Problem der Temp.-Änderungen im interstellaren Raum wird beleuchtet. M. VOGELMANN. 113□

**Über die Kondensation interstellarer Materie.** E. Schatzman. (Rev. mod. Physics **30.** 1012—1014. Juli 1958.) (Engl.) — Vgl. vorst. Referat.

Vf. untersucht die hydrodynam. Eigg. von interstellarer Materie unter Berücksichtigung der Strahlungseinflüsse. M. VOGELMANN. 113□

**Anregungsmechanismus der Swan-Banden der Kometen.** A. Stawikowski und P. Swings. (Ann. Astrophysique **23.** 585—93. Juli/Aug. 1960. Liège, Univ., Inst. d'Astrophys.) (Franz.)

Vff. führen zunächst aus, daß auf den sehr hoch aufgelösten Spektrogrammen des Kometen Mrkos (1957) die hauptsächlichsten Merkmale der Rotationsstruktur der SWAN-Banden gut ersichtlich sind. Innerhalb der (1—0)- u. (2—1)-Übergänge beobachtete Intensitätsanomalien werden auf die Ggw. von Absorptionslinien in der anregenden Sonnenstrahlung zurückgeführt. Es wird bewiesen, daß die SWAN-Banden durch Fluorescenz angeregt werden, obwohl ihr tieferes Niveau $^3\pi_u$ nicht der elektron. Grundzustand von $C_2$ ist. C. GOTTFRIED. 113

**Lebensdauer der 6300 Å-Linie von atomarem Sauerstoff im Nordlichtspektrum.** W. Stoffregen und H. Derblom. (Nature [London] **184.** 28—29. 2/1. 1960. Uppsala, Res. Inst. of Nat. Defence, Ionospheric Observ.) (Engl.)

Vff. messen die Intensitätsänderung der roten (6300 Å-) Linie von O im Nordlicht in bezug auf den Intensitätsverlauf der 4278 Å-Linie von $N_2^+$. Die Verzögerungszeiten betragen für den Anstieg im Mittel 110 s., für den Abfall 175 s; die Verzögerung im Beginn der Emission entspricht dem theoret. Wert der Lebensdauer metastabil angeregter O-Atome, wird jedoch beim Emissionsabfall größer. HERBERT MÜLLER. 113□

**Eine Nordlichtemission im 2,0—2,2 $\mu$-Gebiet.** J. F. Noxon und A. Vallance Jones. (J. atmospheric terrestr. Physics **18.** 341—43. Aug. 1960. Saskatoon, Univ. of Saskatchewan, Dep. of Phys.) (Engl.)

Mit Hilfe eines neuen, abtastenden Spektrums konnten Vff. während eines bes. hellen akt. roten Nordlichts vom Typ B eine Emission bei ca. 2,14 $\mu$ beobachten. Sie wurde der 0,2-Bande des MEINELschen $N_2^+$-Syst. zugeschrieben. C. GOTTFRIED. 113□

**Atomformfaktor eines Elektrons im Thomas-Fermi-Atom.** T. Tietz. (J. chem. Physics **31.** 1686—87. Dez. 1959. Łódź, Poland, Univ. of Łódź, Dep. of Theoret. Phys.) (Engl.) — Vgl. C. **1960.** 371.

Vf. berechnet den Formfaktor eines K-Elektrons in einem Atom, dessen Elektronendichte durch die THOMAS-FERMI-Funktion beschrieben wird, unter Verw. einer l. c. angegebenen Näherungs-Lsg. der radialen SCHRÖDINGER-Gleichung. D. JÖRCHEL. 114□

**Relaxationslösung der atomaren Thomas-Fermi-Gleichung.** J. R. Townsend und G. S. Handler. (J. chem. Physics **31.** 1689—90. Dez. 1959. Pittsburgh, Pa., Univ. of Pittsburgh, Radiat. Labor.; Westinghouse Res. Labor.) (Engl.)

Vff. wenden die bei der Behandlung mol. Probleme oft benutzte Relaxations-Meth. (LIEBMANN 1918) auf das atomare THOMAS-FERMI-Problem an. Die mit einer IBM 650 gewonnenen Ergebnisse sind tabellar. angegeben. D. JÖRCHEL. 114□

**Analytische Methoden der Self-consistent-Feldtheorie von Hartree-Fock.** S. Huzinaga. (Physic. Rev. [2] **121.** 131—38. 1/4. 1961. Chicago, Ill., Univ. of Chicago, Dep. of Phys., Labor. of Mol. Structure and Spectra.) (Engl.)

Vf. entwickelt zwei Alternativschemata zur Best. der elektron. Self-consistent-Feld-Bahnen in Atomen u. Molekülen. Beide Schemata beruhen auf dem Grundgedanken, daß die Self-consistent-Feld-Bahnen als Funktion geeigneter Basisfunktionen entwickelt werden, u. sind bes. zur Anwendung auf Elektronenkonfigurationen bestimmt, die aus 2 offenen Schalen bestehen. D. JÖRCHEL. 114□

**Der Grundzustand von Wasserstoff nach der Rydberg-Klein-Rees-Methode.** J. T. Vanderslice, E. A. Mason und W. G. Maisch. (J. molecular Spectroscopy **3.** 17 bis 29. Febr. 1959. College Park, Md., Univ. of Maryland, Inst. for Mol. Phys.) (Engl.)

Am $X^1\Sigma_g$-Zustand des $H_2$ wurde die REES-Modifikation der graph. KLEIN-RYDBERG-Meth. zur Ermittlung von Potentialenergiekurven ohne Benutzung von empir. Funktionen erprobt. Die Ergebnisse wurden mit dem Experiment verglichen. Die Potentialkurve stimmt zwischen 0,5 u. 2,0 Å mit der von HIRSCHFELDER u. LINNETT angegebenen überein. G. HEINSOHN. 114□

**Durch 200-keV-Protonenstoß auf Helium induzierte Spektren.** R. H. Hughes, R. C. Waring und C. Y. Fan. (Physic. Rev. [2] **122.** 525—28. 15/4. 1961. Fayetteville, Ark., Univ. of Arkansas, Phys. Dep.) (Engl.)

Die durch Stoß von 200-keV-Protonen auf He angeregten Spektren wurden im Spektralbereich von 3500—6000 Å beobachtet. $^1$S-Zustände scheinen stark angeregt zu werden. Absolute Querschnitte für die direkte Anregung der 4 $^1$S- u. 5 $^1$S-Zustände von neutralem He sowie für die gleichzeitige Ionisation u. Anregung in den n = 4-Zustand von $He^+$ wurden bestimmt. Von den intensiveren Linien verhielten sich nur die 2 $^1$P–n $^1$S-Linien u. die He II-$\lambda$ 4686-Linie linear mit dem Druck. Triplettspektren wurden beobachtet, bei denen die 2 $^3$P—n $^3$D-Linien vorherrschen. Die Besetzungen der 4 $^3$D- u. 4 $^1$D-Zustände wurden als Funktion eines direkten Mechanismus u. Stoßes 2. Art analysiert. Eine sehr schwache DOPPLER-verschobene $H_\beta$-Linie wurde nachgewiesen. Bei einer Interpretation dieser Linie durch Ladungsaustausch wird für den Querschnitt des Elektroneneinfangs in den n = 4-Zustand von H größenordnungsmäßig $8\cdot10^{-21}$ cm$^2$ erhalten. HERBERT WEBER. 118□

**Spektrum und Termsystem von dreifach ionisiertem Silicium, Si IV.** Yngve G. Toresson. (Ark. Fysik **17.** 179—92. 1960. Lund, Univ., Phys. Dep.) (Engl.)

Das Spektrum von 3fach ionisiertem Si wurde im Bereich von 10000—400 Å mit Hilfe eines Vakuumfunkens aufgenommen. 58 Linien oberhalb 2000 Å wurden klassifiziert, von denen 34 bisher unbekannt waren. Die schwachen Aufspaltungen der Terme 3d, 4d u. 5d $^2$D wurden bestimmt. G. HEINSOHN. 118□

**Das Absorptionsspektrum von $Pm^{3+}$ in $D_2O$ und DCl.** J. B. Gruber und J. G. Conway. (J. inorg. Nuclear Chem. **14.** 303—05. Aug. 1960. Berkeley, Calif., Univ. of California, Lawrence Radiat. Labor.) (Engl.)

Das Spektrum von $Pm^{3+}$-Lsgg. in $D_2O$ u. DCl wurde zwischen 2600 u. 19000 Å aufgenommen u. eine neue Struktur im UV gefunden. Ferner wurden die molaren Extinktions-Koeff. für alle Banden zwischen 2600 u. 8233 Å berechnet. G. HEINSOHN. 118□

**Niedrige gerade Konfigurationen im ersten Spektrum von Thorium (Th I).** R. E. Trees. (Physica [Utrecht] **26.** 353—60. Mai 1960. Washington, D.C., Nat. Bur. of Stand.) (Engl.)

Die Lage von 21 bekannten Termen in den Konfigurationen $6d^2\,7s^2$ u. $6d^3\,7s$ von Th I wurden mit Hilfe einer Rechenmaschine mit einem mittleren Fehler von $\pm$ 143 cm$^{-1}$ u. die entsprechenden g-Faktoren ermittelt u. mit den gemessenen Werten bei guter Übereinstimmung verglichen. Weitere Vgl. beziehen sich auf die entsprechenden Terme bei Th II u. Th III. G. HEINSOHN. 118□

**Die Konfiguration $3d^n4p$ in den zweiten Spektren der Eisengruppe.** Giulio Racah und Nissan Spector. (Bull. Res. Council Israel, Sect. F **9F.** 75—92. Nov. 1960. Jerusalem, Hebrew Univ.) (Engl.)

Die Terme der $3d^n4p$-Konfiguration in den zweiten Spektren der Eisengruppe werden berechnet u. mit dem vorliegenden experimentellen Zahlenmaterial verglichen. Für die Wechselwrkg.-Parameter werden Interpolationsformeln angegeben. G. HEINSOHN. 118□

**Emissionsspektrum von Wismutmonochlorid.** 1. Mitt. **Die Schwingungsanalyse des Systems 6170–4220 Å.** Putcha Venkateswarlu und Baij Nath Khanna. (Proc. Indian Acad. Sci., Sect. A **51.** 14–27. Jan. 1960. Aligarh, Muslim Univ., Dep. of Phys.) (Engl.)

Im Spektrum von BiCl, das mit Hilfe einer elektr. Entladung angeregt war, wurden spektrographiert u. ca. 390 Banden beobachtet, von denen 140 bisher bekannt waren. Die Schwingungsanalyse ergab die gleichen Konst. wie die von MORGAN (Physic. Rev. [2] **49.** [1936.] 41) aus Absorptionsmessungen ermittelten. Es scheint, daß der obere Term des Syst. in $Bi(^4S_{3/2}) + Cl(^2P_{1/2})$ u. der untere in $Bi(^4S_{3/2}) + Cl(^2P_{3/2})$ dissoziiert. Die Dissoziationsenergiewerte ergaben sich zu $D_0' = 3750\ cm^{-1}$ bzw. $D_0'' = 24614\ cm^{-1}$.
G. HEINSOHN. 118□

**Lokalisierte Schwingungen in Kristallen und scharfe Strukturen in den optischen Absorptionsspektren.** Robert Englman. (Philos. Mag. [8] **5.** 691–95. Juli 1960. Haifa, Israel Inst. of Technol., Dep. of Phys.) (Engl.)

Am langwelligen Ende des Absorptionsspektrums von Ionenkristallen treten gelegentlich überlagerte scharfe Spitzen auf. In einer qual.-theoret. Betrachtung zeigt Vf., daß dabei den Vibrationsbanden des reinen Kristalles durch Störungen im Kristallbau oder Verunreinigungen bedingte spezif. Anregungsvorgänge überlagert sind, die aus Änderungen des Kraftfeldes des absorbierenden Ions resultieren. Als Beispiele sind die Absorptionskurven von *MgO* u. $Al_2O_3$ mit Störungen durch *Cr*-Ionen dargestellt.
W. REUSSE. 118□

**Messung von Absorption, Durchlässigkeit, Zerstreuung.** 1. Mitt. **Allgemeines.** G. Bauer. (Arch. techn. Messen ind. Meßtechn. **1959.** 65–68. April. Braunschweig, Phys.-Techn. Bundesanst.) (Dt.)

Definition von Absorption, Durchlässigkeit, Zerstreuung u. Reflexion unter bes. Berücksichtigung des Einfl. der Richtungsverteilung u. der Wellenlänge der Strahlung sowie der Absorption monochromat. Strahlung in opt. klaren Stoffen. R. JUNGE. 119□

**Optische Eigenschaften dünner Filme.** O. S. Heavens. (Rep. Progr. Physics **23.** 1–65. 1960. Englefield, Surrey, Royal Holloway Coll.) (Engl.)

Zusammenfassender Bericht über das opt. Verh. eines Einzelfilms, die Mehrschichtentheorie, Messungen von Filmdicken u. opt. Konst., experimentelle Ergebnisse, Meth. zur Kontrolle von Filmdicken, Anwendungen von dünnen Filmen in der Optik (antireflektierende u. hochreflektierende Syst., Interferenzfilter, Polarisatoren u. Wärme absorbierende Syst.) sowie im Anhang über den Brechungsindex transparenter Stoffe in Form dünner Filme u. die opt. Konst. opaker Metallfilme. D. JÖRCHEL. 119□

**Farbzentren in Alkalihalogenidkristallen.** M. C. R. Symons und W. T. Doyle. (Quart. Rev. [chem. Soc., London] **14.** 62–76. 1960. Southampton, Univ.) (Engl.)

Übersicht über Elektronenüberschuß- u. -defizitzentren in Jodiden, Bromiden u. Chloriden sowie über die Effekte des Einbaus von Hydrid-, Hydroxyd-, Erdalkali- u. Übergangsmetallionen. — 75 Literaturangaben (bis 1959). P. GOLINSKE. 119□

**Photochemisch erzeugte Farbzentren in KCl und KBr.** John A. Cape. (Physic. Rev. [2] **122.** 18–25. 1/4. 1961. Urbana, Ill., Univ. of Illinois, Dep. of Phys.) (Engl.) — Vgl. C. **1961.** 7481.

Vf. belichtete KCl- u. KBr-Kristalle bei 15° K mit ungefilterter Hg-Bogenstrahlung u. beobachtete für den Fall, daß vor der Bestrahlung eine „OH"-Bande im Kristall existierte, das Auftreten eines opt. Absorptionsspektrums, wie es ähnlich durch Röntgenstrahlen bei 15° K erzeugt wird. Die in KCl durch UV-Strahlung gebildete 335-m$\mu$-Bande wird therm. bei 56° K wie die durch Röntgenstrahlung erzeugte 335-m$\mu$-H-Bande gebleicht. Die 381-m$\mu$-Bande in KBr bleicht in Stufen bei 35, 46, 56 u. 80° K, die durch Röntgenstrahlung erzeugte 381-m$\mu$-H-Bande bei 30, 46, 56 u. 80° K. In KCl u. in KBr erscheint die $V_1$-Bande mit dem Verschwinden der H-Bande; wie im Falle der Röntgenbestrahlung wird die H-Bande durch Belichtung der $V_1$-Bande regeneriert. Die H-Zentren werden offenbar therm. durch Diffusion nach u. Kombination mit anderen Farbzentren gebleicht; die Rekombination mit F- u. $\alpha$-Zentren vernichtet die H-Zentren u. führt auf die Bldg. von $V_k$-Zentren, während die Rekombination mit einem 3. Zentrum die Bldg. von $V_1$-Zentren bewirkt. Ebenso wie F- u. H-Zentren werden durch UV-Bestrahlung auch U-, $U_1$-, $U_2$-, $O^-$- u. $\alpha$-Zentren erzeugt. Die photoerzeugte F-Bande läßt sich opt. mit vernachlässigbarer Wrkg. auf die H-Bande bleichen, da die Anzahl der F-Zentren im Verhältnis zur Zahl der H-Zentren wesentlich geringer als in röntgenbestrahlten Kristallen ist. D. JÖRCHEL. 119□

**Über die Polarisation der anomalen Ramanstreuung erster Ordnung in den Kristallen von Alkalihalogeniden.** P. P. Pawinski. (Вестник Ленинградского Университета, Серия Физики и Химии [Nachr. Leningrader Univ.] **12.** Nr. 22. [Ser. Physik Chem.] Nr. 4. 51–61. 1957.) (Russ.; Auszug: Engl.)

Auf Grund der Wellenfunktion des schwach gebundenen Elektrons im Gitter eines Alkalihalogenidkristalls u. des Streuungs- u. Polarisationstensors des gestreuten Lichts werden Gleichungen entwickelt. Es zeigt sich, daß die Polarisation der Raman-Streuung 1. Ordnung, die bei einigen Alkalihalogenidkristallen beobachtet wird, durch die Lichtstreuung durch schwach gebundene Elektronen oder Löcher in der Nähe von Gitterunvollkommenheiten zu erklären ist. Die kub. Symmetrie des Gitters wird berücksichtigt. R. K. Müller. 120☐

**Ramanspektren von $H_2O$ und $D_2O$ bei verschiedenen Temperaturen.** W. I. Walkow und G. L. Masslenkowa. (Вестник Ленинградского Университета, Серия Физики и Химии [Nachr. Leningrader Univ.] **12.** Nr. 22. [Ser. Physik Chem.] Nr. 4. 8–13. 1957.) (Russ.; Auszug: Engl.)

Die Raman-Spektren hoher Frequenzen von $H_2O$-Einkristallen bei 0, –25, –70, –170 u. –196° u. von $D_2O$-Einkristallen bei 0, –70 u. –170° werden tabellar. mitgeteilt. Die Linien 3145 ($cm^{-1}$) von $H_2O$ (bei 0°) u. 2327 von $D_2O$ beruhen auf symm. Schwingung, die Linien 3250 bzw. 2447 auf antisymm. Schwingung, die schwachen Linien 1663 bzw. 1230 auf Deformationsschwingung. Andere aufgeführte Linien sind auf Wechselwrkg. zwischen diesen Schwingungen u. intermol. Schwingungen zurückzuführen. R. K. Müller. 120☐

**Die Rotationsanalyse der Banden (2,5) und (2,6) im $\gamma$-Bandensystem des NO-Moleküls.** Edith Koczkás. (Acta physica Acad. Sci. hung. **10.** 117–20. 1959. Budapest, Centr. Res. Inst. of Phys., Dep. of Spectr.) (Engl.)

Es wurde eine Rotationsanalyse der (2,5)- u. (2,6)-Banden im $\gamma$-Syst. von NO durchgeführt u. mit den Werten anderer Autoren krit. verglichen. G. Heinsohn. 120☐

**Das Absorptionsspektrum wässeriger Säure- und Alkalihydroxydlösungen im Wellenlängenbereich von 2,5 bis 9$\mu$.** Th. Ackermann. (Z. physik. Chem. [Frankfurt/M.] [N.F.] **27.** 253–76. Febr. 1961.) (Dt.)

Das IR-Spektrum von wss. *NaOH-*, *KOH-*, *HCl-* u. *HBr*-Lsgg. wurde unter Benutzung einer hierfür eingerichteten Meßküvette mit kontinuierlich verstellbarem Plattenabstand im Wellenlängenbereich von ca. 2,5–9 $\mu$ aufgenommen. Aus den bei verschiedenen, z. T. sehr kleinen Schichtdicken ($d < 5\,\mu$) gemessenen Durchlässigkeiten ließen sich die Extinktions-Koeff. der Lsgg. für eine Reihe von Konzz. ermitteln. Das Spektrum der Lsgg. wird mit dem des reinen $H_2O$ verglichen. Es zeigt sich in jedem Falle eine mit der Konz. der genannten Elektrolyte stark zunehmende, kontinuierliche Zusatzabsorption im gesamten Wellenlängenbereich oberhalb 3 $\mu$. Außerdem ist im Falle der hochkonz. Lsgg. eine Verschiebung des Absorptionsmaximums der symm. Deformationsschwingung der $H_2O$-Moll. nach größeren Wellenzahlen hin zu beobachten. Das der O–H-Valenzschwingung entsprechende Maximum wird dagegen etwas zu kleineren Wellenzahlen hin verschoben. Gelöste Salze wie z. B. NaCl oder KBr bewirken nur sehr geringfügige Änderungen im Absorptionsspektrum des $H_2O$. Der Einfl. der gelösten Alkalihydroxyde auf das IR-Spektrum des $H_2O$ unterscheidet sich prakt. nicht von den an Lsgg. der Halogenwasserstoffsäuren beobachteten Veränderungen. Offenbar handelt es sich hier um einen durch die $H_3O^+$- u. $OH^-$-Ionen in gleicher Weise bedingten Effekt. Die Meßergebnisse werden im Zusammenhang mit der Hydratation u. der Extrabeweglichkeit dieser lösungsmitteleigenen Ionen diskutiert. Daraus ergibt sich, daß die an Säure-Lsgg. beobachteten Veränderungen des IR-Spektrums von reinem $H_2O$ auch in Alkalihydroxyd-Lsgg. auftreten u. daher nicht eindeutig dem $H_3O^+$-Ion zugeordnet werden können, u. daß die OH-Ionen in wss. Lsg. ebenso wie die $H^+$-Ionen einen Hydratkomplex mit einer größeren Anzahl von $H_2O$-Moll. bilden, dessen Lebensdauer die Geschw. des elektrolyt. Ladungstransportes durch diese Ionen bestimmt. E. Klever. 120☐

**Spektrale Strahlungsemission von Glas.** J. R. Beattie und E. Coen. (Brit. J. appl. Physics **11.** 151–57. April 1960. St. Helens, Lancashire, Pilkington Bros. Ltd.) (Engl.)

Es wird die spektrale Strahlung, die normal von der Oberfläche einer dünnen Glasplatte, die im Innern eine bestimmte Temp.-Verteilung hat, ausgesandt wird, für den Wellenlängenbereich von 1,0–6,0 $\mu$ berechnet. Ein auf Grund dieser Ergebnisse entworfenes Strahlungspyrometer, das sowohl die Temp. der Oberfläche als auch die im Innern der Glasplatte messen kann, wird beschrieben. Es besteht aus zwei Detektoren, die mit je einem Filter zum Empfang der Oberflächenstrahlung bzw. der Strahlung aus dem Innern der Glasplatte ausgestattet sind. H. Lindberg. 120☐

**Wechselwirkung der intramolekularen und intermolekularen Schwingungen der Wassermoleküle in Gipskristallen.** A. I. Stechanow. (Вестник Ленинградского Университета, Серия Физики и Химии [Nachr. Leningrader Univ.] **12.** Nr. 22.

[Ser. Physik Chem.] Nr. 4. 62—69. 1957.) (Russ.; Auszug: Engl.) — Vgl. C. **1957.** 7846 u. **1959.** 9464.

Das in Aufnahme wiedergegebene RAMAN-Spektrum von Gips wird tabellar. zugeordnet u. als Mikrophotogramm für 3000—4400 ($cm^{-1}$) dargestellt. Die Banden bei 2217, 4010 u. 4100 werden auf eine Wechselwrkg. zwischen der gerichteten, intermol. Schwingung des W. im Kristall u. der inneren Schwingung der Wasser-Moll. zurückgeführt, die Linie 2637 auf die Wechselwrkg. der Deformationsschwingung des Wasser-Mol. mit der vollsymm. Schwingung von $SO_4^{2-}$. R. K. MÜLLER. 120□

**Anwendung der Infrarotspektroskopie zur Untersuchung der Adsorption einiger Olefine an Aluminiumsilicatkatalysatoren.** S. A. Markowa. (Оптика и Спектроскопия [Optik u. Spektroskopie] **2.** 814—16. Juni 1957.) (Russ.)

In Zusammenhang mit der Unters. der Polymerisation von Isobutylen (**I**) an Al-Silicat (**II**) wird die Adsorption einiger Olefine an **II**-Pulver untersucht, indem die IR-Durchlässigkeit von **II**-Pulver auf Glimmer in Ggw. u. Abwesenheit von Olefinen geprüft wird. In 11tägigen Verss. bei gewöhnlicher Temp. u. gewöhnlichem Druck polymerisiert **I** an **II**, Äthylen (**III**) nicht. Die Banden der C—H-Valenzschwingungen in $>CH_2$-Gruppen (bei gasförmigem **III** 3075, 3130 $cm^{-1}$) sind aber nach 3000 u. 3100 verschoben, was für eine Wechselwrkg. der $>CH_2$-Gruppen mit **II** spricht. Im Spektrum von **I** kommen zu den C—H-Valenzschwingungsbanden bei 2940 u. 2970 noch Banden bei 3050, 2830, 2880 u. 2670 hinzu, andere Banden zeigen Verschiebungen gegenüber dem Spektrum von reinem **I**. Die Bande 3050 wird wie obige Banden des **III** erklärt. Das Auftreten einer breiten H-Bindungsbande in der Gegend 3 $\mu$ deutet auf Wechselwrkg. von OH-Gruppen des **II** mit **I** hin. R. K. MÜLLER. 120□

**Schwingungsenergieaustausch zwischen zweiatomigen Molekülen und einer Oberfläche.** Robert Herman und Robert J. Rubin. (J. chem. Physics **29.** 591—99. Sept. 1958. Detroit, Mich., Gen. Motors Corp., Res. Staff.) (Engl.) — Vgl. C. **1960.** 15646.

Vff. leiten explicit die Schwingungsenergieverteilung im stationären Zustand für verschiedene Schwingungsenergieverteilungen in einem auf eine Oberfläche auffallenden Mol.-Strahl ab. K. FRENKLER. 120□

**Hyperfeinstruktur des metastabilen $^3P_2$-Zustandes des $^{83}$Kr nach der Atomstrahl-Resonanzmethode.** Hajo Kuiper und Helmut Friedburg. (Naturwissenschaften **48.** 69. 1. Febr.-H. 1961. Heidelberg, Univ., I. Phys. Inst.) (Dt.)

Mit Hilfe der magnet. Atomstrahlresonanz-Meth. wurde die Hyperfeinstrukturaufspaltung des metastabilen Zustandes $^3P_2$ von $^{83}$Kr gemessen u. die magnet. Dipol- bzw. elektr. Quadrupol-Konst. bestimmt. Das elektr. Kernquadrupolmoment ergab sich zu $Q = +(0{,}249 \pm 0{,}008)\cdot 10^{-24}$ $cm^2$. G. HEINSOHN. 121□

**Die Hyperfeinstruktur einiger Uran- und Americium-Linien im Bereich 1,6 bis 2,1 Mikron.** R. Beer und L. Bovey. (Proc. physic. Soc. **76.** 569—74. Okt. 1960. Manchester, Univ., Phys. Labor.; Harwell, Atom. Energy Res. Establ., Spectroscopy Group, Chem. Div.) (Engl.)

Die Spektren von *U, Np, Pu* u. *Am* wurden im Bereich 1,6—2,1 $\mu$ untersucht, als Quellen dienten die Jodide, zusammen mit Ne von 2 mm Druck. Sie wurden durch Mikrowellen (2425 MHz) angeregt. Durch Kombination eines Gitterspektrometers u. eines Hochdruck-FABRY-PEROT-Interferometers mit $\lambda/4$-Schichten von ZnS u. Kryolit als dielektr. Überzüge konnte eine Auflösung von ca. 250000 erhalten werden u. so die magnet. Hyperfeinstruktur mehrerer Linien des U (Mischung $^{235}$U, $^{236}$U u. $^{238}$U) u. des $^{241}$Am aufgeklärt werden. M. WIEDEMANN. 121□

**Die Hyperfeinstrukturaufspaltung des Grundzustandes $^2S_{1/2}$ und das magnetische Kerndipolmoment von $^{197}$Au.** Ekkehard Recknagel. (Z. Physik **159.** 19—32. 1960. Heidelberg, Univ., I. Phys. Inst.) (Dt.)

Die Hyperfeinstruktur des Grundzustandes 6s $^2S_{1/2}$ u. das kernmagnet. Dipolmoment von $^{197}$Au wurden mit Hilfe der Atomstrahlresonanz-Meth. untersucht. Es ergaben sich die Hyperfeinstrukturverschiebungen zu $\Delta\nu$ ($^2S_{1/2}$) = (6099,309 ± 0,010) MHz u. das magnet. Dipolmoment zu $\mu_I$ ($^{197}$Au) = +(0,1445 ± 0,0015) $\mu_K$. G. HEINSOHN. 121□

**Submillimeterwellen durch harmonische Erzeugung aus Kaltkathodenbögen.** K. D. Froome. (Nature [London] **183.** 43—44. 1/10. 1960. Teddington, Middlesex, Nat. Phys. Labor., Stand. Div.) (Engl.) — Vgl. C. **1961.** 6041.

Vf. berichtet über einige Ergebnisse, die bei Verss. mit dem l. c. beschriebenen Hg-Bogen-Mikrowellengenerator unter Verw. fester Kathoden gewonnen wurden. Es zeigte sich, daß bei hohen Gasdrucken (z. B. 20 at Ar) der Zerfall des Kathodenmaterials unter der Wrkg. des Kathodenflecks stark verringert wird. Der Kathodenfleck emittiert mit sehr hoher Stromdichte, während die Kathode selber „kalt" bleibt. Bei einer Ca-Kathode konnte die 9. Harmon. bei 315 GHz ($\lambda$ = 0,95 mm) nachgewiesen werden; der maximale Ausgang betrug ca. $10^{-8}$ W. Bei Anpassung des Ausgangs-Syst. an den Bogen sollten ca. $10^{-6}$ W erreichbar sein. D. JÖRCHEL. 121□

**Messungen an rauschenden Vierpolen bei Mikrowellenfrequenzen.** M. T. Vlaardingerbroek, K. S. Knol und P. A. H. Hart. (Philips Res. Rep. **12.** 324–32. Aug. 1957. Eindhoven.) (Engl.)

Vff. geben eine neue Meß-Meth. für die Rauschkennzahlen rauschender linearer Vierpole an. Die Anwendung auf Mikrowellen zeigt, daß die Meth. sehr einfach ist, wenn der Vierpol an den Wellenwiderstand des Hohlraumleiters angepaßt wird. Als Beispiel werden die experimentell an einem Triodenverstärker für Zentimeterwellen gewonnenen Ergebnisse mitgeteilt. D. JÖRCHEL. 121□

**Über die Vielfach-Übergänge und die thermische Ionisation lokalisierter Niveaus im Konfigurationsmodell.** Daniel Curie. (C. R. hebd. Séances Acad. Sci. **247.** 1843–46. 24/11. 1958.) (Franz.)

Theoret. Arbeit. H. SCHIBILLA. 125□

**Über photoelektrische Erscheinungen in luminescierenden Pulvern von ZnS–Cu (Ni, Fe, Co) und ZnS–CdS–Cu.** U. Ch. Nymm. (Известия Академии Наук СССР, Серия Физическая [Nachr. Akad. Wiss. UdSSR, physik. Ser.] **23.** 1286–89. Nov. 1959. Tartusk, Dorpat, Univ.) (Russ.)

Vf. untersuchte nach der Kondensator-Meth. die photoelektr. Erscheinungen an ZnS–CdS–Cu-Phosphoren mit einem CdS-Geh. von 45, 35, 25, 18, 8 u. 0% u. an ZnS–Cu (Ni, Fe, Co, ZnO)-Phosphoren. Der Einfl. des CdS-Geh. besteht in der Verschiebung des lichtelektr. Effekts nach längeren Wellenlängen. Ferner werden die Temp.-Abhängigkeit, die Anregungsspektren der Luminescenz u. das therm. Ausleuchten beschrieben. D. HOENE. 125□

**Untersuchung des photodielektrischen Effektes in einem ZnS–Cu, Fe-Phosphor.** P. Je. Ramasanow. (Известия Академии Наук СССР, Серия Физическая [Nachr. Akad. Wiss. UdSSR, physik. Ser.] **23.** 1290–93. Nov. 1959. Tomsk, Kuibyschew-Univ., Sibir. physik.-techn. Inst.) (Russ.)

Vf. vergleicht die Temp.-Abhängigkeit des photodielektr. Effektes bei verschiedenen Frequenzen mit der theoret. Abhängigkeit für den Fall der Wärme-Ionen-Polarisation. An Proben von ZnS–Cu, Fe (Cu $10^{-4}$, Fe $10^{-5}$) wird bei den Frequenzen 90,2 kHz, 282 kHz, 2,94 MHz u. 9,69 MHz bei Anregung des Phosphors bis zum Gleichgewichtszustand u. bei verschiedenen Stadien der Auslöschung seine Phosphorescenz beobachtet. Die Größen $\Delta S/S_T$ u. tg $\delta$ werden in Abhängigkeit von der Frequenz u. der Auslöschungszeit dargestellt; die Verschiebung des Maximums der tg $\delta$-Kurve wird diskutiert. D. HOENE. 125□

**Relaxation des Nachleuchtens, der Photoleitfähigkeit und der Lichtsumme von Zinksulfidphosphoren.** F. I. Wergunass und Ju. L. Lukanzewer. (Известия Академии Наук СССР, Серия Физическая [Nachr. Akad. Wiss. UdSSR, physik. Ser.] **23.** 1294–95. Nov. 1959.) (Russ.)

Vff. zeigen, daß es nach dem Gesetz der Auslöschung von ADIROWITSCH verschiedene Relaxations-Geschw. des Nachleuchtens u. der Photoleitfähigkeit gibt. Durch Vgl. der Relaxationsabhängigkeit von der Helligkeit des Nachleuchtens, der Photoleitfähigkeit u. der Lichtsumme für ZnS–Cu($10^{-4}$)-Phosphore versuchen sie die Theorie mit den Erfahrungen in Übereinstimmung zu bringen. D. HOENE. 125□

**Über die Luminescenz und innere Struktur der Zirkonkristalle aus den Wischnewy-Bergen im Ural.** B. W. Tschessnokow. (Записки Всесоюзного Минералогического Общества [Schr. Allunions mineralog. Ges.] [2] **88.** 583–86. 1959. Swerdlowsk, Berg-Inst., Lehrstuhl für Miner. u. Kristallogr.) (Russ.)

Die überwiegende Mehrzahl der Zirkonkristalle aus den Alkali- u. Pegmatitkomplexen der Wischnewy-Berge im Ural besitzen die Fähigkeit, im UV-Licht zu luminescieren (Verss. wurden bei Zimmer-Temp., beim Erwärmen, nach dem Glühen u. bei der Abkühlung durchgeführt). Die Luminescenz (L)-Farbe ändert sich in Abhängigkeit von der Farbe der Zirkone von Gelb nach Braungelb; durch Anregung mit verschiedenen Wellenlängen konnte keine Farbänderung erzielt werden. Zirkone, die beim Glühen (600–800°) entfärbt wurden, leuchteten mit hellgelber Farbe. Es besteht aber kein genet. Zusammenhang zwischen der Farbe der Zirkone u. ihrem L-Vermögen. Die Vers.-Ergebnisse zeigen, daß ehemals für alle Zirkone die rotbraune Farbe u. das L-Vermögen charakterist. waren, jedoch durch spätere Metamorphose zerstört wurden, z. B. zwischen Kristallen, deren ganze Masse leuchtet oder nicht leuchtet, existieren zahlreiche Übergänge. Relikte von leuchtenden Pyramiden, „abgerissenen Stücken“ u. Blöcken befinden sich in nichtluminescierenden Kristallteilen. Letztere befinden sich vorwiegend in deformierten u. regenerierten Pegmatiten. In erster Linie wird also durch die Metamorphose die Farbe der Zirkone zerstört, aber auch ihre L-Fähigkeit. H. NOACK. 125□

## $A_3$. Elektrizität. Magnetismus. Elektrochemie

**Čerenkov- und Übergangsstrahlung eines stromführenden, geladenen Fadens.** G. M. Garibjan und O. Ss. Me-geljan. (Известия Академии Наук Армянской ССР, Серия Физико-Математических Наук [Nachr. Akad. Wiss. ArmenSSR, Ser. physik.-math. Wiss.] **12.** Nr. 5. 91–97. 1959. Erewan, Univ.) (Russ.; Auszug: Armen.) — Vgl. C. **1960.** 6397.

Vff. leiten Formeln für die Berechnung verschiedener Parameter der Übergangs- u. Čerenkov-Strahlung eines geladenen, stromführenden Fadens ab. Zunächst wird für ein homogenes Medium die Größe des elektr. u. magnet. Feldes für den Fall berechnet, daß sich der Faden mit einer bestimmten linearen Ladungsverteilung bei einer bestimmten Stromstärke in einer Ebene bewegt. Außerdem wird die von einer Längeneinheit des Fadens in einer Zeiteinheit ausgestrahlte Energie abgeleitet. Die gleichen Ableitungen werden für den Übergang von einem Medium mit entsprechenden $\varepsilon_1$ u. $\mu_1$ in ein zweites Medium mit $\varepsilon_2$ u. $\mu_2$ durchgeführt. Des weiteren werden u. a. Formeln für die Frequenzverteilung des Strahlungsfeldes u. des Feldes der Čerenkov-Strahlung, die sich im 1. Medium u. teilweise an der Phasengrenze bildet, abgeleitet. G. Ewald. 130□

**Lösung für die Zweielektronen-Korrelationsfunktion in einem Plasma.** Burton D. Fried und H. W. Wyld jun. (Physic. Rev. [2] **122.** 1–8. 1/4. 1961. Los Angeles, Calif., Space Technol. Labor., Inc.; Urbana, Ill., Univ. of Illinois.) (Engl.)

Vff. untersuchen die für die „Stoß"-Korrekturen zur korrelationslosen Beschreibung eines Plasmas verantwortliche Zweielektronen-Korrelationsfunktion g u. zeigen, daß eine exakte Lsg. der Integralgleichung für g für eine weite Klasse von räumlich homogenen Einelektronenfunktionen f existiert, daß Korrelationen zwischen Teilchen, die um mehr als eine Debye-Länge voneinander getrennt sind, innerhalb einer Zeit gedämpft werden, die größer als die Periode der Plasmaschwingungen ist, u. daß diese Korrelationen einen merklichen Beitrag zur „Stoß"-Änderungsrate von f liefern. Für sich schnell ändernde f muß die übliche Behandlung des „Stoß"-Terms durch eine self-consistent-Lösung der gekoppelten Gleichungen für f u. g ersetzt werden. D. Jörchel. 131□

**Elektronendichteschwankungen in einem Plasma.** E. E. Salpeter. (Physic. Rev. [2] **120.** 1528–35. 1/12. 1960. Ithaca, N.Y., Cornell Univ., Newman Labor. of Nucl. Studies and Center for Radiophys. and Space Res.) (Engl.)

Vf. betrachtet die räumliche Fourier-Transformierte $\varrho_{ke}$ für den Wellenvektor k der Ladungsverteilung der Elektronen in einem Plasma der Teilchendichte n, der Elektronen- u. Ionen-Temp. T bzw. $T_i$ u. der Debye-Länge D in Abwesenheit eines Magnetfeldes, unter Vernachlässigung von Stößen sowie unter der Annahme $nD^3 \gg 1$. Es werden berechnet: das statist. Mittel $|\varrho_{ke}|^2$ als Funktion von $\alpha = 1/kD$ unter der Annhhme eines völligen thermodynam. Gleichgewichts, die mit den Ionenladungsdichteschwankungen in Phase befindliche Komponente von $|\varrho_{ke}|^2$ sowie das Frequenzspektrum der zeitlich veränderlichen Funktion $\varrho_{ke}$ im therm. Gleichgewicht. Für kleine $\alpha$ hat die Hauptkomponente des Spektrums die charakterist. Gestalt der Doppler-Verbreiterung, die der therm. Elektronen-Geschw. entspricht; für große $\alpha$ treten eine Komponente mit enger Breite, die roh der Doppler-Verbreiterung der Ionen-Geschw. entspricht, sowie enge Seitenbänder bei $\pm f$ (der Frequenz der elektrostat. Plasmaschwingungen) auf.
D. Jörchel. 131□

**Über die Instabilität der longitudinalen Schwingungen eines Elektronen–Ionen-Plasmas in einem äußeren elektrischen Feld.** L. M. Kowrishnych. (Журнал Технической Физики [J. techn. Physik] **30.** 1186–92. Okt. 1960. Moskau, Physik. Lebedew-Inst. der Akad. der Wiss. der UdSSR.) (Russ.) — Vgl. C. **1961.** 2879.

Die Unters. wird für den Fall adiabat. Veränderungen der Parameter durchgeführt. Es werden Kriterien der Stabilität u. Ausdrücke für das Anwachsinkrement erhalten. Die Einw. eines elektr. Feldes auf Plasmen führt zu einem Drift der Elektronen gegenüber den Ionen. Andererseits führt die Schwankung der Ladungsdichte zu Plasmaschwingungen. Ist die relative Geschw. klein, so hat der Elektronendrift keinen Einfl. auf den Charakter der Schwingungen. Wenn jedoch diese Geschw. einen krit. Wert, der von den Parametern des Plasmas bestimmt wird, übersteigt, beginnt die Amplitude der Schwingungen mit einem $\lambda >$ Debye-Ionenradius zu wachsen. Die Bewegungsenergie der Teilchen geht dabei in Schwingungsenergie über. Das Zeitintervall, in dessen Verlauf die Amplitude der Oberschwingungen mit gegebenem $\lambda$ wächst, wird von den Gesetzmäßigkeiten der zeitlichen Veränderung der mittleren Geschw. der Elektronen gegenüber den Ionen bestimmt u. wächst mit Verringerung der Wellenzahl k. Deshalb sind Anregungen mit einem $\lambda$, das mehrfach größer als der Debye-Ionenradius ist, unerwünscht, weil der instabile Bereich über längere Zeit anhält. Diese Instabilitäten können z. B. in Anlagen auftreten, in denen Plasmen durch ein äußeres elektr. Feld erwärmt werden. G. Ewald. 131□

**Plasmazusammensetzung, Plasmadichte, Enthalpie und spezifische Wärme von Stickstoff, Stickstoffmonoxyd und Luft bei 1, 3, 10 und 30 atm im Temperaturbereich zwischen 1000 und 30000° K.** F. Burhorn und R. Wienecke. (Z. physik. Chem. **215.** 269–84. 1960. Erlangen, Siemens-Schuckertwerke, Forsch.-Labor.; Kiel, Univ., Inst. für Experimentalphys.) (Dt.) — Vgl. C. **1960.** 13600.

Die Berechnung erfolgte nach dem C. **1960.** 9131 beschriebenen quantenstatist. Rechenverfahren. — 32 Tabellen. Wolfgang Wagner. 131□

**Plasmazusammensetzung, Plasmadichte, Enthalpie und spezifische Wärme von Wasserstoff und Wasser bei 1, 3, 10 und 30 atm im Temperaturbereich zwischen 1000 und 30000° K.** F. Burhorn und R. Wienecke. (Z. physik. Chem. **215.** 285–92. 1960.) (Dt.) — Vgl. vorst. Referat.

Zu l. c. analoge Unterss. für $H_2$- u. $H_2O$-Plasmen. — 16 Tabellen.
Wolfgang Wagner. 131□

**Theoretische Untersuchung der Elektronendriftgeschwindigkeit in binären Gasgemischen mit Anwendungen auf Ar–$CO_2$- und Ar–$N_2$-Mischungen.** Martin A. Uman und George Warfield. (Physic. Rev. [2] **120.** 1542–50. 1/12. 1960. Princeton, N.J., Princeton Univ., Dep. of Electr. Engng.; Cambridge, Mass., Elcon Labor., Inc.) (Engl.)

Ausgehend von der Boltzmann-Gleichung leiten Vff. einen Ausdruck für die Elektronendrift-Geschw. in einem bin. Gasgemisch ab u. wenden die Theorie, die bei Abwesenheit eines der Gase in die Theorie von Morse u. Mitarbeitern [1935] übergeht, auf reines Ar u. auf Mischungen von Ar mit 0,1, 0,16 u. 1,0% $CO_2$ sowie mit 0,1, 0,5 u. 1,0% $N_2$ an. Während die für Ar–$CO_2$ gefundenen Geschw.-Kurven gut mit experimentellen Ergebnissen übereinstimmen, besteht bei den Kurven für Ar–$N_2$ eine Diskrepanz, die entweder von geringen $CO_2$- oder Wasserverunreinigungen in den den Meßkurven zugrunde liegenden Proben oder von ungenauen Literaturwerten der Energieabsorption u. des Querschnitts für $N_2$ herrührt. D. Jörchel. 131□

**Run-aways im Neutralgas.** G. Ecker und K. G. Müller. (Z. Naturforsch. **16a.** 246–52. März 1961. Bonn, Univ., Inst. für theoret. Phys.) (Dt.)

Vff. berechnen aus der Boltzmann-Gleichung die durch die Feldbeschleunigung u. die elast. u. unelast. Stöße mit den Gasatomen bestimmten Bewegungsgleichungen der Elektronen u. leiten die mittlere Geschw. u. das Streuellipsoid als Funktion der Zeit ab. Für aus der Ruhe startende Teilchen existiert immer eine von Druck u. Temp. abhängige krit. elektr. Feldstärke $E_c$, unterhalb derer sich die Elektronen dem stationären Driftprozeß nähern u. oberhalb derer „Ausreißer“ entstehen. Für eine endliche Anfangs-Geschw. $v_0$ u. ein Feld $< E_c$ werden die Teilchen entweder bis zur Drift beschleunigt oder gebremst oder aber, je nach der Größe von $v_0$, „reißen aus“. Für $E > E_c$ existiert im Geschw.-Raum ein fokussierender Effekt, der mit der Feldstärke zunimmt. Anwendungen auf die Glimmentladung werden diskutiert. D. Jörchel. 131□

**Wirkung der Targetgastemperatur auf den Streuquerschnitt.** Arnold Russek. (Physic. Rev. [2] **120.** 1536–42. 1/12. 1960. Storrs, Conn., Univ. of Connecticut, Dep. of Phys.) (Engl.)

Vf. leitet einen Ausdruck für den beobachteten differentiellen Streuquerschnitt im Labor.-Syst. als Funktion des differentiellen Querschnitts im Schwerpunkts-Syst. für beliebige Anfangsbewegungen der Targetkerne ab u. beschreibt damit die infolge therm. Bewegungen der Targetkerne in einem Gas oder Plasma zu erwartenden Änderungen des Querschnitts gestreuter Teilchen. Bes. werden die Coulomb- u. die Hartkugelstreuung (dieser Fall ist auch auf die Streuung energiearmer Neutronen anwendbar) sowie die Möglichkeit der Hochtemp.-Messung mittels dieses Effekts behandelt.
D. Jörchel. 131□

**Photoionisation von atomarem Sauerstoff und atomarem Stickstoff.** A. Dalgarno und D. Parkinson. (J. atmospheric terrestr. Physics **18.** 335–37. Aug. 1960. Belfast, Queen's Univ., Dep. of Appl. Math.) (Engl.)

Mit Hilfe der von Bates (vgl. Monthly Notices Roy. astronom. Soc. **106.** [1946.] 423) beschriebenen Approximationsbehandlung berechneten Vff. die Photoionisations-Wrkg.-Querschnitte für O u. N als Funktion der Wellenlänge der einfallenden Strahlung. Die Ergebnisse sind graph. wiedergegeben. C. Gottfried. 131

**Photoionisationsanalyse durch Massenspektroskopie.** G. L. Weissler, J. A. R. Samson, M. Ogawa und G. R. Cook. (J. opt. Soc. America **49.** 338–49. April 1959. Univ. of Southern California, Dep. of Phys.) (Engl.)

Photonen von 1570–430 Å aus einem Vakuum-UV-Monochromator werden benutzt, um Ar, He, Ne, $O_2$, $N_2$, CO, NO, $CO_2$, $N_2O$ u. $NO_2$ zu ionisieren. Die entstandenen

Ionen werden in einem angeschlossenen Massenspektrometer analysiert, wobei sich unmittelbar die verschiedenen Ionenintensitäten in Abhängigkeit von der Photonenenergie ergeben. Auf diese Art können die Ionenausbeuten in Abhängigkeit von der Wellenlänge des eingestrahlten Lichtes bestimmt werden. Die erhaltenen Werte werden an Hand bekannter Energieniveaus, Photoionisationsquerschnitte u. dissoziativer Photoionisationsmechanismen diskutiert. L. ROTH. 131□

**Untersuchung über Molekül-Ionen-Reaktionen in Wasserstoff, Sauerstoff, Wasserdampf und deren binären Mischungen.** Pham Dông und Maurice Cottin. (J. Chim. physique Physico-Chim. biol. **57.** 557—61. Juli/Aug. 1960. Paris, Inst. du Radium.) (Franz.)

Es werden sek. Ionen beschrieben, die sowohl in den reinen Gasen als auch in ihren bin. Mischungen auftreten u. durch Rk. zwischen neutralen Moll. u. Ionen entstanden sind. Ihr Nachw. erfolgte durch Massenspektroskopie. Aus den Ionisierungsspannungen wurde der wahrscheinliche Bldg.-Mechanismus abgeleitet. So konnte gezeigt werden, daß die Bldg. z. B. der gefundenen Ionen $O_3^+$, $HO_2^+$ u. $H_2O_2^+$ nur stattfinden kann, wenn die Ausgangs-Prodd. sich im angeregten Zustand befinden. K. ROSS. 131□

**Über den Charakter der Frequenz- und Temperaturabhängigkeit von $\varepsilon$ und $\mathrm{tg}\,\delta$ polykristalliner Proben im System $ZnO-TiO_2$.** A. A. Kusnetzow. (Журнал Технической Физики [J. techn. Physik] **30.** 1087—94. Sept. 1960. Saratow, Pädagog. Inst.) (Russ.)

Vf. untersuchte die Abhängigkeit der DK $\varepsilon$ u. des dielektr. Verlustfaktors $\mathrm{tg}\,\delta$ von der Frequenz u. der Temp. sowie von der Zus. folgender Syst.: 1 ZnO·1 $TiO_2$ (**I**); 5,3 ZnO·4,7 $TiO_2$ (**II**); 3 ZnO·2 $TiO_2$ (**III**); 2 ZnO·1 $TiO_2$ (**IV**) u. 7 ZnO·3 $TiO_2$ (**V**). $TiO_2$- u. ZnO-Pulver wurden in Scheiben gepreßt u. bei 1250—1350° erwärmt. Anschließend wurden Ag-Elektroden eingebrannt. Es bildet sich nur eine Verb.: Zinkorthotitanat, die die eine oder andere Komponente im Überschuß enthält u. die eine Spinellstruktur hat. Die Resultate lauten bei $5\cdot10^6$ Hz u. 20° für $\varepsilon$, $\mathrm{tg}\,\delta$ u. den Temp.-Koeff. $\varepsilon\cdot10^6$/Grad bei: **I** 28, 14 u. —90; **II** 23, 15 u. 0; **III** 19, 17 u. +140; **IV** 19, 18 u. 160; **V** 32, 106 u. +200. Die Vergrößerung von $\varepsilon$ ist nicht nur durch die Elektronen- u. Ionenpolarisation bedingt, sondern auch durch Relaxationspolarisation u. wird durch die Spinellstruktur begünstigt. Die DK $\varepsilon$ der Syst. **I**, **II** u. **IV** ist im Bereich ca. $5\cdot10^2$—$10^7$ Hz wenig von der Frequenz abhängig, der Verlustfaktor $\mathrm{tg}\,\delta$ ist bei kleiner Frequenz u. erhöhter Temp. (200°) frequenzabhängig. Im Syst. **V** sind die Abhängigkeiten umgekehrt. Im Syst. **I** wird $\varepsilon$ bis 150° zunächst kleiner: Die elektron. Polarisation überwiegt. Bei weiterer Erhöhung der Temp. über 150° steigt $\varepsilon$ an. In den Syst. **II**, **IV** u. **V** ist $\varepsilon$ bei höheren Frequenzen ($5\cdot10^4$ bis $5\cdot10^6$ Hz) nicht temperaturabhängig. Bei kleineren Frequenzen ($5\cdot10^3$—$10^4$) steigt $\varepsilon$ mit der Temp. an. Der Verlustfaktor $\mathrm{tg}\,\delta$ steigt mit der Erhöhung der Temp. — bei kleineren Frequenzen stärker als bei größeren — an: Die Verluste durch Relaxation werden geringer, weil mit Erhöhung der Frequenz die Ionenverschiebung der Frequenz nicht mehr folgt. Entgegen der theoret. Annahme tritt in der Abhängigkeit Temp.: $\mathrm{tg}\,\delta$ kein Maximum auf. Die Aktivierungsenergie der Ionen, durch deren Bewegung die Relaxationsverluste auftreten, beträgt 0,1 eV. Bei Einw. eines elektr. Feldes von 500 V/mm im Verlauf von 3 Std. bei 150, 200 u. 300° ändert sich der spezif. Widerstand $\varrho$ nicht, d. h. es tritt keine elektrochem. Alterung auf. In allen untersuchten Syst. tritt Fehlstellenleitfähigkeit auf. G. EWALD. 132□

**Dielektrizitätskonstante und dielektrischer Verlust von $TiO_2$ (Rutil) bei niedrigen Frequenzen.** Rebecca A. Parker und John H. Wasilik. (Physic. Rev. [2] **120.** 1631—37. 1/12. 1960. Washington, D. C., Nat. Bur. of Stand.) (Engl.)

Vff. bestimmten mit einem 0,1 V-Wechselstromsignal die komplexe Kapazität $C=C'-iC''$ undotierter $TiO_2$-Einkristalle im Vakuum als Funktion der Temp. zwischen 78 u. 300° K, der Frequenz zwischen $10^1$ u. $3\cdot10^6$ Hz, der $O_2$-Leerstellen-Konz. im Kristall bei 300° K sowie einer Gleich-Vorspannung V von 0—400 V. Bei elektr. Feldern längs der c-Richtung wurden ein Verlustmaximum bei 200 Hz u. — an einem 2-mm-Würfel — ein $(\mathrm{tg}\,\delta)_{200\,\mathrm{Hz}} = 0{,}7$ sowie die DK-Werte $\varepsilon'_{1\,\mathrm{MHz}} = 170$ u. $\varepsilon'_{20\,\mathrm{Hz}} = 30000$ beobachtet. Verlust u. Niederfrequenzkapazität des Kristalls sind der Elektrodenfläche direkt proportional u. hängen leicht von der Probendicke, dem Elektrodenmaterial u. der Oberflächenbehandlung ab. $C'_{20\,\mathrm{Hz}}$ u. $C''_{max}$ sind proportional zu $V^{-n}$ mit n = 0,3—0,8. Die Ergebnisse lassen sich nicht als ferromagnet. Erscheinungen deuten u. werden durch die Annahme erklärt, daß eine Schwelle mit Elektronendefizit vorhanden ist, deren Dicke mit steigendem V größer wird. Bei Änderungen von V längs der c-Richtung treten Effekte mit Zeit-Konst. von Std. u. Tagen auf. D. JÖRCHEL. 132□

**Verbreiterung des Funkenkanals in einer Flüssigkeit.** Ju. W. Skworzow, W. Ss. Komelkow und N. M. Kusnetzow. (Журнал Технической Физики [J. techn. Physik] **30.** 1165—77. Okt. 1960.) (Russ.)

Es wurden die Anfangsstadien der Verbreiterung eines Funkenkanals bei einer Stromstärke bis zu $7{,}5 \cdot 10^5$ A u. einem Anwachsen des Stromes im Entladungskreis bis zu $2 \cdot 10^{11}$/s untersucht. Der Funkendurchbruch u. der Funkenkanal wurden durch die Entladung eines Kondensators ($C = 2{,}7\,\mu F$) — bei einer Stromstärke bis zu 10 kA — u. von 2 Kondensatoren ($C = 5{,}4\,\mu F$) — bei Stromstärken von ca. 100 kA — erzeugt. Es wurde ein Entlader mit festem Dielektrikum aus Polyäthylen benutzt. Als Entladungskammer diente ein Becherglas mit Leitungswasser. Die Entladung wurde oszillograph., die Spannung mit Hilfe eines Spannungsteilers verfolgt. Der Funkendurchbruch wurde mit einer Zeitlupe ($2 \cdot 10^6$ Bilder/s) photographiert. Der Spannungsgradient erreicht am Anfang $10^4$ V/cm. Es entwickelte sich während der ganzen Halbperiode Energie. Sie erreichte bei einem Anwachsen des Stromes von $2 \cdot 10$ A/s nach $t = T:4$ ($^1/_4$ Periode) $2{,}5 \cdot 10^4$ J. Wird der Strom steiler, verlagert sich das Maximum der Energie/Vol.-Einheit zeitlich zum Anfang der Funken-Entw. u. hat die Größe $10^4$ J/cm$^3$. Die Geschw. der Funkenkanalverbreiterung u. der Ausbreitung des „leader" bleibt während 1—2 Halbperioden konstant. Der maximale Druck beträgt bei einer Energie-Entw. von $3 \cdot 10^9$ J/s $2{,}8 \cdot 10^4$ at im Entladungskanal u. $2 \cdot 10^4$ at in der Front des „leader". Die Temp. im Kanal wird auf einige $10^4$ Grad geschätzt. G. EWALD. 132□

**Eine experimentelle Prüfung der ersten Kelvin-Beziehung.** F. J. Donahoe und L. R. Testardi. (J. appl. Physics **31.** 1304—05. Juli 1960. Philadelphia, Pa., Franklin Inst. Labor.) (Engl.)

Die Gültigkeit der Beziehung $\Pi = -TS$ zwischen dem PELTIER-Koeff $\Pi$ u. der Thermokraft S (T abs. Temp.) wurde an einer mit 0,05 Gewichts-% CuBr dotierten $Bi_2 \cdot Te_{2,4}Se_{0,6}$-Probe nach 2 Meth. geprüft u. bestätigt. Die Abweichungen lagen innerhalb der Meßfehlergrenzen (2%). G. KIRSCHSTEIN. 133□

**Beitrag zur allgemeinen Theorie von Thermoelementen.** A. H. Boerdijk. (J. appl. Physics **30.** 1080—83. Juli 1959. Eindhoven, N. V. Philips Gloeilampenfabr.) (Engl.)

Theoret. Unters. unter Anwendung der Thermodynamik irreversibler Prozesse. D. HOENE. 133□

**Über den Einfluß eines rotierenden Magnetfeldes auf die turbulente Wärmeübertragung in Quecksilber.** A. Wese und Ja. Kljawinsch. (Известия Академии Наук Латвийской ССР [Nachr. Akad. Wiss. LettSSR] **1960.** Nr. 5. 67—70.) (Russ.; Auszug: Lett.)

In einem zylindr. Gefäß befand sich ein zylindr. Stahlkörper, der erhitzt wurde. Im Zwischenraum strömte Quecksilber turbulent. Es konnte ein rotierendes Magnetfeld bis zu 300 Gauß angelegt werden. Die thermoelektr. Kraft im Stahl, ferner die Induktion bei 50 Hz sowie die Geschw. des Wärmeaustauschs des Hg wurden bestimmt. M. WIEDEMANN. 133□

**Theorie der Auger-Neutralisation von Ionen an der Oberfläche eines Halbleiters vom Diamanttyp.** Homer D. Hagstrum. (Physic. Rev. [2] **122.** 83—113. 1/4. 1961. Murray Hill, N.J., Bell Telephone Labor.) (Engl.) — Vgl. C. **1961.** 11225.

Vf. erörtert die Zweielektronen-AUGER-Übergänge bei der Neutralisierung eines Ions hinreichend großer Ionisierungsenergie an der atomar reinen Oberfläche eines Halbleiters vom Diamanttyp u. ein Berechnungsprogramm zur Best. der Gesamtausbeute an Elektronen sowie der kinet. Energieverteilung der ausgelösten Elektronen als Funktion einer Anzahl von Parametern. Die Theorie läßt sich an die experimentell gewonnenen Ergebnisse für einfach geladene, auf die (1 1 1)-Flächen von Si u. Ge u. die (1 0 0)-Fläche von Si einfallende Edelgasionen anpassen u. liefert numer. Daten über die Zustandsdichtefunktion für die Valenzbänder von Si u. Ge, die Energieabhängigkeit des Matrixelements, das durch die Symmetrie der Valenzbandfunktionen bestimmt wird, die effektive Ionisierungsenergie nahe der festen Oberfläche, die Energieverbreiterung sowie die Elektronenemission über die Oberflächenschwelle. Als Gesamtbreite des Valenzbandes ergeben sich sowohl für Si als auch Ge 14—16 eV, als Breite der entarteten p-Bänder 5,1 eV für Si u. 4,3 eV für Ge. Das Matrixelement für p-Valenzelektronen ist 0,3mal so groß wie das für s-Valenzelektronen. Für 10 eV-$He^+$-Ionen ist die effektive Ionisierungsenergie um 2,2 eV geringer als der Wert im freien Raum u. nimmt linear mit der Ionen-Geschw. ab, während die kleine Energieverbreiterung etwa linear zunimmt. Die Wahrscheinlichkeit für das Entweichen eines Elektrons ist mehrere Male größer, als für eine isotrope Verteilung angeregter, auf eine ebene Oberflächenschwelle einfallende Elektronen zu erwarten. Mit Hilfe einer allg. Theorie der AUGER-Neutralisation werden die Ergebnisse gedeutet. D. JÖRCHEL. 135□

**Untersuchung der Photoleitfähigkeit von Silicium.** L. J. van der Pauw. (Philips Res. Rep. **12.** 364—76. Aug. 1957. Eindhoven.) (Engl.)

Vf. leitet eine allg. Formel für die durch Beleuchtung verursachte Änderung des Spannungsabfalls über eine Halbperiode ab u. analysiert an Hand dieser Formel Photoleitfähigkeitsversuche. Bes. wird gezeigt, daß im allg. ohne Schwierigkeiten weißes Licht verwendet werden darf. Die Analyse der Phasenverschiebung (bei niedrigen Frequenzen) zwischen Spannungsabfalländerung u. Lichtsignal als Funktion der Probendicke liefert die Vol.-Lebensdauer, die Oberflächenrekombinations-Geschw. sowie die Driftbeweglichkeit der Minoritätsträger, ferner lassen sich die für die Haftstellen charakterist. Größen bestimmen. Die Ergebnisse einiger bei Raum-Temp. durchgeführter Messungen werden diskutiert. D. JÖRCHEL. 135□

**Stromrauschen und verteilte Haftstellen in Cadmiumsulfid.** James J. Brophy. (Physic. Rev. [2] **122.** 26—30. 1/4. 1961. Chicago, Ill., Armour Res. Foundat., Phys. Div.) (Engl.)

Vf. beobachtete an einem leicht dotierten CdS-Einkristall die Stromrauschspektren unter gleichförmiger Belichtung mit der 5200-Å-Linie bei verschiedenen Belichtungsintensitäten u. bei Temp. von 10, 27 u. 52°. Bei höheren Frequenzen zeigen alle Rauschspektren dasselbe, für Elektroneneinfangübergänge auf flach gelegene Niveaus charakterist. 1/f-Verh., wie es bei vielen Kristallen beobachtet wird, wenn das Quasi-FERMI-Niveau der Elektronen nicht in der Nähe einer diskreten Haftstelle liegt. Die für 20 verschiedene Lagen des Quasi-FERMI-Niveaus zwischen 0,5 u. 0,3 eV unterhalb des Leitungsbandes aufgenommenen Spektren lassen sich alle durch den Ausdruck $(7{,}0/\omega)\cdot \mathrm{tg}^{-1}(\omega\tau)$ beschreiben, wobei $\tau$ aus dem niederfrequenten Umkehrpunkt des 1/f-Rauschens bestimmt wurde. Die aus den $\tau$-Werten ermittelten Haftstellentiefen stimmen gut mit den aus anderen Messungen bestimmten Lagen diskreter Haftstellenniveaus überein, so daß die Umkehrpunkte der 1/f-Spektren also mit den diskreten Haftstellen, nicht jedoch direkt mit den Lagen der Quasi-FERMI-Niveaus verknüpft sein dürften. Das 1/f-Rauschen ist danach nicht durch eine kontinuierliche Energieverteilung der Haftstellen, sondern vielmehr durch eine Dispersion der mit jeder diskreten Haftstelle verknüpften Zeit-Konst. zu erklären. D. JÖRCHEL. 135□

**Feinstruktur- und magnetooptische Effekte im Excitonenspektrum von Cadmiumsulfid.** J. J. Hopfield und D. G. Thomas. (Physic. Rev. [2] **122.** 35—52. 1/4. 1961. Murray Hill, N.J., Bell Telephone Labor.; Paris, Ecole Normal Supérieure, Labor. de Phys.) (Engl.) — Vgl. C. **1960.** 12574.

Vff. untersuchten an CdS das magneto-opt. Absorptionsspektrum der direkten Excitonen, die aus einem Elektron im Leitungsband u. einem Loch aus dem oberen der 3 durch Aufspaltung infolge von Spin–Bahn- u. Kristallfeldeffekten herrührenden Valenzbändern bei $k = 0$ gebildet werden. Die Verss. wurden hauptsächlich mit parallel zur hexagonalen Achse polarisiertem Licht durchgeführt. Wenn Magnetfeld u. Lichtwellenvektor senkrecht aufeinander u. zur hexagonalen Achse liegen, erzeugt die Umkehr des Magnetfeldes große Änderungen im Spektrum, die quant. als Interferenzeffekte zwischen erlaubten u. verbotenen Excitonenübergängen gedeutet werden, in denen die opt. Matrixelemente unabhängig von bzw. proportional zum Lichtwellenvektor sind. In CdS sind die verbotenen Prozesse mit einer Hauptquantenzahl 2 etwas stärker als die erlaubten Prozesse derselben Quantenzahl. Mit Hilfe der Gruppentheorie u. der Näherung der effektiven Masse werden aus den Excitonenspektren die anisotropen g-Werte u. Massen für Elektronen u. Löcher bestimmt. Die gefundene Elektronenmasse von $0{,}20_5$ m (isotrop innerhalb 5%) ist mit der Annahme verträglich, daß das $k = 0$-Leitungsbandtal das niedrigste ist. Als Löchermassen für das obere Valenzband ergaben sich $m_{h\perp} = 0{,}7$ m u. $m_{h\parallel} \approx 5$ m. Die Neigung des Leitungsbandes bei $k = 0$, für die $|dE/dK|_{k=0} < 5\cdot 10^{-10}$ eV·cm abgeschätzt wurde, ist prakt. vernachlässigbar. D. JÖRCHEL. 135□

**Elektrische Leitfähigkeit von einkristallinem Kupfer(I)-oxyd bei hohen Temperaturen.** Robert S. Toth, Rein Kilkson und Dan Trivich. (Physic. Rev. [2] **122.** 482—88. 15/4. 1961. Detroit, Mich., Wayne State Univ., Dep. of Phys. and Dep. of Chem.) (Engl.)

Die elektr. Leitfähigkeit $\sigma$ von Einkristall-$Cu_2O$ wurde im Temp.-Bereich von 1100 bis 500° in $O_2$-Druck von 152 bis $10^{-5}$ mm Hg gemessen. Die Kurven von $\log\sigma$ über $\log P(O_2)$ sind linear zwischen den $O_2$-Drücken von 50 u. $10^{-2}$ mm Hg mit einer mittleren Neigung von 0,1420. Die Kurven von $\log\sigma$ über 1/T bei konst. $O_2$-Druck sind linear, u. die aus den Neigungen dieser Kurven erhaltenen Aktivierungsenergien AE haben einen Mittelwert von 0,65 eV bei $O_2$-Drücken von 50 bis $10^{-2}$ mm. Bei $O_2$-Drücken von $10^{-3}$ bis $10^{-4}$ mm ändert sich die AE stark bis zu 1,05 eV. Die aus der Messung an Einkristall-$Cu_2O$ in Luft bei Temp. von 1020—1100° erhaltenen AE haben einen Mittelwert von 0,767 eV. Erklärungen für die physikal. Bedeutung der beobachteten AE u. für die Abhängigkeit der elektr. Leitfähigkeit vom $O_2$-Druck werden erörtert. HERBERT WEBER. 135□

**Bänderstrukturberechnungen für Festkörper.** L. Pincherle. (Rep. Progr. Physics **23.** 355—94. 1960. London, Univ., Bedford Coll.) (Engl.)

Nach einem Überblick über die hauptsächlichen experimentellen Beweise für die Ggw. elektron. Bandstrukturen in Festkörpern behandelt Vf. die verschiedenen Meth. zur Berechnung dieser Strukturen aus Grundprinzipien oder empir. Daten (Zellen-Meth., Meth. auf der Grundlage atomarer Bahnen, Planwellen-Meth., Meth. unter Verw. eines konst. Potentials außerhalb atomarer Kugeln sowie Meth. unter Verw. empir. Parameter), klassifiziert diese Meth. u. prüft krit. ihre Anwendbarkeiten. Abschließend wird das Problem der Konstruktion des Kristallpotentials in elementarer Weise erörtert. D. Jörchel. 136 □

**Experimentelle Analyse der Elektronenstruktur von Metallen.** A. B. Pippard. (Rep. Progr. Physics **23.** 176—266. 1960. Cambridge, Cavendish Labor.) (Engl.)

Vf. erörtert zunächst das Metallmodell der unabhängigen Teilchen u. behandelt dann die verschiedenen experimentellen Methoden, die zur Best. der Einzelheiten des Modells für ein beliebiges Metall verwendet werden können, wobei bes. auf die Gestalt der Fermi-Oberfläche u. die Elektronen-Geschw. an allen Punkten der Fermi-Oberfläche eingegangen wird. Nach den Transporterscheinungen, deren rechner. Behandlung nach der Meth. der Trajektorien (bes. im Falle eines räumlich veränderlichen elektr. Feldes) u. für den Fall galvanomagnet. Effekte beschrieben wird, werden folgende spezielle Meth. erörtert: Der de Haas-van Alphen-Effekt u. verwandte Effekte, der anomale Skineffekt, die Cyclotronresonanz, die Ultraschallschwächung u. magnetoakust. Effekte sowie Größeneffekte. Als Anwendung wird bes. die Analyse der Elektronenstruktur von *Cu* beschrieben. D. Jörchel. 136 □

**Viscosität und elektrische Leitfähigkeit von Zink- und Cadmiumamalgamen.** 2. Mitt. O. S. Golik und I. F. Klassen. (Український Фізичний Журнал [Ukrain. physik. J.] **4.** 491—96. Juli/Aug. 1959. Kiew, Schewtschenko-Univ.) (Ukrain.; Auszug: Engl.) — Vgl. C. **1958.** 13703.

Viscosität ($\eta$) u. elektr. Leitfähigkeit (EL) bzw. spezif. Widerstand ($\varrho$) von Cd- u. Zn-Amalgamen mit 13,9—30,8% Cd bzw. 8,7—21,0% Zn werden über den Temp.-Bereich bis 300° unter Verw. von Capillaren aus Mo-Glas untersucht. Bei beiden Syst. werden isoviscose Lsgg. gebildet. Die Temp.-Abhängigkeit von $\eta$ folgt dem Frenkelschen Exponentialgesetz u. entspricht der Gleichung von Batschinski. Lsgg. mit übereinstimmenden $\varrho$-Polythermen enthalten je Hg-Atom eine genau bestimmte Zahl von Cd- bzw. Zn-Atomen. Bei den isoviscosen Lsgg. treten häufig Unterschiede in der EL auf. Die Dichte der Amalgame ändert sich mit der Temp. linear; bei entsprechender Dichte ist $\varrho$ prakt. konst., $\eta$ kann sich ändern. Während der Amalgamierung tritt eine Strukturverdichtung ein. R. K. Müller. 136 □

**Kontaktwiderstand und Kontaktoberfläche.** Kurt Millian und Werner Rieder. (Z. angew. Physik **8.** 28—34. Jan. 1956. Wien, TH, Elektrotechn. Inst.) (Dt.)

Es werden Verss. beschrieben, bei denen der Widerstand von Druckkontakten aus gekreuzten Zylindern in Abhängigkeit vom Kontaktmaterial (Cu, Ag, W), von der Oberflächenbearbeitung, vom Alter der Hautschicht bei Lagerung in einem trockenen Raum unter normalen Bedingungen u. von der Kontaktlast (0,25—25 kp) gemessen wurden. Für Cu u. im Vakuum geglühtes W ergibt sich ein exponentieller Anstieg des Kontaktwiderstandes mit der Zeit. Der Widerstand von Ag- u. nichtgeglühten W-Kontakten strebt einem Grenzwert zu. Besonderheiten im Widerstandsverlauf während der ersten Std. u. Tage nach der Bearbeitung wurden festgestellt, u. der Einfl. des Fettens von Cu-Kontakten wurde quant. erfaßt. B. Stein. 136

**Theorie der Supraleitung.** L. Cooper. (Успехи Физических Наук [Fortschr. physik. Wiss.] **72.** 117—31. Sept. 1960. — C. **1961.** 2887.) (Russ.) E. Klever. 136 □

**Beziehungen zwischen Supraleitern und Ferromagnetika.** Bernd Matthias. (J. appl. Physics, Suppl. zu **31.** Nr. 5. 23 S—26 S. Mai 1960. Murray Hill, N.J., Bell Telephone Labor.) (Engl.) — Vgl. C. **1960.** 20, 5721, 8769.

An Hand früherer Vers.-Ergebnisse werden allg. Schlüsse über die Konfiguration der Valenzelektronen gezogen, bei der sowohl Ferromagnetismus als auch Supraleitung möglich ist. G. Kirschstein. 136 □

**Druckeffekte auf supraleitendes Blei.** M. Garfinkel und D. E. Mapother. (Physic. Rev. [2] **122.** 459—68. 15/4. 1961. Urbana, Ill., Univ. of Illinois, Dep. of Phys.) (Engl.)

Verff. zur Messung des Einfl. von hydrostat. Druck auf das krit. Feld $H_c$ von supraleitendem Pb werden beschrieben. Drücke bis zu 650 at wurden unter Verw. von festem He als Druck-Fl. hergestellt. Die Beobachtungen wurden von ca. 7—1° K durchgeführt; Werte von $dH_0/dP$, $dT_c/dP$ u. die Temp.-Änderung von $(\partial H_c/\partial P)_T$ werden mitgeteilt. Aus diesen Daten wird der Wert von $(1/\gamma^*)(d\gamma^*/dP)$ abgeleitet, wobei $\gamma^*$ der Temp.-Koeff. (pro Einheits-Vol.) der normalen elektron. spezif. Wärme ist. Die erhaltenen Daten werden über den ganzen Bereich der Messungen durch die Gleichung $H_c(P, T) = H_0(P) f(t)$ genau wiedergegeben, wobei $t = T/T_c$ u. f(t) vom Druck unabhängig ist. Es wird gezeigt, daß die Forderung $H_0(P)/T_c(P) = \text{const}$ für Pb ungültig ist. Die Ergebnisse liefern u. a. eine Basis für eine Diskussion der Dichte von Elektronenzuständen nahe der FERMI-Oberfläche. HERBERT WEBER. 136□

**Kriterien für die Auswahl eines supraleitenden Bolometers.** Bogoljub Lalevic. (J. appl. Physics **31.** 1234—36. Juli 1960. Philadelphia, Pa., Franklin Inst.) (Engl.)

Wegen der unvermeidlichen Schwankungen beim Übergang vom supraleitenden in den normalen Zustand sind Supraleiter nur bedingt als Bolometer verwendbar. Das am besten geeignete Metall ist Pb; die Verw. von In u. Sn wäre evtl. möglich.

G. KIRSCHSTEIN. 136□

---

**Ferromagnetische Desakkommodation durch Zwischengitteratome in neutronenbestrahltem Nickel.** H. Kronmüller, A. Seeger und P. Schiller. (Z. Naturforsch. **15a.** 740—41. Aug. 1960. Stuttgart, MPI für Metallforsch.; TH, Inst. für theor. u. angew. Phys.) (Dt.)

Bei der plast. Verformung von Ni können die entstandenen Zwischengitteratome (ZGA) durch eine Art SNOEK-Effekt nachgewiesen werden. Die stabile Lage eines ZGA im kub. flächenzentrierten Gitter ist die sog. Hantellage. Es resultiert tetragonale Symmetrie, die Verteilung der Hanteln auf die 3 (1 0 0)-Richtungen hängt von der mechan. oder magnetostriktiven Spannung ab. Ändert sich diese, so tritt ein Relaxationsvorgang ein, der sich durch mechan. oder magnet. Unterss. verfolgen läßt. Die Verss. wurden an Ni durchgeführt, weil wegen der relativ großen Wanderungsenergie (W = 1,02 eV) die Zwischengitterplätze bei Raumtemp. nur langsam ausheilen u. sich der Relaxationseffekt als Desakkommodation der ferromagnet. Susceptibilität $\mu$ sehr genau messen läßt. Da die theoret. Unterss. an Cu gut mit den experimentellen an Ni übereinstimmen, glauben Vff., sie allg. auf die Edelmetalle übertragen zu können. Die Unterss. wurden an Carbonyl-Ni, das 4 Std. lang mit einer integrierten Flußdichte nvt = $10^{17}$ cm$^{-2}$ von schnellen Neutronen (> 0,1 MeV) bestrahlt u. auf 25° gekühlt wurde, durchgeführt. Die gemessenen Relaxationszeiten $\tau$ stimmen mit denen, die durch Torsionspendel- u. Desakkommodationsmessungen an plast. verformtem Ni erhalten wurden, überein. Sie gehorchen dem Gesetz $\tau = \tau_0 \exp(Q/kT)$. Graph. ergeben sich die Aktivierungsenergie des Relaxationsvorganges $Q = 0{,}81 \pm 0{,}01$ eV u. $\tau_0 = 2{,}6 \cdot 10^{-12}$ s. Aus Anlaß-Verss. u. graph. Vgl. ergibt sich die Aktivierungsenergie des Ausheilprozesses zu $W = 1{,}02 \pm 0{,}03$ eV. Dieser scheint als Rk. 2. Ordnung zu verlaufen, da die ZGA bevorzugt durch Rekombination mit Leerstellen ausheilen. B. CONTAG. 137□

**Ferromagnetische Resonanzlinienbreite in kobaltsubstituierten Ferriten.** C. Warren Haas und Herbert B. Callen. (Physic. Rev. [2] **122.** 59—68. 1/4. 1961. Philadelphia, Pa., Univ. of Pennsylvania, Dep. of Phys.) (Engl.)

Vff. berechnen die Wrkg. kleiner Konzz. an substituierten Ionen auf die ferromagnet. Resonanzlinienbreite eines Ferriten u. finden, daß die Linienbreite von einer Magnonenstreuung herrührt, die eine Folge der Änderung der Spin–Bahn-Wechselwrkg. von Ion zu Ion ist. Diese Wechselwrkg. ist für Co-Ionen wegen der Bahnentartung des Grundzustands des Ions in einem trigonal-symm. Kristallfeld bes. groß. Der resultierende Beitrag zur Linienbreite ist isotrop u. von der Größenordnung 20—30 Oe für jedes % Co in normalen (d. h. nichtinversen) Ferriten oder in Fe(II)-Ferriten. In anderen Ferriten wird der Effekt durch Aufhebung der Entartung im Grundzustand an einigen Co-Plätzen verringert. Diese Verringerung wird als Funktion des Inversionsgrades berechnet.

D. JÖRCHEL. 137□

**Methode zur Bestimmung der Grundzustandsspinkonfigurationen.** D. H. Lyons und T. A. Kaplan. (Physic. Rev. [2] **120.** 1580—85. 1/12. 1960. Lexington, Mass., MIT, Lincoln Labor.) (Engl.)

Vff. verallgemeinern die Meth. von LUTTINGER (C. **1953.** 812) derart, daß sich auch in Fällen kristallograph. nichtäquivalenter Spins die Austauschenergie bestimmen läßt. Bes. wird der Grundzustand für eine lineare Kette mit 2 unterschiedlichen Typen von Spins berechnet. Es wird bewiesen, daß im kub. Spinell die NÉEL-Konfiguration dann der Grundzustand ist, wenn er lokal stabil u. niemals metastabil ist. Ein ähnliches Ergebnis wird für die YAFET-KITTELschen Dreieckkonfigurationen in nichtkub. Spinellen erörtert. Es wird ferner gezeigt, daß der Grundzustand für ein beliebiges Gitter, in dem die Spins äquivalent sind, stets eine Spirale darstellt. D. JÖRCHEL. 137□

**Spinwellenspektrum von Yttriumeisengranat.** R. L. Douglass. (Physic. Rev. [2] **120.** 1612—14. 1/12. 1960. Berkeley, Calif., Univ. of California, Dep. of Phys.) (Engl.)

Unter Verw. einer Hamilton-Funktion mit isotropen nächstbenachbarten a–a-, d–d- u. a–d-Austausch-Wechselwrkg. behandelt Vf. das Spinwellenspektrum von Yttriumeisengranat u. findet 20 Spinwellenformen, deren Energien an den Punkten kub. Symmetrie im **k**-Raum berechnet werden. Die Dispersionsbeziehung der einzelnen „akust." Spinwellenform stimmt mit Literaturergebnissen überein; für die Landausche Austauschsteifheit ergibt sich $A = 4{,}1 \cdot 10^{-19} k^2$ erg. D. Jörchel. 137□

**Diamagnetische Susceptibilität von einigen Organowismutverbindungen.** N. K. Parab und D. M. Desai. (Sci. and Cult. **23.** 430. Febr. 1958. Bombay, Wiss. Inst.) (Engl.)

Vff. untersuchen die diamagnet. Susceptibilität von Triphenylbismuthin, Tri-p-tolylbismuthin, Tri-m-xylylbismuthin u. den entsprechenden Dichloriden. Die Werte für die spezif. u. mol. Susceptibilitäten sind tabellar. angegeben. Aus den mol. Susceptibilitäten der Verbb. $R_3Bi$ u. $R_3BiCl_2$ werden für $Bi^{3+}$ u. $Bi^{5+}$ mol. Susceptibilitäten von $-36{,}98 \cdot 10^{-6}$ u. $-30{,}48 \cdot 10^{-6}$ c.g.s.-Einheiten berechnet. D. Hoene. 137□

**Ausführung von Apparaten zur magnetischen Kernresonanz hinsichtlich ihrer Anwendung zur Messung von magnetischen Feldern und zur Untersuchung von katalytischen Vorgängen.** M. Guyot de la Hardrouyère. (Arch. des Sci. **13.** 1–5. Jan./März 1960. Lyon, Fac. des Sci., Labor. de Chim. Ind.) (Franz.)

Vf. berichtet über die Anwendung der magnet. Kernresonanz auf physikal. Gebiet zur Best. von Konst. u. magnet. Feldern u. auf chem. Gebiet zur Lösung von Analysenproblemen u. zur Struktur-Unters. u. beschreibt die Prinzipien, auf denen die verschiedenen Spektrometer beruhen. D. Hoene. 137□

---

**Die Überführungszahl und die Leitfähigkeit von Lithiumchloridlösungen.** Sándor Lengyel, János Giber und József Tamás. (Magyar Kémiai Folyóirat [Ung. Z. Chem.] **66.** 161–69. Mai 1960. Budapest, Eötvös Lorand Tud. Egyet. Fiz.-Kém. és Radiolog. Tanszék.) (Ung.)

Unters. des Verh. der Li-Amalgamelektrode in LiCl-Lsgg. mittlerer u. höherer Konzz. u. Best. der EMK der Zellen Ag/AgCl,LiCl/LiCl,AgCl/Ag, Li/LiCl/LiCl/Li u. Ag/AgCl,LiCl/Li/LiCl,AgCl/Ag bei verschiedenen Konzz. bei 15 u. 35°. Ferner werden die Überführungszahlen bei verschiedenen Konzz. u. die Äquivalentleitfähigkeiten bei 15 u. 35° berechnet u. die wesentlichen Merkmale der App. mitgeteilt. G. Halmi. 138□

**Beiträge zum Mechanismus der Ionenüberführung in konzentrierter Salzsäurelösung.** János Giber, Sándor Lengyel, József Tamás und Péter Tahi. (Magyar Kémiai Folyóirat [Ung. Z. Chem.] **66.** 170–74. Mai 1960.) (Ung.) — Vgl. vorst. Referat.

Best. der EMK der Kette Ag/AgCl, HCl/HCl, AgCl/Ag bei 15, 25 u. 35°, im Konz.-Bereich $0{,}8 \leqq m \leqq 15{,}4$ (Mol HCl/1000 g $H_2O$) u. Berechnung der Überführungszahlen im Bereich $1{,}08 \leqq m \leqq 14{,}7$. Die Überführungszahl des $H^+$ ist bis 4 Mol HCl/1000 g $H_2O$ unabhängig von der Konz.; bei höheren Konzz. sinkt sie bis 0,633 bei 14,7 Mol HCl/1000 g $H_2O$. Es wurden die Ionenbeweglichkeiten ermittelt u. die Temp.-Abhängigkeit der Äquivalentleitfähigkeit u. der Ionenbeweglichkeiten diskutiert. G. Halmi. 138□

**Potentiometrische Bestimmung der Konzentration von in geschmolzenem Kryolith gelöstem Aluminiumoxyd.** 1. Mitt. **Ermittlung und Beschreibung der Meßelektrode.** M. Rolin und J. J. Gallay. (Bull. Soc. chim. France **1960.** 2093–96. Nov./Dez. Lyon, Inst. Nat. des Sci. Appl.) (Franz.) — Vgl. C. **1961.** 4981.

Bei Verss., eine zur potentiometr. Best. der $O^{2-}$-Konz. in Salzschmelzen, bes. Kryolith (**I**), geeignete reversible Elektrode zu ermitteln, wurde die Verw. von Gasanoden (C/Schmelze/$O_2$[Pt] oder C/Schmelze/$CO_2$[C]) infolge techn. u. prinzipieller Schwierigkeiten aufgegeben. Gute Erfahrungen wurden hingegen mit Elektroden 2. Art gemacht, bei denen ein Sinterstab aus einem in **I** unlösl. Metalloxyd die Rolle der gegenüber $O^{2-}$ reversiblen Elektrode spielt. Bei ca. 1020° liefern $Fe_2O_3$ bzw. $Fe_3O_4$ in einer Schmelze mit 5–10% $Al_2O_3$ bis zu $\pm 0{,}1$ bzw. $\pm 0{,}01$ V reproduzierbare Werte. Die Schmelze befindet sich dabei in einem Graphittiegel. Die gesamte Anordnung besteht somit aus der Kette Fe/C/Bad/$Fe_2O_3$ (bzw. $Fe_3O_4$)/Fe. Als Hilfselektrode ist eine geschmolzene Al-Schicht am Tiegelboden wenig geeignet, da sich eine störende EMK ausbildet; sie wird mit Vorteil durch einen parallel zur Oxydelektrode eintauchenden Stab aus einer Fe-Al-Leg. (0–5 % Al) oder aus W ersetzt. A. Blaschette. 140□

**Potentiometrische Bestimmung der Konzentration von in geschmolzenem Kryolith gelöstem Aluminiumoxyd.** 2. Mitt. **Experimentelle Ergebnisse.** M. Rolin und J. J. Gallay. (Bull. Soc. chim. France **1960.** 2096–2100. Nov.-Dez.) (Franz.) — 1. vgl. vorst. Referat.

Die beschriebene Anordnung liefert Meßwerte mit einer Reproduzierbarkeit von $\pm 5$ mV, wenn statt $Fe_2O_3$ oder dem therm. empfindlichen $Fe_3O_4$ Sinterelektroden aus

reinstem $Cr_2O_3$ oder $SnO_2$ verwendet werden. $SnO_2$ ist bes. unempfindlich gegenüber plötzlicher Temp.-Erhöhung u. wird zudem von Kryolith (I) nicht benetzt. Die scheinbare Dichte einer gesinterten $SnO_2$-Elektrode beträgt ca. 4,5, der spezif. elektr. Widerstand bei 980° 5,7 $\Omega \cdot$cm; die entsprechenden Werte für $Cr_2O_3$ sind ca. 3 u. 15 $\Omega \cdot$cm (1000°). Die Hilfselektrode besteht aus Fe oder W, der Tiegel aus Graphit oder Pt. Die EMK stabilisiert sich nach 30—40 Minuten. Sie wird als Funktion der $Al_2O_3$-Konz. (0 bis 10%) in I graph. mitgeteilt für die Paare W–$Cr_2O_3$, Fe–$Cr_2O_3$, Fe–$SnO_2$, Fe–$Fe_3O_4$, C–$Fe_3O_4$, W–$Fe_3O_4$, W–$SnO_2$. Die Kette Al(fl.)/Schmelze/$Cr_2O_3$ wurde untersucht, indem die störende EMK durch Verw. eines zylindr. Einsatzes aus $Cr_2O_3$ ausgeschaltet wurde; mit dieser Anordnung wird ebenfalls eine Reproduzierbarkeit von ±5 mV erreicht. Die Temp.-Koeff. der EMK betragen (in mV/Grad) für Al/Schmelze/$Cr_2O_3$ —0,75 (±0,10); für Fe/Schmelze/$Fe_3O_4$ —0,4; für Graphit/Schmelze/$Fe_3O_4$ —1,4.
A. Blaschette. 140□

**Potentiometrische Bestimmung der Konzentration von in geschmolzenem Kryolith gelöstem Aluminiumoxyd.** 3. Mitt. **Thermodynamische Diskussion der Ergebnisse.** M. Rolin und J. J. Gallay. (Bull. Soc. chim. France **1960.** 2101—04. Nov./Dez.) (Franz.) — 2. vgl. vorst. Referat.

Die experimentell ermittelten EMK-Konz.-Kurven werden thermodynam. analysiert. Hierbei zeigt sich, daß das Verh. von $SnO_2$- u. $Cr_2O_3$-Elektroden recht genau dem von AgCl- oder Kalomel-Elektroden in wss. Lsg. entspricht, so daß die genannten Elektroden sich zur potentiometr. Best. von Oxydaktivitäten in Schmelzen eignen.
A. Blaschette. 140□

**Darstellung und Elektrodenpotential von Silbereinkristallen.** Silvano Bordi. (Atti Soc. Toscana Sci. natur., Ser. A **65.** 107—13. 1959. Firenze, Univ., Ist. di Chim. fis.) (Ital.)

Ag-Einkristalle wurden mit Hilfe der von Erdey-Gruz [1935] verbesserten Bridgmanschen Meth. erhalten. Die Kristalle waren entweder nach (1 1 1) oder nach (1 0 0) ausgebildet. Die Elektrodenpotentiale wurden in n-$AgNO_3$-Lsg. bei 25° gemessen. Hierbei ergab sich, daß die (1 1 1)-Einkristalle ein höheres Elektrodenpotential hatten als die (1 0 0)-Einkristalle. C. Gottfried. 140

**Über Elektrodenpotentiale. Lösungen von Silbereinkristallen in sauren Lösungen.** Silvano Bordi. (Atti Soc. Toscana Sci. natur., Ser. A **65.** 114—19. 1959.) (Ital.) — Vgl. vorst. Referat.

An den l. c. dargestellten Ag-Einkristallen wurden bei 25° die Elektrodenpotentiale in 1n $H_2SO_4$-Lsg. gemessen. Ebenso wie in n-$AgNO_3$-Lsg. zeigten die (1 0 0)-Einkristalle ein etwas höheres Elektrodenpotential als die (1 1 1)-Kristalle. Die Kristalle wurden außerdem in 10%ig. NaOH-Lsg. kurz anod. oxydiert u. dann 1 Std. auf 150° erwärmt. Aus den Messungen der Elektrodenpotentiale der oxydierten Kristalle in n-$H_2SO_4$ ergab sich, daß die (1 0 0)-Fläche leichter passivierbar als die (1 1 1)-Fläche ist.
C. Gottfried. 140

**Oberflächenpotential und Bildung von komplexen Ionen.** S. Bordi und F. Vannel. (Atti Soc. Toscana Sci. natur., Ser. A **65.** 120—27. 1959.) (Ital.) — Vgl. vorst. Referate.

Mit Hilfe der von Rosenfeld (vgl. Rev. sci. Instruments **1945.** 343) beschriebenen Meth. bestimmten Vff. das Oberflächenpotential in dem Syst. *$CdCl_2$–KCl–$H_2O$*. Aus den tabellar. u. graph. wiedergegebenen Meßergebnissen ergibt sich, daß man aus den Oberflächenpotentialen Rückschlüsse auf Änderungen in der Zus. der Lsg. ziehen kann.
C. Gottfried. 140

**Arsinentwicklung und Wasserreduktion an einer Arsenkathode.** H. W. Salzberg und Bernard Goldschmidt. (J. electrochem. Soc. **107.** 348—53. April 1960. New York, N.Y., City Coll., Chem. Dep.) (Engl.)

An mit As bzw. As–Pb plattierten Kathoden wird in 0,1—1m $H_2SO_4$- bzw. 1m-$Na_2SO_4$-Lsg. bei Stromdichten von 1—100 mA/cm² u. 25 u. 40° die Entw. von $AsH_3$ untersucht. Die Bldg. von $AsH_3$ erfolgt durch Red. von $H_2O$ an den As-Oberflächen, die mit chemisorbiertem H in Form eines kovalenten Hydrids bedeckt sind. Geschwindigkeitsbestimmend ist das Disproportionieren zwischen AsH u. benachbarten $AsH_2$-Gruppen oder Molekülen. Die Rkk. an As–Pb-Oberflächen sind ident., außer daß die Red. von $H_2O$ bei höheren Stromdichten erfolgt; d. h. bei gegebener Stromdichte sind Spannung u. die gebildete $AsH_3$-Menge größer. Selbst bei Stromdichten von 1 mA/cm² wird in 1m $H_2SO_4$ die Red. von $H_2O$ beobachtet. In sauren Lsgg. ist bei Stromdichten $<1-2\cdot10^{-5}$ A/cm² die Bldg. von H-Atomen reversibel. Die Geschw. wird durch die Kombination zu $H_2$ bestimmt, deren Aktivierungsenergie $>23$ kcal/Mol ist. Die Oberfläche ist bei Stromdichten von $10^{-2}$ A/cm² nahezu vollständig mit chemisorbiertem H bedeckt. Die Konz.-Polarisation wird demnach schon bei sehr kleinen Stromdichten wirksam u. führt zu einer Red. von $H_2O$. Herbert Müller. 141□

**Untersuchung des Mechanismus der elektrolytischen Chromabscheidung.** 1. Mitt. **Mikrountersuchung des Kathodenprozesses bei der elektrolytischen Chromabscheidung.** M. A. Schluger und W. A. Kasakow. (Журнал Прикладной Химии [J. angew. Chem.] **33.** 644—51. März 1960.) (Russ.)

Es wird gezeigt, daß bei der Elektrolyse chromsaurer Lsgg. im Bereich der Kathodenpotentialwerte infolge unvollständiger Red. ($Cr^{6+} \rightarrow Cr^{3+}$) sich in der Nähe der Kathode eine gesätt. Schicht des Elektrolyten bildet. $Cr^{3+}$ entsteht in beträchtlicher Entfernung von der Kathodenoberfläche wahrscheinlich durch Red. mit atomarem Wasserstoff. Eine Mikro-Unters.-Meth. für die kathod. Koll.-Schicht, die sich bei der Elektroabscheidung von Cr bildet, wurde entwickelt. Es wurde festgestellt, daß die Schicht nur entsteht bei Anwesenheit von Sulfationen u. im Bereich des Kathodenpotentials, das dem gleichzeitigen Ablauf dreier Prozesse entspricht: $H^+ \rightarrow H$, $Cr^{6+} \rightarrow Cr^{3+}$, $Cr^{6+} \rightarrow Cr$. Die Dicke der Kathodenschicht vergrößert sich bei Erhöhung der Sulfat-Konz., bei Vergrößerung der Stromdichte u. bei Temp.-Erniedrigung. Durch Vgl. einiger bekannter Angaben bei der Elektroabscheidung von Cr wurden neue Vorstellungen über den Einfl. der Kathodenschicht auf die Stromausbeute u. die Eigg. der erhaltenen Überzüge gemacht. A. Kunze. 141□

**Untersuchung des Mechanismus der elektrolytischen Chromabscheidung.** 2. Mitt. **Über die Änderung des Kathodenpotentials beim Ein- und Ausschalten des polarisierenden Stroms im Verchromungsprozeß.** M. A. Schluger. (Журнал Прикладной Химии [J. angew. Chem.] **33.** 1355—59. Juni 1960.) (Russ.) — 1. vgl. vorst. Referat.

Zur Unters. des Kathodenprozesses bei der Elektroabscheidung des Chroms wird eine automat. Aufzeichnungs-Meth. für die Potentialänderungen der Kathode bei Ein- u. Ausschalten des Polariationsstroms entwickelt u. angewendet. Es wird gezeigt, daß beim Einschalten eine Formierung der Kathodenschicht u. ihre Adsorption an der Kathodenoberfläche erfolgt. Diese Prozesse verlaufen um so schneller, je höher die Stromdichte u. Temp. u. je niedriger die Sulfat-Konz. ist. Bei Erhöhung der Elektrolyse-Temp. steigt der Einw.-Grad der Kathodenschicht auf das elektr. abgeschiedene Chrom an, was offenbar von der Struktur der Chrombedeckung abhängt. Die prakt. beste Ausbreitungsbedingung bei der elektrolyt. Chromabscheidung ist im Augenblick der Kathodenschicht-Bldg. beim Einschalten des Polarisationsstroms u. der festen Verbindung dieser Schicht mit der Kathodenoberfläche gegeben. A. Kunze. 141□

**Theoretische und experimentelle Untersuchungen über die elektromotorische Kraft der Polarisation.** P. Lamoth. (Studii Cercetări [Timişoara] Ştiinţe chim. **6.** Nr. 3—4. 145—60. Juli/Dez. 1959. Timişoara, Inst. Politehn.) (Rum.)

Vf. untersucht die zeitliche Änderung der EMK der Polarisation an Kohleelektroden in 1/5n $H_2SO_4$-Lsg. für den Fall, daß die angelegte Spannung bedeutend niedriger ist als die Spannung der Wasserstofflösung. Es wird weiter die Änderung der Spannung zwischen den Elektroden in Abhängigkeit von der Stromstärke untersucht u. eine Gleichung aufgestellt, aus der bei Betrachtung der Doppelschicht als Kondensator die Stärke der Doppelschicht zu ca. $3{,}3 \cdot 10^{-10}$ cm berechnet wird. Ch. Weiske. 142

**Die Polarisation der tropfenden Quecksilberelektrode mit unterbrochenem Gleichstrom in Gegenwart von $Cd^{2+}$-Ionen.** József Dévay. (Magyar Kémiai Folyóirat [Ung. Z. Chem.] **66.** 203—07. Juni 1960. Budapest, Eötvös Loránd Tud. Egyet. Fiz.-Kém. és Radiol. Tanszék.) (Ung.)

Die Depolarisation der tropfenden Hg-Elektrode wird im Falle der Abscheidung von $Cd^{2+}$-Ionen in den Elektrodenpotentialbereich durch period. Unterbrechung des Stroms verbessert, wodurch sich der Diffusionsstrom mit dem Elektrodenpotential ändert. G. Halmi. 142□

**Messung und annähernde Berechnung des Widerstandes der polarographischen Zelle.** József Dévay. (Magyar Kémiai Folyóirat [Ung. Z. Chem.] **66.** 207—10. Juni 1960.) (Ung.) — Vgl. vorst. Referat.

Oscilloskop. Meth. zur Messung u. Meth. zur annähernden Berechnung des Widerstands der polarograph. Zelle unter Benutzung der spezif. Leitfähigkeit der Lsg. u. der Tropfenverhältnisse der Elektrode. G. Halmi. 142□

**Die Wirkung der Stromstreuung auf die Polarisationskapazität der Quecksilberelektrode.** József Dévay. (Magyar Kémiai Folyóirat [Ung. Z. Chem.] **66.** 359—62. Sept. 1960.) (Ung.) — Vgl. vorst. Referate.

Die störende Wrkg. der Stromstreuung bei der Messung der Polarisationskapazität der Hg-Elektrode kann durch Anlegen der Luggin-Capillare weitgehend ausgeschaltet werden. Auf diese Weise wurden die Werte der Polarisationskapazität bei wenig negativeren Potentialen als dem der Kalomelelektrode in n KCl-Lsg. gemessen. Bei diesen Potentialen verändert sich die Polarisationskapazität exponentiell mit dem Elektrodenpotential. G. Halmi. 142□

**Zusammenhänge zwischen der Elektronenstruktur und dem polarographischen Verhalten der anorganischen Depolarisatoren. 8. Mitt. Tartratkomplexe des zweiwertigen Mangans.** Er-kong Wang und A. A. Vlček. (Collect. czechoslov. chem. Commun. **25.** 2089—2102. Aug. 1960. Prague, Czechoslov. Acad. of Sci., Polarograph. Inst.) (Engl.) — 7. vgl. C. **1960.** 16665.

Im Überschuß von Tartrationen gibt Mn(II) bei polarograph. Unters. eine kathod. $(i_2)_k$ u. 2 anod. $[(i_1)_a$ u. $(i_2)_a]$ Stufen. Bei pH 10 ist die einelektron. anod. Oxydationsstufe $(i_1)_a$ sichtbar. Mit steigendem pH-Wert wächst auf Kosten von $(i_1)_a$ eine negativere anod. Stufe $(i_2)_a$ an; $(i_1)_a$ wird einem dimeren Mn-Tartrat-Komplex, $(i_2)_a$ einem Monomeren zugeschrieben. Die monomere Form wird in einer 2elektron. kathod. Stufe $(i_2)_k$ red., das Dimere ist nicht reduzierbar. Die Stufen des monomeren Mn-Tartrat-Komplexes wachsen mit steigender Mn(II)-Konz., mit steigender Tartrat-Konz., sowie mit steigendem pH-Wert auf Kosten der Stufen des Dimeren. Die Höhen der polarograph. Stufen entsprechen den Gleichgewichts-Konzz. nur unter 5°. Bei höheren Temp. werden $(i_2)_a$ u. $(i_2)_k$ durch die Geschw. der Bldg. des Monomeren aus dem Dimeren beeinflußt. Der Einfl. des pH-Werts wird durch Änderung des Dissoziationsgrades der Weinsäure, der Mn-Tartrat-Komplexe, sowie durch Bldg. bas. Komplexe erklärt. Aus oscillograph. Kurven sowie mit Hilfe der Polarisation durch period. Rechteckspannung folgt, daß die Red. der Mn(II)-Ionen reversibel verläuft unter Bldg. eines akt. Zwischenzustands des Metalls, u. durch eine schnelle Rk. inaktiviert wird. Die inakt. Form (wahrscheinlich das Amalgam) wird bei positiveren Potentialen irreversibel oxydiert.

P. Zuman/Prag. 142

**Die bei der Wechselstrompolarographie auftretende zweite und dritte Stufe des Zinks.** T. Takahashi und H. Shirai. (J. electroanalyt. Chem. [Amsterdam] **1.** 331—38. Mai 1960. Tokyo, Univ., Inst. of Ind. Chem.) (Engl.)

Bei der Wechselstrompolarographie des Zn nehmen Vff. an, daß die zweite Stufe sowohl in K- als auch in $NH_4$-Salz-Lsgg. auf $Zn(OH)_2$ zurückzuführen ist, das sich an der Elektrodenoberfläche in Ggw. von gelöstem $O_2$ abscheidet. Fügt man Alkali zur Lsg., so wird die zweite Stufe in $NH_4$-Salz-Lsg. bei 0,01—0,05 Mol $NH_3$/Liter durch $Zn(OH)_2 \cdot 2\,NH_3$ verursacht, während die dritte Stufe bei pH $>$7,3 in 2m $NH_3$-Lsg. auftritt u. an die Ggw. von $Zn(NH_3)_3^{2+}$ gebunden ist. Während die Gleichstrompolarographie nur eine Stufe ergibt, zeigt die Wechselstrompolarographie stets zwei oder drei Stufen.

A. Blaschette. 142□

**Einfluß des Wasserstoffdruckes auf die Wasserstoffüberspannung an glattem Rhodium.** Sigmund Schuldiner. (J. electrochem. Soc. **107.** 452—57. Mai 1960. Washington, D.C., U.S. Naval Res. Labor.) (Engl.)

An einer glatten Rh-Perle mit einer Oberfläche von 0,10 cm² wird bei $27 \pm 1^0$ die $H_2$-Überspannung als Funktion des $H_2$-Partialdrucks (0,0031—1 atm) in gasgerührter, 1 m $H_2SO_4$ gemessen. Aus den anod. Grenzstromdichten folgt der Tafelsche Entladungsmechanismus $H_3O^+ + e^- \rightarrow H_{ads} + H_2O$ u. $2\,H_{ads} \rightarrow H_2$; die Geschw. wird durch den zweiten Schritt bestimmt. Die Funktion $i_c = f(\theta)^2$ mit $i_c$ = kathod. Stromdichte u. $\theta$ = H-Bedeckungsgrad ist nur für $\theta < 0{,}245$ streng erfüllt; angenommen wird eine Langmuirsche Adsorptionsisotherme. Aus der Abhängigkeit des H-Bedeckungsgrads bei der Stromdichte Null $\theta_0$ vom $H_2$-Partialdruck über der Lsg. folgt, daß $\theta_0$ im Gleichgewicht gering ist. Damit erscheint die Verw. einer Langmuir-Isotherme gerechtfertigt.

Herbert Müller. 142□

**Beitrag zur Theorie der Stromverteilung in Lokalelementen.** Carl Wagner. (J. electrochem. Soc. **107.** 445—52. Mai 1960. Göttingen, MPI für phys. Chem.) (Engl.)

Bei der Korrosion tritt als kathod. Rk. die Red. von $O_2$ auf. An der Kathode steigt die Stromdichte als Funktion des Einzelelektrodenpotentials zunächst exponentiell an u. erreicht dann einen durch Diffusion bestimmten Grenzwert $I_{cmax}$, der von der $O_2$-Konz. u. der Konvektion im Elektrolyten abhängt. Das Gleichgewichtspotential der Einzelelektrode $E_{a(eq)}$ bei der Auflösung des Metalls ist negativer als das Halbwellenpotential von $O_2$ $E_{c(1/2)}$; die Differenz $\Delta E = E_{c(1/2)} - E_{a(eq)}$ ist demnach positiv. Für ein Metall mit relativ niedriger Polarisierungsaktivierung wird die Korrosion ohne Einfl. von Lokalelementen durch die Diffusion von $O_2$ bestimmt. Die lokalen Stromdichten bei der anod. Metallauflösung u. der kathod. Red. von $O_2$ werden für verschiedene Werte von $N_1 = a/k_a$ (a = Anodenausdehnung, $k_a$ = Korrosionsparameter) u. $N_2 = \Delta E/h_a I_{cmax}$ ($h_a$ = Anstieg der Stromdichte–Potential-Kurve der anod. Rk.) berechnet u. mit den Werten von Waber (J. electrochem. Soc. **103.** [1956.] 567) verglichen. Herbert Müller. 143□

**Anodische Oxydation von InSb.** J. D. Venables und R. M. Broudy. (J. electrochem. Soc. **107.** 296—98. April 1960. Cleveland, Ohio, Nat. Carbon Co., Res. Labor.) (Engl.)

Von InSb-Einkristallen werden die (1 1 1)- u. ($\bar{1}\,\bar{1}\,\bar{1}$)-Flächen in 0,1n KOH ohne u. mit Belichtung ($\lambda$ < 5200 Å) bei konst. Strom anod. oxydiert u. es wird der Verlauf des Potentials U als Funktion der Zeit t registriert. Der Wendepunkt von U = f(t) liegt für die (1 1 1)-Flächen bei geringeren Spannungen als für die ($\bar{1}\,\bar{1}\,\bar{1}$)-Flächen; entsprechend treten auf den (1 1 1)-Flächen dickere Oxydschichten auf. Bis zum Wendepunkt wird ein linearer Anstieg des Widerstands der Oberflächen beobachtet. Bei Belichtung bleibt der Anfangsverlauf von U = f(t) ungeändert, jedoch werden die Spannungen an den Wendepunkten herabgesetzt. Verbunden damit ist eine Änderung der Film-Bldg.-Geschwindigkeit. Die Photospannungen der oxydierten Proben sind mit denen anderer anod. Filme ($Ta_2O_5$) vergleichbar. Im Syst. treten demnach durch Licht induzierte Ladungsträger auf. HERBERT MÜLLER. 143 □

**Die Rolle von Inhibitoren in der Entwicklung des Trockenelementes.** Zoltánné Horváth und Györgyné Matók. (Magyar Kémiai Folyóirat [Ung. Z. Chem.] **66.** 367—69. Sept. 1960. Budapest, Távközlési Kutató Intézet.) (Ung.)

Vff. beschreiben die korrosionshemmende Wrkg. von Beizen u. Inhibitoren bei der Korrosion von Mg-Platten. G. HALMI. 143 □

**Einfluß von Sauerstoff auf das Aktiv–Passiv-Verhalten von rostfreiem Stahl.** Norbert D. Greene. (J. electrochem. Soc. **107.** 457—59. Mai 1960. Niagara Falls, N.Y., Union Carbide Metals Co., Metals Res. Labor.) (Engl.)

An Elektroden aus rostfreiem Stahl vom Typ 430 mit 15,90 (%) Cr, 0,30 Mn, 0,005 P, 0,011 S, 0,31 Si u. 0,054 C werden in wss., $H_2$- u. $O_2$-gesätt. n-$H_2SO_4$ potentiostat. die Strom–Spannungs-Kurven bestimmt. Die zur Aufrechterhaltung der Passivität (P) notwendigen $O_2$-Mengen beeinflussen die anod. Auflösung des Metalls nicht. Da auch bei Abwesenheit von $O_2$ eine stabile P beobachtet wird, kann P nicht durch adsorbierten $O_2$ hervorgerufen werden. Demnach ruft jedes Oxydationsmittel, das die Bldg. eines gemischten Potentials im passiven Potentialbereich fördert, eine stabile P hervor. HERBERT MÜLLER. 143 □

## A₄. Thermodynamik. Thermochemie

**Über die statistische Theorie von Ionensystemen.** I. R. Juchnowski. (Український Фізичний Журнал [Ukrain. physik. J.] **4.** 167—76. März/April 1959. Lwow, Univ.) (Ukrain.; Auszug: Engl.)

Für die Freie Energie in einem neutralen Gesamt-Syst. von Ionen wird eine zusammenfassende Gleichung entwickelt. Die bin. u. die tern. Verteilungsfunktionen eines solchen Syst. werden behandelt. Eine neue Meth. der funktionellen Differenzierung führt zu COULOMBschen Verteilungsfunktionen ohne „kurze" Kräfte. R. K. MÜLLER. 146 □

**Ableitungen zur Begriffsbestimmung thermodynamischer Wirkungsgrößen in Mehrstoffsystemen.** Hermann Schenck, Martin G. Frohberg und Eberhard Steinmetz. (Arch. Eisenhüttenwes. **31.** 671—76. Nov. 1960. Aachen, TH, Inst. für Eisenhüttenwesen.) (Dt.)

Aus der allg. Gleichung für die Änderung der GIBBSschen Freien Enthalpie wurden mit Hilfe der Symmetriebedingung einer Matrize Ausdrücke hergeleitet, die die Abhängigkeit der Aktivitäten bzw. chem. Potentiale von den Konz.-Verschiebungen darstellen. Unter Beachtung der Randbedingungen wurde die von WAGNER (Thermodynamic of alloys [1952]) aufgestellte Umrechnungsbeziehung der Wrkg.-Parameter $\varepsilon_2^{(1)} = \varepsilon_1^{(2)}$ für die unendlich verd. Lsg. als Grenzfall entwickelt. Bei den Ableitungen wurde bes. dem Umstand Rechnung getragen, daß sich die Gesetzmäßigkeiten sowohl für den Fall konst. Aktivität als auch für den Fall konst. Konz. des gelösten Elements entwickeln lassen, was zu jeweils verschiedenen Ergebnissen führen kann. Die Grenzbedingungen für die Zulässigkeit des einen oder anderen Wegs werden erläutert. Für alle Zusammenhänge, deren Aufstellung zunächst auf der Grundlage des Konz.-Maßstabs Molenbruch u. in natürlichen Logarithmen erfolgte, wurden auch entsprechende Beziehungen für die Gewichts-Konz. u. dekad. Logarithmen errechnet. Der spezielle Fall der Löslichkeitsverschiebungen bei konst. Aktivität wurde mit den allg. Gleichungen in Beziehung gebracht. Die Zusammenhänge der Gesetzmäßigkeiten zueinander wurden in einer Übersicht geordnet dargestellt. H. HOCHSTEIN. 146 □

**Kinetische Theorie dichter Gase.** Henry B. Hollinger und C. F. Curtiss. (J. chem. Physics **33.** 1386—1402. Nov. 1960. Madison, Wis., Univ. of Wisconsin, Theor. Chem. Labor.) (Engl.)

Vff. leiten aus der LIOUVILLEschen Gleichung unter der Annahme des „mol. Chaos" eine BOLTZMANN-Gleichung für beliebig dichte Gase ab. Explizite Berechnungen werden für den Fall einer Dreikörperstoß-Näherung angegeben u. erweisen sich als ident. mit den Resultaten der Theorie von Bogolyubov [1946]. Im Grenzfall eines dichtes Gases aus starren Kugeln ergibt sich die von Enskog angegebene modifizierte Form der Boltzmann-Gleichung. Die Zusammenhänge zwischen der hier entwickelten Theorie u. bekannten Theorien sowie Unstimmigkeiten werden diskutiert. D. Jörchel. 149□

**Über die Theorie des kritischen Punktes einer einfachen Flüssigkeit.** Melville S. Green. (J. chem. Physics **33.** 1403—09. Nov. 1960. Washington, D.C., Nat. Bur. of Stand.) (Engl.)

Vf. diskutiert die Folgerungen, die sich aus einem neuen Syst. von Integralgleichungen für die Theorie des krit. Punkts ergeben, sowie die Gründe für die Vermutung, daß die Grundannahme von Ornstein-Zernicke über die direkte Korrelationsfunktion in der Theorie der krit. Opalescenz [1926] nicht korrekt ist. D. Jörchel. 150□

**Flüssigkeit-Dampf-Gleichgewicht des binären Gemisches Hydrazin-asymmetrisches Dimethylhydrazin.** Guy Pannetier und Philippe Mignotte. (Bull. Soc. chim. France **1961.** 985—88. Mai. Paris, Fac. des Sci., Centre d'Orsay, Labor. de Chim. Gén.) (Franz.)

Vff. bestimmten das Fl.-Dampf-Gleichgewicht des bin. Gemisches $N_2H_4$-$(CH_3)_2NNH_2$ bei Normaldruck mit Hilfe einer Umlauf-App. nach Swietoslawski. Die Zus. der sd. fl. Phase u. des mit ihr im Gleichgewicht stehenden Dampfs wurde auf refraktometr. Wege (vgl. C. **1961.** 14769) ermittelt. Die Taupunkts- u. Siedebeginn-Kurven zeigen, daß im untersuchten Syst. kein azeotropes Gemisch auftritt. Die beiden Kurven besitzen einen sehr unterschiedlichen Verlauf, so daß die Trennung der Komponenten durch Dest. leicht zu erreichen ist. Drei theoret. Böden genügen, um aus einem Gemisch mit 90% ein Destillat mit 2,5% $N_2H_4$ zu erhalten. A. Blaschette. 150□

**Einige physikalische Eigenschaften von Neptunium-Metall.** 1. Mitt. **Eine Bestimmung der spezifischen Wärme von α-Neptunium.** J. P. Evans und P. G. Mardon. (Physics Chem. Solids **10.** 311—13. Aug. 1959. Harwell, AERE, Metallurg. Div., Reactor Alloys Sect.) (Engl.)

Mit einer einfachen calorimetr. Anordnung wurde die spezif. Wärme von Np im Bereich der α-Phase ermittelt. Sie steigt von 0,0314 cal/gGrad bei 60° auf 0,0402 cal/g Grad bei 207° linear an. In einer Sonderbest. wurde die Wärmetönung der Umwandlung der α- in die β-Phase zu 2,0 ± 0,2 kcal/Mol bei 283° ermittelt.
Wolfgang Wagner. 151□

**Zur Abhängigkeit der Wärmeleitzahl von Gasen und Flüssigkeiten vom Druck und von der Temperatur.** Zdeněk Losenický. (Československ. Časopis Fysiku **9.** 212—13. 1959. [Tschech.]; Czechoslov. J. Physics **9.** 258—59. 1959. Prag, Karls-Univ., Lehrstuhl für allg. Phys.) (Dt.)

Aus einer Analyse von Literaturdaten wurde gefunden, daß sich für die Isothermen der Wärmeleitfähigkeit von Gasen u. Fll. ein analyt. Ausdruck aufstellen läßt, der demjenigen der Isothermen der Viscosität formal vollkommen gleich ist u. der Form nach auch mit der analyt. Darst. der van der Waalsschen Isotherme übereinstimmt.
Wolfgang Wagner. 158□

**Die Lorenz-Konstante für Stahl.** P. G. Morgan. (Iron and Steel **33.** 28—30. Jan. 1960.) (Engl.)

Vf. prüft den Einfl. von Temp., Zus. u. Struktur auf die Lorenz-Konst. von unlegiertem Stahl, von verschiedenen Cr- u. Cr-Ni-Stählen. Der Koeff. der Wärmeleitfähigkeit λ u. die Lorenz-Konst. L werden zwischen 100 u. 800° in Abhängigkeit vom Vol.-Anteil des zum unlegierten Stahl zugesetzten Elements untersucht. Außerdem wird gezeigt, daß L eine Funktion der Wärmebehandlung der Stähle ist. H. Hochstein. 158□

**Die thermische Leitfähigkeit von Silberantimontellurid.** E. F. Hockings. (Physics Chem. Solids **10.** 341—42. Aug. 1959. Princeton, N.J., R. C. A. Labor.) (Engl.)

Best. der therm. Leitfähigkeit von $AgSbTe_2$ führten zu einem Wert von 0,0071 W/Grad·cm bei 300° K. Der Elektronenanteil wurde aus dem elektr. Widerstand zu 0,0008 W/Grad·cm abgeschätzt, womit sich unter Vernachlässigung der ambipolaren Komponente 0,0063 W/Grad·cm für den Gitteranteil der Wärmeleitfähigkeit ergibt. Geschätzter Fehler ± 10%. Wolfgang Wagner. 158□

**Änderung der Schallgeschwindigkeit mit der Temperatur in wässerigen Lösungen gewisser anorganischer Sulfate.** Graham W. Marks. (J. acoust. Soc. America **31.** 936—46. Juli 1959. San Diego, Calif., U. S. Navy Electron. Labor.) (Engl.)

Vf. berichtet über Messungen der Ultraschall-Geschw. (Frequenz 500 kHz) in verschieden konz. wss. Lsgg. von $Li_2SO_4$, $Na_2SO_4$, $KHSO_4$, $K_2SO_4$, $(NH_4)_2SO_4$ u. $MgSO_4$ bei Temp. zwischen 0 u. 80°. Es ergibt sich, daß bei konst. Konz. (Temp.) die Schall-Geschw. mit der Temp. (Konz.) zunimmt. Mit Ausnahme von Konzz. > 1m sind die Kurven innerhalb der Fehlergrenzen dieselben wie für Wasser. Bei 20° ändert sich die spezif. Schallimpedanz in den Sulfat-Lsgg. linear mit der Konzentration. Die adiabat. Kompressibilitäten lassen sich durch einen empir. Ausdruck wiedergeben. Infolge Solvatation der Ionen in Lsg. wurde mit steigender Konz. eine ansteigende relative Assoziation festgestellt. Aus den Vers.-Ergebnissen wurden die scheinbaren molalen Kompressibilitäten für den Temp.-Bereich von 15—35° berechnet (Tabelle).

C. Gottfried. 159

---

**W. I. Blinow** und **G. N. Chudjakow**, Die Diffusionsverbrennung von Flüssigkeiten. Moskau: Verl. der Akad. der Wiss. der UdSSR. 1961. (208 S.) 1 Rbl. 28 Kop. [Russ.]

## $A_5$. Kolloidchemie. Grenzschichtforschung

**Über die Herstellung des Kolloidgraphits.** 1. Mitt. István Zagyvay, Lašzlóné Németh und István Hangos. (Magyar Kémiai Folyóirat [Ung. Z. Chem.] **66.** 338—42. Sept. 1960. Budapest, Müszaki Egyet. Gyakorlati-Kém. Tanszék és Távközlési Kutató Intézet.) (Ung.)

Vff. untersuchten die beim Mahlen von 3 Graphitsorten auftretenden Erscheinungen u. die Abhängigkeit des Dispersitätsgrads von den Bedingungen des Mahlens. Weiterhin wurde die entflockende Wrkg. verschiedener Elektrolyte u. organ. Verbb. untersucht. Vff. stellten fest, daß ein industriell verwendbarer koll. Graphit nur in Ggw. von Stabilisatoren oder Schutz-Koll. herzustellen ist. G. Halmi. 161 □

**Relative Geschwindigkeiten der Elektrowanderung verschiedener Ionen derselben Ladung durch selektiv durchlässige Membranen.** Ruth McClintock, Rex Neihof und Karl Sollner. (J. electrochem. Soc. **107.** 315—24. April 1960. Bethesda, Md., Nat. Inst. of Health, Public Health Serv.; Nat. Inst. of Arthrit. and Metabol. Diseases, Labor. of Phys. Biol.) (Engl.)

In den elektrolyt. Zellen Ag–AgCl/0,1 n LiCl, 0,1 n KCl/0,001 n LiCl, 0,001 n KCl/Ag–AgCl bzw. Ag–AgCl/0,1 n KSCN, 0,1 n $CH_3COOK$/0,001 n KSCN, 0,001 n $CH_3COOK$/Ag–AgCl wird die Elektrowanderung von $Li^+$ u. $K^+$ bzw. $SCN^-$ u. $CH_3COO^-$ untersucht, wenn die Trennung der 0,1- u. 0,001 n Elektrolyten mit Hilfe selektiv durchlässiger Membranen (Polyacrylsäure u. Polystyrolsulfonsäure als kationenselektive, Poly-2-vinyl-N-methylpyridinhalogenid u. Protaminchlorid als anionenselektive Membranen) erfolgt. Die Flächenwiderstände der Membranen in 0,1 n KCl betragen 125—300 $\Omega \cdot cm^2$, ihre Ionenaustauschkapazitäten 0,4—2,0 $\mu$Äquivalent/$cm^2$. Für den Zusammenhang der Verhältnisse der Elektrowanderungs-Geschw. zweier krit. austauschfähiger, gleichzeitig anwesender Ionen durch die permselektiven Membranen mit dem Verhältnis der Geschw. des spontanen Austausches der Ionen mit derselben Membran u. mit dem biion. Potential an der Membran bei gleicher Ionenaktivität wird eine Theorie abgeleitet. Es wird angenommen, daß die Membranen eine ideale Ionenselektivität besitzen. An den Grenzflächen Membran–Lsg. sollen nur Gleichgewichtszustände auftreten u. die Verteilung der Ionen in der Membran einen stationären Zustand erreichen. Polarisations- u. Elektrophoreseeffekte, spontaner Austausch der Ionen über die Membran u. eine Osmose auf Grund verschiedener Aktivitäten des Lsgm. auf beiden Seiten der Membran können vernachlässigt werden. In den untersuchten Lsgg. wird bei Stromdichten von 0,3 bis 1,0 mA/$cm^2$ eine befriedigende Übereinstimmung zwischen Theorie u. Verss. beobachtet. Bei kleineren Stromdichten treten aus unbekannten Gründen zu kleine Werte auf.

Herbert Müller. 168 □

**Die Lebensdauer von an einer leicht oxydierten Nickeloberfläche adsorbiertem Wasserstoff.** J. Dewing und A. J. B. Robertson. (Proc. Roy. Soc. [London], Ser. A **240.** 423—36. 11/6. 1957. London, King's Coll., Dep. of Chem.) (Engl.)

Vff. ließen einen $H_2$-Molekularstrahl auf die Oberfläche einer rotierenden Ni-Scheibe auffallen; das nach verschiedenen Zeiten nach dem Auftreffen von der Oberfläche verdampfende $H_2$ wurde gesammelt u. mit einem Massenspektrometer gemessen. Es ergab sich, daß nur auf einer leicht oxydierten Ni-Oberfläche das gesamte $H_2$ adsorbiert wird. Die darauffolgende Verdampfung ist ein Prozeß erster Ordnung mit einer Geschw.-Konst. von $4{,}5 \cdot 10^{11} \exp(-11{,}5\ \mathrm{kcal}/RT)\ s^{-1}$. Mit einem gemischten Molekularstrahl von $H_2$ u. $D_2$ wird durch die Adsorption kein Austausch hervorgerufen. Nach Entfernung der Oxydschicht erwies sich die Oberfläche als instabil, so daß keine klaren Ergebnisse erhalten werden konnten. Analoge Verss. wurden an red. u. schwach oxydierten *Cu*-Oberflächen durchgeführt. Vff. erhielten ebenfalls keine positiven Ergebnisse.

C. Gottfried. 176

**Adsorptionsuntersuchungen an Raney-Nickel.** R. J. Kokes und P. H. Emmett. (J. Amer. chem. Soc. **83.** 29—31. 5/1. 1960. Baltimore, Md., Johns Hopkins Univ.) (Engl.)

Vff. führten Chemisorptionsmessungen von CO bei —195° an einem W-6-RANEY-Nickel-Katalysator (RNK), der durch Entgasung bei 400° gereinigt worden war, durch. Nachdem bei —78° 1 Std. lang evakuiert worden war, wurde die Stickstoffadsorption bestimmt. Aus der Differenz der Sorptionsmeßwerte wurde berechnet, daß nur 20% der RNK-Oberfläche metall. rein waren. Die restliche Fläche besteht wahrscheinlich zum überwiegenden Teil aus Tonerde, die während der Herst. des Katalysators entsteht. Die Wasserstoffadsorption im Bereich von —78 bis 0° stimmt mit dieser Interpretation überein. Aus der Stickstoffadsorptionsisotherme wurde für den RNK ein mittlerer Porendurchmesser von 84 Å bestimmt. H.-J. TASCHOW. 176□

## $A_6$. Strukturforschung

**Einige Anwendungen der diskreten Fourier-Transformation auf Probleme der Kristallgitterverformung.** 1. Mitt. I. Babuška, E. Vitásek und F. Kroupa. (Czechoslov. J. Physics B 10. 419—27. 1960. Prague, Acad. Sci., Inst. of Math. and Inst. of Phys.) (Engl.)

Die Theorie der diskreten FOURIER-Transformation wurde auf die Lösung eines Syst. von Differentialgleichungen angewandt, die die Lagen der Atome in einem verformten Kristallgitter beschreiben. C. GOTTFRIED. 181

**Statistische Abschätzung der Übereinstimmung zwischen der Hypothese und dem Experiment bei der Bestimmung einer atomaren Struktur. Physikalische Bedeutung. Kriterium der Grenze der Verfeinerung.** A. Rimsky. (Bull. Soc. franç. Minéralog. Cristallogr. **82.** 374—79. Okt./Dez. 1959. Paris, Sorbonne, Labor. de Minérallog.-Cristallogr.) (Franz.)

Statist. Behandlung der beobachteten u. berechneten Strukturfaktoren unter Benutzung der linearen Korrelations-Eigg. ihrer Moduln. Die physikal. Bedeutung von $\sigma$ ($F_0$) u. ein Kriterium für die Grenze der Verfeinerung einer Struktur werden untersucht. C. GOTTFRIED. 181

**Der Absorptionsfaktor bei der Röntgenuntersuchung prismatischer und zylindrischer Kristalle.** Luiz Paulo Manuel de Menezes de Mello Vaz de Sampayo. (Rev. Fac. Ci. Univ. Coimbra **27.** 259—349. 1958.) (Port.)

Die für prismat. Kristalle allg. entwickelten Gleichungen für den Röntgenabsorptionsfaktor $A_i$ werden für prismat. Kristalle von Dreieck- u. Parallelogrammquerschnitt modifiziert. Für zylindr. Kristalle werden Absorptionstabellen mitgeteilt; ihre Anwendung wird erläutert. R. K. MÜLLER. 181□

**Sinustafeln zur Indizierung von Pulverdiagrammen.** J. D. H. Donnay und Gabrielle Donnay. (Amer. Mineralogist **44.** 177—79. Jan./Febr. 1959. Baltimore, Md., Johns Hopkins Univ., Cristallogr. Labor.; Washington, D.C., Carnegie Inst., Geophys. Labor.) (Engl.)

Diskussion verschiedener Tafeln. F. ENSSLIN. 181□

**Zur Methodik der Bestimmung von Spannungen zweiter Art und Ausmaßen von Mosaikblöcken.** Ja. M. Golowtschiner. (Заводская Лаборатория [Betriebs-Lab.] **26.** 431—44. 1960. Zentrales Wiss. Forschungsinst. der Eisenmetallurg.) (Russ.)

Übersichtsarbeit über theoret. u. experimentelle Probleme der röntgenograph. Best. der Ausmaße von Mosaikblöcken u. Spannungen zweiter Art in polykristallinen Objekten. — 47 Literaturhinweise. H. JÄGER. 181□

**Texturbestimmung mit Röntgenstrahlen.** Hans Neff. (Arch. techn. Messen ind. Messtechn. **1959.** 75—78. April. Karlsruhe-Knielingen, Siemens & Halske Akt.-Ges., Werner-Werk für Meßtechn.) (Dt.)

Vf. beschreibt die quant. Darst. des Texturzustands einer Probe durch Polfiguren u. die röntgenograph. Textur-Best. mit Hilfe von Zählrohr-Goniometern im Durchstrahl- u. Rückstrahlverfahren. R. JUNGE. 181□

**Die Bestimmung der Oberflächen und spezifischen Grenzflächen mit Hilfe der Kleinwinkelstreuung.** 2. Mitt. **Experimentelle Untersuchungen.** C. Alexanian, S. Durif und J. L. Soulé. (J. Physique Radium, Physique appl. Suppl. zu: J. Physique Radium **20.** Nr. 12. 139 A—152 A. Dez. 1959. Verneuil-en-Halatte, Centre d'Études et Rech. des Charbonnages.) (Franz.) — 1. vgl. C. **1958.** 9421.

Vff. diskutieren ausführlich die experimentellen Schwierigkeiten u. die Hauptfehlerquellen bei der Messung der Streuintensität. Es ergibt sich, daß die Anwendbarkeit der l. c. mitgeteilten Theorie auf die Best. der Oberflächen u. der spezif. Grenzflächen von der Größe der inneren Struktur abhängig ist. C. GOTTFRIED. 181

**Anwendung der Elektronenbeugung zur Untersuchung der chemischen Bindung in Kristallen.** B. K. Vainshtein. (Quart. Rev. [chem. Soc., London] **14.** 105—32. 1960. Moscow, Acad. of Sci. of the USSR, Inst. of Crystallogr.) (Engl.)

Übersicht über FOURIER-Synth. aus Elektronenbeugungsdaten; speziell Unterss. über die Lage von H-Atomen in Kristallen, über den Abstand C—H, N—H, O—H, über den Ladungszustand der Atome in Kristallen u. die Struktur von Metallnitriden u. -carbiden. — 62 Literaturangaben (bis 1959). P. GOLINSKE. 182□

**Die Wechselwirkung unterschiedlich angeregter, gleicher Atome bei großen Abständen.** Robert S. Mulliken. (Physic. Rev. [2] **120.** 1674—84. 1/12. 1960. Chicago, Ill., Univ. of Chicago, Phys. Dep., Labor. of Mol. Structure and Spectra.) (Engl.)

Vf. erörtern die Theorie der weitreichenden Wechselwrkg. 1. Ordnung für 2 gleiche Atome mit ungerader Elektronenzahl in verschiedenen Dublettzuständen für den Fall, daß die Spin–Bahn-Kopplung kleiner als die anderen Aufspaltungen ist. Es zeigt sich, daß häufig selbst bei großen zwischenatomaren Abständen die Überlappung der Wellenfunktionen noch so groß ist, daß die Valenzkräfte gegenüber den Dispersionskräften 1. Ordnung vorherrschen; erst, wenn die Überlappung vernachlässigbar ist, bleiben die Dispersionskräfte (Dipol–Dipol- u. Multipolkräfte) allein übrig. Bes. werden 2 H-Atome, von denen sich das eine im $^2S$- u. das andere im $^2P$-Zustand befindet, behandelt. Die Dispersionsenergie 1. Ordnung entspricht hierbei einem $e^2/r_{12}$-Integral, was genau die gegenseitige elektrostat., mit $1/R^3$ abnehmende Energie zweier Dipolladungsverteilungen — je eine auf jedem Atom — darstellt. Die anderen Valenzkraft-$e^2/r_{12}$-Integrale fallen exponentiell mit R ab. Tabellen der Dispersionsaufspaltungen für die Wechselwrkg. eines $^2P$-Atoms mit einem $^2S$- oder einem $^2D$-Atom sind angegeben. Ferner wird der einfachere Fall der Aufspaltung für Paare gleicher Atome mit gerader Elektronenzahl diskutiert. Diese Ergebnisse lassen sich auch auf beliebige Paare von Atomen in entweder Singulettzuständen oder in irgendwelchen anderen Zuständen, in denen die Spin–Bahn-Wechselwrkg. stark ist, anwenden. D. JÖRCHEL. 182□

**Die Bindung in Kristallen mit „Normal-Valenz" unter besonderer Berücksichtigung der ZnS- und Wurtzit-Phasen.** O. G. Folberth. (Z. Naturforsch. **15a.** 425—31. Mai/Juni 1960. Erlangen, Forschungslabor. der Siemens-Schuckertwerke Akt.-Ges.) (Dt.)

Bisher wurde die Bindung in Kristallen mit ZnS-Struktur als vorwiegend kovalent angenommen. Der ionogene Bindungsanteil ist jedoch weit größer. Vf. kommt durch Vgl. der bisher üblichen Anschauungen mit neueren experimentellen Ergebnissen über „Das Auftreten tetraedr. Strukturen; die nahezu gleichen Gitter-Konst. in isoelektr. Reihen; die Additivität der kovalenten Radien; die Abschätzung des Bindungsanteils mit Hilfe des Postulats der Additivität der kovalenten Bindung; die weitgehend ähnlichen Halbleiter-Eigg. der Diamant- u. ZnS-Phasen", zu dem Schluß, daß entgegen der bisherigen Ansicht die Metallagen in den ZnS-Phasen positiv u. die Metalloidlagen negativ anzusehen sind. Es lassen sich dann bisher schlecht zu interpretierende experimentelle Daten, wie z. B. Härte u. Brechungsindex der ZnS-Strukturen zwanglos erklären. Danach sind $A^{II}B^{VI}$-Verbb. als vorwiegend ionogen, $A^{III}B^{V}$-Verbb. als gemischt ionogen-kovalent, mit evtl. leicht überwiegender kovalenter Bindung, aufzufassen. B. CONTAG. 182□

**Scaled-Particle-Theorie der Flüssigkeiten.** E. Helfand, H. Reiss, H. L. Frisch und J. L. Lebowitz. (J. chem. Physics **33.** 1379—85. Nov. 1960. Murray Hill, N.J., Bell Telephone Labor.; New York, N.Y., Yeshiva Univ., Graduate School of Mathematic. Sci.) (Engl.) — Vgl. C. **1960.** 4110.

Vff. erweitern die l. c. auf Syst. starrer Kugeln angewandte Meth. auf reale Fll. u. entwickeln eine statist. thermodynam. Theorie unter Verw. eines Abstandmaßes $\lambda$ als Kopplungsparameter. Danach stehen die Moll. über eine Paarpotentialfunktion u (r) in Wechselwrkg., ausgenommen davon ist ein „$\lambda$-cule" genanntes Teilchen, dessen charakterist. Abstand um den Faktor $\lambda$ geändert ist u. für das dementsprechend ein Potential u (r/$\lambda$) gilt. Verschiedene Modellpotentiale sowie die Beziehungen der in der Theorie auftretenden $\Theta$-Funktion zu den statist.-thermodynam. Größen u. mol. Prozessen werden diskutiert. D. JÖRCHEL. 186□

**Dynamik der atomaren Bewegungen in Flüssigkeiten und die Streuung kalter Neutronen.** A. Rahman, K. S. Singwi und A. Sjölander. (Physic. Rev. [2] **122.** 9—12. 1/4. 1961. Argonne, Ill., Argonne Nat. Labor.) (Engl.)

Vff. konstruieren die Selbstkorrelationsfunktion für die Bewegung eines Atoms in einer Fl. u. berechnen mit dieser Funktion den differentiellen Querschnitt für kalte Neutronen für den Fall von fl. *Pb.* Es zeigt sich, daß selbst in einer einfachen Fl. wie Pb das festkörperähnliche Verh. der atomaren Bewegungen eine beträchtliche Zeit lang andauert. D. JÖRCHEL. 186□

**Spiralversetzungen auf Glas-Bruchoberflächen.** W. C. Levengood und T. S. Vong. (J. appl. Physics **31.** 1416—21. Aug. 1960. Muncie, Ind., Ball Brothers Res. Corp.) (Engl.)

Auf geätzten $Na_2O$-CaO-$SiO_2$-Glas-Bruchoberflächen werden spiralförmige Versetzungen beobachtet, deren Ursprung in inneren Versetzungen angenommen wird. Die Einfl. von äußeren Spannungen auf die Spiral-Bldg. werden behandelt. Mit einer dynam.-sphär. Eindrucktechnik werden die strukturellen Änderungen untersucht. Die Länge der Risse, die durch Abrollen der Eindruckkugel erzeugt werden, hängen vom $SiO_2$-Geh. des Glases ab. Sie werden von dem Verhältnis $Na_2O$/CaO nicht beeinflußt. Ferner werden Wärme- u. Kristallisationseffekte auf die Länge u. Breite der Eindruckrisse untersucht. H. SCHIBILLA. 186□

**Phasenumwandlungen höherer Ordnung in Mischphasen.** Helmut Schröcke. (Neues Jb. Mineralog., Mh. **1959.** 262—67. März 1960. Heidelberg.) (Dt.)

Vf. diskutiert die Frage, welche thermodynam. Eigg. Phasenumwandlungen höherer Ordnung in Mischphasen haben. Es werden Phasenumwandlungen 1.—3. Ordnung in bin. Mischphasen behandelt. J.-E. HILLER. 190□

**Veränderungen in Schichtsilicaten durch Erhitzen unter 550°.** C. M. Warshaw, P. E. Rosenberg und R. Roy. (Clay Minerals Bull. **4.** 113—26. Juli 1960. University Park, Pa., Pennsylvania State Univ.) (Engl.)

Vf. untersuchen die Änderung der Pulveraufnahmen von Schichtsilicaten vor u. nach dem Erhitzen auf Temp. bis 550°. Um den Einfl. von Zus., Partikelgröße u. Fehlordnung auszuschalten, werden sowohl natürliche als auch synthet. Mineralien u. deren Gemische eingesetzt. Die Ergebnisse sind in einer Tabelle wiedergegeben. Die röntgenograph. Daten dieser Tabelle können zur Identifizierung von Tonmineralien in Mischungen verwandt werden. R. KAISER. 190□

**Wachstumsstreifung auf Kristallen und ihre mineragenetische Bedeutung.** Ss. Sch. Gendelew. (Записки Всесоюзного Минералогического Общества [Schr. Allunions mineralog. Ges.] [2] **88.** 512—20. 1959.) (Russ.)

Die auf Mineralen weit verbreitete Wachstumsstreifung („Kombinationsstreifung") ist auf ein schichtweises Anwachsen der Flächen oder auf ein polyzentr. Wachsen der Schichten von vielen Punkten auf akt., horizontalen Rippen zurückzuführen. Die Streifenbreite u. damit die Anzahl der Streifen pro Flächeneinheit hängen vom Grad der Übersättigung der Lsg. ab. Zu hohe Übersättigungen oder ein relativ langer Aufenthalt des Kristalls in Lsgg. mittlerer Übersättigung führen zu skelettartigem Flächenwachstum. Die Abhängigkeit der Wachstumsstreifung von der Flächenlage ist so zu verstehen, daß die oberen u. unteren Kristallflächen während der Wachstumszeit verschiedenen Bedingungen unterliegen. Während die oberen hauptsächlich von verarmten konz. Strömungen umspült werden, können die unteren durch erhöhte Stoffzufuhr schneller wachsen. Die Streifung auf den unteren Kristallflächen ist schärfer, tiefer u. rauher als auf den oberen. H. NOACK. 190□

**Gesetzmäßigkeiten bei der heterogenen Verteilung von Mikrokomponenten in anomalen Mischkristallen.** M. Kyrš und J. Filip. (Collect. czechoslov. chem. Commun. **25.** 1985—91. Aug. 1960. Brno, Zapotocký-Militärakad.) (Russ.; Auszug: Dt.)

Es wurden die Gleichungen für die Verteilung der Mikrokomponente zwischen Lsg. u. anomalen Mischkristallen abgeleitet. Der Grundvorstellung nach geht eine Austausch-Rk. zwischen der Kristalloberflächenschicht u. der Lsg. vor sich. Die erhaltenen Gleichungen sind den von DOERNER-HOSKINS u. HERMANN analog für den Fall, daß die einander vertretenden Ionen nicht gleicher Ladung sind. Die Analyse der Vers.-Daten für die Bldg. von Mischkristallen der Hexacyanoferrate(II) von $Fe^{3+}$ u. $Cs^+$ u. für die Verteilung von $Pu^{4+}$ zwischen Kristallen u. Lsg. des $K_3La(SO_4)_3$ zeigt, daß die vorgeschlagenen Gleichungen für die untersuchten Syst. brauchbar sind. I. FRIČ/Prag. 190

**Beitrag zur Bestimmung der Chlopinschen Konstante mittels der Methode der partiellen Rekristallisation der festen Phase.** M. Kyrš. (Collect. czechoslov. chem. Commun. **25.** 2211—12. Aug. 1960.) (Russ.; Auszug: Dt.) — Vgl. vorst. Referat.

Die Anwendbarkeit der neuen Meth. von GREBENSCHTSCHIKOWA u. BRYSGALOWA (vgl. C. **1960.** 13290) für die Best. der CHLOPINschen Konst. wird diskutiert. Vf. weist auf die Möglichkeit hin, durch weitere experimentelle Unters. unter Verw. dieser Meth. eine allg. Theorie der Verteilung isomorpher Beimengungen zwischen Kristallen u. Lsgg. aufstellen zu können. I. FRIČ/Prag. 190

**Versetzungen in Siliciumcarbid.** S. Amelinckx, G. Strumane und W. W. Webb. (J. appl. Physics **31.** 1359—70. Aug. 1960. Ghent, Rijksuniv., Geolog. Inst., Labor. voor Kristallkunde.) (Engl.)

Die Versetzungsstruktur des hexagonalen SiC vom Typ 6H wird mit Hilfe von Ätzung, verbunden mit opt. u. Röntgenbeugungsmikroskopie, untersucht. Die BURGERS-Vektoren in der Grundfläche u. mit einer Komponente senkrecht zur c-Fläche werden eingeführt. Es werden Versetzungen mit dem Vektor $[1\,1\,\bar{2}\,0]$ gefunden, mit der Möglichkeit der Gleitung in der Grundebene u. in der „gefalteten" Pyramidalfläche. Durch Gleitung gebildete Schichtung von Versetzungen u. durch „Faltung" gebildete Versetzungswände werden beobachtet. Es stellt sich heraus, daß SiC trotz seiner großen Härte bei Zimmer-Temp. sich bei hohen Temp. plast. verformt. H. Schibilla. 190□

**Kristallphysikalische Eigenschaften von $Ag_2SO_4 \cdot 4NH_3$.** S. Haussühl. (Z. Naturforsch. **15a.** 549–50. Mai/Juni 1960. Tübingen, Univ., Mineralog. Inst.) (Dt.)

$Ag_2SO_4 \cdot 4NH_3$ zeichnet sich durch die Stärke u. selten vorkommende Anisotropie seiner physikal. Eigg. aus. Es eignet sich daher zur Beurteilung der allg. Gültigkeit einiger an anderen Kristallarten gefundenen Regeln über den Zusammenhang zwischen Struktur, Bindungsfestigkeit u. Anisotropie. Es wurden bis zu 5 cm große, wasserklare Einkristalle aus wss. Lsgg. mit schwachem $NH_3$-Überschuß durch Temp.-Erniedrigung von 35 auf 20° im Verlauf von ca. 3 Monaten erhalten. Hauptwachstumsformen sind {1 0 0}, {0 0 1}, {1 1 0} u. {1 0 1}. Bei Kugelwachstums-Verss. wurden weitere glatte Flächen {2 1 0}, {1 1 2}, {2 1 1} u. $\{2\,\bar{1}\,\bar{1}\}$ erhalten. Der prismat. Habitus ist durch {1 0 0}, {1 1 0} u. {0 0 1} bestimmt. Keine merkliche Spaltbarkeit, an feuchter Luft langsame Zersetzung. Kristallklasse: $P\,4\,2_1\,c$. An diesen Einkristallen wurden folgende Werte bestimmt (die relativen Fehler liegen unterhalb der hinter jedem Wert in Klammern angegebenen Grenzen): a = 8,44 Å (1‰), c = 6,40 Å (1‰); $D.^{20}$ 2,7695 g/cm³ (0,5‰); die DK bei 20°: $\varepsilon_1 = \varepsilon_2 = 6{,}85$ (1%), $\varepsilon_3 = 5{,}29$ (1%); $n_1^{20} = n_2^{20} = 1{,}6104$ (0,5‰), $n_3^{20} = 1{,}6899$ (0,5‰). Therm. Ausdehnungs-Koeff. bei 0° [$10^{-4}$ pro Grad]: $\alpha_1 = \alpha_2 = 0{,}219$ (2%), $\alpha_3 = 0{,}242$ (2%); elast. Konst. bei 20° [$10^{11}$ erg·$c_m^{-3}$]: $c_{11} = 3{,}409$ (3‰), $c_{33} = 4{,}257$ (3‰), $c_{12} = 1{,}896$ (1%), $c_{13} = 1{,}83$ (1%), $c_{44} = 0{,}79$ (1%), $c_{66} = 1{,}16$ (1%); thermo-elast. Konst. bei 0° [$10^{-3}$ pro Grad]: $T_{11} = -0{,}45$ (2,5%), $T_{33} = -0{,}95$ (2,5%), $T_{12} = -0{,}07$ (abs. Fehler unter $0{,}02 \cdot 10^{-3}$), $T_{13} = -0{,}66$ (5%), $T_{44} = -1{,}06$ (5%), $T_{66} = -0{,}73$ (5%). B. Contag. 190□

**Reaktionen zwischen trockenen anorganischen Salzen.** 11. Mitt. **Untersuchungen des Überganges Fm3m → Pm3m in Cäsiumchlorid-Rubidiumchloridmischungen.** Lyman J. Wood, Gervasio J. Riconalla und Joseph D. Laposa. (J. physic. Chem. **65.** 377–78. Febr. 1961. Saint Louis, Mo., Saint Louis Univ., Dep. of Chem.) (Engl.) — 10. vgl. C. **1960.** 14970.

Kühlt man Mischkristalle der Hochtemp.-Form von CsCl mit RbCl, die weniger als 35 Mol-% RbCl enthalten, ab, so beobachtet man 300–400° unterhalb des F. eine plötzliche Entmischung. Vff. diskutieren die Bedingungen u. Erscheinungsformen dieser Entmischung. B. Fiedler. 190□

**Über Topotaxie.** J. D. Bernal. (Schweiz. Arch. angew. Wiss. Techn. **26.** 69–75. Febr. 1960. London, Univ., Birkbeck Coll., Dep. of Phys.) (Engl.)

An Hand der Literatur beschreibt Vf. die Erscheinung der Topotaxie, die am meisten bei Calciumsilicathydraten, Eisenoxyden sowie deren Hydroxydphasen auftritt. Es wird festgestellt, daß Topotaxie weit verbreitet ist u. vielleicht die gewöhnlichste Art der Umwandlung bei Festkörper-Rkk. darstellt. C. Gottfried. 190

**Gruppentheorie in der Festkörperphysik.** D. F. Johnston. (Rep. Progr. Physics **23.** 66–153. 1960. Harwell, Didcot, Berks., AERE, Theoret. Phys. Div.) (Engl.)

Im 1. Teil entwickelt Vf. die Theorie des irreduziblen Vektorraums u. führt diesen Begriff dann in den Mehrteilchenformalismus der Quantenmechanik ein. Die Matrix-Darst. von endlichen Gruppen sowie die Anwendung des Formalismus zur Vereinfachung von Eigenwertberechnungen werden behandelt. Im 2. Teil werden die Struktur der allg. Kristallraumgruppe, einschließlich Gleitebenen u. Schraubenachsen, u. bes. die Theorie der symm. Gruppe eines Mehrelektronen-Syst. mit Spin–Bahn-Kopplung unter Verw. des Diracschen Formalismus behandelt. Ferner diskutiert Vf. im einzelnen die Wignerschen Theoreme der Zeitumkehr für ein Mehrelektronen-Syst. u. entwickelt eine allg. Theorie der Permutationssymmetrie eines Mehrelektronen-Syst., die das Diracsche Vektormodell als Sonderfall enthält. D. Jörchel. 190□

**Einlagerungsverbindungen des Bors.** V. I. Matkovich. (J. Amer. chem. Soc. **83.** 1804–06. 20/4. 1961. Milwaukee, Wis., Allis-Chalmers Mfg. Co., Res. Labor.) (Engl.)

In einer Diskussion bekannter Ergebnisse wird gezeigt, daß sich eine Reihe bin. B-Nichtmetall-Verbb. als Einlagerungs-Verbb. auffassen lassen, bei denen die Nichtmetallatome in die Zwischenräume der von Decker u. Kasper (C. **1960.** 15322) aufgefundenen hexagonalen B-Modifikation (12 B-Atome in der rhomboedr. Elementarzelle) eingelagert sind. Unter dieser Voraussetzung sind nachst. Verbb. isostrukturell: *B*, hexagonal mit a = 4,908 (Å), c = 12,567, c/a = 2,56 bzw. rhomboedr. mit a′ = 5,057, α = 58° 4′; $B_{13}O_2$ (früher als $B_7O$ angesehen) mit a = 5,37, c = 12,31, c/a = 2,30 bzw. a′ = 5,14, α = 62° 56′; $B_{12}C_3$ ($B_4C$) mit a = 5,60, c = 12,12, c/a = 2,17 bzw a′ = 5,175, α = 68° 18′; $B_{13}C_2$ mit a = 5,67, c = 12,19, c/a = 2,15 bzw. a′ = 5,218,

$\alpha = 65^0 49'$; $B_{13}P_2$ (früher $B_6P$) mit a = 5,984, c = 11,850, c/a = 1,98 bzw. a' = 5,248, $\alpha = 69^0 31'$; $B_{13}As_2$ (früher $B_{6-7}As$) mit a = 6,142, c = 11,892, c/a = 1,935 bzw. a' = 5,319, $\alpha = 70^0 32'$; $B_{12}Si_3$ ($B_4Si$) mit a = 6,330, c = 12,736, c/a = 2,015 bzw. a' = 5,602, $\alpha = 68^0 49'$. Als neue Verb. dieser Reihe wurde schwarzes $B_{12}S$ durch Erhitzen von B- mit S-Pulver auf 1600—1700° dargestellt; wichtig ist, daß diese Temp. innerhalb weniger Min. erreicht wird. Oberhalb 1700° tritt Zerfall in die Elemente ein. $B_{12}S$ ist hexagonal mit a = 5,80, c = 11,90 bzw. a' = 5,19, $\alpha = 67^0 56'$; D. 2,40 (berechnet 2,33). Die Präpp. enthalten bis zu 2% C (aus dem Graphittiegel), das nicht als B-Carbid vorliegt, sondern wahrscheinlich neben S in das B-Gitter eingebaut ist. Es existieren damit Einlagerungs-Verbb. vom Typ $B_{12}X$, $B_{12}X_3$ u. $B_{13}X_2$

A. BLASCHETTE. 195□

**Phosphide der Platinmetalle.** Stig Rundqvist. (Nature [London] **185.** 31—32. 2/1. 1960. Uppsala, Univ., Inst. of Chem.) (Engl.)

Durch Erhitzen der Metallpulver mit rotem P im Vakuum auf 500—1100° werden verschiedene Phosphide von Ru, Os, Rh, Ir, Pd u. Pt dargestellt u. röntgenograph. mit $CuK_\alpha$-Strahlung in einer GUINIER-Kamera untersucht. Die Phosphide weisen strukturelle Ähnlichkeiten mit Phosphiden der Metalle der Fe-Gruppe auf. Beobachtet wurden von $Ru_2P$ (Typ C 23, Raumgruppe P n m a) a = 5,902; b = 3,859 u. c = 6,896 Å, $RuP$ (B 31, P n m a) a = 5,520; b = 3,168 u. c = 6,120 Å, $RuP_2$ (C 18, P n n m) a = 5,115; b = 5,888 u. c = 2,870 Å, $OsP_2$ (C 18, P n n m) a = 5,098; b = 5,898 u. c = 2,918 Å, $Rh_2P$ (C 1, F m 3 m) a = 5,498 Å, $Ir_2P$ (C 1, F m 3 m) a = 5,543 Å, $RhP_3$ (D 2, I m 3) a = 7,996 Å, $PdP_3$ (D 2, I m 3) a = 7,705 Å, $IrP_3$ (D 2, I m 3) a = 8,015 Å u. $PtP_2$ (C 2, P a 3) a = 5,694 Å.

HERBERT MÜLLER. 195□

**Kristallographische und strukturelle Daten von Cadmiumxanthogenat.** Luigi Quaratesi d'Achiardi. (Atti Soc. Toscana Sci. natur., Ser. A **65.** 1—5. 1958, herausgeg. 1959. Pisa, Univ., Ist. di Miner.) (Ital.)

Cadmiumxanthogenat, $Cd(SCSOC_2H_5)_2$, krist. monoklin-prismat. mit dem Achsenverhältnis a : b : c = 0,782 : 1 : 1,255; $\beta = 103^0 2'$. Opt. Orientierung: Z = b u. X senkrecht zu {$\bar{1}$ 0 2}; 2 V ist groß mit negativer Doppelbrechung. Pulver-, Dreh- u. WEISSENBERG-Aufnahmen lieferten die Zelldimensionen: a = 10,28; b = 13,10; c = 16,44 Å; $\beta = 103^0 2'$. Raumgruppe ist P 2/m; mit D. 1,62 folgt Z = 6. C. GOTTFRIED. 195

**Untersuchung der Einflüsse eines Ionenbombardements auf einige kristalline Oberflächen.** Kazuhiro Mihama. (Métaux **36.** 219—44. Juni 1960. Paris, Univ.) (Franz.)

Mit einem Ionenstrahl beschoß Vf. 1. die frische Spaltfläche eines *NaCl*-Kristalls; 2. einen dünnen, im Vakuum auf eine NaCl-Fläche aufgedampften *Au*-Film; 3. die Oberfläche von polykristallinem, massivem Au; 4. die (1 1 1)-Fläche von Au-Einkristallen u. 5. die (1 0 0)-Fläche von *Pyrit.* Der Ionenstrahl bestand aus einem Gemisch von $O_2^+$- u. $N_2^+$-Ionen, von angeregten u. neutralen Moll.; seine Energie lag zwischen 5 u. 15 kV. Die strukturellen u. morpholog. Veränderungen der Oberflächen wurden elektronenmkr. u. mittels Elektronenbeugung verfolgt. Bei NaCl u. Au kann man 2 Phasen des Ionenangriffs unterscheiden: die erste Phase ist charakterisiert durch das Auftreten einer Faserorientierung der Oberflächenkristallite u. tritt hauptsächlich bei NaCl u. den polykristallinen Au-Proben auf. Bei den Au-Einkristallen wurde eine Faserorientierung nicht beobachtet. In diesem Fall rekristallisieren die herausgerissenen Atome nach Wiederkondens. auf der Oberfläche in vollkommener Epitaxie mit dem Au-Kristall. Während der zweiten Angriffsphase verschwinden die Faserorientierungen progressiv u. der Angriff ist selektiv. Die Wechselwrkg. der Ionen mit dem Kristallgitter ist am größten in den am dichtest besetzten kristallograph. Ebenen u. Richtungen. Nach genügend langem Ionenangriff scheint ein dynam. Gleichgewichtszustand in der Oberflächenmorphologie einzutreten. Dies ist bes. der Fall bei dem gut wärmeleitenden Au. Bei den NaCl-Proben wurde neben dem Ionenangriff ein merklicher therm. Angriff bei längerer Beschießung beobachtet. Bei dem Pyrit verschwindet nach kurzer Beschießung das Einkristalldiagramm infolge Bldg. eines sehr dünnen $Fe_3O_4$-Films; eine morpholog. Änderung der Oberfläche konnte hierbei nicht beobachtet werden. Bei längerer Beschießung wurde auch hier eine Faserorientierung festgestellt.

C. GOTTFRIED. 195

**Gesamtintensität von Röntgeninterferenzen bei deformierten und erholten Aluminiumproben.** Manfred v. Heimendahl und Hermann Weyerer. (Z. Metallkunde **50.** 573—79. Okt. 1960. Braunschweig, Phys.-Techn. Bundesanst.) (Dt.)

Vff. verglichen die Interferenzintensitäten eines Al-Bleches (99,99% ig.) nach 90% ig. Walzen u. nach 40 std. Anlassen bei 80° u. fanden, daß sich die gesamten Linienintensitäten nicht verändern. Die Konstanz von Gefüge u. Textur nach stärkerer plast. Verformung von Al wurde also experimentell sichergestellt. F. VIER. 197□

**Verzerrungen in Metallstrukturen.** J. Graham. (Nature [London] **185.** 29—30. 2/1. 1960. Melbourne, Commonwealth Sci. and Ind. Res. Organiz., Chem. Res. Labor.) (Engl.)

Einige Elemente des Perioden-Syst. mit typ. Metall-Eigg. besitzen Strukturen, die geringfügig von dichtgepackten Metallstrukturen abweichen (In, Cd, Zn). Diese Strukturverzerrungen sind mit einer Verminderung der Fermi-Energie verbunden. Für die Überlappungen der {0 0 2}-Brillouin-Zonen in Metallen mit kub. flächenzentrierten u. den verwandten tetragonalen Strukturen (c/a $\gtrless$ 1) werden die Energieterme angegeben. Die daraus resultierende Reihenfolge der möglichen Strukturen wird in den Syst. In–Sn u. In–Pb beobachtet, in denen die Vol.-Unterschiede zwischen den verschiedenen Phasen sehr gering sind. Die Strukturstabilität für kub. u. tetragonale Phasen wird in Abhängigkeit von der Elektronenenergieverteilung diskutiert. Herbert Müller. 197□

**Raffinieren von Molybdän durch Zonenschmelzen.** J. A. Belk. (J. less-common Metals [Amsterdam] **1.** 50—55. Febr. 1960. Woolwich, London, Armament Res. and Dev. Establ.) (Engl.)

Das tiegellose Zonenschmelzen zum Raffinieren von Mo wird unter Beheizung mit Elektronenstrahlen im Vakuum vorgenommen. Beim Zonenschmelzen eines Drahtes von $^1/_4$ in. Ø tritt ein Verlust von 13% durch Verdampfen auf. Dabei entsteht ein Einkristall. Es besteht keine bevorzugte Orientierung innerhalb des Gebietes (0 0 1) (1 0 1) (1 1 2). Keine Achse liegt aber außerhalb dieses Gebietes. Der C-Geh. liegt bei 0,001 bis 0,01 Gew.-% u. ist durch das Zonenschmelzen um das 4fache beim Gesamtdraht u. um das 10fache beim reinen Ende reduziert. Das raffinierte Mo kann bei Raum-Temp. auf 30% herabgewalzt werden, ohne zu reißen. Zug- u. Schlagfestigkeitsprüfungen ergeben eine hohe Kerbempfindlichkeit des reinen Einkristalls. F. Vier. 197□

**Mechanische Hochtemperaturbearbeitung von im Lichtbogen geschmolzenem Molybdän.** D. O. Pickman und E. W. Ward. (J. less-common Metals [Amsterdam] **1.** 116—24. April 1959. Fort Halstead, Ky., Armament Res. and Dev. Establ.) (Engl.)

Vff. beschreiben das Auswalzen, Schmieden u. Strangpressen bei Temp. bis zu 1900° in $H_2$-Atmosphäre. Die sich dabei bildenden Mikrostrukturen sind photograph. wiedergegeben. Außerdem ist der Einfl. der Bearbeitung auf die Härte u. die Zug-Eigg. dargestellt. C. Gottfried. 197

**Zonenschmelzen hochschmelzender Metalle einschließlich Rhenium und Wolfram.** G. A. Geach und F. O. Jones. (J. less-common Metals [Amsterdam] **1.** 56—59. Febr. 1960. Aldermaston, Berks., Assoc. Electr. Ind. Ltd.) (Engl.)

Zum Reinigen von hochschm. Metallen u. zur Herst. ihrer Einkristalle wird entweder das Zonenschmelzen im Lichtbogen unter Verw. eines wassergekühlten Schmelzraumes aus Cu u. einer W-Elektrode oder das tiegellose Zonenschmelzen unter Elektronenbombardement verwendet. Die Vorr. werden beschrieben. Bei Metallen, die viel Gas enthalten, geht man am besten von gepulvertem Material aus, z. B. bei Mo u. W. Es konnten Einkristalle einer Leg. aus Mo mit 35 Atom-% Re hergestellt werden. In keinem Falle wurde eine bevorzugte Orientierung festgestellt. In W-Einkristallen wurden Subkörner beobachtet, deren Größe mit der Geschw. des Zonendurchgangs wächst. F. Vier. 197□

**Das mechanische Verhalten von Metalleinkristallen, im besonderen von Kupfer.** E. N. da C. Andrade und D. A. Aboav. (Proc. Roy. Soc. [London], Ser. A **240.** 304—20. 11/6. 1957. London, Roy. Inst., Davy-Faraday Labor.) (Engl.)

Vff. untersuchten an Cu-Einkristallstäben (10 cm lang u. ca. 2 mm Ø) die Änderung des Betrages leichter Gleitung mit der Orientierung der Kristallachsen relativ zur Zugrichtung. Die Vers.-Temp. lagen zwischen —180 u. +900°. Aus den Verss. bei —180° u. bei verschiedener Orientierung der Einkristalle ergab sich, daß die Änderung des Betrages leichter Gleitung quant. mit Hilfe einer spezif. Härtung auf den akt. Gleitflächen, die nicht für die latenten Gleitflächen gilt, u. durch eine allg. Härtung, die die akt. u. die latenten Gleitebenen erfaßt, ermittelt werden kann. Das leichte Gleiten ist bei *Au* bei —180° weniger ausgeprägt als bei Cu. Das unregelmäßige Verh. bei Temp. > 500° hängt mit dem Auftreten von Deformationsbanden zusammen, die auch bei sehr geringen Verformungen beobachtet wurden. Im übrigen ist der Koeff. der spezif. Aushärtung angenähert unabhängig von der Temperatur. Auch die krit. Scherspannung wird nur sehr wenig von der Temp. beeinflußt, hängt aber etwas von der Orientierung ab. Vff. analysierten auch die verschiedenen Typen des Doppelgleitens. C. Gottfried. 197

**Erwiderung auf die Arbeit „Absolute Korngrenzen-Energien in Kupfer“.** N. A. Gjostein. (Acta metallurg. [New York] **8.** 263—65. April 1960. Dearborn, Mich., Ford Motor Comp., Scient. Labor., Metallurgy Dep.) (Engl.)

Unter Hinweis auf die Arbeit von FLEISCHER (C. **1961.** 7862) erwidert Vf.: 1. daß die Reduzierung der elast. Konst. unrealist. groß ist u. daß die Ergebnisse falsche Folgerungen darstellen; 2. daß das Vorhandensein einer kleinen Verzerrungskomponente wohl die Größe von $E_0$ beeinflußt, daß aber diese Analyse von einer falschen Voraussetzung ausgeht u. damit der Effekt vergrößert wird. Hierdurch wird die Annahme von FLEISCHER widerlegt, daß unter bestimmten Voraussetzungen die READ-SHOCKLEY-Gleichung auch für Winkel $> 5^0$ gilt. H. SCHIBILLA. 197□

**Untersuchungen über Reaktionen zwischen festen und flüssigen Metallphasen. Untersuchungen über den Ablauf von Reaktionen zwischen festen und flüssigen Metallphasen unter besonderer Berücksichtigung kinematographischer Untersuchungsmethoden.** 3. Mitt. H. Winterhager und W. Schlösser. (Metall **14.** 396—400. Farbige Abb. Mai 1960. Aachen, TH, Inst. für Metallhüttenwesen u. Elektrometallurgie.) (Dt.) — 2. vgl. C. **1961. 47.**

Die Rk. zwischen festem *Bi* u. fl. *In* wurde in mkr. Auflicht-Unterss. photograph. verfolgt. Die Rk.-Prodd. wurden röntgenograph. bestimmt. Danach bildet sich am Rk.-Saum durch Auflösen von Bi im In eine Leg., die zur festen α-Lsg. erstarrt. Später nach weiterem Auflösen von Bi bilden sich beim Erstarren die dreieckigen Kristalle der $In_2Bi$-Phase. Wird die fest–fl. Rk. fortgesetzt, so entstehen beim Erstarren Nadeln der tetragonalen *InBi*-Phase. Unterss. der fest–fl. Rk. zwischen *Cu* u. *Ga* ergaben, daß die opt.-akt. ξ-Phase gebildet wird. Die Bldg. der festen γ-Phase wird bei Temp. um 700° unterdrückt. Nach dem Zweistoff-Syst. entsteht der β-Kristall, der beim eutektoiden Zerfall in Cu-reicheren Zonen rasch die ξ-Phase bildet. Die Ausscheidung des γ-Kristalls geht unter Bldg. von Rosetten vor sich ohne Abhängigkeit zu den Korngrenzen der anisotropen Kristalle. Die γ-Kristalle stehen nur zu den benachbarten Körnern der γ-Phase in Beziehung, nicht aber zu denen der ξ-Phase. F. VIER. 197□

**Die Bleiecke des Zustandsdiagrammes des ternären Systems Pb–Bi–Mg.** Ju. K. Ssilina und W. D. Ponomarew. (Известия Высших Учебных Заведений, Цветная Металлургия [Hochschulnachr., Nichteisenmetallurgie] **3.** Nr. 1. 91—96. 1960. Kasach, Bergbau- u. Metallurg. Inst.; Lehrstuhl für allg. Metallurg. u. metallurg. Öfen.) (Russ.)

Nach mkr., therm. u. Röntgenstruktur-Unterss. wurde die Bleiecke des Syst. Pb–Bi–Mg im Bereiche der Konzz. bis zu 10% Bi u. 10% Mg untersucht. Unter anderem konnte festgestellt werden, daß sich die Atomdurchmesser der die Leg. bildenden Elemente nur unwesentlich voneinander unterscheiden, jedoch sind die Atomdurchmesser des Bi u. Mg kleiner als beim Pb: Pb = 3,494 Å; Bi = 3,10 Å; Mg = 3,20 Å. Daraus läßt sich schließen, daß die bei ca. 327° kristallisierende Phase das kristalline Gitter des Pb beibehält u. eine tern. feste Lsg. von Bi u. Mg im Pb darstellt. H. TREUMANN. 197□

**Eine Untersuchung des Neptunium–Uran-Gleichgewichtsdiagrammes.** P. G. Mardon und J. H. Pearce. (J. less-common Metals [Amsterdam] **1.** 467—75. Dez. 1959. Harwell, Berks., A.E.R.E.) (Engl.)

Die allg. Form des Np–U-Gleichgewichtsdiagramms wurde durch therm. Analyse, dilatometr. Messungen u. Röntgen-Unterss. unter Verw. einer sehr geringen Menge Np bestimmt. Die Ergebnisse zeigen, daß eine hohe Löslichkeit von U in den α- u. β-Phasen des Np sowie von Np in den α- u. β-Phasen des U besteht; die Löslichkeit von Np in α-U bei Raum-Temp. hat den ungewöhnlich hohen Wert von 43 Gew.-%. Einige Ungewißheit besteht noch in der Frage, ob eine vollständige Löslichkeit zwischen γ-Np u. γ-U besteht oder nicht; eine Mischungslücke wäre jedenfalls sehr klein. In diesem Syst. existiert eine Zwischenphase, die bis ca. 650° stabil ist; die Phasengrenzen betragen bei Zimmer-Temp. 75 u. 48 Gew.-%. Die Phase krist. kub.-primitiv mit a = 10,6 Å u. ist mit der ζ-Phase im Syst. *Pu–U* isomorph. H. HOCHSTEIN. 197□

**Das System Niob–Rhenium.** A. G. Knapton. (J. less-common Metals [Amsterdam] **1.** 480—86. Dez. 1959. Aldermaston, Berks., Assoc. Electr. Ind.) (Engl.)

Das Zustandsdiagramm des Nb–Re-Syst. wird über den gesamten Bereich der Zus. hin untersucht. Zwei Zwischenphasen treten auf; eine mit der σ-Struktur u. die andere vom α-Mn-Typ (χ-Phase). Die σ-Phase wird peritekt. bei 57 Atom-% Re gebildet u. besteht nur über einen kleinen Bereich der Zus. u. Temperatur. Die χ-Phase schmilzt kongruent bei 2800° u. besitzt einen Homogenitätsbereich von 62—87% Re, der wenig mit abnehmender Temp. sinkt. Nb löst bis zu 46 Atom-% Re bei der eutekt. Temp.; bei 1000° beträgt diese Löslichkeit nur noch 43%. Die Löslichkeit von Nb in festem Re ist gering. H. HOCHSTEIN. 197□

**Strukturveränderungen in den Ni–Be-Legierungen nach der Alterung und Hochtemperaturglühung.** N. N. Buinow. (Известия Академии Наук СССР, Серия Физическая [Nachr. Akad. Wiss. UdSSR, physik. Ser.] **23.** 648—49. Mai 1959. Inst. für Metallphysik der Akad. der Wiss. der UdSSR.) (Russ.) — Vgl. C. **1959.** 15583.

Durch Verss. wird nachgewiesen, daß in einer gealterten Ni–Be-Leg. u. in einer Cu–Be-Leg. bei einer Hochtemp.-Glühung eine Wiederherstellung der ursprünglichen Kriställchen eintritt u. daß in diesen Kriställchen außerordentlich beständige Störungen stattfinden, die auf den Röntgenogrammen zwei verschiedene Effekte ergeben; andererseits findet die Wiederherstellung der ursprünglichen Kriställchen auch dann statt, wenn sie in unelast. desorientierte Blöckchen zertrümmert sind. Im letzten Falle verläuft der Wiederherstellungsprozeß langsam. H. Hochstein. 197□

**Zur Frage der Oberflächenspannung in den Antiphasengrenzen geordneter Legierungen vom Typ $AuCu_3$.** Hans-Joachim Bunge. (Freiberger Forschungsh., Reihe B, Heft **50.** 142—44. Mai 1960. Berlin, Dtsch. Akad. der Wiss., Inst. für Strukturforsch. — C. **1960.** 7432.) (Dt.) H. Hochstein. 197□

**Intermetallische Verbindungen von Alkalimetallen mit Platin. Eine neue Darstellung eines kolloidalen Platin-Hydrierungskatalysators.** Charles P. Nash, Franklin M. Boyden und Lynn D. Whittig. (J. Amer. chem. Soc. **82.** 6203—04. 5/12. 1960. Davis, Calif., Univ. of California, Dep. of Chem. and Dep. of Soils and Plant Nutrition.) (Engl.)

Geschmolzenes Li u. Pt reagieren im Vakuum bzw. in Ar-Atmosphäre stark exotherm miteinander; die Zünd-Temp. liegt bei ca. 540°. Nach Entfernung des überschüssigen Li mit $H_2O$ oder 3m HCl zeigte die röntgenograph. Analyse des spröden, grauen Prodd. eine kub. Laves-Phase vom $MgCu_2$-Typ (a = 7,60 ± 0,05 Å). Die flammenphotometr. Analyse ergab die Zus. $LiPt_2$. Umsetzung von Pt mit Na in Ar-Atmosphäre bei 650° liefert wahrscheinlich $NaPt_2$, das mit $LiPt_2$ isostrukturell ist (a = 7,48 ± 0,02 Å). Während $LiPt_2$ selbst katalyt. relativ inaktiv ist, stellen nicht durchreagierte Li–Pt-Gemische sehr gute Katalysatoren für die Hydrierung von Olefinen dar. Claus Fischer. 197□

**Untersuchung der charakteristischen Absorption von Röntgenstrahlen in binären Eisenlegierungen mit Nickel, Kobalt und Chrom.** L. G. Nikolajewa und Ss. M. Karalnik. (Український Фізичний Журнал [Ukrain. physik. J.] **4.** 260—67. März/April 1959. Kiew, Schewtschenko-Univ.) (Ukrain.; Auszug: Engl.) — Vgl. C. **1960.** 2415.

Bei der Unters. von Legg. bietet die Röntgenspektral-Meth. den Vorteil, daß nicht nur der Zustand der gesamten Leg., sondern auch derjenige der einzelnen Komponenten erfaßt wird. Vff. zeigen, daß in den Syst. *Fe–Ni*, *Fe–Cr* u. *Fe–Co* die stärkste Änderung in der Lage der K-Absorptionskante etwa bei den gleichen Konzz. wie für andere physikal. Eigg. eintritt. Als Ursache wird die Änderung der äußeren Abschirmung bei Änderung des Charakters der interatomaren Bindung angenommen. Zwischen den Regeln von Kunzel für die Röntgenspektren u. von Wägerd für die Änderung des Gitterparameters beim Legieren wurd ein Zusammenhang vermutet. Das Verh. der σ-Phase beim Legieren von Fe u. Cr wird auf ihre Inhomogenität (Anreicherung der Mikrogebiete an Fe bzw. Cr) zurückgeführt. R. K. Müller. 197□

**Grundlegende Untersuchung über Legierungen mit konstanter Permeabilität. 2. Mitt. Über das Gleichgewichtsdiagramm des Systems Fe–Ni–Si und die in diesem System auftretende ternäre Verbund-σ-Phase.** Shuzo Takeda, Yoshiroh Iwama und Akira Sakakura. (Nippon Kinzoku Gakkai-Si [J. Japan Inst. Metals] **24.** 534—38. 1960.) (Jap.; Auszug: Engl.) — 1. vgl. C. **1957.** 1351.

Aus dem Gleichgewichtsdiagramm des Syst. Fe–Ni–Si u. der mkr. Beobachtung folgt, daß die α-Phase ferromagnet. ist u. durch die peritektoide Rk. $\alpha + \gamma = \sigma$ gebildet wird. Die höchste Temp. beträgt ca. 920°; die ursprüngliche Zus. ist ca. 29(%) Ni, 11 Si u. 60 Fe, gemäß der Formel $Fe_{11}Ni_5Si_4$. Die Zus. der Leg. „Senperm" mit konst. Permeabilität erstreckt sich über einen Bereich, in dem eine homogene α-Phase bei hoher Temp. vorliegt u. die σ-Phase mit niedrigerer Temp. ausscheidet. W. Wesly. 197□

**Grundlegende Untersuchungen über Legierungen mit konstanter Permeabilität. 3. Mitt. Über die Kristallstruktur einer in „Senperm"-Legierungen auftretenden, ternären Verbund-σ-Phase.** Yoshiroh Iwama und Shuzo Takeda. (Nippon Kinzoku Gakkai-Si [J. Japan Inst. Metals] **24.** 538—40. 1960.) (Jap.; Auszug: Engl.) — 2. vgl. vorst. Referat.

Die σ-Phase des Syst. Fe–Ni–Si hat kub. Kristallstruktur mit einem Gitterparameter $a_0$ = 6,148 Å; $D._4^{17}$ = 7,30. Das Gitter enthält 20 Atome oder 1 Mol. $Fe_{11}Ni_5Si_4$. W. Wesly. 197□

**Die Ausscheidung des Kohlenstoffs im Eisen.** Otto Krisement. (Arch. Eisenhüttenwes. **31.** 677—86. Nov. 1960. Düsseldorf, MPI für Eisenforsch.) (Dt.)

Die Ausscheidung des C im α- u. im γ-Fe wird untersucht. Die Vers.-Ergebnisse für die Ausscheidung im γ-Fe werden mit den theoret. Aussagen verglichen. Gleichzeitig wird erläutert, wie im Vers. ermittelte Mengenkurven ausgewertet werden können. Anschließend wird der Einfl. einer plast. Verformung untersucht. Ausgehend von der einphasigen Ausscheidung von Carbidteilchen im Austenit, wird der Übergang zur Doppel-Rk. betrachtet, bei der lamellare Anordnungen von Carbid u. Ferrit entstehen. Vers.-Ergebnisse u. theoret. Aussagen stimmen hier gut überein. Das $\alpha$-Fe weist die Besonderheit auf, daß C nicht nur in Form von Carbid ausgeschieden wird, sondern auch in die Versetzungen einwandern kann. Beide Vorgänge werden an Hand neuerer Vers.-Ergebnisse untersucht. Für die Betrachtung spielen auch neue Struktur-Unterss. eine Rolle. Außer der Ausscheidung des C im $\alpha$-Fe wird das Anlassen des Martensits behandelt. Die Struktur-Unterss. ermöglichen eine zunächst hypothet. Verbindung zwischen der C-Ausscheidung im $\alpha$-Fe u. im Martensit. H. Hochstein. 197□

**Verhalten des Einlagerungselementes Kohlenstoff in Eisen bei elektrolytischer Überführung im festen Zustand im Hinblick auf Abschreck- und Reckalterung.** Friedrich Erdmann-Jesnitzer und Klaus Ouvrièr. (Freiberger Forschungsh., Reihe B Heft **50.** 136—41. Mai 1960. Freiberg, Bergakad., Inst. für Metallkunde u. Materialprüfung.) (Dt.)

Vff. untersuchten die Alterung von abgeschrecktem u. von kaltverformtem Armco-Fe bei 60 bzw. 80° mit Hilfe von Widerstandsmessungen. Die Alterung wurde einmal stromlos, zum anderen unter Gleich- oder Wechselstromdurchflutung vorgenommen. Es ergibt sich eine Beschleunigung des Carbidausscheidungsprozesses bei den unter Gleichstrom gealterten Proben. Die Ausscheidung war bei den kaltverformten Proben bereits nach 10 bzw. 5 Std. beendet, bei den abgeschreckten Proben erst nach 40 bzw. 20 Stunden. Vff. nehmen an, daß im $\alpha$-Fe gelöstes C ionisiert sein muß. Dies wird so gedeutet, daß bei der Alterung unter Gleichstromdurchflutung den C-Ionen eine bestimmte Richtung zugeordnet werden kann u. der Diffusionsvorgang zu den in Versetzungen gebildeten Carbidkeimen infolge Erhöhung des Diffusionsbeiwertes beschleunigt wird. Bei einer Alterung unter Wechselstromdurchflutung dagegen werden die C-Ionen im Rhythmus des Wechselstromes ihre Bewegungsrichtung ändern u. gelangen bei der gewählten Frequenz noch nicht in die Versetzungen. Dann können sie sich auch nicht als $Fe_3C$ nach örtlicher Ansammlung ausscheiden. Es wird eine Abhängigkeit des Alterungsvorganges unter Stromfluß von der Frequenz des verwendeten Wechselstroms u. vom Verformungsgrad vermutet. H. Hochstein. 197□

**Über das Gefüge und die Härte von Legierungen des Eisens mit kleinen Kohlenstoff- und Nickelgehalten.** Rudolf Vogel und Giancarlo Volpato. (Arch. Eisenhüttenwes. **31.** 687—90. Nov. 1960. Göttingen, Univ., Inst. für Metallkunde.) (Dt.)

Zur Klärung der Frage der Entstehungsbedingungen des *Cohenits*, eines Fe–Ni-Carbids, im Meteoreisen wurden an einer Reihe von Fe-Legg. mit bis 0,6% C u. bis 4% Ni Gefüge-Unterss. u. Härtemessungen durchgeführt. Die verwendeten Proben waren teils mehrmalig 24 Std. bei 550—650° angelassen worden. Das Ausgangsgefüge erwies sich als instabil. Im Verlauf dreimaliger Anlaßbehandlungen bei 550° trat in den C- u. Ni-armen Proben das $\alpha$-Lamellengefüge immer deutlicher hervor, in den C- u. Ni-reicheren löste es sich unter starker Carbidausscheidung auf. Carbidkörner wurden, selbst in den Ni-freien Proben, auch innerhalb der $\alpha$-Lamellen gefunden. Die beobachteten Gefügeformen werden als Übersättigungszustände gedeutet, die sich auszugleichen beginnen, der Gleichgewichtszustand kann jedoch noch nicht als erreicht gelten. Die Gefügebefunde schließen sich den Annahmen von Kasé hinsichtlich des tern. Zustandsdiagramms Fe-C-Ni an. Ebenso wie das Gefüge ist auch die Härte nicht nur vom C- u. Ni-Geh. der Proben, sondern auch in hohem Maße von der Anlaßdauer abhängig. Bezüglich des meteor. Cohenit wurde gezeigt, daß das Ni-Fe-Carbid, wie im Kamazit, sich nicht in Perlitform, sondern in einzelnen Körnern aus einem $\alpha$-Mischkristall abscheidet. H. Hochstein. 197□

**Der Einfluß von Chrom und Mangan auf die Phasenumwandlungen von Chrom-Mangan-Stählen.** R. Ss. Scharipkulow, O. A. Bannych, I. Je. Gontscharow, I. F. Sudin, B. W. Lintschewski und D. A. Prokoschkin. (Известия Академии Наук УзССР, Серия Технических Наук [Nachr. Akad. Wiss. UsbekSSR, Ser. techn. Wiss.] **1960.** Nr. 4. 62—69. Metallurg. Inst. der Akad. der Wiss. der UdSSR, Bergbauabt. der Akad. der Wiss. der UsbekSSR.) (Russ.)

Bei 11% Mn enthält ein Stahl, unabhängig vom Cr-Geh., in seiner Struktur neben Austenit noch Ferrit. Durch Warmbehandlung läßt sich der Stahl nicht in den austenit. Zustand überführen. Ein Stahl mit 16—22% Mn u. 8—10% Cr besitzt bei Temp. unter 140—210° eine $\gamma + \varepsilon$-Struktur, über 210° eine Austenitstruktur. Die Ggw. einer $\varepsilon$-Phase ist bei einem Stahl mit 27% Mn nicht nachweisbar. Bei einem Stahl mit 13 u. mit 17% Cr besteht die Struktur, unabhängig vom Mn-Geh., nach einer Abschreckung bei Temp. über 900° aus Ferrit u. Austenit, wobei die Ferritmenge im Stahl mit 17% wesentlich größer ist als die im Stahl mit 13% Cr. Nach einer Erwärmung auf 600—900° zerfällt der Ferrit unter Bldg. der $\delta$-Phase. Die untersuchten Stähle mit 13 u. 17% Cr enthalten Carbid vom Typ $Me_{23}C_6$. H. HOCHSTEIN. 197□

**Reguläre Anordnung von Versetzungen in $\alpha$-Eisen.** E. Smith. (Acta metallurg. [New York] **8.** 403—04. Juni 1960.) (Engl.)

Während bisher reguläre Versetzungsgruppen in $\alpha$-Messing u. austenit. rostfreiem Stahl, nicht aber in $\alpha$-Fe, festgestellt wurden, ergab die elektronenmkr. Unters. von dünnen Fe-Folien das Auftreten einer regulären Versetzungsgruppe. Der Ursprung der Versetzungen konnte nicht ermittelt werden. In einem Abstand von 2 $\mu$ befand sich eine Korngrenze. F. VIER. 197□

**Theorie der Wärmespannungen.** D. M. Gilbey. (J. less-common Metals [Amsterdam] **1.** 139—44. April 1959. Farnborough, Hants., Roy. Aircraft Establ.) (Engl.)

Vf. erweitert die einfache Theorie der Wärmespannungen durch Berücksichtigung der Temp.-Abhängigkeit der Wärmeleitung, der therm. Ausdehnung, des YOUNG-Moduls u. der POISSON-Konstanten. C. GOTTFRIED. 200

**Verfahren für Kriech-Teste bei hohen Temperaturen.** D. J. Armstrong, D. Murray und L. M. T. Hopkin. (J. less-common Metals [Amsterdam] **1.** 125—31. April 1959. Teddington, Nat. Phys. Labor., High Temperature Mechan. Properties Section.) (Engl.)

Beschreibung verschiedener, neu entwickelter Verff. u. Apparate. C. GOTTFRIED. 200

**Kraterbildung und Stoßwellenerscheinungen an Stahlplatten bei hohen Stoßgeschwindigkeiten.** Earle B. Mayfield und James W. Rogers. (J. appl. Physics **31.** 472—73. März 1960. China Lake, Calif., U.S. Naval Ord. Test Stat., Michelson Labor.) (Engl.)

Vff. untersuchen die beim Beschuß von 1,90—2,38 cm dicken Platten aus Stahl 4130 mit zylindr. Al-Projektilen (Geschw. 1100—3000 m/s) auftretenden Krater-Voll. u. Eindringtiefen. Während bei einer Geschoß-Geschw. von 1100 m/s in der Stahlplatte die Geschw. von elast. u. plast. Wellen auftreten, wird bei 2500—3000 m/s nur eine Wellenart beobachtet. Für 2750 m/s beträgt die mittlere Teilchen-Geschw. 0,20 mm/$\mu$s. Werden die von VAN VALKENBURG u. Mitarbeitern (J. appl. Physics **27.** [1956.] 1123) angegebenen Gleichungen auf die Meßwerte angewendet, so wird eine befriedigende Übereinstimmung für Krater-Voll. u. Eindringtiefen erzielt. HERBERT MÜLLER. 200□

**Die Temperatur- und Geschwindigkeitsabhängigkeit der Verfestigung kubischflächenzentrierter Metalleinkristalle.** Rolf Berner. (Z. Naturforsch. **15a.** 689—706. Aug. 1960. Stuttgart, MPI für Metallforschung u. TH, Inst. für theoret. und angew. Phys.) (Dt.)

Von im Zug-Vers. verformten Cu, Au u. Al-Einkristallen gleicher Orientierung wurde die Temp.-Abhängigkeit des Verfestigungs-Verh., bei Cu auch die Geschw.-Abhängigkeit, untersucht. Die Stapelfehlerenergie für Cu wurde nach der Meth. von SEEGER, BERNER u. WOLF (C. **1960.** 14288) aus der Geschw.-Abhängigkeit der Spannung $\tau_{III}$ (die schemat. Verfestigungskurve, Schubspannung $\tau$ gegen Abgleitung a, ist in drei Bereiche, I, II, III eingeteilt, vgl. DIEHL (C. **1957.** 11799), die den Beginn der Quergleitung von Schraubenversetzungen charakterisiert, bestimmt. Es wird nachgewiesen, daß man die für die Quergleitung zugrunde gelegte Theorie näherungsweise mit einem einzigen therm. aktivierten Prozeß beschreiben kann. Die Stapelfehlerenergie für Al u. Au wurde durch Vgl. der Temp.-Abhängigkeit von $\tau_{III}$ für Al u. Au mit der von Cu erhalten. Beim Au wurden noch Gleitlinien-Unterss. gemacht. Schon im Bereich II zeigen sich im Gegensatz zu Cu Gleitlinien unterschiedlicher Stärke. Mit der eingehend beschriebenen Latex-Kügelchen-Meth. konnten die Stufenhöhen der relativ dicksten Gleitlinien gemessen werden, sie stimmten mit dem theoret. aus $\tau_{III}$ erhaltenen Wert überein. B. CONTAG. 200□

**Untersuchung von Gleitvorgängen in Einzelkristalliten vielkristalliner Kupferproben.** Randolf J. Hartmann und Eckard Macherauch. (Z. Metallkunde **51.** 694—99. Dez. 1960. Stuttgart, MPI für Metallforsch.) (Dt.) — Vgl. C. **1961.** 8577.

Es wurde untersucht, wie weit Umgebungs-Einfl. das Verh. von Oberflächenkristalliten bei der plast. Verformung bestimmen. Hierzu wurde ein Unters.-Verf. entwickelt, das röntgenograph. u. mkr. die Beobachtung der Orientierungsänderung der Zugachse u. die Indizierung der betätigten Gleitebenen an Kristalliten bis zu 100 $\mu$ Ø gestattet. Dabei erfolgte die Best. der aktivierten Gleit-Syst. unter den Annahmen, daß nur Gleit-Syst. mit Gleitebenen vom Typ {hll} möglich sind u. daß von den möglichen Gleit-Syst. nur die mit höchster Schubspannung betätigt werden, falls der Orientierungsverlauf nicht eindeutig auf ein anderes dieser Syst. hinweist. An den untersuchten Cu-Proben trat bei kleinsten Verformungsgraden bereits Mehrfachgleichung auf. Bei weiterer Verformung wurden Gleit-Syst. aktiviert, deren Schubspannung nur Bruchteile der des Hauptgleit-Syst. beträgt. Bei Orientierungen, bei denen mehrere Gleit-Syst.

sich hinsichtlich ihrer Schubspannungen um weniger als 25% unterscheiden, erfolgte die Abgleitung oft nicht überwiegend im Hauptgleit-System. Die Reihenfolge, in der die Gleit-Syst. aktiviert wurden, entsprach nicht immer ihrer nach fallenden Schubspannungswerten geordneten Reihenfolge. In 2 von 60 Fällen wurde Gleiten in Nichtoktaederebenen beobachtet, die beide als {100}-Ebenen festgestellt wurden. F. VIER. 200□

**Temperaturabhängigkeit der Elastizitätsmoduln von Zinn.** P. Jayarama Reddy und S. V. Subrahmanyam. (Nature [London] **185.** 29. 2/1. 1960. Tirupati, Sri Venkateswara Univ., Phys. Dep.) (Engl.)

Das thermoelast. Verh. von polykrist. Sn wird im Frequenzbereich 100—145 kHz zwischen 0 u. 100° mit Hilfe der piezoelektr. Oscillator-Meth. untersucht. Die Elastizitätsmoduln fallen linear mit der Temp. u. zeigen bei 18°, der Umwandlungs-Temp. kub.-raumzentriert → tetragonal, eine plötzliche Änderung. Außerdem weist der YOUNG-Modul bei 80° eine Unstetigkeit auf, die offenbar auf einer Spannungsrelaxation an Korngrenzen beruht. HERBERT MÜLLER. 200□

**Einfluß von Metallen der Seltenen Erden auf die Eigenschaften von Aluminium sowie dessen Legierungen.** 1. Mitt. **Einfluß auf Aluminium.** Shigeo Sakai und Liei Ichikawa. (Bull. Nagoya Inst. Technol. **11.** 213—16. Dez. 1959.) (Jap.; Auszug: Engl.)

Die mechan. Eigg. von Al werden im allg. durch Legieren mit Seltenen Erden (Geh. bis 2%) stark verbessert, während die Fluidität dadurch schlechter wird.
E. MAEKAWA. 200□

**Vorläufige Beobachtungen an Methoden zur Messung der mechanischen Eigenschaften von Festkörpern bei hohen Temperaturen.** Barry L. Mordike und Leo M. Fitzgerald. (J. less-common Metals [Amsterdam] **1.** 132—38. April 1959. Cambridge, Univ., Dep. of Phys., Res. Labor. for the Phys. and Chem. of Solids.) (Engl.) — Vgl. C. **1961.** 278, 9966.

Vff. beschreiben neu entwickelte App. zur Messung der Zugfestigkeit u. des Reibungs-Koeff. von Festkörpern bei Temp. bis ca. 2000°. Es wurden die Zugfestigkeit von *Nb* u. *W* bis 2500°, die von *Ta* bis 2000° u. die Reibungs-Koeff. von *W-Carbid* auf W-Carbid, von *Borcarbid* auf Borcarbid u. von *Titancarbid* auf Titancarbid bis 2000° gemessen. C. GOTTFRIED. 200□

**Mikrorisse und ihr Einfluß auf Fließgrenze und Bruchfestigkeit von Magnesiumoxyd-Einkristallen.** F. J. P. Clarke und R. A. J. Sambell. (Philos. Mag. [8] **5.** 697—707. Juli 1960. Harwell, Berks., A.E.R.E.) (Engl.)

Durch Verss. an MgO-Einkristallen wird gezeigt, daß Fließgrenze u. Bruchfestigkeit durch oberflächliche Risse stark beeinflußt werden. Durch Bestrahlung mit $10^{17}$—$10^{19}$ n.v.t. (epitherm.) erzeugte Oberflächenstörungen der Größenordnung $10^{-4}$ in. setzen z. B. die mechan. Festigkeit herab; durch Polieren der Kristalle wird sie wieder auf den normalen Wert gebracht. W. REUSSE. 200□

---

**P. P. Budnikow** und **A. M. Ginstling,** Die Reaktionen in Gemischen von Feststoffen. Moskau: Gosstroiisdat. 1961. (423 S.) 1 Rbl. 53 Kop. [Russ.]

## A₇. Gleichgewichte. Kinetik

**Arrhenius-Faktoren (Häufigkeitsfaktoren) bei monomolekularen Reaktionen.** B. G. Gowenlock. (Quart. Rev. [chem. Soc., London] **14.** 133—45. 1960. Birmingham, Univ., Dep. of Chem.) (Engl.)

Übersicht über die Berechnung u. die experimentelle Best. des Häufigkeitsfaktors bei monomol. Rkk. unter bes. Berücksichtigung der „normalen" u. „anomalen" Häufigkeitsfaktoren. — 48 Literaturangaben (bis 1959). P. GOLINSKE. 220□

**Stabilität von Chelaten der Benzoltricarbonsäuren mit zweiwertigen Metallen.** Motoo Yasuda. (Z. physik. Chem. [Frankfurt/M.] [N.F.] **27.** 333—42. März 1961. Chikusa, Nagoya, Japan, Nagoya Univ., Fac. of Sci., Chem. Inst.) (Engl.) — Vgl. C. **1957.** 9020.

Es wurden Dissoziations-Konst. der *1.2.3-Benzoltricarbonsäure* (I) u. *1.2.4-Benzoltricarbonsäure* (II) u. Stabilitäts-Konst. ihrer Chelate mit *Cu* u. *Ni* bestimmt. Daraus wurden die thermodynam. Stabilitäts-Konst. mit Hilfe der DAVIES-Gleichung (J. chem. Soc. [London] **1938.** 2093) berechnet, die mit den Angaben von MAXWELL u. PARTINGTON (Trans. Faraday Soc. **33.** [1937.] 670) übereinstimmen. Für die Stabilitäts-Konst. $k = [CuA^-]/[Cu^{2+}][A^{3-}]$ wurden für I u. Cu bzw. Ni folgende Werte erhalten ($H_3A$ = Benzoltricarbonsäure): log k = 4,40 bzw. 2,86; entsprechend für II 3,17 bzw. 1,86. Weitere Konst. wurden für das Cu-I-Chelat erhalten, da sich in diesem Falle die Chelate CuAH u. $CuA^-$ in Gleichgewicht befinden; $\log k_{CuAH} = 2{,}74$; $k_{CuAH} = [CuAH]/[Cu^{2+}][AH^{2-}]$; $\log K_{CuAH} = 3{,}85$; $K_{CuAH} = [CuA^-][H^+]/[CuAH]$. H. PLUSKAL. 223□

**Löslichkeit von Ammoniumpersulfat in Wasser.** J. Balej, A. Regner und J. Vondrák. (Collect. czechoslov. chem. Commun. **25.** 2216–17. Aug. 1960. Prag, Tschechoslow. Akad. der Wiss., Inst. für anorgan. Chem.) (Dt.)

Es wurde die Löslichkeit von $(NH_4)_2S_2O_8$ (I) in W. im Temp.-Bereich von 0–60° bestimmt. Die Löslichkeitsabhängigkeit von der Temp. ist ein Temp.-Bereich von 0–60° ungefähr linear u. entspricht im Temp.-Bereich von 0–40° der Beziehung m = 2,419 + 0,05377 t (Mol/1000 g $H_2O$). Folgende Werte werden angegeben: 0° 55,206 (g/100 g $H_2O$) 15° 73,105; 18° 76,364; 20° 79,376; 22,5° 82,524; 25° 85,626; 30° 92,455; 35° 97,924; 48° 104,293; 45° 110,550; 50° 116,285 u. 60° 127,250. Bei höheren Temp. trat schon im Laufe der Gleichgewichtseinstellung ein merklicher Zerfall der Substanz ein, so daß die auf diese Weise gewonnenen Werte nicht mehr als genügend verläßlich erachtet u. auch nicht angeführt werden. Bei allen Temp. befindet sich wasserfreies I mit des gesätt. Lsg. im Gleichgewicht. V. Růžička/Prag. 224□

**Die Löslichkeit von Gips in Destillierflüssigkeit der Sodaproduktion.** Je. K. Owetschkin, N. N. Drosin, M. I. Kutzyna und Je. F. Nowikowa. (Журнал Прикладной Химии [J. angew. Chem.] **33.** 788–96. April 1960.) (Russ.)

Es wurde die Löslichkeit von Gips in industriellen u. in synthet. Dest.-Fll. bei verschiedener Verdünnung mit W. u. bei Temp. von 1, 10, 20, 40, 60, 80 u. 95° untersucht. Die Löslichkeit von Gips wächst bei Temp. von 1, 10, 20 u. 40° linear bei einer Verdünnung der Dest.-Fl. von 145–30 g/Liter $Cl^-$. Bei größeren Verdünnungen ist der Verlauf der Löslichkeitsisothermen nicht mehr linear. Bei 80 u. 95° verläuft die Löslichkeitsisotherme von Gips über ein Maximum u. ein Minimum. Sie steigt in unverd. Dest.-Fll. linear bei Steigerung der Temp. von 1–95°. H. Treumann. 224□

**Löslichkeitsprodukt von vierwertigem Uranhydroxyd.** M. A. Stepanow und N. P. Galkin. (Атомная Энергия [Atomenergie] **9.** 282–85. Okt. 1960.) (Russ.)

Es wurde eine potentiometr. Titration salzsaurer U(IV)-Lsgg. mit Alkali durchgeführt. Die Aktivität der Wasserstoffionen wurde potentiometr. bestimmt, die Konz. des 4wertigen U durch Titration mit $K_2Cr_2O_7$ u. hieraus unter Berücksichtigung von Hydrolyse u. Ionenstärke die Aktivität berechnet. Für das Löslichkeits-Prod. des schwer lösl. Hydroxyds ergab sich $(1{,}10 \pm 0{,}72) \cdot 10^{-52}$. M. Wiedemann. 224□

**Löslichkeiten von Salzen in Metallen.** S. J. Yosim und E. B. Luchsinger. (Ann. New York Acad. Sci. **79.** 1079–87. 30/1. 1960. Canoga Park, Calif., North Amer. Aviation, Inc., Atomics Internat. Div.) (Engl.)

Vff. bestimmten zuerst die Löslichkeit von $BiCl_3$ in *Bi*, $Hg_2Cl_2$ in *Hg*, $PbCl_2$ in *Pb*, $CdCl_2$ in *Cd*, $ZnCl_2$ in *Zn*, $SnCl_2$ in *Sn*, *InCl* in *In*, *AgCl* in *Ag* u. *CuCl* in *Cu*. Die Proben wurden unter Vakuum in Quarzröhrchen eingeschmolzen u. im elektr. Ofen so lange u. so hoch (bis maximal 1200°) erhitzt, bis bei visueller Beobachtung die Salzphase verschwunden war. Es wurde außerdem die Löslichkeit von $PbCl_2$, $SnCl_2$, $CdCl_2$, $ZnCl_2$ u. *NaCl* in Bi, von $ZnCl_2$ u. $SnCl_2$ in Pb, von $PbCl_2$ u. $ZnCl_2$ in Sn u. von $PbCl_2$ in Zn untersucht. Die Vers.-Ergebnisse sind tabellar. u. graph. als Funktion der Temp. angegeben. Thermodynam. Berechnungen ergaben, daß die beobachtete Löslichkeit eines Salzes in einem fremden Metall durch Oxydations-Red.-Rkk. unter Bldg. des Metallhalogenids erklärt werden kann, das sich seinerseits in dem Metall löst. C. Gottfried. 224

**Kinetische Besonderheiten der Hydratationsverfestigung von Sulfaten.** O. I. Lukjanowa, P. A. Rehbinder und G. M. Beloussowa. (Доклады Академии Наук СССР [Ber. Akad. Wiss. UdSSR] **130.** 816–19. 1/2. 1960. Moskau, Lomonossow-Univ., Lehrstuhl für Kolloid-Chem.) (Russ.)

Als Charakteristika für die Verfestigung von Hydraten dienen die Länge der Induktionsperiode u. die Geschw. der Kristallisation. Vff. untersuchen für Sulfate diese Charakteristika bei der Kristallisation aus Suspensionen durch Messung der Wärmetönung bei der Hydratation von teilweise oder völlig wasserfreien Salzen, der Auflösung sowie durch mkr. Beobachtung. Aus der Betrachtung der Dauer der Induktionsperiode ($\tau_i$) bis zur Kristallisation u. der Zeit ($\tau_h$) bis zur vollständigen Hydratation werden zwei Typen unterschieden: 1. Kristallisation mit längerer $\tau_i$, wobei $\tau_i$ mit zunehmender spezif. Oberfläche des Salzes abnimmt, während die Wärmetönung konst. bleibt. $\tau_h$ beträgt nur ein geringes Vielfaches von $\tau_i$; z. B. $\tau_h \approx 2{,}5-3 \cdot \tau_i$ für $CdSO_4 \cdot H_2O$ (weitere Beispiele: $CaSO_4$, $CaSO_4 \cdot {}^1/_2\,H_2O$, $SrSO_4$, $BaSO_4$). 2. Kristallisation mit sehr kurzer $\tau_i$ ($\tau_i \approx 0$), $\tau_i$ ist nahezu unabhängig von der spezif. Oberfläche des Salzes, dagegen nimmt die Wärmetönung mit steigender Oberfläche zu. $\tau_h$ ist sehr groß; z. B. für $Na_2SO_4$: $\tau_i$ 3 bis 5 Min., nach 3 Std. sind 50% hydratisiert, $\tau_h$ 24 Std. (weitere Beispiele sind $MgSO_4$, $ZnSO_4$, $CuSO_4$, $CoSO_4$, $FeSO_4 \cdot H_2O$, $NiSO_4 \cdot H_2O$). — Vff. diskutieren den Verfestigungsmechanismus sowie die Koordinationszahlen der einzelnen Kationen in wss. Lsg. u. in den Hydraten. D. Hoene. 224□

**Katalytische Wirkung von Kupferionen bei der Auflösung von Metallen mit Sauerstoffdepolarisation.** I. A. Kakowski und N. G. Tjurin. (Доклады Академии Наук СССР [Ber. Akad. Wiss. UdSSR] **130.** 812—15. 1/2. 1960. Ural, Polytechn. Kirow-Inst.) (Russ.)

Vff. untersuchen am Beispiel von Ag die Auflösung von Edelmetallen in $NH_3$-Lsgg. in Ggw. von $O_2$ u. unter Zusatz von $(NH_4)_2SO_4$ (I) u. $Cu^{2+}$-Ionen. Bei 67°, 3,36 Mol/Liter $NH_3$ u. 2 at $O_2$ ergab sich eine Auflösungs-Geschw. von $4{,}3 \cdot 10^{-9}$ Mol/cm²·s, bei Zusatz von **I** (0,11 Mol/Liter) $1{,}7 \cdot 10^{-8}$, bei Zusatz von $Cu^{2+}$ (0,01 g-Ion/Liter) $5{,}4 \cdot 10^{-8}$ u. bei Zusatz von **I** u. $Cu^{2+}$ $7{,}2 \cdot 10^{-8}$. Bei der Unters. der Auflösungs-Geschw. in Ggw. von $O_2$ u. $Cu^{2+}$ in Abhängigkeit von der $NH_3$-Konz. ergab sich eine Rk. 1. Ordnung. $Cu^{2+}$-Ionen üben nur bei geringen Konzz. einen Einfl. aus, da bei höheren Konzz. die Diffusions-Geschw. der $Cu^{2+}$ die Auflösung bestimmt. Vff. diskutieren die Rolle des Cu als Elektronenüberträger vom Metall zum $O_2$. D. Hoene. 225□

**Kinetik der Auflösung von Germanium in sauren und basischen Wasserstoffperoxydlösungen.** R. L. Mjuller, A. W. Danilow, T. P. Markowa, W. N. Melnikow, A. B. Nikolski und Ss. M. Repinski. (Вестник Ленинградского Университета, Серия Физики и Химии [Nachr. Leningrader Univ.] **15.** Nr. 4. [Ser. Physik Chem.] Nr. 1. 80—87. 1960.) (Russ.)

In sauren Lsgg. erfolgt prim. eine spontane einseitige Oxydation u. Hydrolyse der Oberflächenatome, weiterer Angriff erfordert die Aktivierungsenergie 10 kcal/Mol; Verlauf: **A.** In alkal. Lsgg. verläuft die Oxydation unter Teilnahme negativ geladener Teilchen: **B.**

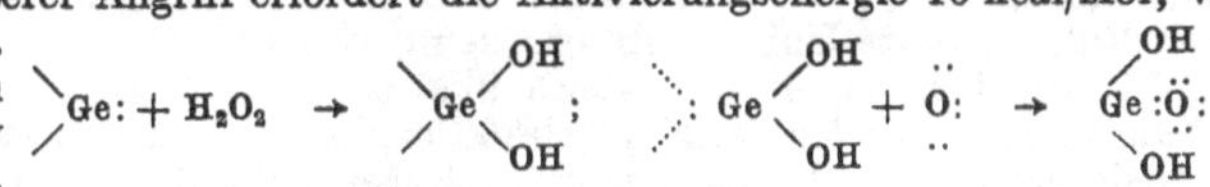

A

Die Auflösungs-Geschw. ist begrenzt durch den Oxydationsvorgang. Sie ist weitgehend von der Rührgeschw. unabhängig. Nur in sauren Lsgg. wird durch Rühren bei höheren Temp. eine leichte Geschw.-Steigerung beobachtet. Die Auflösungs-Geschw. wächst in saurer Lsg. mit der $H_2O_2$-Konz. (bei hohen Säure- oder Basen-Konzz. kommt die Rk. zum Stillstand); in alkal. Lsgg. tritt ein Maximum bei 0,1 n NaOH- u. 1—3 n $H_2O_2$-Konz. auf. Temp.-Erhöhung begünstigt die Auflösung. S. Eckert. 225□

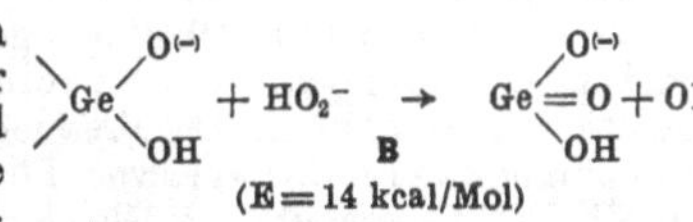

**Kinetik der Auflösung von Germanium in wässerigen Brom- und Jodlösungen.** R. L. Mjuller und N. A. Baglai. (Вестник Ленинградского Университета, Серия Физики и Химии [Nachr. Leningrader Univ.] **15.** Nr. **4.** [Ser. Physik Chem.] Nr. 1. 88—94. 1960.) (Russ.) — Vgl. vorst. Referat.

Die eigentlichen oxydierenden Reagentien sind die durch Hydrolyse entstehenden Säuren HBrO u. HJO. Die Aktivierungsenergie des Oxydationsvorgangs für $Br_2$- u. $J_2$-Lsgg. beträgt ca. 11 kcal/Mol. Die Auflösungs-Geschw. in $Br_2$-Lsgg. wird ohne Rühren durch die Diffusion bestimmt, bei Rühren durch die heterogene Oxydations-Rk., in $J_2$-Lsgg. ist sie geringer u. unabhängig vom Rühren. S. Eckert. 225□

**Die Diffusionstheorie der chemischen Reaktion.** J. L. Wood. (J. chem. Physics **33.** 1587. Nov. 1960. London, Imp. Coll., Dep. of Chem.) (Engl.)

Vf. zeigt, daß ein Modell, in dem die chem. Rkk. durch einen Fluß im Energie- oder Impulsraum dargestellt werden, eine der Reibungs-Konst. $\beta$ direkt proportionale Geschw.-Konst. k liefert, u. zwar gleichgültig, ob man das Problem vom Quantenstandpunkt oder vom klass. Standpunkt aus behandelt. Bei der Betrachtung chem. Rkk. nach der Diffusionstheorie jedoch stellt das verwendete Modell die Rkk. durch einen Fluß im Lageraum dar; in diesem Falle ist k für große $\beta$ umgekehrt proportional zu $\beta$ u. für kleine $\beta$ unabhängig von $\beta$. Nach Ansicht des Vf. ist das erstgenannte Modell das bessere. D. Jörchel. 225□

**Untersuchung über den Einfluß der Heterogenität der Teilchengröße bei der endothermen Zersetzung von Festkörpern.** M. T. Trambouze und B. Imelik. (J. Chim. physique Physico-Chim. biol. **57.** 656—65. Juli/Aug. 1960. Paris, Sorbonne, Labor. de Chim. Gén.) (Franz.)

Die beiden häufig herangezogenen Gleichungen 1. $(1-\alpha)^{1/3} = (1 - k_2 t/r)$ u. 2. $\log(1-\alpha) = -k_1 t + \log K$ werden diskutiert. Läßt sich die Heterogenität der Teilchengröße durch die logarithm. Verteilung nach MacLister beschreiben u. gehorcht die Zers.-Kurve der Gleichung 1, so kann bei der Best. von $k_2$ ein Irrtum in der Art auftreten, daß $k_2$ nur zu ca. $^1/_5$ seines wahren Werts ermittelt wird. Der Fehler bei der Best. der Aktivierungsenergie ist dagegen vernachlässigbar. Beim Vorliegen einer Normalverteilung nach Gauss macht sich die Abweichung weit weniger bemerkbar. Gehorcht dagegen die Zers.-Kurve der Gleichung 2, so ist die Heterogenität der Teilchengröße ohne jeden Einfluß. K. Ross. 225□

**Kinetik des Isotopenaustauschs in heterogenen Systemen mit multiplen Gleichgewichten.** F. Scheffer, B. Ulrich, P. Benecke und W. Sendler. (Naturwissenschaften **47.** 321. 2. Juli-H. 1960. Göttingen, Univ., Agrikulturchem. u. Bodenkundliches Inst.) (Dt.)

Kurze Mitt. über den Isotopenaustausch von $^{32}PO_4^{3-}$ auf Hydroxylapatit, der an seiner Oberfläche eine unbekannte Anzahl von Phosphatfraktionen unbekannter Größe enthält. H. HART. 225□

**Übergangszustände und Isotopieeffekte bei Protonenübertragungsreaktionen.** R. P. Bell. (Trans. Faraday Soc. **57.** 961—64. Juni 1961. Upton, N.Y., Brookhaven Nat. Labor., Chem. Dep.; Oxford, Physic. Chem. Labor.) (Engl.)

Unter Verw. einfacher Modelle werden die Krümmungen der Energiefläche für den Übergangszustand von Protonenübertragungs-Rkk. berechnet. Eine dieser Krümmungen steht im Zusammenhang mit der Transversalschwingung des Übergangszustands, die andere mit dem Tunneleffekt. Für ein COULOMBsches Modell wird der Anteil der Transversalschwingung am Isotopieeffekt durch den des Tunneleffekts gerade aufgehoben wenn beide Anteile klein sind. Unter anderen Bedingungen überwiegt der Tunneleffekt. A. BLASCHETTE. 225□

**Die Berechnung von Gleichgewichtskonstanten für mehrere Isotopenaustauschreaktionen mit $N_2O_4$.** E. U. Monse. (J. chem. Physics **33.** 312—14. Juli 1960. Newark, N.J., Rutgers State Univ., Dep. of Chem.) (Engl.)

Vf. berechnet für die Austausch-Rkk. der N- u. O-Isotope zwischen $N_2O_4$, $NO_2$ u. NO die Verhältnisse der Verteilungsfunktion von $N_2O_4$-Moll. mit verschiedenen Isotopen im Gleichgewicht u. die Gleichgewichts-Konst. bei 263,1, 293,1 u. 373,1°K. Die Grundfrequenzen der planaren Schwingungen von $^{15}N_2{}^{16}O_4$ u. $^{14}N_2{}^{18}O_4$ werden aus den Matrizen von F u. G zusammen mit spektroskop. Werten der Kraft-Konst. für ein modifiziertes Valenzkraftfeld erhalten. Die Frequenzen der nichtplanaren Schwingungen werden durch Anwendung der Prod.-Regel von TELLER u. REDLICH auf die beobachteten Frequenzen von $^{14}N_2{}^{16}O_4$ berechnet. Die Gleichgewichts-Konst. für den Austausch von N zwischen $N_2O_4$ u. NO ist verhältnismäßig groß (1,083; 1,070; 1,046). Die Schwierigkeiten der Messung dieser Konst. wurden bereits früher von Vf. (vgl. C. **1961.** 14945) diskutiert. Die Rk. von $N_2O_4$ mit NO führt zur Bldg. von $N_2O_3$ u. weiterhin zur Bldg. eines 2-Phasen-Syst. mit NO, $NO_2$, $N_2O_3$ u. $N_2O_4$ in jeder Phase. Jedes dieser Moll. nimmt am Isotopenaustausch teil. J. KRAETSCH. 225□

**Redoxaustausch zwischen Eisen(II)-Ionen und $FeN_3^{2+}$ in wässeriger Lösung.** D. Bunn, F. S. Dainton und S. Duckworth. (Trans. Faraday Soc. **57.** 1131—39. Juli 1961. Leeds, Univ., Dep. of Physic. Chem.) (Engl.)

Die Gleichgewichte $HN_3 \rightleftharpoons H^+ + N_3^-$ (Ka) u. $Fe^{3-} + N_3^- \rightleftharpoons FeN_3^{2+}$ ($K_1$) wurden in $H_2O$ u. $D_2O$ als Lsgm. untersucht. Bei 20° u. der Ionenstärke $\mu = 0$ ist $Ka(H_2O) = 2{,}1\cdot10^{-5}$, $Ka(D_2O) = 9{,}8\cdot10^{-6}$, $K_1(H_2O) = 6{,}7\cdot10^4$, $K_1(D_2O) = 1{,}2\cdot10^5$ (Konzz. in Mol/Liter). Ka wurde mit Hilfe einer Glaselektrode in $NaN_3$–$HN_3$-Puffer-Lsgg., $K_1$ an Hand der opt. Dichte von $Fe(ClO_4)_3$–$NaClO_4$–$HClO_4$–$NaN_3$-Lsgg. bei 4600 Å gemessen. Der rote Komplex $FeN_3^{2+}$ besitzt einen maximalen mol. Extinktions-Koeff. (dekad.) von $3380 \pm 200$ in $H_2O$ bzw. $3450 \pm 200$ in $D_2O$. Bei $\mu = 0{,}25$ ist $\Delta H_1 = -1{,}1$ kcal/Mol, $\Delta S_1^0 = 18{,}3$ cal/Mol·Grad. $Fe^{3+}$- u. $N_3^-$-haltige Lsgg. (pH 2—3; $N_3^-$-Gesamtkonz. $\leqslant 1{,}2$m; $FeN_3^{2+}$-Konz. $\leqslant 5\cdot10^{-3}$m) sind in geschlossenen Gefäßen auch in Ggw. von $O_2$ unbegrenzt beständig; die in offenen Gefäßen beobachtete Verringerung der opt. Dichte beruht wahrscheinlich auf der Verflüchtigung von $HN_3$. Die Rk. $Fe^{3+} + N_3^- \rightarrow Fe^{2+} + {}^3/_2\, N_2$ läuft somit nicht spontan ab, wahrscheinlich weil das hypothet. Zwischenprod. $N_6$ nicht existenzfähig ist. Die Fe(II)–Fe(III)-Isotopenaustausch-Rk. in angesäuerten $NaN_3$-Lsgg. verläuft über einen säurekatalysierten Teilschritt, der in $H_2O$ um ca. 30% schneller vonstatten geht als in $D_2O$. Unterhalb 13° betragen die Aktivierungsenergien dieses Schritts 13,9 ($H_2O$) bzw. 14,6 ($D_2O$) kcal, die Aktivierungsentropien 7,0 ($H_2O$) bzw. 8,5 ($D_2O$) cal/Grad. Bei höheren Temp. sind die Geschw. geringer als diese Werte erwarten lassen. Es wird angenommen, daß der Elektronenaustausch innerhalb eines zweikernigen Brückenkomplexes $Fe^{3+}N_3^-Fe^{2+}$ erfolgt, daß unterhalb 13° die Bldg. dieses Komplexes geschwindigkeitsbestimmend ist u. daß oberhalb 13° die Zers.-Geschw. des Komplexes u. die Elektronenaustausch-Geschw. von vergleichbarer Größe sind. Die Austauschmessungen wurden mit Hilfe von $^{59}Fe$ durchgeführt. A. BLASCHETTE. 225□

**Diffusionskinetik bei der Photolyse von Jodwasserstoff in Kohlenwasserstofflösungen zwischen 25 und —196°.** J. R. Nash, R. R. Williams jun. und W. H. Hamill. (J. Amer. chem. Soc. **82.** 5974—78. 5/12. 1960. Notre Dame, Ind., Univ. of Notre Dame, Dep. of Chem.) (Engl.)

Die Quantenausbeuten (QA) an $H_2$ aus HJ in n-Hexan bzw. die Gesamtausbeute an $H_2$ u. HD aus deuteriertem 3-Methylpentan sind bei 2537 Å u. 25° eins u. sind unabhängig von der HJ-Konzentration. Die QA nimmt mit fallender Temp. bis zu −196° stetig ab, obwohl bei den tiefsten Temp. das Lsgm. ein starres Glas ist. Bei niedrigen Temp. erhöht sich die QA mit steigender Konz. an HJ, was auf das diffusionsgesteuerte Eingreifen von HJ in die Zwillings-Rekombination von H + J zurückzuführen ist. Dieser Effekt wurde zu dem temperaturabhängigen Freien Vol. $V_f = \alpha^3(V^{1/3} - V_0^{1/3})^3$ in Beziehung gesetzt. CLAUS FISCHER. 226 □

**Einfluß von Eisen(III)-Ionen auf die durch γ-Strahlen induzierte Oxydation von Eisen(II)-Ionen.** G. Dobson und G. Hughes. (Trans. Faraday Soc. **57.** 1117—22. Juli 1961. Liverpool, Univ., Dep. of Inorg. and Physic. Chem.) (Engl.)

Die Oxydation von $Fe^{2+}$ in saurer Lsg. durch γ-Strahlen ($^{137}$Cs; 100 c; $10^{16}$ eV/g·min) wurde in Abhängigkeit von der $H_2SO_4$-Konz. (0,05—1,0 m), der $Fe^{3+}$-Konz. ($2{,}5\cdot10^{-2}$ bis $10\cdot10^{-2}$ m) u. der $Fe^{2+}$-Konz. ($1{,}0\cdot10^{-3}$ bis $5{,}0\cdot10^{-3}$ m) untersucht. In 1 m $H_2SO_4$ ist das Ausmaß der $Fe^{2+}$-Oxydation proportional der Dosis u. unabhängig von der $Fe^{2+}$-Konz.; bei zunehmender $Fe^{3+}$-Konz. sinkt hingegen die Oxydations-Geschw. der $Fe^{2+}$-Ionen, so z. B. von $G(Fe^{3+}) = 13{,}6$ in $5\cdot10^{-2}$ auf $G(Fe^{3+}) = 10{,}8$ in $10^{-1}$ m $Fe^{3+}$-Lösung. Bei sonst gleichen Bedingungen ($5\cdot10^{-2}$ m $Fe^{3+}$; $5\cdot10^{-3}$ m $Fe^{2+}$; 1 m $H_2SO_4$) steigt die Ausbeute von 12,7 in luftgesätt. auf 13,6 in $O_2$-gesätt. Lösung. Bei niedrigerer Säure-Konz. ist $G(Fe^{3+})$ ebenfalls unabhängig von der Dosis, jedoch abhängig von der $Fe^{2+}$-Konz.; so steigt $G(Fe^{3+})$ in $5\cdot10^{-2}$ m $Fe^{3+}$- u. 0,05 m $H_2SO_4$-Lsg. von 5,3 bei $10^{-3}$ Mol $Fe^{2+}$/Liter auf 6,2 bei $5\cdot10^{-3}$ Mol $Fe^{2+}$/Liter. Eine eingehende Diskussion der Ergebnisse führt zum Schluß, daß die Abnahme von $G(Fe^{3+})$ bei zunehmender $Fe^{3+}$-Konz. nicht allein auf der Rk. mit freien Radikalen nach $Fe^{3+} + HO_2 \rightarrow Fe^{2+} + H^+ + O_2$ oder $Fe^{3+} + H \rightarrow Fe^{2+} + H^+$ beruht, sondern daß $Fe^{3+}$ vielmehr mit der Vorstufe der H-Atome (wahrscheinlich einem solvatisierten Elektron) reagiert u. dadurch deren Ausbeute, bes. bei niedriger Säure-Konz. herabsetzt: $H_2O^- + Fe^{3+} \rightarrow Fe^{2+} + H_2O$. Die prakt. Ausbeute an H ist dann durch $G'(H) = G(H) - G(e)$ gegeben, wenn G(H) die Ausbeute in Abwesenheit von $Fe^{3+}$, G(e) die Ausbeute vorst. Rk. bedeutet; in 1 m $H_2SO_4$ ist $G(Fe^{3+}) - 0{,}78 = 4\,G'(H)$. Der Einfl. der Säure-Konz. auf die Wirksamkeit von $Fe^{3+}$ erklärt sich durch die Rk. $H_2O^- + H_3O^+ \rightarrow H + 2\,H_2O$. A. BLASCHETTE. 226 □

**Die Photolyse von Lösungen von Kaliumhexacyanoferrat(II).** Giovanni D'Amore und Athos Bellomo. (Atti Soc. Peloritana Sci. fisiche mat. natur. **5.** 449—57. 1958/59. Messina, Univ., Ist. di Chim. Gen.) (Ital.)

Vff. untersuchten das Verh. von $K_4Fe(CN)_6$-Lsgg. verschiedener Konz., die sich in farblosen bzw. gelben Glasflaschen befanden u. abwechselnd dem diffusen Tageslicht u. der Nachtdunkelheit ausgesetzt waren, bei Ggw. oder in Abwesenheit von Luft. Die Vers.-Temp. lag bei 17 ± 2°. In Abwesenheit von Luft nimmt der pH-Wert u. die opt. Dichte bei 425 mμ mit der Zeit zu, u. zwar infolge der Photo-Rk. $Fe(CN)_6^{4-} + H_2O \rightleftharpoons Fe(CN)_5H_2O^{3-} + CN^-$ (a), die von Hydrolyse begleitet wird: $CN^- + H_2O \rightleftharpoons HCN + OH^-$. Die Rk. (a) ist eine monomol. Reaktion. In Ggw. von Luft findet die folgende Rk. statt: $2\,Fe^{2+} + 4\,OH^- + H_2O + {}^1/_2\,O_2 \rightarrow 2\,Fe(OH)_3$. In diesem Fall nimmt der pH-Wert mit der Zeit ab, die opt. Dichte dagegen nimmt stärker als bei Abwesenheit von Luft zu. C. GOTTFRIED. 226

**Neue Möglichkeit für die kinetische Untersuchung der heterogenen katalytischen Reaktionen.** Miklós Magyar. (Magyar Kémiai Folyóirat [Ung. Z. Chem.] **66.** 362—64. Sept. 1960.) (Ung.)

Vf. zeigt die Anwendung seiner Meth. zur kinet. Unters. von heterogenen katalyt. Rkk. am Beispiel folgender Modell-Rkk.: Katalyt. Zers. des $NH_3$, Dehydrierung von Naphthen-KW-Stoffen, Äthylenoxydation u. Hydrierung des Benzols. Die Meth. kann auch bei der Berechnung von Reaktoren u. bei der kinet. Unters. der von Enzymen katalysierten biochem. Rkk. angewendet werden. G. HALMI. 227 □

**Vergleichsprüfungen der Aktivität von Kohlenoxydkonversions-Katalysatoren.** Olivér Gyimes und Béla Balla. (Magyar Kémiai Folyóirat [Ung. Z. Chem.] **66.** 365—67. Sept. 1960. Veszprém, Nehézvegyipari Kutató Intézet.) (Ung.)

Die katalyt. Aktivität der CO-Konversions-Katalysatoren wird mit der Rk.-Geschw.-Konst. in Beziehung gebracht. G. HALMI. 227 □

## $A_8$. Präparative anorganische Chemie. Komplexverbindungen. Metallorganische Verbindungen

**Einwirkung von flüssigem Chlorwasserstoff auf Stickstoffpentoxyd. Darstellung von Nitrylchlorid.** Joseph Heubel. (C. R. hebd. Séances Acad. Sci. **252.** 3268—70. 24/5. 1961. Lille, Fac. des Sci., Labor. de Chim. min.) (Franz.)

*Nitrylchlorid*, F. $-145 \pm 2^0$, Kp.$_{760}$ $-14 \pm 1^0$, D.$^0$ 1,38, wird gemäß $N_2O_5 + HCl \rightarrow HNO_3 + NO_2Cl$ durch Aufkondensieren von HCl (etwas weniger als die stöchiometr. Menge) auf $N_2O_5$ bei der Temp. des fl. $N_2$, Erhitzen auf $-100^0$, 2—3std. Rk. bei dieser Temp. u. Fraktionieren bei vermindertem Druck erhalten. Seine Hydrolyse liefert $NO_3^-$ u. $Cl^-$ (manchmal etwas $NO_2^-$ u. $Cl_2$), die Thermolyse, bes. bei Belichtung, $NO_2$ u. $Cl_2$. Die Reinheit der Präpp. beträgt 99—100%; mitgerissenes HCl kann mit Hilfe von festem $Na_2CO_3$ aus dem fl. $NO_2Cl$ entfernt werden. Das IR-Spektrum ist im Gebiet 650 bis 4000 $cm^{-1}$ mit dem von RYASON u. WILSON (C. **1950/54.** 1428 S.) mitgeteilten Spektrum identisch. A. BLASCHETTE. 247 □

**Darstellung einiger Verbindungen des Dekaborans.** Jean Cueilleron und Philippe Guillot. (Bull. Soc. chim. France **1960.** 2044—52. Nov./Dez. Lyon, Fac. des Sci., Labor. de Chim.) (Franz.)

App. u. Verf. zur Darst. von $B_2H_6$ (Ausbeute 60—90%) aus $BF_3$-Ätherat u. $LiAlH_4$ in Ae. unter Luft- u. Feuchtigkeitsausschluß werden im einzelnen beschrieben. Zur Geh.-Best. der äther. $BF_3$-Lsgg. eignet sich die Rk. $BF_3 \cdot R_2O + NaF \rightarrow NaBF_4 + R_2O$. Die Analyse des $B_2H_6$ erfolgt durch therm. Zers. einer bekannten Menge (ca. 100 ml) bei 600—800$^0$ u. niedrigem Druck in einem mit Quarzstückchen gefüllten Quarzrohr u. anschließende volumetr. Best. des $H_2$ bzw. gravimetr. Best. des B. $B_{10}H_{14}$, F. 99,5$^0$, wird aus $B_2H_6$ durch 12—20std. Thermolyse bei 115—120$^0$ u. 350—400 Torr erhalten u. durch Sublimation bei 60—80$^0$ u. 10—20 Torr oder Umkristallisation aus PAe. gereinigt; 990 ml $B_2H_6$ (Normalbedingungen) liefern auf diese Weise 0,43 g reines $B_{10}H_{14}$. Zur Analyse eignet sich auch hier die therm. Zers. in $H_2$ u. B. In Ggw. von $AlCl_3$ wurde aus $B_{10}H_{14}$ u. $C_2H_5Br$ $B_{10}H_{11}(C_2H_5)_3$ (I), aus $B_{10}H_{14}$ u. n-$C_3H_7Br$ $B_{10}H_{13}(n\text{-}C_3H_7)$ (II) erhalten. Mit $C_2H_5J$ reagiert $B_{10}H_{14}$ in Abwesenheit von $AlCl_3$ auch in der Hitze nicht, in Ggw. des Chlorids nur mit schlechter Ausbeute an I. In den IR-Spektren von I u. II ist die starke Absorption bei 2566 $cm^{-1}$, die der Valenzschwingung der endständigen B—H-Bindungen entspricht, im Vgl. zum Spektrum des unsubstituierten $B_{10}H_{14}$ nicht verändert. Hingegen tritt im Spektrum der Alkylverbb. statt zweier B···H—B-Brückenschwingungen bei 1925 u. 1890 nur noch eine einzige Bande bei 1900 $cm^{-1}$ in Erscheinung. Weiterhin sind die Banden bei 900—1000 $cm^{-1}$ zu niedrigeren Frequenzen verschoben. Die CH-, $CH_2$- u. $CH_3$-Gruppen absorbieren bei ca. 2900 $cm^{-1}$. Mit $(C_2H_5)_3N$ reagiert I zu einer gelben Fl. der Zus. $B_{10}H_{11}(C_2H_5)_3 \cdot [N(C_2H_5)_3]_2$. Verss. zur Darst. von Butyl-, Propargyl- u. Vinylderivv. aus $B_{10}H_{14}$ u. n-$C_4H_9Br$, $CH{\equiv}C{-}CH_2Cl$ oder $CH_2{=}CHCl$ in Ggw. von $AlCl_3$ führten lediglich zu nicht charakterisierbaren Produkten. Die Elementaranalyse von C-, H- u. B-haltigen Substanzen muß in zwei Schritten vorgenommen werden. Die klass. C—H-Mikrobest. liefert nur dann annehmbare Werte, wenn die Verbrennung bei 1000—1100$^0$ vorgenommen wird. Zur Best. des B eignet sich ein Aufschluß nach CARIUS (Proben mit 0,02—0,03 cg B; 150—220$^0$; 9—10 Std.; 0,8 bis 1,0 ml $HNO_3$, Dichte 1,49) mit anschließender potentiometr. Titration des $H_3BO_3$ in Ggw. von Mannit (Fehler $<1\%$). Schneller, wenn auch weniger genau gelingt die B-Best. durch Messung der Absorption langsamer Neutronen (Ra–Be-Quelle) in der Probe mit Hilfe der Rk. $^{115}In(n, \gamma)^{116}In$.

Versuche: *Triäthyldekaboran*, Kp.$_{0,2}$ 97—100$^0$, durch 3—4std. Rk. von 3,26 g $B_{10}H_{14}$, 8 g $C_2H_5Br$ u. 1 g $AlCl_3$ bei 20$^0$, Erhitzen auf 80—100$^0$ zur Entfernung des überschüssigen Bromids, Aufnehmen in 50 ml Aceton, Versetzen mit 20 ml gekühlter, konz. HCl u. 60 ml PAe., Abtrennen u. Trocknen der organ. Schicht ($CaCl_2$) u. Fraktionieren; 2,55 g (Ausbeute); charakterist. riechende feuchtigkeitsempfindliche Fl.; $D._4^{25}$ 0,899; $n_D^{25}$ 1,5500; Molgew. 206 (kryoskop. in Bzl.); lösl. in Ae., Bzl., Aceton; explodiert beim Erhitzen an der Luft. — *n-Propyldekaboran*, Kp.$_{0,2}$ 70—75$^0$, analog durch Rk. von 3 g $B_{10}H_{14}$, 7,4 g n-$C_3H_7Br$ u. 1 g $AlCl_3$ u. sorgfältige Fraktionierung; 1,1 g; $n_D^{25}$ 1,5462; Molgew. 160; lösl. in Ae.; explodiert beim Erhitzen an der Luft. A. BLASCHETTE. 258 □

**Die Reinigung der technischen Borsäure mit Ionenaustauschern.** Gyula Almássy und Endre Kotsis. (Magyar Kémiai Folyóirat [Ung. Z. Chem.] **66.** 351—53. Sept. 1960. Budapest, Budapesti Kénsavgyár.) (Ung.)

Ökonom. günstiges Verf. zur Reinigung des techn. $H_3BO_3$. Eine bei 80—90$^0$ gesätt. Lsg. des techn. $H_3BO_3$ wurde über Anionen- u. Kationenaustauschersäulen, die eine Temp. von 90$^0$ hatten, geschickt u. die durchfließende Lsg. abgekühlt. Das ausgeschiedene $H_3BO_3$ hatte einen Geh. von 99,9—100,1% an $H_3BO_3$. G. HALMI. 258 □

**Anorganische Reaktionen der Alkaliboranate.** H. Nöth. (Angew. Chem. **73.** 371—83. 7/6. 1961. München, Univ., Inst. für Anorg. Chem.) (Dt.)

Es wird zusammenfassend über die in den letzten 10 Jahren auf dem Gebiet der *Alkaliboranate* u. ihrer Rkk. erzielten Ergebnisse berichtet. Im einzelnen werden behandelt: Darst. (aus Diboran u. dessen Derivv., aus Alkalihydriden, durch doppelte Umsetzungen); allg. u. physikal. Eigg.; Rkk. mit Elementen ($H_2$, Halogene, Pseudohalogene, $O_2$, $S_8$); Rkk. mit H- u. Alkyl-Verbb. (Halogen- u. Pseudohalogenwasserstoffe, W., Alkohole, Äther, Mercaptane, $NH_3$, Amine, $N_2H_4$, $B_2H_6$, $AlH_3$, Al-Trimethyl, $B_4H_{10}$, $B_{10}H_{14}$); Rkk. mit Halogeniden (S-, P-, As-, Sb-, Bi-, Si-, B-, Metallhalogenide); Metallamminboranate; Rkk. mit Onium-Verbb.; Rkk. mit $CO_2$ u. Carbonylen; Rkk. in wss. Lösung. — 187 Literaturangaben. A. BLASCHETTE. 258□

**Untersuchungen über den isohydrischen Punkt. 17. Mitt. Das kristallisierte isohydrische Polyborat $K_2HB_5O_9 \cdot 2H_2O$. — A. Reversible Umwandlungen in wässeriger Lösung. — B. Thermogravimetrie, Dichten, Röntgendiagramme und Mikrophotographien der Kristalle.** G. Carpéni, J. Haladjian und Pilard. (Bull. Soc. chim. France **1960.** 1634—38. Aug./Sept. Marseille, Fac. des Sci., Labor. de Chim. Min.) (Franz.) — Vgl. C. **1956.** 13324.

Das isohydr. Salz *$K_2HB_5O_9 \cdot 2\,H_2O$* (I) mit x = K/B = 0,4 wird durch langsames Einengen einer $H_3BO_3$–KOH-Lsg. entsprechender Zus. bei 80—90° erhalten. Reifung größerer Kristalle in der Mutterlauge bei 110—115° u. geringem Überdruck liefert prismat., doppelbrechende Nadeln von 1—2 mm Länge, deren Mikrophotographien mitgeteilt werden. Das DEBYE-Diagramm von **I** unterscheidet sich deutlich von den Diagrammen von $KB_5O_8 \cdot 4\,H_2O$ (**II**; x = 0,2), $K_2B_4O_7 \cdot 4\,H_2O$ (**III**; x = 0,5), des Eutektikums von **II** u. **III** u. des bei 470° erhaltenen Entwässerungs-Prod. von **I**. Im Phasendiagramm der Verbb. **I, II** u. **III** tritt der Tripelpunkt bei 52,5 ± 2,5° auf; das Syst. ist invariant, u. es stehen die folgenden reversiblen Rkk. miteinander im stabilen Gleichgewicht: $5\,K_2B_4O_7 + 3\,H_2O \rightleftharpoons 4\,K_2HB_5O_9 + 2\,KOH$; $KH_2B_5O_9 + KOH \rightleftharpoons K_2HB_5O_9 + H_2O$. Die Gesamt-Rk. am isohydr. Punkt ist $5\,K_2B_4O_7 + 2\,KH_2B_5O_9 + H_2O \rightleftharpoons 6\,K_2HB_5O_9$, d. h. **I** steht im Gleichgewicht mit dem Eutektikum **II/III**. Thermogravimetr. Unterss. an Makrokristallen von **I** zeigen, daß die therm. Zers. über nachst. Zwischenstufen verläuft: **I** ⇌ *$K_2HB_5O_9 \cdot H_2O$* (**IV**) + $H_2O$ (reversibel), **IV** ⇌ *$K_2HB_5O_9$* (**V**) + $H_2O$ (reversibel), 2 **V** → *$K_4B_{10}O_{17}$* (**VI**) + $H_2O$ (irreversibel). Die reversibel abgegebenen Wassermoll. sind zeolith. Natur, entsprechend der Konst.-Formel $[K_4B_{10}O_{17} \cdot H_2O] \cdot 2\,H_2O \cdot 2\,H_2O$. Dichtemessungen in $HBr_2CCBr_2H/CCl_4$ liefern nachst. Werte: für **I** 2,15 ± 0,005; **IV** 2,09 ± 0,01; **V** 1,97 ± 0,01; **VI** 2,23 ± 0,01. A. BLASCHETTE. 258□

**Lamellenverbindungen von Graphit.** R. C. Croft. (Quart. Rev. [chem. Soc., London] **14.** 1—45. 1960. Melbourne, C.S.I.R.O., Div. of Miner. Chem.) (Engl.)

Übersicht über kovalente (Graphitoxyde, -fluoride) u. ion. Graphit-Verbb. (Graphit–Alkalimetall-Verbb., Graphit–Halogen-Verbb.) u. über Molekül-Verbb. von Graphit. — 102 Literaturangaben (bis 1958). P. GOLINSKE. 260□

**Das System $H_2O$–$H_2SO_4$–$MgSO_4$.** Jean D'Ans und Heinz-Eberhard Freund. (Kali- u. Steinsalz **3.** 31—33. März 1960. Berlin, TU.) (Dt.)

Das Syst. *$MgSO_4$–$H_2SO_4$–$H_2O$* wird bei 0, 13, 25, 35 u. 55° bis zu $H_2SO_4$-Konzz. von über 50% untersucht. In diesem Gebiet tritt kein Hydrogensulfat als Bodenkörper auf. In gegenüber Monohydrat übersätt. Lsgg. ist bei den Löslichkeits-Best. das *Pentahydrat* (I) stets ohne weiteres entstanden, während das Tetrahydrat, das in $MgCl_2$-haltigen Lsgg. leicht entsteht, nicht beobachtet wurde. Für das *Hexahydrat* (**II**) ergibt sich eine untere Bldg.-Temp. von 19° mit den drei Hydraten 7, 6, 1 $H_2O$ u. eine metastabile bei 14° mit den Hydraten 7, 6, 5 $H_2O$. Da der Koeff. der Änderung der Löslichkeit mit der Temp. bei **II** kleiner ist als bei **I**, wird dieses unterhalb 14° stabiler als **II**, so daß dann die Übergangspunkte die Folge haben 7/1, 7/5, 7/6 $H_2O$. Die beiden zuletztgenannten sind gegenüber dem zuerstgenannten natürlich metastabil. Die Form der Isothermen ist auffallend, bes. beim *Heptahydrat* (**III**). Nach anfänglichem Rückgang infolge Zusatz des gleichionigen $H_2SO_4$ geht die Löslichkeit durch ein Minimum, um dann wieder anzusteigen, bes. stark nach Überschreitung des stabilen Übergangspunktes 7/1 $H_2O$. Ein Vgl. zeigt weiterhin, daß die Löslichkeit von **III** durch $H_2SO_4$ weniger erniedrigt wird als durch die gleiche Molzahl an $MgCl_2$. Noch stärker ausgeprägt ist der Unterschied bei **II**. Die Löslichkeitsminima bei $H_2SO_4$ verschieben sich mit steigender Temp. zu kleineren Molzahlen an $H_2SO_4$. Diese Feststellungen sprechen dagegen, daß die Erhöhung der Löslichkeit nach Durchschreiten des Minimums im schwefelsauren Syst. auf eine Komplex-Bldg. mit der freien Säure zurückzuführen sei. Vielmehr machen die Isothermen den Eindruck, daß sie der Ast einer Löslichkeits- oder F.-Kurve sind, der einem kongruenten, allerdings metastabilen F. zustrebt. A. BLASCHETTE. 282□

**Die Lösungsgleichgewichte des reziproken Salzpaares $Na_2Cl_2 + MgSO_4 + H_2O$ bei Sättigung an NaCl unter besonderer Berücksichtigung des metastabilen Bereichs.** Hans Autenrieth und Gerhard Braune. (Kali- u. Steinsalz **3.** 15—30. März 1960. Hannover, Kaliforsch.-Inst.) (Dt.)

Die stabilen u. metastabilen Lsg.-Gleichgewichte im wss. Syst. des reziproken Salzpaares 2 NaCl + $MgSO_4 \rightleftharpoons Na_2SO_4 + MgCl_2$ wurden durch zahlreiche u. umfassende Gleichgewichts-Best. bei den Temp. −5, 0, 12,5, 25 u. 35° neu festgelegt. Die Ergebnisse sind in Form von Isothermen-Darst. wiedergegeben, aus denen sämtliche Konz.-Werte lückenlos u. in abs. Größen abgelesen werden können. Bldg.-Tendenz u. Stabilitätsbereiche der im untersuchten Temp.-Gebiet auftretenden Bodenkörper werden beschrieben; es sind dies: *Bischofit*, $MgCl_2 \cdot 6\,H_2O$, monoklin, Brechungsindices 1,495:1,507:1,528; *Steinsalz* (I), NaCl, kub., 1,5443; *Hydrohalit*, NaCl · 2 $H_2O$, monoklin; *Thenardit*, $Na_2SO_4$, rhomb., 1,471:1,477:1,484; *Glaubersalz* (II; *Mirabilit*), $Na_2SO_4 \cdot 10\,H_2O$, monoklin, 1,394:1,3965:1,398; *Astrakanit* (III; *Blödit*), $Na_2SO_4 \cdot MgSO_4 \cdot 4\,H_2O$, monoklin, 1,483:1,486:1,487; *Bittersalz* (IV; *Reichardtit*), $MgSO_4 \cdot 7\,H_2O$, rhomb., 1,433:1,455:1,461; *Hexahydrat* (V; *Hexahydrit, Sakiit*), $MgSO_4 \cdot 6\,H_2O$, monoklin, 1,426:1,453:1,456; *Pentahydrat* (*Allenit*), $MgSO_4 \cdot 5\,H_2O$, triklin, 1,582:1,492:1,493; *Tetrahydrat* (*Leonhardtit*), $MgSO_4 \cdot 4\,H_2O$, monoklin, 1,490:1,491:1,497; *Kieserit* (VI), $MgSO_4 \cdot H_2O$, monoklin, 1,518:1,531:1,583. Auf Grund der Ergebnisse konnten drei nonvariante Punkte neu festgelegt werden. Bei 6,2° koexistieren **I, II, III** u. **IV** (Zus. der Gleichgewichts-Lsg.: 17,0 $MgCl_2$, 18,2 $MgSO_4$, 60,2 NaCl, 1000 $H_2O$), bei 18° **I, IV, V** u. **VI** (78,6; 7,9; 4,4; 1000), bei 30,0° **I, III, IV** u. **V** (53,0; 16,4; 14,2; 1000). A. BLASCHETTE. 282□

**Untersuchung des Systems $CaO–SiO_2–H_2O$.** Ferenc Tamás. (Magyar Kémiai Folyóirat [Ung. Z. Chem.] **66.** 353–59. Sept. 1960. Budapest, Épitöipari Közp. Kutató Intézet.) (Ung.)

Vf. untersuchte die stabilen Prodd. des Syst. auf hydrothermal. Wege, wobei die Entstehung von metastabilen Prodd. durch Anwendung von sehr reinen u. reaktionsfähigen Substanzen ausgeschlossen wurde. Es wurde festgestellt, daß unter den gewählten Bedingungen die Entstehung von *$CaO \cdot SiO_2 \cdot H_2O$* (Tobermorit) u. *$5\,CaO \cdot 5\,SiO_2 \cdot H_2O$* (Xonotlit) begünstigt ist u. die Phasen des Syst. ineinander übergehen können. Vf. untersuchte die Abhängigkeit der Phasen von dem CaO- bzw. $SiO_2$-Geh. des Ausgangs-Prod. u. bestimmte ihre Umwandlungstemperatur. Es wurden Zusammenhänge zwischen den Parametern der hydrothermalen Herst. u. der Qualität der Prodd. festgestellt. G. HALMI. 283□

**Untersuchungen über Organoquecksilberverbindungen.** Giuseppe Leandri, Domenico Spinelli und Antonio Salvemini. (Ricerca sci. **29.** 2618–19. Dez. 1959. Bari, Univ., Ist. di Chim. org.) (Ital.)

Es werden 4 Schemata für Rkk. von organ. Hg-Verbb. mit verschiedenen organ. Moll. wiedergegeben. Diese Rkk. werden teils in sd. Bzl. bzw. Xylol ausgeführt oder erfolgen in $CCl_4$ in der Kälte u. können zur Darst. von Aryl-Hg-Arylsulfiden, Thiobenzoesäure-S-arylestern, Diaryldisulfiden, Arylthiosulfonsäure-S-arylestern u. symm. u. asymm. Diarylsulfiden herangezogen werden. G. PLATZER. 290□

**Beobachtungen bei der Reaktion zwischen Triäthylaluminium und Octen-(1).** Eli Perry und Horace A. Ory. (J. org. Chemistry **25.** 1685–86. Sept. 1960. Texas City, Tex., Monsanto Chem. Co., Plastics Div.) (Engl.)

Eine Mischung von *Triäthylaluminium* (I) mit *Octen-(1)* (II) im Molverhältnis 1:3,6 wurde 2 Std. lang unter Ar-Atmosphäre auf 145–160° u. weiterhin 1 Std. lang bei 95° erhitzt u. dann bei 25° zu mindestens der 10fachen Menge *O-tritiiertem Methanol* bzw. *Isobutanol* zugetropft. Die Tritiumisotopeneffekte ($k_H/k_T = A_a/A_p \cdot 1/M$; $A_a$ = Aktivität in c.p.m. pro Mol des Alkohols, $A_r$ = Aktivität in c.p.m. des gesätt. Prod., M = mittleres kryoskop. Molgewicht) zwischen Alkohol u. Paraffinen betrugen bei Isobutanol 2,5 u. bei Methanol 3,2; die Zus. des Rk.-Gemisches aus **I** u. **II** wurde ermittelt (in Mol.-%): *Tri-n-octylaluminium* 12,1; *Octen-(1)* 2,7; *Tris-[3-methylnonyl]-aluminium* 10,5; *2-Äthyl-octen-(1)* (III) 44,0; *Tris-[hexadecyl]-aluminium* 6,5 u. *Hexadecen* 24,3 u. der Rk.-Mechanismus diskutiert. Der Geh. an Organoaluminium-Verbb. wurde aus dem Anteil der entsprechenden Paraffine im Alkoholysegemisch bestimmt. Sämtliche KW-Stoffe wurden durch ihr IR-Spektrum identifiziert. Von **III** wird erstmals das IR-Spektrum beschrieben. Die physikal. Konst. von **III** betrugen: Kp. 167,0–167,6°; $n_D^{25}$ 1,4231 u. $D.^{25}$ 0,7438; das Hydrierungs-Prod. (mit $H_2/PtO_2$) war ident. mit 3-Methylnonan. K. LIENHARD. 294□

**Untersuchung der Wechselwirkung von Praseodym(III)-oxyd mit Stickstoffdioxyd mit Hilfe chemischer Methoden und der Infrarotanalyse.** F. Vratny und J. M. Honig. (Trans. Faraday Soc. **57.** 1176–84. Juli 1961. Lafayette, Ind., Purdue Univ., Dep. of Chem.; Lexington, Mass., MIT, Lincoln Labor.) (Engl.)

Die Einw. von $NO_2$ (+ $N_2O_4$) auf hexagonales $Pr_2O_3$ wurde durch chem. u. IR-Analyse in Abhängigkeit von der Temp. (20–500°), vom $NO_2$-Druck (0,14–655 Torr) u. von der Rk.-Zeit (0–160 Std.) untersucht. Die formale Oxydationsstufe des Pr im Rk.-Prod.

ist in jedem Falle höher als +3. Bei sehr niedrigem Partialdruck wirkt $NO_2$ vorwiegend als Oxydationsmittel, u. es werden nur wenige $NO_2$- oder $NO_3$-Einheiten in das Oxydgitter eingebaut; die Zus. des Prod. liegt dabei je nach Bedingungen zwischen $Pr_2O_3$ u. $Pr_6O_{11}$. Bei höherem Partialdruck werden $NO_2$- u. $NO_3$-Einheiten zusammen mit $O^{2-}$-Ionen in das Oxydgitter eingebaut, so daß endlich die Nitrat-Bldg. alle anderen Vorgänge übertrifft. Temp.-Erhöhung bei konst. $NO_2$-Druck begünstigt hingegen die Oxydation gegenüber dem $NO_2$- u. $NO_3$-Einbau. Bei 200° u. 265 Torr besaß das Rk.-Prod. nach 17 Std. die Zus. $Pr(NO_2)_{0,25}(NO_3)_{0,25}O_{1,75}$, bei 300° u. 265 Torr $Pr(NO_2)_{0,46}(NO_3)_{0,37}O_{1,61}$. Der Rk.-Mechanismus konnte noch nicht geklärt werden; die Prodd. sind jedoch ident. mit den Zwischenstufen, die bei der therm. Zers. von $Pr(NO_3)_3$ auftreten.
A. BLASCHETTE. 305□

**Über Manganoxyde.** 7. Mitt. **Darstellung und Eigenschaften von Braunsteinen.** 1. Mitt. **Die δ-Gruppe der Braunsteine.** O. Glemser, G. Gattow und H. Meisiek. (Z. anorg. allg. Chem. **309.** 1—19. März 1961. Göttingen, Univ., Anorg. Chem. Inst.) (Dt.) — 6. vgl. C. **1960.** 17057.

Unter Braunstein werden Verbb. mit der Phasenbreite $MnO_{1,7-2,0}$ verstanden. Als Braunsteinmodifikationen oder -gruppen unterscheidet man α-, β-, γ-, δ-, ε-$MnO_2$ u. *Ramsdellit.* Vff. haben nach über 120 Verff. Braunsteine hergestellt u. 2300 Präpp. untersucht. Die Unters.-Meth. werden mitgeteilt. In der Arbeit werden vorwiegend die δ-Braunsteine behandelt. Bei ihrem Erhitzen entstehen entweder γ''-$MnO_2$ oder bei Ggw. von $K^+$ bzw. anderen Fremdionen α-$MnO_2$. Letztere Umwandlung beginnt bei 370° oder auch höher u. verläuft entweder direkt oder über δ'- u. δ''-$MnO_2$. Die Umwandlung der fremdionenfreien Verb. geht bei ca. 100° vor sich, wobei γ''–$MnO_2$ gebildet wird. Bei weiterer Temp.-Erhöhung entsteht β'-$MnO_2$, das dann in β-$MnO_2$ übergeht. Anschließend tritt unter $O_2$-Abgabe Bldg. von α-$Mn_2O_3$ ein. — 103 Literaturangaben. J.-E. HILLER. 350□

**Über Manganoxyde.** 8. Mitt. **Darstellung und Eigenschaften von Braunsteinen.** 2. Mitt. **Die γ- und η-Gruppe der Braunsteine.** G. Gattow und O. Glemser. (Z. anorg. allg. Chem. **309.** 20—36. März 1961.) (Dt.) — 7. vgl. vorst. Referat.

Vff. beschreiben die Darst. u. Eigg. der γ-Braunsteine. Dabei zeigte sich, daß bei gewissen Präpp. Abweichungen der Lage u. Intensitäten der Röntgenbeugungsreflexe zu beobachten waren. Es wurde daher die Gruppe η-$MnO_2$ neu abgetrennt. Bei ihr ist das W. vorwiegend adsorptiv gebunden u. wird bei 100° abgegeben. Aus den Debyeogrammen läßt sich noch eine Unterscheidung in η-, η'- u. η''-$MnO_2$ ableiten. Bei dem Übergang werden die Beugungsringe schärfer u. es treten zusätzliche Linien auf. Ein chem. Unterschied liegt nicht vor. Beim Erhitzen an der Luft wandeln sich γ- u. η-Braunsteine kontinuierlich zuerst in β'-$MnO_2$, dann in β-$MnO_2$ um. Bei weiterer Temp.-Erhöhung tritt $O_2$-Abgabe u. Bldg. von α-$Mn_2O_3$ ein, aus dem dann $Mn_3O_4$ entsteht. Beim Tempern unter hydrothermalen Bedingungen bildet sich aus den fremdionenfreien Gliedern der δ-, γ- u. η-Gruppe als stabile Endform das η''-$MnO_2$. Auch das ϱ-$MnO_2$ kann der η-Gruppe zugerechnet werden. J.-E. HILLER. 350□

**Reduktion von angesäuertem Kaliumpermanganat durch Jodid, Nitrit und Bromid.** B. P. Gyani und S. N. Prasad. (J. Indian chem. Soc. **37.** 85—92. Febr. 1960. Patna, Sci. Coll., Chem. Dep.) (Engl.) — Vgl. C. **1958.** 7063.

In Fortführung früherer Arbeiten über den Red.-Mechanismus untersuchten Vff. die Red. von $KMnO_4$ durch KJ, $KNO_2$ u. KBr in saurem Medium. Der Verlauf der Red. wurde potentiometr. verfolgt. $KMnO_4$ (0,02m Lsgg.) in 0,1—6n $H_2SO_4$ wird durch KJ (1n Lsg.) u. $KNO_2$ (0,5n Lsg.) quant. zu $Mn^{2+}$ reduziert. KBr (0,5n Lsg.) red. $KMnO_4$ in 0,1—2n $H_2SO_4$ zu $MnO_2$ u. in 2—3n $H_2SO_4$ vermutlich zu $Mn^{2+}$; ein Arbeiten in 8n $H_2SO_4$ führt zu $O_2$-Entwicklung. Wird mit HCl angesäuert oder werden $Cl^-$ zugesetzt, dann können Unstetigkeiten in den Titrationskurven auftreten. Es wird dabei angenommen, daß bei der Red. von $KMnO_4$ mit KJ als Zwischenstufe *JCl* entsteht, während sich mit KBr u. $KNO_2$ $Mn^{3+}$ bilden kann. G. GATTOW. 350□

**Chemie der Metallcarbonyle.** 3. Mitt. **Die Reaktion zwischen Eisenpentacarbonyl und Tetraorganozinnverbindungen.** R. B. King und F. G. A. Stone. (J. Amer. chem. Soc. **82.** 3833—35. 5/8. 1960. Cambridge, Mass., Harvard Univ., Dep. of Chem.) (Engl.) — 2. vgl. C. **1960.** 12622; 1. vgl. C. **1960.** 7783.

Gewisse zinnorgan. Verbb. vom Typ $R'_xSnR''_{4-x}$ (R' = Alkyl-, R'' = Vinyl- oder Phenylgruppe) reagieren mit $Fe(CO)_5$ in sd. Äthylcyclohexan (I) zu gelben, dimeren *Dialkylzinneisentetracarbonylen* (II), $[R'_2SnFe(CO)_4]_2$. So bildet $Fe(CO)_5$ mit Di-n-butyldivinylzinn (III), Di-n-butyldiphenylzinn oder Tri-n-butylphenylzinn (IV) *Di-n-butyl-*

*zinneisentetracarbonyl* (**V**), $[(n\text{-}C_4H_9)_2SnFe(CO)_4]_2$, welches mit der von HIEBER u. BREU (C. **1958.** 1794) aus $(n\text{-}C_4H_9)_2 \cdot SnCl_2$ u. $K_2Fe(CO)_4$ erhaltenen Verb. nach IR-Spektrum u. Misch-F. ident. ist. Für **V** wurde durch Dampfdruckmessungen in $CH_2Cl_2$ ein Molgewicht von 849 gefunden u. damit der dimere Charakter der Verbb. **II** nachgewiesen. Sie besitzen wahrscheinlich nebenst. Brückenstruktur. Aus Tetrabutylzinn u. $Fe(CO)_5$ konnte **V** nur in sehr geringer Ausbeute erhalten werden (<6%). Mit nachst. Verbb. ließ sich keine analoge Rk. durchführen: Dibutyldibenzylzinn, Dibutyldiäthylzinn, Tetraphenylzinn, Diphenyldivinylzinn, Tetravinylzinn, Divinylzinndichlorid, Dimethyldiperfluorvinylzinn, Divinyldiperfluorvinylzinn. Danach werden die Verbb. **II** nur aus solchen zinnorgan. Verbb. erhalten, in denen die organ. Gruppen in einem Mol. nebeneinander über $sp^3$- u. $sp^2$-hybridisierte C-Atome an Sn gebunden sind. Die dargestellten Derivv. sind gelb, krist., mit gelber Farbe lösl. in Ae., $CH_2Cl_2$ u. Isohexan, an der Luft zersetzlich u. pyrophor. Ihre IR-Spektren in Chlf. zeigen je 3 CO-Banden.

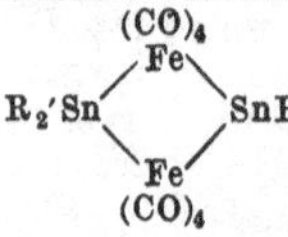

II

Versuche: *Di-n-butylzinneisentetracarbonyl* (**V**), $C_{12}H_{18}FeO_4Sn$, F. 110—112°, IR-Banden bei 2050, 2020 u. 1985 $cm^{-1}$; a) aus 3,5 g $Fe(CO)_5$ u. 2,5 g **III** durch 14std. Rk. in 40 ml sd. **I** unter $N_2$, Kühlen, Filtrieren unter $N_2$, Eindampfen u. Sublimieren bei 140° u. 0,1 Torr; 28,5% (Ausbeute); b) analog aus $Fe(CO)_5$ u. **IV**; 18%. — *Diäthylzinneisentetracarbonyl*, $C_8H_{10}FeO_4Sn$, F. 184—185,5°, IR-Banden bei 2050, 2015 u. 1985 $cm^{-1}$; aus 3,5 g $Fe(CO)_5$ u. 2,2 g Diäthyldiphenylzinn analog **V** durch 10std. Rk., Verdampfen des Lsgm., Ausziehen mit 20 ml Ligroin (Kp. 66—75°), Kühlen während 1½ Std. auf —78°; 35,9%. — *Dimethylzinneisentetracarbonyl*, $[(CH_3)_2SnFe(CO)_4]_2$, Zers. >220°, IR-Banden bei 2050, 2010 u. 1980 $cm^{-1}$; analog aus $Fe(CO)_5$ u. Dimethyldiphenylzinn.

A. BLASCHETTE. 354 □

**Über die Umsetzung von Arsen(III)-chlorid-Dampf mit metallischem Kupfer und ihre Anwendung auf die Spurenanreicherung von Arsen.** R. Ammann. (Schweiz. Arch. angew. Wiss. Techn. **26.** 76—83. Febr. 1960. Zürich, ETH, Inst. für techn. Phys.) (Dt.)

An Hand der Literatur diskutiert Vf. die Rk. von gelöstem, fl. u. gasförmigem $AsCl_3$ mit Cu u. ganz allg. auch das Syst. Cu–As. Die experimentelle Unters. der Umsetzung $AsCl_3$/Cu erfolgte in einem modifizierten SOXHLET-App., in welchem $AsCl_3$ im Gemisch mit Bzl., $CCl_4$ oder HCl dampfförmig kontinuierlich über Cu geleitet wurde. Der Angriff führte zu einer Schwärzung des Cu, deren visuelle Beurteilung eine halbquant. As-Best. gestattete. Die Rk.-Prodd. wurden mkr., röntgenograph. u. analyt. untersucht. Die Erfassungsgrenze beträgt ca. 3 $\mu$g As. Als Rk.-Prodd. wurden röntgenograph. *CuCl* u. *β-$Cu_3As$* (*β-Domeykit*) identifiziert, denen auf Grund des analyt. Befundes noch eine oder mehrere arsenreichere Cu-Arsenide oder As selbst beigemischt sein müssen. Die zum Vgl. herangezogene Umsetzung von Cu in salzsaurer As(III)-Lsg. führte zu einem Prod., das ein bisher nichtidentifiziertes Pulverdiagramm lieferte. Seine Zus. ist angenähert $Cu_3As$; beim Erhitzen geht es in β-Domeykit über.

C. GOTTFRIED. 358

**Metallkomplexe der Anthranil-N.N-diessigsäure.** C. Drăgulescu, T. Simonescu, I. Menessy und R. Anton. (Studii Cercetări [Timişoara] Ştiinte chim. **6.** Nr. 3—4. 9—19. Juli/Dez. 1959. Timişoara, Baza de Cercetări Ştiinţifice a Acad. R. P. R.) (Rum.)

Vff. stellen Komplexe der Anthranilsäure-N.N-diessigsäure (**I**) mit *Cu*, *Ni* u. *Th*, die sich wie einbas. starke Säuren verhalten, u. deren Alkalisalze dar. Die Instabilitäts-Konst. K werden aus photometr. Best. berechnet. Die photometr. Best. weisen in allen Fällen auf die Bldg. von 1:1-Komplexen hin. Vergleichweise wurde auch der pK-Wert des Mg-I-Komplexes nach derselben Meth. bestimmt. Der gefundene Wert (3,93) stimmt mit dem von SCHWARZENBACH, WILLI u. BACH (Helv. chim. Acta **30.** [1947.] 1303) potentiometr. bestimmten Wert (3,91) überein.

Versuche: *Anthranilsäure-N.N-diacetatokupfer(II)*, $C_{11}H_9CuNO_6$, aus **I** u. $Cu(NO_3)_2$; grüne Prismen, stabil an der Luft, lösl. in W., unlösl. in A. u. Ae., $K = 3{,}05 \cdot 10^{-8}$ bei Ionenstärke 0,1 u. 20°. — *Na-Salz*, $C_{11}H_8CuNNaO_6$, aus der Lsg. des Cu-I-Komplexes, die mit NaOH auf pH 7 gebracht wurde; hellblaue Nadeln, hygroskop., lösl. in W. mit grüner Farbe, mit Schwermetallionen entstehen Niederschläge. — *Kaliumanthranilsäure-N.N-diacetatonickel(II)*, $C_{11}H_8KNNiO_6 \cdot 2H_2O$, aus **I**, $Ni(NO_3)_2$ u. KOH in alkohol. Lsg., bläulich-grüne Kristalle, verlieren bei 150° Kristallwasser, $K = 1{,}62 \cdot 10^{-6}$. — Der Th-Komplex von **I** ist farblos u. schwerer rein zu erhalten, $K = 1{,}91 \cdot 10^{-10}$.

W. SCHMIDT/TIMIŞOARA. 358

**Über gemischte Silberthallium-hexacyanocobaltate.** C. Drăgulescu und P. Tribunescu. (Studii Cercetări [Timişoara] Ştiinte chim. **6.** Nr. 1—2. 59—70. Jan./Juni 1959. Timişoara, Fac. de Chim. Ind.) (Rum.)

Bei der konduktometr. Titration von $K_3[Co(CN)_6]$ (**I**) in Ggw. von $TlNO_3$ (**II**) mit einer 0,1n Lsg. von $AgNO_3$(**III**) in 40%ig. Aceton-Lsg. entspricht der Knickpunkt der Titrationskurve der Bldg. von $Ag_2Tl[Co(CN)_6]$ (**IV**); in wss. Lsg. entsteht nur $Ag_3[Co(CN)_6]$ (**VI**). In Ggw. eines Überschusses von **II** (10 **II**:3 **I**) entsteht in wss. Lsg. zuerst **IV**, dann **VI**, in 30%ig. Aceton zuerst $AgTl_2[Co(CN)_6]$ (**V**), dann **IV**. Bei der potentiometr. Titration kann in wss. Lsg. je nach Überschuß von **II** die Bldg. von **IV** u. **VI**, oder die Bldg. von **V**, **IV** u. **VI** nachgewiesen werden. Auf der Thermowaage sind **IV** u. **V** bis 205° beständig, dann erfolgt Zers. bis 400° zu Ag, $Tl_2O$ u. $Co_3O_4$ unter Gewichtsabnahme, bei weiterem Erhitzen vorübergehende Gewichtszunahme wegen Oxydation von $Tl_2O$. **VI** zeigt auf der Thermowaage entgegen anders lautenden Literaturangaben bei 198—200° beginnende Zers., die bei 395—405° beendet ist. Ferner werden die Löslichkeits-Prodd. bestimmt: **VI** $8{,}56\cdot10^{-21}$; **IV** $3{,}30\cdot10^{-16}$ u. **V** $7{,}63\cdot10^{-11}$.

Versuche: $Ag_2Tl[Co(CN)_6]$ (**IV**), aus 30 ml 0,1n **I**-Lsg., 200 ml W., 100 ml 0,1n **II**-Lsg. u. Versetzen des Gemisches mit 20 ml 0,1n **III**-Lsg., Waschen mit W., A. u. Ae., Trocknen im Luftstrom, farblose Kristalle. — $AgTl_2[Co(CN)_6]$ (**V**), aus 30 ml 0,1n **I**-Lsg., 100 ml W., 150 ml Aceton, 150 ml 0,1n **II**-Lsg. u. Versetzen des Gemisches mit 10 ml 0,1n **III**-Lsg.; Eigg. u. Zus. wie **IV**. W. SCHMIDT/TIMIŞOARA. 359

**Reaktion des Ruthenium(III)- und Ruthenium(IV)-chlorids mit Natriumazid.** J. Vřešťál, F. Králík und J. Souček. (Collect. czechoslov. chem. Commun. **25.** 2155—60. Aug. 1960. Brno, Zápotocký-Militärakad.) (Dt.)

Die Ru(III)- u. Ru(IV)-Salze reagieren in salzsauren Lsgg. mit $HN_3$ unter Bldg. charakterist. gefärbter Komplexverbindungen. $RuCl_4$ bildet mit $NaN_3$ unbeständige rote Lsgg.; im weiteren Rk.-Verlauf erfolgt Red. zur 3wertigen Stufe u. Bldg. des nachst. Komplexes. $RuCl_3$ bildet mit $NaN_3$ bei pH 1 einen zweikernigen Komplex mit ausgeprägtem Absorptionsmaximum bei 290 m$\mu$, der weder am Kationen- noch am Anionenaustauscher aus 0,1—1,0n salzsauren Lsgg. sorbiert wird. Papierelektrophoret. wird nachgewiesen, daß es sich um einen elektr. neutralen, undissoziierten Komplex handelt. Diese Verb. besitzt kein magnet. Moment u. ist nicht mit $CHCl_3$, $CHBr_3$, $CS_2$, $CCl_4$, Ae., Dioxan, Cyclohexan u. Cyclohexanon extrahierbar. Es wird die Struktur $(H_2O)_2(Cl)_3Ru-N_3-Ru(Cl)_2(H_2O)_3$ vorgeschlagen. V. RŮŽIČKA/Prag. 363

**Palladiumorganische Verbindungen.** G. Calvin und G. E. Coates. (J. chem. Soc. [London] **1960.** 2008—16. Mai. Durham, Durham Coll.) (Engl.)

Es wurden Methyl- u. einige Aryl-Pd-Verbb. durch Rk. von GRIGNARD- u. Li-organ. Verbb. mit komplexen Halogeniden, die eine tert. Phosphingruppe trugen, dargestellt. Vff. glauben, daß sich auch Äthyl- u. Propyl-Derivv. bilden, konnten sie jedoch wegen ihrer Instabilität nicht isolieren. Alle Aryl-Verbb. haben trans-Konfiguration. Komplexe mit Chelatliganden ergeben keine cis-Diaryl-Dervv., es wurden jedoch cis-Dimethyl-Derivv. dargestellt. Der tert. Arsin-Komplex $[As(C_2H_5)_3]_2Pd(CH_3)_2$ hat cis-Konfiguration, sein Phosphinanaloges scheint in Bzl.-Lsg. als Isomerengemisch vorzuliegen. Die Rkk. zwischen $[P(C_2H_5)_3]_2Pd(CH_3)_2$ u. A. u. anderen schwachsauren Agenzien werden beschrieben. Die meisten Pd-organ. Verbb., die generell die Form $L_2PdRX$ (L = tert. Phosphin; R = Methyl, Aryl oder $Ph-C\equiv C$; X = Br, J, SCN) haben, sind instabil; einige können längere Zeit bei Raum-Temp. unzersetzt gehalten werden. Die meisten, jedoch nicht alle, sind farblos u. werden langsam grau bis schwarz unter Bldg. von elementarem Pd. Rkk. zwischen Dihalogeniden, z. B. $[P(C_2H_5)_3]_2PdBr_2$, mit GRIGNARD-Reagens ergaben schnellen Ersatz eines Halogenatoms; um beide zu ersetzen, ist ein großer Überschuß nötig. Li-organ. Verbb. ersetzen beide gewöhnlich unterhalb Raum-Temp. sehr schnell. Sie werden daher zur Darst. der Dimethyl- oder Diaryl-Derivv. eingesetzt. Obwohl Triäthylphosphin einen größeren stabilisierenden Effekt aufweist als andere Donatorgruppen, wurden auch Pd-organ. Verbb. aus Pd-Halogeniden, die mit tert. Arsinen, Sulfiden, einem Dien u. Dipyridyl koordiniert waren, dargestellt. Die einzigen dargestellten Aryl-Derivv. wurden aus tert. Phosphinkomplexen erhalten u. tert. Phosphin scheint auch den besten Stabilisationseffekt bei $\sigma$-gebundenen organ. Verbb. des Ni, Pd, Pt u. evtl. auch Co zu haben. Verbb. der Zus. $L_2PdRX$ oder $L_2PdR_2$, die verschiedene organ. Gruppen tragen, zeigen, daß die stabilsten Verbb. erhalten werden, wenn R = Methyl, Phenyläthinyl oder Phenyl ist, das elektronenanziehende Substituenten trägt. Vom Ni konnten keine Methyl-Derivv. erhalten werden, vom Pt jedoch die von Methyl- bis Butyl-. Alle Phenyl-Derivv. wurden aus $[P(C_2H_5)_3]_2\cdot PdBr_2$ erhalten, alle anderen Pd-Komplexe, die mit Ph-Li umgesetzt wurden, zersetzten sich schon bei tiefer Temperatur. Das Diphenyl-Derivv. $[P(C_2H_5)_3]_2PdPh_2$ färbt sich bei Raum-Temp. nach einer Woche dunkel. Die Di-p-tolyl-Verb. ist weniger stabil, ebenso das Dimethylamino-Deriv. $[P(C_2H_5)_3]_2Pd[p-C_6H_4N(CH_3)_2]_2$. Das $[P(C_2H_5)_3]_2 \cdot Pd[p-C_6H_4N(CH_3)_2]_2J_2$ ist in Lsg. stabil, da die elektronenabstoßenden Gruppen durch anziehende ersetzt sind. Verss., gemischte Alkyl-Aryl-Derivv. darzustellen, ergaben vollständige Zers. der Produkte. Rk. von $[P(C_2H_5)_3]_2PdCH_3Br$ mit Ph—C≡CH ergab $[P(C_2H_5)_3]_2Pd(C{\equiv}C{-}Ph)_2$. Aryl-Derivv. des Pt, die ortho-Substituenten tragen, sind stabiler als solche ohne. Beim Ni ist der Effekt so stark, daß nur Aryl-Derivv. erhalten werden konnten. Pd steht mit seinen Eigg. offenbar zwischen diesen beiden Elementen.

Versuche: *trans-Bromo-(methyl)-bis-[triäthylphosphin]-palladium* (I), $C_{13}H_{33}Br \cdot P_2Pd$, F. 73—74° (F. unter Zers.), aus $[P(C_2H_5)_3]_2PdBr_2$ (II) u. $CH_3MgBr$ in Ae. bei —65° u. Hydrolyse bei 0°; aus Hexan; 78% (Ausbeute); IRB (IR-Bande $cm^{-1}$) 1162, 510; Dipolmoment 4,0 D. — *Thiocyanato-(methyl)-bis-[triäthylphosphin]-palladium*, $C_{14}H_{33}NP_2PdS$, F. 86—87°, aus I u. KSCN in A., schwachgelbe, lange Nadeln aus wss. Methanol; IRB 1180, 526. — *trans-Cyano-(methyl)-bis-[triäthylphosphin]-palladium*, $C_{14}H_{33}NP_2Pd$, F. 78°, aus I u. Überschuß von KCN in Methanol. Öl nach 16 Std. bei Raum-Temp. u. Zugabe von W. bei 0°, daraus nach einiger Zeit Kristall-Bldg.; IRB 1161, 502; 4,75 D. — *Dimethyl-bis-[triäthylphosphin]-palladium* (III), $C_{14}H_{36}P_2Pd$, F. 47—49°, aus II, einer Spur $P(C_2H_5)_3$ u. $CH_3Li$ (IV) in Ae. bei —60°, Hydrolyse bei 0°, umkrist. aus Hexan; 90%; IRB 1164, 491, 457; 4,6 D. — *cis-Dimethyl-bis-[triäthylarsin]-palladium*, $C_{14}H_{36}As_2Pd$, F. 49°, Darst. analog vorst. Verb.; IRB 1152, 1124, 498, 479; 5,6 D. — *Dimethyl-bis-[triphenylphosphin]-palladium*, $C_{38}H_{36}P_2Pd$, F. 197 bis 198°, aus $[P(C_6H_5)_3]_2PdCl_2$ u. IV in Ae. bei —50° u. Hydrolyse bei 0°, sehr instabil. Es krist. bei —78° in Tetrahydrofuran. IRB 1129, 529, 482; 4,6 D. — *Bipyridyl-(dimethyl)-palladium*, $C_{12}H_{14}N_2Pd$, F. 155°, aus $(C_5H_4N)_2PdBr_2$ u. IV in Ae. bei —60°, nach Hydrolyse orangefarbene Nadeln aus Aceton 57%, IRB 534, 522. — *1.2-Di-(methylmercapto)-äthan-(dimethyl)-palladium*, $C_6H_{16}PdS_2$, F. 75°, aus $C_2H_4(SCH_3)_2PdCl_2$ u. IV in Ae. Hydrolyse bei 0°, rötlichgelbe Verb. aus Aceton; IRB 1168, 525, 512. — *1.2-Di-(äthylmercapto)-äthan-(dimethyl)-palladium*, $C_8H_{20}PdS_2$, instabiles Öl, Darst. analog vorst. Verb., IRB 1160, 518, 502. — *1.2-Bis-[diphenylphosphino]-äthan-(dimethyl)-palladium*, $C_{28}H_{30}P_2Pd$, F. 166—168°, aus $C_2H_4(PPh_2)_2PdCl_2$ u. IV, krist. aus Aceton; IRB 1149. — *Dimethyl-o-phenylen-bis-[dimethylarsin]-palladium*, $C_{12}H_{22}As_2Pd$, F. 105°, aus o-$C_6H_4 \cdot [As(CH_3)_2]_2PdBr_2$ u. IV, je reiner die Verb. aus Aceton erhalten wird, desto eher Zers., IRB 1160, 498, 435. — *Bromo-[(o-dimethylarsinophenyl)-diäthylphosphin]-methyl-palladium*, $C_{13}H_{23}AsBrPPd$, F. 98—100°, aus o-$C_6H_4[As(CH_3)_2][P(C_2H_5)_2]PdBr_2$ u. IV, aus Aceton; 64%. — *Bis-[tri-n-butylphosphin]-(dimethyl)-μ.μ'-bis-[äthylmercapto]-di-palladium*, $C_{30}H_{70}P_2Pd_2S_2$, F. 51—53°, aus dem entsprechenden Dichlorid u. IV mit 84% unreines Prod.; IRB 1148, 501. — *Cyclooctadien-(1.5)-dimethylpalladium*, $C_{10} \cdot H_{18}Pd$, aus $C_8H_{12}PdCl_2$ u. IV in Ae. bei —40°, sehr instabil, bei —78° einige Zeit haltbar. — *trans-Bromo-(phenyl)-bis-[triäthylphosphin]-palladium*, $C_{18}H_{35}BrP_2Pd$, F. 89°, aus II u. $C_6H_5MgBr$ in Ae. bei —60°, Hydrolyse bei 0°, chromatograph. isoliert, 3,6; D. — *trans-Diphenyl-bis-[triäthylphosphin]-palladium*, $C_{24}H_{40}P_2Pd$, F. 95°, aus $[P(C_2H_5)_3]_2 \cdot PdCl_2$ u. $C_6H_5Li$ in Ae. bei —75°, Hydrolyse bei 0°. — *trans-Bromo-(mesityl)-bis-[triäthylphosphin]-palladium*, $C_{21}H_{41}BrP_2Pd$, F. 162°, aus II u. $C_9H_{11}MgBr$ in Ae. bei —50°, Hydrolyse bei 0°, aus Methyläthylketon; 19%; 3,52 D. — *Bromo-bis-[triäthylphosphin]-(p-trifluormethylphenyl)-palladium* (V), $C_{19}H_{34}BrF_3P_2Pd$, F. 145—146,5°, aus II u. (p-$C_6H_4$—$CF_3$)MgBr, chromatograph. isoliert. — *Phenyl-bis-[triäthylphosphin]-(p-trifluormethylphenyl)-palladium*, $C_{25}H_{39}F_3P_2Pd$, F. 74—75°, aus V u. $C_6H_5Li$ in Ae.; 85%. — *Bis-[p-dimethylaminophenyl]-bis-[triäthylphosphin]-palladium* (VI), $C_{28}H_{50}N_2P_2Pd$, F. 99 bis 100°, aus $[P(C_2H_5)_3]_2PdCl_2$ u. [p-$C_6H_4N(CH_3)_2$]Li in Ae. bei —65°, Hydrolyse bei 0°, unreines, sehr instabiles Prod.; 80%. — *trans-Di-(phenyläthinyl)-bis-[triäthylphosphin]-palladium*, $C_{28}H_{40}P_2Pd$, F. 162—164°, aus II u. (Ph—C≡C)MgBr, krist. aus Toluol; 60%. — *Bis-[triäthylphosphin]-di-(p-nitrophenyläthinyl)-palladium*, $C_{28}H_{38}N_2O_4P_2Pd$, F. 123 bis 125°, aus III u. p-Nitrophenylacetylen. — $\{[P(C_2H_5)_3]_2Pd[p-C_6H_4-N(CH_3)_3]_2\}J_2$, $C_{30}H_{56}J_2N_2P_2Pd$, F. 140°, aus VI u. Überschuß von $CH_3J$, umkrist. aus Methanol.

B. CONTAG. 365□

---

**A. D. Gelman, A. I. Mosskwin, L. M. Saitzew und M. P. Mefodjewa,** Die Komplexverbindungen der Transuranelemente. Moskau: Verl. der Akad. der Wiss. der UdSSR. 1961. (222 S.) 1 Rbl. 07 Kop. [Russ.]

**N. K. Wosskressenskaja u. a.** Handbuch der Schmelzbarkeit von Systemen aus wasserfreien anorganischen Salzen. Bd. 1. Binäre Systeme. Moskau-Leningrad: Verl. der Akad. der Wiss. der UdSSR, Leningrader Abt. 1961. (847 S.) 3 Rbl. 18 Kop. [Russ.]

## A₉. Mineralogische und geologische Chemie

**Ergänzende Bemerkungen zu meiner Arbeit „Über eine annähernde Bestimmung der Diadochieneigung".** M. Vendel. (Neues Jb. Mineralog., Abh. **93.** 389—91. Febr. 1960. Sopron.) (Dt.) — Vgl. C. **1960.** 7117. F. ENSSLIN. 372□

**Über die Kristallisationsgeschwindigkeit von Mineralien.** D. P. Grigorjew. (Записки Всесоюзного Минералогического Общества [Schr. Allunions mineralog. Ges. [2] **88.** 497—511. 1959. Leningrad, Berg-Inst., Lehrstuhl für Miner.) (Russ.)

Literaturübersicht an Hand von 31 Literaturangaben. H. NOACK. 372□

**Coelestin-Kristalle aus Cheia.** Joseph Imreh und Gabriella Imreh. (Neues Jb. Mineralog., Mh. **1959.** 248—61. März 1960. Cluj, Rumänien.) (Dt.)

Aus Hohlräumen eines bituminösen Kalksteins von Cheia östlich Turda werden Coelestinkristalle beschrieben u. kristallograph. untersucht. An 300 Kristallen konnten folgende Formen festgestellt werden: {0 0 1}, {1 0 4}, {1 1 1}, {0 1 1}, {1 1 0}, {1 2 2}, {1 0 2} u. {1 2 0}. J.-E. HILLER. 372□

**Daten und Beobachtungen zur Kristallographie des Parsonsits.** Fiorenzo Mazzi, Carlo L. Garavelli und Francesco Rinaldi. (Atti Soc. Toscana Sci. natur., Ser. A **65.** 135—46. 1959. Firenze, Univ., Ist. di Mineral.; Comitato Naz. per le Ricerche Nucl., Labor. Geochim.) (Ital.)

Vff. untersuchten röntgenograph. u. opt. Parsonsit, $Pb_2UO_2(PO_4)_2 \cdot nH_2O$ ($0 \leq n \leq 2$), aus der Grube von Reliez (Frankreich). Das triklin kristallisierende Mineral ist nach (1 0 0) oder (0 1 0) abgeflacht; für den ersten Fall beträgt die Auslöschung c:y' ca. 12° u. ist opt. positiv, im zweiten Fall beträgt die Auslöschung c:y'' ca. 19° u. ist opt. negativ. LAUE- u. Drehkristalldiagramme lieferten die Zelldimensionen a = 6,862; b = 10,425; c = 6,684 Å; $\alpha = 101°26'$; $\beta = 98°15'$; $\gamma = 86°17'$; Dichte pyknometr. 5,72; Dichte berechnet 6,21—6,47 g/cm³ je nach der Wassermenge; Z = 2 Raumgruppe $P\bar{1}$ ($C_i^1$). Mit Hilfe von PATTERSON- u. Elektronendichteprojektionen ergeben sich für die schweren Atome in 1. Näherung folgende Parameter (x =) 0,29; (y =) 0,04; (z =) 0,77 bzw. 0,04; 0,29; 0,21 bzw. 0,63; 0,35; 0,61. Eine Unterscheidung der Lagen der Pb- u. der U-Atome u. eine Lokalisierung der leichten Atome gelang noch nicht. C. GOTTFRIED. 372

**Ausbringen von gelöstem Aluminium durch Thermalwässer der Kurillen-Berge und einige Probleme der Bildung von geosynklinalen Bauxitlagerstätten.** K. K. Selenow. (Известия Академии Наук СССР, Серия Геологическая [Nachr. Akad. Wiss. UdSSR, geol. Ser.] **25.** Nr. 3. 57—71. März 1960. Moskau, Geol. Inst. der Akad. der Wiss. der UdSSR.) (Russ.)

Die im Gefolge der vulkan. Tätigkeit entstehenden Thermalwässer (pH 0—3), angereichert mit gelösten Gasen, zersetzen die Ergußgesteine, in denen sie zirkulieren, u. lösen die Alkalien, Erdalkalien, Fe u. Al heraus. Zurück bleibt ein Kieselsäuregerüst, das Gefüge der zersetzten Gesteine enthaltend. Die Quellen in jungen Ergußgesteinsdecken u. in Flächen jungen pyroklast. Materials führen vorwiegend Alkalien u. Erdalkalien, die Quellen in älteren Decken vorwiegend Fe u. Al. Es werden 7 Quellwasseranalysen, eine Analyse des unveränderten Gesteins (*Andesit*), eine Analyse des veränderten Gesteins angegeben. Die Al-Konzz. betragen 2—3 g/Liter, die Fe-Konzz. 0,5—1 g/Liter. Durch Mischung der Thermalwässer mit meteor. W. sinkt die $H^+$-Konz. ab. Bei pH 2 beginnt die Ausfällung des $Fe(OH)_3$, bei pH 4,1 müßte die des $Al(OH)_3$ beginnen; Al bleibt hier jedoch bis pH 5 in Lösung. Das in zweiwertiger Form transportierte Fe wird beim Austritt der Thermalwässer oxydiert u. bildet *Limonit*-Ndd. in Quellnähe, in Seen u. Flüssen (bis über 10 m Mächtigkeit in den Seen). Die Hauptmasse des Al gelangt ins Ochotskische Meer u. erzeugt dort durch Ausfällung an der Mündung der Flüsse zusammen mit mechan. befördertem Limonit Flächen gelben, getrübten Wassers. Durch den Fluß Jurjewa z. B. werden nach den angegebenen Analysen in 24 Std. 35 t Fe u. über 65 t Al ins Meer befördert, von allen Inseln Tausende t in 24 Stunden. Vf. erörtert die dadurch gegebene Möglichkeit der Bldg. von Bauxitlagerstätten. E. SWILLENS. 378□

**Zwei Cyanitgenerationen in den Gneisen des Weißmeer-Komplexes.** W. W. Shdanow. (Записки Всесоюзного Минералогического Общества [Schr. Allunions mineralog. Ges.] [2] **88.** 599—602. 1959. Leningrad, Allunions geol. Wiss. Forschungsinst.) (Russ.)

Im Weißmeer-Gneiskomplex (Nordkarelien u. Südwesten der Kola-Halbinsel) lassen sich 2 Cyanitarten unterscheiden. 1. In den Cyanit–Granat–Biotit-Gneisen tritt Cyanit als großer tafliger Kristall auf: Er bildet sich bei der regionalen Metamorphose der tonerdereichen Sedimentgesteine archäischen Alters. 2. Die kleinen nadligen Cyanite der Quarzadern entstehen nach der Zers. des Cyanits der 1. Generation durch $SiO_2$-reiche Lsgg., die in den Gneis eindringen. Der Cyanit der 2. Generation wird dann zusammen mit Quarzen in Gneisen ausgeschieden, die ursprünglich kein Cyanit enthielten. Ein längs des Salbandes der Quarzadern verlaufender Cyanitsaum zeigt, daß Cyanit zeitlich etwas früher aus der Lsg. auskristallisierte. H. NOACK. 378

**Strahlungsalter von Chondriten.** Johannes Geiss, Hans Oeschger und Peter Signer. (Z. Naturforsch. **15a.** 1016—18. Nov. 1960. Bern, Univ., Phys.-Inst.; Minneapolis, Minn., Univ., School of Phys.) (Engl.)

In einigen Chondriten wurden die Konzz. von $^3$H u. allen Edelgasisotopen bestimmt. Das Strahlungsalter wurde unter Annahme einer gleichen Produktionsrate für $^3$He u. $^3$H aus dem Verhältnis $^3$He/$^3$H ermittelt. Das $^4$He- u. Ar/K-Alter dieser Chondrite wurde aus den mittleren Geh. an U, Th u. K geschätzt, die sich zu U = $1{,}1 \cdot 10^{-8}$ g/cm$^3$, Th/U = 3,6 u. K = 0,085% ergaben. Man hat zwei Gruppen von Chondriten zu unterscheiden, eine mit hohem, die andere mit niederem $^4$He- u. Ar/K-Alter. Die zur ersten Gruppe gehörenden haben ein $^3$He/$^3$H-Alter von $22 \pm 2 \cdot 10^6$ Jahren. Die Beziehung zwischen kleinerem radioakt. Edelgasalter u. niederem Strahlungsalter kann durch Edelgasverlust dieser Meteoriten in der Zeit zwischen ihrer Entstehung u. der Kollision mit der Erde erklärt werden. Die unter Annahme eines konst. $^3$He-Produktionsgrades errechneten Strahlungsalter ergeben eine Standardabweichung von 11%, die aus dem $^3$He/$^3$H-Verhältnis eine solche von 6%. Vff. schließen aus den Ergebnissen u. statist. Überlegungen, daß vor ca. $22 \cdot 10^6$ Jahren ein besonderes Ereignis in unserem Planeten-Syst. stattgefunden haben muß. B. CONTAG. 378□

**Präzisionsvergleiche von Blei-Isotopenverhältnissen: Broken Hill und Mount Isa.** F. Kollar, R. D. Russell und T. J. Ulrych. (Nature [London] **187.** 754—56. 27/8. 1960. Vancouver, Univ. of Brit. Columbia, Dep. of Phys., Geophys. Labor.) (Engl.)

Mit eigenkonstruierten Geräten, die eine höhere Genauigkeit gestatten, wurden an Pb-Erzen von Broken Hill u. Mount Isa neue Pb-Isotopenverhältnisse bestimmt. Es zeigt sich, daß die $^{207}$Pb/$^{204}$Pb- u. $^{206}$Pb/$^{204}$Pb-Verhältnisse für die einzelnen Proben von Broken Hill viel enger zusammen liegen als bei früheren Messungen u. um weniger als 0,07% vom Mittelwert abweichen. Da das Fundgebiet der Proben 200 Quadratmeilen umfaßt, ist eine solche Konstanz bemerkenswet u. neu. Das Verhältnis $^{208}$Pb/$^{204}$Pb ist weniger konstant, was auf eine geringe Verunreinigung durch radiogenes Pb zurückgeführt wird. Auch bei dem Pb der Mount-Isa-Erze ist die Übereinstimmung nicht so gut. Wahrscheinlich sind auch sie durch Th- u. U–Pb verunreinigt. Es wird angenommen, daß die Mount-Isa-Erze zwischen 40 u. 80 Millionen Jahre jünger sind als die von Broken Hill. J.-E. HILLER. 378□

**Die Verteilung der Radioaktivität, der Thorium- und Urangehalte im Malsburggranit (Südschwarzwald).** Otto Leible. (Z. Erzbergbau Metallhüttenwes. **12.** 234—37. Mai 1959. Freiburg/Brsg.) (Dt.)

Vf. untersucht mit Koinzidenzzählrohren nach GENTNER u. HUSMANN die Verteilung von Th u. U im Malsburggranit des Südschwarzwaldes. Die Meßergebnisse der 74 Meßpunkte werden tabellar. angegeben; ihre Verteilung ist in einer Karte eingetragen. Die Th-Geh. schwanken zwischen 17 u. 64 g/t, der mittlere Geh. beträgt 29 g/t. Auffallend hohe Werte ergeben sich am Nord- u. Ostrand der Granitmasse. Die Th-Aktivität geht weitgehend parallel mit der Gesamtintensität. Der U-Geh. unterliegt von Meßpunkt zu Meßpunkt starken Schwankungen zwischen 0,4 u. 9,3 g/t; Mittelwert 5 g/t. Die Th-armen zentralen Teile besitzen die höchsten U-Gehalte. Eine Beziehung des Th- oder U-Geh. zum Mineralbestand kann nicht festgestellt werden. J.-E. HILLER. 378□

**Analogon des Allevardits (aus Dagestan).** N. M. Iwkin, N. Ss. Kitaigorodski, D. D. Kotelnikow und Ju. M. Korolew. (Записки Всесоюзного Минералогического Общества [Schr. mineralog. Allunions-Ges.] [2] **88.** 554—63. 1959.) (Russ.)

Nach mkr., elektronenmkr., differentialtherm., chem. u. röntgenograph. Unterss. ist das 1952 in der Dagistaner ASSR entdeckte quellfähige doppelschichtige Glimmermineral ident. mit Allevardit. H. NOACK. 380□

**Untersuchungen über die verschiedenen Serpentine Chrysotil und Antigorit aus dem Serpentinvorkommen von Dubova-Orşova (Region Timişoara).** E. Laţiu, F. Mihai und L. Cicoare-Metes. (Studii Cercetări [Timişoara] Stiinţe chim. **6.** Nr. 3—4. 85—93. Juli/Dez. 1959. Timişoara, Fac. de Chim. Ind.) (Rum.)

Thermogravimetr. Unterss. an Chrysotil (I; D. 2,41) u. Antigorit (D. 2,65; II) zeigen, daß bei I ein Teil des Konstit.-Wassers schon bei 500° abgegeben wird, bei II erst bei 600°. Die Wasserabgabe ist in beiden Fällen bei 800° beendet. W. SCHMIDT/TIMIŞOARA. 380

**Eskolait in Glasschmelzen.** Felix Trojer. (Mikroskopie [Wien] **15.** 12—14. Juli 1960. Radentheim, Kärnten, Österr.-Amer. Magnesit AG.) (Dt.)

Vf. teilt mit, daß *Eskolait*, $Cr_2O_3$, auch in Glasschmelzen zu finden ist. Bedingt wird das Vork. von $Cr_2O_3$-Kristallen in Glasschmelzen entweder durch Chromitspuren der Sandkomponente des Gemenges oder durch Chromitkörner aus der feuerfesten Auskleidung des Glasofens. C. GOTTFRIED. 380

**Neue Dumortierit–Korund–Andalusit-Lagerstätte in Kasachstan.** W. W. Donskich, N. I. Nakownik und Je. W. Petrowa. (Записки Всесоюзного Минералогического Общества [Schr. mineralog. Allunions-Ges.] [2] **88.** 521–32. 1959. Leningrad, Allunions Wiss.-geolog. Forschungs-Inst.) (Russ.)

Die Dumortierit–Korund–Andalusit-Lagerstätte am Shanet-Berg, deren Mineralbestand u. geolog. Verhältnisse ausführlich beschrieben werden, gehört zum Typ der sek. Quarzitfelder Kasachstans. Nach der Gesamtheit ihrer geolog.-strukturellen, petrograph. u. mineralog. Merkmale erscheint sie bisher einzigartig. Es wurden hier erstmalig für sek. Quarzite Rubine u. Hohlraumausfüllungen von Korund neben Substitutionsaggregaten von Sericitpseudomorphosen festgestellt; außerdem sek. Quarzitblöcke, die aus einem spät eingedrungenen Granitmagmastrom abgetrennt wurden u. die ihre Struktur u. mineralog. Zus. einschließlich Alunit beibehielten.

H. NOACK. 380

**Magnesit im Marmor der „Perewal"-Lagerstätte.** M. I. Sheru. (Записки Всесоюзного Минералогического Общества [Schr. Allunions mineralog. Ges.] [2] **88.** 591–94. 1959.) (Russ.)

In der „Perewal"-Lagerstätte befinden sich zwischen krist. Carbonatgesteinen archäischen Alters Calcit-, Calcit–Dolomit-, Dolomit-, Diopsid- u. Forsterit-Marmore. Die Magnesitisierung erfolgt im letzteren, wobei Forsterit, ausgehend von der Peripherie, vollständig durch $MgCO_3$ ersetzt wird. Der Prozeß wird von einer Kieselsäureausscheidung begleitet: $Mg_2SiO_4 + 2\,CO_2 \rightarrow 2\,MgCO_3 + SiO_2$. Der Magnesit ist makroskop. gut sichtbar; kleine porzellanartige Körner von milchigweißer Farbe, angeordnet zu geradlinigen Adern von 0,5–15 cm Dicke, durchkreuzen den Forsteritmarmor. Bei Bestrahlung mit UV-Licht luminesciert Magnesit mit gelbweißer Farbe. Seine Zers. beginnt bei 610°. Der Magnesit kann sich im Forsteritmarmor von Perewal, aber nicht nur über Forsterit, sondern auch über seine sek. Zers.-Prodd. Chondrodit, Humit, Diopsid, Tremolit, Serpentin u. Talk bilden.

H. NOACK. 380

**Über die Uranmolybdate Moluranit und Iriginit.** G. Ju. Epstein. (Записки Всесоюзного Минералогического Общества [Schr. Allunions mineralog. Ges.] [2] **88.** 564–70. 1959.) (Russ.)

Die U-Molybdate bilden sich im sauren Medium (stark verwitterte Albitite, die Brannerit, Nasturan u. Molybdänit enthalten; hiermit sind die Voraussetzungen für eine intensive Auflösung der prim. U-Minerale u. den Abtransport des U gegeben) durch Rk. des U mit in Lsg. befindlichen $MoO_4$-Ionen. Der Charakter der entstehenden Minerale hängt in erster Linie von der Konz. der U- u. Mo-Ionen in der Lsg. u. von ihrem Oxydationsgrad ab. *Moluranit* hat die chem. Formel $UO_2 \cdot 3UO_3 \cdot 7MoO_3 \cdot 20H_2O$. Das Mineral ist schwarz, sein Strich braunschwarz, muschliger Bruch, Härte 3–4, spezif. Gew. ca. 4, in Säuren bei Erwärmung löslich. Opt. ist es opak, isotrop, Brechungsindex 1,97–1,98. Die chem. Formel für *Iriginit* ist $UO_3 \cdot 2MoO_3 \cdot 4H_2O$. Das Mineral hat eine kanariengelbe Farbe, Glasglanz, Bruch uneben, Härte 1–2, spezif. Gew. 3,84, bei Erwärmung in Säure löslich. Opt. Daten: Gerade Auslöschung, Brechungsindices Ng ca. 1,93, Nm ca. 1,82, Np = 1,730 ± 0,003. Aus der DTA beider Minerale ist zu entnehmen, daß sie ihr Kristallwasser im Intervall von 100–400° abgeben. Die röntgenograph. Daten sind angegeben.

H. NOACK. 380

**Oregonit, ein neues Nickel-Eisenarsenid mit metallartigen Eigenschaften.** Paul Ramdohr und Margret Schmitt. (Neues Jb. Mineralog., Mh. **1960.** 239–47. Heidelberg.) (Dt.)

Vff. beschreiben unter dem Namen *Oregonit* ein neues metall. Mineral von Josephine Creek, Josephine County, Oregon. Die Röntgenfluorescenzanalyse ergab, daß die Verb. die Zus. $Ni_2FeAs_2$ besitzt. Das Gitter ist hexagonal mit a = 6,083 ± 0,003, u. c = 7,130 ± 0,005 Å. Z = 3. $D_{röntgenograph.}$ 6,92. Bei der Bldg. des Oregonits muß die Umgebung extrem arm an S gewesen sein. Als Temp. kommen maximal 300° in Frage.

J.-E. HILLER. 380□

**Nontronit und Picotit aus dem Basalt des Ölberges bei Hundsangen, Westerwald.** Heinrich Martin Köster. (Beitr. Mineralog. Petrogr. **7.** 71–75. 1960. Göttingen, Univ., Sedimentspektrogr. Inst.) (Dt.)

Im Basalt des Ölbergs finden sich bis zu faustgroße Einschlüsse von Nontronit. Dieser zeigt starke Komponenten von Montmorillonit u. Saponit. Seine Formel lautet: $(Fe^{3+}_{1,18}, Al_{0,44}, Cr_{0,06}, Mg_{0,58}, Fe^{2+}_{0,01})_{2,27}[Al_{0,22}Si_{3,78}O_{10}](OH)_2$. In dem Nontronit befindet sich ein Picotit mit der Gitterkonstante a = 8,18 Å u. D. = 4,00. Es handelt sich also um einen Mischkristall mit einer $\gamma$-$Al_2O_3$-Komponente. Außerdem enthält er 0,1% NiO. Ferner finden sich im Nontronit einzelne *Bronzit*-Kriställchen. Aus dem Cr- u. Ni-Geh. u. dem Bronzit wird geschlossen, daß der Nontronit ein Zers.-Prod. von *Olivin*-Knollen ist.

J.-E. HILLER. 380□

**Pisolithsiderit aus der Bakal-Lagerstätte.** N. K. Burgelja. (Записки Всесоюзного Минералогического Общества [Schr. Allunions mineralog. Ges.] [2] **88.** 602—03. 1959.) (Russ.)

Die Pisolithsiderite aus der Bakal-Lagerstätte (Nord-West-Abhang des Berges Irkuskan) bestehen aus einem Siderit- oder Tonkern u. sind von 1 (∅ = 3—3,5 mm) oder 2 (∅ = 3,3—5 mm) konzentr. Schalen ebenfalls toniger oder siderit. Zus. umgeben. Das tonige Material bildet dabei ein feinschuppiges Aggregat. Die Pisolithformen sind kugelig oder ellipsoidal (2,5—5 mm). Sie bilden zusammen mit den grobkristallinen Sideriten, die den Zwischenraum ausfüllen, ein dichtes Aggregat. H. Noack. 380

**Sulunit — ein neues Mineral aus der Eisenchloritgruppe.** A. A. Nyrkow. (Записки Всесоюзного Минералогического Общества [Schr. Allunions mineralog. Ges.] [2] **88.** 571—77. 1959.) (Russ.)

1953 wurde im Donez-Becken ein neues Mineral der Fe-Chloritgruppe entdeckt u. Sulunit genannt. Morpholog. erinnert es an Talk: weich, fettig, Perlmuttglanz, leicht grünlich, spezif. Gew. 2,95, beinahe farblos, in dicken Schliffen leicht bräunlich. Es zeigt klar eine faserige Struktur, gute Spaltbarkeit u. gerade Auslöschung. Sulunit ist 2achsig, opt. negativ, der Achsenwinkel beträgt 2 V = 42°. Die Brechungsindices sind Ng = 1,598, Nm = 1,595, Np = 1,574. Die therm. Haupteffekte in der DTA-Kurve liegen bei ca. 100° (Austritt des schwach gebundenen W.), 300° (Verbrennung organ. Beimengungen) 600° (Abgabe des Konstitutionswassers, Gewichtsverlust um 7,18%) u. 930° (charakterist. für Calcit, dessen Anteil $<2\%$ ist). Die Resultate der chem. u. der röntgenograph. Analyse (I, d) sind angegeben. H. Noack. 380

**Svanbergit in den Bauxiten des Kamenski-Gebietes im Mittleren Ural.** M. I. Lukanina. (Записки Всесоюзного Минералогического Общества [Schr. Allunions mineralog. Ges.] [2] **88.** 586—91. 1959.) (Russ.)

Die röntgenograph., chem., physikal., therm. u. opt. Daten des Svanbergits von Sokolowo entsprechen im allg. denen für Svanbergit (S) aus anderen Fundorten; lediglich des Phosphat-Geh. ist höher. S kommt krist. u. kryptokristallin vor. Unter den Bldg.-Bedingungen im Bauxit (Risse u. Höhlen im Zement, sog. „Bohnen" im steinigen Bauxit) rechnet man S zu den hypergenen Mineralien, die sich nach der Formierung der Lagerstätte bilden. H. Noack. 380

**Tscheffkinit aus den Ilmen-Bergen.** B. A. Makarotschkin, K. A. Gonibessowa und M. Ss. Makarotschkina. (Записки Всесоюзного Минералогического Общества [Schr. Allunions mineralog. Ges.] [2] **88.** 547—63. 1959.) (Russ.)

Vff. berichtete über das Auffinden des Tscheffkinits in den Ilmen-Bergen (in Quarz-Feldspat-Adern). Nach Tracht u. Habitus lassen sich 3 Typen unterscheiden: starke Entw. 1. der Flächen (1 0 0), (1 1 0), (4 0 1), (2 0 1), 2. der Flächen (1 0 0), (1 1 0), (2 0 $\bar{1}$), 3. der Flächen (2 0 1), (2 0 $\bar{1}$). Die Farbe des Minerals ist Braun bis Braunschwarz, Strich bräunlich, Spaltbarkeit nach (0 0 1) unvollständig, Bruch muschlig, Härte 5,0—5,5 spezif. Gew. 4,36—4,46, Brechungsindex N = 1,93 (1,940—1,944). Tscheffkinit ist reich an Seltenen Erden. Nach der chem. Zus. errechnet sich die Formel $A_3B_2Si_2O_{12}$ oder ($Fe^{2+}$, Ce, La..., Ca, Na, Th, Mn, Mg...)$_3$(Ti, Nb, $Fe^{3+}$, Al)$_2Si_2O_{12}$. Bei seiner Umwandlung verläuft parallel der Verringerung der Geh. an $SiO_2$ u. an Oxyden der Seltenen Erden eine Anhäufung von $TiO_2$; außerdem steigt der $Fe_2O_3$-Geh. auf Kosten der $Fe^{2+}$-Ionen an. H. Noack. 380

**Über die Verteilung und Neubildung der nichtcarbonatischen Mineralkomponenten der Oberkreide aus der Umgebung von Hannover.** Helmuth Schöner. (Beitr. Mineralog. Petrogr. **7.** 76—103. 1960. Köln, Univ., Mineralog.-petrogr. Inst.) (Dt.)

An Kalken der Oberkreide wurden die nichtcarbonat. Mineralkomponenten opt. u. röntgenograph. bestimmt. Es fanden sich geringe Mengen *Feldspat*, *Biotit*, *Pyrit*, *Markasit*, *Glaukonit* u. Schwerminerale. Die Hauptmenge bestand jedoch aus *Quarz*, *Muskovit*, *Illit*, *Montmorillonit* u. *Kaolinit*. Quarz, *Albit* u. *Turmalin* sind z. T. authigene Bldg., beim Albit mit der typ. Optik. Die Sedimente des Oberen Senons enthalten authigenen *Heulandit*. J.-E. Hiller. 380□

**Neue Vorkommen von Uranglimmer in Italien.** Carlo Garavelli und Francesco Rinaldi. (Atti Soc. Toscana Sci. natur., Ser. A **65.** 147—64. 1959. Firenze, Univ., Ist. di Miner.; Comitato Naz. per le Ricerche Nucleari, Labor. Geochim.) (Ital.)

Vff. untersuchten röntgenograph. Uranglimmer-Vork. von Preit (Alpi Cozie) u. von Camigliatello Silano (Kalabrien). Die Glimmer von Preit bestehen aus einem Zwischenglied der Reihe *Torbernit–Zeunerit* u. seltener aus einem Zwischenglied der Reihe *Autunit–Uranospinit*. Gleichzeitig treten die entsprechenden Entwässerungs-Prodd. auf, also ein Zwischenglied der Reihe *Metatobernit–Metazeunerit* bzw. der Reihe *Metaautunit–Metauranospinit*. Die Gitter-Konst. der einzelnen Glimmer wurden gemessen. Das Vork. ist

sehr wahrscheinlich sedimenteren Ursprungs. Bei dem Glimmer von Camigliatello Silano handelt es sich um einen Autunit. Aus den Aufnahmen ergab sich, daß das Gitter beträchtlich gestört ist, wahrscheinlich infolge der Entwässerung des Minerals.
C. GOTTFRIED. 380

**Die Mineralogie einiger handelsüblicher Vermiculite.** H. G. Midgley und C. M. Midgley. (Clay Minerals Bull. **4.** 142–50. Juli 1960. Watford, Herts., Building Res. Stat., Garston.) (Engl.)

Die Unters. einer Anzahl als Vermiculit gehandelter Tone für die Fabrikation von Isolierstoffen u. Leichtbetonsteinen zeigte keinen einzigen reinen Vermiculit. Röntgenaufnahmen ergaben 3 Gruppen von Bestandteilen je nachdem, ob ein starker Reflex einem Netzebenenabstand von ca. 26 Å, 14 Å oder einem dazwischen liegenden Wert entsprach. Als mineral. Komponenten wurden erkannt: Vermiculit–Chlorite, Hydrobiotite, Montmorillonit–Glimmer mit verschiedenen HOH-Einlagerungen. Entsprechend waren auch die verschiedenen Quellbarkeiten. Größte Gitterausweitung zeigten die Hydrobiotitlagen, die geringste die Vermiculit–Chloritschichten. R. G. KAISER. 380□

**Das Vorkommen von Zinnwaldit in Cornwall.** E. K. Cundy, W. Windle und I. H. Warren. (Clay Minerals Bull. **4.** 151–56. Juli 1960. St. Austell, Cornwall, English Clays Lovering Pochin & Co. Ltd., Res. Labor.) (Engl.)

In einer als Chinasteintypus bekannten Granitregion in Cornwall findet sich ein Gestein mit bronzefarbigen Glimmerblättchen, das reichlich Fe, F u. Li enthält. Die 0,5–1 mm großen Blättchen lassen sich magnet. u. flotativ abtrennen. Die chem. Zus. des Konzentratglimmers zeigt große Ähnlichkeit mit Zinnwaldit; auch die Röntgenaufnahmen u. die Mikrodensimeterkurven zeigen nur geringe Unterschiede in den Intensitätsmaxima. R. G. KAISER. 380□

**Die Erde lebt.** G. Fischer. (Z. dtsch. geol. Ges. **111.** 579–98. 1960. München, Univ., Inst. für Gesteinskunde.) (Dt.)

Es läßt sich geolog. belegen, daß die Erde bis zur Ggw. leichtflüchtige Gemengteile u. Alkalien aus der bas., simat. Zone an die Erdoberfläche entbindet. Diese Zufuhren aus der Tiefe finden sowohl in orogenen Räumen u. Zeiten als auch in anorogenen statt. Dabei sammeln sich in dem entlasteten Gebiet unter der aufsteigenden Scholle Anreicherungen von Si, Al u. Alkalien ähnlich wie in den Hauben vulkan. Schlöte. Hierdurch können die sial. Kontinentblöcke von unten herauswachsen. J.-E. HILLER. 382□

**Über die Bändertextur von Erzen der Pyrit-Polymetall-Lagerstätten der Irtysch-Faltzone im Erz-Altai.** W. P. Naumow. (Записки Всесоюзного Минералогического Общества [Schr. Allunions mineralog. Ges.] [2] **88.** 533–46. 1959.) (Russ.)

Die Bändertextur u. die komplizierte Falten-Bldg. in der Irtysch-Lagerstätte rühren von einer unmittelbaren Einw. einer mechan. Deformation auf den Erzkörper her, der dabei einer plast. Verschiebung unterlag. Die Erze verhalten sich gegenüber der dynam. Einw. verschieden: Erzvarietäten mit größeren Anteilen an nichtmetall. Mineralien oder hauptsächlich pyrit. Zus. zeigen sich in ihrem Fließvermögen, dem Herauspressen der kompakten sulfid. Ansammlungen, stabiler. Die Formierung der Faltentextur setzt in den kompakten Erzen nach dem Eindringen u. der Kristallisation der Albit–Porphyr-Adern ein. H. NOACK. 382

**Petrographische Untersuchung der Gleesite des Laacher Seegebietes.** Horst Schürmann. (Beitr. Mineralog. Petrogr. **7.** 104–36. 1960. Krefeld.) (Dt.)

Die Gesteine der Auswürflinge des Laacher Seegebietes werden beschrieben. Es handelt sich nicht um eigentliche Ergußgesteine, sondern um durch Assimilation gebildete Migmatite. Als Ausgangsgesteine werden Differentiations-Prodd. eines alkaligabbroiden Magmas angesehen. Wahrscheinlich sind es Hornblendite oder hornblendereiche Alkaligabbros. Sie lassen eine Kristallisationsabfolge *Biotit–Hornblende–Augit* erkennen. Die gleiche Abfolge wird bei den Gleesiten (Sanidiniten) gefunden. Der *Titanit*-Reichtum entstammt Umwandlungsprozessen. Das Glas in den Auswürflingen wurde durch Erhitzung während der Eruption u. unter dem Einfl. alkalireicher Gase gebildet.
J.-E. HILLER. 385□

**Mineralparagenesis und Petrologie der Staßfurtsalze in Reyershausen.** Otto Braitsch. (Kali- u. Steinsalz **3.** 1–14. März 1960. Göttingen, Univ., Mineralog.-Petrograph. Inst.) (Dt.)

Das mittlere „Ältere Steinsalz" (Na $2\beta$), undeutlich geschichtet, $>$ 20 m mächtig, enthält in Grube Königshall-Hindenburg bis ca. 96% NaCl, ca. 4% Anhydrit (I), ca. 0,1% Coelestin; das obere „Ältere Steinsalz" (Na $2\gamma$), ca. 20 m mächtig, deutlich geschichtet, besteht aus durchschnittlich 75% NaCl, 24% **I**, 0,5% Coelestin u. 0,3% Rückstand. Das Na $2\gamma$ ist wahrscheinlich ein prim. Äquivalent der Kieseritregion. Das Flöz Staßfurt K2 besteht aus drei genet. zusammengehörigen Faziestypen. Aus dem prim. Carnallit K 2 C (mit ca. 75% Carnallit, ca. 20% NaCl, ca. 5% **I**, $<$1% Kieserit, ca. 0,5%

Rückstand) entstand durch inkongruente Auflösung des Carnallits in gesätt. NaCl-Lsg. ein Hartsalz K 2 S (mit ca. 50% NaCl, ca. 40% Sylvin, ca. 10% I, ca. 1% Rückstand) u. hieraus bei weiterer Laugen-Einw. die Vertaubung K 2 T (mit ca. 80% NaCl, ca. 20% I, ca. 2% Rückstand). Die in W. unlösl. Rückstände (außer I u. Coelestin) enthalten vorwiegend Tonminerale (Chlorit, Corrensit, Muskovit, Talk), Quarz, Kalifeldspat, Magnesit (selten Dolomit), Pyrit, Haematit, Magnetit, Borate (Boracit, Ascharit, Strontioginorit, Strontiohilgardit, p-Veatchit), Phosphate (Wagnerit, Isokit, Apatit), Brucit (?) u. vereinzelt Schwerminerale. Außer dem Muskovit u. den Schwermineralen sind sie erst im Salzgestein entstanden. Im Na 2 herrscht Corrensit ($\pm$ Talk) vor, im K 2 oberhalb der Basiszone der Chlorit, ferner nehmen Quarz u. Muskovit zum Hangenden zu. Magnesit, Talk, Boracit sind am häufigsten im Na $2\gamma$, Strontioginorit ist das herrschende Borat im Na $2\beta$, Ascharit ist örtlich im Na $2\gamma$ angereichert. Das B stammt aus dem Meerwasser. Die Menge des Rückstandes nimmt von 0,3% im Na 2 allmählich auf $>1\%$ im K 2 zu. Der Fe-Geh. des Rückstandes beträgt 3—5%. Si, Al u. Fe stammen vorwiegend vom Festland. Der Ca-Geh., der gegensinnig zum Rückstand variiert, nimmt oberhalb der Kalilagerbasis sprunghaft ab; er stammt wahrscheinlich ebenfalls vom Festland. Das Sr variiert gleichsinnig mit Ca, das Verhältnis Ca/Sr schwankt. Die Rückstände sind wesentliche Träger u. Adsorber von Spurenelementen. A. BLASCHETTE. 385□

**Charnockit in der Entstehung.** C. S. Pichamuthu. (Nature [London] **188.** 135—36. 8/10. 1960. Kuala Lumpur, Univ. of Malaya, Dep. of Geol.) (Engl.)

Westlich von Kabbal, ungefähr 40 Meilen Süd-Südwest von Bangalore, hat sich aus dem in diesem Gebiet vorherrschenden Gneis Charnockit gebildet. Die Verteilung steht in keinem Zusammenhang mit der Paralleltextur des Gneises. Die bas. Partien setzen sich in der Hauptsache aus grünen Amphibolen mit gelegentlichem Biotit zusammen. Im Charnockitbereich haben sich grobe Hypersthene mit charakterist. Stich zum grünen Pleochroismus gebildet. Die Amphibole sind bräunlich-grün u. die Biotite fuchsrot. B. CONTAG. 385□

**Über die Entwicklung von Gneisen und Graniten im Eskilstuna-Bezirk westlich von Stockholm.** Per H. Lundegårdh. (Geol. Fören. Stockholm Förh. **82.** 1—27. Jan./Febr. 1960. Stockholm, Geol. Surv. of Sweden.) (Engl.)

Die Gesteine des Eskilstuna-Bezirks gehören zu den Svecofenniden u. setzen sich aus einer meist vulkan., basalen Leptit-Hälleflinta-Reihe u. der darüber lagernden Quarzit–Grauwacken-Schiefer-Reihe zusammen. Die Glieder der letzteren sind meist orogenet. zu Gneisen, Graniten u. Granodioriten umgewandelt. Dies geschah nicht nur durch Granitisation in situ sondern auch durch Homogenisation u. Mobilisation, wobei vielfach juveniles Material als Mineralisatoren zugeführt wurde. Zu den älteren, frühorogenen Gesteinen gehören rote u. graue Gneise, leicht geschieferte Granite u. stärker geschieferte Granodiorite, die von Tonalit begleitet werden. Die sedimentären grauen Gneise sind häufig reich an *Granat, Cordierit* u. *Sillimanit.* In den jüngeren, inhomogenen, spätorogenen Gesteinen haben sich Pegmatite entwickelt. Auch hier wurden Granite durch Granitisation in situ u. durch Mobilisation sauren Materials aus großer Tiefe gebildet. Diese Granite werden von jungen Pegmatitadern begleitet. J.-E. HILLER. 385□

**Biotit-Monchiquit aus dem Krasnoural-Gebiet (Mittlerer Ural).** G. F. Tscherwjakowski und A. W. Goworowa. (Записки Всесоюзного Минералогического Общества [Schr. Allunions mineralog. Ges.] [2] **88.** 597—99. 1959. Berg-Geolog. Inst. der Ural-Zweigstelle der Akad. der Wiss. der UdSSR.) (Russ.)

Neben den bekannten Ganggesteinen der Grünsteinzone des Urals (Gabbro-, Augit-, Dioritporphyrite, Albitporphyre, Plagiogranit- u. Quarzporphyre) traf man im südlichen Teil des Krasnoural-Gebietes auf Adern eines frischen, durch Metamorphose wenig veränderten melanokraten Gesteins, das nach seiner mineralog. u. chem. Zus. als „Biotit-Monchiquit" bezeichnet wurde. In dem Gestein sind makroskop. gut unterscheidbare porphyr. Ausscheidungen von Biotit, Pyroxen u. Olivin erkennbar. Während die Biotit- u. Pyroxenkristalle frisch sind, sind die Olivinkristalle häufig fast vollständig durch Aggregate von Serpentin u. Talk mit geringen Carbonatmengen oder umgekehrt durch Carbonat mit geringen Mengen Serpentin u. Talk bei Erhaltung der Form des Olivins ersetzt. Weiterhin wurden Apatitkristalle in der Grundmasse oder als Einschlüsse in Pyroxen u. Biotit beobachtet. Die Grundmasse besteht hauptsächlich aus eng verflochtenen Biotitleisten u. wenigen nadligen Pyroxenausscheidungen, in deren Zwischenräumen sich Analcim u. Carbonat befinden. Außerdem findet man kleinkörnige Aggregate von Serpentin- u. Carbonaten, weniger Magnetit u. Haematit oder Mandeln, die mit Zeolith ausgefüllt sind. H. NOACK. 385

**Monticellit-Gestein aus der Achmatow-Mine.** A. Ss. Barlakow. (Записки Всесоюзного Минералогического Общества [Schr. mineralog. Allunions-Ges.] [2] **88.** 594—97. 1959. Swerdlowsk, Berg-Inst.) (Russ.)

Das Monticellit (A)-Gestein der Achmatow-Mine (Südural, 5 km südlich der Titan-Magnetit-Lagerstätte von Kusinsk; gebunden an den Kontakt der Gabbro-Amphibole aus der Kusinsker Gabbrointrusion mit den Marmordolomiten, welche im Bereich der Mine ins Innere des Intrusivmassivs hineinragen) besitzt eine kleinkörnige Struktur u. ist hellgrau oder bei Anwesenheit von Granat gelb. Das Gestein enthält 81,8% A, außerdem treten sporad. Granat, Forsterit u. Magnetit auf. Weiterhin sind in wechselnden Mengen Vesuvian, Chlorit, Brucit, Antigorit, Diopsid, Perowskit u. Calcit vertreten. A bildet im Gestein isometr., irreguläre Formen (20 mm) mit undeutlich ausgeprägter Spaltbarkeit. Nach der chem. Analyse unterscheidet sich A aus der Achmatow-Mine durch einen geringen FeO- (0,50%) u. einen entsprechend höheren MgO-Geh. (25,34%) von anderen Monticelliten. H. NOACK. 385

**Über einen pyroxenhaltigen Sand aus der Umgebung von Avezzano (Aquila).** L. Pederzolli Gottardi. (Atti Soc. Toscana Sci. natur., Ser. A **65.** 15—24. 1959. Pisa, Univ., Ist. di Mineral.) (Ital.)

Sand aus dem obigen Vork. wurde zunächst granulometr. in verschiedene Fraktionen zerlegt, die hierauf mit Hilfe spezif. schwerer Fll. weiter getrennt wurden. Hauptbestandteil des Sandes (84,5%) ist ein monokliner *Pyroxen.* Aus den gemessenen Werten $c:\gamma$ (38—58°) ist die variable Zus. des Pyroxens ersichtlich; sie entspricht der Zus. eines diopsid. Augits bis zu einem Aegirin–Augit. Weiter wurden identifiziert *Magnetit* (1,2%), *Granat* (4,9), *Feldspäte* (5,2), *Kalk* (2,3), *Apatit* (0,35) u. *Muskovit* (0,23). Als einziges Schwermineral wurde *Uranothorit* (0,002) festgestellt. Die Genese des Sandes wird kurz besprochen. C. GOTTFRIED. 385

**Untersuchungen über Sandstein bildende Mineralien.** 1. Mitt. **Über die mineralogische Zusammensetzung der Tonfraktion einiger „Macigno"-Sandsteine.** Curzi Cipriani. (Atti Soc. Toscana Sci. natur., Ser. A **65.** 86—106. 1959. Firenze, Univ., Ist. di Mineral., Petrografia e Geochim.) (Ital.)

Vf. untersuchte chem., röntgenograph. u. mit Hilfe von DTA die mineralog. Zus. der Tonfraktion einiger Sandsteine aus der Zone der Montecatini-Therme. Dabei wurde der Sandstein zunächst mit Hilfe einer hydraul. Presse zerkleinert u. hierauf mit einer Reihe von Sieben fraktioniert. Durch Sedimentation wurden aus der feinsten Fraktion Teilchen $< 2\ \mu$ erhalten. Die chem. Zus. des Sandsteines ist $SiO_2$ 67,07 (%); $TiO_2$ 0,30; $Al_2O_3$ 12,15; $Fe_2O_3$ 0,98; FeO 1,48; MnO 0,30; CaO 3,53; MgO 3,88; $K_2O$ 2,39; $Na_2O$ 1,67; $CO_2$ 1,93; $H_2O^+$ 2,74; $H_2O^-$ 0,83; die der Tonfraktion $SiO_2$ 43,58 (%); $TiO_2$ 0,25; $Al_2O_3$ 18,87; $Fe_2O_3$ 3,52; FeO 4,30; MnO 0,13; CoO 3,45; MgO 11,32; $K_2O$ 2,57; $Na_2O$ 0,94; $CO_2$ 1,11; $H_2O^+$ 6,00; $H_2O^-$ 3,77. Die mineralog. Zus. der Tonfraktion ist *Chlorit* 28 (%); *Illit* 23; *Kaolinit* 20; *Vermiculit* 7; *Quarz* 8; *Plagioklas* 8; *Orthoklas* 4; *Calcit* 2. Die Genese wird besprochen. C. GOTTFRIED. 385

**Untersuchungen über Sandstein bildende Mineralien.** 2. Mitt. **Über die mineralogische Zusammensetzung der Sandfraktion einiger „Macigno"-Sandsteine.** Curzio Cipriani. (Atti Soc. Toscana Sci. natur., Ser. A **65.** 165—220. 1959.) (Ital.) — 1. vgl. vorst. Referat.

Sandstein des obigen Vork. wurde wieder zerkleinert u. klassiert. Die einzelnen Fraktionen wurden röntgenograph. u. z. T. chem. u. opt. untersucht. Es ergab sich die folgende mineralog. Zus.: *Quarz* 35 (%); *Orthoklas* 11; *Plagioklase* 24; *Calcit* 3 u. *Phyllosilicate* 27. Den Hauptteil der Phyllosilicate bildet *Chlorit*; daneben treten noch *Muskovit* u. *Paragonit* auf. Folgende Schwermineralien (in abnehmender Menge) wurden identifiziert: *Almandin, Epidot, Titanit, Apatit, Magnetit, Rutil, Turmalin, Spessartin, Pyrit, Beryll, Pyrop, Zirkon* u. *Vesuvian.* Eine Fraktion, die auf Grund der Röntgenaufnahmen nur Chlorit enthielt, wurde analyt. untersucht: $SiO_2$ 30,87 (%); $TiO_2$ 0,49; $Al_2O_3$ 16,45; $Fe_2O_3$ 7,17; FeO 17,11; MgO 15,24; CaO 1,77; MnO 0,76; $Na_2O$ 0,02; $K_2O$ 0,54; $H_2O$ 9,72. Aus den Basisreflexen der einzelnen Chloritfraktionen wurden als Glieder der Chloritreihe *Brunsvigit, Diabantit, Rumpfit* u. *Korundophilit* ermittelt. Für eine reine Muskovitfraktion ergab die chem. Analyse: $SiO_2$ 46,07 (%); $TiO_2$ 1,70; $Al_2O_3$ 28,61; $Fe_2O_3$ 2,91; FeO 1,22; MgO 2,36; CaO 0,50; MnO in Spuren; $Na_2O$ 0,77; $K_2O$ 9,33; $H_2O^+$ 4,89; $H_2O^-$ 1,66. Die monokline Zelle hat die Abmessungen $a = 5{,}18 \pm 0{,}03$; $b = 8{,}997 \pm 0{,}004$; $c = 19{,}95 \pm 0{,}01$ Å; $\beta = 95°26' \pm 7'$. Die einzelnen Mineralien werden genau beschrieben u. die Genese des Vork. diskutiert. C. GOTTFRIED. 385

**Der Selengehalt des Saalewassers.** F. Heide und P. Schubert. (Naturwissenschaften **47.** 176—77. 2. April-H. 1960. Jena, Mineralog. Inst.) (Dt.)

Das Se des Saale-Wassers wurde durch Dest. mit HBr abgetrennt, als elementares Se in koll. Form gefällt u. photometr. bei 4200 Å bestimmt. Die relative Standardabweichung beträgt für den Se-Geh. im W. 8%, für den im Schweb 10%. Die Schwankungen der Werte für die einzelnen Monate des Jahres (1954) sind recht erheblich, u. zwar sowohl für das gelöste Se (Jahresmittel 3,9 $\mu$g/Liter) wie für das im Schweb enthaltene (1,2 $\mu$g/

Liter). Der Gesamtgeh. betrug im Juli an verschiedenen Orten zwischen 4,2 u. 6,6 $\mu$g/Liter (3,0—6,1 gelöst; 0,5—1,5 im Schweb). Wasserführung der Saale u. Se-Geh. gehen ungefähr parallel. Die relativen Geh.-Werte betragen 14 g Se/t gelöster Substanz bzw. 81 g Se/t Schweb (Verhältnis 1:5,8). Bei einer mittleren Abflußmenge von 77 $m^3$/s der Saale in die Elbe wurden dieser 1954 insgesamt 16 t Se zugeführt u. dem Einzugsgebiet der Saale (24129 $km^2$) insgesamt 0,07 $\mu g/cm^2$ entzogen. S u. Se verhalten sich in bezug auf ihre Konz. zeitlich konträr; hohen Werten für S entsprechen niedrige für Se. Die Se-Maxima sind stets mit Niederschlagsperioden verknüpft. A. BLASCHETTE. 393□

**Eigenschaften der natürlichen Dampfquellen im Gebiet von Larderello.** Contini und Burgassi. (Ind. mineraria [2] **11.** 349—51. Mai 1960.) (Ital.)

Nach einem kurzen Überblick über die geolog. Bedingungen des Gebietes der Borsäure enthaltenden Soffionen bei Larderello u. der regionalen Tektonit besprechen Vff. die verschiedenen Hypothesen über den Ursprung der Dampfquellen. C. GOTTFRIED 393

**Die radioaktive Verunreinigung unserer Atmosphäre.** K. Schmidt. (Technik **15.** 291—95. April 1960. Berlin, Inst. für Staubforsch. u. radioakt. Schwebstoffe.) (Dt.)

Übersicht über die radioakt. Verseuchung der Luft durch kerntechn. Anlagen u. durch Kernwaffen-Versuche. Nach Darst. der Meßtechnik u. der Strahlenbelastung des Menschen werden einige Meßergebnisse aus der DDR erläutert. W. MENZ. 396□

**Anwachsen des Tritiumgehaltes von atmosphärischem, molekularem Wasserstoff.** K. F. Bishop und B. T. Taylor. (Nature [London] **185.** 26—27. 2/1. 1960. Harwell, Didcot, UKAEA, Health Phys. Div.) (Engl.)

Der T-Geh. in atmosphär. $H_2$ steigt, wie aus Messungen zwischen 1948 u. 1959 folgt, so an, daß in ca. 18 Monaten eine Verdopplung erfolgt. Eine Deutung des Anstiegs ist nicht möglich. HERBERT MÜLLER. 396□

## B. Allgemeine und theoretische organische Chemie

**Einige Untersuchungen mittels der Molekülbahntheorie.** 1. Mitt. Yasumasa I'Haya. (J. Amer. chem. Soc. **81.** 6120—27. 5/12. 1959. Tokyo, Univ. of Education, Fac. of Sci., Dep. of Chem.) (Engl.)

Vf. verwendet eine einfache Wechselwrkg.-Theorie, die auf der einfachen LCAO-MO-Meth. aufgebaut ist, zur Berechnung der Ionisationspotentiale u. der Absorptionsspektren im nahen Ultraviolett der monosubstituierten Benzole. Die Meth. berücksichtigt den Konjugations- u. den Induktionseffekt. Zur Abschätzung der benötigten Parameter werden nur die Wechselwrkg. zwischen dem höchsten besetzten u. dem untersten unbesetzten Mol.-Zustand von Bzl. u. dem besetzten $\pi$-Zustand der Substituenten berücksichtigt. Für die *Fluor-*, *Chlor-*, *Brom-* u. *Jodbenzole* gibt Vf. drei verschiedene Meth. zur Parameterberechnung an. Diese liefern gleich gute Ergebnisse u. erlauben eine befriedigende Wiedergabe der experimentell beobachteten spektroskop. Werte.

K. FRENKLER. B 114□

**Einige Untersuchungen mittels der Molekülbahntheorie.** 2. Mitt. Yasumasa I'Haya. (J. Amer. chem. Soc. **81.** 6127—34. 5/12. 1959.) — 1. vgl. vorst. Referat.

Vf. diskutiert im Rahmen der MO-Theorie mit Hilfe einer Störungs-Meth. 2. Ordnung unter Berücksichtigung der Elektronenwechselwrkg. u. Vernachlässigung der Überlappung den Konjugations- u. Induktionseffekt in substituierten Benzolen. Es zeigt sich, daß das Vermischen der angeregten Ein- u. Zweielektronenzustände u. die sogenannten Elektronenübertragungszustände bei beiden Effekten eine wichtige Rolle spielen. Für *Chlor-* u. *Brombenzol* sowie *Phenol* werden die Konjugations- u. Induktionsparameter bestimmt unter Verw. der beobachteten Ionisationspotentiale u. der Verschiebungen der untersten $L_b$-Banden in den Spektren dieser Moleküle. Die mittels dieser Parameter berechneten Energien für die untersten Elektronenzustände in den vorst. Moll. stimmen zufriedenstellend bei der $L_a$-Bande mit den beobachteten Energien überein. Bei der $B_b$-Bande ist die Übereinstimmung nicht so gut. K. FRENKLER. B 114□

**Das Absorptionsspektrum im nahen Ultraviolett der drei isomeren Methylphenetole.** K. V. Kameswara Rao und V. Ramakrishna Rao. (Indian J. Physics Proc. Indian Assoc. Cultivat. Sci. **34/43.** 289—90. Juni 1960. Waltair, Andhra Univ., Dep. of Phys.) (Engl.)

Die UV-Absorptionsspektren von *o-* (I), *m-* (II) u. *p-Methylphenetol* (III) im dampfförmigen, fl. u. festen Zustand wurden untersucht: 0.0-Banden für I 36 332 ($cm^{-1}$, Gas), 35870 (fest), II 36016 (Gas), 35615 (Fl.), 35640 (fest), III 35364 (Gas), 34797 (Fl.), 34712 (fest). G. HEINSOHN. B 118□

**Der Lösungsmitteleinfluß auf die Ultraviolett-Absorptionsspektren von Phosphinoxyden und -sulfiden.** V. Baliah und P. Subbarayan. (J. org. Chemistry **25.** 1833 bis 1834. Okt. 1960. Annamalainagar, Madras State, India, Annamalai Univ., Dep. of Chem.) (Engl.)

Die UV-Spektren einiger Triarylphosphinoxyde u. Triarylphosphinsulfide werden aufgenommen. Beim Übergang von Cyclohexan zu A. als Lsgm. tritt im Gegensatz zu Ketonen oder p-Nitrosodimethylanilin keine Verschiebung von $\lambda_{max}$ ein. Die P=O- u. P=S-Bindungen können damit in diesen Verbb. als semipolar angenommen werden. Untersuchte Verbb.: *Tris-[p-methoxyphenyl]-phosphinoxyd* ($C_{21}H_{21}O_4P$, F. 142—143°, aus 3,5 g Tris-[p-methoxyphenyl]-phosphin durch Oxydation mit $KMnO_4$ in Eisessig; 3 g Rohausbeute), *Tris-[p-methoxyphenyl]-phosphinsulfid* ($C_{21}H_{21}O_3PS$, F. 109—110°, aus 3,5 g Tris-[p-methoxyphenyl]-phosphin u. S in $CS_2$, 2 Std. unter Rückfluß; 3,2 g), *Tris-[p-tolyl]-phosphinoxyd* [F. 145°, aus p-Tolyl-MgBr (aus 36,5 g p-Bromtoluol u. Mg in Ae.) u. 7,6 g $POCl_3$ in Ae.; 12 g], *Triphenylphosphinoxyd* (F. 153—154°), *Tris-[p-tolyl]-phosphinsulfid* (F. 185—186°), *p.p'-Dimethoxybenzophenon* (F. 143—144°), *p.p'-Dimethylbenzophenon* (F. 93—94°), *p-Nitrosodimethylanilin* (F. 94—95°) u. *Benzophenon*.

RUDOLF ALBRECHT. B 118□

**Polarisations- und Relaxations-Effekte in der Temperaturabhängigkeit von Absorptions- und Fluorescenzspektren aromatischer Verbindungen in polaren Lösungsmitteln.** E. Lippert, W. Lüder und F. Moll. (Spectrochim. Acta [London] **1959.** 858—69. Nov. Stuttgart, TH, Labor. für physik. Chem.) (Dt.) — Vgl. Spectrochim. Acta [London] **1959.** 378.

Lsgg. polarer konjugierter Verbb. in polaren Lsgm. zeigen eine Rotverschiebung der Absorptionsbanden mit abnehmender Temperatur. In einigen Fällen, vor allem bei höherer Temp., wird auch eine Erniedrigung der Wellenzahl des Fluorescenzmaximums beobachtet. In vielen Lsgm. ist die STOKESsche Rotverschiebung etwa bei Raum-Temp. am größten. Die anfängliche Rotverschiebung der Fluorescenzbanden geht dann über in eine Blauverschiebung. Der Umkehrpunkt der Fluorescenzverschiebung liegt bei einer Temp., bei der die erste Relaxationszeit der Dipolorientierung prakt. mit der Lebensdauer des Anregungszustandes gleich ist. Bei tiefen Temp. besteht zwischen dem Orientierungsgleichgewicht des angeregten Syst. u. der Emission der Fluorescenz keine vollständige Übereinstimmung. Untersucht wurden die Verbb.: *4-Dimethylamino-4'-cyan-* u. *-4'-nitrostilben*, *4-Amino-4'-nitrostilben* u. *-diphenyl*, *4-Dimethylamino-4'-nitrodiphenyl* u. *2-Amino-7-nitrofluoren*. Als Lsgm. wurden die l. c. genannten Lsgm.-Gemische benutzt.

K. ROSS. B 118□

**Anthracen-1- und -2-aldehyd.** P. H. Gore. (J. chem. Soc. [London] **1959.** 1616—18. April. London, Brunel Coll. of Technol., Dep. of Chem.) (Engl.)

1- (I, F. 81°, gelb) bzw. 2-Chloranthracen (II, F. 217—218°) werden mit CuCN in Pyridin in die entsprechenden Nitrile übergeführt, u. diese werden mit $LiAlH_4$ (im Unterschuß) zu *Anthracen-1-* bzw. *-2-aldehyd* in geringer Ausbeute reduziert. Die UV-Maxima u. ε-Werte von I u. II, der beiden Nitrile u. Aldehyde sowie ihrer 2.4-Dinitrophenylhydrazone (in Chlf.) sind angegeben. Die Lage der K-Banden der 2 Dinitrophenylhydrazone deuten auf eine größere Konjugationsfähigkeit in der 1- als in der 2-Stellung des Anthracens hin.

Versuche: *Anthronitril-(1)*, $C_{15}H_9N$, F. 139—140°, durch 24std. Erhitzen von I mit CuCN in Pyridin auf 245—255° (Bad-Temp.); gelbe Tafeln; 89% (Ausbeute). — *Anthronitril-(2)*, F. 200° (Essigsäure), analog vorst. Verb. aus II; 81%. — *Anthracen-1-aldehyd*, $C_{15}H_{10}O$, F. 126,5—127,5°, durch Zutropfen einer Lsg. von 10 g vorvorst. Verb. in Ae.-Bzl. (3,5:1,5) zu $LiAlH_4$ in Ae., 1std. Kochen, 12std. Stehen, Zers. mit $H_2SO_4$ u. Behandeln des Extrakts in A. mit einem Überschuß an 2.4-Dinitrophenylhydrazin. $H_2SO_4$ [→ 37% *2.4-Dinitrophenylhydrazon*, $C_{21}H_{14}N_4O_4$, F. 282—283°, hellrote Tafeln aus Pyridin] u. dessen Zers. durch 17std. Kochen mit Brenztraubensäure–Essigsäure–HBr in Chlf.; dunkelrote Prismen aus Aceton, dann $CCl_4$; 64%. Daneben 5,4 g nicht umgesetztes Nitril. — *Anthracen-2-aldehyd*, F. 203—204° (Aceton–A.), analog vorst. Verb. über das *2.4-Dinitrophenylhydrazon* (F. 297—298°, tieforangefarbene Büschel; 31%); 82%.

G. PÖTZSCHER. B 118□

**Anwendung von Infrarot-Reflexionsspektren zur Bestimmung der optischen Konstanten von Flüssigkeiten im Bereich sehr starker Absorption.** Mireille Cameo. (C. R. hebd. Séances Acad. Sci. **252.** 1434—36. 6/3. 1961.) (Franz.)

Es wird eine Meth. beschrieben, die die Messung der Brechungsindices u. Absorption von Fll. innerhalb starker Absorptionsbanden ermöglicht. Die Messung des Reflexionsvermögens der untersuchten Fl. einmal an einer KBr- zum anderen an einer TlJ-TlBr-Tablette ergibt n-Werte, die genügend weit für eine Berechnung auseinanderliegen. Die Meth. wird angewendet auf *Chlf.*, *$CCl_4$*, *$CS_2$* u. *Tetrachloräthan*.

H. G. HENKEL. B 119□

**Die Infrarot-Spektren von 2.5-Dihydroxy-3.6-diphenyl-1.4-benzochinonen.** R. L. Edwards, J. Keighley und D. G. Lewis. (J. appl. Chem. **10.** 246—50. Juni 1960. Bradford, Inst. of Technol., Dep. of Chem. Technol.) (Engl.)

Die IR-Spektren von *p-Benzochinon, 2-Phenyl-, 2.5-Diphenyl-, 2.5-Dihydroxy-* (u. dem Di-K-Salz), *2.5-Diphenyl-3.6-dihydroxy-* (u. dem Di-K-Salz) bzw. *-3.6-diacetoxy-benzochinon-(1.4)* sowie von folgenden 3.6-Dihydroxy-2.5-diarylbenzochinonen-(1.4): *-2.5-bis-[p-hydroxyphenyl]-* (u. sein *Tetraacetat*), *-2.5-bis-[p-methoxyphenyl]-* (u. sein *Diacetat* u. *Di-Na-Salz*), *-2.5-di-p-tolyl-* (u. sein *Diacetat*), *-2.5-bis-[p-carboxy-phenyl]-* (u. sein *Diacetat*), *-2.5-bis-[m-carboxyphenyl]-*, *-2.5-bis-[o-carboxyphenyl]-* (u. sein $o' \rightarrow 3$; $o'' \rightarrow 6$*-Bis-lacton*) wurden aufgenommen. Die Ergebnisse wurden im Zusammenhang mit der Konstit. der Verbb. diskutiert u. sind in Übereinstimmung mit denen von YATES u. Mitarbeitern (C. **1957.** 67). GERNOT SCHULZ. B 120□

**Darstellung der 3 Monodeuteroanthracene und des 9.10-Dideuteroanthracens. Frequenzen der C-D-Valenzschwingungen.** Henri Bouas-Laurent, Raymond Calas und Marie-Louise Josien. (C. R. hebd. Séances Acad. Sci. **252.** 285—87. 9/1. 1961. Bordeaux, Fac. des Sci., Labor, de Chim. organ. et Centre de Physicochim. structurale.) (Franz.)

Es werden $D_{(1)}$- (I), $D_{(2)}$- (II), $D_{(9)}$- (III) u. $D_{(2.9.10)}$-*Anthracen* (IV) dargestellt u. die IR-Spektren gemessen. IV zeigt die $\nu_{as}$(CD) bei 2242 cm$^{-1}$. Bei II u. III liegen die $\nu$(CD) bei 2275—2251 cm$^{-1}$. I zeigt 2 Banden vergleichbarer Intensität bei 2258 u. 2275 cm$^{-1}$, die auf FERMI-Resonanz zurückgeführt werden. — Die Deuterierung erfolgte durch Hydrolyse der entsprechenden MgBr-Derivv. (von 9.10-Dibrom- u. 1- bzw. 2-Chloranthracen) mit 99,75%ig. $D_2O$ nach CALAS u. LALANDE (Bull. Soc. chim. France, Mém. **1955.** 317) bei geringer Änderung der Methode. H. G. HENKEL. B 120□

**Spektren und Struktur von 4-Hydroxycumarinen.** V. C. Farmer. (Spectrochim. Acta [London] **1959.** 870—82. Nov. Aberdeen, Scotland, Macaulay Inst. for Soil Res., Dep. of Spektrochem. (Engl.)

Die IR-Spektren von 8 4-Hydroxycumarinen — in Dioxan-Lsg. u. im festen Zustand (in KJ) — zeigen, daß die Cumarin- u. nicht die tautomere Chromonstrukturen vorliegen. Die Schwingungsbanden der OH-Gruppen von 3 krist. Hydroxycumarinen wurden durch Deuterierung identifiziert. Die Spektren der festen Substanzen, die nicht in 3-Stellung substituiert sind, ähneln denen von Carbonsäuren. Die folgenden Absorptionsbanden wurden gefunden: $\nu$(OH) nahe 3000 cm$^{-1}$, $\delta$(OH) nahe 1310 cm$^{-1}$, $\gamma$(OH) 800—880 cm$^{-1}$, $\nu$(C-O) 1360—1460 cm$^{-1}$ (eine oder mehrere Banden), $\nu$(C=O) nahe 1700 cm$^{-1}$. Kombinationsschwingungen von $\delta$(OH) u. $\nu$(C—O) führen zu Banden zwischen 2570—2800 cm$^{-1}$ durch FERMI-Resonanz mit $\nu$(OH). Bei festen 3-Alkyl-4-hydroxycumarinen liegt die $\nu$(C=O) nahe 1670 cm$^{-1}$. Abschwächung der H-Bindung verschiebt die $\nu$(OH) zu höheren Frequenzen, während $\delta$(OH) u. $\gamma$(OH) bei tieferen Frequenzen liegen. Beim *4.6-Dihydroxycumarin* (I)-Hydrat liegt die $\nu$(C=O) bei 1630 cm$^{-1}$. Im einzelnen wurden folgende Verbb. untersucht: *4-Hydroxy-* (II), *4-Hydroxy-6-methyl-*, *4-Hydroxy-6-* (III) u. *-7-methoxy-* (IV), *3-Äthyl-4-hydroxy-6-* (V) u. *-7-methoxy-* (VI), *4-Hydroxy-7-methoxy-3-methyl-* (VII), *4.6-Dimethoxycumarin* (VIII), I u. II-Hydrat, $D_{(OD)}$-II, $D_{(OD)}$-III u. $D_{(OD)}$-V. Das UV-Spektrum von VIII in A., von I in angesäuertem A. ist abgebildet. Die pK-Werte von IV, VI u. VII wurden spektrophotometr. in Phosphatpuffer zu 4,33, 4,33 u. 4,28 bestimmt. K. ROSS. B 120□

**Ionisation von n-Paraffinmolekülen.** W. M. Fairbairn. (Nature [London] **186.** 151—52. 9/4. 1960. Manchester, Coll. of Sci. and Technol., Dep. of Mathematics.) (Engl.)

Im Zusammenhang mit der Berechnung des Ionisationspotentials unter der Annahme, daß das sich abspaltende Elektron aus einem antisymmetr. MO stammt (vgl. HALL, C. **1955.** 4552), untersucht Vf. die Beziehung, die zwischen der Spaltung des Ions u. der unter der Annahme einer einfachen Besetzung des höchsten antisymm. MO vorausgesagten Ladungsverteilung besteht. Der MO-Koeff. der i-ten $CH_2$-Gruppe von $C_nH_{2n+2}$ ist dann $(-1)^i\sqrt{2/(n+1)}\,\sin\,[i\pi/(n+1)]$. Da das Vorzeichen alterniert, ist das Prod. zweier benachbarter $CH_2$-Gruppen negativ, so daß das höchste antisymm. MO einen negativen Beitrag zur Bindungsmatrix u. damit einen antibindenden Zustand ergibt. Dies würde eine zunehmende Bindungsordnung der C—C-Bindungen zur Mol.-Mitte hin u. einen leichten Bruch der endständigen C—C-Bindung bedingen. Beobachtet wird jedoch allg. ein leichter Bruch der $C\gamma$—$C\delta$-Bindung. KURT BECKER. B 131

**Anzeichen für Wasserstoffwanderung bei einer Reaktion negativer Ionen mit Molekülen.** C. E. Melton, G. A. Ropp und T. W. Martin. (J. physic. Chem. **64.** 1577—79. Okt. 1960. Oak Ridge, Tenn., Oak Ridge National Labor., Chem. Div.) (Engl.)

Die früher (C. **1960.** 1117) geäußerte Annahme, daß die durch Ionen- oder Elektronenstoß aus *Ameisensäure* gebildeten negativen Polymerenionen mit den Massen 91, 92 u. 93 durch Ionisations-Dissoziations-Rkk. aus $(HCOOH)_2$ bzw. den entspr. deuterierten Verbb. entstehen, erscheint auf Grund errechneter Daten über die Dimeren-Konz. u. deren Temp.-Abhängigkeit sowie der Druckabhängigkeit der Polymeren-Konz. unwahrscheinlich. Im Ausgangsstoffkomplex wird H-Brücken-Bldg. zwischen $HCOO^-$ u. HCOOH angenommen, worauf dann unter H-Kern-Wanderung Umlagerung zu einer symm. Resonanzstruktur mit 2 H-Brücken erfolgt. Wenn man wegen der langsamen Wanderung von D für das Verhältnis der Geschw.-Konst. der Rk. von HCOOH mit $DCOO^-$ zu der von HCOOH mit $HCOO^-$ 0,65 annimmt, stehen die errechneten relativen Konzz. der Massen 91, 92 u. 93 mit den gemessenen am besten in Einklang. R. Junge. B 131□

**Über das Benzylradikal und einige substituierte Benzylradikale.** H. Schüler und M. Stockburger. (Spectrochim. Acta [London] **1959.** 841—48. Nov. Hechingen, Forschungsstelle für Spektroskopie in der Max-Planck-Gesellschaft.) (Dt.)

Es wird gezeigt, daß der 2. angeregte Zustand des Benzylradikals in der Glimmentladung durch Absorptionsmessungen nachgewiesen werden kann. Eine Abschätzung der Lebensdauer des Radikals ergab in der Glimmentladung einen größeren Wert als er von Porter u. Wright (C. **1960.** 2138) mit Hilfe der Blitz-Photolyse gefunden wurde. Es werden eine Reihe von aromat. Verbb. angeführt, bei denen Benzylradikale bzw. substituierte Benzylradikale (aus *Toluol, Äthylbenzol, Benzylchlorid, Phenylessigsäure, β-Phenyläthylchlorid, Benzylamin, Diphenylmethan, n-Propylbenzol, γ-Phenyl-n-propylchlorid, Dibenzyl, Benzylcyanid* → $C_6H_5CHCN$, *o-, m-, p-Xylol* → o-, m-, p-$CH_3C_6H_4 \cdot CH_2$, *1.3.5-Trimethylbenzol* → $C_6H_3(CH_3)_2CH_2$, *Isopropyl* → $C_6H_5CHCH_3$, *tert.-Butyl-* → $C_6H_5C(CH_3)_2$, *sek.-Butylbenzol* → $C_6H_5CHCH_3$ durch ihre Emissionsspektren in der Glimmentladung nachgewiesen werden konnten. Der Dissoziationsmechanismus, der zu diesen Radikalen führt, wird diskutiert. Dabei zeigt sich, daß die Dissoziationswahrscheinlichkeit von verschiedenen Substituenten am α-C-Atom mit der Abtrennungsarbeit parallel geht. Der Vgl. zwischen den Radikalen, die in der Glimmentladung gefunden werden u. denjenigen, die bei der Photolyse in fester Phase bei —197° (vgl. Porter u. Strachan, C. **1960.** 2480) auftreten, ergibt spezif. Unterschiede, die im einzelnen diskutiert werden. Das unterschiedliche Auftreten von Styrol bei beiden Meth. wird ebenfalls diskutiert. K. Ross. B 131□

**Die Dielektrizitätskonstante von idealen Flüssigkeitsmischungen.** Daniel Decroocq und Joseph-Charles Jungers. (C. R. hebd. Séances Acad. Sci. **252.** 1454—56. 6/3. 1961. Louvain, Belgique, Univ., Labor. de Cinét. chim.) (Franz.)

Eine Berechnung, die auf der Theorie von Onsager-Kirkwood u. auf experimentellen Ergebnissen beruht, zeigt, daß die DK von sich in ihren anderen Eigg. ideal verhaltenden Fl.-Mischungen in Abhängigkeit von der Vol.-Zus. variiert, u. zwar linear für Paare polarer Fll., quasilinear für Paare mit 1 oder 2 unpolaren Partnern. Von 150 untersuchten Paaren aus üblichen Lsgm. zeigen 50 eine DK, die weniger als 1% von den berechneten Werten abweichen. Abgebildet sind %-Vol.-DK-Diagramme für $CH_3NO_2$, $C_6H_5CN$, *Ae.*, $CH_3CN$, $(CH_3CO)_2O$, $(CH_3)_2CO$, $C_6H_5Cl$, $C_4H_9NH_2$, $CCl_4$, $CHCl_3$, *Bzl.*, $C_6H_5CH_2CN$, *A.*, *n*-$C_3H_7OH$, *n*-$C_4H_9OH$ u. *symm.*-$C_2H_2Cl_4$. H. G. Henkel. B 132□

**Über den Richtungssinn des N-Cl-Bindungsmoments in Methyl- und Äthylchloraminen.** Eckhard Allenstein. (Z. anorg. allg. Chem. **308.** 3—12. März 1961. Stuttgart, TH, Labor. für anorgan. Chem.) (Dt.)

Für folgende Alkylchloramine (Reinsubstanzen) wurden bei 20° Dichte, $n_D$, Mol.-Refr. u. über die Molpolarisation nach Halverstadt u. Kumler (J. Amer. chem. Soc. **64.** [1942.] 2988) das Dipolmoment μ (in Debye) in Bzl.-Lsg. bestimmt: *Dimethylchloramin* (Kp.$_{756}$ 43,0—43,2°) D.$^{20}$ 0,9555; $n_D^{20}$ 1,4021; μ 1,93 ± 0,01; *Diäthylchloramin* 0,9264; 1,4221; 2,02 ± 0,02; *Methyldichloramin* (Kp.$_{740}$ 59,3°) 1,2789; 1,4481; 1,80 ± 0,02; *Äthyldichloramin* 1,2153; 1,4530; 2,01 ± 0,02. Für *Chlorstickstoff* wurde ein μ von 0,6 ± 0,2 D gefunden. Die Änderungen des N—Cl-Bindungs- u. des N—$CH_3$-Gruppenmomentes innerhalb der Reihe $N(CH_3)_3$, $N(CH_3)_2Cl$, $N(CH_3)Cl_2$, $NCl_3$ infolge innermol. Induktion werden für die Fälle (+)N-Cl(—) u. (—)N—Cl(+) abgeschätzt. Aus dem Vgl. mit der Größenordnung entsprechender Änderungen der C—Cl- u. C—$CH_3$-Momente bei Alkylhalogeniden folgt als Richtungssinn bei den untersuchten Verbb. (+)N—Cl(—). Heinz Nestler. B 132□

**Die dielektrischen Susceptibilitäten der normal-flüssigen und der kristallinflüssigen Phasen zweier Azobenzolderivate.** (Kurze Mitt.) W. Maier und G. Meier.

(Z. physik. Chem., Frankf. Ausg. [N.F.] **13.** 251–54. Nov. 1957. Freiburg/Br., Univ., Physikal. Inst.) (Dt.) – Vgl. C. **1961.** 2204.

Vff. bestimmten experimentell die DK $\varepsilon_{is}$ der normalfl. Phase u. die Haupt-DK $\varepsilon_1$ (parallel zur Symmetrieachse der Schicht) u. $\varepsilon_2$ (senkrecht dazu) einer magnet. homogen geordneten Schicht der kristallin-fl. (nemat.) Phase von *4.4'-Di-n-hexoxy-*(I) u. *-n-heptoxyazobenzol* (II) bei einer Frequenz von 650 kHz bei Temp. zwischen ca. 100 u. 120°. Die Klarpunkte der beiden Substanzen liegen bei 114,0 u. 109,8°. Aus $\varepsilon_{is}$ folgt ein Dipolmoment von 1,87 DEBYE-Einheiten für I u. 1,85 für II; die an verdünnten Lsgg. in Bzl. gemessenen Werte sind 1,88 bzw. 1,85. Die gute Übereinstimmung beweist, daß in der isotrop-fl. Phase keinerlei spezif. Assoziationen auftreten. Aus den DK- bzw. den Dipolmomentwerten werden die Susceptibilität $\sigma_{is}$ sowie nach der ONSAGERschen Theorie die Hauptsusceptibilitäten $\sigma_1$ u. $\sigma_2$, unterteilt nach den von der Polarisierbarkeit $\alpha$ u. von der Orientierung des permanenten Dipolmoments herrührenden Anteilen, berechnet. Es zeigt sich, daß die $\varepsilon_1$-Werte hauptsächlich durch die große Hauptpolarisierbarkeit $\alpha_\parallel$ u. nur zu ca. $^1/_7$ durch Orientierungspolarisation bestimmt sind, während die $\varepsilon_2$-Werte einen wesentlich größeren Orientierungsanteil u. einen etwa gleich großen Polarisierbarkeitsanteil enthalten. Der um $\delta\sigma = 2{,}65$ cm³ höhere $\sigma_{is}$-Wert von II gegenüber I wird im wesentlichen auf den Zuwachs $\delta_\alpha$ der durch die beiden hinzukommenden $CH_2$-Gruppen bedingten Polarisierbarkeit zurückgeführt. Es ergibt sich ein $\delta_\alpha$ von 20 cm³ pro $CH_2$-Gruppe. D. JÖRCHEL. B 132□

**Photoleitfähigkeit und Absorptions- und Fluorescenzspektren des 9.10-Dichloranthracens.** E. Bock, J. Ferguson und W. G. Schneider. (Canad. J. Chem. **36.** 507–12. März 1958. Ottawa, Canada, Nat. Res. Labor., Div. of Pure Chem.) (Engl.)

Vff. untersuchen die Abhängigkeit der Photoleitfähigkeit $\Lambda$ von *9.10-Dichloranthracen* von der Wellenlänge u. der Intensität des eingestrahlten Lichtes, von der angelegten Spannung u. der Vers.-Temperatur. Ferner wird das Fluorescenzspektrum der Verb. bei 4°, 77° u. 300° K aufgenommen. Der Wert der Photostromstärke i übersteigt den des Anthracens unter gleichen Bedingungen um das $10^2$–$10^3$fache. Oberhalb 350 ± 100 V/cm folgt i dem OHMschen Gesetz u. wächst mit der 0,7. bzw. 0,8. Potenz der Intensität des Lichtes, je nachdem, ob auf die gleiche oder entgegengesetzte Kristallfläche fällt, die die Elektroden enthält. Beim Abkühlen durchläuft i ein Maximum zwischen 20 u. 0°. Ebenfalls beim Abkühlen verschiebt sich das Fluorescenzspektrum nach längeren Wellen u. die Intensität erhöht sich auf den 2- bis 3fachen Wert. K. FRENKLER. B 134□

**Photoleitfähigkeit einiger mehrkerniger aromatischer Kohlenwasserstoffe.** J. Kommandeur, G. J. Korinek und W. G. Schneider. (Canad. J. Chem. **36.** 607–14. April 1958.) (Engl.) – Vgl. vorst. Referat.

Vff. untersuchen die Photoleitfähigkeit von *Naphthalin, Terphenyl, Pyren, Stilben* u. *Azulen.* In allen Fällen wird eine lineare Abhängigkeit der Photoleitfähigkeit von der angelegten Spannung u. der eingestrahlten Lichtintensität beobachtet. Für die spektrale Abhängigkeit ist die hohe Empfindlichkeit an der langwelligen Absorptionskante bei den meisten der untersuchten Verbb. ausschlaggebend. K. FRENKLER. B 134□

**Untersuchungen über den Mechanismus der elektrischen Leitfähigkeit und der Photoleitfähigkeit organischer Farbstoffe. (Photographische Sensibilisierungs- und Desensibilisierungsfarbstoffe).** R. Matejec. (Z. physik. Chem. [Frankfurt/M.] [N. F.] **24.** 24–36. April 1960. Leverkusen, Agfa A.G., Wissenschaftl.-Photograph. Labor.) (Dt.)

Vf. kann zeigen, daß die Halbleitervorstellungen für die an festen organ. Farbstoffen meßbaren, sehr kleinen elektr. Dunkel- u. Photoleitfähigkeiten noch nicht abs. gesichert sind. Nach neuen Vers.-Ergebnissen könnten auch photochem. Rkk. diese Effekte verursachen. Zur Aufklärung des Leitungsmechanismus organ. Farbstoffe wurde die Abhängigkeit der Dunkel- u. der Photoleitfähigkeit von der Temp. u. vom Geh. an Fremdstoffen untersucht. Da die Frage nach dem Leitungsmechanismus für die Vorstellungen über die photograph. Wrkg. der opt. Sensibilisatoren bes. wichtig erscheint, wurden Messungen an folgenden Sensibilisierungs- u. Desensibilisierungsfarbstoffen vorgenommen: *Eosin* (Na-Salz), *Erythrosin* (Na-Salz), *Phenosafranin* (Chlorid), *Pinacyanol* (**I**; Chlorid, Bromid, Jodid), *Pinacyanolblau* (Jodid), *Rhodamin S* (Chlorid), *Thiazolpurpur* (**II**; Chlorid), *Malachitgrün* (Oxalat, Chlorid, Sulfat), *Pinakryptolgrün* (Chlorid) u. *Methylenblau* (**III**; Chlorid). – Für die Messungen wurden die Farbstoffe aus ihren Lsgg. auf mit Goldelektroden versehene Quarzplättchen zu 5–10 $\mu$ dicken Schichten auskristallisiert. In einer evakuierten Meßzelle wurden Dunkel- u. Photoleitfähigkeit von –180 bis +200° gemessen (Feldstärke: $10^2$–$10^4$ V/cm). – Die Dunkelleitfähigkeit der genannten Farbstoffe ist von der Temp. abhängig. Die Kurven zeigen einen steilen Anstieg der elektr. Dunkelleitung bei höheren Temp. (Eigenleitung) u. ein Maximum bei Temp. von wenigen Graden unter 0°. Die Eigenleitung hängt etwas von schwer entfernbaren Verunreinigungen u. von der Vorgeschichte der Farbstoffschicht ab. Das Dunkelleitfähigkeitsmaximum wird durch sehr geringe Wasserspuren hervorgerufen. Beim reinen I-Halogenid steigt die Neigung (Aktivierungsenergie) der Eigenleitung (gegen 1/T) vom Chlorid über Bromid zum Jodid stark an. — Die genannten Farbstoffe zeigen alle bei 20° Photoleitfähigkeit. Zu Beginn der Belichtung steigt die elektr. Leitfähigkeit zunächst stark an; mit fortfdauernder Belichtung sinkt die Leitfähigkeit im Dunkeln wieder ab. Der niedrige Anfangswert wird erst nach sehr langer Dunkellagerung wieder erreicht. Die Photoleitfähigkeit nimmt mit der Temp. ab, sie ist bei Temp. unter —10° bei den gegebenen Bedingungen nicht mehr nachzuweisen. Die bei +20° meßbare Photoleitfähigkeit nimmt in dem Maß ab, in dem das adsorbierte W. aus der Farbstoffschicht entfernt wird. Durch Messungen des Temp.-Verlaufs der Dunkelleitfähigkeit in der Höhe des Leitfähigkeitsmaximums ergibt sich damit ein empfindlicher Indicator für den Wasser-Geh. einer Farbstoffschicht. Vf. bestätigt die Beobachtung von NODDACK u. MEIER (Z. Elektrochem., Ber. Bunsenges. physik. Chem. **63.** [1959.] 971 u. früher), daß zwei Klassen von Farbstoffen existieren. Bei Klasse I ist $O_2$ ohne Einfl. auf die Photoleitung; diese nimmt lediglich mit der anwesenden Wassermenge zu. Bei Klasse II nimmt die Photoleitung bei konst. Wasser-Geh. mit zunehmendem $O_2$- Druck ab; $O_2$ unterdrückt also die Photoleitung. — Messungen an Farbstoff-Lsgg. zeigen bei starker Bestrahlung im weißen Licht eine Leitfähigkeitserhöhung. Auch ändert sich bei starker Belichtung der pH-Wert; das pH nimmt z. B. bei I zu, bei II oder III ab, Beobachtungen, aus denen geschlossen wird, daß in wss. Lsgg. der obengenannten Farbstoffe photochem. Rkk. ablaufen. — Es werden abschließend Deutungsmöglichkeiten für die „Eigenleitung" gegeben. Die Abhängigkeit der Photoleitfähigkeit von Wasserspuren in den Farbstoffschichten sowie die unterschiedlichen pH-Änderungen machen photochem. Deutungen für die Photoleitfähigkeiten wahrscheinlich. — 24 Literaturhinweise.

W. GÜNTHER. B 134□

**Messung der Änderung der longitudinalen Relaxationszeiten ($T_1$) von Protonen des Chloroforms in Abhängigkeit von einem gerichteten Magnetfeld.** Henry Ottavi. (C. R. hebd. Séances Acad. Sci. **252.** 1439—41. 6/3. 1961. Fontenay-aux-Roses, Labor. d'Electron. et Radioélectricité de la Sorbonne.) (Franz.)

Mit Hilfe einer bei schwachem Feld arbeitenden App. wird die Änderung der longitudinalen Relaxationszeit $T_1$ des Protons am *Chlf.* gemessen. Man schließt daraus auf die Parameterwerte, die in die Berechnung der Relaxationszeiten eingehen. Im Gegensatz zum variablen Teil ist der konst. Teil ($1/T_1^\infty$ = DD) stark von der gelösten Menge $O_2$ abhängig. An bestmöglich gereinigtem Chlf. wurden folgende Ergebnisse erhalten: $T_1^\infty$ 28 s; $J/2\pi$ 6,4 Hz; $\tau$ 23 $\mu$s; $T_2^\infty$ 12 s.

H. G. HENKEL. B 137□

**Magnetooptische Untersuchung der Sulfoxylate und Sulfinate.** Fernand Gallais und Daniel Voigt. (C. R. hebd. Séances Acad. Sci. **252.** 1451—53. 6/3. 1961. Toulouse, Fac. des Sci.) (Franz.)

Es werden einige aliphat. Sulfoxylate u. Sulfinate dargestellt u. die Werte ihrer VERDET-Konst. $\varrho$ [$\mu$r] u. Mol.-Rotation $[\varrho]_M$ [$\mu$r] bei 20° bei 0,978 $\mu$ bestimmt. Danach wird die Struktur der Sulfinate weder durch OS(R)OR noch durch $O^-$—$S^+$(R)OR korrekt beschrieben, sie steht jedoch näher der 1. als der 2. Formulierung. Folgende Verbb. wurden untersucht: Sulfoxylate (allg. Darst.-Meth.: durch Einwirkung von $S_2Cl_2$ auf das entsprechende Na-Alkoholat in einer PAe.-Suspension nach MEUWSEN u. GEBHARDT [1936]. Das entstandene Alkylthiosulfit wird nach Dest. mit überschüssiger alkohol. Lsg. desselben Alkoholats behandelt): *$S(OC_2H_5)_2$*, Kp.$_{44}$ 42°; $D._4^{20}$ 0,9772; $\varrho$ 4,375; $[\varrho_M]$ 546,8. *$S(OC_3H_7)_2$*, Kp.$_{18}$ 59°; $D._4^{20}$ 0,9586; 4,424; 693,4. Sulfinate (allg. Darst.-Meth.: nach CARRE u. LIBERMANN [1935] durch Zutropfen des Alkohols zu $SOCl_2$ u. Rektifikation nach Beendigung der HCl-Entw. gibt mit guten Ausbeuten die Chlorsulfite, die mit dem entsprechenden Alkyl-MgBr die Sulfinate mit mäßiger Ausbeute geben): *$ClS(O)OC_2H_5$*, Kp.$_{44}$ 48°; $D._4^{20}$ 1,2823; 5,884; 590,2. *$ClS(O)OC_3H_7$*, K.$_{47}$ 68°; $D._4^{20}$ 1,2155; 5,637; 661,1. *$ClS(O)OC_4H_9$*, K.$_{48}$ 88°; $D._4^{20}$ 1,1682; 5,497; 737,1. *$C_3H_7S(O)\cdot OC_2H_5$*, Kp.$_{15}$ 73°; $D._4^{20}$ 1,0126; 4,715, 634,4. *$C_3H_7S(O)OC_3H_7$*, Kp.$_{15}$ 85°; $D._4^{20}$ 1,0000; 4,662; 694,6. *$C_4H_9S(O)OC_2H_5$*, Kp.$_{18}$ 93°; $D._4^{20}$ 0,9817; (bei 25°) 4,700; 719,6. *$C_4H_9S(O)\cdot OC_4H_9$*, Kp.$_{15}$ 113°, $D._4^{20}$ 0,9683; 4,599; 847,0. Aus den Werten für die Ester wurden die $[\varrho]_M$-Werte für *$H_2SO_2$* (265—266), *$C_3H_7SO_2H$* (285—298) u. *$C_4H_9SO_2H$* (292—310) berechnet.

H. G. HENKEL. B 137□

**Kohlenstoff-13-Hyperfeinaufspaltung in $CH(COOH)_2$.** Harden M. McConnell und Richard W. Fessenden. (J. chem. Physics **31.** 1688—89. Dez. 1959. Pasadena, Calif., California Inst. of Technol., Gates and Crellin Labor. of Chem.) (Engl.)

Vff. diskutieren das bei 9500 MHz (mit dem Felde senkrecht zur Ebene der 3 C-Atome u. des H-Atoms) aufgenommene paramagnet. Resonanzspektrum des $CH(COOH)_2$-Radikals in Malonsäure unter Röntgenbestrahlung. Die beobachtete $^{13}C$-Aufspaltung, $B = 210 \pm 5$ MHz $= a + B_d$, ist die Summe eines isotropen (a) u. eines anisotropen Beitrags ($B_d$). Da a etwa der bekannten isotropen $^{13}C$-Aufspaltung $|a| \approx 115$ MHz in $^{13}CH_3$ u. $B_d$ etwa der bekannten Dipolwechselwrkg. $B_d \approx 128$ MHz zwischen einem C–2p$\pi$-Elektron u. dem $^{13}C$-Kern entsprechen dürften, muß die Elektronenspindichte am C-Kern (in Übereinstimmung mit den theoret. Voraussagen) positiv sein, während die Spindichte am Proton der CH-Gruppe negativ ist. D. Jörchel. B 137 □

**Das Elektronenspinresonanzspektrum eines $\gamma$-bestrahlten Einkristalls von Glycin.** D. K. Ghosh und D. H. Whiffen. (Molecular Physics **2.** 285–300. Juli 1959. Birmingham, Univ., Chem. Dep.) (Engl.) — Vgl. C. **1961.** 6451.

$\gamma$-Bestrahlung von *Glycin* (I) mit einer $^{60}Co$-Quelle bei Raum-Temp. erzeugt freie Radikale des Typs $NH_3^+$–$\dot{C}H$–$CO_2^-$, die im Festkörper eingefangen bleiben. Elektronenspinresonanzspektren eines so bestrahlten Einkristalls von I zeigen deutliche Anisotropie; die Radikale sind orientiert, sie scheinen im Kristallgitter die Lagen beizubehalten, die die Moll. innehatten, aus denen sie entstanden. Die Radikalspektren werden von den Elektron–Kern-Kopplungstensoren für den N-, die $H_{(C)}$- u. die 3 $H_{(N)}$-Kerne ausgedeutet, wobei die letzteren infolge von Rotation oder eines Tunneleffektes der $NH_3^+$-Gruppe äquivalent sind. Die Ergebnisse stehen in Übereinstimmung mit einer Elektronenstruktur, bei der die negative Spindichte bei den $H_{(C)}$-Atomen, die positive bei den $H_{(N)}$-Atomen liegt. W. Schramm. B 137

**Protonenkernspinresonanzspektroskopie.** 11. Mitt. **Ein Kohlenstoff-13-Isotopieeffekt.** George van Dyke Tiers. (J. physic. Chem. **64.** 373–74. März 1960. St. Paul, Minn., Minnesota Mining & Manufactor. Co., Central Res. Dep.) (Engl.) — 10. vgl. C. **1961.** 1509.

Vf. untersucht die Protonen–Kernspin-Resonanzspektren von *Tetramethylsilan, Methyljodid, Chlf.* u. *Methylenchlorid.* Bei allen Verbb. wird eine merkliche Überschußabschirmung durch $^{13}C$ (natürlicher Geh.) beobachtet. Die Zentren der den direkt an das $^{13}C$-Atom gebundenen Protonen entsprechenden Dubletts werden bei Abschirmungswerten gefunden, die um ca. 0,004 ppm höher liegen als bei den normalen $^{12}C$-Verbindungen. K. Frenkler. B 137 □

**Elektronenübertragungsreaktionen mit symm.-Trinitrobenzol.** R. E. Miller und W. F. K. Wynne-Jones. (Nature [London] **186.** 149–50. 9/4. 1960. Newcastle-upon-Tyne, King's Coll., Dep. of Chem.) (Engl.)

Mischungen von *symm.-Trinitrobenzol* (I) mit *Diäthylamin* bzw. *Piperidin* zeigen erst nach 1 Std. ein schwaches Elektronenspinresonanzspektrum (g-Wert 2,005), was der Bldg. der Ionenkomplexe $C_6H_3(NO_3)_3^{(-)} \cdot NR_3^{(+)}$ zugeschrieben wird. Bei 1,5m Lsgg. der Mischungen in Aceton entwickelt sich ein Spektrum mit 3 Peaks, das dann wieder verschwindet. Vff. deuten dies mit der Annahme, daß sich das Einelektronenion $C_6H_3(NO_3)_3^-$ bildet, das in Sekundär-Rk. ein nichtparamagnet. Prod. bildet. Das Spektrum ähnelt dem von I u. Na in 1.2-Dimethoxyäthan (vgl. Chu u. Mitarbeiter, C. **1954.** 714). Kurt Becker. B 137

**Das Cyclooctatetraenyldianion.** Thomas J. Katz. (J. Amer. chem. Soc. **82.** 3784–85. 20/7. 1960. New York, N.Y., Columbia Univ., Dep. of Chem.) (Engl.) — Vgl. C. **1961.** 2930.

Eine krit. Auswertung der vorliegenden Literatur über das *Cyclooctatetraenyldianion* (I) zeigt, daß das durch Einwirkung von metall. K bzw. Li auf Cyclooctatetraen in Tetrahydrofuran als Lsgm. entstehende I als 8gliedriger Ring mit 10 $\pi$-Elektronen im Gegensatz zum Stamm-KW-Stoff eben gebaut u. stark resonanzstabilisiert ist.

K. Frenkler. B 137 □

**Die chemische Wechselwirkung des Cyclooctatetraenylanions.** Thomas J. Katz. (J. Amer. chem. Soc. **82.** 3785–86. 20/7. 1960. New York, N.Y., Columbia Univ., Dep. of Chem.) (Engl.) — Vgl. vorst. Referat.

0,6m Lsgg. von *Cyclooctatetraen* (I) in Tetrahydrofuran zeigen infolge der 8 H-Kerne im Kernresonanzspektrum einen scharfen Peak bei 125,35 Hz. Gibt man succesive K-Metall zu der Lsg., dann nimmt diese Resonanzlinie zunächst in der Intensität ab, bis sie auf 10% ihres ursprünglichen Wertes gesunken ist. Dann beginnt sich auf diesen immer noch scharfen Peak ein breiter Peak zu überlagern, der allmählich immer enger wird. Letzterer verengt sich schließlich zu einer einzigen scharfen Linie, deren Intensität gleich derjenigen der ursprünglichen I-Resonanzlinie ist. Bis zum Auftreten dieser Linie sind genau 2 Mol K in der Lsg. aufgelöst worden. Die beobachteten Effekte werden dem Elektronenaustausch zwischen dem I-Dianion u. dem Anionenradikal zugeschrieben,

die beide eben gebaut sind. Die Austausch-Geschw.-Konst. beträgt ca. $1 \cdot 10^9$ (Liter/Mol·s). Bei der Rk. von **I** mit Li bildet sich neben der ursprünglichen **I**-Resonanzlinie 2 Hz entfernt eine weitere Resonanzlinie aus. Ihr Auftreten wird durch den wesentlich langsameren Elektronenaustausch zwischen den beiden Anionen in der Li-Reihe gedeutet.
K. FRENKLER. B 137□

**Dissoziation der Malachitgrünbase.** K. Schechter, A. W. Ssawitzki und I. I. Moissejew. (Журнал Общей Химии [J. allg. Chem.] **29** (**91**). 3625—27. Nov. 1959. Inst. für chem. Feintechnol.) (Russ.)

Die Dissoziation von *Malachitgrün* in wss. Lsg. in Ggw. von ca. 3% Dioxan wird im Puffergebiet zwischen pH 5,3—8,0 bei 15, 25 u. 35° spektrophotometr. untersucht. —log K beträgt ca. 7,2 bei 15° u. ca. 6,6 bei 35°. $\Delta$H wird zu 10,6 kcal/Mol., $\Delta$S zu 4,18 berechnet.
HELMUT SCHÄFER. B 139□

**Dipolmomente und Aktivität bei der Telomerisation einiger Allylchloride mit Dien-Kohlenwasserstoffen. 106. Mitt. über Untersuchungen auf dem Gebiet konjugierter Systeme. 77. Mitt. über Dienverbindungen.** A. A. Petrow und K. Ss. Mingalewa. (Журнал Общей Химии [J. allg. Chem.] **29** (**91**). 2826—29. Sept. 1959. Leningrad, Lensowjet-Inst. für Technol.) (Russ.) — 105. vgl. C. **1961.** 15349.

Die Dipolmomente (DM) $\mu$ einiger Allylchloride u. Anfangs-Prodd. ihrer Telomerisation mit Dien-KW-Stoffen werden in Bzl. bei 20° bestimmt: *Allylchlorid* (Kp.$_{760}$ 45°; D.$_4^{20}$ 0,9379; $n_D^{20}$ 1,4154; $\mu$ 1,79 [D]), *3-Chlorbuten-(1)* (Kp.$_{760}$ 63,5—64°; D.$_4^{20}$ 0,8978; $n_D^{20}$ 1,4149; 1,99), *3-Chlor-3-methylbuten-(1)* (Kp.$_{120}$ 29—30°; D.$_4^{20}$ 0,8837; $n_D^{20}$ 1,4190; 2,09), *1-Chlorbuten-(2)* (Kp.$_{760}$ 84—84,5°; D.$_4^{20}$ 0,9282; $n_D^{20}$ 1,4350; 2,10), *2-Chlorpenten-(3)* (Kp.$_{120}$ 45—46°; D.$_4^{20}$ 0,9003; $n_D^{20}$ 1,4326; 2,17), *1-Chlor-3-methylbuten-(2)* (Kp.$_{50}$ 39 bis 40°; D.$_4^{20}$ 0,9282; $n_D^{20}$ 1,4507; 2,24), *1.3-Dichlorbuten-(2)* (Kp.$_{50}$ 53—54°; D.$_4^{20}$ 1,1494; $n_D^{20}$ 1,4730; 2,15), *3-Chloroctadien-(1.6)* (Kp.$_{10}$ 54—56°; D.$_4^{20}$ 0,9117; $n_D^{20}$ 1,4580; 2,00), *3-Chlor-5-methyloctadien-(1.6)* (Kp.$_{10}$ 58—58,5°; D.$_4^{20}$ 0,9032; $n_D^{20}$ 1,4570; 2,00), *2-Chlor-6-methylnonadien-(3.7)* (Kp.$_{10}$ 78,5—79°; D.$_4^{20}$ 0,8915; $n_D^{20}$ 1,4622; 2,20), *1-Chloroctadien-(2.6)* (Kp.$_{10}$ 66—68°; D.$_4^{20}$ 0,9223; $n_D^{20}$ 1,4678; 2,08), *1-Chlor-5-methyloctadien-(2.6)* (Kp.$_{10}$ 71—72°; D.$_4^{20}$ 0,9252; $n_D^{20}$ 1,4691; 2,06), *1-Chlor-3.5-dimethyloctadien-(2.6)* (Kp.$_{510}$ 83,5—84°; D.$_4^{20}$ 0,9161; $n_D^{20}$ 1,4740; 2,18) u. *1.3-Dichlor-5-methyloctadien-(2.6)* (Kp.$_{10}$ 92—92,5°; D.$_4^{20}$ 1,0366; $n_D^{20}$ 1,4840; 2,24). Die DM der Allylchloride sind kleiner als die der analogen gesätt. Verbb. u. werden durch Vermehrung der Zahl der Methylgruppen an der Doppelbindung u. in geringerem Maße am mit Cl verbundenen C sowie auch durch an der Doppelbindung befindliches Cl erhöht. In den Telomerisations-Prodd. hat nur verschiedene Substitution an der Gruppe C=C—C—Cl Einfl. auf die DM, so daß diese den DM der entsprechenden durch $CH_3$ oder Cl substituierten Allylchloride sehr ähnlich sind. Ein direkter Zusammenhang zwischen den DM u. der Rk.-Fähigkeit der Allylchloride bei Hydrolyse sowie ihrer Neigung zu mehr oder weniger weitgehender Telomerisation besteht nicht.
CH. BÖHME. B 142□

**Empirische Beziehungen azeotroper Daten. Eine Erweiterung der Meissner-Greenfield-Beziehung.** A. I. Johnson und J. A. Madonis. (Canad. J. chem. Engng. **37.** 71—76. April 1959. Toronto, Ontario, Univ. of Toronto, Dep. of Chem. Engng.) (Engl.)

An Hand zahlreichen neueren Materials prüften Vff. die von MEISSNER u. GREENFIELD (Ind. Engng. Chem. **40.** [1948.] 438) vorgeschlagenen empir. Beziehungen zwischen azeotropen Zus. u. Kpp. von Syst. aus einem KW-Stoff (oder einem halogenierten KW-Stoff) mit einem Alkohol, Aldehyd, Keton, einer Carbonsäure oder einem Phenol. Mit Ausnahme der Syst. KW-Stoff (bzw. halogenierter KW-Stoff)-Carbonsäure ergeben sich befriedigende Resultate. Darüber hinaus wird gezeigt, daß mit einer Modifizierung der ursprünglichen Gleichungen für die azeotropen Zus. eine Erweiterung auf andere Kombinationen organ. Fll. möglich ist. Dabei handelt es sich um Syst., deren Abweichungen vom RAOULTschen Gesetz aus den H-Bindungscharakteristiken der Komponenten erklärbar sind. Schließlich wird noch eine einfache empir. lineare Beziehung für die azeotropen Kpp. der vorher untersuchten Kombinationen mitgeteilt. Eine Vorhersage über die Bldg. eines azeotropen Gemisches ist mit keiner der angeführten Beziehungen möglich.
WOLFGANG WAGNER. B 150□

**Flüssigkeit–Dampf-Gleichgewicht des Cyclohexan–Toluol-Systems unter Atmosphärendruck.** Amand Delzenne. (Bull. Soc. chim. France **1961.** 295—98. Febr. La Madeleine, Nord, Ets. Kuhlmann, Labor. de Rech.) (Franz.)

Es wurden mit Hilfe einer App. nach OTHMER (Ind. Engng. Chem. **35.** [1943.] 614) u. einer nach DELZENNE (Chem. Engng. Science **2.** [1953.] 220) die Größen des Fl.–Dampf-Gleichgewichtes des *Cyclohexan* (Kp. 80,8°; $n_D^{20}$ 1,4263; D.$_4^{20}$ 0,7800)–*Toluol* (Kp. 110,65; $n_D^{20}$ 1,4968; D.$_4^{20}$ 0,868)-Syst. experimentell bestimmt. Die mit den beiden App. erhaltenen Werte stimmen gut überein. Die thermodynam. Konsistenz der experimentell erhaltenen Größen konnte im Gegensatz zu Unterss. anderer Vff. durch Vgl. mit den mit Hilfe der Gleichung von MARGULES [in der symm. Form nach CARLSON u. COLBURN (Ind. Engng. Chem. **34.** [1942.] 581)] erhaltenen Werten nachgewiesen werden.

H. G. HENKEL. B 150□

**Entropie-Enthalpie-Diagramm von Isobutan.** Shuji Umano und Hitoshi Masuda. (Rep. Government chem. ind. Res. Inst., Tokyo **54.** 391—94. Dez. 1959.) (Jap.; Auszug: Engl.)

Ausgehend von den generalisierten HOUGEN-WATSON-Beziehungen für die Differenz zwischen idealem u. tatsächlichem Wärmeinhalt wurden durch Kombination mit der Beziehung für die Enthalpie idealer Gase durch numer. u. graph. Integration die Entropie u. die Enthalpie von *Isobutan*-Gas im Temp.-Bereich von —10 bis +60° berechnet. — 1 Tabelle.

WOLFGANG WAGNER. B 151□

**Anwendung der Quasi-Gitter-Theorie auf die Mischungswärmen einiger Alkohol-Kohlenwasserstoff-Systeme.** J. R. Goates, R. L. Snow und M. R. James. (J. physic. Chem. **65.** 335—38. Febr. 1961. Provo, Utah, Brigham Young Univ., Dep. of Chem.) (Engl.) — Vgl. C. **1960.** 11604.

Vff. bestimmen die Mischungswärmen der Syst. *Cyclohexan* (I)-*A.*, *Bzl.-Methanol* (II) u. *Bzl.-A.* bei 25°. Die Maxima der Mischungswärmen $\Delta H_x^M$ liegen für **I**-A. bei 0,40 (Molenbruch des Alkohols) mit 157 cal/Mol; für Bzl.-II 0,30; 175; Temp.-Koeff. 0,31 cal/Mol·Grad (zwischen 20—45°) u. für Bzl.-A. 0,30; 216; 0,35. Die experimentellen Werte lassen sich mit Hilfe einer verallgemeinerten Quasi-Gittertheorie in befriedigender Weise deuten.

K. FRENKLER. B 156□

**Thermodynamische Untersuchungen des Systems Aceton-Chloroform.** 2. Mitt. **Die Beziehungen der Überschuß-Mischungsfunktionen zu den Assoziations-Komplexen.** Edward R. Kearns. (J. physic. Chem. **65.** 314—16. Febr. 1961. New Haven, Conn., Yale Univ., Sterling Chem. Labor.) (Engl.) — 1. vgl. C. **1959.** 11187.

Mit den l. c. mitgeteilten freien Überschuß-Mischungsenthalpien u. weiteren Literaturdaten über das Syst. *Aceton-Chlf.* stehen im untersuchten Temp.-Bereich von 25—50° die Annahmen in guter Übereinstimmung, daß in der Mischung 1:1- u. 1:2-Assoziationskomplexe vorliegen. Nach dem Verf. von MCGLASHAN u. RASTOGI (C. **1959.** 11191) wurden aus dem vorliegenden Material die Gleichgewichts-Konst. der Komplex-Bldg. berechnet. Mit der Vorstellung, daß der 1:1-Komplex die Struktur $(CH_3)_2C{=}O\cdots H{-}CCl_3$ besitzt, ergibt sich für die ermittelte Assoziationswärme von —2,4 kcal/Mol befriedigende Übereinstimmung zu dem für die Energie der $C{-}H\cdots O{=}C$-Wasserstoffbrückenbindung von anderen Autoren abgeschätzten Wert. Für die Energie der Bldg. der zweiten Komplexbindung entsprechend der Struktur $(CH_3)_2C{=}O\cdots H{-}CCl_2{-}Cl\cdots H{-}CCl_3$ kann ein Wert zwischen 0,9 u. 1,9 kcal/Mol abgeschätzt werden.

WOLFGANG WAGNER. B 156□

**Vorflammenreaktionen bei der Selbstzersetzung von Acetylenverbindungen.** U. V. Henderson jun. (J. physic. Chem. **65.** 309—13. Febr. 1961. Richmond, Va., Experiment, Inc., Combustion Labor.) (Engl.)

Die Selbstzers.-Rkk. von *Dipropargyläther* (**I**; $Kp._{762}$ 121,3°, korr.), *Heptadiin-(1.6)* (**II**), *Hexin-(1)* (**III**) u. *Diallyläther* (**IV**) wurden an Hand der Hochdruck-Selbstzers.-Flamme u. durch Analyse der Prodd. der Niederdruckpyrolyse untersucht. Sowohl bei der Niederdruck-Rk. als auch bei der Selbstzers. entstehen aus **I** im wesentlichen die gleichen Prodd., nämlich Propargylaldehyd (46%) u. Allen (**V**; 46%), aus **II** im wesentlichen **V** (45%), Vinylacetylen (**VI**; 45%) u. $C_2H_4$ (3%); an Nebenprodd. bilden sich aus **I** u. **II** in beiden Fällen $C_3H_4$, $C_2H_2$, $C_3H_6$, Buten-(1), $C_3H_8$, $C_4H_{10}$, Butadien-(1.3) (**VII**) u. aus **II** Diacetylen u. Penten-(1)-in-(x) (?). **III** u. **IV** unterhalten die Selbstzers.-Flamme nicht; bei der Niederdruck-Rk. entstehen im wesentlichen aus **III** **V** (15%), $C_3H_6$ (25%), $C_2H_4$ (20%), **VII** (15%), **VI** (10%); aus **IV** $C_3H_6$ u. Acrolein in etwa gleichen Mengen. Die gasförmigen Pyrolysen-Prodd. bei 900° zeigen, daß die langkettigen Moll. durch eine homogene Gasphasen-Rk. über cycl. Zwischenverbb. unter Protonenwanderung in kleinere Moll. gespalten werden. Bei dieser Pyrolysen-Temp. treten auch Polymerisation (zu ca. 50%) u. homolyt. Spaltungen (zu ca. 1—2%) auf. Es wird bewiesen, daß die unimol. Spaltung der Hochdruck-Selbstzers. entweder vorausgeht oder zu dieser parallel verläuft.

CLAUS FISCHER. B 157□

**Ultraschallrelaxation in Triäthylamin.** R. A. Padmanabhan und E. L. Heasell. (Proc. physic. Soc. **76.** 321—28. 1/9. 1960. London, Imp. Coll., Electr. Engng. Dep.) (Engl.)

Vff. untersuchen die Absorption der Ultraschallwellen in *Triäthylamin* bei Temp. von —50 bis 25° u. Frequenzen zwischen 10 u. 100 MHz. Die Geschw. v folgt der Beziehung v = 1253—4,47 t (t = Temp.). Diese Messungen ergänzen die früheren (vgl.

C. **1958.** 338) u. erlauben eine genauere Analyse. Zur Deutung der Ergebnisse nehmen Vff. die Existenz einer temp.-abhängigen Aktivierungsentropie an u. geben dafür physikal. Gründe an. Gottfried Schreiber. B 159□

**Ultraschallfortpflanzungskonstante in unterkühltem Salol.** S. Parthasarathy und V. N. Bindal. (Nature [London] **186.** 145. 9/4. 1960. New Delhi, Nat. Phys. Labor.)

Die Ultraschall-Geschw. u. -absorption (7,15 MHertz) in *Salol* (I; *Phenylsalicylat*, F. 42°) wird zwischen 35,0 u. 58,0° nach einer früher angegebenen Meth. (vgl. C. **1956.** 1510) bestimmt. Beide Eigg. besitzen am F. eine Unstetigkeitsstelle. Da der Temp.-Koeff. der Dichte beim Übergang fl.–unterkühltes I stetig ist (vgl. Dodd u. Hu Pak Mi, C. **1950.** I. 677), muß am F. eine plötzliche Änderung der adiabat. Kompressibilität vorliegen. Kurt Becker. B 159

**Mehrmolekulare Filme von Trijodstearinsäure.** Harry Sobotka, Margaret Demeny und Margarita Arnaki. (J. Colloid Sci. **14.** 281—86. Juni 1959. New York, N.Y., Mount Sinai Hospital, Dep. of Chem.) (Engl.)

Vff. untersuchten am Beispiel der *10.13.16-Trijodstearinsäure* (D. 1,5735; aus Linolensäure mit HJ in Eisessig, 48 Std. lang bei 60—70° unter $N_2$) die bei der Spreitung von oberflächenakt. Substanzen auf wss. Substraten unter der Einw. hoher Spreitungsdrucke zu beobachtende Änderung der Oberflächen-Eigg. u. zeigen, daß der bei hohen Spreitungsdrucken festgestellte Zusammenbruch der monomol. Oberfläche auf die Bldg. einer homogenen dreimol. Schicht zurückzuführen ist. D. Forst. B 166□

**Gaschromatographische Charakterisierung organischer Verbindungen.** 2. Mitt. **Präzisionsgaschromatograph.** P. Tóth, E. Kugler und E. Kováts. (Helv. chim. Acta **42.** 2519—30. 1/12. 1959. Zürich, ETH, Organ.-chem. Labor.) (Dt.) — 1. vgl. C. **1959.** 15300.

Es wird ein Präzisionsgaschromatograph beschrieben, dessen Empfindlichkeit (an *Decan* untersucht) bei der Verw. von He zwischen 60 u. 68000 ppm liegt. Eine Empfindlichkeitsfunktion zur Charakterisierung gaschromatograph. Detektoren wird aufgestellt. G. v. Waldeyer-Hartz. B 177□

**Gaschromatographische Charakterisierung organischer Verbindungen.** 3. Mitt. **Berechnung der Retentionsindices aliphatischer, alicyclischer und aromatischer Verbindungen.** A. Wehrli und E. Kováts. (Helv. chim. Acta **42.** 2709—36. 1/12. 1959.) (Dt.) — 2. vgl. vorst. Referat.

Es wird versucht, die Differenz der Retentionsindices (RI) (1. vgl. C. **1959.** 15300) als Folge additiver Einfll. bestimmter „Haftzonen" der Moll. an einer unpolaren Phase zu ermitteln. Es werden die RI-Differenzen (bezogen auf 130°) von 150 Verbb. bei der Gaschromatographie an Apiezon + L/Celite bzw. Emulphor O/Celite (Trägergas He) wiedergegeben. Es wird gezeigt, daß RI für gesätt. Paraffine unabhängig von der stationären Phase ist. Für die anderen Verbb. läßt sich bei bekanntem RI einer Verb. an einer apolaren stationären Phase der RI-Wert für eine andere Verb. mit Hilfe additiver Strukturinkremente bestimmen. Diese Inkremente u. die Regeln zur Best. der RI-Werte aus den Inkrementen sowie zur Umrechnung von der apolaren Standardstationärphase (Apiezon L) auf eine andere (Emulgator O) werden angegeben. Die RI-Inkremente betragen für Äther 133, Ester 283, Ketone u. Aldehyde 244, Chloride 174, Bromide 184, Alkohole 453, ungesätt. Verbb. 64, Nitrile 480, Nitro-Verbb.: 474. Vff. schlagen zur Charakterisierung einer stationären Phase den Begriff der „Retentionsdispersion" vor. — Folgende Verbb. wurden auf ihre RI-Werte untersucht: KW-Stoffe: *Pentan, Heptan, Nonan, Undecan, 2-Methyl-, 2.2.4-Trimethylpentan, 2.3-Dimethylbutan, Penten-(1), Hexen-(1), Hepten-(1), Octen-(1), 2-Methylbuten-(1)* u. *(-2), 3-Methylbuten-(1), trans-* u. *cis-4-Methylpenten-(2), Isopren, Cyclopentan, -hexan, -heptan, -octan, -nonan, -decan, -undecan, -dodecan, trans-* u. *cis-Dekalin, Methylcyclopentan, -cyclohexan, -cycloheptan, -cyclooctan, Cyclopenten, -hexen, -hepten, -octen, 1-Methylcyclopenten-(1), -cyclohexen-(1), -cyclohepten-(1), -cycloocten-(1), Bzl., Naphthalin, Azulen, Toluol, Äthyl-, n-Propyl-, Isopropylbenzol, o-, m-* u. *p-Xylol, p-Cymol, Styrol.* Äther: *Diäthyl-, Di-n-propyl-, Di-n-butyl-, Diisoamyl-, Diisopropyläther, Anisol, Phenetol.* Alkohole: *2-Äthylbutanol-(1), -hexanol-(1), Cyclopentanol, -hexanol, -heptanol, -octanol, 1-Methylcyclopentanol-(1), -cyclohexanol-(1), -cycloheptanol-(1), -cyclooctanol-(1), 1-* u. *2-Phenyläthanol, 3-Phenylpropanol-(1), 2-Phenylpropanol-(2), Benzylalkohol.* Ketone: *Aceton, Butanon-(2), Pentanon-(2)* u. *-(3), Hexanon-(2)* u. *-(3), Heptanon-(2), -(3)* u. *-(4), Octanon-(2)* u. *-(3), Nonanon-(5), Undecanon-(6), 3-Methyl-, 3.3-Dimethylbutanon-(2), 4-Methylpentanon-(2), 2.4-Dimethylpentanon-(3), 5-Methylhexanon-(2), 2.6-Dimethylheptanon-(4), Cyclopentanon, -hexanon, -heptanon, -octanon, 2-, 3-* u. *4-Methylcyclohexanon, Aceto-, Propio-, Butyrophenon, 1-Phenylpropanon-(2), 1-Phenylbutanon-(2)* u. *-(3).* Aldehyde: *Benz-, Phenylacet-, Hydrozimt-, m-* u. *p-Tolualdehyd.* Nitrile: *Aceto-, Propio-, Butyro-, Valero-, Capronitril, Phenylcyanid, Phenylacetonitril.* Nitro-Verbb.: *Nitromethan, -äthan, 1-Nitropropan, -butan, -pentan, Nitro-*

*cyclohexan, -benzol, o-, m-* u. *p-Nitrotoluol.* Halogenide: *Chlor-, Bromcyclopentan, Chlor-, Bromcyclohexan, Chlor-, Bromcycloheptan, Chlor-, Bromcyclooctan, Fluor-, Chlor-, Brom-, Jod-, o-, m-, p-Dichlorbenzol, o-, m-, p-Chlor-, o-, m-, p-Bromtoluol, Benzylbromid, 2-Brom-1-phenyläthan.* Ester: die *Ameisen-, Essig-, Propion-, Butter-* u. *Isobuttersäureester von Methanol, A., Propanol-(1)* u. *-(2), Butanol-(1)* u. *-(2), 2-Methylpropanol-(1)* u. *-(2), Pentanol-(1), 3-Methylbutanol-(1).* Andere Verbb.: *Tetrahydrofuran* u. *-pyran.*
G. v. WALDEYER-HARTZ. B 177□

**Bindungslängen im Cyclooctatetraendianion $C_8H_8^{2-}$.** C. A. Coulson. (Tetrahedron [London] **12.** 193—95. Mai 1961. Oxford, Mathematical Inst.) (Engl.)

Mit Hilfe einer einfachen Mol.-Zustandsrechnung zeigt Vf., daß für das *Cyclooctatetraendianion,* $C_8H_8^{2-}$, die Struktur eines regulären ebenen Octagons stabil ist. Die C–C-Bindungslängen im Gleichgewichtszustand betragen 1,409 ± 0,001 Å u. sind damit erheblich länger als beim Benzol. K. FRENKLER. B 182□

**Über die Polymorphie des Cyanacetamids.** J. Dejace. (Bull. Soc. franç. Minéralog. Cristallogr. **83.** 42—47. Jan./März 1960. Liège, Univ., Labor. de Cristallogr.) (Franz.)

Frühere Unterss. (vgl. C. **1960.** 7129 u. früher) hatten ergeben, daß *Cyanacetamid* in 3 verschiedenen Formen auftritt, u. zwar einer triklinen Form (I), einer monoklinen Form (II) u. einer nur bei höheren Temp. stabilen rhomb. Form (III). Vf. berichtet über die kristallograph., opt. u. röntgenograph. Unters. der 3 Formen. Die Zellendimensionen von I sind a = 11,92 Å; b = 16,63 Å; c = 5,08 Å; $\alpha$ = 120° 14′; $\beta$ = 135°; $\gamma$ = 72° 05′. Mit der D. 1,36 ist Z = 6. Durch Transformation der Achsen kann man eine weniger schiefe Zelle erhalten, u. zwar mit a′ = −a−2c; b′ = −b−2c u. c′ = c. Es ist a′ = 8,60 Å; b′ = 14,48 Å; c = 5,08 Å; $\alpha'$ = 97° 05′; $\beta'$ = 101° 36′; $\gamma'$ = 92° 57′. Der Habitus der Kristalle wird genau beschrieben. Die gemessenen Brechungsindices sind $n_\alpha$ = 1,378; $n_\beta$ = 1,575; $n_\gamma$ = 1,620; 2 V = 47° (2 E = 78°); der Kristall ist demnach opt. negativ. — II hat die Zellendimension a = 8,95 Å; b = 13,58 Å; c = 7,57 Å; $\beta$ = 119°. Mit der D. 1,40 wird Z = 8. Die Brechungsindices sind $n_\alpha$ = 1,420; $n_\beta$ = 1,596; $n_\gamma$ = 1,612; 2 V = 30° 18′ (2 E = 50°). Bei der kristallograph. Beschreibung wird mitgeteilt, daß 2 Typen von Zwillingen auftreten. Die Zellendimensionen von III bei einer Temp. von ± 10° sind a = 4,68 Å; b = 13,68 Å; c = 6,55 Å. Mit der D. 1,34 ist Z = 4. Die 3 gemessenen Brechungsindices sind $n_\alpha$ = 1,404; $n_\beta$ = 1,580; $n_\gamma$ = 1,596; 2 V = 30° 05′. Der Kristall ist opt. negativ, Ebene der opt. Achsen ist (0 1 0). Mkr. auf dem Heiztisch wurde festgestellt, daß die Umwandlung von II in III bei einer Temp. von 68—74° stattfindet; diese Umwandlung ist reversibel. Die Umwandlungs-Temp. von I in III lag zwischen 105 u. 119°. Eine Umwandlung von I in II oder umgekehrt konnte in keinem Fall festgestellt werden. C. GOTTFRIED. B 195

**Die Kristallstruktur von trans-$\beta$-Jonylidencrotonsäure.** Edgar L. Eichhorn und Caroline H. MacGillavry. (Acta crystallogr. [Copenhagen] **12.** 872—83. 10/11. 1959. Amsterdam, Univ., Labor. for Gen. and Inorgan. Chem.) — Vgl. MAC GILLAVRY u. Mitarbeiter, C. **1953.** 2735.

Kristalle von *trans-$\beta$-Jonylidencrotonsäure* (F. 155—157°) durch REFORMATSKI-Kupplung von $\beta$-Jonon mit $\gamma$-Crotonsäuremethylester; daneben die $\Delta^{12}$-cis-Verb.) sind triklin, tafelförmig nach (0 0 1) u. oft verzwillingt, sie sind stark pleochroit. u. haben hohe Doppelbrechung. Die für die Na-Linie gemessenen Brechungsindices sind: $n_\alpha$ = 1,50 ± 0,01; $n_\beta$ = 1,56 ± 0,01; $n_\gamma$ = 1,88 ± 0,01; 2 V = 54½° (berechnet 57°). Es wurden Dreh-, Schwenk- u. WEISSENBERG-Aufnahmen bei Zimmertemp. u. bei −150° gemacht. Die Zellendimensionen sind (in Klammer Werte für Tieftemp.): a = 10,48 (10,26) ± 0,02 Å; b = 13,63 (13,23) ± 0,02; c = 7,67 (7,58) ± 0,02; $\alpha$ = 109,1 (106,9) ± 0,1°; $\beta$ = 128,0 (127,5) ± 0,1°; $\gamma$ = 66,4 (68,6) ± 0,1°; Raumgruppe ist P $\bar{1}$; Z = 2. Eine angenäherte Struktur wurde mit Hilfe der trial-and-error-Meth. erhalten, die hierauf mit zwei- u. dreidimensionalen FOURIER-Projektionen u. Differenz-Synth. verfeinert wurde. Die folgenden Parameter wurden bestimmt: $C_{(1)}$ ($CH_3$): (x =) 0,7352; (y =) 0,3240; (z =) 0,8038; $C_{(2)}$ ($CH_3$): 0,8351; 0,1644; 1,0070; $C_{(3)}$: 0,7506; 0,1998; 0,7852; $C_{(4)}$: 0,8660;

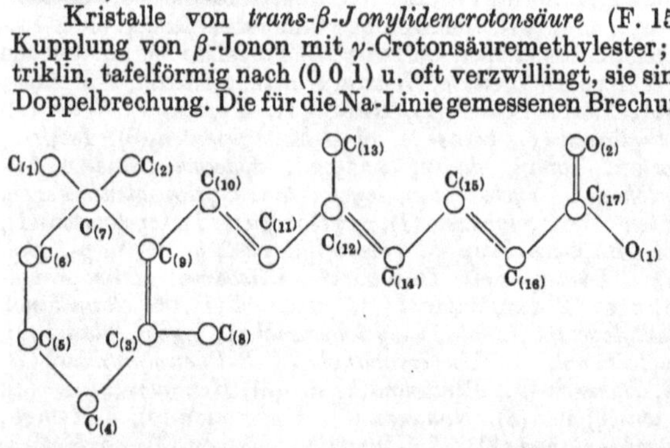

0,1339; 0,7031; $C_{(5)}$: 0,7891; 0,1349; 0,4626; $C_{(6)}$: 0,6383; 0,0909; 0,3186; $C_{(7)}$: 0,5313; 0,1274; 0.4079; $C_{(8)}$ ($CH_3$): 0,3597; 0,0983; 0,2287; $C_{(9)}$: 0,5739; 0,1776; 0,6095; $C_{(10)}$: 0,4513; 0,2116; 0,6729; $C_{(11)}$: 0,4545; 0,2749; 0,8460; $C_{(12)}$: 0,3256; 0,3033; 0,8926; $C_{(13)}$: ($CH_3$) 0,1657; 0,2646; 0,7065; $C_{(14)}$: 0,3496; 0,3625; 1,0845; $C_{(15)}$: 0,2372;0,3911; 1,1550; $C_{(16)}$: 0,2722; 0,4449; 1,3538; $C_{(17)}$: 0,1575; 0,4693; 1,4204; $O_{(1)}$: 0,2008; 0,5282; 1,6153; $O_{(2)}$: 0,0279; 0,4378; 1,3022. Die von ARENS u. VAN DORP (vgl. Recueil Trav. chim. Pays-Bas **65.** [1946.] 338) vermutete trans-Stellung der Seitenkette konnte bestätigt werden. Das Mol. ist nahezu eben u. liegt in der (0 $\bar{3}$ 1)-Ebene. Die Abstände u. Valenzwinkel sind tabellar. wiedergegeben. C. GOTTFRIED. B 195

**Assoziation des Phenols in $CCl_4$-Lösung bei verschiedenen Temperaturen.** Paulette Delvalle. (C. R. hebd. Séances Acad. Sci. **252.** 1457—59. 6/3. 1961.) (Franz.)

Es wurden die Dampfdrucke von *Phenol* (I)-Lsgg. in $CCl_4$ bei 25, 30 u. 35° gemessen. Die Assoziation von **I** wächst mit steigender Konz. u. fallender Temperatur. Die angewendete stat. Meth. zeigt eine mit der dynam. Meth. vergleichbare Genauigkeit u. scheint bes. vorteilhaft im Falle einer wenig flüchtigen assozierten Substanz in neutralem Lösungsmittel zu sein. Das Modell der ideal assoziierten Lsg. kann zufriedenstellend in einem genügend breitem Konz.-Bereich angewendet werden. Die Eigg. von **I** in $CCl_4$-Lsg. können mit einer einzigen Assoziations-Konst. beschrieben werden.

H. G. HENKEL. B 223□

**Zur Kenntnis der Arylboronsäuren. 7. Mitt. Komplexbildung zwischen Phenylboronsäure und Fructose.** Kurt Torssell. (Ark. Kemi **10.** Nr. 40. 541—47. 1957. Stockholm, Univ., Inst. für organ. Chemie u. Biol.) (Dt.) — 6. vgl. Physiol.Plantarum **9.** [1956.] 652; 4. vgl. C. **1969.** 10213; 9. vgl. C. **1960.** 13998.

Borsäure u. Phenylboronsäure (I) sind Säuren im LEWISschen Sinne. Sie „dissoziieren" durch Anlagerung eines $(OH)^-$, gleichzeitig wird ein Proton frei. Der Zusatz von Fructose (II) erniedrigt den pH-Wert einer I-Lsg. beträchtlich. Es bildet sich ein komplexer Ester, dessen Neigung $(OH)^-$-Ionen anzulagern noch größer ist als bei I. Die Gleichgewichts-Konst. der Rk. wird gemessen: $K_1 = 5{,}2 \cdot 10^3$. Komplexe, die pro Mol. II mehrals 1 Mol. I enthalten, konnten nicht nachgewiesen werden.

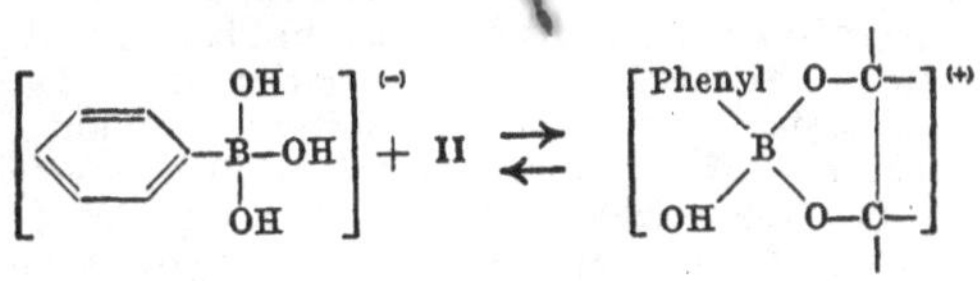


H. ROSSOW. B 223□

**Die Curtius-Umlagerung. 1. Mitt. Die Zersetzung von m- und p-substituierten Benzaziden in Toluol.** Yasuhide Yukawa und Yuho Tsuno. (Mem. Inst. sci. ind. Res., Osaka Univ. **15.** 179—81. 1958.) (Engl.) — 2. vgl. C. **1961.** 6445.

Auszug aus der C. **1959.** 11192 referierten Arbeit. D. PALM. B 225□

**Aliphatische Acylazide und ihre Umlagerung.** Yuho Tsuno. (Mem. Inst. sci. ind. Res., Osaka Univ. **15.** 183—89. 1958.) (Engl.) — Vgl. vorst. Referat.

Vf. untersuchte die CURTIUS-Umlagerung (CU) von aliphat. Acylaziden, in denen der Resonanz-Einfl. zu vernachlässigen ist, u. den ster. Einfl. auf die Umlagerung einiger o-substituierten Benzazide. Die Darst. der Azide (**A**) erfolgte am sichersten nach der Trockenmeth. von SCHROETER u. NAEGELI [1928] aus $NaN_3$ u. Acylchloriden (**C**) in Toluol. Die Reaktivität der **C** nahm ab in der Folge Alkyl > Isopropyl, sek.-Butyl > Cyclohexyl > Cyclopentyl > Diäthylmethyl. Die Explosionsfähigkeit der **A** korrespondiert nicht immer mit der Geschw. der CU. Die Rk.-Geschw.-Konst. $k_1$ (gasvolumetr. Best. bei $N_2$-Abspaltung) ist über 2—3 Halbwertszeiten 1. Ordnung u. beträgt für *Propionazid* bei 42,02° in Toluol $k_1 = (7{,}040 \pm 0{,}016) \cdot 10^{-3} min^{-1}$.

Versuche: *o-Toluylazid* (I), durch ½ std. Rk. von 3 g *o-Toluylhydrazid* [F. 124,3 bis 125,0°, aus o-Toluylsäureäthylester ($Kp._9$ 93,5—93,8°); 80% (Ausbeute)] u. $NaNO_2$ in verd. HCl unter Ae. bei 0 bis —5°; 2,6—2,8 g als Öl. — Analog: *o-Brom-*, *o-Chlor-* u. *o-Methoxybenzazid.* — *Cyanacetazid,* durch 15 Min. langes Erwärmen von 15 g Cyanessigsäureäthylester mit 80% ig. Hydrazinhydrat u. Behandlung des *Hydrazids* [F. 114—115° (A. u. Toluol); 13,6 g] wie vorstehend. — *Diäthylacetazid,* aus Diäthylacetylchlorid (Kp. 138 bis 138,5°, nach BROWN [1938] aus Diäthylessigsäure u. Benzoylchlorid bei 200°) u. $NaN_3$ in Toluol in 4 Std. bei —18°. — *Chloracetazid,* aus Chloracetylchlorid (Kp. 104—105°) u. $NaN_3$ bei —10° u. 3tägigem Stehen in Ae. bei 0—5°. — *Isobutyrazid,* durch 8std. Einw. von $NaN_3$ auf Isobutyrylchlorid (Kp. 82—83°) in Toluol bei —15° u. 8std. Stehen bei 0°, Filtrieren u. Trocknen der Lösung. — Analog folgende Azide: *Acet-* (aus Acetylchlorid, Kp. 51,3°), *Propion-* (aus Propionylchlorid, Kp. 79—80°), *n-Butyr-* u. *Cyclopentancarbonsäureazid* (aus Cyclopentancarbonsäurechlorid, Kp. 152,3—153,5°). — *Hexahydrobenzazid,* aus Hexahydrobenzoylchlorid ($Kp._{22}$ 77,5—78,5°). Beim Vers. der Darst. analog

I aus Hexahydrobenzhydrazid (F. 154—155°) → *symm.-Dicyclohexylharnstoff*, F. 242 bis 245°. D. Palm. B 225□

**Die elektronische Natur des Übergangszustandes bei der Claisenumlagerung.** William N. White, Carl D. Slater und Wilmer K. Fife. (J. org. Chemistry **26.** 627—28. Febr. 1961. Columbus, Ohio, Ohio State Univ., Dep. of Chem.) (Engl.) — Vgl. C. **1958.** 14011 u. 14012.

Im Anschluß an Unterss. der Geschw. der Claisen-Umlagerung von *Allyl-p-X-phenyläthern* u. der Isomerisierungs-Geschw. von *Y-Cinnamyl-p-tolyläther* (vgl. l. c.) wird der Übergangszustand für den Fall des *p-X-Phenyl-p-Y-cinnamyläthers* unter Berücksichtigung der für obige Rkk. gefundenen negativen $\varrho$-Werte diskutiert. Nach dem Bindungsbruch hinterbleibt ein O im Aryloxyrest mit nur 7 Elektronen (**E**), das seinen **E**-Mangel durch **E**-Zug aus dem Aryloxyring u. der Cinnamylgruppe auszugleichen sucht, wodurch sich die Notwendigkeit $\sigma^+$-Werte anzuwenden, erklärt. Der so formulierte Übergangskomplex erklärt auch den ungewöhnlichen Substitutions-Einfl. auf die Umlagerung von *Allyl-m-X-phenyläther* zu *2-Allyl-5-X-phenol* (Benutzung von $\sigma_p^+$-Werten; vgl. l. c.) sowie die beschleunigende Wrkg. der Alkyl- u. Arylsubstitution in $\alpha$- u. $\gamma$-Stellung der Allylgruppe. Heinz Nestler. B 225□

**Der Mechanismus der langsamen Oxydationsreaktion von Benzol in der Dampfphase.** Jean Drillat. (C. R. hebd. Séances Acad. Sci. **252.** 1155—57. 20/2. 1961. Paris, Sorbonne, Labor. de Chim. gén.) (Franz.)

Die Übertragung des für die Oxydation der aliphat. KW-Stoffe angenommenen allg. Rk.-Schemas auf die langsame Oxydation des *Bzl.* in der Dampfphase (Endprodd. Phenol u. Diphenyl) erlaubt, ausgehend von Elementar-Rkk., eine Berechnung des Verzweigungsfaktors $\varphi$ der Reaktion. H. G. Henkel. B 225□

**Autoxydation von Diallylphthalat.** 1. Mitt. **Identifizierung und Ursachen der Bildung der durch Einwirkung von Luftsauerstoff bei 80° und 130° erhaltenen Produkte.** Vsevolod Karnojitzky, Samuel Kohn und Pierre Schneebeli. (Bull. Soc. chim. France **1961.** 449—52. März. Châtillon-sous-Bagneux, ONERA.) (Franz.)

Es werden die Einw. von Luftsauerstoff auf *Diallylphthalat* (I) bei 80 u. 130° untersucht u. Verff. zur Isolierung u. Identifizierung der dabei entstehenden Prodd. angegeben. Bei 80° treten nach 289 Std. als flüchtige Prodd. Säuren u. Aldehyde, als nichtflüchtiger Rückstand Allylphthalsäure, eine Peroxydfraktion (**P**), 2 Polymere u. eine Säure geringer Mol.-Größe auf. **P** tritt bereits nach 45 Min. auf u. erreicht nach 160 Std. einen konst. Wert. Die Säuren treten nach 18 Std. auf u. nähern sich gegen Ende des Vers. einem konst. Wert. Das Polymere bildet sich nach 160 Std., die Konz. steigt stark mit der Zeit u. beträgt nach 250 Std. 18%. Bei 130° verläuft die Bldg. des Polymeren wesentlich schneller. Der Vers. wurde deshalb nach 5 Std. 30 Min. abgebrochen. Die Bldg. der Säure variiert stark, was auf Anhydrid-Bldg. zurückgeführt wird. Die Peroxyd-Bldg. erfolgt ca. 5 mal so schnell wie bei 80°. Die bei 130° entstandenen Polymere ähneln denen einer Allylpolymerisation in inerter Atmosphäre in Ggw. von Peroxyden, die bei 80° sind dagegen Copolymere von **I** u. dessen Abbauprodukten.
H. G. Henkel. B 225□

**Autoxydation von Diallylphthalat.** 2. Mitt. **Kinetische Untersuchung der Sauerstoffabsorption.** Vsevolod Karnojitzky, Samuel Kohn und Pierre Schneebeli. (Bull. Soc. chim. France **1961.** 453—56. März.) (Franz.) — 1. vgl. vorst. Referat.

Die Kinetik der $O_2$-Absorption durch Diallylphthalat (I) wurde in einer Rührvorrichtung (Abb.) 1. bei 120° in Abhängigkeit von verschiedenen Anfangsmengen von **I** (1,5, 3 u. 6 cm³) u. 2. bei konst. Menge (3 cm³) in Abhängigkeit von der Temp. (90, 100, 110, 120, 130°) untersucht. Die Unterss. erlauben eine Beziehung zwischen der Gesamtmenge an absorbiertem $O_2$ u. der Absorptions-Geschw. (Aktivierungsenergie der Gesamtabsorption von $O_2$ zwischen 100—120° = 21,4 kcal/Mol) aufzustellen. Dagegen erlaubt der durch die Äthylenhydroperoxyd-Bldg. charakterisierte $\alpha$-Methylen-Mechanismus keine vollständige Deutung der Kinetik. Der geringe Peroxyd-Geh. bezogen auf die Gesamtmenge an absorbiertem $O_2$, die gleichzeitige Bldg. von Hydroperoxyden, Aldehyden u. Säuren sowie die Änderung der Rk.-Ordnung mit der Temp. erschweren die Deutung der Reaktion. H. G. Henkel. B 225□

**Autoxydation von Diallylphthalat.** 3. Mitt. **Diskussion des Reaktionsmechanismus.** Vsevolod Karnojitzky, Samuel Kohn und Pierre Schneebeli. (Bull. Soc. chim. France **1961.** 456—60. März.) (Franz.) — 2. vgl. vorst. Referat.

Das bei der Oxydation von *Diallylphthalat* (I) durch Luft-$O_2$ gleichzeitige Auftreten von Hydroperoxyden, Aldehyden, Säuren u. Polymeren, sowie der geringe Anteil an Hydroperoxyd im Vgl. zur Gesamtabsorption an $O_2$ führen zu der Annahme, daß neben der Primärrk. der Peroxydradikal-Bldg. eine sek. Rk. eines Radikalzerfalls auftritt. Diese Interpretation gibt ebenfalls eine Erklärung für das Fehlen von sowohl Peroxyd-

polymeren als auch Epoxyden, obwohl die Doppelbindungen angegriffen werden. Die bei 130° beobachtete Änderung der Kinetik der $O_2$-Absorption u. die beträchtliche Mitwirkung der Doppelbindungen an der Autoxydation-Rk. werden auf den Übergang eines $O_2$-Mol. vom Peroxydradikal auf die Doppelbindung, unter Bldg. eines Biradikals zurückgeführt. Untersucht wurde die Kinetik der Zers. des I-Peroxyds in verd. Lsgg. von I durch Best. des akt. Sauerstoffs bei 100—120° (Konz. gegen Zeit in Std.), wobei eine Arrhenius-Beziehung $\varepsilon = 3{,}6 \cdot 10^{15} - \exp(-34000\ \text{cal/RT})$ erhalten wurde.
H. G. Henkel. B 225□

**Die Kinetik der Autoxydation von Homogentisinsäure.** Robert Austin Milch und I. Caryl Magnus. (Arch. Biochem. Biophysics **77.** 513—14. Okt. 1958. Boston, Mass., Harvard Med. School, Peter Bent Brigham Hosp., Dep. of Surgery.) (Engl.)

*Homogentisinsäure* (I)-Lsg., ebenso der Urin von Alcaptonurie-Kranken, dunkelt an der Luft stehend nach. Vff. untersuchten osmot. die Kinetik dieser Autoxydations-Rk. an einem aus Urin gewonnenen u. 2 normalen Präpp. von I, wobei alle gleiches Verh. zeigten. Beim Durchgasen mit $O_2$ (bis zu 400 Std.) von wss. Lsgg. von I konnte in den ersten 48 Std. eine Oxydations-Rk. 1. Ordnung ($k \sim 2{,}5 \cdot 10^{-3}$) beobachtet werden. Von 50—400 Std. bestand eine lineare Beziehung zwischen der osmot. Größe (G) u. der Zeit, wobei keine wesentlichen Änderungen von G auftraten. H. Frank. B 225□

**Druckeffekt und Mechanismus bei der Säurekatalyse.** 5. Mitt. **Die Hydrolyse von Essigsäureanhydrid.** J. Koskikallio, D. Pouli und E. Whalley. (Canad. J. Chem. **37.** 1360—66. Aug. 1959. Ottawa, Canada, Nat. Res. Council, Div. of Appl. Chem.) (Engl.) — 4. vgl. C. **1961.** 7542.

Vff. untersuchen die spontane u. die durch Säuren katalysierte Hydrolyse von *Essigsäureanhydrid* (I) in Abhängigkeit von der Temp. (0—40°), vom Druck (0—3 kbar bei 0°) u. vom Lsgm. (W. mit 0—70,3% Aceton bei 0°). Für den Mechanismus der Hydrolyse von I existieren mehrere Möglichkeiten: Das Proton kann sich entweder an das Carbonyl- oder das Äthersauerstoffatom anlagern. Beide Komplexe können entweder in einer unimol. Rk. oder einer bimol. Rk. unter Addition oder Substitution mit W. weiter reagieren. Die Ergebnisse (Aktivierungs-Vol. $-17{,}1 \pm \sim 1{,}3\ cm^3$/Mol, Aktivierungsentropie $\sim -20$ cal/Grad·Mol bei 0°) zeigen, daß die Zucker-Hammett-Hypothese zur Unterscheidung zwischen A-1- u. A-2-Mechanismen für die Hydrolyse von I nicht gültig ist. Die vorliegenden Unterss. gestatten keine Unterscheidung zwischen den verschiedenen Rk.-Mechanismen. K. Frenkler. B 225□

**Mechanismus der Meerwein-Ponndorf-Verley-Reduktion.** W. N. Moulton, R. E. Van Atta und R. R. Ruch. (J. org. Chemistry **26.** 290—92. Febr. 1961. Carbondale, Ill., Southern Illinois Univ., Dep. of Chem.) (Engl.)

Die Geschw. der Red. von *Benzophenon* (I) durch Al-Isopropylat (II) in Isopropanol wurde polarograph. bei 25, 35 u. 45° u. 3 verschiedenen II-Konzz. bestimmt. Die Rk. ist bzgl. I erster, bzgl. II annähernd 1,5ter Ordnung. Aus den Geschw.-Konst. k werden die Aktivierungsenergie $\Delta H^*$ u. -entropie $\Delta S^*$ berechnet, u. zwar aus den k für 25 u. 45° $\Delta H^*$ (14 kcal) u. $\Delta S^*$ −31 (cal/Grad·Mol); aus den k für 25 u. 35° $\Delta H^*$ 11 u. $\Delta S^*$ −42; aus den k für 35 u. 45° $\Delta H^*$ 17 u. $\Delta S^*$ −20. Aus den kinet. Daten wird auf das gleichzeitige Ablaufen zweier Mechanismen geschlossen: Einer schließt einen cycl. Übergangszustand mit einem Mol. II, der andere einen nichtcycl. mit zwei Moll. II ein. Bei präparativen Arbeiten kann Benzhydrol in mehr als 95%ig. Ausbeute isoliert werden. Heinz Nestler. B 225□

**Reaktionen von Tritiumatomen mit gefrorenen Kohlenwasserstoffen.** R. D. Shores und H. C. Moser. (J. physic. Chem. **65.** 570—71. März 1961. Manhattan, Kans., State Univ. of Agric. and Appl. Sci., Dep. of Chem.) (Engl.)

Vff. lassen *T-Atome* (erzeugt an einem W-Draht bei 1750°) auf einige KW-Stoffe [*Cyclohexan, Cyclohexen, Hexen-(1), n-Hexan, n-Pentan*] bei der Temp. der fl. Luft einwirken. Als Prodd. werden tritierte Verbb. beobachtet. Bei den ungesätt. Verbb. tritt Addition u. Substitution auf. Bei den gesätt. Verbb. ist die Substitution die am häufigsten vorkommende Reaktion. K. Frenkler. B 225□

**Salzeffekte bei der Solvolyse von Benzhydrylchlorid.** Kirk D. Mc Michael und Robert A. Clement. (J. org. Chemistry **26.** 620—21. Febr. 1961. Chicago, Ill., Univ. of Chicago, Dep. of Chem., George Herbert Jones Labor.) (Engl.)

Bestimmt wurden die Anfangs-Geschw.-Konst. (bis zu 5% Rk.) erster Ordnung für die Säure-Bldg. bei der Solvolyse von *Benzhydrylchlorid* ($Kp._{10}$ 151—152,5°, $n_D^{25}$ 1,5939) in 90%ig. wss. Bis-[2-äthoxyäthyl]-äther ($Kp._{10}$ 72—74°) bei 25° in Ggw. von Tetrabutylammoniumchlorid, -bromid (I), -perchlorat, Li-, Na-, $NH_4$-, $MgClO_4$ u. $HClO_4$. Bei Rk. ohne Salzzusatz wurde $10^6 \cdot k_0$ (extrapoliert auf 0% Rk.) = 1,01 [$s^{-1}$], in Ggw. von 0,1 m $MgClO_4$ $k_0$ = 6,03 (maximaler Effekt), von 0,1 m I (geringster Einfl.) $k_0$ = 1,08 erhalten. Heinz Nestler. B 225□

**Protonolyse und Deuterolyse von Tris-[norbornyl-(2)]-boran. — Beweis für die Retention der Konfiguration bei der Protonolyse von Organoboranen.** Herbert C. Brown und Kenneth J. Murray. (J. org. Chemistry **26**. 631—32. Febr. 1961. Lafayette, Ind., Purdue Univ., Richard B. Wetherill Labor.) (Engl.) — Vgl. C. **1960**. **7479**.

Hydroborierung von Norbornen liefert *Tris-[exo-norbornyl-(2)]-boran*, das durch Protonolyse mit Propionsäure (I) 2 Alkylgruppen als *Norbornan* (**II**, $C_7H_{12}$, Kp.$_{747}$ 104 bis 105°, F. 85,5—87°) abspaltet; der verbleibende Rest läßt sich mit alkal. $H_2O_2$ in *exo-Norborneol* (F. 124—125°) überführen. Durch Verw. von $B_2D_6$ u. Deuterolyse mit D-I entstehen einfach u. zweifach deuterierte Derivv. von **II**, deren kernmagnet. Resonanzspektren diskutiert werden. Die Ergebnisse stimmen überein mit einer reinen *cis*-Addition der HB-Bindung von der weniger behinderten Seite (exo) her u. mit der Retention der Konfiguration bei der Protonolyse. Die mögliche Allgemeingültigkeit dieser Regel wird untersucht. HEINZ NESTLER. B 225□

**Kinetische Untersuchung der nicht-photochemischen Reaktionen zwischen Chlor und Olefinen in Gegenwart eines Lösungsmittels.** 1. Mitt. **Grundlegende Analyse des Reaktionssystems Chlor–Olefin in Gegenwart eines Lösungsmittels.** G. Mayeur, J. C. Kuriacose, F. Eschard und G. E. Limido. (Bull. Soc. chim. France **1961**. 625—31. März. Rueil Malmaison, Seine-et-Oise, Inst. Franç. du Petrole, Div. Chim.-Raffinage.) (Franz.)

Chlor u. Olefine reagieren in verschiedenen Lsgm. unter Ausschluß von Licht unter Bldg. von Additions- u. Substitutionsprodukten. In gewissen Fällen ist die Substitution zumindest teilweise auf eine durch Radikale ausgelöste Rk. zurückzuführen, indiziert durch die Hauptadditions-Rk., die evtl. Anlaß zur Bldg. von Chlorierungs-Prodd. des Lsgm. gibt. Die Analyse der Rk.-Syst. *$Cl_2$–Äthylen* in Cyclohexan u. $CCl_4$, *$Cl_2$–Octen-(1)* in Cyclohexan, *$Cl_2$–Isobuten* in Cyclohexan u. $CCl_4$ u. *$Cl_2$–Hexen-(1)* in $CCl_4$ u. Cyclohexan (hier mit u. ohne Bestrahlung; allg. bei 20 bzw. 15°, graph. Darst. des Rk.-Ablaufs in Abhängigkeit von der Zeit) führt zur Unterscheidung zweier Rk.-Typen: 1. Spontane prim. Addition u. Substitution, langsam in unpolarem Milieu u. unabhängig von der Wrkg. der Inhibitoren der Radikalchlorierung ($O_2$, Jodid, Isoamylnitrit). 2. Eine darauffolgende Radikal-Rk. mit einer Induktionsperiode. Die Entw. dieser Rk. kann durch Inhibitoren u. durch Verdünnung der Reaktanten gebremst werden. Die Chlorierung von Olefinen mit Substituenten an einem Doppelbindungs-C-Atom unterliegt nicht dieser Reaktion. H. G. HENKEL. B 225□

**Kinetische Untersuchung der nicht-photochemischen Reaktionen zwischen Chlor und Olefinen in Gegenwart eines Lösungsmittels.** 2. Mitt. **Schema der Primärreaktion der Olefinchlorierung.** J. C. Kuriacose, G. Mayeur, F. Eschard und G. E. Limido. (Bull. Soc. chim. France **1961**. 631—36. März.) (Franz.) — 1. vgl. vorst. Referat.

Die Unterss. bestätigen u. vervollständigen die Aussagen über die relative Bedeutung der Additions (A)- u. Substitutions (S)-Rkk. für verschiedene Olefintypen (vgl. l. c.). Geradkettige Olefine, wie *Äthylen*, *Buten-(2)*, *Hexen-(1)*, *Octen-(1)* zeigen nahezu ident. Werte für das Verhältnis S/A. Olefine mit einem Substituenten am Doppelbindungs-C-Atom, wie *Isobuten*, *2-Methylallylchlorid*, geben fast nur eine Substitutions-Rk., wogegen *Cyclohexen* eine Mittelstellung zwischen den beiden Gruppen einnimmt. Die relative Rk.-Geschw. der Zwillings-Rkk. (S u. A) ist für ein bestimmtes Olefin prakt. unabhängig von Milieu u. Temperatur. Die Betrachtung der kinet. Konst. der Primär-Rk. zeigt, daß für ein bestimmtes Olefin die Ordnung (bezogen auf $Cl_2$) der Zwillings-Rkk. gleich ist. Die Ordnungen, bezogen auf die verschiedenen Olefine, sind gleich u. wahrscheinlich 1. Einfl. anderer Faktoren müssen noch genauer untersucht werden. Bei den bisher durchgeführten Verss. ändert sich allmählich das Milieu, ohne daß eine Änderung der Gesamt-Geschw. der Umwandlung feststellbar ist. Für die Anhäufung von Prodd. beim Ablauf der Rkk. ist evtl. die allmähliche Änderung der Bedingungen in Betracht zu ziehen. Es ist auch möglich, daß die bei der Rk. entstehende HCl, ähnlich wie am aromat. Kern, bei der Chlorierung eine Rolle als Katalysator spielt.
H. G. HENKEL. B 225□

**1.3-Dipolare Additionen der Ketocarbene.** R. Huisgen, H. König, G. Binsch und H. J. Sturm. (Angew. Chem. **73**. 368—71. 7/6. 1961. München, Univ., Inst. für Organ. Chem.) (Dt.)

Bei der Thermolyse oder Photolyse von Diazocarbonyl-Verbb. treten Ketocarbene (**A**) als echte Zwischenstufen auf, die sich unter geeigneten Bedingungen durch 1.3-dipolare Addition an Mehrfachbindungen abfangen lassen. So entsteht bei der therm. Zers. von Tetrachlor-o-chinondiazid (I) in Phenylacetylen bzw. Styrol *4.5.6.7-Tetra-*

*chlor-2-phenylbenzofuran* (II; 39% Ausbeute) bzw. das *2.3-Dihydro-Deriv.* (24%), das sich mit S bei 250° zu II dehydrieren läßt. Die Struktur beider Verbb. ergibt sich aus der Hydrierung an Ni in $CH_3OH$–KOH zu *2-β-Phenyläthylphenol* (43 bzw. 60%); aus II entsteht daneben in 35%ig. Ausbeute *2-Phenylbenzofuran*. Die gleiche therm. (130°) oder photochem. (20°) angeregte Zers. von I in Benzonitril (III) liefert *4.5.6.7-Tetrachlor-2-phenylbenzoxazol*. Die Addition des **A** aus I an Malein- bzw. Fumarsäuredimethylester führt zum gleichen Prod. *4.5.6.7-Tetrachlor-2.3-dihydrobenzofuran-trans-2.3-dicarbonsäuredimethylester* (60%); die Ursache für die Nichtbefolgung der Regel von der cis-Anlagerung der **A** in diesem Falle ist nicht geklärt. Die Beobachtung von Yates u. Robb (C. **1958.** 2982), daß ein **A** mit seinem eigenen Folge-Prod. der Wolffschen Umlagerung, dem Keten, unter Bldg. eines „reinen" Additions-Prod. oder mit einem Fremdketen unter Bldg. eines „gemischten" Additions-Prod. reagieren kann, wird bestätigt: So liefert die Rk. von I mit Diphenylketen 50% des „gemischten" Prod., *2-Diphenylmethylen-4.5.6.7-tetrachlorbenzodioxol*. — Bes. leicht erfolgt die Addition der **A** an C=S-Doppelbindungen. Bei der Thermo- oder Photolyse von I in Phenylsenföl bzw. $CS_2$ entstehen 46% *2-Phenylimino-* bzw. 80% *2-Thiono-4.5.6.7-tetrachlorbenzothioxol*. Ebenso vollzieht sich die Addition an Thiobenzoesäure-O-äthylester in 58%ig. Ausbeute. — Durch bes. Stabilität zeichnet sich das **A** aus Diazoessigester (IV) aus, da hier die mit der Addition des **A** konkurrierende Wolffsche Umlagerung infolge der Wanderungsunfähigkeit der $OC_2H_5$-Gruppe unterbleibt. IV reagiert mit III bei 145° (bzw. in Ggw. von $CuSO_4$ bei 20° oder Cu-Pulver bei 80°) in 42%ig. (bzw. 20- oder 29%ig.) Ausbeute zu *2-Phenyl-5-äthoxyoxazol*. Cu u. seinen Verbb. kommt dabei eine Doppelfunktion zu: Es katalysiert den Zerfall der Diazoketone, stabilisiert jedoch die bei diesem Zerfall gebildeten **A**, wahrscheinlich infolge Komplex-Bldg., u. verhindert auf diese Weise die Wolffsche Umlagerung der **A** zu Ketenen. Bei der Thermolyse von Diazoacetophenon in Benzonitril entstehen als Haupt-Prodd. (über die Ketene) 32% *2.3-Dihydro-3.5-diphenylfuranon-(2)* u. 19% *3.3'-Bis-[2.3-dihydro-3.5-diphenylfuranon-(2)]*, als Neben-Prod. (über das **A**) 0,4% *2.5-Diphenyloxazol* (V). In Ggw. von Cu oder Cu-Verbb. läßt sich die Ausbeute an V auf 17% steigern. G. Pötzscher. B 225□

**Sekundäre Isotopeneffekte bei der Desoxymercurierung.** Maurice M. Kreevoy und Leroy T. Ditsch. (J. Amer. chem. Soc. **82.** 6127—29. 5/12. 1960. Minneapolis, Minn., Univ. of Minnesota, School of Chem.) (Engl.) — Vgl. C. **1961.** 1522 u. 8987.

Um festzustellen, in welchem Ausmaß die protonierte Ausgangs-Verb., der HgJ–Olefin-Komplex oder andere Strukturen (vgl. l. c.) am Übergangszustand der Desoxymercurierung Anteil haben, wurde *1-Jodmercuri-2-methoxyäthan* u. sein $D_{4(1.1.2.2)}$-*Deriv.* hergestellt u. das Verhältnis $k_H/k_D$ für die säurekatalysierte Desoxymercurierung (Spaltung mit wss. $HClO_4$) bestimmt. Es wurden wie l. c. k-Werte bei 25° in W (mit 2% Methanol-Geh.) nach Rkk. pseudo-1. Ordnung bestimmt. $k_H/k_D$ ergab sich zu 1,06. Hieraus u. aus bekannten Schwingungsfrequenzen der Substrate u. von Metall–Olefin-Komplexen läßt sich eine erhebliche Beteiligung eines Hg–Olefin-Komplexes am Übergangszustandskomplex ausschließen. Ebenso ist ein ausgeprägter Carboniumioncharakter im Übergangszustand wenig wahrscheinlich. Der kleine Isotopeneffekt läßt sich am besten mit einem dem Substrat ähnlichen Modell des Übergangszustandes erklären, bei dem die Methylen–Sauerstoff-Bindung gebrochen wird. W. Schramm. B 225

**Der Einfluß von Anilin und seinen Derivaten auf die Oxanilsäure.** Louis Watts Clark. (J. physic. Chem. **65.** 572—74. März 1961. Dodge City, Kans., St. Mary of the Plains Coll., Dep. of Chem.) (Engl.)

Vf. untersucht die Decarboxylierung der *Oxanilsäure* (I) in Anilin, o-Toluidin u. o-Äthylanilin als Lsgm. bei Temp. zwischen 130 u. 150°. Die Aktivierungsenthalpien $\Delta H^*$ (kcal/Mol) u. -entropien $\Delta S^*$ (cal/Grad·Mol) betragen in gleicher Reihenfolge der Lsgm. $\Delta H^*$ 49,8; $\Delta S^*$ 46,3—47,8; 39,9—45,5; 34,3. Die Ergebnisse zeigen, daß die I in polaren Lsgm. nach dem gleichen Mechanismus zerfällt, wie die Oxamid-, Oxal- u. Malonsäure. K. Frenkler. B 225□

**Synchrone Decarboxylierung und Dehydratisierung.** Donald S. Noyce, Paul A. King und Gar Lok Woo. (J. org. Chemistry **26.** 632—34. Febr. 1961. Berkeley, Calif., Univ. of California, Dep. of Chem.) (Engl.)

*β-p-Methoxyphenyl-β-hydroxypropionsäure* (I) geht beim Erwärmen mit 0,1n $H_2SO_4$ auf 45° unter Abspaltung von $H_2O$ u. $CO_2$ in *p-Methoxystyrol* (decarboxylierende Dehydratation) u. sehr wenig *p-Methoxyphenylmethylcarbinol* über (Rk. A). Bei höherer Acidität wird die säurekatalysierte Dehydratisierung unter Bldg. von *p-Methoxyzimtsäure* vorherrschend (Rk. B). Die Geschw. der Rk. A ist nahezu unabhängig, die der Rk. B fast linear abhängig vom pH-Wert. Als Mechanismus der Rk. A wird die Bldg. eines Zwitterions von I u. dessen Zerfall unter Elektronenwanderung angenommen.

Heinz Nestler. B 225□

**Die Geschwindigkeit der thermischen Zersetzung von 2.2'-Azo-bis-[isobuttersäuremethylester].** Horace A. Ory. (J. physic. Chem. **65.** 571–72. März 1961. Texas City, Tex., Monsanto Chem. Comp., Plastics Div.) (Engl.)

Vf. untersucht die therm. Zers. von *2.2'-Azo-bis-[isobuttersäuremethylester]* bei 53,6, 68,9, 84,5 u. 95,3°. Die Aktivierungsenergie beträgt 37,3 kcal/Mol, der Häufigkeitsfaktor 1,17 + $10^{19}$. K. Frenkler. B 225□

**Reaktionen von Alkoxyradikalen. 5. Mitt. Photolyse des Di-tert.-butylperoxyds.** Garnett McMillan und M. H. J. Wijnen. (Canad. J. Chem. **36.** 1227–32. Sept. 1958. Clarkwood, Tex., Celanese Corp. of America, Res. and Dev. Labor., Chem. Div.) (Engl.) — 4. vgl. C. **1959.** 2078; 6. vgl. C. **1961. 3623.**

Die Photolyse von *Di-tert.-butylperoxyd* (I) wird im Temp.-Bereich 25–79° untersucht. Als Rk.-Prodd. finden Vff. Aceton (II), tert.-Butylalkohol (III), Methyl-tert.-butyläther, Isobutylenoxyd, Äthan, Methan u. CO. Die Rkk., die zur Bldg. dieser Prodd. führen, werden diskutiert. Für die Rkk. $(CH_3)_3CO \rightarrow CH_3 + II$ (1) u. $(CH_3)_3CO + I \rightarrow III + R$ (2) wurde eine Differenz der Aktivierungsenergie $E_1 - E_2 = 3$ kcal/Mol gefunden. K. Frenkler. B 226□

**Photolyse des n- und Isopropylpropionats.** M. H. J. Wijnen. (Canad. J. Chem. **36.** 691–94. April 1958.) (Engl.) — Vgl. vorst. Referat.

Bei der Photolyse von *Propionsäure-n-propylester* bei Temp. zwischen 40 u. 170° werden als Prodd. erhalten: CO, $CO_2$, $CH_2O$, $C_2H_4$, $C_2H_6$, $C_3H_6$, $C_3H_8$, n-$C_4H_{10}$, n-$C_5H_{12}$, n-$C_3H_7OH$ u. $C_2H_5CHO$, bei derjenigen von *Propionsäureisopropylester*: CO, $CO_2$, $CH_4$, $C_2H_4$, $C_2H_6$, $C_3H_6$, $C_3H_8$, n-$C_4H_{10}$, iso-$C_4H_{10}$, iso-$C_5H_{12}$, $[CH(CH_3)_2]_2$, $CH_3CHO$, $CH_3CO \cdot CH_3$, $C_2H_5COCH_3$, $C_2H_5COC_2H_5$ u. iso-$C_3H_7OH$. Die Mechanismen, die zur Bldg. der beobachteten Prodd. führen, werden diskutiert. Die Unterss. zeigen, daß die n-Propoxyradikale auch bei 40° bereits sehr unbeständig sind, während die Isopropoxyradikale bei 33° relativ beständig sind. Diese Beständigkeit nimmt mit zunehmender Temp. ab. K. Frenkler. B 226□

**Über die thermische und durch Strahlung induzierte Kettenreaktion zwischen Methan und Äthylen.** P. J. Lucchesi und W. Bartok. (J. Amer. chem. Soc. **82.** 4108–09. 5/8. 1960. Linden, N.J., Esso Res. and Engng. Comp.) (Engl.)

Vff. untersuchen die homogene Gasphasen-Rk. zwischen *Methan* u. *Äthylen*. Während bei therm. Experimenten bei **343°** u. 55 at keine Umsetzung beobachtet wird, werden durch die γ-Strahlung einer 3200 c $^{60}$Co-Quelle $C_2H_6$, $C_3H_8$, $C_3H_6$, iso-$C_4H_{10}$, $C_4H_8$, iso-$C_5H_{10}$ u. $C_6H_{12}$ als Prodd. gefunden. Bei 426° laufen sowohl die therm. als auch die strahleninduzierte Rk. mit beträchtlicher Geschw. ab. Den Ergebnissen zufolge liegt eine therm. Rk. vor, die durch die Strahlung beschleunigt wird. Vff. nehmen als Mechanismus der Rk. einen Prozeß über freie Radikale an, der durch die bimol. Rk. $CH_4 + C_2H_4 \rightarrow CH_3\cdot + C_2H_5\cdot$ eingeleitet wird. K. Frenkler. B 226□

**Gasphasenradiolyse des n-Pentans.** Jean H. Futrell. (J. physic. Chem. **64.** 1634–36. Nov. 1960. Wright-Patterson Air Force Base, Ohio, Air Force Res. Div., Aeronautical Res. Labor.) (Engl.) — Vgl. C. **1960.** 12643.

Vf. untersucht die Gasphasenradiolyse des *n-Pentans* (I) unter der Einw. der γ-Strahlung einer 1500 c $^{60}$Co-Quelle. Unter den entstehenden Prodd. befinden sich (nach fallenden Ausbeuten geordnet) $H_2$, Propan, Äthylen, Äthan, Methan, Propylen Acetylen u. Butan deren G-Werte bestimmt werden. Die Ergebnisse stimmen im wesentlichen mit denen von Back u. Miller (C. **1959.** 13125) überein. Die Ausbeuten u. Prod.-Verteilung werden durch einen Mechanismus gedeutet, der über eine Ionisation des Mol., anschließende Aufspaltung sowie Rk. der Bruchstückionen mit I-Moll. oder Neutralisation der Prod.-Ionen untereinander verläuft, denen eine Rk. mit den bei diesen Prozessen gebildeten freien Radikalen folgt. K. Frenkler. B 226□

**Sekundärprozesse bei der Gasphasenradiolyse von Kohlenwasserstoffen.** Jean H. Futrell. (J. physic. Chem. **65.** 565–66. März 1961.) (Engl.) — Vgl. vorst. Referat.

Vf. untersucht die Gasphasenradiolyse von n-Paraffin-KW-Stoffen (*n-Pentan, n-Hexan*) unter der Einw. von $^{60}$Co-γ-Strahlen u. 2-MeV-van-de-Graaff-Elektronen. Die beobachteten Unterschiede in den Ergebnissen beruhen darauf, daß die van-de-Graaff-Elektronen monoenerget. sind, während die $^{60}$Co-γ-Strahlen Sekundärelektronen aus der Behälterwand erzeugen, die eine breite homogene Energieverteilung besitzen. Die wirksame Elektronenstrahlung unterscheidet sich damit bei beiden Vers.-Reihen erheblich in der Qualität. Weitere Unterschiede in den experimentellen Parametern bestehen im Hinblick auf die Strahlungsintensität u. die Target-Geometrie. K. Frenkler. B 226□

**Ferrocen als Radikalwegfänger bei der Radiolyse des Tetrachlorkohlenstoffs.** E. Collinson, F. S. Dainton und Hugh Gillis. (J. physic. Chem. **65.** 695–96. April 1961. Leeds, Univ., Dep. of Phys. Chem.) (Engl.)

Bei der Radiolyse von fl. entgastem $CCl_4$ in Ggw. von *Ferrocen* finden Vff. als Minimalwert für die Radikalausbeute $G_R$ 2,34. Als Strahlenquelle wurde $^{60}Co$ (Dosis $3 \cdot 10^{19}$ eV/Liter·s) verwendet. K. FRENKLER. B 226□

**Die Radiolyse des Benzols durch stark ionisierende Strahlungen.** Tino Gäumann und Robert H. Schuler. (J. physic. Chem. **65.** 703—04. April **1961.** Zürich, ETH; Pittsburgh, Pa., Mellon Inst.; Upton, N.Y., Brookhaven Nat. Labor.) (Engl.)

Vff. untersuchen die Radiolyse von *Bzl.* unter der Einw. von 18-MeV-Deuteronen u. 31-MeV-Heliumionen. Als Prodd. werden erhalten: $H_2$, Acetylen, Diphenyl, Phenylcyclohexadien-(2.5) u. -(2.4). Die Ergebnisse zeigen, daß die schweren Teilchen eine beträchtlich höhere Ausbeute an $H_2$ verursachen als schnelle Elektronen. Die Ausbeute an $C_{(12)}$-KW-Stoffen wird dagegen durch die schweren Teilchen kaum beeinflußt. K. FRENKLER. B 226□

**Thermische Reaktionen freier Radikale bei der Radiolyse flüssiger Kohlenwasserstoffe.** G. R. Freeman. (J. physic. Chem. **64.** 1576—77. Okt. 1960. Edmonton, Alberta, Univ., Dep. of Chem.) (Engl.)

Frühere Messungen des Vf. über die Radiolyse von fl. *Cyclohexen* (I), fl. *Cyclohexan* (II) u. Gemischen beider (vgl. Canad. J. Chem. **38.** [1960.] 1043 u. C. **1961.** 2581) werden kinet. betrachtet u. mit bekannten Daten über die Radiolyse von fl. n-$C_5H_{12}$ bzw. n-$C_6H_{14}$ sowie theoret. Betrachtungen WAGNERS (J. physic. Chem. **64.** [1960.] 231) in Beziehung gesetzt. Danach scheint es, daß das aus I gebildete II über freie Radikale u. das aus II gebildete I über Cyclohexyl-Radikale entsteht. Ferner stehen die Ergebnisse WAGNERS im Einklang mit der Annahme, daß Penten bei der Radiolyse von III durch Disproportionierung freier Radikale entsteht, für die ein Kopf–Schwanz-Mechanismus wahrscheinlicher ist als Kombination zweier Radikale u. nachfolgende Teilung unter H-Wanderung. Das Verhältnis der Geschw.-Konst. für Disproportionierung u. für Kombination beträgt in fl. II 1,84, nach Zusatz von Bzl. 1,86, u. entspricht damit dem Wert WAGNERS, 1,8, für geradkettige sek. Alkylradikale in der Gasphase. R. JUNGE. B 226□

**Die katalytische Wirksamkeit von Metallalkyl/Metallhalogenid-Komplexen.** A. G. Evans und G. D. T. Owen. (Chem. and Ind. **1960.** 47—48. 9/1. Cardiff, Univ. Coll., Chem. Dep.) (Engl.)

Bei der Einw. eines $TiCl_4$/Butyl-Li-Katalysators auf *1.1-Diphenyläthylen* (I) in Bzl. tritt keine Rk. von I ein, wenn die Reagentien zuvor sorgfältigst unter Hochvakuum gereinigt worden sind. Bei Zugabe von HCl erfolgt jedoch augenblicklich heftige Rk. unter quant. Bldg. des cycl. Dimeren von I, *3-Methyl-1.1.3-triphenylindan.* Diese Rk. wird, wie die Unterss. ergaben, nur durch das Gesamtkatalysator-Syst. Butyl-Li/$TiCl_4$/HCl/Bzl. bewirkt. K. LIENHARD. B 227□

## C. Präparative organische Chemie. Naturstoffe

**Reinigung von organischen Substanzen durch Zonenschmelzen.** J. H. Beynon und R. A. Saunders. (Brit. J. appl. Physics **11.** 128—31. März **1960.** Manchester, Imp. Chem. Ind. Ltd., Dyestuffs Div.) (Engl.)

Vff. beschreiben zunächst 3 App. für das Zonenschmelz-Verf., mit dem Substanzen mit FF. zwischen —10 u. +300° in Mengen von 0,5—9000 g gereinigt werden können. Mit den App. wurden Verss. an mehreren organ. Verbb. durchgeführt, von denen einige genauer besprochen werden. Eine *Benzoesäure* von 99,3% Reinheit hatte nach 7 Durchgängen der geschmolzenen Zone 99,97 ± 0,03% Reinheitsgrad. Bei der Reinigung von *1.4.5-Trichloranthrachinon* trat nach 30 Durchgängen eine grünliche Zone auf, die von *1.4.5.8-Tetrachloranthrachinon* herrührte. In *4-Chlor-2-nitroanilin* wurden als Verunreinigungen $C_6H_3 \cdot NH_2 \cdot Cl_2$, $C_6H_3 \cdot NO_2 \cdot Cl_2$, $C_6H_4 \cdot NH_2 \cdot Cl$ u. $C_6H_2NH_2 \cdot NO_2 \cdot Cl_2$ nachgewiesen. Nach 2 Durchgängen wurden in *2-Nitro-4-methylanilin* Spuren von $C_6H_4 \cdot NO_2 \cdot CH_3$ u. $C_6H_2 \cdot (CH_3)_3 \cdot NH_2$ identifiziert. *Skatol* verlor im Verlauf der Reinigung seinen unangenehmen Geruch. Bei *Rohnaphthalin* stieg der F. von anfänglich 73,5° auf 80,2°. Es wurden die folgenden Verunreinigungen durch Fraktionierung nachgewiesen: *Chrysen* oder Isomere, *Anthracen* oder *Phenanthren, Phenyltoluol* oder *Diphenylmethan, Fluoren, Dimethylnaphthalin, Acenaphthen, Acenaphthylen, Anethol* oder *Tetrahydro-o-naphthol, Methylnaphthalin, Thionaphthen, Tetrahydronaphthalin, Dihydronaphthalin, Cumol* oder ein *Trimethylbenzol, Indan* u. *Inden.* Aus *Anthracen* war *Carbazol* schwer zu entfernen; die Anfangs-Konz. von 0,80% konnte nach 32 Durchgängen auf 0,11% gesenkt werden. Als weitere Verunreinigungen wurden *Hexahydroanthracen* u. *Methylanthracen* identifiziert. *1-Amino-2-methylanthrachinon* enthielt als Verunreinigungen *Diaminomethylanthrachinon* u. *Aminodimethylanthrachinon. Chlormethoxybenzanthron, Dimethoxybenzanthron* u. *Chlorbenzanthron* wurden während des Reinigungsprozesses aus *3-Methoxybenzanthron* entfernt. Mit Erfolg konnten noch die folgenden Verbb. gereinigt werden: *Acetamid, Diphenylessigsäure, Phenoxyessigsäure, Aldrin, Anilin, 2-Methyl-4-nitroanilin, Antipyrin, N.N-Dimethyl-p-nitrosoanilin, Methylenanilin, p-Nitroanilin, p-Anisidin, Anthranilsäure, Anthrachinon, 1-Amino-2-cyananthrachinon, 1-Chlor-2-methylanthrachinon, 1.5-* u. *1.8-Dihydroxyanthrachinon, 1-Hydroxyanthrachinon, 1-Methylaminoanthrachinon, Azobenzol, 1.2-Benzanthracen, Benzamid, Bzl., Dibenzyl, Cetylalkohol, 2-Methyl-4-chlorphenol, 2.5-Dimethylphenol, 2-Cyancyclopentylidenimin, Fluorenon, 2.3-Dimethylindol, 1.3.5.7-Tetramethylindol, 1.2.3.5.7-Pentamethylindol, Maleinsäureanhydrid, Dichlormaleinsäureanhydrid, Phenanthren, 2-α-Methylcyclohexyl-4-methylphenol, p-tert.-Butylphenol, Pyrazolon, 1-p-Tolyl-3-methylpyrazolon-(5), Propen, Resorcin, Bernsteinsäure, Terephthalsäuredimethylester, Harnstoff* u. *δ-Cyanvaleriansäureamid.* C. Gottfried. 460

**Synthese von radioaktivem Dehydroepiandrosteron.** Marcel Gut und Milan Uskovič. (J. org. Chemistry **24**. 673—76. Mai 1959. Shrewsbury and Worcester, Mass., Clark Univ., Worcester Foundat. for Exp. Biol. and Chem. Dep.) (Engl.)

$^{14}C_{(4)}$-Testosteron wird mit Acetanhydrid u. Acetylchlorid in $^{14}C_{(4)}$-*3.17β-Diacetoxy-Δ*$^{3.5}$*-androstadien* übergeführt, das durch Red. mit $NaBH_4$ u. anschließende Verseifung mit methanol. HCl $^{14}C_{(4)}$-*Δ*$^{5}$*-Androsten-3β.17β-diol* (I) ergibt. Neben I entstehen $^{14}C_{(4)}$-*Δ*$^{3.5}$*-Androstadien-17β-ol* u. $^{14}C_{(4)}$-*Δ*$^{5}$*-Androsten-3α.17β-diol.* I ergibt mit $SOCl_2$ *Bis-[*$^{14}C_{(4)}$*-3β-chlor-Δ*$^{5}$*-androsten-17β-yl]-sulfit,* das mit $LiAlH_4$ zu $^{14}C_{(4)}$-*3β-Chlor-Δ*$^{5}$*-androsten-17β-ol* gespalten wird. Letzteres läßt sich mit $CrO_3$ in Essigsäure zu $^{14}C_{(4)}$-*3β-Chlor-Δ*$^{5}$*-androsten-17-on* (**II**) oxydieren. **II** gibt beim Kochen mit wasserfreiem Na-Acetat in Essigsäure $^{14}C$-*Δ*$^{5}$*-Dehydroepiandrosteron-3β-acetat* (**IV**). *Δ*$^{5}$-Androsten-3β.17α-diol (**III**) gibt mit $SOCl_2$ *3β.17α-Dichlor-Δ*$^{5}$*-androsten,* das instabil ist u. unter HCl-Abspaltung sofort in *3β-Chlor-Δ*$^{5.16}$*-androstadien* übergeht. Daneben entsteht in geringer Menge *Bis-[3β-Chlor-Δ*$^{5}$*-androsten-17α-yl]-sulfit,* das durch methanol. KOH oder $LiAlH_4$ in *3β-Chlor-Δ*$^{5}$*-androsten-17α-ol* übergeführt wird. Das unterschiedliche Verh. von I u. III wird auf die ster. Verhältnisse zurückgeführt. Tritiiertes **IV** wird durch katalyt. Hydrierung von 7α-Brom-3β-acetoxy-Δ$^{5}$-androsten-17-on mit Tritium gewonnen.

Versuche: $^{14}C_{(4)}$-*Testosteron,* nach Fujimoto (J. Amer. chem. Soc. **73**. [1951.] 1856). — $^{14}C_{(4)}$-*3.17β-Diacetoxy-Δ*$^{3.5}$*-androstadien,* F. 145—151° (Methanol mit einigen Tropfen Triäthylamin), nach Westpfahl [1936] aus vorst. Verb.; $[\alpha]_D^{23}$ —147° (Chlf.). — $^{14}C_{(4)}$-*Δ*$^{5}$*-Androsten-3β.17β-diol* (I), F. 175—178° (Bzl.), durch 2tägiges Stehen von vorst. Verb. u. $NaBH_4$ in Methanol bei 25° unter gelegentlichem Schütteln, Eindampfen zur Trockne, Aufnehmen in Chlf., Waschen mit 2n HCl, 2n $Na_2CO_3$ u. W., Eindampfen, Aufnehmen in 95%ig. A., 2tägiges Kochen mit konz. HCl unter $N_2$, Eindampfen zur Trockne, Aufnehmen in Chlf., Waschen wie oben, Eindampfen, Aufnehmen in wenig Bzl. u. Chromatographie an Silicagel; 35% (Ausbeute); daneben $^{14}C_{(4)}$-*Δ*$^{3.5}$*-Androstadien-17β-ol* u. $^{14}C_{(4)}$-*Δ*$^{5}$*-Androsten-3α.17β-diol* (F. 199—205°). — *Bis-[*$^{14}C_{(4)}$*-3β-Chlor-Δ*$^{5}$*-androsten-17β-yl]-sulfit,* $C_{38}H_{56}Cl_2O_3S$, F. 231—232° (Zers.; Aceton), durch Zugabe von $SOCl_2$ zu I, 1 Min. langes Schütteln unter Feuchtigkeitsausschluß, Eindampfen zur Trockne u. 2tägiges Stehen im Vakuumexsiccator über KOH; $[\alpha]_D$ —122° (c = 0,895; Chlf.); 82%. — $^{14}C_{(4)}$-*3β-Chlor-Δ*$^{5}$*-androsten-17β-ol,* F. 160—163°, durch mehrstd. Kochen vorst. Verb. mit $LiAlH_4$ in Ae. unter Feuchtigkeitsausschluß, Zugabe von Essigester, Eindampfen der organ. Lsg. u. Chromatographie an Silicagel; aus Bzl./Essigester Prismen; $[\alpha]_D^{23}$ —41 ± 3° (c = 1,11; Chlf.). — $^{14}C_{(4)}$-*3β-Chlor-Δ*$^{5}$*-androsten-17-on* (**II**), F. 155—157°, durch 10 Min. lange Oxydation vorst. Verb. mit $CrO_3$ in 90%ig. wss. Essigsäure, Zugabe von einigen Tropfen Methanol, Eindampfen zur Trockne, Aufnehmen mit Bzl., Chromatographie an Silicagel u. Eluieren mit Bzl./Ae.; 81%. — $^{14}C_{(4)}$-*Δ*$^{5}$*-Dehydroepiandrosteron-3β-acetat* (**IV**), F. 169—171°, durch Zugabe von wasserfreiem Na-Acetat zu 80 mg **II** in Essigsäure, 18std. Kochen, Extrahieren mit Bzl., Einengen, Chromatographie an Silicagel u. Eluieren mit Bzl./Essigester; 76 mg. — *3β-Chlor-Δ*$^{5.16}$*-androstadien,* $C_{19}H_{27}Cl$, F. 74—76°, durch Zugabe von $SOCl_2$ zu III bei —70° unter Feuchtigkeitsausschluß (3 Min.), Eindampfen bei —20°, 2wöchiges Stehen über KOH, Chromatographie an Silicagel u. Eluieren mit Hexan; sublimiert bei 35°/0,01 Torr; $[\alpha]_D^{21}$ —115 ± 3° (c = 1,385; Aceton); 16%. — *Bis-[3β-chlor-Δ*$^{5}$*-androsten-17α-yl]-sulfit,* F. 235—236°, neben vorst. Verb. aus den Bzl.-Eluaten; 7%. — *3β-Chlor-Δ*$^{5}$*-androsten-17α-ol,* $C_{19}H_{29}ClO$, F. 140—141°, a) durch 2std. Stehen vorst. Verb. mit 5%ig. methanol. KOH bei 25°, Extrahieren mit Ae., Eindampfen, Chromatographie an Silicagel u. Eluieren mit Bzl./Ae.; $[\alpha]_D^{20}$ —82 ± 3° (c = 0,815; Chlf.); 11%; b) analog a) mit $LiAlH_4$; daneben vorvorst. Verbindung. — *7α-Brom-3β-acetoxy-Δ*$^{5}$*-androsten-17-on,* nach Antonucci u. Mitarbeitern (C. **1953**. 3249). — $^{3}H_{(7\alpha?)}$-*Δ*$^{5}$*-Dehydroepiandrosteron-3β-acetat,* F. 168 bis

171° (Methanol), durch 1 std. Schütteln vorst. Verb. mit Tritium in Ggw. von 5%ig. $Pd/CaCO_3$, Filtrieren, Eindampfen, mehrstd. Hydrolysieren mit 1n methanol. NaOH bei Raum-Temp., Chromatographie an Silicagel u. Eluieren mit Bzl./Essigester; 57%. P. Golinske. 480□

**Untersuchungen auf dem Gebiet konjugierter Systeme.** 105. Mitt. **Telomerisation von Divinyl mit Chloroprenhydrochlorid [1.3-Dichlorbuten-(2)].** A. A. Petrow, Ch. W. Baljan, L. I. Bunina-Kriworukowa und T. W. Jakowlewa. (Журнал Общей Химии [J. allg. Chem.] 29 (91). 2518—21. Aug. 1959. Leningrad, Lensowjet-Inst. für Technol.) (Russ.) — 101. vgl. C. **1961.** 14965.

Bei der Telomerisation von Divinyl (I) mit 1.3-Dichlorbuten-(2) (II) in Ggw. von $SnCl_4$ findet im Gegensatz zu den Feststellungen von Klebanski u. Mitarbeitern (C. **1960.** 1465) sowohl 1.2- als auch 1.4-Anlagerung statt, so daß *3.7-Dichloroctadien-(1.6)* (III) u. *1.7-Dichloroctadien-(2.6)* (IV) entstehen. Als Rk.-Prodd. werden in fast gleicher Menge 2 Hauptfraktionen der Zus. $C_8H_{12}Cl_2$ erhalten, die beide Mischungen von III u. IV darstellen, deren IR-Spektren aber zeigen, daß in der Fraktion mit $Kp._{10}$ 89—91° (A) III u. in der Fraktion mit $Kp._{10}$ 98—102° (B) IV als Bestandteil überwiegt u. A außerdem in geringer Menge eine Carbonyl-Verb. enthält. Denselben Schluß über die Zus. von A bzw. B gestattet das Ergebnis der mit ihnen durchgeführten Sommelet-Rk., bei der aus A bzw. B durch IR-Spektrum u. *2.4-Dinitrophenylhydrazon* identifiziertes *7-Chloroctadien-(2.6)-al*(V) in 28—29%ig. bzw. 78%ig. Ausbeute erhalten wird u. bei der laut IR-Spektrum prakt. von IV freies, aber mit Carbonyl-Verbb. verunreinigtes III zurückbleibt. Die Hydrierung des gesamten Addukts der Zus. $C_8H_{12}Cl_2$ an $Pd/CaCO_3$ führt zu *n-Octan*, in dessen IR-Spektrum Frequenzen des 3-Methylheptans nicht festgestellt werden, woraus sich ergibt, daß II zum Unterschied vom Crotylchlorid sich nicht in merklicher Menge in Form seines Allylisomeren [3.3-Dichlorbuten-(1)] an I anlagert. Bei Durchführung der Telomerisation unter den von Klebanski u. Mitarbeitern (l. c.) angeführten Bedingungen u. entsprechender Aufarbeitung werden in bedeutend geringerer Ausbeute eine Fraktion der Zus. $C_8H_{12}Cl_2$ mit $Kp._{10}$ 75—95° (C) u. außerdem ein *2.4-Dinitrophenylhydrazon*, $C_{14}H_{17}$·$ClN_4O_4$, erhalten. Die IR-Spektren von A, B, der nicht im Urotropin reagierenden Rückstände von A u. B sowie von V u. C sind angegeben.

Versuche: Aus 108 g I u. 250 g II in 200 ml Methylenchlorid durch Zusatz von 7,8 g $SnCl_4$ in 10 ml Methylenchlorid bei —5°, 6½ std. Rk. bei 20—23° bis zum Zuwachs der Dichte um 0,076, Abbruch der Telomerisation mit Pyridin u. Dest.; neben 88 g höherer Telomere 30 g Prodd. der Zus. $C_8H_{12}Cl_2$, die durch fraktionierte Dest. bei 10 mm bei Einsatz von 36,2 g in folgende Fraktionen zerlegt werden: 1. Fraktion, $Kp._{10}$ 89°; 3,8 g; 2. Fraktion (A), $C_8H_{12}Cl_2$, $Kp._{10}$ 89—91°; $D._4^{20}$ 1,0560; $n_D^{20}$ 1,4830; 8,4 g. 3. Fraktion, $Kp._{10}$ 91—98°; 3,1 g. 4. Fraktion (B), $C_8H_{12}Cl_2$, $Kp._{10}$ 98—102°; $D._4^{20}$ 1,0642; $n_D^{20}$ 1,4920; 10,4 g. 5. Fraktion, $Kp._{10}$ 102—110°; 2,5 g. Rückstand 5,2 g. — *7-Chloroctadien-(2.6)-al* (V), $C_8H_{11}ClO$, $Kp._{10}$ 107—109°, a) aus A durch Sommelet-Rk. in 100 Std.; $D._4^{20}$ 1,0391; $n_D^{20}$ 1,4970; 28—29% (Ausbeute); daneben Rückstand, $C_8H_{12}Cl_2$, $Kp._{10}$ 80—85°; $D._4^{20}$ 1,0463; $n_D^{20}$ 1,4794; b) analog aus B; 78%; daneben Rückstand, $C_8H_{12}Cl_2$, $Kp._{10}$ 80—90°; $D._4^{20}$ 1,0570; $n_D^{20}$ 1,4808. *2.4-Dinitrophenylhydrazon*, $C_{14}H_{15}$·$ClN_4O_4$, F. 147—148° (A.). — *n-Octan*, Kp. 124—125,5°, aus 13,7 g der vereinigten Fraktionen 1—4 durch Hydrierung in Ggw. von 23 g $Pd/CaCO_3$; $D._4^{20}$ 0,7058; $n_D^{20}$ 1,3990; 3,7 g. — Aus 23 g I u. 125 g II in Ggw. von $FeCl_3$ nach Klebanski (l. c.) Fraktion C, $C_8H_{12}Cl_2$, $Kp._{10}$ 75—95°; $D._4^{20}$ 1,0960; $n_D^{20}$ 1,4852; 2,2 g, u. *2.4-Dinitrophenylhydrazon*, $C_{14}H_{17}ClN_4O_4$, F. 133—135° (A.). Ch. Böhme. 520□

**Untersuchungen auf dem Gebiet konjugierter Systeme.** 107. Mitt. **Über die Anlagerung von Chlorjod an Vinylacetylen-Kohlenwasserstoffe.** 30. Mitt. **über Enin-Verbindungen.** A. A. Petrow und Ju. I. Porfirjewa. (Журнал Общей Химии [J. allg. Chem.] 29 (91). 2830—37. Sept. 1959.) (Russ.) — 106. vgl. C. **1961.** 15337; 105. vgl. vorst. Ref.; 102. bzw. 28. vgl. C. **1961.** 14965.

Die Anlagerung von Chlorjod (I) an Vinylacetylen (II) erfolgt hauptsächlich in 1.4-Stellung u. an der Acetylenbindung u. führt zu *1-Jod-4-chlorbutadien-(1.2)* (III) u. zu einem Gemisch von *1-Jod-2-chlorbutadien-(1.3)* u. *1-Jod-2-chlorbutin-(3)*, wobei zur Erlangung einer genügenden Ausbeute ein Überschuß an II verwendet werden muß. Propenylacetylen (IV) lagert I hauptsächlich an der Acetylenbindung an, wobei *1-Jod-2-chlorpentadien-(1.3)* neben durch 1.4-Addition entstehendem *1-Jod-4-chlorpentadien-(1.2)* gebildet wird. Dagegen wird I bei Rk. mit Vinylmethylacetylen [Penten-(1)-in-(3)] bzw. Vinyläthylacetylen [Hexen-(1)-in-(3)] fast ausschließlich an der Doppelbindung angelagert unter Bldg. von *1-Jod-2-chlorpentin-(3)* bzw. *1-Jod-2-chlorhexin-(3)*, die durch alkohol. Alkali unter HJ-Abspaltung in *2-Chlorpenten-(1)-in-(3)* (V) bzw. *2-Chlor-*

*hexen-(1)-in-(3)* übergehen. Auch beim Isopropenylacetylen (**VI**) besteht die Rk. mit **I** in einer Addition an der Doppelbindung, wobei *1-Jod-2-chlor-2-methylbutin-(3)* (**VII**), allerdings im Gemisch mit *1-Jod-2-chlor-3-methylbutadien-(1.3)* (**VIII**), entsteht. Daß es sich bei **VIII** um das Prod. der unmittelbaren Anlagerung von **I** an die Acetylenbindung handelt u. nicht um das isomere, evtl. durch Isomerisation von **VII** entstandene 1-Chlor-2-jod-3-methylbutadien-(1.3) wird aus dem IR-Spektrum des durch Einw. von alkohol. Alkali erhaltenen Rk.-Gemisches auf Grund von Frequenzen bewiesen, die sich dem 1-Jod-3-methylbuten-(3)-in-(1) zuschreiben lassen, das nur aus **VIII** entstanden sein kann. Die Art der Anlagerung von **I** an Vinylacetylen-KW-Stoffe entspricht qual. den Verhältnissen bei der Anlagerung von Brom u. unterscheidet sich von denen bei der Anlagerung von Jod, so daß man einen ion. Rk.-Mechanismus anzunehmen hat. Geringe Unterschiede zwischen der Addition von **I** u. der von Brom erklären sich aus der Polarität von **I** u. den verschiedenen Rk.-Bedingungen. Das unterschiedliche Rk.-Verh. der Vinylacetylen-KW-Stoffe ist auf Elektronenverschiebung im konjugierten Enin-Syst. unter dem Einfl. der verschieden angeordneten Alkylgruppen zurückzuführen, was in der Erniedrigung der Dipolmomente von **VI** u. der Vinylalkylacetylene u. der Erhöhung des Dipolmoments von **IV** im Vgl. mit **II** seine Bestätigung findet. Die IR-Spektren der dargestellten Verbb. sind angegeben u. dienen, wie auch die Prüfung auf Stabilität gegenüber alkohol. Alkali, zur Best. der Konstitution.

Versuche: *1-Jod-4-chlorbutadien-(1.2)* (**III**), $C_4H_4ClJ$, Kp.$_5$ 63—64°, aus 97,6 g **II** (5,5—7facher Überschuß) in Chlf. durch Zutropfen von 48,8 g **I** in Chlf. bei —5 bis —10° unter Rühren u. anschließende Dest. im Vakuum; D.$_4^{20}$ 1,9626; $n_D^{20}$ 1,6280; 8,5 g (Ausbeute); spaltet beim 2std. Stehen mit 5%ig. alkohol. KOH 79,8% Cl u. 25,5% J ab. Daneben Gemisch von *1-Jod-2-chlorbutadien-(1.3)* u. *1-Jod-2-chlorbutin-(3)*, $C_4H_4ClJ$, Kp.$_5$ 39—40°; D.$_4^{20}$ 1,8920; $n_D^{20}$ 1,5986; 3,1 g; spaltet beim 2std. Stehen mit 5%ig. alkohol. KOH 28,6% Cl u. 32,9% J ab. — *1-Jod-2-chlorpentadien-(1.3)*, $C_5H_6ClJ$, Kp.$_4$ 58,5 bis 59°, aus 13,2 g **IV** (2facher Überschuß; Gemisch etwa gleicher Mengen cis- u. trans-Form) in 150 ml Chlf. durch Zugabe von 16,2 g **I** in 50 ml Chlf. analog **III**, Dest. des nicht reagierten **IV** u. eines Teils des Chlf. im Vakuum u. Zusatz von weiteren 8 g **I** in Chlf. unter denselben Bedingungen zum Destillat; D.$_4^{20}$ 1,7504; $n_D^{20}$ 1,5900; 10 g; spaltet beim Stehen mit 4fachem Überschuß an 10%ig. alkohol. KOH ca. 50% Halogen ab. Daneben eine Fraktion [Gemisch von *1-Jod-2-chlorpentadien-(1.3)* u. *1-Jod-4-chlorpentadien-(1.2)* (?) mit Kp.$_4$ 59—75°; $n_D^{20}$ 1,6000; 3,2 g. — *1-Jod-2-chlorpentin-(3)*, $C_5H_6ClJ$, Kp.$_5$ 71—73°, aus 33 g Vinylmethylacetylen u. 40,5 g **I** analog **III**; D.$_4^{20}$ 1,7910; $n_D^{20}$ 1,5692; 14,7 g. — *2-Chlorpenten-(1)-in-(3)* (**V**), $C_5H_5Cl$, Kp.$_{100}$ 52—53°, aus 14 g vorst. Verb. u. 5 g KOH in 35 ml A. durch 24std. Stehen bei Raum-Temp. u. Wasserdampf-Dest.; D.$_4^{20}$ 0,9911; $n_D^{20}$ 1,4842; 2,3 g. — *1-Jod-2-chlorhexin-(3)*, $C_6H_8ClJ$, Kp.$_5$ 78 bis 79°, aus 46 g Vinyläthylacetylen (2facher Überschuß) u. 46,2 g **I** analog **III**; D.$_4^{20}$ 1,6967; $n_D^{20}$ 1,5000; 16 g. — *2-Chlorhexen-(1)-in-(3)*, $C_6H_7Cl$, Kp.$_{100}$ 68—70°, aus 15,5 g vorst. Verb. u. 5,5 g KOH in 35 ml A. analog **V**; D.$_4^{20}$ 0,9693; $n_D^{20}$ 1,4830; 2 g. — Gemisch von *1-Jod-2-chlor-2-methylbutin-(3)* (**VII**) mit *1-Jod-2-chlor-3-methylbutadien-(1.3)* (**VIII**), $C_5H_6ClJ$, Kp.$_5$ 46—46,5°, aus 26 g **VI** (2facher Überschuß) u. 32 g **I**; D.$_4^{20}$ 1,7337; $n_D^{20}$ 1,5498; 8,4 g; 12 g liefern mit 4,2 g KOH in A. durch 24std. Stehen bei Raum-Temp. unter Abspaltung von 34% Cl u. 8,8% J 1 g einer Fraktion mit Kp.$_{100}$ 90—100°; D.$_4^{20}$ 1,7142; $n_D^{20}$ 1,5642 u. 1,2 g einer Fraktion mit Kp.$_{100}$ 100—105°; D.$_4^{20}$ 1,7514; $n_D^{20}$ 1,5680. Daneben 4 g einer Fraktion, $C_5H_6ClJ$, Kp.$_5$ 46,5—56°; D.$_4^{20}$ 1,7157; $n_D^{20}$ 1,5492. Ch. Böhme. 520□

**Über einige Diinverbindungen in der aliphatischen Reihe.** Jean-François Labarre. (C. R. hebd. Séances Acad. Sci. **252**. 1169—71. 20/2. 1961. Toulouse, Fac. des Sci., Labor. de Chim. Gén. et Minér.) (Franz.)

Durch Rk. der MgBr-Derivv. von Hexadiin-(1.3) (**I**) bzw. Octadiin-(1.3) (**II**) mit Aceton in Tetrahydrofuran entstehen *2-Methyloctadiin-(3.5)-ol-(2)* (**III**) bzw. *2-Methyldecadiin-(3.5)-ol-(2)* (**IV**). Dehydratisierung von **IV** ergibt *2-Methyldecadiin-(3.5)-en-(1)* (**V**). Ein analoges Prod. aus **III** läßt sich nicht isolieren. Von **III**, **IV** u. **V** wurden die IR-Spektren aufgenommen.

Versuche: *1.4-Dichlorbutin-(2)*, Kp.$_{16}$ 66°, aus Butin-(2)-diol-(1.4) in trocknem Pyridin durch sehr langsames Zutropfen von $SOCl_2$, Extraktion mit Ae. u. Stehen über Nacht; D.$_4^{20}$ 1,2613; 70% (Ausbeute). — *Hexadiin-(1.3)* (**I**), Kp.$_{135}$ 54°, durch langsame Zugabe von vorst. Verb. zu einer Lsg. von $NaNH_2$ in fl. $NH_3$, anschließendes Hinzufügen von Äthyljodid, Verdampfen des $NH_3$, Aufnehmen in Ae. u. Filtration; D.$_4^{20}$ 0,7821; $n_D^{20}$ 1,4732; 48%. — *2-Methyloctadiin-(3.5)-ol-(2)* (**III**), $C_9H_{12}O$, Kp.$_{0,6}$ 72°, durch Zutropfen von **I** zu einer Lsg. von Äthyl-MgBr in Tetrahydrofuran u. anschließende Zugabe von Aceton; D.$_4^{20}$ 0,8700; $n_D^{20}$ 1,4952; 62%. — *Octadiin-(1.3)* (**II**), Kp.$_{47}$ 50°,

Kp.$_{73}$ 74°, analog I; D.$_4^{20}$ 0,8160; $n_D^{20}$ 1,4735. — *2-Methyldecadiin-(3.5)-ol-(2)* (IV), $C_{11}H_{16}O$, Kp.$_{0,6}$ 86°, aus II analog III; D.$_4^{20}$ 0,8973; $n_D^{20}$ 1,4981; 69%. — *2-Methyl-decadiin-(3.5)-en-(1)* (V), $C_{11}H_{14}$, Kp.$_{13}$ 104°, durch Zutropfen von $POCl_3$ in Pyridin zu IV in Pyridin (exotherme Rk.), Gießen auf Eis u. Ae.-Extraktion; D.$_4^{20}$ 0,8244; $n_D^{20}$ 1,5135; 38%. H. G. Henkel. 560□

**Neue Synthese des Octandiols-(1.8).** Olivier Riobé und Lucien Gouin. (C. R. hebd. Séances Acad. Sci. **252.** 1330—32. 27/2. 1961. Angers, Univ. Cathol. de l'Ouest.) (Franz.)

2-Chlortetrahydropyran (I) kondensiert sich leicht mit MgBr-Verbb. von Acetylenen, wie z. B. 1-Methoxypropin-(2) (II) u. 2-Propargyloxytetrahydropyran. Durch Hydrierung der Dreifachbindung des so erhaltenen *1-Methoxy-4.8-epoxyoctins-(2)* (III), Öffnen des Heterocyclus durch Acetanhydrid, Hydrierung u. Verseifung kann *Octandiol-(1.8)* erhalten werden.

Versuche: *1-Methoxypropin-(2)* (II), $C_4H_6O$, nach Reppe u. Mitarbeitern (C. **1956.** 3537). — *1-Methoxy-4.8-epoxyoctin-(2)* (III), $C_9H_{14}O_2$, Kp.$_{16}$ 106°, aus II mit Äthyl-MgBr in Tetrahydrofuran (THF) u. Kondens. der entstandenen MgBr-Verb. mit I; D.$_4^{15}$ 1,004; $n_D^{15}$ 1,4738; 78% (Ausbeute). — *1-Methoxy-4.8-epoxyoctan* (IV), $C_9H_{18}O_2$, Kp.$_{30}$ 101°, aus III durch Hydrierung über Raney-Ni; D.$_4^{21}$ 0,927; $n_D^{21}$ 1,4407; 86%. — *Gemisch der Diacetate von Octen-(3)- u. -(4)-diol-(1.8)*, $C_{12}H_{20}O_4$, Kp.$_{10}$ 150—160°, aus IV u. Acetanhydrid in Ggw. von $ZnCl_2$ bei 200° im Rohr. — *Octandiol-(1.8)-diacetat*, $C_{12}H_{22}O_4$, Kp.$_{12}$ 154°, aus vorst. Gemisch durch Hydrierung unter Druck in Ggw. von Raney-Ni; D.$_4^{18}$ 0,987; $n_D^{18}$ 1,4370; ca. 100%. — *Octandiol-(1.8)*, $C_8H_{18}O_2$, F. 61° (Bzl.), aus vorst. Verb. durch Verseifung mit wss.-alkohol. KOH u. Ae.-Extraktion; ca. 100%. *Diphenyl-urethan*, $C_{22}H_{28}N_2O_2$, F. 170°. — *2-Propargyloxytetrahydropyran*, $C_8H_{12}O_2$, nach Jones u. Mann (C. **1956.** 110); D.$_4^{14}$ 1,016; $n_D^{14}$ 1,4602. — *4.8-Epoxyoctin-(2)-ol-(1)* (V), $C_8H_{12}O_2$, Kp.$_{17}$ 145°, a) aus vorst. Verb. mit Äthyl-MgBr in THF, Kondens. mit I u. Säure-hydrolyse; 45%; b) aus Trioxymethylen u. der MgBr-Verb. des 2-Äthinyltetrahydro-pyrans; D.$_4^{15}$ 1,060; $n_D^{15}$ 1,4921. *Acetat* (VI), $C_{10}H_{14}O_3$, Kp.$_{17}$ 140°; D.$_4^{16}$ 1,070; $n_D^{20}$ 1,4740; 87%. — *4.8-Epoxyoctanol-(1)*, $C_8H_{16}O_2$, Kp.$_{23}$ 125°, aus V analog IV; D.$_4^{21,5}$ 0,989; $n_D^{21,5}$ 1,4623; 78%. *Acetat*, $C_{10}H_{18}O_3$, Kp.$_{21}$ 126°, a) aus dem Alkohol; 93%; b) aus VI durch Raney-Ni-Hydrierung; 85%; D.$_4^{21,5}$ 1,002; $n_D^{21,5}$ 1,4461. — *1-Methoxy-4.8-epoxyocten-(2)*, $C_9H_{16}O_2$, Kp.$_{18}$ 95°, aus III durch partielle Hydrierung; D.$_4^{19}$ 0,958; $n_D^{19}$ 1,4590; 82%. — *1-Methoxy-2.3-dibrom-4.8-epoxyoctan*, $C_9H_{16}Br_2O_2$, Kp.$_{14}$ 157°, aus vorst. Verb. u. $Br_2$; sehr licht- u. feuchtigkeitsempfindlich; D.$_4^{17}$ 1,598; $n_D^{17}$ 1,5203. H. G. Henkel. 570□

**Eine Synthese unsymmetrischer aliphatischer Disulfide.** Richard G. Hiskey, F. I. Carroll, Robert M. Babb, James O. Bledsoe, Reginald T. Puckett und Bryan W. Roberts. (J. org. Chemistry **26.** 1152—55. April 1961. Chapel Hill, N.C., Univ., Venable Chem. Labor.) (Engl.)

*5-Phenyl-2.3-dithiapentansäuremethylester* (I) konnte durch Rk. von 3.4-Dithiahexan-disäuredimethylester-3-oxyd mit Benzylmercaptan nicht dargestellt werden; ebenso-wenig gelang die Darst. von α-Benzoyl-α′-carbomethoxydimethyldisulfid aus Mercapto-essigsäuremethylester u. Thioschwefelsäure-S-monophenacylester. Unsymm. aliphat. Di-sulfide konnten durch Rk. eines Mercaptans mit Dirhodan zu Alkylsulfenylrhodaniden u. Austausch der Rhodangruppe durch ein zweites Mercaptan dargestellt werden. *Äthylsulfenylrhodanid* zersetzt sich bei 0° in 15—30 Min.; mit W. oder Alkoholen tritt ebenfalls Zers. ein, während mit Thiophenol bei 0° in 71%ig. Ausbeute *1-Phenyl-1.2-dithiabutan* entstand. Die Sulfenylrhodanide wurden ohne Isolierung weiter um-gesetzt. I wurde in 58%ig. Ausbeute durch Rk. von Carbomethoxymethansulfenyl-rhodanid (II) mit Benzylmercaptan erhalten; die Rk. von Benzylsulfenylrhodanid (III) mit Mercaptoessigsäuremethylester lieferte I in 45,5%ig. Ausbeute. Die 2. Rk.-Stufe ist von den ster. Verhältnissen abhängig. *[Carbomethoxymethyl]-tert.-butyldisulfid* wurde aus II in 60,8%ig. Ausbeute, aus tert.-Butylsulfenylrhodanid in 22,9%ig. Ausbeute erhalten. Der Austausch des Rhodanrests gegen ein Mercaptan verläuft in Ae. mit besserer Ausbeute als in Dioxan; in $CH_3OH$ trat Disulfid-Bldg. aus dem Sulfenyl-rhodanid allein ein; der Austausch trat in Ae. jedoch auch mit der unlösl. α-Mercapto-bernsteinsäure ein. III zersetzt sich oberhalb 0°, durch Temp.-Erniedrigung auf —80° konnte die Ausbeute erhöht werden. Die Darst. von I gelang mit optimaler Ausbeute bei —15°; bei tieferen Temp. blieb die Rk. unvollständig. Benzyl-β-hydroxyäthyldisulfid disproportioniert sich bei Raum-Temp. rasch; die übrigen dargestellten Disulfide sind bis 170 bzw. 200° stabil.

Versuche: *α-Phenäthylmercaptan*, Kp.$_5$ 75—77°, aus α-Phenäthylbromid; 51,5% (Ausbeute). — *p-Nitrobenzylmercaptan*, F. 51—52°, aus p-Nitrobenzylchlorid; 52,5%. —

*5-Phenyl-3.4-dithiahexansäuremethylester* (IV), Kp.$_{0,2}$ 120°, durch Zugabe von 0,4 Mol NaCNS in kaltem W. zu 0,214 Mol $Pb(NO_3)_2$ in eiskaltem W., Filtrieren, Waschen mit Eiswasser, Trocknen im Vakuum über $P_2O_5$ unter Lichtausschluß, Suspendieren in Ae., Zugabe von 0,116 Mol $Br_2$ in kaltem Ae. bei 5—10° unter Rühren, Stehen, Dekantieren, Kühlen auf 5—10°, Zutropfen von 0,1 Mol vorvorst. Verb. in Ae. innerhalb 2 Std. unter Rühren, Zugabe von 0,1 Mol Mercaptoessigsäuremethylester in Ae. innerhalb 30 Min., 30 Min. langes Rühren bei 5—10°, 1 std. Rühren bei Raum-Temp. u. Waschen mit W.; $n_D^{25}$ 1,5689; D.$^{25}$ 1,1795; 62,5%. — *5-Phenyl-3.4-dithiapentan-1.2-dicarbonsäure*, F. 147 bis 148° (Äthylacetat–Bzl.), analog IV durch portionsweise Zugabe von 0,1 Mol α-Mercaptobernsteinsäure zu III in Ae. innerhalb 1 Std. unter Rühren, 1 std. Rühren, Waschen u. Eindampfen; 51,5%. — *5-Phenyl-3.4-dithiapentansäuremethylester* (I), Kp.$_{0,2}$ 120°, a) analog IV durch Kühlen der Dirhodan-Lsg. auf —80°, Zugabe von Benzylmercaptan in Ae. innerhalb 1 Std., 30 Min. langes Rühren, Waschen mit Eiswasser, Trocknen bei 0°, Eindampfen im Vakuum unter $N_2$ bei —8°, Lösen von 0,068 Mol des erhaltenen *Benzylsulfenylrhodanids* (III; 85,5%) in Dioxan bei 0°, Zugabe von 0,068 Mol Mercaptoessigsäuremethylester in Dioxan, 2½ std. Rühren unter Erwärmen auf Raum-Temp., Abdestillieren des Dioxans im Vakuum, Lösen in Ae. u. Waschen; 52%; b) analog a) aus Benzylmercaptan, Lösen des erhaltenen III (94,1%) in Ae., Zugabe zu Mercaptoessigsäuremethylester in Ae. bei —10° u. 2½ std. Rühren; $n_D^{25}$ 1,5770; D.$^{25}$ 1,2045; 70,05%; c) analog a) über *Carbomethoxymethylsulfenylrhodanid* (II); 58%. — *5-p-Nitrophenyl-3.4-dithiapentansäuremethylester*, F. 52,5—53° (Ae.-PAe.), analog IV; 54,7%. — *5-p-Methoxyphenyl-3.4-dithiapentansäuremethylester*, Kp.$_{0,15}$ 142°, analog IV; $n_D^{25}$ 1,5762; D.$^{25}$ 1,2406; 48,0%. — *1-Phenyl-2.3-dithianonan*, Kp.$_{0,3}$ 117°, analog IV; $n_D^{25}$ 1,5487; D.$^{25}$ 1,0143; 59,5%. — *Benzyl-tert.-butyldisulfid*, Kp.$_{0,3}$ 87°, analog IV; $n_D^{25}$ 1,5636; D.$^{25}$ 1,0537; 62,0%. — *n-Hexyl-[carbomethoxymethyl]-disulfid*, Kp.$_{0,2}$ 86°, analog IV; $n_D^{25}$ 1,4939; D.$^{25}$ 1,0566; 73,0%. — *tert.-Butyl-[carbomethoxymethyl]-disulfid*, Kp.$_{0,15}$ 56°, analog IV über Carbomethoxymethylsulfenylrhodanid bzw. tert.-Butylsulfenylrhodanid; $n_D^{25}$ 1,4995; D.$^{25}$ 1,0966; 60,8 bzw. 22,9%. — *N.N-Diphenylthiocarbaminsäurecarbomethoxymethylester*, $C_{16}H_{15}NO_3S$, F. 116—117°, analog I nach a) durch Überführen von Benzylmercaptan in III (88,4%), Isolieren, Lösen in $CH_3OH$ bei 0°, Zugabe von Mercaptoessigsäuremethylester in kaltem $CH_3OH$, 2½ std. Rühren, Eindampfen im Vakuum, Aufnehmen in Ae., Waschen, Eindampfen im Vakuum, Behandeln mit methanol. Na-Methylat, 15 Min. langes Erwärmen, Zugabe von Diphenylcarbamylchlorid u. Kühlen; daneben *Benzyldisulfid*, F. 69—70° (28,5%). H. Bertsch. 600□

**Synthese und Eigenschaften einiger N-substituierter Sulfamide.** Antonio Vandi, Therald Moeller und Ludwig F. Audrieth. (J. org. Chemistry 26. 1136—38. April 1961. Urbana, Ill., Univ., W. A. Noyes Labor. of Chem.) (Engl.)

Durch Rk. von Diäthyl- (I) u. Cyclopentamethylensulfaminsäurechlorid (II) mit fl. $NH_3$ bzw. Aminen in Chlf., Ae. oder Bzl. wurden die entsprechenden *Amide* dargestellt. Die IR-Spektren werden diskutiert, die S—O- u. N—H-Absorptionsfrequenzen sind angegeben.

Versuche: *N.N-Diäthylsulfaminsäurechlorid* (I), Kp.$_{0,02}$ 62°, nach Binkley u. Degering [1939]. — *N.N-Pentamethylensulfaminsäurechlorid* (II), Kp.$_1$ 95°, vgl. C. **1957.** 7893. — *N.N-Diäthylsulfaminsäure, Amid*, $C_4H_{12}N_2O_2S$, F. 44° (Ae.), durch Zutropfen von I zu fl. $NH_3$ bei —70° innerhalb 2 Std. unter Rühren, 2 std. Rühren, Abdunsten des $NH_3$, Lösen in heißem Ae., Filtrieren u. Eindampfen im Vakuum; 53% (Ausbeute). *N'-Cyclohexylamid*, $C_{10}H_{22}N_2O_2S$, F. 49° (Heptan), durch 12 std. Kochen von I u. Cyclohexylamin in Chlf., Eindampfen, Schütteln des Rückstands mit W. u. Ae. u. Dest. des Ae.-Extrakts; 60%. *N'-Butylamid*, $C_8H_{20}N_2O_2S$, Kp.$_{0,1}$ 87°, analog; $n_D^{25}$ 1,4510; 50%. *N'-Phenylamid*, $C_{10}H_{16}N_2O_2S$, Kp.$_{2,5}$ 171°, analog; $n_D^{26,5}$ 1,5260; 61%. *N'.N'-Dibutylamid*, $C_{12}H_{28}N_2O_2S$, Kp.$_{0,15}$ 88°; $n_D^{25}$ 1,4500; 65%. *N'-Cyclohexyl-N'-methylamid*, $C_{11}H_{24}N_2O_2S$, Kp.$_{0,2}$ 101—102°; $n_D^{24}$ 1,4726; 52%. *N'-Phenyl-N'-methylamid*, $C_{11}H_{18}$·$N_2O_2S$, Kp.$_{0,1}$ 98°; $n_D^{25}$ 1,5160; 50%. — *N.N-Pentamethylensulfaminsäure, N'-Cyclohexylamid*, $C_{11}H_{22}N_2O_2S$, F. 75°, analog in Bzl.; 65%. *N'-Naphthyl-(2)-amid*, $C_{15}H_{18}$·$N_2O_2S$, F. 115—116°; 20%. *N'-Phenylamid*, $C_{11}H_{16}N_2O_2S$, F. 83°; 42%. *N'-Benzylamid*, $C_{12}H_{18}N_2O_2S$, F. 100—101°; 42%. *N'-p-Tolylamid*, $C_{12}H_{18}N_2O_2S$, F. 97—98°; 55%. *N'-Methyl-N'-cyclohexylamid*, $C_{12}H_{24}N_2O_2S$, Kp.$_{0,5}$ 134°; $n_D^{22}$ 1,4970; 45%. *N'-m-Tolylamid*, $C_{12}H_{18}N_2O_2S$, F. 123—124°; 70%. *N'-o-Tolylamid*, F. 94°; 62%. *Morpholid*, $C_9H_{18}N_2O_3S$, F. 71—72°; 81%. *Amid*, $C_5H_{12}N_2O_2S$, F. 120°; 55%. H. Bertsch. 600□

**Synthese von 2-Mercaptoäthansulfonamid.** Henry Lemaire und Martin Rieger. (J. org. Chemistry 26. 1330—31. April 1961. Edgewater, N.J., Lever Brothers Co., Res. and Dev. Div.) (Engl.)

Durch Überführung von 2-Mercaptoäthansulfonsäure in das *Disulfid*, Behandlung mit $PCl_5$, Rk. des *Disulfiddisulfonsäuredichlorids* mit $NH_4OH$ u. Red. wurde *2-Mercapto-*

*äthansulfonamid* (I) dargestellt. Die Behandlung von Acetylmercaptoäthansulfonylchlorid mit $NH_3$ ergab eine Fl., aus der kein reines I isoliert werden konnte. Äthylensulfonamid wurde durch Dehydrohalogenierung von 2-Chloräthansulfonylchlorid u. Rk. mit $NH_3$ in sehr niedriger Ausbeute erhalten, so daß es als Ausgangsmaterial für I ausscheidet. α-Chloräthansulfonylchlorid reagierte mit $NH_4OH$ bzw. $NH_3$ stets zu *2-Aminoäthansulfonamid.*

Versuche: *3.4-Dithiahexan-1.6-disulfonsäure, Dinatriumsalz,* $C_4H_8Na_2O_6S_4$, Kristalle aus W., durch Zugabe von $J_2$ zu 2-Mercaptoäthansulfonsäure in W., Neutralisieren mit wss. NaOH, Zugabe von $CH_3OH$ u. Aceton, Filtrieren u. Trocknen bei 70°; 65% (Ausbeute). — *3.4-Dithiahexan-1.6-disulfonylchlorid,* F. 68—72°, durch Stehen vorst. Verb. mit $PCl_5$ bis zur Beendigung der exothermen Rk., Abdestillieren von $POCl_3$ im Vakuum, Aufnehmen in Bzl., Filtrieren, Einengen, Filtrieren, Fällen des Filtrats mit PAe., Filtrieren, Lösen in Bzl. u. Fällen mit PAe. nach Behandlung mit Kohle; 63%. — *3.4-Dithiahexan-1.6-disulfonamid,* $C_4H_{12}N_2O_4S_4$, F. 152,5—154° (A.), durch Zugabe vorst. Verb. zu konz. $NH_4OH$ unterhalb 25°, Einengen im Vakuum, Filtrieren, Kristallisieren aus W. u. dann A. in Ggw. von Kohle; 17%. — *2-Mercaptoäthansulfonamid* (I), Kristalle, durch Zugabe von Zn zu vorst. Verb. in wss. Essigsäure bei 90°, 45 Min. langes Stehen bei 90°, Filtrieren, Zugabe von Hg(II)-Acetat in W., Filtrieren, Suspendieren in W., Einleiten von $H_2S$, Zentrifugieren, Dekantieren, Filtrieren, Einengen im Vakuum, Zugabe von Propanol, Einengen, Zugabe von PAe. u. Filtrieren; 43%. H. BERTSCH. 600□

**Über eine neue Methode zur Darstellung von Kobalt(II)-Salzen von Alkansäuren.** Pierre Dupuy und Claude Moreau. (C. R. hebd. Séances Acad. Sci. **242.** 2242—43. 30/4. 1956.) (Franz.)

Es werden die *Co(II)-Salze* von *Propion-, Butter-, Valerian-, Capron-, Capryl-, Pelargon-* u. *Caprinsäure* durch sukzessives Lösen von wasserfreiem $CoCl_2$ (aus dem Hexahydrat bei 140°), Na u. der entsprechenden Fettsäure in A. nach 2RCOOH + $CoCl_2$ + $2C_2H_5ONa$ → $(RCOO)_2Co$ + $2C_2H_5OH$ + 2NaCl dargestellt. Das unlösl. NaCl wird durch Dekantieren u. Filtrieren entfernt u. die alkohol. Lsg. unter Vakuum eingeengt. A. kann durch n-Propanol oder Isopropanol ersetzt werden, während mit Butyl- u. Amylalkohol Komplikationen auftreten. R. PASEDAG. 810□

**Darstellung und Eigenschaften von Phenylquecksilberoleat.** M. A. Phillips. (Ind. Chemist **37.** 11—12. Jan. 1961. M. A. Phillips and Assoc. Ltd., Res. Labor.) (Engl.)

Verschiedene Meth. zur Darst. von *Phenyl-Hg-oleat* sowie dessen Eigg. u. Verw.-Möglichkeiten werden beschrieben.

Versuche: *Phenyl-HgOH* (I), durch 1std. Kochen von Phenyl-Hg-acetat mit verd. NaOH, Filtrieren, Waschen mit W. u. Trocknen bei 70°; 90% (Ausbeute). — *Phenyl-Hg-oleat,* $C_{24}H_{38}HgO_2$, F. 42°, a) durch ½std. Kochen von I u. Ölsäure (II) in A. u. Einengen bei 100°; 93%; b) durch ½std. Kochen von 73,5 g I u. 95 ml II in 250 ml $CH_3OH$, Einengen bei 100° u. Versetzen mit dem 4fachen Vol. A. bei 30°; ca. 100 g (enthält 6% Ölsäure). W. HAMPEL. 810□

**Quecksilberhaltige Diuretica.** 1. Mitt. **Die Reaktion von Quecksilberchlorid und sekundären Aminen mit Allylamiden.** Gerhard Wendt, B. Vithal Shetty und William F. Bruce. (J. Amer. chem. Soc. **81.** 4233—37. 20/8. 1959. Radnow, Pa., Wyeth Inst. for Med. Res.) (Engl.)

Eine Reihe neuer Hg-haltiger Diuretica wird durch Rk. von N-Allylamiden mit $HgCl_2$ u. sek. Aminen dargestellt.

Versuche: Harnstoffe: *N-[3-Chlormercuri-2-pyrrolidinopropyl]-* (I), $C_8H_{16}ClHg\cdot N_3O$, F. 137—138° ($CH_3OH$/A.), aus N-Allylharnstoff u. Pyrrolidin in Essigester in Ggw. von $HgCl_2$ durch 2std. Rk. bei 8—10° u. 20std. Rk. bei Zimmer-Temp.; 84% (Ausbeute). *Hydrochlorid,* $C_8H_{17}Cl_2HgN_3O$, F. 132—133° (Isopropanol); 69%. *D-Tartrathydrat,* $C_{12}H_{22}ClHgN_3O_7\cdot H_2O$, F. 118—120° (Zers.), aus I u. D-Weinsäure in W. durch 3tägige Rk. bei Zimmer-Temp.; $[\alpha]_D^{25}$ +25,25° (c = 1%; W.); gibt bei der Rk. mit Alkali die unlösl. *Base* [*d-Hydrochlorid;* $[\alpha]_D^{24}$ +19,20° (c = 5%; W.)]. — *N-[3-Chlormercuri-2-piperidinopropyl]-,* $C_9H_{18}ClHgN_3O$, F. 120—121° (A./Isopropanol), analog I; 68%. *Hydrochlorid,* $C_9H_{19}Cl_2HgN_3O$, F. 125—126° (Aceton); 54%. — *N-[3-Chlormercuri-2-morpholinopropyl]-,* $C_8H_{16}ClHgN_3O_2$, F. 138—139° (A.); 84%. — *N-[3-Chlormercuri-2-(4-methylpiperazino)]-,* $C_9H_{19}ClHgN_4O$, F. 119—120° (Aceton); 64%. — *N-[3-Chlormercuri-2-hexamethylenaminopropyl]-, Hydrochlorid,* $C_{10}H_{21}Cl_2HgN_3O$, F. 116—117° (W.); 56%. — *N-[3-Chlormercuri-2-dimethylaminopropyl]-,* F. 115—118°, aus Allylharnstoff u. $(CH_3)_2NH$ in Isopropanol in Ggw. von $HgCl_2$ durch 24std. Rk. bei 7° u. 70std. Rk. bei 25°; *Hydrochlorid,* $C_6H_{15}Cl_2HgN_3O$, F. 114—115° (Aceton); 41%. — *N-[3-Chlormercuri-2-diäthylaminopropyl]-, Hydrochlorid,* $C_8H_{19}Cl_2HgN_3O$, F. 98—99° (A.), analog vorst. Verb.; 48%. — *N-[3-Chlormercuri-2-di-n-propylamino]-, Hydrochlorid,* $C_{10}H_{23}\cdot$

$Cl_2HgN_3O$, F. 106—107° (W.); 45%. — *N-[3-Hydroxymercuri-2-pyrrolidinopropyl]-*, $C_8H_{17}HgN_3O_2$, F. 151—152° (W.), aus I-Hydrochlorid u. wss. NaOH; 88%. — *N-[3-Piperidinomercuri-2-piperidinopropyl]-benzamidoacetamidhydrochlorid*, $C_{22}H_{35}ClHgN_4O_2$, F. 121 bis 122° (Essigester), aus N-Allylhippuramid u. Piperidin in Essigester in Ggw. von $HgCl_2$; 74%. — *N-[3-Chlormercuri-2-piperidinopropyl]-benzamid*, $C_{15}H_{21}ClHgN_2O$, aus N-Allylbenzamid u. Piperidin in Ggw. von $HgCl_2$ durch 3tägige Rk.; 53%. — *N-[3-Chlormercuri-2-piperidinopropyl]-phthalaminsäure*, $C_{16}H_{21}ClHgN_2O_3$, F. 144—145°, aus N-Allylphthalimid u. Piperidin in Ggw. von $HgCl_2$ durch 4tägige Rk.; 51%. — *N-[3-Chlormercuri-2-piperidinopropyl]-nicotinamiddihydrochlorid*, $C_{14}H_{22}Cl_3HgN_3O$, F. 113—114° (wss. A.), aus N-Allylnicotinamid u. Piperidin in Ggw. von $HgCl_2$ durch 1tägige Rk. u. Behandeln mit 2n HCl; 83%. — *N-[3-Chlormercuri-2-pyrrolidinopropyl]-isonicotinamidhydrochlorid*, $C_{13}H_{19}Cl_2HgN_3O$, F. 151—152° (W.), analog vorst. Verb.; 31%.

WALTER SIMON. 880

**Über Darstellung und Umsetzungen von N-[α-Hydroxy-β.β.β-trichloräthyl]-carbonsäureamiden und N-[α.β.β.β-Tetrachloräthyl]-carbonsäureamiden.** H. Böhme, F. Eiden und D. Schünemann. (Arch. Pharmaz. Ber. dtsch. pharmaz. Ges. **294/66.** 307—11. Mai 1961. Marburg/Lahn, Univ., Pharmazeut.-chem. Inst.) (Dt.) — Vgl. C. **1959.** 15646.

α.β.β.β-Tetrachloräthylformamid (**I**) wurde mit Benzylamin, Piperidin, Morpholin, Diisopropylamin u. Dibenzylamin zu *1.1.1-Trichlor-2-alkyl-*, *-2-dialkyl-* bzw. *-2-cycloalkylamino-2-formamidoäthanen* umgesetzt. Durch Rk. von **I** mit Pyridin entstand *1.1.1-Trichlor-2-pyridinio-2-formamidoäthanchlorid.* Chloralbenzamid wurde mit $PCl_5$ in *α.β.β.β-Tetrachloräthylbenzamid* (**II**) übergeführt, das wie **I** reagiert. Die Umsetzung von **II** mit Benzoylaceton-Na lieferte *N-[α-Benzoylacetonyl-β.β.β-trichloräthyl]-benzamid.* Acrylsäureamid reagierte mit Chloral zu *Chloralacrylamid* (**III**); der Austausch der Hydroxylgruppe in **III** gegen Cl gelang nicht; **III** wirkt herbicid, aber weder insecticid noch fungicid. Durch Rk. von Pyrrolidon mit Chloral wurde *N-[α-Hydroxy-β.β.β-trichloräthyl]-pyrrolidon* (**IV**) erhalten; **IV** wirkt wie Chloral als Schlafmittel, ist aber weniger tox.; insecticide, fungicide u. herbicide Wrkg. zeigt **IV** nicht. **IV** konnte mit $PCl_5$ in *N-[α.β.β.β-Tetrachloräthyl]-pyrrolidon* (**V**) übergeführt werden. **IV** reagiert mit $(CH_3)_2SO_4$ unter Bldg. des *Methyläthers*; durch Acetylieren oder Benzoylieren wurden die entsprechenden Ester erhalten; das Acetat zeigt herbicide Wirkung.

Versuche: *N-[α.β.β.β-Tetrachloräthyl]-formamid* (**I**), $C_3H_3Cl_4NO$, F. 101—102° ($CCl_4$–PAe.), durch Zugabe von $PCl_5$ in Ae. zu Chloralformamid in Ae. unter Luftabschluß u. unter Kühlen mit Eis–NaCl, 10 Min. langes Erwärmen auf dem Wasserbad, mehrstd. Kühlen mit Eis, Verrühren mit Ae., Zutropfen von Eiswasser unter Kühlen u. Rühren u. Filtrieren; 76% (Ausbeute). — *1.1.1-Trichlor-2-benzylamino-2-formamidoäthan*, $C_{10}H_{11}Cl_3N_2O$, F. 82° ($CCl_4$–PAe.), durch Zugabe von Benzylamin in Ae. zu **I** in Ae. unter Rühren u. Kühlen, Filtrieren, Eindunsten, Verreiben bis zur Kristallisation u. Abpressen auf Ton; 30%. — *1.1.1-Trichlor-2-piperidino-2-formamidoäthan*, $C_8H_{13}\cdot Cl_3N_2O$, F. 89—90° ($CCl_4$–PAe.), analog vorst. Verb.; 48%. *Hydrochlorid*, $C_8H_{14}Cl_4N_2O$, Kristalle aus Acetonitril–Ae., durch Einleiten von HCl in die Ae.-Lsg. unter Eiskühlung; 21%. *Pikrat*, $C_{14}H_{16}Cl_3N_5O_8$, F. 114° (Chlf.), aus der Base in Ae. u. gesätt. benzol. Pikrinsäure. — *1.1.1-Trichlor-2-morpholino-2-formamidoäthan*, $C_7H_{11}Cl_3N_2O_2$, F. 116° (Bzl.–PAe.), aus **I** u. Morpholin in Ae.; 54%. — *1.1.1-Trichlor-2-diisopropylamino-2-formamidoäthan*, $C_9H_{17}Cl_3N_2O$, F. 124° (Isoamyläther–PAe.), analog aus **I**; 64%. — *1.1.1-Trichlor-2-dibenzylamino-2-formamidoäthan*, $C_{17}H_{17}Cl_3N_2O$, F. 139° ($CCl_4$), analog; 54%. — *1.1.1-Trichlor-2-pyridinio-2-formamidoäthanchlorid*, $C_8H_8Cl_4N_2O$, F. 166° (Acetonitril–Dimethylformamid), durch Zugabe von Pyridin in Ae. zu **I** in Ae. u. Filtrieren; 76%. — *N-[α.β.β.β-Tetrachloräthyl]-benzamid* (**II**), $C_9H_7Cl_4NO$, F. 121—122° ($CCl_4$–Ae.), durch Zutropfen von Chloralbenzamid in Dioxan–Ae. zu $PCl_5$ in Ae. unter Rühren u. Kühlen mit NaCl–Eis, mehrstd. Rühren bei Raum-Temp. u. Abdestillieren der Lsgm. bei 12 Torr; 72%. — *N-[α-Benzoylacetonyl-β.β.β-trichloräthyl]-benzamid*, $C_{19}H_{16}Cl_3NO_3$, F. 184° (A.), durch Zugabe von Na-Benzoylaceton in Dioxan zu **II** in Dioxan unter Schwenken, 3std. Erwärmen auf 50° unter Schwenken, Kühlen, Zentrifugieren, Trennen u. Eindampfen bei 12 Torr; 73%. — *Chloralacrylamid* (**III**), $C_5H_6Cl_3NO_2$, F. 198° ($CH_3OH$), durch Erwärmen von Acrylsäureamid mit Chloral auf dem Wasserbad unter Schwenken, Kühlen, Verreiben mit Ae. u. Filtrieren; 66%. — *Chloralpyrrolidon* (**IV**), $C_6H_8Cl_3NO_2$, F. 111° ($CH_3OH$–$CCl_4$), durch Zugabe von Chloral zu geschmolzenem Pyrrolidon, 15 Min. langes Erwärmen auf dem Wasserbad, Kühlen auf 50°, Zugabe von $CCl_4$ u. Ae., Kühlen u. Filtrieren; 60%. — *N-[α.β.β.β-Tetrachloräthyl]-pyrrolidon* (**V**), $C_6H_7Cl_4NO$, F. 21°, durch Zutropfen von **IV** in Dioxan–Ae. zu $PCl_5$ unter Ae. unter Rühren u. Kühlen mit Eis–NaCl, mehrstd. Rühren, Einengen bei 12 Torr u. dann 0,1 Torr; 99%. — *N-[α-Methoxy-β.β.β-trichloräthyl]-pyrrolidon*, $C_7H_{10}Cl_3NO_2$, $Kp._{0,3}$ 109—111°, durch Zugabe von

NaOH zu **IV** u. $(CH_3)_2SO_4$ in $CH_3OH$ unter Eiskühlung, 1std. Kochen nach Beendigung der exothermen Rk., Einengen im Vakuum, Zugabe von W. u. Ae.-Extraktion; 50%. — *N-[α-Acetoxy-β.β.β-trichloräthyl]-pyrrolidon*, $C_8H_{10}Cl_3NO_3$, F. 102—103° ($CH_3OH$), durch Zugabe von Pyridin u. Ae. zu **IV** in Dioxan, Zutropfen von Acetylchlorid bei 30° unter Rühren, 5std. Kochen unter Rühren, Abdestillieren, Zugabe von W. u. Filtrieren; 60%. — *N-[α-Benzoxy-β.β.β-trichloräthyl]-pyrrolidon*, $C_{13}H_{12}Cl_3NO_3$, F. 92—93° (A.–Ae.), durch Zugabe von $KHCO_3$ zu **IV** in Dioxan–Ae., Zutropfen von Benzoylchlorid unter Kochen, 7std. Kochen, Filtrieren u. Einengen; 56%. H. BERTSCH. 900□

**Darstellung von ω-aminoalkylierten sekundären Nitraminen.** Milton B. Frankel, Charles H. Tieman, Clinton R. Vanneman und Marvin H. Gold. (J. org. Chemistry **25.** 744—47. Mai 1960. Azusa, Calif., Aerojet-Gen. Corp., Res. Labor.) (Engl.)

Vff. beschreiben eine Meth. zur selektiven Umwandlung sek. Amine in die entsprechenden *Nitramine* in Ggw. prim. Aminogruppen. Die Meth. besteht aus 3 Stufen: 1. vollständige Acetylierung der Aminogruppen, 2. selektive Nitrolyse der sek. Amidogruppe durch Behandlung mit $HNO_3$/Trifluoracetanhydrid oder mit $N_2O_5$ in Trifluoressigsäure, $SO_2$ oder Dichloressigsäure u. 3. Hydrolyse der Diacetamidogruppe. Auf diese Weise wurden N-Methyltrimethylendiamin (**I**), Diäthylentriamin (**II**) u. Triäthylentetramin in die *Hydrochloride* von *N-Methyl-N-nitrotrimethylendiamin*, *3-Nitraza-1.5-diaminopentan* u. *3.6-Dinitraza-1.8-diaminooctan* umgewandelt.

Versuche: *N.N'-Disalicyliden-3-aza-1.5-diaminopentan*, durch 4std. Kochen von **II** mit Salicylaldehyd in abs. Bzl., Einengen, Gießen in W. u. Extrahieren mit $CH_2Cl_2$; gelbes Öl; $n_D^{29}$ 1,6134; 82,9% (Ausbeute). *$HNO_3$-Salz*, $C_{18}H_{22}N_4O_5$, F. 153—155°, aus der Base in Methanol mit 99%ig. $HNO_3$ bei 0°; gelbe Nadeln aus Methanol; 91%. — *2-Acetoxybenzaldehyd*, $C_9H_8O_3$, $Kp._{0,25}$ 88—90°, durch Rk. von 112,2 g vorst. Salzes mit Acetanhydrid/HCl, Zugeben von W. u. Extrahieren mit $CH_2Cl_2$; $n_D^{25}$ 1,5309; 16,8 g; daneben *Salicylaldehyd*, $Kp._{0,55}$ 38—40°; $n_D^{25}$ 1,5701; 36,1 g. — *N.N.N'.N'.N''-Pentaacetyldiäthylentriamin*, $C_{14}H_{23}N_3O_5$, F. 109—110° (Isopropanol), durch 30std. Kochen von **II** mit Acetanhydrid; gelbe Kristalle; 52,7%. — *N.N.N'.N'-Tetraacetyl-N''-nitrodiäthylentriamin*, $C_{12}H_{20}N_4O_6$, F. 122—123° (A.), a) durch Zugeben von Trifluoracetanhydrid u. vorst. Verb. zu 98—99%ig. $HNO_3$ bei —10 bis —20°, 65std. Stehen bei 0°, Einengen u. Lösen in $CH_2Cl_2$; 91%; b) durch 43std. Stehen vorst. Verb. in Trifluoressigsäure mit $N_2O_5$ bei 0°; 80,8%; c) analog b) in $SO_2$; d) durch 24std. Stehen vorst. Verb. mit $N_2O_5$ in Dichloressigsäure bei 0°, Gießen auf Eis u. Zugeben von $Na_2CO_3$-Lsg. (pH 10); 71,4%. — *3-Nitraza-1.5-diaminopentandihydrochlorid*, $C_4H_{14}Cl_2N_4O_2$, F. 261 bis 263° (Zers.; A.), durch 4std. Kochen vorst. Verb. mit 37%ig. HCl u. Zugeben von Methanol; 89,1%. — *N.N.N'-Triacetyl-N'-methyltrimethylendiamin*, $C_{10}H_{18}N_2O_3$, $Kp._{0,5}$ 153°; $n_D^{25}$ 1,4862; 90,7%. — *N.N-Diacetyl-N'-methyl-N'-nitrotrimethylendiamin*, $C_8H_{15}$·$N_3O_4$, aus vorst. Verb. in 7 Tagen bei —20°; $n_D^{25}$ 1,5004; 91,6%. — *N-Methyl-N-nitrotrimethylendiaminhydrochlorid*, $C_4H_{12}ClN_3O_2$, F. 123—124° (A.); 67,8%. — *N.N.N'.-N'.N''.N'''-Hexaacetyltriäthylentetramin*, $C_{18}H_{30}N_4O_6$, F. 150—151° (A.); 72%. — *N.N.N'.N'-Tetraacetyl-N''.N'''-dinitrotriäthylentetramin*, $C_{14}H_{24}N_6O_8$, F. 112—113° (Methanol), aus vorst. Verb. in 7 Tagen bei —20° oder in 10 Tagen bei 0°; 85,7%. — *3.6-Dinitraza-1.8-diaminooctandihydrochlorid*, $C_6H_{18}Cl_2N_6O_4$, F. 285—295° (W.); 90,0%. E. SCHRÖDER. 910□

**Spaltung von Aminosäuren. 1. Mitt. Spaltung von racemischem Phenylalanin und racemischer γ-Phenyl-α-aminobuttersäure mit Leucinaminopeptidase.** Atsushi Tanaka und Nobuo Izumiya. (Bull. chem. Soc. Japan **31.** 529—32. Juli 1958. Fukuoka, Japan, Kyushu Univ., Fac. of Sci., Labor. of Biochem.) (Engl.)

*DL-Phenylalaninamid* (DL-**I**) u. *DL-γ-Phenyl-α-aminobutyramid* (DL-**II**) wurden mit teilweise gereinigter *Leucinaminopeptidase* (**III**) in die entsprechenden D-Aminosäureamidhydrochloride u. L-Aminosäuren aufgespalten. Die erhaltenen D-Salze wurden durch saure Hydrolyse in die D-Aminosäuren übergeführt. — Bei Ggw. von $Mn^{2+}$ (0,0005 bis 0,008 m) ist eine deutliche Zunahme der Hydrolyse von **I** mit **III** zu verzeichnen, während $Mn^{2+}$ auf die Rk. von **II** mit **III** nur geringen Einfl. hat.

Versuche: *Leucinaminopeptidase* (**III**), nach SMITH (Methods in Enzymology **1956.** 88) als teilweise gereinigte Lösung. — *DL-Phenylalaninamid, Hydrochlorid* (DL-**I**-HCl), $C_9H_{13}ClN_2O$, F. 234—236° (Zers.), aus DL-Phenylalaninäthylesterhydrochlorid nach SMITH u. SPACKMAN (C. **1957.** 6479) 95% (Ausbeute). — *D-Phenylalaninamid, Hydrochlorid* (D-**I**-HCl), $C_9H_{13}ClN_2O$, F 235—237° (Zers.; Methanol/Ae.), aus einer wss. Lsg. von DL-**I**-HCl in Ggw. von $MnCl_2$ durch Einstellen von pH 7,5 mit 1n$NH_4OH$ u. 40std. Inkubation mit **III** bei 38° u. Reinigung über Amberlite IRA-400; $[\alpha]_D^{12}$ —20,4° (c = 2; W.); 82%. — *L-Phenylalanin*, $C_9H_{11}NO_2$, F. 270—273° (Zers.; wss. A.), a) bei weiterer Elution des Chromatogramms von D-**I**-HCl mit 2nHCl, mehrmaliges Eindampfen im Vakuum, Aufnehmen in W. u. Neutralisieren mit Triäthylamin; 93%; b) aus DL-**I**-HCl durch Aufspaltung analog D-I-HCl, Einengen der Inkubations-Lsg. u. Fällen mit A.; $[\alpha]_D^{12}$ −34,1 bis −35,1° (c = 2; W.); 51−55%; daneben D-I-*HCl* aus den Filtraten; 77−81%. — *D-Phenylalanin*, $C_9H_{11}NO_2$, F. 271−274° (Zers.), aus D-I-HCl durch 5std. Kochen mit 2nHCl; $[\alpha]_D^9$ +33,8° (c = 2; W.); 91%. — *L-γ-Phenyl-α-aminobuttersäure*, $C_{10}H_{13}NO_2$, F. 310−313° (Zers.; verd. $NH_4Cl$-Lsg.), aus DL-II-HCl analog D-I-HCl durch 50std. Inkubation; $[\alpha]_D^9$ +48,1° (c = 1; 1nHCl); 91%. — *D-γ-Phenyl-α-aminobutyramid, Hydrochlorid* (D-II-HCl), $C_{10}H_{15}ClN_2O$, F. 253−254° (Zers.; Ae./Methanol), aus den Filtraten vorst. Verb. durch Eindampfen im Vakuum, Hinzufügen von 5nNaOH u. Extrahieren mit Chlf.; $[\alpha]_D^9$ −23,7° (c = 2; W.); 84% *D-γ-Phenyl-α-aminobuttersäure*, $C_{10}H_{13}NO_2$, F. 308−311° (Zers.), aus vorst. Verb. analog D-Phenylalanin; $[\alpha]_D^9$ −48,7° (c = 1; 1nHCl); 96%. B.-G. Brodda. 950□

**Über Umsetzungsprodukte aus β-Dicarbonylverbindungen und N-Alkyl-N-chlormethylcarbonsäureamiden.** H. Böhme, A. Dick und G. Driesen. (Arch. Pharmaz. Ber. dtsch. pharmaz. Ges. **294/66.** 312−15. Mai 1961. Marburg/Lahn, Univ., Pharmazeut.-chem. Inst.) (Dt.)

N-Methyl-N-[chlormethyl]-acetamid (III) reagiert mit Na-Methylmalonester zu *Methyl-[N-methylacetamidomethyl]-malonsäurediäthylester*; analog wurde aus N-Methyl-N-chlormethylbenzamid (I) *Methyl-[N-methylbenzamidomethyl]-malonsäurediäthylester* (II) dargestellt, der durch Red. mit $LiAlH_4$ *2-Methyl-2-[N-methylbenzylaminomethyl]-propandiol-(1.3)* lieferte. I ergab durch Rk. mit Methylacetessigsäureäthylester *Methyl-[N-methylbenzamidomethyl]-acetessigsäureäthylester*, der zu *2-Methyl-2-[N-methylbenzylaminomethyl]-butandiol-(1.3)* red. wurde. Analog wurden *Methyl-[N-isopropyl-* bzw. *-n-propylacetamidomethyl]-malonsäurediäthylester* dargestellt.

Versuche: Methylmalonsäurediäthylester: *[N-Methylacetamidomethyl]-*, $C_{12}H_{21}NO_5$, Kp.$_{0,02}$ 78−80° (Bad), durch Zutropfen von II in Dioxan zu Na-Methylmalonsäurediäthylester in Dioxan unter Rühren unterhalb 40°, 30 Min. Rühren, Zentrifugieren u. Einengen bei 14 Torr; $n_D^{25}$ 1,4528; 68% (Ausbeute). — *[N-Methylbenzamidomethyl]-* (II), $C_{17}H_{23}NO_5$, Kp.$_{0,02}$ 78−82° (Bad), analog vorst. Verb. aus I durch 1std. Erhitzen auf dem Wasserbad, Einengen bei 11 Torr, Aufnehmen in Ae. u. Waschen mit W.; $n_D^{20}$ 1,5052 37%. — *[N-n-Propylacetamidomethyl]-*, $C_{14}H_{25}NO_5$, Kp.$_{0,02}$ 78−82° (Bad), analog aus N-n-Propyl-N-[chlormethyl]-acetamid; $n_D^{20}$ 1,4515; 38%. — *[N-Isopropylacetamidomethyl]-*, Kp.$_{0,02}$ 84−86° (Bad), analog; $n_D^{25}$ 1,4521; 28%. — *Methyl-[N-methylbenzamidomethyl]-acetessigsäureäthylester*, $C_{13}H_{21}NO_4$, Kp.$_{0,02}$ 88−90° (Bad), analog aus Methylacetessigsäureäthylester u. I; $n_D^{20}$ 1,5164; 28%. — *2-Methyl-2-[N-methylbenzylaminomethyl]-propandiol-(1.3)*, $C_{13}H_{21}NO_2$, Kp.$_{0,02}$ 95−100° (Bad), durch Zutropfen von II in Dioxan–Ae. zu $LiAlH_4$ in Ae. unter Rühren, 1std. Kochen, Zutropfen von W. unter Kühlen mit Eis-NaCl u. Rühren, Filtrieren, Extraktion mit 1nHCl, Alkalisieren u. Ae.-Extraktion; 76%. *Methojodid*, $C_{14}H_{24}JNO_2$, sintert oberhalb 130° (Isopropanol), durch 3wöchiges Stehen der Base mit $CH_3J$ in $CH_3OH$ im Rohr u. Fällen mit Ae.; 66%. — *2-Methyl-2-[N-methylbenzylaminomethyl]-butandiol-(1.3)*, $C_{14}H_{23}NO_2$, Kp.$_{0,02}$ 95−100° (Bad), analog vorst. Verb.; 76%. *Methojodid*, $C_{15}H_{26}JNO_2$, sintert oberhalb 140° (Isopropanol); 70%. — *2-Methyl-2-[N-äthyl-n-propylaminomethyl]-propandiol-(1.3)*, $C_{10}H_{23}NO_2$, Kp.$_{0,02}$ 84−88° (Bad), analog; $n_D^{20}$ 1,4623; 79%. H. Bertsch. 950□

**Selektive Umwandlung von Olefinen in Organoborane durch konkurrierende Hydroborierung, Isomerisierung und Verdrängungungsreaktionen.** Herbert C. Brown und B. C. Subba Rao. (J. org. Chemistry **22.** 1137−38. 17/9. 1957.) (Engl.) — Vgl. C. **1961.** 13155.

Bei der Rk. von unterschüssigem Diboran (I) mit Gemischen von $\Delta^1$- u. $\Delta^2$-Penten bzw. -Hexen wurden *Tri-n-pentyl-* bzw. *Tri-n-hexylboran* erhalten. Aus Penten-(1) wurde so nach anschließender Oxydation mit alkal. $H_2O_2$ *Pentanol-(1)* dargestellt, während aus Penten-(2) (II) analog 63% *Pentanol-(2)* neben 37% *Pentanol-(3)* entstanden. Die Oxydation der aus II, Hexen-(2) oder Octen-(2) dargestellten u. 4 Std. in Diglyme erhitzten *Organoborane* führte dagegen zu den entsprechenden *prim. Alkoholen.* Analog konnte aus einem Gemisch von $\Delta^2$-, $\Delta^3$-, $\Delta^4$- u. $\Delta^5$-Decen *Decanol-(1)* erhalten werden. Beim Erhitzen von *Tri-n-pentylboran* mit den entsprechenden schwerer flüchtigen Olefinen erhielten Vff. durch Austausch des Pentylrestes *Tri-n-hexyl-*, *Tri-n-octyl-* u. *Tri-n-decylboran.*

Versuche: *Hexanol-(1)*, Kp.$_{750}$ 156−167°, a) aus äquimol. Mengen Hexen-(1) u. -(2) in Diglyme durch Einw. von I u. nachfolgende Oxydation; $n_D^{20}$ 1,4150; 90% (Ausbeute); b) analog a) aus Hexen-(2) u. I durch 4std. Kochen des Rk.-Gemisches in Diglyme unter $N_2$, dann Oxydation; 82%. — *Tri-n-decylboran*, Kp.$_5$ 205−208°, aus Tri-n-pentylboran (Kp.$_{30}$ 150−152°) u. Decen-(1) (Kp.$_{750}$ 170°) durch Erhitzen unter Dest. des entstandenen *Pentens-(1)* (Kp.$_{750}$ 30−31°); 85%. H. Gross. 980□

**Polyfluoralkylverbindungen des Siliciums.** 5. Mitt. **Die Reaktion von Trichlorsilan mit Chlortrifluoräthylen und Halogenabspaltung durch Silylradikale.** R. N. Haszeldine und J. C. Young. (J. chem. Soc. [London] **1960.** 4503—08. Nov. Cambridge, Univ. Chem. Labor.; Manchester, Univ., Fac. of Technol., Dep. of Chem.) (Engl.) — 4. vgl. C. **1958.** 10082.

Die photochem. Rk. von Trichlorsilan (I) mit Chlortrifluoräthylen (II) u. Trifluoräthylen (III) wird untersucht. Aus II u. I wird *2-Chlor-1.1.2-trifluoräthyltrichlorsilan* (IV) neben *1.1.2-Trifluoräthyltrichlorsilan* (V) gebildet. Aus I u. III entsteht *1.2.2-Trifluoräthyltrichlorsilan* (VI). Die alkal. Hydrolyse von IV gibt 91% *1-Chlor-1.2.2-trifluoräthan* u. 9% III, von V *1.1.2-Trifluoräthan* (IX) neben wenig *1.1-Difluoräthylen* (X), von VI 90% IX neben 9% *1.2-Difluoräthylen* (VII) u. 1% X. Die photochem. Chlorierung von IV u. VI führt zu *2.2-Dichlor-1.1.2-trifluoräthyltrichlorsilan* (VIII), die alkal. Hydrolyse von VIII zu 87% *1.1-Dichlor-1.2.2-trifluoräthan* u. 13% II. Zur Erklärung der Rkk. wird ein Radikalkettenmechanismus vorgeschlagen. Dabei wird angenommen, daß das Silylradikal bevorzugt Halogen abspaltet, während Alkyl- u. Arylradikale gewöhnlich bevorzugt H ablösen.

Versuche: *2-Chlor-1.1.2-trifluoräthyltrichlorsilan* (IV), $C_2HCl_4F_3Si$, Kp. 120—121°, aus 1,18 Mol I u. 0,38 Mol II in einem 280 ml Rohr durch 46std. Schütteln u. Bestrahlen; 45% (Ausbeute); daneben 10% V. — *1.1.2-Trifluoräthyltrichlorsilan* (V), $C_2H_2Cl_3F_3Si$, Kp. 96,4—96,8°, a) aus 0,23 Mol I u. 0,07 Mol II in einem 280-ml-Rohr durch 48 std. Schütteln u. Bestrahlen; 45% (daneben 53% *$SiCl_4$*); b) aus 183 mMol I u. 19,8 mMol IV durch 110std. Schütteln u. Bestrahlen; 63% (daneben 11,8 mMol *$SiCl_4$*). — *1.2.2-Trifluoräthyltrichlorsilan* (VI), $C_2H_2Cl_3F_3Si$, Kp. 104° aus 0,37 Mol I u. 0,11 Mol III durch 65std. Bestrahlen; 50%. — *1-Chlor-1.2.2-trifluoräthan*, $C_2H_2ClF_3$, Kp. 17,2° aus 2,35 mMol IV u. 5 ml 10%ig. wss. NaOH durch ½ std. Schütteln; 90%, daneben 9% III. — Analog werden gewonnen: *1 1.2-Trifluoräthan* (IX), $C_2H_3F_3$, Kp. 3°, a) aus V; 99% (daneben ca. 1% X); b) aus VI; 90% (daneben 9% VII u. 1% X). — *2.2-Dichlor-1.1.2-trifluoräthyltrichlorsilan* (VIII), $C_2Cl_5F_3Si$, Kp. 137—139°, a) aus 41 mMol IV u. 71 mMol $Cl_2$ durch 87std. Schütteln u. Bestrahlen; 95%; b) aus 19 mMol V u. 53 mMol $Cl_2$ durch 168std. Schütteln u. Bestrahlen; 89%. — *1.1-Dichlor-2.2-difluoräthan*, $C_2H_2Cl_2F_2$, Kp. 59—61°, aus 1,43 Mol Tetrachloräthan, 1,06 Mol $SbF_3$ u. 0,17 Mol $SbCl_5$; 36%. — *1.1.1-Trichlor-2.2-difluoräthan*, $C_2HCl_3F_2$, Kp. 73°, aus 0,175 Mol vorst. Verb. u. 0,169 Mol $Cl_2$ durch 13std. Bestrahlung mit einer 250-W-Hg-Lampe; 80%; daneben 4% *1.1.2-Trichlor-2.2-difluoräthan*, Kp. 71,9°. — *1.1-Dichlor-1.2.2-trifluoräthan*, $C_2HCl_2F_3$, Kp. 30,2°, a) aus 35 mMol vorst. Verb., 12 mMol $SbF_3$ u. 1 g $SbCl_5$ durch 15std. Erhitzen auf 130° im Autoklaven; 52%. b) aus 5,65 m Mol VIII u. 10 ml 10%ig. wss. NaOH durch ½ std. Schütteln; 87%; daneben 13% II. K. RÜHLMANN. 980□

**Synthese von Kohlenwasserstoffen. 56. Mitt. Umwandlung von hydroaromatischen Ketonen in aromatische Kohlenwasserstoffe unter der Einwirkung von Phosphorpentoxyd.** R. Ja. Lewina, Kim Djai Gir und W. R. Skwartschenko. (Журнал Общей Химии [J. allg. Chem.] **26** (88). 1884—88. Juli 1956. Moskau, Univ.) (Russ.) — 54. vgl. C. **1957.** 5237.

Hydroaromat. Ketone, die in α.β-Stellung zur ringständigen Ketogruppe eine Doppelbindung enthalten, werden beim Erhitzen mit $P_2O_5$ in 6—8%ig. Ausbeute in *aromat. KW-Stoffe* übergeführt. So gibt 1-Methylcyclohexen-(1)-on-(3) *Toluol.* Hydroaromat. Ketone, die eine Doppelbindung in γ,δ- bzw. α,β-Stellung zur seitenkettenständigen Ketogruppe besitzen, gehen beim Erhitzen mit $P_2O_5$ in 19—22%ig. bzw. 34%ig. Ausbeute in *aromat. KW-Stoffe* über.

Versuche: *2-Äthylbiphenyl* (I). Kp.$_6$ 105—106°, durch Erhitzen von 5-Acetyl-4-phenylcyclohexen-(1) mit $P_2O_5$ auf 240° u. Dest. über Na; $n_D^{20}$ 1,5798; $D._4^{20}$ 0,9965; 22% (Ausbeute). — *Anthracen*, F. 215°, durch Erhitzen von Bis-butadienchinon (aus p-Benzochinon u. Divinyl nach STEIN [1933]) mit $P_2O_5$ anf 250° neben Dihydroanthracen; 19%. — *Äthylbenzol*, Kp.$_{737}$ 135°, aus 1-Acetylcyclohexen-(1) analog I; $n_D^{20}$ 1,4952; $D._4^{20}$ 0,8630; 34,5%. — *n-Butylbenzol*, Kp.$_{751}$ 182—182,5°, analog aus 1-n-Butylcyclohexen-(1); $n_D^{20}$ 1,4930; $D._4^{20}$ 0,8623; 34%. — *Toluol*, Kp.100—110°, aus 1-Methylcyclohexen-(1)-on-(3) analog I; 6%. *2.4-Dinitro-Deriv.*, F. 70°. — *m-Xylol*, Kp.$_{747}$ 137—141°, aus 1.5-Dimethylcyclohexen-(1)-on-(3); $n_D^{20}$ 1,4905; 8,2%. *Trinitro-Deriv.*, F. 181—182°. ULRICH SCHULZE. 1010□

**Synthese von Kohlenwasserstoffen.** 57. Mitt. **Partielle Reduktion von Dien-Kohlenwasserstoffen mit konjugierten Doppelbindungen mit Natrium in flüssigem Ammoniak.** R. Ja. Lewina, W. R. Skwartschenko, M. G. Kusmin und Je. G. Treschtschowa. (Журнал Общей Химии [J. allg. Chem.] **26** (88). 2195—99. Aug. 1956.) (Russ.) — 56. vgl. vorst. Referat.

Es wird die partielle Red. von 2-Methylhexadien-(2.4) mit Na in fl. $NH_3$ untersucht. Aus dem RAMAN-Spektrum des Red.-Prod. geht hervor, daß die Anlagerung von $H_2$ in

1.2- (12%), 1.4- (43%) u. 3.4-Stellung unter Bldg. von *2-Methylhexen-(2)*, *2-Methylhexen-(3)* u. *2-Methylhexen-(4)* erfolgt. Zum Vgl. werden *trans-2-Methylhexen-(3)* u. *2-Methylhexen-(4)* dargestellt.

Versuche: *2-Methylhexadien-(2.4)*, $Kp._{743}$ 110,5°, durch Rk. von Allylchlorid mit Methylallylchlorid in Ae. in Ggw. von Mg u. Isomerisierung des gebildeten *2-Methylhexadien-(1.5)* ($Kp._{740}$ 86,5—87°; $D._4^{20}$ 0,7204; $n_D^{20}$ 1,4194) an $Cr_2O_3/Al_2O_3$ bei 250° im $N_2$-Strom; $D._4^{20}$ 0,7457; $n_D^{20}$ 1,4690; 67% (Ausbeute). — *2-Methylhexen-(2)*, $C_7H_{14}$, $Kp._{755}$ 94—94,5°, aus Isoprenhydrobromid u. Äthyl-MgBr; $D._4^{20}$ 0,7100; $n_D^{20}$ 1,4127. — *trans-2-Methylhexen-(3)*, $Kp._{743}$ 84,1°, durch Red. von Äthylisopropylacetylen mit Na in fl. $NH_3$ 5 Std. bei 60—70°); $D._4^{20}$ 0,6892; $n_D^{20}$ 1,3999; 60%. — *Äthylisopropylacetylen*, $C_7H_{12}$, $Kp._{738}$ 93°, durch Erwärmen von Isopropylacetylen mit $NaNH_2$ in Ae. bis zum Aufhören der $NH_3$-Entw., Zugabe von Diäthylsulfat u. 25—30std. Erwärmen; $D._4^{20}$ 0,7352; $n_D^{20}$ 1,4143. — *2-Methylhexen-(4)* (93% *trans-*, 7% *cis*-Form), $Kp._{746}$ 86,5—87°, aus Isopropyl-MgBr u. einer äther. Lsg. von 1-Brombuten-(2) u. Zers. mit 10%ig. Essigsäure; $D._4^{20}$ 0,7030; $n_D^{20}$ 1,4040; 18%. W. KURTZMANN. 1010

**Über die katalytische Hydrierung der Nitrile in Gegenwart von Phenylhydrazin.** Andrée Gaiffe und Robert Pallaud. (C. R. hebd. Séances Acad. Sci. **252.** 1339—40. 27/2. 1961. Paris, École Nat. Supér. de Chim.) (Franz.)

Die Hydrierung von Nitrilen in Ggw. von Phenylhydrazin (I) unter Druck an RANEY-Ni liefert neben dem *Amin* die *Phenylhydrazone der Aldehyde* mit gleicher C-Kette. Die Ausbeute an Hydrazon ist vom Mengenverhältnis Nitril: **I** abhängig. So geben $^2/_3$ Mol **I** u. $^1/_3$ Mol Nitril 50%, $^4/_5$ Mol **I** u. $^1/_5$ Mol Nitril 90% u. äquimol. Mengen 30%. Der Aldehyd kann durch Hydrolyse mit starker Säure erhalten werden.

Versuche: Aldehyde, durch 5std. Hydrierung des äquimol. Gemisches von Nitril u. **I** in A. in Ggw. von RANEY-Ni bei 70 at, Filtration, Abdampfen des A., Versetzen mit konz. HCl u. Extraktion mit Ligroin oder Cyclohexan: *Benzaldehyd*, $C_7H_6O$; 30% (Ausbeute). *Phenylhydrazon*, F. 154°. — *o-Tolualdehyd* $C_8H_8O$; 30%. *2.4-Dinitrophenylhydrazon* F. 193—194°. — *Phenylacetaldehyd*, $C_8H_8O$; 30%. *Phenylhydrazon*, F. 85—86°. — *α-Phenylpropionaldehyd*, $C_9H_{12}O$, $Kp._{17}$ 107—109°; 30%. — *α-Naphthaldehyd*, $C_{11}H_8O$; 30%. *Semicarbazon*, F. 220°. H. G. HENKEL. 1120□

**Die Reaktion von Triphenylsilylmetallverbindungen mit Benzophenon, eine neue Untersuchung.** 1. Mitt. A. G. Brook und N. V. Schwartz. (J. Amer. chem. Soc. **82.** 2435—39. 20/5. 1960. Toronto, Canada, Univ. Dep. of Chem.) (Engl.)

Triphenylsilyl-K (**I**) reagiert mit Benzophenon (**II**) unter Bldg. von *Benzhydryloxytriphenylsilan* (**III**) neben *Triphenylsilanol* (**IV**) u. *Triphenylsilan* (**V**). Bei einigen Verss. entstand außerdem *2-Triphenylsiloxytetraphenyläthanol* (**VI**). Dabei findet wahrscheinlich zunächst eine normale Addition statt, der eine rasch verlaufende Umlagerung folgt. Als mögliches Zwischenprod. der Rk. wird *Triphenylsiloxydiphenylmethyl-K* (**VII**) isoliert. Die Hydrolyse von **VII** gibt **III**, die Rk. von **VII** mit **II** gute Ausbeuten an **VI**. Die Umsetzung von **VII** mit $CO_2$ liefert *Benzilsäure* (**XII**) u. **IV**. Die Rk. von **I** mit **II** verläuft rascher als die Umsetzung von **VII** mit **II**, so daß bei molaren Mengen hauptsächlich **VII** entsteht, während bei Überschuß von **II VI** gebildet wird. In Ggw. von **I** geht **VI** wieder in **VII** über. Therm. zersetzt sich **VI** zu **III** u. **II**. Vff. vermuten, daß auch Benzophenonketyl (**VIII**) als Zwischenprod. entsteht. Die Möglichkeiten seiner Bldg. u. seiner Rkk. werden diskutiert.

Versuche: *2-Triphenylsiloxytetraphenyläthanol* (**VI**), $C_{44}H_{36}O_2Si$, F. 132—133,5° (PAe.), a) aus 0,038 Mol **I** in Ae. u. 0,038 Mol **II** in Ae. durch 1std. Rühren u. Versetzen mit einem Gemisch von Eis u. verd. HCl; 36,5%, nach mehrfachem Umkristallisieren 15% (Ausbeute) [neben 10% *Hexaphenyldisilan* (**IX**), F. 354—356°, 14% **IV**, F. 150 bis 152°, 11% **III**, F. 80—82° u. **II** (→ *2.4-Dinitrophenylhydrazon*, F. 237—238°)]; b) aus 0,02 Mol **II** in 50 ml Ae. u. 0,02 Grammatom Na durch Zugabe von 0,01 Mol Triphenylchlorsilan in 50 ml Ae. bei —70°, 2std. Rühren u. Eingießen in verd. HCl; 1,5% (neben 8% *Benzpinakon*, F. 175—185°, 15% **IV**, F. 149—150° u. 51% **II** (F. 42—46°); c) aus 0,02 Mol **I** u. 0,034 Mol **II** in Ae. u. nachfolgende Hydrolyse mit verd. HCl; 58% (neben 29% **II**); d) aus 0,038 Mol **I** u. 0,038 Mol **II** bei Zimmer-Temp. durch 100 Min. lange Rk.; 34% [neben 10% **IX**, 15% **IV** u. 2% *Benzhydrol* (**X**)]; e) aus gleichen Mengen **I** u. **II** bei Zimmer-Temp. durch 100 Min. lange Rk.; 12,5% (neben 12% **IV** u. 13% **III**); f) aus 0,04 Mol **I** u. 0,04 Mol **II** bei Zimmer-Temp. durch 20 Min. lange Rk.; 52,5% (neben 18% **IV**); g) aus gleichen Mengen **I** u. **II** durch 275 Min. lange Rk.; 47% (neben 23% **IV**); h) aus 0,02 Mol **I** u. 0,04 Mol **II** bei —70° durch 40 Min. lange Rk.; 48% (neben 4% **IV** u. 26% **II**); i) unter gleichen Bedingungen durch ½ std. Rk.; 60%; j) unter gleichen Bedingungen durch 435 Min. lange Rk.; 9% (neben 11% **IV**, 3% **III** u. 50% **II**); k) aus 0,02 Mol Triphenylsilyl-Li (**XI**) u. 0,02 Mol **II** bei —70° durch 14 Min. lange Rk. 42,5% (neben 8%

**IV**); l) aus 0,02 Mol **XI** u. 0,02 Mol **II** bei —70° durch ½ std. Rk.; 39,5% (neben 13% **IV**); m) aus 0,02 Mol **I** u. 0,02 Mol **II** bei Zimmer-Temp. durch 225 Min. lange Rk. u. Zugabe von $CO_2$; 42,5% (neben 12% **XII** u. 4% **IX**); n) unter gleichen Bedingungen jedoch durch Zugabe von W.; 30% (neben 4% **IX**); o) aus 0,02 Mol **I** u. 0,02 Mol **II** bei Zimmer-Temp. durch 2std. Rk. u. Zugabe von $CO_2$; 38,5% (neben 19% **XII** u. 11% **IV**). — *Triphenylsilanol* (**IV**), F. 151—153°, a) aus 0,0008 Mol **VI** u. 25 ml A. in 5 ml 10%ig. wss. NaOH durch 40 Min. langes Kochen; 41% (neben 95% **X** u. 66% **II**); b) aus 0,038 Mol **I** u. 0,038 Mol **II** bei Zimmer-Temp. durch 70 Min. lange Rk.; 27% (neben 38% **III**); c) aus 0,02 Mol **I** u. 0,04 Mol **II** bei —70° durch 260 Min lange Rk.; 50% (neben 5% **III** u. 45% **II**); d) aus 0,01 Mol **I** u. 0,008 Mol **II** bei Zimmer-Temp. durch 77 Min. lange Rk. u. Zugabe von $CO_2$; 58% (neben 49% **XII**); e) aus 0,02 Mol **I** u. 0,016 Mol **II** bei Zimmer-Temp. durch 95 Min. lange Rk. u. Zugabe von $CO_2$; 54,5% (neben 30% **XII**); f) aus 0,04 Mol **I** u. 0,04 Mol **II** bei Zimmer-Temp. durch 2½ std. Rk. u. Zugabe von $CO_2$; 15% (neben 25% **XII**); g) unter gleichen Bedingungen durch 200 Min. lange Rk. u. Zugabe von W.; 25% (neben 49% **III**, 2% **IX** u. 21% **V**); h) unter gleichen Bedingungen durch 215 Min. lange Rk. u. Zugabe von HCl; 24% (neben 25% **III**, 2% **IX** u. 14% **V**). — *Benzhydryloxytriphenylsilan* (**III**), F. 81—83°, a) aus 0,5 g **VI** durch 3 Min. langes Kochen in Xylol; 51% (neben 66% **II**); b) aus 2 g **VI** in 38 ml Ae./Bzl. (1:1) durch Zugabe von 0,23 g Na, 5½ std. Stehen u. Zugabe von $CO_2$; 90% (neben 10% **XII** u. 68% **II**); c) aus 1 g **VI** u. 0,0075 g Na in 20 ml Ae. durch 1½ std. Rk. u. Zugabe von verd. Säure; 87% (neben 67% **II**); d) aus **VI** u. überschüssigem Na durch 16std. Stehen; 25% (neben 7% **IV**); e) aus **VIII** u. Triphenylchlorsilan bei Zimmer-Temp. durch 2½ std. Rk., 16% (neben 41% *Hexaphenyldisiloxan* u. 16% **II**); f) in der gleichen Weise durch 5std. Rk ; 11% (neben 61% **IV**; g) aus **VII** durch Hydrolyse; 30% (neben 26% **IV** u. 25% **X**); h) aus **VII** durch saure Hydrolyse; 75%. — *β-Benzpinakolin*, F. 179—180°, aus 0,4 g **VI**, 2,5 ml Eisessig u. etwas $J_2$; 67%. — *1-Triphenylsiloxy-1.1.2-triphenyläthan*, F. 199—201°, aus **VII**, **II**, **I** u. Benzylchlorid; 0,17 g. K. RÜHLMANN. 1380□

**Die Reaktion von Triphenylsilylmetallverbindungen mit Benzophenon.** 2. Mitt. **Triphenylsiloxydiphenylmethylkalium.** N. V. Schwartz und A. G. Brook. (J. Amer. chem. Soc. **82.** 2439—41. 20/5. 1960.) (Engl.)— 1. vgl. vorst. Referat.

Die Rkk. von Triphenylsiloxydiphenylmethyl-K (**I**) mit Benzylchlorid (**II**), Trimethylchlorsilan (**III**), $CO_2$ u. Formaldehyd (**IV**) werden beschrieben. Aus **I** u. **II** entsteht *1-Triphenylsiloxy-1.1.2-triphenyläthan* (**V**), aus **I** u. **III** *Triphenylsiloxytrimethylsilyldiphenylmethan*, **V** wird auch bei der Rk. von Triphenylchlorsilan (**VII**) u. dem Na-Salz (**VIII**) von 1.1.2-Triphenyläthanol gewonnen. Durch Umsetzung von **I** mit $CO_2$ wird *Triphenylsiloxydiphenylessigsäuretriphenylsilylester* (**IX**) neben *Benzilsäure* (**X**) u *Triphenylsilanol* (**XI**) erhalten. Die $LiAlH_4$-Red. von **IX** gibt **XI** u. *1.1-Diphenyläthandiol-(1.2)* (**XII**). Die Addition von **IV** an **I** gibt ebenfalls **XII** u. **XI** neben wenig *2-Triphenylsiloxy-2.2-diphenyläthanol* (**XIII**).

Versuche: *Triphenylsiloxydiphenylmethyl-K* (**I**), aus 6,5 g Hexaphenyldisilan u. K in 100 ml Ae. u. 3,5 g Benzophenon (**XIV**) in 50 ml Ae.; 50—67% (Ausbeute). — *1-Triphenylsiloxy-1.1.2-triphenyläthan* (**V**), $C_{38}H_{32}OSi$, F. 202—203° (Essigester), a) aus 0,02 Mol Triphenylsilyl-K (**XV**), 0,017 Mol **XIV** u. 0,017 Mol **II** durch 5 Min. langes Rühren u. Hydrolyse; 51%; b) aus 0,0037 Mol **VIII** u. 0,0037 Mol **VII** in Bzl. durch 24std. Kochen u. Hydrolyse; 33% neben 25% *Hexaphenyldisiloxan* [F. 224—227° (Essigester)]. — *Triphenylsiloxytrimethylsilyldiphenylmethan*, $C_{34}H_{34}OSi_2$, F. 170—172° (Bzl./$CH_3OH$) aus 0,04 Mol **XV**, 0,036 Mol **XIV** u. 0,036 Mol **III** in Ae. durch 20 Min. langes Rühren u. Hydrolyse mit verd. HCl; 25% — *Triphenylsiloxydiphenylessigsäuretriphenylsilylester* (**IX**), $C_{50}H_{40}O_3Si_2$, F. 215—216° (Essigester), a) aus 0,02 Mol **XV** u. 0,017 Mol **XIV** durch Zugabe von $CO_2$/Ae.; 8% neben 3% *Triphenylsiloxytetraphenyläthanol* [**VI**, F. 130—135° Chlf./PAe.)] u. 36% **X** [F. 148—150° (Bzl./PAe.)]; b) analog a); 6% neben 20% **VI** u. 18% **X**; c) analog a); 4% neben 9% **XI** u. 45% **X**. — *2-Triphenylsiloxy-2.2-diphenyläthanol* (**XIII**), $C_{32}H_{28}O_2Si$, F. 91—92° (PAe.), aus 0,02 Mol **XV**, 0,015 Mol **XIV** u. **IV** durch 20 Min. langes Rühren, Hydrolyse mit verd. HCl u. Chromatographie in Bzl. an $SiO_2$; 16% neben 34% **XII** (F. 120—122°) u. 17% **XI** (F. 151—153°). — *Triphenylsilanol* (**XI**), F 149 bis 152°, a) aus 0,00021 Mol **XIII** in A. u. 2 ml 10% wss. NaOH; 68% neben 88% **XII**; b) aus 0,00067 Mol **IX** u. 0,0013 Mol $LiAlH_4$ in Ae.; 27% neben 70% **XII**.

K. RÜHLMANN. 1380□

**Die optische Spaltung von Äthylphenylthiolphosphinsäure.** M. Green und R. F. Hudson. (Proc. chem. Soc. [London] **1961.** 145. April. Geneva, Cyanamid European Res. Inst.) (Engl.)

Äthylphenylthiolphosphinsäure (**I**) wird über das *Chininsalz* teilweise in die opt. Antipoden gespalten u. als *Dicyclohexylammoniumsalz* charakterisiert. Dieses wird in opt.-

akt. I-S-Methylester übergeführt u. aus diesem der entsprechende opt.-akt. O-Methylester erhalten.

Versuche: *Phenyläthylphosphinigsäurechlorid*, Kp.$_{2}$ 76°, durch Rk. von Phenylphosphonigsäuredichlorid mit $Pb(C_2H_5)_4$ bei 120°. — *Äthylphenylthionophosphinsäurechlorid*, aus vorst. Verb. durch Rk. mit S in Ggw. von $AlCl_3$. — *Äthylphenylthiolphosphinsäure* (I), durch Hydrolyse vorst. Verbindung. *Dicyclohexylammoniumsalz*, $C_{20}H_{34}NOPS$, F. 158°. — *opt.-akt. Äthylphenylthiolphosphinsäure*, durch Behandeln von I in heißem Aceton mit wasserfreiem Chinin, allmähliche Zugabe von PAe. u. Überführen der einzelnen erhaltenen Fraktionen in die freie Säure. *Dicyclohexylammoniumsalz*, aus den einzelnen Säurefraktionen; a) $[\alpha]_D^{20}$ −6,6° (c = 6; $CH_3O$); b) $[\alpha]_D^{20}$ −6,5° (c = 5; $CH_3OH$); c) $[\alpha]_D^{20}$ +1,3° (c = 5; $CH_3OH$); d) $[\alpha]_D^{20}$ +1,1° (c = 5; $CH_3OH$). *S-Methylester*, Kp.$_{0,3}$ 120°, aus Fraktion c) des Dicyclohexylammoniumsalzes durch Rk. mit Methansulfonsäuremethylester; $[\alpha]_D^{20}$ +10,4°; 70% (Ausbeute). — *opt.-akt. Äthylphenylphosphinsäuremethylester*, Kp.$_{0,8}$ 106—108°, durch 2std. Rk. des vorst. Esters mit 1 Äquivalent $CH_3ONa$ in $CH_3OH$ bei −10°; $[\alpha]_D^{20}$ −3,49°; 68%. F. MADER. 1380□

**Eine neue Synthese von Cyclopropenen.** G. L. Closs und L. E. Closs. (J. Amer. chem. Soc. **83**. 1003—04. 20/2. 1961. Chicago, Ill., Univ., George Herbert Jones Labor.) (Engl.)

Durch Zugabe von $CH_2Cl_2$ zu einer Lsg. 1.2-Dimethylpropenyl-Li in Tetrahydrofuran bei −35° entsteht *2.3.3-Trimethylcyclopropenyl-Li* (I). I gibt durch Hydrolyse *1.3.3-Trimethylcyclopropen* (Kp.$_{750}$ 45°; $n_D^{20}$ 1,3893), durch Carboxylierung *2.3.3-Trimethylcyclopropencarbonsäure-(1)* (II; F. 48,5°) u. durch Versetzen mit $CH_3J$ *Tetramethylcyclopropen* (Kp.$_{755}$ 67°; $n_D^{20}$ 1,4021). **II** gibt mit äther. $CH_2N_2$-Lsg. *2.3.3-Trimethyl-1-carbomethoxycyclopropen* (Kp.$_{15}$ 57°). Die Strukturen der dargestellten Verbb. werden durch NMR-, IR- u. UV-Spektren bestätigt. Verschiedene Rk.-Mechanismen, die zur Bldg. von I führen, werden diskutiert. P. GOLINSKE. 1800□

**Ungesättigte Kohlenwasserstoffe.** 7. Mitt. **Synthese von p-Methyldiphenyl.** I. L. Kotljarewski und M. Ss. Schwarzberg. (Журнал Общей Химии [J. allg. Chem.] **29 (91)**. 2639—42. Aug. 1959. Chem. Inst. der Ostsibir. Filiale der Akad. der Wiss. der UdSSR.) (Russ.) — 6. vgl. Журнал Прикладной Химии [J. angew. Chem.] **32**. [1959.] 207; 5. vgl. C. **1961**. 9365.

*p-Methyldiphenyl* wird durch katalyt. Cyclisierung von 2-Methyl-5-phenylhexin-(3)-diol-(2.5) (I) oder dessen Hydrierungs-Prodd. 2-Methyl-5-phenylhexen-(3)-diol-(2.5) u. 2-Methyl-5-phenylhexandiol-(2.5) erhalten. Als Katalysator dient $MgO/Cr_2O_3/Al_2O_3$ (2 : 18 : 80). Die Aromatisierung von I verläuft wahrscheinlich unter Wasserabspaltung über 2-Methyl-5-phenylhexadien-(1.5)-in-(3), das aber leicht polymerisiert u. deshalb als Ausgangssubstanz nicht geeignet ist. Die UV-Spektren der Verbb. werden beschrieben.

Versuche: *2-Methyl-5-phenylhexin-(3)-diol-(2.5)* (I); F. 81—82° (Ae.), zur Lsg. von Äthyl-MgBr (aus 173 g $C_2H_5Br$) in Ae. gibt man in 50 Min. unter Kühlung 63 g 3-Methylbutin-(1)-ol-(3) in 100 ml Ae., kocht 45 Min., gibt unter Eiskühlung 71 g Acetophenon in 100 ml Ae. zu, läßt 3—4 Tage stehen, Zers. mit feuchtem Ae. u. W., löst den Nd. in 5—10 %ig. $H_2SO_4$, extrahiert mit Ae. u. dampft die äther. Schicht bei < 60° unter $N_2$ ein; 91% (Ausbeute). — *2-Methyl-5-phenylhexen-(3)-diol-(2.5)* (II), Kp.$_{4}$ 134—135°, durch Hydrierung von I in Methanol in Ggw. von $Pd/CaCO_3$; $n_D^{20}$ 1,5240; 80,7%. — *2-Methyl-5-phenylhexandiol-(2.5)* (III), Kp.$_{4}$ 148—150°, F. 72—73° (PAe.), durch Hydrierung von I in Methanol in Ggw. von Ni bei 150 at; 92,7%. — *p-Methyldiphenyl*, Kp.$_{16}$ 140—141°, F. 47,5—48° ($CH_3OH$), die 20 %ig. Lsg. von III in Bzl. wird in einem Quarzrohr bei Temp. von 442—570° auf $MgO/Cr_2O_3/Al_2O_3$ (2 : 18 : 80) als Katalysator getropft u. das Rk.-Prod. wird bei 150—180°/45 mm dest., bis 70%; entsteht analog auch aus I u. II; gibt durch Oxydation mit 2 %ig. $KMnO_4$ *p-Phenylbenzoesäure*, F. 224—225° (60 %ig. A.). RENATE RICHTER. 2210□

**Ungesättigte Kohlenwasserstoffe.** 8. Mitt. **Synthese und einige Umwandlungen von 3-Phenylheptadien-(4.6)-ol-(3).** I. L. Kotljarewski, M. I. Bardamowa und M. Ss. Schwarzberg. (Журнал Общей Химии [J. allg. Chem.] **29 (91)**. 3252—54. Okt. 1959.) (Russ.) — 7. vgl. vorst. Referat.

Es wird die Synth. von *3-Phenylheptadien-(4.6)-ol-(3)* (I) seine Red. zu *3-Phenylheptanol-(3)* (II) sowie die katalyt. Aromatisierung von I u. II zu *p-Methyldiphenyl* beschrieben. Durch Behandlung mit $H_2SO_4$ in Dioxan wird I zu *5-Phenylheptadien-(2.4)-ol-(1)* (III) isomerisiert.

Versuche: *3-Phenylheptadien-(4.6)-ol-(3)* (I), Kp.$_{4}$ 105—106°, man versetzt äther. $LiAlH_4$-Lsg. (aus 99,75 g $AlCl_3$ u. 36 g LiH) im Laufe 1 Std. mit 93 g 3-Phenylhepten-(6)-in-(4)-ol-(3) in Ae. unter Rühren, kocht 5 Std. auf dem Wasserbad, kühlt ab, zers. mit feuchtem Ae., W. u. 2,5 %ig. $H_2SO_4$ u. extrahiert mit Ae.; $D_4^{20}$ 0,9872; $n_D^{20}$ 1,5495; 91% (Ausbeute). — *3-Phenylheptanol-(3)* (II), Kp.$_{8}$ 108—109°, durch Hydrierung von 1,5 g I

an Skelett-Ni in 7 ml $CH_3OH$; $n_D^{20}$ 1,5058; 1 g. — *5-Phenylheptadien-(2.4)-ol-(1)* (III), Kp.$_{1,5}$ 134—135°, man erwärmt 48 g I in 720 ml 70% ig. wss. Dioxan, das 1% $H_2SO_4$ enthält, 10 Std. auf 40—45°, sättigt mit Pottasche, trennt die Dioxanschicht ab u. dest.; D.$_4^{20}$ 1,0075; $n_D^{20}$ 1,5920; 37,5%. Gibt bei Oxonolyse *Propiophenon*. — *5-Phenylheptanol-(1)*, Kp.$_3$ 134—135°, durch Hydrierung von 2,08 g III in 8 ml $CH_3OH$ an Skelett-Ni; D.$_4^{20}$ 0,9525; $n_D^{20}$ 1,5085; 1,7 g. — *p-Methyldiphenyl*, F. 46—47° ($CH_3OH$; die 20% ig. Lsg. von I oder II in Bzl. wird über $MgO/Cr_2O_3/Al_2O_3$ als Katalysator im Katalysatorofen aromatisiert (vgl. vorst. Ref.). Gibt bei $KMnO_4$-Oxydation *p-Phenylbenzoesäure*.
RENATE RICHTER. 2210□

**Ungesättigte Kohlenwasserstoffe.** 9. Mitt. **Zur Frage der Aromatisierung von arylsubstituierten Verbindungen.** M. Ss. Schwarzberg und I. L. Kotljarewski. (Журнал Общей Химии [J. allg. Chem.] **29 (91)**. 3255—58. Okt. 1959.) (Russ.) — 8. vgl. vorst. Referat.

*p-Methyldiphenyl* (I) wird durch Aromatisierung von 2.2.5-Trimethyl-5-phenyltetrahydrofuran (II), 2-Methyl-5-phenylhexan (III) oder 2-[p-Tolyl]-hexan (IV) am $MgO/Cr_2O_3/Al_2O_3$-Katalysator in Ausbeuten von 17—47% erhalten. Die Synth. von II, III u. IV werden beschrieben u. ihre UV-Spektren werden angegeben.

Versuche: *2.2.5-Trimethyl-5-phenyltetrahydrofuran* (II), Kp.$_{2,5}$ 80,5—81°, man leitet in 91 g 2-Methyl-5-phenylhexandiol-(2.5) in 500 ml Bzl. bei 20° 1 Std. lang gasförmiges HCl ein; $n_D^{20}$ 1,5000; 86% (Ausbeute). — *2-Methyl-5-phenylhexan* (III), Kp.$_{1,5}$ 65,5—66°, Kp.$_3$ 76—77°, Kp. 222—224°, man erhitzt 99 g 2-Methyl-5-phenylhexin-(3)-diol-(2.5) u. 2 g p-Toluolsulfonsäure im $N_2$-Strom auf 65—80°/5—30 mm, hydriert anschließend an RANEY-Ni bei 50—60 at u. wiederholt die Dehydratisierung u. Hydrierung; D.$_4^{20}$ 0,8662; $n_D^{20}$ 1,4886; 25%. — *2-[p-Tolyl]-hexanol-(2)*, $C_{13}H_{20}O$, Kp.$_2$ 106—107°, man gibt zu Butyl-MgBr (14,1 g Mg, 82,3 g Butylbromid) in Ae. 77,5 g p-Methylacetophenon u. rührt einige Std. bei 20°; D.$_4^{20}$ 0,9478; $n_D^{20}$ 1,5048; 85,5%. — *2-[p-Tolyl]-hexan* (IV), Kp.$_4$ 84—85°, man erhitzt 50 g vorst. Verb. u. 30 g $KHSO_4$ bei 100—150 mm u. dest.; man erhält 41,5 g *Olefingemisch* (Kp.$_2$ 84—87°; $n_D^{20}$ 1,5243); davon hydriert man 49,5 g in 75 ml Methanol an RANEY-Ni bei 90 at/20°; $n_D^{20}$ 1,4908. — *Aromatisierung von* **II, III** *u.* **IV**: a) man leitet II bei 497—550° über $MgO/Cr_2O_3/Al_2O_3$ (2:18:80) u. erhält durch fraktionierte Dest.: *p-Methyldiphenyl* [I; Kp.$_{16}$ 140—141°; F. 47—47,5° (Methanol); 25—46%]; b) analog aus III bei 550° 19,8% I; c) aus IV bei 570° 32% I. HELMUT SCHÄFER. 2210□

**Ungesättigte Kohlenwasserstoffe.** 10. Mitt. **Synthese von 4.4'-Dimethyldiphenyl und 2-Phenylnaphthalin.** M. Ss. Schwarzberg, M. I. Bardamowa und I. L. Kotljarewski. (Журнал Общей Химии [J. allg. Chem.] **30 (92)**. 436—40. Febr. 1960.) (Russ.) — 9. vgl. vorst. Referat.

Vff. beschreiben die Darst. von *4.4'-Dimethyldiphenyl* u. *2-Phenylnaphthalin* durch katalyt. Aromatisierung von 2.2.5-Trimethyl-5-[p-tolyl]-tetrahydrofuran (II) bzw. 2-Methyl-2-phenyltetrahydrofuran-5-spirocyclohexan über einem $MgO/Cr_2O_3/Al_2O_3$-Katalysator.

Versuche: *2-Methyl-5-[p-tolyl]-hexin-(3)-diol-(2.5)* (I), $C_{14}H_{18}O_2$, F. 94,5—95° (PAe.) aus Dimethyläthinylcarbinol u. p-Methylacetophenon in Ggw. von Äthylmagnesiumbromid bei Zimmer-Temp.; 91,7% (Ausbeute). — *2.2.5-Trimethyl-5-[p-tolyl]-tetrahydrofuran* (II), $C_{14}H_{20}O$, Kp.$_3$ 88—89°, durch Hydrierung vorst. Verb. in Methanol über Ni bei 75 at $H_2$-Anfangsdruck u. Zimmer-Temp.; D.$_4^{20}$ 0,9465; $n_D^{20}$ 1,4996; 66,9%; daneben vermutlich *2-Methyl-5-[p-tolyl]-hexen-(4)-ol-(2)*, $C_{14}H_{20}O$, Kp.$_3$ 122—124°; D.$_4^{20}$ 0,9596; $n_D^{20}$ 1,5242. — *4.4'-Dimethyldiphenyl*, $C_{14}H_{14}$, F. 120,5—121° (Ae.), durch Aromatisierung von II in Bzl. über einem $MgO/Cr_2O_3/Al_2O_3$-Katalysator (2:18:80) bei 550—560°; 47,4 bis 48,2%; oder direkt aus I wie vorst. beschrieben bei 430°; maximal 11—12%. — *1-[1'-Hydroxycyclohexyl]-3-phenylbutin-(1)-ol-(3)*, $C_{16}H_{20}O_2$, F. 124—124,5° (Bzl.), aus 1-Äthinylcyclohexanol-(1) u. Acetophenon analog I; 78,5%. — *1-[1'-Hydroxycyclohexyl]-3-phenylbutanol-(3)*, $C_{16}H_{24}O_2$, F. 127—127,5° (PAe.), durch Hydrierung vorst. Verb. in Methanol über Ni bei 110 at $H_2$-Anfangsdruck bei Zimmer-Temp.; 96,8%. — *2-Methyl-2-phenyltetrahydrofuran-5-spirocyclohexan*, $C_{16}H_{22}O$, Kp.$_{1,5}$ 122—123°, aus vorst. Verb. in trocknem Bzl. durch 45 Min. langes Einleiten von HCl bei Zimmer-Temp.; D.$_4^{20}$ 1,0096; $n_D^{20}$ 1,5255; 76,7%. — *2-Phenylnaphthalin*, F. 104—105° (A.), durch katalyt. Aromatisierung vorst. Verb. wie oben beschrieben, optimaler $Cr_2O_3$-Geh. 8—13%; 28—31%; gibt bei Oxydation mit $CrO_3$ in Eisessig *2-Phenylnaphthochinon-(1.4)*, $C_{16}H_{10}O_2$, F. 109,5—110,5° (A.); 69,7%. G. WINKLER. 2210□

**Oxydative Dimerisierung einiger Aryl–Alkyl-Verbindungen.** 1. Mitt. Yoshinobu Odaira und Shigure Tsutsumi. (Technol. Rep. Osaka Univ. **8.** 199—212. März 1958. Dep. of Technol.) (Engl.)

In Ggw. von $K_2CO_3$ u. Al-Spänen wurden p-Diisopropylbenzol (I), p-Isopropylanisol (II) u. sek.-Butylbenzol (III) für die Dauer von 26—38 Std. unter Durchleiten von trockner Luft auf 160—180° erhitzt. Durch Oxydation bildeten sich in jedem Falle *dimere Verbb.*, deren Konstit. z. T. aufgeklärt wurden. Aus dem Rk.-Prod. von **I** wurden 2 *Dimere* isoliert, wovon eines durch unabhängige Synth. aus α.α-Dimethyl-p-isopropylbenzylalkohol mit Zn in HBr-Eisessig als *2.3-Di-p-cumyl-2.3-dimethylbutan* (**IV**) identifiziert wurde. Daneben entstanden *p-Diacetylbenzol*, *p-Isopropylacetophenon* u. *Cuminsäure* sowie in geringer Menge *p-Acetylbenzoesäure* u. *Terephthalsäure* (**V**). Aus **II** wurde *2.3-Bis-[p-methoxyphenyl]-2.3-dimethylbutan* neben *p-Acetylanisol*, *p-Isopropylphenol* u. *Anissäure* erhalten. **III** lieferte neben *Acetophenon* u. *Benzoesäure* 2 *Dimere*, die als *meso-* u. *rac.-2.3-Diphenyl-2.3-diäthylbutan* identifiziert wurden. Die Oxydationsmechanismen werden radikal. unter teilweiser Teilnahme von Hydroperoxy-Verbb. gedeutet.

Versuche: *p-Diisopropylbenzol* (**I**), Kp. 206—208°, aus Cumol u. Isopropanol in Ggw. von 96%ig. $H_2SO_4$; $n_D^{20}$ 1,4900. — *p-Isopropylanisol* (**II**), Kp.$_{22}$ 97—100°, durch 2std. Erhitzen von Anisol mit Isopropanol in Ggw. von konz. $H_2SO_4$ auf 100°; $n_D^{16}$ 1,5088; 66% (Ausbeute). — *sek.-Butylbenzol* (**III**), Kp. 170—172°, durch Behandlung von Bzl. mit sek.-Butanol in Ggw. von 86%ig. $H_2SO_4$; $n_D^{20}$ 1,4898. — *Cuminsäure*, F. 117°, durch 38std. Erhitzen von 300 g **I** mit $K_2CO_3$ u. Al-Spänen auf 160—170° unter Durchleiten trockner Luft, Ae.-Extraktion, Ausziehen des Ae.-Extrakts mit NaOH u. Ansäuern; 1,5 g. Daneben *p-Acetylbenzoesäure* (F. 202—206°; 60 mg) u. **V** (50 mg). —*2.3-Di-p-cumyl-2.3-dimethylbutan* (**IV**), $C_{24}H_{34}$, F. 134,5—135° (A.), a) durch 48std. Erhitzen von **I** mit Di-tert.-butylperoxyd auf 140—145° unter $N_2$ u. Dest. bei 155—160°/4 mm; b) neben vorst. Säure aus dem Ae.-Extrakt durch fraktionierte Dest. u. selektive Hydrierung des bei 170—174°/4 mm erhaltenen Destillats an Cu-Chromit in A. bei 100°/62 at; 0,3 g. Daneben ein *Isomeres* ($C_{24}H_{34}$, F. 98,5—99°; 1,22 g) u. vor der Hydrierung *p-Acetylcumol* (28 g; *2.4-Dinitrophenylhydrazon*, F. 185°) u. *p-Diacetylbenzol* (F. 111—112°; 32 g; *Dioxim*, Zers. bei 244°). — *2.3-Bis-[p-methoxyphenyl]-2.3-dimethylbutan*, F. 183—184° (Bzl.-A.; Prismen), durch 35std. Erhitzen von **II** mit $K_2CO_3$ u. Al-Spänen auf 170 bis 180° unter Durchleiten von trockner Luft u. Trennung der Rk.-Prodd. mit Ae. u. $Na_2CO_3$/NaOH; 100 mg. Daneben *Anissäure* (F. 182—183°; 0,15 g), *p-Isopropylphenol* (F. 60 bis 61°; 0,45 g) u. *p-Acetylanisol* (3,71 g; *Oxim*, F. 88°; *2.4-Dinitrophenylhydrazon*, F. 225 bis 226°). — *Acetophenon*, aus 400 g **III** wie vorst. bei 165—170° in 25 Std.; 11,7 g; daneben *Benzoesäure* (F. 120—121°; 2,25 g). *2.4-Dinitrophenylhydrazon*, F. 251°. — *2.3-Diphenyl-2.3-diäthylbutan, meso-Form*, $C_{20}H_{26}$, F. 93° (A.; Prismen), neben vorst. Verb. aus dem Ae.-Extrakt durch selektive Hydrierung an Cu-Chromit in A. bei 100°/72 at u. fraktionierte Dest. bei 0,5 mm; 5,3 g. *rac.-Form*, $C_{20}H_{26}$, F. 40—41° (A.), neben der Mesoform; 4,1 g. — *Terephthalsäure* (**V**), durch 5std. Erhitzen von 1,34 g des **IV**-Isomeren vom F. 98,5—99° mit $Na_2Cr_2O_7$ in verd. $H_2SO_4$–Eisessig auf 125—130°; 0,8 g. *Diäthylester*, F. 41—42°. — *α.α-Dimethyl-p-isopropylbenzylalkohol*, F. 41—41,5° (PAe.; Nadeln), durch 1std. Kochen von 40 g p-Acetylcumol mit $CH_3MgJ$ in Ae., Stehen über Nacht, Zers. mit wss. $NH_4O$ u. Dest. des Rk.-Prod. bei 88—92°/1 mm ($n_D^{27}$ 1,5152); 40 g. Gibt durch 3std. Rühren mit Zn-Staub in HBr-haltiger verd. Essigsäure $< -5°$ u. Stehen über Nacht **IV** (21%). K. Ross. 2210□

**Synthese von Bilitrast (β-[4-Hydroxy-3.5-dijodphenyl]-α-phenylpropionsäure).** L. M. Jagupolski, B. Je. Grus, N. I. Manko und A. I. Kiprianow. (Украинский Химический Журнал [Ukrain. chem. J.] **26**. 233—36. 1960. Inst. für organ. Chem. der Akad. der Wiss. der UkrainSSR.) (Russ.)

Zur Darst. von *β-[4-Hydroxy-3.5-dijodphenyl]-α-phenylpropionsäure* (**I**) wird Anisol (**II**) durch Chlormethylierung mit Formalin u. HCl in *p-Methoxybenzylchlorid* übergeführt, das (ohne Abtrennung des gleichzeitig zu 10% gebildeten o-Isomeren) durch Rk. mit Benzylcyanid in Ggw. von $NaNH_2$ in *β-[4-Methoxyphenyl]-α-phenylpropionitril* (**III**) übergeführt wird. **III** wird entmethyliert u. das Rk.-Prod. zur Säure verseift, die mit Cl in **I** umgewandelt wird. In gleicher Weise kann Phenetol an Stelle von **II** verwendet werden.

Versuche: *Methoxybenzylchlorid, p-* u. *o-Isomerengemisch*, Kp.$_{20}$ 120—125°, man sättigt das Gemisch aus 108 g **II** u. 90 g 40%ig. Formalin bei 5—7° mit HCl, gibt 150 ml Chlf. hinzu, rührt einige Min. u. trennt die untere Schicht ab; 53% (Ausbeute). —*β-[4-Methoxyphenyl]-α-phenylpropionitril* (**III**), $C_{16}H_{15}NO$, Kp.$_{10}$ 208—210°, F. 85—86° (A.), man gibt bei 0° im Laufe von 10 Min. 117 g Benzylcyanid in 125 ml Bzl. zu der Suspension von 20,5 g $NaNH_2$ in 50 ml Bzl., läßt in 1/4 Std. 78,2 g vorst. Isomerengemisches in 75 ml Bzl. hinzutropfen, kocht 2 Std. auf dem Wasserbad, verd. mit 250 ml W., neutralisiert u. trennt die Benzolschicht ab; 50%. Daneben *β-[2-Methoxyphenyl]-α-phenylpropionitril*-$C_{16}H_{15}NO$, Kp.$_{10}$ 193—195°, F. 45—46° (A.), aus der alkohol. Mutterlauge des vorst. Isomeren; 5,6 g. — *β-[4-Hydroxyphenyl]-α-phenylpropionitril*, $C_{15}H_{13}NO$, F. 100° (wss.

A.), a) man kocht 50 g der vorst. Verb. 2 Std. in 250 ml Toluol in Ggw. von 57,5 g $AlCl_3$, verd. in der Kälte mit 250 ml W. u. trennt die Toluolschicht ab; b) man erhitzt das Gemisch aus 44 g vorst. Verb. u. 132 g Pyridinhydrochlorid 20 Min. lang zum Sieden, verd. mit 400 ml W., säuert mit HCl an u. filtriert bei 0°. — *β-[4-Hydroxyphenyl]-α-phenylpropionsäure*, F. 176—177°, man extrahiert die im vorst. beschriebenen Vers. nach a) erhaltene toluol. Phase bei 50—60° mit 5%ig. NaOH oder löst das nach b) erhaltene Rohprod. in 300 ml 2n NaOH, erhitzt 3 Std. zum Sieden, filtriert u. fällt mit 15%ig. HCl; 91,5%. — *Äthoxybenzylchlorid, p- u. o-Isomerengemisch*, $Kp._{20}$ 130—135°, durch Chlormethylierung von Phenetol; 53%. — *β-[4-Äthoxyphenyl]-α-phenylpropionitril* $C_{17}H_{17}NO$, $Kp._5$ 197—200°, F. 77—78°, aus vorst. Verb. durch Einw. von Benzylcyanid in Ggw. von $NaNH_2$. H. KÜHNE. 2450□

**Unsymmetrische Dreikohlenstoff-Kondensationen. 4. Mitt. Unsymmetrische Dreikohlenstoff-Kondensationen mit Dibenzoylmethan.** Heinrich Hellmann und Dieter Dieterich. (Liebigs Ann. Chem. **632.** 73—85. 16/6. 1960. Tübingen, Univ., Chem. Inst.) (Dt.) — 3. vgl. C. **1961.** 12053.

Dibenzoylmethan (**I**) läßt sich in einem Arbeitsgang mit Formaldehyd (**IV**) u. Malonsäuredimethylester (**V**) bzw. Acylaminomalonsäureestern, Nitromalonsäuredimethylester (**VI**), Acetessigsäuremethylester (**VII**), 2-Acetamidoacetessigsäuremethylester (**VIII**), Acetylaceton (**IX**), 3-Acetamidoacetylaceton (**X**), Cyclopentanon-o-carbonsäuremethylester (**XI**), Cyclohexanon-o-carbonsäureäthylester (**XII**) u. Bis-[äthansulfonyl]-methan (**XIII**) zu unsymm. Prodd. kondensieren, die bisher auf keinen anderen Wege zugänglich sind. Bei Rkk. werden in Toluol oder Xylol in Ggw. eines bas. Katalysators, z. B. Triäthylamin, in der Siedehitze durchgeführt u. geben durch Kondens. der Rk.-Komponenten mit **IV** symm. Kondens.-Verbb. als Nebenprodukte.

Versuche: *Acetamidomalonsäuredimethylester* (**XIV**), F. 128—129° (Bzl.), durch Eintragen von 0,5 Mol $NaNO_2$ in ein Gemisch von 0,2 Mol **V** u. 0,8 Mol Eisessig bei 10°, Zugabe von 50%ig. $H_2SO_4$ bis pH 1 unter Kühlung, Zugabe von Zn-Staub, 10 Min. lange Rk., Eintragen von Acetanhydrid u. Kühlen auf —10°; 54% (Ausbeute). — *3-Acetamidoacetylaceton* (**X**), $C_7H_{11}NO_3$, F. 104—105° (Aceton/Ae.), durch Red. von Isonitrosoacetylaceton nach TREIBS u. SUTTER (C. **1951.** II. 1732) bei $<50°$; 64%. — *2-Acetamidoacetessigsäuremethylester* (**VIII**), $C_7H_{11}NO_4$, F. 88—89° (Aceton/Ae.), analog vorst. Verb.; 70%. — *Hydroxymethylnitromalonsäuredimethylester*, $C_6H_9NO_7$, F. 91 bis 93° ($CH_3OH$), durch 10 Min. langes Erhitzen von mol. Mengen **VI** u. Paraformaldehyd (**XV**) u. wenig 10%ig. methanol. KOH auf 110°; 100%. — 3.3-Dibenzoylpropane: *1.1-Bis-[carbomethoxy]-1-acetamido-* (**III**), $C_{23}H_{23}NO_7$, F. 140—142° ($CH_3OH$), durch 2std. Kochen von 0,02 Mol **I**, 0,02 Mol **XIV** u. 0,024 Mol **XV** in Toluol in Ggw. von wenig Triäthylamin; 88% Ausbeute [daneben *Methylen-bis-[dibenzoylmethan]-* (**II**)]. — *1.1-Bis-[carbäthoxy]-1-acetamido-*, $C_{25}H_{27}NO_7$, F. 170—175° (A.), durch 3std. Kochen aus Acetamidomalonsäurediäthylester wie **III**; 46% (neben 40% **II**). — *1.1-Bis-[carbomethoxy]-1-formamido-*, $C_{22}H_{21}NO_7$, F. 167—172° ($CH_3OH$), aus Formamidomalonsäuredimethylester; 29% (neben 40% **II**). — *1-Acetyl-1-carbomethoxy-1-acetamido-*, $C_{23}H_{23}NO_6$, F. 195 bis 197° (Toluol), durch Schütteln von mol. Mengen **I**, **XV** u. **VIII** in Toluol nahe dem Kp., Zugabe von wenig Triäthylamin u. $^1/_2$std. Kochen; 45% (neben 35% **II**). — *1.1-Diacetyl-1-acetamido-*, $C_{23}H_{23}NO_5$, F. 188—190° (A./$CH_3OH$/PAe.), aus **X** analog **III**; 70%. — *1.1-Bis-[carbomethoxy]-1-nitro-*, $C_{21}H_{19}NO_8$, F. 95,5° ($CH_3OH$/PAe.), aus **VI** in Xylol analog **III**; 60%. — *1.1-Bis-[carbomethoxy]-*, $C_{21}H_{20}O_6$, F. 125—128° ($CH_3OH$), aus **V** analog **III**; 50%. — *1-Acetyl-1-carbomethoxy-*, $C_{21}H_{20}O_5$, F. 139—142° ($CH_3OH$), aus **VII** analog **III**; 40%. — *1.1-Diacetyl-*, $C_{21}H_{20}O_4$, F. 126—127° (A./PAe.), aus **IX** analog **III**; 48%. — *1.1-Bis-[äthansulfonyl]-*, $C_{21}H_{24}O_6S_2$, F. 130—132° (A./PAe.), aus **XIII** analog **III**; 88%. — *2-[2.2-Dibenzoyläthyl]-cyclopentanoncarbonsäure-(2)-methylester*, $C_{23}H_{22}O_5$, F. 134—136° (Bzl./$CH_3OH$/PAe. u. Aceton/$CH_3OH$/PAe.), aus **XI** analog **III**; 84%. — *2-[2.2-Dibenzoyläthyl]-cyclohexanoncarbonsäure-(2)-äthylester*, F. 117—118,5° ($CH_3OH$), aus **XII** analog **III**; 10% (neben 58% **II**). W. HAMPEL. 2550□

**Notiz über die Störung des Proazulen-Nachweises mit Bromdampf-Chloroform durch Hydrindene mit angulärer Methylgruppe.** Roland Mayer und Peter Held. (Chem. Ber. **93.** 2750—52. 3/11. 1960. Tharandt, TH Dresden, Inst. für Pflanzenchem.) (Dt.)

Hydrindene mit einer angulären Methylgruppe u. mindestens einer Doppelbindung reagieren wie Azulene mit Bromdampf in Chlf. unter Blauviolettfärbung. Diese Nachw.-Rk. wird an Perhydroindan, *Perhydroindanon-(5)*, 3α-Methylperhydroindan, *3α-Methyl-$\Delta^4$-tetrahydroindan*, *3α-Methyl-$\Delta^7$-tetrahydroindanon-(6)* u. *3α-Methyl-3α.4-dihydroindan* geprüft, von denen nur die letzten 3 deutliche Farb-Rkk. ergaben. Die Darst. der Indane wird beschrieben, in denen durch IR-spektroskop. Unterss. sowie durch Dehydrierungen mit S bzw. Se in der fl. Phase u. Dampfphase keine Azulenspuren nachgewiesen werden konnten.

Versuche: *1-Methyl-1-carbomethoxycyclopentanon-(2)*, $Kp._{13}$ 102—106°, aus der K-Verb. von 1-Carbomethoxycyclopentanon-(2) u. Methyljodid oder Dimethylsulfat; $n_D^{20}$ 1,4400; 73 bzw. 53% (Ausbeute). — *1-Methylcyclopentanon-(2)* (I), Kp. 139,5 bis 142°, aus vorst. Ester durch Ketonspaltung mit 30%ig. $H_2SO_4$; $n_D^{20}$ 1,4355; 64%. — *Perhydroindanon-(5)*, $C_9H_{14}O$, $Kp._{30}$ 62°, aus 7α-Methyl-$\Delta^{3a}$-tetrahydroindanon-(5) durch Hydrierung an RANEY-Ni; $n_D^{20}$ 1,4800; fast 100%. — *7α-Methyl-$\Delta^6$-tetrahydroindan*, $C_{10}H_{16}$, Kp. 175—176°, $Kp._{12}$ 63—67°, aus 1-Hydroxy-2-methyl-1-[buten-(3)]-cyclopentan (vgl. ERRINGTON u. LINSTEAD, C. **1938**. II. 1031) durch Cyclisierung mit $H_3PO_4$, $n_D^{16}$ 1,4792; 25%. — *7α-Methyl-$\Delta^{3a}$-tetrahydroindanon-(5)*, $C_{10}H_{14}O$, $Kp._{20}$ 123—127°, aus I, $NaNH_2$ u. 4-Diäthylaminobutanon-(2)-jodmethylat; $n_D^{22}$ 1,4952; 25—38%. *2.4-Dinitrophenylhydrazon*, $C_{16}H_{18}N_4O_4$, F. 154°. — *7α-Methyl-$\Delta^{3a,5}$-dihydroindan*, $C_{10}H_{14}$, durch Red. vorst. Verb. mit $LiAlH_4$ u. anschließender Dehydratisierung des entstandenen *Alkohols* durch Erhitzen oder azeotrope Dest. mit Bzl.; ca. 10 %. E. WÜNSCHE. 2650□

**Synthese substituierter Indane durch die Cycloalkylierungsreaktion.** L. Ames, E. Chaitman und F. Grant. (J. org. Chemistry **26**. 1299—1300. April 1961. Clinton, N.Y., Hamilton Coll., Dep. of Chem.) (Engl.)

Die Formulierung des durch Alkylierung von Bzl. mit 2.2.5.5-Tetramethyltetrahydrofuranon neben 1.1.4.4-Tetramethyltetralon erhaltenen Ketons als *1.3.3-Trimethyl-1-acetylindan* (I; vgl. C. **1958**. 14301) wird bestätigt. Durch Rk. von Neophyl-MgCl mit $CO_2$ zu *β-Phenylisovaleriansäure*, Behandeln mit $SOCl_2$ u. Cyclisierung mit $AlCl_3$ wurde *3.3-Dimethylindanon-(1)* dargestellt, das durch Addition von $CH_3MgJ$, Hydrolyse u. Dehydratisierung *1.1.3-Trimethylinden* (III) lieferte; dessen Behandlung mit HCOOH u. $H_2SO_4$ ergab *1.3.3-Trimethylindan-1-carbonsäure* (II). Die durch alkal. $KMnO_4$-Oxydation von I erhaltene Monocarbonsäure ist mit II identisch. Die Oxydation von I mit Perbenzoesäure ergab ein Gemisch, in dem IR-spektroskop. 1.3.3-Trimethyl-1-acetoxyindan nachgewiesen wurde; nach Hydrolyse des Oxydationsgemisches konnte III isoliert werden.

Versuche: *β-Phenylisovaleriansäure*, $C_{11}H_{14}O_2$, F. 57—58° (Bzl.-PAe.), durch Gießen von Neophyl-MgCl in Ae. auf $CO_2$; 41% (Ausbeute). — *3.3-Dimethylindanon-(1)*, $Kp._{1,7}$ 86—89°, durch 3std. Kochen vorst. Verb. mit $SOCl_2$, Abdest. von $SOCl_2$, 15std. Kochen mit $AlCl_3$ in PAe.-$CS_2$, Zugabe von W. u. Dest. der organ. Phase; 53%. *Semicarbazon*, $C_{12}H_{15}N_3O$, F. 205—206°. — *1.1.3-Trimethylinden* (III), $C_{12}H_{14}$, $Kp._{1,6}$ 58—62°, a) durch Zutropfen vorst. Verb. in Ae. zu $CH_3MgJ$ in Ae. unter Rühren u. Aufarbeitung unter Dehydratisierung des gebildeten Carbinols; 98%; b) durch Zugabe von I zu Benzoepersäure in Chlf. bei 0—5°, 1wöchiges Stehen unter Lichtausschluß bei 0—5°, einmonatiges Stehen bei 20°, Hydrolyse des Rohprod. u. Dest.; $Kp._{18}$ 110—120°; 15%. — *1.3.3-Trimethylindan-1-carbonsäure* (II), F. 129—130° (PAe.), a) durch Zugabe von III u. HCOOH zu konz. $H_2SO_4$ bei 0—5°, 1std. Stehen u. Gießen in W.; 12%; b) durch Oxydation von I mit $KMnO_4$. H. BERTSCH. 2650□

**Derivate von Fluoren.** 10. Mitt. **Fluorfluorene.** 3. Mitt. T. Lloyd Fletcher, Moses J. Namkung, William H. Wetzel und Hsi-lung Pan. (J. org. Chemistry **25**. 1342—48. Aug. 1960. Seattle, Wash., Univ. of Washington, School of Med., Dep. of Surgery, Chem. Res. Labor.) (Engl.) — 9. vgl. C. **1961**. 12818; 8. bzw. 2. vgl. C. **1961**. 11314.

Das Diazoniumfluoborat aus 3-Aminofluorenon (I) wird in Toluol (T.) zu *3-Fluorfluorenon* (II) zersetzt u. dieses zu *3-Fluor-7-nitrofluorenon* nitriert, das durch Red. u. Acetylieren in *N-[6-Fluorfluorenyl-(2)]-acetamid* übergeführt wird. Durch Diazotieren von 3-Fluor-9-oxofluorenyl-(7)-amin (III) in $HBF_4$ u. nachfolgende Zers. wird *2.6-Difluorfluorenon* erhalten, das auch aus 2.6-Diaminofluorenon (IV) dargestellt wird. *2-Amino-3-fluorfluoren* (V) wird durch Nitrieren von 3-Fluor-7-trifluoracetamidofluoren (VI), anschließende Hydrolyse, Desaminieren u. Red. des erhaltenen *3-Fluor-2-nitrofluorens*, sowie durch Diazotieren von in 3-Fluor-4-nitroanilin (VII), Behandeln mit KJ u. $J_2$, Kuppeln des entstehenden *3-Fluor-4-nitrojodbenzols* mit einem Gemisch von o-Chlor- (VIII) u. o-Brombenzoesäuremethylester (IX), Abtrennen von als Nebenprod. erhaltenem *3.3'-Difluor-4.4'-dintirobiphenyl*, Cyclodehydratisieren der Carbonsäurefraktion in Polyphosphorsäure (PPS)t Red. des neben *1-Fluor-2-nitrofluorenon* entstandenen *3-Fluor-2-nitrofluorenons* mit $SnCl_2$ u. HCl u. Red. des gebildeten *2-Amino-3-fluorfluorenons* (X) mit P u. HJ dargestellt u. zu *N-[3-Fluorfluorenyl-(2)]-acetamid* acyliert. X läßt sich zu II desaminieren. *1-Fluor-4-nitrofluorenon* wird aus 3-Fluor-6-nitroanilin (XI) u. aus 1-Amino-4-nitrofluorenon (XII) dargestellt. Desaminieren von 2-Amino-1-fluorfluorenon führt zu *1-Fluorfluorenon*. Diazotieren von VII in $HBF_4$ u. Zers. in Chlorbenzol (Ch.) gibt 24%

*2.4-Difluornitrobenzol*, das zu *1.3-Difluor-4.6-dinitrobenzol* nitriert wird. SCHIEMANN-Zers. von 2-Dimethylaminofluoren-(1)-diazoniumfluoborat gibt 31% *2-Monomethylaminofluoren* (**XIII**). Beim Vers., 2-Dimethylamino-3-fluorfluoren aus 2-Dimethylamino-3-aminofluoren (**XIV**) u. durch Dimethylieren von **V** darzustellen, versagt die SCHIEMANN-Rk.; es wird wenig *2-Dimethylaminofluoren* neben vermutlich **XIII** gebildet. Diazotieren von 2-Dimethylamino-3-aminofluorenon (**XV**) u. Zers. in sd. Xylol (Xy.) gibt *2-Monomethylaminofluorenon* in geringer Ausbeute. Das Diazoniumfluoborat aus 2-Amino-4-fluorfluorenon (**XVI**) wird in ausgezeichneter Ausbeute zu *2.4-Difluorfluorenon* zersetzt. Jodieren von m-Dinitrobenzol (**XVII**) mit rauchender $H_2SO_4$ u. $J_2$ gibt *1.3-Dinitro-5-jodbenzol*, das zu *3-Jod-5-nitroanilin* red. wird. Dies gibt bei der SCHIEMANN-Rk. *3-Fluor-5-jodnitrobenzol*, das zu *3-Fluor-5-jodanilin* red. wird. Letzteres wird über das entsprechende Diazoniumfluoborat in *3.5-Difluorjodbenzol* (**XVIII**) übergeführt, das zu *3.5-Difluor-2-nitrojodbenzol* nitriert wird. Letzteres wird auch aus 3.5-Difluor-2-nitroanilin (**XIX**) erhalten. ULLMANN-Kondens. von **XVIII** mit einem Gemisch aus **VIII** u. **IX** führt nach dem Cyclodehydratisieren in PPS schließlich zu *1.3-Difluorfluoren*.

Versuche (FF. korr.): Fluorene: *3-Fluor-9-oxo-* (**II**), $C_{13}H_7FO$, F. 128,5—129° (A.), a) durch Erhitzen von 0,169 Mol **I** in 38%ig. $HBF_4$, Zutropfen einer gesätt. wss. Lsg. von 0,29 m $NaNO_2$ unter Rühren bei 5°, ½std. weiteres Rühren u. vorsichtiges Erhitzen des abfiltrierten *Diazoniumsalzes* [Zers. bei 110°; 93% (Ausbeute)] in T.; 72%; b) durch Desaminieren von **X** (s. unten) mit $H_3PO_2$. — *3-Fluor-7-nitro-9-oxo-*, $C_{13}H_6FNO_3$, F. 282 bis 283° (T.), durch langsames Einrühren von **II** in rauchende $HNO_3$ (Dichte 1,5) u. Eisessig (Eg.) bei 35°, Zugabe von konz. $H_2SO_4$ u. 10 Min. langes weiteres Rühren; 80,7%. — *2-Amino-6-fluor-9-oxo-* (**III**), $C_{13}H_8FNO$, F. 218—219°, durch 10 Min. langes Kochen von 0,079 Mol vorst. Verb. u. 0,35 m $SnCl_2 \cdot 2\,H_2O$ in konz. HCl u. A. unter Rühren u. Neutralisieren des abfiltrierten gelben Nd. mit wss. $NH_4OH$; tiefpurpurfarbene Kristalle. *Acetyl-Deriv.*, $C_{15}H_{10}FNO_2$, F. 277—277,5° (T.), durch Acetylieren von **III**. — *6-Fluor-2-amino-*, $C_{13}H_{10}FN$, F. 125—126° (Bzl.), durch 40std. Kochen von **III**, rotem P u. 47%ig. HJ in Eg.; Einengen, Verdünnen mit W. u. Neutralisieren der filtrierten Lsg. mit wss. $NH_4OH$; 90%. *Acetyl-Deriv.*, $C_{15}H_{12}FNO$, F. 203—240°, durch Acetylieren der Base in Benzol. *Trifluoracetyl-Deriv.* (**VI**), $C_{15}H_9F_4NO$, F. 187,5—188° (A.), durch Acylieren der Base mit Trifluoracetanhydrid in Benzol. — *2.6-Difluor-9-oxo-*, $C_{13}H_6F_2O$, F. 185—185,5° (T.), durch a) Erhitzen von 0,017 Mol **IV** in 50%ig. $HBF_4$, ¼std. Zutropfen einer gesätt. wss. Lsg. von 0,044 m $NaNO_2$ bei 0° unter Rühren, ¼std. weiteres Rühren, Zers. des entstehenden abfiltrierten *Salzes* (Zers. bei 130°; 70%) in Xy. u. Abdampfen des Xy.; 47%; b) Diazotieren von **III** in 50%ig. $HBF_4$ u. 85%ig. $H_3PO_4$ u. Zers. des entstehenden *Diazoniumsalzes* (Zers. bei 180°; 100%) in o-Dichlorbenzol; 33%. — *2-Trifluoracetamido-6-fluor-7-nitro-*, $C_{15}H_8F_4N_2O_3$, F. 288—289° (T.), durch Zugabe von $HNO_3$ (Dichte 1,42) u. $BF_3$ (Komplex mit 2 $CH_3COOH$) zu **VI** in Eg. bei 60°; 85%. — *2-Amino-6-fluor-7-nitro-*, $C_{13}H_9FN_2O_2$, F. 232—233° [Aceton (Ac.)/A. (1 : 1)], durch Zugabe von 5%ig. wss. NaOH zu vorst. Verb. in sd. A. u. ¼std. Kochen; 98,5%. — *2-Nitro-3-fluor-*, $C_{13}H_8FNO_2$, F. 134,5 bis 135° (Bzl. u. A.), durch allmähliches Einrühren von 0,084 Mol vorst. Verb. in eine Lsg. von 0,2 m $NaNO_2$ in konz. HCl, 1std. Rühren bei —5°, Zugabe von 50%ig. $H_3PO_2$, 5std. Rühren bei —5°, mehrstd. Stehen bei 0° u. 1std. Erhitzen auf 100°; 66%. — *2-Amino-3-fluor-* (**V**), $C_{13}H_{10}FN$, F. 130—131° [Ligroin (Lg.)], a) durch Red. vorst. Verb. in T. u. A. mit $N_2H_4 \cdot H_2O$ in Ggw. von RANEY-Ni; 96,5%; b) durch Red. von **X** (s. unten) mit P u. 47%ig. HJ; 85%. *Acetyl-Deriv.*, $C_{15}H_{12}FNO$, F. 198,5—199,5° (Bzl.). — *2-Nitro-3-fluor-9-oxo-*, $C_{13}H_6FNO_3$, F. 224—224,5° (Chlf.), durch Diazotieren von **VII** [F. 158,5 bis 159,5° (Bzl.)], Ersatz der Diazoniumgruppe durch J (unter Verw. von KJ u. $J_2$), ULLMANN-Kupplung von 0,061 Mol des entstehenden *3-Fluor-4-nitrojodbenzols* [$C_6H_3FJNO_2$, F. 118—118,5° (A.); 84%] mit 0,1 Mol **VIII** u. 0,1 Mol **IX** durch 1std. Zugabe von aktiviertem Cu-Pulver bei 218°, 1std. Rühren, Ac.-Extraktion, Einengen der vereinigten Auszüge von 5 Ansätzen, Hydrolyse, Kochen des grünen krist. Prod. in W. mit $Na_2CO_3$, Abfiltrieren des Nd., Bzl.-Extraktion, Eindampfen des Auszuges zur Trockne, Lg.-Extraktion, Abfiltrieren des entstehenden *3.3'-Difluor-4.4'-dinitrobiphenyls* [$C_{12}H_6F_2N_2O_4$, F. 197,5—198,5° ($CH_3OH$); 0,52 g], Kochen des bas. Filtrats, vorsichtiges Ansäuern mit konz. HCl, 3std. Erhitzen der erhaltenen grünen Kristalle (76,5 g) mit PPS auf 155° unter Rühren, Gießen auf Eis, Kochen des abfiltrierten Prod. in W. mit $Na_2CO_3$, Abfiltrieren, Isolieren von *4-Carboxyfluorenon* (F. 222—223°, durch Ansäuern; 8 g) aus dem Filtrat u. Umkristallisieren des Rückstandes aus Essigester; 15,6 g. — *2-Amino-3-fluor-9-oxo-* (**X**), F. 168—169°, durch Red. vorst. Verb. mit $SnCl_2$ u. HCl; aus Bzl. hellrote Kristalle; 70%. *Acetyl-Deriv.*, $C_{15}H_{10}FNO_2$, F. 262—263° (A.). — *1-Fluor-2-amino-9-oxo-*, $C_{13}H_8FNO$, F. 129—130,5° (Bzl.), aus der Mutterlauge von **X**; 9%. — *1-Fluor-2-amino-*, durch 48std. Red. vorst. Verb. mit P u. 47%ig. HJ. *Acetyl-Deriv.*, $C_{15}H_{12}FNO$, F. 187—188°. — *1-Fluor-9-oxo-*, F. 110—112° (n-Heptan), durch Desaminieren vorvorst. Verb. mit $H_3PO_2$

u. Chromatographie in Bzl. an $Al_2O_3$. — *1-Fluor-4-nitro-9-oxo-*, $C_{13}H_6FNO_3$, F. 172,5 bis 173,5° (Essigester), a) durch Diazotieren von **XI**, Ersetzen der Diazoniumgruppe durch J, ULLMANN-Rk. u. Cyclodehydratisieren; b) durch Diazotieren von **XII** in $HBF_4$, Zers. des getrockneten Salzes (Zers. bei 151°; 100%) durch Erhitzen in Brombenzol auf 130°, 2std. allmähliche Temp.-Steigerung auf 155°, Kochen, Entfernen des Lsgm. unter vermindertem Druck u. Chromatographie in Bzl. an $Al_2O_3$; 30%. — *2-Dimethylamino-3-fluor-*, $C_{15}H_{14}FN$, F. 109—110°, durch 1½std. Erhitzen von 1 g **V** u. Phosphorsäuretrimethylester (**XX**) auf 190—195°, 5 Min. langes Kochen in wss. NaOH u. Verdünnen mit W.; aus A. Plättchen; 0,8 g. — *2-Methylamino-* (**XIII**), durch Diazotieren von **XIV** in $HBF_4$, Zers. des entstehenden Salzes (Zers. ca. 130°) in sd. Xy. u. fraktionierte Kristallisation aus PAe. u. $CH_3OH$ neben wenig *2-Dimethylaminofluoren.* — *2-Dimethylamino-3-fluor-9-oxo-*, $C_{15}H_{12}FNO$, F. 95,5—96,5° ($CH_3OH$), durch Lösen von 1 g **X** in **XX** unter Erwärmen, Zugeben von LiBr, einige Min. langes Kochen bei 120—125°, 1std. Erhitzen auf 135—140°, ½std. Erhitzen auf 140—145°, 20 Min. langes Kochen in wss. NaOH u. Einrühren in kaltes W.; 0,62 g. — *2-Dimethylamino-3-amino-9-oxo-* (**XV**), $C_{15}H_{14}N_2O$, F. 174 bis 175° (50%ig. A. u. $CH_3OH$), durch Red. von 2-Dimethylamino-3-nitrofluorenon; 28%. — *2-Methylamino-9-oxo-*, $C_{14}H_{11}NO$, F. 157,5—158,5° (Bzl. u. $CH_3OH$), durch Diazotieren vorst. Verb. in $HBF_4$, Zers. des entstehenden roten Salzes (Zers. bei 124°) in Xy. durch allmähliches Erhitzen bis zum Kp., 1½std. Kochen, Abkühlen auf 0°, Dekantieren, kurzes Kochen mit 5%ig. $NH_4OH$, Chromatographie in Bzl. an $Al_2O_3$ u. Eluieren mit Bzl./A. (4:1). — *2.4-Difluor-9-oxo-*, $C_{13}H_6F_2O$, F. 144,5—145,5°, durch Diazotieren von 0,0023 Mol **XVI** in 48%ig. $HBF_4$ mit 0,0029m $NaNO_2$ in W. bei 0°, ½std. Rühren, Vermischen des entstehenden *Diazoniumfluoborats* mit Sand, 20 Min. langes Erhitzen auf 170—185° unter vermindertem Druck u. Bzl.-Extraktion; aus wss. $CH_3OH$ gelbe Blättchen; 85—90%. — *1.3-Difluor-9-oxo-*, $C_{13}H_6F_2O$, F. 188—189°, durch langsames 1std. Erhitzen von 0,745 Mol **XVII** u. 0,382m $J_2$ in 20—30%ig. rauchender $H_2SO_4$ auf 150° unter Schütteln, weiteres Erhitzen auf 150—155° bis keine weißen Dämpfe mehr auftreten, Abkühlen auf 50°, Gießen auf Eis, Kochen des entstehenden *1.3-Dinitro-5-jodbenzols* [F. 99,5—100,5° (abs. A.); 73%] in W., 1½std. Zutropfen von $Na_2S$ u. S in W. unter Rühren, ½std. weiteres Rühren unter Erhitzen, Zugabe von Eis, ¾std. Kochen des abfiltrierten Nd. in verd. HCl, Neutralisieren mit konz. $NH_4OH$, Zugabe von 0,133 Mol des erhaltenen *3-Jod-5-nitroanilins* [$C_6H_5JN_2O_2$, F. 140—141° (A.); 35,4%] zu 48—50%ig. $HBF_4$, Verdünnen mit W., 20 Min. langes Zutropfen von 0,135m $NaNO_2$ in W. bei 5—10° unter Rühren, weiteres 20 Min. langes Rühren, Vermischen des entstehenden *Diazoniumfluoborats* (Zers. bei 155—166°; 95,4%) mit Sand, Erhitzen auf 140° im Vakuum, 1std. Erhitzen auf 150°, Extrahieren mit 95%ig. A., Verdünnen des Auszuges mit W., Red. des erhaltenen *3-Fluor-5-jodnitrobenzols* [$C_6H_3FJNO_2$, F. 77—78,5° (wss. A. u. PAe.); 40%] mit $SnCl_2$ u. HCl, Behandeln mit NaOH, Einengen, Zugabe des entstehenden *3-Fluor-5-jodanilins* [Öl. *Acetyl-Deriv.*, $C_8H_7FJNO$, F. 154—156° (wss. A., Bzl. u. Bzl./Cyclohexan)] zu 50%ig. $HBF_4$, Erhitzen auf 100°, Zugabe des entstandenen *Salzes* (Zers. bei 183—191°) zu 50%ig. $HBF_4$ in W., Diazotieren mit wss. $NaNO_2$ bei 5—10°, ¾std. Rühren, Zers. des gebildeten *Diazoniumsalzes* (Zers. bei 141°; 56,5%) in Ggw. von Sand durch 1½ std. Erhitzen auf 135—160°/17 Torr, Dest., 1½std. Behandeln von 8 g des entstehenden *1.3-Difluor-5-jodbenzols* (**XVIII**, $Kp._{17}$ 58—60°; 79%) mit 11 g **IX**, 11 g **VIII** u. Cu bei 200—210°, ½std. Rühren bei 215—218°, Aufarbeiten, Cyclodehydratisieren in PPS u. Chromatographie in Bzl. an $Al_2O_3$; aus $CH_3OH$ hellgelbe Blättchen; 1,65 g neben 0,03 g einer gelben *Verb. vom F. 224,5—225°.* — *2.4-Difluornitrobenzol*, $Kp._{11}$ 85—86°, durch Diazotieren von **VII** in $HBF_4$, Zers. des Salzes in Ch. bei 90 bis 130° u. Fraktionieren; 24%. — *1.3-Difluor-4.6-dinitrobenzol*, F. 73—74°, durch Nitrieren von 0,3 g vorst. Verb.; 0,35 g. — *3-Fluor-4-nitrophenol*, $C_6H_4FNO_3$, F. 91,5—92,5°, aus **IV** nach HODGSON u. NICHOLSON (J. chem. Soc. [London] **1941**. 766). — *3-Fluor-4-nitroacetanilid*, F. 175—176°, durch Acylieren von **VII**. — *3.5-Difluor-2-nitrojodbenzol*, $C_6H_2F_2JNO_2$, F. 66,5—67,5° (PAe.), a) durch Nitrieren von **XVIII** mit rauchender $HNO_3$ (Dichte 1,5) u. $H_2SO_4$ bei —5° u. Gießen auf Eis; 66,5—67,5°; b) durch Ersatz der $NH_2$-Gruppe von **XIX**. G. REISNER. 2750□

**Chlormethylierung des Benzosuberans.** Robert Granger, Henri Orzalesi und Alain Muratelle. (C. R. hebd. Séances Acad. Sci. **252**. 1478—80. 6/3. 1961. Montpellier, Fac. de Pharm., Labor. de Chim. organ.) (Franz.)

Die Chlormethylierung von Benzosuberan ergibt *1-* (**I**) u. *2-Chlormethylbenzosuberan* (**II**) im Mengenverhältnis 5:95. Die Umsetzung von **I** u. **II** nach SOMMELET u. anschließende Oxydation mit $Ag_2O$ gibt *Benzosuberan-1-* (**III**) u. *-2-carbonsäure*, deren Strukturen durch unabhängige Synth. gesichert wurden.

Versuche: Gemisch (5:95) von *1-* (**I**) u. *2-Chlormethylbenzosuberan* (**II**), $Kp._2$ 126 bis 130°, analog der Chlormethylierung von Indan u. Tetralin (vgl. C. **1960**. 8157 u. **1961**.

8270); 55% (Ausbeute). — *3-[o-Chlorphenyl]-propanol-(1)*, $Kp._{12}$ 142—144°, aus o-Chlorbenzaldehyd u. Malonsäure, Hydrierung der entstandenen *o-Chlorzimtsäure* zu *3-[o-Chlorphenyl]-propionsäure* u. Red. mit $LiAlH_4$. — *3-[o-Chlorphenyl]-1-brompropan*, $Kp._{13}$ 137 bis 139°, aus vorst. Verb. u. HBr. — *5-[o-Chlorphenyl]-pentansäure*, $Kp._1$ 166—167°, F. 46°, aus vorst. Verb. durch Malonester-Synth.; *Amid*, F. 82°; *Chlorid*, $Kp._{12}$ 167—168°. — *1-Chlorbenzosuberon-(5)*, $Kp._{15}$ 162—165°, aus vorst. Chlorid mit $AlCl_3$ nach FRIEDEL-CRAFTS. — *1-Chlorbenzosuberan*, $Kp._{13}$ 133—135°, aus vorst. Verb. durch CLEMENSEN-Reduktion. — *1-Cyanbenzosuberan*, $Kp._{0,5}$ 90—100°, aus vorst. Verb. durch Erhitzen mit CuCN auf 220°. — *Benzosuberan-1-carbonsäure* (**III**), F. 107°, a) aus vorst. Verb. durch Erhitzen mit konz. HCl im Rohr; b) durch SOMMELET-Rk. des Gemisches von **I** u. **II**, Oxydation der Aldehyde mit $Ag_2O$ u. Isolierung als in W. leichter lösl. Ba-Salz. — *Benzosuberan-2-carbonsäure*, F. 178°, a) durch Oxydation von 2-Acetylbenzosuberan mit HBrO; b) neben **III** nach b) als in W. schwerer lösl. Ba-Salz. H. G. HENKEL. 2950□

**Unsymmetrische Dreikohlenstoff-Kondensationen.** 5. Mitt. **Kondensationen von Antipyrin und 4-Hydroxycumarin mit Formaldehyd und Dihydroresorcinen in Eisessig.** Heinrich Hellmann und Manfred Schröder. (Liebigs Ann. Chem. **639.** 72—76. 30/1. 1961. Tübingen, Univ., Chem. Inst.) (Dt.) — 4. vgl. C. **1961.** 15363.

Antipyrin (**VII**) u. 4-Hydroxycumarin (**VIII**) lassen sich mit Formaldehyd (**IX**) u. Dihydroresorcinen in sd. Eisessig u. substituierten Dihydroresorcinen kondensieren. Unter gleichen Bedingungen geben **VII**, **IX** u. **VIII** *3-Antipyrylmethyl-4-hydroxycumarin.*

Versuche: Dihydroresorcine: *2-Antipyrylmethyl-* (**I**), $C_{18}H_{20}N_2O_3$, F. 150 bis 151°, durch ½std. Kochen von molaren Mengen **VII**, Dihydroresorcin (**X**) u. Paraformaldehyd (**XI**) in Eisessig u. Einengen im Vakuum; 44% (Ausbeute). — *2-Antipyrylmethyl-5-methyl-*, $C_{19}H_{22}N_2O_3$, F. 125—126,5° (PAe.), analog **I** aus 5-Methyldihydroresorcin (**III**); 43%. — *2-Antipyrylmethyl-5.5-dimethyl-*, $C_{20}H_{24}N_2O_3$, F. 146—148° (Toluol/PAe.), analog **I** aus 5.5-Dimethyldihydroresorcin (**IV**); 41%. — *2-Antipyrylmethyl-5-phenyl-* $C_{24}H_{24}N_2O_3$, F. 153—154° (Toluol/PAe.), analog **I** aus 5-Phenyldihydroresorcin (**V**); 51%. — *2-[4-Hydroxycumaryl-(3)-methyl]-* (**II**), $C_{16}H_{14}O_5$, F. 147—149° (A.), durch 1std. Kochen von molaren Mengen **VIII**, **X** u. **XI** in Eisessig; 43% (neben 25% *3.3'-Methylen-bis-[4-hydroxycumarin]* (**VI**), beim 12std. Stehen des Rk.-Gemisches. *2.4-Dinitrophenylhydrazon*, $C_{22}H_{18}N_4O_8$, F. 244—245°. — *2-[4-Hydroxycumaryl-(3)-methyl]-5-methyl-*, $C_{17}H_{16}O_5$, F. 154—155° (A.), analog **II** aus **III**; 44%. *2.4-Dinitrophenylhydrazon*, F. 228—229°. — *2-[4-Hydroxycumaryl-(3)-methyl]-5.5-dimethyl-*, $C_{18}H_{18}O_5$, F. 178—180° (PAe.), analog **II** aus **IV**; 54%. *2.4-Dinitrophenylhydrazon*, F. 250—252°. — *2-[4-Hydroxycumaryl-(3)-methyl]-5-phenyl-*, $C_{22}H_{18}O_5$, F. 192—193° (A.), analog **II** aus **V**; 45%. *2.4-Dinitrophenylhydrazon*, F. 232—233°. — *3-Antipyrylmethyl-4-hydroxycumarin*, $C_{21}H_{18}N_2O_4$, F. 175 bis 176° (A.), durch ½std. Kochen von molaren Mengen **VII**, **VIII** u. **XI** in Eisessig u. Eindampfen im Vakuum; 72%; neben 18% **VI**. W. HAMPEL. 3000□

**Unsymmetrische Dreikohlenstoff-Kondensationen.** 6. Mitt. **Kondensationen von β-Naphthol mit Formaldehyd und Dihydroresorcinen, Antipyrin oder 4-Hydroxycumarin.** Heinrich Hellmann und Manfred Schröder. (Liebigs Ann. Chem. **641.** 75—77. März 1961.) (Dt.) — 5. vgl. vorst. Referat.

β-Naphthol (**I**) kondensiert mit Paraformaldehyd (**II**) u. Antipyrin (**III**), 4-Hydroxycumarin (**IV**) oder Dihydroresorcin (**V**) bzw. dessen 5-Alkyl- u. 5-Aryl-Derivv. in sd. Eisessig mit sehr guten Ausbeuten zu *4-{[2-Hydroxynaphthyl-(1)]-methyl}-antipyrin*, *3-{[2-Hydroxynaphthyl-(1)]-methyl}-4-hydroxycumarin* u. zu *1.2-Benzo-5.6.7.8-tetrahydroxanthenonen-(8)*.

Versuche: *4-{[2-Hydroxynaphthyl-(1)]-methyl}-antipyrin*, $C_{22}H_{20}N_2O_2$, F. 196 bis 197° (Toluol), durch 1std. Kochen von molaren Mengen **III**, **I** u. **II** in Eisessig, Eindampfen im Vakuum u. Lösen in heißem A.; 57,4% (Ausbeute). — *3-{[2-Hydroxynaphthyl-(1)]-methyl}-4-hydroxycumarin*, $C_{20}H_{14}O_4$, F. 241—241,5°, analog vorst. Verb. aus **IV**, **I** u. **II** in Eisessig; 84,6%. — 1.2-Benzo-5.6.7.8-tetrahydroxanthenone-(8): *Unsubstituiertes*, $C_{17}H_{14}O_2$, F. 157—158° (Toluol), durch ¼std. Kochen von molaren Mengen **I**, **V** u. **II** in Eisessig, Einengen im Vakuum u. Extraktion mit Chlf. oder $CH_2Cl_2$; 90%. — *6-Methyl-*, $C_{18}H_{16}O_2$, F. 190,5—191,5° (Toluol), aus 5-Methyldihydroresorcin; 72%. — *6.6-Dimethyl-*, $C_{19}H_{18}O_2$, F. 156,5—157° (Toluol), aus 5.5-Dimethyldihydroresorcin; 72%. — *6-Phenyl-*, $C_{23}H_{18}O_2$, F. 201—202° (Toluol), aus 5-Phenyldihydroresorcin; 59%. W. HAMPEL. 3000□

**Unsymmetrische Dreikohlenstoff-Kondensationen.** 7. Mitt. **Kondensationen von aromatischen Aldehyden mit β-Naphthol und Dihydroresorcinen.** Heinrich Hellmann und Manfred Schröder. (Liebigs Ann. Chem. **641.** 78—81. März 1961.) (Dt.) — 6. vgl. vorst. Referat.

Aromat. Aldehyde kondensieren in sd. Eisessig mit β-Naphthol (II) u. Dihydroresorcinen zu in 9-Stellung arylsubstituierten *1.2-Benzo-5.6.7.8-tetrahydroxanthenonen-(8)* u. *1.2.3.4.5.6.7.8-Oktahydroxanthendionen-(1.8)*.

Versuche: 1.2-Benzo-5.6.7.8-tetrahydroxanthenone-(8), durch 1std. Kochen von molaren Mengen II, Aldehyd u. Dihydroresorcin-Deriv. in Eisessig: *6.6-Dimethyl-9-phenyl-*, $C_{25}H_{22}O_2$, F. 149,5—150,5° (Isopropanol), aus Benzaldehyd durch Rk. mit 5.5-Dimethyldihydroresorcin (IV) u. Einengen im Vakuum; 48% (Ausbeute). — *9-[4-Nitrophenyl]-*, $C_{23}H_{17}NO_4$, F. 234—235° (Bzl.), aus p-Nitrobenzaldehyd (III) u. Dihydroresorcin (I) durch 12std. Stehen; 86%. — *6-Methyl-9-[4-nitrophenyl]-*, $C_{24}H_{19}NO_4$, F. 226—228° (Eisessig), aus III u. 5-Methyldihydroresorcin durch Zugabe von $CH_3OH$ u. Kühlen; 67%. — *6.6-Dimethyl-9-[4-nitrophenyl]-*, $C_{25}H_{21}NO_4$, F. 174,5—175° (Isopropanol), aus IV analog vorst. Verb.; 81%. — *6-Phenyl-9-[4-nitrophenyl]-*, $C_{29}H_{21}NO_4$, F. 238 bis 239,5° (Toluol), aus 5-Phenyldihydroresorcin analog vorst. Verb.; 73%. — *9-[3-Nitrophenyl]-*, $C_{23}H_{17}NO_4$, F. 234,5—235,5° (Eisessig), aus m-Nitrobenzaldehyd u. I durch Zugabe von $CH_3OH$ u. Kühlen; 82%. — *9-[4-Chlorphenyl]-*, $C_{23}H_{17}ClO_2$, F. 206—208° (Eisessig), aus p-Chlorbenzaldehyd analog vorst. Verb.; 71%. — *9-[3-Chlorphenyl]-*, $C_{23}H_{17}ClO_2$, F. 208,5—209,5° (Aceton), aus m-Chlorbenzaldehyd u. I durch 12std. Stehen; 74%. — *9-[2-Chlorphenyl]-*, $C_{23}H_{17}ClO_2$, F. 244—246° (Eisessig), aus o-Chlorbenzaldehyd analog vorst. Verb.; 75%. — *9-[3-Carbomethoxyphenyl]-*, $C_{25}H_{20}O_4$, F. 186—188° (Isopropanol), aus m-Carbomethoxybenzaldehyd u. I durch Zugabe von $CH_3OH$ u. 12std. Stehen; 58% [neben 30% *9-[3-Carbomethoxyphenyl]-1.2.3.4.5.6.7.8-oktahydroxanthendion-(1.8)*, $C_{21}H_{20}O_5$, F. 191—192,5° (A.), durch Eindampfen der Mutterlauge im Vakuum]. — *9-[4-Methoxyphenyl]-*, $C_{24}H_{20}O_3$, F. 180—182° (A.), aus p-Methoxybenzaldehyd u. I durch Zugabe von $CH_3OH$ u. 12std. Stehen; 22% [neben 55% *9-[4-Methoxyphenyl]-1.2.3.4.5.6.7.8-oktahydroxanthendion-(1.8)*, $C_{20}H_{20}O_4$, F. 200—201° (Toluol, A.), durch Einengen der Mutterlaugen]. — *9-[2-Methylphenyl]-*, $C_{24}H_{20}O_2$, F. 231—232° (Toluol), aus o-Tolylaldehyd u. I durch Zugabe von $CH_3OH$ u. Kühlen; 57%. — *9-[3-Methoxy-4-hydroxyphenyl]-*, $C_{24}H_{20}O_4$, F. 193—194° (A.), aus Vanillin u. I durch Eindampfen im Vakuum u. Lösen in Chlf.; 19% [neben 64% *9-[3-Methoxy-4-hydroxyphenyl]-1.2.3.4-5.6.7.8-oktahydroxanthendion-(1.8)*, $C_{20}H_{20}O_5$, F. 231—232° (A.), durch Ansäuern des alkal. Extraktes]. — *9-[Pyridyl-(4)]-*, $C_{22}H_{17}NO_2$, F. 236—237° (Toluol), aus Pyridin-4-aldehyd u. I durch Zugabe von W. u. 12std. Stehen; 63% [neben 19% *9-[Pyridyl-(4)]-1.2.3.4.5.6.7.8-oktahydroxanthendion-(1.8)*, $C_{18}H_{17}NO_3$, F. 272—273,5°, durch Extraktion mit $CH_2Cl_2$ u. Neutralisieren mit $NH_4OH$; 19%. W. Hampel. 3000 □

**Azofarbstoffe durch oxydative Kupplung.** 10. Mitt. **Kupplungsaktivität heterocyclischer N-Methyl-2-hydrazone gegenüber Phenol.** Siegfried Hünig und Heinz Balli. (Liebigs Ann. Chem. **628.** 56—68. 14/1. 1960. Marburg/Lahn, Univ., Chem. Inst.) (Dt.) — 9. vgl. C. **1961.** 7934.

Zur Best. der Kupplungsaktivität werden die Hydrazone (**H**) *3-Methylbenzselenazolon-(2)-hydrazon, 3-Methylbenzthiazolon-(2)-hydrazon, 1-Methyl-1.2-dihydrochinolinon-(2)-hydrazon, 1.3-Dimethylbenzimidazolon-(2)-hydrazon* u. *3-Methyl-4.5.6.7-tetrahydrobenzthiazolon-(2)-hydrazon* (Darst. vgl. 2. Mitt., C. **1958.** 12385) unter definierten Bedingungen bei verschiedenen pH-Werten mit $K_3Fe(CN)_6$ auf Phenol gekuppelt u. die Farbstoffausbeuten opt. bestimmt, wozu Eichfarbstoffe mit p-Benzochinon (**I**) hergestellt wurden. Desgleichen werden die pK-Werte der **H** u. ihrer p-Nitrobenzalazine sowie die pH-abhängigen Halbstufenpotentiale bestimmt. Die Farbstoffausbeute wächst mit steigendem Halbstufenpotential u. fallender Basizität der **H**. Maximale Ausbeuten werden bei pH ca. 10 erreicht. In stärker alkal. Lsg. nimmt die oxydative Zers. sehr stark zu.

Versuche: N'-[4-Oxocyclohexadien-(2.5)-yliden]-hydrazone, durch 24std. Stehen der wss. Lsg. des entsprechenden Hydrazonsalzes u. I u. Filtrieren bzw. Freisetzen der Farbstoffe aus ihren Perchloraten durch NaOH: *3-Methylbenzselenazolon-(2)-*, $C_{14}H_{11}N_3OSe$, F. 234—235° [Glykolmonoäthyläther (GÄ)], rot. — *3-Methylbenzthiazolon-(2)-*, F. 230—231° (Amylalkohol), orangerot. — *1-Methyl-1.2-dihydrochinolinon-(2)-*, $C_{16}H_{13}N_3O$, F. 210—212° (Amylalkohol), rot. — *1.3-Dimethylbenzimidazolon-(2)-*, $C_{15}H_{14}N_4O$, F. 232—233° (GÄ), rot. — *3-Methyl-4.5.6.7-tetrahydrobenzthiazolon-(2)-*, $C_{14}H_{15}N_3OS$, F. 219—220° (GÄ), blaurot. H. Smalla. 3000

**Azofarbstoffe durch oxydative Kupplung.** 11. Mitt. **Kupplungsaktivität von heterocyclischen N-Methyl-2-hydrazonen gegenüber Dimethylanilin.** Siegfried Hünig und Harald Nöther. (Liebigs Ann. Chem. **628.** 69—75. 14/1. 1960.) (Dt.) — 10. vgl. vorst. Referat.

Die Hydrazone (**H**) *3-Methylbenzthiazolon-(2)-hydrazon, 1-Methyl-1.2-Dihydrochinolinon-(2)-hydrazon, 1.3-Dimethylbenzimidazolon-(2)-hydrazon* u. *3-Methyl-4.5.6.7-*

*tetrahydrobenzthiazolon-(2)-hydrazon* werden unter definierten Bedingungen in 24 bis 90 Std. bei pH 2—7 in Ggw. von $(NH_4)_2S_2O_8$ oxydativ mit Dimethylanilin gekuppelt. Die pK-Werte (in obiger Reihenfolge: 5,7; 8,8; 10—11; 7,8) u. Halbstufenpotentiale der **H** werden bestimmt. Die Farbstoffausbeuten durchlaufen ein pH-abhängiges Maximum, das jeweils um 4—6 Einheiten unter dem pK-Wert des entsprechenden **H** liegt. Sie sind von der Natur des Hydrazons abhängig. Sie steigen mit dessen sinkender Basizität, bes. aber mit dessen wachsendem Redoxpotential. Im pH-Bereich 4—7 macht sich eine pH-abhängige oxydative Zers. bemerkbar. H. SMALLA. 3000

**Azofarbstoffe durch oxydative Kupplung.** 12. Mitt. **Zum Mechanismus der Reaktion.** Siegfried Hünig, Heinz Balli, Harald Nöther und Helmut Geiger. (Liebigs Ann. Chem. **628.** 75—83. 14/1. 1960.) (Dt.) — 11. vgl. vorst. Referat.

Auf Grund der in der 9.—11. Mitt. mitgeteilten Erfahrungen u. Ergebnisse wird ein Chemismus der oxydativen Kupplung heterocycl. Hydrazone (**H**) aufgestellt. Alle kupplungsfähigen **H** enthalten ein (vinyloges) Amidrazon-Syst., die kuppelnde Oxydationsstufe ist ein **H**-Ion mit positiv endständigem N-Atom als elektrophiles Agens, das mit einem Phenolation analog der Indanilinkupplung einen Leukofarbstoff bildet, der unter Verlust von 2 H-Atomen zum Farbstoff dehydriert wird. Mit Hilfe von *2.6-Diäthyl-4-fluorphenol* (**I**), das in alkal. alkohol. Lsg. mit p-Nitrobenzoldiazoniumsalz keinen Farbstoff bildet, konnte der Weg über eine Diazoniumstufe ausgeschlossen werden.

Versuche: *2-[p-Dimethylaminophenylazo]-3-methylbenzthiazoliumjodid*, F. 205,5 bis 207,5°, durch Lösen von 2-Nitrosimino-3-methylbenzthiazolin u. Dimethylanilin in $CH_2Cl_2$ u. Methanol, Zugeben von methanol. 2n Pyridin-Lsg., methanol. 2n Essigsäure, W. u. kleinen Anteilen Zn-Staub beim pH 1,3—1,4, $^1/_2$—1std. Durchsaugen von Luft, Eindampfen im Vakuum, Verdünnen des Rückstandes mit wenig konz. HCl, Heißfiltration u. Versetzen mit NaJ; dunkelblaugrüne, metall. glänzende Nädelchen aus Dimethylformamid oder Methanol in Ggw. von NaJ; 14% (Ausbeute). — *3-Methylbenzthiazolon-(2)-N'-3.5-diäthyl-4-oxocyclohexadien-(2.5)-yliden]-hydrazon* nach 8. Mitt. (vgl. C. **1960.** 2505), a) durch oxydative Kupplung von 3-Methylbenzthiazolon-(2)-hydrazon mit **I**; 72,5%; b) analog mit 2.6-Diäthylphenol (**II**); 66,0%. — *4-Nitroso-2.6-diäthylphenol*, F. 146° (Bzl./PAe.), durch 4std. Zutropfen von wss. $NaNO_2$-Lsg. zu **II** in Methanol u. konz. HCl bei 5° unter Rühren, mehrstd. Stehen bei Zimmer-Temp. u. Abkühlen auf 5°; gelb. — *4-Acetamido-2.6-diäthylphenol*, F. 144°, durch Lösen von vorst. roher Verb. in wss. NaOH, Einrühren von festem Na-Dithionit bei 15—25° u. von Essigsäure bis pH 6—7, Absaugen des rohen *Aminophenols*, Lösen in 1,5n HCl, Versetzen mit Acetanhydrid u. Na-Acetat-Lsg. u. Abfiltrieren; Nadeln aus A.-W.; 74%. — *4-Acetamido-2.6-diäthylanisol*, F. 103° (verd. A.), durch Lösen von vorst. Verb. in wss. KOH, Versetzen mit Dimethylsulfat bei 5° unter Rühren, Absaugen u. $^1/_4$std. Verrühren mit 1n KOH. — *4-Amino-2.6-diäthylanisol*, F. 179—183°, durch $^1/_2$std. Kochen von vorst. Verb. in verd. HCl; 78%. — *4-Methoxy-3.5-diäthylbenzoldiazoniumfluoroborat*, durch Lösen von vorst. Verb. in 50%ig. wss. $HBF_4$ u. 1std. Diazotieren mit $NaNO_2$; rosa; 92%. — *4-Fluor-2.6-diäthylanisol*, Kp.$_{11}$ 92—93°, durch Vermischen von vorst. Verb. mit Bimsstein u. langsame Dest. im Vakuum; 69%. — *4-Fluor-2.6-diäthylphenol* (**I**), $C_{10}H_{13}FO$, Ep. 36°, durch 12—13std. Erhitzen von vorst. Verb. mit Pyridin–HCl auf 190—195° unter gelegentlichem Schütteln; 96%. H. SMALLA. 3000

**Azofarbstoffe durch oxydative Kupplung.** 13. Mitt. **Farbstoffe aus heterocyclischen N-Methyl-2-hydrazonen und aromatischen Aminen.** Siegfried Hünig und Harald Nöther. (Liebigs Ann. Chem. **628.** 84—91. 14/1. 1960.) (Dt.) — 12. vgl. vorst. Referat.

3-Methylbenzthiazolonhydrazon (**I**), 1-Methyl-1.2-dihydrochinolinon-(2)-hydrazon (**II**), 1.3-Dimethylbenzimidazolon-(2)-hydrazon (**III**) u. 4.5-Tetramethylen-3-methylthiazolon-(2)-hydrazon (**IV**) kuppeln mit Dimethylanilin (**V**) bzw. Diphenylamin (**VI**) oxydativ bei pH 1—3 zu Farbsalzen. Neben dem Halbstufenpotential des entsprechenden Hydrazons hat auch die Natur des Oxydationsmittels einen Einfl. auf die Farbstoffausbeute. Nur ein Teil der Farbstoffe läßt sich aus Ameisensäure/Eisessig bzw. aus Butanol spektralrein erhalten, die restlichen lassen sich aus Aceton auf saurem $Al_2O_3$ reinigen. Alle Farbstoffsalze lösen sich in polaren Lsgm. violett bis blau. Sie besitzen im Sichtbaren ein steiles Absorptionsband. Die Farbe ihrer alkohol. Lsgg. schlägt mit starken Säuren nach gelb um. Die hierbei auftretende Protonisierung entspricht dem Indicator-Verh. der bas. Triphenylmethanfarbstoffe (**A**). Die Absorptionsmaxima der verschiedenen Ladungszustände der Farbstoffe sind tabellar. zusammengefaßt. Im Gegensatz zu den **A**, bei denen die Phenylamino- gegenüber der Dimethylaminogruppe eine bathochrome Verschiebung bewirkt, zeigen die Dimethylanilin- u. Diphenylaminfarbstoffe des gleichen

Heterocyclus prakt. keinen Unterschied im Absorptionsmaximum. Die mesomeren Formen werden diskutiert.

Versuche: *2-[4-Dimethylaminophenylazo]-3-methylbenzthiazoliumperchlorat*, $C_{16}H_{17}\cdot N_4S\cdot ClO_4$, F. 236—238°, a) nach 1. Mitt. (vgl. C. **1958.** 12384), jedoch mit $FeCl_3$ u. Fällung mit Perchlorat; 60% (Ausbeute); b) analog durch 1std. Einw. von $PbO_2$; 33%; c) mit $(NH_4)_2S_2O_8$ in 72 Std.; 51%; dunkelgrüne, metall. glänzende Prismen aus HCOOH/Eisessig (10 : 3). — *2-[4-Phenylaminophenylazo]-3-methylbenzthiazoliumperchlorat*, $C_{20}H_{17}N_4S\cdot ClO_4$, F. 248—249°, durch Lösen von **I** u. **VI** in 1n HCl u. Methanol, 2std. Zutropfen von wss. $FeCl_3$-Lsg. bei 25° unter Rühren, 3std. Stehen, Heißfiltration u. Zugeben von heißer $NaClO_4$-Lsg.; goldglänzende Prismen aus HCOOH/Eisessig (2 : 1); 77%. — *2-[4-Dimethylaminophenylazo]-3-methyl-4.5-tetramethylenthiazoliumperchlorat*, $C_{16}H_{21}N_4S\cdot ClO_4$, F. 200—202°, durch 40 Min. Zutropfen von wss. $(NH_4)_2S_2O_8$-Lsg. zu **IV**-Hydrochlorid u. **V** in Eisessig, analoge Aufarbeitung, Chromatographie an $Al_2O_3$ aus Aceton, Eluieren mit Methanol u. erneute Behandlung der wss. Lsg. mit $NaClO_4$; aus Eisessig metall. glänzende, dunkelblaugrüne Prismen; 11%. — *2-[4-Phenylaminophenylazo]-3-methyl-4.5-tetramethylenthiazoliumperchlorat*, $C_{20}H_{21}N_4S\cdot ClO_4$, F. 226—228°, aus **VI** u. **IV** durch Oxydation mit $K_3Fe(CN)_6$, Lösen des Farbstoff-Cyanoferrats in HCOOH u. Fällung mit $NaClO_4$; dunkelblaue, metall. glänzende Prismen aus Butanol; 56%. — *1-Methyl-2-[4-dimethylaminophenylazo]-chinoliniumperchlorat*, $C_{18}H_{19}N_4\cdot ClO_4$, F. 238—239° (Cyclohexan), analog aus **II**-Dihydrochlorid u. **V** mit $(NH_4)_2S_2O_8$ u. $NaClO_4$; dunkelgrünblaue, metall. glänzende Prismen aus W. in Ggw. von $NaClO_4$; 48%. — *1-Methyl-2-[4-phenylaminophenylazo]-chinoliniumperchlorat*, F. 215—222°, analog vorst. Verb. mit **VI**; 88%. — *1.3-Dimethyl-2-[4-dimethylaminophenylazo]-benzimidazoliumperchlorat*, $C_{17}H_{20}N_5\cdot ClO_4$, F. 261—262°, a) analog vorst. Verb. aus **III**-Dihydrochlorid u. **V** (52—69% Roh-Prod.), Chromatographie der Aceton-Lsg. an saurem $Al_2O_3$, Eluieren der purpurfarbenen Zone mit Methanol, Einengen u. Ausfällen mit $NaClO_4$ in heißem W.; 28%; b) mit $PbO_2$ in wss. Methanol bei pH 2,3—2,7; 15—18%; c) mit $FeCl_3$ bei pH 2,2—2,7; 1%; d) mit $(NH_4)_2S_2O_8$ bei pH 3; 27%; dunkelgrüne, metall. glänzende Prismen aus Cyclohexanon. — *1.3-Dimethyl-2-[4-phenylaminophenylazo]-benzimidazoliumperchlorat*, $C_{21}H_{20}N_5\cdot ClO_4$, F. 267—269°, analog vorst. Verb. nach a) aus **III**-Dihydrochlorid u. **VI**; aus Glykolmonomethyläther dunkelgrünblaue Prismen; 31%. H. SMALLA. 3000

**Untersuchungen über das Dienaddukt von Furfuroldiacetat und Maleinsäureanhydrid.** 1. Mitt. **Struktur des Adduktes.** Masuo Murakami und Kojiro Suzuki. (Mem. Inst. sci. ind. Res., Osaka Univ. **15.** 191—94. 1958.) (Engl.)

20std. Rk. von Furfuroldiacetat mit Maleinsäureanhydrid (**IX**) bei 95° gibt *1.4-Endoxo-1-diacetoxymethylcyclohexen-(5)-dicarbonsäure-(2.3)-anhydrid* [**I**, F. 137—138°; 25% (Ausbeute)], dessen Hydrierung über 10%ig. Pd/Kohle in Methanol die entsprechende *Dihydro-Verb.* (**II**, F. 182°) u. den **II** entsprechenden *Monomethylester* [**III**, F. 163—164° (Zers.)] liefert. Saure Hydrolyse von **II** sowie von **III** führt zu *1.4-Endoxo-1-formylcyclohexandicarbonsäure-(2.3)* [**IV**, F. 170—172° (Zers.); gibt mit konz. $H_2SO_4$ bei Zimmer-Temp. *Bernsteinsäure*], deren $KMnO_4$-Oxydation zu *1.4-Endoxocyclohexantricarbonsäure-(1.2.3)* (**V**, F. 258—260°). Der Strukturbeweis für **IV** u. **I** gelang durch Hydrierung des nach DIELS u. ALDER [1931] aus Furfurylacetat u. **IX** dargestellten *1.4-Endoxo-1-acetoxymethylcyclohexen-(5)-dicarbonsäureanhydrids* (**VI**), Hydrolyse des Hydrierungsprod. (**VIa**) zu *1.4-Endoxo-1-methylolcyclohexandicarbonsäure-(2.3)* u. deren Oxydation zu einer mit **V** ident. Tricarbonsäure. 6std. Erhitzen mit Essigsäure–HBr auf 160° überführt **II**, **III** u. **IV** in *3-Brommethylphthalsäureanhydrid* (**VII**, F. 90—91°) u. wenig *7-Carboxyphthalid* (**VIII**, F. 166—167°), **VI** in *3-Methylphthalsäureanhydrid.* **VII** wurde durch Erhitzen mit W. in **VIII** umgewandelt. Alkal. Hydrolyse von **VII** u. anschließende $KMnO_4$-Oxydation gaben *Benzoltricarbonsäure-(1.2.3)*, diese durch Sublimation *Phthalsäureanhydrid.* Vff. nehmen an, daß die beobachtete Einstufenaromatisierung über eine Methylencyclohexadien-Zwischenstufe verläuft. **VIa** liefert mit Acetylchlorid in Ggw. von $ZnCl_2$ bei 100° in 8 Std. *1-Acetoxymethyl 4-chlorcyclohexen-(1)-* oder *1-Acetoxymethyl-1-chlorcyclohexen-(3)-dicarbonsäure-(2.3)-anhydrid* (**X**) (F. 124—124,5°), **II** bei analoger Behandlung das entsprechende *Diacetoxymethyl-Deriv.* (F. 136,5—138°). Durch Rk. von **X** mit $Br_2$ u. anschließend mit verd. HCl entsteht **VIII**. D. PALM. 3061 □

**Thiophancarbonsäure-(3).** Göran Claeson. (Ark. Kemi **12.** Nr. 5. 63—67. 5/2. 1958. Uppsala, Sweden, Univ., Chem. Inst., Dep. of Organ. Chem.) (Engl.)

*Thiophancarbonsäure-(3)* wurde a) aus α-Brommethyl-γ-brombuttersäuremethylester durch Ringschluß mit $Na_2S$, b) aus Thiophencarbonsäure-(3) (**I**) durch Red. mit Na-Amalgam erhalten. **I** läßt sich durch Na-Amalgan weit schwieriger reduzieren als Thiophensäure-(2).

Versuche: *Thioglykolsäure*, F. —10°, Kp.$_{1,5}$ 83°, aus 14 g 3-Carbäthoxy-4-ketothiophan durch 5std. Erhitzen mit 99%ig. Hydrazinhydrat u. KOH in Diäthylenglykol

auf 135°, Verdünnen mit W., mehrstd. Stehen bei Raum-Temp., Ansäuern mit HCl u. Extrahieren mit Ae.; 1 g (Ausbeute); gibt bei der Oxydation *Dithiodiglykolsäure*. — *α-Formyl-γ-butyrolacton, Na-Salz*, aus γ-Butyrolacton u. Ameisensäureäthylester nach KORTE u. MACHLEIDT (C. **1956**. 4141.); gelbliches Pulver; 90%. — *α-Hydroxymethyl-γ-butyrolacton* (II), $Kp._{0,5}$ 95—98°, aus vorst. Verb. durch Einstellen von pH 5 mit konz. $CH_3COOH$ in wss. Lsg., 1std. Hydrieren an RANEY-Ni bei 100°/130 at, Hinzufügen von $H_2SO_4$ u. 48std. kontinuierliche Extraktion mit Ae.; 55%. — *α-Chlormethyl-γ-butyrolacton*, $C_5H_7ClO_2$, $Kp._1$ 91—94°, aus vorst. Verb. durch 4std. Kochen mit $SOCl_2$ in Bzl. in Ggw. von wasserfreiem $ZnCl_2$ u. mehrstd. Stehen; 79%. — *α-Brommethyl-γ-brombuttersäuremethylester*, $C_6H_{10}Br_2O_2$, $Kp._{0,5-0,8}$ 82—92° (Zers.), aus 110 g II durch 2std. Kochen mit $PBr_3$ in abs. Bzl., mehrstd. Stehen, 2std. Eintropfen von Methanol unter Kochen in die entstandene *α-Brommethyl-γ-brombuttersäure* u. weiteres 2std. Kochen; 290 ml. — *Thiophancarbonsäure-(3)*, $C_5H_8O_2S$, F. 58—62°, $Kp._{0,3}$ 95—97°, a) aus vorst. Verb. durch 2std. Erhitzen mit $Na_2S \cdot 9\,H_2O$ auf 100°, 12std. Stehen bei Raum-Temp., 4std. Erhitzen mit wss. NaOH auf 100°, Einengen im Vakuum, Ansäuern mit $H_2SO_4$ u. Extrahieren mit Ae.; 13%; b) aus I durch 8std. Erhitzen mit Na-Amalgam in 2 m NaOH auf 100°, Ansäuern mit HCl u. Extrahieren mit Ae.; Platten aus Ligroin; 10%.
B.-G. BRODDA. 3071 □

**Eine Synthese des Pyrrolringes durch Kondensation von α-Hydroxyketonen mit β-Aminocrotonsäureester.** C. D. Nenițescu, Ileana Necsoiu und M. Zalman. (Comun. Acad. Republ. Populare romîne **7**. 421—26. April 1957.) (Rum.)

Anstelle der Pyrrol-Synth. nach HANTZSCH [1890] durch Kondens. von α-Chlorketonen mit β-Aminocrotonsäureäthylester (I) schlagen Vff. eine Kondens. der durch Vorhydrolyse erhaltenen α-Hydroxyketone mit I vor. Die Komponenten werden in äquimol. Verhältnis kurz (20. Min) in Essigsäure oder Methanol/Essigsäure zum Sieden erhitzt. Statt Essigsäure kann man als Säurekatalysator auch HCl verwenden. Als Mechanismus wird eine Umlagerung vom AMADORI-Typ angenommen.

Versuche: *2.5-Dimethyl-3-carbäthoxypyrrol*, F. 118° (50%ig. A.), durch Lösen von 3,7 g Hydroxyaceton u. 7,2 g I in Eisessig/Methanol, Erhitzen (20 Min.) auf 100° u. Eingießen in W.; 51% (Ausbeute). — *2.4.5-Trimethyl-3-carbäthoxypyrrol*, $C_{10}H_{15}NO_2$, F. 105° (A.), aus 2 g Acetoin u. 3 g I in Essigsäure analog vorst. Verb.; 85,3%. — *2-Methyl-4.5-diäthyl-3-carbäthoxypyrrol*, $C_{12}H_{19}NO_2$, F. 109° (A.), analog aus Propionin u. I in Eisessig (2 Std. bei 100°); 92%. — *2-Methyl-4.5-diphenyl-3-carbäthoxypyrrol*, F. 202° (A.), aus Benzoin u. I in Eisessig durch 20 Min. langes Kochen; 89%. — *2-Methyl-4.5-bis-[α-furyl]-3-carbäthoxypyrrol*, $C_{16}H_{15}NO_4$, F. 115° (Methanol), aus Furoin (F. 135°) u. I in abs. A./Eisessig, (2 Std. bei 100° unter $CH_4$); 74,3%. — *2-Methyl-3-carbäthoxy-4.5-cyclopentenopyrrol*, $C_{11}H_{15}NO_2$, F. 153° (Methanol), aus Cyclopentanolon (Glutaroin) u. I in Eisessig durch $^1/_2$std. Erwärmen auf 100°; 26%. — *2-Methyl-3-carbäthoxy-4.5-cyclohexenopyrrol*, $C_{12}H_{17}NO_2$, F. 132° (80%ig. Methanol), aus Adipoin u. I in Eisessig durch 1std. Erwärmen auf 120°; 61%. R. K. MÜLLER. 3081 □

**Untersuchungen über die Synthese des Hydroxyprolins aus Derivaten der 2-Amino-penten-(4)-säure.** Roger Gaudry, Louis Berlinguet, André Langis und Gérard Paris. (Canad. J. Chem. **34**. 502—14. April 1956. Quebec, Univ. Laval, Fac. de Méd., Dép. de Biochim.) (Franz.)

Es werden systemat. Unterss. zur Synth. von *4-Hydroxy-DL-prolin* (I) u. *2-Amino-4.5-dihydroxyvaleriansäure* (II) aus Allylacetamidomalonsäure (III)-Diäthylester, Allylacetamidocyanessigsäureäthylester, 2-Phthalimidopenten-(4)-säure, III, N-Acetyl-C-allylglycin, 5-Allylhydantoin u. 3-Phenyl-5-allylhydantoin durchgeführt. Die $Cl_2$- oder $Br_2$-Addition führt bei Verbb. mit veresterter Carboxylgruppe zu *4.5-dihalogenierten 2-Aminopentansäuren*, bei Verbb. mit freier Carboxylgruppe zu *5-Halogen-2-amino-4-valerolactonen*. Saure Hydrolyse der 4.5-Dihalogensäuren u. nachfolgende Behandlung mit $Ba(OH)_2$ liefern I mit II als Neben-Prod., während aus den 5-Halogen-4-valerolactonen II als Haupt-Prod. u. I als Neben-Prod. entstehen. Die chlorierten Verbb. geben eine höhere Ausbeute an I gegenüber II als die bromierten. I u. II konnten nicht über die Pikrate, Reineckate bzw. Hydrochloride getrennt werden. Die Trennung gelang durch fraktionierte Kristallisation der *Cu-Salze*. Im Falle von *5-[2.3-Dibrompropyl]*- bzw. *3-Phenyl-5-[2.3-dibrompropyl]-hydantoin* konnte keine Cyclisierung erreicht werden.

Versuche: *Allylacetamidomalonsäure* (III), $C_8H_{11}NO_5$, F. 100—103°, aus dem Diäthylester mit wss.-äthanol. NaOH bei Raum-Temp. in 24 Std.; 65% (Ausbeute). — *Diäthylester*, $C_{12}H_{19}NO_5$, F. 46° (wss. A.), a) durch Zutropfen von Allylbromid (V) zu Acetamidomalonsäurediäthylester u. Na in abs. A. bei 25° u. 20std. Erwärmen auf 40°; 72%; b) mit Allylchlorid (IV); 45%. — *2-Carbäthoxy-2-acetamido-4.5-dichlorvalerian-*

*säureäthylester*, $C_{12}H_{19}Cl_2NO_5$, F. 54—61° (verd. A.), durch Einleiten von $Cl_2$ oder $SO_2Cl_2$ in eine Lsg. von III-Diäthylester in Chlf. bei 10°; 18%. — *2-Carbäthoxy-2-acetamido-4.5-dibromvaleriansäureäthylester*, $C_{12}H_{19}Br_2NO_5$, F. 85° (verd. A.), aus III-Diäthylester mit $Br_2$ bei 20° in Chlf.; 50%. — *4-Hydroxy-DL-prolin* (I), a) durch 4std. Hydrolyse vorvorst. Verb. in Eisessig mit konz. HCl, Einengen, 16std. Kochen mit wss. $Ba(OH)_2$, Ausfällen mit $(NH_4)_2CO_3$, Entfernen der Halogenionen mit $Ag^+$ u. der $Ag^+$-Ionen mit $H_2S$, Einengen, Kochen mit wss. $CuCO_3$, fraktionierte Kristallisation des *Cu-Salzes* ($C_{10}H_{16}CuN_2O_6 \cdot 1/2\ H_2O$) u. Freisetzen mit Säure u. $H_2S$; 69%; b) analog aus vorst. Verb.; 57%; c) durch Zugeben von $SO_2Cl_2$ zu III-Diäthylester bei 25° ohne Isolierung der Dichlor-Verb.; 78%; d) analog c) mit $Br_2$ bei 25°; 28%. — *2-Amino-4.5-dihydroxy-valeriansäure* (II), neben I über das *Cu-Salz* ($C_{10}H_{20}CuN_2O_8$, F. 200—205°) nach a), b), c) bzw. d); 13, 33, 17 bzw. 49%. — *2-Amino-5-hydroxyvalerolactonhydrochlorid*, $C_5H_{10} \cdot ClNO_3$, F. 203—205° (abs. A.), aus Cu-II in abs. A. mit gasförmigem HCl; 43%. — *Acetamidocyanessigsäureäthylester*, F. 129° (15%ig. Essigsäure), durch Red. von Isonitrosocyanessigsäureäthylester (aus $HNO_2$ u. Cyanessigsäureäthylester) ohne Isolierung mit $Na_2S_2O_4$ in Ggw. von Acetanhydrid; 51%. — *Allylacetamidocyanessigsäureäthylester*, $C_{10}H_{14}N_2O_3$, F. 89°, aus vorst. Verb. u. $NaOC_2H_5$ mit IV oder V bei 30—35° u. nachfolgend 60—65° (8 Std.); 93%. — *2-Acetamido-2-cyan-4.5-dichlorvaleriansäureäthylester*, $C_{10}H_{14}Cl_2N_2O_3$, F. 100—105°; 70%. Hydrolyse u. Cyclisierung → 79% I u. 17% II; ohne Isolierung der Verb. aus vorst. Verb. mit $SO_2Cl_2$ 64% I u. 24% II. — *2-Acetamido-2-cyan-4.5-dibromvaleriansäureäthylester*, $C_{10}H_{14}Br_2N_2O_3$, F. 114—115° (Isomerengemisch), mit $Br_2$ in Chlf. bei 20—25°; 75%. *Isomeres vom F. 131°*, bei Bromierung bei —5 bis 0°. *Isomeres vom F. 98—99°*, bei Bromierung bei 40—45°. Hydrolyse u. Cyclisierung des Isomeren vom F. 131° → 25% I u. 63% II; ohne Isolierung der Verb. 48% I u. 37% II. — *5-Brom-2-acetamido-2-cyan-4-valerolacton*, $C_8H_9BrN_2O_3$, F. 85° (Ae.), durch 4std. Kochen von 7,4 g vorst. Isomerengemisches mit abs. alkohol. KOH; 1 g. — *C-Allylglycin* (VI), $C_5H_9NO_2$, F. 246—248° (W.-A.), durch 4std. Kochen von III-Diäthylester mit verd. $H_2SO_4$; 46%. — *2-Phthalimidopenten-(4)-säure*, $C_{13}H_{11}NO_4$, F. 120 bis 121° (40%ig. wss. A.), durch 10 Min. langes Erhitzen von VI mit Phthalsäureanhydrid auf 180°; 85%. — *2-Phthalimido-5-chlor-4-valerolacton*, $C_{13}H_{10}ClNO_4$, F. 187—188° (Aceton), durch Zutropfen von $SO_2Cl_2$ zu vorst. Verb. in Eisessig bei Raum-Temp.; 20,5%. 4 std. Kochen mit Eisessig/konz. HCl u. 6std. Kochen mit $Ba(OH)_2$ → 27% I u. 38% II; ohne Isolierung der Verb. 21% I u. 57% II. — *2-Phthalimido-5-brom-4-valerolacton*, $C_{13}H_{10} \cdot BrNO_4$, F. 189—190° (Aceton), mit Eisessig/$Br_2$ in $CCl_4$; 31%. Hydrolyse u. Cyclisierung → 7% I u. 65% II; ohne Isolierung 24% I u. 48% II. — *N-Acetyl-C-allylglycin*, $C_7H_{11}NO_3$, F. 112° (Chlf.-PAe.), durch Erhitzen von III auf 125° unter $CO_2$-Entw.; 57%. Bromierung, Hydrolyse u. alkal. Cyclisierung → I u. II (nur papierchromatograph. nachgewiesen). — *2-Phenylureidopenten-(4)-säure*, $C_{12}H_{14}N_2O_3$, F. 162—163°, durch 15 Min. langes Rühren von VI mit Phenylisocyanat (VII) in wss. NaOH bei Raum-Temp. u. Ansäuern mit HCl; 85%. — *5-Allylhydantoin*, $C_6H_8N_2O_2$, F. 104° (W.), durch 6std. Erwärmen von VI mit wss. KOCN auf 65°, 2std. Erhitzen mit konz. HCl auf 90°, Einengen, Aufnehmen in Aceton u. Abfiltrieren von KCl; 72%. — *5-[2.3-Dichlorpropyl]-hydantoin*, $C_6H_8Cl_2N_2O_2$, F. 150—152° (W.); 48,5%. — *5-[2.3-Dibrompropyl]-hydantoin*, $C_6H_8Br_2N_2O_2$, F. 155° (W.); 93%. — *3-Phenyl-5-allylhydantoin*, $C_{12}H_{12}N_2O_2$, F. 97—98° (verd. A.), durch Zutropfen von VII zu VI in wss. NaOH bei Raum-Temp. in 15 Min., 1std. Erhitzen mit konz. HCl auf dem Wasserbad u. Einengen; 61%. — *3-Phenyl-5-[2.3-dichlorpropyl]-hydantoin*, $C_{12}H_{12}Cl_2N_2O_2$, F. 142° (verd. A.); 38%. — *3-Phenyl-5-[2.3-dibrompropyl]-hydantoin*, $C_{12}H_{12}Br_2N_2O_2$, F. 130—135° (verd. A.); 79%. R. PASEDAG. 3081 □

**Die Chemie der „Aminochrome". 1. Mitt. Die Darstellung und Papierchromatographie von reinem Adrenochrom.** R. A. Heacock, C. Nerenberg und A. N. Payza. (Canad. J. Chem. **36**. 853—57. Mai 1958. Saskatoon, Saskatchewan, Univ. Hosp., Psychiatric Res. Unit.) (Engl.)

Vff. beschreiben die Darst. von papierchromatograph. reinem, stabilem *Adrenochrom* (I) durch $Ag_2O$-Oxydation von Adrenalin. Die Instabilität des nach anderen Verff. gewonnenen I wird auf einen Geh. an Schwermetallen zurückgeführt, wodurch die Oxydation zu Zers.-Prodd. begünstigt wird. Das papierchromatograph. Verh. von I, sowie von *Adrenolutin* [*N-Methylindoltriol-(3.5.6)*], *Adrenoxyl* (*Adrenochrommonosemicarbazon*) u. *Adrenochrommonoisonicotinoylhydrazon* wurde in den Lsgm. W., 2%ig. Essigsäure (II), 75%ig. Methanol, 75%ig. A., n-Butanol/II/W. 8 : 2 : 2 u. Isopropanol/$NH_4OH$/W. 8 : 1 : 1 untersucht.

Versuche: *Adrenochrom*, $C_9H_9NO_3$, F. 112° (Zers.), durch Oxydation von 9,15 g Adrenalin in Methanol u. 90%ig. Ameisensäure mit $Ag_2O$ bei 18—23° u. anschließendes Behandeln mit Dowex-1 ($Cl^-$); violette Nadeln; 1,6g Ausbeute. E. MOISAR. 3081 □

**Die Chemie der „Aminochrome". 2. Mitt. Darstellung, Papierchromatographie und die spektroskopischen Eigenschaften von reinem Adrenolutin; das Infrarotspektrum von Adrenochrom.** R. A. Heacock und M. E. Mahon. (Canad. J. Chem. **36.** 1550—54. Nov. 1958.) (Engl.) — 1. vgl. vorst. Referat.

Adrenochrom (I) wurde zur Darst. von reinem *Adrenolutinmonohydrat* (II) verwendet, aus dem durch Hochvakuumsublimation die *wasserfreie Verb.* gewonnen wurde. Das UV-Spektrum von II u. die IR-Spektren von I, II, *3.5.6-Triacetoxy-N-methylindol* u. *2-Jodadrenochrom* sind tabellar. angegeben. Die Messungen deuten darauf hin, daß festes II in der Ketoform vorliegt. Für I wurde die zwitterion. Form bestätigt.

Versuche: *Adrenolutinmonohydrat*, $C_9H_{11}NO_4$, F. 236° (Zers.), aus 5 g Adrenalin durch Oxydation mit $Ag_2O$ in W. in Ggw. von HCl, Reinigung über Dowex-1 ($Cl^-$), Zugabe von NaOH unter $N_2$ u. Ansäuern mit Essigsäure; gelbe Prismen aus Na-Hydrosulfit-haltigem W.; 3,25 g Ausbeute. — *Adrenolutin*, $C_9H_9NO_3$, F. 245° (Zers.), aus vorst. Verb. durch Sublimation bei 180—200°/3 mm. E. MOISAR. 3081□

**Synthesen von niederen Homologen der 6.8-Thioctsäure.** B. Wladislaw. (Chem. and Ind. **1957.** 263—64. 2/3. São Paulo, Brazil, Univ., Dep. de Quím. da Fac. de Filosofia.) (Engl.)

Vf. berichtet über eine verbesserte Synth. von *1.2-Dithiolan-3-carbonsäure*, die von CLAESON (C. **1956.** 10465) in 15%ig. Ausbeute synthetisiert wurde. In einer weiteren Synth. wird *3.5-Dimercaptopentansäure* gewonnen, die wahrscheinlich für die Synth. von 6.8-Thioctsäure eine brauchbare Zwischenstufe darstellt.

Versuche: *2.4-Dibenzylmercaptobuttersäuremethylester*, $C_{19}H_{22}O_2S_2$, Kp.$_{0,5}$ 208—210°, durch Erhitzen von 2.4-Dibrombuttersäuremethylester mit Na-Benzylmercaptid. — *2.4-Dibenzylmercaptobuttersäure*, $C_{18}H_{20}O_2S_2$, Kp.$_1$ 262—264°, durch Behandeln vorst. Verb. mit alkohol. Alkali. — *1.2-Dithiolan-3-carbonsäure*, $C_4H_6O_2S_2$, F. 80—82°, aus vorst. Verb. durch Red. mit Na in fl. $NH_3$ u. nachfolgende Oxydation mit $O_2$ in Ggw. von $FeCl_3$; 66% (Ausbeute). — *3-Benzylmercaptopropanol-(1)*, aus Acrolein u. Benzylmercaptan; 83%. — *5-Benzylmercaptopenten-(2)-säuremethylester*, $C_{13}H_{16}O_2S$, Kp.$_3$ 165 bis 167°, durch Kondens. vorst. Verb. mit Malonsäuremonomethylester in Pyridin in Ggw. von Piperidin; 70%. — *3.5-Dibenzylmercaptopentansäuremethylester*, $C_{20}H_{24}O_2S_2$, Kp.$_{0,03}$ 224°, durch Behandeln vorst. Verb. mit Benzylmercaptan; 77%. — *3.5-Dibenzylmercaptopentansäure*, $C_{19}H_{22}O_2S_2$, F. 63—65°, durch alkal. Hydrolyse vorst. Verb. u. Reinigung über das *5-Benzylisothiuroniumsalz* ($C_{27}H_{32}N_2O_2S_3$, F. 120—121°). — *3.5-Dimercaptopentansäure*, $C_5H_{10}O_2S_2$, F. 37—39°, durch Red. vorst. Verb. mit Na in fl. $NH_3$ u. nachfolgender Oxydation mit $O_2$ in Ggw. von Fe(III)-Ionen; gelbe Nadeln; 10%. W. FARR. 3112□

**Homologe Aldehyde durch hydrogenolytische Spaltung von $N_{(1)}$-Acyl-3.5-dimethylpyrazolen.** Walter Ried, Gertraude Deuschel und Antoni Kotélko. (Liebigs Ann. Chem. **642.** 121—27. 10/5. 1961. Frankfurt/M., Univ., Inst. für Organ. Chem.) (Dt.) — Vgl. C. **1959.** 12220.

Durch Kondens. von Carbonsäurehydraziden mit Acetylaceton, Rk. von Carbonsäurechloriden mit 3.5-Dimethylpyrazol (I) oder Rk. von Carbonsäurekohlensäureesteranhydriden mit I wurden *$N_{(1)}$-Acyl-3.5-dimethylpyrazole* (**A**) dargestellt. Ihre Synth. gelang auch durch Photolyse von Diazoketonen in Ggw. von I in Ae. oder Bzl. bzw. durch therm. Zers. von Diazoketonen in einer Schmelze von I. Die dargestellten **A** ergaben durch Hydrogenolyse mit $LiAlH_4$ in guten Ausbeuten die entsprechenden *Aldehyde*. Analog lassen sich N-Acylimidazole darstellen u. in die entsprechenden *Aldehyde* überführen.

Versuche: 3.5-Dimethylpyrazole: *$N_{(1)}$-Phenylacetyl-*, $C_{13}H_{14}N_2O$, F. 55°, analog II in 15 Std. in Ae.; 71% (Ausbeute). — *$N_{(1)}$-[4-Methylphenylacetyl]-* (**II**), $C_{14}H_{16}N_2O$, F. 60° (gelbliche Kristalle aus wss. A.), durch Zutropfen von 4-Methylbenzoylchlorid zu äther. Diazomethan-Lsg. bei 0° unter Rühren, 20std. Stehen bei 0—5°, Eindampfen im Vakuum, Lösen von I u. vom erhaltenen *4-Methylbenzoyldiazomethan* [$C_9H_8N_2O$, F. 50° (Zers., gelbe Kristalle aus PAe.); 81%] in Ae., 20std. Belichten, Eindampfen im Vakuum, Aufnehmen in A., Zugabe von W. u. Stehen bis zum Erstarren; 90%. — *$N_{(1)}$-[4-Methoxyphenylacetyl]-*, $C_{14}H_{16}N_2O_2$, F. 35°, analog II in 24 Std. in Ae; 81%. — *$N_{(1)}$-[4-Nitrophenylacetyl]-* (**III**), $C_{13}H_{13}N_3O_3$, F. 105° (gelbe Kristalle aus A. oder PAe.), a) analog **II** in 75 Std. in Bzl., 86%; b) durch langsames Erwärmen von I u. 4-Nitrobenzoyldiazomethan auf 120—130°, 45 Min. Stehen bei 130°, Kühlen, Behandeln mit A., Zugabe von W. u. Phasentrennung; 60%. — *$N_{(1)}$-[α-Naphthylacetyl]-*, $C_{17}H_{16}N_2O$, F. 69—70°, a) analog **II** in 18 Std. in Ae.; 90%.; b) analog **III** nach b) bei 120°; 53%. — *$N_{(1)}$-[β-Naphthylacetyl]-*, F. 63—65°, analog **II** in 20 Std. in Ae.; 87%. — *$N_{(1)}$-Nonadecanoyl-*, $C_{24}H_{44}N_2O$, F. 39°, a) analog **II**; 93%; b) analog **III** nach b) bei 110—120°; 69%. — *$N_{(1)}.N_{(1)}$-Glutaryl-bis-* (**IV**), $C_{15}H_{20}N_4O_2$, F. 109° ($CH_3OH$), durch Zugabe von Acetylaceton zu Glutarsäuredihydrazid in 2nHCl bei 10° unter Rühren, 2std. Stehen u. Filtrieren; 81%. — $N_{(1)}.N_{(1')}$-*Succinyl-bis-*, $C_{14}H_{18}N_4O_2$, F. 138°, analog **IV**; 90 %. — $N_{(1)}.N_{(1')}$-*Adipinyl-bis-* (**X**), $C_{16}H_{22}N_4O_2$, F. 119°, analog **IV**; 80%. — $N_{(1)}.N_{(1')}$-*Sebacyl-bis-*, $C_{20}H_{30}N_4O_2$, F. 73°, analog **IV**; 89%. — $N_{(1)}.N_{(1')}$-*Terephthalyl-bis-* (**V**), $C_{18}H_{18}N_4O_2$, F. 210° (Bzl.), a) durch Erhitzen von Terephthalsäuredihydrazid mit Acetylaceton; 93%; b) durch Zutropfen von **I** in Bzl. zu Terephthalylchlorid in Bzl. unter Rühren, 1std. Kochen, Kühlen u. Filtrieren; 91%. — $N_{(1)}.N_{(1')}$-*Azelanyl-bis-* (**VI**), $C_{19}H_{28}N_4O_2$, F. 75° ($CH_3OH$), a) durch Zugabe von Chlorameisensäureäthylester zu Azelainsäure u. Triäthylamin in Tetrahydrofuran bei —20°, Zutropfen von **I** in Tetrahydrofuran nach 30 Min. unter Schütteln, 5std. Stehen bei Raum-Temp., Filtrieren u. Eindampfen im Vakuum; 76%; analog **IV**; 75%. — $N_{(1)}.N_{(1')}$-*Oxalyl-bis-*, $C_{12}H_{14}N_4O_2$, F. 238—240°, analog **V** nach b); 85%. — $N_{(1)}.N_{(1')}$-*Pimelinyl-bis-*, $C_{17}H_{24}N_4O_2$, F. 82, a) analog **II** in 20 Std. in Ae.; 80%; b) analog **V** nach b); 81%; c) analog **VI** nach a); 57%. — $N_{(1)}.N_{(1')}$-*Suberyl-bis-*, $C_{18}H_{26}N_4O_2$, F. 129—132°, a) analog **II**; 86%; b) analog **III** nach b) bei 110—120°; 60%; c) analog **IV**; 81%; d) analog **VI** nach a); 72%. — *1.4-Bis-[2-(3.5-dimethylpyrazolyl)-2-oxoäthyl]-benzol*, $C_{20}H_{22}N_4O_2$, F. 198—202°, a) analog **II** in 40 Std. in Dioxan-Bzl.; 85%; b) analog **III** nach b) bei 170°; 63%. — *1.3.5-Tris-[2-(3.5-dimethylpyrazolyl)-2-oxoäthyl]-benzol*, $C_{27}H_{30}N_6O_3$, Kp.$_{18}$ 220°, analog **II** in 40 Std. in Dioxan; 30%. — *4-Methylphenylacetaldehyd* (**VII**), Fl., durch portionsweise Zugabe von 0,0033 Mol $LiAlH_4$ zu 0,01 Mol **II** in Ae. bei 0° unter Rühren, 10std. Rühren bei 0°, Zugabe von 2n $H_2SO_4$, Ae.-Extraktion u. Eindampfen; 76%. *2.4-Dinitrophenylhydrazon*, F. 131° (Zers.). — *4-Nitrophenylacetaldehyd* (**VIII**), Fl., a) analog **VII** in Tetrahydrofuran durch 18std. Rk.; 72%; b) analog aus **IX**; 38%. *2.4-Dinitrophenylhydrazon*, F. 185° (Zers.). — *Glutardialdehyd*, analog **VIII** nach a) in 15 Std.; 75%. *Bis-[2.4-dinitrophenylhydrazon]*, F. 178° (Zers.). — *Terephthaldialdehyd*, F. 116° (W.), analog **VIII** nach a) durch 16std. Kochen; 48%. — *Azelaindialdehyd*, Kp.$_{18}$ 140°, analog **VII** in 18 Std. bei 0°; 67%. *Bis-[2.4-dinitrophenylhydrazon]*, F. 148—150°. — *Phenylacetaldehyd*, analog **VII** in 18 Std. bei 0°; 65%. *2.4-Dinitrophenylhydrazon*, F. 121°. — *4-Methoxyphenylacetaldehyd*, analog **VII** in 15 Std. bei 0°; 80%. *2.4-Dinitrophenylhydrazon*, F. 134°. — *α-Naphthylacetaldehyd*, durch 15std. Rk. bei 0°; 82%. *2.4-Dinitrophenylhydrazon*, F. 180°. — *β-Naphthylacetaldehyd*, F. 40°, durch 18std. Rk. bei 0°; 76%. *2.4-Dinitrophenylhydrazon*, F. 169°. — *Nonadecanal*, F. 63—65°, durch 18std. Rk. bei 0°; 85%. *2.4-Dinitrophenylhydrazon*, F. 82°. — *Glyoxal*, durch 10std. Rk. bei 10°; 70%. *Bis-[2.4-dinitrophenylhydrazon]*, F. 316° (Zers.). — *Succindialdehyd*, durch 15std. Rk. bei 0°; 45%. *Bis-[2.4-dinitrophenylhydrazon]*, F. 264°. — *Adipindialdehyd*, a) aus **X** durch 10std. Rk. bei 0°; 65%; b) aus **XI**; 36%. *Bis-[2.4-dinitrophenylhydrazon]*, F. 230° (Zers.). — *Pimelindialdehyd*, durch 15std. Rk. bei 0°; 69%. *Dioxim*, F. 149°. — *Korkdialdehyd*, durch 18—20std. Rk. bei 0°; 70%. *Dioxim*, F. 151°. — *Sebacindialdehyd*, durch 10std. Rk. bei 0°; 82%. *Bis-[2.4-dinitrophenylhydrazon]*, F. 150°. — *1.4-Bis-[formylmethyl]-benzol*, durch 10std. Rk. bei 0°; 18%. *Bis-[2.4-dinitrophenylhydrazon]*, F. über 360° (Zers.). — *N-[4-Nitrobenzoyl]-imidazol* (**XII**), F. 112°, analog **V** nach b); 40%. — *N-[4-Nitrophenylacetyl]-imidazol*, (**IX**), F. 61°, analog **II**; 15%. — *N.N'-Adipinyl-bis-imidazol* (**XI**), F. 86°, analog **V** nach b); 45%. — *N-Sorboylimidazol*, F. 75°, analog **VI** nach a); 50%. — *4-Nitrobenzaldehyd*, durch Hydrogenolyse von **XII**; 46%. *2.4-Dinitrophenylhydrazon*, F. 316°. — *Hexadien-(2.4)-al-(1)*, durch Hydrogenolyse vorvorst. Verb.; 21%. *2.4-Dinitrophenylhydrazon*, F. 101°. H. Bertsch. 3122 □

**Reaktionen von Carbobenzoxyaminosäureamiden mit Carbonylverbindungen.** Uri Zehavi und Dov Ben-Ishai. (J. org. Chemistry **26**. 1097—1101. April 1961. Haifa, Israel, Inst. of Technol., Dep. of Chem.) (Engl.)

Carbobenzoxy(Cbo)-glycin- (**II**), -phenylalanin- u. -alaninamid reagieren mit Benzaldehyd (**VI**) u. Cyclohexanon (**VII**) in Ggw. von β-Naphthalinsulfonsäure (**I**) zu *1-Cbo-imidazolidinonen-(4)*, während mit Isobutyraldehyd (**V**) *Cbo-aminosäureisobuten-(1)-ylamide* entstehen. Die N-Methylamide der Cbo-aminosäuren reagieren nicht mit **VII** u. geben sowohl mit **V** als auch mit **VI** *1-Cbo-3-methylimidazolidinone-(4)*. Durch katalyt. Hydrierung läßt sich jeweils die Cbo-Gruppe entfernen. Die IR-Spektren der Verbb. werden diskutiert.

Versuche: Cbo-aminosäureamide: *-glycinmethylamid* (**III**), $C_{11}H_{14}N_2O_3$, F: 105° (Essigester), durch 12std. Kochen von Cbo-glycin mit Methanol/1.2-Dichloräthan/konz. $H_2SO_4$, Einengen, 5std. Stehen mit Methylamin in A., Einengen u. Lösen in Essigester; 47% (Ausbeute). — *-DL-alaninamid*, $C_{11}H_{14}N_2O_3$, F. 123° (Essigester); 51%. — *-DL-alaninmethylamid*, $C_{12}H_{16}N_2O_3$, F. 114° (Essigester); 48%. — *-DL-phenylalaninamid*, $C_{17}H_{18}N_2O_3$, F. 183° (Essigester); 48%. — *-DL-phenylalaninmethylamid*, $C_{18}H_{20}N_2O_3$, F. 152° (Essigester); 53%. — *-L-phenylalaninamid*, F. 167° (Essigester); 71%. — 1-Cbo-imidazolidinone-(4): *-2-phenyl-*, $C_{17}H_{16}N_2O_3$, F. 172° (Essigester/Hexan), durch 1std. Kochen von Cbo-glycinamid (II) mit **VI** u. **I** in Bzl.; 81%. — *-2.2-pentamethylen-*, $C_{16}H_{20}N_2O_3$, F. 222° (Essigester/Hexan), aus **II** u. **VII** in Ggw. von **I** in 3½ Std.; 69%. — *-3-methyl-2-isopropyl-*, $C_{15}H_{20}N_2O_3$, F. 89° (Essigester/Hexan), aus **III** u. **V** in Ggw. von **I** in 8 Std.; 64%. — *-3-methyl-2-phenyl-*, $C_{18}H_{18}N_2O_3$, F. 116° (Essigester/Hexan), in 48 Std.; 68%. — *-5-methyl-2.2-pentamethylen-* (*DL-Verb.*), $C_{17}H_{22}N_2O_3$, F. 236° (Bzl.), in 2 Std.; 70%. — *-5-benzyl-2-phenyl-* (*DL-Verb.*), $C_{24}H_{22}N_2O_3$, F. 186° (Bzl.); 22%. *Hemibenzolat*, $C_{27}H_{25}N_2O_3$, F. 84°. — *-5-benzyl-2.2-pentamethylen-* (*DL-Verb.*), $C_{23}H_{26}N_2O_3$, F. 164° (Bzl./Methylcyclohexan); in 12 Std.; 80%. *L-Verb.*, F. 146° (Methylcyclohexan) in 11 Std.; $[\alpha]_D^{25}$ +169° (c = 0,5; Chlf.); 71%. — Imidazolidinone-(4): *2-Phenyl-*, $C_9H_{10}N_2O$, F. 105° (Bzl./Hexan), durch katalyt. Hydrierung der entsprechenden 1-Cbo-Verb.; 61%. — *2.2-Pentamethylen-*, $C_8H_{14}N_2O$, F. 121° (Bzl./Hexan); 84%. — *2-Isopropyl-3-methyl-*, $C_7H_{14}N_2O$, Kp.$_{0,01}$ 66°; 74%. — *2-Phenyl-3-methyl-*, *Hydrochlorid*, $C_{10}H_{13}ClN_2O$, F. 159—162°; 73%. — *DL-2.2-Pentamethylen-5-methyl-*, $C_9H_{16}N_2O$, F. 103° (Essigester/Hexan); 76%. — *DL-2-Isopropyl-2.5-dimethyl-*, *Hydrochlorid*, $C_8H_{17}ClN_2O$, F. 157—160°; 60%. — *DL-2.2-Pentamethylen-5-benzyl-*, $C_{15}H_{20}N_2O$, F. 113° (Essigester/Hexan); 77%. *L-Verb.*, F. 102° (Methylcyclohexan), $[\alpha]_D^{25}$ —63° (c = 0,5; Chlf.); 85%. — *DL-2-Isopropyl-5-benzyl-*, *Hydrobromid*, $C_{13}H_{19}BrN_2O$, F. 142—143°. — *1-Cbo-2-[p-nitrophenyl]-imidazolidinon-(4)*, $C_{17}H_{15}N_3O_5$, F. 222° (Methanol/Essigester), durch 2std. Kochen von **II** mit p-Nitrobenzaldehyd in Bzl. in Ggw. von **I**; 48%. — *2-p-Nitrophenyl-imidazolidinon-(4)*, $C_9H_9N_3O_3$, F. 127° (Essigester/Hexan), durch 1std. Rk. vorst. Verb. mit HBr/Eisessig, Zugeben von Ae. u. Digerieren des Hydrobromids mit $K_2CO_3$ in Essigester; 33%. — *Cbo-glycinisobuten-(1)-ylamid* (**IV**), $C_{14}H_{18}N_2O_3$, F. 136° (Essigester), durch 2std. Kochen von **II** mit **V** u. **I** in Bzl.; 73%. — *Cbo-glycinisobutylamid*, $C_{14}H_{20}N_2O_3$, F. 71° (Essigester/Hexan), durch katalyt. Hydrierung von **IV** in A. in Ggw. von Pd-Kohle u. Carbobenzoxylierung in $NaHCO_3$-Lsg.; 64%. — *Glycinisobuten-(1)-ylamidhydrobromid*, $C_6H_{13}BrN_2O$, F. 173—175° (abs. A./Ae.), durch ½std. Rk. von **IV** mit HBr/Eisessig u. Zugeben von Ae.; 96%. — *Cbo-DL-alaninisobuten-(1)-ylamid*, $C_{15}H_{20}N_2O_3$, F. 113° (Essigester/Hexan), durch 1std. Kochen von Cbo-DL-alaninamid mit **I** u. **V**; 80%. — *Cbo-DL-phenylalaninisobuten-(1)-ylamid*, $C_{21}H_{24}N_2O_3$, F. 127° (Bzl.), durch 1std. Kochen von Cbo-DL-phenylalaninamid mit **I** u. **V** in Bzl.; 93%. — *N-[Isobuten-(1)-yl]-phenylacetamid* (**VIII**), $C_{12}H_{15}NO$, F. 102° (Essigester/Hexan), durch 1½std. Kochen von Phenylacetamid (**IX**) mit **I** u. **V** in Bzl., Einengen u. Chromatographie an bas. $Al_2O_3$ mit Bzl./Chlf. 1 : 2; 52%; daneben *Isobutylen-bis-phenylacetamid*, $C_{20}H_{24}N_2O_2$, F. 223° (wss. A.); 43%. — *N-Isobutylphenylacetamid*, $C_{12}H_{17}NO$, F. 76° (Essigester/Hexan), durch katalyt. Hydrierung von **VIII** in A. in Ggw. von Pd-Kohle; 84%. — *N-[Cyclohexen-(1)-yl]-phenylacetamid*, $C_{14}H_{17}NO$, F. 106° (Bzl./Hexan), durch 24std. Kochen von **IX** mit **VII** u. **I** in Toluol; 59%. — *N-Cyclohexylphenylacetamid*, $C_{14}H_{19}NO$, F. 139° (Essigester), durch katalyt. Hydrierung vorst. Verb. in A. in Ggw. von Pd-Kohle; 82%. — *Benzyliden-bis-phenylacetamid*, $C_{23}H_{22}N_2O_2$, F. 238° (A./W.), durch 5std. Kochen von **IX** mit **VI** u. **I** in Bzl.; 94%. E. SCHRÖDER. 3122□

**Synthese einiger Acylglycine und verwandter Oxazolone.** R. M. Acheson, D. A. Booth, R. Brettle und (zum Teil) A. M. Harris. (J. chem. Soc. [London] **1960**. 3457—61. Sept. Oxford, Univ., Dep. of Biochem.) (Engl.)

Eine Reihe von *Acylglycinen* (**G**) wird synthetisiert. Die UV-Spektren der aus den **G** u. 4-Dimethylaminobenzaldehyd (**I**) bzw. 4-Dimethylaminozimtaldehyd mit Acetanhydrid erhältlichen *Oxazolone* werden diskutiert. Aus γ-Oxo-γ-phenylbuttersäure (**II**) u. **I** entsteht mit Acetanhydrid *3-p-Dimethylaminobenzyliden-2.3-dihydro-5-phenylfuranon-(2)*.

Versuche: *3-Hydroxy-4-methoxybenzoesäure*, F. 247° (A.), durch 2std. Kochen von 30,4 g 3-Hydroxy-4-methoxybenzaldehyd mit $Ag_2O$ in 10%ig. NaOH u. Einleiten von $SO_2$ (pH 2,5); 29,5 g (Ausbeute). — Acylglycine (**G**): *m-Hydroxybenzoyl-*, F. 185°, durch Rk. von m-Methoxycarbonyloxybenzoylchlorid mit Glycin in NaOH, ¼std. Stehen mit weiterem Alkali, Ansäuern u. Extrahieren mit Ae.; Prismen aus W.; 42%. — *p-Hydroxybenzoyl-*, $C_9H_9NO_4$, F. 234°, analog vorst. Verb.; Prismen aus W.; 41%. — *m-Methoxybenzoyl-*, $C_{10}H_{11}NO_4$, F. 120°, durch Rk. von m-Methoxybenzoylchlorid in Ae. mit Glycin in 0,5n NaOH (pH 7,4—8,0) u. Ansäuern (Meth. **A**); Prismen aus W./A.; 88%. — *3.4-Dimethoxybenzoyl-*, $C_{11}H_{13}NO_5$, F. 190°, nach **A**; Blättchen aus W./A. oder A.; 40%. — *3.4-Methylendioxybenzoyl-*, F. 178°, durch Rk. von 3.4-Methylendioxybenzoylchlorid mit Glycinäthylester in Ae., 2std. Schütteln mit NaOH u. Ansäuern (Meth. **B**); Nadeln aus W.; 64%. — *3-Hydroxy-4-methoxybenzoyl-*, $C_{10}H_{11}NO_5$, F. 203,5°, nach **B**; Prismen aus W.; 63%. — *3.4.5-Trimethoxybenzoyl-*, $C_{12}H_{15}NO_6$, F. 215°, nach **B**; Nadeln aus W./A.; 76%. — *4-Methoxycinnamoyl-*, $C_{12}H_{13}NO_4$, F. 169°, nach **A**; aus A. Nadeln; 47%. — *3.4-Dimethoxycinnamoyl-*, $C_{13}H_{15}NO_5$, F. 182°, nach **A**; Nadeln aus W. oder A.; 80%. — *3.4-Methylendioxycinnamoyl-*, $C_{12}H_{11}NO_5$, F. 209°, nach **B**; Nadeln aus W. oder W./A.; 80%. — *5-Phenylpentadien-(2.4)-oyl-*, $C_{13}H_{13}NO_3$, F. 216°, nach **A**; Nadeln aus W./A.; 76%. — Acylglycinäthylester: *3-Acetoxy-4-methoxybenzoyl-*, $C_{14}H_{17}NO_6$, F. 137°, nach **B**; Blättchen aus W./A.; 93%. — *3.4-Methylendioxybenzoyl-*, F. 88°, nach **B**; Nadeln aus W.; 78%. — *3.4.5-Trimethoxybenzoyl-*, $C_{14}H_{19}NO_6$, F. 109°, nach **B**; Nadeln aus W. oder A./W.; 26%. — *3.4-Dimethoxycinnamoyl-*, F. 108°, nach **B**; Rhomben aus A./W.; 95%. — 4-[p-Dimethylaminobenzyliden]-oxazolone: *2-Phenyl-*, F. 210—211° (Bzl.), durch 20 Min. langes Kochen von Hippursäure mit **I** u. Acetanhydrid u. Gießen in W.; rotbraune Nadeln. — *2-m-Acetoxyphenyl-*, $C_{20}H_{18}N_2O_4$, F. 174° (Acetonitril), orangefarbene Kristalle. — *2-p-Acetoxyphenyl-*, F. 180° (Bzl.), orangefarbene Kristalle. — *2-m-Methoxyphenyl-*, $C_{19}H_{18}N_2O_3$, F. 188° (Bzl. oder Acetonitril), karmesinrote Nadeln. — *2-p-Methoxyphenyl-*, F. 191° (Bzl. oder Acetonitril), orangefarbene Nadeln. — *2-[3-Acetoxy-4-methoxyphenyl]-*, $C_{21}H_{20}N_2O_5$, F. 195° (Bzl. oder Nitromethan), orangefarbene Nadeln. — *2-[3.4-Dimethoxyphenyl]-*, $C_{20}H_{20}N_2O_4$, F. 219° (Bzl. oder Acetonitril oder Nitromethan), rote Nadeln. — *2-[3.4-Methylendioxyphenyl]-*, $C_{19}H_{16}N_2O_4$, F. 236°, orangefarbene Blättchen aus Bzl. oder Nitromethan. — *2-[3.4.5-Trimethoxyphenyl]-*, $C_{21}H_{22}N_2O_5$, F. 210°, orangerote Blättchen aus Acetonitril oder Benzol. — *2-Styryl-*, $C_{20}H_{18}N_2O_2$, F. 203—204°, rotviolette Kristalle aus Bzl. oder Dioxan. — *2-[4-Methoxystyryl]-*, $C_{21}H_{20}N_2O_3$, F. 190°, orangefarbene Nadeln aus Bzl. oder Acetonitril. — *2-[3.4-Dimethoxystyryl]-*, $C_{22}H_{22}N_2O_4$, F. 205°, orangerote Blättchen aus Bzl. oder Acetonitril. — *2-[3.4-Methylendioxystyryl]-*, $C_{21}H_{18}N_2O_4$, F. 250—251°, karminrote Prismen aus Acetonitril. — *2-[4-Phenylbutadien-(1.3)-yl]-*, $C_{22}H_{20}N_2O_2$, F. 162°, dunkelviolette Kristalle aus Aceton. — 4-[p-Dimethylaminocinnamyliden]-oxazolone: *2-Phenyl-*, $C_{20}H_{18}N_2O_2$, F. 198°, violette Nadeln aus Bzl. oder Acetonitril. — *2-[m-Methoxyphenyl]-*, $C_{21}H_{20}N_2O_3$, F. 181—182°, kastanienbraune Prismen aus Bzl. oder Acetonitril. — *2-[p-Methoxyphenyl]-*, F. 209°, violette Nadeln aus Bzl. oder Acetonitril. — *2-Styryl-*, $C_{22}H_{20}N_2O_2$, F. 220°, violette Prismen aus Bzl. oder Acetonitril. — *2-[4-Phenylbutadien-(1.3)-yl]-*, $C_{24}H_{22}N_2O_2$, F. 220°, violettschwarze Kristalle aus Bzl. oder Acetonitril. — *3-p-Dimethylaminobenzyliden-2.3-dihydro-5-phenylfuranon-(2)*, $C_{19}H_{17}NO_2$, F. 163—164°, durch 10 Min. langes Kochen von **II** in Acetanhydrid u. ½std. Kochen mit **I**; karmesinrote Blättchen aus Bzl. oder Acetonitril.

E. SCHRÖDER. 3132□

**Cyclisierung von N-Alkenylthionamiden zu Thiazolinen und Dihydrothiazinen.** Peter A. S. Smith und John M. Sullivan. (J. org. Chemistry **26**. 1132—36. April 1961. Ann Arbor, Mich., Univ., Dep. of Chem.) (Engl.)

Durch Rk. von Isothiocyanaten mit GRIGNARD-Verbb. wurden *N-Alkenylbenzthionamide* u. *-acetthionamide* dargestellt. *N-Allylbenzthionamid* (**V**) wird durch saure Katalysatoren, wie $ZnCl_2$, $BF_3$, $H_2SO_4$ oder $AlCl_3$, zu *2-Phenyl-5-methyl-$\Delta^2$-thiazolin* (**I**) cyclisiert; Benzoylperoxyd ist wirkungslos. Durch Hydrolyse von **I** entstand *1-Aminopropanthiol-(2)*. Die analoge Cyclisierung von *N-Crotylbenzthionamid* (**IV**) ergab in 20%ig. Ausbeute ein Gemisch von *2-Phenyl-5-äthyl-$\Delta^2$-thiazolin* (**II**) u. *2-Phenyl-6-methyl-5.6-dihydro-4H-1.3-thiazin* (**III**) im Verhältnis 3 : 1 bis 8 : 1. **II** wurde auch durch Rk. von N-[2-Hydroxybutyl]-benzamid mit $P_2S_5$, **III** analog aus N-[3-Hydroxybutyl]-benzamid dargestellt. N-Cinnamylbenzthionamid ergab durch Cyclisierung ausschließlich *2.6-Diphenyl-5.6-dihydro-4H-1.3-thiazin*, das auch aus *N-[3-Hydroxy-3-phenylpropyl]-benzamid* u. $P_2S_5$ erhalten wurde. Das erforderliche *3-Phenyl-3-hydroxypropylamin* wurde durch CURTIUS-Abbau aus γ-Phenyl-γ-butyrolacton über das *Hydrazid*, *Azid* u. *6-Phenyltetrahydro-1.3-oxazinon-(2)* dargestellt. Durch Cyclisierung von *N-Allyl-*, *N-[β-Methallyl]-* u. *N-[α-Methallyl]-acetthionamid* entstanden *2.5-Dimethyl-*, *2.5.5-* bzw. *2.4.5-Trimethyl-$\Delta^2$-thiazolin*. *N-[Buten-(3)-yl]-benzthionamid* (**VI**), das sich nicht unter Ausbildung des Thiazolin-Syst. cyclisieren kann, ergab unter obigen Bedingungen nur geringe Mengen **III**.

Versuche: *α-Methallylisothiocyanat*, $Kp._{22}$ 51—57°, aus Crotylchlorid u. NaCNS nach BRUSON u. EASTES [1937]. — *Cinnamylisothiocyanat*, $Kp._{1}$ 120—127°, durch KALUZA-Rk. nach MOORE u. CROSSLEY (Org. Syntheses Coll. Vol. **III** [1955.] 599); 54% (Ausbeute). — *N-[2-Hydroxybutyl]-benzamid*, $C_{11}H_{15}NO_2$, F. 106,5—108° (Bzl.), durch Benzoylieren des Aminoalkohols in Ggw. von gesätt. wss. $K_2CO_3$-Lösung. — *N-[3-Hydroxybutyl]-benzamid*, $C_{11}H_{15}NO_2$, $Kp._{0,5}$ 174—180°, analog vorst. Verbindung. — *4-Hydroxy-4-phenylbutyrylhydrazid*, $C_{10}H_{14}N_2O_2$, F. 124,5—126° (Bzl.-A.), durch 12std. Kochen von γ-Phenyl-γ-butyrolacton (durch $NaBH_4$-Red. von β-Benzoylpropionsäure) mit Hydrazin u. Kühlen; 85%. — *6-Phenyltetrahydro-1.3-oxazinon-(2)*, $C_{10}H_{11}NO_2$, F. 180—181°, durch Lösen äquivalenter Mengen $H_2SO_4$ u. vorst. Verb. in W., Rühren bei —5° mit Ae. unter Zugabe von wss. $NaNO_2$-Lsg. innerhalb 30 Min., Ae.-Extraktion, Zugabe von Bzl. zum Extrakt, 12std. Kochen u. Filtrieren; 50%. — *3-Hydroxy-3-phenyl-*

*propylamin, Oxalat*, $C_{20}H_{28}N_2O_6$, F. 194—195° (wss. A.) bzw. F. 148—150°, durch 20std. Kochen von 2,4 g vorst. Verb. in wss.-alkohol. KOH, Gießen in W., Ansäuern bis pH 2, Ae.-Extraktion, Alkalisieren, Extraktion mit Ae. u. Bzl., Eindampfen, Lösen in Ae. u. Fällen mit äther. Oxalsäure; 0,6 g. — *N-Crotylbenzthionamid* (**IV**), $C_{11}H_{13}NS$, Kp.$_{0,9}$ 156 bis 157°, durch Zutropfen von trans-Crotylisothiocyanat zu Phenyl-MgBr in Ae. unter Rühren, 30 Min. langes Kochen, Hydrolyse mit wss. $NH_4Cl$ u. Dest.; 73%. — *N-Cinnamylbenzthionamid*, $C_{16}H_{15}NS$, F. 88—89°, analog **IV**; 62%. — *N-[Buten-(3)-yl]-benzthionamid* (**VI**), Kp.$_{0,4}$ 137—145°, analog **IV**; 42%. — *N-Allylacetthionamid*, Kp.$_{0,4}$ 87°, analog **IV**; 52%. — *N-[β-Methallyl]-acetthionamid*, $C_6H_{11}NS$, Kp.$_1$ 90—98°, analog; 46%. — *N-[α-Methallyl]-acetthionamid*, Kp.$_{0,3}$ 98—103°, analog; 67%. — *2-Phenyl-5-methyl-Δ²-thiazolin* (**I**), $C_{10}H_{11}NS$, Kp.$_{18}$ 148—150°, a) durch Zugabe von 0,25 Mol $AlCl_3$ zu 0,25 Mol **V**, Rühren bis zum Erstarren, Zugabe von Nitrobenzol, 2std. Erwärmen auf 125°, Kühlen, Zugabe von überschüssiger 25%ig. NaOH, 30 Min. langes Rühren, Ae.-Extraktion, Reextraktion mit 10%ig. HCl, Neutralisieren mit 10%ig. NaOH, Ae.-Extraktion u. Dest.; 47%; b) analog a) mit $ZnCl_2$ unter 12std. Erhitzen; 31%; c) analog a) durch 12std. Erhitzen mit $BF_3$-Ätherat auf 105° im Rohr; 35%; d) durch 12std. Kochen von N-[2-Hydroxypropyl]-benzamid mit $P_2S_5$ in Toluol, Dekantieren, Erwärmen des Rückstands mit 10%ig. NaOH auf dem Wasserbad, Ae.-Extraktion, Extraktion der Ae.- u. Toluolphase mit 10%ig. HCl, Neutralisieren, Ae.-Extraktion u. Dest.; Kp.$_1$ 86—91°; 30%. *Pikrat*, F. 158—160°. — *2-Phenyl-5-äthyl-Δ²-thiazolin* (**II**), $C_{11}H_{13}NS$, Kp.$_1$ 106—109°, a) analog **I** nach a); 12%; b) analog **I** nach d); 60%. *Pikrat*, F. 131—132°. — *2-Phenyl-6-methyl-5.6-dihydro-4H-1.3-thiazin* (**III**), $C_{11}H_{13}NS$, Kp.$_{1,5}$ 122—123°, a) neben **II** nach a); 1,5%; b) analog **I** nach a) aus **VI**; wenig; c) analog **I** nach d); 44%. *Pikrat*, F. 162,5—164,5°. — *2.6-Diphenyl-5.6-dihydro-4H-1.3-thiazin*, $C_{16}H_{15}NS$, F. 86,5—87,5°, a) analog **I** nach a) aus N-Cinnamylbenzthionamid; 19%; b) analog **I** nach d); 40%. *Pikrat*, $C_{22}H_{18}N_4O_7S$, F. 160—162°. — *2-Phenyl-5.6-dihydro-4H-1.3-thiazin*, F. 44—46°, analog **I** nach d); Kp.$_{1,5}$ 124°; 8,5%. *Pikrat*, F. 181—182,5°. — *2.5-Dimethyl-Δ²-thiazolin*, Kp.$_{22}$ 48°, analog **I** nach a); 48%. — *2.4.5-Trimethyl-Δ²-thiazolin*, $C_6H_{11}NS$, Kp.$_{25}$ 55—56°, analog **I** nach a); 46%. *Pikrat*, $C_{12}H_{14}N_4O_7S$, F. 170—172°. — *2.5.5-Trimethyl-Δ²-thiazolin*, Kp.$_{760}$ 152°, Kp.$_{25}$ 52°, analog **I** nach a); 46%. *Pikrat*, F. 150—154°. — *Bis-[β-aminoisopropyl]-disulfiddihydrochlorid*, $C_6H_{18}Cl_2N_2S_2$, F. 223,5—226° (A.), a) durch 5std. Erhitzen von **I** mit konz. HCl auf 175° im Rohr, Kühlen, Filtrieren, Ae.-Extraktion, Alkalisieren mit 10%ig. NaOH, Ae.-Extraktion, Ansäuern, Zugabe von $J_2$–KJ-Lsg. bis zur bleibenden Färbung, Alkalisieren, 2std. Ae.-Extraktion, Sättigen des Extrakts mit HCl u. Filtrieren; b) analog a) aus nachst. Verb.; 33%. — *2-Mercapto-5-methyl-Δ²-thiazolin*, $C_4H_7NS_2$, F. 93—95°, durch Rk. von 1-Amino-2-brompropanhydrobromid mit $CS_2$ in alkal. Lsg. nach HIRSCH [1890]. H. BERTSCH. 3142□

**Pseudoaromaten aus Indanonen-(2).** 3. Mitt. **Über 1.2;5.6-Dibenzoxalene.** Wilhelm Treibs und Werner Schroth. (Liebigs Ann. Chem. **642.** 82—96. 10/5. 1961. Leipzig, Univ., Inst. für Organ. Chem.) (Dt.) — 2. vgl. C. **1961.** 9014.

*1.2;5.6-Dibenzoxalen* (**I**; *Indeno-[2.1:b]-chromen*) u. einige seiner Derivv. werden dargestellt u. bzgl. ihrer Eigg. untersucht. Während sich *3-Cyan-* (**II**) u. *3-Carbäthoxy-1.2;5.6-dibenzoxalen* nur in geringem Maße aus den entsprechenden Indanonen-(2) u. Salicylaldehyd (**III**) bilden, entstehen *3-Phenyl-* (**IV**) u. *3-[Indanyl-(2)]-1.2;5.6-dibenzoxalen* durch säurekatalyt. Direkt-Kondens. in guter Ausbeute; 1-[Indanyliden-(2)]-indanon-(2) liefert so das sehr stabile *3-[Indenyl-(2)]-1.2;5.6-dibenzoxalen* (**V**). Wegen seiner Rk.-Fähigkeit kann **I** nicht nach dieser Meth. dargestellt werden, wohl aber in Ggw. von Piperidin (**VI**) bei tiefen Temp. über die äußerst labile „Oxalenvorstufe“ *9-Hydroxy-3.9-dihydro-1.2;5.6-dibenzoxalen* (**VII**), die sich therm. oder durch sehr gelinde Säurekatalyse in **I** überführen läßt. **VII** wird durch Mineralsäuren in rote, undefinierbare Prodd. umgewandelt u. löst sich in Laugen braun unter irreversibler Ringöffnung zum *Alkalisalz des 1-Salicylidenindanons-(2)*, das mit Zimtaldehyd (**VIII**) vermutlich zu *1-Salicyliden-3-cinnamylidenindanon-(2)* reagiert. **I** wird katalyt. zu *3.7.8.9-Tetrahydro-1.2;5.6-dibenzoxalen* hydriert. Elektrophile Substitutionen erfolgen bei **I** am $C_{(3)}$-Atom, was an Hand von Grenzformeln veranschaulicht wird. Mit N-Bromsuccinimid (**IX**) entsteht das *3-Brom-Deriv.* (**X**), das sich mit CuCN zu **II** umsetzt. Leicht bildet sich nach VILSMEIER u. HAACK [1927] der *1.2;5.6-Dibenzoxalenaldehyd-(3)* (**XI**), der sich in das *Oxim* u. das *Nitril* **II** überführen läßt. Entsprechend reagiert **I** mit Tetranitromethan (**XII**) zum *3-Nitro-Deriv.*, mit Indanon-(2) (**XIII**) zu **V**; mit Phenyldiazoniumchlorid erfolgt sofort Kupplung. Das aus **I** u. **III** erhaltene Prod. ist ident. mit der von RUHEMANN u. LEVY aus **XIII** u. **III** synthetisierten, als „Phenylendibenzospiropyran“ bezeichneten Verb., die nach IR-Spektrum u. Analyse wohl *4-[1.2;5.6-Dibenzoxalenyl-(3)]-3.3'-*

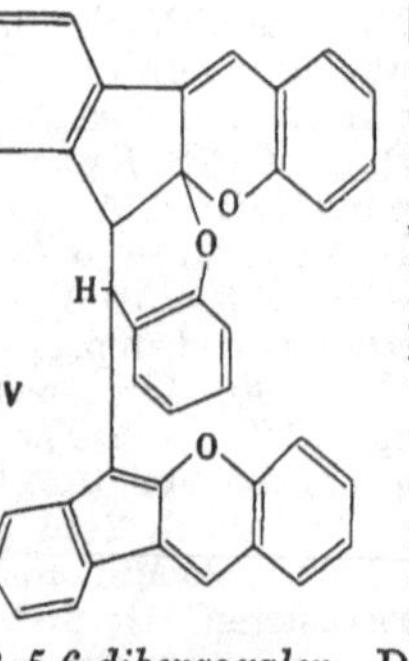

XIV

[*o-phenylen*]*-5.6;5'.6'-dibenzo-2.3-dihydro-2.2'-spirobipyran*(**XIV**) darstellt, dessen Bldg. vermutlich über *Bis-*[*1.2;5.6-dibenzoxalenyl-*(*3*)]*-o-hydroxyphenylmethan* verläuft; analoge Rk. mit Benzaldehyd (**XV**) führt zu *Bis-*[*1.2;5.6-dibenzoxalenyl-*(*3*)]*-phenylmethan*. Mit Orthoameisensäuretriäthylester (**XVI**) bildet **I** in Ggw. von $POCl_3$ den grünen Methinfarbstoff *Bis-*[*1.2;5.6-dibenzoxalenyl-*(*3*)]*-methylchlorid*, der auch aus **I** u. **XI** oder aus **XI** u. $POCl_3$ entsteht. Mineralsäuren oder $POCl_3$ bewirken unter bestimmten Bedingungen Dimerisation von **I** zum roten, therm. stabilen *3-*[*3.7-Dihydro-1.2;5.6-dibenzoxalenyl-*(*7*)]*-1.2;5.6-dibenzoxalen*, das zu den Substitutions-Prodd. des Monomeren reagieren kann. Während sich **I** gegen $LiAlH_4$, Maleinsäureanhydrid u. bei Verss., O gegen S oder N auszutauschen, resistent verhielt, lieferte es mit Phenyl-Li *7-Phenyl-3.7-dihydro-1.2;5.6-dibenzoxalen*. Die Spektren im UV- u. sichtbaren Bereich werden ausführlich diskutiert.

Versuche: (UV = UV-Spektrum ist angegeben): *3-Cyan-1.2;5.6-dibenzoxalen* (**II**), $C_{17}H_9NO$, F. 195°, a) durch Zusatz von konz. HCl zur heißen Lsg. von 1-Salicyliden-3-cyanindanon-(2)-imin in Eisessig u. 5 Min. lang kochen; b) durch 20std. Kondens. von 1-Cyanindanon-(2) u. **III** mit **VI** in Methanol, Eisessigzusatz u. wie unter a); aus A. rote Nadeln; UV, $\lambda_{max}$ 463 (m$\mu$); 70—90% (Ausbeute). Hydrolyse durch 10std. Rühren mit konz. $H_2SO_4$ → *sulfoniertes Säureamid* ungeklärter Struktur, $C_{17}H_{11}NO_5S \cdot H_2O$, F. 275° (Zers., orangerote Stäbchen aus verd. HCl). *Kaliumsalz*, zinnoberrote Nadeln (aus wss. A.). — *1.2;5.6-Dibenzoxalencarbonsäure-*(*3*)*-äthylester*, $C_{19}H_{14}O_3$, F. 124°, durch 3 Min. langes Kochen von Indanon-(2)-carbonsäure-(1)-äthylester, **III** u. **VI** in A., Eisessig- u. HCl-Zusatz u. schnelles Kühlen; rote Prismen aus A.; UV, $\lambda_{max}$ 465; 50—60%. — *1.2;5.6-Dibenzoxalencarbonsäure-*(*3*) (**XVII**), $C_{17}H_{10}O_3$, F. 245° ($CO_2$-Entw.), durch 10 Min. langes Kochen vorst. Verb. mit methanol KOH u. Zerlegung des abgeschiedenen K-Salzes (orangebraune Blättchen) mit HCl in A.; purpurrote Nadeln aus Dioxan; $\lambda_{max}$ 464. — *3-Phenyl-1.2;5.6-dibenzoxalen* (**IV**), $C_{22}H_{14}O$, F. 125°, durch 10 Min. langes Kochen von 1-Phenylindanon-(2) mit **III** in halbgesätt. methanol. HCl, Lösen des abgeschiedenen Öls in Bzl. u. Chromatographie an $Al_2O_3$; schwarzviolett aus PAe.; UV, $\lambda_{max}$ 490. — *3-*[*Indanyl-*(*2*)]*-1.2;5.6-dibenzoxalen*, $C_{25}H_{18}O$, F. 161°, analog **IV** aus 1-[Indanyl-(2)]-indanon-(2); weinrot aus Bzn.; UV, $\lambda_{max}$ 475. — *3-*[*Indenyl-*(*2*)]*-1.2;5.6-dibenzoxalen* (**V**), $C_{25}H_{16}O$, F. 227°, a) analog vorst. Verb. aus 1-[Indanyliden-(2)]-indanon-(2); b) analog **XIV** aus **I** u. **XIII** u. Chromatographie der benzol. Lsg. an $Al_2O_3$; schwarzviolett aus Dimethylformamid (DMF); UV, $\lambda_{max}$ 540. — *1.2;5.6-Dibenzoxalen* (**I**), F. 187,5°, $C_{16}H_{10}O$, a) aus **XVII** bei 240°; b) durch Zusatz von Eisessig zur sd. äthanol. **VII**-Lsg. u. schnelles Abkühlen nach 1 Min.; 70%; aus Toluol, DMF oder n-Butanol kupferrote Blättchen oder rubinrote Prismen; UV, $\lambda_{max}$ 470, 490. Liefert mit $POCl_3$ in $CS_2$ weinrote, kleine Nadeln einer *Verb. der Zus. von* **I** (evtl. Polymeres), F. 300—301° (DMF). Reagiert mit HCOOH zur weinroten *Verb. vom F. 209°*. Gibt mit sd. Eisessig dunkelrote *Verb. vom F. 284—285°* (DMF). *Perchlorat*, Zers. bei höherer Temp.; gelbe Nadeln. — *3.7.8.9-Tetrahydro-1.2;5.6-dibenzoxalen*, $C_{16}H_{14}O$, F. 130° (Nadeln aus Methanol/Essigester), aus **I** mit $H_2$ ($PtO_2$, Essigester) bei Zimmer-Temp.; UV. Rk. mit **IX** → **I**. — *9-Hydroxy-3.9-dihydro-1.2;5.6-dibenzoxalen* (**VII**), $C_{16}H_{12}O_2$, F. 184—185° (nach Sintern oberhalb 110°), durch Zusatz von **VI** zu **XIII** u. **III** in A. unterhalb 5°, Waschen des Prod. mit A. u. Umkristallisation aus Isopropylalkohol; rosa schimmernde Blättchen; UV; ca. 60%. — *1-Salicyliden-3-cinnamylidenindanon-*(*2*), $C_{25}H_{18}O_2$, F. 212—214° (Zers.), aus **VII** u. **VIII** in 2n NaOH-A. oder **VI**-A.; goldgelbe Prismen aus A. oder Dioxan. — *1.2;5.6-Dibenzoxalenyl-*(*3*)*-glyoxylsäure*, F. 218° (Zers.), aus **I** u. Oxalylbromid nach TREIBS u. ORTHMANN (vgl. C. **1961.** 8618). Decarbonylierung → **XVII**. — *3-Brom-1.2;5.6-dibenzoxalen* (**X**), $C_{16}H_9BrO$, Zers. ab 130°, durch 10 Min. langes Kochen von **I** mit **IX** in $CCl_4$ u. Chromatographie des in Bzl. gelösten Nd. an $Al_2O_3$; karminrote Nadeln aus Cyclohexan; UV, $\lambda_{max}$ 470, 495. 90 Min. langes Kochen mit CuCN in Chinolin → **II**. — *1.2;5.6-Dibenzoxalenaldehyd-*(*3*) (**XI**), $C_{17}H_{10}O_2$, F. 196°, durch Zutropfen einer $POCl_3$-DMF-Mischung zu **I** in DMF unter Rühren bei 5—10°, Eingießen in Na-Acetat-haltiges Eiswasser u. Verseifen des ausgeschiedenen *Imoniumsalzes* (tiefrote Nadeln) mit 2n NaOH; zinnoberrote Nadeln aus DMF oder Bzl.; UV, $\lambda_{max}$ 462, 487. Kochen mit verd. Mineralsäure → **I**. *Perchlorat*, Zers. oberhalb 150°, hellgelb. — *1.2;5.6-Dibenzoxalenaldoxim-*(*3*) (Isomerengemisch), $C_{17}H_{11}NO_2$, F. 212°, durch Kochen von **XI** mit Hydroxylamin·HCl in wss. A.; violette Nadeln aus Essigester oder Toluol; UV, $\lambda_{max}$ 490. 1std. Kochen mit Acetanhydrid → **II**. — *3-Nitro-1.2;5.6-dibenzoxalen*, $C_{16}H_9NO_3$, F. 254° (Zers.), aus **I**, Pyridin u. **XII** in Aceton unter

Kühlung u. nach 20 Min. Wasserzusatz; rostrote Nadeln aus Toluol; UV, $\lambda_{max}$ 468. — *4-[1.2;5.6-Dibenzoxalenyl-(3)]-3.3'-[o-phenylen]-5.6;5'.6'-dibenzo-2.3-dihydro-2.2'-spirobipyran* (**XIV**), $C_{39}H_{24}O_3$, F. 293° (rot aus Toluol oder DMF), durch 5 Min. langes Kochen von **I** u. **III** in HCl-haltigem A.; UV, $\lambda_{max}$ 470. — *Bis-[1.2;5.6-dibenzoxalenyl-(3)]-phenylmethan*, $C_{39}H_{24}O_2$, F. 252—254° (dunkelrot aus Toluol oder DMF), analog vorst. Verb. mit **XV**; UV, $\lambda_{max}$ 496. — *Bis-[1.2;5.6-dibenzoxalenyl-(3)]-methylchlorid*, $C_{33}H_{19}\cdot ClO_2$, Zers. oberhalb 180°, a) durch Zutropfen von $POCl_3$ zu **XI** in A. u. mehrfaches Umfällen des Farbsalzes aus methanol. Lsg. mit methanol. HCl; b) analog aus **I** u. **XI**; c) aus **I**, überschüssigem **XVI** u. etwas $POCl_3$ in 1—3 Std.; kleine, grüne Blättchen; UV, $\lambda_{max}$ 722 (in n/100 methanol. HCl). *Rote Farbbase*, reversibel mit Alkali; UV, $\lambda_{max}$ 502 (in 1/100n methanol. KOH). *Perchlorat*, Zers. bei 250°, grünschwarz aus A. mit $HClO_4$. — *3-[3.7-Dihydro-1.2;5.6-dibenzoxalenyl-(7)]-1.2;5.6-dibenzoxalen*, $C_{32}H_{20}O_2$, F. 268—269° (rot aus DMF), a) in 24 Std. aus **I** u. $POCl_3$ in $CS_2$ bei 15°; b) analog mit äthanol. HCl, weniger rein; UV, $\lambda_{max}$ 478; ca. 80%. Gibt mit **XIII V**. Liefert mit **IX X**. Eintragen in 75%ig. $HClO_4$ bei 60° u. Zers. des **I**-*Perchlorats* mit Pyridin → **I**. — *7-Phenyl-3.7-dihydro-1.2;5.6-dibenzoxalen*, $C_{22}H_{16}O$, F. 169° (Nadeln aus Aceton), durch Zugeben von äther. Li-Phenyl-Lsg. zu **I** in Ae. unter Rühren, Eiskühlung u. $N_2$ in 10 Min., Zusatz von Methanol u. W.; UV. Dehydrierung → rotes, mit **IV** nicht ident. *Phenyldibenzoxalen*. — *2-Benzyliden-3-phenylchromen*, nach DICKINSON u. Mitarbeitern [1928] aus Dibenzylketon u. **III**; UV. — *3.3'-Diphenyl-5.6;5'.6'-dibenzo-2.2'-spirobipyran*, aus vorst. Verb. durch Kondens. mit **III**; UV. — *1-Benzyliden-2-methoxy-3-cyaninden*, nach 2. Mitt. (l. c.); UV. HEINZ NESTLER. 3211 □

**Pseudoaromaten aus Indanonen-(2). 4. Mitt. Über 1.2;5.6-Dibenzazalene.** Wilhelm Treibs, Werner Schroth, Helmar Lichtmann und Gerhard Fischer. (Liebigs Ann. Chem. **642**. 97—107. 10/5. 1961.) (Dt.) — 3. vgl. vorst. Referat.

*1.2;5.6-Dibenzazalen* (**I**) ist isomer mit *Indeno-[2'.3':2.3]-chinolin* (**II**). Durch Kondens. von Indanon-(2) (**III**) mit Isatin entsteht *Indeno-[2'.3':2.3]-chinolincarbonsäure* (**IV**), die sich zu **II** decarboxylieren läßt. Analog reagiert **III** mit o-Aminoacetophenon (**Va**) u. -benzophenon (**Vb**) zu *4-Methyl-* (**VI**) bzw. *4-Phenylindeno-[2'.3':2.3]-chinolin* (**VII**), die, wie auch **II**, durch Luft-$O_2$ zu gelben, hochschm. Verbb., vermutlich *1'-Oxoindeno-[2'.3':2.3]-chinolinen*, umgewandelt werden. **II**, **VI** u. **VII** werden mit Dimethylsulfat (**VIII**) zu in W. lösl. *N-Methylindenochinoliniumsalzen* quaterniert, aus denen mit Lauge *N-Methyl-* (**IX**), *7-Methyl-N-methyl-* bzw. *7-Phenyl-N-methyl-1.2;5.6-dibenzazalen* erhalten werden; Säuren bilden die Salze zurück. **IX** ist auch durch Erhitzen des Kondens.-Prod. aus **III** u. N-Methylisatin, *N-Methylindeno-[2'.3':2.3]-chinolincarbonsäure-(4)-betain* (**X**), auf über 250° zugänglich, eine Meth., die sich durch Variation der Komponenten verallgemeinern läßt. Elektrophile Substituenten greifen **IX** am $C_{(3)}$-Atom an: Rk. mit Dimethylformamid (DMF)/$POCl_3$ liefert *N-Methyl-1.2;5.6-dibenzazalenaldehyd (3)* (**XI**), mit Acetanhydrid glatt *3-Acetyl-N-methyl-1.2;5.6-dibenzazalen*. **XI** (C=O-Bande 1600 $cm^{-1}$) spaltet mit heißer Mineralsäure die Formylgruppe leicht ab; er bildet ein hellgelbes *Hydrochlorid* oder *Perchlorat*, in deren IR-Spektren keine C=O-, dafür eine OH-Bande auftritt. **II** geht weder durch Erhitzen noch durch Bestrahlen in **I** über; dennoch wird **II** analog **IX** elektrophil substituiert: Nach VILSMEIER entsteht *1.2;5.6-Dibenzazalenaldehyd-(3)*, der sich dem **XI** ähnlich verhält. Die FRIEDLÄNDER-Synth. von 1-Cyanindanon-(2) (**XII**) bzw. dessen Imin (**XIIa**) mit o-Aminobenzaldehyd (**XIII**; vgl. 2. Mitt., C. **1961**. 9014) ergibt kein Chinolin-Deriv., sondern rotes *3-Cyan-1.2;5.6-dibenzazalen*. Dessen Rk. mit $CH_3J$ liefert 2 Prodd., ein rotes mit N-Methylstruktur (IR 2185 $cm^{-1}$ = konjugierte CN-Gruppe) u. ein farbloses mit Indenochinolinstruktur (IR 2240 $cm^{-1}$ = isolierte CN-Gruppe). Die Ähnlichkeit des **I** u. seiner Derivv. mit den isoelektron. Azulen- u. Oxalen-Syst. wird, bes. auch an Hand der ausführlich besprochenen Lichtabsorption, eingehend diskutiert.

Versuche (UV = UV-Spektrum ist angegeben): *Indeno-[2'.3':2.3]-chinolin* (**II**), F. 140° (A.), a) aus **III** u. **XIII** mittels HCl nach CLEMO u. FELTON (vgl. C. **1950/54**. 103 S); 64% (Ausbeute); b) durch Zusatz von **III** zu Isatin in 30%ig. KOH bei 60 — 70°, Umkristallisieren des ausgefallenen K-Salzes von **IV** (gelbe, glänzende Nadeln), Ansäuren der Salz-Lsg. u. Erhitzen der amorphen, schwachgelben *Indeno-[2'.3':2.3]-chinolincarbonsäure-(4)* (**IV**; *Hydrochlorid*, Nadeln) in Paraffinöl auf 300°, Fällen des **II**-*Hydrochlorids* mit HCl u. dessen Zerlegung mit $Na_2CO_3$; 50%; UV. — *4-Methylindeno-[2'.3':2.3]-chinolin* (**VI**), $C_{17}H_{13}N$, F. 113° (A.), a) durch 30 Min. langes Kochen von **III** u. **Va** in 1:1 A./2n HCl u. Zerlegung des ausgefallenen Hydrochlorids mit $Na_2CO_3$; 65%; b) aus **III** u. **Va** bei 180°; 48%; Nadeln. — *1'-Oxo-4-methylindeno-[2'.3':2.3]-chinolin*, $C_{17}H_{11}NO$, durch Luftoxydation vorst. Verb.; gelb. *2.4-Dinitrophenylhydrazon*, Zers. ab 334° (Pyridin). — *4-Phenylindeno-[2'.3':2.3]-chinolin* (**VII**), $C_{22}H_{15}N$, F. 168—169° (A.), aus **III**

u. **Vb** analog **VI** nach a); 63%. — *1'-Oxo-4-phenylindeno-[2'.3':2.3]-chinolin*, $C_{22}H_{13}NO$, F. 284—285° (A.), durch Luftoxydation von **VII**. *2.4-Dinitrophenylhydrazon*, F. 318 bis 319° (Pyridin). — *N-Methyl-1.2;5.6-dibenzazalen* (**IX**), $C_{17}H_{13}N$, F. 131°, a) durch 10 Min. langes Kochen von **II** u. **VIII** in Bzl., Waschen des ausgeschiedenen *Methomethylsulfats* (schmilzt nicht bis 350°; 95%) mit Ae., vorsichtiges Alkalisieren seiner wss. Lsg. u. Chromatographie aus Cyclohexan/Ae. an $Al_2O_3$; 20—25%; b) durch Erhitzen von **X** in Paraffinöl auf 270°, Aufnehmen in Bzl., Extraktion mit 6n HCl, Gießen in $Na_2CO_3$-Lsg. u. Chromatographie [Vorlauf → schwarzviolette Nadeln einer unbekannten *Verb. vom F. 239°* (A.)]; schwarzviolette Würfel aus Cyclohexan; UV, $\lambda_{max}$ 530 (mμ). — *7-Methyl-N-methyl-1.2;5.6-dibenzazalen*, $C_{18}H_{15}N$, F. 180°, aus **VI** analog vorst. a.); dunkelviolett aus Bzl./Ae.; UV, $\lambda_{max}$ 528, 555. — *7-Phenyl-N-methyl-1.2;5.6-dibenzazalen*, $C_{23}H_{17}N$, F. 167°, aus **VII** analog vorst. Verb.; dunkelviolett; UV, $\lambda_{max}$ 535, 574. — *N-Methylindeno-[2'.3':2.3]-chinolincarbonsäure-(4)-betain* (**X**), $C_{18}H_{13}NO_2$, F. 264° (Zers. unter $CO_2$-Entw.), durch Zusatz von **III** zu N-Methylisatin in sd. 15%ig. KOH, 1std. Kochen, Neutralisieren u. Trocknen des Nd. bei 2 Torr über $P_2O_5$; glänzende, schwachgelbe Nadeln aus W.; UV; 60%. — *N-Methyl-1.2;5.6-dibenzazalencarbonsäure-(7)*, *K-Salz*, aus vorst. Verb. u. konz. KOH; dunkelviolett; $\lambda_{max}$ 522. — *N-Methyl-1.2;5.6-dibenzazalenaldehyd-(3)* (**XI**), $C_{18}H_{13}NO$, F. 191°, durch Zusatz von $POCl_3$ zu **IX** in DMF u. Verseifen des in orangefarbenen Nadeln ausgefallenen *Immoniumsalzes* mit $NaHCO_3$- u. 2n NaOH-Lsg.; aus n-Butanol orangebraune Blättchen; UV, $\lambda_{max}$ 495. *Hydrochlorid*, hellgelbe Prismen (aus HCl/A.). Aufkochen der salzsauren Lsg. → **IX**. — *3-Acetyl-N-methyl-1.2;5.6-dibenzazalen*, $C_{19}H_{15}NO$, F. 135°, durch 10 Min. langes Kochen von **IX** mit Acetanhydrid u. Chromatographie; rotbraune Blättchen aus Bzn. oder A./W.; UV, $\lambda_{max}$ 510. Daneben im Verlauf noch unbekannte *Verb. vom F. 232°* (Zers.; dunkelblaue Prismen aus Bzn.). — *1.2;5.6-Dibenzazalenaldehyd-(3)*, $C_{17}H_{11}NO$, F. 230° (in Geräteglas), F. 250° (Sintern, in Jenaer Glas), analog **XI** aus **II**; braune, breite Prismen aus Toluol; UV, $\lambda_{max}$ 490. — *3-Cyan-1.2;5.6-dibenzazalen*, $C_{17}H_{10}N_2$, F. 200—250° (nach Sintern, in Geräteglas), F. 305° (in Jenaer Glas), durch HCl-Zusatz zu **XII** oder **XIIa** u. **XIII** in sd. Methanol; karminrote Nadeln aus n-Butanol; UV, $\lambda_{max}$ 500; 60—70%. — *3-Cyan-N-methyl-1.2;5.6-dibenzazalen*, $C_{18}H_{12}N_2$, F. 128,5°, durch 5 Min. langes Kochen von $CH_3J$ mit dem *K-Salz* vorst. Verb. (durch Lösen in methanol. KOH; orange, hygroskop. Prismen), Extraktion mit Ae. u. fraktionierte Kristallisation des Ae.-Rückstandes aus Methanol; purpurrote Nadeln; UV, $\lambda_{max}$ 498. — *1'-Cyan-1'-methylindeno-[2'.3':2.3]-chinolin*, $C_{18}H_{12}N_2$, aus der Mutterlauge vorst. Verb. durch Chromatographie; Blättchen; UV. Heinz Nestler. 3231□

**Metallierung von 2.4-Lutidin und 2.4.6-Kollidin mit Phenyllithium.** Albert D. Cale jun., Roy W. McGinnis jun. und Peyton C. Teague. (J. org. Chemistry **25**. 1507—09. Sept. 1960. Columbia, S.C., Univ. of South Carolina, Dep. of Chem.) (Engl.)

Bei der Rk. von 2.4-Lutidin (**I**) u. 2.4.6-Kollidin (**II**) mit Phenyl-Li (**V**) werden nur in 2-Stellung substituierte Prodd. erhalten. Die erhaltenen Metallierungs-Prodd. werden durch Rk. mit Benzaldehyd (**IV**) in die entsprechenden *Phenylcarbinole* übergeführt. Bei **I** beträgt der Anteil des 2-Carbinols am Rk.-Prod. 99%, bei **II** >95%. Die Struktur der Carbinole wird durch Überführung in bekannte Dehydratations-Prodd. bewiesen. Anzeichen für eine Metallierung in 4-Stellung sind nicht festzustellen.

Versuche: *1-Phenyl-2-[4-methylpyridyl-(2)]-äthanol* (**III**), $C_{14}H_{15}NO$, F. 92,1—92,3°, durch Zugabe einer 0,98n äther. Lsg. von **V** zu **I** in Ae. unter $N_2$, Zudestillieren von überschüssigem **IV** u. Reinigen über das $HgCl_2 \cdot HCl$-Doppelsalz; 85,8% (Ausbeute, bezogen auf I). — *2-Styryl-4-methylpyridin*, F. 71,8—72,3° (Hexan), durch 1std. Kochen von **III** mit Essigsäureanhydrid (**VI**). *Pikrat*, F. 259—260°. — *1-Phenyl-2-[4.6-dimethylpyridyl-(2)]-äthanol*, $C_{15}H_{17}NO$, analog **III**, jedoch durch Zugabe der **II**-Lsg. zur **V**-Lsg.; >64% (bezogen auf **II**). *$HgCl_2 \cdot HCl$-Doppelsalz*, F. 98—99°. *$PtCl_4 \cdot HCl$-Doppelsalz*, F. 126 bis 129°. *Hydrochlorid*, F. 208—209°. — *2-Styryl-4.6-dimethylpyridin*, durch 1std. Kochen vorst. Verb. mit **VI**. *$HgCl_2 \cdot HCl$-Doppelsalz*, F. 231—232°. *Pikrat*, F. 256°. *$AuCl_3 \cdot HCl$-Doppelsalz*, F. 188—189°. — *4.6-Dimethylpicolinsäure*, F. 157—158° (A.), durch $KMnO_4$-Oxydation vorst. Verb. u. Reinigung über das Cu-Salz. *Hydrazid*, F. 74—75°.

K. Lienhard. 3231□

**Heterocyclische Verbindungen.** 61. Mitt. **Synthetische schmerzstillende Mittel.** 31. Mitt. **Synthese von Estern der β-1-Alkenyl-2.5-dimethylpiperidole-(4).** I. N. Nasarow, A. Sch. Scharifkanow und K. F. Danilowa. (Журнал Общей Химии [J. allg. Chem.] **29** (**91**). 3305—10. Okt. 1959. Inst. für org. Chem. der Akad. der Wiss. der UdSSR u. Kasach. Univ.) (Russ.) — 60. vgl. C. **1959**. 12542; weitere 61. vgl. C. **1959**. 13472.

β-2.5-Dimethylpiperidol-(4) (**I**) wird zu *β-1-Allyl-* (**II**) u. *β-1-[γ.γ-Dimethylallyl]-2.5-dimethylpiperidol-(4)* (**III**) alkyliert, u. **II** u. **III** werden mit entsprechenden Säurechloriden in das *Benzoat*, *Phenoxyacetat*, III außerdem in das *Phenylacetat*, *Hydrocinnamat* u. *Cinnamat* übergeführt. — Die anästhesierende Wrkg. der Phenoxyacetate ist nur gering. Die übrigen Ester (III-Phenylacetat wurde nicht untersucht) sind bei relativ geringer Toxizität pharmakolog. erheblich wirksamer als Novocain u. Cocain.

Versuche: *β-1-Allyl-2.5-dimethylpiperidol-(4)* (II), $C_{10}H_{19}NO$, Kp.$_4$ 98°, man gibt zu 18,1 g I in 450 ml Bzl. in ½ Std. bei 75° 10,16 g Allylbromid in 20 ml Bzl. u. erhitzt 7 Std.; $n_D^{20}$ 1,4900; 71% (Ausbeute). *Hydrochlorid*, $C_{10}H_{20}ClNO$, F. 114—115° (A.-Ae.). *Benzoathydrochlorid*, $C_{17}H_{24}ClNO_2$, F. 197,5—198° (Bzl.), man erhitzt 3,39 g **II**, 10 ml Pyridin u. 8,44 g Benzoylchlorid (IV) 4 Std. auf 100—105°; Nädelchen; 85%. *Phenoxyacetat*, $C_{18}H_{25}NO_3$, Kp.$_2$ 164—166°, man erhitzt 1,7 g **II**, 10 ml Bzl., 0,12 g Mg u. 5,12 g Phenoxyacetylchlorid (V) in 10 ml Bzl. 10 Std. auf 90—95°; $n_D^{20}$ 1,5145; ca. 38%. *Phenoxyacetathydrochlorid*, $C_{18}H_{26}ClNO_3$, F. 159—160° (A.-Ae.); Nadeln. — *β-1-[γ.γ-Dimethylallyl]-2.5-dimethylpiperidol-(4)* (III), $C_{12}H_{23}NO$, Kp.$_3$ 114°, F. 68,5—70° (PAe.), man gibt zu 12,9 g I in 300 ml Bzl. bei 74° in 10 Min. 6,9 g γ.γ-Dimethylallylchlorid u. erhitzt 14 Std. auf 70—75°; große, kub. Kristalle; 70%. *Hydrochlorid*, $C_{12}H_{24}ClNO$, F. 119—121° (A.-Ae.). *Benzoathydrochlorid*, $C_{19}H_{28}ClNO_2$, F. 195—196° (Bzl.), man erhitzt 2,96 g **III** in 10 ml Pyridin u. 3,33 g **IV** 2 Std. auf 100—105°, gibt weitere 3 g **IV** zu u. erhitzt noch 2 Std.; glänzende Platten; 85%. *Phenoxyacetathydrochlorid*, $C_{20}H_{30}ClNO_3$, F. 182—183° (Aceton), man erhitzt 2 g **III**, 10 ml Dioxan, 0,12 g Mg u. 5,5 g **V** 8 Std. auf 100—105°; Nadeln; 70%. *Phenylacetat*, $C_{20}H_{29}NO_2$, Kp.$_2$ 191—192°, man erhitzt 1,97 g **III**, 25 ml Bzl, 2,2 g Phenylacetylchlorid u. 0,12 g Mg 10 Std. auf 90°; $D._4^{20}$ 1,0022; $n_D^{20}$ 1,5110; 60%. *Phenylacetatpikrat*, $C_{26}H_{32}N_4O_9$, F. 127—128° (abs. A.); gelbe Nadeln. *Hydrocinnamat*, $C_{21}H_{31}NO_2$, Kp.$_2$ 187—189°; $D._4^{20}$ 1,0015; $n_D^{20}$ 1,5120. *Hydrocinnamathydrochlorid*, $C_{21}H_{32}ClNO_2$, F. 124—125° (Bzl.), man erhitzt 2,77 g **III**, 10 ml Dioxan u. 7,08 g Hydrocinnamylchlorid 9 Std. auf 100—105°; Nadeln; 65,4%. *Hydrocinnamatpikrat*, $C_{27}H_{34}N_4O_9$, F. 86—87° (abs. A.). *Cinnamat*, $C_{21}H_{29}NO_2$, Kp.$_2$ 210 bis 212°. *Cinnamathydrochlorid*, $C_{21}H_{30}ClNO_2$, F. 204—206° (Aceton), man erhitzt 2 g **III**, 0,12 g Mg u. 5 g Cinnamylchlorid in 20 ml Dioxan 8 Std. auf 100—105°; Nadeln; 83%. *Cinnamatpikrat*, $C_{27}H_{32}N_4O_9$, F. 163—164° (abs. A.); Nadeln.

HELMUT SCHÄFER. 3231 □

**Heterocyclische Verbindungen. 62. Mitt. Synthese von 1-Alkenyl-2.4.5-trimethylpiperidolen-(4).** I. N. Nasarow, A. Sch. Scharifkanow und K. F. Danilowa. (Журнал Общей Химии [J. allg. Chem.] **29 (91)**. 3310—13. Okt. 1959.) (Russ.) — 61. vgl. vorst. Ref.; weitere 62. vgl. C. **1959**. 13473; 63. vgl. C. **1959**. 16634.

Durch Rk. von 2.5-Dimethylpiperidon-(4) (I) mit Allylhalogeniden wird *1-Allyl-2.5-dimethylpiperidon-(4)* dargestellt. 1-Allyl- u. 1-Crotyl-2.5-dimethylpiperidon-(4) werden mit Methyl-Li in *1-Allyl-* (II) bzw. *1-Crotyl-2.4.5-trimethylpiperidol-(4)* (III) übergeführt. **II** u. **III** fallen als Stereoisomerengemisch an, aus dem durch Krist. der Hydrochloride jeweils ein individuelles Isomeres isoliert werden kann.

Versuche: *1-Allyl-2.5-dimethylpiperidon-(4)*, Kp.$_3$ 79—81°, man tropft zu 31,9 g I u. 69 g $K_2CO_3$ in 60 ml Aceton bei 60° 33,3 g Allylbromid in 15 ml Aceton zu u. erhitzt 6 Std. auf 70—75°; $n_D^{20}$ 1,4740; ca. 88% (Ausbeute). — *1-Allyl-2.4.5-trimethylpiperidol-(4)* (II; Stereoisomerengemisch), $C_{11}H_{21}NO$, Kp.$_4$ 95—96°, man gibt zu 5,1 g Li in 100 ml Ae. unter $N_2$ in 2½ Std. 46,85 g Methyljodid, kocht 3 Std., tropft in 1 Std. 33,46 g vorst. Verb. in 90 ml Ae. zu, rührt ½ Std., läßt über Nacht stehen u. kocht 8½ Std.; $D._4^{20}$ 0,9461; $n_D^{20}$ 1,4840; zähe Fl.; 85%. Individuelle *Base*, $C_{11}H_{21}NO$, F. 29—30°, aus nachst. Hydrochlorid mit Soda. Individuelles *Hydrochlorid*, $C_{11}H_{22}ClNO$, F. 177—179° (Aceton), man löst das Isomerengemisch in abs. A., gibt äther. HCl bis zur sauren Rk. zu u. krist. den Nd. aus Aceton um; ca. 36%. — *1-Crotyl-2.4.5-trimethylpiperidol-(4)* (III; Isomerengemisch), $C_{12}H_{23}NO$, Kp.$_3$ 97—99°, aus 6,1 g Li, 57,1 g Methyljodid u. 40,4 g 1-Crotyl-2.5-dimethylpiperidon-(4); $n_D^{20}$ 1,4855; zähe Fl.; 85,5%. Individuelle *Base*, Nadeln. Individuelles *Hydrochlorid*, $C_{12}H_{24}ClNO$, F. 169—171° (Aceton–A.), aus dem III-Gemisch in A. mit äther. HCl; ca. 12%.

HELMUT SCHÄFER. 3231 □

**Synthese von 2-Hydroxymethylnicotinsäurelacton, [2-Hydroxymethylpyridyl-(3)]-essigsäurelacton und einigen ihrer Derivate.** Yoshinobu Sato, Tadahiro Iwashige und Tetsuo Miyadera. (Chem. pharmac. Bull. [Tokyo] **8**. 427—35. Mai 1960. Tokyo, Sankyo Co. Ltd., Takamine Res. Labor.) (Engl.)

*2-Hydroxymethylnicotinsäurelacton* (III) wird aus 2-Methylnicotinsäureäthylester (II) über *2-Methyl-3-carbäthoxypyridin-N-oxyd* u. *2-Acetoxymethyl-3-carbäthoxypyridin* (I) durch Verseifung des letzteren mit 30% ig. $H_2SO_4$ gebildet. Daneben entsteht in geringerer Ausbeute *2-Methyl-5-hydroxynicotinsäure*, die durch Decarboxylierung in *2-Methyl-5-hydroxypyridin* übergeführt wird. Verseifung von I mit äthanol. KOH liefert *2-Hy-*

*droxymethylnicotinsäure.* Analog wird *[2-Hydroxymethylpyridyl-(3)]-essigsäurelacton* (**IV**) aus **II** über *2-Methyl-3-hydroxymethylpyridin, 2-Methyl-3-chlormethylpyridin, 2-Methyl-3-cyanmethylpyridin* u. *[2-Methylpyridyl-(3)]-essigsäureäthylester* dargestellt. Die **III** u. **IV** entsprechenden Lactame, *2-Aminomethylnicotinsäurelactam* (**V**) u. *[2-Aminomethylpyridyl-(3)]-essigsäurelactam* (**VI**), wurden aus den entsprechenden N-Alkyl-[2-methylpyridyl]-carbonsäureamiden als N-substituierte Derivv. dargestellt. Verss., aus **III** u. **IV** mit äthanol. oder fl. $NH_3$ **V** u. **VI** selbst darzustellen, lieferten *2-Hydroxymethylnicotinsäureamid* bzw. *[2-Hydroxymethylpyridyl-(3)]-acetamid.* Die Carbonylgruppe der alkylierten Lactame läßt sich mit $LiAlH_4$ reduzieren. Es entstehen *6-Alkyl-5.7-dihydro-6H-pyrrolo-[3.4:b]-pyridine* u. *7-Alkyl-5.6.7.8-tetrahydro-1.7-naphthyridine.* Die Sättigung des Pyridinringes gelang im Falle des 6-[β-Dimethylaminoäthyl]-5.7-dihydro-6H-pyrrolo-[3.4:b]-pyridins (**IX**) durch katalyt. Hydrierung an $PtO_2$ in 5% HCl oder durch Red. mit Na u. Alkohol. Es konnte nicht geklärt werden, ob die cis- oder trans-Form entsteht.

Versuche: *2-Acetoxymethyl-3-carbäthoxypyridin* (**I**), $C_{11}H_{13}NO_4$, Kp.$_3$ 133—136°, durch Zugabe von 30%ig. $H_2O_2$ zu **II** in Eisessig, 10std. Erhitzen auf 80—85°, Eindampfen im Vakuum, Zugabe des entstandenen rohen N-Oxyds zu sd. Acetanhydrid, ½std. Kochen, Einengen im Vakuum, Zugabe von W., Neutralisieren mit $Na_2CO_3$, Extrahieren mit Chlf. u. Dest. im Vakuum; 66,5% (Ausbeute). — *2-Hydroxymethylnicotinsäure,* $C_7H_7NO_3$, F. 153—154° (Zers.), durch 7std. Kochen von 170 g **I** in äthanol. KOH, Filtrieren, Lösen des Rückstandes in W., Einstellen auf pH 3 mit 30%ig. $H_2SO_4$, Versetzen mit einem Überschuß an A., Kochen, Filtrieren u. Kühlen; Nadeln; 63 g. — *2-Methyl-5-hydroxynicotinsäure,* F. 305—307° (Zers.), durch Einleiten von $CO_2$ in das Filtrat vorst. Verb., Filtrieren, Eindampfen im Vakuum, Lösen des Rückstandes in W., Einstellen auf pH 2 mit verd. $H_2SO_4$ u. Filtrieren; aus W. Platten; 15,3 g. — *2-Hydroxymethylnicotinsäurelacton* (**III**), F. 141—142°, a) durch 3std. Kochen von 10 g **I** in 30%ig. $H_2SO_4$, Einstellen von pH 2 mit $NaHCO_3$, Abfiltrieren, Extrahieren des Filtrats mit Chlf. u. Eindampfen der Chlf.-Lsg.; aus A. Nadeln; 2,5 g (daneben 0,75 g vorst. Verb.); b) durch Sublimation vorvorst. Verb.; 100%. — *2-Methyl-5-hydroxypyridin,* F. 168—168,5° (A.), durch Decarboxylieren von 600 mg vorvorst. Verb. bei 310—320°; 110 mg. — *2-Methyl-3-hydroxymethylpyridin,* Kp.$_9$ 139—140°, durch 3std. Kochen von $LiAlH_4$ in Ae. mit 200 g **II** in A., Zugabe von W., Eindampfen der Ae.-Schicht u. Destillieren im Vakuum; 119 g; daneben *Lutidin* (Kp.$_5$ 35°. *Pikrat,* F. 187 bis 188°). — *2-Methyl-3-cyanmethylpyridin,* Kp.$_{10}$ 136—137°, durch Zugabe von $SOCl_2$ zu 111 g vorst. Verb. in Bzl., 2std. Kochen, Eindampfen im Vakuum, Aufnehmen in 60% A., Zugabe von KCN u. KJ unter Rühren, 5std. Kochen, Filtrieren, Einengen im Vakuum, Aufnehmen in W., Extrahieren mit Chlf. u. Dest.; $n_D^{26}$ 1,5255; 88,6 g. *Pikrat,* $C_{14}H_{11}N_5O_7$, F. 149—149,5°. — *[2-Methylpyridyl-(3)]-essigsäureäthylester,* $C_{10}H_{13}NO_2$, Kp.$_7$ 124—125°, durch 1½std. Einleiten von HCl in eine Lsg. von 45 g vorst. Verb. in abs. A./Ae. unter Rühren u. Eiskühlung, 5std. Kochen u. Rühren unter weiterem Einleiten von HCl, Abfiltrieren der anorgan. Salze, Eindampfen des Filtrats, Aufnehmen in W., Extrahieren mit Chlf. u. Destillieren im Vakuum; $n_D^{25}$ 1,4982; 43,4 g. *Pikrat,* $C_{16}H_{16}N_4O_9$, F. 154,5—155,5°. — *[2-Methylpyridyl-(3)]-essigsäureäthylester-N-oxyd, Hemihydrat,* $C_{10}H_{13}NO_3 \cdot ½ H_2O$, F. 54—59°, Kp.$_4$ 140—150°, durch 11std. Erhitzen von 43,4 g vorst. Verb. in Essigsäure mit 30%ig. $H_2O_2$ auf 80—85° analog **I**; 33 g. — *[2-Acetoxymethylpyridyl-(3)]-essigsäureäthylester,* $C_{12}H_{15}NO_4$, Kp.$_7$ 171—173°, durch ½std. Kochen von 26,7 g vorst. Verb. in Acetanhydrid analog **I**; $n_D^{26}$ 1,4942; Öl; 24,2 g. *Pikrolonat,* $C_{22}H_{23}N_5O_9$, F. 122—123° (Zers.). — *[2-Hydroxymethylpyridyl-(3)]-essigsäurelacton* (**IV**), $C_8H_7NO_2$, F. 118—119° (A.), durch 9std. Kochen von 5,9 g vorst. Verb. mit KOH in A., Ansäuern mit 22%ig. äthanol. HCl, Neutralisieren mit $NaHCO_3$, Filtrieren, Einengen im Vakuum, Aufnehmen in Chlf., Eindampfen u. Sublimieren bei 135—150°/3 Torr; 1,3 g. — 6-Alkyl-5-oxo-5.7-dihydro-6H-pyrrolo-[3.4:b]pyridine: *6-[β-Dimethylaminoäthyl]-* (**VII**), $C_{11}H_{15}N_3O$, F. 72—73°, durch 7std. Erhitzen von **III** u. β-Dimethylaminoäthylamin im verschlossenen Gefäß auf 200—210°, Extrahieren mit Chlf. u. Destillieren bei 130°/0,045 Torr; 93,3%. — *6-Phenyl-,* $C_{13}H_{10}N_2O$, F. 180,5—181,5°, analog **VII**; 74%. — *6-Benzyl-,* $C_{14}H_{12}N_2O$, F. 140—141°; 58,7%. — *6-[β-Diäthylaminoäthyl]-,* $C_{13}H_{19}N_3O$, Kp.$_{0,03}$ 123—126°; 92,8%. — *6-[β-Diisopropylaminoäthyl]-,* $C_{15}H_{23}N_3O$, Kp.$_{0,04}$ 142—143°; 55%. — *6-[β-Pyrrolidinoäthyl]-,* $C_{13}H_{17}N_3O$, F. 95,5—97°; 93%. — *6-[γ-Dimethylaminopropyl]-,* $C_{12}H_{17}N_3O$, Kp.$_{0,28}$ 151—154°; 85%. — *6-[γ-Pyrrolidinopropyl]-,* $C_{14}H_{19}N_3O$, Kp.$_{0,01}$ 175—177°; 81,8%. — 7-Alkyl-6-oxo-5.6.7.8-tetrahydro-1.7-naphthyridine: *7-Phenyl-,* $C_{14}H_{12}N_2O$, F. 131 bis 132°, analog **VII** aus **IV**; 53%. — *7-Benzyl-,* $C_{15}H_{14}N_2O$, F. 117—118°; 61%. — *7-[β-Dimethylaminoäthyl]-* (**VIII**), $C_{12}H_{17}N_3O$, Kp.$_{0,01-0,02}$ 140—150° (Bad-Temp.); 68%. — *7-[β-Diäthylaminoäthyl]-,* $C_{14}H_{21}N_3O$, Kp.$_{0,01-0,02}$ 145—155° (Bad-Temp.);

62%. — *7-[β-Diisopropylaminoäthyl]-*, $Kp._{0,01-0,02}$ 165—170° (Bad-Temp.); 50%. — *2-Hydroxymethylnicotinamid*, $C_7H_8N_2O_2$, F. 146—147° (A.), durch Sättigen einer Lsg. von 0,5 g **III** in abs. A. mit trockenem $NH_3$ unter Kühlung, mehrstd. Stehen u. Eindampfen; 0,45 g; gibt beim Erhitzen wieder **III**. — *N-Benzyl-2-methylnicotinamid*, $C_{14}H_{14}N_2O$, F. 117—118° (Essigester), durch 30std. Erhitzen von 8 g **II** u. Benzylamin auf 150—160°, Eindampfen im Vakuum u. Stehen im Eisschrank; 9,3 g. — *N-Benzyl-2-methylnicotinamid-1-oxyd*, $C_{14}H_{14}N_2O_2$, F. 175—176° (Essigester), durch Zugeben von 30%ig. $H_2O_2$ zu einer Lsg. von 9,3 g vorst. Verb. in Eisessig, 11std. Erhitzen auf 80°, Eindampfen, Aufnehmen in W. u. Alkalisieren; 8,4 g. — *N-Benzyl-2-acetoxymethylnicotinamid*, $Kp._{0,02-0,03}$ 220—230° (Bad-Temp.), durch allmähliches Erwärmen von 3,6 g vorst. Verb. mit Acetanhydrid auf 130—140° (40 Min.), Einengen im Vakuum, Zugabe von W., Alkalisieren mit $Na_2CO_3$, Extrahieren mit Chlf. u. Dest. im Vakuum; orangefarbenes Öl; 1 g; 11std. Kochen mit äthanol. KOH liefert ein undefiniertes Produkt. *Pikrolonat*, $C_{26}H_{24}N_6O_8$, F. 147—148° (Zers.). — *[2-Hydroxymethylpyridyl-(3)]-acetamid*, F. 154—155°, durch Sättigen einer Lsg. von 2 g **IV** in A. mit $NH_3$, 2tägiges Stehen bei Raum-Temp. u. Einengen; aus A. Nadeln; 2,1 g; durch ½ std. Erhitzen auf 160° entsteht kein **IV**. — 6-Alkyl-5.7-dihydro-6H-pyrrolo-[3.4:b]-pyridine: *6-[β-Dimethylaminoäthyl]-* (**IX**), $C_{11}H_{17}N_3$, $Kp._6$ 135—136°, durch Zugabe von **VII** in abs. Ae. zu $LiAlH_4$ in abs. Ae. unter Eiskühlung, 30std. Rühren bei 0°, 10½std. Rühren bei Raum-Temp., Zugabe von W., Ausäthern u. Destillieren; 61,2%. *Dihydrochlorid*, $C_{11}H_{17}N_3 \cdot 2\,HCl$, F. 261—262°. *Dimethojodid*, $C_{13}H_{23}J_2N_3$, F. 205°. — *6-Phenyl-*, $C_{13}H_{12}N_2$, F. 145,5—146,5°, analog **IX**; 58,4%. — *6-Benzyl-*, $C_{14}H_{14}N_2$, $Kp._3$ 161—163°; 73,7%. — *6-[β-Diäthylaminoäthyl]-*, $C_{13}H_{21}N_3$, $Kp._4$ 132—133°; 55%. — *6-[β-Diisopropylaminoäthyl]-*, $C_{15}H_{25}N_3$, $Kp._{3,5}$ 134°; 58,2%. — *6-[β-Pyrrolidinoäthyl]-*, $C_{13}H_{19}N_3$, $Kp._3$ 153 bis 154°; 49,5%. *Hydrochlorid*, F. 264—266°. *Methojodid*, F. 178,5—179,5°. *Dipikrat*, $C_{25}H_{25}N_9O_{14}$. — *6-[γ-Dimethylaminopropyl]-*, $C_{12}H_{19}N_3$, $Kp._{1,5}$ 115—122°; 49%. *Hydrochlorid*, F. 263—264°. *Methojodid*, F. 228—230°. — *6-[γ-Pyrrolidinopropyl]-*, $C_{14}H_{21}N_3$, $Kp._{0,01}$ 130—132°; 47%. *Methojodid*, F. 215°. *Tripikrat*, $C_{32}H_{30}N_{12}O_{21}$, F. 211—212° (Zers.). — 7-Alkyl-5.6.7.8-tetrahydro-1.7-naphthyridine: *7-[β-Dimethylaminoäthyl]-*, $C_{12}H_{19}N_3$, $Kp._1$ 110—120° (Bad-Temp.), analog **IX** aus **VIII**; 60%. — *7-[β-Diäthylaminoäthyl]-*, $C_{14}H_{23}N_3$, $Kp._1$ 120—130° (Bad-Temp.); 63%. — *7-[β-Diisopropylaminoäthyl]-*, $C_{16}H_{27}N_3$, $Kp._1$ 130—140° (Bad-Temp.); 45%. — *cis-8-[β-Dimethylaminoäthyl]-2.8-diazabicyclo-[4.3.0]-nonan*, $Kp._{2,5}$ 97—99° (Bad-Temp.), durch Hydrieren von 500 mg **IX** an $PtO_2$ in 5%ig. HCl, Filtrieren, Alkalisieren, Ausäthern u. Dest. im Vakuum; 430 mg (Rohprod.). *Tripikrat*, $C_{29}H_{32}N_{12}O_{21}$, F. 219° (Zers.; W.). *trans-Form* (?), $Kp._2$ 97—99°, durch Kochen von 4 g **IX** in abs. A., Zugabe von Na, ½std. Kochen, Zugabe von W., Ansäuern mit verd. HCl, Einengen im Vakuum, Alkalisieren mit NaOH, Ausäthern u. Eindampfen; Öl. *Tripikrat*, $C_{29}H_{32}N_{12}O_{21}$, F. 245—246° (Zers.).

P. GOLINSKE. 3231 □

**5-Arylpyrimidine.** 1. Mitt. **2.4-Diaminoderivate.** Elvira A. Falco, Barbara Roth und George H. Hitchings. (J. org. Chemistry **26**. 1143—46. April 1961. Tuckahoe, N.Y., Wellcome Res. Labor., Chemotherapy Div.) (Engl.)

Durch Kondens. von α-Arylmercapto-β-methoxyacrylnitrilen (**A**) mit Guanidin wurden *2.4-Diamino-5-arylmercaptopyrimidine* dargestellt. Die notwendigen Arylmercaptoacetonitrile wurden durch Rk. von Arylmercaptanen mit Chloracetonitril oder durch Dehydratisierung der entsprechenden Amide erhalten; durch Acylierung der Nitrile mit Estern in Ggw. von Na-Methylat entstanden daraus *α-Acylphenylmercaptoacetonitrile*, die mit Guanidin nicht unter Bldg. von Pyrimidinen reagieren. Durch Rk. mit Diazomethan konnten die Enolmethyläther **A** erhalten werden. *2.4-Diamino-6-[4-chlorphenylmercapto]-pyrimidin* wurde durch Rk. von 2.4-Diamino-6-chlorpyrimidin (**II**) mit dem Arylmercaptan dargestellt. Die UV-Spektren der dargestellten Verbb. werden diskutiert. Die *2.4-Diamino-5-arylmercaptopyrimidine* zeigen gegen *Plasmodium gallinaceum* u. *P. berghei* keine Wrkg.; sie zeigen kaum antagonist. Wrkg. gegen Pteroylglutaminsäure (*L. casei*) u. kaum antibakterielle Aktivität; einige der dargestellten Verbb. haben hypnot. u. hypotherm. Wirkung.

Versuche: Arylmercaptoacetamide, durch Rk. von Äthylarylmercaptoacetaten mit gesätt. alkohol. $NH_3$ in Ggw. von Na-Methylat: *Phenyl-*, $C_8H_9NOS$, F. 108 bis 109°. — *o-Chlorphenyl-*, $C_8H_8ClNOS$, F. 117—118°. — *p-Chlorphenyl-*, F. 130—131°. — *p-Methoxyphenyl-*, $C_9H_{11}NO_2S$, F. 111—112°. — *4-Chlorphenylmercaptoacetonitril* (**I**), $C_8H_6ClNS$, F. 88—90°, durch Zugabe von 4-Chlorthiophenol zu Na-Methylat in A., langsame Zugabe von Chloracetonitril, 1std. Kochen, Heißfiltration u. Kühlen; 81% (Ausbeute). — *2-Chlorphenylmercaptoacetonitril*, $Kp._3$ 160—166°, durch Kochen des Arylmercaptoacetamids mit $SOCl_2$ in Bzl., Abdestillieren von $SOCl_2$ u. Waschen mit

$Na_2CO_3$-Lösung. — *4-Methoxyphenylmercaptoacetonitril*, $C_9H_9NOS$, Kp.$_3$ 168—173°, analog. — *α-Formyl-4-chlorphenylmercaptoacetonitril*, $C_9H_6ClNOS$, F. 97—98° (Bzl.-Hexan), durch 3½std. Kochen von I mit Äthylformiat in alkohol. Na-Äthylat-Lsg., Abdestillieren des A., Aufnehmen in W., Filtrieren, Ae.-Extraktion, Ansäuern, Ae.-Extraktion, Eindampfen des Extrakts u. Kühlen; 57%. — *α-Acetyl-4-chlorphenylmercaptoacetonitril*, $C_{10}H_8ClNOS$, F. 113° (Bzl.-Hexan), analog vorst. Verb. aus 7,5 g I u. Äthylacetat; 3,9 g. — 5-Arylmercapto-2.4-diaminopyrimidine: *5-[4-Chlorphenylmercapto]-*, $C_{10}H_9ClN_4S$, F. 231—233° (A.-Toluol), durch Zugabe von Diazomethan in Ae. zu vorvorst. Verb. in Ae., 2tägiges Stehen im offenen Gefäß, Aufnehmen in abs. A., Zugabe von Guanidin in A., 5std. Kochen, Kühlen u. Filtrieren; 58%. — *5-[4-Chlorphenylmercapto]-6-methyl-*, $C_{11}H_{11}ClN_4S$, F. 223—224° (85 % ig. A.), analog aus vorvorst. Verb.; 25%. — *5-[Phenylmercapto]-*, $C_{10}H_{10}N_4S$, F. 217—220°. — *5-[Phenylmercapto]-6-methyl-*, $C_{11}H_{12}N_4S$, F. 173°. — *5-[4-Chlorphenylmercapto]-6-äthyl-*, $C_{12}H_{13}ClN_4S$, F. 188 bis 190°. — *5-[2-Chlorphenylmercapto]-6-methyl-*, $C_{11}H_{11}ClN_4S$, F. 206—208°. — *5-[4-Methoxyphenylmercapto]-*, $C_{11}H_{12}N_4OS$, F. 196—197°. — *5-[p-Tolylmercapto]-6-methyl-*, $C_{12}H_{14}N_4S$, F. 221—222°. — *2.4-Diamino-6-[4-chlorphenylmercapto]-pyrimidin*, $C_{10}H_9 \cdot ClN_4S$, F. 219° (A.), durch 10 Min. langes Kochen von 5 g II mit p-Chlorthiophenol u. $K_2CO_3$ in Äthylenglykol, Stehen über Nacht auf dem Wasserbad, Gießen in W., Alkalisieren mit NaOH, Kühlen u. Filtrieren; 6 g. H. Bertsch. 3272□

**Aminoketone der Chinazolon-(4)-Reihe als Analoga des Febrifugins.** 2. Mitt. **Derivate von Methylalkylketonen.** Jui-chua Lu und O. Ju. Magidsson. (Журнал Общей Химии [J. allg. Chem.] **29 (91).** 3299—3305. Okt. 1959. Allunions Chem.-Pharmazeut. Ordshonikidse-Forschungsinst.) (Russ.) — 1. vgl. C. **1960.** 15398.

Durch Bromierung von Methyl-ω-halogenalkylketonen (Alkyl = Propyl, Butyl, Amyl u. Decyl) werden *Brommethyl-ω-halogenalkylketone* dargestellt. Deren Kondens. mit Chinazolon-(4) (**I**) liefert die *[Chinazolon-(4)-yl-(3)-methyl]-ω-halogenalkylketone*, die mit Diäthylamin (**II**), Morpholin (**III**) u. Piperidin (**IV**) in die entsprechenden *ω-Diäthylamino-*, *ω-Morpholino-* u. *ω-Piperidinoalkyl-[chinazolon-(4)-yl-(3)-methyl]-ketone* übergeführt werden. Von diesen Verbb. besitzen *δ-Morpholinobutyl-* u. *ε-Piperidinoamyl-[chinazolon-(4)-yl-(3)-methyl]-keton* eine starke Antimalariawirkung.

Versuche: *Brommethyl-γ-chlorpropylketon*, Kp.$_{8-9}$ 98—102°, Kp.$_{13}$ 112—116°, man tropft zu 20 g Methyl-γ-chlorpropylketon in 50 ml $CH_3OH$ 39,6 g Dioxandibromid (**V**) in 120 ml $CH_3OH$ zu, erwärmt langsam auf 50° u. rührt noch ½ Std. bei 20°; 83% (Ausbeute). — *γ-Chlorpropyl-[chinazolon-(4)-yl-(3)-methyl]-keton* (**VI**), $C_{13}H_{13}ClN_2O_2$, F. 150 bis 150,5° (A.-W.), man gibt zu 2,3 g Na + 90 ml A. 14,6 g I, dann 20,8 g vorst. Verb., rührt ½ Std. u. läßt über Nacht stehen; 58,4%. *Oxim*, $C_{13}H_{14}ClN_3O_2$, F. 165—166°. — *γ-Piperidinopropyl-[chinazolon-(4)-yl-(3)-methyl]-ketondihydrochlorid*, $C_{18}H_{25}Cl_2N_3O_2$, F. 213 bis 214° (abs. A.), man kocht 3,4 g **VI** in Bzl. mit 3,4 g **IV** 10½ Std.; 50% (daneben **IV**-Hydrochlorid, F. 231—235,5°; 1,2 g). *Oxim*, $C_{18}H_{24}N_4O_2$, F. 154—155°; Nädelchen. — *γ-Morpholinopropyl-[chinazolon-(4)-yl-(3)-methyl]-ketondihydrochlorid*, $C_{17}H_{23}Cl_2N_3O_3$, F. 202—203° (A.), aus **VI** u. **III** (24 Std. kochen); 49,2%. — *γ-Diäthylaminopropyl-[chinazolon-(4)-yl-(3)-methyl]-keton*, $C_{17}H_{23}N_3O_2$, F. 94—95°, man erhitzt 1 g **VI**, 0,58 g **II** u. 0,2 g KJ in 40 ml Bzl. im Rohr 8 Std. auf 130—140°; gelbe Kristalle; 46,3%. — *Brommethyl-δ-brombutylketon*, $C_6H_{10}Br_2O$, F. 54—55°, a) aus 41,4 g Methyl-δ-brombutylketon u. 57 g **V**; 86% (Rohausbeute); b) man tropft unter Eiskühlung zu 9,35 g $CH_2N_2$ in 400 ml abs. Ae. bei —5° in 1½ Std. 22 g δ-Bromvalerylchlorid in 50 ml Ae. zu, hält 2 Std. bei —2°, sättigt mit gasförmigem HBr u. zersetzt mit W.; 73,2%. — *δ-Brombutyl-[chinazolon-(4)-yl-(3)-methyl]-keton* (**VII**), F. 132—133° (A.), aus vorst. Verb. u. **I**; 61%. *Oxim*, $C_{14}H_{16}BrN_3O_2$, F. 156—157° (Chlf.). — *δ-Piperidinobutyl-[chinazolon-(4)-yl-(3)-methyl]-ketondihydrochlorid*, $C_{19}H_{27}Cl_2N_3O_2$, F. 190—191°, aus **VII** u. **IV**; hellgelbes, kristallines Pulver; 58%. — *δ-Morpholinobutyl-[chinazolon-(4)-yl-(3)-methyl]-ketondihydrochlorid, Hydrat*, $C_{18}H_{25}Cl_2N_3O_3 \cdot H_2O$, F. 166—167°, aus **VII** u. **III**; 65%. — *δ-Diäthylaminobutyl-[chinazolon-(4)-yl-(3)-methyl]-keton*, $C_{18}H_{25}N_3O_2$, F. 104—105°, man erhitzt **VII** mit **II** u. KJ im Rohr 8 Std. auf 120°; 61,3%. — *ε-Diäthylaminocapronsäureäthylester*, $C_{12}H_{25}NO_2$, Kp.$_3$ 103—107°, durch 2std. Kochen von 23,1 g ε-Bromcapronsäureäthylester (**VIII**) u. 20 g **II** in 40 ml Bzl.; $n_D^{20}$ 1,439; 81,8%. — *ε-Morpholinocapronsäureäthylester*, $C_{12}H_{23}NO_3$, Kp.$_4$ 140—144°, aus **VIII** u. **III**; $n_D^{20}$ 1,458; 83,7%. — *ε-Piperidinocapronsäureäthylester*, $C_{13}H_{25}NO_2$, Kp.$_5$ 160—164°, aus **VIII** u. **IV**; 78,9%. — *Brommethyl-ε-bromamylketon*, $C_7H_{12}Br_2O$, Kp.$_2$ 115—117°, aus ε-Bromcaprylchlorid u. $CH_2N_2$; 90%. — *ε-Bromamyl-[chinazolon-(4)-yl-(3)-methyl]-keton* (**IX**), $C_{15}H_{17}BrN_2O_2$, F. 136 bis 137° (A.), aus vorst. Verb. u. **I**; 62%. *Oxim, Hydrat*, $C_{15}H_{18}BrN_3O_2 \cdot H_2O$, F. 158 bis 159°. — *ε-Piperidinoamyl-[chinazolon-(4)-yl-(3)-methyl]-ketondihydrochlorid, Hydrat*, $C_{20}H_{29}Cl_2N_3O_2 \cdot H_2O$, F. 204—205° (A.), aus **IX** u. **IV**; 73%. — *ε-Morpholinoamyl-*

[*chinazolon-(4)-yl-(3)-methyl*]*-ketondihydrochlorid, Hydrat*, $C_{19}H_{27}Cl_2N_3O_3 \cdot H_2O$, F. 165 bis 166° (A.), aus **IX** u. **III**; 72%. — *ε-Diäthylaminoamyl-*[*chinazolon-(4)-yl-(3)-methyl*]*-keton*, $C_{19}H_{27}N_3O_2$, F. 91—92,5°, aus **IX** mit **II** u. KJ im Rohr bei 120—140° (16 Std.); 49%. — *Brommethyl-κ-bromdecylketon*, $C_{12}H_{22}Br_2O$, F. 49° (PAe., A.), aus κ-Bromundecansäurechlorid u. $CH_2N_2$; 81,3%. — *κ-Bromdecyl-*[*chinazolon-(4)-yl-(3)-methyl*]*-keton* (**X**), $C_{20}H_{27}BrN_2O_2$, F. 90—91° (abs. A.), aus vorst. Verb. u. **I**; 75,6%. *Oxim*, $C_{20}H_{28}BrN_3O_2$, F. 140—142°. — *κ-Diäthylaminodecyl-*[*chinazolon-(4)-yl-(3)-methyl*]*-keton*, $C_{24}H_{37}N_3O_2$, F. 82—83°, aus **X** u. **II**; 53,8%. — *κ-Piperidinodecyl-*[*chinazolon-(4)-yl-(3)-methyl*]*-keton*, $C_{25}H_{37}N_3O_2$, F. 105—106° (abs. A.), aus **X** u. **IV**; 56,6%. *Oxim*, $C_{25}H_{38}N_4O_2$, F. 120—121,5°. — *κ-Morpholinodecyl-*[*chinazolon-(4)-yl-(3)-methyl*]*-ketondihydrochlorid*, $C_{24}H_{37}Cl_2N_3O_3$, F. 155—157°, aus **X** u. **III**; 50%.

Helmut Schäfer. 3272□

**Über die Nitrierung von Chinoxalinen (Zusatz).** Hirotaka Otomasu und Kei Yoshida. (Chem. pharmac. Bull. [Tokyo] **8**. 475. Mai 1960. Tokyo, Hoshi Coll. of Pharmacy.) (Engl.)

Durch Nitrierung von 2-Hydroxychinoxalin (**IV**) mit $KNO_3$ in konz. $H_2SO_4$ entsteht *2-Hydroxy-6-nitrochinoxalin* (**I**), das mit $POCl_3$ in *2-Chlor-6-nitrochinoxalin* übergeführt werden kann. **I** liefert bei der Methylierung mit Dimethylsulfat *1-Methyl-2-oxo-6-nitro-1.2-dihydrochinoxalin*, das mit dem durch Kondens. von 1-Methylamino-2-amino-4-nitrobenzol (**VII**) u. Glyoxylsäurebutylester (**II**) gewonnenen Prod. ident. ist. Kondens. von 1.2-Diamino-4-nitrobenzol (**V**) u. **II** liefert **I** u. *2-Hydroxy-7-nitrochinoxalin* (**III**). **I** u. **III** entstehen auch bei der Nitrierung von **IV** mit $HNO_3/H_2SO_4$ oder konz. $HNO_3$/Eisessig. *2-Hydroxy-3-methyl-7-nitrochinoxalin* entsteht bei der Kondens. von **V** u. Brenztraubensäure; daneben wird in geringen Mengen auch *2-Hydroxy-3-methyl-6-nitrochinoxalin* (**VI**) gebildet. **VI** ist mit dem Nitrierungs-Prod. von 2-Hydroxy-3-methylchinoxalin identisch.

Versuche: Chinoxaline: *2-Hydroxy-6-nitro-* (**I**), $C_8H_5N_3O_3$, F. 306°, durch Zugabe von $KNO_3$ zu **IV** in konz. $H_2SO_4$, 10 Min. langes Erwärmen auf 40° u. Gießen in kaltes W.; aus Methanol gelbe Nadeln; 77% (Ausbeute). — *1-Methyl-2-oxo-6-nitro-1.2-dihydro-*, $C_9H_7N_3O_3$, F. 213°, a) durch Lösen von **I** in heißem W., Alkalisieren mit NaOH, Zugabe von Dimethylsulfat u. Schütteln bei Raum-Temp.; aus Methanol gelbe Nadeln; b) durch Zugabe von **II** zu einer Lsg. von 1 g **VII** in A., 1std. Kochen u. Eindampfen; 0,8 g. — *2-Chlor-6-nitro-*, $C_8H_4ClN_3O_2$, F. 202°, durch 2std. Kochen von **I** u. $POCl_3$, Eindampfen im Vakuum u. Waschen mit W.; aus Methanol Nadeln. — *2-Hydroxy-7-nitro-* (**III**), $C_8H_5N_3O_3$, F. 275—276°, durch 2std. Kochen von **V** u. **II** in A., Kühlen, Filtrieren, Lösen in A., Einengen, Kühlen, Abfiltrieren vom entstandenen **I**, Eindampfen der Mutterlauge, 1std. Erhitzen mit $POCl_3$ auf 100°, Eindampfen im Vakuum u. 2½std. Verseifen des entstandenen *2-Chlor-7-nitrochinoxalins* (F. 185—186°; aus Bzl. Nadeln) mit 1n HCl in A.; aus Aceton orangefarbene Nadeln. — *2-Hydroxy-3-methyl-7-nitro-*, $C_9H_7N_3O_3$, F. 255°, durch Zugabe von Brenztraubensäure zu 1,2 g **V** in Methanol u. Erwärmen; aus Aceton schwachgelbe Nadeln; 0,8 g. — *2-Hydroxy-3-methyl-6-nitro-* (**VI**), $C_9H_7N_3O_3$, F. 280° (Zers.), aus der Mutterlauge vorst. Verb.; schwachgelbe Nadeln; 0,2 g. — *2-Chlor-3-methyl-7-nitro-*, $C_9H_6ClN_3O_2$, F. 153°, durch ½std. Erhitzen von 0,15 g vorvorst. Verb. mit einem Überschuß von $POCl_3$, Eindampfen im Vakuum u. Zers. mit W.; Sublimation im Hochvakuum liefert Nadeln; 0,1 g (Rohprod.). — *2-Chlor-3-methyl-6-nitro-*, $C_9H_6ClN_3O_2$, F. 136°, analog vorst. Verb. aus **VI**; Nadeln.

P. Golinske. 3272□

**Zur Reaktion von Halogenbrenztraubensäure mit Thiolaminen.** Peter Hermann. (Chem. Ber. **94**. 442—45. 1961. Halle/Saale, Univ., Physiolog.-Chem. Inst.) (Dt.)

Die Umsetzung von Brombrenztraubensäure mit Cysteamin führt zu einem gelben tricycl. Kondens.-Prod., vermutlich *Δ*$^{3''}$*-Hexahydrothiazino-*[*4'.3'*:*1.2*]*-thiazino-*[*2''.3''*:-*3.4*]*-pyrrolidon-(5)-carbonsäure-(2)* [**I**; $C_{10}H_{12}N_2O_3S_2$, F. 143—144° (Zers.)], das, wahrscheinlich über die Stufe eines Dioxopyrrolidins, durch Rk. von je 2 Moll. der Rk.-Partner entsteht. Es wird angenommen, daß bei der analyt. Anwendung der Rk. Dihydro-1.4-thiazincarbonsäuren-(3) entstehen. Durch Kochen mit W. wird **I** decarboxyliert, wobei die *Verb.* $C_9H_{12}N_2OS_2$ [F. 137—138°; 79% (Ausbeute); Hydrochlorid, F. 188°] gebildet wird. UV- u. IR-Spektren werden diskutiert. W. Hampel. 3292□

**Synthese von Phenothiazinen. 6. Mitt. Einige 2-substituierte Phenothiazine und ihre 10-Aminoalkylderivate.** Paul N. Craig, Maxwell Gordon, John J. Lafferty, Bruce M. Lester, Andrew J. Saggiomo und Charles L. Zirkle. (J. org. Chemistry **26**. 1138—43. April 1961. Philadelphia, Pa., Smith Kline and French Labor.; Temple Univ., Res. Inst.) (Engl.) — 5. vgl. C. **1961**. 14279.

Durch Rk. von N.N-Dimethyl-4-bromanilin zu 4-Brom-3-nitro-N.N-dimethylanilin, Kondens. mit o-Bromthiophenol, Red. der Nitrogruppe u. Cyclisierung wurde

*2-Dimethylaminophenothiazin* (I; S = 5) dargestellt. Die Schwefelung von 3-Dimethylaminodiphenylamin ergab kein I. Durch Alkylierung von I konnte *2-Dimethylamino-10-[3-dimethylaminopropyl]-phenothiazin* erhalten werden. Analog I wurde aus o-Bromthiophenol u. 4-Nitro-5-brom-1.2-methylendioxybenzol *2.3-Methylendioxyphenothiazin* (II) dargestellt; durch Aminoalkylierung von II konnte dessen *10-[3-Dimethylaminopropyl]-Deriv.*, durch Phosgenierung u. Rk. mit dem Aminoalkohol der *N-Carbonsäure-[3-dimethylaminopropylester]* erhalten werden. Phenothiazin-2-carbonsäure wurde über das *Chlorid* in das *Amid* übergeführt, dessen Dehydratisierung mit $POCl_3$ *2-Cyanphenothiazin* (III) lieferte. III wurde am N mit 3-Dimethylamino-2-methylpropylchlorid alkyliert. 10-Acetylphenothiazin-2-carbonsäure wurde in das *Chlorid*, das *N.N-Dimethylamid* u. in *Phenothiazin-2-carbonsäure-N.N-dimethylamid* (IV) übergeführt. Das *10-[3-Dimethylaminopropyl]-Deriv.* von IV wurde dargestellt. Verss., 2-Acetylphenothiazin in Ggw. von $NaNH_2$ am N zu alkylieren, ergaben Harze; die gewünschten Verbb. konnten über das Äthylenketal dargestellt werden. *10-[3-(4-Methylpiperazino)-propyl]-phenothiazinyl-(2)-methylketoximdimaleat* konnte durch direkte Oximierung erhalten werden. *2-[2-Hydroxypropyl-(2)]-10-[3-dimethylaminopropyl]-phenothiazin* wurde durch Rk. von $CH_3Li$ mit *2-Acetyl-10-[3-dimethylaminopropyl]-phenothiazin* dargestellt.

Versuche: *o-Bromthiophenol*, aus o-Bromanilin (vgl. C. **1959**. 8155); 80% (Ausbeute). — *2'-Brom-2-nitro-4-dimethylaminodiphenylsulfid*, $C_{14}H_{13}BrN_2O_2S$, F. 120,5 bis 121,5° (gelbe Kristalle aus $CH_3OH$), durch Zugabe vorst. Verb. in wss.-alkohol. NaOH zu 4-Brom-3-nitrodimethylanilin (aus 4-Bromdimethylanilin) in sd. A. unter Rühren, 20 std. Kochen unter Rühren, Behandeln mit Kohle, Filtrieren u. Kühlen; 78%. — *2'-Brom-2-amino-4-dimethylaminodiphenylsulfid*, $C_{14}H_{15}BrN_2S$, F. 126,5—127,5° (Bzl.-PAe.), durch portionsweise Zugabe vorst. Verb. zu $SnCl_2 \cdot H_2O$ in konz. HCl unter Rühren bei 50—60°, 4 std. Kochen, Verdünnen mit W., Alkalisieren mit NaOH, Kühlen, Filtrieren, Extraktion des Nd. mit heißem Bzl. u. Verdünnen mit PAe.; 65%. — *2-Dimethylaminophenothiazin* (I), $C_{14}H_{14}N_2S$, F. 157,5—158,5° (Bzl.), durch 21 std. Kochen vorst. Verb. mit $K_2CO_3$, CuJ u. Cu-Bronze in Dimethylformamid unter Rühren u. unter $N_2$, Filtrieren, Verdünnen mit W. u. Filtrieren; 65%. — *N'-Acetyl-N.N-dimethyl-m-phenylendiamin*, F. 86—87° (PAe.), durch portionsweise Zugabe von 3-Nitrodimethylanilin zu $SnCl_2 \cdot H_2O$ in konz. HCl bei 50—60° unter Rühren, 4 std. Kochen, Verdünnen mit W., Alkalisieren mit NaOH, Ae.-Extraktion, Eindampfen, Lösen in Pyridin, Zutropfen von Acetanhydrid bei 5° unter Rühren, Stehen über Nacht, Gießen in W. u. Filtrieren; 70%. — *3-Dimethylaminodiphenylamin*, F. 64—65° (PAe.), durch 16 std. Erhitzen vorst. Verb. mit Brombenzol, $K_2CO_3$ u. Cu auf 180° (Bad) unter Rühren, 8 std. Erhitzen auf 200°, Aceton-Extraktion, Eindampfen des Extrakts im Vakuum, 2 std. Kochen mit 7 n HCl, Alkalisieren, Kühlen u. Filtrieren; 40%. — *10-[3-Dimethylaminopropyl]-2-dimethylaminophenothiazindihydrochloridmonohydrat*, $C_{19}H_{25}N_3S \cdot 2\,HCl \cdot H_2O$, F. 214—215° (Bzl.-$CH_3OH$), durch 80 Min. langes Kochen von I mit $NaNH_2$ in Xylol unter Rühren u. unter $N_2$, Zugabe von 3-Chlor-1-dimethylaminopropan in Xylol, 6 std. Kochen, Kühlen, Zugabe von W., Extraktion mit 15%ig. Essigsäure, Alkalisieren des Extrakts, Reextraktion mit Bzl., Eindampfen der organ. Phase, Dest., Lösen der *freien Base* [$Kp._{0,3-0,5}$ 215—220°; 80%] in Ae., Zugabe von 2 Mol HCl in Isopropanol u. Filtrieren. — *6-Brompiperonal*, F. 127—128,5° (A.), durch Zutropfen von $Br_2$ in Eisessig zu Piperonal in Eisessig unter Rühren u. Kühlen, 48 std. Stehen bei Raum-Temp., Filtrieren, Zugabe von W. zum Filtrat, Filtrieren, Rühren des Nd. mit warmer wss. $NaHSO_3$-Lsg., Filtrieren, Zugabe von $Na_2CO_3$, Filtrieren u. Vereinigen mit dem 1. Nd.; 50%. — *4-Nitro-5-brom-1.2-methylendioxybenzol*, F. 88—89° (gelbe Kristalle aus A.), durch portionsweise Zugabe vorst. Verb. zu $HNO_3$ (D. 1,42) innerhalb 1½ Std. unter Rühren bei 25°, 2 std. Rühren, Gießen in Eiswasser u. Filtrieren; 60%. — *4.5-Methylendioxy-2-nitro-2'-bromdiphenylsulfid*, $C_{13}H_8BrNO_4S$, F. 149—150° (gelbe Kristalle), durch Zutropfen von o-Bromthiophenol in wss.-alkohol. NaOH zu vorst. Verb. in heißem A. unter Rühren, 3 std. Kochen u. Kühlen auf 0°; 88%. — *2-Amino-4.5-methylendioxy-2'-bromdiphenylsulfid*, $C_{13}H_{10} \cdot BrNO_2S$, F. 143—144° (Bzl.-PAe.), durch portionsweise Zugabe vorst. Verb. zu $SnCl_2$ in wss.-alkohol. HCl bei 70—80°, 4 std. Kochen, Gießen in Eiswasser, Filtrieren u. Kristallisieren in Ggw. von Kohle; 74%. — *2.3-Methylendioxyphenothiazin* (II), $C_{13}H_9 \cdot NO_2S$, F. 202—203,5° (Sublimation u. Kristallisation aus Bzl.), durch 6 std. Kochen vorst. Verb. mit $K_2CO_3$ u. Cu in Dimethylformamid unter Rühren, Filtrieren, Verdünnen mit warmem W., Filtrieren, Extraktion des Nd. mit Bzl., Behandeln mit $Al_2O_3$ u. Kohle u. Kühlen; ca. 50%. — *2.3-Methylendioxyphenothiazin-10-carbonsäure-[3-dimethylaminopropyl]-esterhydrochlorid*, $C_{19}H_{20}N_2O_4S \cdot HCl$, F. 229—230° (Bzl.-$CH_3OH$), durch 90 Min. langes Einleiten von $COCl_2$ in eine Lsg. von II in Chlorbenzol bei 115 bis 120°, Kühlen auf 100°, 30 Min. langes Durchleiten von $N_2$, Zugabe von 3-Dimethylaminopropanol in Chlorbenzol, 15 Min. langes Kochen, Kühlen, Extraktion mit verd.

HCl, Alkalisieren des Extrakts, Ae.-Extraktion, Behandeln mit HCl in Isopropanol u. Filtrieren; 48%. — *10-[3-Dimethylaminopropyl]-2.3-methylendioxyphenothiazinmaleat*, $C_{18}H_{20}N_2O_2S \cdot C_4H_4O_4$, F. 151—152,5° (Äthylacetat–$CH_3OH$), durch 70 Min. langes Kochen von II mit $NaNH_2$ in Xylol unter Rühren u. unter $N_2$, Zugabe von 3-Dimethylaminopropylchlorid, 8std. Kochen unter Rühren, Kühlen, Zugabe von W., Extraktion mit 10%ig. HCl, Alkalisieren, Reextraktion mit Bzl., Dest. des Extrakts u. Überführen der bei 230—233°/0,5 Torr sd. *Base* (48%) in das Maleat in Äthylacetat. — *2-Carbamoylphenothiazin*, F. 232,5—233,5° (gelbe Kristalle aus A.–Isopropanol mit Kohle), durch portionsweise Zugabe von $PCl_5$ zu Phenothiazin-2-carbonsäure in Bzl. bei 5—7° innerhalb 30 Min., 2std. Rühren, Gießen in $NH_4OH$-Eis unter Rühren, mehrstd. Stehen, Filtrieren u. Trocknen bei 40—60°; 69%. — *2-Cyanphenothiazin* (III), F. 198—205° (Sintern bei 192—194°), durch 4std. Kochen von 1,6 g vorst.Verb. mit $POCl_3$, Gießen auf Eis, Alkalisieren u. Filtrieren; 1,6 g. — *2-Cyan-10-[3-dimethylamino-2-methylpropyl]-phenothiazinmaleat*, $C_{23}H_{25}N_3O_4S \cdot {}^1/_4\, H_2O$, F. 196—197° (blaßgelbe Kristalle aus $CH_3OH$–A.), durch Alkylierung von 1,6 g III mit 3-Dimethylamino-2-methylpropylchlorid in Ggw. von $NaNH_2$ in Toluol, Dest. u. Überführung der *Base* (Kp.$_{0,2-0,5}$ 205—220°; 64%) in das Maleat; 1,4 g. — *10-Acetylphenothiazin-2-carbonsäuredimethylamid*, a) durch Behandeln von 10 g 2-Carboxy-10-acetylphenothiazin mit wss. $Na_2CO_3$-Lsg., azeotrope Abdestillation des W. mit Bzl., Gefriertrocknung, Suspendieren in Bzl., Zugabe von Oxalylchlorid in Bzl., kurzes Erwärmen auf dem Wasserbad, 7std. Rühren, 2tägiges Stehen, Filtrieren, Eindampfen, Lösen in Bzl., Zugabe von Dimethylamin in Bzl., 10 Min. langes Erwärmen auf dem Wasserbad, Kühlen, Filtrieren, Eindampfen, Lösen in Bzl., Extraktion mit $NaHCO_3$-Lsg. u. Eindampfen; 8,3 g; b) durch 5 Min. langes Erhitzen von 2-Carboxy-10-acetylphenothiazin mit $PCl_5$, Zugabe von Bzl., Filtrieren, 5 Min. langes Erhitzen, Kühlen, Zugabe von 25%ig. wss. Dimethylamin, 15 Min. langes Rühren, Benzolextraktion u. Eindampfen; fl.; 98%. — *Phenothiazin-2-carbonsäuredimethylamid* (IV), F. 161—163,5° (gelbe Kristalle aus Aceton mit Kohle), durch Kochen vorst. Verb. mit konz. HCl u. Eisessig unter Rühren, Gießen in W. u. Filtrieren; 97%. — *10-[3-Dimethylaminopropyl]-phenothiazin-2-carbonsäuredimethylamidcitrat*, $C_{20}H_{25}N_3OS \cdot C_6H_8O_7 \cdot 2\,H_2O$, F. 94,5—96,5°, durch 1std. Kochen von IV mit $NaNH_2$ in Xylol, Zugabe von 3-Dimethylaminopropylchlorid in Xylol, 4std. Kochen, Kühlen, Zugabe von W., saure u. alkal. Behandlung, Dest. u. Überführen der bei 225—240°/0,06—0,09 Torr sd. *Base* (35%) in das Citrat. — *10-[3-(4-Methylpiperazino)-propyl]-phenothiazinyl-(2)-methylketoxim, Dimaleat*, $C_{22}H_{28}N_4OS \cdot 2\,C_4H_4O_4$, F. 171—172° (Zers.; $CH_3OH$), durch Zugabe von Hydroxylaminhydrochlorid zu 10-[3-(4-Methylpiperazino)-propyl]-phenothiazinyl-(2)-methylketon in Pyridin, 90 Min. langes Kochen, Abdestillieren des Pyridins im Vakuum, Behandeln mit $Na_2CO_3$-Lsg., Lösen in Äthylacetat u. Zugabe zu Maleinsäure in Äthylacetat; 65%. — *10-[3-(4-Methylpiperazino)-propyl]-phenothiazinyl-(2)-methylketon, Dimaleat*, $C_{22}H_{27}N_3OS \cdot 2\,C_4H_4O_4 \cdot {}^1/_2\,H_2O$, F. 179—180° ($CH_3OH$), durch Zugabe von Äthylenglykol u. p-Toluolsulfonsäure zu 2-Acetylphenothiazin in Toluol, 3std. azeotrope Dest., Waschen mit 40%ig. NaOH, 1std. Azeotrop-Dest., Filtrieren, Zugabe zu $NaNH_2$ in Toluol, 20 Min. langes Kochen unter Rühren u. unter $N_2$, Zugabe von 4-Methyl-1-[3-chlorpropyl]-piperazin in Toluol, 4std. Kochen unter $N_2$, Kühlen, Zugabe von W., Extraktion mit verd. HCl, Alkalisieren, Reextraktion mit Bzl., Eindampfen der Benzolphase, Dest., Lösen der *Base* [Kp.$_{0,75}$ 255—260°; 60%] in Äthylacetat u. Zugabe zu Maleinsäure in Äthylacetat. — *2-[α-Hydroxyisopropyl]-10-dimethylaminopropylphenothiazin*, $C_{20}H_{26}N_2OS$, F. 107,5—109° (Hexan), durch Zugabe von 41,7 g 2-Acetyl-10-dimethylaminopropylphenothiazin in Ae. zu $CH_3Li$ in Ae., 2½std. Kochen unter Rühren, Gießen in W., Eindampfen der Ae.-Phase, Behandeln mit PAe.–Ae., Filtrieren u. Dest.; Kp.$_{0,050}$ 203—210°; 14,4 g. — *10-[3-(4-Methylpiperazino)-2-methylpropyl]-2-acetylphenothiazin*, Kp.$_{0,1}$ 260—265°; 65%. *Dihydrochlorid*, $C_{23}H_{29}N_3OS \cdot 2\,HCl$, F. 249—250° (Zers.). — *10-[3-Dimethylamino-2-methylpropyl]-2-acetylphenothiazin*, Kp.$_{0,1}$ 215—220°; 56%. *Hydrochlorid*, $C_{20}H_{24}N_2OS \cdot HCl \cdot {}^1/_4\,H_2O$, F. 219—221°.
H. BERTSCH. 3292 □

**Pseudoaromaten aus Indanonen-(2). 5. Mitt. Über Benzologe des 4(8)-Azazulens.** Werner Schroth und Wilhelm Treibs. (Liebigs Ann. Chem. **642.** 108—21. 10/5. 1961. Leipzig, Univ., Inst. für Organ. Chem.) (Dt.) — 4. vgl. C. **1961.** 15379.

*1-[o-Carboxybenzyliden]-2-amino-3-cyaninden* (I), aus 1-Cyanindanon-(2)-imin (II) u. Phthalaldehydsäure (III) zugänglich (vgl. 2. Mitt., C. **1961.** 9014), geht in Lsgm., wie Dioxan, Aceton u. anderen, in das „γ-Lacton" *1-[Phthalidyl-(3)]-2-amino-3-cyaninden* über, das mit Laugen das farbige I-Salz, mit stärkeren Säuren aber das Lactam *3-Cyan-5-oxo-1.2;6.7-dibenzo-4.5-dihydro-4-azazulen* (IV) liefert, das unter gleichen Bedingungen auch aus I selbst entsteht. IV gibt mit $PCl_5$ das „Imidchlorid" *3-Cyan-5-chlor-1.2:6.7-*

*dibenzo-4-azazulen* u. dieses durch Hydrierung *3-Cyan-1.2;6.7-dibenzo-4.5-dihydro-4-azazulen* (**V**), dessen Dehydrierung zu *3-Cyan-1.2;6.7-dibenzo-4-azazulen* (**VI**) führt. **VI** bildet sich vorteilhafter aus **II**, das durch Cyclisierung von o-Phenylendiacetonitril (**VII**) leicht zugänglich ist, u. Phthaldialdehyd (**VIII**), wobei als Zwischenprod. nicht der Typ des **I**, sondern das sehr labile *3-Cyan-5-hydroxy-1.2;6.7-dibenzo-4.5-dihydro-4-azazulen* auftritt. Analog entsteht aus **II** u. 2.3-Naphthdialdehyd (**IX**) *3-Cyan-1.2-benzonaphtho-[2′.3′:6.7]-4-azazulen*. **VI** erwies sich als ident. mit einem Nebenprod. der Dibenzocyclooctatetraen-Synth. (Kondens. von **VII** u. **VIII** mittels Na-Methylats) von FIESER u. PECHET (vgl. J. Amer. chem. Soc. **68**. [1946.] 2577). **VI** löst sich in organ. Lsgm. wenig (orangerot), gibt erst mit konz. Mineralsäuren farbige Lsgg. u. läßt sich mit $CH_3J$ oder Dimethylsulfat nicht quaternisieren. Die katalyt. Hydrierung führt mit Pd in A. oder Tetrahydrofuran (THF) zu **V**, mit Pt unter Aufnahme von 2 Mol $H_2$ zu *3-Cyan-1.2;6.7-dibenzo-4.5.8.9-tetrahydro-4-azazulen* (**X**) u. mit Pt in Acetanhydrid (AA) zur Aufnahme von 5 Mol $H_2$ unter Red. der CN-Gruppe u. Bldg. eines nicht näher untersuchten Amins. **V** u. **X** sind gegen hydrolyt. Angriffe sehr stabil; **X** kann mit $O_2$ zu **V** dehydriert werden. **VI** ist zu Anlagerungs-Rkk. befähigt, wobei 2 Arten von Addukten entstehen: Basen u. enolisierbare $\beta$-Dicarbonyl-Verbb. geben tiefrote, wenig stabile Addukte vom Typ des **V** („Azomethin-Addition"), während mit $Br_2$ u. N-Bromsuccinimid (NBS) „Aminofulven-Additionen" eintreten; in Eisessig oder AA entsteht mit NBS *3-Cyan-3-acetoxy-8-brom-1.2;6.7-dibenzo-3.8-dihydro-4-azazulen*, das relativ leicht in *3-Cyan-8-brom-1.2;6.7-dibenzo-4-azazulen* (**XI**) übergeht, welches bequemer aus **VI** u. NBS entsteht. **XI** läßt sich zu **V** hydrieren u. gibt leicht „Azomethin-Addition". Durch Kochen von **VI** mit äthanol. HCl bildet sich **V**, Behandlung mit konz. $H_2SO_4$ führt zu *1.2;6.7-Dibenzo-4-azazulencarbonsäure-(3)-amid* u. einer *Sulfonsäure* ungeklärter Struktur. Die wenig azulenoide Natur von **VI** wird dem Aza-N im Siebenring zugeschrieben. Ausführlich wird auf die opt. Eigg. der Verbb. eingegangen.

Versuche (UV = UV-Spektrum ist angegeben): *1-[o-Carboxybenzyliden]-2-amino-3-cyaninden* (I), F. ca. 170° (Zers.), aus **II** u. **III**; karminrote Prismen; UV. — *1-[Phthalidyl-(3)]-2-amino-3-cyaninden*, $C_{18}H_{12}N_2O_2$, Zers. bei 200°, durch Erhitzen von **I** in W./Aceton. — *3-Cyan-5-oxo-1.2;6.7-dibenzo-4.5-dihydro-4-azazulen* (**IV**), $C_{18}H_{10}N_2O$, F. 298° (nach Sintern), durch Zusatz von 30%ig. HCl zur Lsg. von I-K-Salz in Eisessig bei 80°; schwarzbraune Stäbchen aus Dimethylformamid (DMF) oder Nitrobenzol; UV, $\lambda_{max}$ 485 (m$\mu$); 90% (Ausbeute). — *3-Cyan-5-chlor-1.2;6.7-dibenzo-4-azazulen*, $C_{18}H_9ClN_2$, F. 240—241°, durch 12 Min. langes Kochen von **IV** mit $PCl_5$ in Bzl.; rotbraune Nadeln aus DMF/W., Dioxan oder Bzl.; $\lambda_{max}$ 415, 440; 80%. Gibt mit Säuren **IV**. — *3-Cyan-1.2;6.7-dibenzo-4.5-dihydro-4-azazulen* (**V**), $C_{18}H_{12}N_2$, F. 193°, a) durch Hydrierung vorst. Verb. über Pd/Kohle u. CaO in A. u. Chromatographie aus Bzl. an $Al_2O_3$; b) durch Hydrierung von **VI** über $PtO_2$ in THF mit 1 Val $H_2$; c) durch 1std. Einleiten eines Luftstroms durch eine Lsg. von **X** in Piperidin (**XII**); 90%; violettbraune, bronzeglänzende Nadeln; UV, $\lambda_{max}$ 507. *Perchlorat*, $C_{18}H_{13}ClN_2O_4$, mit 75%ig. $HClO_4$ in A.; citronengelb. *Nitroso-Deriv.*, $C_{18}H_{11}N_3O$, Zers. bei 205—210°, orangegelbe Nadeln aus Aceton; LIEBERMANN-Probe positiv. — *3-Cyan-1.2;6.7-dibenzo-4-azazulen* (**VI**), $C_{18}H_{10}N_2$, F. 260—261°, a) durch Zutropfen von 20%ig. methanol. KOH zu **II** u. **VIII** in Methanol unter $N_2$; 95%; b) durch $1^1/_4$std. Kochen von **VII** mit Na-Äthylat in A., Verdünnen mit Methanol u. Zusatz von **VIII**; 93%; c) durch Zutropfen von $Br_2$ zu **V** in Eisessig u. Erwärmen auf 50°; 60%; rostrote Nadeln aus Dioxan, DNF oder Nitrobenzol; UV; $\lambda_{max}$ 412. 438. Oxydation mit $KMnO_4$ in Aceton → *Phthalsäure*. *Hydrobromid*, orangegelb. *Sulfat*, orangerote Nadeln. Addukte des **VI**: **XII**-, $C_{23}H_{21}N_3$, durch Lösen in **XII** u. Fällen mit W., violettbraune Prismen. Durch Zutropfen von 20%ig. alkohol. KOH zur Suspension von **VI** im Addenden, Wasserzusatz u. Ausäthern: *Malonsäuredinitril*-, $C_{21}H_{12}N_4$, weinrote Blättchen aus Dioxan; UV, $\lambda_{max}$ 502. *Cyanessigsäureäthylester*-, $C_{23}H_{17}N_3O_2$, verfilzte, braune Prismen aus Bzl.; UV, $\lambda_{max}$ 505. *Malonsäurediäthylester*-, $C_{25}H_{22}N_2O_4$, aus Bzl. weinrote Prismen. *Acetessgisäureäthylester*-, $C_{24}H_{20}N_2O_3$, violettbraune Nadeln aus Bzl.; UV, $\lambda_{max}$ 510. *Acetylaceton*-, $C_{23}H_{18}N_2O_2$, violettbraune Nadeln. — *3-Cyan-5-hydroxy-1.2;6.7-dibenzo-4.5-dihydro-4-azazulen*, F. 260° (nach Wasserabspaltung oberhalb 100°), durch 10std. Schütteln von **II**, **VIII** u. **XII** in A., rotbraune Nadeln aus Dioxan oder Cyclohexan. — *3-Cyan-1.2-benzonaphtho-[2′.3′:6.7]-4-azazulen*, $C_{22}H_{12}N_2$, F. 325°, durch Zutropfen von 15%ig. methanol. KOH zur alkohol. Lsg. von **II** u. **IX**; zinnoberrote Nadeln aus Nitrobenzol; UV, $\lambda_{max}$ 455; 95%. — *3-Cyan-1.2;6.7-dibenzo-4.5.8.9-tetrahydro-4-azazulen* (**X**), $C_{18}H_{14}N_2$, F. 212—213°, durch Hydrierung von **VI** über $PtO_2$ in TNF; Nadeln aus THF. — *3-Cyan-3-acetoxy-8-brom-1.2;6.7-dibenzo-3.8-dihydro-4-azazulen*, $C_{20}H_{13}BrN_2O_2$, durch Addieren von NBS an **VI** in Eisessig oder AA; hellgelb aus o-Xylol. Gibt nach Tagen bei Zimmer-Temp. oder beim Erhitzen **XI**. — *3-Cyan-8-brom-1.2;6.7-dibenzo-4-azazulen* (**XI**), $C_{18}H_9BrN_2$, F. 317—318°, a) durch Erwärmen des aus

**VI** u. $Br_2$ in Eisessig erhaltenen *Dibromadduktes* in Nitrobenzol oder DMF; 60—80%; b) durch 10 Min. langes Erhitzen von **VI** u. NBS in Nitrobenzol; 80%; c) durch Dehydrierung von **X** mit NBS; schwarzbraune Stäbchen; UV, $\lambda_{max}$ 413, 438. **XII**-*Addukt*, in Ae. weinrot. Hydrierung (Pd/Kohle, CaO, A.) → **V**. — *3-Cyan-5-oxo-8-brom-1.2;6.7-dibenzo-4.5-dihydro-4-azazulen*, $C_{18}H_9BrN_2O$, F. 344—345° (nach Sintern), aus **IV** u. NBS analog **XI** nach b); verfilzte, graubraune Nadeln; $\lambda_{max}$ 490. — *3-Aminocarbonyl-1.2;6.7-dibenzo-4-azazulen*, $C_{18}H_{12}N_2O$, F. 264°, durch Eintragen von **VI** in konz. $H_2SO_4$, nach 15 Std. Eingießen in Eiswasser, Trocknen des braunen Nd., Lösen in **XII** u. Ae. u. Extrahieren mit W.; braune Nadeln aus Dioxan oder Essigester; UV, $\lambda_{max}$ 415, 440. *Hydrochlorid*, $C_{18}H_{12}N_2O \cdot HCl$, Zers. bei ca. 150°, ockerfarbene Nadeln. Daneben durch Ansäuern des wss. Auszugs → vermutlich *3-Aminocarbonyl-1.2;6.7-dibenzo-4-azazulensulfonsäure-*(?), *Ammoniumsalz*, $C_{18}H_{15}N_3O_4S \cdot H_2O$, braune Prismen.

HEINZ NESTLER. 3370□

**2.3.4.5-Tetrahydro-1-methyl-5-oxo-6.7-benzazepin.** J. T. Braunholtz und F. G. Mann. (Chem. and Ind. **1957**. 266—67. 2/3. Cambridge, Univ., Chem. Labor.) (Engl.)

Vff. zeigen, daß *2.3.4.5-Tetrahydro-1-methyl-5-oxo-6.7-benzazepin* (**I**), im Gegensatz zu den Befunden von ASTILL u. BOEKELHEIDE (C. **1957**. 11872), die normalen Rkk. eines Ketonamins gibt, wie es von **I** als Homologes des von den Vff. beschriebenen 1.2.3.4-Tetrahydro-1-methyl-4-oxochinolins (C. **1955**. 10024) zu erwarten war. Die UV- u. IR-Spektren beider Verbb. besitzen große Ähnlichkeit.

Versuche: *2.3.4.5-Tetrahydro-1-methyl-5-oxo-6.7-benzazepin* (**I**), Kp.$_{0,2}$ 119—120°, nach der von ASTILL u. BOEKELHEIDE (l. c.) beschriebenen Meth., die etwas modifiziert wurde; gelbes, sich an der Luft langsam dunkelfärbendes Öl. *2.4-Dinitrophenylhydrazon*, $C_{17}H_{17}N_5O_4$, F. 202—203°; aus A. orangefarbene Kristalle. *Semicarbazon*, $C_{12}H_{16}N_4O$, F. 198°. *Hydrochlorid*, $C_{11}H_{13}NO \cdot HCl$, F. 160—161° (Zers.), durch Behandlung der Lsg. von **I** in Aceton/Ae. mit trockenem Chlorwasserstoff; aus A. Nadeln. *Pikrat*, aus verd. alkohol. Lsg. als unreines Produkt.

W. FARR. 3370□

**Die Struktur des Kondensationsproduktes aus Isonicotinoylhydrazin und Natriumglucuronat.** Morizo Ishidate und Terumi Nakajima. (Chem. pharmac. Bull. [Tokyo] **6**. 433—37. Aug. 1958.) (Engl.)

Bei der Rk. von Isonicotinoylhydrazin (INH) mit Glucuronsäure (**I**) oder mit Na-Glucuronat (**Ia**) wird cycl. *Isonicotinoylhydrazin-D-glucopyranuronosid* (**III**) bzw. ihr Na-Salz (**IIIa**) gewonnen. Die Struktur von **III** wird durch die Darst. des *Pentaacetyl-Deriv.* (**II**) bewiesen, dessen Methylester mit dem aus INH u. 2.3.4-Triacetyl-α-D-glucopyranuronsäuremethylester durch Acetylierung dargestellten Prod. ident. ist. Die IR-Spektren zeigen eine für die Pyranosidform typ. Absorption, die in *D-Glucuronolactonisonicotinoylhydrazon* nicht gefunden wird.

Versuche: *Isonicotinoylhydrazin-D-glucopyranuronosid, Na-Salz* (**IIIa**), $C_{12}H_{14}O_7N_3 \cdot NaH_2O$, F. 169—176° (Zers.), a) durch ½std. Erhitzen von 1 g **Ia** u. 1 g INH in W. u. Zugabe von A.; aus verd. A. Nadeln, 1,5 g (Ausbeute); b) durch Behandeln von **II** mit einer äquimolekularen Menge einer NaOH-Lsg.; $[\alpha]_D^{20}$ —52° (c = 0,1; W.) → —13° (24 Std.). *Isonicotinoylhydrazin-D-glucopyranuronosid* (**III**), $C_{12}H_{15}O_7N_3$, F. 178° (Zers.), a) durch tropfenweisen Zusatz von 4n HCl zu 1 g **IIIa**; 0,5 g; b) durch Erhitzen einer wss. Lsg. von 2 g **I** mit INH (20 Min., 80°); 1,5 g. *N.N'-Diacetylisonicotinoylhydrazin-2.3.4-tri-O-acetyl-D-glucopyranuronosid* (**II**), $C_{22}H_{25}N_3O_{12}$, F. 230° (Zers.; A.), durch mehrtägiges Rühren von 20 g **III** in Essigsäureanhydrid u. Pyridin; 14 g. — *2.3.4-Tri-O-acetyl-α-D-glucopyranuronsäuremethylester*, $C_{13}H_{18}O_{10}$, F. 113° (Bzl./PAe.), durch Stehen von 2 g 2.3.4-Tri-O-acetyl-1-brom-α-D-glucopyranuronsäuremethylester mit $Ag_2CO_3$ in wss. Dioxan (48 Std.); $[\alpha]_D^{20}$ +72° (c = 1,0; Chlf.), +75° (c = 1,0; W.); 1,2 g. — *Isonicotinoylhydrazin-2.3.4-tri-O-acetyl-D-glucopyranuronosidmethylester*, $C_{19}H_{23}N_3O_{10}$, F. 105°, durch Erhitzen von 5 g vorst. Verb. u. INH in Dioxan (4 Std., Ölbad) $[\alpha]_D^{20}$ —69° (c = 1; Chlf.; aus Glykolmonomethyläther/Ae. Nadeln; 4,8 g. — *N.N'-Diacetylisonicotinoylhydrazin-N'-[2.3.4-tri-O-acetyl-D-glucopyranuronosidmethylester]*, *Pikrolonat*, $C_{33}H_{35}N_7O_{17}$, F. 202° ($CH_3OH$), a) durch 3std. Erhitzen von 0,4 g vorst. Verb. mit Essigsäureanhydrid in Pyridin (40°), Chromatographie der Chlf.-Lsg. an $Al_2O_3$, Eindampfen u. Behandeln des Rückstandes mit Pikrolonsäure in $CH_3OH$; 0,17 g; b) durch 24std. Stehen von 4 g **II** in HCl gesätt. $CH_3OH$, Neutralisieren mit $Ag_2CO_3$, Acetylieren u. Behandeln mit Pikrolonsäure; 2 g; c) durch ½std. Erhitzen von 10 g D-Glucuronsäuremethylester u. INH in A., Acetylieren u. Behandeln mit Picrolonsäure; 1,5 g.

H. ROSSOW. 3400□

**Die Struktur eines aus Wurzeln von Angelica archangelica L. subsp. norvegica (Rupr.) Nordh. gewonnenen Isomeren der Raffinose.** Alf Wickstrøm und Anders Baerheim Svendsen. (Acta chem. scand. **10**. 1199—1207. 1956. Blindern-Oslo, Norwegen, Univ., Pharmazeut. Inst.) (Franz.)

Aus den Wurzeln von *Angelica archangelica* L. subsp. *norvegica* (Rupr.) Nordh. wurde ein nicht reduzierendes *Trisaccharid* [*Umbelliferose*, I; $[\alpha]_D^{20}$ +125° (W.)] gewonnen, dem die Struktur einer Isoraffinose (*2'-α-D-Galaktopyranosyl-2-α-D-glucopyranosyl-β-D-fructofuranosid*) zugeschrieben wird. I wird durch vollständige Hydrolyse (n-$H_2SO_4$, 100°, 1 Std.) in *D-Glucose*, *D-Fructose* u. *D-Galaktose* gespalten, durch partielle Hydrolyse (0,01n $H_2SO_4$, 100°, 40 Min.) wird die Fructose vollständig abgetrennt, bei der Hydrolyse mit α-Galaktosidase wird *Saccharose* {$[\alpha]_D^{20}$ +66,5° (c = 2; W.)} gewonnen. 1 Mol I verbraucht 4 Mol $HJO_4$ unter Bldg. von 1 Mol HCOOH. Durch vollständige Methylierung von I entsteht ein *Per-O-methyl-Deriv.* {$[\alpha]_D^{20}$ +110° (c = 0,8; W.) u. +133° (c = 1,2; Chlf.)}, das durch Hydrolyse äquimol. Mengen von *1.3.4.6-Tetramethyl-D-fructose*, *2.3.4.6-Tetramethyl-D-galaktose* u. *3.4.6-Trimethyl-D-glucose* liefert. H. ROSSOW. 3450□

**Untersuchung der Alkaloide der Schwarzwurzel.** 2. Mitt. **Cynoglossum officinale L.** I. W. Manko. (Украинский Химический Журнал [Ukrain. chem. J.] **25.** 627—30. 1959. Leningrad, Chem.-Pharmazeut. Inst.; Charkow, Chem.-Pharmazeut. Inst.) (Russ.) — 1. vgl. C. **1959.** 10914.

*Cynoglossofin* (I) besitzt die Bruttoformel $C_{20}H_{31}NO_7$ u. ist mit *Heliosupin* identisch. I liefert bei der Hydrolyse *Aceton*, *Angelicasäure* u. den Aminoalkohol *Heliotridin* [II; F. 116—118° (Aceton); Nadeln; $[\alpha]_D$ +31° (Methanol); *Hydrochlorid*, F. 122—124°]. In I ist die sek.-Hydroxylgruppe mit Angelicasäure, die prim. mit 2-Methyl-2.3.4-trihydroxypentan-3-carbonsäure verestert. I-*Pikrat*, $C_{20}H_{31}NO_7 \cdot C_6H_3N_3O_7 \cdot H_2O$, F. 97—100° (W.). — An Stelle von *Heliotropium supinum* eignet sich *Cynoglossum officinale* L. weit besser zur Darst. von I, da es in diesem in reicherem Maße vorhanden ist. In den oberird. Teilen sind im 2. Vegetationsjahr 1,72% Gesamtalkaloide, davon 62 % I enthalten. HELMUT SCHÄFER. 3500□

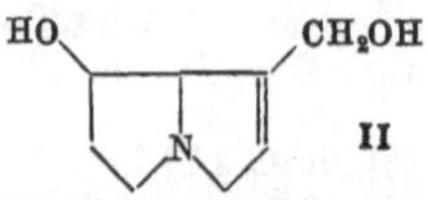

II

**Totalsynthese von sauerstoffhaltigen Lupinenalkaloiden.** Eugene E. van Tamelen und John S. Baran. (J. Amer. chem. Soc. **80.** 4659—70. 5/9. 1958. Madison, Wis., Univ., Dep. of Chem.) (Engl.) — Vorl. Mitt. vgl. C. **1957.** 8514.

Die Rk. von [2-α-Pyridyläthyl]-malonsäure (I) mit 1 Mol Benzylamin (II) u. 2,2 Mol $CH_2O$ führt zu *α-Carboxy-α-[N-benzylaminomethyl]-γ-[pyridyl-(2)]-buttersäure*, die sich zu *α-[N-Benzylaminomethyl]-γ-[pyridyl-(2)]-buttersäure* (III) therm. decarboxylieren ließ. III entsteht auch direkt durch Kondens. von I mit II-Hydrochlorid u. $CH_2O$. Eine weitere Cyclisierung von III bzw. ihres *Esters*, von *[2-α-Pyridyl-2-carboxyäthyl]-malonsäure* bzw. ihres *Triäthylesters*, von *4-[α-Pyridyl]-2-[N-benzylaminomethyl]-butanol-(1)* (IV), das durch $LiAlH_4$-Red. von III-Äthylester erhalten wurde, bzw. von *3-[N-Benzylaminomethyl]-1.2.3.4-tetrahydrochinoliziniumbromidhydrobromid*, das aus IV über das Bromid durch Cyclisierung dargestellt wurde, mit $CH_2O$ gelang nicht. Zum 2. Synth.-Weg wurde Na-Malonsäurediäthylester (Na-V) mit 2-[α-Pyridyl]-allylacetat (XIV) in Dimethylformamid–Bzl. zu *[2-α-Pyridylallyl]-malonsäure* (XV) umgesetzt. Erhitzen mit II u. etwas mehr als 1 Mol $CH_2O$ auf 90—95° führt zu *3-[α-Pyridyl]-N-benzylpiperidin-5-carbonsäure*, die ohne Isolierung unter FISCHER-Bedingungen in *N-Benzyl-3-carbäthoxy-5-[pyridyl-(2)]-piperidin* (X) übergeführt werden konnte. Zum Mechanismus dieses Ringschlusses werden stereochem. Betrachtungen angestellt. Offensichtlich liegt zunächst ein Teil von X in der trans-Form vor, da eine alkal. katalysierte Epimerisierung die Ausbeuten der nachfolgenden Synth.-Schritte stark erhöht. Mit $LiAlH_4$ gelingt die Red. zur *3-Hydroxymethyl-Verb.* (VI). Auf einem 3. Weg führt die Addition von Pyridyl-(2)-acetamid (IX) an Methylenmalonsäurediäthylester (VII) zu *α-Carbäthoxy-γ-[pyridyl-(2)]-glutaramidsäureäthylester*, der mit $NaOC_2H_5$ zu *α-Carbäthoxy-γ-[pyridyl-(2)]-glutarimid* (VIII) cyclisiert wird. N-Benzylierung u. anschließende $LiAlH_4$-Red. gibt schließlich VI. Eine direkte Addition von N-Benzyl-α-pyridylacetamid an VII gelang nicht. Beim Vers. der durch Cu-Chromit katalysierten Hydrogenolyse von VIII konnte nur *α-[Pyridyl-(2)]-glutarimid* isoliert werden. Das aus IX mit $P_2S_5$ erhaltene *Pyridyl-(2)-thioacetamid* liefert mit VII glatt *[2.2-Dicarbäthoxyäthyl]-α-[pyridyl-(2)]-thioacetamid*, das mit $NaOCH_3$ zu *α-Carbäthoxy-γ-[pyridyl-(2)]-thioglutarimid* cyclisiert wird. Die Desulfurierung gibt ein Gemisch, aus dem *3-Carbäthoxy-5-[pyridyl-(2)]-3.4-dihydropyridon* isoliert werden konnte. Die Schlüsselsubstanz VI wird zur Fortführung der Synth. mit HBr ins *Bromid* übergeführt, dieses zum entsprechenden *quart. Bromid* cyclisiert u. das Salz mit alkal. Ferricyanid zu *N-Benzyl-dl-cytisin* oxydiert, das mit dem Benzylierungs-Prod. von *dl-Cytisin* (XI; *Ulexin, Baptitoxin, Sophorin*) ident. ist. Die Debenzylierung zu XI gelang mit HJ, nicht dagegen katalyt. hydrierend. Die opt. Spaltung von XI erfolgte mit d-Campher-10-sulfonsäure. — Zur stereoselektiven Synth. von *Anagyrin* (XII; *Monolupin, Rhombinin, Alkaloid III*) werden XV u. 5-Aminovaleraldehyd unter Cyclisierung in *3-[α-Pyridyl]-chinolizidin-1-carbonsäureäthylester* übergeführt, dieser epimerisiert u. mit $LiAlH_4$

zu *3-[Pyridyl-(2)]-1-hydroxymethylchinolizidin* red., bromiert, zum *quart. Salz* cyclisiert, mit alkal. $K_3[Fe(CN)_6]$ oxydiert u. über das *Perchlorat* gereinigt. **XII** kann durch Umsetzung mit Hg-Acetat/Eisessig u. Hydrierung über Pd–$SrCO_3$ in *dl-Thermopsin* übergeführt werden. Die totalsynthetisierten Natur-Prodd. wurden IR-spektroskop. identifiziert.

Versuche (FF. korr.): *3-[Pyridyl-(2)]-propan-1.1.3-tricarbonsäure, Triäthylester,* $C_{17}H_{23}NO_6$, Kp.$_{0,2}$ 167—169°, durch Zutropfen von **VII** (Kp. 209—214°) in abs. A. zu Pyridyl-(2)-essigsäureäthylester (**XIII**) in abs. A. (61°) u. 22std. Stehen; orangefarben, $n_D^{25}$ 1,4815; 94% (Ausbeute). *Triamid,* $C_{11}H_{14}N_4O_3$, F. 251—252° (W.); 31%. — *Pyridyl-(2)-acetamid* (**IX**), $C_7H_8N_2O$, F. 118—120° (abs. A.), aus **XIII** u. $NH_4OH$ in 2 Tagen; 75%. — *α-Carbäthoxy-γ-[pyridyl-(2)]-glutaramidsäureäthylester,* $C_{15}H_{20}N_2O_5$, F. 105—106° (abs. A.), durch 1std. Stehen von **IX** u. **VII** in abs. A. u. 2std. Kochen; 66%. — *α-Carbäthoxy-γ-[pyridyl-(2)]-glutarimid* (**VIII**), $C_{13}H_{14}N_2O_4$, F. 137—138° (A.), a) durch 3/4std. Kochen vorst. Verb. mit $NaOC_2H_5$/A., Ansäuern mit Eisessig, Einengen u. Extrahieren mit Chlf.; 89%; b) durch 3/4std. Stehen von **IX** mit **VII** in abs. A., 1½std. Kochen u. 1½std. Kochen mit $NaOC_2H_5$; 30%. — *α-[Pyridyl-(2)]-glutarimid,* $C_{10}H_{10}N_2O_2$, F. 140 bis 142° (Chlf.-Ae. u. A.), a) durch 18std. Kochen von **VIII** mit Di-n-butylcellosolve (Kp. 170 bis 200°); 49%; b) durch Hydrieren von **VIII** über Cu-Chromit in abs. A. bei 300 at u. 180—250°; 49%. — *[Pyridyl-(2)]-thioacetamid,* $C_7H_8N_2S$, F. 92° (Bzl.), durch 2std. Kochen von **IX** mit $P_2S_5$ u. $K_2S$ in Toluol; 15—20%. — *α-[2.2-Dicarbäthoxyäthyl]-α-[pyridyl-(2)]-thioacetamid,* $C_{15}H_{20}N_2O_4S$, F. 124,5—125,5° (abs. A.), aus vorst. Verb. u. **VII** in abs. A. bei 25° (15 Min.) u. 15 Min. Kochen; 70%. — *α-Carbäthoxy-γ-[pyridyl-(2)]-thioglutarimid,* $C_{13}H_{14}N_2O_3S$, F. 177—178° (A.), durch 3 Min. Kochen vorst. Verb. mit $NaOCH_3$ in abs. A., 10 Min. Stehen u. Zugeben von Eisessig; orangegelbe Kristalle; 58%. — *3-Carbäthoxy-5-[pyridyl-(2)]-3.4-dihydropyridon,* $C_{13}H_{14}N_2O_3$, F. 140,5—141,5° (A.-Bzl.), durch ½std. Kochen vorst. Verb. mit RANEY-Ni in abs. A., Einengen, Lösen in Bzl. u. Abfiltrieren des Rückstands (F. 200—210°); 23%. — *N-Benzyl-α-[pyridyl-(2)]-γ-carbamidoglutaramid,* $C_{18}H_{20}N_4O_3$, F. 216—219° (abs. A.), durch 3/4std. Kochen von **VIII** mit $NaOC_2H_5$ in A., Abfiltrieren des Salzes, 1std. Rühren mit Benzylchlorid in N.N-Dimethylformamid bei 105—130°, Dampf-Dest., Extraktion mit Chlf. u. 4tägiges Stehen des viscosen Öls mit wss. $NH_4OH$ u. $CH_3OH$. — *N-Benzyl-3-hydroxymethyl-5-[pyridyl-(2)]-piperidin* (**VI**), $C_{18}H_{22}N_2O$, Kp.$_{0,1}$ 196—197°, durch Red. von 6,1 g des vorst. beschriebenen Benzylierungs-Prod. (viscoses Öl) mit $LiAlH_4$ in Ae. (2 Tage Kochen) u. Abfiltrieren des *Dibenzyl-Prod.* ($C_{25}H_{28}N_2O$, F. 146—147°; 14%); 300 mg. — *N-Benzylpyridyl-(2)-acetamid,* $C_{14}H_{14}N_2O$, F. 76,5—77,5° (Ae.-PAe.), durch 5std. Erhitzen von **XIII** mit **II** auf 175°; Nadeln; 18%. — *α-Carboxy-α-[N-benzylaminomethyl]-γ-[pyridyl-(2)]-buttersäure,* $C_{18}H_{20}N_2O_4$, Zers. bei 138°, durch Erwärmen von **I**, **II** u. 37%ig. wss. $CH_2O$ in 66%ig. wss. A. auf dem Wasserbad; 76%. — *α-[N-Benzylaminomethyl]-γ-[pyridyl-(2)]-buttersäure* (**III**), $C_{17}H_{20}N_2O_2$, F. 183—184° (Bzl.-A.), a) durch Pyrolyse vorst. Verb. bei 160°; 25%; b) durch Erhitzen von **I**, **II**-Hydrochlorid (F. 256°) u. wss. $CH_2O$ in W. auf dem Wasserbad über Nacht u. Zugeben von $KHCO_3$; 72%. *Äthylester,* $C_{19}H_{24}N_2O_2$, Kp.$_{0,1}$ 150—160°, $n_D^{25}$ 1,5362; 85%. — *3-[N-Benzylaminomethyl]-1.2.3.4-tetrahydrochinolizinium bromidhydrobromid,* $C_{17}H_{22}Br_2N_2$, F. 229—230° (abs. A.), durch $LiAlH_4$-Red. von **III**-Äthylester in Ae., 3std. Kochen von **IV** mit 48%ig. HBr/konz. $H_2SO_4$, Einengen, Neutralisieren unter Benzolextraktion, 1std. Kochen, Lösen des abgeschiedenen Öls in abs. A. u. Zugeben von 48%ig. HBr; 65%. — *3-Aminomethyl-1.2.3.4-tetrahydrochinoliziniumbromidhydrobromid,* $C_{10}H_{16}Br_2N_2$, F. 257—258°, durch 20std. Hydrieren von **III**-Äthylester in abs. A. bei 23° u. 245 lbs./sq. in. über Pd-Kohle, Dest. bei 140—144°/0,4 mm u. 3std. Kochen mit 48%ig. HBr/konz. $H_2SO_4$; 5,4%. — *[2-α-Pyridylallyl]-malonsäure* (**XV**), $C_{11}H_{11}NO_4$, F. 115° (Zers.; abs. A.-Ae.), aus dem Ester. *Diäthylester,* Kp.$_{0,5}$ 148—160°, durch Zugeben von **V** zu NaH in Bzl.-Dimethylformamid, Zugeben zu **XIV** in Bzl.-Dimethylformamid, 1¾std. Kochen, Zugeben von Eisessig, Gießen auf Eis/konz. HCl u. Extrahieren mit Bzl./3n HCl/Ae.; 52%. — *N-Benzyl-3-carbäthoxy-5-[pyridyl-(2)]-piperidin* (**X**), $C_{20}H_{24}N_2O_2$, Kp.$_{0,07}$ 183—185°, durch Verseifen vorst. Esters mit NaOH, Zugeben von 1m HCl, Erhitzen mit 36%ig. wss. $CH_2O$ u. **II** in A. auf dem Wasserbad über Nacht, Abdest. von W., Ausäthern, Extraktion der wss. Phase mit Chlf., Einengen, 2tägiges Stehen mit äthanol. HCl, Einengen, Lösen in Eiswasser, Alkalisieren mit 3n NaOH u. Ausäthern; $n_D^{25}$ 1,5510—1,5520; 65%. 1std. Kochen in abs. A. → *Epimeres,* Kp.$_{0,3}$ 193 bis 194°, $n_D^{25}$ 1,5509—1,5518; 85%. $LiAlH_4$ in Ae. → 99% **VI**. — *3-Carbäthoxy-5-[pyridyl-(2)]-piperidin,* $C_{13}H_{18}N_2O_2$, Kp.$_{0,4}$ 149—152°, durch 10std. Hydrieren von **X** in abs. A. über Pd-Kohle; $n_D^{25}$ 1,5183; 75%. — *dl-N-Benzylcytisin,* $C_{18}H_{20}N_2O$, F. 142—144° (Ae.-PAe.), a) durch 18std. Kochen von **VI** mit 48%ig. HBr, Einengen, Lösen in Eiswasser/4n NaOH, Extrahieren mit Bzl., ½std. Kochen der getrockneten Benzolphase, Rühren des *quart. Bromids* ($C_{18}H_{21}BrN_2$, F. 170,5—171,5° [Aceton]; 25% [bzw. 56% bei

Verw. von epimerisiertem **X** als Ausgangsmaterial für **VI**]) mit $K_3[Fe(CN)_6]$ in wss. NaOH Erhitzen auf dem Wasserbad über Nacht u. Ausäthern; 22%; b) aus **XI** mit Benzylchlorid in Aceton in Ggw. von $K_2CO_3$; 50%. — *dl-Cytisin* (**XI**), $C_{11}H_{14}N_2O$, F. 146—147° (Aceton–Ae.; sublimiert bei 0,1 mm), durch ½std. Erhitzen vorst. Verb. in Phenol mit HJ in Ggw. von $NH_4J$ u. $AuCl_3$ unter $N_2$ auf 150° u. 5 Min. Erhitzen auf 225°; 53%. (−)-**XI**, F. 154,5—155,5°, über das *d-Campher-10-sulfonat* ($C_{21}H_{30}N_2O_5S$, F. 283—285° [$CH_3OH$–Aceton; erweicht bei 175—180°], $[\alpha]_D^{22}$ —43,8° [in A.]; 76%) in $CH_3OH$; $[\alpha]_D^{22}$ —118,5° (in W.). — *3-[Pyridyl-(2)]-1-carbäthoxychinolizidin*, $C_{17}H_{24}N_2O_2$, Kp.$_{0,4}$ 155 bis 167°, durch 24std. Erhitzen von **XV** mit α-Tripiperidein (F. 55—61°) in 95%ig. A. auf dem Wasserbad, Extrahieren mit Chlf., Einengen der wss. Lsg. u. 2tägiges Stehen mit äthanol. HCl; 24%. $NaOC_2H_5$/A. → *Epimeres*, Kp.$_{0,4}$ 145—166°, $n_D^{25}$ 1,5238—1,5255. — *3-[Pyridyl-(2)]-1-hydroxymethylchinolizidin*, $C_{15}H_{22}N_2O$, Kp.$_{0,3}$ 180—187°, aus vorst. Epimeren mit $LiAlH_4$ in Ae.; 94%. — *dl-Anagyrin* (**XII**), Kp.$_{0,1}$ 170°, durch 20std. Kochen vorst. Verb. mit 48%ig. HBr, Einengen, Schütteln mit 3n NaOH/Bzl., ¾std. Kochen der getrockneten Benzolphase u. $K_3[Fe(CN)_6]$-Oxydation des *quart. Bromids* ($C_{15}H_{21}BrN_2$, F. 214—216° [Aceton]; 21%); hellgelb; 41%. *Perchlorat*, $C_{15}H_{21}ClN_2O_5$, F. 315° (abs. $CH_3OH$), Nadeln. — *dl-Thermopsin*, F. u. Misch-F. 170—172° (Aceton–Ae.; sublimiert), durch 2std. Erhitzen von 35 mg **XII** in 5%ig. wss. Essigsäure mit Hg-Acetat unter $N_2$ auf dem Wasserbad, Zentrifugieren, Sättigen mit $H_2S$, Filtrieren, Einengen, Alkalisieren, Extrahieren mit Chlf., Hydrieren in abs. $CH_3OH$ über RANEY-Ni u. Pd-$SrCO_3$ (5 Min.) u. Chromatographie aus Chlf. an Kieselsäure; 2 mg. R. PASEDAG. 3500 □

**Coralydin, Konstitution und Hofmann-Abbau. Corydalin, Synthese aus Palmatin mit neuerer Methodik.** 13. Mitt. **über Derivate des Berbins.** W. Awe, J. Thum und H. Wichmann. (Arch. Pharmaz. Ber. dtsch. pharmaz. Ges. **293/65.** 907—17. Okt. 1960. Braunschweig, TH, Inst. für Pharmaz. Technol.) (Dt.) — 12. vgl. C. **1958.** 9785.

*Coralynsulfoacetat* wird durch Cyclisierung von Papaverin mit Acetanhydrid/$H_2SO_4$ dargestellt. Bei dessen Red. mit Zn-Staub in verd. Ameisensäure wird *α-Coralydin* (**I**) erhalten, während *β-Coralydin* bei der Red. mit $NaBH_4$ entsteht. Ebenso kann 8,9;16,17-Bis-dehydronorcoralydin (**II**) mit $NaBH_4$ zu *β-Norcoralydin* red. werden. Zur erneuten Prüfung der Struktur von **I** wird dieses durch doppelten HOFMANN-Abbau über *Des-N-methylcoralydin* zu *Des-N-dimethylcoralydin* abgebaut. Dieses gibt bei erneutem HOFMANN-Abbau *2.2'-Divinyl-4.5.4'.5'-tetramethoxystilben* (**III**), das katalyt. zu *2.2'-Diäthyl-4.5.4'.5'-tetramethoxydiphenyläthan* hydriert werden kann. Durch Ozonisierung von **III** u. nachfolgende $KMnO_4$-Oxydation entstehen *Metahemipinsäure* (*4.5-Dimethoxyphthalsäure*) in 70%ig. Ausbeute u. ca. 80% *Formaldehyd*. *r-Corydalin* (**IV**) wird durch eine neue Synth., ausgehend von Palmatiniumjodid über *Desoxypalmatin* u. *16-Methylpalmatiniumchlorid* hergestellt. Die IR-Spektren von **I** u. **IV** u. die UV-Maxima von **I** u. **IV** u. ihren Bis-dehydro-Derivv. sind angegeben u. werden diskutiert.

Versuche: *Coralynsulfoacetat*, F. 276—278°, durch Erhitzen von Papaverin mit Acetanhydrid/konz. $H_2SO_4$ (5 : 1) auf 100°; aus W./$CH_3OH$ gelbe Nadeln. — *α-Coralydin* (**I**), F. 146—148°, durch Kochen vorst. Verb. mit Zn-Staub in verd. Ameisensäure u. $Al_2O_3$-Chromatographie; aus $CH_3OH$ rhomb. Kristalle; 88% (Ausbeute). — *β-Coralydin*, F. 95° ($CH_3OH$), durch $NaBH_4$-Red. vorvorst. Verb. in 50%ig. wss. $CH_3OH$ u. $Al_2O_3$-Chromatographie; 50%. — *β-Norcoralydin*, F. 158°, durch $NaBH_4$-Red. von 0,3 g **II** wie vorst.; 0,2 g. — *N-Methylcoralydiniumjodid*, F. 236°, durch ½std. Erhitzen von 3 g **I** mit $CH_3J$ in Aceton auf 100°; aus $CH_3OH$ Schuppen; 3,2 g. — *Des-N-methylcoralydin*, F. 103°, durch 2std. Rühren vorst. Verb. mit $Ag_2O$ in W. bei 100°, Filtrieren, Einengen u. 2½std. Erhitzen mit wss. KOH auf 100°; aus $CH_3OH$/Ae. (1 : 1) Nadeln; ca. 54%. *Hydrochlorid*, $C_{23}H_{29}NO_4 \cdot HCl$, F. 206°. *Methojodid*, $C_{24}H_{32}JNO_4$, F. 258°, aus $CH_3OH$ Nadeln. — *Des-N-dimethylcoralydinhydrochlorid*, F. 185°, durch HOFMANN-Abbau vorst. Methojodids analog vorst. Verb.; aus $CH_3OH$ Blättchen. *Methojodid*, F. 155 bis 156°, aus Aceton Nadeln. — *2.2'-Divinyl-4.5.4'.5'-tetramethoxystilben* (**III**), $C_{22}H_{24}O_4$, F. 145°, aus vorst. Methojodid analog vorvorst. Verb.; aus $CH_3OH$ Nadeln; sublimiert unzersetzt bei 200°; 40—50%. — *2.2'-Diäthyl-4.5.4'.5'-tetramethoxydiphenyläthan*, $C_{22}H_{30}O_4$, F. 95—96° ($CH_3OH$), durch Hydrierung von **III** an Pt in Äthylacetat. — *Metahemipinsäureäthylimid*, F. 228°, durch Ozonisieren von **III** in Äthylacetat bei —40°; Zers. mit W., Oxydation mit $KMnO_4$ in Ggw. von $Na_2CO_3$ in Aceton, Stehen des *Metahemipinsäureanhydrids* (ca. 72%) mit 33%ig. wss. Äthylamin-Lsg. in A., Eindampfen u. Sublimation bei ca. 200°; Nadeln. — *Formaldehyd-2.4-dinitrophenylhydrazon*, F. 160—161°, durch Ansäuern vorst. Ozonisierungs-Lsg. mit verd. $H_2SO_4$ u. Dest. in 2.4-Dinitrophenylhydrazin-Lsg.; aus wss. $CH_3OH$ gelbbraune Nadeln; 83,5%. — *Desoxypalmatin*, $C_{21}H_{23}NO_4$, F. 160—166°, durch 2std. Kochen von Palmatiniumjodid (F. 239—240°) mit $LiAlH_4$ in Tetrahydrofuran; aus $CH_2Cl_2$/$CH_3OH$ rhomb. Blättchen; 76,2%. — *8,9;16.17-*

*Bis-dehydrocorydaliniumchlorid* (*16-Methylpalmatiniumchlorid*), F. 155°, durch $^1/_2$std. Erhitzen vorst. Verb. in 20%ig. wss. Essigsäure u. 40%ig. Formaldehyd-Lsg. (5 : 1) auf 100° u. Zugabe von konz. HCl; gelbe Kristalle, 91%. *Jodid*, $C_{22}H_{24}JNO_4$, F. 229–230°. — *r-Corydalin* (**IV**), $C_{22}H_{27}NO_4$, F. 134–136°, durch $NaBH_4$-Red. vorst. Chlorids in $CH_3OH$; rhombenähnliche Kristalle; 82%. — *16.17-Dihydrodesoxypalmatin*, F. 150°, durch $NaBH_4$-Red. von Palmatiniumsalzen. G. TEEGE. 3500□

**Die Struktur von Diabolin.** A. R. Battersby und H. F. Hodson. (Proc. chem. Soc. [London] **1959.** 126. April. Bristol, Univ.) (Engl.)

Aus der Rinde von *Strychnos diaboli* Sandwith wird *Diabolin* (**I**; $C_{21}H_{24}N_2O_3$, F. 211–213°. *Pikrat*, F. 235–237°. *Methopikrat*, F. 234–236°) isoliert. Der Vgl. der FF. u. IR-Spektren von **I** u. seinen Derivv. zeigt starke Übereinstimmung mit denen des WIELAND-GUMLICH-Aldehyds (**II**), der ident. ist mit dem aus *Strychnos toxifera* gewonnenen *Caracurin VII*. Es handelt sich bei **I** um $N_a$-acetylierten **II**. Daraus u. aus der Stellung von **I** zwischen Caracurin VII u. Strychnin ergibt sich seine Bedeutung für das biogenet. Schema des Strychnins. R. BAUSCH. 3500□

**Die Struktur von Pseudomorphin.** K. W. Bentley und S. F. Dyke. (J. chem. Soc. [London] **1959.** 2574–77. Juli/Aug. Aberdeen, Univ., Chem. Dep.) (Engl.)

Durch Oxydation von 1-Brom-7.8-dihydromorphin mit alkal. $K_3[Fe(CN)_6]$ bei 80° entsteht *Bis-[1-brom-7.8-dihydromorphinyl-(2)]* (*Dibromtetrahydropseudomorphin*), das mit dem durch Bromierung von *Tetrahydropseudomorphin* (**III**; erhalten durch Oxydation von Dihydromorphin) dargestellten Prod. ident. ist. Hieraus u. aus den UV-Absorptionsspektren einiger anderer Derivv., z. B. Dimethylpseudomorphin u. Bis-[3.4-diacetoxyphenanthryl-(2)], folgt, daß das bei der Oxydation von Morphin (**I**) entstehende *Pseudomorphin* (**II**) *Bis-[morphinyl-(2)]* ist.

Versuche: *Pseudomorphin* (**II**), *Hydrat*, $C_{34}H_{36}N_2O_6 \cdot H_2O$, F. ca. 330° (Zers.), durch Zugabe von 10 g **I** zu heißer 0,2%ig. KOH, Kühlen auf Raumtemp., 50 Min. lange Zugabe von $K_3[Fe(CN)_6]$, $^1/_2$std. Rühren, Extrahieren des nicht umgesetzten **I** mit Methanol, Aufnehmen des Rückstands in konz. $NH_4OH$, Verdünnen u. Kochen; Stäbchen; 7,7 g (Ausbeute). *Tetraacetyl-Deriv.*, $C_{42}H_{44}N_2O_{10}$, F. 294–296°, aus Methanol Prismen. *Dimethyläther, Hydrat*, $C_{36}H_{40}N_2O_6 \cdot H_2O$, F. 155–156°, durch Lösen des Na-Salzes von 0,5 g **II** in W., Zugabe von KOH, Versetzen mit Ae. u. N-Nitrosomethylharnstoff, Schütteln unter Eiskühlung, 18std. Stehen bei 0° u. Eindampfen bei 100°; aus Ae./PAe. (1 : 1) Nadeln; 0,24 g. — *1-Brom-7.8-dihydromorphin, Hydrat*, $C_{17}H_{20}BrNO_3 \cdot H_2O$, F. 248–250°, durch Zugabe von $Br_2$ in Eisessig zu einer Lsg. von 4 g Diacetyldihydromorphin in Essigsäure bei $< 15°$, Einengen im Vakuum, Lösen in W., Alkalisieren mit $KHCO_3$, Extrahieren mit Chlf., Eindampfen u. Kochen des entstandenen *Diacetyl-1-bromdihydromorphins* ($C_{21}H_{24}BrNO_5$, F. 259–260°; aus Methanol Plättchen; 3 g) mit methanol. NaOH; aus Methanol Nadeln. — *1-Bromdihydrocodein*, a) durch Methylierung vorst. Verb. mit $CH_2N_2$; b) durch Bromierung von Dihydrocodein. *Methojodid*, $C_{19}H_{25}BrJNO_3$, F. 243–245°; aus Methanol Nadeln. — *Dibromtetrahydropseudomorphin, Trihydrat*, $C_{34}H_{38}Br_2N_2O_6 \cdot 3\,H_2O$, F. $> 350°$, a) durch $^1/_2$std. Zugabe von $K_3[Fe(CN)_6]$ zu 1,9 g vorvorst. Verb. in wss. KOH bei 70–80° u. 4std. Rühren; aus Methanol Plättchen; $[\alpha]_D^{18}$ $-47°$ (c = 0,518; n-HCl); 0,15 g; b) durch $^1/_2$std. Zugabe von $Br_2$ in Eisessig zu 2 g **III** in Essigsäure bei 15°, $^1/_2$std. Stehen, Eindampfen, Aufnehmen in W. u. Einstellen mit $NH_4OH$ auf pH 9; $[\alpha]_D^{18}$ $-50°$ (c = 0,627; n-HCl); 0,9 g. P. GOLINSKE. 3500□

**Yohimboasäurelacton. Überführung von Yohimbin in β-Yohimbin.** Patrick A. Diassi und Christiane M. Dylion. (J. Amer. chem. Soc. **80.** 3746–48. 20/7. 1958. New Brunswick, N.J., Squibb Inst. for Med. Res.) (Engl.)

Die Behandlung von Yohimboasäure (**II**) mit überschüssigem Chlorameisensäureäthylester (**III**) in Pyridin führt zu *Yohimboasäurelacton* (**I**), das durch sein IR- u. UV-Spektrum charakterisiert wurde. Da die milde alkal. Hydrolyse von **I** **II** zurückgibt, wird die äquatoriale Stellung der COOH-Gruppe von **II** u. die vermutete axiale cis-Stellung der $C_{(17)}$-OH-Gruppe dazu bestätigt. Bei der Rk. bildet sich offensichtlich intermediär das gemischte Anhydrid von **II** u. Kohlensäuremonoäthylester. Damit übereinstimmend gibt Reserpinsäuremethylester mit äquatorialer $C_{(18)}$-OH-Gruppe mit **III** das *O-Cathylat*. Der versuchte nucleophile Austausch von **I** mit $CH_3OH$, methanol. HCl bzw. $NaOCH_3/CH_3OH$ führte nur zu *Yohimbin*. Jedoch entsteht aus **I** mit LiBr in Aceton *17β-Brom-17-desoxyyohimboasäure*, die mit $CH_2N_2$ in *17β-Brom-17-desoxyyohimbin* übergeführt wird. Die Acetolyse von **I** mit Na-Acetat/Essigsäure liefert *Apocorynanthol* (**IV**) u. *O-Acetyl-β-yohimboasäure*, die als *Hydrochlorid* isoliert wurde, mit methanol. HCl *β-Yohimbin* u. mit $CH_2N_2$ *O-Acetyl-β-yohimbin* gibt. **IV** wird katalyt. zu *Yohimban* hydriert. — **I** besitzt keine sedativen Eigg., wohl aber adrenolyt. u. vorübergehende hypotensive Aktivität an Hunden.

Versuche: *Yohimboasäurelacton* (I), $C_{20}H_{22}N_2O_2$, F. 173—175° (A.), durch Zutropfen von III zu II in abs. Pyridin, Stehen über Nacht u. Gießen in W.; Nadeln; $[\alpha]_D^{22}$ +11,6° (in Chlf.); 37% (Ausbeute). — *Yohimboasäure* (II), F. u. Misch-F. 294 bis 296° (abs. A.), durch 1std. Kochen von 209 mg I mit 2n KOH in $CH_3OH$-W. (1 : 1); $[\alpha]_D^{22}$ +128° (in Pyridin); 130 mg. — *Yohimbin*, F. 235,5—237°, a) durch 24std. Kochen von 520 mg I in abs. $CH_3OH$ unter $N_2$; $[\alpha]_D^{22}$ +101° (in Pyridin); 378 mg; b) durch 2std. Stehen von 502 mg I mit abs. methanol. HCl bei Raumtemp. über das *Hydrochlorid* (F. 298—301°; 440 mg); c) durch 1std. Kochen von 105 mg I mit Na in $CH_3OH$ unter $N_2$ über das Hydrochlorid (82 mg). — *17β-Brom-17-desoxyyohimboasäurehydrobromidmonohydrat*, $C_{20}H_{24}Br_2N_2O_2 \cdot H_2O$, F. 283—286° ($CH_3OH$-W.), durch 2std. Kochen von 500 mg I mit LiBr in Aceton unter $N_2$; 63%. — *17β-Brom-17-desoxyyohimbin*, $C_{21}H_{25}BrN_2O_2$, F. 298—300° ($CH_3OH$-W.), aus 274 mg vorst. Verb. mit $CH_2N_2$ in $CH_3OH$-Ae.; $[\alpha]_D^{24}$ +74,1° (in Pyridin); 182 mg. — *Apocorynanthol* (IV), $C_{19}H_{22}N_2$, F. 170—172° ($CH_3OH$), durch 2½std. Kochen von I mit Na-Acetat in Eisessig unter $N_2$, Stehen über Nacht, Zugeben von W. u. Alkalisieren mit $NH_4OH$; $[\alpha]_D^{23}$ +158° (in Chlf.), +183° (in abs. A.); 8%. — *β-Yohimboasäure-17-acetathydrochlorid*, $C_{22}H_{26}N_2O_4 \cdot HCl$, F. 286—288°, neben IV beim Ansäuern des Filtrats mit HCl; $[\alpha]_D^{23}$ +99° (in Pyridin); 25%. — *Yohimban*, $C_{19}H_{24}N_2$, F. 204—206° ($CH_3OH$), durch 20std. Hydrieren von 52,8 mg IV in abs. A. über $PtO_2$ bei Raumtemp. u. normalem Druck; $[\alpha]_D$ —63° (in abs. A.), —107° (in Pyridin); 45 mg. — *β-Yohimbin*, $C_{21}H_{26}N_2O_3$, F. 234—236° ($CH_3OH$), durch 3std. Stehen von 530 mg vorvorst. Verb. mit abs. methanol. HCl; $[\alpha]_D^{24}$ —16,2° (in abs. A.); 173 mg. *17-Acetat*, $C_{23}H_{28}N_2O_4$, F. 189—191° ($CH_3OH$), aus vorvorst. Verb. in $CH_3OH$ mit $CH_2N_2$ in Ae.; $[\alpha]_D^{22}$ +21° (in Pyridin), +17° (in abs. A.); 81%.— *Reserpinsäuremethylester-O-cathylat*, $C_{28}H_{34}N_2O_7$, F. 238—240° ($CH_3OH$), $[\alpha]_D^{23}$ —97° (c = 0,66 in Chlf.). R. PASEDAG. 3500□

**Alkaloide in den Wurzeln von Rauwolfia perakensis.** A. K. Kiang und Alfred S. C. Wan. (J. chem. Soc. [London] **1960.** 1394—98. März. Singapore, Univ. of Malaya, Chem. Dep., Pharmaceut. Dep.) (Engl.)

Aus den Wurzeln von *Rauwolfia perakensis* wurden außer *Rohrzucker* u. den Alkaloiden *Ajmalin*, *Isoreserpilin*, *Reserpin* u. *Sarpagin* zwei neue, als *Pelirin* ($C_{21}H_{28}N_2O_4$) u. *Perakin* ($C_{21}H_{22}N_2O_3$) bezeichnete isoliert, daneben 3 weitere amorphe, als *RP-1*, *RP-2* u. *RP-3* bezeichnete Basen, die als krist. *Salze* isoliert wurden. *Pelirin* enthält eine Methoxylgruppe u. 4 akt. H-Atome. *Perakin* ist stereoisomer mit einem aus *R. vomitoria* von HOFMANN u. FREY (vgl. C. **1959.** 4817) isolierten Alkaloid.

Versuche: *Rohrzucker*, F. 185°, aus dem A.-Extrakt der Wurzeln; $[\alpha]_D^{21}$ +63,3° (c = 11,53; W.); 2% (Ausbeute). — *Reserpin*, $C_{33}H_{40}N_2O_9$, F. 263—264° (278—279° im Vakuum), durch Chromatographie des beim Eingießen des A.-Extrakts in W. ausgefallenen Prod. an saurem $Al_2O_3$; Nadeln aus Methanol; 0,015%. *Hydrochlorid*, $C_{33}H_{40}N_2O_9 \cdot HCl \cdot H_2O$, F. 223—224°, aus A. Nadeln. *Sulfat*, $C_{33}H_{40}N_2O_9 \cdot H_2SO_4$, F. 263—264°. — Daneben aus dem wss. Filtrat durch Chromatographie u. Isolierung als Salz oder freie Base: *Alkaloid RP-1*, F. 140—144°, amorph. *Hydrochlorid*, $C_{22}H_{26}N_2O_4 \cdot HCl \cdot CH_3OH \cdot H_2O$, F. 192—194° (Zers.; wss. Methanol); 0,005%. *Nitrat*, $C_{22}H_{26}N_2O_4 \cdot HNO_3 \cdot CH_3OH$, F. 240—242° (Zers.), Prismen aus Methanol-Wasser. *Pikrat*, $C_{22}H_{26}N_2O_4 \cdot C_6H_3N_3O_7$, F. 204 bis 205°, aus A. gelbe Nadeln. — *Isoreserpilin*, $C_{23}H_{28}N_2O_5$, F. 211—212°, Nadeln aus Methanol; $[\alpha]_D^{23}$ —33° (c = 0,77 in A.). *Nitrat*, $C_{23}H_{28}N_2O_5 \cdot HNO_3$, F. 252—254° (Zers.), Nadeln aus W.-Methanol; 0,025%. *Hydrochlorid*, $C_{23}H_{28}N_2O_5 \cdot HCl \cdot H_2O$, F. 250—252° (Zers.), aus W. Nadeln. — *Alkaloid RP-2*, F. 76—80°, amorph. *Pikrat*, $C_{24}H_{28}N_2O_4 \cdot C_6H_3N_3O_7$, F. 136—138°, gelbe Nadeln aus A.; 0,008%. — *Perakin*, $C_{21}H_{22}N_2O_3$, F. 185 bis 186°, $[\alpha]_D^{23}$ —107° (c = 0,98 in A.); 0,023%. Gibt keine krist. Salze. — *Alkaloid RP-3*, F. 110—114°, amorph. *Pikrat*, $C_{24}H_{32}N_2O_6 \cdot C_6H_3N_3O_7 \cdot 2\,H_2O$, F. 167—168°, aus A.-W. rote Nadeln; 0,042%. — *Pelirin*, $C_{21}H_{28}N_2O_4$, F. 130—131°, gelbe Blättchen aus wss. Methanol; $[\alpha]_D^{22}$ —121° (c = 1 in A.). *Semisulfat*, $C_{21}H_{28}N_2O_4 \cdot {}^1/_2\,H_2SO_4 \cdot {}^1/_2\,H_2O$, F. 223 bis 224° (Zers.); 0,083%. *Pikrat*, $C_{21}H_{28}N_2O_4 \cdot C_6H_3N_3O_7 \cdot C_2H_5OH$, F. 159—159,5°, aus A. gelbe Nadeln. — *Ajmalin*, $C_{20}H_{24}N_2O_2 \cdot {}^1/_2\,CH_3OH$, F. 158—159°, Prismen aus Methanol; $[\alpha]_D^{22}$ +133° (c = 0,997 in Chlf.); 0,022%. — *Sarpagin*, $C_{19}H_{22}N_2O_2 \cdot CH_3OH$, F. 374° (im Vakuum; $CH_3OH$), $[\alpha]_D^{20}$ +55° (c = 0,75 in Pyridin); 0,098%. *Hydrochlorid*, $C_{19}H_{22}N_2O_2 \cdot HCl \cdot {}^1/_4\,H_2O$, Zers. bei ca. 220°. *Hydrobromid*, $C_{19}H_{22}N_2O_2 \cdot HBr \cdot {}^1/_4\,H_2O$, Zers. bei ca. 220°. B. FÖHLISCH. 3500□

**$C_{(16)}$-$C_{(18)}$-Umlagerungen von Steroidalkaloiden.** John C. Sheehan, Richard L. Young und Philip A. Cruickshank. (J. Amer. chem. Soc. **82.** 6147—53. 5/12. 1960. Cambridge, Mass., Res. Inst. for Med. and Chem.) (Engl.)

Durch Erhitzen von Derivv. der Solanidan-18-säure mit Acetanhydrid (I) wird unter Spaltung der $C_{(16)}$-N-Bindung, Einführung einer Acetoxygruppe in die Lücke am $C_{(16)}$ u.

Lactamringschluß ein neues Syst. gebildet, dessen Grundkörper als *Cevanidan* (**II**) bezeichnet wird. So wird 3β-Acetoxy-$\Delta^5$-solaniden-18-säure (**III**) in *3β.16α-Diacetoxy-18-oxo-$\Delta^5$-cevaniden* (**IV**), Solanidan-3-on-18-säure (**V**) in *16α-Acetoxy-18-oxocevanidan-3-on* (**VI**) u. $\Delta^4$-Solaniden-3-on-18-säure (**VII**) in *16α-Acetoxy-18-oxo-$\Delta^4$-cevaniden-3-on* übergeführt. Verss., die Umlagerung durch Rk. mit $SOCl_2$ oder $POCl_3$ zu erreichen, waren erfolglos. Die Struktur der Prodd. wird bewiesen durch Verseifung zur *16α-Hydroxy-Verb.* u. deren Oxydation mit $H_2CrO_4$ bzw. $CrO_3$–Pyridin zum $C_{(16)}$-*Keton* mit IR-Absorption bei 1740 $cm^{-1}$ (Fünfringketon); bei der Spaltung der $C_{(28)}$-N-Bindung würde bei diesen Rkk. ein Aldehyd bzw. eine Carbonsäure u. bei der Spaltung zwischen $C_{(22)}$ u. N ein Neunringketon (IR-Maximum bei 1705—1720 $cm^{-1}$) entstehen. Die α-Konfiguration für die 16-Hydroxygruppe bzw. deren Substituenten wird aus der leichten Regeneration des Solanidan-Syst. gefolgert: **VI** wird durch Kochen in $CH_3COOH$–HCl oder Erhitzen mit $H_3PO_4$ in **V** übergeführt; bei der $LiAlH_4$-Red. von 16α-Tosyloxy- (**VIII**) bzw. 16α-Chlor-18-oxo-3.3-äthylendioxycevanidan wird *18-Hydroxy-3.3-äthylendioxysolanidan* erhalten, das nach Ketalspaltung das auch durch OPPENAUER-Oxydation von Dihydroisorubijervin (**IX**) erhältliche *18-Hydroxysolanidan-3-on* liefert; beide Rkk. verlaufen nach einem $S_N2$-Mechanismus. Die durch Oxydation von 16α-Hydroxy-18-oxo-3.3-äthylendioxycevanidan (**X**) mit $CrO_3$–Pyridin darstellbare *16-Keto-Verb.* wird nach WOLFF-KISHNER-Red. zu *18-Oxo-3.3-äthylendioxycevanidan* red., das mit $CH_3COOH$–HCl auch nach 2wöchigem Kochen lediglich unter Ketalspaltung zu *18-Oxocevanidan-3-on* (**XI**) reagiert. Das **II**-Syst. bleibt auch bei der $LiAlH_4$-Red. von 16α-Acetoxy-18-oxocevanidanen erhalten: **IV** wird zu *3β.16α-Dihydroxy-$\Delta^5$-cevaniden* u. 16α-Acetoxy-18-oxo-3.3-äthylendioxycevanidan (**XII**) wird zu *16α-Hydroxy-3.3-äthylendioxycevanidan* (**XIII**) red.; Verss. zur partiellen Red. von **XII** mit $LiAlH_4$ zum Aminoalkohol führten bei niedrigen Temp. u./oder stöchiometr. Mengen $LiAlH_4$ zu Gemischen von **X** u. **XIII**. Die Möglichkeit, ein *Methojodid* von **XIII** darzustellen, spricht gegen eine Wechselwrkg. zwischen N u. Hydroxylrest u. damit ebenfalls für die 16α-Konfiguration. Eine solche Wechselwrkg. ist wahrscheinlich die Ursache für vergebliche Verss., Isorubijervin (**XIV**) mit $CH_3J$ bzw. p-Toluolsulfonsäuremethylester zu quaternisieren. Der HOFMANN-Abbau von **XIII**-Methojodid führt zu **XIII**. Durch $LiAlH_4$-Red. von **XI** wird *3β-Hydroxycevanidan* erhalten, das mit dem Hydrierungs-Prod. des von PELLETIER u. JACOBS (C. **1956**. 12845) durch Red. von **XIV**-Tosylat mit Na in A. neben Solanidin erhaltenen „Pseudosolanidins" sowie dem Hydrierungs-Prod. des durch HOFMANN-Abbau von **XIV**-Tosylat, das nicht als Ester, sondern als inneres quart. Salz (Bindung zwischen $C_{(18)}$ u. N) vorzuliegen scheint, erhältlichen *3β-Hydroxy-$\Delta^{5.15}$-cevanidiens* (die Stellung der 2. Doppelbindung wird nicht bewiesen) ident. ist. Die p-Toluolsulfonate wurden mit p-Toluolsulfonylchlorid (**XV**) in Pyridin bei Raumtemp. dargestellt, da durch Kochen der Lsgg. nur die 16-Chlor-Derivv. erhalten werden. **V** wird durch Oxydation von **IX** mit KILIANI-Lsg., **VII** durch OPPENAUER-Oxydation von **XIV** zu *18-Hydroxy-$\Delta^4$-solaniden-3-on* (**XVI**) u. dessen Oxydation mit modifiziertem KILIANI-Reagens, **III** durch $CrO_3$-Oxydation von **XIV** zum *18-Aldehyd* u. dessen Oxydation mit $H_2CrO_4$ nach Acetylierung dargestellt.

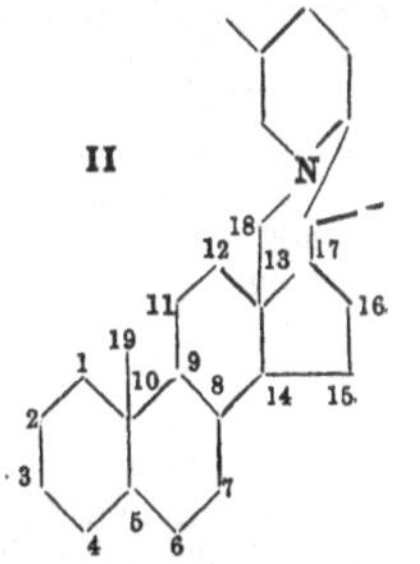

II

Versuche (FF. korr.): *3β-Hydroxy-$\Delta^5$-solaniden-18-al*, $C_{27}H_{41}NO_2$, F. 214—215° (A.), durch Zugabe von $CrO_3$ in 90%ig. $CH_3COOH$ zu **XIV** in 90%ig. $CH_3COOH$ unter Kühlen innerhalb von 1/2 Std., 18std. Stehen bei Raumtemp., Zers. mit A., Eindampfen im Vakuum, Lösen in W. u. Fällen mit 10%ig. Soda-Lsg.; $[\alpha]_D^{28}$ +5,5° (c = 0,7; Chlf.); 77% (Ausbeute). *Acetat*, $C_{29}H_{43}NO_3$, F. 203—203,5° ($CH_3OH$–W.), durch 16std. Stehen in Acetanhydrid (**I**) + Pyridin (1:1) bei Raumtemp., Verdünnen mit Eiswasser, Alkalisieren mit 10%ig. Soda-Lsg., Extraktion mit $CH_2Cl_2$ u. Einengen im Vakuum; 64%. — *3β-Acetoxy-$\Delta^5$-solaniden-18-säure* (**III**), *Na-Salz*, durch Zugabe von $H_2CrO_4$-Lsg. ($CrO_3$ in konz. $H_2SO_4$ + W.) zu vorst. Acetat in Aceton, 20 Min. langes Stehen bei Raumtemp., Alkalisieren mit gesätt. $NaHCO_3$-Lsg., Einengen, Filtrieren, Waschen des Nd. mit 95%ig. A., Eindampfen des Filtrats, Abfiltrieren u. Waschen mit W.; 90%. *Hydrochlorid*, $C_{29}H_{43}NO_4 \cdot HCl$, F. 296—298° ($CH_2Cl_2$ u. Aceton), durch Zugabe von HCl u. $CH_3COOH$ zum Na-Salz in W. bis zum pH 6—7 u. Extraktion mit $CH_2Cl_2$; $[\alpha]_D$ —13° (c = 0,69; Chlf.). — *$\Delta^4$-Solaniden-3-on-18-säure* (**VII**), $C_{27}H_{39}NO_3$, F. 282—285° ($CH_2Cl_2$–Aceton), durch Zugabe von KILIANI-Lsg. zu **XVI** in 90%ig. $CH_3COOH$, 12std. Rühren bei 0°, Zers. mit A., Verdünnen mit W., Alkalisieren mit konz. $NH_4OH$, Extraktion mit Chlf., Trocknen über $MgSO_4$, Eindampfen u. Anreiben mit Aceton; $[\alpha]_D$ 108° (c = 1,79; Chlf.); 53%. — *3β.16α-Diacetoxy-18-oxo-$\Delta^5$-cevaniden* (**IV**), $C_{31}H_{45}NO_5$, F. 228,5—230,5° (A.–W.), durch 2—3std. Kochen von **III**-Na-Salz in **I**, Zugabe von W. zur heißen Lsg.,

$^1/_4$std. Kochen, Verdünnen mit heißem W. u. Kühlen; $[\alpha]_D^{23}$ $-75{,}2^0$ (c = 0,95; Chlf.); $\nu_{max}$ 1735, 1725, 1630 u. 1240 $cm^{-1}$ (KBr); 66%. — *16α-Acetoxy-18-oxo-Δ⁴-cevaniden-3-on*, $C_{29}H_{41}NO_4$, F. 242—244,5° (A.-W.), analog vorst. Verb. aus **VII**; $[\alpha]_D^{23}$ $-6{,}3^0$ (c = 0,9; Chlf.); $\nu_{max}$ 1730, 1665, 1620 u. 1240 $cm^{-1}$ (KBr); 90%. — *16α-Acetoxy-18-oxo-3.3-äthylendioxy-Δ⁵-cevaniden, Cyclohexansolvat*, $C_{31}H_{45}NO_5 \cdot C_6H_{12}$, F. 102° (Zers.; Cyclohexan), durch Zugabe von Äthylenglykol (**XVII**) u. wenig p-Toluolsulfonsäure zu vorst. Keton in abs. Bzl., 12std. Kochen unter Entwässerung (Soxhlet mit $MgSO_4$), Zugabe von methanol. KOH, Waschen mit 5%ig. $NaHCO_3$-Lsg., Trocknen über $MgSO_4$ u. Eindampfen; ca. 100%. — *16α-Hydroxy-18-oxocevanidan-3-on* (**XVIII**), *Hydrat*, $C_{27}H_{41}NO_3 \cdot H_2O$, F. 135° (Zers. u. Wiedererstarren; $CH_3OH$-W.) u. 217—218°, durch 15std. Verseifen von **VI** mit methanol. KOH bei Raumtemp., Ansäuern mit 10%ig. HCl u. Verdünnen mit W. auf dem Dampfbad bis zur Kristallisation; $[\alpha]_D^{24}$ $-19^0$ (c = 1,1; Pyridin); $\nu_{max}$ 3400, 1710 u. 1630 $cm^{-1}$ (KBr); 98%. *3-Äthylenketal* (**X**), $C_{29}H_{45}NO_4$, F. 157—159° (Aceton-W.), analog vorst. Ketal; $[\alpha]_D$ $-23{,}5^0$ (c = 0,68; Pyridin); $\nu_{max}$ 3300 u. 1630 $cm^{-1}$ (KBr); 100%. *Tosylat*, $C_{34}H_{47}NO_5S$, F. 180—182° (Aceton-W.), durch Rk. von **XVIII** mit **XV** bei Raumtemp. in Pyridin; *3-Äthylenketal* (**VIII**), $C_{36}H_{51}NO_6S$, F. 169—171° (Aceton-W.), aus **VI**-Äthylenketal u. **XV** in Pyridin bei Raumtemp.; $[\alpha]_D$ $-37^0$ (c = 1,05; Pyridin); 89%. *Acetat* (**VI**), $C_{29}H_{43}NO_4$, F. 255,5—258,5° (A.-W.), analog **IV** aus **V**; $[\alpha]_D^{21}$ $-40{,}5^0$ (c = 1,0; Chlf.), $\nu_{max}$ 1730, 1710, 1630 u. 1240 $cm^{-1}$ (KBr); 89%; **VI**-*Äthylenketal* (**XII**), $C_{31}H_{47}NO_5$, F. 249—251° (95%ig. A.), aus **VI**; $[\alpha]_D$ $-54^0$ (c = 1,44; Pyridin); 98%. — *16α-Hydroxycevanidan-3-on* (**XIX**), $C_{27}H_{43}NO_2$, F. 207,5—210° (A.-W.), durch $^1/_2$std. Erwärmen von **XII** in 20%ig. $CH_3COOH$ auf dem Dampfbad, Eindampfen im Vakuum u. Anreiben des Öls mit 5%ig. $NaHCO_3$-Lsg.; $[\alpha]_D^{25}$ $-42{,}7^0$ (c = 1,28; Chlf.); 98%. *Acetat*, $C_{29}H_{45}NO_3$, F. 174—176,5° (Aceton-W.), durch Rk. von **XIX** mit **I** in Pyridin; $[\alpha]_D^{24}$ $-44^0$ (c = 1,22; Pyridin). *Äthylenketal* (**XIII**), $C_{29}H_{47}NO_3$, F. 212,5 bis 216° (Aceton), durch 12—18std. Kochen von **XII** u. überschüssigem $LiAlH_4$ in Tetrahydrofuran (THF), Zers. mit Essigester, Verdünnen mit KNa-Tartrat-Lsg., Extraktion mit $CH_2Cl_2$, Trocknen u. Eindampfen; $[\alpha]_D$ $-23{,}7^0$ (c = 1,2; Pyridin); 100%; **XIII**-*Methojodid*, $C_{30}H_{50}JNO_3$, F. 271—275° (W.), durch 18std. Kochen von **XIII**, $CH_3J$ u. $K_2CO_3$ in Aceton unter Rühren, Filtrieren der heißen Lsg., Waschen des Nd. mit Aceton, Eindampfen u. Anreiben mit Ae. u. Chlf.; 66%. — *Solanidan-3-on-18-säure* (**V**), F. 296 bis 300°, a) nach Sato u. Jacobs (C. **1952.** 682); b) durch 6tägiges Kochen von **VI** in $CH_3COOH$-konz. HCl, Kühlen, Verdünnen mit W., Waschen mit Ae., Neutralisieren der wss. Phase mit fester Soda (pH 6), Extraktion mit $CH_2Cl_2$, Trocknen, Eindampfen u. Anreiben mit Ae.; 82%; c) durch 2tägiges Erhitzen von **VI** mit $H_3PO_4$; d) durch mehrtägiges Kochen von **VI** mit $CH_3COOH$ + 48%ig. HBr. — *18-Oxocevanidan-3.16-dion*, $C_{27}H_{39}NO_3$, F. 222—225° (Aceton-W.), durch Erwärmen des Dimethylketals in 50%ig. $CH_3COOH$ u. Verdünnen mit W.; $[\alpha]_D$ $-148^0$ (c = 1,0; Pyridin); $\nu_{max}$ 1740, 1719 u. 1630 $cm^{-1}$ (KBr). *3-Dimethylketal*, $C_{29}H_{45}NO_4$, F. 192—193° (abs. $CH_3OH$), durch 15std. Stehen von **XVIII** in 90%ig. $CH_3COOH$ mit Kiliani-Reagens bei Raumtemp., Verdünnen mit W., Extraktion mit Chlf., Waschen mit 5%ig. $NaHCO_3$-Lsg., Trocknen u. Eindampfen; $\nu_{max}$ 1740 u. 1630 $cm^{-1}$ (KBr). *3-Äthylenketal*, $C_{29}H_{43}NO_4$, F. 282—284,5° (Erweichen bei 276°; $CH_3OH$-Aceton), durch Zugabe von **X** in Pyridin zu $CrO_3$ in Pyridin, 16std. Stehen bei 25°, Verdünnen mit W., Extraktion mit Bzl.-Ae. (1 : 1), Waschen der Extrakte mit W., Trocknen u. Einengen; $[\alpha]_D$ $-133^0$ (c = 1,46; Chlf.); $\nu_{max}$ 1740, 1620, 1250 u. 1160—1060 $cm^{-1}$ (Chlf.); 98% (nach Einengen u. Reoxydation der Mutterlaugen). — *18-Oxocevanidan-3-on* (**XI**), $C_{27}H_{41}NO_2$, F. 202—203° ($CH_2Cl_2$-Hexan), durch (2wöchiges) Kochen des Ketals in $CH_3COOH$ + 20%ig. HCl (3 : 1) unter $N_2$ u. Eindampfen im Vakuum; $[\alpha]_D$ $-27^0$ (c = 1,20; Chlf.); $\nu_{max}$ 1715, 1626 u. 1340 $cm^{-1}$ (KBr); 74%. *3-Äthylenketal*, $C_{29}H_{45}NO_3$, F. 203—205° ($CH_3OH$), durch langsame Dest. vorst. Äthylenketals + abs. Hydrazin u. KOH in **XVII** bis 190°, Zugabe von weiterem $N_2H_4$, 3std. Dest., Kühlen, Verdünnen mit W., Extraktion mit $CH_2Cl_2$, Waschen der Extrakte mit W., Trocknen u. Eindampfen im Vakuum; $[\alpha]_D$ $+20^0$ (c = 1,05; Chlf.); $\nu_{max}$ 1620, 1260 u. 1180—1080 $cm^{-1}$ (KBr); 71%. — *16α-Chlor-18-oxocevanidan-3-on*, $C_{27}H_{40}ClNO_2$, F. 229—231° ($CH_3OH$-W.), durch 16std. Kochen von **XVIII** u. **XV** in Pyridin, Kühlen, Gießen in W. u. Anreiben des Öls; $[\alpha]_D$ $-3{,}9^0$ (c = 1,0; Pyridin); $\nu_{max}$ 1710 u. 1630 $cm^{-1}$ (KBr); 80%. *3-Äthylenketal*, $C_{29}H_{44}ClNO_3$, F. 252—254° (A., dann Cyclohexan), $[\alpha]_D$ $-21^0$ (c = 1,0; Pyridin); $\nu_{max}$ 1630 $cm^{-1}$ (KBr); 84%. — *18-Hydroxysolanidan-3-on*, F. 217 bis 220° (Aceton-W. + wenig $K_2CO_3$), a) durch $^1/_2$std. Erhitzen des Ketals in 50%ig. $CH_3COOH$ auf dem Dampfbad u. Eindampfen im Vakuum; $[\alpha]_D$ $+57^0$ (c = 1,0; Pyridin); b) durch Oppenauer-Oxydation von **IX** nach Weisenborn u. Burn (C. **1955.** 592). *2.4-Dinitrophenylhydrazon*, $C_{33}H_{47}N_5O_5$, F. 244,5—245,5° ($CH_2Cl_2$-A.). *Acetat*, $C_{29}H_{45}NO_3$, F. 176,5—178,5° (Aceton-W.), durch 1std. Erhitzen des Ketals mit **I** u. Pyridin auf dem Dampfbad Kühlen, Gießen auf Eis, Alkalisieren mit $K_2CO_3$, Extraktion mit $CH_2Cl_2$,

Eindampfen im Vakuum, Erwärmen mit 60 % ig. $CH_3COOH$, Einengen u. Anreiben mit 5 % ig. $K_2CO_3$-Lsg.; $[\alpha]_D^{28}$ +55° (c = 1,2; Pyridin). *Äthylenketal*, $C_{29}H_{47}NO_3$, F. 227,5 bis 230,5° (A.), a) durch 12—18 std. Kochen vorst. Ketals mit überschüssigem $LiAlH_4$ in THF, Zers. mit Essigester, Zugabe von wss. THF, Filtrieren, Ausziehen des Nd. mit heißem THF u. Eindampfen; $[\alpha]_D^{25}$ +30° (c = 2,0; Chlf.); 59 %; b) analog a) aus **VIII**; 45 %. — *3β.16α-Dihydroxy-$\Delta^5$-cevaniden, Hemihydrat*, $C_{27}H_{43}NO_2 \cdot {}^1/_2\,H_2O$, F. 229—233° (A.-W.), analog **XIII** aus **IV**; $[\alpha]_D$ —35,5° (c = 2,4; Pyridin); 100 %. — *Cevanidan-3.16-dion*, $C_{27}H_{41}NO_2$, F. 158—161° (Aceton-W.), durch Zugabe von KILIANI-Reagens zu **XIX** in Aceton bis zur bleibenden Orangefärbung, Zugabe von W., Filtrieren durch Celite, Alkalisieren mit 1 n NaOH, Verdünnen mit W. u. Anreiben; $[\alpha]_D^{24}$ —84° (c = 1,02; Pyridin); $\nu_{max}$ 1740 u. 1710 $cm^{-1}$ (KBr); 100 %. — *3β-Hydroxy-$\Delta^{5.15}$-cevanidien*, $C_{27}H_{41}NO$, F. 227—230° (Aceton), durch Zugabe von **XIV**-Tosylat (nach PELLETIER u. JACOBS, l. c.) zu K-tert.-Butylat in tert.-Butanol, 16 std. Kochen, Verdünnen mit W. u. Extraktion mit $CH_2Cl_2$; 69 %. — *3β-Hydroxycevanidan*, $C_{27}H_{45}NO$, F. 211—212° (Aceton), a) analog **XIII** aus **XI**; $[\alpha]_D$ +32,5° (c = 0,55; Chlf.); b) durch Hydrieren vorst. Verb. in Eisessig in Ggw. von ADAMS-Katalysator. H. PAGEL. 3500□

**Veratrum-Alkaloide. 44. Mitt. Beziehungen zwischen Struktur und Aktivität in einer Serie synthetischer, hypotensiver Ester des Protoverins.** S. Morris Kupchan, Ruprecht H. Hensler und Lawrence C. Weaver. (J. med. pharmac. Chem. **3**. 129—55. 10/1. 1961. Madison, Wis., Univ., Dep. of Pharmac. Chem.; Indianapolis, Ind., Pitman-Moore Co., Pharmacol. Labor.) (Engl.) — **43**. vgl. C. **1961**. 14286.

Um den Zusammenhang zwischen Struktur u. hypotensiver Wirksamkeit zu untersuchen, stellen Vff. eine Reihe von Protoverin-3.6.7.15-estern mit einem, zwei oder drei Isoburyrylresten her, während die jeweils freien der vier Positionen z. T. mit Essigsäure verestert werden. Es zeigt sich dabei, daß der Acylrest an der $C_{(3)}$-OH-Gruppe nicht verzweigt zu sein braucht, um hohe Aktivitäten zu erhalten; Isobutyrylreste an der $C_{(3)}$- u. $C_{(15)}$-OH-Gruppe erhöhen die Aktivität bes. stark; die Veresterung der $C_{(15)}$-OH-Gruppe mit einer verzweigten Säure ist bes. vorteilhaft; die $C_{(6)}$- u. $C_{(7)}$-OH-Gruppen brauchen nicht verestert zu sein; ein verzweigter Acylrest an $C_{(7)}$ ist unvorteilhaft. Ferner tritt ein starker Aktivitätsbefall ein, wenn die $C_{(16)}$-OH-Gruppe verestert wird. Die einzelnen Verbb. werden durch Acylierung mit Isobutyrylchlorid (**XIV**), Acetanhydrid oder Acetylchlorid (**XXIV**) oder durch Methanolyse dargestellt. Die pharmakolog. Wirksamkeiten der verschiedenen Verbb. sind in einer Tabelle angegeben.

Versuche ($[\alpha] = [\alpha]_D^{25}$ in Pyridin): *Protoverin, 6.15-Diisobutyrat* (**I**), $C_{35}H_{55}NO_{11}$, F. 190—191°, durch 17 std. Stehen von Protoverin (**XXVII**) mit 2 Mol **XIV** in Pyridin bei Raum-Temp., Zugabe von Chlf., Eiswasser u. $NH_4OH$ (bis pH 8—9) u. Abtrennen der Chlf.-Phase; $[\alpha]$ —34°. *3.6.15-Triisobutyrat* (**II**), $C_{39}H_{61}NO_{12}$, aus **XXVII** u. 3 Mol **XIV**; amorph; $[\alpha]$ —11°. *3.6.16-Triacetat-7.15-diisobutyrat* (**III**), $C_{41}H_{61}NO_{14}$, F. 224 bis 225°, aus 3,1 g Protoverin-3.6.16-triacetat u. ca. 4 Mol **XIV**; aus Keton/PAe. Nadeln; $[\alpha]$ —45°; 1,07 g. *3.6.16-Triacetat-15-isobutyrat* (**IV**), $C_{37}H_{55}NO_{13}$, F. 228—229°, neben **III**; aus Aceton/PAe. Prismen; $[\alpha]$ —3°; 0,73 g. *3.15.16-Triacetat-6.7-diisobutyrat* (**V**), aus 600 mg **XIX** u. ca. 9 Mol **XIV**; amorph; $[\alpha]$ —50°; 400 mg. *3.16-Diacetat-6.7.15-triisobutyrat* (**VI**), $C_{43}H_{65}NO_{14}$, F. 233—234°, aus 1,55 g **XXVI** u. ca. 7 Mol **XIV**; aus Ae. Prismen; $[\alpha]$ —39°; 900 mg. *3.6.7-Triisobutyrat-15-acetatsemihydrat*, $C_{41}H_{63}NO_{13} \cdot {}^1/_2\,H_2O$, F. 239—241°, aus 300 mg **XX** u. ca. 7 Mol **XIV**; aus Ae Prismen; $[\alpha]$ —40°; 80 mg. *3.6.15.16-Tetraacetat-7-isobutyrat* (**VII**), $C_{39}H_{57}NO_{14}$, F. 257—259°, aus 850 mg Protoverin-3.6.15.16-tetraacetat u. ca. 7,5 Mol **XIV** in 12 Std. bei Raum-Temp. u. 6 Std. lang bei 60°; $[\alpha]$ —46°; 180 mg. *3.7.15-Triisobutyrat-6.16-diacetat* (**VIII**), $C_{43}H_{65}NO_{14}$, F. 232—233°, aus 5,3 g Protoverin-6.16-diacetat u. 3 Mol **XIV**; aus Aceton/PAe. Nadeln; $[\alpha]$ —37°; 2,4 g; daneben *Protoverin-3.15-diisobutyrat-6.16-diacetat* (**IX**); amorph; $[\alpha]$ —16°; 1,1 g. *3.7-Diisobutyrat-6.15.16-triacetat* (**X**), aus 500 mg **XXI** u. ca. 5 Mol **XIV**; amorph; $[\alpha]$ —40°; 430 mg. *3-Isobutyrat-6.15-diacetat* (**XI**), aus 1,2 g **XXII** u. 4 Mol **XIV**; amorph; $[\alpha]$ —10°; 850 mg. *3.15-Diisobutyrat-6-acetat* (**XII**), aus 1,7 g **XXIII** u. ca. 5 Mol **XIV**; amorph; $[\alpha]$ —12°; 1,25 g. *3.7.16-Triacetat-6.15-diisobutyrat* (**XIII**), $C_{41}H_{61}NO_{14}$, F. 254—255°, durch 2½ std. Erwärmen von **I** mit Acetanhydrid in Pyridin auf 80°; aus Aceton/PAe. Nadeln; $[\alpha]$ —49°; 90 %. *3.6.15-Triisobutyrat-7.16-diacetat*, $C_{43}H_{65}NO_{14}$, F. 234—236° (Aceton/PAe.), analog **XIII** aus **II**; $[\alpha]$ —44°; 85—90 %. *3.6.7.16-Tetraacetat-15-isobutyratsemihydrat* (**XV**), $C_{39}H_{57}NO_{14} \cdot {}^1/_2\,H_2O$, F. 258—259° (Chlf./PAe.), aus 500 mg **IV**; $[\alpha]$ —46°; 495 mg. *3.7.15.16-Tetraacetat-6-isobutyratsemihydrat* (**XVI**), $C_{39}H_{57}NO_{14} \cdot {}^1/_2\,H_2O$, F. 219—220°, aus 1 g Protoverin-6-isobutyrat; aus Aceton/PAe. Prismen; $[\alpha]$ —51°; 1,2 g. *3.6-Diisobutyrat-7.15.16-triacetathydrat*, $C_{41}H_{61}NO_{14} \cdot H_2O$, F. 210—212° (Ae.), aus 1 g **XXV**; $[\alpha]$ —44°; 1,12 g. *14.15-Acetonid-3.16-diacetat-6-isobutyrat* (**XVII**), $C_{38}H_{57}NO_{12}$, F. 252—253°, aus 6 g Protoverin-14.15-acetonid-6-isobutyrat; aus Aceton/PAe. hexagonale Prismen; [α] +21°; 6,1 g. *3.15-Diisobutyrat-6.7.16-triacetat* (**XVIII**), $C_{41}H_{61}NO_{14}$, F. 259—260°, aus 900 mg **IX**; aus Aceton/PAe. Prismen; [α] —48°; 760 mg. *3-Isobutyrat-6.7.15-triacetat*, $C_{37}H_{55}NO_{13}$, F. 249—250°, aus 600 mg **XI** durch 15std. Stehen bei Raum-Temp.; aus Aceton/PAe. Prismen; [α] —39°; 260 mg. *3.15.16-Triacetat-6-isobutyrathydrat* (**XIX**), $C_{37}H_{55}NO_{13}\cdot H_2O$, F. 177—179° (Ae.), aus 1,7 g **XXVI** mit ca. 1,7 Mol **XXIV** in Pyridin; [α] —4°; 720 mg. *3.6-Diisobutyrat-15-acetat* (**XX**), $C_{37}H_{57}NO_{12}$, F. 165—168°, aus 1,1 g **XXV** u. ca. 2,5 Mol **XXIV**; aus Ae. Nadeln; [α] —7°; 450 mg. *6.15.16-Triacetathydrat* (**XXI**), $C_{33}H_{49}NO_{12}\cdot H_2O$, F. 242—243°, aus 5,1 g Protoverin-6.16-diacetat; aus Chlf./Ae. Prismen; [α] —18°; 2,2 g. *6.15-Diacetat-semihydrat* (**XXII**), $C_{31}H_{47}NO_{11}\cdot ½H_2O$, F. 235—236° (Chlf./PAe.), aus 6,3 g **XXVII** u. ca. 1,8 Mol **XXIV**; [α] —27°; 800 mg; daneben *Protoverin-6-acetat* (**XXIII**), $C_{29}H_{45}NO_{10}$, F. 180—190° (Aceton/PAe.); [α] —15°; 790 mg. *3.7-Diacetat-6.15-diisobutyrat*, $C_{39}H_{59}NO_{13}$, F. 237—238°, durch 60std. Stehen von 1,8 g **XIII** in $CH_3OH$ bei Raum-Temp. u. Eindampfen; aus Aceton/PAe. Prismen; [α] —46°; 0,83 g. *3.6.15-Triisobutyrat-7-acetat*, $C_{41}H_{63}NO_{13}$, F. 234—235°; Nadeln; [α] —46°; 760 mg. *3.6-Diacetat-7.15-diisobutyrat*, $C_{39}H_{59}NO_{13}$, F. 252—253°, aus 700 mg **III**; aus Aceton/PAe., Prismen; [α] —46°; 170 mg. *3.6.7-Triacetat-15-isobutyratsemihydrat*, $C_{37}H_{55}NO_{13}\cdot ½H_2O$, F. 248 bis —249° (Aceton/PAe.), aus 300 mg **XV**; [α] —40°; 120 mg *3.15-Diacetat-6.7-diisobutyrat*, $C_{39}H_{59}NO_{13}$, F. 227—228° (Ae./PAe.), aus 210 mg **V**; [α] —42°; 120 mg. *3-Acetat-6.7.15-triisobutyrat*, aus 650 mg **VI**; amorph; [α] —38°; 330 mg. *3.6.15-Triacetat-7-isobutyrat*, $C_{37}H_{55}NO_{13}$, F. 243—244°, aus 130 mg **VII**; aus Ae. Prismen; [α] —48°; 75 mg. *3.7.15-Triisobutyrat-6-acetat*, aus 1,4 g **VIII**; amorph; [α] —30°; 250 mg. *3.7-Diisobutyrat-6.15-diacetathydrat*, $C_{39}H_{59}NO_{13}\cdot H_2O$, F. 214—216°, aus 300 mg **X**; aus Ae. Prismen; [α] —37°; 160 mg. *3.15-Diisobutyrat*, $C_{35}H_{55}NO_{11}$, F. 185—190° (Ae.), aus 250 mg **XII** in 40 Std.; [α] —10°; 120 mg. *3.6-Diisobutyratsesquihydrat* (**XXV**), $C_{35}H_{55}NO_{11}\cdot 1½H_2O$, F. 160—170° (Aceton/Ae.), durch 17std. Stehen von Protoverin-14.15-acetonid-3.6-diisobutyrat in 2%ig. wss. HCl bei Raum-Temp., Alkalisieren mit $NH_4OH$ u. Extrahieren mit Chlf.; [α] —10°; 618 mg. *3.16-Diacetat-6-isobutyrat* (**XXVI**), $C_{35}H_{53}NO_{12}$, F. 232—233°, aus 6 g **XVII**; aus Aceton/PAe. Prismen; [α] —7°; 4,4 g. *3.7.15-Triacetat-6-isobutyrat*, $C_{37}H_{55}NO_{13}$, F. 265—266°, durch 60std. Stehen von 1 g **XVI** in Aceton $CH_3OH$ (1:2) bei Raum-Temp.; aus Aceton/PAe. Prismen; [α] —41°; 380 mg. *3.15-Diisobutyrat-6.7-diacetat*, $C_{39}H_{59}NO_{13}$, F. 222—223°, a) durch 40std. Stehen von 300 mg **XVIII** in $CH_3OH$ bei Raum-Temp.; 140 mg; b) durch 14std. Stehen von 750 mg **XII** mit ca. 7 Mol **XXIV** in Pyridin; 240 mg; aus Ae. Prismen; [α] —42°. G. TEEGE. 3500□

**Synthese von Damnacanthal, Damnacanthol, Norjuzunal und Norjuzunol, den färbenden Stoffen der Damnacanthus-Arten.** Yoshio Hirose. (Chem. pharmac. Bull. [Tokyo] **8.** 417—26. Mai 1960. Kumamoto, Univ., Pharmac. Fac.) (Engl.)

Ausgehend von 2.4-Dihydroxy-3-methylbenzophenoncarbonsäure-(2'), die durch Cyclisierung mit konz. $H_2SO_4$ u. $H_3BO_3$ in *Rubiadin* (*1.3-Dihydroxy-2-methylanthrachinon*) übergeführt wird, entsteht über die Zwischenstufen *1-O-Methyl-3-O-acetylrubiadin*, *1-Methoxy-2-brommethyl-3-acetoxyanthrachinon* (**IV**), *1-Methoxy-2-acetoxymethyl-3-acetoxyanthrachinon*, *Damnacanthol* (*1-Methoxy-2-hydroxymethyl-3-hydroxyanthrachinon*; **II**). **II** läßt sich mit aktiviertem $MnO_2$ in *Damnacanthal* (*1-Methoxy-2-formyl-3-hydroxyanthrachinon*) überführen. Juzunal wird auf Grund der nachst. Rkk. als *5-Hydroxydamnacanthal* erkannt. Norjuzunal (**III**) ist entsprechend *1.3.5-Trihydroxy-2-formylanthrachinon*. Die Verseifung von 1.3-Di-O-acetyl-4-O-methylpurpurin führte unter Wanderung der Methylgruppe in die 3-Stellung zur Bldg. von *3-O-Methylpurpurin*. Ausgehend von 4-Bromrubiadin wird 2-Methylpurpurin (**V**) dargestellt, dessen Triacetyl-Deriv. mit N-Bromsuccinimid *1.3.4-Tri-O-acetyl-2-brommethylpurpurin* ergibt. 1.3.4-Tri-O-methyl-2-methylpurpurin läßt sich über ein *Brom-Deriv.* in *1.3.4-Tri-O-methyl-2-formylpurpurin* überführen, das jedoch mit dem entsprechenden Deriv. aus natürlichem Juzunal nicht ident. ist. Dagegen entsteht durch Einführung der Hydroxymethylgruppe in 1.3.5-Trihydroxyanthrachinon nach AYYANGAR u. VENKATARAMAN (C. **1958.** 10045) bzw. nach dem D. R. P. 184 786 *1.3.5-Trihydroxy-2-hydroxymethylanthrachinon* (**VI**), das mit dem aus natürlichem Juzunol gewonnenen Norjuzunol ident. ist. Die *Tetraacetyl-Derivv.* zeigen keine F.-Depression. Die Oxydation von **VI** analog **II** ergibt **III**, ident. mit Norjuzunal aus Juzunal. Im Laufe dieser Unterss. wurde *1.3.8-Trihydroxy-2-formylanthrachinon* (**I**) durch Kondens. von 3-Nitrophthalsäureanhydrid u. 2.6-Dihydroxytoluol zu *2.4-Dihydroxy-3-methyl-6'-nitrobenzophenoncarbonsäure-(2')*, Überführung in die entsprechende *Amino-Verb.* (**VII**), Ringschluß zu *1.3-Dihydroxy-2-methyl-8-aminoanthrachinon*, Diazotierung u. Verkochung zu *1.3.8-Trihydroxy-2-methylanthrachinon*, Bromieren des *Triacetyl-Deriv.* zu *1.3.8-Triacetoxy-2-brommethylanthrachinon*, Verseifung zu *1.3.8-Trihydroxy-2-hydroxymethyl-*

*anthrachinon* u. dessen Oxydation synthetisiert. I entsteht auch durch Hydroxymethylierung von 1.3.8-Trihydroxyanthrachinon. Die IR-Banden der verschiedenen Verbb. sind angegeben.

Versuche: *2.4-Dihydroxy-3-methylbenzophenoncarbonsäure-(2')*, $C_{15}H_{12}O_5$, F. 223°, durch Zugabe von $AlCl_3$ zu einer Lsg. von Phthalsäureanhydrid u. 2.6-Dihydroxytoluol in 1.2-Dichloräthan, 3std. Erhitzen auf 125°, Zugabe von 10%ig. HCl, Dampf-Dest., Lösen in 5%ig. $NaHCO_3$, Filtrieren u. Ansäuern mit 10%ig. HCl; aus Bzl. u. Essigsäure rhomb. Platten; 33% (Ausbeute). — *Rubiadin*, $C_{15}H_{10}O_4$, F. 290°, durch 25 Min. langes Erhitzen vorst. Verb. mit $H_3BO_3$ in konz. $H_2SO_4$ auf 100° u. Gießen auf Eis; 54%. — *2.4-Dihydroxy-3-methyl-6'-nitrobenzophenoncarbonsäure-(2')*, $C_{15}H_{11}NO_7$, F. 252°, durch FRIEDEL-CRAFTS-Rk. aus 5,7 g 2.6-Dihydroxytoluol, 5 g wasserfreien 3-Nitrophthalsäure u. $AlCl_3$ in 1.2-Dichloräthan; aus W. u. aus Methanol oder wss. Aceton rhomb. Platten; 5 g. — *2.4-Dihydroxy-3-methyl-6'-aminobenzophenoncarbonsäure-(2')* (**VII**), $C_{15}H_{13}NO_5$, F. 230°, durch Hydrieren vorst. Verb. an 20%ig. Pd/Kohle in Methanol; aus Methanol rhomb. Platten. — Anthrachinone: *1-Hydroxy-3-acetoxy-2-methyl-*, nach JONES u. ROBERTSON [1930]. — *1-Methoxy-3-acetoxy-2-methyl-*, analog vorst. Verbindung. — *1-Methoxy-2-brommethyl-3-acetoxy-* (**IV**), $C_{18}H_{13}BrO_5$, F. 169—170°, durch 12std. Kochen von 0,5 g vorst. Verb. mit N-Bromsuccinimid u. Perbenzoesäure in abs. $CCl_4$; aus A. gelbe Nadeln; 0,4 g. — *1-Methoxy-2-acetoxymethyl-3-acetoxy-*, $C_{20}H_{16}O_7$, F. 156—157°, durch 1std. Kochen von 0,4 g vorst. Verb. mit Na-Acetat u. Acetanhydrid u. Gießen auf Eis; aus A. gelbe Nadeln; 0,3 g. — *1-Methoxy-2-hydroxymethyl-3-hydroxy-* (**II**), $C_{16}H_{12}O_5$, F. > 300° (Zers.), a) durch ½std. Kochen von 0,5 g vorst. Verb. mit konz. $H_2SO_4$ in Methanol; aus Aceton blaßgelbe Nadeln; 0,2 g; gibt mit $FeCl_3$ eine braune, mit Mg-Acetat in Methanol eine orangegelbe u. mit Butanol (gesätt. mit 27%ig. $NH_4OH$) eine rote Farbe; b) durch Extraktion von 1 kg der Wurzeln von *Damnacanthus major* SIEB. et ZUCC. (**A**); 0,15 g. *2-Äthyläther*, $C_{18}H_{16}O_5$, F. 198—199°, durch 1std. Kochen von 0,1 g **IV** u. Na-Acetat in 99,8%ig. A.; aus Aceton gelbe Nadeln; 50 mg. *2-Butyläther*, $C_{20}H_{20}O_5$, F. 179—180° (Zers. bei 217°), durch 5std. Kochen von **II** u. Butanol; aus Butanol gelbe Nadeln. *3-Methyläther*, $C_{17}H_{14}O_5$, F. 175°, durch 3std. Erhitzen von 0,1 g **II** in Aceton mit Dimethylsulfat u. wasserfreiem $K_2CO_3$, Eindampfen u. Zugabe von 5%ig. NaOH; aus A. blaßgelbe Nadeln; 80 mg. *2.3-Dimethyläther*, $C_{18}H_{16}O_5$, F. 161—162°, analog dem 3-Methyläther durch 12std. Kochen; aus A. blaßgelbe Nadeln. — *1-Methoxy-2-formyl-3-hydroxy-*, $C_{16}H_{10}O_5$, F. 211—212°, a) durch 3std. Rühren von **II** u. aktiviertem $MnO_2$ in Essigester bei Raum-Temp.; aus Aceton oder Essigester gelbe Nadeln; gibt mit 5%ig. NaOH eine orangefarbene, mit 10%ig. NaOH eine orangefarbene Lsg., die rot u. dann violett wird, mit $FeCl_3$ in A. eine braune, mit Mg-Acetat eine orangerote u. mit $NH_4OH$-gesätt. Butanol eine braunrote Lsg.; b) aus **A**; 0,3 g. *Anil*, $C_{22}H_{15}NO_4$, F. 232—232,5°. — *1.3-Dihydroxy-2-formyl-* (*Nordamnacanthal*), $C_{15}H_8O_5$, F. 220—221°. — *1-Methoxy-2-formyl-3-acetoxy-*, $C_{18}H_{12}O_6$, F. 191—191,5°. — *3.5-Dihydroxy-1-methoxy-2-formyl-* (*Juzunal*), $C_{16}H_{10}O_6$, F. 250—251°, a) durch Oxydation von 50 mg Juzunol analog der Oxydation von **II**; aus Aceton gelblich orangebraune Nadeln; 30 mg; b) aus **A**; 0,1 g; gibt mit 5%ig. NaOH eine orangebraune, mit $FeCl_3$ in A. eine braune, mit Mg-Acetat eine braunrote u. mit $NH_4OH$-gesätt. Butanol eine orangebraune Farbe. *Dimethyläther*, $C_{18}H_{14}O_6$, F. 227—228°, durch 8std. Kochen von Juzunal, Dimethylsulfat u. $K_2CO_3$ in Aceton; gelbe Nadeln. *2.4-Dinitrophenylhydrazon*, $C_{22}H_{14}N_4O_9$, F. 300° (Zers.); aus Nitrobenzol gelbbraune Nadeln. — *3.5-Dihydroxy-1-methoxy-2-hydroxymethyl-* (*Juzunol*), $C_{16}H_{12}O_6$, aus **A**; 50 mg; gibt mit 10%ig. NaOH eine orangegelbe, mit konz. $H_2SO_4$ eine rote, mit $FeCl_3$ eine braune, mit Mg-Acetat eine braune u. mit $NH_4OH$-gesätt. Butanol eine rote Farbe. *2-Butyläther*, $C_{20}H_{20}O_6$, F. 156—157° (Zers. bei 210°); orangebraune Nadeln. — *1.3.5-Trihydroxy-2-hydroxymethyl-* (**VI**; *Norjuzunol*), $C_{15}H_{10}O_6$, F. > 300° (Zers.), a) durch 1std. Kochen vorst. Verb. mit 48%ig. HBr in Essigsäure; aus wss. Aceton orangebraune Nadeln, b durch Zugabe von 3,5%ig. HCHO zu einer Lsg. von 250 mg 1.3.5-Trihydroxyanthrachinon in 5%ig. KOH, 5std. Rühren bei Raum-Temp., Ansäuern mit 1%ig. HCl; 200 mg; gibt mit $FeCl_3$ eine braune, mit Mg-Acetat eine orangebraune u. mit $NH_4OH$-gesätt. Butanol eine braunrote Farbe. *Tetraacetyl-Deriv.*, $C_{23}H_{18}O_{10}$, F. 236—237°; gelbe Nadeln. — *1.3-Diacetoxy-4-methoxy-*, (*1.3-Di-O-acetyl-4-O-methylpurpurin*), $C_{19}H_{14}O_7$, F. 202—204°, durch 6std. Kochen von 1,3 g 1.3-Di-O-acetylpurpurin (F. 208—210°), $Ag_2O$ u. $CH_3J$ in Aceton, Filtrieren u. Eindampfen; aus Aceton/Methanol (1:1) gelbe Prismen; 1 g. — *1.4-Dihydroxy-3-methoxy-* (*3-O-Methylpurpurin*), $C_{15}H_{10}O_5$, F. 236—237°, a) durch 1std. Kochen vorst. Verb. mit konz. $H_2SO_4$ in Methanol u. Gießen in Eiswasser; aus Essigsäure orangerote Nadeln; b) durch 2std. Kochen vorst. Verb. mit 10%ig. methanol. KOH in Methanol, Ansäuern mit Essigsäure u. Gießen in Eiswasser. *1.4-Diacetyl-Deriv.*, F. 170—172°, durch Acetylieren der Dihydroxy-Verb.

mit Acetanhydrid u. Na-Acetat; gelbe Nadeln. — *1.3.4-Trihydroxy-2-methyl- (2-Methylpurpurin;* **V**), $C_{15}H_{10}O_5$, F. 266—267°, durch 2½std. Erhitzen von 1 g 4-Bromrubiadin (F. 214—215°), $H_3BO_3$ u. konz. $H_2SO_4$ auf 150—160°, Gießen auf Eis u. Sublimieren bei 220—230°/2 Torr; aus wss. Aceton rote Nadeln; 0,3 g; gibt mit konz. $H_2SO_4$, 10 % ig. NaOH, Mg-Acetat u. $NH_4OH$-gesätt. Butanol eine violette u. mit $FeCl_3$ eine dunkelbraune Farbe. — *1.3.4-Triacetoxy-2-methyl-*, $C_{21}H_{16}O_8$, F. 213°, durch 1std. Kochen von 0,5 g vorst. Verb. mit Acetanhydrid u. Na-Acetat; aus Bzl. gelbe Nadeln; 0,5 g. — *1.3.4-Triacetoxy-2-brommethyl-*, $C_{21}H_{15}BrO_8$, F. 219—220°, durch 15std. Kochen von 0,15 g vorst. Verb. mit N-Bromsuccinimid u. Benzoylperoxyd in $CCl_4$; gelbe Nadeln; 80 mg. — *1.3.4-Triacetoxy-2-acetoxymethyl-*, $C_{23}H_{18}O_{10}$, F. 182—183°, durch 1std. Kochen von 0,2 g vorst. Verb. mit Acetanhydrid u. Na-Acetat; aus Bzl. blaßgelbe Nadeln; 0,1 g. — *1.3.4-Trimethoxy-2-methyl-*, $C_{18}H_{16}O_5$, F. 126—127°, durch 24std. Kochen von 0,5 g **V**, wasserfreiem $K_2CO_3$ u. Dimethylsulfat in Aceton; aus Methanol gelbe Nadeln; 0,4 g. — *1.3.4-Trimethoxy-2-brommethyl-*, $C_{18}H_{15}BrO_5$, F. 136—137°, durch 15std. Erhitzen von 120 mg vorst. Verb. mit N-Bromsuccinimid u. Benzoylperoxyd in $CCl_4$; aus Essigsäure gelbe Nadeln; 80 mg. — *1.3.4-Trimethoxy-2-acetoxymethyl-*, $C_{20}H_{18}O_7$, F. 145—146°, durch 1std. Erhitzen von 70 mg vorst. Verb. mit Acetanhydrid u. Na-Acetat; aus A. blaßgelbe Nadeln; 50 mg. — *1.3.4-Trimethoxy-2-hydroxymethyl-*, $C_{18}H_{16}O_6$, F. 131—132°, durch 3std. Kochen von 50 mg vorst. Verb. mit 10 % ig. KOH in Aceton; aus PAe. blaßgelbe Nadeln; 20 mg. — *1.3.4-Trimethoxy-2-formyl-*, $C_{18}H_{14}O_6$, F. 136—137°, durch Oxydation von 0,2 g vorst. Verb. analog **II**; aus PAe. gelbe Nadeln; 0,15 g. *2.4-Dinitrophenylhydrazon*, $C_{24}H_{18}N_4O_9$, F. 245—246°; aus Nitrobenzol/Butanol rotbraune Nadeln. — *1.3.5-Triacetoxy-2-acetoxymethyl-*, $C_{23}H_{18}O_{10}$, F. 236—237°, durch 3std. Erhitzen von 60 mg **VI** mit Acetanhydrid u. konz. $H_2SO_4$ auf 60—80°; aus wss. Aceton gelbe Nadeln; 50 mg. — *1.3.5-Trihydroxy-2-formyl-* (**III**), $C_{15}H_8O_6$, F. 266—267°, a) durch Oxydation von **VI** analog der von **II**; aus wss. Aceton orangebraune Nadeln; 100%; b) durch 1std. Erhitzen von Juzunal mit 80—85 % ig. $H_2SO_4$ auf 100° u. Gießen in Eiswasser; Sublimation bei 200—220°/2 Torr liefert gelblich-orangebraune Nadeln; gibt mit 10 % ig. NaOH u. konz. $H_2SO_4$ eine rote, mit $FeCl_3$ eine braune, mit Mg-Acetat eine tieforangefarbene u. mit $NH_4OH$-gesätt. Butanol eine orangerote Lösung. *2.4-Dinitrophenylhydrazon*, $C_{21}H_{12}N_4O_9$, F. $>$300° (Zers.); aus Nitrobenzol mit 1 Tropfen Butanol rote Nadeln. — *1.3.5-Trimethoxy-2-formyl-*, $C_{18}H_{14}O_6$, F. 227 bis 228°, durch 8std. Methylierung von **III** mit Dimethylsulfat u. $K_2CO_3$ in Aceton; aus wss. Aceton gelbe Nadeln. — *1.3-Dihydroxy-2-methyl-8-amino-*, $C_{15}H_{11}NO_4$, F. 354° (Zers.), durch 20 Min. langes Erhitzen von 1,7 g **VII** in konz. $H_2SO_4$ auf 150° u. Gießen auf Eis; aus Aceton tiefrote Nadeln; 0,6 g. — *1.3.8-Trihydroxy-2-methyl-*, $C_{15}H_{10}O_5$, F. 312°, durch Lösen von 0,27 g vorst. Verb. in konz. $H_2SO_4$, Zugabe von $NaNO_2$ bei 0—2°, 10 Min. langes Rühren, 10 Min. langes Stehen bei Raum-Temp., ¼std. Erhitzen auf 120° u. Gießen auf Eis; aus Bzl. braunrote Nadeln; 0,1 g. *Triacetyl-Deriv.*, $C_{21}H_{16}O_8$, F. 215—216°; aus Bzl. blaßgelbe Nadeln; 0,1 g. — *1.3.8-Triacetoxy-2-brommethyl-*, $C_{21}H_{15}BrO_8$, F. 222°, aus 100 mg vorst. Triacetyl-Deriv. mit N-Bromsuccinimid u. Benzoylperoxyd in $CCl_4$; aus A. gelbe Nadeln; 50 mg. — *1.3.8-Triacetoxy-2-acetoxymethyl-*, $C_{23}H_{18}O_{10}$, F. 198—199°, aus vorst. Verb. mit Na-Acetat u. Acetanhydrid; aus Bzl. u. A. blaßgelbe Nadeln. — *1.3.8-Trihydroxy-2-hydroxymethyl-*, $C_{15}H_{10}O_6$, F. 282° (Zers.), a) durch 5std. Erhitzen von 0,1 g vorst. Verb. mit 10% ig. KOH in Aceton auf 100°, Ansäuern mit 3% ig. HCl u. Chromatographie an $CaHPO_4$ in Bzl.; aus wss. Aceton orangegelbe Nadeln; 40 mg; gibt mit $FeCl_3$ eine braune, mit $NH_4OH$-gesätt. Butanol u. Mg-Acetat eine rote, mit konz. $H_2SO_4$ u. 10 % ig. NaOH eine rotviolette Farbe; b) durch Zugabe von 3,5 % ig. HCHO zu einer Lsg. von 1.3.8-Trihydroxyanthrachinon in 5% ig. KOH, 15std. Rühren u. Ansäuern mit 1 % ig. HCl; aus Aceton/Essigsäure/W. (100 : 1 : 10) orangegelbe Nadeln; 80%; liefert beim Acetylieren vorst. Verbindung. — *1.3.8-Trihydroxy-2-formyl-* (**I**), $C_{15}H_8O_6$, F. 215—216°, aus vorst. Verb. analog **II**; aus wss. Aceton oder Essigester orangegelbe Platten; gibt mit $FeCl_3$ eine braunrote, mit $NH_4OH$-gesätt. Butanol eine rotviolette u. mit Mg-Acetat eine rosa gefärbte Lösung. *2.4-Dinitrophenylhydrazon*, $C_{21}H_{12}N_4O_9$, F. 320° (Zers.); aus Nitrobenzol mit einem Tropfen Butanol orangefarbene Nadeln. P. GOLINSKE. 3550□

**Selektive Oxydation von Tetrapyrrolseitenketten.** J. Barrett und P. Clezy. (Nature [London] **184.** 1988—90. 26/12. 1959. Sydney, Royal North Shore Hosp., Inst. of Med. Res.) (Engl.)

Vff. untersuchen die Selektivität von $CrO_3$-, $KMnO_4$- u. $MnO_2$-Oxydationen von Porphyrinseitenketten u. bestimmen die Oxydations-Prodd. durch UV-Spektren. Die $CrO_3$-Oxydationen werden in Aceton bei 0° durchgeführt. Dabei entstehen aus 2-Formyl-4-hydroxyäthyldeuteroporphyrin (**I**) *2-Formyl-4-acetyldeuteroporphyrin*, aus **I** bzw.

2-Hydroxymethyl-4-formyldeuteroporphyrin nach Acetylierung der OH-Gruppen *2-Carboxy-4-hydroxyäthyl-* bzw. *2-Hydroxymethyl-4-carboxydeuteroporphyrin* sowie aus dem Rhodin-$g_7$-alkohol *Rhodin $g_7$* u. aus Hämatoporphyrin ein *Gemisch des Mono- u. Diacetylderivats.* Mit $MnO_2$ in Chlf. werden Hydroxymethylporphyrine zu *Formyl-Verbb.* oxydiert, während Hydroxyäthyl-, Vinyl- u. sek. Alkoholgruppen nicht angegriffen werden. Die Oxydationen von Hämatoporphyrin mit Al-Isopropylat oder Al-Isobutylat in Cyclohexanon oder Aceton u. die von Formylporphyrinen mit $Ag_2O$ zu Carboxy-Verbb. gelangen nicht. Der Verlauf der $KMnO_4$-Oxydation in Aceton hängt von den Mengenverhältnissen u. der Temp. ab. Hierbei werden aus Protoporphyrin bei Raum-Temp. *Monoformyl-, Oxy-* bzw. *Diformylderivv.* erhalten, während Chlorcruoroporphyrin (II) u. Porphyrin a (III) bei Raum-Temp. u. in sd. Aceton ebenso wie die Hydroxyäthylgruppen von Hämatoporphyrin stabil sind. Erst nach $NaBH_4$-Red. der Formylgruppen von **II** u. **III** zu entsprechenden Alkoholen erfolgt unter Überführung der Vinyl- in Formylgruppen $KMnO_4$-Oxydation. W. HAMPEL. 3550□

**Zur Kenntnis der Triterpene.** 195. Mitt. **Hydroxyhopanon, ein neuartiges pentacyclisches Triterpen.** K. Schaffner, L. Caglioti, D. Arigoni und O. Jeger. (Helv. chim. Acta **41.** 152—59. 1/2. 1958. Zürich, ETH, Organ.-chem. Labor.) (Dt.) — 194. vgl. C. **1959.** 16655.

Für *Hydroxyhopanon* wird auf Grund biogenet. Überlegungen u. der Synth. seines Dehydratations-Prod. *Hopenon-I* (**V**) die Konstit. I sehr wahrscheinlich gemacht.

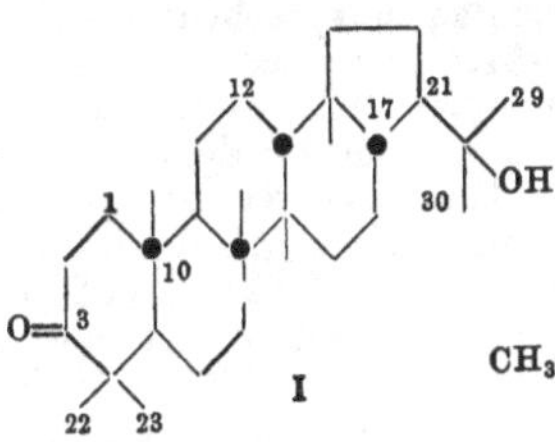
I

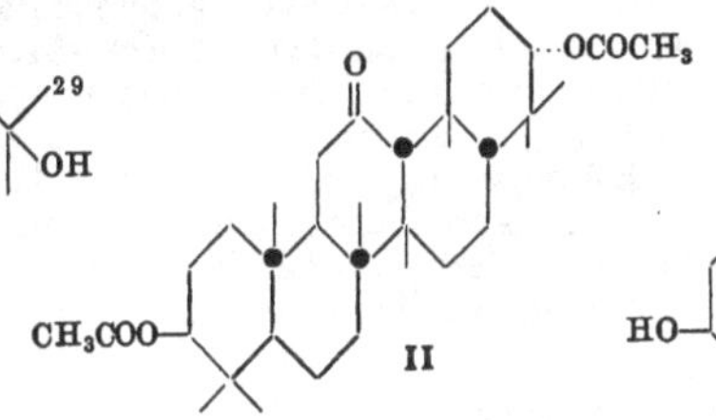
II

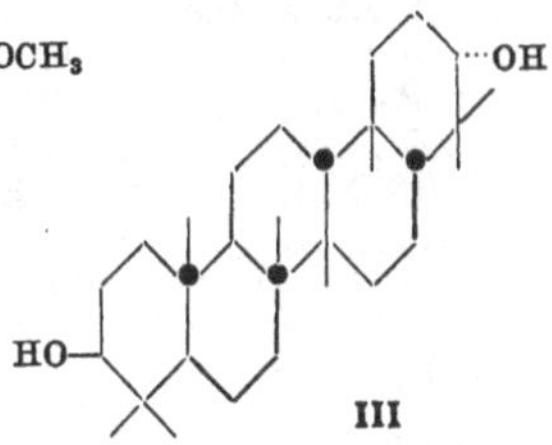
III

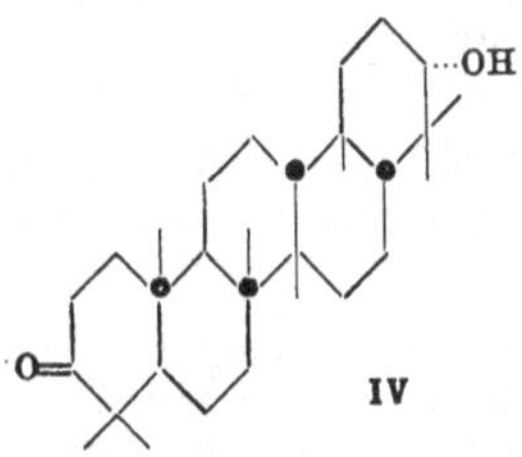
IV

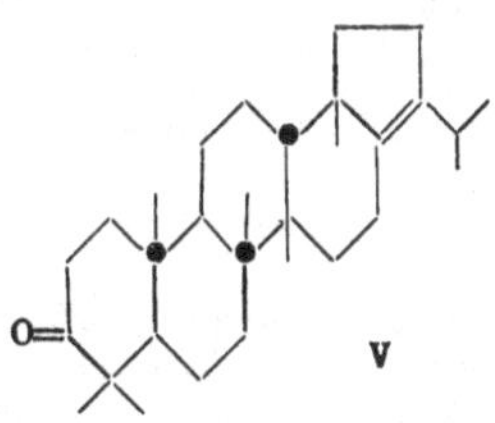
V

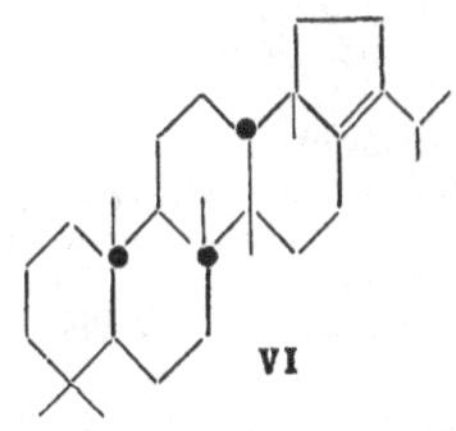
VI

Die aus Di-O-acetyl-$\gamma$-onocerin zugängliche *12-Ketoverb.* **II** liefert bei der WOLFF-KISHNER-Red. das *all-trans-Diol* **III**, das durch Überführung in das *Diacetat* u. das entsprechende *Diketon* charakterisiert wurde. **III** wird mit $MnO_2$ in sd. Chlf. zum *Hydroxyketon* **IV** oxydiert, das sich mit Fullererde in sd. Xylol zu **V** dehydratisieren läßt. **V** gibt bei der WOLFF-KISHNER-Red. den *KW-Stoff* **VI**, aus dem mit $OsO_4$ das *ditert. Glykol* **VII** bereitet wurde. Diese Verbb. sind nicht mit den entsprechenden Umwandlungs-Prodd. des Zeorins identisch. Für das neuartige Hopangerüst wird die in Formel I angegebene rationelle Bezifferung vorgeschlagen.

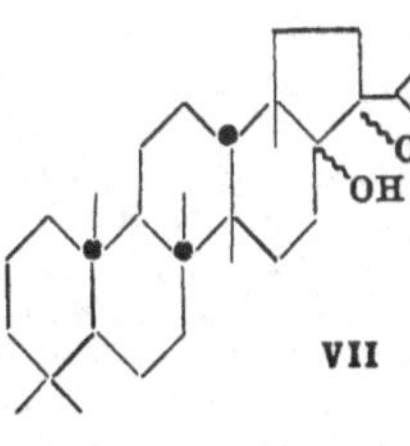
VII

Versuche: *Gesätt. Diol* $C_{30}H_{52}O_2$ (**III**), F. 318—321° ($CH_2Cl_2$-$CH_3OH$), durch 3std. Erhitzen von Na, Diäthylenglykol, $N_2H_4$ u. **II** auf 130°, Dest. bis zum Erreichen von 180°, Rk. über Nacht bei 180° u. 24 Std. bei 210°; $[\alpha]_D$ +23° (c = 0,91). *Diacetat,* $C_{34}H_{56}O_4$, F. > 355° ($CH_2Cl_2$-$CH_3OH$; sublimiert im Hochvakuum bei 260°); $[\alpha]_D$ +36° (c = 0,43). — *Diketon* $C_{30}H_{48}O_2$, F. 317—320° ($CH_2Cl_2$-$CH_3OH$; sublimiert im Hochvakuum bei 230°), aus 50 mg **III** mit $CrO_3$ in Aceton-konz. $H_2SO_4$ bei 0°; $[\alpha]_D$ +84° (c = 0,82); 41 mg (Ausbeute). — *Hydroxyketon* $C_{30}H_{50}O_2$ (**IV**), F. 293—294° ($CH_2Cl_2$-$CH_3OH$; sublimiert im Hochvakuum bei 240°), durch 6std. Kochen von 250 mg **III** mit $MnO_2$ in Chlf., Chromatographie an $Al_2O_3$ u. Elution mit Bzl.-Ae. (20 : 1); $[\alpha]_D$ +59° (c = 0,56); 25mg. *2.4-Dinitrophenylhydrazon,* $C_{36}H_{54}N_4O_5$, F. 283—285° ($CH_2Cl_2$-$CH_3OH$). *Acetat,* $C_{32}H_{52}O_3$, F. 267—270° ($CH_2Cl_2$-$CH_3OH$; sublimiert im Hochvakuum bei 215°); $[\alpha]_D$ +55° (c =

0,48). — *Hopenon-I* (V), $C_{30}H_{48}O$, F. 190—191° ($CH_2Cl_2$-$CH_3OH$; sublimiert im Hochvakuum bei 175°), durch 6std. Kochen von 65 mg IV in abs. Xylol mit Fullererde u. Chromatographie analog IV; $[\alpha]_D$ +77° (c = 0,83); 44 mg. — *Hopen-I* (VI), $C_{30}H_{50}$, F. 180—181° (Ae.-$CH_3OH$), durch 1½std. Kochen von 16 mg V mit Diäthylenglykol, A. u. $N_2H_4 \cdot H_2O$, Zugeben von KOH u. 3std. Erhitzen auf 195°; $[\alpha]_D$ +49° (c = 0,79); 13 mg. — *Ditert. Glykol* $C_{30}H_{52}O_2$ (VII), F. 218—219° ($CH_2Cl_2$-$CH_3OH$), aus 28 mg VI in Ae.-Pyridin (1 : 1) mit $OsO_4$ in 20 Std. bei Raum-Temp., Einengen, Red. mit $LiAlH_4$ in Ae. u. Chromatographie; $[\alpha]_D$ +12° (c = 0,62); 27 mg. R. PASEDAG. 3600□

**Nomenklatur der Steroidsapogenine.** W. E. Rosen. (Chem. and Ind. **1957.** 703. 1/6. Summit, N.J., CIBA Pharmaceutical Products, Inc.) (Engl.)

Es wird vorgeschlagen, die Bezeichnungen der Steroidsapogenine der „iso"-Reihe vom 25 D-Spirostan, die der „n"-Reihe vom 25 L-Spirostan abzuleiten. Smilagenin z. B. würde demnach als 25 D-Spirostan-3β-ol, Sarsasapogenin als 25 L-Spirostan-3β-ol zu benennen sein. W. SCHICKE. 3650□

**Ein neuer Weg zu den 4-Methyl-3-oxo-$\Delta^4$-steroiden.** D. N. Kirk und V. Petrow. (Proc. chem. Soc. [London] **1961.** 114. März. London, Brit. Drug Houses Ltd., Chem. Res. Labor.) (Engl.)

Durch Kondens. von 3-Oxo-$\Delta^4$-steroiden mit > 1 Mol einer 40 % ig. wss. Lsg. von Formaldehyd oder Paraformaldehyd u. 2—3 Mol eines Thiophenols oder Mercaptans in Ggw. tert. Basen in A. (30—50std. Kochen) oder in einem Überschuß einer tert. Base in wss. Triäthanolamin (8—12 Std. bei 110—120°) entsteht das entsprechende *4-Aryl-* bzw. *4-Alkylmercaptomethyl-3-oxo-$\Delta^4$-steroid*, das durch 4—5std. Erhitzen mit desaktiviertem RANEY-Ni in Aceton in guten Ausbeuten in das entsprechende *4-Methyl-3-oxo-$\Delta^4$-steroid* übergeführt wird. Prim. u. sek. Hydroxylgruppen müssen vor dem Erhitzen mit RANEY-Ni u. Aceton durch Acylierung geschützt werden, da sie sonst oxydiert werden. 17α-Hydroxypregnan-20-one müssen zur Vermeidung einer D-Homoumlagerung während der ersten Rk.-Stufe ebenfalls acyliert werden. 16α.17α-Epoxyde, $\Delta^{16}$-Pregnen-20-one u. andere Gruppen, die mit Mercaptanen, Thiophenolen, Alkenylen u. Alkinylen reagieren, stören die Reaktion. P. GOLINSKE. 3700□

**Synthesen von Pregnanderivaten.** 2. Mitt. **$\Delta^2$-Pregnen-20-on-3-methylketon.** Giangiacomo Nathansohn und Giuseppe Ribaldone. (Gazz. chim. ital. **89.** 1884—93. Sept. 1959. Milano, Univ., Ist. di Chim. Organ.) (Ital.) — 1. vgl. C. **1961.** 7236.

Ausgehend von $\Delta^5$-Pregnen-3β-ol-20-on wird über *20.20-Äthylendioxy-$\Delta^5$-pregnen-3-β-ol, 20.20-Äthylendioxy-$\Delta^4$-pregnen-3-on, 20.20-Äthylendioxypregnan-3-on* u. ein daraus durch Cyanhydrin-Rk. erhältliches Cyanhydringemisch *3-Acetyl-$\Delta^{2(3')}$-pregnen-20-on* dargestellt.

Versuche: *20.20-Äthylendioxy-$\Delta^5$-pregnen-3β-ol*, F. 164—166° ($CH_3OH$/Pyridin), aus Pregnenolon u. Äthylenglykol in Bzl. in Ggw. von p-Toluolsulfonsäure durch 24std. Kochen; 79% (Ausbeute). — *20.20-Äthylendioxy-$\Delta^4$-pregnen-3-on*, F. 193—194°, aus vorst. Verb. u. Cyclohexanon in Toluol in Ggw. von Al-Isopropylat durch 1std. Kochen; 81%. — *20.20-Äthylendioxypregnan-3-on*, F. 175—176°, aus vorst. Verb. durch Hydrierung über Pd/Kohle in A. in Ggw. von KOH bei Zimmer-Temp. u. 1 at 94%; gibt bei ³/₄std. Erhitzen mit 70% ig. $CH_3COOH$ auf 100° *Pregnan-3.20-dion*, F. 119—122° (A.). — *3-Cyan-20.20-äthylendioxypregnan-3-ol*, $C_{24}H_{37}NO_3$, F. 170—172° (Zers.; Essigester), aus vorst. Verb. u. Acetoncyanhydrin durch ¹/₄std. Erwärmen; 95%. — *3-Cyan-$\Delta^2$-pregnen-20-on*, $C_{22}H_{31}NO$, F. 180—181° ($CH_3OH$), aus vorst. Verb. u. $POCl_3$ in Pyridin durch 4std. Kochen; 71%. — *3-Cyan-$\Delta^3$-pregnen-20-on*, $C_{22}H_{31}NO$, F. 140—142°, neben vorst. Verbindung. — *3-Carboxy-$\Delta^2$-pregnen-20-on*, $C_{22}H_{32}O_3$, F. 245—246° ($CH_3OH$), aus vorvorst. Verb. u. wss. KOH in Diäthylenglykol durch 2std. Kochen; $[\alpha]_D^{20}$ +109,3° (c = 1,006; Chlf.); 51%. — *3-Cyan-20.20-äthylendioxy-$\Delta^2$-pregnen*, $C_{24}H_{35}NO_2$, F. 241 bis 244,5° ($CH_3OH$), aus drittvorst. Verb. u. Äthylenglykol in Chlf. in Ggw. von p-Toluolsulfonsäure durch 14std. Kochen unter Wasserabscheidung; $[\alpha]_D^{20}$ +102,8° (c = 1,016; Chlf.). — *3-Carboxy-$\Delta^2$-pregnen-20-on*, F. 245—246° ($CH_3OH$), aus vorst. Verb. u. wss. KOH in Diäthylenglykol durch 8std. Kochen; 79%. *Methylester*, $C_{23}H_{34}O_3$, F. 121—122° ($CH_3OH$); $[\alpha]_D^{20}$ +100° (c = 1,006; Chlf.). — *3-Acetyl-$\Delta^2$-pregnen-20-on*, $C_{23}H_{34}O_2$, F. 139—140° ($CH_3OH$), aus 3-Cyan-20.20-äthylendioxy-$\Delta^2$-pregnen u. $CH_3MgBr$ in Tetrahydrofuran durch 6std. Erhitzen auf 60—65° u. Zus. mit wss. HCl; $[\alpha]_D^{20}$ +115,4° (c = 0,988; Chlf.); 54,5%. WALTER SIMON. 3700

**Abbau von Corticosteroiden.** 3. Mitt. **Katalytische Hydrierung von Cortisol.** Eliahu Caspi. (J. org. Chemistry **24.** 669—73. Mai 1959. Shrewsbury, Mass., Worcester Foundation for Exp. Biol.) (Engl.) — 2. vgl. C. **1958.** 4538.

Die Hydrierung von Cortisol (I) in Eisessig an $PtO_2$ liefert 39% *3α.11β.17α.20β.21-Pentahydroxypregnan* (II), 27% *3β.11β.17α.20β.21-Pentahydroxypregnan* (IV) u. nur 9,5% des erwarteten *3β.11β.17α.20β.21-Pentahydroxyallopregnans* (VI). Mit 5% Rh auf $Al_2O_3$ als Katalysator entstehen aus I 13,5% *3β.11β.17α.21-Tetrahydroxyallopregnan-20-on* (III), 32% *3β.11β.17α.21-Tetrahydroxypregnan-20-on*, 26,5% *3α.11β.17α.21-Tetrahydroxyallopregnan-20-on*, 18% *3α.11β.17α.21-Tetrahydroxypregnan-20-on* (V) u. 1% *3β.11β-Dihydroxyätiocholan-17-on.*

Versuche: *3α.17α.11β.20β.21-Pentahydroxypregnan* (II), $C_{21}H_{36}O_5$, F. 261—263° (Methanol), durch 16std. Hydrieren von 4 g I in Eisessig in Ggw. von $PtO_2$, Filtrieren, Eindampfen, Trennen in 2 Fraktionen (**A** u. **B**) durch fraktionierte Kristallisation u. Chromatographie der Mutterlaugen (**C**) an Silicagel; $[\alpha]_D$ +28° (c = 0,6433); a) aus **A**; 98 mg (Ausbeute); b) aus **C**; 94,2 mg. *Hydrat*, $C_{21}H_{36}O_5 \cdot H_2O$, F. 166—170° (Methanol/Essigester), aus **A**; $[\alpha]_D^{20}$ +28,8° (c = 0,5618); 200 mg; gibt kein krist. Triacetylderivat. — *3β.11β.17α.20β.21-Pentahydroxypregnan* (IV), $C_{21}H_{36}O_5$, F. 242—244° (Methanol/Essigester), a) aus **B**; 206 mg; b) aus **C**; $[\alpha]_D^{22}$ +27,6 (c = 0,6450); 68,9 mg. *3β.20β.21-Triacetyl-Deriv.*, $C_{27}H_{42}O_8$ F. 153—155° (Essigester); $[\alpha]_D^{22}$ +78,3° (c = 0,8406). — *3β.11β.17α.20β.21-Pentahydroxyallopregnan* (VI), *Hydrat*, $C_{21}H_{36}O_5 \cdot H_2O$, FF. 159—163° u. 215—216° (Methanol), a) aus **A**; 72 mg; b) aus **C**; $[\alpha]_D^{22}$ +9,8° (c = 0,5555); 24,5 mg. *3β.20β.21-Triacetyl-Deriv.*, F. 204—208°. — *3α.11β.17α.21-Tetrahydroxyallopregnan-20-on*, $C_{21}H_{34}O_5$, F. 244—245° (Methanol), durch 3std. Hydrieren von 2 g I in Eisessig in Ggw. von 5%ig. Rh/$Al_2O_3$ (Aufnahme von 2,1 Mol $H_2$), Abtrennen eines festen Anteils (**D**) u. Chromatographie des Rückstandes der Mutterlauge (**E**) an Silicagel analog **II**; $[\alpha]_D^{21}$ +59,7° (c = 0,3356); aus **D** 535 mg. *3α.21-Diacetyl-Deriv.*, F. 188—190°; $[\alpha]_D^{19}$ +65,3° (c = 0,5605; Methanol). — *3β.11β.17α.21-Tetrahydroxyallopregnan-20-on* (III), $C_{21}H_{34}O_5$, F. 221—224° (Aceton), aus **E**; $[\alpha]_D^{20}$ +61,8° (c = 0,6509), *Hemihydrat*, $C_{21}H_{34}O_5 \cdot \frac{1}{2} H_2O$, F. 211—215° (Aceton), neben der wasserfreien Verb.; 274 mg (Gesamtausbeute an Hydrat u. wasserfreier Verb.). *3β.21-Diacetyl-Deriv.*, F. 203—206°. — *3β.11β.17α.21-Tetrahydroxypregnan-20-on*, *Hemihydrat*, $C_{21}H_{34}O_5 \cdot \frac{1}{2} H_2O$, F. 135—138° (Essigester), aus **F**; $[\alpha]_D^{22}$ +54,5° (c = 0,5288); 635 mg. — *3α.11β.17α.21-Tetrahydroxypregnan-20-on* (V), F. 207—209° (Essigester/Methanol), aus **E**; 357 mg. — *3β.11β-Dihydroxyätiocholan-17-on*, $C_{19}H_{30}O_3$, F. 259—261° (Methanol/Essigester), a) aus **E**; 22 mg; b) durch 16std. Schütteln von 50 mg **IV** in Essigsäure mit Na-Bismutat, Zugabe von 10%ig. wss. $NaHSO_3$, Verdünnen mit W. u. Extrahieren mit Ae.; 43,3%; c) aus vorvorst. Verb. nach b); $[\alpha]_D^{22}$ +82,4° (c = 0,5181; Methanol). *3β-Acetyl-Deriv.*, FF. 204—209° u. 212—215°; $[\alpha]_D^{18}$ +86,5° (c = 0,4108). — *Ätiocholan-3.11.17-trion*, F. 128—131° (Essigester u. Ae.), a) durch 16std. Oxydation von 93 mg **V** in Eisessig mit $CrO_3$ bei Raum-Temp.; 22 g; b) durch 16std. Oxydation von 15 mg vorst. Verb. in Pyridin mit $CrO_3$ bei Raum-Temp.; 2 mg. — *3α.11β-Dihydroxyätiocholan-17-on*, F. 239—241° (Essigester), a) durch Oxydation von **II** analog vorvorst Verb. nach b); b) aus **V**. — *3α.20β.21-Triacetoxy-17α-hydroxypregnan-11-on*, F. 202—203° (Essigester/Neohexan), durch 16std. Oxydation von 40 mg des Triacetyl-Deriv. von **II** in Pyridin mit $CrO_3$ bei Raum-Temp.; $[\alpha]_D^{20}$ +104° (c = 0,6561); 29 mg. — *3α.17α.20β.21-Tetrahydroxypregnan-11-on*, F. 240—245° (Essigester), durch 16std. Stehen von 10 mg vorst. Verb. in $KHCO_3$ unter $N_2$ u. Einengen der Rk.-Lsg.; $[\alpha]_D^{21}$ +28,4° (c = 0,2047); 4,5 mg. — *3β.11β-Dihydroxyandrostan-17-on*, F. 225—228° (Essigester), a) durch 2std. Stehen von 30 mg **VI** in Methanol u. Na-Metaperjodat bei Raum-Temp. im Dunkeln; 20 mg; b) durch Oxydation von **III**. P. GOLINSKE. 3700□

**Umlagerungen von Steroid-Ring-D-Ketolen.** Jack Fishman. (J. Amer. chem. Soc. **82.** 6143—47. 5/12. 1960. New York, N.Y., Sloan-Kettering Inst. for Cancer Res.) (Engl.)

Durch Einw. von Eisessig auf das Acetat des 16β.17β-Epoxy-$\Delta^{1.3.5,10}$-östratrien-3-ols erhielten Vff. *$\Delta^{1.3.5,10}$-Östratrien-3.16β.17α-triol-3.17-diacetat* (I) neben *$\Delta^{1.3.5,10}$-Östratrien-3.16α.17β-triol-3.16-diacetat* (II), **II** lieferte bei der $CrO_3$-Oxydation *16α-Hydroxyöstrondiacetat*; analog entstand aus **I** das bislang unbekannte *3.17α-Diacetoxy-$\Delta^{1.3.5,10}$-östratrien-16-on*, das durch Kochen mit 5%ig. $H_2SO_4$ in A. in *16-Ketoöstra-3.17α-diol* (III) übergeführt wurde. Die Konstit. von **III** ergab sich durch dessen $LiAlH_4$-Red. zu *3.16β.17α-Östriol*. Es wurden die Natur u. das Ausmaß der Umlagerungen der vier möglichen $C_{(16,17)}$-Ketole der Östrogenreihe in saurem u. alkal. Medium durch Papierchromatographie untersucht; **III** u. dessen epimere 17β-Verb. (**V**) wurden zuvor mit $LiAlH_4$ zu den entsprechenden *Triolen* reduziert. Wie in der Androstanreihe wird 16β-Hydroxyöstron (**IV**) in Ggw. von verd. $H_2SO_4$ zu 90% in **V** umgelagert, während die drei isomeren Ketole unter gleichen Bedingungen unverändert blieben. In verd. methanol. KOH trat bei **IV** u. bei 16α-Hydroxyöstron bei Raum-Temp. 100%ig. bzw. 90%ig. Umlagerung zu **III** ein, das selbst unter den genannten Bedingungen unverändert blieb.

2std. Kochen von **III** mit 4% ig. methanol. KOH in A. ergab jedoch quant. **V**. Die vorst. Umlagerungs-Rkk. werden diskutiert. Die Einw. von konz. HCl u. Acetanhydrid enthaltendem Eisessig auf 3β.16β-Diacetoxyandrostan-17-on (**VII**; vgl. JOHNSON u. Mitarbeiter, C. **1957**. 13673) führte mit 90% ig. Ausbeute zu *3β.17β-Diacetoxyandrostan-16-on*, so daß sowohl für die basen- als auch die säurekatalysierten Umlagerungen in dieser Ketolreihe der gleiche Mechanismus angenommen wird. Beim Vgl. der Umlagerungs-Rk. der Östrogen- mit denen der Androsteronreihe wurde *3β.17α-Dihydroxyandrostan-16-on* (**VI**) durch saure Hydrolyse seines Diacetats gewonnen, während die Hydrolyse von 3β.16β-Diacetoxyandrostan-17-on (**VII**) auf mikrobiolog. Wege zu *17β-Hydroxyandrostan-3.16-dion* führte. **VI** lieferte ebenso wie sein 17β-Epimeres unter alkal. Bedingungen ein nicht identifiziertes Öl mit gleichem IR-Spektrum.

Versuche (FF korr.): *16β.17β-Epoxy-$\Delta^{1.3.5,10}$-östratrien-3-olacetat*, $C_{20}H_{24}O_3$, F. 117 bis 118° (PAe.), aus dem Phenol durch Einw. von Acetanhydrid–Pyridin; $[\alpha]_D^{27}$ +103°. — *$\Delta^{1.3.5,10}$-Östratrien-3.16α.17β-triol-3.16-diacetat* (**II**), $C_{22}H_{28}O_5$, F. 158—160° (PAe.–Ae.), aus 2,8 g vorst. Verb. durch 2std. Kochen in Eisessig; Zugabe zu wss. $Na_2CO_3$; Chlf.-Extraktion u. Chromatographie an $Al_2O_3$; $[\alpha]_D^{27}$ +101°; 400 mg (Ausbeute). Daneben *$\Delta^{1.3.5,10}$-Östratrien-3.16β.17α-triol-3.17-diacetat* (**I**), $C_{22}H_{28}O_5$, F. 154—158° (PAe.–Ae.), $[\alpha]_D^{27}$ +20°; 1,2 g. — *16α-Hydroxyöstrondiacetat*, F. 168—171° (PAe.), aus **II** in Aceton durch Oxydation mit 8n$CrO_3$. — *16-Ketoöstra-3.17α-diol* (**III**), $C_{18}H_{22}O_3$, F. 247—252° (Aceton–PAe.), a) aus 120mg des Diacetats durch Stehen über Nacht in A. mit 0,1 n NaOH; $[\alpha]_D^{27}$ −140° (A.); 65 mg; b) analog a) durch 12std. Kochen oder durch 4tägiges Stehen bei Raum-Temp. mit 5% ig. alkohol. $H_2SO_4$. *Diacetat*, $C_{22}H_{26}O_5$, F. 112—114° (PAe.), aus 200 mg **I** in Aceton durch Einw. von 8n$CrO_3$ bei 0° u. 10 Min. bei Raum-Temp.; $[\alpha]_D^{27}$ −160°. 134 mg. — *3β.17α-Dihydroxyandrostan-16-on* (**VI**), $C_{19}H_{30}O_3$, F. 222—224° (Aceton–PAe., Prismen), aus dem Diacetat durch 5std. Kochen mit 5% ig. $H_2SO_4$ in A.; $[\alpha]_D^{23}$ −205° (Dioxan). — *17β-Hydroxyandrostan-3.16-dion*, $C_{19}H_{28}O_3$, F. 198—202° (Aceton–PAe.), aus 1 g **VII** durch Einw. von Flavobacterium dehydrogenans hydrolyticum, Chlf.-Extraktion u. Chromatographie an Florisil; 200 mg. — *16-Ketoöstra-3.17β-dioldiacetat*, F. 135—138° (PAe.), aus **III** durch 2std. Kochen mit 4% ig. KOH unter $N_2$, Ansäuern mit verd. $H_2SO_4$ u. Chlf.-Extraktion, dann Einw. von Acetanhydrid–Pyridin auf das erhaltene Produkt. — *3β.17β-Diacetoxyandrostan-16-on*, F. 176—179° (PAe.), aus **VII** in Eisessig durch 48std. Stehen in Ggw. von konz. HCl; 90%. D. KIRSTEIN. 3750□

**Östrogene.** 2. Mitt. **Synthese von 2-Dialkylaminomethylöstrogenen.** Tad L. Patton. (J. org. Chemistry **25**. 2148—52. Dez. 1960. Houston, Tex., Univ., M.D. Anderson Hospital & Tumor Inst., Sect. of Exp. Med.) (Engl.) — 1. vgl. C. **1960**. 15412.

Vff. berichten über die Synth. einer Reihe von *2-Dialkylaminomethylöstrogenen* (**B**) durch MANNICH-Rk. von Östron (**I**) bzw. Östradiol (**II**) mit Formaldehyd u. sek. Aminen in Bzl.–Alkohol. Im Gegensatz zu den zu erwartenden zwei Prodd. der MANNICH-Rk. mit **I** konnte, wie im Falle der Umsetzung mit Formaldehyd u. Diäthylamin gezeigt wurde, nur *2-Diäthylaminomethylöstron* (**III**) gefunden werden. **II** lieferte bei der MANNICH-Rk. mit Piperidin *2-Piperidinomethylöstradiol*, das auch durch $NaBH_4$-Red. von 2-Piperidinomethylöstron (**IV**) erhalten wurde. Verss. zur Darst. von disubstituierten **I**-Derivv. durch 96std. Kochen von **I** mit überschüssigem Formaldehyd u. Diäthylamin führten nur zu **III**, das weder durch $CH_3J$ noch durch Dimethylsulfat veräthert werden konnte. **III** reagierte ebenso wie 2-Dimethylaminomethyl- (**VI**), 2-Di-n-propylaminomethyl-, 2-Di-n-butylaminomethylöstron u. **IV** mit Acetanhydrid beim Kp. zu *2-Acetoxymethylöstronacetat*. **III** wurde durch Kochen mit RANEY-Ni in A. in *2-Methylöstron* übergeführt, das nachfolgend mit $NaBH_4$ zu *2-Methylöstradiol* (**V**) red. wurde. **V** konnte in besserer Ausbeute durch $NaBH_4$-Red. von **III** zu *2-Diäthylaminomethylöstradiol* u. anschließende Hydrogenolyse an RANEY-Ni dargestellt werden. Es werden die IR-Spektren der **B** diskutiert u. ihre biolog. Wirksamkeit untersucht.

Versuche: 2-Dialkylaminomethylöstrone: *2-Dimethyl-* (**VI**), $C_{21}H_{29}NO_2$, F. 169,5—171,5° (A.), a) aus **I** in Bzl.–A. durch 1std. Erhitzen mit 25% ig. wss. Dimethylamin u. weiteres 18—26std. Kochen nach Zugabe von 37% ig. Formaldehyd; 21% (Ausbeute); b) aus **I** in Bzl.–A. durch 18std. Kochen mit N.N.N'.N'-Tetramethyldiaminomethan u. Paraformaldehyd; 69%. *Hydrochlorid*, $C_{21}H_{30}ClNO_2$, F. 264° (Zers.; A.–Ae.). — *2-Diäthyl-* (**III**), $C_{23}H_{33}NO_2$, F. 159—160° (A.), aus **I**, Diäthylamin u. 37% ig. Formaldehyd in 16 Std. analog **VI** nach a); unlösl. in 10% ig. NaOH, liefert durch 24std. Einw. von Benzoylchlorid–Pyridin bei Raum-Temp. kein *Benzoat;* liefert analog kein *Acetat*; reagiert nicht mit Methyl-J oder Dimethylsulfat; ($[\alpha]_D$ +149°) 78%. *Hydrochlorid*, $C_{23}H_{34}ClNO_2$, F. 233—234°. — *2-Di-n-propyl-*, $C_{25}H_{37}NO_2$, F. 107,0—107,5° (A.), aus **I**, Di-n-propylamin u. 37% ig. Formaldehyd analog **VI** nach a); 53%. *Hydrochlorid*, $C_{25}H_{38}ClNO_2$, F. 218—200°. — *2-Di-n-butyl-*, *Hydrochlorid*, $C_{27}H_{42}ClNO_2$, F. 204—206° (A.–Ae.), aus

I u. Di-n-butylamin analog **VI** nach a) u. nachfolgende Einw. von 10% ig. wss. HCl auf das erhaltene Öl, in Ae.; 78%. — *2-Di-n-amyl-, Hydrochlorid*, $C_{29}H_{46}ClNO_2$, F. 189—191° (A.-Ae.), aus **I** u. Di-n-amylamin analog **VI** nach a) u. nachfolgende Einw. von 10% ig. HCl auf das entstandene Öl in Ae.; 47%. — *2-Piperidinomethylöstron* (**IV**), $C_{24}H_{33}NO_2$, F. 195,5—197° (A.), aus **I** u. Piperidin analog **VI** nach a); unlösl. in 10% ig. NaOH; $[\alpha]_D$ + 142°; 55%. — *2-Morpholinomethylöstron*, $C_{23}H_{31}NO_3$, F. 213—214° (A.), aus **I** u. Morpholin analog **VI** nach a); unlösl. in 10% ig. NaOH; 60%. *Hydrochlorid*, $C_{23}H_{32}ClNO_3$, F. 225—228° (Ae.-A.) — *2-Piperidinomethylöstradiol*, $C_{24}H_{35}NO_2$, F. 99—101° (A.), a) aus **II** in Bzl.-A., Piperidin u. 37% ig. Formaldehyd analog **VI** nach a) u. Chromatographie an $Al_2O_3$; 35%; b) aus **IV** u. $NaBH_4$ in Methanol in 4 Std. bei Raum-Temp.; 100%. — *2-Acetoxymethylöstronacetat*, $C_{23}H_{28}O_5$, F. 147—148° (A.-W.), aus **III** durch 5std. Kochen mit Acetanhydrid, Zugabe zu Eis u. Ae.-Extraktion des Nd.; 85,5%. — *2-Methylöstron*, $C_{19}H_{24}O_2$, F. 232—233° (95% ig. A.), aus **III** durch 22std. Kochen mit RANEY-Ni in 95% ig. A.; 38%. *Benzoat*, F. 211—212° (Ae.). — *2-Methylöstradiol* (**V**), $C_{19}H_{26}O_2$, F. 184,5—186° (Ae.), a) aus 0,035 g vorst. Verb. durch Einw. von $NaBH_4$ in Methanol über Nacht bei Raum-Temp.; 0,03 g; b) durch Red. von **III** mit $NaBH_4$ in Methanol analog a) u. nachfolgendes 24std. Kochen des entstandenen Öls mit RANEY-Ni in 95% ig. A.; 65%. *3-Monobenzoat*, $C_{26}H_{30}O_3$, F. 184—186° (Ae.). *Diacetat*, $C_{23}H_{30}O_4$, F. 172—173,5° (A.), durch Einw. von Acetanhydrid-Pyridin bei Raum-Temp. über Nacht auf **V**. — *2-Morpholinomethylnaphthol-(1)*, F. 115°, nach SHRINER u. Mitarbeitern (J. Amer. chem. Soc. **68.** [1946.] 946).
D. KIRSTEIN. 3750□

**Untersuchungen über die Synthese von 17β-Hydroxyandrostan-3-on.** Suminori Umio und Kazuma Nishitsuji. (Chem. pharmac. Bull. [Tokyo] **8.** 479—82. Mai 1960. Osaka, Fujisawa Pharm. Ind., Ltd., Res. Labor.) (Engl.)

Durch Red. von 3β-Acetoxy-$\Delta^5$-androsten-17-on (I) mit einem Überschuß von $NaBH_4$ entsteht unter Verseifung der 3β-Acetoxygruppe *3β.17β-Dihydroxy-$\Delta^5$-androsten*; mit 2 Mol $NaBH_4$ wird fast quant. *3β-Acetoxy-17β-hydroxy-$\Delta^5$-androsten* (**II**) gebildet. Die Hydrierung der $\Delta^5$-Doppelbindung gelingt am besten bei *3β-Acetoxy-17β-benzoyloxy-$\Delta^5$-androsten* (**III**). **III** wird aus **II** u. Benzoylchlorid in Pyridin bei Raum-Temp. dargestellt. Die Hydrierung wird an 5% Rh/$Al_2O_3$ oder an Rh/$PtO_2$ (6,4:3,6) in A./Eisessig oder Eisessig durchgeführt bzw. an RANEY-Ni (40%) in Dioxan. Dabei entsteht *3β-Acetoxy-17β-hexahydrobenzoyloxyandrostan* (**IV**). Wenn 20% RANEY-Ni (bezogen auf **III**) benutzt werden, entsteht *3β-Acetxoy-17β-hexahydrobenzoyloxy-$\Delta^5$-androsten*, wie durch Hydrolyse zu *3β-Hydroxy-17β-hexahydrobenzoyloxy-$\Delta^5$-androsten* u. weiter zu *3β.17β-Dihydroy-$\Delta^5$-androsten* bewiesen wird. *3β-Hydroxy-17β-hexahydrobenzoyloxyandrostan* (**VI**), dargestellt durch partielle Verseifung von **IV**, wird durch $CrO_3$ zu *17β-Hexahydrobenzoyloxyandrostan-3-on* (**V**) oxydiert, daß sich schwer reinigen läßt. Wahrscheinlich geht die Oxydation weiter. Mit Cyclohexanon u. aktiviertem $Al_2O_3$ in unpolaren Lsgm. entsteht aus **VI** in guten Ausbeuten **V**. Modifizierte Hydrolyse nach WILDS u. DJERASSI (J. Amer. chem. Soc. **68.** [1946.] 2125), Kochen mit 5% ig. methanol. KOH, liefert *17β-Hydroxyandrostan-3-on* (**VII**) in hohen Ausbeuten. Diese Synth. eignet sich zur industriellen Gewinnung von **VII**.

Versuche: *3β.17β-Dihydroxy-$\Delta^5$-androsten*, F. 181—182° (Methanol), durch 3std. Kochen von **I** u. $NaBH_4$ in Methanol/W. (3:2), nochmalige Zugabe von $NaBH_4$, weiteres 3std. Kochen, mehrstd. Stehen u. Filtrieren; 90% (Ausbeute). *3β.17β-Dibenzoyl-Deriv.*, $C_{33}H_{38}O_4$, F. 211—212°, durch Versetzen von 0,35 g der Dihydroxy-Verb. mit Benzoylchlorid in Pyridin, mehrstd. Stehen u. Gießen in verd. $H_2SO_4$; aus Chlf. oder Aceton Nadeln; 0,38 g. — *3β-Acetoxy-17β-hydroxy-$\Delta^5$-androsten* (**II**), $C_{21}H_{32}O_3$, F. 147—148° (Hexan), durch Zugabe von 1,6 g $NaBH_4$ zu 25 g **I** in 99% ig. A. bei 10°, 4std. Stehen bei 10°, Neutralisieren mit Essigsäure, Einengen im Vakuum u. Gießen in kaltes W.; 98,3%. — *3β-Acetoxy-17β-hexahydrobenzoyloxy-$\Delta^5$-androsten*, $C_{28}H_{42}O_4$, F. 148—149°, durch 6std. Hydrieren von 5 g **III** an 1 g RANEY-Ni in Dioxan bei 120—130°/100 at, Filtrieren u. Eindampfen; aus A. Blättchen; 76,9%. — *3β-Hydroxy-17β-hexahydrobenzoyloxy-$\Delta^5$-androsten*, $C_{26}H_{40}O_3$, F. 150—151° (A.), durch 9std. Schütteln vorst. Verb. mit 0,1n methanol. NaOH bei Raum-Temp. u. Gießen in Wasser. — *3β.17β-Dihydroxy-$\Delta^5$-androsten*, F. 180° (A.), durch 2std. Kochen vorvorst. Verb. mit 5% ig. methanol. KOH u. Gießen in Wasser. — *3β-Acetoxy-17β-hexahydrobenzoyloxyandrostan* (**IV**), F. 126—129°, a) durch Schütteln von **III** in reinem Eisessig mit 5% ig. Rh/$Al_2O_3$, $PtO_2$ u. $H_2$ bis zur Aufnahme der berechneten Menge $H_2$ (8 Std.), Filtrieren u. Eindampfen im Vakuum; aus A. Nadeln; 73%; b) durch 6std. Schütteln von 10,2 g **III** u. 4 g RANEY-Ni in Dioxan bei 140—160°/100 at, Filtrieren u. Eindampfen im Vakuum; 72,2%. — *17β-Hexahydrobenzoyloxyandrostan-3-on* (**V**), F. 146—150° (Methanol), durch 8std. Kochen von **VI**, aktiviertem $Al_2O_3$ u. Cyclohexanon in Toluol, Filtrieren u. Einengen im Vakuum; 99%. — *17β-Hy-*

*droxyandrostan-3-on* (VII), F. 181,5°, durch 2std. Kochen von **V** mit 5%ig. methanol. KOH u. Gießen in Eiswasser; $[\alpha]_D + 31°$; 96,7%. *Oxim*, F. 208,5°. P. GOLINSKE. 3750□

**Darstellung von Thiamin aus Dihydrothiamin.** Hiroshi Hirano, Haruo Yonemoto und Yukio Hara. (Chem. pharmac. Bull. [Tokyo] **7.** 545. Juni 1959. Osaka, Takeda Pharm. Ind. Ltd., Res. Labor.) (Engl.)

Ein Verf. zur Darst. von *Thiamin* aus n-Dihydrothiamin, Iso- oder Pseudodihydrothiamin durch Luftoxydation in 2%ig. HCl in Ggw. von A-Kohle wird beschrieben. A-Kohle als Katalysator ist nicht durch Tonerde oder aktivierten Ton ersetzbar.

Versuche: *Thiaminhydrochlorid*, $C_{12}H_{18}Cl_2N_4OS$, F. 250° (Zers.), durch Einleiten von Luft in 3,3 g n-Dihydrothiamin u. 70 ml 2%ig. HCl in Ggw. von 1,3 g A-Kohle, Abfiltrieren u. Fällen mit Ae.; aus A. Nadeln; 3 g Ausbeute. W. HAMPEL. 3800□

**Einige Betrachtungen über die Nucleotid-Coenzymsynthese.** Alexander Todd. (Chem. Techn. **10.** 677—79. Dez. 1958. Cambridge, England, Univ., Chem. Labor.) (Dt.)

Übersicht über die Wrkg. von phosphat- bzw. nucleotidübertragenden Gruppen, über die Nucleotid-Coenzym-Synth. u. über die bei den Synth. verwandten Phosphorylierungsreaktionen. — 13 Literaturangaben. W. HAMPEL. 3850□

# D. Makromolekulare Chemie

**Winkelverteilung des durch eine Copolymeren-Lösung gestreuten Lichtes.** H. Benoit und C. Wippler. (J. Chim. physique Physico-Chim. biol. **57.** 524—27. Juni 1960. Strasbourg, Centre de Rech. sur les Macromol.) (Franz.)

Um die Intensitätsänderung durch Streuung an Moll. von Copolymeren als Funktion des Beobachtungswinkels zu erfassen, wird eine Copolymerisation aus zwei monomeren Teilen A u. B theoret. betrachtet. Als weitere Voraussetzung wird ein monodisperses Medium angenommen. Die so erhaltenen Ergebnisse lassen sich leicht auf Copolymere aus mehreren monomeren Anteilen übertragen. H. SCHIBILLA. 4000□

**Relaxationsspektrum von kettenförmigen hochmolekularen Substanzen.** Tsuyoshi Onishi und Misazo Yamamoto. (J. physic. Soc. Japan **13.** 1439—43. Dez. 1958. Kyoto, Japan, Univ., Fac. of Sci., Dep. of Chem.) (Engl.)

Das Relaxationsspektrum elast. Ketten-Moll. mit innerer (next-nearest neighbor) Wechselwrkg. wurde theoret. unter Zugrundelegung des Modells einer schwingenden Kette (string) abgeleitet. Die Bewegungsgleichung wurde durch eine normale Koordinaten-Meth. für das BUECHE-Modell gelöst. Die Neigung des Relaxationsspektrums dieses Modells ist steiler als die des Modells einer idealen elast. Kette von ROUSE u. stimmt gut mit den experimentellen Befunden überein. R. SCHÄFF. 4000□

**Die viscoelastischen Eigenschaften der Netzwerkstruktur.** 3. Mitt. **Normaler Spannungseffekt (Weißenberg-Effekt).** Misazo Yamamoto. (J. physic. Soc. Japan **13.** 1200—11. Oktober 1958. Kyoto, Japan, Univ., Fac. of Sci., Dep. of Chem.) (Engl.) — 2. vgl. C. **1961.** 3669.

Die entwickelte statist.-mechan. Theorie wird auf den sog. WEISSENBERG-Effekt (oder normalen Spannungseffekt) angewendet. Mittels des schwach geknüpften Kautschuknetzwerkmodells wurden die Scher- u. Zugviscositäten konz. Lsgg. linearer Makromoll. untersucht. Wenn die elast.-viscose Fl. einem stationären linearen Fließen unterworfen wird, zeigt die Theorie, daß eine zusätzliche normale Spannung in Richtung des Fließens infolge der Orientierung der Netzwerkstruktur außer der üblichen Schubspannung auftritt. Wenn sich die Fl. in einer konzentr. Kreisbewegung mit dem Winkel-Geschw.-Gradienten in radialer oder axialer Richtung befindet, verhält sich jedes kreisförmige (doughnut-shaped) Stück längs einer Fließlinie wie eine gestreckte Kautschukschlinge (loop) infolge der erwähnten zusätzlichen Spannung. Der Druck steigt bei Annäherung an die Rotationsachse. Diese Druckverteilung wurde für 3 App.-Typen (koaxiale Zylinder-, Parallelplatten- u. Konusplatten-App.) berechnet. Die Befunde stimmen wenigstens qual. gut mit verschiedenen experimentellen Befunden von ROBERTS, PHILIPPOFF, RIVLIN, KURATA, KOTAKA u. TAMURA u. a. überein. R. SCHÄFF. 4000□

**Ein Beitrag zur Bestimmung des Verteilungskoeffizienten eines Lösungsmittels für zwei nicht mischbare Polymere.** Marguerite Lautout-Magat. (J. Chim. physique Physico-Chim. biol. **57.** 528—33. Juni 1960. Paris, Fac. des Sci., Labor. de Chim. Phys.) (Franz.)

Um den Verteilungs-Koeff. für das Lsgm. zweier nicht mischbarer Polymerer zu berechnen, werden in die Näherungsformel „reguläre" Lsgg. eingesetzt, für die sich die molare Mischungswärme mit Hilfe der Gleichung nach SCATCHARD-HILDEBRAND (die nur für nichtpolare Polymere gilt) berechnen läßt u. deren Entropie mit Hilfe der vereinfachten Gleichung nach Flory-Huggins bestimmt werden kann. Die theoret. Überlegungen werden mit Verss. an *Polystyrol* u. *Polyisobutylen* u. an den Lsgm. monomeres *Styrol* u. *Toluol* verglichen. H. Schibilla. 4000□

**Dilatometrische und kernmagnetische Resonanzuntersuchungen an Polyäthylen verschiedener Verzweigung und Kristallinität.** A. Peterlin, F. Krasovec, E. Pirkmajer und I. Levstek. (Makromolekulare Chem. **37.** 231—42. 1960. Ljubljana, Yugoslavia, Univ., Inst. of Physics; J. Stefan Inst.)

Eine fast unverzweigte (*Marlex 50*) u. 5 verschieden verzweigte Proben von *Polyäthylen* werden in normalem, in teilweise u. völlig krist. Zustand dilatometr. u. bzgl. ihrer kernmagnet. Absorptionsspektren untersucht. Alle außer der „Einkristall"-Probe (I) zeigen zwischen Aufheizen u. Abkühlen in der Nähe des F. eine Verschiebung der Dilatometerkurve. I zeigt einen scharfen F. u. prakt. keine Relaxation im festen Zustand. Verzweigte Proben zeigen auch unterhalb —170° im kernmagnet. Spektrum noch Reste einer engen Linie, die bei unverzweigten verschwindet u. bei I schon unterhalb 70° schwach ist. W. Schmieder. 4010□

**Berechnung der Geschwindigkeit der Energiespeicherung in Polyäthylen bei Reaktorbestrahlung.** D. E. Kline und A. Jacobs. (J. appl. Physics **30.** 1741—47. Nov. 1959. University Park, Pa., Pennsylvania State Univ.) (Engl.)

Am Beispiel des *Polyäthylens* wird versucht, die Energie zu berechnen, die durch Reaktorstrahlung (Neutronen- u. $\gamma$-Strahlung) pro g u. Zeiteinheit gespeichert wird, um den relativen Einfl. der verschiedenen Strahlungsarten zu ermitteln. Vff. zeigen, wie die üblichen Intensitätsangaben in gespeicherte Energie umgewandelt werden können u. daß — durch spezif. Berechnungen für die 2 untersuchten Reaktortypen (natürliches U u. angereichertes U) — bestimmte, oft gemachte vereinfachende Annahmen hinsichtlich der Merkmale der Reaktorstrahlung bei den angestellten Betrachtungen über die Energiespeicherung ungültig sind. R. Schäff. 4010□

**Der oxydative Abbau von Polyäthylen.** 2. Mitt. Harold C. Beachell und G. Wilfrid Tarbet. (J. Polymer Sci. **45.** 451—59. Aug. 1960. Newark, Del., Univ. of Delaware, Dep. of Chem.) (Engl.) — 1. vgl. C **1959.** 4498.

Die Oxydation von *Polyäthylen* (**I**), *Poly-1.2-dideutero-* (**II**) u. *-tetradeuteroäthylen* (**III**) wurde in Form dünner Filme untersucht. Durch IR-Spektroskopie wurde die Entstehung von Carbonylgruppen im Bereich von 5—7 $\mu$ verfolgt. Die **I** wurden zur Oxydation auf 130—150° erhitzt, **II** u. **III** auf 170—200°. Die Verw. deuterierter Proben ergab das Auftreten von Aldehyden u. Ketonen beim Primärschritt der Oxydation nach der Bldg. von Hydroperoxyden. Die Aldehyde u. einige Ketone wurden in den meisten Fällen zu Säuren oxydiert, die mit den bei anderen Rkk. entstandenen Hydroxylgruppen Ester bilden. In der Induktionsperiode wurden die verzweigten Polymeren zu einem gewissen Grad, die linearen Prodd. jedoch gar nicht oxydiert. Nach der Induktionsperiode werden beide Arten von Polymeren rasch oxydiert, das lineare Polymere in großem Ausmaß. Wahrscheinlich bewirken die hohe Kristallinität oder der Ordnungsgrad linearer Polymerer den Widerstand gegen Sauerstoff u. bei Verlust der Ordnung findet Oxydation statt. Dasselbe erfolgt bei den verzweigten Polymeren, aber da diese bereits z. T. oxydiert wurden u. eine niedrigere Kristallinität besitzen, ist der Effekt nicht so deutlich ausgeprägt.
Eugen Weber. 4010□

**Polymerisation von Olefinen mit dem binären Gemisch aus einer metallorganischen Verbindung und Siliciumdioxyd–Aluminiumoxyd–Titandioxyd.** Junji Furukawa, Tekeo Saegusa, Teiji Tsuruta, Siro Anzai, Tsuneaki Narumiya und Akihiro Kawasaki. (Makromolekulare Chem. **41.** 17—30. 1960. Kyoto, Japan, Kyoto Univ., Dep. of Ind. Chem.; Yokohama, Bridgetone Tire Co., Res. Labor.) (Engl.)

*Äthylen* u. *Propylen* wurden mit einem Katalysator aus $SiO_2/Al_2O_3/TiO_2$ unter Zusatz metallorgan. Verbb. wie Triäthyl–Al oder Diäthyl–Cd im Autoklaven u. bei Normaldruck polymerisiert. Bei der Zus. $SiO_2/Al_2O_3/TiO_2$ = 45/5/50 erreicht die Polymerenausbeute ein Maximum. Der Katalysator wurde durch Hydrolyse eines Gemisches aus Tetraäthylorthosilicat, Al-Isopropylat u. Tetraäthylorthotitanat u. anschließende Calcinierung bei ca. 700° dargestellt. Das Syst. $Al(C_2H_5)_3$ u. $SiO_2/Al_2O_3/TiO_2$ ist bei der Äthylen- u. Propylenpolymerisation aktiver als die Phillips- u. Standardkatalysatoren, aber inaktiver als Ziegler-Katalysatoren. Der Katalysator kann mehrmals zur Polymerisation verwendet werden. Das erhaltene *Polyäthylen* ist linear u. besitzt ein Molgew. von $51{,}0 \cdot 10^4$, *Polypropylen* ein Molgew. von $22{,}9 \cdot 10^4$. Bei der Polymerisation von *Butadien* mit dem neuen Katalysator-Syst. konnte kein stereospezif. Polymeres erhalten werden. Die Prodd. sind nicht gummiähnlich, sondern faserige Substanzen.
Eugen Weber. 4010□

**Der Mechanismus der Stabilisierung von Polyvinylchlorid durch Carboxylate des Bariums, Cadmiums und Zinks.** 2. Mitt. **Radioaktive Tracer-Untersuchungen.** Alfred H. Frye und Raymond W. Horst. (J. Polymer Sci. **45.** 1—12. Juli 1960. Cincinnati, Ohio, Cincinnati Milling Machine Co.; New Brunswick, N.J., Carlisle Chem. Works, Advance Solvents, Chem. Div.) (Engl.) — 1. vgl. J. Polymer Sci. **40.** [1959.] 419.

Beim Einwalzen des *Ba-*, *Cd-* u. *Zn-Salzes* von $^{14}C_{(1)}$*-2-Äthylhexansäure* in *Polyvinylchlorid* (I) u. anschließender Erwärmung wird nach mehrmaligem Umfällen aus Tetrahydrofuran eine praktisch konst. Radioaktivität der Proben beobachtet. Die Radioaktivität der Proben nimmt mit ansteigender Hitzebehandlung zu u. läuft durch ein Maximum. Das Maximum für das Cd-Salz liegt am höchsten, für das Ba-Salz am tiefsten. Die Höhe der Radioaktivität zeigt deutliche Parallelen zu der Intensität einer IR-Bande bei 5,75, wie sie bei früheren ähnlichen Verss. beobachtet wurde. Somit ist der Austausch labiler Cl-Atome in I durch den $^{14}C_{(1)}$-2-Äthylhexanoyloxyrest bewiesen. Die durch HCl-Abspaltung u. Austausch gebildeten Chloride des Ba, Cd u. Zn wirken verschlechternd auf die Stabilität von I ein. Durch Zusatz von Triphenylphosphit (häufiger Bestandteil von Stabilisatoren für I) kann die schädliche Wrkg. von $BaCl_2$ u. $CdCl_2$ aufgehoben werden, die von $ZnCl_2$ jedoch nicht. E. Paschke. 4010 □

**Verhalten von Polytetrafluoräthylen (Teflon) bei hohen Drucken.** R. I. Beecroft und C. A. Swenson. (J. appl. Physics **30.** 1793—98. Nov. 1959. Ames, Iowa, Iowa State Univ., Inst. for Atomic Res. and Dep. of Physics.) (Engl.)

An *Polytetrafluoräthylen* (I, *Teflon*)-Proben wurden im Temp.-Bereich von 75 bis 380° K u. bei Drucken bis 22000 at Messungen der Kompression durchgeführt. Die Befunde bestätigen qual. das von Weir (C. **1954.** 7200) angegebene Phasendiagramm u. zeigen, daß die beobachtete scheinbare negative Wärmeausdehnung bei hohem Druck unterhalb 20° wahrscheinlich mit einer unvollständigen Umwandlung bei hohem Druck zusammenhängt. Die Messungen ergaben ferner, daß eine I-Dichtung unter 3000 at bei 20° eine Abdichtung auch bei jeder tieferen Temp. gewährleisten müßte. R. Schäff. 4010 □

**Elektronenspin-Resonanz an bestrahltem Polytetrafluoräthylen (Teflon). Auflösung des zusammengesetzten Spektrums.** Naoyuki Tamura. (J. physic. Soc. Japan **15.** 943—44. Mai 1960.) (Engl.)

Die Bestrahlungen erfolgten bei Raum-Temp. mit $\gamma$-Strahlen aus einer 1000-Curie-$^{60}Co$-Quelle. Die Strahlendosis betrug $3{,}4 \cdot 10^5$ rad/h. Die Spektralmessungen wurden bei einer Frequenz von 9400 MHz mit einem Reflexionsspektrometer durchgeführt. Es wurden zwei scharfe Temp.-Abfallbereiche ermittelt: zwischen 70—100° u. bei ca. 180°. N. Peters. 4010

**Apparatur zur Messung des Schubmoduls und der inneren Reibung zwischen 4,2 und 100° K.** K. M. Sinnott. (J. appl. Physics **29.** 1433—37. Okt. 1958. Wilmington, Del., E. I. Du Pont de Nemours & Co., Exper. Stat., Polychem. Dep.)

Eine Torsionspendel-App. zur Messung des Schubmoduls G u. des logarithm. Dekrements $\delta$ von Polymeren bei 4,2—100° K wurde entwickelt. Nach Abkühlung auf 4,2° K mit fl. He erwärmt sich das Pendel um 0,1°/Minute. Torsionsschwingungen des Pendels werden elektr. erregt u. photograph. aufgezeichnet (Meßgenauigkeit $\pm$ 5,0%). Mit dieser App. wurden entsprechende Messungen an *Polytetrafluoräthylen* und dem *Copolymerisat* aus *Tetrafluoräthylen* u. *Hexafluorpropylen* durchgeführt. Die Werte für G u. $\delta$ bei 4,2° K sind tabellar. zusammengestellt. R. Schäff. 4010 □

**Polymerisation mit Redox-Katalysatoren.** 2. Mitt. **Das System Styrol–Benzoylperoxyd–Dimethylanilin bei höheren Temperaturen.** K. F. O'Driscoll und J. F. Schmidt. (J. Polymer Sci. **45.** 189—94. Juli 1960. Villanova, Pa., Villanova Univ., Dep. of Chem.) (Engl.) — 1. vgl. J. Polymer Sci. **40.** [1959.] 557.

Die l. c. bei 0° durchgeführten Messungen der Geschw.-Konst. der *Styrol*-Polymerisation mit dem Katalysator-Syst. Dibenzoylperoxyd (I)–Dimethylanilin (II) werden auf 30 u. 60° erweitert. Das Syst. verhält sich genau wie bei 0°. Die Anfangs-Geschw. der Rk. betragen bei 30° $1{,}67 \cdot 10^{-3}$ $([I][II])^{0{,}497}$ u. bei 60° $5{,}25 \cdot 10^{-3} \cdot ([I][II])^{0{,}418}$. Es kann gezeigt werden, daß weder II noch die Prodd. der Rk. zwischen I u. II die Wachstums-Rk. beeinflussen. W. Schmieder. 4010 □

**Die absolute Wachstumsgeschwindigkeitskonstante der anionischen Polymerisation von Styrol.** C. Geacintov, J. Smid und M. Szwarc. (J. Amer. chem. Soc. **83.** 1253—54. 5/3. 1961. Syracuse, N.Y., Syracuse Univ., State Univ. Coll. of Forestry, Dep. of Chem.) (Engl.)

Die anion. Polymerisation von *Styrol* (I) u. anderen Monomeren führt zur Bldg. „lebender" Polymerer, das sind solche, die die Fähigkeit besitzen, weiterzuwachsen. So wird „lebendes" *Polystyrol* mit $Na^+$ als Gegenion vom Molgew. 1000—2000 mit I bei 25° zusammengegeben, u. es wird dafür gesorgt, daß die Temp. durch die frei werdende

Polymerisationswärme nicht mehr als 1° ansteigt. Es zeigt sich, daß die Rk. in bezug auf das Monomere im Konz.-Bereich von 0,02—0,22 Mol eine Rk. 1. Ordnung ist. In bezug auf das „lebende" Polymere ist die Wachstums-Geschw. $k_p$ eine verwickeltere Funktion, u. es wird gezeigt, daß die Konst. bei steigender Konz. der wachsenden Enden kleiner wird, was entweder auf eine Assoziation der „lebenden" Enden oder auf die Ionenstärke der Lsg. zurückgeführt werden kann. $k_p$ der anion. Polymerisation von I wird zu 548 $Mol^{-1} \cdot s^{-1}$ bestimmt. E. KOSSMEHL. 4010□

**Einfluß von Perchloraten auf die Styrolpolymerisation.** B. I. Lossew und Ju. I. Sacharowa. (Доклады Академии Наук СССР [Ber. Akad. Wiss. UdSSR] **116.** 609—12. 1/10. 1957.) (Russ.)

Es wurde die therm. Polymerisation von *Styrol* (I) in Ggw. von K- (II), $NH_4$- (III), Ba- (IV) u. Mg-Perchlorat (V) bei 20—90° untersucht. Es wird gefunden, daß die genannten Salze nicht nur die Induktionsperiode verkürzen, sondern auch die Polymerisations-Rk. beschleunigen. Im Anfangsstadium der I-Polymerisation in Ggw. von **II**, **III** bzw. **IV** erwies sich die Polymerisations-Geschw. direkt proportional der I-Konz. u. der Katalysator-Konz., so daß die Geschw. durch folgende Gleichung wiedergegeben ist: $dM/dt = K[M][C] + \beta[M]$ (M = I-Konz., C = Konz. des Perchlorats, K = vom Katalysator abhängige Geschw.-Konst., $\beta$ = Geschw.-Konst. der therm. Polymerisation). Die Aktivierungsenergie der Rk. wird herabgesetzt; sie beträgt in Ggw. von **II** 11,73, **III** 14,30 u. **IV** 14,87 kcal/Mol. Bei der Polymerisation mit **V** als Katalysator ist die Geschw. bedeutend größer als bei den anderen Perchloraten. Mit zunehmender Katalysatormenge vermindert sich das Molgew. der I-Polymeren. In Ggw. von **V** ist das Molgew. nahezu unabhängig von der Perchloratmenge. Es wird angenommen, daß die Beschleunigung der Rk. auf eine heterogen-homogene Katalyse zurückzuführen ist, indem die Entstehung der akt. Zentren an der Perchloratoberfläche unter Komplex-Bldg. vor sich geht, während das Kettenwachstum in der Masse des Monomeren homogen erfolgt. Im Falle von **V** wird angenommen, daß neben der heterogenen Katalyse eine Ionenpolymerisation stattfindet. H. WERGIN. 4010□

**Eine thermodynamische Theorie über das scheinbare spezifische Volumen von Hochpolymeren in Lösung.** Y. Kobataka und H. Inagaki. (Makromolekulare Chem. **40.** 118—25. 1960. Tokyo, Japan, Tokyo Inst. of Technol.; Mainz, Univ., Inst. für physikal. Chem.) (Dt.)

SCHULZ u. HOFFMANN (Makromolekulare Chem. **23.** [1957.] 220) fanden für den Zusammenhang zwischen dem Molgew. M von Polymeren in Lsg. u. dem scheinbaren spezif. Vol. v mit den Konst. A u. K: $v = A + K \cdot M^{-1}$. Zur Deutung dieses experimentellen Ergebnisses wird auf Grund der MCMILLAN-MAYERschen Theorie (J. chem. Physics **13.** [1945.] 276) eine Beziehung abgeleitet u. gezeigt, daß K nicht nur von den Eigg. des Lsgm., sondern auch von denen des Gelösten abhängt, u. daß A dem ausgeschlossenen Vol. für ein Grundmol der Polymerkette entspricht. Berechnete u. experimentelle Werte für *Polystyrol* (K = —23) u. *Polymethylmethacrylat* (K = 39) sind angegeben.
W. SCHMIEDER. 4010□

**Stereospezifische Polymerisation von Styrol und Methylmethacrylat mit metallischem Natrium als Katalysator.** S. Okamura und T. Higashimura. (J. Polymer Sci. **46.** 539—41. Okt. 1960. Kyoto, Japan, Kyoto Univ., Dep. of Textile Chem.) (Engl.)

*Styrol* (I) u. *Methylmethacrylat* (II) lassen sich mit metall. Na als Katalysator polymerisieren (30°, 24 Std., Lsgm. Toluol). Die Polymerisation findet hauptsächlich an der Oberfläche des Na statt u. ergibt harte u. kristalline Polymere. Zur Reinigung u. Entfernung des Na werden die Prodd. in Bzl. gelöst u. mit Methanol ausgefällt. Zur Gewinnung stereoregulärer Polymerer wurde *Polystyrol* mit Methyläthylketon u. *Polymethylmethacrylat* mit Aceton bei Zimmer-Temp. fraktioniert. Die Monomeren-Konz. ist von großem Einfl. auf die Ausbeute an stereoregulären Polymeren. 30% I in Toluol u. 10% II in Toluol ergeben die höchsten Anteile an unlösl. Produkt. Keine unlösl. Polymeren wurden in konz. Syst. über 50% Monomeren-Geh. bei I oder über 30% bei II erhalten. Die Resultate zeigen, daß niedrigere Monomeren-Konz. bei kleiner DK am günstigsten für das Polymerisations-Syst. ist. E. WEBER. 4010□

**p-Kresol als Nebenprodukt bei der Novolak-Synthese.** J. A. Weigner, P. Kratochvíl, Vl. Kudláček und St. Havel. (Chem. Průmysl **6(31).** 221—25. Juni 1956. Pardubice, Vysoká škola chem. technol.) (Pol.)

Bei der Kondens. der isomeren Kresole mit Formaldehyd wurde ihre relative Rk.-Geschw. (bezogen auf die des Phenols = 1) für o-Kresol (I) zu 0,26, für m-Kresol (II) zu 2,88 u. für p-Kresol (III) zu 0,35 bestimmt. Zur Isolierung bzw. Anreicherung von **III** im Kresolgemisch wurde ein Gemisch aus 70% **II**, 30% **III**, 5% **I**, 1% Phenol u. geringen Mengen Xylenole sowie Äthylphenole mit $CH_2O$ in Abhängigkeit vom Kresol/$CH_2O$-Mol-

Verhältnis, vom Katalysator, von der Temp. u. der Rk.-Dauer kondensiert. Das beste Ergebnis wurde bei der Kondens. von 75 ml Kresolgemisch u. $CH_2O$ im II/$CH_2O$-Mol-Verhältnis von 1,5 in Ggw. von 0,14 ml HCl als Katalysator erzielt. Hierbei wurde neben dem *Novolak* ein *Kresolgemisch* von mehr als 90% III u. ca. 3% II erhalten. Der Rest des Kresolgemisches bilden andere, aus den Rohstoffen stammende Phenole.

J. Schneider. 4010

**Eine Bemerkung zu der Struktur und den Eigenschaften der Thiokole.** Lennart Schotte und Göran Bergson. (J. Polymer Sci. **45**. 261—63. Juli 1960. Uppsala, Univ. of Uppsala, Chem. Inst., Labor. of organ. Chem.) (Engl.)

An Hand von 14 Literaturangaben wird gezeigt, daß die *Thiokole* nicht wie angenommen, eine verzweigte, sondern eine unverzweigte S-Kette enthalten. Die Fähigkeit der Thiokole, bei Alkalibehandlung die Hälfte des S zu verlieren, wird mit einer nucleophilen Substitution durch das negative $OH^-$ nach Foss erklärt. Die Bedeutung der Valenzwinkel für die Elastizität der Thiokole wird diskutiert. E. Paschke. 4010□

**Die thermische und chemische Stabilität eines Sulfoniumharzes.** Karl Berger. (J. prakt. Chem. [4] **12 (284)**. 152—60. März 1961. Dresden.) (Dt.)

Zur Herst. eines Austauscherharzes mit Sulfoniumgruppen wurde durch Suspensionspolymerisation von *Styrol* mit 7% *Divinylbenzol* in W. (1 : 3) in Ggw. von $Mg(OH)_2$ als Stabilisator u. Dibenzoylperoxyd als Katalysator ein *vernetztes Copolymerisat* hergestellt, das mit Chlordimethyläther (1 : 4) in Ggw. von $SnCl_4$ bei 58° (2 Std.) in ein vernetztes *Poly-p-chlormethylstyrol* (I) übergeführt wurde. I läßt sich durch Umsetzung mit Dimethylsulfid unter 20° in *Poly-p-vinylbenzyldimethylsulfoniumchlorid* (II) überführen. Von II wurde die Austauschkapazität gegenüber $Cl^-$ untersucht. Beim Erwärmen auf 65° nimmt die Kapazität stark ab u. ist ab 87° prakt. gleich 0. Dabei sinkt der S-Geh. von II von 11,8% auf 6,2%, was auf eine Abspaltung von Dimethylsulfid unter Rückbldg. von I zurückgeführt wird. In saurer Lsg. ist II beständig. Die Stabilität nimmt mit der Säure-Konz. zu. In alkal. Lsg. wird II angegriffen, u. zwar um so stärker, je stärker die Base ist. Hierbei wird die Bldg. von *Polyvinylbenzylalkohol* angenommen. Außerdem werden Umlagerungs-Rkk. vermutet. Von Oxydationsmitteln wird II nur geringfügig angegriffen. E. Kossmehl. 4010□

**Die Thermodynamik der Wassersorption von Polymethylstyrolsulfonsäure und ihrem Natriumsalz.** D. Dolar, S. Lapanje und L. Čelik. (Makromolekulare Chem. **41**. 77—85. 1960. Ljubljana, Yugoslavia, Univ., Physic.-Chem. Labor.) (Engl.)

Die thermodynam. Funktionen der Wassersorption von *Polymethylstyrolsulfonsäure* (I) u. ihrem *Na-Salz* (II) wurden mittels calorimetr. u. isopiest. Messungen bestimmt. Der Verlauf dieser Funktionen wird in Abhängigkeit vom Wasser-Geh. über einen Bereich von 0—12 Mol W. pro Äquivalent I u. II dargestellt u. eine qual. Deutung des Kurvenverlaufs gegeben. Die Unterschiede zwischen den Funktionswerten der linearen u. vernetzten I u. II sind relativ klein. Bemerkenswerterweise liegen die Werte der linearen I u. II näher an denen der stark vernetzten I u. II als an denen der schwach vernetzten. J. W. Zimmermann. 4010□

**Poly-(4′-vinyl-cis-benzalacetophenon).** C. C. Unruh. (J. Polymer Sci. **45**. 325 bis 340. Aug. 1960. Rochester, N.Y., Eastman Kodak Co., Res. Labor.) (Engl.)

Der Vgl. der UV-Absorptionsbanden von *Poly-[4′-vinylbenzalacetophenon]* (I) u. seiner Modell-Verb. *4′-Äthylbenzalacetophenon* (II) zeigt, daß beide in der *trans*-Form vorliegen. Bei Bestrahlung von verd. Lsgg. dieser beiden Verbb. in 1.2-Dimethoxyäthan mit Sonnenlicht wandeln sie sich leicht in die *cis-Isomeren* um. cis-II geht in Ggw. von HCl leicht wieder in das trans-Isomere über, cis-I jedoch bildet unter denselben Bedingungen oder auch mit Jod nur teilweise die trans-Form zurück. Dieser Unterschied wird durch intramol. Dimerisation oder Polymerisation des verknäuelten Polymeren erklärt, die nach den Modellbetrachtungen beim cis-Isomeren bevorzugt möglich ist. Durch diese Verknüpfungspunkte in der Polymerkette soll die vollständige Rückbildung der trans-Form verhindert werden.

Versuche: *Poly-[4′-vinylbenzalacetophenon]* (I), nach Unruh (J. appl. Polymer Sci. **2**. [1959.] 358). — *cis-Benzalacetophenon*, F. 46—47°, nach Lutz u. Jordan (vgl. C. **1951**. II. 3303). — *4′-Äthyl-trans-benzalacetophenon* (*trans*-II), $C_{17}H_{16}O$, nach Weygand u. Matthes [1926]. Dimerisiert in 10%ig. alkohol. Lsg. durch Bestrahlung mit Sonnenlicht. — *4-Äthylphenyl-β-phenyläthylketon*, $C_{17}H_{18}O$, F. 65—66°, durch Hydrierung von trans-II in A. an Raney-Ni; kristallin. — *4′-Äthyl-cis-benzalacetophenon* (*cis*-II), F. 11—12°, durch Bestrahlung von trans-II in 0,1 m 1.2-Dimethoxyäthan-Lsg. mit Sonnenlicht. — *4-Äthylacrylophenon*, $C_{11}H_{12}O$, Kp.$_4$ 110—114°, aus 4-Äthylacetophenon, Paraformaldehyd u. Morpholinhydrochlorid unter Erhitzen; Öl. Leicht polymerisierbar beim Erhitzen in Ggw. von Dibenzoylperoxyd. H. G. Kirschner. 4010□

**Polymer-NSR-Spektroskopie. 4. Mitt. Die Stereochemische Konfiguration von Polymethacrylsäureanhydrid.** G. V. D. Tiers und F. A. Bovey. (J. Polymer Sci. **47.** 479—80. Nov. 1960. St. Paul, Minn., Minnesota Mining and Manufact. Co., Central Res. Labor.) (Engl.) — 1.—3. vgl. C. **1961.** 9061, 15773 bzw. 16124.

*Polymethacrylsäureanhydrid* wird bei 100° in Toluol mit Dibenzoylperoxyd u. bei 45° in Substanz mit $\gamma$-Strahlen hergestellt. Die hydrolysierten u. methylierten Prodd. stellen *Polymethylmethacrylate* dar, die bzgl. ihrer Stereospezifität mit denen der 3. Mitt. (l. c.) verglichen werden. Der isotakt. Anteil der Prodd. ist größer als der der Methylmethacrylatpolymeren, die isotakt. Anlagerung erfordert eine um ca. 440 cal·Mol$^{-1}$ höhere Aktivierungsenthalpie als die syndyotaktische. Die Aktivierungsentropien sind gleich. W. Schmieder. 4010□

**Hohe Auflösung der kernmagnetischen Resonanzspektren von isotaktischem und syndyotaktischem Polymethylmethacrylat in Chloroform-Lösung.** Atsuo Nishioka, Haruaki Watanabe, Ichiro Yamaguchi und Hiroshi Shimizu. (J. Polymer Sci. **45.** 232—34. Juli 1960. Musashino, Tokyo, Japan, Nippon Telegraph & Telephone Public Corp., Electr. Communication Labor.; Tokai, Ibaki, Japan, Japan Atomic Energie Res. Inst.; Tokyo, Japan, Tokyo Univ., Fac. of Pharmaceut. Sci.) (Engl.)

Es wird versucht, die hohe Auflösung der kernmagnet. Resonanzspektren von *Polymethylmethacrylat*-Proben der atakt., isotakt., syndyotakt. u. Stereoblockform zuzuordnen. Über die Auflösung der $CH_2$- u. $CH_3$-Resonanzen gelingt eine Zuordnung, die mit der aus Infrarotabsorptionsmessungen übereinstimmt. W. Schmieder. 4010□

**Elektronenspinresonanzspektren von Polymethylmethacrylat und Polyäthylmethacrylat.** I. S. Ungar, W. B. Gager und R. I. Leininger. (J. Polymer Sci. **44.** 295—302. Juni 1960. Columbus, Ohio, Battelle Mem. Inst.) (Engl.)

Die Elektronenspinresonanzspektren von reinem *Polymethylacrylat* u. reinem *Polyäthylmethacrylat* unterscheiden sich nicht u. zeigen auch nicht die hohe Auflösung in Linien, die von anderen Vff. beobachtet wurde. Ein Vgl. der Spektren reiner Proben mit denen von handelsüblichen u. von künstlich mit Dibenzoylperoxyd oder Monomeren verunreinigten Proben zeigt, daß die Unterschiede auf Monomerresten in den handelsüblichen Proben beruhen. W. Schmieder. 4010□

**Zur phänomenologischen und statistischen Thermodynamik von Polymerlösungen.** G. V. Schulz, H. Inagaki und R. Kirste. (Z. physik. Chem. [Frankfurt/M.] [N.F.] **24.** 390—404. Juni 1960. Mainz, Univ., Inst. für Physik. Chem.) (Dt.)

Vff. teilen den 2. osmot. Virial-Koeff. B gemäß der Gibbs-Helmholtzschen Gleichung in einen Entropie- u. Enthalpieeffekt auf. In der Umgebung der Temp. $\Theta$, bei welcher B verschwindet, u. beim Vorliegen endothermer Polymer-Lsgg. lassen sich diese Effekte $B_{S*}$ u. $B_{H*}$ aus der Temp.-Abhängigkeit von B bestimmen. Andererseits läßt sich $B = B(T)$ nach statist. Theorien in eine Reihe entwickeln. Der Vgl. ergibt die Möglichkeit, das Verhältnis von Verdünnungsenthalpie zu Verdünnungsentropie zu bestimmen. Unter den genannten Bedingungen ist es unabhängig von der Konzentration. Zur Berechnung von $\Theta$ aus Messungen bei einer beliebigen, nicht allzuweit von $\Theta$ entfernten Temp. kann die Näherungsgleichung $\Theta = -B_{H*}/B_{S*}\, T\,[1 + b_2/b_1\,(1 + B_{H*}/B_{S*})^2 - \cdots]$ ($b_2$ u. $b_1$ sind Koeff. in der Reihen-Entw. von B) verwendet werden. Vff. bestimmen an Lsgg. von *Polymethylmethacrylat* in Butylchlorid, Isoamylacetat u. Butanon–Isopropanol $B = B(T)$ durch Messung der Lichtstreuung u. finden ihre Voraussage bestätigt. Bei der Temp. $\Theta$ erweisen sich die Syst. als pseudoideal, indem sich starke Verdünnungsenthalpie u. Verdünnungsentropieeffekte kompensieren. H. Sackmann. 4010□

**Untersuchung auf dem Gebiet der Umwandlungen gesättigter C-Ketten-Polymerer.** 8. Mitt. **Darstellung von dreidimensionalen polymeren Alkylacrylaten und Alkylmethacrylaten und Untersuchung ihrer Eigenschaften.** A. Ja. Drinberg und A. D. Jakowlew. (Журнал Прикладной Химии [J. angew. Chem.] **30.** 1204—14. Aug. 1957. Leningrad, Technol. Lensowjet-Inst.) (Russ.) — 7. vgl. C. **1957.** 11038.

Lineare Polyacrylsäure (I) u. Polymethacrylsäure (**II**)-Ester gehen beim Erhitzen an der Luft auf 160—200° in *dreidimensionale Polymere* (**III**) über, wobei die Umwandlung an der Grenzfläche Polymeres–Luft erfolgt. Die Neigung zur Bldg. der **III** wird durch die Struktur der Monomeren bestimmt: Länge der C-Kette, des Esterrestes, Charakter des Substituenten in $\alpha$-Stellung der Säure u. durch den Polymerisationsgrad. Erhöhung der Anzahl der C-Atome in der Estergruppe (bis 8) beschleunigt die Umwandlung von **I** u. **II** in **III** u. erniedrigt die Umwandlungstemperatur. Die Polyester der **I** sind leichter als die **II** zur Bldg. der dreidimensionalen Polymeren geneigt. Mit Erhöhung des Polymerisationsgrades wächst die Vernetzungsgeschwindigkeit. Die Vernetzung wird begleitet von einer Anreicherung an polaren Gruppen, was an einer erhöhten Löslichkeit u. Quellbarkeit in polaren Lsgm. erkennbar ist. J. v. Schroeder. 4010

**Vinylpolymerisation mit Ammoniak–Triäthylbor.** Ken Noro und Hiroshi Kawazura. (J. Polymer Sci. **45.** 264—65. Juli 1960. Amagasaki, Hyogo, Japan, Nippon Synthetic Chem. Ind. Co. Ltd., Central Res. Labor.) (Engl.)

Die Additions-Verb. Triäthylbor–Ammoniak (I) ist stabiler als reines Triäthylbor (II), läßt sich daher besser handhaben u. ist als Polymerisationsaktivator gegenüber II gleichwertig. Lediglich bei —78° wirkt I schwächer als II, da die aktivierende Wrkg. offenbar eine Dissoziation von I zur Voraussetzung hat. I ist eine farblose Fl. vom $Kp._3$ 30°. Die Polymerisations-Verss. wurden unter Zusatz von 1 Vol.-% zum Monomeren unter Luftzutritt bei Raum-Temp. in Substanz, Emulsion u. in Lsg. ausgeführt. Die Eignung von I als Polymerisationsaktivator fällt in folgender Monomerenreihe ab: *Methylmethacrylat* > *Butylacrylat* > *Methylacrylat* > *Vinylacetat* ≫ *Styrol* > *Acrylonitril* > *Vinyltoluol* > *Vinylbenzoat* > *Vinyl-n-butyläther* (= 0). J. W. Zimmermann. 4010□

**Ebulliometrisches Verfahren zur Untersuchung der Polymerisationsreaktion.** G. Heintz und A. Simon. (Naturwissenschaften **48.** 160. 2. März-H. 1961. Dresden, TH, Inst. für anorgan. u. anorgan.-techn. Chem.; Leipzig, Sächsische Akad. der Wiss.) (Dt.)

Es wird eine ebullioskop. Meth. zur Messung des durchschnittlichen Molgew. $\overline{M}$ beschrieben. Dabei wird die Temp.-Differenz $\Delta T$ während der Polymerisation in zwei Geräten gemessen, von denen das eine die Lsg. u. das andere das reine Lsgm. enthält, u. auf einen 2 mV-Kompensationsschreiber gegeben. Bei einem Monomeren-Geh. von 0,5—5% ist weder eine genaue Einwaage, noch die Kenntnis der ebullioskop. Konst. des Lsgm. notwendig. $\Delta T$ ist $K/\overline{M}$ mit $K = g_s \cdot E_s \cdot 1000/g$ Lsgm., u. damit kann bei einer Veränderung von $\Delta T$ $\overline{M}$, die Konz. des Monomeren u. der verschiedenen Polymeren bestimmt werden. Bei *Vinyl-Verbb.* mißt man bei dieser Meth. nur die Konz. des Monomeren. Die Meth. zeigt, daß die Polymerisation von *Trimethylencarbonat* in Acetonitril in Ggw. von $K_2CO_3$ bevorzugt über ein Dimeres verläuft, u. es können deutliche Unterschiede in der Polymerisations-Geschw. von *Trimethylen-* u. *Tetramethylensulfit* nachgewiesen werden. E. Kossmehl. 4010□

**Eine mikroskopische Untersuchung der Diffusion von sauren und alkalischen Lösungen durch Polycaprolactam (Nylon 6).** Břetislav Doležel. (Chem. Průmysl 6 (**31**). 281—83. Juli 1956. Praha, Výzkumný ústav ochrany materiálu G. V. Akimova.) (Pol.)

Eine mkr. Meth. zur Verfolgung der Diffusion von sauren u. alkal. Lsgg. durch *Polycaprolactam* (I) wird beschrieben, durch die die Best. der Dicke von Polyamidschutzüberzügen ermöglicht wird. Aus den Vers.-Daten wurde die Diffusions-Konst. D von 0,1n $H_2SO_4$ durch I u. die Aktivierungsenergie der Diffusion nach der Gleichung $D = 12{,}7 \cdot \exp(-13450/RT)$ berechnet. J. Schneider. 4010

**Normaler Spannungseffekt in Polymerisatlösungen.** Tadao Kotaka, Michio Kurata und Mikio Tamura. (J. appl. Physics **30.** 1705—12. Nov. 1959. Kyoto, Japan, Univ., Dep. Ind. Chem.) (Engl.)

An Lsgg. typ. Hochpolymerer [*Polystyrol* (I), *Methylcellulose, Na-Carboxymethylcellulose*] wurde mit einem Parallelplattengerät das Phänomen normaler Spannung (normal stress) im Scher-Geschw.-Bereich von 1—100 untersucht. Das Prinzip der separaten Best. der normalen Spannungskomponenten wird beschrieben. Die Befunde u. Fließkurven werden auf Basis bekannter Theorien erörtert. Vff. folgern, daß I-Lsgg. annähernd dem Hookeschen Gesetz gehorchen, während Lsgg. von Cellulose-Derivv. vom Hookeschen Gesetz abweichen. R. Schäff. 4050□

**Das Fließverhalten verschiedener Lösungen von Cellulosederivaten.** John G. Brodnyan, Frederick H. Gaskins, Wladimir Philippoff und E. G. Lendrat. (Trans. Soc. Rheol. **2.** 285—301. 1958. Philadelphia, Pa., Franklin Inst., Labor. for Res. and Dev.; Marcus Hook, Pa., Amer. Viscose Corp.) (Engl.)

Messungen des Fließ-Verh. der Lsgg. von *Äthylcellulose* in Cyclohexanon, *Carboxymethylcellulose* in W. u. von *Viscose*-Lsgg. wurden durchgeführt. Es wurden folgende Meßapp. u. Meth. verwendet: 1. Weissenberg-Rheogoniometer, 2. ein konisch-zylindrisches Rotationsviscosimeter, 3. ein Hochdruck-Capillarviscosimeter, 4. McKee-Konsistometer, 5. Ferranti-Shirley-Viscosimeter, 6. eine von Philippoff entwickelte App., 7. dynam. Prüfapp. des Franklin-Instituts. Die Unterss. werden eingehend im Hinblick auf die rheolog. Vorgänge in den verschiedenen App. diskutiert u. die Schwierigkeiten beim Vgl. von Meßergebnissen aufgezeigt, die dann auftreten, wenn verschiedene App. benutzt wurden. F. Lang. 4050□

**Faktoren, die die Rolle von Zusätzen während der Regeneration von Cellulose aus Viscoselösungen beeinflussen.** M. Levine und R. H. Burroughs jun. (J. appl. Polymer Sci. **2.** 192—97. Sept./Okt. 1959. Cleveland, Ohio, Industrial Rayon Corp.)

Die Neutralisations-Geschw. u. die Gelquellung von *Viscose* (I) beim Regenerieren wird in Abhängigkeit von Alkali, Zn u. abgeschiedenem S im Fällbad u. von *Polyäthylenoxyd* (II) u. *Cyclohexylamin* (III)-Zusatz zu I untersucht. II u. III setzen die Gelquellung herab u. verzögern in Ggw. von Zn u. S die Neutralisation. Die Gelquellung durchläuft in Abhängigkeit von der S-Konz. ein Minimum bei 50—70% abgeschiedenem S. Die Einfl. werden mit Hilfe eines Koordinationskomplexes zwischen II- oder III-Zusatz, Zn, S u. Xanthat erklärt. W. Schmieder. 4050□

**Viscosimetrischer Verlauf des enzymatischen Stärkeabbaus.** R. Loss. (Chimia [Schweiz] **11.** 277—78. 15/9. 1957. St. Gallen, Färberei Sitterthal AG.) (Dt.)

Es wird mit einem Drage-Torsionsviscosimeter (Syst. Epprecht) kontinuierlich die Viscositätsabnahme einer *Stärke*-Lsg. nach Zugabe einer konz. Enzym-Lsg. in Abhängigkeit von der Zeit gemessen. Der Viscositätsverlauf gehorcht angenähert der Gleichung $\eta_{\tau_0} = b \cdot a^t$ (a u. b = Konst., $\eta_{\tau_0}$ = Viscosität, extrapoliert auf die Schubspannung $\tau_0 = 0$; t = Abbauzeit). Die Abbauzeit t, in der die Stärke-Lsg. eine Viscosität von 10 cP erreicht, ergibt sich zu $t \cong 6{,}8 \cdot c^{-1{,}82}$ (c = Enzym-Konz.). K. Heyns. 4050□

**Einwirkung von Alkalihypochlorit auf Maisstärke-Amylose und Methyl-4-O-methyl-D-glucopyranoside.** Roy L. Whistler, E. George Linke und Stanley Kazeniac. (J. Amer. chem. Soc. **78.** 4704—09. 20/9. 1956. Lafayette, Ind., Purdue Univ., Dep. of Biochem.) (Engl.)

Bei der oxydativen Verarbeitung von Stärke- u. Cellulose-Prodd., die vorwiegend mit Na-Hypochlorit erfolgt, wurden Abbauerscheinungen beobachtet, die näher untersucht wurden. Als Modellsubstanzen wurden *Maisstärkeamylose* (I) u. *Methyl-4-O-methyl-α-* (α-II) u. *-β-D-glucopyranosid* (β-II) verwendet. Die NaOCl-Oxydation von I zeigt, daß 75—88% des Polysaccharids als nicht angegriffene oder nicht dialysierbare Anteile zurückbleiben u. ca. 27% des verwendeten Oxydationsmittels für die Spaltung der Zucker-Moll. zwischen $C_{(2)}$ u. $C_{(3)}$ verbraucht werden. Aus den Hydrolysaten der oxydierten I lassen sich papierchromatograph. *D-Glucose*, *D-Erythronsäure*, *D-Erythronsäurelacton* u. *Glyoxylsäure* (III) isolieren. — In ähnlicher Weise werden aus β-II 43—47% III u. 10% *Glyoxal* erhalten, welches als erstes Prod. der Oxydation entsteht, u. dessen Ausbeute im Verlauf der Rk. nicht mehr wesentlich zunimmt. Das entsprechende α-II, welches in kristalliner Form dargestellt werden konnte, liefert bei der Oxydation das gleiche Ergebnis, reagiert jedoch langsamer. Ein Rk.-Mechanismus wird diskutiert.

Versuche: Zur Oxydation von I werden durch Versetzen von 30 g in 720 ml n-Butanol mit 3 Liter kochendem W. u. Abdampfen des Butanols sechs 1%ig. I-Dispersionen hergestellt u. je 3 davon mit $Na_2CO_3/NaHCO_3$ auf pH 9 bzw. pH 11 eingestellt; dann Zugabe von soviel 2,2n NaOCl-Lsg., daß die NaOCl-Konz. in jeder pH-Gruppe 0,6, 1 bzw. 2 Val/Anhydro-D-glucose-Einheit beträgt, Stehen im Dunkeln bei 25°, Dialyse der Oxydations-Prodd. gegen W., Hydrolyse des nicht dialysierbaren Prod. (mit 2 Val NaOCl bei pH 9) mit n-$H_2SO_4$ (5 Std. bei 98°), Einengen der deionisierten Lsg., Dest. mit Bzl. u. papierchromatograph. Trennung des erhaltenen Sirups in folgende Komponenten: *D-Erythrono-γ-lacton*, F. 104—105° (Äthylacetat), $[\alpha]_D^{25}$ −72,4° (c = 2,36; W.), $R_{G(lucose)}$ 4,07. — *D-Erythronsäure*, $R_G$ 2,27. — *Glyoxylsäure* (III), $R_G$ 2,65. *2.4-Dinitrophenylhydrazon*, F. 190—191° (A. u. W.). — *D-Glucose*, $R_G$ 1,0. *Phenylosazon*, F. 210—211°. — Die quant. Unters. des durch Oxydation von 10 g I mit NaOCl erhaltenen, nicht dialysierbaren Prod. hatte folgendes Ergebnis: bei pH 9: 0,48 (Val NaOCl-Verbrauch), 76% (nicht dialysierbares Prod.), 0,92 (mVal III); 0,96, 79%, 2,9; 1,9, 75%, 6,7; bei pH 11: 0,25, 88%, 0,18; 0,34, 88%, 0,87; 0,60, 77%, 2,1. Ebenso 3 handelsübliche *Stärken* von geringem, mittlerem u. höherem Oxydationsgrad: 0,045 (mVal III); 0,11; 0,054. — *Methyl-4-O-methyl-β-D-glucopyranosid* (β-II), $C_8H_{16}O_6$, F. 102—103°, nach McGilvray (vgl. C. **1953.** 6254); $[\alpha]_D^{20}$ −17° (c = 1; W.). *Triacetyl-Deriv.*, F. 107—108°, $[\alpha]_D^{25}$ −33,9° (c = 1; Chlf.). — *Methyl-4-O-methyl-α-D-glucopyranosid* (α-II), F. 94—95°, durch Behandlung von 11 g Methyl-2.3-di-O-benzyl-α-D-glucopyranosid mit 8 g Triphenylmethylchlorid in Pyridin bei 100—105° (5½ Std.), Methylierung des erhaltenen *6-O-Trityl-Deriv.* {$[\alpha]_D^{25}$ +16° (c = 2; Chlf.)} mit Purdies Reagens, 1std. Erhitzen des glasigen *Methyl-2.3-di-O-benzyl-4-O-methyl-6-O-trityl-α-D-glucopyranosids* {$[\alpha]_D^{25}$ +36° (c = 2; Chlf.)} mit 80%ig. Essigsäure bei 95—100°, Zugeben von W., Extraktion mit Chlf., Eindampfen zum Sirup, Debenzylierung des Sirups {$[\alpha]_D^{25}$ +43° (c = 1; Chlf.)} mit $NaOC_2H_5$ u. Chromatographie an Cellulose; aus Methyläthylketon u. aus Äthylacetat Nadeln; $[\alpha]_D^{25}$ +167° (c = 1,17; W.); 0,99 g (Ausbeute). *Phenylosazon*, F. 158°. — *Glyoxal, 2.4-Dinitrophenylosazon*, $C_{14}H_{10}N_8O_8$, F. 328°, a) durch Oxydation von β-II mit 0,46n NaOCl-Lsg. bis zum Drehwert von +0,52° (96 Std.), Verdünnen mit W., Ansäuern mit 0,5n HCl (pH 6,5), Durchleiten von Luft zur Entfernung von $Cl_2$ u. Behandeln mit 2.4-Dinitrophenylhydrazin; b) analog a) mit 0,51n NaOCl-Lsg. bis $[\alpha]_D^{25}$ +46° (48 Std.),

Eindampfen des chlorfreien Prod., Extraktion mit abs. A. u. Chromatographie des Rückstandes; daneben eine kristalline *Verb. vom F. 258—260°* u. das *Di-Na-Salz* der *2-O-Methyl-3-O-[methoxycarboxymethyl]-D-erythronsäure* [$C_8H_{12}Na_2O_8$, amorphes Pulver, $[\alpha]_D^{25}$ +43° (c = 1; W.). Gibt durch 24std. Erhitzen mit Amberlite IR-120 (H) u. Extraktion mit Ae. **III**]. — α- u. β-**II** wurden mit NaOCl-Lsg. oxydiert u. in Abständen von 12 bzw. 24 Std. der NaOCl-Verbrauch sowie neben Glyoxal die gebildete **III**-Menge bestimmt. Uron- u. Glucuronsäure wurden unter den Oxydations-Prodd. nicht gefunden. W. HÖVERMANN. 4050

**Biegungsdeformation elastischer Stäbe durch die Wärmebewegung (statistische Gestalt gerader, unter der Wirkung äußerer Kräfte biegsamer Fäden).** Werner Kuhn und Max Thürkauf. (Z. Elektrochem., Ber. Bunsenges. physik. Chem. **65**. 307—13. Juni 1961. Basel, Univ., Physik.-Chem. Inst.) (Dt.)

Infolge Wärmebewegung erfährt ein in eine Fl. bestimmter Temp. eintauchender Kreiszylinder aus einem Material mit dem Elastizitätsmodul E statist. Biegungsdeformationen. Die an verschiedenen Stellen entstehenden Biegungen werden sich statist. zueinander addieren. Die quant. Betrachtung zeigt, daß das Quadrat des Winkels, um den das Ende der Stabachse gegen die Achsenrichtung am Anfang des Stabes abgelenkt ist, proportional der Länge des Stabes, umgekehrt proportional der 4. Potenz des Radius sowie umgekehrt proportional E ist. Orientierte Fäden aus *Deoxyribonucleinsäure* (I) werden aus einer hochviscosen Lsg. eines Präp. von Na-Desoxynucleat durch Ziehen hergestellt (Ø $3-10 \cdot 10^{-3}$ cm, ca. 10 cm lang). Mit Hilfe eines Präzisionskathetometers mißt man die Streckung bei der Belastung von 3 verschiedenen Fäden. Aus den erhaltenen Werten wird als Richtwert für I-Fäden E zu $2 \cdot 10^{10}$ dyn/cm² angenommen. Daraus ergibt sich, daß das Ende der Achse der Doppelschraube von I von der Länge $3 \cdot 10^{-4}$ cm bei Zimmer-Temp. infolge der Biegung durch die Wärmebewegung im Mittel einen Winkel von ca. 60° mit der Achsenrichtung im Anfang einschließt. Der mittlere Endenabstand infolge der Biegung wird dann ca. $2{,}5 \cdot 10^{-4}$ cm (an Stelle von $3 \cdot 10^{-4}$ cm) sein. Vff. nehmen an, daß I in wss. Lsg. nicht als gerade gestreckte Fäden vorliegt, jedoch werden sich die Abweichungen nicht durch Änderungen bei Viscositäts- u. Lichtstreuungsmessungen bemerkbar machen. Analog werden gerade, aus Paraffin-KW-Stoffen gebildete Zickzackketten betrachtet. Berücksichtigt man nur die Formänderung der Kette infolge elast. Biegung, so beträgt die Länge des statist. Fadenelements eines Paraffin-KW-Stoffes ca. $500 \cdot 10^{-8}$ cm. P. FRENZEL. 4090□

**Die Gestalt von Makromolekülen in strömenden Lösungen, gemessen durch Lichtstreuung.** Wilfried Heller, Eiichi Wada und Louis A. Papazian. (J. Polymer Sci. **47**. 481—84. Nov. 1960. Detroit, Mich., Wayne State Univ., Dep. of Chem.) (Engl.)

Eine von HELLER (Rev. mod. Physics **31**. [1959.] 1072) beschriebene Methode, die Gestalt von Makromolekülen durch Lichtstreuungsmessungen an strömenden Lsgg. in Abhängigkeit vom Winkel zwischen Strömungsrichtung u. Streurichtung zu ermitteln, wird am *Tabakmosaikvirus* erprobt u. mit den Ergebnissen von elektronenmkr. Unterss. verglichen. Die theoret. Rechnung auf der Basis von Stäbchen von 300 mμ Länge u. 15 mμ Ø stimmt gut mit dem Experiment überein. W. SCHMIEDER. 4090□

# E. Biologische Chemie. Physiologie. Medizin

## $E_1$. Allgemeine Biologie und Biochemie

**Die Affinität organischer Verbindungen zu freien Elektronen mit thermischer Energie: ihre mögliche Bedeutung in der Biologie.** J. E. Lovelock. (Nature [London] **189**. 729—32. 4/3. 1961. London, Mill Hill; Nat. Inst. Med. Res.) (Engl.)

Es wird eine Versuchsanordnung beschrieben, die es ermöglicht, den Auffang freier Elektronen mit nur therm. Energie durch gasförmige organ. Verbb. zu messen. Die relativen Affinitäten (bezogen auf die Affinität von *Chlorbenzol*, die = 1 gesetzt wurde) folgender gasförmiger organ. Verbb. gegenüber freien Elektronen sind: *Äthylpyruvat* 1700, *Diacetyl* 2000, *Dimethyloxalacetat* 1300, *Diäthylfumarat* 1500, *Diäthylmaleat* 1700, *p-Benzochinon* 5000, *Dimethylnaphthochinon* 4100, *Benzaldehyd* 48, *Zimtaldehyd* 310, *cis-Stilben* 1, *trans-Stilben* 4, *Acetamid* 12, *Azobenzol* 9, *Diacetyldihydropyridin* 4000, *Anthracen* 12, *Azulen* 340, *Cyclooctatetraen* 210, $CCl_4$ 7000, $CHCl_3$ 800, *Hexachlorbenzol* 1100, *Brombenzol* 6, *Jodbenzol* 370, *Nitrobenzol* 390, *Dinitrophenol* (I) 1450, *Acetylaceton* 1,2. Sehr geringe Affinitäten wurden gefunden bei der Prüfung von 430 Verbb. aus folgenden Stoffklassen: *Alkane, Alkene, Alkine, Äther, Ester, Alkohole, Carbonsäuren,*

*Aldehyde, Ketone, Nitrile, Amine* (lediglich folgende Beispiele mit den erhaltenen Zahlenwerten angegeben: *Äthylacetat, Acetessigsäure, Acrylsäureäthylester, Diäthylmalat, Diäthylsuccinat, Hydrochinon, Benzylalkohol, Styrol, Methylamin, Anilin, Pyridin, Phenanthren, Naphthalin, Cyclopentadien, Bzl., Äthan*). — Die Bedeutung dieser Befunde für die Biologie wird diskutiert, u. an verschiedenen Beispielen werden Rk.-Mechanismen unter Berücksichtigung der Affinität der beteiligten Substanzen gegenüber freien Elektronen teilweise zu erklären versucht: Proteine, Photo-Synth., Energieübertragung in Mitochondrien, verschiedene Schritte des KREBS-Cyclus, Elektronentransport durch *Coenzyme Q* u. *Diphosphopyridinnucleotid*, Hemmwrkgg. von I, verschiedenen Halogen-Verbb. u. Schilddrüsenhormonen, Wechselwrkg. zwischen carcinogenen KW-Stoffen u. Proteinen. S. DITTMANN-MITZSCHERLICH. 4100□

**Sphingolipide.** H. E. Carter, Dimitris S. Galanos, R. H. Gigg, John H. Law, Teishi Nakayama, D. B. Smith und Evelyn J. Weber. (Federat. Proc. **16.** 817—24. Sept. 1957. Urbana, Ill., Univ. of Illinois, Noyes Lab. of Chem., Div. of Biochem.) (Engl.) — Vgl. C. **1957.** 9125, 9132.

Übersicht. Chemie von Sphingosin, Sphingomyelin, Cerebrosid, Gangliosid, Hämatosid, Globosid, ein neues Äthanolamin-Lipid aus Eidotter; Inositlipide von Pflanzensamen: Phytoglykolipid. — 44 Literaturangaben. K. MAIER. 4100□

**Pteridine und ihre Bedeutung im biochemischen System.** Klas-Bertil Augustinsson. (Svensk kem. Tidskr. **68.** 271—81. 1956. Stockholms högskola, Inst. för organ. kemi och biokemi.) (Schwed.)

Übersicht. Allg. Angaben über *Pteridine* u. ihre Eigenschaften. Entdeckung der biolog. Bedeutung von Pteridin-Derivaten. Angaben über Folsäure als Coenzym, Antifolsäure u. die Rolle der Pteridine im intermediären Stoffwechsel, katabol. u. anabol. Reaktionen. — 81 Literaturangaben. K. RINTELEN. 4100□

**Arginin benötigende Gewebestämme aus Ginkgo-Pollen.** Walter Tulecke. (Plant Physiol. **35.** 19—24. Jan. 1960. Brooklyn, N.Y., Chas. Pfizer and Co., Inc.) (Engl.)

Aus *Ginkgo biloba* (*L*)-Pollen wurden durch Züchtung auf synthet., *Arginin* (I)-haltigem Nährboden Gewebestämme, die biochem. Mutanten darstellen, erhalten. Als beste N-Quelle dieser Gewebe erwies sich I. I ist teilweise durch $NH_3$, Lysin, Ornithin oder Harnstoff ersetzbar, während Nitrat u. Glycin nicht verwertet werden. Von Verbb., die zum Ornithincyclus in Beziehung stehen, fördert Prolin das Wachstum in Ggw. von I sowie allein u. hemmt Hydroxyprolin in Ggw. von I. Canavaninhemmung des Gewebes wird durch Zusatz von I nur wenig aufgehoben. K. MAIER. 4130□

**Eine farblose Variante von Euglena gracilis mit doppeltem Gehalt an Desoxyribonucleinsäure.** George Brawerman, Carole A. Rebman und Erwin Chargaff. (Nature [London] **187.** 1037—38. 17/9. 1960. New York, Columbia Univ., Coll. of Physicians and Surgeons, Dep. of Biochem., Cell Chem. Lab.) (Engl.)

Züchtung einiger Stämme von *E. gracilis* bei 34—35° führte zu chloroplastenfreien, „gebleichten" Zellen. Eine vom normalen Stamm z abgeleitete, 3 Jahre durch häufige fl. Passagen weitergeführte Kultur enthielt, verglichen mit „farblosen" (im Dunkeln gezüchteten) normalen Organismen, die doppelte Menge *Desoxyribonucleinsäure* (I), mehr Ribonucleinsäure u. Protein u. zeigte langsameres Wachstum. Andere durch Züchtung bei 34° oder in Ggw. von Streptomycin gewonnene Klone „gebleichter" Zellen wiesen normalen I-Geh. auf, der sich auch bei häufigen Passagen nicht änderte.
K. MAIER. 4130□

**Über die „Zellenentstehung" durch Koazervation der Biokolloide von homogenisierten Organismen.** Dušan Soudek. (Českoslov. Biol. **6.** 292—96. Juli 1957. Brno, Biologický ústav lékařskí fakulty a Biologickí oddělení farmaceutické fakulty university.)

Bei der Wiederholung der Verss. von LEPESCHINSKAJA über die Entstehung von Zellen aus zerstörten Geweben der Hydra u. dem Saft der Aloe wurden in beiden Fällen Anhäufungen gewonnen, die rein äußerlich den Anblick von Zellen aufwiesen.
W. F. EBEL. 4150□

**Cytologie von Protein synthetisierenden Zellen.** M. S. C. Birbeck und E. H. Mercer. (Nature [London] **189.** 558—60. 18/2. 1961. London, Inst. of Cancer Res., Chester, Beatty Inst.) (Engl.)

Es werden 2 Arten von Zellen behandelt: Drüsenzellen, die Proteine sekretieren u. spezif., Proteine speichernde Zellen (das sind Epidermiszellen von Säugetieren, die Kreatin bilden, die Myoblasten, die Muskelproteine bilden u. die Erythroblasten, die Haemoglobin bilden) beschrieben; ferner auch rapid wuchernde Zellen mit hoher Wachstums-Geschw. (embryonale Zellen, Tumorzellen, Lymphocyten, merismat. Pflanzenzellen, Bakterienzellen), die ihr eigenes Zellularprotein synthetisieren.
L. MACHER. 4150□

**Die Zelldifferenzierung begleitende Veränderungen in zwei mikrosomalen Komponenten.** U. E. Loening. (Biochem. J. **77.** 20 P—21 P. Dez. 1960. Edinburgh, Univ. of Edinburgh, Dep. of Bot.) (Engl.)

Aus 3 aufeinanderfolgenden Segmenten (Wurzelkappe + Meristemzellen, fortschreitende Stadien der Zelldifferenzierung ohne Zellteilung) wachsender Wurzelspitzen von Erbsen- u. Maiskeimlingen wurde die Mikrosomenfraktion ($30000 \cdot g - 140000 \cdot g$) durch Zentrifugieren der Homogenate abgetrennt, in einen leichten u. schweren Anteil zerlegt u. hinsichtlich *Ribonucleinsäure* (**I**) u. Protein (**II**)-Geh. untersucht. Die Menge „schwerer" Mikrosomen [S] ($\mu$g **I** oder **II**/Zelle) war ein Meristemsegment am höchsten u. nahm mit dem Altern ab, die der „leichten" (L) betrug in dieser Zone ca. 0 u. nahm beim Altern zu. Das Verhältnis L : S, ausgedrückt durch den **II**-Geh., betrug in den 3 Segmenten 0,1—0,3/1, 1—3/1 u. 3—7/1. Das **II**/**I**-Verhältnis änderte sich ebenfalls altersabhängig. Nach Ribonucleasebehandlung wiesen S 2, L 4 oder 5 Nucleinsäurekomponenten auf. Die beobachteten Veränderungen sind wahrscheinlich für Abwandlungen der **II**-Synth. im Verlauf der Differenzierung bedeutsam. K. MAIER. 4150□

**Gewisse mitotische Wirkungen von Kinetin, Gibberellsäure und Maleinsäurehydrazid auf die Wurzel von Allium cepa.** M. Annunciata Mc Manus. (Nature [London] **185.** 44—45. 2/1. 1960. Cedar Rapids, Iowa, Mount Mercy Coll., Dep. of Biol.) (Engl.)

Wurzeln der Küchenzwiebel, *Allium cepa*, werden mit 1 u. 10 ppm *Kinetin* (**I**; *6-Furfurylaminopurin*), *Gibberellsäure* (**II**), *Indolylessigsäure* (**III**) u. *Maleinsäurehydrazid* (**IV**) sowie allen möglichen Kombinationen dieser Verbb. behandelt u. nach 1—7 Tagen in 5 mm vom distalen Ende gewonnenen Serien-Längsschnitten (10 $\mu$) die durchschnittliche Zahl der Mitosen (M) bestimmt. **I** reduziert die M beträchtlich. 1 ppm **II** hemmt die M zunächst u. hat später (5 Tage) eine stimulierende Wrkg., 10 ppm **II** hemmen stark. **III** hat eine ähnliche Wrkg. wie **II**, aber stärker ausgeprägt. **IV** hemmt die M stark. Kombinationen von je 2 der 4 Verbb. zeigen immer M-Hemmung, nur bei **II** + **III** wird vom 5. Tage ab eine verstärkte M-Aktivität beobachtet. H.-J. KOCH/Berlin. 4150□

**Einfluß von Maleinsäurehydrazid auf eine frühe Reissorte.** G. Misra und G. Sahu. (Current Sci. **27.** 64—65. Febr. 1958. Cuttack, Ravenshaw Coll., Dep. of Bot.)

Nach Behandlung der Reiskörner mit 10000 ppm *Maleinsäurehydrazid* (**I**; 40%) starben die Pflanzen bereits vor der Bldg. des ersten Blattes ab, u. auch nach Anwendung von 1000 ppm **I** war der größte Teil der Versuchspflanzen nach 6 Wochen abgestorben. Die wenigen Exemplare, die diese Behandlung überlebten, blühten später als die Kontrollen. Behandlung der Samen mit 10 ppm **I** katte keinen schädigenden Einfl. auf die Versuchspflanzen im Vgl. mit den Kontrollen zur Folge. Im Gegenteil, die behandelten Pflanzen waren stärker entwickelt als die Kontrollen, während nach 100 ppm **I** keine Veränderungen im Vgl. zu den Kontrollpflanzen zu beobachten waren. Durch 10 ppm **I** wurde der größte Kornertrag erzeilt, was auf die vermehrte u. stärkere Ausbildung der Rispen zurückzuführen ist. G. KLESSE. 4150□

**Einfluß des örtlichen osmotischen Druckes auf die K-Bewegung und Polymerisation der Ribonucleinsäuren tierischer Zellen.** Joseph Stolkowski und Alain Reinberg. (Arch. Sci. physiol. **14.** 25—34. 1960. Paris, Labor. de Physiol. Chim.) (Franz.)

Ausführliche Darst. der C. **1961.** 8697 referierten Arbeit. B. GÖRLICH. 4150□

**Nucleinsäurestoffwechsel in regenerierender Rattenleber. 6. Mitt. Die löslichen Enzyme, die Thymidin in Thymidinphosphate und Desoxyribonucleinsäure umwandeln.** F. J. Bollum und Van R. Potter. (Cancer Res. **19.** 561—65. Juni 1959. Madison, Wis., Univ. of Wisconsin, McArdle Mem. Labor.) — 5. vgl. Cancer Res. **18.** [1958.] 186.

Es wird eine Technik zum Vgl. der *Desoxyribonucleinsäure* (**I**)-Synth. regenerierender Rattenleber in vivo u. überstehender Fraktion desselben Tiers in vitro beschrieben. Meth. zur Ermittlung der Aktivität *Thymidin-phosphorylierender Enzyme* werden angegeben. — Die Bldg. der Thymidinnucleotide *Thymidinmono-*, *-di-* u. *-triphosphat* (**II**) in regenerierender Rattenleber 24 Std. nach Hepatektomie wurde im Überstand der cytoplasmat. Fraktion durch verschieden lange Inkubation mit *$^3$H-Thymidin* (**III**) zeitlich verfolgt. Die Menge der **III**-Nucleotide u. der $^3$H-**I** wurden im Überstand von Rattenleberhomogenaten bestimmt, die zu verschiedenen Zeiten nach Hepatektomie gewonnen wurden. Da beide Mengen zur gleichen Zeit sprunghaft ansteigen (nach 23 Std.), wird gefolgert, daß die *Thymidinkinasen* u. die *Polymerase* zur gleichen Zeit ansteigen. Der Anstieg der Polymerase ist auch dann deutlich, wenn bei der Best. nicht **III**, sondern fertiges **II** eingesetzt wird, so daß die **I**-Bldg. unabhängig von der Aktivität der Kinasen ist. Auch die *Phosphorylasen* für *Desoxyadenylsäure*, *Desoxyguanylsäure*

u. *Desoxycytidylsäure* sind im Überstand normaler u. regenerierender Rattenleber nachweisbar. Ihre spezif. Aktivitäten (auf Protein-Geh. bezogen) sind viel größer als die der entsprechenden Thymidin-phosphorylierenden Enzyme. — Bei zeitlicher Verfolgung des III-Einbaus in I in vitro u. des $^{14}C_{(6)}$-*Orotsäure* (IV)-Einbaus in I in vivo zeigt sich große Ähnlichkeit der Kurven, bes. im Anstieg 18 Std. nach Hepatektomie, ausgenommen die Zeit 24—30 Std. nach Hepatektomie, wo der III-Einbau steigt u. der IV-Einbau sinkt. S. DITTMANN-MITZSCHERLICH. 4150□

**Nucleinsäurestoffwechsel in regenerierender Rattenleber.** 7. Mitt. **Die Wirkung von Röntgenbestrahlung auf Enzyme der DNA-Synthese.** F. J. Bollum, J. W. Anderegg, Anne B. McElya und van R. Potter. (Cancer Res. **20.** 138—43. Jan. 1960. Madison, Wis., Univ. of Wisconsin, McArdle Mem. Labor.) — 6. vgl. vorst. Referat.

Ratten wurden zu verschiedenen Zeiten nach teilweiser Hepatektomie (nach 6, 11—13, 14—15 bzw. 16 Std.) mit verschiedenen Dosen (375, 750, 1500 u. 3000 r) bestrahlt. Meth. zur Best. der Aktivität von *Thymidinkinase* (I) u. *Desoxyribonucleinsäurepolymerase* (II), bei denen $^{3}H$-markiertes *Thymidin* (u. dessen Mono-, Di- u. Triphosphat) verwendet werden, sind beschrieben. [An der Gesamt-Rk. — dem Einbau von Thymidin in *Desoxyribonucleinsäure* (III) — ist außerdem *Thymidylsäurekinase* beteiligt, da Thymidin-5'-phosphat zunächst in Thymidintriphosphat umgewandelt werden muß, ehe es in III eingebaut werden kann; die Aktivität dieses Enzyms wurde jedoch nicht gesondert bestimmt.] — Wird 14—15 Std. nach Operation mit 750 r bestrahlt u. nach weiteren 10 Std. getötet, so ist der $^{3}H$-*Thymidin*-Einbau in III in Extrakten der regenerierenden Leber nicht gehemmt, in Extrakten von Thymus u. Milz ist er dagegen stark gehemmt. — Wird 6 Std. nach Operation bestrahlt, so verursachen alle Dosen prakt. vollständige Hemmung des Zuwachses der I- u. II-Aktivitäten, der zwischen der 6. u. der 24. Std. nach teilweiser Hepatektomie zu erwarten ist. — Wird dagegen 16 Std. nach Operation bestrahlt, so wird die übliche Zunahme der I- u. II-Aktivitäten zwischen der 16. u. der 24. Std. nicht verhindert. — Die Ergebnisse werden in Beziehung zu den an ganzen Tieren erhaltenen Ergebnissen diskutiert. Vff. nehmen an, daß die bei Bestrahlung in der 6. Std. nach Operation erhaltenen Ergebnisse einfach durch Annahme einer Hemmung der I- u. II-bildenden Syst. erklärt werden können, daß bei den in der 16. Std. erhaltenen Ergebnissen jedoch noch andere — hier nicht untersuchte — Erscheinungen bedeutungsvoll sein können. S. DITTMANN-MITZSCHERLICH. 4150□

**Die Wirkung von Deuteriumoxyd auf das Wachstum von HeLa-Zellen, L- und L-5178 Y-Zellen.** Lionel A. Manson, Vittorio Defendi, Richard W. Hartzell jun. und David Kritchevsky. (Proc. Soc. exp. Biol. Med. **105.** 481—83. Dez. 1960. Philadelphia, Pa., Wistar Inst. of Anat. and Biol.) (Engl.)

Die 3 Säugetierzellarten zeigten mit ansteigender $D_2O$-Konz. erhöhten Wasser-Geh. u. Trockengewicht sowie langsameres Wachstum. Cytolog. Prüfungen zeigten vielkernige Zellen in ansteigender Anzahl u. eine mäßige Erhöhung sudanophilen Materials. Änderungen des Geh. an *Nucleinsäure* waren nicht feststellbar. L. MACHER. 4150□

**Langzeit-in vitro-Züchtung einiger Mäuse-Ascites-Tumoren: Ehrlich-Ascitescarcinom.** Relda Cailleau und Françoise Costa. (J. nat. Cancer Inst. **26.** 271—82. Febr. 1961. San Francisco, Calif., Univ. of California, Med. Center, Cancer Res. Inst.) (Engl.)

Es wird beschrieben, wie EHRLICH-Ascitescarcinomzellen (hypotetraploide Linie *ES* von KLEIN) bereits länger als 1 Jahr ununterbrochen in vitro gehalten werden konnten. Als Nähr-Lsgg. wurden benutzt entweder: 12—15% fötales Kalbsserum, 70% „Lsg. 199“, 18—15% Salz-Lsg. nach TYRODE; oder: 40% Ascites-Fl. des Menschen, 5% fötales Kalbsserum, 55% „Lsg. 199“ mit 0,25% Lactalbuminhydrolysat (in allen Lsgg. 50 Einheiten Penicillin u. 50 μg Streptomycin pro Liter). Die morpholog. Eigg. u. die Chromosomen der in beiden Lsgg. gehaltenen Zellen werden beschrieben u. in 4 Abb. dargestellt. Bei Injektion von $10^5$ Zellen werden noch nach 9monatiger Züchtung in vitro (mit 36 Übertragungen der Zellen) in Mäusen charakterist. Ascitestumoren erzeugt. Bei Injektion von $10^3$ Zellen pro Maus werden bei höchstens 20% der Tiere Tumore hervorgerufen, außerdem wird anscheinend gewisse Resistenz gegen höhere Zellinjektionsdosen ausgelöst. Diese Resistenz ist gegenüber in Mäusen vermehrten Asciteszellen geringer, jedoch auch hier verlängerte Überlebenszeit. S. DITTMANN-MITZSCHERLICH. 4160□

**Die Adenosintriphosphatase- und Adenosinmonophosphataseaktivitäten der Mitochondrien der beiden Ascitestumoren: Ratten-Asciteshepatom und Ehrlich-Ascitestumor.** A. Andrejew, A. Jean Rosenberg und F. Zajdela. (C. R. Séances Soc. Biol. Filiales **150.** 1913—16. 1956, herausgeg. 26/4. 1957. Inst. de Biol. physicochim. et CNRS.) (Franz.)

Die *Adenosintriphosphatase*-Aktivität der Mitochondrien (M) eines Rattenhepatoms in Anpassung an das Asciteswachstum ist von gleicher Ordnung wie die der M normaler

Rattenleber. Die Wrkg. des 2.4-Dinitrophenols, des Chlorpromazins u. vorausgehender Alterung (10 oder 20 Min. bei 20⁰) sind in beiden Fällen gleich. Die *Adenosinmonophosphatase*-Aktivität der M des Rattenasciteshepatoms ist im Verhältnis zu der der M normaler Rattenleber deutlich geschwächt. Chlorpromazin erhöht die *Adenosinmonophosphatase*-Aktivität der Rattenleber-M stark, die der M des Hepatoms jedoch nicht. Die Adenosinmonophosphataseaktivität der M des EHRLICH-Ascitestumors (Mäuse) ist zu vernachlässigen oder Null. Im Gegensatz zu den Rattenleber-M, dessen Adenosinmonophosphataseaktivität meßbar ist, zeigen Mäuseleber-M eine unwesentliche Adenosinmonophosphataseaktivität unter gleichen Vers.-Bedingungen. J. MALPRICHT. 4160□

**Die Isolierung von Androsteron und Ätiocholanolon aus dem Harn kastrierter und adrenalektomierter Frauen.** R. D. Bulbrook, F. C. Greenwood und B. S. Thomas. (Biochim. biophysica Acta [Amsterdam] **40.** 361—63. 20/5. 1960. London, Lincoln's Inn Fields, Imp. Cancer Res. Found., Div. of Chem. and Biochem.) (Engl.)

Aus 70 Liter Harn von Frauen mit metastasierendem Mammacarcinom, die mindestens 4 Wochen vor dem Unters.-Zeitpunkt kastriert u. adrenalektomiert worden waren, wurden nach Extraktion der Konjugate, enzymat. Hydrolyse u. Trennung in die nichtketon. u. keton. Fraktion aus der keton. Fraktion 37,4 mg ZIMMERMANN-Chromogene (berechnet als *Dehydroepiandrosteron*-Äquivalent) gewonnen. Papierchromatograph. Abtrennung der 11-oxygenierten Steroide im Syst. Ligroin/Propylenglykol ergab 3,2 mg 11-Desoxysteroide, die im Syst. Isooctan/80%ig. Methanol in Portionen von 500 $\mu$g papierchromatographiert wurden. Die dem *Androsteron* (I) u. *Ätiocholanolon* (II) entsprechenden Zonen wurden nach Elution der Gradientenelutionschromatographie an $Al_2O_3$ unterworfen. Aus der I-Fraktion wurden 500 $\mu$g, aus der II-Fraktion 1200 $\mu$g kristalline Substanz erhalten, die mit authent. I u. II ident. waren. Die ausgeschiedenen I- u. II-Mengen entsprechen durchschnittlich 10 bzw. 30 $\mu$g/Tag, die aus Nebennierenrinderesten entstammen dürften, die bei der Operation zurückblieben.

U. LASCHET. 4160□

**Glykolytische und respiratorische Eigenschaften maligner und nichtmaligner, in vitro gezüchteter Lymphoblasten.** C. J. Homburg, C. J. Bos, W. M. de Bruyn und P. Emmelot. (Cancer Res. **21.** [Part I.] 353—58. April 1961. Amsterdam, Netherlands Cancer Inst., Antoni van Leeuwenhoek-Huis.) (Engl.)

Der Stoffwechsel eines malignen Lymphoblastenstamms („MB VI A") u. eines nichtmalignen Lymphoblastenstamms („MB III'"), beide aus dem gleichen transplantierbaren Mäuselymphosarkom T 86157 gewonnen u. seit ca. 13 Jahren in Zellkultur, wurde während 1std. Inkubationen bei 37⁰ untersucht. [Züchtung der Zellen im Original ausführlich beschrieben; Nähr-Lsgg.: 3 Teile Pferdeserum + 9 Teile TYRODE-Lsg. (A) bzw. 7 Teile TYRODE-Lsg. + 2 Teile Mäuseembryonalextrakt + 4 Teile Pferdeserum + 1 Teil menschlichen Nabelschnurserums (B).] — Die Atmung ($Q_{O_2}$) von MB VI A, in B gezüchtet, war gleich stark wie die von MB III', in A gezüchtet, oder sogar stärker als die von MB III', wenn diese Zellen auch in B gezüchtet wurden. (Die Zellvermehrung von MB III' in A ist etwa so stark wie die von MB VI A in B.) $Q_{O_2}$ wurde in Ggw. von Glucose gemessen. In ähnlicher Abhängigkeit von den verwendeten Nähr-Lsgg. ist die anaerobe Glykolyse ($Q_{CO_2}^{N_2}$) von MB VI A nur schwach bis mäßig höher als diejenige von MB III'. Der abs. PASTEUR-Effekt ($Q_{CO_2}^{N_2} - Q_{CO_2}^{O_2}$) u. der relative PASTEUR-Effekt ($Q_{CO_2}^{N_2} - Q_{CO_2}^{O_2}$ dividiert durch $Q_{O_2}$) sind in den malignen Zellen stärker ausgeprägt als in den nichtmalignen (die aerobe Glykolyse ist bei beiden Zellarten etwa gleich stark). Durch $10^{-4}$m *2.4-Dinitrophenol* oder *4-[4'-Dimethylaminostyryl]-chinolin* (ca. $0{,}5 \cdot 10^{-4}$m) wird die Hemmung der aeroben Glykolyse durch die Atmung beseitigt. In manchen Fällen nimmt die Glykolyse mit zunehmender Zelldichte ab. In Phosphatpuffer ist die aerobe Glykolyse beider Zellarten etwa so hoch wie in KREBS-RINGER-$HCO_3^-$-Lsg., die anaerobe Glykolyse ist dagegen in letzterer Lsg. stärker. Der CRABTREE-Effekt ist im allg. sehr gering, bei MB VI A etwas größer als bei MB III'. — Aus den Ergebnissen wird gefolgert, daß WARBURGS Theorie über den Ursprung der Krebszellen u. WARBURGS Dogma von der Entstehung des Krebsstoffwechsels in der Gewebekultur falsch sind. S. DITTMANN-MITZSCHERLICH. 4160□

**Anaerobe Glykolyse von dispergierten Zellsuspensionen aus normalen und kranken Geweben.** M. Zimmerman, T. M. Devlin und M. P. Pruss. (Nature [London] **185.** 315—16. 30/1. 1960. Rahway, N.J., Merck Inst. for Therapeutic Res.)

Vff. stellten fest, daß Leber- u. Nierenzellsuspensionen (Ratte) nicht die anaerobe *Glykolyse* katalysieren. Hingegen katalysieren Thymocyten- u. Tumorzellsuspensionen (NOWIKOFF-Hepatom, MURPHY-Lymphosarkom, WALKER-256, GARDNER-Lymphosarkom, EHRLICH-Asciteszellen u. NOWIKOFF-Asciteshepatom) eine akt. Glykolyse, die bei einigen Tumorzellsuspensionen durch *Adenosindiphosphat* (ADP) u. *Diphospho-*

*pyridinnucleotid* (DPN) stimuliert wird. Die Unfähigkeit von isolierten Leber- u. Nierenzellen, aus Glucose Milchsäure zu bilden, beruht auf dem Verlust der zwei die Glykolyse bestimmenden Schlüsselenzyme *Aldolase* u. *Milchsäuredehydrogenase*; ebenso fehlt in diesen Zellen die *Glycerophosphatdehydrogenase*-Aktivität. Die Zellen sind wohl morpholog., nicht aber biochem. intakt, denn in den Homogenaten der beiden Gewebearten liegen die entsprechenden Enzymaktivitäten vor. H. KOCKERT. 4160□

**Verhinderung der Glykolyse in Krebszellen bei Einwirkung von Propylgallat.** N. M. Emanuel und Je. A. Neifach. (Доклады Академии Наук СССР [Ber. Akad. Wiss. UdSSR] **130.** 453—56. 11/1. 1960. Inst. für chem. Phys. der Akad. der Wiss. der UdSSR.) (Russ.)

Die Wrkg. von *Propylgallat* (I) u. seinen Synergisten wurde in vitro in den Zellen des EHRLICHschen Mäuseascitescarcinoms u. des Rattenasciteshepatoms bei verschiedenem pH untersucht. I hemmte die aerobe u. anaerobe Glykolyse in Krebsgeweben. Die Hemmung der anaeroben Glykolyse war schärfer ausgeprägt. Zufuhr von Citrat u. pH $<7$ verstärken die Wirkung. Die Wrkg. von I auf die anaerobe Glykolyse der Rattenleber ist relativ schwächer als beim Asciteshepatom. Die I-Konz. $5 \cdot 10^{-4}$m erwies sich als am stärksten hemmend. Eine weitere Erhöhung der I-Konz. führte nur zu unbedeutendem Anstieg der Wirkung. Die gleiche I-Konz. unterdrückte die Glykolyse in normalen Geweben 2—3 mal weniger. Benzoesäure war ohne Wrkg. auf die anaerobe Glykolyse in den Krebszellen. Zusatz von Citronensäure u. a. Phenolantioxydantien führte zu einer erheblichen Verstärkung der I-Wrkg. bei pH 6,8. Die Ergebnisse sprechen dafür, daß I spezif.-inhibitor. auf den glykolyt. Cyclus der Radikalprozesse als Inhibitor wirkt. F. DU MANS. 4160□

**Untersuchung der Natur der Bindung von Dimethylaminoazobenzol an Leberproteine von Ratten, die mit dem Carcinogen gefüttert wurden. 2. Mitt. Synthese der Aminosäure–Aminoazofarbstoff-Verbindung.** Keiichi Kusama, Hiroshi Terayama und Keiko Teruya. (Gann, Japan J. Cancer Res. **49.** 79—84. Juni 1958. Tokyo, Univ., Fac. of Sci., Dep. of Chem.) (Engl.) — 1. vgl. C. **1959.** 2837.

Der Ablauf der MANNICH-Rk. wurde zwischen verschiedenen Aminosäuren u. den Azofarbstoffen *Aminoazobenzol* (I), *N-Methylaminoazobenzol* (II) u. *N-Dimethylaminoazobenzol* (III) geprüft: Mit III wurden keine polaren Farbstoffe gebildet. I u. II reagierten nur mit *Tyrosin* (IV), *Histidin* (V) u. *Tryptophan* (VI), nicht dagegen mit *Phenylalanin*, *Cystein* u. a., nicht angegebenen Aminosäuren. Allg. wurden die Farbstoffe, in A. gelöst, mit den wss. Lsgg. der Aminosäuren, $NaHCO_3$-Lsg. u. wss. Lsg. von Formaldehyd mehrstd. bei 35° inkubiert. Die unpolaren Farbstoffe werden anschließend mit Bzl. entfernt. Die chromatograph. Abtrennung der gebildeten polaren I–IV-Verb. wird beschrieben, sie konnten jedoch nicht krist. erhalten werden. Deshalb wurde in folgenden Verss. der Azofarbstoff zunächst an die IV-Reste eines Proteins gebunden, nach Hydrolyse des Proteins wurde dann der gesuchte polare Farbstoff aus dem Hydrolysat extrahiert u. wie oben durch Chromatographie gereinigt. Dieser Weg ist mit *Rinderserumalbumin* (VII) möglich. Da VII aber auch V u. VI neben IV enthält, wird kein einheitliches Rk.-Prod. erhalten. Am besten geht die Umsetzung mit *Seidenfibroin* (VIII): Seide in heißem W. gewaschen, 2 g in 50%ig. $H_2SO_4$ hydrolysiert, mit 10fachem Vol. A. versetzt, VIII-Gel mit A. gewaschen, in 0,1 m Phosphatpuffer (pH 7) suspendiert, 0,1 g I (oder auch II), in wenig A. gelöst, dazugegeben, außerdem 2 ml 35%ig. Formalin dazu, einige Tage bei 35° u. pH 7 stehengelassen, isoliertes u. getrocknetes Fibroinpulver 20 Std. alkal.-alkohol. hydrolysiert (von *Streptomyces griseus*-Protease wird es nicht angegriffen), polaren Farbstoff mit n-Butanol extrahiert, in n-HCl an IRC-50 ($H^+$-Form) chromatographiert, mit 60%ig. A. eluiert, Eluat an $Al_2O_3$ chromatographiert, mit W. eluiert, aus W. krist. erhalten. Der Farbstoff ist polar, in W. schwach lösl., in Säure vom pH 3,6 u. in A. kaum lösl., in starker Säure u. Alkali leicht lösl., unlösl. in Bzl., PAe. u. a. unpolaren Lösungsmitteln. Der analog erhaltene II–IV-Farbstoff ist weniger stabil (nach einigen Tagen bei Zimmer-Temp. in II u. ein IV-Deriv. zersetzt). Die Absorptionsspektren von I, II, III u. den polaren Farbstoffen I–IV, II–IV, I–V, II–V, I–VI, II–VI (letztere 4 sind sehr unstabil u. konnten nicht in krist. Form erhalten werden) wurden aufgenommen. Die Ab-

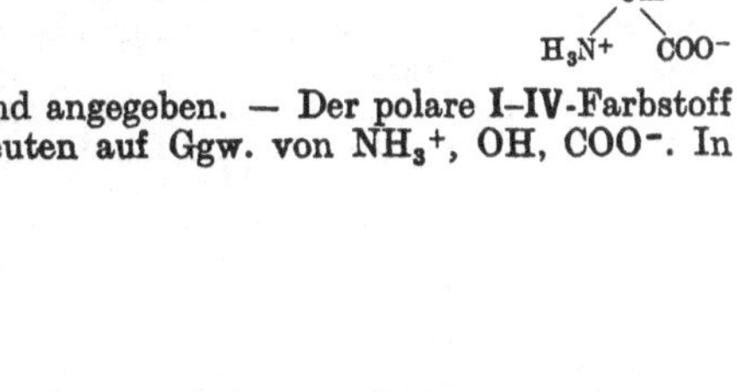


sorptionsmaxima in saurer u. alkal. Lsg. sind angegeben. — Der polare I–IV-Farbstoff hat die Formel $C_{22}H_{22}N_4O_3$, IR-Banden deuten auf Ggw. von $NH_3^+$, OH, $COO^-$. In

4-Stellung liegt keine tert., sondern eine sek. $NH_2$-Gruppe vor (Rk. mit $NO_2^-$). Es wird daher umst. Formel angenommen. S. DITTMANN-MITZSCHERLICH. 4160□

**Untersuchung der Natur der Bindung von Dimethylaminoazobenzol an Leberproteine von Ratten, die mit dem Carcinogen gefüttert wurden.** 3. Mitt. **Vergleich der Eigenschaften natürlicher und synthetischer polarer Farbstoffe.** Hiroshi Terayama, Keiichi Kusama, Keiko Teruya, Soichiro Kuroda und Toshihisa Nakayama. (Gann, Japan. J. Cancer Res. **49.** 85—95. Juni 1958.) (Engl.) — 2. vgl. vorst. Referat.

Es wird eine verbesserte Meth. beschrieben, den polaren Farbstoff, der sich bei 1 monatiger Verfütterung von *N-Dimethylaminoazobenzol* (**I**) an Ratten in der Leber bildet, zu isolieren u. zu reinigen: Homogenisierung in W., einige Min. mit gleichem Vol. Methanol gekocht, Koagulat abzentrifugiert, mit Methanol, Aceton u. Ae. mehrmals gewaschen, Leberpulver mit *Streptomyces griseus*-Protease hydrolysiert (mehrere Tage bei 35° u. pH 7), filtriert, mit Bzl. unpolare Farbstoffe entfernt, mit n-Butanol aus wss Lsg. gesuchten Farbstoff extrahiert, gelbe Extrakte eingedampft, in 1 n HCl aufgenommen (unter Zusatz von Essigester), nach Entfernung von Essigester aus 1 n HCl an IRC-50 ($H^+$-Form) chromatographiert, mit 60%ig. A. eluiert (erhaltene Fraktionen einzeln untersucht), an $Al_2O_3$ aus 60%ig. A. chromatographiert, mit W. eluiert, mit gleichem Vol. 2 n $H_2SO_4$ einige Std. auf Wasserbad erhitzt, noch einmal an IRC-50 u. an $Al_2O_3$ (wie oben) chromatographiert. Es werden so 2 sehr reine Fraktionen mit verschiedenen Absorptionsmaxima (bei 514 u. bei 522 mμ) erhalten. Die Absorptionsspektren dieser Farbstoffe, die Rk. mit FOLIN-CIOCALTEAU-Reagens (auf phenol. —OH), das Verh. bei Papierelektrophorese u. Papierchromatographie, die Löslichkeit, die Stabilität gegenüber Säure, die Rk. mit $HNO_2$, die Abhängigkeit der Farbe vom pH-Wert der Lsg. u. das Verh. der Aminogruppen gegenüber Methylierung mit einem Ameisensäure–Formaldehyd-Gemisch wurden untersucht u. mit dem entsprechenden Verh. sowohl unpolarer Aminoazofarbstoffe als auch synthet. polarer Farbstoffe verglichen: mit *Aminoazobenzol* (**II**), *N-Methylaminoazobenzol* (**III**), **I**, *3-Methyl*-**I**, *3-Methyl*-**II**, *3-Methyl*-**III**, *2-Methyl*-**I**, *2-Methyl*-**II**, *2-Methyl*-**III** sowie mit den aus **II** u. **III** durch MANNICH-Rk. mit *Tyrosin*, *Tryptophan* u. *Histidin* (vgl. vorst. Ref.) erhaltenen polaren Farbstoffen. Für die in Rattenleber bei **I**-Verfütterung gebildeten natürlichen Farbstoffe wird obenst. Formel angenommen.

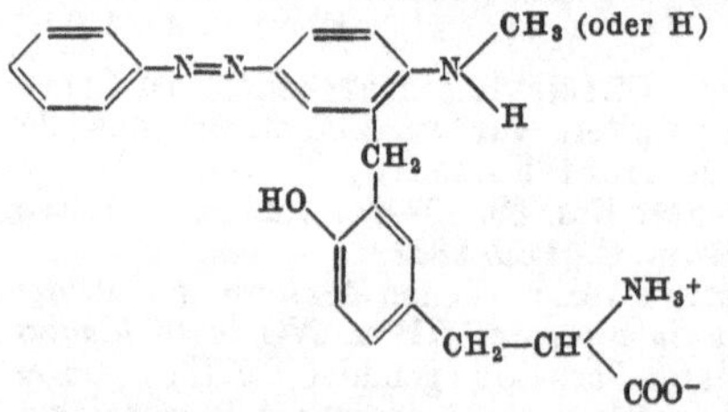

S. DITTMANN-MITZSCHERLICH. 4160□

**Untersuchungen der Natur der Bindung von Dimethylaminoazobenzol an Leberproteine von Ratten, die mit dem Carcinogen gefüttert wurden.** 4. Mitt. **Menge und Natur der polaren Farbstoffe in Leberprotein nach Eingabe von Aminoazofarbstoffen durch die Magensonde.** Hiroshi Terayama, Keiichi Kusama und Takayoshi Aoki. (Gann, Japan. J. Cancer Res. **49.** 97—103. Juni 1958.) (Engl.) — 3. vgl. vorst. Referat.

Ratten erhielten durch Magensonde in 2 ml Propylenglykol gelöst 50 mg *Aminoazobenzol* (**I**), *N-Methylaminoazobenzol* (**II**), *N-Dimethylaminoazobenzol* (**III**) oder *o-Aminoazotoluol* (**IV**). Vom Ende der Narkose bis zur Tötung der Tiere nach 5—146 Std. (verschiedene Zeiten) erhielten die Ratten im Futter 0,06% **I**, **II** oder **III** bzw. 0,1% **IV**. Nach Aufarbeitung der Lebern (Meth. vgl. vorst. Ref.) wurden die Absorptionsspektren in 1 n HCl zwischen 380 u. 600 mμ aufgenommen u. daraus die relativen Mengen der vorhandenen Farbstoffe berechnet. Die Mengen der an Leberproteine gebundenen Farbstoffe erreichen nach ca. 3 Tagen ihr Maximum u. sinken dann allmählich. Die Mengen nehmen in der Reihenfolge **III**, **IV**, **II**, **I** ab. Die polaren Farbstoffe, die nach Eingabe von **III** u. **II** erhalten wurden, bestanden aus 2 Arten: die eine besitzt eine sek. Aminogruppe (dieser Typ in größerer Menge vorhanden), die andere besitzt eine prim. Aminogruppe. Nach Eingabe von **I** wird nur ein polarer Farbstoff mit einer prim. Aminogruppe erhalten. Wird **III** wiederholt den Ratten eingegeben, so wird keine größere Farbstoffmenge als 3 Tage nach Eingabe von 50 mg in der Leber gebildet gefunden. Es wird angenommen, daß $C_1$-Verbb. — wahrscheinlich Formaldehyd —, die beim oxydativen Abbau von N-Methylgruppen von **III** oder **II** im Stoffwechsel entstehen, eine wichtige Bedeutung für die Bindung zwischen Aminoazofarbstoffen u. bestimmten Leberproteinen besitzen. S. DITTMANN-MITZSCHERLICH. 4160□

**Vorläufige Untersuchungen der Proteinbindung von o-Aminoazotoluol in der Leber von Ratten, die mit dem Carcinogen gefüttert wurden.** Hiroshi Terayama,

Keiko Teruya, Keiichi Kusama und Takayoshi Aoki. (Gann, Japan. J. Cancer Res. **49.** 105—12. Juni 1958. Tokyo, Univ., Fac. of Sci., Dep. of Biophys. and Biochem., Japanese Found. for Cancer Res., Cancer Inst.) (Engl.) — Vgl. auch vorst. Referat.

Ratten erhielten im Futter 0,1% *o-Aminoazotoluol* (I), in Olivenöl gelöst. Nach Tötung der Tiere wurde, wie in vorst. Reff. beschrieben, der mit Leberproteinen gebildete Farbstoff zu isolieren begonnen. Der Rückstand des eingedampften n-Butanolextrakts wurde mit 2n HCl u. Essigester (II) gewaschen, nach Entfernung von II wurden die Absorptionsspektren in HCl-saurer Lsg. zwischen 350 u. 600 m$\mu$ aufgenommen. Dadurch konnte der natürlich gebildete polare Farbstoff aus I u. den Leberproteinen quant. bestimmt werden. Ein synthet. polarer Farbstoff wurde analog der in der 2. Mitt. beschriebenen Meth. aus I u. Tyrosin (aus Seide) hergestellt. Das Inkubationsgemisch wurde zentrifugiert, mit A. gewaschen, das gelbliche Pulver alkal.-alkohol. bei 100° hydrolysiert, die wie oben erhaltene Lsg. in 2n HCl an IRC-50 ($H^+$-Form) chromatographiert, mit 2n HCl, W. u. 30%ig. A. gewaschen, mit 60%ig. A. eluiert, mittlere (Haupt-) Fraktion an $Al_2O_3$ chromatographiert, mit 60%ig. A. gewaschen, mit W. eluiert, beim Stehen feine krist. Nadeln abgeschieden. pH der Mutterlauge 4,0. Die Absorptionsspektren von I, *N-Methyl*-I, synthet. polarer I-*Tyrosin*-Verb. u. natürlich gebildeter I-Verb. aus Rattenleber wurden aufgenommen. Die Absorptionsmaxima in saurer u. alkal. Lsg. werden angegeben. Die Stabilität dieser Verbb. gegen 2—3std. Rückflußkochen in 1n $H_2SO_4$ u. gegen 3std. Erhitzen auf 100° in 1n NaOH wurde untersucht. Der natürliche u. der synthet. I-Farbstoff sind gegen Säure bedeutend labiler als der aus *N-Dimethylaminoazobenzol* natürlich gebildete polare Farbstoff, gegen Alkali ist auch der natürliche polare I-Farbstoff stabil. Die Rkk. der Verbb. mit $HNO_2$ wurden untersucht. Aus den Unterss. wird für den synthet. I-Farbstoff obenst. Formel vorgeschlagen. Der Zeitverlauf der Konz. des I–Protein-Farbstoffs in Rattenleber nach Verfütterung von I wurde untersucht u. ist angegeben.

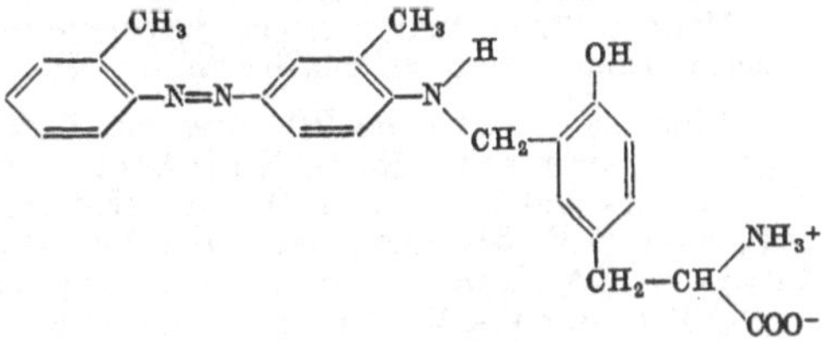


S. Dittmann-Mitzscherlich. 4160□

**Durch N-Oxydlost in der Leber hervorgerufene Leukopenie und Verminderung des Glutathions und der Schutz durch SH-Verbindungen, Nucleinsäuren und deren Derivate.** K. Kuriaki und K. Hiyoshi. (C. R. Séances Soc. Biol. Filiales **152.** 1298—1300. 1958, herausgeg. 10/1. 1959. Tokyo, École de Méd., Labor. de Pharmacol.) (Franz.)

*N-Oxydlost* (*Nitromin*, I) i.v. (10 mg/kg) ruft beim Kaninchen Leukopenie hervor. Bei der Ratte bewirkt eine geringe I-Dosis eine Zunahme des Geh. der Leber an red. Glutathion, während eine größere Dosis diesen senkt. Desoxyribonucleinsäure, Diphosphopyridinnucleotid, Cystamin, Cysteamin, Isothiuroniumphthalat u. $\beta$-Aminoäthylisothiuroniumbromid schützen das Tier gegen die radiomimet. Wrkg. von I, während Ribonucleinsäure unwirksam ist. Cystein ist viel weniger wirksam als die übrigen geprüften SH-Verbindungen. K. Maier. 4160□

**Psicofuranin.** 6. Mitt. **Antitumor- und toxicopathologische Untersuchungen.** John S. Evans und Jack E. Gray. (Antibiotics and Chemotherapy **9.** 675—84. Nov. 1959. Kalamazoo, Mich., Upjohn Co., Res. Labor.) (Engl.) — 5. vgl. Sokolski, Antibiotics and Chemotherapy **9.** [1959.] 436.

Die Beeinflussung experimenteller Tumoren durch *Psicofuranin*, *6-Amino-9-D-psicofuranosylpurin* (I) sowie seine Toxikologie gegen Labor.-Tiere werden untersucht. I wirkt wachstumshemmend auf Walker-Adenocarcinom-256, Murphie-Sturm-Lymphosarkom, Jensen-Sarkom u. Guerin-Tumor der Ratte bei oraler sowie intraperitonealer Applikation. I besitzt keine Aktivität gegen Ehrlich-Carcinom in Ascites sowie in solider Form, gegen Sarkom 180, Leukämie L 1210 u. spontanen Mammaadenocarcinom der Maus. Ebenfalls inakt. ist I gegen einen lymphoiden Geflügeltumor mit Virusätiologie. $DL_{50}$ in mg/kg Körpergewicht für die Maus ist 1695 bei intraperitonealer, 10000 bei oraler Applikation. Die größte nichttox. Dosis bei täglicher oraler Applikation liegt für die Ratte zwischen 300 u. 500, für den Hund unter 100. D. Ziebarth. 4160□

**Psicofuranin.** 7. Mitt. **Chemische Bestimmung im Plasma und im Serum.** Arlington A. Forist, Susan Theal und Herman Hoeksema. (Antibiotics and Chemotherapy 9. 685—89. Nov. 1959. Kalamazoo, Mich., Upjohn Co., Res. Labor.) (Engl.) — 6. vgl. vorst. Referat.

Die Meth. beruht darauf, daß Eiweiß durch neutrale Fällung mit A., freie Zucker durch Red. mit Natriumborhydrid aus dem Serum entfernt werden. Durch anschließende saure Hydrolyse wird *Psicofuranin* (I) in *Adenin* u. *Psicose* gespalten. Letztere wird als Ketohexose mit der Diphenylamin-Rk. nach Dische bestimmt. Bestimmbar sind 20—100 μg I/ml mit einer mittleren Abweichung von 2,8. D. Ziebarth. 4160□

**Zur Induktion einer Resistenz gegen Colchicin in heterologen Geschwülsten des Goldhamsters.** H. Wrba. (Klin. Wschr. **38.** 770—71. 1/8. 1960. München, Univ., Patholog. Inst.) (Dt.)

Syr. Goldhamster zeigen gegenüber *Colchicin* Resistenz. Es kommt zu keiner Hemmung der Mitose. Ein Walker-Carcinom der Ratte in Ascitesform wird auf Goldhamster übertragen. Nach Angehen des Tumors erhalten die Tiere 250 γ *N-Methylcolchicamid* (I) oder 2,0 mg *Demecolcin* (II, Ciba, Wehr, Baden). Vor u. nach der Gabe von I u. II werden Asciteszellen entnommen. Bei 75% der Tiere zeigt sich keine Schädigung der Tumorzellen, bei den restlichen 25% werden die typ. Colchicinwrkg. beobachtet. Bei Maus u. Ratte führen schon Bruchteile der verabreichten I- u. II-Mengen beim gleichen Tumorstamm zu den bekannten Mitosehemmungen. H. Struck. 4160□

**Eine radiomimetische Wirkung von Triäthylenmelamin auf die Reproduktionsorgane der männlichen Ratte.** Emil Steinberger, Warren O. Nelson, Anthony Boccabella und William J. Dixon. (Endocrinology **65.** 40—50. Juli 1959. Bethesda, Md., Naval Med. Res. Inst., Nat. Naval Med. Center; New York City, N.Y., Rockefeller Inst.; Iowa City, Iowa, StateUniv. of Iowa.) (Engl.)

♂ Ratten, die 4 Wochen lang 5mal wöchentlich 0,05 mg *Triäthylenmelamin* (I)/kg intraperitoneal erhalten haben, zeigen keine histolog. erkennbaren Veränderungen der Sexualhormone, aber verminderte Fertilität, die sich in intrauterinem Absterben der Föten zeigt. Werden die Ratten 5 oder 10 Tage lang mit täglich 0,2 mg I/kg behandelt, so treten neben verminderter Fertilität Abnahme des Körpergewichts u. des Gewichts von Testikeln u. accessor. Sexualorganen ein. Histolog. zeigen sich Veränderungen des Germinalepithels u. Verminderung der Spermatogonien u. Spermatocyten. Die Wrkg. von I ähnelt sehr der von Röntgenbestrahlungen. K. Bohle. 4160□

**Tierexperimentelle Untersuchungen über den Einfluß von Diäthylstilböstroldiphosphat auf Nebennierenrinde und Thymus.** G. Dörner und W. Hohlweg. (Z. ges. exp. Med. **134.** 162—68. 1961. Berlin, Charité, Inst. für exp. Endokrinol.) (Dt.)

*Diäthylstilböstroldiphosphat* (I; *ST 52*; *Honvan*, Asta; *Cytonal*, VEB Beropharm) ruft über eine gesteigerte hypophysäre Sekretion des *adrenocorticotropen Hormons* (ACTH) eine vermehrte Glucocorticoidsekretion der Nebenniere hervor. Im Tierexperiment (Ratten) führte I zur durch Glucocorticoide hemmbaren Hypertrophie, Hyperämie, progressiven Transformation u. Lipoidverarmung der Nebennieren. Es trat außerdem ein starker thymolyt. Effekt auf, der nach Adrenalektomie geringer war. U. Tausendfreund. 4160□

**Untersuchungen über die Wirkung von Diäthylstilböstroldiphosphat auf den Glucocorticoidstoffwechsel beim Menschen.** G. Dörner, F. Stahl und R. Zabel. (Z. ges. exp. Med. **134.** 169—74. 1961. Berlin, Charité, Inst. für exp. Endokrinol.; Univ.-Hautklinik.) (Dt.) — Vgl. vorst. Referat.

Die bei orchidektomierten Patienten mit Prostatacarcinom nach Verabreichung von *Diäthylstilböstroldiphosphat* (I; *ST 52*; *Honvan*, Asta; *Cytonal*, VEB Beropharm) feststellbaren subjektiven Besserungen sind vermutlich durch den Einfl. von I auf den Glucocorticoidstoffwechsel zu erklären. Nach 2—3mal 250 mg I (i.v.) kam es bei Männern zum Anstieg der 17.21-Dihydroxy-20-ketosteroide im Plasma; die Ausscheidung der gesamten 17-Hydroxycorticoide im Harn blieb unverändert. Bereits nach einmaliger Injektion kam es außerdem zu einem 50%ig. Abfall der eosinophilen Leukocyten im Blut. U. Tausendfreund. 4160□

**Die Frühreaktion des Blutzuckers während der Röntgenbestrahlungsserie.** Eberhard Schaudig. (Strahlentherapie **107.** 485—92. Nov. 1958. Jena, Univ., Chirurg. Klinik, Röntgenabt.) (Dt.)

Bei 30 Bronchialcarcinompatienten wurden jeweils vor sowie 30, 90, 150, 240 u. 300 Min. nach der ersten u. letzten Bestrahlung der verordneten Serie Blutzucker-Best. durchgeführt. Man erhält in jedem Fall einen Anstieg des Geh., lediglich bei Patienten mit schlechtem Allgemeinzustand tritt diese Rk. nicht ein. Eine gesetzmäßige Beziehung zwischen der Höhe des Ausgangswerts u. dem Endwert kann nicht nachgewiesen werden. W. Reusse. 4160□

## E$_2$. Enzymologie. Gärung

**Das Cytochromsystem in Geweben von Meereslamellibranchiern.** Kiyozo Kawai. (Biol. Bull. **117.** 125—32. Aug. 1959. Kyoto, Japan, Univ. of Kyoto, Dep. of Zool.) (Engl.)

Die untersuchten Lamellibranchier *Crassostrea gigas* (Auster), *Pinctada martensis* (Perlauster) u. *Mytilus crassitesta* (Miesmuschel), welche kein Hämoglobin oder Hämocyanin aufweisen, enthalten in ihren Eingeweidezellen ein aus *Cytochrom* (I) *a*, *b* u. *c* sowie *Cytochromoxydase* (II; I $a_3$) bestehendes System. II wird durch $CN^-$ u. CO stark gehemmt; die CO-Hemmung wird durch Licht aufgehoben. Die I befinden sich vorwiegend im Herz, wo a gegenüber b überwiegt, wogegen in den anderen Geweben b gegenüber a + II oder c überwiegt. — In einem Gemisch von 90% CO + 10% $O_2$ ist die Atmung verschiedener Gewebe zu 50% gehemmt, was durch Belichtung völlig aufgehoben wird. Die durch 0,001m $CN^-$ bewirkte Herabsetzung der Atmung auf ca. 15—20% des Normalwertes wird durch $5 \cdot 10^{-5}$m (in Meerwasser gelöstes) Methylenblau teilweise rückgängig gemacht. — Vf. schließt, daß ca. 80% oder mehr der Atmung durch dieses I + II-Syst. erfolgen. A. Hesse. 4210□

**Biochemische Untersuchungen des sich entwickelnden Vogelembryos. 4. Mitt. Einige Atmungspigmente.** Ludwig Brand, Carol Dahl und H. R. Mahler. (J. biol. Chemistry **235.** 2456—67. Aug. 1960. Bloomington, Ind., Indiana Univ., Dep. of Chem.) (Engl.) — 3. Mitt. vgl. C. **1960.** **13746.**

Hühnereier wurden 4 Tage lang bebrütet. Aus den Geweben wurden Mitochondrien isoliert. In diesen Mitochondrien wurden die *Cytochrome* $a_3$, $a$, $b$ (I) u. ($c + c_1$) (II) spektrophotometr. nachgewiesen. Das Mengenverhältnis der Cytochrome entspricht etwa den von anderen Autoren in verschiedenen Geweben ausgewachsener Tiere gefundenen Werten. Durch *Succinat* (III; zur Blockierung der Cytochromoxydase $N_3^-$-Zusatz) sind alle nachgewiesenen Cytochrome reduzierbar. *Antimycin A* (IV) blockiert an derselben Stelle wie früher bei anderen Syst. nachgewiesen: Zwischen I u. II. Daraus wird gefolgert, daß die Cytochrome auch im embryonalen Gewebe ihre normale Funktion ausüben. Wie auch in den Mikrosomen der Gewebe ausgewachsener Tiere ist *Cytochrom* $b_5$ das in embryonalen Mikrosomen überwiegende Hämoprotein. Auch in den Mitochondrien aus Leber u. Herz 14 Tage alter Hühnerembryonen wurden die Cytochrome in einem relativen Mengenverhältnis zueinander u. in einer abs. Menge nachgewiesen, die den Verhältnissen in akt. atmenden Geweben erwachsener Tiere sehr nahe kommen. Außerdem wurde in den embryonalen Mitochondrien *Coenzym* $Q_{10}$ (V) nachgewiesen. Die Konz. von V (auch im Verhältnis zu den Konzz. der Cytochrome) wurde bestimmt. Neben V wurde auch eine noch nicht identifizierte Verb. in den embryonalen Mitochondrien nachgewiesen, bei der es sich anscheinend um ein *Ubichromenol* oder um einen *Phosphatester* handelt. Die Funktion von V in den embryonalen Mitochondrien wurde geprüft: In Ggw. von endogenem Substrat fast völlig in oxydiertem Zustand, in Ggw. von III, *Adenosindiphosphat* u. $N_3^-$ wird V völlig red., auch in dieser Hydrochinonform isolierbar, Red. durch *Amytal* nicht hemmbar, Oxydation von red. V durch IV hemmbar. Konz. u. Funktion von V in den embryonalen Mitochondrien entsprechen ebenfalls völlig den Verhältnissen in den Atmungspartikeln ausgewachsener Tiere. — Aus diesen Ergebnissen wird gefolgert, daß die Atmungsfermente embryonaler Gewebe in völlig ausreichender Menge vorhanden u. auch funktionsfähig sind, daß jedoch analog den Vorgängen in den Mitochondrien von Ascitestumorzellen die Atmung durch Stoffwechselkontrolle begrenzt wird.

S. Dittmann-Mitzscherlich. 4210□

**Die Oxydation von o-Aminophenolen durch Cytochrom c und Cytochromoxydase.** 3. Mitt. **Fluorenchinon-(2.3) aus 2-Aminofluorenol-(3) und Bindung von chinoiden Oxydationsprodukten durch Albumin des Rinderserums.** H. R. Gutmann und H. T. Nagasawa. (J. biol. Chemistry **235.** 3466—71. Dez. 1960. Minneapolis, Minn., Veterans Administ. Hosp., Radioisotope Serv.; Univ. of Minnesota, Dep. of Physiol. and Pharmaceut. Chem.) (Engl.) — 2. vgl. Nagasawa, C. **1960.** **2560.**

Die analog den früher (l. c.) beschriebenen Meth. durchgeführte Oxydation von *2-Aminofluorenol-(3)* (I) mittels Cytochrom c u. Cytochromoxydase führt zur Synth. von *Fluorenchinon-(2.3)* (II), wobei als Zwischenprod. *2-Iminofluorenchinon-(2.3)* (III) auftritt. — I u. II vermögen mit Rinderserumalbumin Addukte zu bilden, welche ein chinoides Chromophor enthalten, dessen Struktur noch nicht präzisiert werden kann. Es wird für möglich gehalten, daß die Bindung von *2-Iminofluorenchinon-(1.2)* u. von III an Protein ein wesentlicher Schritt bei den durch N-[Fluorenyl-(2)]-acetamid initiierten carcinogenen Prozeß sein kann.

Versuche: *N-[3-Acetoxyfluorenyl-(2)]-acetamid*, $C_{17}H_{15}NO_3$, farblose Nadeln, F. 233—234° (Äthylacetat/PAe.) durch Erhitzen von *2-Aminofluorenol-(3)* (I) mit Essigsäureanhydrid u. Pyridin in Bzl.; nach Umkristallisieren aus Bzl.: $\lambda_{max}^{A.}$ 275, 307 mμ ($\varepsilon$ = 22500, 14800); $\lambda_{min}^{A.}$ 241, 298 mμ ($\varepsilon$ = 4770; 12700); $N_{max}^{Nujol}$ 3,09 μ (N—H); 5,64 μ (C=O); 6,03 μ (Amid I); 6,49 μ (Amid II). — *1-Iminonaphthochinon-(1.2)* (IV), dargestellt nach LÜTTRINGHAUS u. WULFF (C. **1955**. 7431), durch Oxydation von *1-Aminonaphthol-(2)* mit $PbO_2$; F. 94—95° (nach Reinigung durch Sublimation); $\lambda_{max}^{A.}$ 253, 259, 355, 381 mμ ($\varepsilon$ = 22600; 25000; 3080; 3040). Kondens. von IV mit *o-Phenylendiamin* (V) in Ae. lieferte in 39% Ausbeute ein Benzo-[a]-phenazin, F. 142—144°. — *2-Iminofluorenchinon-(2.3)* (III), $C_{13}H_9NO$, durch Schütteln von I in wasserfreiem Ae. mit $PbO_2$, orangefarbene Plättchen, Zers. bei 110—120° (ohne F.). III war bei Raum-Temp. mehrere Std. beständig, zersetzte sich aber dann allmählich zu einer braunen festen Masse. Innerhalb von 2 Std. nach Herst. wurde ermittelt: $\lambda_{max}^{A.}$ 328, 438 mμ ($\varepsilon$ = 11800, 3600); $\lambda_{max}^{Nujol}$ 6,10, 6,15 μ (C=O, C=N). Verss. zur Bldg. eines Phenazin-Deriv. durch Kondens. mit V waren erfolglos. — *Fluorenchinon-(2.3)* (II), $C_{13}H_8O_2$, wurde entweder (a) aus III durch Hydrolyse in Dioxan u. 0,1 m Phosphatpuffer, pH 8, oder (b) durch Oxydation von I mittels $FeCl_3 \cdot 6H_2O$ in HCl erhalten. Das nach (a) erhaltene Prod. verkohlte bei > 120°, zeigte aber bis 300° keinen F.; leicht lösl. in Chlf., $CH_3OH$ u. W.; $\lambda_{max}^{Chlf.}$ 450 mμ ($\varepsilon$ = 4150); $\lambda_{max}^{Chlf.}$ 384 ± 4 mμ ($\varepsilon$ = 3020). Das nach (b) erhaltene Prod. verhielt sich ebenso wie das nach (a) erhaltene Prod.: $\lambda_{max}^{Chlf.}$ 450 mμ ($\varepsilon$ = 3810); $\lambda_{min}^{Chlf.}$ 383 mμ ($\varepsilon$ = 2030); $\lambda_{max}^{Nujol}$ 6,05 μ (C=O), 6,33, 6,38 μ (C=C). II reagiert nicht mit V oder mit Semicarbazidhydrochlorid. — *2.3-Diacetoxyfluoren*, $C_{17}H_{14}O_4$, F. 142—143° (A.), F. 145° (nach Sublimation bei 120° im Hochvakuum), aus II durch reduktive Acetylierung mit Zn-Staub u. Acetanhydrid in Ggw. von Triäthylamin; $\lambda_{max}^{A.}$ 266, 297, 309 mμ ($\varepsilon$ = 20700, 8650, 11400); $\lambda_{min}^{A.}$ 235, 289, 299 mμ ($\varepsilon$ = 4650, 5870, 8270); $\lambda_{max}^{Nujol}$ 5,68 μ (C:O), 8,30 (C—O). — *3-Acetoxyfluoren*, $C_{15}H_{12}O_2$, farblose Nadeln, F. 123—124°, aus 3-Hydroxyfluoren durch Acetylieren mit Essigsäureanhydrid u. wasserfreiem Na-Acetat; $\lambda_{max}^{A.}$ 263, 291, 303 mμ ($\varepsilon$ = 19000, 8140, 11900); $\lambda_{min}^{A.}$ 237, 286, 298 mμ ($\varepsilon$ = 6330, 5520, 6680); $\lambda_{max}^{Nujol}$ 5,71 μ (C=O); 8,25 μ (C—O).
A. HESSE. 4210□

**Die physikochemischen Eigenschaften der Enzyme, die an der Melanogenese der Krabbe beteiligt sind.** M. E. Bailey, E. A. Fieger und A. F. Novak. (Food Res. **25**. 557—64. Sept./Okt. 1960. Baton Rouge, La., State Univ., Dep. of Agric. Chem. and Biochem.) (Engl.)

Aus der Aktivierungsenergie für die *Brenzcatechinase* (I) der Krabben (*Penaeus setiferus* u. *P. aztecus*) wird abgeleitet, daß I zu den Phenolasen (Sauerstofftransferasen) gehört. *Cu* ist essentieller Bestandteil des Enzyms. Die MICHAELIS-Konst. für I wurde bestimmt. U. BEHRENS. 4210□

**Phenoloxydase in Krabben.** M. E. Bailey, E. A. Fieger und A. F. Novak. (Food Res. **25**. 565—71. Sept./Okt. 1960. Baton Rouge, La., State Univ., Dep. of Agric. Chem. and Biochem.) (Engl.)

Das Syst. der *Phenoloxydasen* (I) von *Penaeus setiferus*, *P. aztecus* u. *P. duorarum* (shrimp) u. von C. sapidus (blue crab) wird beschrieben. Das Vork. von *Tyrosin* u. I wird im Zusammenhang mit der Melanin-Bldg. diskutiert. Die Lokalisation von I im Tier wird angegeben. U. BEHRENS. 4210□

**Die Wirkung von D-Cycloserin auf Katalase und Peroxydase.** A. Andrejew, C. Gernez-Rieux und A. Tacquet. (C. R. Séances Soc. Biol. Filiales **153**. 1782—85. 1959, herausgeg. 18/3. 1960. Lille, Inst. Pasteur.) (Franz.)

*D-Cycloserin* bewirkt eine starke Hemmung der *Katalase* (I) u. eine schwache Hemmung der *Peroxydase* (II). In einem Gemisch beider Enzyme ist es möglich, die Aktivität von I selektiv zu hemmen, ohne die II-Aktivität zu beeinflussen. Der Typ der Hemmung beider Enzyme ist kompetitiv. K. GRADE. 4210□

**Die gekoppelte Oxydation von Phospholipiden und Ascorbat in Gewebehomogenatsystemen und einige Wirkungen dieser Oxydation auf die Atmung dieser Systeme.** W. Radsma und H. E. M. van Groningen. (Acta physiol. pharmacol. neerl. **8**. 364 bis 401. Dez. 1959. Amsterdam, Univ., Labor. of Physiol. Chem.) (Engl.)

Zusatz von 25—300 μg *Ascorbat* (I) ruft bei frischen Leberhomogenat-Syst. gekoppelte Oxydation von I u. *Phospholipiden* (II) hervor, die die wesentliche Ursache der bei I-Zugabe erfolgenden Steigerung des $O_2$-Verbrauchs ist. Auf Grund der Zunahme des I-katalysierten $O_2$-Verbrauchs in Ggw. von DPN u. dessen vollständiger Hemmung durch KCN ist die gekoppelte I-II-Oxydation wahrscheinlich mit enzymat. Oxydations-

Rkk. verknüpft. Inkubation von Homogenat-Syst. ohne I bewirkt ebenfalls II-Oxydation. Angabe einer Meth. zur Best. der Abnahme oxydierbarer II in Homogenat-Syst. während der Inkubation. In Mitochondrien wurde ein DPN benötigendes II-Dehydrogenase-Syst. festgestellt. Ascorbinsäure vermindert unter verschiedenen Bedingungen in mitochondrialen Syst. die $CO_2$-Bldg. u. hemmt die oxydative Phosphorylierung. Diese Effekte sind vermutlich Folgen der gekoppelten I- u. II-Oxydation. Während dieser wird ein Teil von I zu *Dehydroascorbat* (III) oxydiert. Der in enzymfreien wie in Homogenat-Syst. hierfür verbrauchte $O_2$ beträgt nur ca. 7% des Gesamt-$O_2$-Verbrauchs. Die II-Oxydation ist formal durch die Rk. $II\text{-}H_{2x} + I\text{-}H_2 + y\,O \rightarrow II\text{-}H_{2x}\cdot O_{(y-1)} + III + H_2O$, $II\text{-}H_{2x}O_{(y-1)} \rightarrow x\text{-}H_2O + II\text{-}O_{(y-1-x)}$ wiederzugeben. Der Einfl. einer Reihe von Verbb. auf die gekoppelte Oxydation wurde untersucht.

K. MAIER. 4210□

**Nachtrag zu der Arbeit „Zur Inaktivierung von Milchsäuredehydrogenase mit langsamen Protonen" von H. Kühn, Z. Naturforschg. 15b, 277 [1960].** Heinz Kühn. (Z. Naturforsch. **15b**. 626. Sept. 1960. Frankfurt, Max-Planck-Inst. für Biophysik.) (Dt.) — Vgl. C. **1961**. 1238.

Bei der zitierten Publikation wurde die Restaktivität nicht berücksichtigt. Da diese ca. 50% betrug, sind alle Wrkg.-Querschnitte mit 2 zu multiplizieren.

G. FAUST. 4210□

**α-Ketoglutarsäuredehydrogenase. 9. Mitt. Vergleichende Untersuchung von Dihydrolipoyldehydrogenase und Diaphorase.** Robert L. Searls und D. R. Sanadi. (J. biol. Chemistry **236**. 580—83. Febr. 1961. Baltimore, Md., Baltimore City Hosp.; Nat. Inst. of Health, Nat. Heart Inst., Gerontology Branch.) (Engl.) — 8. vgl. C. **1961**. 6530.

Die Flavoproteinkomponente der nach l. c. hergestellten *α-Ketoglutarsäuredehydrogenase* (auch als *Dihydrolipoyldehydrogenase* bezeichnet) unterscheidet sich in enzymat., katalyt. u. physikal. Eigg., soweit bisher festzustellen war, nicht von dem als *Diaphorase* (STRAUB [1939]) bezeichneten Flavoprotein. A. HESSE. 4210□

**Über ein Verfahren zur exakten Bestimmung der Sedimentationskonstanten ungereinigter Enzyme mit Hilfe des Aktivitätstestes. Versuche an den Glucosedehydrogenasen aus Penicillium notatum (Notatin) und Aspergillus niger.** O. Bodmann, D. Kranz und G. V. Schulz. (Makromolekulare Chem. **41**. 225—41. 1960. Mainz, Univ., Inst. für phys. Chem.) (Dt.)

Es wird eine Meth. beschrieben, die es ermöglicht, die Sedimentations-Konst. von Fermentproteinen durch Verw. des Aktivitätstestes zu bestimmen. In eine normale Ultrazentrifugenzelle werden 3 Lagen Filtrierpapier eingebracht, in welche das Ferment hineinsedimentiert. Durch Messung der Fermentaktivität vor u. nach dem Zentrifugieren, des Abstandes des Meniskus u. des Bodenbelages vom Rotationszentrum kann die Sedimentations-Konst. mit ca. 1% Genauigkeit bestimmt werden. Die Sedimentations-Konst. für die *Glucosedehydrogenasen* aus *Penicillium notatum* u. *Aspergillus niger* werden zu 7,91 u. 8,81 SVEDBERG-Einheiten bestimmt. Die entsprechenden, früher ebenfalls durch Aktivitätsteste bestimmten Diffusions-Konst. betragen 5,56 u. $4{,}47 \cdot 10^{-7}\ cm^2 \cdot s^{-1}$, woraus sich Molgewichte von 138000 u. 192000 u. Reibungsverhältnisse von 1,11 u. 1,24 ergeben. Eine Kombination der opt. Meth. zur Best. der Sedimentations-Konst. u. der beschriebenen Meth. erlaubt Rückschlüsse auf die Reinheit von Enzympräparaten.

E. PASCHKE. 4210□

**Kinetik der Tyrosinoxydation durch Roh-Tyrosinase-Zubereitungen aus Neurospora crassa.** Allen S. Fox und Jean B. Burnett. (Proc. Soc. exp. Biol. Med. **98**. 110—14. Mai 1958. East Lansing, Mich., State Univ., Dep. of Zool.)

Die Oxydation von Tyrosin (II) durch Rohenzymextrakte von *Neurospora crassa* verläuft ähnlich der, die durch gereinigte *Tyrosinase* (I) bewirkt wird. Es wurde der Ascomyctenstamm 15300 verwendet, der II-Gehalt papierchromatograph. bestimmt, der Oxydationsverlauf durch spektrophotometr. Messung des gebildeten Dopachroms (chinoides Oxydations-Prod. von 3.4-Dihydroxyphenylalanin) verfolgt. Die Rk. zeigt die übliche MICHAELIS-MENTEN-Kinetik mit einem pH-Optimum bei 7,4. Die Induktionsperiode wird einmal durch die Produktion katalyt. Mengen Dihydroxyphenol, andererseits durch die Überführung von Protyrosinase in I verursacht. G. TALSKY. 4210□

**Die Wirkung von Purinen auf die Bindung von zwei an der Purinbiosynthese beteiligten Enzymen.** Alfred P. Levin und Boris Magasanik. (J. biol. Chemistry **236**. 184—88. Jan. 1961. Boston, Mass., Harvard Med. School, Dep. of Bacteriol. and Immunol.) (Engl.)

Die Unterss. ergaben *Inosin-5'-phosphatdehydrogenase* (I)- u. *Inosinicase* (II)- Aktivität in Extrakten aus *Enterobacteriaceae*. Verlust dieser Aktivität durch Mutation führt zu *Purin*-Bedarf, wodurch die wesentliche Rolle der beiden Enzyme bei der Purinbio-

Synth. bewiesen ist. Die Bldg. der Enzyme, von denen I für die Synth. der *Guaninnucleotide* u. II für die der *Guanin-* u. *Adeninnucleotide* verantwortlich ist, wird von einem Guanin-Deriv. durch Hemmung geregelt. E. LODEMANN. 4210□

**Beziehungen zwischen der Konformation von Ribonuclease und deren Reaktionsfähigkeit gegenüber Jodacetat.** George R. Stark, William H. Stein und Stanford Moore. (J. biol. Chemistry **236**. 436—42. Febr. 1961. New York, Rockefeller Inst.) (Engl.)

Die spezif. Rk. von Jodacetat (I) mit 1 Histidin (II)-Rest von *Ribonuclease* (III; Alkylierung), die in wss. Lsg. bei pH 5,5 eintritt, erfolgt nicht, wenn III in 8m Harnstoff oder in 4m Guanidiniumchlorid gelöst wird. Nach Zerstörung der Tertiärstruktur von III durch Spaltung der S—S-Bindungen des Proteins mittels Perameisensäure (Oxydation) oder $NaBH_4$ (Red.) findet die II-Alkylierung in W. nicht mehr statt. Anscheinend liegt eines der 4 II-Moll. in einer Anordnung vor, die bei Änderung der Konformation von nativer III zerstört wird. Die III-Inaktivierung durch I in Harnstoff-Lsg. beruht auf Rk. mit Methionin (IV)-Resten. IV-Reste reagieren auch bei I-Behandlung von red. III. Die Menge des in jedem Prod. gebildeten Carboxymethylsulfoniumsalzes ergab sich aus der Aminosäureanalyse. Die Auseinanderfaltung des Mol., die die spezielle Rk.-Fähigkeit des II-Restes verschwinden läßt, macht die $CH_3S$-Gruppen der Methioninreste für das Alkylierungsmittel zugänglich. Jodacetamid alkyliert den II-Rest in wss. Lsg., pH 5,5, nicht. Möglicherweise befindet sich in der Nähe des betreffenden II-Restes des nativen Proteins eine positive Ladung, die in einem 2. II-Rest lokalisiert sein könnte. K. MAIER. 4210□

**Untersuchungen über die Spezifität von Desoxyribonuclease I. 2. Mitt. Hydrolyse von Oligonucleotiden mit einer monoveresterten Phosphatgruppe an Kohlenstoff 3'.** Steve Vanecko und M. Laskowski sen. (J. biol. Chemistry **236**. 1135—40. April 1961. Milwaukee, Wis., Marquette Univ., School of Med., Biochem. Labor. for Cancer Res.) (Engl.) — 1. vgl. C. **1959**. 17220.

Werden die durch Einw. von *Milzdesoxyribonuclease* auf *Desoxyribonucleinsäure* erhaltenen *Oligonucleotide* durch *Pankreasdesoxyribonuclease* gespalten, dann enthält das Rk.-Gemisch *Mononucleosid-3'.5'-diphosphate*, jedoch keine Nucleoside oder Mononucleotide. Anscheinend lockert monoverestertes *Phosphat* (I) in 3'-Stellung die vorhergehende Internucleotidbindung, während monoverestertes I oder freies OH in 5'-Stellung die folgende Bindung resistent macht. Dinucleotide u. deren Derivv. herrschen vor u. dürften das Endprod. der Rk. darstellen. Verstärkte Hydrolyse kann durch Entfernen der Prodd. u. erhöhte Enzym-Konz. erreicht werden. K. MAIER. 4210□

**Reduktion von Coenzym $Q_{10}$ durch ein gegen Antikoagulantien empfindliches Enzym aus Hundeleber.** W. D. Wosilait. (Biochem. Pharmacol. **6**. 241—43. Juni 1961. Brooklyn, N.Y., State Univ. of New York, Downstate Med. Center.) (Engl.)

Ein aus Hundeleber isoliertes Enzym katalysiert die Red. von *Coenzym* $Q_{10}$ durch *Diphosphopyridinnucleotid* bzw. *Triphosphopyridinnucleotid*. Die Stöchiometrie der Rk. wurde nachgewiesen. Auch *p-Benzochinon* kann als Elektronenacceptor dienen. Durch $O_2$ werden die red. Verbb. reoxydiert. $10^{-4}$m $Mg^{2+}$, $Mn^{2+}$, $Fe^{3+}$, $Co^{2+}$, $Zn^{2+}$ u. $Ni^{2+}$. beeinflussen die Red. nicht. $10^{-4}$m $Cu^{2+}$ steigert die Rk.-Geschwindigkeit mehrfach. Gehemmt wird die Red. durch: $10^{-5}$m *Dicumarol* (59%), $10^{-4}$m *Cumachlor* (50%), $10^{-4}$m *Tromexan* (45%), $10^{-4}$m *Warfarin* (45%), $10^{-4}$m *Phenindion* (25%), $10^{-4}$m *Sintrom* (15%). Die gleichen Antikoagulantien hemmen auch die Atmung von Rattenleberschnitten, wobei die Wirksamkeit der einzelnen Verbb. in der gleichen Reihenfolge abnimmt. S. DITTMANN-MITZSCHERLICH. 4210□

**Vorkommen von Coenzym Q in Jauche und Fäkalien.** C. V. Viswanathan, J. Jayaraman, B. Meera Bai und P. V. R. Subrahmanyan. (Naturwissenschaften **48**. 101—02. 2. Febr.-H. 1961. Bangalore, Indian Inst. of Sci., Dep. of Biochem.) (Engl.)

In Abwässern des Menschen u. in Kot u. Jauche, die durch aerobe u. anaerobe Behandlung der Abwässer erhalten wurden, wurde *Coenzym Q* (I) nachgewiesen. (Länge der Seitenkette von I nicht bestimmt.) Die Konz. von I im Kot ist nach aerober u. anaerober Behandlung (im abgeschlossenen Tank) etwa gleich, die abs. Gesamtmenge ist anaerob niedriger. Die bei der Vergärung entstandene Fl. enthält bei aerober Aufarbeitung kein I, anaerob dagegen so viel I, daß die Gesamtmenge I bei aerober u. anaerober Behandlung gleich hoch ist u. auch der I-Menge in rohem Abwasser ohne Behandlung gleicht (ca. 1,7 $\mu$Mol I pro 33 Liter). Eine Probe menschlicher Faeces enthielt 0,1 $\mu$Mol I pro g Trockengewicht. — Vorst. Prodd. werden als I- Quellen empfohlen. S. DITTMANN-MITZSCHERLICH. 4210□

**Coenzym Q (Ubichinon) im Vogelei und -embryo.** T. Ramasarma, J. Jayaraman und P. S. Sarma. (Naturwissenschaften **48**. 102. 2. Febr.-H. 1961. Bangalore, Indian Inst. of Sci., Dep. of Biochem.) (Engl.)

Hühnereier enthalten 0,09—0,16 μMol *Coenzym* $Q_{10}$ (I) pro Eidotter (im Gewicht von 15—20 g). Eiweiß der Hühnereier enthält kein I. Mit zunehmender Entw. der Hühnerembryos nimmt auch deren I-Geh. zu (7. Tag 0,06 μMol I, 16. Tag 0,16 μMol I pro Embryo). Bei der Papierchromatographie des Unverseifbaren von Eidotter wurden noch 2 weitere Verbb. gefunden: Die erste reagiert positiv mit Leukomethylenblausprühreagens, hat ein Absorptionsmaximum bei 265 mμ, ein IR-Maximum bei 5,82 μ u. ist durch $NaHB_4$ nicht reduzierbar. Es wird angenommen, daß es sich um ein gesätt., cycl. Keton oder um ein α-Diketon handelt. Die zweite reagiert mit α.α'-Dipyridyl-$FeCl_3$ Reagens, ist von Ubichromenolen u. α-Tocopherol verschieden u. hat Absorptionsmaxima bei 272 u. 310 mμ. Sie ähnelt der von MAHLER beschriebenen Verb. (vgl. BRAND, DAHL u. MAHLER, C. **1961**. 15423). Papierchromatograph. verhalten sich beide Verbb. gleich. S. DITTMANN-MITZSCHERLICH. 4210□

**Isolierung von Coenzym $B_{12}$ aus der Leber.** J. I. Toohey und H. A. Barker. (J. biol. Chemistry **236**. 560—63. Febr. 1961. Berkeley, Calif., Univ. of California, Dep. Biochem.) (Engl.)

*Coenzym* $B_{12}$ (I; *5.6-Dimethylbenzimidazolylcobamidcoenzym*) konnte mit der bereits bei Bakterien angewendeten Meth. von BARKER u. Mitarbeitern (C. **1960**. 16463) aus Leber von Schaf, Kaninchen, Huhn u. Mensch isoliert werden. Die Präpp. von geringem Reinheitsgrad zeigten molare Aktivitäten, die denen von bekanntem I im *Glutaminsäureisomerase*-Vers. nahe kamen. I aus menschlicher Leber lieferte bei saurer Hydrolyse 1 Mol 5.6-Dimethylbenzimidazol. — 48—72 % des gesamten aus Leber mit heißem 80 Vol.-% ig. A. extrahierbaren Cobalamins liegt in Form von I vor. — Die früher aus Leber isolierten Prodd., wie *Cyanocobalamin* u. *Hydroxycobalamin*, scheinen Artefakte zu sein, die durch chem. Zers. von I entstehen. A. HESSE. 4210□

**Der Mechanismus der Umwandlung von 1.2-Propandiol in Propionaldehyd: eine Vitamin $B_{12}$-Coenzym benötigende Reaktion.** A. M. Brownstein und Robert H. Abeles. (J. biol. Chemistry **236**. 1199—1200. April 1961. Columbus, Ohio, Ohio State Univ., Dep. of Chem.) (Engl.)

Die Unters. der Cobamid-Coenzym-abhängigen Umwandlung von Propandiol-(1.2) in Propionaldehyd u. die intramol. H-Verschiebung in 99,5% ig. $D_2O$ ergab, daß der während der Rk. von $C_{(1)}$ nach $C_{(2)}$ als Hydridion übertragene H nicht mit dem Lsgm. austauscht; $B_{12}$ dient möglicherweise als „H-Überträger". K. MAIER. 4210□

**Quantitative Histochemie des Nephrons. 2. Mitt. Alkalische Phosphatase-Aktivität beim Menschen und anderen Species.** Sjoerd L. Bonting, Victor E. Pollak, Robert C. Muehrcke und Robert M. Kark. (J. clin. Invest. **39**. 1372—80. Sept. 1960. Chicago, Ill., Univ., Dep. of Biol. Chem.; Presbyterian-St. Lukes Hosp., Cook County Hosp., Res. and Educat. Hosp., Dep. of Med.)

Es wird eine quant. Meth. zur Best. von Enzymen in den einzelnen funktionellen Teilen des Nephrons mitgeteilt. Es werden die günstigsten Vers.-Bedingungen für die *alkal. Phosphatase* (I) in menschlichen Nieren untersucht u. gefunden, daß *Mg* aktiviert u. *Cyanid* hemmt. Es wird über die Verteilung der I im Nephron von Mensch, Affe, Hund, Ratte, Kaninchen, Frosch u. Krötenfisch berichtet. H. J. STRUCK. 4210□

**Oxydative Phosphorylierung von Herzmitochondrien und Kontraktion glycerinbehandelter Fasern von Psoasmuskel.** Shizuo Watanabe und Lester Packer. (J. biol. Chemistry **236**. 1201—06. April 1961. Hannover, N.H., Dartmouth Med. School, Dep. of Biochem.; Dallas, Tex., Univ. of Texas, Southwestern Med. School, Dep. of Microbiol.) (Engl.)

Es wurde ein neues in-vitro-Modell eines cycl. *Adenosintriphosphat* (I) bildenden Syst. untersucht, in dem *Adenosindiphosphat* (II) u. *Orthophosphat* (III) durch eine Suspension mit Glutamat versehener atmender Kaninchenherzmitochondrien in I übergeführt werden. In der Suspension befindliche glycerinbehandelte Faserbündel von Kaninchenpsoasmuskel hydrolysieren bei Entw. isometr. Tension I zu II u. III. Die Tension folgt rasch jeder Änderung des $O_2$-Verbrauchs während der oxydativen Phosphorylierung von II zu I. Ca. 48% des in den Herzmitochondrien neu gebildeten I dienen der Tensionsentwicklung. K. MAIER. 4210□

**Oxydative Phosphorylierung und Glykolat-Oxydation durch Bestandteile von Spinatblättern.** Israel Zelitch und G. A. Barber. (Plant Physiol. **35**. 205—209. März 1960.) (Engl.)

Als Vers.-Material dienten Fraktionen, die aus Blattspreitenhomogenaten von Spinat nach Abtrennung der Chloroplasten u. schweren Bestandteile durch Zentrifugieren bei 10000·*g* (20 Min.) gewonnen wurden. Diese Fraktion oxydiert in geeigneter Puffer-Lsg. *Pyruvat, Citrat, L-Isocitrat, α-Ketoglutarat, Succinat, Fumarat, L-Malat* u. *red. Diphosphorpyridinnucleotid*. Ein Teil der *Glykolat*-oxydierenden Aktivität ist ebenfalls in dieser Fraktion lokalisiert, steht jedoch in keinem sichtbaren Zusammenhang mit der Synth. von *Adenosintriphosphat*. Verss. mit Enzyminhibitoren zeigen, daß die Sauerstoffübertragung im Falle der organ. Säuren des KREBS-Cyclus mit Hilfe des *Cytochrom*-Syst., im Falle des *Glykolats* durch eine *Flavoproteinoxydase* geschieht. Durch Anwesenheit von *Glykolat* oder *Glyoxalat* wird die Oxydation von Säuren des KREBS-Cyclus (*Bernsteinsäure* u. *Citronensäure*) behindert. Die Verss. wurden im WARBURG-App. ausgeführt. U. MOTHES. 4210□

**Über das Vorkommen eines Senföle spaltenden Enzyms in den Samen von schwarzem Senf, Raps und Rübsen.** Émile André und Marie Durou-Carbouères. (C. R. hebd. Séances Acad. Sci. **244**. 2546—48. 13/5. 1957.) (Franz.) — Vgl. C. **1957**. 8544.

Samen von weißem Senf enthalten ein *Coenzym* (**I**), das die spaltende Wrkg. des *Myrosins* (**II**) des schwarzen Senfes auf Allylsenföl freisetzt. Bei der **II**-Herst. aus schwarzem Senf bleibt **I** in den Mutterlaugen. Die gleichen Befunde gaben Raps u. Rüben K. MAIER. 4210□

**Die fermentative Abspaltung von D-Digitoxose, D-Cymarose und L-Thevetose aus Herzglykosiden durch Leberschnitte.** Fritz Lauterbach und Kurt Repke. (Naunyn-Schmiedebergs Arch. exp. Pathol. Pharmakol. **239**. 196—217. 1960. Berlin, Inst. für Med. u. Biol. der Deutschen Akad. der Wiss.) (Dt.)

Ausführliche Beschreibung der Bedingungen, unter welchen der Abbau der Herzgifte in vitro durch Rattenleberschnitte untersucht werden kann. Geprüft wurden: *Digoxigenin* (**I**), *Strophanthidin*, *Bis-* u. *Monodigitoxoside* des **I** u. *Digitoxigenins* (**VI**), *Digoxin* (**II**), *Helveticosid* (**VI**), *Neriifolin* (**III**), *Digitoxin* (**IV**), *Allocymarin*, *Cymarin* (**V**), *3-Epi-* u. *3-Dehydro-Derivv.* des **VI** u **I**, *Somalin* (**VII**), *Evomonosid*, *Uzarigenin*, *Xysmalogenin*. Es wurde bewiesen, daß *D-Digitoxose*, *D-Cymarose* u. *L-Thevetose* aus den entsprechenden Glykosiden unter Freisetzung der zugehörigen Genine abgespalten werden können. Die relativen Spaltungs-Geschw. werden durch die Stellung der Zucker in den Polyglykosiden u. die Polarität des Mol. bestimmt. Die Verw. von Leberschnitten ermöglicht erstmals den Zugang zum Genin des **III**. Neben der Glykosidspaltung wurden Hydroxylierung am $C_{12}$, Epimerisierung u. Konjugation erhalten. Bei **VII** u. **V** wurde als weitere Abbau-Rk. die Abspaltung der Methoxylgruppe aus der Cymarosekomponente festgestellt. In Homogenaten oder Zellfraktionen aus Rattenleber finden sich infolge der Labilität der Fermente im besten Falle nur ca. 8% der glykosidspaltenden Aktivität einer äquivalenten Menge von Schnitten. Die in vitro gefundenen Zusammenhänge werden zu den in vitro mit **IV**, **II**, K-Strophanthin-$\gamma$ u. Thevetin gemachten Beobachtungen in Beziehung gesetzt. Nach den Ergebnissen der Unterss. besteht die pharmakodynam. Funktion der Zuckerkomponente in den Herzglykosiden darin, Inaktivierungs-Rkk. (Epimerisierung u. Konjugation) zu blockieren. Daraus erklären sich innerhalb der Cardenolidreihe die bekannten Differenzen in der Wrkgs.-Dauer zwischen Glykosid u. Genin u. die Unterschiede in der Kumulationsneigung bestimmter Glykoside. H. AMAN. 4210□

**Bestimmung der Aktivität der β-Glucuronidase im Magensaft der Weinbergschnecke (Helix pomatia).** V. Štolc und L. Mikulaj. (Chem. Zvesti **14**. 468—71. Juni 1960. Bratislava, Slov. Akad., Endokrinol. ústav.) (Slowak.)

Eine Modifikation der Best. der Enzymaktivität nach TALALAY mit Phenolphthaleinglucuronid als Substrat wurde beschrieben. Das pH-Optimum wurde bei pH 4,5 gefunden. Die Aktivität beträgt ca. $13 \cdot 10^4$ Einheiten pro ml des Magensaftes. Die Einheit ist als 1 $\mu$g freigesetztes Phenolphthalein/Std. definiert. Z. PECHAN. 4210□

**Der Mechanismus der Konjugation von o-Aminophenol in Pflanzen und einem Insekt.** G. J. Dutton und Anne M. Duncan. (Biochem. J. **77**. 18P—19P. Dez. 1960. Dundee, Univ. of St. Andrews, Queen's Coll., Dep. of Biochem.) (Engl.)

Schnitte von Zuckerrübenknollen führten *o-Aminophenol* (**I**) in ein Konjugat über, daß sich wie *o-Aminophenylglucosid* (**II**) verhielt, aber durch $\beta$-Glucuronidase nicht hydrolysierbar war. Entsprechende Homogenate bildeten **II** in Ggw. von *Uridindiphosphat* (*UDP*)-*Glucose* (**III**) oder einem **III** bildenden Syst., nicht aber in Ggw. von *UDP-Glucuronsäure* (**IV**). In *Scutellaria galericulata* erfolgte keine Glucuronylübertragung auf **I**. *Periplaneta americana*-Lebercaecumhomogenate konjugierten **I** bei Zusatz von **III** oder ATP + UTP + Glucose-1-phosphat. **IV** war unwirksam u. das Konjugat teilweise durch rohe $\beta$-Glucosidase, nicht aber durch $\beta$-Glucuronidase, spaltbar. Die Präpp. enthielten demnach Enzyme, die Glucose von **III**, nicht aber von **IV**, auf **I** übertrugen. K. MAIER. 4210□

**Bestimmung der Aktivität von Acetylcholinesterase und Pseudocholinesterase in einem kleinen Blutvolumen.** M. N. Linjutschew. (Вопросы Медицинской

Химии [Fragen med. Chem.] **6.** 427—30. Juli/Aug. 1960. Leningrad.) (Russ.; Auszug: Engl.)

Es wird eine colorimetr. Meth. zur Best. der Aktivität der *Cholesterinesterase* (I) u. *Pseudocholesterinesterase* (II) in 0,1 cm$^3$ Blut mit Hilfe von Korksäuredicholinesterdijodid (III) empfohlen. Sie beruht auf der Best. der Aktivität von I + II mit *Acetylcholin* u. der II mit III, aus deren Differenz sich die Aktivität der I ergibt.

I. v. Kloch-Kornitz. 4210□

**Wirkung von Testosteronpropionat und Insulin auf die Muskelcholinesterase-Aktivität.** A. N. Granitsas, N. Dede und A. J. Philippu. (Nature [London] **185.** 320—21. 30/1. 1960. Athens, Univ., Labor. of Physiol.)

Vff. verabreichten ♂ Albinoratten per injectionem *Testosteronpropionat* (**I**; Dosis: 1 mg pro Tier pro Tag 10 Tage lang) u. *Insulin* (**II**; Dosis: 2 I.E./kg/Tag 10 Tage lang) u. bestimmten 24 Std. nach der letzten Injektion die *Cholinesterase* (**III**)-Aktivität in Gastrocnemius- u. Diaphragmahomogenaten. — **I** u. **II** verursachen einen signifikanten Anstieg der **III**-Aktivität im Gastrocnemius- u. einen weniger ausgeprägten Anstieg in Diaphragmagewebe. — Vff. vermuten eine Beziehung zwischen dem Anabolismus u. der **III**-Aktivität in gestreiften Muskeln.

H. Kockert. 4210□

**Experimentelle Untersuchungen über den Einfluß der physischen Arbeit auf die Aktivität der Cholinesterase des Blutes.** J. Billewicz-Stankiewicz und W. Tyburczyk. (Int. Z. angew. Physiol. einschl. Arbeitsphysiol. **18.** 361—75. 1961. Lublin, Staatl. Forsch.-Inst. für Landarbeitsmed. u. Hygiene, Physiopathol. Abt.) (Dt.)

Vff. berichten über den Einfl. phys. Arbeit auf die Aktivitätsänderung der *Blutcholesterinesterase* (I), indem ca. 150 g schwere Ratten zur kürzeren (bis 16 Min.) oder längeren (45—60 Min.) Anstrengung durch Schwimmen gezwungen werden. Die Aktivität der I wurde potentiometr. sowohl im Plasma als auch in den Blutkörperchen vor u. nach der Anstrengung bestimmt. Als Substrate wurden *Acetylcholinhydrochlorid* u. *Tributyrin* benutzt. Vff. kamen zu dem Ergebnis, daß eine längere phys. Anstrengung der Ratten eine Steigerung der Aktivität der Erythrocytencholinesterase bewirkt u. infolge der größeren Abgabe des Enzyms ins Blut durch die Leber zustande kommt.

R. Illhardt. 4210□

**Enzymatische Hydrolyse von Lactoyl- und Glyceroylcholinen.** Andrew Lasslo, Anne L. Meyer und B. V. Rama Sastry. (J. med. pharmac. Chem. **2.** 91—98. Febr. 1960. Atlanta, Ga., Emory Univ., Div. of Basic Health Sci., Dep. of Pharmacol.) (Engl.).

Vff. inkubieren *Cholase* (I) nach Kutter (aus gereinigter menschlicher Plasmapseudocholinesterase) in Krebs-Ringer-Bicarbonatpuffer (pH 7,6) unter anaeroben Bedingungen (95% $N_2$, 5% $CO_2$) mit *Propionyl-* (**II**) u. *Acetylcholinjodid* (**III**, 8,22 · $10^{-3}$m) als Vgl.-Substanzen u. bestimmen die pro Std. abgegebene $CO_2$-Menge, die innerhalb eines Zeitintervalls von 10—25 Min. linear verläuft. Die enzymat. Hydrolyse von **II** u. **III** ist von der Substrat-Konz. unabhängig. *DL-Lactoyl-DL-[β-methylcholin]-jodid* (**IV**) u. *DL-Glyceroylcholinjodid* (**V**) werden durch **I** ca. 10mal langsamer abgebaut als **II** u. *DL-Lactoylcholinjodid.* Diese Verminderung der Hydrolyse ist bei **IV** auf ster. Hinderung der β-$CH_3$-Funktion u. bei **V** auf die Bldg. eines 6gliedrigen Chelatringes durch die β-OH-Gruppe zurückzuführen. **I** zeigt eine gewisse Stereospezifität. So wird *L(+)-Lactoylcholinjodid* ($[\alpha]_D^{23}$ —5,66 [c = 11,90, Methanol]) 1,5mal schneller hydrolysiert als *L(—)-Lactoylcholinchlorid* ($[\alpha]_D^{24}$ +5,26 [c = 17,06, Methanol]).

P. Fahrnlaender. 4210□

**Die Ornithin-Carbamyl-Transferase des Serums in der hepatologischen Klinik.** G.-F. Moretti, J. Staeffen, P. Ballan, G. Demange und J. Rousseau. (Rev. franç. Études clin. biol. **6.** 147—54. Febr. 1961. Bordeaux, Centre de Diagnostics biol. R. Bondonny et P.-H. Castets.) (Franz.)

Die *Ornithin-Carbamyl-Transferase* (I)-Aktivität des Serums wurde mittels Mikrodiffusion in einer Conway-Zelle gemessen. I ist im Harnstoffcyclus wirksam u. findet sich nur in der Leber. Bei Ikterus (Ik) infolge Hepatitis, nicht aber bei Okklusions-Ik, hämolyt. Ik oder Cirrhose, ist die Konz. von I im Serum auf das 10fache erhöht. Bei Hunden findet man eine Erhöhung bei $CCl_4$-Vergiftung, nicht aber nach Ligatur des Gallenganges oder nach Hämolyse. Einer Konz.-Zunahme von I im Serum läuft eine Abnahme in den Leberzellen parallel.

K. Zingraf. 4210□

**Der Einfluß von Diät auf die Transamidinase-Aktivität von dystrophischen Mäusen.** D. L. Coleman und M. E. Ashworth. (Amer. J. Physiol. **199.** 927—30. Nov. 1960. Bar Harbor, Maine, Roscoe B. Jackson Memorial Labor.) (Engl.)

Die Aktivität der an der *Kreatin*-Synth. beteiligten Enzyme wurde an normalen u. dystroph. Mäusen studiert. Während die Aktivität der Nieren-*Transamidinase* bei den Kontrollmäusen unverändert blieb, variierte diese je nach Diätfutter bei den dystroph. Mäusen von 150—50%. Zusatz von *Protein* oder *Glycin* zu einer normalerweise niedrige Transamidinasewerte verursachenden Diät steigerte den Enzymspiegel in gleicher Weise wie bei Vers.-Tieren, die bei einer einen höheren Enzymspiegel verursachenden Diät gehalten werden. L. Macher. 4210□

**γ-Aminobuttersäuregehalt und Glutaminsäuredecarboxylase sowie γ-Aminobuttersäuretransaminaseaktivität im Lobus opticus des sich entwickelnden Hühnchens.** Betty Sisken, Kaoru Sano und Eugene Roberts. (J. biol. Chemistry **236.** 503—07. Febr. 1961. Duarte, Calif., City of Hope Med. Center, Med. Res. Inst., Dep. of Biochem.) (Engl.)

Im Lobus opticus des Hühnerembryo- bzw. Kükenhirns konnte mit fortschreitender Entw. ein progressiver Anstieg des Geh. an *γ-Aminobuttersäure* (I), *Glutaminsäuredecarboxylase* (II) u. *γ-Aminobuttersäure-α-Ketoglutarsäure-Transaminase* (III)-Aktivität (S-förmige Zeitbeziehung) nachgewiesen werden. Der I- u. II-Geh. erreicht die Hälfte der Maximalwerte bei Schlüpfen des Kükens u. den Maximal-Geh. 10 bzw. 5 Tage danach; die III-Aktivität hat den halben Maximalwert 1 Tag vor dem Schlüpfen u. den Maximalwert 5 Tage danach erreicht. Durch intraperitoneale Injektion von I (3—21 Tage nach dem Schlüpfen) kommt es, bes. bei jungen Tieren, zum Anstieg des I-Geh. im Lobus opticus u. in den Hirnhemisphären. U. Tausendfreund. 4210□

**Peptidasen und alkalische Phosphatasen der Schweineniere.** Francis Binkley, Victoria Alexander, Fred E. Bell und Charlotte Lea. (J. biol. Chemistry **228.** 559—67. Okt. 1957. Georgia, Emory Univ., Div. of Basic Health Serv., Dep. of Biochem.) (Engl.)

Die früher (Binkley, C. **1954.** 10027) beschriebenen Meth. zur Gewinnung von *Peptidasen* u. *alkal. Phosphatase* (I) wurden so verbessert, daß 100 lbs. Schweineniere in einer Charge verarbeitet werden konnten; dabei wurde verlängerte proteolyt. Verdauung sowie Entfernung des Proteins durchgeführt u. es wurden durch Fraktionieren mit $Mg^{2+}$ zwei Fraktionen erhalten, nämlich *Leucinamidase* u. *Glycylglycinase.* Durch Fraktionieren mittels $Ba^{2+}$ wurde I in $>$7000fachem Reinheitsgrad von den Peptidasen abgetrennt. A. Hesse. 4210□

**Über Eiweißstoffe. 61. Mitt. Die aus dem peptischen Hydrolysat des Chymotrypsinogens isolierten Peptide.** J. Vaněček, B. Meloun, V. Kostka, B. Keil und F. Šorm. (Collect. czechoslov. chem. Commun. **25.** 2358—68. Sept. 1960. Prague, Czechosl. Acad. of Sci., Inst. of Organ. Chem. and Biochem.) (Engl.) — 60. vgl. C. **1961.** 9076; vgl. auch C. **1961.** 880.

Das native *Chymotrypsinogen* (I; 1,2%ig. Lsg.) wurde mit Pepsin (II; Enzymsubstrat 1 : 50) bei pH 2,0 u. 37° 2 Std. gespalten. Das pept. Hydrolysat des I wurde mit W. dialysiert. Die vereinigten Dialysate wurden an einer Säule (Dowex 50⇌2) getrennt. Zur Trennung wurde die Gradientelution mit Pyridin (III) u. Ameisensäure (IV) sowie mit III u. Essigsäure (V) verwendet. Die Molarität stieg von 0,2m u. pH 3,1 bis auf 2m u. pH 7,0. Zuletzt wurde mit 2m III von pH 8,75 u. mit 2m $NH_4OH$ von pH 12 eluiert. Die nach der Ionenaustauscherchromatographie erhaltenen Peptidfraktionen wurden weiter papierchromatograph. im Syst. n-Butanol–III–V–W. (30 : 20 : 6 : 24) u., wenn notwendig, weiter noch mittels Hochspannungspapierelektrophorese entweder bei pH 6,5 (Puffer aus III u. IV) oder bei pH 1,9 (Gemisch IV u. V) gereinigt. Bei den individuellen Peptiden wurden die N- u. C-endständigen Gruppen durch Dinitrophenylierung bzw. Hydrazinolyse bestimmt. Aus den 3 isolierten Peptiden, die *Arginin* (VI) enthalten: *Thr·(ala, asp, thr, pro, aspNH$_2$, arg)·leu*; *asp·(thr, pro, aspNH$_2$, arg)·leu* u. *thr·(pro, aspNH$_2$, arg, leu, glu, ala)* läßt sich die Verkettung *thr·ala·asp·thr·(pro, aspNH$_2$, arg)·leu·(glu, ala)* ableiten. Aus den 3 isolierten Peptiden: *thr·(arg, tyr, asp, ala, pro)·leu thr·(arg, tyr, asp)·ala* u. *thr·arg·tyr* folgt, daß die Sequenz in der Umgebung des zweiten VI-Restes des I *thr·arg·tyr·asp·ala·pro·leu* ist. Der dritte VI-Rest ist in die Kette *ala·arg·val·thr·ala·leu* eingebaut, was aus den 4 isolierten Peptiden — *ala·(arg, val, thr, ala)·leu*; *ala·(arg, val, thr)·ala*; *ala·arg·val* u. *val·thr* — folgt. Weiter wurden 6 Peptide, die Lysin enthalten, isoliert: *glu·(asp, lys, gly, thr)·phe* u. *asp·(lys, gly, thr)·phe*; *lys·(ser, leu$_x$, thr)·ala*; *lys·(thr, ala, leu)·ser*; *lys·(ileu, ala)·val* u. *ala·lys·val.* Die Peptide *glu·(gly, ala, val, try, pro, ser, glu)*; *glu·(gly, ala, val, try, pro)·ser* u. *ala·(val, try, pro, ser, glu)·ser* gestatten, die Partialstruktur *glu·gly·ala·(val, try, pro)·ser·glu·ser* abzuleiten. Aus den isolierten Peptiden *gluNH$_2$·(glu, ala, ser)·leu*; *glu·(ala, ser, leu)* u. *gluNH$_2$·ala·ser* folgt die Struktur *gluNH$_2$·gluNH$_2$·ala·ser·leu.* Es wurden noch folgende Peptide isoliert: *ala·(ala, asp, glu)·ser*; *ser·(glu, thr, val)·ala*; *val·(glu, ser, thr)·leu*; *asp·(ser, glu)·ser* u. *asp·ser·glu*; *ileu·(asp, glu, ser)* u. *ileu·asp·glu*; *ser·(thr, ala$_x$)·ser* u. *ser·thr·ala*; *thr·(val, leu)·gly*; *tyr·(ileu, val)·ser* u. *ileu·val·ser*; *ala·(glu, asp)*; *ala·(glu, gly)*;

*ala·ser·leu* u. *ala·ser*; *ala·ser·phe*; *gly·glu·phe*; *gly·val·ser*; *ileu·thr·leu* u. *thr·leu*; *ser·gly·leu*; *thr·(asp, ala)*; *thr·(asp, ileu)*; *(try, thr)·leu·val·aspNH*$_2$*·try*; *val·ser·leu*; *ala·aspNH*$_2$*·glu·ser*; *leu·val*; *phe·leu*; *val·gly*. V. TOMÁŠEK/Prag. 4210

**Über Eiweißstoffe.** 62. Mitt. **Die aus dem peptischen Hydrolysat des Diisopropylphosphoryltrypsins isolierten Peptide.** V. Tomášek, V. Holeyšovský, O. Mikeš und F. Šorm. (Collect. czechoslov. chem. Commun. **25.** 2369—75. Sept. 1960. Prague, Czechoslov. Acad. of Sci., Inst. of Organ. Chem. and Biochem.) (Engl.) — 61. vgl. vorst. Referat.

1,1 g *Diisopropylphosphoryltrypsin* wurden mit 21,55 mg *Pepsin* 2$^1/_2$ Std. bei pH 2,0 hydrolysiert u. das entstandene Peptidgemisch durch Ionenaustauschchromatographie (Zerolit 225–X 2) unter Verw. eines pH- u. Konz.-Gradienten von flüchtigen Puffern (*Ameisensäure, Essigsäure, Pyridin*) in eine Reihe von Fraktionen aufgetrennt, aus welchen die folgenden Peptide durch weitere Papierchromatographie u. Elektrophorese isoliert wurden: *AspNH*$_2$*·Ser*; *Val·(Glu*$_3$*, Gly, AspNH*$_2$*)*; *Val·Ala·Ser*; *Ile·(Ser, AspNH*$_2$*)·GluNH*$_2$; *AspNH*$_2$*·(AspNH*$_2$*, Ile)*; *Ile·(Ala, Ser)*; *Asp·(Ala, Ile)·Ser*; *Ser·(Asp, Ser*$_2$*, Gly, Thr, Tyr, Pro, Val)*; *Val·Ser·Leu*; *Val·(Glu*$_3$*, Gly, AspNH*$_2$*, Phe)*; *Ile·Ser·Leu*; *AspNH*$_2$*·Ser*$_2$*·Tyr*; *Ile·(Ser, Leu)*; *Pro·(Leu, Ile)*; *(Lys, Ser*$_2$*, Ala, Ile)·Ser*; *Lys·(AspNH*$_2$*, Ser*$_{2-3}$*, Ala*$_2$*, Leu)·Ser*; *Lys·(Ser*$_2$*, Glu, Thr, Ala, Ile)·Asp*; *Lys·(Ser, Ala)*; *AspNH*$_2$*·(Ser, Arg, Val, Ala)·Ser*; *Val·(Arg, Leu, Gly, GluNH*$_2$*, Asp, Leu, AspNH*$_2$*)*; *Val·(Arg, Leu, Gly, GluNH*$_2$*)·Asp*; *Arg·(Val, Ala)·Ser*; *Ile·(AspNH*$_2$*, Ser, GluNH*$_2$ *Try)*; *(Leu, Lys)·Leu*; *Val·(Arg, Leu, Gly)*; *Ile·(AspNH*$_2$*, Gly*$_{2-3}$*, Lys, Pro, Ser*$_{3-4}$*, Thr*$_2$*, Try, Tyr, Val)*; *(Ser, Val*$_2$*, Try, Tyr)*; *Ile·(Ala, Lys, His, Ser*$_{4-5}$*, Pro, Tyr)*; *Ile·(AspNH*$_2$*, Gly*$_2$*, Ser, Thr, Try)·Lys*; *(Ala, Leu, Lys, Ser)*. J. VANĚČEK/Prag. 4210

**Serum Leucin-Aminopeptidase bei Zwillingsschwangerschaft.** John J. Sciarra und Donald A. Burress. (Proc. Soc. exp. Biol. Med. **104.** 712—13. Aug./Sept. 1960. Columbia, N.Y., Columbia Univ. Coll. of Phys. and Surg., Dep. of Obstetr. and Gynecol.) (Engl.)

Während nach bisherigen Befunden bei einfacher Schwangerschaft im menschlichen Serum im dritten Vierteljahr eine erhöhte *Leucin-Aminopeptidase-Aktivität* (LAP) beobachtet wurde, konnte auch bei Zwillingsschwangerschaften für das dritte Trimester eine erhöhte LAP nachgewiesen werden. Die Ergebnisse beziehen sich auf 25 Fälle einfacher Schwangerschaft gegenüber 11 Fällen von Zwillingsschwangerschaften.

L. MACHER. 4210□

**Plasma-Aminopeptidase Aktivität (Oxytocinase) während der Schwangerschaft und Geburt.** Mary Ann Titus, D. Richard Reynolds, Mary Beth Glendening und Ernest W. Page. (Amer. J. Obstetr. Gynecol. **80.** 1124—28. Dez. 1960. San Francisco, Calif., Univ. of California, School of Med., Dep. of Obstetr. and Gynecol.) (Engl.)

Die *Oxytocinase* (**I**)-Aktivität von Schwangerenplasma wird auf eine *Cystinaminopeptidase* (**II**) zurückgeführt. Diese wird colorimetr. mit *Cystin-di-β-naphthylamid* als Substrat bestimmt. An 110 Best. wird eine progressive Zunahme von **I** als auch **II** während der Schwangerschaft festgestellt. Im Gegensatz zu früheren Berichten kann während der Wehen, der Geburt u. im frühen Wochenbett keine Abnahme der Aktivität beobachtet werden. Der Einsatz spontaner Wehen kann auf eine verminderte Fähigkeit des Plasmas zur Inaktivierung endogenen *Oxytocins* zurückgeführt werden.

H. STRUCK. 4210□

**Biosynthese von Glyceriden in subzellulären Fraktionen der Darmschleimhaut.** B. Clark und G. Hübscher. (Biochem. biophysica Acta [Amsterdam] **46.** 479—93. 29/1. 1961. Birmingham, Med. School, Dep. of Med., Biochem. and Pharmacol.) (Engl.)

Die Biosynth. von *Glyceriden* (**I**) konnte unter Verw. von Mitochondrien-Präpp. aus der Schleimhaut des Kaninchendünndarms nachgewiesen werden. Für einen optimalen Einbau von $^{14}C_{(1)}$-Palmitinsäure in **I** waren Adenosintriphosphat, Coenzym A, reduziertes Glutathion, $Mg^{2+}$ u. α-Glycerophosphat (**II**) oder Monoglycerid (**III**) erforderlich. Die Synth. kann auf 2 Wegen erfolgen: entweder **I** → Phosphatidsäure → Diglycerid (**IV**) oder direkte Veresterung von **III** zu **IV** oder Triglyceriden. Reinsynth. wurde unter Verw. von **II** als Vorläufer des Glycerinanteils von **I** nachgewiesen.

K. ZINGRAF. 4210□

**Lipoidumwandlungen im Serum in vitro.** G. V. Marinetti. (Biochim. biophysica Acta [Amsterdam] **46.** 468—78. 29/1. 1961. Rochester, N.Y., Univ., Dep. of Biochem.) (Engl.)

Phospholipase A des Schlangengiftes bewirkt eine rasche Hydrolyse von *Lecithin* (**I**) im Serum unter Bldg. von *Lysolecithin* (**II**) mit vorwiegend gesätt. *Fettsäuren* (**III**). Die freigesetzten **III** sind hoch ungesättigt. Das Gift hydrolysiert auch Phosphatidyläthanol zu seiner Lysoverb.; es wird durch Versen, Citrat u. Oxalat inaktiviert u. durch $Ca^{2+}$ reaktiviert. Pankreatin (**IV**) hydrolysiert rasch die Triglyceride (**V**) des Serums zu Diglyceriden. Innerhalb von 1—3 Std. erfolgt dann Resynth. von **V**. Die freigesetzten **III** sollen an die Serumeiweißkörper gebunden sein. Zugegebene $^{14}C_{(1)}$-Stearinsäure u. $^{14}C_{(1)}$-Ölsäure werden nicht in resynthetisierte **V** eingebaut. **IV** besitzt wenig Einfl. auf dem Serum zugesetztes Tripalmitin, hydrolysiert aber rasch zugesetztes Triolein. Wenn synthet. D- u. L-Dioleine (**VI**) zu frischem Serum hinzugegeben werden, so werden sie langsam zu Monoglyceriden (**VII**) u. anderen Prodd. abgebaut. Gleichzeitige Zugabe von **IV** beschleunigt den Abbau zu anderen Prodd., wobei **VI** die Hydrolyse von **I** zu **II** beschleunigt. Zugegebenes 1-Monopalmitin, nicht aber **V**, beschleunigt auch die Hydrolyse von **I** zu **II** durch **IV**; dabei wird **VII** z. T. in Diglyceride umgewandelt.

K. Zingraf. 4210□

**Oxydation von Cholesterin durch Rattenlebermitochondrien: Wirkung von Metallionen.** Michael W. Whitehouse, Ezra Staple und David Kritchevsky. (Arch. Biochem. Biophysics **87**. 193—97. April 1960. Philadelphia, Pa., Univ. of Pennsylvania, School of Med., Dep. of Biochem.; Wistar Inst. of Anatomy and Biol.) (Engl.)

Durch 0,4—0,5%ig. Zufütterung von $FeCl_3$, $NiCl_2$ oder $CoCl_2$ kommt es bei (Wistar-) Ratten zu einer Steigerung der in-vitro-Oxydation von *Cholesterin* (**I**) durch Lebermitochondrien-Zubereitungen, denen die gekochte Überstandsfraktion zugefügt wurde. Die steigernde Wrkg. ist an diese Überstandsfraktion gebunden, so daß andere Faktoren als die Fällung der Gallensäuren im Darm u. die Verminderung der Gallensalz-Konz. im enterohepat. Kreislauf dafür verantwortlich zu machen sind. Fehlt die Fraktion, so kommt es zur Verminderung der **I**-Oxydation, andererseits steigert die Fraktion auch bei Mitochondrien-Zubereitungen nicht zugefütterter Tiere die **I**-Oxydation. Direkte Zufügung von Metallionen ($10^{-4}$ bis $10^{-7}$m) hat unterschiedliche Wrkg.: $Fe^{3+}$ aktiviert die **I**-Oxydation spezif., $Co^{2+}$ aktiviert sowohl **I**-Oxydation als auch Na-Pyruvat- u. Na-Octanoat-Oxydation, $Mn^{2+}$ ist ohne Wrkg., $Cu^{2+}$ u. $Zn^{2+}$ hemmen **I**- u. Pyruvat-Oxydation, $Ni^{2+}$, $Fe^{2+}$ steigern die Oxydation wenig oder nicht.

U. Tausendfreund. 4210□

**Enolase-Aktivität des Plasmas.** G. Giusti. (Boll. Soc. ital. Biol. sperim. **34**. 1957—58. 15—31/12. 1958. Neapel, Univ., Ist. di Patol. Spec. Med. e Metodol. e di Chim. Biol.)

Es wird die *Enolase*-Aktivität des Plasmas von Mensch, Hund, Kaninchen, Meerschweinchen, Ratte u. Maus nach einer modifizierten Meth. (Bücher, in Colowick u. Kaplan, Methods in Enzymol. **1**. [1955.] 427) bestimmt. Im Gegensatz zur starken Enolase-Aktivität bei der Maus ist sie im Plasma des normalen Menschen u. aller anderen Tiere gering.

F. Kren. 4210

**Enzymatische Aktivität isolierter Glomeruli bei normalen und Nephrose-Ratten.** Ulrich C. Dubach und Lillian Recant. (J. clin. Invest. **39**. 1364—71. Sept. 1960. St. Louis, Mo., Washington Univ., Dep. of Prevent. Med.) (Engl.)

An isolierten Rattenglomeruli, Gesamtnierenhomogenaten u. Nierenarteriolen von normalen u. nephrot. Ratten werden quant. die *alkal. Phosphatase* (**I**), *Hexokinase* (**II**), *Glucose-6-phosphatdehydrogenase* (**III**), *Milchsäuredehydrogenase* (**VI**), *Bernsteinsäuredehydrogenase* (**V**) u. *Isocitronensäuredehydrogenase* (**VI**) bestimmt. Bis auf **III** sind in den Glomeruli alle Enzymaktivitäten geringer als im Gesamthomogenat, ähnlich verhalten sich die Nierenarteriolen, bei denen allerdings **I** die gleiche Höhe wie im Homogenat erreicht. Bei einer akut erzeugten Nephrose wird in den Glomeruli eine Zunahme an **III**, **IV** u. **V** beobachtet u. eine Abnahme an **I**. Im Gesamthomogenat nehmen **II** u. **III** zu, **I** dagegen ab.

H. Struck. 4210□

**Wirkung von Kohlendioxyd auf die Enzyme der Mitochondrien von Ricinus.** S. L. Ranson, D. A. Walker und I. D. Clarke. (Biochem. J. **76**. 216—21. Aug. 1960. Newcastle-upon-Tyne, King's Coll., Dep. of Bot.) (Engl.)

Der Einfl. von verschiedenen $CO_2$-Konzz. auf einige Rkk. des Citronensäurecyclus in Mitochondrien-Präpp. von *Ricinus* wird untersucht. $CO_2$ in Konzz. über 10% hemmt die Oxydation von *Bernsteinsäure* u. die Entstehung von Äpfelsäure entscheidend. Da die Umwandlung von *Fumarat* in Äpfelsäure nicht beeinflußt wird, schließen Vff. auf starke Hemmung der *Bernsteinsäureoxydase* durch $CO_2$ in Konzz. über 10%. In höheren Konzz. (30% $CO_2$ u. mehr) wird auch die Oxydation von Brenztraubensäure stark gehemmt, wahrscheinlich durch Blockierung der *Brenztraubensäureoxydase* oder des „*condensing enzyme*".

Renate Koenig. 4210□

**Die Wirkung von Kohlendioxyd auf die Oxydation von Succinat und reduziertem Diphosphopyridinnucleotid durch Mitochondrien von Ricinus.** D. S. Bendall, S. L. Ranson und D. A. Walker. (Biochem. J. **76**. 221—25. Aug. 1960. Cambridge, Univ., Dep. of Biochem.) (Engl.)

Die Aktivität der *Bernsteinsäure–Cytochrom-c-Reduktase* nimmt bei $CO_2$-Konzz. über 5% stark ab, die *DPNH-Cytochrom-c-Reduktase* wird dagegen erst bei höheren $CO_2$-Konzz. (30%) gehemmt, die Aktivität der *Cytochrom-c-Oxydase* wird durch $CO_2$-Konzz. bis zu 20% gesteigert, um bei noch höheren $CO_2$-Konzz. ebenfalls stark abzufallen. Verss. mit verschiedenen Succinat- bzw. DPNH-Konzz. ergaben, daß die Hemmung der Bernsteinsäure–Cytochrom-c-Reduktase hauptsächlich kompetitiv ist, die Hemmung der DPNH–Cytochrom-c-Reduktase ist nicht kompetitiv. Werden an Stelle von Bicarbonat andere Salze verwendet, so ergibt sich im Falle der DPNH–Cytochrom-c-Reduktase eine gleich große Hemmung durch entsprechende Konzz., bei der Bernsteinsäure–Cytochrom-c-Reduktase ist die Inaktivierung durch andere Salze wesentlich schwächer als die durch Bicarbonat bewirkte. Renate Koenig. 4210□

**Entkoppler und Stoffwechsel. 1. Mitt. Wirkungen von Salicylat und 2.4-Dinitrophenol auf den Einbau von $^{14}C$ aus markierter Glucose und markiertem Acetat in lösliche Zwischenprodukte isolierter Rattengewebe.** M. J. H. Smith und V. Moses. (Biochem. J. **76**. 579—85. Sept. 1960. London, Denmark Hill, King's Coll., Hosp., Med. School, Dep. of Chem. Pathol.) (Engl.)

Zerkleinerte Leber, Niere, Herz, Gehirn u. Hoden von Ratten wurden in Lsgg. mit 10,1 mm $K_2HPO_4$, 123 mm KCl, 4,5 mm NaCl, 0,3 mm $Na_2SO_4$, 1,35 mm $CaCl_2$, 1,33 mm $MgCl_2$ u. 1 mm *Glucose* (I) u. dem pH 7,4 3 Std. aerob unter Schütteln inkubiert. Als markierte Substrate wurden $^{14}C$-I oder $^{14}C_{(2)}$-*Acetat* (II) verwendet. Der Einbau von $^{14}C$ in folgende Substanzen wurde quant. untersucht: *Zuckerdiphosphate* [Diphosphate von I u. *Fructose* (III)], *Zuckermonophosphate* (Monophosphate von I, III, *Ribose* u. *Sedoheptulose*), *Phosphogluconsäure, Phosphoglycerinsäure, Phosphoenolbrenztraubensäure, Uridindiphosphoglucose, Adenosindiphosphat* (ADP), *Adenosintriphosphat* (ATP), *Inosinmonophosphat* (IMP), *Inosin-* + *Guanosindiphosphat* (IV), *Inosintriphosphat, Maltose*, III, *Cystein, Asparaginsäure, Glutaminsäure, Alanin, Histidin* (V), *Threonin* (VI), *Glutamin, γ-Aminobuttersäure, Glycin* + *Serin, Citrullin* (VII), *Phenylalanin* + *Leucin, Glutathion* (VIII), *Valin, Milchsäure, Fumarsäure, Äpfelsäure, Citronensäure, Glykolsäure* (IX) u. *Bernsteinsäure* (X) (Der Einbau in ADP, ATP, IMP, IV, V, VI, VII, VIII, IX nur bei Leber- u. Nierenteilchensuspensionen untersucht; der Einbau in X nur bei Gehirn-, Hoden- u. Herzmuskelsuspensionen untersucht). — In Abwesenheit von Entkopplern wird $^{14}C$ in die Verbb. eingebaut, die an Glykolyse, oxydativem Abbau der Hexosemonophosphate, Tricarbonsäurecyclus, Transaminierung u. synthet. Rkk. beteiligt sind. 5 mm *Na-Salicylat* (XI) u. 0,5 mm *2.4-Dinitrophenol* (XII) erniedrigen den Gesamteinbau von $^{14}C$ aus II. Die noch eingebaute $^{14}C$-Menge beschränkt sich hauptsächlich auf die Fraktionen der Aminosäuren u. der organ. Säuren. Im Gegensatz dazu werden der gesamte $^{14}C$-Einbau u. auch die Verteilung von $^{14}C$ aus $^{14}C$-I durch XI u. XII nicht erheblich gehemmt. S. Dittmann-Mitzscherlich. 4210□

## $E_3$. Mikrobiologie. Bakteriologie. Immunologie

**Theoretische Gesichtspunkte der Sterilisation von Gewebekulturlösungen durch Tiefenfiltration.** William F. Daniels und Malcolm B. Hale. (J. biochem. microbiol. Technol. Engng. **2**. 93—112. April 1960. Frederick, Md., Fort Deterick.) (Engl.)

Die Filtrationstheorie wird unter Berücksichtigung der möglichen Anwendung auf die Sterilisation biolog. Fll. diskutiert. Von den verschiedenen Filtrations-Vorr. eignen sich Seitz-Schichtenfilter am besten für den Routinegebrauch. Die Unterss. wurden mit Seitz No. 6-Schichten für Labor.-Verss. u. mit Seitz No. 200-Schichten für techn. Verss. ausgeführt. (Die Typenbezeichnungen beziehen sich auf die der Republic Seitz Filter Corporation.) Das „standard law" von Hermans u. Bredée drückt die Filtration von Kultur-Lsgg. am besten aus. Aus experimentellen Daten wurde auf der Basis dieses Gesetzes eine Gleichung aufgestellt: $t = 3{,}25\ \Delta P^{-0{,}627}/(A/V_f + 0{,}001\ \Delta P - 0{,}036)$, worin t Filtrationszeit, $\Delta P$ Druckdifferenz, A Filtrationsfläche, $V_f$ Filtrat-Vol. darstellen. Diese Gleichung erlaubt die Voraussage der Filtrationsgrößen für vorfiltrierte (zur Beseitigung der nichtlebenden Feststoffe) Lsgg. exakt, für nicht vorfiltrierte Lsgg. mit einer Genauigkeit, die die Übertragung in größere Einheiten noch zuläßt. — Der Einfl. des Strömungspotentials wird diskutiert. M. Ringpfeil. 4300□

**Die Stickstoffernährung von Aspergillus niger: Die Verwertung von Nitrat und Ammoniumionen.** L. Brouwers. (Arch. int. Physiol. Biochim. **68**. 213—14. Jan. 1960. Gembloux, Inst. agron., Chaire de Microbiol. et de Biochim.) (Franz.)

Wachstum u. Trockensubstanzausbeute von *Aspergillus niger* wurden bei Züchtung in Ggw. von Nitrat-N, $NH_4$-N bzw. von gleichen Mengen beider untersucht. Beide N-Formen werden prakt. vollständig verwertet, Nitrat-N zu Beginn langsamer. Bei Ggw.

des Gemisches wird anfangs $NH_4$–N bevorzugt. Die Endausbeute ist mit Nitrat höher. Der pH-Abfall ist in ammoniakal. Nähr-Lsg. größer: 4,4 → 1,5—1,9; für $NO_3^-$: 4,4 → 2,5—3. Das pH scheint der die unterschiedliche $NO_3^-$- u. $NH_4^+$-Verwertung steuernde Faktor zu sein. In gepufferten Nähr-Lsgg. (Anfangs-pH z. B. 5,4) sind die Ausbeuten für beide N-Quellen identisch. K. MAIER. 4310□

**Bedeutung der anorganischen und organischen Quellen der Stickstoffnahrung bei aerober Vermehrung von Hefeorganismen.** M. A. Ter-Karapetjan, G. Ss. Arutjunjan und Ss. L. Mchitarjan. (Доклады Академии Наук Армянской ССР [Ber. Akad. Wiss. ArmenSSR] **25.** 247—53. 1957. Armen. Forschungsinst. für Tierzucht u. Tierheilkunde des Landw.-Minist. der ArmenSSR.) (Russ.; Auszug: Armen.)

In Verss. mit *Torulopsis dattila* wurde dem Nährboden mit 83 mg $K_2HPO_4$, 1 g $MgSO_4 \cdot 7\,H_2O$, 10 mg $CaCl_2 \cdot 6\,H_2O$, 26,5 γ $ZnSO_4 \cdot 7\,H_2O$, 50 γ $FeSO_4 \cdot 7\,H_2O$ u. 1 g Glucose je 100 ml als N-Quelle $(NH_4)_2SO_4$ (**I**), $KNO_3$ (**II**), $NH_4NO_3$ (**III**), *Glykokoll* (**IV**), *Harnstoff* (**V**) oder *Malzkeimextrakt* (**VI**) zugesetzt. Es zeigte sich, daß die Synth. von Protein (**VII**) in Ggw. von **I**, **II** oder **III** am höchsten, in Ggw. von **IV** am geringsten ist. In Ggw. ausreichender Mengen **VI** erfolgt eine gute Aufnahme des N von **I**, **II**, **III**, **IV** u. **V**. Dient nur **I** oder **III** als N-Quelle, bleibt die normale **VII**-Synth. zu 72%, die Zunahme der Biomasse nur zu 41% erhalten. Bei Ggw. von **IV** oder **V** als einziger N-Quelle beträgt die **VII**-Synth. 41%, die Zunahme der Biomasse 73% des Kontrollwertes. Nach der Bedeutung für die **VII**-Synth. ergibt sich die folgende Reihe: **I** > **III** > **II** > **IV** > **V**. Für die Synth. von Biomasse gilt die Reihe: **I** > **V** > **II** > **III** > **IV**.

O. LEBTAG. 4310□

**Wirkung des Thiamins und seiner Abkömmlinge auf bestimmte Mikroorganismen.** A. Gaudiano, M. Princivalle und A. Zampieri. (Rend. Ist. super. Sanità **21.** 934—42. 1958. Roma, Ist. Super. di Sanità, Labor. di Microbiol. e di Biolog.)

Das Wachstum von *Aspergillus*-Stämmen wird von *Thiamin* u. seinen Phosphorsäureestern, von *Hydroxythiamin* u., in geringerem Maße, auch von *Chlorthiamin* u. *Acetylthiamin* gefördert, hingegen vom *Pyrithiamin* gehindert, während es von Pyrimidin- u. Thiazolresten nicht beeinflußt wird. Das Wachstum der *Penicillium*-Stämme wird vom Thiamin u. seinen Phosphorsäureestern u. in geringerem Maße vom Chlorthiamin u. Acetylthiamin gefördert, hingegen vom Pyrithiamin u. Hydroxythiamin gehindert, während es von Pyrimidin- u. Thiazolresten nicht beeinflußt wird. Das Wachstum des *Mycobacterium spec. Pellegrino* wird vom Thiamin u. seinen Phosphorsäureestern, vom Chlorthiamin, vom Acetylthiamin, vom Pyrithiamin u. Pyrimidinrest gefördert, während es vom Hydroxythiamin u. vom Thiazolrest nicht beeinflußt wird. W. F. EBEL. 4310□

**Monosubstituierte Vitamin $B_{12}$-Amide. 2. Mitt. Weitere Hemmungsuntersuchungen.** Herman Baker, O. Frank, I. Pasher, S. H. Hutner und Harry Sobotka. (Proc. Soc. exp. Biol. Med. **104.** 33—35. Mai 1960. New York, N.Y., Mount Sinai Hosp., Dep. of Chem.; Haskins Labor.) (Engl.)

Die *Vitamin $B_{12}$* (**I**)-Verwertung durch *Ochromonas malhamensis* u. *Escherichia coli* wird durch *Anilid-*, *Äthylamid-*, *Äthylamidmonocarbonsäure-* u. *Diäthylamid*-Derivv. von **I** gehemmt; die **I**-Ausnutzung durch E. coli (nicht jedoch durch O. malhamensis) wird durch die monobas. Säure von **I**, die **I**-Verw. durch O. malhamensis wird durch die dibas. Säure von **I** gehemmt. Die *Methylamid-* u. *Carbanilamid*-Derivv. von **I** werden ebensogut verwertet wie **I**; für *Euglena gracilis* u. *Lactobacillus leichmannii* sind alle Verbb. als ebenso akt. wie **I** anzusehen. Bei E. coli führen suboptimale *Methionin* (**II**)-Konzz. in Ggw. von **I**-Amiden u. -Säuren zu steigendem Wachstum mit steigender Konz. der **I**-Derivv., obwohl weder **II** noch die **I**-Amide u. -Säuren allein ein Wachstum zulassen. U. TAUSENDFREUND. 4310□

**Durch Gene bestimmte An- oder Abwesenheit von ε-N-Methyllysin im Flagellen-Protein der Salmonella.** B. A. D. Stocker, M. W. Mc Donough und R. P. Ambler. (Nature [London] **189.** 556—58. 18/2. 1961. London, Lister Inst. of Preventive Med.; Univ. of Cambridge, Dep. of Biochem.) (Engl.)

Die Proteine der *Salmonella* enthalten außer dem Flagellenprotein („Flagellin") kein *N-Methyllysin* (**I**) in nachweisbaren Mengen. Die durch Gene bestimmte Anwesenheit von **I** im Flagellin dürfte auf die Bldg. eines Enzyms zurückführbar sein, das ε-Aminogruppen gewisser, im Flagellin vorgebildeter Lysinradikale methyliert. L. MACHER. 4315□

**Der Einfluß von niederen Wechselströmen auf die Biosynthese der Gluconsäure durch Aspergillus niger in submerser Kultur.** Sven Carlson. (Arch. Mikrobiol. **37.** 7—17. 1960. Mainz, Joh.-Gutenberg-Univ., Hygiene Inst.) (Dt.)

In belüfteten Kulturen wurde bei optimalen Wechselströmen von 50 Hz in den ersten Std. der Biosynth. um ca. 100—200% mehr *Gluconsäure* gebildet als in der unbehandelten Gegenprobe. Mit ansteigender Säure-Bldg. sank die Gluconsäureproduktion, die im weiteren Gärverlauf durch Änderung der Frequenz des Wechselstromes von

50 Hz auf 30, 50000 bzw. 100000 Hz nicht mehr beschleunigt werden konnte. Strombehandelte Kulturen von *Aspergillus niger* behielten ihre gesteigerte enzymat. Aktivität in frischen Kulturmedien nicht bei. Vermehrte Gluconsäure-Bldg. fand auch bei niedrigen pH-Werten unter Wechselstromstimulierung statt. L. MACHER. 4320□

**Quantitative Ausfermentierung von in einem Gemisch von Ca-D-Gluconat und Ca-L-Idonat durch das Bacterium Pseudomonas chromospirans Färber erzeugtem Ca-2-Keto-D-gluconat.** Olga Vondrová, Gerhard Färber und Jindřich Liebster. (Českoslov. Mikrobiol. **3.** 258—60. 1958. Praha, Českoslov. akad. věd., Biol. úst., Mikrobiol. odd.) (Tschech.)

Durch Red. von *Ca-5-Keto-D-gluconat* unter hohem Druck wird ein 10%ig. Gemisch von *Ca-D-Gluconat* u. *Ca-L-Idonat* erhalten, für dessen quant. Vergärung zu *Ca-2-Keto-D-gluconat* (I) standardisierte Bedingungen entwickelt werden. I wird beim Schütteln von *Pseudomonas chromospirans* FÄRBER mit $O_2$ (72 mMol/Std./Liter) bei pH 6,5 u. 30° in 24 Std. völlig verbraucht; als einziges Prod. wird *Ca-2-Keto-L-idonat* erhalten, das sich in den folgenden 24 Std. anreichert. R. K. MÜLLER. 4320□

**Stoffwechselprodukte der p-Aminobenzoesäure. 1. Mitt. Isolierung, biologische und chemische Eigenschaften von zwei kristallisierten Verbindungen, die im Stoffwechsel aus p-Aminobenzoesäure gebildet wurden.** N. H. Sloane. (J. biol. Chemistry **236.** 448—54. Febr. 1961. Pearl River, N.Y., Lederle Labors., Res. Div. of American Cyanamid Comp.; Pittsburgh, Pa., Mellon Inst.) (Engl.)

Vf. beschreibt die Isolierung sowie chem. u. biolog. Eigg. von *2 krist. Verbb.*, die im Stoffwechsel von *Mycobakterium smegmatis* (M) aus *p-Aminobenzoesäure* gebildet werden. Die Verbb. wurden als *Metabolit I* (I) u. *II* (II) bezeichnet. I fungiert als Cofaktor bei der Hydroxylierung von Anilin durch M in Ggw. von Chlortetracyclin (III); in Abwesenheit von III stimuliert I die Substrathydroxylierung. II in katalyt. Mengen dient bei pH 4 als Cofaktor; in Substratmengen liefert II bei pH 6 u. pH 4 direkt p-Hydroxyanilin ohne Anilinzusatz. *Metabolit I*, $C_{28}H_{30}N_4O$, F. 198—199° (vorerhitztes Bad), Zers. bei langsamem Erhitzen u. *Metabolit II, Oxalat*, $C_{42}H_{53}N_5O_{16}$, F. >240°, lassen sich diazotieren u. mit N-1-Naphthyläthylendiamin kuppeln; beide enthalten aromat. Bausteine (UV- u. IR-Spektren; Abb.); II-*Oxalat* ist mäßig stabil, die freie Base zersetzt sich. Bei Hydrolyse von II mit 0,5n HCl (16 Std. 21°) entsteht I. Beschreibung der Isolierung von I u. II aus dem Kulturfiltrat. H. GOEBEL. 4320□

**Der Einbau von $^{14}$C-Formiat in das Pyrimidin des Thiamins durch Saccharomyces cerevisiae.** S. David und B. Estramareix. (Biochim. biophysica Acta [Amsterdam] **42.** 562—63. 26/8. 1960. Nancy, Univ., Fac. des Sciences.) (Franz.)

*S. cerevisiae*-Oberhefe in Inosit-, Biotin- u. Pantothenat-freier Fl. kultiviert, bildete 1—2 γ *Thiamin* (I)/g Feuchtgewicht, bei Züchtung in Ggw. von 83 mg $^{14}$*C*-Na-Formiat/ml ca. die doppelte Menge. $^{14}$*C* wurde hierbei in die Pyrimidinhälfte von I ca. 20% eingebaut, wie die Aktivitäts-Best. der aus dem gebildeten, mittels Austauschharz IR-120 isolierten I erhaltenen Derivv.: 2-Methyl-4-aminopyrimidin-5-methylsulfonsäure, 2-Methyl-4-hydroxypyrimidin-5-methylsulfonsäure u. 2-Methyl-4-amino-5-aminomethylpyrimidin ergab. K. MAIER. 4320□

**Untersuchungen über die Synthese und Zusammensetzung der Cobalamine bei Bakterien der Rhizobiumart.** 2. Mitt. E. Malińska und Z. Pędziwilk. (Acta microbiol. polon. **7.** 125—30. 1958. Poznań, Wyższa Szkoła Roln., Wydz. Mikrobiol. Rolnej.) (Pol.) — 1. vgl. C. **1959.** 13861.

Mehrere Stämme von *Rhizobium trifolii* bildeten *Cobalamine* (I) in so geringer Menge, daß sie nur mit mikrobiolog. Meth. mit *Euglena gracilis* u. *Ochromonas malhamensis* als Testkeime quant. bestimmt werden konnte, sie betrug 5—20 μg I/ml Kultur-Fl. *Rhizobium lupini* bildete 20—50 μg I/ml, die elektrophoret. als *5.6-Dimethylbenzimidazolcyanocobalamin* (*Vitamin $B_{12}$*) u. als *2-Methyladenincyanocobalamin* (*Faktor A*) u. *Desnucleotidocyanocobalamin* (*Faktor B*) identifiziert wurden. E. FISCHOEDER. 4320□

**Biochemie autotropher Schwefelbakterien.** 5. Mitt. **Biosynthese des einheitlich markierten $^{14}$C-Vitamins $B_{12}$.** W. Ostrowski und A. Krawczyk. (Acta biochim. polon. **5.** 409—17. 1958.) (Pol.) — 4. vgl. C. **1959.** 5519.

Im wss.-aceton. Extrakt von Kulturen des *Thiobacillus thioparis* wurde nach chromatograph. u. elektrophoret. Abtrennung *Vitamin $B_{12}$* (I) mikrobiolog. nachgewiesen. Die mikrobiolog. Aktivität des Extraktes wurde an *Euglena gracilis, Ochromonas malhamensis* u. *Escherichia coli* Mutant 113 geprüft. Die Biosynth. von vollständig mit $^{14}$C u. $^{60}$Co-markiertem I gelang bei Anwendung einer Nähr-Lsg. mit $Na_2{}^{14}CO_3$ u. $^{60}CoCl_2$ als einzigen $^{14}$C- u. $^{60}$Co-Quellen. F. URBAN. 4320□

**Phytoen-Produktion bei Phycomyceten.** T. Nakayama, C. O. Chichester, A. Lukton und G. Mackinney. (Arch. Biochem. Biophysics **66.** 310—15. Febr. 1957. Berkeley und Davis, Calif., Food Technol. Dep.) (Engl.)

Es wird die Bldg. des farblosen Polyen-KW-Stoffes *Phytoen* (*Oktahydrolycopin*) aus *Phycomyces blakesleeanus* in einer Asparagin (I) enthaltenden Kultur-Lsg. unter Zusatz von Leucin, β-Jonon (II), Methylheptenon (III) u. Streptomycin (IV) untersucht. Nur III besaß eine Ausbeute-erhöhende Wrkg., IV schwächte die Wrkg. von III deutlich ab. III wirkt als Vorstufe ähnlich wie II für die mikrobiolog. Bldg. von β-Jonon.
R. Strufe. 4320

**Die bakterielle Reduktion von Cholesterin zu Coprosterin.** Carlo Arnaudi und Sandra Carini. (Ricerca sci. **29.** 2111—17. Okt. 1959. Milano, Centro di Stud. della Chim. e Microbiolog. delle fermentazioni — Sez. microbiolog.) (Ital.)

Die Unterss. über die Red. von *Cholesterin* (I) zu *Coprosterin* (II) in vitro erfolgten durch Fäkalbakterien in einem Nährmedium, das aus einer Suspension aus durch Extraktion mit Aceton von Sterin befreitem Hirn oder Gallenblase besteht, dem 12% Hundefaeces zugesetzt wurden. Die Inhibition des bakteriellen Wachstums durch Toluol verhindert die Red. von I. Die Umwandlung von I zu II wurde in einem wss. Hirnextrakt oder synthet. Medium mit einem alkohol. sterinfreien Hirnextrakt erzielt. Das Impfen mit Faeces kann durch einen wss. Fäkalextrakt ersetzt werden. Die Best. von II wurde durch Verseifung mit 60%ig. KOH, Entfernen der ungesätt. Sterine durch Bromierung, Fällen mit Digitonin, anschließende Behandlung mit Pyridin u. Ae. u. Papierchromatographie unter Verw. von Quilon als Imprägnier-, $CH_3OH$ als Lauf- u. $H_4[Si(Wo_3O_{10})_4]$ als Sprühmittel ausgeführt. — 18 Literaturangaben. G. Platzer. 4320□

**Der Einfluß wasserlöslicher Bestandteile der Hornschicht auf Bakterien.** 2. Mitt. H. Röckl und G. Pascher. (Arch. klin. exp. Dermatol. **210.** 531—36. 16/8. 1960. München, Dermatolog. Univ.-Klinik.) (Dt.) — 1. vgl. Arch. klin. exp. Dermatol. **205.** [1957.] 420.

Es wird über den Einfl. wasserlösl. Vitamine (*$B_1$*, *$B_2$*, *Pantothensäure*, *Nicotinsäure*, *$B_6$*, *Biotin*, *$B_{12}$*, *Folsäure* u. *Ascorbinsäure*) u. Zucker (*Glucose*, *Ribose*) im Rahmen des synthet. hergestellten „vorläufigen" Gesamtmodells der wasserlösl. Bestandteile der oberflächlichen Hornschicht (Rücken) berichtet. Die Prüfung erfolgte gegenüber: *Staphylococcus aureus*, *St. albus*, *Enterococcus*, *E. coli* u. *Ps. pyocyanea*. Der Zusatz obiger Vitamine zum „vorläufigen" Gesamtmodell ergab keine bemerkenswerte Änderung der bereits (l. c.) beschriebenen relativ geringen baktericiden Eigg. des „vorläufigen" Gesamtmodells. Der Zusatz von Vitaminen u. Zuckern zum vorläufigen Gesamtmodell hatte dagegen eine deutliche Erhöhung der baktericiden Eigg. des Mediums zur Folge. Eine unter Umständen method. bedingte Ausnahme machten lediglich die Enterokokken.
K. F. Müller. 4330□

**Der Mechanismus der Cyanidresistenz in Achromobacter.** 4. Mitt. **Cyanidresistente Respiration anaerob gezüchteter Zellen.** Shôji Mizushima, Tetsuo Oka und Kei Arima. (J. Biochemistry [Tokyo] **48.** 205—13. Aug. 1960. Tokyo, Univ. of Tokyo, Fac. of Agricult.) (Engl.) — 3. vgl. J. Biochemistry [Tokyo] **47.** [1960.] 837.

Es wird den wichtigen Beziehungen zwischen *Cytochrom $a_2$*-Geh. u. Respirationsaktivität von bei An- u. Abwesenheit von *Cyanid* u. bei verschiedenen $O_2$-Konzz. gezüchteten Zellen von *Achromobacter* (Art 7) nachgegangen, um den Mechanismus der Cyanidresistenz von Bakterien zu ergründen u. zu bestätigen. Es konnten Beziehungen zwischen dem Geh. an Cytochrom $a_2$ u. der Respirationsaktivität bei Ggw. von Cyanid festgestellt werden: Anaerob gezüchteter Achromobacter wies höhere Beträge an Cytochrom $a_2$ u. auch eine höhere Respirationsaktivität bei Ggw. von Cyanid ($10^{-3}$ m) auf als unter aeroben Bedingungen. L. Macher. 4330□

**Lysis von Bacillus subtilis durch Cystamin.** E. D. Weinberg. (Exp. Cell Res. **13.** 175—77. Aug. 1957. Bloomington, Ind., Indiania Univ., Dep. of Bacteriol.) (Engl.)

Bei der Inkubation von *Bacillus subtilis* (B. s.) mit 100 ppm *Cystamin* (I) findet zunächst ein normales Wachstum statt, das nach 2—3 Tagen vollständig gehemmt wird. Ein Zusatz von 50 ppm I bewirkt eine Lysis nach Eintritt der logarithm. Wachstumsphase. Durch Zusatz von $Cu^{2+}$ wird die Wirksamkeit von I erhöht. Cystin wirkt gegenüber I als Antagonist. Andere Stämme, wie *B. megatherium*, *B. sphaericus* u. *B. polymyxa* werden durch I nicht beeinflußt. R. Strufe. 4330

**Über die fungistatische in vitro-Aktivität von 3.4-Dichlorphenoxyacethydroxamsäure gegenüber pathogenen Pilzen.** Z. Eckstein, H. Halweg, P. Krakówka und T. Urbanski. (Bull. Acad. polon Sci., Cl. III **6.** 235—38. 1958. Warsaw, Techn. Univ., Dep. of Org. Technol., and Inst. of Tuberculosis, Mycolog. Labor.)

Es wurde die in-vitro-Wirksamkeit mehrerer Acethydroxamsäuren, *2.4-Dichlorphenoxy-*, *2.5-Dichlorphenoxy-*, *3.4-Dichlorphenoxy-* (I), *β-Naphthoxy-*, *α-Naphthoxy-*, *5-Nitro-2.4-dichlorphenoxy-*, *2-Methyl-4-chlorphenoxy-* u. *2.4.6-Trichlorphenoxy-* (II), auf die pathogenen Pilze *Candida albicans*, *Cryptococcus neoformans*, *Trichophyton gypseum*, *T. rubrum*, *T. violaceum*, *T. schoenleini* u. *Penicillium* geprüft. II hemmte in keinem Falle das Pilzwachstum. I, die wirksamste Verb., hemmte 18 pathogene Pilzstämme in Konzz. von 0,005—0,375 mg/cm$^3$ 14 Tage lang, außerdem auch die Entw. verschiedener Bakterien. K. MAIER. 4330□

**Keine Acetylierung von Sulfanilamid während der Resistenzerwerbung durch Bacillus subtilis.** Sudha Joshi und A. Sreenivasan. (Proc. Indian Acad. Sci., Sect. B **47**. 48—54. Jan. 1958. Bombay, Univ., Dep. of Chem. Technol.) (Engl.)

Resistente u. nichtresistente *Bacillus subtilis*-Stämme wurden unter verschiedenen Kulturbedingungen auf ihre Fähigkeit zur Acetylierung von *Sulfanilamid* (I) getestet. Hierbei wurde auch ein etwaiger Einfl. der Zugabe von *Acetat, Citrat, Glucose, Phosphat, Pantothensäure* u. *Methionin* in Betracht gezogen. Eine merkliche Acetylierung des I konnte in keinem Fall nachgewiesen werden. Im Kulturfiltrat eines gegenüber 500 mg I/100 ml resistenten Stammes wurde ein diazotierbares Arylamin festgestellt, das im Filtrat der nichtresistenten Stämme auch in Abwesenheit des I nicht auftrat. Hierauf wird später eingegangen werden. Acetylierung als Entgiftungsmechanismus scheidet also aus. Eine Entstehung eines adaptiven Enzyms während der Resistenzerwerbung konnte ebenso ausgeschlossen werden. H. THIELE. 4330□

**Untersuchungen zur Einwirkung von $^{14}$C-markierten n-Dodecyldimethylbenzylammoniumbromid, n-Dodecyltriphenylphosphoniumbromid und 5-Bromsalicylsäure-2'-hydroxy-5'-chloranilid auf Staphylococcus aureus und Escherichia coli.** Dietrich Jerchel, Manfred Buck, Horstmar Holtkamp und Gerd Hüskens. (Z. Naturforsch. **16 b**. 85—95. Febr. 1961. Mainz, Univ., Org.-Chem. Inst.) (Dt.)

Vff. untersuchen die Aufnahme von $^{14}$*C-n-Dodecyldimethylbenzylammoniumbromid* (I) u. $^{14}C_{(1)}$*-n-Dodecyltriphenylphosphoniumbromid* (II) als kationakt. sowie an $^{14}C_{(CO)}$*-5-Bromsalicylsäure-2'-hydroxy-5'-chloranilid* (III) als anionakt. Substanz durch grampositive u. gramnegative Bakterien sowie durch Präp. ihrer Membranen. Als Grenzwert für vollständige Wachstumshemmung wird gefunden bei *Staphylococcus* SG 511: 1:2,5·10$^5$ für I, 1:1,1·10$^6$ für II u. III; bei *Escherichia coli* Ze 50/H: 1:1,0·10$^4$ für I, 1:1,1·10$^5$ für II u. 1:5,1·10$^4$ für III. Die graph. Darst. der aufgenommenen Menge (γ) Substanz/mg Bakterien in Abhängigkeit von der eingesetzten Menge (γ) Substanz/mg Bakterien zeigt bei allen Verbb. einen stetigen Anstieg über einen weiten Konz.-Bereich. I u. II werden stärker als III aufgenommen. Für alle Verbb. wird ein Konz.-Bereich ermittelt, oberhalb dessen baktericide, unterhalb dessen bakteriostat. Wrkg. eintritt. I hemmt das Wachstum von Staphylokokken bis 1:6,4·10$^5$ (II bis 1:1,1·10$^6$) u. ist baktericid bis 1:1,0·10$^4$)(II bis 1:5,1·10$^4$). Werden die mit I bzw. II behandelten St. aureus vor der Aktivitäts-Best. zweimal mit W. gewaschen, dann zeigen sie einen Aktivitätsverlust von 20—30% über den gesamten Konz.-Bereich. Aus E. coli sind I u. II bei höheren Konzz. etwas leichter auswaschbar. Aus beiden Bakterienarten ist III leichter als I oder II auswaschbar; nach zweimaligem Auswaschen sind 50—60% entfernt. Vff. schließen von der unterschiedlichen Aufnahme u. Auswaschbarkeit von I (bzw. II) auf einen verschiedenen Wrkg.-Mechanismus. St. aureus-Membranen nehmen weniger II auf als die Gesamtbakterien; außerdem ist es leichter auswaschbar, d. h. lockerer gebunden. Vff. folgern daraus, daß ein Teil der kationakt. Substanzen in die Bakterien eindringt u. dort fixiert wird. E. coli-Membranen nehmen weniger II auf als St. aureus. Aus der geringen Auswaschbarkeit wird auf verstärkte Fixierung in der Membran geschlossen. III wird von beiden Membranen ebenso wie von den Gesamtbakterien weniger als I u. II aufgenommen. Aus den Membranen ist es weniger leicht auswaschbar als aus den intakten Bakterien.

Versuche: $^{14}C_{(1)}$*-n-Dodecyldimethylbenzylammoniumbromid* (I), aus n-Dodecyldimethylamin u. $^{14}C_{(1)}$*-Benzylbromid*, welches ausgehend von *Brombenzol* durch dessen GRIGNARD-Umsetzung mit $^{14}CO_2$, Red. der entstehenden $^{14}$*C-Benzoesäure* mit $LiAlH_4$ u. Umsetzung des Alkohols mit HBr erhalten wird. Spezif. Aktivität 120 imp/min/γ; 50% (Ausbeute). — $^{14}C_{(1)}$*-n-Dodecyltriphenylphosphoniumbromid* (II), F. 83—85°; aus Triphenylphosphin u. $^{14}C_{(1)}$*-n-Dodecylbromid*, welches mit HBr aus $^{14}C_{(1)}$*-Dodecylalkohol* erhalten wird, der ausgehend von Undecylbromid über das mit $K^{14}CN$ erhaltene Nitril, dessen Verseifung zur Säure u. Red. mit $LiAlH_4$ hergestellt wird. Spezif. Aktivität 78 imp/min/γ; 10,5%. — $^{14}C_{(CO)}$*-5-Bromsalicylsäure-2'-hydroxy-5'-chloranilid* (III), $C_{13}H_9BrClNO_3$, Molgew. 341,6, F. 217°; aus *2-Amino-4-chlorphenol* u. $^{14}C_{(COCl)}$*-5-Bromsalicylsäurechlorid*, welches ausgehend von o-Bromanisol durch dessen GRIGNARD-Rk. mit $^{14}CO_2$, Entmethylierung der entstehenden $^{14}C_{(COOH)}$*-o-Methoxybenzoesäure*, Bromierung in 5-Stellung mit Brom in Eisessig u. Umsetzung mit Oxalylchlorid erhalten wird. Spezif. Aktivität 381 imp./min/γ; 6,8%. WOLFGANG HERRMANN. 4330□

**Aufnahme von Aminopterin durch Bacillus subtilis.** Martin J. Pine. (J. Bacteriol. **79**. 827—34. Juni 1960. Buffalo, N.Y., Roswell Park Mem. Inst., Dep. of Experimental Therapeutics.) (Engl.)

*Bacillus subtilis* reichert radioakt. *Aminopterin* (I), das sein Wachstum hemmt, intrazellulär an. Diese Konzentrierung benötigt Energie u. wird durch 2.4-Dinitrophenol, Jodacetamid u. p-Chloromercuribenzoat, in bes. starkem Maße durch den Pyrimidinanteil des Thiamins, 2-Methyl-4-amino-5-hydroxymethylpyrimidin (II), gehemmt. Da auch bei Anwesenheit von II sowie bei 0° immer noch I aufgenommen wird, schließen Vff., daß die I-Aufnahme z. T. stoffwechselunabhängig ist. In I-resistenten Stämmen fehlt dieses akt. Transportsystem. G. Kiefer. 4330□

**Umkehrung der Aminopterinhemmung bei Bacillus subtilis an der Eintrittsstelle des Giftes.** Martin J. Pine. (J. Bacteriol. **79.** 835—40. Juni 1960. Buffalo, N.Y., Roswell Park Mem. Inst., Dep. of Experimental Therapeutics.) (Engl.) — Vgl. vorst. Referat.

Die Aufnahme von $^{14}C_{,2)}$-*Aminopterin* (I) durch *Bacillus subtilis* wird durch eine Reihe von Pyrimidin- u. Purinabkömmlingen: Thiamin, Thiaminmonophosphat, Cocarboxylase u. 2-Methyladenin gehemmt. Diese Verbb. machen die Wachstumshemmung des I rückgängig, so daß diese Wrkg. auf die Hemmung der I-Aufnahme zurückgeführt werden könnte. G. Kiefer. 4330□

**Die Konstitution von Isometamidium (M. und B. 4180 A), 7-m-Amidinophenyldiazoamino-2-amino-10-äthyl-9-phenylphenanthridiniumchloridhydrochlorid, dem in Metamidium vorhandenen, roten Isomeren.** S. S. Berg. (Nature [London] **188.** 1106—07. 24/12. 1960. Dagenham, Essex, May and Baker, Ltd., Res. Labor.) (Engl.)

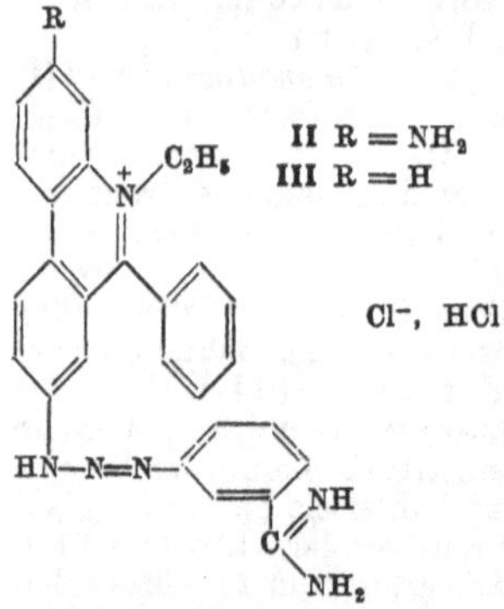


Das bei der Kupplungs-Rk. zwischen m-Amidinobenzoldiazoniumchlorid u. Homidiumchlorid neben dem violetten *Metamidium* (I) gebildete rote *Isometamidium* (II; M. u. B. 4180 A) hat die Konst., die von Wragg u. Mitarbeitern (vgl. C. **1960.** 16841) ursprünglich I zugeordnet worden ist. Nur II besitzt eine Diazoaminogruppe, während I eine isomere Aminoazo-Verb. darstellt. Entaminierung von II liefert die *Desamino-Verb.* III, die durch Kupplung von diazotiertem *7-Amino-10-äthyl-9-phenylphenanthridiniumchlorid* (IV) mit m-Aminobenzamidin u. von IV mit m-Amidinobenzoldiazoniumchlorid erhalten wurde. Erhitzen von II mit CuCl-3n HCl gibt in 7—9 Min. die theoret. $N_2$-Menge, während I unter ident. Bedingungen keinen $N_2$ liefert, d. h. nur II enthält eine Diazoaminogruppe. Es wurden Bedingungen ermittelt, die die Herst. des therapeut. wertvolleren (Wrkg. gegen Trypanosomen) II als Haupt-Prod. (I:II, 1:9) ermöglichen (Brit. Patentanm. 24823/60.) K. Maier. 4330□

**Ein kombinierter Test für die Penicillinase-Bildung und Penicillin-Empfindlichkeit von Staphylokokken.** A. G. Innes. (J. appl. Bacteriol. **23.** 106—07. 1 Tafel. April 1960. Manchester, Co-operative Wholsale Soc., Ltd.) (Engl.)

Vf. beschreibt in Anlehnung an das Verf. von Voureka u. Hughes [1949] eine einfache Meth. zum Nachw. der *Penicillinase*-Bldg. bzw. der Penicillin-Empfindlichkeit von Staphylokokken. B. Görlich. 4340□

**Mikrobielle Penicillin-Resistenz in Beziehung zur Penicillinase- oder Penicillinacylase-Aktivität.** Arthur R. English, Tom J. McBride und H. T. Huang. (Proc. Soc. exp. Biol. Med. **104.** 547—49. Aug./Sept. 1960. Maywood, N.J., and Groton, Conn., Chas. Pfizer and Co., Res. Labors.) (Engl.)

Mikroben, wie *Staphylococcus aureus, Streptococcus pyogenes, Str. faecalis, Bac. subtilis, Aerobacter aerogenes, Esch. coli* usw. wurden auf *Penicillin*-Resistenz geprüft. Die eine Bakteriengruppe spaltete vermittels *Penicillinacylase* eine Acylgruppe aus Penicillin (I) ab u. ergab *6-Aminopenicillinsäure,* deren antibakterielle Aktivität bedeutend schwächer ist als die von I. Eine andere Bakteriengruppe verwandelte I in die inaktive *Penicillosäure,* vermöge der Penicillinase. In einer dritten Gruppe von Bakterien konnte weder Penicillinase, noch Penicillinacylase nachgewiesen werden, so daß in diesen andere Stoffwechselmechanismen die Resistenz gegenüber I bewirken. L. Macher. 4340□

**Ribonucleoproteinpartikel in chloromycetin-gehemmten Escherichia coli.** Masayasu Nomura und J. D. Watson. (J. molecular Biol. **1.** 204—17. Sept. 1959. Cambridge, Mass., Harvard Univ., Biol. Labor.) (Engl.)

Der Einfl. von *Chloromycetin* (I) auf *Ribonucleoprotein*-Partikel (RNP) in *Escherichia coli B* hinsichtlich der RNP-Stabilität u. Bio-Synth. wird eingehend untersucht. Dazu werden die gewachsenen Bakterien (4·10⁸ Zellen/ml) mit 200 μg I/ml bei 37° 1 Std. inkubiert. Dabei bleibt der Protein-Geh. konst., während der Geh. an *Ribonucleinsäure* (RNS) sowie *Desoxyribonucleinsäure* um jeweils 50% zunimmt. Danach werden die Zellen geerntet, in Trispuffer resuspendiert, der 20 $\mu$g I/ml enthält, u. mit $Al_2O_3$-Puder in der Kälte homogenisiert. Das Homogenisat wird mit kaltem Trispuffer extrahiert, der 20 $\mu$g I/ml sowie Mg-Acetat enthält, u. durch Zentrifugation in zellfreien Extrakt (ZE) u. Sediment getrennt. I-behandelter ZE weist in der Ultrazentrifuge keine 30 S-Fraktion u. eine stark verminderte 50 S-Fraktion sowie eine Abnahme der 5 S-Fraktion (lösl. Protein) auf. Dagegen ist eine völlig neue 15 S-Komponente zu beobachten. Diese neue Fraktion ist extrem empfindlich gegenüber 1 $\mu$g *Ribonuclease*/ml innerhalb weniger Minuten. *Desoxyribonuclease* ist ohne Einfluß. In Ggw. hoher $Mg^{2+}$-Konz. aggregiert die 15 S-Fraktion zu 24 S u. 31 S-Fraktion. Diese Fraktionen enthalten ebenso wie die 15 S -Komponente ca. 75% RNS, während RNP aus unbehandelten Zellen ca. 63% RNS enthält (vgl. C. **1959**. 11283). Bei elektrophoret. Auftrennung läuft RNP aus I-behandelten Zellen schneller als normale RNP. Unter Verw. von $^{32}$P-Phosphat können Vff. nachweisen, daß die 15 S-Fraktion ihren RNS-Anteil zu 75% erst nach I-Angebot aufbaut. Der restliche Anteil von 25% stammt möglicherweise aus normalen größeren RNP, die in Ggw. von I aufgespalten sind. L. TRÄGER. 4340□

**Nybomycin: Isolierung, Eigenschaften und Derivate.** T. E. Eble, G. A. Boyach, C. M. Large und W. H. DeVries. (Antibiotics and Chemotherapy **8**. 627—30. Dez. 1958. Kalamazoo, Mich., Upjohn Comp., Res. Labors.) (Engl.) — Vgl. C. **1958**. 11271.

*Nybomycin*, ein Antibioticum mit antibakteriellen u. Antiphagen-Eigg., wurde aus Mycel eines Actinomyceten isoliert, krist. erhalten u. in verschiedene Derivv. übergeführt.

Versuche: *Nybomycin* (I), $C_{16}H_{14}N_2O_4$, aus Mycel durch Extraktion mit a) sd. Dimethylformamid, b) sd. n-Butanol, c) Druckextraktion mit überhitztem W. (120—126°); 28, 18, 33% (Ausbeute); Reinigung durch Waschen mit heißer, wss. Na-Versenat-Lsg., heißem W. u. Umkristallisieren aus Dimethylformamid oder Eisessig (2 Kristallformen). *Acetat*, $C_{18}H_{16}N_2O_5$, F. 236—237° (Chlf.-A.). *Dichloracetat*, $C_{18}H_{14}Cl_2N_2O_5$, F. 253—256°, aus I mit Dichloracetylchlorid in Dichloressigsäure (Dampfbad, 3½ Std.). *Succinat*, $C_{20}H_{18}N_2O_7$, aus I u. Bernsteinsäureanhydrid in sd. Pyridin (1½ Std.), Umkristallisation aus Dimethylformamid. K. MAIER. 4340□

**Biologische Untersuchungen über das Antibioticum Nybomycin.** Thomas D. Brock und W. T. Sokolski. (Antibiotics and Chemotherapy **8**. 631—36. Dez. 1958. Kalamazoo, Mich., Upjohn Comp., Res. Labor.) (Engl.) — Vgl. auch vorst. Referat.

Der *Nybomycin* (I) bildende Actinomycet wuchs am besten submers in Sojamehl-haltigen Nährlösungen. Als günstige C-Quelle erwies sich Cerelose. Die I-Ausbeuten betrugen ca. 300 $\gamma$/ml (32°, 3 Tage). Die I-Best. erfolgte mittels eines Agardiffusionstestes mit *Kl. pneumoniae* als Testorganismus. I ist auf Grund der blauen bzw. gelben Fluorescenz in neutralen-alkal. bzw. sauren Synth., leicht papierchromatograph. identifizierbar. *Acetyl-* u. *Dichloracetyl*-I sind antibakteriell wirksamer als das weitgehend unlösl. I. I u. *Acetyl*-I hemmen die Entw. von Streptomyceten u. die humanpathogenen Pilze *Microsporum canis* u. *Trichophyton interdigitale*, *Acetyl*-I, ferner *Trichoderma viride*, *Aspergillus niger*, *Gnomonia fragaria* u. *Endothia parasitica*. Die I-Derivv. sind tox. (Maus) als I, oral weniger als subcutan; $DL_{50}$ (mg/kg Maus, intraperitoneal): I, 650; *Acetyl*-I, 200; I-*Succinat* (II), 200. I u. *Acetyl*-I sind mit 29 mg/ml auf Agarplatten gegenüber *E. coli B*- u. *T 2*-, *Bacillus cereus* u. *Micrococcus pyogenes*-Phagen aktiv. II ist gegenüber den *M. pyogenes*-Phagen mit 20 mg/ml wirksam. K. MAIER. 4340□

**Übertragung der Pilienbildung von Escherichia coli auf Salmonella typhosa durch genetische Rekombination.** C. C. Brinton jun. und L. S. Baron. (Biochim. biophysica Acta [Amsterdam] **42**. 298—311. 12/8. 1960. Pittsburgh, Univ., Dep. of Biophysics; Washington, D.C., Walter Reed Army Inst. of Res., Div. of Immunol.) (Engl.)

Die Fähigkeit zur Bldg. von Pilien, haarähnlichen, von Geißeln verschiedener Annexe von Bakterien, wurde von *E. coli* auf *S. typhosa* übertragen. Der pilientragende *E. coli*-Donator wurde mit dem stets pilienfreien *S. typhosa*-Empfänger auf festem Minimalagarmedium gemischt, das das Wachstum beider einzeln nicht ermöglicht. In Ggw. verschiedener Zucker, die der *S. typhosa*-Stamm nicht vergärt, wurde Rekombinanten isoliert. Xylose oder Rhamnose verwertende hybride Formen zeigten mit wenigen Ausnahmen Pilibildung. Da *S. typhosa* niemals spontan pilientragende Formen bildet, muß deren Auftreten auf genet. Übertragung beruhen, zumal diese Formen die meisten biochem. u. alle Antigen-Eigg. von *S. typhosa* bewahrt haben. Die pilierten *S. typhosa*-Hybriden, die auch das Vi-Antigen (I) besaßen, bildeten spontan mit großer Geschw. 2 weitere stabilere Formen, eine ohne Pili, die andere ohne I. Diese Aufspaltung ist wahrscheinlich auf Segregation diploider Heterozygoten zurückzuführen. Der Pilierungscharakter ist mit Arabinosevergärung gekoppelt. K. MAIER. 4350□

**Die Pathogenität biochemischer Mutanten von Colletotrichum lagenarium.** S. K. Dutta, C. V. Hall und E. G. Heyne. (Bot. Gaz. **121.** 166—70. März 1960. Manhattan, Kans., Kansas Agric. Exp. Station, Dep. of Horticult. and Agronomy.) (Engl.)

Biochem. Mutanten des pflanzenpathogenen Pilzes *C. lagenarium* (*Pass.*) *Ell. & Halst.* wurden durch UV-Bestrahlung von Mikroconidien aus einer Monosporenisolierung der Rasse 2 erhalten. *Leucin, Isoleucin, Serin, Lysin, Histidin, Prolin* (I), *Alanin, Valin, Inosit* (II) oder *Pyrimidin* (III) benötigende Mutanten waren avirulent, *Glycin* oder *Methionin* benötigende für Black Diamond (A) u. Charleston Gray-Wassermelone (B) (*Citrullus vulgaris Schrad.*) u. die H.B. 36-Varietät (C) von *Cucumis melo L.* virulent. Die *Pyridoxin* benötigende Mutante zeigte mäßige Virulenz für A u. C, Avirulenz für B. Die meisten avirulenten Mutanten wurden pathogen, wobei innerhalb 7—10 Tagen Anthraknosesymptome auftraten, wenn die betreffenden Ergänzungen in wss. Lsg. auf die Blattoberfläche beimpfter A-Keimlinge aufgebracht wurden. III-benötigende Mutanten wurden derart nicht pathogen. Wss. Extrakte aus *Cucurbita*-Epidermisgewebe ermöglichten kein Wachstum einer Mutante, *Cucumber*-Extrakte das der I-benötigenden, B-Extrakte das einer II-benötigenden, A-Extrakte das verschiedener biochem. Mutanten. Die Natur der Resistenz gegenüber dem pathogenen Pilz wird besprochen u. als möglicher Resistenzmechanismus eine Hemmung der epidermalen Zellentw. angenommen. K. MAIER. 4350□

**Die Wirkungsweise von pyrogenen und bakteriellen Endotoxinen.** G. Göing. (Klin. Wschr. **38.** 1069—75. 1/11. 1960. Frankfurt/M., „Ferdinand-Blum-Inst." für exp. Biol.; Staatl. Anstalt für exp. Therapie „Paul-Ehrlich-Inst.") (Dt.)

Übersicht über die Wirkungsweisen von verschiedenen von Krankheitserregern ausgeschiedenen fiebererzeugenden Stoffen u. über die Wrkg. des Fiebers auf die Krankheitserreger. — 95 Literaturangaben. G. ZIEBARTH. 4370□

**Schätzung der intermolekularen Kräfte bei der Bakteriophagenbildung.** František Kroupa und Ferdinand Herčík. (Českoslov. Biol. **6.** 241—49. Juli 1957. Praha, ČSAV, Fysikální ústav und Brno, ČSAV, Biofysikální ústav.)

Makromoll., die bei der Entstehung von *Bakteriophagen* auftreten, besitzen die Fähigkeit, Ketten zu bilden. Sie behalten jedoch nicht ihre Form sondern werden deformiert. Nach dem Umfange dieser Verformungen wird auf die Stärke intermol. Kräfte geschlossen, wobei es sich wahrscheinlich um elektr. Dipole handelt. W. F. EBEL. 4374□

**Extraktionsversuche von ansteckender Nucleinsäure aus Rous Sarkom Virus.** Roger Weil, Aaron Bendich und Chester M. Southam. (Proc. Soc. exp. Biol. Med. **104.** 670—73. Aug./Sept. 1960. New York, N.Y., Sloan Kettering Inst. for Cancer Res.) (Engl.)

*Natriumdesoxycholat* (I) u. heißes u. kaltes Phenol wurden benutzt, um *Nucleinsäure* (NS) aus ROUS-Sarkom-Virus zu extrahieren. Die heiße Phenoltechnik ergab bei einigen Verss. ein Ribonuclease-empfindliches Prod., das nicht übertragbare fokale Verletzungen bei Hühnchen-Fibroblasten-Gewebekulturen verursachte. Kein Extrakt verursachte eine übertragbare Infektion in Gewebekulturen von Hühnchen oder embryonalen Eiern. Dieselbe heiße u. kalte Phenoltechnik ergibt ansteckende NS aus WEST-NILE-, MENGO- u. SEMLIKI-FOREST-Viruszubereitungen. Das ROUS-Sarkom-Virus wurde durch I schnell inaktiviert. H. GOLDNER. 4374□

## E₄. Pflanzenchemie. Pflanzenphysiologie. Pflanzenpathologie

**Die Wurzel der Pflanzen — eine chemische Werkstatt besonderer Art.** Kurt Mothes. (Abh. dtsch. Akad. Wiss. Berlin, Kl. med. Wiss. **1955.** Nr. 5. 24—37. 1956.)

Inhaltlich ident. mit der C. **1958.** 5128 referierten Arbeit. G. KLESSE. 4400□

**Mangan und Lathyrismus.** T. S. Sadasivan, C. B. Sulochana, V. T. John, M. R. Subbaram und C. Gopalan. (Current Sci. **29.** 86—87. März 1960. Madras, Univ., Bot. Labor.; Hydebrabad, Nutrition Res. Labors.) (Engl.)

In *Lathyrus sativus* L.-Samen, deren Verzehr mit der Häufigkeit des Lathyrismus in Zusammenhang gebracht wird, wurde in verschiedenen Gebieten Indiens, im Gegensatz zu anderen Leguminosen- u. Getreidesamen, ein hoher *Mn*-Geh. spektroskop. u. chem. festgestellt. Die betreffenden Böden wiesen einen hohen Mn-Geh. auf. Bevorzugte Mn-Aufnahme durch *L. sativus* fand in trockenen Jahren statt. K. MAIER. 4410□

**Molybdängehalt einiger Futterpflanzen im westlichen Teil Indiens.** Jaya G. Iyer und Y. Satyanarayan. (Current Sci. **27.** 69. Febr. 1958. Bombay, Inst. of Sci., Dep. of Bot.)

Untersucht wurde der *Mo*-Geh. von 8 Grasarten u. 8 Leguminosen auf verschiedenen Böden im Westen Indiens (Best. mit der Dithiol-Meth. nach PIPER u. BECKWITH). Allg. lag der Mo-Geh. bei den Gräsern höher als bei den Hülsenfrüchten (0,08—0,03 bzw. 0,02—0,01 ppm). Gräser scheinen leichter Mo aus dem Boden aufzunehmen als Leguminosen, obwohl die letzteren einen höheren Mo-Bedarf haben. — Es wird auf den Zusammenhang zwischen dem Mo-Geh. der Futterpflanzen u. der Versorgung des Viehs mit Mo hingewiesen. G. KLESSE. 4410□

**Papierchromatographische Identifizierung und Bestimmung der freien Aminosäuren in 32 Früchten.** R. L. Silber, Marianne Becker, Michael Cooper, Phyllis Evans, Paul Fehder, Robert Gray, Peggy Gresham, Jacob Rechsteiner und Mary Ann Searles (Food Res. **25**. 675—79. Sept./Okt. 1960. Evansville, Ind., Central High School.) (Engl.)

Eine Übersicht über die freien *Aminosäuren* (I) in 32 Früchten wird gegeben. Die Zahl der I bewegt sich zwischen 5 u. 21 pro Frucht. Weinbeeren u. trop. Früchte enthalten die meisten I. M. RINGPFEIL. 4420□

**Isolierung und Reindarstellung der Aristolochiasäure.** Gy. Schneider, J. Szóke und S. Kovács. (Naunyn-Schmiedebergs Arch. exp. Pathol. Pharmakol. **234**. 566. 24/11. 1958. Pécs, Ungarn, Med. Univ., Chem. Inst.) — Vgl. vorst. Referat.

Wurzeln von *Aristolochia clematitis* wurden entwässert, mit PAe. entfettet u. mit heißem Bzn. von Chlorophyll befreit. Mit heißem A. u. A. + 1% NaOH wurde extrahiert u. die vereinigten Extrakte im Vakuum eingedampft. Der Rückstand wurde aus NaOH-$H_2SO_4$ umgefällt u. mit PAe. extrahiert. Die sich ausscheidende *Aristolochiasäure*, $C_{17}H_{11}NO_7$, F. 282—285° (Zers.; unter Bräunung ab 275°), wurde aus Dioxan (I) umkristallisiert. Sie bildet mit I u. anderen Lsgm. Additionsverbindungen. Zur Analyse wurde sie nochmals aus NaOH-$H_2SO_4$ umgefällt. E. CARSTENS. 4420□

**Enzymatische Zersetzung von Digitalisglykosiden.** 4. Mitt. Ole Gisvold. (J. Amer. pharmac. Assoc., sci. Edit. **48**. 532—34. Sept. 1959. Minneapolis, Minn., Univ., Coll. of Pharmacy.) (Engl.) — 3. vgl. C. **1960**. **16476**.

Bei der papierchromatograph. Unters. der Blätter von *Digitalis mertonensis*, *D. amandiana*, *D. siberica*, *D. grandiflora* u. *D. orientalis* wurden im zweiten Wachstumsjahr die gleichen *Desglucoglykoside* bzw. *nativen Glykoside* wie im ersten Jahr gefunden, wenn bei der Aufarbeitung enzymschonende bzw. enzyminhibierende Meth. angewandt wurden. Bei der Extraktion mit $CH_3OH$-W. (4 : 6) wurden die Enzyme nicht inhibiert, während mit $CH_3OH$-W. (66 : 34) vollständige Hemmung festgestellt wurde. Im Extrakt enthaltene gelbe Pigmente konnten am bas. Ionenaustauscher IRA-401 adsorbiert werden. F. HELLER. 4420□

**Untersuchung von Wurzelausscheidungen.** K. Bhuvaneswari und C. B. Sulochana. (Current Sci. **24**. 376—77. Nov. 1955. Madras, Univ., Bot. Labor.)

Zur Unters. von Wurzelausscheidungen wird eine Meth. beschrieben, bei der nach 14 Tage langem Wachstum von verschiedenen Sämlingen in RICHARD's Lsg. u. anschließender Entfernung der Pflanzen aus dem Medium ein *Thiamin* (I) u. *Biotin* (II) benötigender Stamm von *Piricularia oryzae* in die Lsg. eingebracht wird. Aus der Entw. des Pilzes ist dann abzulesen, ob in das Vers.-Medium hinein Stoffe durch die Wurzeln ausgeschieden werden, die I u./ oder II zu ersetzen vermögen. In dem beschriebenen Beispiel erfolgte ein deutliches Pilzwachstum, das in einem Kontrollmedium ohne vorheriges Pflanzenwachstum nicht eintrat. — Neben dieser sehr einfachen Meth. zur Unters. von Wurzelausscheidungen wird noch eine andere Vorr. beschrieben, bei der in einem Kolben, der etwas dest. W. enthält, ein unten offenes, mit Erde gefülltes Rohr (über einer Lage Glaswolle) hineingestellt wird, in das die Pflanze gesetzt wird. Die Pflanze hat so die Möglichkeit, in einem natürlichen Boden zu wachsen, wobei die Wurzelausscheidungen infolge der Capillarwirksamkeit durch die Glaswolle in das dest. W. gelangen, von wo der Geh. des W. an diesen Ausscheidungen laufend geprüft werden kann, ohne die Pflanzen in ihrer Entw. zu stören bzw. ohne die Wurzeln zu lädieren. G. KLESSE. 4450□

**Der Nachweis von freien Radikalen in belichteten Farbstofflösungen durch Initiation der Sulfitoxydation.** Irwin Fridovich und Philip Handler. (J. biol. Chemistry **235**. 1835—38. Juni 1960. Durham, N.C., Duke Univ. School of Med., Dep. of Biochem.) (Engl.)

Die Belichtung einer $2 \cdot 10^{-5}$m Lsg. von *Methylenblau* (I) in Ggw. von *Sulfit* (II) führte unter II-Oxydation zu einem starken $O_2$-Verbrauch, jedoch wurden keine stabilen Radikale gebildet. *Flavinmononucleotid* an Stelle von I führte auch in Ggw. von $O_2$ zur Bldg. von stabilen Radikalen, noch stärker in Abwesenheit von $O_2$. Langlebige Radikale konnten in I-Lsgg. nur unter Ausschluß von $O_2$ erhalten werden. Verss. mit *Chlorophyll* (III) aus Sonnenblumenlaub, Suspensionen von Chloroplasten oder Chlorophyllipoproteinen gaben ähnliche Ergebnisse auch bei Veränderung der Chlorophyllstruktur *Äthylchlorophyllida* (**III a**) u. **b** sowie die entsprechenden *Phäophorbide*, wobei die in Ggw. von **III** gebildeten Radikale auch in Ggw. von $O_2$ sekundenlang beständig waren. Folgendes Rk.-Schema wird vorgeschlagen: 1. Farbstoff (F) + $h\nu \rightarrow F^*$; 2. $F^* + R.H \rightarrow F.H + R^*$; 3. $F.H + O_2 \rightarrow F + HO_2^*$. Beschreibung der Vers.-Apparatur.

J. BOELTER. 4460□

**Carotin Donator-Acceptor-Komplexe bei der Photosynthese.** John R. Platt. (Science [Washington] **129.** 372–74. 13/2. 1959. Chicago, Ill., Univ.) (Engl.)

Da Ketten-Moll. mit konjugierten Doppelbindungen durch Lsgm.- u. Polarisationseffekte spektrale Verschiebungen aufweisen können, wird für *Carotin* nach Kopplung mit einem Elektronenacceptor u. -donator ein Komplex angenommen, bei dem $\lambda_{max}$ zu längeren $\lambda$ verschoben ist. Über den möglichen Weg, den ein derartiger Komplex für die Energieübertragung im photosynthet. Syst. bietet, wird diskutiert. Es werden Hinweise gegeben, wie diese Vorstellung experimentell gestützt werden könnte.

H. ALTHOFF. 4460

**Bedeutung der wichtigsten Elemente in der Pflanzenphysiologie.** Józsefné Sátori. (Magyar Kémikusok Lapja [Z. Ver. ung. Chemiker] **15.** 390–94. Sept. 1960. Országos Mezögazdasági Minöségvizsgáló Intézet.) (Ung.)

Übersicht über die pflanzenphysiolog. Bedeutung von C, H, O, N, P, F, S, Si, Cl, Br, J, B, K, Na, Ca, Mg, Fe, Cu, Mn, mit Rücksicht der Verw. von Kunstdünger.

G. HALMI. 4470□

**Über die stimulierende Wirkung des Glucothiocarbamids auf Keimung und Wachstum der Pflanzen.** Josef Tamchyma und Jiří Šebánek. (Sborník českoslov. Akad. zemědělských Věd, rostlinná Vyroba **6 (33).** 1223–34. Sept. 1960. Slov. škrobárne n. p. v. Bolerázu; Brno, Vys. Školá zeměd., Kat. botan. a mikrobiol.) (Tschech.)

*Glucothiocarbamid* (**I**) stimuliert Keimung u. Wachstum von Erbsen, wenn man die Samen 16 Std. mit einer 1%ig. Lsg. von **I** benetzt oder die Pflanze in einer 0,05%ig. Lsg. von **I** aufzieht. Die Stimulation, die in allen Teilen der Pflanze harmon. verläuft, wird auch in späteren Phasen des Wachstums u. der Entw. beobachtet. *Gibberellsäure* (**II**; 20 mg/Liter) bewirkt bei der gleichen Erbsensorte nach analoger Behandlung eine Verlängerung der Rankenteile auf Kosten des Blatt- u. Wurzel-Syst. u. führt in späteren Stadien zu einer Wachstumsdepression. Der Geh. an Trockensubstanz im Epikotyl fällt bei Anwendung von **II** u. steigt bei **I**; gleichzeitig wird die Widerstandsfähigkeit gegen Trockenheit (Fähigkeit, W. zu halten) im Gegensatz zu **II** bei **I** gesteigert. Vff. führen die stimulierende Wrkg. von **I**, die auch bei anderen Keimpflanzen nachgewiesen wurde, auf die Stabilisierung von Endiolverbb. u. SH-Gruppen zurück. B. GÖRLICH. 4485□

**Die Wechselwirkung zwischen Sulfit und Auxin bei der Wachstumsförderung.** O. Arrigoni. (Ital. J. Biochem. **9.** 85–97. März/April 1960. Milano, Univ., Bot. Inst.) (Engl.)

*Sulfit* ($10^{-}m^5$) kann in Ggw. von *Indolylessigsäure* das Wachstum isolierter Segmente von Erbsen-Internodien fördern. $SO_3^{2-}$-Behandlung verursacht eine stärkere Oxydationsaktivität, steigenden Geh. an energiereichen Phosphatbindungen u. erhöht das Verhältnis *reduziertes Glutathion/oxydiertes Glutathion*. Die Wrkg. auf das *Glutathion*-Syst. kann auch in Abwesenheit von *Auxin* beobachtet werden, allerdings in geringerem Ausmaß. Vf. diskutiert die Möglichkeiten, nach denen $SO_3^{2-}$ in Oxydationsprozesse u. Phosphatstoffwechsel eingreifen könnte. U. MOTHES. 4485□

**Gibberellin und Geschlechtsdifferenzierung bei blühenden Pflanzen.** R. Herich. (Nature [London] **188.** 599–600. 12/11. 1960. Bratislava, Comenius-Univ., Dep. of Plant Physiol.) (Engl.)

Vf. stellte fest, daß *Gibberellin* (**I**) die Geschlechtsdifferenzierung von Hanf (*Cannabis sativa* L., var. Rastislavická) merklich beeinflußt: nach Behandlung mit **I** wird bei niedrigen Konzz. ein Anstieg des Anteils an ♀ Individuen beobachtet. Der höchste Anstieg (um 113,9% im Vgl. zu Kontrollpflanzen) macht sich bei einer **I**-Konz. von 10 ppm bemerkbar. Folgende Quotienten (x = a♂/a♀) wurden ermittelt (x = 1,07 bei Kontrollpflanzen): 5 ppm **I**: x = 0,99; 10 ppm: 0,82; 25 ppm: 1,05; 100 ppm: 1,04. – Außerdem wurde festgestellt, daß **I** das Stengelwachstum ♂ u. ♀ Pflanzen unterschiedlich beeinflußt: niedrige **I**-Konzz. (5 u. 10 ppm) wirken bei ♀ Individuen stärker stimulierend, höhere (25 u. 100 ppm) stärker hemmend als bei ♂ Pflanzen.

H. KOCKERT. 4485□

**Papierchromatographische Bestimmung des Gibberellsäuregehaltes in Gärflüssigkeiten.** M. Podojil und V. Ševčík. (J. Chromatogr. [Amsterdam] **4.** 91–92. Juli 1960. Prag, Tschechoslowak. Akad. der Wiss., Biol. Inst., Mikrobiol. Abt.) (Dt.)

Vff. beschreiben eine Meth. zur quant. Best. des Geh. an *Gibberellsäure* (I) in Kulturfiltraten verschiedener Stämme von *Fusarium moniliforme*. Es wird auf WHATMAN Nr. 1 bzw. SCHLEICHER-SCHÜLL Nr. 598 absteigend im Syst. *Butylacetat–W*. chromatographiert. I wird nach der Meth. von OVERBECK (vgl. Plant Physiol. **32.** [1957.] Suppl.) sichtbar gemacht, die Flecken planimetriert u. die Konz. an Hand einer Eichkurve bestimmt. Maximaler Fehler 10—15%, untere Grenze der Empfindlichkeit 5 $\mu$g.

M. FINKE. 4485□

**Der Einfluß einiger hormoneller Substanzen auf Entwicklung und Blüte von Hyazinthenzwiebeln.** R. Cortesi, C. Tripet und R. Girard. (Bull. Soc. Pharmacie Bordeaux **96.** 128—32. 1957. Bordeaux, Univ., Fac. de Méd.)

Es wird der Einfl. von *Stilböstron* (I) u. *Progesteron* (II) auf die Entw. von Hyazinthenzwiebeln in Wasserkultur beobachtet. Es zeigt sich, daß I in bestimmten Konzz. (5—40·10$^{-6}$ g/Tag) einen fördernden Einfl. auf das Blühen u. II auf das Wurzel-Syst. ausüben. Es wird darauf hingewiesen, daß die Hormone in der Wachstumsförderung höherer Pflanzen Anwendung finden könnten. H. STRUCK. 4485□

**Wirkung von Hydrocortison auf das Wachstum von Ervum lens.** Albert Rakoto Ratsimamanga und Jacqueline Diot. (C. R. Séances Soc. Biol. Filiales **153.** 1978 bis 1981. 1959, herausgeg. 22/4. 1960. Paris, C.N.R.S., Fac. de Méd., Labor. de Physiol. des Vitamines et Hormones.) (Franz.)

Das Verhältnis Trockengewicht/Feuchtgewicht während der ersten 3 Vers.-Tage war bei den mit *Hydrocortison* (I; 10$^{-7}$ g/ml) behandelten Pflänzchen u. den Kontrollen prakt. unverändert (0,78). Außerdem war die Gewichtszunahme von einem Längenzuwachs begleitet. Es handelte sich unter I um ein wirkliches Wachstum des von seinen Nährstoffreserven entblößten *Ervum lens*. Die Ergebnisse bestätigen frühere Arbeiten der Vff. mit Cortison u. Nebennierenextrakt. H. AMAN. 4485□

**Wirkung des Hypophysenvorderlappens der ♂ Ratte auf die Wachstumsgeschwindigkeit von Ervum lens.** A. Rakoto Ratsimamanga und Suzanne Urverg. (C. R. Séances Soc. Biol Filiales **153.** 1981—85. 1959, herausgeg. 22/4. 1960. Paris, C.N.R.S., Fac. de Méd., Labor. de Physiol. des Hormones et Vitamines.) (Franz.) — Vgl. vorst. Referat.

Der wss. *Extrakt des frischen Hypophysenvorderlappens* (10$^{-4}$ g/ml) der ♂ Ratte wirkt auf Gewichts- u. Längenzunahme von *Ervum lens* (mit oder ohne Cotyledonen). Es ist anzunehmen, daß in der Hypophyse Stimulatoren u. Inhibitoren des Wachstums existieren, wobei die letztere sich nach Maßgabe der Verdünnung des Extrakts (10$^{-15}$ u. 10$^{-20}$ g/ml) offenbaren. Das Alter der Tiere scheint hinsichtlich der Aktivität der Extrakte ebenfalls eine Rolle zu spielen. H. AMAN. 4485□

**Gegensätzliche Selektivität von 2.4-D-Na und 3-Cl-pyridazin-6-oxyessigsaurem Natrium gegenüber einigen Pflanzenarten.** Hans Linser und Roland Kirschner. (Naturwissenschaften **47.** 254—55. 1. Juni-H. 1960. Linz/Donau, Österr. Stickstoffwerke, Biol. Forschungsabt.) (Dt.)

Bei Unterss. über die Phytotoxizität von *Phenoxyessigsäure*-Derivv., bes. des *Na-Salzes* (I) u. räumlich analogen Pyridazin-Verbb., bes. des *Na-Salzes von 3-Chlorpyridazin-6-hydroxyessigsäure* (II) stellte es sich heraus, daß sich I u. II gegenüber verschiedenen Pflanzen verschieden verhalten. Auf *Lapsana communis* u. *Galium aparine* wirkt I nur in sehr hohen Konzz. schwach schädigend, durch II werden diese Pflanzen dagegen in höchstem Maße morpholog. verändert (Blatt-Anomalien u. dgl.), u. die Allgemeinschäden gehen bis zur Totalvernichtung. Gegenüber *Erodium cicutarium*, *Centaurea jacea* u. in gewissem Umfang auch gegen *Trifolium pratense* ist I tox., wobei ebenfalls Anomalien des Habitus auftreten. Je nach Alter der Pflanzen u. Jahreszeit verursacht I bei diesen Pflanzen völliges Absterben. Unter gleichen Vers.-Bedingungen bewirkt II bei Erodium nur leichte morpholog. Veränderungen. Auch das Tausend-Korn-Gewicht wird durch I u. II bei Erodium, Lapsana u. Galium, entsprechend den äußeren Veränderungen, signifikant verändert. Ob unterschiedliches Eindringvermögen von I u. II in das pflanzliche Gewebe oder eine verschiedenartige Rk. der Pflanzenarten gegenüber I u. II die Ursachen für die verschiedene Empfindlichkeit sind, ist noch ungeklärt. I. GEIBLER. 4485□

**Mg-Mangel in ostafrikanischem Tee.** E. M. Chenery und J. Schoenmaekers. (East African agric. J. Kenya, Tanganyika, Uganda, Zanzibar **25.** 25—27. Juli 1959. Dep. of Agric., Uganda and J. Schoenmakers, Office de Produits Agricoles du Kivu, Bukavu, C.B.)

Vff. beschreiben die Mg-Mangelsymptome. Ergebnisse von Blattanalysen werden gegeben. Das Verhältnis von K:Mg bei reifen Blättern von Mg-Mangelpflanzen beträgt 11—16:1, bei normal ernährten Pflanzen 2—8:1. Für einen Mg-Mangel hervorrufenden

Boden werden folgende Analysenwerte gegeben: pH, $Ca^{2+}$, $Mg^{2+}$, $Mn^{2+}$, $K^+$, Gesamtbasen, Basensättigung, C, N, C/N, $PO_4^{3-}$. W. HILLER. 4490□

**Phytopathologische Chemie schwarzfauler Süßkartoffeln. 27. Mitt. Chromatographische Isolierung von reinem Ipomeamaron und Neubestimmung seiner chemischen Eigenschaften.** T. Akazawa. (Arch. Biochem. Biophysics **90.** 82—89. Sept. 1960. Anjo, Aichi, Japan, Nagoya Univ., Fac. of Agric., Labor. of Biochem.) (Engl.) — 22. vgl. C. **1959.** 14154.)

Durch Chromatographie von rohem *Ipomeamaron* (**I**) in Hexan an Silicagel, Eluieren mit Hexan, Äthylacetat–Hexan u. A. u. Vakuum-Dest. des Rückstands des alkohol. Eluats wurde reines *Ipomeamaron* (**Ia**) erhalten. **Ia** [$C_{15}H_{22}O_3$, Kp.$_{2,5}$ 122°; D.$_4^{32}$ 1,0152; $n_D^{32}$ 1,4720; $[\alpha]_D^{19,5}$ +32,40° (c = 5,0; A.)] erwies sich als chromatograph. einheitlich, jedoch trat nach 48std. Lagerung bereits eine langsam wandernde Verb. (EHRLICH-Rk. purpurrot), bei längerem Stehen noch weitere Verbb. auf. **I** gibt eine purpurrote EHRLICH-Rk., während **Ia** zunächst eine rosa, dann in purpurrot umschlagende Färbung zeigte; die LIEBERMANN-Rk. von **I** war braunrot, die von **Ia** purpurrot → violett, die CARR-PRICE-Rk. von **I** war bläulichbraun, die von **Ia** orange → bräunlichrot. **Ia** zeigte eine geringere Stimulation der $O_2$-Aufnahme von Süßkartoffelgewebe als **I**. — UV- u. IR-Spektren von **Ia** u. **Ia**-*Semicarbazon* vgl. Original. F. HELLER. 4490□

**Apotomische Oxydation in durch Phytophthora infestans infizierten Kartoffelknollen.** B. A. Rubin und O. L. Oseretzkowskaja. (Доклады Академии Наук СССР [Ber. Akad. Wiss. UdSSR] **133.** 976—79. 1/8. 1960. Biochem. Bach-Inst. der Akad. der Wiss. der UdSSR.) (Russ.)

Verss. an Kartoffeln, welche mit *Phytophthora infestans* infiziert wurden, ergaben, daß in den gegenüber dem Erreger resistenten Knollen unter dem Einfl. der Infektion die aerobe Atmung um 20—40% zunimmt, während in den empfindlichen Knollen nach anfänglicher Stimulierung der Atmung der $O_2$-Verbrauch um das 3½fache abnimmt. Gleichzeitig nimmt bei ersten die anaerobe Atmung um 300—400% zu u. bleibt auch bei letzten höher als bei den Kontrollen. Mit Hilfe von *NaF* wird ferner festgestellt, daß die *Hexosemonophosphat* (**I**)-Atmung an der Schutz-Rk. der Kartoffel gegenüber Phytophthora teil hat, indem es zu einer Aktivierung des apotom. Zerfalls kommt, welcher bei der Infektion beginnt. Es ist wahrscheinlich, daß auch in der infizierten Kartoffelpflanze der Anteil der **I**-Oxydation zunimmt. E. RENTZ. 4490□

**Photosynthese- und Respirationsgeschwindigkeit von mit Tabak-Mosaik-Virus infizierten Blättern von Nicotiana glutinosa und von mit Kartoffel-Virus X infizierten Blättern von N. tabacum.** P. C. Owen. (Ann. appl. Biol. **46.** 198—204. Juni 1958. Harpenden, Herts, Rothamsted Exp. Stat.) (Engl.)

Bei mit Kartoffel-Virus X infizierten Tabakblättern (*N. tabacum*) zeigen Respiration u. Photo-Synth. erst beim Auftreten sichtbarer Krankheitssymptome an den Blättern meßbare Veränderungen: Die Respirations-Geschw. wird um über 30% erhöht u. die Geschw. der Photo-Synth. um ca. 20% verringert. — Auch bei mit Tabakmosaikvirus (TMV) infizierten Blättern von *N. glutinosa* erfolgt erst nach dem Auftreten lokaler Wunden auf den Blättern eine Änderung der Geschw. der Respiration u. Photo-Synth. im gleichen Ausmaß. Diese Ergebnisse weichen von den früheren Verss. des Vf. (1955 bis 1957) ab, bei welchen bei mit TMV infizierten Tabakblättern bereits innerhalb 1 Std. nach der Infektion eine Beeinflussung sowohl der Respiration als auch der Photo-Synth. festgestellt wurde, erheblich ab. H. SPOHN. 4490□

**Die Verwendung von Tetrachlornitrobenzolisomeren bei Lattich.** M. Brook und C. G. C. Chesters. (Ann. appl. Biol. **46.** 159—66. Juni 1958. Nottingham, Univ. of Nottingham, Dep. of Botany.) (Engl.) — Vgl. C. **1960.** 4644.

Durch Einw. der 3 *Tetrachlornitrobenzol-Isomeren* in Staubform (5% in Talkum) auf Winterlattich verschiedener Varietäten in beheizten u. unbeheizten Gewächshäusern sowie im Freien in Mengen von ¼—½ oz./sq.yd. wird nach mehrjährigen Verss. ein merklicher Schutz der Pflanzen gegen die Botrytis (Blattfäule)-Krankheit erzielt. Hierbei zeigt sich das *2.3.4.5-Tetrachlornitrobenzol* (**I**) den beiden anderen Isomeren gegenüber unterlegen. Alle 3 Isomeren können das Wachstum von Lattich hemmen; vor allem **I** verzögert das Wachstum beträchtlich u. ist für die prakt. Anwendung ungeeignet. Die beiden übrigen Isomeren sind in ihren fungiciden Eigg. ähnlich, doch scheint das *2.3.5.6-Tetrachlornitrobenzol* (**II**) zu ökonom. Anwendung geeignet, hemmt jedoch die Herzbildung. Empfohlen wird die Anwendung eines 5%ig. Staubes von **II** in Mengen von ¼ oz./sq.yd. in Intervallen von nicht weniger als 1 Monat, wobei jedoch die Gefahr einer Verzögerung der Herz-Bldg. um 7—14 Tage bestehen bleibt. — Lokale Überdosierungen führen zu tox. Schädigungen u. sollen vermieden werden.

H. SPOHN. 4490□

**2.6-Dichlorbenzonitril, ein neues Herbicid.** H. Koopman und J. Daams. (Nature [London] **186.** 89—90. 2/4. 1960. Weesp, Holland, N. V. Philips-Duphar, Chem. Res. Labor.) (Engl.)

In Test-Verss. mit verschiedenen Benzonitrilen auf ihre herbicide Aktivität war *2.6-Dichlorbenzonitril* (I) bes. wirksam. I hemmte schon in einer Konz. von $5 \cdot 10^{-5}$mg/ml völlig die Keimung von *Panicum miliaceum*. *Isopropyl-N-phenylcarbamat* hemmt (im Vgl.) erst in der Konz. von $5 \cdot 10^{-3}$ mg. Auch junge Pflanzen werden durch I in ihrer Entw. gestört bzw. abgetötet, während ältere Pflanzen unempfindlich sind. Samen von Reis, Erdnuß, Mais u. Sonnenblume sind resistent gegenüber einer I-Behandlung. I wirkt sowohl bei Einbringung in den Boden, also über die Wurzeln, als auch als Spray oder bei Verdampfung. So wird die Keimung von gelagerten Kartoffeln durch Begasung mit I völlig unterdrückt. Im Avena-Koleoptil-Test zeigt I das Verh. eines Antiauxins; in einer Konz. von $10^{-4}$ mg hemmt I das durch $10^{-3}$ *Indolylessigsäure* stimulierte Wachstum vollständig. Jedoch werden Atmung bzw. Photosynth. von Tabakblättern durch I nicht gehemmt. Gegenüber Warmblütern wirkt I kaum tox.: Die $DL_{50}$ liegt bei oraler Verabreichung für Mäuse bei 6 g/kg Körpergewicht, bei intraperitonealer Verabreichung bei 3 g/kg. In Freiland-Verss. hat I sich bes. bei der Bekämpfung von wildem Hafer (*Avena fatua*), *Pteridium aquilinum*, *Stellaria media* u. *Galium aparine* bewährt.

I. Geibler. 4495☐

**Aufnahme und Verteilung von Herbiciden. Synthese von $^{14}$C-markiertem Dalapon und versuchsweise Anwendung bei Sojabohnen und Maispflanzen.** F. A. Blanchard, W. W. Muelder und G. N. Smith. (J. agric. Food Chem. **8.** 124—28. März/April 1960. Midland, Mich., Dow Chemical Co., Agric. Chem. Res., Radiochem. Labor.) (Engl.)

Mit *$^{14}$C-Dalapon-Na* (*Na-Salz von 2.2-Dichlorpropionsäure*; I; 1 mc/Millimol) werden die Aufnahme dieses gegen Gräser äußerst wirksamen Herbicids durch Kulturpflanzen u. evtl. Nebenwrkg. auf die Pflanzen untersucht. Die Unters. erfolgte mit Sojabohnen u. Mais als Testpflanzen durch Behandeln der Wurzeln mit I bzw. durch Auftropfen einer I-haltigen Lsg. auf die Blätter. Autoradiographien der gesamten Pflanze sowie Unterss. von Extrakten auf ihre Radioaktivität ergaben, daß I von den Pflanzen gleichmäßig aufgenommen wird. In jungen Geweben wird am meisten I gespeichert. Abbau-Prodd. wurden nicht gefunden.

Versuche: *$^{14}C_{(2)}$-Chlorpropionsäure* (II), aus $^{14}C_{(2)}$-Propionsäure durch direkte Chlorierung bei 121°. — *$^{14}C_{(2)}$-2.2-Dichlorpropionsäure* (I), aus II durch direkte Chlorierung bei 173°; nach Abtrennung von daneben entstehender *$^{14}C_{(2)}$*-2.2.3-Trichlorpropionsäure an Silicagel u. Reinigung 32% Ausbeute mit 96% Radioaktivität.

I. Geibler. 4495☐

## E₅. Tierchemie. Tierphysiologie. Tierpathologie

**Lysin als Moskitolockstoff.** A. W. A. Brown und A. G. Carmichael. (Nature [London] **189.** 508—09. 11/2. 1961. London, Canada, Univ. of Western Ontario, Dep. of Zool.) (Engl.)

Von 17 geprüften *Aminosäuren* (in dest. W.) wirkten *L-Arginin*, *L-Alanin* u. *L-Lysin* (I) als Lockstoff für *Aedes aegypti* (Aktivitätsverhältnis, bezogen auf Kontrolle, 1,24/1,32/3,84). L-I-Hydrochlorid wirkte in saurer Lsg. nicht anlockend. D-I-Hydrochlorid besaß bei pH 6,5 u. 11,6 ein Aktivitätsverhältnis von 1,20 u. 3,70. L-I erwies sich ferner als der stärkste Lockstoff in Proteinhydrolysat u. Blutplasma. L-I wirkte nicht nur auf den Orlando-Stamm anlockend, sondern auch auf Stämme aus Penang, Key West u. Trinidad, ferner auf *Aedes stimulans* u. *Culex pipiens*. K. Maier. 4500☐

**Die Spurenelemente und ihre Rolle in der Norm und Pathologie.** A. I. Wentschikow. (Клиническая Медицина [Klin. Med.] **38 (41).** Nr. 6. 6—11. Juni 1960. Aschchabad, Turkmen. Med. Inst., Lehrst. für Physiol.) (Russ.)

Übersicht. — 66 Literaturangaben. F. du Mans. 4510☐

**Die Fraktionsverteilung des Bors in den Geweben von Gehirn und Leber.** I. K. Schachowa. (Биохимия [Biochemie] **26.** 315—18. März/April 1961. Moskau, Vernadsky-Inst. für Geochem. u. analyt. Chem. der Akad. der Wiss. der UdSSR. (Russ.; Auszug: Engl.)

In Leber u. Gehirn des Schafes wurde der *B*-Geh. in den verschiedenen Fraktionen bestimmt u. festgestellt, daß die Eiweißfraktion kein B enthält. In der Leber sind ca. 97%, im Gehirn ca. 95% B an die Kohlenhydratfraktion gebunden: 0,425 bzw. 0,288 mg%. Das Fett der Leber enthält in der Acetonfraktion 0,0048 mg%, in der Ae.-Fraktion Spuren B, das Gehirn entsprechend 0,0128 u. 0,0087 mg%.

O. Lebtag. 4510

**Untersuchungen über den Gehalt an freien Aminosäuren in den Eingeweiden verschiedener Tierfamilien.** Iwao Inoue. (Vitamins [Kyoto] 22. 188—96. 1961. Osaka, Univ., Fac. of Engng., Dep. of Fermentation Ind.) (Jap.; Auszug: Engl.)

Der Geh. an freien Aminosäuren (I) in den Eingeweiden wurde papierchromatograph. bei Rind, Schwein, Hund, Schlange, Schildkröte, Karpfen u. Thunfisch bestimmt. *Asparaginsäure, Glutaminsäure, Serin* (II) u. *Glykokoll* (III) finden sich im Gehirn von Kaltblütern im Vgl. zu Warmblütern nur in geringer Menge, der Geh. an *γ*-Aminobuttersäure ist ähnlich. Der I-Geh. bei Reptilien ist allg. niedrig. Fische besitzen mehr I als Reptilien, u. der Geh. an II, III, *Alanin, Valin* + *Methionin* u. *Leucin* + *Isoleucin* in der Fischleber ist höher als bei Säugetieren; ein hoher Geh. dieser I findet sich auch in den Nieren von Fischen. K. Zingraf. 4520□

**Zusammensetzung und Verhältnisse der menschlichen Cervix-Mucosa.** 1. Mitt. **Elektrophoretische Trennung und Identifizierung der Proteine.** Kamran Moghissi, Otto W. Neuhaus und Charles S. Stevenson. (J. clin. Invest. 39. 1358—63. Sept. 1960. Detroit, Mich., Wayne State Univ., Dep. of Physiol. Chem., Obstetr. and Gynecol. and Anatomy.) (Engl.)

Mit Hilfe der Agar-Elektrophorese werden die Proteine der Cervix-Mucosa untersucht. Der Gesamtprotein-Geh. beträgt ca. 1%, davon sind 21% *Albumin*, 36% *Globuline* u. 43% eine nichtwandernde Substanz. Außer dem Albumin geben alle Proteine eine positive Perjodsäure-Schiff-Reaktion. H. Struck. 4520□

**Untersuchungen über schwefelhaltige Abbauprodukte von Pulpeneiweiß.** 2. Mitt. Karl Bürger und Gerhard Maschinski. (Dtsch. zahnärztl. Z. 16. 419—21. 1/3. 1961. München, Univ., Klin. für Zahn-, Mund- u. Kieferkrankh.) (Dt.) — 1. vgl. C. **1959**. 12893.

Zur Nachprüfung der von Gäbelein (Dtsch. zahnärztl. Z. 15. [1960.] 806) aufgestellten These über die Existenz von Thioäthern beim Abbau von *Pulpeneiweiß* (I), aus der Folgerungen für die Pathogenese der Herderkrankungen gezogen wurden, untersuchten Vff. nochmals, ob beim Abbau von I *Dimethylsulfid* (II) entsteht. Nur in 2 von 7 Vers.-Reihen (mit Kälberpulpen) konnte II auf gaschromatograph. Wege in einer Konz. nachgewiesen werden, die ca. $^1/_{1000000}$ des Gewichtes der abgebauten Pulpamenge entspricht. Da II, von dem beim Abbau von I nur $^1/_{100}$ der $H_2S$-Menge gebildet wird, ca. 100fach weniger tox. ist als $H_2S$, ist der tox. Einfl. von I zumindest sehr fraglich. G. Klesse. 4520□

**Quartäre Ammoniumbasen in Coelenteraten.** John H. Welsh und Peggy B. Prock. (Biol. Bull. 115. 551—60. Dez. 1958. Cambridge, Mass., Harvard Univ., Biol. Labor.) (Engl.)

Es wurde untersucht, ob bei Coelenteraten, wie *Hydra littoralis, Physalis physalis* L., *Cyanea capillata* L., *Plexaura flexuosa, Metridium dianthus* Ellis, *Condylactis gigantea* Weiland, quart. Ammoniumbasen mit stärkerer paralysierender Wrkg. auf *Uca pugilator* als das in allen geprüften Species anzutreffende *Tetramethylammonium* (I) vorkommen. In einigen Arten fanden sich *Hernazin, Trigonellin, γ-Butyrobetain* u. das *Dimethylbetain* vom *Imidazolessigsäure*. Die starke paralysierende Wrkg. kalter wss. Extrakte aus *Metridium*-Pentakeln oder Gesamthydra ist nicht durch den I-Geh. erklärbar. Vielleicht kommt diese Wrkg. durch Verbindung von I mit einem spezif. Protein zustande. K. Maier. 4520□

**Die Bombardierkäfer und ihre Explosionschemie.** 5. Mitt. **über Insektenabwehrstoffe.** H. Schildknecht und K. Holoubek. (Angew. Chem. 73. 1—7. 7/1. 1961. Erlangen, Univ., Inst. für org. Chem.) (Dt.) — 4. vgl. C. **1961**. 9480.

In den Schüssen der Bombardierkäfer *Brachynus sclopeta* Fabr., *Br. explodens* Duft. u. *Br. crepitans* L. findet sich ebenso wie in *Pheropsophus catoirei* Dej. *p-Benzo-* u. *Toluchinon*. Diese Substanzen entstehen in den beiden Pygidialblasen aus den entsprechenden Hydrochinonen mit Wasserstoffperoxyd. Bei dieser Umsetzung, das ist der Schuß des Käfers, wird Sauerstoff frei, der den nötigen Explosionsdruck liefert. Die Chinone wurden papierchromatograph. als 2.4-Dinitrophenylhydrazone identifiziert. Das $H_2O_2$ wurde als Peroxytitanylsulfat photometriert, wobei sich zeigte, daß das Pygidialdrüsensekret bis zu 28.5% $H_2O_2$ enthalten kann. Die Zus. des Treibgases wurde massenspektrograph. erfaßt zu 92,1% Sauerstoff u. 7,9% Stickstoff. Zuweilen findet sich in den Schüssen nichoxydiertes Hydrochinon. Es ist im nichtumgesetzten Drüseninhalt enthalten u. wurde papierchromatograph. bestimmt. Parallel-Verss. mit den reinen Hydrochinonen u. Wasserstoffperoxyd ergaben sämtliche Flecken auf den Chromatogrammen, die auch das Schußmaterial lieferte. Diskussion über die Physiologie u. den Mechanismus der Entstehung der Hydrochinone u. des $H_2O_2$ in den Loben des Bombardierkäfers. H. Kluge. 4555□

**Die Cellulosemethode zur Auffangung von Schweiß.** Eric M. Peterson. (J. Lab. clin. Med. **54.** 145—50. Juli 1959. Columbus, Ohio, Ohio Tuberculosis Hosp.; Ohio State Univ., Dep. of Med.) (Engl.) U. TAUSENDFREUND. 4555□

**Milchsäurestoffwechsel der Submaxillardrüse der Katze.** B. C. R. Strömblad. (Canad. J. Biochem. Physiol. **38.** 1431—36. Dez. 1960. Lund, Univ. of Lund, Inst. of Physiol.) (Engl.)

*Milchsäure* (I) wird von der Submaxillardrüse (Submandibulardrüse) offenbar bei hohem Energiebedarf u. in Fällen, in denen der oxydative Stoffwechsel insuffizient ist, zur Energielieferung verbraucht. Die nach Durchschneidung der Chorda tympani bei der Katze auftretende Verminderung der $O_2$-Aufnahme durch die Submaxillardrüse ist nicht mit einem Anstieg der I-Abgabe verbunden. Bei hohen I-Konzz. im Blut kann I durch den Stoffwechsel der Submaxillardrüse verarbeitet werden. U. TAUSENDFREUND. 4555

**Normales Wachstum der Milchdrüsen bei trächtigen und lactierenden Mäusen.** A. D. Brookreson und C. W. Turner. (Proc. Soc. exp. Biol. Med. **102.** 744—45. Dez. 1959. Columbia, Mo., Univ. of Missouri, Dep. of Dairy Husbandry.) (Engl.)

Der *Desoxyribonucleinsäure* (*DNS*)-Geh. der Milchdrüsen virgineller, trächtiger u. lactierender Mäuse wurde mit der Trichloressigsäureextraktion nach WEBB u. LEVY (C. **1957.** 3633) bestimmt. Auf diese Weise wurde festgestellt, daß während der ersten 12 Tage der Trächtigkeit nur 30,6%, während der restlichen Zeit der Trächtigkeit 45,7 u. 21,9% der Proliferationsvorgänge der Brustdrüse erst während der ersten 14 Tage der Lactationsperiode ablaufen. Bei Pseudogravidität ist das Brustdrüsenwachstum am 6. Tag vollständig. Der DNS-Geh. der Mammae bei kastrierten Mäusen ist während der Lactation der gleiche wie bei nichtkastrierten Tieren, woraus hervorgeht, daß dem Corpus luteum während der Lactation keine fördernde Funktion beim Brustdrüsenwachstum zukommt. U. LASCHET. 4555□

**Wirkung kurzzeitiger Entwöhnung auf die säurelöslichen Ribonucleotide der Rattenmilchdrüse.** D. Y. Wang. (Nature [London] **188.** 1109—10. 24—12. 1960. London, Univ. Coll., Biochem. Dep.) (Engl.)

Der Einfl. einer 12std. Entwöhnung auf den Geh. an *Ribonucleotiden* (I) von Rattenmilchdrüsen wurde untersucht. Die säurelösl. I wurden durch Säulenchromatographie getrennt. Es wurde ein starker Abfall des *ADP*- u. *ATP*-Geh. beobachtet, dem ein Anstieg des *AMP*-Geh. gegenüberstand. Bei Wiederaufnahme der Lactation wurden bereits nach ca. 2 Std. die normalen Werte wieder erreicht. Der durchschnittliche I-Geh. blieb konstant. E. LODEMANN. 4555□

**Struktur und Synthese von Milchfett. 2. Mitt. Verteilung der Fettsäuren in den Triglyceriden der Milch und in anderen tierischen Fetten.** R. D. McCarthy, Stuart Patton und Laura Evans. (J. Dairy Sci. **43.** 1196—1201. Sept. 1960. University Park, Pa., Pennsylvania Agric. Exp. Stat., Dep. of Dairy Sci.) (Engl.) — 1. vgl. C. **1961.** 14496.

Vff. untersuchten die Struktur der Triglyceride aus verschiedenen Fetten, wobei sie sich der spezif. Wrkg. der *Pankreaslipase* (a, Abspaltung der in 1- u. 3-Stellung mit dem Glycerin veresterten Fettsäuren) bedienten. Die Isolierung der Glyceride erfolgte durch Chromatographie an $SiO_2$. Es wurden Triglyceride aus Rücken- u. Eingeweidefett sowie aus Blut u. Milch der gleichen Kuh (Milchfett vor u. nach 7tägigem Hungern), Eingeweide- u. Rückenfett eines Schweines u. Depotfett eines Bullen untersucht. In allen Proben ist der Anteil an $C_{10}$-, $C_{12}$- u. $C_{14}$-gesätt. Fettsäuren sowie der $C_{14}$- u. $C_{16}$-einfachungesätt. Fettsäuren, soweit vorhanden, in den infolge a-Wrkg. entstandenen Monoglyceriden höher als in den intakten Fettsäuren. Das Gegenteil wurde für die $C_{18}$-gesätt. u. $C_{18}$-zwei- u. dreifach ungesätt. Fettsäuren festgestellt. In Schweine- u. Milchfett fanden sich $C_{16}$-Fettsäuren bevorzugt in 2-Stellung, in Wiederkäuerkörperfetten sowie Bluttriglyceriden dagegen $C_{18}$-einfach ungesätt. Fettsäuren. In normaler Milch war die Häufung der $C_{16}$-Säuren in 2-Stellung bei weitem nicht so ausgeprägt wie nach 7tägigem Hungern. Die Ergebnisse lassen vermuten, daß, sofern die Bluttriglyceride für den Aufbau des Milchfetts Verw. finden, ein Umbau erfolgen muß, oder aber eine zusätzliche Synth. von Triglyceriden. HANS THIELE. 4555□

**Die Membran der Fettkugeln in der Milch: Alkalische Phosphatase und Xanthinoxydase in Magermilch und Rahm.** C. A. Zittle, E. S. Dellamonica, J. H. Custer und R. K. Rudd. (J. Dairy Sci. **39.** 528—35. Mai 1956, Philadelphia, Pa., Eastern Reg. Res. Labor.) (Engl.)

Die Fettkugel–Lipoprotein-Membran wurde aus Rahm gewonnen u. physikal. u. chem. Eigg. festgelegt u. auf die *Xanthinoxydase*- u. *alkal. Phosphatase*-Aktivität abgestimmt u. mit einer Fraktion aus Magermilch hinsichtlich ihres Verh. in der Ultrazentrifuge, Filtrierbarkeit u. chem. Zus. verglichen. Die Reinheit der Präpp. läßt sich auf Grund ihrer Xanthinoxydase- u. alkal. Phosphatase-Aktivität verfolgen.

J. MILLER. 4555

**Pregnandiol, Methoden, Grenzen und Anwendungen.** William B. Ober und Gerard A. Kaiser. (Amer. J. clin. Pathol. **35.** 297—318. April 1961. New York, N.Y., Knickerbocker Hosp. and Columbia-Presbyterian Med. Center, Dep. of Surg.) (Engl.)

Übersicht über die Entstehung von *Pregnandiol* (I) u. *Pregnantriol* (II) im intermediären Stoffwechsel, biolog. Nachw.-Meth. für Gestagene, chem. Best.-Meth. für I u. II im Harn sowie deren Anwendungsbereiche u. die bei unterschiedlichen physiolog. u. patholog. Zuständen zu erwartenden Werte. — 66 Literaturangaben.

U. LASCHET. 4559□

**Periplacentale Hämorrhagie und renale Nekrose bei Protein- und Cholinmangel an trächtigen Ratten nach Progesterongaben.** H. C. Moore. (Amer. J. Obstetr. Gynecol. **80.** 1203—06. Dez. 1960. Dublin, Ireland, Rotunda Hosp., Labor.) (Engl.)

Trächtige Ratten erhalten eine Cholin- bzw. Proteinmangeldiät. Zusätzlich werden i.m. 20 mg *Progesteron* (I) injiziert (4 Tage je 5 mg). Bei einem Viertel der Tiere erleiden die Föten einen intrauterinen Tod oder/u. placentale Hämorrhagie. Ein Sechstel der Ratten zeigen Leber- oder Nierennekrosen. Ein eindeutiger Einfl. der Diät ist bis zur I-Injektion nicht zu beobachten.

H. STRUCK. 4559□

**Eine autoradiographische Untersuchung der Verteilung von mit $^{14}C$ und Tritium-markierten Östrogenen bei Mäusen.** J. C. De Paepe. (Nature [London] **185.** 264 bis 265. 23/1. 1960. Bruxelles, Univ. libre, Fac. des Sci., Labor. de Morphol. animale.) (Engl.)

Nach der Injektion von 1 mg (2,7 $\mu c$) *$^{14}C_{(16)}$-Östron* in Mohnöl wird bei ♀ Mäusen bei der Mikroautoradiographie von Gefrierschnitten aus Uterus, Nieren, Tuben, Leber u. Ovarien, wahrscheinlich wegen der zu geringen Dosis, keine Lokalisierung der Radioaktivität gefunden. Nach Injektion von 5 $\mu g$ (200 $\mu c$) *6.7-$^3H_2$-17β-Östradiol* in Olivenöl wird in Leber u. Ovarien keine zur histolog. Struktur in Beziehung zu setzende Verteilung der Radioaktivität gefunden. In den Nieren findet sich eine Schwärzung der aufgebrachten Emulsion im periglomerularen Raum u. im ersten Abschnitt der Pars convoluta der Tubuli. Im Unterus wird eine Schwärzung in den Zellen des Endometriums u. im Lumen der Drüsengänge am apicalen Pol der Zellen gefunden.

H.-J. KOCH/Berlin. 4559□

**Östrogene im Urin des Hundes.** John Kristoffersen und Weiert Velle. (Nature [London] **185.** 253—54. 23/1. 1960. Oslo, Veterinary Coll. of Norway, Dep. of Sexual Physiol. and Sexual Pathol.) (Engl.)

Im Urin von ♂ Hunden werden nach der Hydrolyse mit β-Glucuronidase u. Sulfatase bei der quant. Best. keine Östrogene nachgewiesen, im Urin trächtiger ♀ Hunde Spuren *Östron* u. *Östriol*, dagegen kein 17β-Östradiol.

H.-J. KOCH/Berlin. 4559□

**Wirkung von zwei synthetischen Östrogenen auf den Gehalt von Eiweiß-gebundenem Jod im Serum bei Männern und Frauen mit arteriosklerotischer Herzkrankheit.** Ralph W. Alexander und Jessie Marmorston. (J. clin. Endocrinol. Metabolism **21.** 243—51. März 1961. Los Angeles, Calif., Univ. of Southern California, Dep. of Med.; Los Angeles County Gen. Hosp.) (Engl.)

Bei längerer Verabreichung von *Äthinylöstradiol* (I) bzw. *Manvene* [*3-Methoxy-16α-methyl-1.3.5,10-östratrien-16β.17β-diol*; **II**) bei Patienten mit ischäm. Herzkrankheit (♂ 0,01—0,50 mg **I** oder 10—80 mg **II**, ♀ 0,005—0,04 mg **I** täglich) nahm die Konz. von *eiweißgebundenem J* im Serum im Durchschnitt bei ♀ um 1,7 $\mu g$% u. bei ♂ um ca. 2 $\mu g$% zu.

K. ZINGRAF. 4559□

**Mitteilung über die östrogene Wirkung verschiedener Fettsorten.** J. Vague, J. C. Garrigues, J. Berthet und G. Favier. (Ann. d'Endocrinol. **18.** 745—51. Sept./Okt. 1957. Marseille, Fac. de Méd., Inst. Nat. d'Hygiène.) (Franz.)

Vff. finden, daß alle von ihnen untersuchten tier. u. pflanzlichen Fette östrogene Wrkg. besitzen (bewertet in KOBER-Einheiten, ALLEN-DOISY-Test u. im Kolpogramm). Die höchsten Werte finden sie (unter den pflanzlichen Fetten) im Maisöl, wenn es auf bes. hohen Geh. an Vitamin E aufgearbeitet wird, u. (unter den tier. Fetten) im Kuhfett u. in der Butter.

H. SCHIMASSEK. 4559□

**Dauer der Gestagenwirkung am Kaninchenendometrium nach lang dauernder Verabreichung von Gestagenen.** F. G. Sulman, A. Eviatar und A. Danon. (Proc. Soc. exp. Biol. Med. **102.** 641—44. Dez. 1959. Jerusalem, Hadassah Med. School and School of Pharm., Dep. of appl. Pharmacol.) (Engl.)

Mit 15 $\mu g$ *Östron*/Tag über 6 Tage vorbehandelte Kaninchen erhielten subkutan täglich 0,5 mg *Progesteron*, *17α-Hydroxyprogesteroncapronat*, *17α-Äthinyl-19-nortestosteron* oder *Methallylnortestosteron* über einen Zeitraum bis zu 80 Tagen. Alle Präpp.

waren in der Lage, während dieser ganzen Zeit die Sekretionsphase des Endometriums aufrecht zu erhalten. In Intervallen von 17 ± 2 Tagen kam es zu Durchbruchsblutungen; jedoch kam es innerhalb von 2 Tagen jeweils zur Erneuerung des sekretor. umgewandelten Endometriums. U. LASCHET. 4559□

**Die Identifizierung von 17 β-Östradiol, Testosteron und seiner Vorstufen aus Hoden von Scylliorhinus stellaris.** G. Chieffi und C. Lupo. (Nature [London] **190.** 169—70. 8/4. 1961. Naples, Univ. of Naples, Inst. of Genet.; Zool. Stat.) (Engl.)

Das Hodengewebe des Knorpelfisches *Scylliorhinus stellaris* wurde nach der Meth. von RUZICKA (Liebigs Ann. Chem. **603.** [1957.] 109) extrahiert. Nach Abtrennung von Harnstoff durch Refluktieren mit $CHCl_3$ wurde die Steroidfraktion durch Gegenstromverteilung getrennt. In der neutralen Fraktion wurde unter Verw. der von BUSH (C. **1953.** 5367) angegebenen Lsgm. papierchromatograph. *Testosteron* (ca. 50 μg/kg), *Androstendion* (ca. 70 μg/kg) u. *Progesteron* (ca. 100 μg/kg) nachgewiesen. In der phenol. Fraktion fand sich *17β-Östradiol* (ca. 20 μg/kg). H. LOHSCHELDER. 4559□

**Isolierung von $\Delta^4$-Androsten-11 β-ol-3.17-dion aus Rattenharn.** Kurt Schubert und Kurt Wehrberger. (Hoppe-Seyler's Z. physiol. Chem. **321.** 71—72. 22/11. 1960. Jena, Inst. für Mikrobiol. u. exper. Therap. der Dt. Akad. der Wiss.) (Dt.) — Vgl. Naturwissenschaften **47.** [1960.] 397.

Aus 6 Liter Harn von ♀ WISTAR-Ratten konnten durch Gradientenelution an $Al_2O_3$ 230 μg *$\Delta^4$-Androsten-11β-ol-3.17-dion* isoliert werden. In der nach Ae.-Extraktion, pH 7, Waschen in 1n KOH u. W. u. GIRARD-Trennung aus den freien Steroiden erhaltenen Ketonfraktion wurde nach Gradientenelutionschromatographie (Bzl./0—1,33% A., 76 Fraktionen zu je 10 ml) in der 35.—42. Fraktion eine Komponente mit $\lambda_{max}$ 239 bis 240 mμ festgestellt. Begleitende *17-Ketosteroide* wurden papierchromatograph. an SCHLEICHER & SCHÜLL Nr. 2317 im Syst. Bzn. (Kp. 100—120°)/Bzl./Methanol/W. (25:25:35:15; BUSH $B_1$) abgetrennt. Die bei 18 cm kontaktphotograph. lokalisierte Zone zeigte die für $\Delta^4$-3-Ketone charakterist. NaOH-Fluorescenzreaktion. Die eluierte Substanz entsprach nach nochmaliger Chromatographie an $Al_2O_3$ im Syst. BUSH $B_1$ ($R_F$ 0,52) dem parallel laufenden 11β-Hydroxyandrostendion-Standard. Mit einer Mikrochromsäureoxydation konnte die Bldg. von *Adrenosteron* aus der isolierten Substanz nachgewiesen werden. U. LASCHET. 4559□

**Einige physiologische und pharmakologische Eigenschaften von Dehydroepiandrosteronsulfat.** I. Setnikar und W. Murmann. (Farmaco [Pavia], Ediz. sci. **11.** 253—66. März 1956. Milano, Labor. Farmacol. Dr. Recordati S.P.A., Reparto Ricerche.) (Ital.)

Vff. stellten fest, daß *Dehydroepiandrosteronsulfat* (I) eine geringfügige akute ($DL_{50}$, Maus, subkutan 645 mg/kg; intraperitoneal 560 mg/kg) u. chron. Toxizität aufweist, eine leichte androgene Wirksamkeit u. eine hohe anabol. Aktivität bei Ratten entfaltet. I übt jedoch keine corticoide oder corticotrope Wrkg. aus. Außerdem zeigt I Antistress-Wrkg. (Stress nach *Histamin*-Verabfolgung an Mäuse u. bei neuromuskulärer Erschöpfung von Ratten). H. KOCKERT. 4559□

**Veränderungen des Körpergewichts bei normalen und kastrierten Ratten durch unterschiedliche Dosen von Testosteronpropionat.** Charles D. Kochakian und Barbara R. Endahl. (Proc. Soc. exp. Biol. Med. **100.** 520—22. März 1959. Birmingham, Ala., Univ. of Alabama, Med Center, Dep. of Physiol.) (Engl.)

Nach Verabfolgung von *Testosteronpropionat* (I) an normale u. kastrierte Rattenböcke des HOLTZMAN-Stammes kommt es bei allen Dosen zunächst zur gesteigerten Futteraufnahme u. entsprechendem Anstieg des Körpergewichts. Über 25 μg I/Tag hemmen jedoch bei normalen, über 100 μg bei kastrierten Böcken vom 10. Tag der Verabfolgung an die weitere Gewichtszunahme. Am 40. Tag der I-Gabe waren bei kastrierten Tieren ab 0,5 mg täglich die Ausgangsgewichte bzw. niedrigere Gewichte erreicht, während es bei Dosen über 0,1 mg bei normalen Tieren überhaupt nicht zur Gewichtszunahme kam. Nach Absetzen der I-Zufuhr wurden bei kastrierten Tieren wieder Gewichtszunahmen bis zum früheren Maximalgewicht gefunden. U. LASCHET. 4559□

**Isolierung und Identifizierung von Testosteron aus dem Blut des Körperkreislaufs von normalen Männern.** Georg W. Oertel und Kristen B. Eik-Nes. (Proc. Soc. exp. Biol. Med. **102.** 553—56. Dez. 1959. Salt Lake City, Utah, Univ. of Utah, Coll. of Med., Dep. of Biol. Chem.) (Engl.)

Aus dem Blut von 3 gesunden Männern wurde 2 Std. nach i.m. Injektion von 1000 I.E. menschlichem *Choriongonadotropin* (*HCG*) *Testosteron* (I) isoliert. 400 ml Plasma von heparinisiertem Blut wurden 4 mal mit 500 ml Äthylacetat/A. (1:1, Vol.) extrahiert, die Extrakte zur Trockne eingedampft, die Rückstände in 25 ml 70% ig. Methanol aufgenommen, nach 15 Std. (—15°) 15 Min. mit 2000 U/min zentrifugiert, der Nd. mit 5 ml eiskaltem 70% ig. Methanol gewaschen, Lipoidreste mit 30 ml n-Hexan entfernt, danach zur Trockne eingedampft; Papierchromatographie im Syst. Chlf./Methanol (1:1, Vol.) gegen 50 μg *Testosteron* als Vgl.-Substanz: Absteigend im Syst. Methanol/Bzl. (1:9, Vol.) konz.; die entsprechenden Flecke auf Formamid/Methanol-imprägniertem Papier absteigend im Syst. Formamid/Bzl. chromatographiert. Nach Trocknung Eluierung der dem **I** entsprechenden Flecke mit Methanol, Eindampfen zur Trockne, Rechromatographie in Propylenglykol/Methylcyclohexan gegen 50 μg *Desoxycorticosteron* (**II**) als Vgl.-Substanz. Im Vgl. zu **II** betrug die relative Wanderungs-Geschw. von **I** 0,68–0,72. Eluierung der entsprechenden Flecke, Trocknen u. Chromatographie an 1,5 g gereinigtem Silicagel (+ 0,5% A.) in Methylenchlorid. Waschen der Säule mit 25 ml 1%ig. A. in Methylenchlorid; die Fraktion mit 5% A. in Methylenchlorid des Vgl.-Vers. enthielt das authent. **I**. UV-Absorption (241 mμ) ergab im Vers.-Ansatz 5,6 μg **I**/400 ml Plasma. IR-Spektren bestätigen die Identität. Mit $^{14}$C-Acetessigsäureanhydrid wurde *Testosteronacetat* gebildet u. nachgewiesen. In 150 ml Plasma von Männern, die kein HCG erhalten hatten, konnte kein **I** nachgewiesen werden.

U. LASCHET. 4559 □

**Die Wirkung von Neurohypophysenhormonen auf den Natriumumlauf eines Süßwasserknochenfisches.** J. Maetz und M. Juien. (Nature [London] **189.** 152–53. 14/1. 1961. Saclay par Gif-sur-Yvette, Seine-et-Oise, Commissariat à l'Énergie Atom.) (Engl.)

Der Na-Umlauf (Ein- u. Austritt) bei *Carassius auratus* L. wurde durch Analyse der Konz.-Änderungen von $^{23}$*Na* u. $^{24}$*Na* im äußeren Medium in Abhängigkeit von Hormoninjektionen verfolgt. Hypophysen- u. Neurohypophysenextrakte von *Carassius* sowie *Oxytocin* (**I**) stimulieren den Na-Eintritt, während der Austritt unverändert bleibt. *Vasopressin* zeigt nur geringe Wrkg., während die Extrakte aktiver sind, als ihrer **I**-Aktivität entspricht. Es wird angenommen, daß die auf den Mineralstoffwechsel wirkenden Neurohypophysenbestandteile beim Fisch von den Säugetierhormonen verschieden sind.

H. LOHSCHELDER. 4560 □

**Einfluß einiger Hypophysen- und Nebennierenhormone auf die Besiedlung implantierter Ivalonschwämme bei der Ratte.** Ch.-M. Lapière und H. van Cauwenberge. (Rev. franç. Études clin. biol. **6.** 155–60. Febr. 1961. Liège, Belgique, Univ., Inst. de Clin. et de Pathol. méd.) (Franz.)

*Adrenocorticotropes Hormon* (**I**), *Somatotropes Hormon* (**II**), *Cortison* (**III**) u. *Corticosteron* (**IV**), Ratten vom Zeitpunkt der subkutanen Implantation von Ivalon (Polyvinyl)-Schwämmen (I.S.) ab verabreicht, hemmen das Wachstum von Bindegewebe in I.S. (Verringerung des Geh. an neutral lösl. Kollagen). **I**, **III** u. **IV**, nicht aber **II**, scheinen auch die Vaskularisation des neu gebildeten Gewebes zu hemmen. Aminoacetonitril besitzt keinen Einfl. auf die verschiedenen Kollagenfraktionen. K. ZINGRAF. 4560 □

**Wirkungen des Mangels an essentiellen Fettsäuren auf die Zusammensetzung der Rattennebenniere und deren sekretorische Aktivität.** Takuya Hayashida und Oscar W. Portman. (Amer. J. Physiol. **197.** 893–96. Okt. 1959. Boston, Mass., Harvard School of Public Health, Dep. of Nutrit.) (Engl.)

Unter einer an *essentiellen Fettsäuren* freien Kost zeigte sich bei Ratten ein niedrigerer Geh. der Nebennieren an Tetraenon- u. Pentaenonsäuren u. ein höherer Geh. an Trienonsäuren, sowohl in der Gesamtfett- als auch in der Cholesterinester-Fraktion gegenüber Kontrollen unter Ölzulage. Außerdem kommt es bei Mangel an essentiellen Fettsäuren zu einer starken Akkumulierung von mit gesätt. u. monoungesätt. Fettsäuren verestertem Cholesterin in den Nebennieren. Die Sekretion der Nebennieren von mangelernährten Ratten an Steroidhormonen in vitro unter ACTH-Reiz ist vermindert.

U. TAUSENDFREUND. 4561 □

**Wirkung von Cortison auf Leberenzyme und die Proteinsynthese.** J. Howard Clark jun. und Leroy A. Pesch. (J. Pharmacol. exp. Therapeut. **117.** 202–67. Juni 1956. St. Louis, Mo., Washington Univ. School of Med., Dep. of Pharmacol.) (Engl.)

Vff. stellten fest, daß an auf eine proteinfreie Diät gesetzte Albinoratte (a) verabfolgtes *Cortison* (**I**) die bei einer proteinfrei ernährten Ratte beobachteten Veränderungen im Lebergewebe verhindert. Folgende spezif. Wrkgg. von **I** wurden beobachtet: **I** verursacht einen Anstieg des *Protein*-Geh. u. des relativen Gewichtes der Leber sowie einen merklichen Wachstumsstillstand von auf eine hinreichend proteinhaltige Diät gesetzten Tieren (b); bei a wird der Protein-Geh. der Leber aufrechterhalten, jedoch das Lebergewicht erhöht. Bei a u. b sind nach **I**-Verabfolgung die Leber-*Xanthinoxydase*- u. D-*Aminosäureoxydase*-Aktivitäten allg. erhöht. Die Oxydation von *α-Ketoglutarat* durch Lebermitochondrien ist nach **I**-Gaben, unabhängig von der Diät, gehemmt, wogegen das *P/O*-Verhältnis in normalen Grenzen bleibt. Ferner ist der Geh. der Lebermitochondrien nach **I**-Behandlung, auch unabhängig von der Diät, erhöht. Bei b macht sich eine Abnahme der aus den Mitochondrien extrahierbaren *Ribonucleinsäure-Ribose* bemerkbar. H. KOCKERT. 4561 □

**Durch Cortison hervorgerufene Nierenveränderungen des Kaninchens. Eine Mikrosektionsuntersuchung.** Thelma J. Baxter. (Brit. J. exp. Pathol. **41.** 140—49. April 1960. Melbourne, Univ., Dep. of Pathol. (Engl.)

*Cortison*-Zufuhr ruft bei Kaninchen hauptsächlich Veränderungen der Bindegewebe hervor. Bei rachitogener Diät sind diese Veränderungen viel ausgeprägter. In den Nieren wird Vergrößerung der Glomeruli mit Zunahme des Kapselraumes beobachtet. In Glomeruli u. Tubuli findet sich Fett. K. Maier. 4561 □

**Einfluß von amniotischer Flüssigkeit auf die durch Cortison verursachte Wachstumshemmung von Kükenembryos.** P. de Franciscis und W. Landauer. (Nature [London] **183.** 617—18. 28/2. 1959. Connecticut, Univ.) (Engl.)

Bei Einwrkg. von amniot. Fl. des Rindes auf Kükenembryos, deren Wachstum durch Injektion von *Cortisonacetat* gehemmt worden ist, wird ein geringer, aber deutlich meßbarer Rückgang der Wachstumshemmung beobachtet. D. KRIEN. 4561 □

**Wirkung von Hydrocortison auf den hypothalamo-hypophysären Komplex bei systematischen und neurotropen Angriffen.** C. Mialhe-Voloss. (C. R. Séances Soc. Biol. Filiales **150.** 1165—68. 18/11. 1956. Paris, Coll. de France, Labor. d'Histophysiol.) (Franz.)

Vf. stellte fest, daß systemat. oder neurotropen Stimuli ausgesetzte normale ♂ Ratten mit einem starken Abfall des *Ascorbinsäure* (I)-Spiegels der Nebennieren (NN) als Zeichen einer Aktivierung der corticotropen Funktion der Hypophyse reagieren. Werden die Tiere jedoch vorher mit *Hydrocortison* behandelt, so unterbleibt der ausgeprägte I-Abfall der NN. — Die Gründe für dieses Phänomen werden diskutiert.
H. KOCKERT. 4561 □

**Die Wirkung von Dexamethason auf die Phagocytenaktivität des reticulo-endothelialen Systems.** T. Nicol und C. Druce. (Nature [London] **190.** 91—92. 1/4. 1961. London, King's Coll., Dep. of Anatomy) (Engl.)

♂ weiße Mäuse erhielten 6 Tage lang 0,5 mg *Dexamethasonphosphat* (I). Am 8. Tag wurde die Phagocytenaktivität gemessen. Der phagocyt. Index wird von K = 20 (Kontrollen) durch I auf K = 9 erniedrigt. Das Gewicht von Leber u. Milz blieb unverändert, der Erythrocyten-Geh. des Blutes war normal, der Lymphocyten-Geh. erniedrigt u. der Polymorphkernigen-Geh. erhöht. Die Phagocytendepression ist nicht größer als mit anderen Corticosteroiden. H. LOHSCHELDER. 4561 □

**Über Blutsteroide.** 2. Mitt. **Papierchromatographische Untersuchungen am peripheren menschlichen Blutplasma.** J. Tamm, I. Beckmann und K. D. Voigt. (Acta endocrinol. [Copenhagen] **27.** 403—14. April 1958. Hamburg-Eppendorf, II. Med. Univ.-Klin.) (Dt.) — 1. vgl. C. **1960.** 10647.

Vff. beschreiben die systemat. Aufarbeitung einer größeren Plasmamenge zum Nachw. von *Steroidhormonen.* Nach Differentialhydrolyse u. Extraktion werden papierchromatograph. nachgewiesen: *Cortisol, Corticosteron* u. *4-Androsten-11β-ol-3.17-dion* (frei extrahierbar), *Tetrahydrocortisol, Tetrahydrocortison, Ätiocholan-3α-ol-11.17-dion, Dehydroisoandrosteron, Ätiocholan-3α-ol-17-on* u. *Androstan-3β-ol-17-on* (nach Glucuronidasehydrolyse extrahierbar), u. *Ätiocholan-3α-ol-11.17-dion, Dehydroisoandrosteron* u. *Androstan-3α-ol-17-on* (nach Säurehydrolyse extrahierbar). G. ZIEBARTH. 4561 □

**Isolierung von Steroiden aus dem peripheren menschlichen Blut.** C. P. del Campo de Hachen und J. Solis. (C. R. Séances Soc. Biol. Filiales **150.** 1287—88. 18/11. 1956. Rosario, Santa Fé, Hôp. Provincial, Serv. d'Endocrinol.) (Franz.)

Vff. stellten fest, daß in normalem, menschlichem Blut (von einer Blutbank) die 3 Corticosteroide *Tetrahydrocortison* (I), *Hydrocortison* (II) u. *Cortison* (III) in Mengen von 6, 7 u. 8 μg, insgesamt also 21 μg/ml Blut vorkommen. Bei 2 Fällen von CUSHINGscher Krankheit sind **I** u. **II** merklich u. **III** geringfügig erhöht.; einen weiteren Anstieg verursacht an die Patienten verabfolgtes *Corticotropin.* H. KOCKERT. 4561 □

**Über das Vorkommen einer Substanz in der Milz mit mineralcorticoider Wirkung.** I. Gy. Fazekas. (Ann. d'Endocrinol. **18.** 706—15. Sept./Okt. 1957.) (Engl.)

Extrakt aus *Schweinemilz* (aufgearbeitet wie ein Nebennierenextrakt) bewirkt nach subkutaner Injektion an Kaninchen einen Anstieg von $Na^+$ u. ein Absinken von $K^+$ im Blutserum. 1 kg Schweinemilz enthält eine Substanz, die der Wrkg. von 0,75 mg *Desoxycorticosteron* entspricht. Der Extrakt enthält kein Albumin, Bilirubin, Fett, Fettsäuren oder Cholesterin; er ist in organ. u. wss. Medium gleich gut löslich.
H. SCHIMASSEK. 4561 □

**Isolierung einer steroidähnlichen Substanz aus dem Harn und aus Citrusfrüchten.** Wojciech Nowaczynski, Thomas Sandor, Erich Koiw, R. Norman Jones und Jacques Genest. (Canad. J. Biochem. Physiol. **36.** 869—81. Aug. 1958. Montreal, Hotel-Dieu Hosp., Clin. Res. Dep.; Ottawa, Nat. Res. Council, Div. of Pure Chem.) (Engl.)

Harn wurde bei pH 1 u. nach Inkubation mit β-Glucuronidase mit Chlf. extrahiert. Der Saft von Citrusfrüchten wurde ohne Vorbehandlung mit Chlf. extrahiert. Die Chlf.-Extrakte wurden an Silicagel chromatographiert. Die Corticosteroidfraktion, die die Steroid-ähnliche Substanz *Compound III* (I) enthält, wurde mit Chlf./Aceton (1 : 1) eluiert u. im Syst. Äthylenglykol/Toluol papierchromatographiert. I wurde dann im Syst. tert. Butanol/W./Isooctan (25:45:50) von Aldosteron getrennt u. erwies sich im Syst. 55%ig. $CH_3OH$/Toluol-Äthylacetat (9:1) als frei von den meisten Verunreinigungen. Es enthält lediglich noch unterschiedliche Mengen Tetrazolblau-reduzierender Substanzen, die durch Chromatographie an Kieselgur entfernt werden konnten. Weitere Reinigung durch Hochvakuum-Dest. (I $Kp._{0,003}$ 110—115°; Acetylderiv. 155—160°). Einige chem. u. physikochem. Eigg. von I werden beschrieben. Sie lassen aber eine Strukturaufklärung nicht zu. Elementaranalyse (2 Best.) 66,6 (68,82)% C, 8,7 (8,88) % H u. 24,7 (22,3) % O. Vff. vermuten eine Steroid- oder Sesquiterpenstruktur. Papierchromatograph. verhält sich I dem Aldosteron sehr ähnlich. I liegt im Harn gesunder Männer u. Frauen überwiegend als Ester, in Citrusfrüchten dagegen in freier Form vor. Die Ausscheidung im Harn wird unter K-reicher Ernährung deutlich erhöht. Aus Orangen wurden 118—126, aus Grapefruit 1500—3500 u. aus Citronen 9,4 μg I/Liter Saft isoliert. L. Laschet. 4561 □

**Die Abbaugeschwindigkeit von zirkulierendem Adrenalin im Kaninchenohr, bestimmt mit der Rezirkulationsmethode.** R. H. Stinson. (Canad. J. Biochem. Physiol. **38.** 1502—04. Dez. 1960.) (Engl.)

Am dauernd unter Rückführung der verwendeten Fl. durchströmten isolierten Kaninchenohr konnte eine Abbaugeschwindigkeit für *Adrenalin* (I) durch dieses periphere Gewebe von 0,1 μg/kg/Min. errechnet werden. Im Vgl. mit der bekannten raschen Zerstörung von I in der Leber (10 mg/kg/Min.) dürfte demnach der I-Abbau in peripherem Gewebe vernachlässigt werden. U. Tausendfreund. 4561 □

**Wirkung von Hypothermie auf die Reflexaktivität beim narkotisierten Hund.** John Salzano und F. G. Hall. (Proc. Soc. exp. Biol. Med. **106.** 199—202. Jan. 1961. Durham, N. C., Duke Univ. Med. Center, Dep. of Physiol. and Pharmacol.) (Engl.)

Die Blutdruck-Rk. nach Injektionen von *Adrenalin* (I) u. *Noradrenalin* (II) wird beim narkotisierten Hund bei Körper-Temp. von 27—28° potenziert, u. zwar für II stärker als für I. In der Hypothermie ist die Reflexaktivität von Atmung u. Kreislauf (bilateraler Carotisverschluß, Hypoxie) erhalten, aber die Rk. ist schwächer als bei normaler Körpertemperatur. K. Zingraf. 4561 □

**Die Bestimmung von Epinephrin und Norepinephrin im menschlichen Plasma.** Alan Goldfien, Sheref Zileli, DeWitt Goodman und George W. Thorn. (J. clin. Endocrinol. Metabolism **21.** 281—95. März 1961. Boston, Mass., Harvard Med. School, Dep. of Med., u. Peter Bent Brigham Hosp.; San Francisco, Calif., Univ. of Calif., Dep. of Obstetr. and Gynecol., Dep. of Physiol. u. Cardiovascular Res. Inst.) (Engl.)

Es wird eine Modifikation der Äthylendiamin-Meth. zur Best. von *Adrenalin* (I) u. *Noradrenalin* (II) im Plasma beschrieben. Bei Normalpersonen ist bei leichter Tätigkeit II, bei anstrengender Tätigkeit I u. II erhöht. I ist bei Hyperthyreose erhöht. Bei essentieller Hypertension (H.T.), Diabetes, Nebenniereninsuffizienz oder Hypophysenunterfunktion findet man keine wesentlichen Veränderungen. Bei Phaeochromocytom (Ph.) besteht eine Korrelation zwischen I u. II im Plasma u. im Tumor. Erhöhung findet man auch bei paroxysmaler H.T. infolge von Ph., nicht aber bei essentieller Hypertension. K. Zingraf. 4561 □

**Epinephrin- und Norepinephrinwerte im Plasma bei der durch Insulin ausgelösten Hypoglykämie beim Menschen.** Alan Goldfien, Robert Moore, Sheref Zileli, Leston L. Havens, Lenore Boling und George W. Thorn. (J. clin. Endocrinol. Metabolism **21.** 296—304. März 1961. Boston, Mass., Harvard Med. School, Dep. of Med., u. Peter Bent Brigham Hosp.; San Francisco, Calif., Univ. of Calif., Dep. of Obstetr. and Gynecol., Dep. of Physiol., Cardiovascular Res. Inst.) (Engl.) — Vgl. vorst. Referat.

Bei Patienten, welche einer *Insulin*-Schock-Behandlung unterzogen wurden, wurde der *Adrenalin* (I)- u. *Noradrenalin* (II)-Geh. im Plasma jeweils vor u. während der Hypoglykämie (H.G.) bestimmt. In der 1. Woche war I während der H.G. (von 0,2 μg/Liter auf 1,4 μg/Liter) erhöht. In der 2. u. 3. Woche waren die Kontrollwerte signifikant erhöht (auf 0,9 μg/Liter), während die Maximalwerte unverändert blieben. Nach der 3. Woche lagen die Kontrollwerte bei 0,15 μg/Liter, u. es trat während der H.G. keine Veränderung mehr ein. II blieb während der ganzen Behandlungsdauer unverändert. K. Zingraf. 4561 □

**Spezifität der Trihydroxyindolmethode zur Bestimmung der Brenzcatechinamine im Harn.** S. L. Jacobs, Charles Sobel und Richard J. Henry. (J. clin. Endocrinol. Metabolism **21.** 305—14. März 1961. Los Angeles, Calif., Bio-Sci. Labor.) (Engl.)

Es wird nachgewiesen, daß die Wellenlänge 365 m$\mu$ zur Erregung der Fluorescenz in der *Trihydroxyindol*-Meth. bei der Best. von *Phenyläthylaminen* im Harn weniger spezif. ist als 405 m$\mu$. Störsubstanzen konnten durch Behandlung mit Ionenaustauscher beseitigt werden. Mitunter werden auch bei Säurehydrolyse unspezif. Störsubstanzen erzeugt. K. ZINGRAF. 4561 □

**Hemmung des thyreotropen Hormons durch Verabreichung von Reserpin (Serpasil).** Şt.-M. Milcu, I. Negoescu, A. Lupulescu und Fl. Cocu. (Comun. Acad. Republ. Populare romîne **7.** 483—89. April 1957.) (Rum.)

Die calorigene Wrkg. von 10 I.E. *Schilddrüsenhormon* (I) wird durch gleichzeitige Zufuhr von 0,125 mg *Reserpin* (**II**) fast völlig aufgehoben, die durch Thyreotropin verursachte Stoffwechsel-Rk. umgekehrt u. der Geh. an **I** in der Schilddrüse unter den Wert bei den Kontrolltieren (♂ Ratten) herabgesetzt. Die durch **I** bewirkte Hypertrophie der Schilddrüse wird durch **II** nicht verändert. Die Hemmwrkg. von **II** wird auf eine Herabsetzung der Rk.-Fähigkeit des Schilddrüsengewebes durch Verminderung des Tonus des vegetativen Nerven-Syst. zurückgeführt. **II** erscheint als geeignet zur Therapie der Hyperthyreoidie, außer bei ADDISON-Begleiterscheinungen. R. K. MÜLLER. 4562 □

**Histometrische Untersuchungen über den Einfluß von Trijodthyronin und Thyroxin auf die Schilddrüse und die Nebennierenrinde nach Vorbehandlung mit Kaliumperchlorat.** H. L. Krüskemper, F. J. Kessler und C. Enneker. (Z. ges. exp. Med. **134.** 131—38. 1961. Bonn, Univ., Med. Poliklinik.) (Dt.)

Es wurde zu prüfen versucht, ob sich die Ausschüttung von *thyreotropem Hormon* (*Thyreotropin; TSH*) u. *adrenocorticotropem Hormon* (*ACTH*) gegensätzlich verhält. Es wurde dabei von einer Anordnung ausgegangen, bei der die Versuchstiere (Ratten) durch Zufuhr von *Kaliumperchlorat* (**I**; *Irenat, Tropon*) zu gesteigerter TSH-Ausschüttung (als Rk. auf die blockierte Synth. von Schilddrüsenhormon) angeregt wurden. Unter Fortsetzung der **I**-Gabe führten 1—25 $\mu$g *Trijodthyronin* oder *Thyroxin*/100 g nach 10 Tagen zu einer gleichartigen, dosisabhängigen Hemmung der Struma-Bldg., während die morpholog. Rk. der Nebennierenrinde (Stimulierung) je nach der Stoffwechsel-steigernden Wrkg. des verwendeten Schilddrüsenhormons Unterschiede zeigte. Die morpholog. Aktivierung der Nebenniere ist nun entweder Folge einer Direktwrkg. der Schilddrüsenhormone (ob nur Wachstumseffekt oder echte Stimulierung der Corticoid-Synth., ist noch ungeklärt), oder die Schilddrüsenhormone bewirken in der Leber eine erhebliche Steigerung des Abbaus von Cortison. Es wird aus den Ergebnissen geschlossen, daß letzten Endes das Ausmaß der Ring-A-Red. von Corticoiden in der Leber die Sekretionsgeschwindigkeit von ACTH bei ungestressten Tieren bestimmt. U. TAUSENDFREUND. 4562 □

**Einbau von $^{32}$P in Phospholipide unter der Einwirkung von Epiphysenhormon und Thyroxin.** Şt.-M. Milcu, I. Potop, E. Felix und D. Niculescu-Zinca. (Comun. Acad. Republ. Populare romîne **7.** 491—97. April 1957.) (Rum.)

In Verss. an jungen ♂ Ratten wird $^{32}P$ (4 $\mu$c) intraperitoneal injiziert. Nach 8 Tagen werden aus den Einzelteilen des Gehirns (Rinde, weiße Substanz, Kleingehirn, Medulla oblongata) die *Lipide* isoliert u. ihr Geh. an $^{32}P$ untersucht. Bei mit Epiphysenhydrolysat behandelten Tieren findet sich eine erhöhte Bindung von $^{32}$P im Kleinhirn, bei mit Thyroxin behandelten in der Gehirnrinde. Daraus ist auf einen Einfl. der Epiphyse u. der Schilddrüse auf den P-Stoffwechsel im Zentralnerven-Syst. zu schließen. R. K. MÜLLER. 4562 □

**Untersuchung der Wirkung von N.N-Dimethyldiguanid auf die Nüchternglykämie und den Glucoseassimilationskoeffizienten der normalen Ratte.** E. Balasse. (C. R. Séances Soc. Biol. Filiales **153.** 1892—94. 1959, herausgeg. 18/3. 1960. Bruxelles, Univ. Libre, Labor. de Méd. exp.) (Franz.)

Es wurde bei der anästhesierten Ratte die Beeinflussung der Nüchternglykämie u. der Glucoseassimilation durch intravenöse Belastung mit 100 u. 200 mg *N.N-Dimethyldiguanid*/Lsg. untersucht. Während der Blutzucker statist. signifikant absank, wurde die Zuckerassimilation kaum beeinflußt. K. MAIER. 4564 □

**Wirkung von Histaminen auf die Lungenatmung beim Menschen.** A. Bouhuys, R. Jönsson, S. Lichtneckert, S.-E. Lindell, C. Lundgren, G. Lundin und T. R. Ringquist. (Clin. Sci. **19.** 79—94. Febr. 1960. Lund, Univ., Inst. of Physiol.) (Engl.)

Die Unters. der Wrkg. von *Histamin* (**I**) auf die $N_2$-Entfernung aus den Lungen während $O_2$-Atmung bei normalen asthmat. Personen ergab keine Veränderung während i.v. **I**-Infusion. **I**-Aerosolinhalation verzögerte die $N_2$-Entfernung. Inhalation von

Adrenalin oder eines Antihistaminicums wirkte dem I-Effekt entgegen. Hexamethoniumbromid (II) verminderte die stärkere Empfindlichkeit asthmat. Personen gegen I-Inhalation fast auf normal. II beeinflußte die I-Empfindlichkeit normaler Personen nicht.

K. MAIER. 4569 □

**Auftreten, Veränderungen und Signifikanz des elektrophoretisch bei pH 9,2 wandernden „langsamen Hämoglobins" bei normalen Personen und heterozygotischer Thalassämie.** P. M. de Traverse, M. L. Coquelet und L. Brumpt. (C. R. Séances Soc. Biol. Filiales **152.** 16—20. 25/8. 1958. Paris, Univ., Inst. de Biol. clin.) (Franz.)

Nach einer Literaturübersicht werden die Ergebnisse der Elektrophorese mit menschlichem *Hämoglobin* (Hb.) mitgeteilt (pH 9,2, 500 V, 5 Std.): Im Nabelschnurblut sind nur Hb F u. Hb A nachweisbar, im normalen Blut Hb E u. davor eine Bande. Im Blut heterozygot. Thalassämie wird eine starke Bande des Hb E u. eine davor beobachtet. Es wird daraus geschlossen, daß die Bande beim Hb E im normalen Blut nur in geringen Mengen vorkommt, aber bei der Thalassämie verstärkt auftritt u. im Blut von Föten gänzlich fehlt.

H.-J. STRUCK. 4572 □

**Das Vorkommen mehrerer Hämoglobine bei Fischen.** N. Chandrasekhar. [Nature (London] **184.** 1652—53. 21/11. 1959. Calcutta, Indian Statistical Inst., Biometry Section.) (Engl.)

Die elektrophoret. Unters. (Agar-Meth.) von Herzbluthämolysaten von 10 Süßwasserfischspecies ergab in mehreren Fällen Ggw. mehrerer Hämoglobinkomponenten (I) nebeneinander, wobei eine stets als Hauptkomponente vorlag, u. bei jeder Species weitgehende Konstanz der I-Verteilung bestand. *Catla catla* 2 I, *Labeo rohito* 1, *Cirrhina urigala* 1, *Labeo calbasu* 2, *L. bata* 2, *Ophicephalus striatus* 1, *O. punctatus* 3, *Heteropneustes fossilis* 1, *Clarias Catrachus* 1, *Tilapia mosambica* 2.

K. MAIER. 4572 □

**Die Chemie des Bohreffekts. 1. Mitt. Die Reaktion von N-Äthylmaleinsäureimid mit den sauerstoffverbundenen sauren Gruppen des Hämoglobins.** Reinhold Benesch und Ruth E. Benesch. (J. biol. Chemistry **236.** 405—10. Febr. 1961. New York, N.Y., Columbia Univ., Coll. of Physicians and Surgeons, Dep. of Biochem.) (Engl.)

Die reaktionsfähigen SH-Gruppen des *Hämoglobins* (I) können ohne Änderung des BOHR-Effekts auf mehrfache Art blockiert werden. *N-Äthylmaleinsäureimid* reagiert mit I in 2 experimentell trennbaren Stufen. Die 1. besteht in der Rk. mit den reaktionsfähigen SH-Gruppen u. verursacht weder eine Veränderung des BOHR-Effekts noch der I-Löslichkeit, die 2. besteht in einer Rk. mit der dissoziierten Form der an O gebundenen sauren Gruppen u. in einer Unterdrückung des Teils des BOHR-Effekts, der mit den $\beta$-Ketten zusammenhängt, sowie in einer Löslichkeitsänderung. Es wird ein chem. Mechanismus dieser Rk. diskutiert, der zu einer Hypothese über den Ursprung des BOHR-Effekts u. des „umgekehrten" BOHR-Effekts führt.

K. MAIER. 4572 □

**Phosphorverbindungen der Erythrocyten des Nabelschnur- und des Mutterblutes.** L. Żelewski. (Acta biochim. polon. **6.** 119—25. 1959. Gdańsk, Akad. Med., Zakł. Chem. fizjol.) (Pol.)

Der Geh. an *Adenosintriphosphat, 2.3-Diphosphoglycerinsäure, säurelösl. P*-Verbb. u. *anorgan. P* ist im Nabelschnurblut u. im Mutterblut während der Entbindung u. auch einige Tage danach gleich hoch. Der Gesamt-P-Geh. ist im Venenblut der Mutter jedoch höher.

F. URBAN. 4573 □

**Die intraerythrocytäre Magnesium-Konzentration bei renaler Insuffizienz.** S. Hänze. (Klin. Wschr. **38.** 769—70. 1/8. 1960. Mainz, Univ., Med. Poliklinik.) (Dt.)

Es wird gefunden, daß bei 10 von 12 Patienten mit renaler Insuffizienz der intraerythrocytäre *Mg*-Geh. gegenüber der Norm (3,31—6,25 mVal/Liter) fast um das Doppelte erhöht ist. Daneben ergibt sich eine positive Korrelation zu der Höhe des Serum-Rest-N.

H.-J. STRUCK. 4573 □

**Die Unterstützung des aktiven Kaliumtransportes in menschlichen roten Blutkörperchen durch Nucleoside und Deoxynucleoside.** R. Whittam. (J. Physiology **154.** 608—13. Dez. 1960. Oxford, Univ., Dep. of Biochem.) (Engl.)

Die roten Blutkörperchen von 4 Wochen altem, kalt gelagertem Blut wurden frei von *Glucose* (I) gewaschen u. einen weiteren Tag bei 4° ohne I gelagert. Die *Milchsäure* (MS)-Produktion u. der K-Transport wurden während der anschließenden Inkubation bei 37° nach der Zugabe von I oder verschiedenen *Nucleosiden* (II) gemessen. Die Inkubation mit I erzeugt eine unbedeutende Menge MS u. der Verlust an Zell-K ist gleich dem in Kontrollzellen ohne I. Die Zugabe von *Inosin, Adenosin* oder *Guanosin* oder der entsprechenden *Desoxynucleosid* (III) bewirkt eine Produktion von MS (1,4 bis 3,0 mMol/Liter Zellen/Std.), u. ungefähr 0,5 Mol MS (0,4—0,7) werden für jedes Mol *Ribose* oder *Deoxyribose*, das am Stoffwechsel teilnimmt, hergestellt. Die II u. III unterstützen eine akt. innere Bewegung des K, die durch Messungen sowohl des Zuflusses als auch der reinen Veränderungen in der Zell-K-Konz. gezeigt werden. Es wird angedeutet, daß die Unterstützung einer akt. K-Aufnahme durch **II** u. **III** unter Bedingungen, bei denen **I** unwirksam ist, durch die Bldg. von *Pentosephosphaten*, die MS ergeben, kommt. H. GOLDNER. 4573□

**Die hohe Permeabilität von menschlichen roten Blutkörperchen für Adenin und Hypoxanthin und deren Riboside.** R. Whittam. (J. Physiology **154**. 614—23. Dez. 1960. Oxford, Univ., Dep. of Biochem.) (Engl.)

Untersucht wurde die Aufnahme von *Inosin* (I), *Adenosin* (II), *Hypoxanthin* (III) u. *Adenin* (IV) aus einem Salzmedium während der Inkubation von kalt gelagerten menschlichen roten Blutkörperchen unter verschiedenen Bedingungen. Die I-Konz. in dem Medium fällt in 5 Min. bei 37° zu einem konst. Wert, übereinstimmend mit einer gleichmäßigen Verteilung des **I** zwischen den Zellen u. dem Medium. **II** wurde schnell von den roten Blutkörperchen aufgenommen u. zu **I** desaminiert. **III** erreicht eine ungefähr gleichmäßige Verteilung zwischen Zellen u. Medium in 5 Min. bei 37°, die nicht verändert wurde durch Kühlen oder Zugabe von *Guanosin*, als einem Substrat zur Glykolyse. Bei Konzz. von **IV** in dem Medium von 3,0—7,7 mMol wurden ungefähr gleiche Konzz. zwischen Zellen u. Medium in 5 Min. bei 37° erreicht. Bei niedrigen Konzz. (0,6—1,6 mMol) wurde **IV** meist vollständig durch die Zellen in Ggw. von Substanzen für die Glykolyse aufgenommen; Kühlung u. *Jodacetat* heben diese stoffwechselabhängige Aufnahme auf. Es wurde gefolgert, daß **IV** in eine andere Form umgewandelt sein kann, für welche die Membran undurchlässig ist. H. GOLDNER. 4573□

**Eine neue Methode zur Bestimmung von Kalium im Serum.** E. Bladh und P. O. Gedda. (Scand. J. clin. Lab. Invest. **12**. 274—76. 1960. Lund, Sweden, Univ., Hosp., Dep. for Rheumatic Diseases.) (Engl.)

$K^+$ wird mit Na-Tetraphenylborat (im Überschuß) gefällt u. das überschüssige Reagens durch turbidimetr. Titration mit Cetyltrimethylammoniumbromid bestimmt (zur Meth. vgl. KARMAN, BLADH u. GEDDA, Mikrochim. Acta [Wien] **5**. [1959.] 779). 20 Seren von Patienten mit rheumatoider Arthritis gaben Werte zwischen 165 u. 206 µg K/ml Serum. Sie lagen damit um ein Geringes höher als die flammenphotometr. ermittelten Werte. H. KLUGE. 4574□

**Über die Möglichkeit einer Gewinnung von elektrophoretisch homogenen Fraktionen der Serumproteine durch Salztrennung.** A. Ss. Wolynski und K. Ch. Chadshijew. (Биохимия [Biochemie] **26**. 217—20. März/April 1961. Taschkent, Lehrstuhl für Biochemie, Med. Inst.) (Russ.; Auszug: Engl.)

In Verss. mit *Antidiphtheriepferdeserum* (I) ergab sich, daß von den untersuchten Verbb. $(NH_4)_2SO_4$ (II), $Na_2SO_4$, $ZnSO_4$ u. $K_2HPO_4$ nur **II** geeignet ist, bei allmählich steigender Konz. u. bei strenger Einhaltung eines bestimmten pH zu elektrophoret. homogenen γ-Globulinen (**III**) bei der Fällung u. Umfällung der Eiweißfraktionen zu führen. Es wurden aus **I** 4 Fraktionen von $\gamma_1$-**III** u. eine Fraktion von $\gamma_2$-**III** erhalten. O. LEBTAG. 4574□

**Untersuchung über Wärmedenaturierung menschlicher und Meerschweinchenserumproteine mittels Papierelektrophorese.** Ladislav Hána und Pavel Antolík. (Českoslov. Biol. **6**. 314—17. Juli 1957. Bratislava, ČSAV, Visologický ústav.) (Engl.)

Vff. untersuchten die Eignung der Filterpapierelektrophorese zur Best. der Denaturierung gewisser Serumproteine durch Erhitzen bei 56° über 30 Minuten. Die größten Veränderungen wurden in der *α-Globulin*-Fraktion gefunden. Im Meerschweinchenserum ereigneten sich größere Veränderungen als im menschlichen Serum, u. zwar nicht nur in bezug auf die *α-Globuline*, sondern auch die *β-Globuline*. W. F. EBEL. 4574□

**Eine Untersuchung über Veränderungen der elektrophoretischen Verteilung von Serumproteinen beim Foetus und bei der Schwangeren.** P. Leyssac. (Scand. J. clin. Lab. Invest. **12**. 458—62. 1960. Gentofte, Dep. of Gynecol. and Central Labor. Copenhagen, County Hosp.) (Engl.)

Die Serumproteine von Schwangeren im 5.—6. Monat der Schwangerschaft u. von Schwangeren im 9. Monat u. ihrer ausgetragenen Foeten wurden durch Papierelektrophorese bestimmt. Der *β-Globulin*-Geh. im mütterlichen Blut steigt von der Mitte bis zum Ende der Schwangerschaft an, während die Konz. der anderen Serumproteine u. des Gesamtproteins während der Schwangerschaft unverändert bleiben. Das foetale Blut enthält weniger Gesamtprotein u. einzelne Serumproteine als das mütterliche Blut. Im letzten Drittel nimmt die foetale Konz. von Gesamtprotein, *Albumin* u. *γ-Globulin* signifikant zu. Am Ende der Schwangerschaft sind die Konzz. des Gesamtproteins u. des γ-Globulins im Blut der Mutter u. des Foetus gleich. K. F. MÜLLER. 4574□

**Untersuchung des Papainschocks beim Kaninchen.** Léon Binet, M. Marquis und D. Quivy. (C. R. Séances Soc. Biol. Filiales **150**. 1127—31. 18/11. 1956.) (Franz.)

Vff. konnten nachweisen, daß beim Kaninchen der *Papain*-Schock mit einem verzögerten Gerinnungsvermögen des Blutes einhergeht. Daneben werden ausgeprägte Veränderungen des Plasmaproteinspektrums im Elektropherogramm festgestellt; diese Veränderungen drücken sich bes. in einer Erhöhung der α- u. *β-Globulin*-Fraktionen aus. Da die verzögerte Koagulation des Blutes auch dann noch besteht, wenn das Plasmaproteinmuster bereits wieder normal ist, scheinen keine Beziehungen zwischen den beiden Phänomenen zu bestehen. H. KOCKERT. 4574□

**Experimentelles präthrombotisches Stadium eines Organismus als Folge der durch atherogene Kost hervorgerufenen Dysfunktion des physiologischen Antikoagulationssystems.** B. A. Kudrjashov, G. G. Bazasian, N. P. Sytina und G. V. Andreenko. (Nature [London] **189.** 67—68. 7/1. 1961. Moscow, Moscow State Univ., Fac. of Biol.) (Engl.)

Es konnte gezeigt werden, daß die Entstehung von Myocardinfarkten bei Ratten unter atherogener Kost (nach WILGRAM sowie THOMAS u. HARTROFT) mit der Entw. eines präthrombot. Stadiums der Vers.-Tiere als Folge einer Depression der Funktion des physiolog. Antikoagulans-Syst. zusammenhängt. U. TAUSENDFREUND. 4574□

**Die Wechselwirkung zwischen Protamin und Humanfibrinogen und die Bedeutung dieser Wechselwirkung für die Koagulation des Fibrinogens.** H. C. Godal. (Scand. J. clin. Lab. Invest. **12.** 433—45. 1960. Oslo, Rikshosp., Univ. Hosp., Inst. for Thrombosis Res.) (Engl.)

Eine Unters. über die Wechselwrkg. von *Protamin* (I) mit *Fibrinogen* (II) u. anderen *Plasmaproteinen* ergab: I fällt bei physiolog. pH u. Ionenstärke ziemlich selektiv II aus Plasma. Die Fällung beruht auf der Bldg. eines wenig lösl. I–II-Komplexes. Die Fällung wird durch Plasmaalbumin (u. wahrscheinlich auch durch andere Plasmaproteine) gehemmt; diese Hemmung ist wahrscheinlich auf die Bldg. eines kompetitiven, lösl. I-Komplexes zurückzuführen. Die klumpungsfördernde Wrkg. von I weist auf einen Einfl. auf die Polymerisationsphase hin. Dextranpolymerisat hat eine ähnliche Wirkung. K. F. MÜLLER. 4574□

**Ein Vergleich von zwei heparinneutralisierenden Agentien: Protamin und Polybrene.** H. C. Godal. (Scand. J. clin. Lab. Invest. **12.** 446—57. 1960. Oslo, Rikshosp., Univ. Hosp., Inst. for Thrombosis Res.) (Engl.)

*Polybrene* (I; *Poly-[1.5-dimethyl-1.5-iminoundecan-N-äthylenmethobromid]*) ist ein stärkeres Antiheparinreagens als *Protamin* (II): zur Neutralisation von 1 mg Heparin werden 0,9 mg I oder 1,4 mg II benötigt. In isoton. neutraler Lsg. ist I stabiler als **II**. **I** ist in Plasma stabil, während II durch proteolyt. Enzyme sehr schnell aufgespalten wird. Im Vgl. zu II ist I ein schwaches Fällungsmittel für Fibrinogen; es hat nur geringe klumpungsfördernde Wirkung. I ist II überlegen, wenn schwache heparinähnliche Substanzen wie Dextransulfat durch Titration im Thrombin-Syst. bestimmt werden. Nach i.v. Injektion verschwinden I u. II schnell aus dem Blut u. sind zur Neutralisation von anschließend injiziertem Heparin nicht verfügbar. K. F. MÜLLER. 4574□

**Über die Methode zur Bestimmung des Gehaltes an Faktor V im Plasma von Humanblut.** Je. F. Krawzowa. (Лабораторное Дело [Laboratoriumswesen] **6.** Nr. 5. 26—29. Sept./Okt. 1960. Moskau, 1. Med. Ssetschenow-Inst., hospit. therapeut. Osstroumow-Klin.) (Russ.)

Nach QUICK bestimmte Vf. den Geh. des Blutplasmas von 40 gesunden Personen an *Faktor V* (I) u. konstruierte eine Kurve der Veränderungen der Prothrombinzeit des Oxalatplasmas des Humanblutes in Abhängigkeit von dessen Geh. an I. Die Unterss. wurden mit Hilfe eines aus Menschengehirn gewonnenen Thromboplastins durchgeführt, auf dessen Herst. des Näheren eingegangen wird. E. RENTZ. 4574□

**Charakterisierung der fibrinolytischen Komponenten in der menschlichen Prostata.** J. Rasmussen und O. K. Albrechtsen. (Scand. J. clin. Lab. Invest. **12.** 261—68. 1960. Copenhagen, Carlsberg Found., Biol. Inst.) (Engl.)

Normale menschliche Prostata enthält durch unterschiedliche Hitzestabilität unterscheidbare *Plasminogen* (I)-Aktivatoren, von denen einer das stabile Gewebe-I, der andere das labile Blut-I aktiviert. Daneben konnte noch ein durch Streptokinase aktivierbarer Proaktivator nachgewiesen werden. Plasmin, Lysokinase oder Trypsininhibitoren fehlen. In Salzextrakten (KSCN) konnte nur der Aktivator des stabilen Gewebe-I gefunden werden. Der zweite Aktivator stammt aus anhaftendem Blut. Beziehungen zwischen den Aktivatoren u. der erhöhten Blutungstendenz bei Patienten mit Prostatacarcinom sowie der erhöhten fibrinolyt. Aktivität des Blutes nach Resektion der gutartig hypertrophierten Prostata werden diskutiert. H. KLUGE. 4574□

**Die Bildung von Glutathion und die Entwicklung einiger Enzyme für den Kohlenwasserstoff-Stoffwechsel während der Entwicklung des Hühnerembryos.** A. Cazorla und E. S. Guzman Barron. (Exp. Cell Res. **14.** 68—79. Febr. 1958. Chicago, Ill., Univ. of Chicago, Chem. Div., Dep. of Med.) (Engl.)

Vff. untersuchen den Geh. von *Glutathion* (**I**) u. folgenden Enzymen in Hühnerembryonen während der Entw.: *Glutathionreduktase* (**II**), *Glucose-6-phosphatdehydrogenase, Cystinreduktase* (**III**), *Phosphoglycerinaldehyddehydrogenase* u. *Isocitronensäuredehydrogenase* (**IV**). Die Verss. zeigen, daß zunächst **I** aus dem Eigelb (nur dieses enthält **I**) in den Embryo nach Inkubation übergeht. Ab 6.—7. Tag setzt Neusynth. von **I** (in der embryonalen Leber) ein; die Geschw. geht etwa der Neubildung an N parallel. Alles **I** liegt in red. Form vor (papierchromatograph. Nachw.). — **II** u. **III** konnten nach ca. 72 Std. nach Inkubation nachgewiesen werden. Zu diesem Zeitpunkt sind auch Fermente des oxydativen Glucoseabbaues u. **IV** nachweisbar. — Auf die Bedeutung des oxydativen Abbauweges in wachsenden Geweben wird ferner durch den erhöhten Verbrauch an Ribose-5-phosphat (im Vgl. zu verschiedenen Geweben ausgewachsener Tiere) hingewiesen.
H. SCHIMASSEK. 4583□

**Morphogenetische Wirkungen der Liposäure auf Amphibienembryonen.** J. Brachet. (Nature [London] **189.** 156—57. 14/1. 1961. Univ. libre de Bruxelles, Fac. des Sci., Labor. de Morphol. animale.) (Engl.)

*Liposäure* (**I**, 5 μg/ml) u. *Mercaptoäthanol* wirken in entgegengesetzter Weise auf Embryonen von *Rana temporaria* u. *Xenopus laevis*. **I** bewirkt keine Entw.-Hemmung, aber eine deutliche Hemmung des Schwanzwachstums. Bei *Pleurodeles* erwiesen sich **I**-Konzz. von 0,3 μg/ml als toxisch. Bei noch kleineren Konzz. konnte kein eindeutiger Effekt auf die Schwanzgröße beobachtet werden, dagegen eine Intensivierung der Färbung. H. LOHSCHELDER. 4583□

**Ernährungssoziologische Untersuchung über den effektiven Lebensmittelverzehr von Werktätigen aus 5 großen Industriebetrieben.** 1. Mitt. H. K. Gräfe und I. Räke. (Ernährungsforschung **6.** 96—118. 1961. Potsdam-Rehbrücke, Inst. für Ernährung.) (Dt.)

Unters. der Ernährungssituation von Arbeitern (36 befragte Personen) eines Maschinenbaubetriebes ergab einen mittleren Energieverbrauch von 3650 kcal (Schwankungsbreite ± 10%). Das *Eiweiß*-Optimum wurde von 72% der Umfrageteilnehmer erreicht. Der *Fett*-Verbrauch schwankte zwischen 112—202%. Nur 5 Personen hatten eine *Ca*-Aufnahme von mehr als 90% des Soll. Der Verbrauch an *Vitamin A* wies eine große Schwankungsbreite (52—202%) auf, 70% der Personen hatten eine gute Aufnahme an Vitamin A. Bei *Vitamin* $B_1$ lag ein suboptimales Angebot vor. Das Angebot an *Vitamin* $B_2$ war knapp, auch die Versorgung an *Vitamin C* lag ungünstig.
M. ULMANN. 4585□

**Die Fette bei der Ernährung des Menschen.** F. A. Kummerow. (J. Amer. Oil Chemists' Soc. **37.** 503—09. Okt. 1960. Urbana, Ill., Univ. of Illinois, Dep. of Food Technol.) (Engl.)

Vortragsbericht. An Hand von 55 Literaturzitaten wird ein Überblick über die Bedeutung der Fette in ihrer kulinar., physiolog.-chem. sowie ernährungsmäßigen Bedeutung gegeben. Behandelt werden die Fette u. Lipoide, ihre Wrkg. auf die Motilität des Verdauungstraktes, die lipolyt. Verdauung u. Dispergierung, der Weg der Resorption, die Bedeutung der essentiellen u. der trans-Fettsäuren (hydrierte Fette), die Verteilung der Fette im menschlichen Körper, der metabol. Auf- u. Abbau (Fettsäurecyclus) u. ihre Verknüpfung mit dem Citronensäurecyclus sowie dem Kohlenhydratstoffwechsel, der genet. Zusammenhang zwischen Linol- u. Arachidonsäure. Es wird ausgeführt, daß der Fettkonsum in die richtige Relation zu Aufnahme von Protein u. Vitaminen zu bringen ist, daß keine übercalor. Ernährung erfolgt, daß der Bedarf an essentiellen Fettsäuren gedeckt wird; in einer schemat. Darst. werden die metabol. Verknüpfungen zwischen Fett, Protein u. Kohlenhydrat veranschaulicht. K. TÄUFEL. 4585□

**Gaschromatographische Untersuchungen der Serumfettsäuren des Menschen.** 4. Mitt. **Über die alimentäre Hyperlipidämie nach verschiedenen Nahrungsfetten.** E. Böhle, W. Schrade, R. Biegler, D. Larbig und J. Karytsiotis. (Klin. Wschr. **39.** 5—17. 1/1. 1961. Frankfurt/M., Univ., I. Med. Klinik.) (Dt.) — 3. vgl. C. **1961.** 13993.

Während der alimentären Hyperlipidämie wird das Fettsäurenspektrum durch die Zufuhr verschiedener Fette in charakterist. Weise beeinflußt. Geprüft wurden Cocosfett, Butter, Olivenöl, Rapsöl, Leinöl, Maisöl, „Lipomatan"-Öl u. Eier. „Lipomatan"-Öl ist ein Pflanzenkeimöl mit hohem Linolsäure-Geh. (79,5%) u. 15,5% Ölsäure. Im Blut treten diejenigen *Fettsäuren* vermehrt auf, die in dem zugeführten Fett enthalten sind, jedoch bei den einzelnen Fetten mit unterschiedlicher Relation zwischen Zunahme im Serum u. Geh. im verabfolgten Nahrungsfett. Für das differente Schicksal im Stoffwechsel nach der Resorption scheinen Kettenlänge u. Struktur der einzelnen Fettsäuren von Bedeutung zu sein. F. O. W. MEYER. 4585□

**Nahrungsfett und Herzkrankheit.** Dorothy M. Rathmann. (J. Amer. Oil Chemists' Soc. **37.** 601—07. Nov. 1960. Argo, Ill., George M. Moffett Res. Labor. Corn Products Co.) (Engl.)

Vortragsbericht. An Hand von 50 Literaturzitaten wird ein Überblick über die zur Zeit vorhandenen Kenntnisse hinsichtlich Art u. Menge der verabreichten Nahrungsfette einerseits sowie der sich daraus ergebenden metabol. Konsequenzen andererseits vermittelt; Tabellen u. graph. Darst. veranschaulichen die Zusammenhänge. Es wird hervorgehoben, daß die Fette vom Standpunkt ihrer Funktion sowohl als Nähr- wie als Wirkstoff unbedingt erforderliche Bestandteile der Nahrung sind, daß sie aber auch — neben zahlreichen anderen Faktoren — in gewissen Beziehungen zu Herzerkrankungen stehen; Hinweis dahingehend, daß es wünschenswert erscheint, die von seiten der stärker ungesätt. Öle herbeigeführte Lipämie u. cholesterinsenkende Wrkg. durch biolog. Dauer-Verss. in ihren Konsequenzen zu erkennen u. sicherzustellen. K. TÄUFEL. 4585□

**Der Einfluß des Aureomycins auf den Stickstoffstoffwechsel beim Schwein.** G. Charlet-Levy und S. Z. Zelter. (C. R. hebd. Séances Acad. Agric. France **46.** 683 bis 686. Juni 1960. Paris, Inst. National Agronom., Labor. de Rech. de Zootechnie.) (Franz.)

*Aureomycin* intensiviert beim Schwein den Stickstoffstoffwechsel bei Fütterung mit Eierproteinen, während es bei Proteinentzug vermehrte Stickstoffausscheidung im Harn hervorruft. G. ZIEBARTH. 4585□

**Die Wirkung der Vitamin-$B_1$-Behandlung auf den Brenztraubensäurespiegel des Blutes bei subakuter kombinierter Nervendegeneration.** Richard W. Hornabrook und Vincent Marks. (Lancet **1960** (II). 893—95. 22/10. London, Nat. Hosp. for Nervous Dis.; Inst. of Neurol.) (Engl.)

Der bei subakuter kombinierter Nervendegeneration zu beobachtende erhöhte *Pyruvat*-Spiegel des Blutes kann durch täglich 100 mg *Vitamin $B_1$* (*Aneurin, Thiamin*) zur Norm gesenkt werden. Die auch durch Verabreichung von *Vitamin $B_{12}$* (*Cyanocobalamin*) herbeiführbare Besserung wird auf sek. Faktoren wie verbesserte Ernährung u. Vitamin-$B_1$-Resorption zurückgeführt. U. TAUSENDFREUND. 4587□

**Wirkung von Thiaminpropyldisulfid auf die Darmbewegungen.** Ryozi Nanba und Sosogu Nakayama. (Vitamins [Kyoto] **22.** 142—46. 1961. Okayama, Univ., Dep. of Physiol.) (Jap.; Auszug: Engl.)

Ein zur i.v. Injektion bestimmtes Präp. von Thiaminpropylsulfid regte die Dünndarmperistaltik des Hundes an, andere Präpp. nicht. K. ZINGRAF. 4587□

**Die Wirkung chronischer Kohlendisulfidvergiftung auf das Thiamingleichgewicht bei Ratten.** Julian Liniecki. (Łódzkie Towarzystwo naukowe, Wydział IV **1960.** Nr. 26. 1—92. Łódz, Lodzer Wissenschaftliche Gesellschaft (Societas Scientiarum Lodziensis).

Bei drei Gruppen von Ratten wurde das Thiamingleichgewicht bestimmt. Zwei dieser Gruppen wurden mit *Kohlendisulfid*-Dämpfen in der toxikolog. Kammer mit Durchschnitts-Konzz. von 0,42 u. 1,55 mg $CS_2$/Liter Luft (5 Std. täglich u. 6 Tage wöchentlich) vergiftet. Die Gesamtintoxikationsdauer betrug 129 Tage. Während des Vers. wurden die Ratten in Stoffwechselkäfige placiert u. erhielten die Standardkost mit 40 $\mu g$ *Thiamin*-Geh. pro Ratte. Das *Thiamin* u. *N'-Methylnicotinamid* im Harn u. *Thiamin* im Kot wurden zweimal wöchentlich fluorometr. bestimmt. Bei der Gruppe von Ratten, die mit *Kohlendisulfid* in hoher Konz. vergiftet worden waren, wurden nachstehend aufgeführte Symptome chron. Vergiftung beobachtet: Paresen und Paralysen, Störungen des Hornhautreflexes, signifikanter Körper- u. Hirn-Gew.-Abfall u. beträchtliche Verlängerung der Chronaxie (13- u. 23mal mehr als normal für Flexoren bzw. Extensoren). In dieser Gruppe verringerte sich die Thiaminausscheidung im Harn nur um ca. 17%. Der Thiamin-Geh. im Kot war bei vergifteten u. nichtvergifteten Ratten derselbe, der Vitaminspiegel von Leber u. Nieren zeigte nur ein leichtes Absinken bei den vergifteten Tieren, die Thiamin-Konz. in den Hirnen war eher schwach erhöht im Vgl. zur Kontrollgruppe. Gleichzeitig wurde bei der hohen Kohlendisulfid-Konzz. ausgesetzten Gruppe ein beträchtliches Anwachsen der *Methylnicotinamid*-Ausscheidung im Harn (im Durchschnitt von 65%) beobachtet. Bei der mit geringeren $CS_2$-Konzz. vergifteten Gruppe wurden nur eine leichte Verringerung des Körper-Gew. u. beginnende Veränderungen in der Chronaxie beobachtet, hinsichtlich der Methylnicotinamidausscheidung u. Thiaminausscheidung wurde keine Veränderung gefunden. Die Ergebnisse der Unters. zeigen, daß Kohlendisulfid keine endogene $B_1$-Hypovitaminosis hervorruft, die als ein Hauptursachenfaktor in der Krankheitsentstehung der toxischen Polyneuritis bei der betreffenden Vergiftung erachtet werden könnte. Das Anwachsen der Methylnicotinamidausscheidung könnte als Störung des *Niacin*-Stoffwechsels bei der Kohlendisulfidvergiftung gewertet werden. W. F. EBEL. 4587□

**Experimentelle Untersuchungen über die Einflüsse gefäßerweiternder und gefäßverengender Mittel auf die Verteilung von Thiamin in der Netzhaut, dem Nervus opticus und der Aderhaut.** Ryoji Asayama und Yasuko Maeda. (Vitamins [Kyoto] **22.** 228—36. 1961. Kyoto, Univ., Ophthalmol. Dep.) (Jap.; Auszug: Engl.)

Gabe von *Acetylcholin* (**I**), *Benzylimidazolinhydrochlorid* oder *Kallikrein* allein bewirkte bei Kaninchen eine Zunahme von *Thiamin* (**II**) in Netzhaut, Nervus opticus (No), Aderhaut u. Blut; zusätzlich verabreichtes **II** führte zu einer Zunahme von **II** in No. Bei Gabe von **I** + **II** stieg die Konz. von **II** im Blut an. Die Phosphorylierung war in den meisten Fällen beschleunigt. *Ephedrin* förderte, *Adrenalin* (**III**) + **II** hemmte den Übergang von **II** aus dem Blut in die Gewebe des Auges. **III** allein setzte den **II**-Geh. in diesen Geweben herab. K. ZINGRAF. 4587 □

**Untersuchungen über Thiaminantagonisten. 1. Mitt. Der Einfluß von Thiaminschwefelsäureester auf Milchsäurebakterien.** Chikataro Kawasaki und Eiichi Hiraoka. (Vitamins [Kyoto] **22.** 197—99. 1961. Toyonaka, Osaka Univ., Dep. of Hygienic Chem.) (Jap.; Auszug: Engl.)

Das Wachstum von *Lactobacillus fermenti 36*, welcher *Thiamin* (**I**) benötigt, nicht aber von *L. arabinosus* oder *L. casei*, wurde durch **I**-Schwefelsäureester (**II**) gehemmt. **II** besitzt keine **I**-Aktivität. K. ZINGRAF. 4587 □

**Untersuchungen über Thiaminantagonisten. 2. Mitt. Der Einfluß von Desoxythiamin und seinen Analogen auf Milchsäurebakterien.** Eiichi Hiraoka, Isao Tomita und Hiroe Shimada. (Vitamins [Kyoto] **22.** 200—03. 1961. Toyonako, Osaka Univ., Dep. of Hygienic Chem.) (Jap.; Auszug: Engl.) — 1. vgl. vorst. Referat.

Das Wachstum von *Lactobacillus fermenti 36*, nicht aber von *L. arabinosus* oder *L. casei*, wurde durch *Desoxythiamin* (**I**), *Desoxymethylthiamin* (**II**) u. *Desoxyäthylthiamin* (**III**) gehemmt. Die Verbb. besitzen keine Thiaminaktivität. Stärke der Hemmwrkg.: *Pyrithiamin* > **I** = **II** > **III** > *Thiaminschwefelsäureester* > *Hydroxythiamin.* K. ZINGRAF. 4587 □

**Untersuchungen über Thiaminantagonisten. 3. Mitt. Der Einfluß von Thiothiamin, Thiochrom und seinen Analogen auf Milchsäurebakterien.** Eiichi Hiraoka und Hiroe Shimada. (Vitamins [Kyoto] **22.** 204—06. 1961. Toyonaka, Osaka Univ., Dep. of Hygienic Chem.) (Jap.; Auszug: Engl.) — 2. vgl. vorst. Referat.

*Thiothiamin* (**I**) u. *Thiochrom* (**II**) besitzen geringe Thiaminaktivität (TA) u. hemmen das Wachstum von *Lactobacillus fermenti 36* nicht. Desoxyverbb. u. Schwefelsäureester von **I** oder **II** besitzen weder TA noch eine Hemmwirkung. K. ZINGRAF. 4587 □

**Der Einfluß des Entzugs von Thiamin, Riboflavin und Niacin aus der Nahrung auf die Auslösung von Gliomen bei Mäusen.** J. M. Bridges. (Brit. J. exp. Pathol. **41.** 169—75. April 1960. Belfast, Queen's Univ., Dep. of Pathol.) (Engl.)

Die Unters. der Wrkg. des Entzugs von *Thiamin* (**I**), *Riboflavin* (**II**) u. *Niacin* (**III**) auf die Überlebenszeit von Mäusen mit Gliomen, die durch intracerebrale Implantation von *Methylcholanthren* (**IV**) induziert worden waren, zeigten, daß Tiere mit ausreichender **I**-Zufuhr, unabhängig von einem **II**- oder **III**-Defizit die **IV**-Implantation 287 Tage, solche mit **I**-Mangel 211 Tage überlebten. Als Ursache wird eine größere Blutungstendenz in die Tumormasse angenommen. K. MAIER. 4587 □

**Untersuchungen über Vitamin E. 4. Mitt. Gleichzeitige Bestimmungen von Tocopherolen, Ubichinonen und Ubichromenolen (Substanz SC) in tierischen Geweben: eine Wiederuntersuchung des Keilin-Hartree-Herz-Präparates.** A. T. Diplock, J. Green, E. E. Edwin und J. Bunyan. (Biochem. J. **76.** 563—71. Sept. 1960. Tadworth, Surrey; Vitamins Ltd., Walton Oaks Exper. Stat.) (Engl.) — 3. vgl. Biochem. J. **75.** [1960.] 460.

Es wird eine Meth. ausführlich beschrieben, gleichzeitig α-, β- u. *γ-Tocopherol, Ubichinon-50, -45, -40, -35* u. *-30* u. *Ubichromenol-50, -45, -40* u. *-35* in tier. Geweben (Extrakte aus Rattenleber u. -niere) quant. zu bestimmen. Nach Vorreinigung werden die Substanzen durch 2dimensionale Papierchromatographie getrennt, eluiert u. getrennt opt. bestimmt. Im selben Extrakt können auch *Vitamin A* u. *Tocopherylchinon* bestimmt werden. Die colorimetr. Best. von *Ubichromenol* mit $FeCl_3$ + α.α'-Dipyridyl wird beschrieben. Auch das chromatograph. Verhalten von Ubichinonen u. Ubichromenolen wurde untersucht. Bedingungen für die Trennung der Verbb. sind angegeben. Dabei wurde die Wiedergewinnung aus Geweben quant. untersucht. Das Vorkommen von *Vitamin $K_1$* in tier. Geweben wird bestätigt. Das Pferdeherz-Präp. nach KEILIN-HARTREE wurde noch einmal untersucht, u. frühere Berichte über die Ggw. von *α-Tocopherol* u. *α-Tocopherylchinon* in diesem Präp. wurden bestätigt. KEILIN-HARTREE-Präpp. wurden 28 Wochen bei —20°, Extrakte aus der Leber mit Vitamin-E-Mangeldiät gefütterter Kaninchen 6 Wochen bei $-20^0$ aufbewahrt. Es trat bei der Lagerung kein Verlust an *Tocopherol*, *Ubichinon* oder *Ubichromenol* ein.

S. DITTMANN-MITZSCHERLICH. 4587□

**Untersuchungen über Vitamin E.** 5. Mitt. **Lipid-Peroxydation bei durch Dialursäure veranlaßter Hämolyse an Vitamin E verarmter Erythrocyten.** J. Bunyan, J. Green, E. E. Edwin und A. T. Diplock. (Biochem. J. **77.** 47—51. Okt. 1960.) (Engl.) — 4. vgl. vorst. Referat.

Die durch *Dialursäure* veranlaßte Hämolyse *Vitamin-E* (I)-armer Erythrocyten (Ratten 3—5 Monate lang mit I-freier Diät gefüttert) ist von Lipidperoxydation begleitet, was mittels der Thiobarbitursäure-Rk. nachgewiesen wurde. Die Bldg. der Peroxyde wird durch Substanzen verhindert, die die Erythrocyten gegen Hämolyse schützen: I, *2.6-Di-tert.-butyl-4-methylphenol*, $Co^{2+}$, $Mn^{2+}$, $Cr_2O_7^{2-}$ u. $CrO_4^{2-}$. $SeO_3^{2-}$ hebt die Wrkg. von I völlig auf. *Katalase* ist inaktiv. *L-Thyroxin* schützt in vitro in vollem Maße gegen Hämolyse u. auch gegen Peroxydation der Lipide. Mit *CO* behandelte Erythrocyten zeigen die kirschrote Farbe, die für *Carboxyhämoglobin* (II) typ. ist u. sind gegen Hämolyse u. Bldg. von Peroxyden sehr beständig. Dies bes., wenn CO in reiner Form oder nur mit $N_2$ verd. einwirkt. $O_2$ verringert dagegen die Widerstandsfähigkeit. $Fe^{2+}$ u. $Fe^{3+}$ verzögern die Hämolyse etwas. Die Hämoglobinkatalyse der Lipidperoxydation im Erythrocytenstroma ist durch Zellfraktionierungs-Unterss. u. durch den Schutz intakter Zellen nachgewiesen worden, der sich aus der Umwandlung von *Oxyhämoglobin* (III) in II ergibt. Aus den Ergebnissen von Verss. mit überschüssiger Dialursäure wird gefolgert, daß III während der Hämolyse in geringem Maße dissoziiert.

S. DITTMANN-MITZSCHERLICH. 4587□

**Untersuchungen über Vitamin E.** 6. Mitt. **Die Verteilung von Vitamin E in der Ratte und die Wirkung von α-Tocopherol und Selen-haltigem Futter auf Ubichinon und Ubichromenol in den Geweben.** E. E. Edwin, A. T. Diplock, J. Bunyan und J. Green. (Biochem. J. **79.** 91—105. April 1961.) (Engl.) — 5. vgl. vorst. Referat.

Die Verteilung von *Vitamin E* (I), *Vitamin A*, *Ubichinon* (II) u. *Ubichromenol* (III) auf Herz, Leber, Niere, Hinterbeinmuskel, Milz, Gehirn, Nebenniere, Lunge, Nerven, Uterus, Hoden, Fett, Gerinnsel u. Serum von Ratten wurde quant. untersucht. Die Gewebe, die am meisten I enthalten, besitzen gewöhnlich auch den höchsten II-Gehalt. (Hohe Konzz. I u. II in Nebenniere, Herz, Uterus u. Nerven.) Der I-Geh. der Gewebe wird durch die Art der Nahrung beeinflußt. Nebenniere u. Nerven behalten bei Verarmung hohe Konzz. I, Uterus u. Leber verarmen dagegen leicht an I. Die Verteilung obiger 4 Verbb. wurde bei 6 u. 13 Monate alten ♀ sowie 6 Monate alten ♂ Ratten verglichen. Die ♀ Tiere besitzen allg. höheren Geh. der Verbb. als die ♂ des gleichen Alters. Bei Verringerung des I-Geh. des Futters sinkt auch der II-Geh. der Gewebe gegenüber dem Geh. der Gewebe von Ratten mit normalem oder I-reichem Futter. Orale Eingabe von I erhöht wieder den II-Geh. der Gewebe II-verarmter Tiere. Oft nimmt gleichzeitig mit Zunahme des II-Geh. der III-Geh. der Gewebe ab. Umgekehrt scheint bei I-Mangelratten der III-Geh. der Gewebe zuzunehmen. Ähnlich wie I erhöht auch Verfütterung von *Selenit* den II-Geh. der Gewebe. S. DITTMANN-MITZSCHERLICH. 4587□

**Untersuchungen über Vitamin E.** 7. Mitt. **Die Wirkungen von Thiamin, Riboflavin und Pantothensäure auf Ubichinon und Ubichromenol in der Ratte.** A. T. Diplock, J. Bunyan, J. Green und E. E. Edwin. (Biochem. J. **79.** 105—08. April 1961.) (Engl.) — 6. vgl. vorst. Referat.

Gruppen von Ratten erhielten 38 Tage lang eine an *Thiamin* (I) bzw. *Riboflavin* (II) arme Diät. Die Konzz. von *Ubichinon* (III), *Ubichromenol* (IV) u. *α-Tocopherol* (V) in Herz, Leber u. Milz wurden mit den Konzz. dieser Stoffe in den gleichen Organen von Tieren verglichen, die einen Zusatz von I bzw. II im Futter erhalten hatten. In Herz u. Leber treten zwar gewisse Veränderungen ein, ernsthafte Gewichtsveränderungen der Tiere mit Vitaminmangelfutter werden jedoch als sek. Effekte erklärt. Eingabe von I oder II schien die III- oder IV-Konzz. nicht direkt zu beeinflussen. Erhalten die Tiere ein *Pantothensäure*-Mangelfutter, so treten in der Leber — jedoch nicht in Herz u. Gehirn — von Ratten erhöhte III-Konzz. auf. Möglicherweise ist hier ein sek. Effekt — durch V — beteiligt.

S. DITTMANN-MITZSCHERLICH. 4587□

**Untersuchungen über Vitamin E.** 8. Mitt. **Vitamin E, Ubichinon und Ubichromenol im Kaninchen.** J. Green, A. T. Dipolck, J. Bunyan und E. E. Edwin. (Biochem. J. **79.** 108—11. April 1961.) (Engl.) — 7. vgl. vorst. Referat.

Kaninchen erhielten verschiedene Diäten, um die Verteilung von *Vitamin E* (I) auf die Gewebe zu untersuchen. Nach 15wöchiger Fütterungszeit wurden I, *Vitamin A*, *Ubichinon* (II) u. *Ubichromenol* (III) in Herz, Leber, Uterus, Nerven, Gehirn, Hinterbeinmuskel u. Fett quant. bestimmt. Der Skelettmuskel enthält wenig I, u. der Geh. kann noch auf sehr niedrige Werte sinken (Beziehung zur Muskeldystrophie). Im Gegensatz zum Rattenuterus wird der Geh. des Kaninchenuterus durch **I** nur wenig beeinflußt. Kaninchen mit **I**-Mangelfutter haben erniedrigte **II**-Konzz. in Herz, Leber u. Skelettmuskel gegenüber den Tieren mit Zusatz von **I**-Acetat zum **I**-Mangelfutter. **III** ist bei **I**-Mangelfutter bei den meisten Geweben (außer Nerven u. Gehirn) ebenfalls verringert. Gibt man den Tieren mit **I**-Mangeldiät einzelne Dosen **I**, so steigt der **II**-Geh. aller Gewebe außer dem des Fettes, der **III**-Geh. sinkt dagegen. Im Adiposegewebe besitzen auch die Tiere noch große **I**-Vorräte, die 15 Wochen lang ein Futter erhalten haben, das arm ist an **I**. S. DITTMANN-MITZSCHERLICH. 4587 □

**Biosynthese von Ubichinon in der Ratte.** D. E. M. Lawson, D. R. Threlfall, J. Glover und R. A. Morton. (Biochem. J. **79.** 201—208. April 1961. Liverpool; Univ., Biochem. Dep.) (Engl.)

Die isoprenoide Seitenkette von *Ubichinon* (**I**) kann aus *Acetat* (**II**) in Darm, Haut u. Leber von Ratten in vivo synthetisiert werden. $^{14}C_{(2)}$-**II** wurde intraperitoneal u. auch oral gegeben. Das isolierte $^{14}$C-haltige **I** wurde acetyliert, durch Ozonolyse abgebaut, die Rk.-Prodd. oxydiert, wobei sich aus der Seitenkette *Lävulinsäure* (**III**) u. aus dem aromat. Rest + 2 C der Seitenkette eine substituierte *Phenylessigsäure* (**IV**) bilden. Die als 2.4-Dinitrophenylhydrazon isolierte **III** besitzt ca. 70fache $^{14}$C-Aktivität gegenüber **IV**. In Ggw. von unmarkiertem **I** können kleine, aber deutlich meßbare Mengen $^{14}C_{(2)}$-*Mevalonat* durch Darmhaut in vitro in **I** eingebaut werden. Anscheinend liegt eine kleine Menge des aromat. Kerns unter diesen Bedingungen im Gewebe vor. Die Gewebe normaler Ratten enthalten hauptsächlich **I**-45, daneben in abnehmender Reihenfolge **I**-50, **I**-40 u. **I**-35. Die Mengenverhältnisse in der Leber können durch **I** der Nahrung verschoben werden, da in der Leber zeitweise Speicherung möglich ist. In Herz, Niere, Lunge u. Skelettmuskel ist dagegen keine Absorption von **I** möglich. Die Eingabe von 100—450 $\mu$g **I**-50 pro Ratte pro Tag beeinflußt nicht den Geh. von **I**-45 in Leber u. Darm, der jeweils 130 bzw. 32 $\mu$g **I**-45 pro g Gewebe beträgt. Daraus wird gefolgert, daß exogenes **I** nicht endogenes austauschen kann. Das endogene **I** ist in den Mitochondrien lokalisiert, das exogene scheint in einem anderen Teil der Zelle absorbiert zu werden u. kann daher im Organismus nicht funktionsfähig werden. S. DITTMANN-MITZSCHERLICH. 4587 □

**Permeierung und Membrantransport beim Parasitismus: Untersuchungen über eine Bandwurm-Plasmobranchier-Symbiose.** C. P. Read, J. E. Simmons jun., J. W. Campbell und A. H. Rothman. (Biol. Bull. **119.** 120—33. Aug. 1960. Woods Hole, Mass., Marine Biol. Labor.; Baltimore, Md., Johns Hopkins Univ., School of Hygiene and Publ. Health, Dep. of Pathobiol.; Houston, Tex., Rice Inst., Dep. of Biol.) (Engl.)

Der Eintritt von $^{14}$C-*L-Valin* (**I**) in den Bandwurm *Calliobothrium verticillatum*, dessen Wirt der Hundshai, *Mustelus canis*, ist, wird von *L-Serin* (**II**), *L-Threonin* (**III**) u. *L-Alanin* (**IV**) kompetitiv gehemmt. Umgekehrt hemmt **I** den von $^{14}$C-**II**. Die Aufnahme von $^{14}$C-**I** wird von *L-Lysin* (**V**) nicht signifikant beeinflußt u. umgekehrt. Im 40-Min.-Vers. wird **I** gegen einen Gradienten von *Calliobothrium* angereichert. Der Eintritt von $^{14}$C-**I** in Mucosagewebe von *Mustelus* wird von **II** kompetitiv gehemmt u. umgekehrt. *L-Leucin*, *L-Isoleucin*, *L-Methionin*, **III** u. **V** hemmen ebenfalls die $^{14}$C-**I**-Aufnahme. Bei 30-Min.-Verss. wurde L-Histidin seitens der Haimucosa in den angewandten Konzz. nicht von **I**, **II**, **IV**, L-Prolin oder Asparaginsäure beeinflußt. Quant. Analysen der freien Aminosäuren des Haidarmlumens ergaben bei Schwankungen in den Absolutkonzz. große Konstanz der Relativkonzentrationen. K. MAIER. 4594 □

**Der Einfluß des Trocknens von Faeces auf den Verlust an Stickstoff und auf die Verdaulichkeitskoeffizienten von Roheiweiß.** Kazimierz Szymona. (Roczniki Nauk rolniczych, Ser. B **76.** 159—65. 1960. SGGW, Kat. Żywienia Zwierząt.) (Pol.)

Beim Trocknen von Faeces tritt ein starker N-Verlust ein: Im Mittel gehen 12,78% Roheiweiß im Kot der Kühe u. 19,02% im Kot von Schweinen beim Trocknen verloren. Damit verändern sich auch die Verdaulichkeitskoeffizienten. Andere Bestandteile der Faeces können ohne wesentlichen Fehler im getrockneten Kot bestimmt werden. F. URBAN. 4594 □

**Das Stoffwechselverhalten von Thiosulfat.** Tadeusz W. Szczepkowski, Bolesław Skarzyński und Mirosława Weber. (Nature [London] **189.** 1007—08. 25/3. 1961. Cracow, Med. Acad., Dep. of Physiol. Chem.) (Engl.)

Ratten wurde $^{35}$*S-DL-Cystin* (**I**; 0,8 mg) u. 200 mg $Na_2S_2O_3$ (**II**)·5 $H_2O$ injiziert u. der Geh. an **II** im Harn, sowie die Restaktivität nach Entfernung von Sulfat bestimmt. 33% des im **I**-Stoffwechsel erzeugten S wird als **II** in 24 Std. ausgeschieden, während bei den Kontrollen, welche nur **I** erhielten, die **II**-Aktivität gering ist. Es wird angenommen, daß die **II**-Gabe die Oxydation des endogenen **II** hemmt u. daß das endogene sich im Organismus wie das exogene **II** verhält. H. LOHSCHELDER. 4596 □

**Veränderung des Mineralumsatzes und des Stickstoffgehaltes im Knochenmark der Ratten in Abhängigkeit vom Alter.** N. I. Jelkina. (Биохимия [Biochemie] **26.** 212—15. März/April 1961.) (Russ.; Auszug: Engl.)

In Verss. mit Ratten im Alter von 30—630 Tagen, deren Nahrung 0,43% Ca, 0,44% P u. 0,2 g Fischtran enthielt, beobachtete man in der Zeit vom 30. bis zum 630. Lebenstag in der Diaphyse eine Ca-Zunahme von 23%, in der Epiphyse von 33%. Der Geh. an N nahm um 33 bzw. 46% ab. Der P-Geh. nahm bis zum 270. Tag etwas ab, dann zu. Die Intensität des Einbaues von $^{45}$Ca u. $^{32}$P in die Epiphyse u. Diaphyse der Röhrenknochen war am 630. Tag um 72 bzw. 93% geringer als am 30. Tag. Die Aktivitäten der alkal. u. der sauren Phosphatase nahmen vom 30. bis zum 630. Tag um 75 bzw. 87% ab. Die stärksten Veränderungen der Zus. u. der Intensität der Stoffwechselprozesse im Knochengewebe erfolgten im Alter von 30—270 Tagen. Der Geh. an N, die Aktivität der Fermente u. die Intensität des Einbaues von $^{45}$Ca u. $^{32}$P waren in der Epiphyse höher als in der Diaphyse, der Geh. an Ca u. P niedriger. O. LEBTAG. 4596□

**Ablagerung und Zurückhaltung von Fluorid und Radiocalcium bei der heranwachsenden Ratte.** R. C. Likins, R. O. Scow, I. Zipkin und A. C. Steere. (Amer. J. Physiol. **197.** 75—80. Juli 1959. Bethesda, Md., Nat. Inst. of Dental Res., Nat. Inst. of Arthritis and Metabolic Diseases, Nat. Inst. of Health.) (Engl.)

Die Zufütterung von täglich 0,33 mg *NaF* über 30 Tage an junge ♀ Ratten hat keinen wesentlichen Einfl. auf den Einbau von *Radiocalcium* in die wachsenden Knochen. Jeweils 30 Min. nach der NaF-Gabe wurden 7 $\mu$c $^{45}CaCl_2$ intraperitoneal verabreicht. Nach 30 u. nach 60 Tagen wurden bes. untersucht: Schienbein, Oberschenkel, Kiefer sowie Zahnbein u. Schmelz von Backen- u. Schneidezähnen. Bemerkenswert ist, daß der F-Geh. der Schneidezähne in der zweiten 30-Tage-Periode stark abnimmt. Der $^{45}$Ca-Geh. des Backenzahnschmelzes ist gegenüber den Kontrollen signifikant erniedrigt. Während er in allen übrigen Knochenteilen während der zweiten 30-Tage-Periode gleichmäßig abnimmt, ist die $^{45}$Ca-Abnahme im Schneidezahnbein wesentlich stärker. Die im Durchschnitt gefundenen F-Werte entsprechen denen, die nach Genuß von fluoriertem Trinkwasser gefunden wurden. W. HOLLAND. 4596□

**Der Einfluß eines Überschusses von Strontium auf den Umsatz von $^{45}$Ca und $^{32}$P in den Knochen.** W. W. Kowalski und I. A. Ssamarina. (Доклады Академии Наук СССР [Ber. Akad. Wiss. UdSSR] **130.** 1378—81. 21/2. 1960.) (Russ.)

Verss. an Kaninchen, welche 30 Tage lang täglich zum Futter 250 mg $SrCO_3$ erhielten, ergaben, wie mittels der Meth. der Radioautographie der Knochenschliffe festgestellt wurde, daß Sr die Ablagerung von $^{45}$Ca in den Knochen hemmt u. die Ablagerung von $^{32}$P sowie von $^{35}$S im epiphysären u. Gelenkknorpel fördert. E. RENTZ. 4596□

**Der Stoffwechsel von Gerbillus pyramidum.** Paul F. Robinson und Roy V. Hendrickson. (Nature [London] **190.** 637—38. 13/5. 1961. Army Chem. Center, Md., U.S. Army Chem. Res. and Dev. Labor., Exp. Zool. Branch.) (Engl.)

Vff. bestimmten den $O_2$-Verbrauch (X [ml/g Körper-Gew./Std.]) in Abhängigkeit von der Außentemp. (Y) bei *Gerbillus pyramidum* zwischen 15 u. 40°. Unterhalb 30° ergab sich die Gleichung: X = 3,88 — 0,102 Y; oberhalb 30°: X = —3,92 + 0,146 Y. Außentemp. von 40° wurden nur kurze Zeit vertragen. Diese Ergebnisse unterscheiden sich stark von den bei *Meriones unguiculatus* beobachteten. H. LOHSCHELDER. 4596□

**Über das Schicksal von dem tierischen Organismus zugeführten Fructose-1.6-diphosphat und Fructose-6-phosphat.** A. A. Kusnetzow und B. N. Stepanenko. (Биохимия [Biochemie] **25.** 705—15. Juli/Aug. 1960. Moskau, Bach-Inst. für Biochem. der Akad. der Wiss. der UdSSR.) (Russ.; Auszug: Engl.)

Im Kaninchen-Vers. wurden 0,5 bzw. 0,4 g *Fructose-1.6-diphosphat* (**I**) oder *Fructose-6-phosphat* (**II**)/kg i.v. zugeführt u. die Veränderungen des Blut-Geh. an anorgan. P, **I**, **II**, reduzierenden Stoffen, Phosphotriosen u. Milchsäure untersucht. Verfolgt wurde auch die Ausscheidung von **I**, **II** u. freier Fructose (**III**) mit dem Harn sowie die Umwandlungen von **I** u. **II** im Blut in vitro. Danach werden $^3/_4$—$^9/_{10}$ der zugeführten **I**-Mengen vom Organismus verwertet. Hierbei erfolgt vorwiegend eine Hydrolyse von **I** zu **II**, u. zwar nicht im Blut, sondern in anderen Geweben u. Organen. **II** wird weiter in Glucose-6-phosphat (**IV**) umgewandelt. Die glykolyt. Verwertung von **I** ist nur sehr gering. Eine Hydrolyse des **II** bis zu **III** ist bei **I**-Zufuhr nicht zu beobachten. Bei der 1 std. Inkubation des Blutes mit **I** wird der Geh. an anorgan. P u. an **III** nur wenig verändert. In Verss. mit **II** bleibt der Geh. an anorgan. P prakt. unverändert, der Geh. an **III** ist stark vermindert. In den Verss. in vivo erfolgt die **II**-Umwandlung in **IV** zu 50—75%. O. LEBTAG. 4596□

**Untersuchungen über den Kohlenhydratstoffwechsel des Schafes. 9. Mitt. Metabolische Einflüsse von Glucose und Glycerin auf unterernährte gravide Mutterschafe und Mutterschafe mit Trächtigkeitstoxämie.** R. L. Reid. (Austral. J. agric. Res. **2.**

42—57. Jan. 1960. Prospect, N.S.W., Sheep Biol. Labor., Div. of Animal Health and Prod.) (Engl.) — 8. vgl. Austral. J. agric. Res. **10.** [1959.] 81.

Die Verwertung injizierter *Glucose* geht bei hungernden graviden Mutterschafen oder Tieren mit Trächtigkeitsoxämie schneller vor sich als bei nichtgraviden Mutterschafen. Es konnte eine Relation zwischen Verwertungs-Geschw. u. Anzahl der Foeten beobachtet werden. Nach i.v. Applikation von Glucose oder peroraler Glycerinverabreichung trat keine klin. Besserung der Trächtigkeitstoxämie auf, bei der der Glucosestoffwechsel offenbar in Diabetiksyndrom-ähnlicher Weise herabgemindert wird. H.-D. BOCK. 4596□

**Die Herkunft von Methylamin im Rattenharn aus dem Stoffwechsel.** E. Jack Davis und R. S. De Ropp. (Nature [London] **190.** 636—37. 13/5. 1961. Pearl River, N.Y., Amer. Cyanamid Co., Lederle Labor., Biochem. Res. Dep.) (Engl.)

♂ WISTAR-Ratten erhielten intraperitoneal 1 mg *Pheniprazin* (**I**) als *Monoaminooxydase*-Hemmstoff u. nach 3 Std. eine als Vorstufe von *Methylamin* (**II**) angesehene Substanz (je 100 mg, intraperitoneal). In dem für 24 Std. gesammelten Harn wurde der Geh. an **II** u. Dimethylamin (**III**) bestimmt. Ohne **I**-Gabe steigerten *Sarkosin* (**IV**), *Glycin* u. *Kreatin* (**V**), nicht aber *Betain*, *Dimethylglycin* u. *Methionin* den **II**-Geh., während nach vorheriger **I**-Injektion eine Steigerung um ca. 300% erfolgte. Der **III**-Geh. wurde nicht merklich verändert. **IV** u. **V** (bei dem ein bes. starker **II**-Anstieg durch **I** auftrat) werden als wahrscheinliche Vorstufen von **II** angesehen. H. LOHSCHELDER. 4596□

**Beziehungen zwischen Tryptophan und Nicotinsäure beim Menschen während des ersten Lebensmonats.** S. Auricchio, E. Quagliariello und A. Rubino. (Nature [London] **186.** 639—40. 21/5. 1960. Naples, Univ., Inst. of Biochem. and Dep. of Pediatrics.) (Engl.)

Bei Neugeborenen u. Säuglingen bis zu 1 Monat Lebensalter wurde die Ausscheidung von *Tryptophan*-Metaboliten im Harn papierchromatograph. untersucht. In der Zeit zwischen 1. u. 4. bis 11. Tag nach der Geburt konnten keine Metaboliten nachgewiesen werden. In der Phase zwischen dem 5. bzw. 12. Tag u. 7. bzw. 28. Tag konnte regelmäßig *Kynurenin* (Ky) mit *3-Hydroxykynurenin* (3-HKy) als Konjugat u. Ky in freier Form nachgewiesen werden. In manchen Fällen erschien im Harn auch *3-Hydroxyanthranilsäure* (3-HA) u. *Anthranilsäure* sowie 3-HK. Nach oraler Verabreichung von 150—400 mg *L-Tryptophan* (T) schieden die Neugeborenen innerhalb der ersten 24 Std. hohe Mengen an T aus. Nach den 8. bis 13. Tag ließen sich auch Ky, *N-α-Acetylkynurenin* u. 3-HA nachweisen. Während der 1. Lebenstage fehlen den Neugeborenen demnach *Tryptophanperoxydase* u. andere Enzyme, die den Abbau von T zu *Nicotinsäureamid* bewirken. R. STRUFE. 4596

**Synthese von Kreatin bei nephrektomierten Ratten.** Ralph Goldman und John X. Moss. (Amer. J. Physiol. **197.** 865—68. Okt. 1959. Sepulveda and Los Angeles, Calif., Vet. Admin. Hosp.; Los Angeles, Calif., Univ. of California, Med. Center, Dep. of Med.) (Engl.)

An nephrektomierten Ratten wird gezeigt, daß auch ein von der Niere unabhängiger *Kreatin*-Synth.-Mechanismus besteht, der ca. 20% des normalen Bedarfs deckt. U. TAUSENDFREUND. 4596□

**Einfluß des Alters auf den Leber-Phospholipid-Stoffwechsel von Mäusen.** W. E. Cornatzer und John H. Reiter. (Proc. Soc. exp. Biol. Med. **106.** 194—96. Jan. 1961. Grand Forks, Univ. of N. Dakota, School of Med., Dep. of Biochem., Guy and Bertha Ireland Res. Labor.) (Engl.)

Bei ♀ Mäusen erfolgte zwischen dem 8. u. 60. Tag eine Zunahme des Quotienten Gesamtlipid-P (I)/Leber-N, dann blieben die Werte unverändert. Die Anteile der einzelnen *Phospholipid*-Fraktionen (PF) an I zeigten nur wenig Veränderung mit dem Alter, dagegen waren die relativen spezif. Aktivitäten der verschiedenen PF bei jüngeren Tieren größer. K. ZINGRAF. 4596□

**Untersuchungen mit $^{131}$J-Fett.** 4. Mitt. **Resorption, Verteilung und Ausscheidung der Radioaktivität nach Zufuhr von radioaktivem Triolein.** M. Siurala, B.-A. Lamberg, K. Turula und A. Hardjanne. (Scand. J. clin. Lab. Invest. **12.** 97—106. 1960. Helsinki, Maria Hosp., Med. Dep. u. Univ. of Helsinki, 4. Dep. of Med.) (Engl.) — 3. vgl. Ann. Med. exp. Biol. fenn. **37.** [1959.] 439.

8 verschiedene Patienten erhielten in Gelatinekapseln *$^{131}$J-markiertes Triolein* (40 bis 60 μc; **I**). Um die Speicherung in der Schilddrüse zu vermeiden, wurde vorher u. nachher KJ appliziert. Unters. von Blutproben 2—120 Std. nach den **I**-Gaben sowie Prüfung von Harn u. Faeces auf Radioaktivität ergaben, daß nach 6—8 Std. ein Gleichgewicht in der J-Verteilung eintritt. Nach 72 Std. ist bis auf wenige % das gesamte J durch den Harn ausgeschieden, während die Faeces nur sehr geringe Mengen abführen. Wie Unterss. an Steatorrhoepatienten zeigen, ist das J-Diffusions-Verh. im Organismus für Diagnosen bes. wesentlich. W. REUSSE. 4596□

**Untersuchungen mit $^{131}$J-Fett.** 5. Mitt. **Die Verteilung der Radioaktivität nach intravenöser Injektion von radioaktiver Triolein-Emulsion.** B.-A. Lamberg, M. Siurala, K. Turula, R. Hakkila und A. Hardjanne. (Scand. J. clin. Lab. Invest. **12.** 107—15. 1960.) (Engl.) — 4. vgl. vorst. Referat.

Bei 5 Patienten wurden i.v. Injektionen mit einer Olivenölsuspension von $^{131}$*J-Triolein* durchgeführt. Nach 3 Min. bis 24 Std. wurden Blutproben entnommen, während 5 Tagen der Harn u. während 2 Tagen die Faeces auf Radioaktivität untersucht. Unter Berücksichtigung des Umstandes, daß nach einer vorausgehenden experimentellen Feststellung in der Emulsion 32% der akt. Substanz als lösl. anorgan. Jodid vorliegen, ergaben die Aktivitätsmessungen, daß das angewandte $^{131}$J nur zu einem Teil in Lipoidbindung im Plasma nachweisbar ist. Alleinige Messung der Plasmaaktivität nach oraler u. i.v. Applikation von markiertem Fett gibt daher kein umfassendes u. vollständiges Bild der Fettresorption u. -verteilung. W. Reusse. 4596□

**Zur Frage des Fettumsatzes bei Rheumatismus.** W. W. Ssalamatina. (Клиническая Медицина [Klin. Med.] **38 (41).** Nr. 6. 100—04. Juni 1960. Kasan, Republik-Krankenhaus, Therapeut. Abt.) (Russ.; Auszug: Engl.)

Bei 205 Lipidogrammen des Blutserums von 36 Rheumakranken war die Färbung der $\alpha$- u. $\beta$-Fraktionen schwächer ausgeprägt als bei Gesunden oder Atherosklerotikern. Die $\alpha$-Fraktion erwies sich bei einer Reihe von Kranken erheblich vermindert, u. zwar der Schwere des Prozesses entsprechend (10—3%). Bei schwerer Endocarditis konnte sie auch ganz fehlen. Bei Kranken ohne Endocarditis war diese Fraktion nur bei $^1/_3$ vermindert (nicht unterhalb 7—12%). Bei allg. Besserung trat eine schnelle Normalisierung auch der $\alpha$-Fraktion ein. Der außerhalb sämtlicher Fraktionen liegende Teil des Lipidogramms, der der $\gamma$-Fraktion des Proteinogramms entspricht, wurde als O-Unterfraktion bezeichnet u. bei 27 akt. rheumat. u. 5 an Kollagenose leidenden Kranken untersucht. Diese Fraktion war erheblich vermehrt bei einem Teil der Patienten mit rheumat. Herzstörungen ohne klare Zeichen einer Endocarditis. Sie ging bei der Besserung des Zustandes der Patienten zurück. Bei Gesunden war sie nicht deutlich erkennbar, desgleichen bei Diabetikern ohne begleitenden entzündlichen Prozeß bzw. bei Atherosklerotikern. Die abs. Vermehrung der $\beta$-Fraktion bei Atherosklerose verlief dem Cholesterin (I)-Anstieg parallel. I wurde bei 34 Kranken insgesamt in 419 Einzelunterss. bestimmt. Bes. niedrige Werte erhielt man bei anhaltender schwerer Endocarditis, die mit schweren Kreislaufstörungen kombiniert war. Bei akuter rheumat. Polyarthritis trat in den ersten Tagen der Behandlung ein starker Abfall des I-Spiegels bis 80—70 mg% ein. Die Besserung des Zustandes wurde von schnellem Anstieg des I begleitet, wobei in einer Reihe der Fälle eine Hypercholesterinämie bis zu 200—220 mg% eintrat. Die Tendenz zum Anstieg des I entsprach einer erfolgreichen Therapie u. einer günstigen Prognose. Dem Abfall des I entsprach eine Rechtsverschiebung des Lipidogramms auf Kosten der Verminderung der $\alpha$-Fraktion u. einer Ausprägung der O-Unterfraktion. Die Verschiebungen sowohl des Fett- wie des I-Stoffwechsels sind wahrscheinlich mit den Besonderheiten der immunbiolog. u. neuroendokrinen Rkk. verbunden. F. du Mans. 4596□

**Untersuchungen bei der Abmagerung fettsüchtiger Kinder.** 3. Mitt. **Das Verhalten der extracellulären und intracellulären Flüssigkeit.** H. Frischauf und E. Zweymüller. (Arch. int. Pharmacodynam. Thérap. **122.** 37—47. Okt. 1959. Wien, 1. Med. Univ.-Klinik u. Univ.-Kinderklinik.) (Dt.) — 2. vgl. C. **1959.** 4222.

Während der Abmagerung fettsüchtiger Kinder mittels einer calorienarmen Ernährung kommt es in der 1. Woche zum Abbau von Fettgewebe, aber auch von „lean body mass". Das zeigt sich an einer deutlich negativen Bilanz von N, K u. P. In dieser 1. Periode nimmt das Gesamtkörperwasser infolge einer Vermehrung der Intracellulär-Fl. (I.Fl.) zu, während die Extracellulär-Fl. (E.Fl.) abnimmt. Ein Teil der E.Fl. u. ihrer Elektrolyte wird nach außen abgegeben, während ein anderer Teil in die Zellen einwandert. In den folgenden Perioden gleichen sich die Verschiebungen an W. u. Elektrolyten zwischen den Fl.-Räumen aus, so daß nach 4 Wochen eine geringe Abnahme an Gesamtkörperwasser bei relativer Vermehrung desselben zum Erstgewicht u. Normalisierung des Verhältnisses von I.Fl. zu E.Fl. beobachtet werden. G. Kimmerle. 4596

**Einige lokale Faktoren, die die Lipoidinfiltration in die Iris bei hypercholesterinämischen Kaninchen beeinflussen.** Meyer Friedman und Sanford O. Byers. (Amer. J. Physiol. **197.** 842—46. Okt. 1959. San Francisco, Calif., Harold Brunn Inst.; Mount Sinai Hosp.; Med. Center.) (Engl.)

Es wird bewiesen, daß die Abgabe von *Lipoiden* u. *Cholesterin* aus dem Blutstrom an umliegende Gewebe (hier Ablagerung in der Iris von hypercholesterinäm. Kaninchen) nicht nur von der Konz. der Stoffe im Blut abhängt, da äußerliche Maßnahmen, wie Implantation von arteriellem Gewebe, Plastikscheibchen oder Exposition gegenüber

intermittierender stärkerer Belichtung zu einer Verstärkung der Ablagerung führt. Es wird vermutet, daß ein Hauptfaktor dabei die verstärkte Vasodilatation ist.
U. TAUSENDFREUND. 4596□

**Biosynthese von Lombricin.** R. J. Rossiter, T. Gaffney, H. Rosenberg und A. H. Ennor. (Nature [London] **185**. 383—84. 6/2. 1960. Canberra, Austral. Nat. Univ., John Curtin School of Med. Res., Dep. of Biochem.) (Engl.)

Regenwürmern werden $^{32}PO_4^{3-}$ (**I**), $^{14}C_{(1,2)}$-*Äthanolamin* (**II**), DL-$^{14}C_{(3)}$-*Serin* (**III**) u. L-$^{14}C_{(Amidino)}$-*Arginin* (**IV**) mittels Sonde in den Gastrointestinaltrakt appliziert u. nach 2 u. 4 Tagen aus dem Muskel [*β-Aminoäthyl*]-*serylphosphat* (**V**) u. *Lombricin* ([*β-Guanidinoäthyl*]-*serylphosphat*; **VI**) papierchromatograph. isoliert u. deren Radioaktivität bestimmt. Nach der Zufuhr von **I**, **II** u. **III** ist die Aktivität des isolierten **V** größer als die von **VI**, wonach **V** ein Vorläufer, nicht ein Abbau-Prod. von **VI** ist. Nach der Hydrolyse des isolierten **VI** findet sich die Aktivität nach **VI**-Zufuhr in der Guanidinoäthanol-, nach **III**-Zufuhr in der Serinhälfte von **VI**. Im Gegensatz dazu enthält **VI** nach **IV**-Zufuhr die Hauptmenge, **V** nur Spuren der Radioaktivität. Danach ist **V** der direkte Vorläufer der Biosynth. von **VI**, auf den unter der Wrkg. einer *Transamidinase* die Amidinogruppe von **IV** unter Bldg. von **VI** u. *Ornithin* übertragen wird. H.-J. KOCH/Berlin. 4596□

**Veränderungen des Galaktosamin/Glucosamin-Quotienten in der Grundsubstanz der Sehnen und Gelenkknorpel mit dem Alter.** A. Bertolin. (Rev. franç. Études clin. biol. **6**. 173—77. Febr. 1961. Padua, Univ., Inst. de Clin. orthopéd.) (Franz.)

Während der Reifung des Bindegewebes (BG) ist das Stoffwechsel-Verh. von *Galaktosamin* (**I**) u. *Glucosamin* (**II**) unabhängig von der lokalen Konz. in allen Bereichen gleich. Der **I**/**II**-Quotient beträgt im BG von jungen Tieren ca. 9, bei erwachsenen Tieren ca. 2. Bei degenerativen Gelenkerkrankungen kann der Quotient bis unter 1 absinken.
K. ZINGRAF. 4597□

**Wasserbindungsvermögen des Bindegewebes und saure Mucopolysaccharide der Grundsubstanz.** Eigill Hvidberg. (Acta pharmacol. toxicol. [København] **17**. 267—76. 1960. Copenhagen, Univ., Dep. of Pharmacol.) (Engl.)

Vf. stellt fest, daß Trinkwasserentzug in der Haut der Maus einen leichten Rückgang des *Hexosamin* (**I**)-Geh. u. ein Absinken des mittleren Molgew. der aus dem gleichen Bereich isolierten *Mucopolysaccharide* (**II**) um ca. 50% verursacht. Zufuhr von physiolog. NaCl-Lsg. (7 ml/pro Tag subkutan innerhalb von 7 Tagen) führt zu einer lokalen Steigerung des **I**-Geh. bei im Vgl. mit den Kontrolltieren unveränderten **II**-Mol.-Gewichten. Nach 7tägigem Wasserentzug erfolgende Injektion isoton. NaCl-Lsg. bewirkt eine Steigerung der **II**-Molgew. auf normale Werte aber nur eine geringe Zunahme der **I**-Mengen in der Haut. Durch *Hyaluronidase* (**III**) werden die **II**-Molgew. auf 15% des Kontrollwertes erniedrigt. Aus den Ergebnissen geht hervor, daß der Rückgang der Molgew. bei Dehydratation auf ein Absinken des *Hyaluronsäure–Chondroitinsulfat*-Verhältnisses in der Grundsubstanz zurückzuführen ist. P. FAHRNLAENDER. 4597□

**Die Mucopolysaccharide im Aortengewebe verschiedenen Alters.** David Kaplan und Karl Meyer. (Proc. Soc. exp. Biol. Med. **105**. 78—81. Okt. 1960. New York, Presbitarian Hosp., Edward Daniels Faulkner Arthritis Clin., and Columbia Univ., Coll. of Physicians and Surgeons, Dep. of Med.) (Engl.)

Die Mucopolysaccharide im menschlichen Aortengewebe verschiedener Altersklassen (21—72 Jahre) werden isoliert u. untersucht: *Hyaluronat* u. *Chondroitin-(6)-sulfat*-Konzz. nehmen mit steigendem Alter ab, dagegen nehmen *Heparitinsulfat*- u. *Chondroitinsulfat-B*-Konzz. zu. U. BAUMANN. 4597

**Eine Methode zur Kristallisation menschlichen Myoglobins.** William H. Luginbuhl. (Proc. Soc. exp. Biol. Med. **105**. 504—05. Dez. 1960. Burlington, Vermont, Univ., Dep. of Pathol.) (Engl.)

Es wird eine Meth. zur Kristallisation menschlichen *Myoglobins* (**I**) mitgeteilt. Sie beruht auf der Tatsache, daß **I** bei Sättigung mit Ammonsulfat (pH 8,0) in Lsg. bleibt. Anschließend kann **I** bei pH 7,0 aus der Lsg. heraus zum Kristallisieren gebracht werden.
H. STRUCK. 4597□

**Vergleichende Untersuchungen über das strukturgebundene Adeninnucleotid des Muskels.** N. A. Biró und B. Nagy. (Acta physiol. Acad. Sci. hung. **8**. 313—20. 1955. Budapest, Eötvös Loránd Univ., Inst. für Tierbiochem.) (Dt.)

Vff. haben in verschiedenen Arten von glattem u. quergestreiftem Muskelgewebe mit Hilfe einer von ihnen verbesserten Meth. fast konst. Mengen von an *Actomyosin* gebundenem *Nucleotid* gefunden u. bestimmt. — Gehirn, Leber, Niere u. polymorphkernige Leukocyten enthalten kein gebundenes Nucleotid. G. ZIEBARTH. 4597□

**Unwirksamkeit von (±)-Carnitin bei der Verhinderung der Zuckungen des gestreiften Froschmuskels in 0,7%iger Natriumchloridlösung.** H. Friebel. (Brit. J.

Pharmacol. Chemotherapy **14.** 420—22. Dez. 1959. Edinburgh, Univ., Dep. of Pharmacol.; Bonn, Friedrich Wilhelms-Univ., Pharmacol. Inst.) (Engl.)

Die spontanen Zuckungen, die Erregbarkeit u. die Fähigkeit zur K-Freisetzung isolierten Froschsartoriusmuskels in 0,7%ig. NaCl-Lsg. wurden durch Zusatz von 1 mg (±)-*Carnitinhydrochlorid* oder (±)-*Base* zur Bad-Fl. nicht beeinflußt, d. h. *Carnitin* ist kein natürlicher Inhibitor des gestreiften Froschmuskels. Durch tätigen Muskel oder KCl-Zusatz mit K angereicherte Fll. hemmten die Muskeltätigkeit reversibel.

K. MAIER. 4597 □

**Chemische Aktivierung der Muskelspindeln beim Menschen. Die Bedeutung der Spindelmechanik für die spinalen Effekte.** H. F. Brune, R. Dammann und E. Schenck. (Pflügers Arch. ges. physiol. Menschen Tiere **271.** 397—403. 1960. Freiburg/Br., Univ., Psychiatr. u. Nervenklinik.) (Dt.)

Der Einfl. des mechan. Zustandes der Muskelspindeln auf die spinalen Effekte bei Einw. von *Succinylcholin* wird untersucht. Äußere Dehnung des Muskels führt zu einer Vertiefung der Hemmung der monosynapt. Reflexe, während innere Dehnung ohne Einfl. ist. G. ZIEBARTH. 4597 □

**Verbrauch von Glucosamin durch isoliertes Herz von Helix pomatia, konserviert in Ringer-Lösung.** A. Jullien, J. Cardot, J. Ripplinger und M. Joly. (C. R. Séances Soc. Biol. Filiales **153.** 1057—59. 20/10. 1959. Besançon, Fac. des Sci., Labor. de Zool.) (Franz.)

Wenn isoliertes Herz von *Helix pomatia* von *Glucosamin* enthaltender RINGER-Lsg. durchspült wird, wird neben einer Erhöhung der Herzmuskelaktivität ein Verbrauch von *Glucosamin* festgestellt. G. ZIEBARTH. 4597 □

**Ionenveränderungen in Verbindung mit der Wiederbelebung des isolierten Kaninchenherzens.** Allen W. Gomoll und Theodore R. Sherrod. (Proc. Soc. exp. Biol. Med. **106.** 196—99. Jan. 1961. Chicago, Ill., Univ. of Illinois, Dep. of Pharmacol.) (Engl.)

2 Std. nach Eintritt des Stillstandes des isolierten Kaninchenherzens war der Geh. von $K^+$ u. $Ca^{2+}$ in ihm verringert, der Geh. von *W.* u. $Na^+$ dagegen unverändert. Bei Wiederbelebung trat ein weiterer K-Verlust ein, während der Geh. an Ca, Na u. W. über die Kontrollwerte hinaus anstieg. K. ZINGRAF. 4597 □

**Selektive chemische Ausschaltung der Harnkanälchen.** 1. Mitt. **Ordnung bei Kaninchen.** J. Méhes, L. Decsi, F. Varga und S. Kovács. (Naunyn-Schmiedebergs Arch. exp. Pathol. Pharmakol. **234.** 548—65. 24/11. 1958. Pécs, Ungarn; Med. Univ., Pharmacolog. Inst. Rákóczi n. 2.) (Ung.)

*Aristolochiasäure* (Darst. vgl. C. **1961.** 15441) ruft (1 mg/kg, i.v. verabreicht) eine selektive Nekrose der Epithelzellen der proximalen Tubuli hervor. Dadurch wird die Ausscheidung von Phenolrot u. p-Aminohippursäure unterbunden, aus dem Primärharn können nur 80% $H_2O$ rückresorbiert werden, u. die Wrkg. des exogenen antidiuret. Hormons ist aufgehoben. Die Aktivität der alkal. Phosphatase u. Bernsteinsäuredehydrogenase wird herabgesetzt, während die saure Phosphatase u. die Zuckerrückresorption unbeeinflußt bleiben. — 32 Literaturangaben. E. CARSTENS. 4597 □

**Prüfung der Mischungshypothese als einer Erklärung für erhöhte $CO_2$-Spannung im Harn.** Floyd C. Rector jun., Richard M. Portwood und Donald W. Seldin. (Amer. J. Physiol. **197.** 861—64. Okt. 1959. Dallas, Texas, Univ. of Texas, Southwestern Med. School, Dep. of Int. Med.) (Engl.)

Bei Prüfung des Urin–Plasma–$CO_2$-Druckgradienten nach $NaHCO_3$-Infusion konnte festgestellt werden, daß die Mischungshypothese (PITTS u. LOTSPEICH, Amer. J. Physiol. **147.** [1946.] 138) keine ausreichende Erklärung für die hohe $CO_2$-Spannung des alkal. Harns liefert. U. TAUSENDFREUND. 4597 □

**Gewebedruck und Autoregulation bei der mit Dextran durchströmten Niere.** Lerner B. Hinshaw, Henry M. Ballin, Stacey B. Day und Curtis H. Carlson. (Amer. J. Physiol. **197.** 853—55. Okt. 1959. Minneapolis, Minn., Univ. of Minnesota, Med. School, Dep. of Physiol., Surg., Physiol. Chem.) (Engl.)

Durchströmungs-Verss. an isolierten Hundenieren mit Blut von verschiedenen Hämatokritwerten sowie mit *Dextran*-Lsgg. zeigen, daß die Strömungsregulationen auf der Basis der Wrkg. des Anstiegs des extravasculären Druckes zustande kommen.

U. TAUSENDFREUND. 4597 □

**Prüfung der Phosphatausscheidung im Harn.** B. E. C. Nordin und Russell Fraser. (Lancet **1960.** (I). 947—51. 30/4. Glasgow, Western Infirm., Gardiner Inst., Univ. Dep. of Med.) (Engl.)

Erneute Beschreibung der einfachen Best.-Möglichkeit des $PO_4$/*Kreatinin* (I)-Clearance-Quotienten sowie der Korrigierung des Quotienten unter Berücksichtigung des Plasma-$PO_4$-Spiegels (Quotient = Harn–$PO_4$·Plasma-I/Plasma–$PO_4$·Harn-I). An Hand der $PO_4$-Infusionsdaten anderer Autoren wurde das Verhältnis zwischen dem Quotienten u. der Plasma-$PO_4$-Konz. bestimmt. Bes. bei prim. Nebenschilddrüsenüberfunktion u. bei Osteomalazie sind die Clearancequotienten im Verhältnis zum Plasma-$PO_4$ anomal hoch, bei Nebenschilddrüsenunterfunktionen anomal niedrig. U. TAUSENDFREUND. 4597 □

**Nierenhämodynamik und Abgabe antidiuretischen Hormons in Verbindung mit der Volumregulierung.** Robert A. Baratz und Raymond C. Ingraham. (Amer. J. Physiol. **198.** 565—70. März 1960. Chicago, Ill., Univ. of Illinois, Coll. of Med., Dep. of Physiol.) (Engl.)

Auf Grund der allg. Verminderung des extracellulären Fl.-Vol. (Hund) durch Blutentnahme oder der selektiven Verminderung desselben im Thorax durch positive Druckatmung ist der volumregulierende Mechanismus als Teil des Gesamtkompensationsmechanismus für derartige Stress-Situationen anzusehen u. scheint jeder anderen Regulierung über Osmoreceptoren übergeordnet zu sein. Beide experimentellen Anordnungen lösen charakterist. kompensator. Herzgefäß-Rkk., verminderte Nierenfunktion u. stark signifikante Zunahmen der Konz. des zirkulierenden *antidiuret. Hormons* aus. Nach der isoton. Expansion der extracellulären Fl. mit Dextran oder der selektiven Expansion der Gefäßkapazität des Thorax durch Atmung bei negativem Druck (ca. 10 cm $H_2O$ unter Atmosphärendruck) scheint der volumregulierende Mechanismus über die Osmoreceptoren der Kontrolle des Körper-Fl.-Vol. zu unterliegen. K. MAIER. 4597 □

**Der Sitz der renalen tubulären Wasser- und Natriumreabsorption während der Antidiurese und Wasserdiurese.** F. Kiil und K. Aukland. (Scand. J. clin. Lab. Invest. **12.** 277—89. 1960. Oslo, Univ., Inst. for Exp. Med. Res.; Ullerval Hosp., Med. Dep. VII.) (Engl.)

Neuere Theorien über die Diuresemechanismen in der Niere werden mittels einer modifizierten stop-flow-Methodik am Hund überprüft. Nach der durch Pitressin, hyperton. NaCl-Lsg. oder Meruhydrin hervorgerufenen nichtosmot. Antidiurese stieg die osmot. Konz. im Harn der Sammelgänge, während *Kreatinin* (I)-Anhäufung in den distalen Tubuli stattfand. Bei den Wasserdiurese-Verss. fand die I-Anhäufung in den Sammelgängen bei steigender osmot. Konz. statt. Die Wasserreabsorption war bei vorst. Verss. viel größer als bei analogen Mannit–Diurese-Verss.; es wird vermutet, daß bei den stop-flow-Verss. auch $Na^+$-Reabsorption verstärkt eintritt. Die Antidiuresehormone bewirken offenbar, daß die distalen Tubuli u. die Sammelgänge für W. frei permeabel werden. H. KLUGE. 4597 □

**Die Rolle des Harnstoffes bei den Konzentrationsvorgängen in der Niere.** F. Kiil und K. Aukland. (Scand. J. clin. Lab. Invest. **12.** 290—99. 1960. Oslo, Univ., Inst. for Exper. Med. Res.; Ulleral Hosp., Med. Dept. VII.) (Engl.)

Stop-flow-Experimente an Hunden mit *Harnstoff* (I) als Diureticum ergaben eine Erhöhung der Kreatinin-Konz. in den Sammelgängen (Sg) u. ein Verschwinden von I aus den Sg; das gleiche Ergebnis liegt bei Diurese-Verss. unter Anwendung von W. u. *Pitressin* vor. Die I-Konz. ist jedoch von dem Abstand der Sg-Segmente von der Innenzone abhängig. Die Permeabilität nimmt entlang den Sg nach außen hin zu, so daß der proximale Teil für W. permeabel ist in Ggw. eines antidiuret. Hormons (H), während die distalen Segmente auch in Abwesenheit von H für W. u. darüber hinaus auch für I durchlässig sind. Die distalen Tubuli sind für I undurchlässig. H. KLUGE. 4597 □

**Die Durchlässigkeit des Nephrons für $Na^+$, $K^+$ und $Cl^-$, untersucht beim Kaninchen mittels Indicatoren während der Diureseunterbrechungsprobe.** Cl. Amiel, M. Guinnebault, C. Boudiak und F. Morel. (Rev. franç. Études clin. biol. **6.** 125 bis 137. Febr. 1961. Saclay (Seine-et-Oise), Commissariat à l'Énergie Atomique, Dép. de Biol.) (Franz.)

Während Diureseunterbrechung (DU) wurden Kaninchen radioakt. markiertes $Na^+$, $K^+$ u. $Cl^-$ i.v. injiziert u. die Durchlässigkeit (DL.) in verschiedenen Tubulusbereichen des Nephrons bestimmt. Der distale Rückresorptionsbereich für $Na^+$ zeigt eine hohe DL. für $K^+$, eine geringe DL. für $Cl^-$ u. keine DL. für $Na^+$. Der daran angrenzende proximalere Teil besitzt hohe DL. für $Na^+$ u. $Cl^-$. In später gesammelten Proben treten Glomerulusindicatoren auf, obwohl auch während DU eine langsame Filtration stattfindet, die jedoch die distalen Harnproben nicht beeinflußt. K. ZINGRAF. 4597 □

**Wirkung von Hypothalamusschädigungen auf die renale Natriumausscheidung.** R. Keeler. (Amer. J. Physiol. **197.** 847—49. Okt. 1959. Ibadan, Nigeria, Univ. Coll., Dep. of Physiol.) (Engl.)

Nach elektr. Hypothalamusschädigung im Bereich der paraventriculären Kerne kam es bei Ratten zu einem (3fachen) Anstieg der *Na*-Ausscheidung im Harn während der 24-Std.-Periode nach der Operation (kein Einfl. auf die K-Ausscheidung). Denervierung der Niere oder bilaterale Adrenalektomie führt zu keiner Veränderung der Rk., durch

Hypophysektomie wird die Na-Ausscheidung vermindert. Durch die paraventriculäre Schädigung wird die auf Verminderung des extracellulären Fl.-Vol. normalerweise eintretende Verminderung der Na-Ausscheidung umgekehrt. — Es wird an die Existenz eines direkt auf die Nieren oder teilweise über die Hypophyse wirkenden Neurohormons gedacht. U. TAUSENDFREUND. 4597 □

**Citrat-Gehalt renaler Gewebe und Citrat-Ausscheidung bei der Ratte.** M. A. Crawford und M. D. Milne. (Biochem. J. **76.** 23P. Aug. 1960. London, Postgraduate Med. School, Dep. of Med.) (Engl.)

Durch Injektion (Ij) von 8 m Mol $KHCO_3$/kg wurde die Harnausscheidung (HA) von *Citronensäure* (Ci) von 1,6 auf 46,5 μMol/kg/Std. erhöht. Im Gewebe der Niere (Nr) stieg der Ci-Spiegel von 0,23 auf 1,61 μMol/g innerhalb 2 Stunden. *Fluoracetat* (Fa; 0,66 mg/kg) bewirkte nur einen Anstieg des Ci-Spiegels der Nr auf 1,54 μMol/g, jedoch wurde die HA von Ci nicht beeinflußt. Durch gleichzeitige Ij von $KHCO_3$ u. Fa stieg die HA von Ci auf 46,1 μMol/kg/Std., der Ci-Spiegel der Nr auf 3,05 μMol/g. Aus den Nr-Mitochondrien ließ sich Ci nur nach Ij von Fa, nicht jedoch nach Ij von $NaHCO_3$ isolieren. Die HA von *α-Ketoglutarsäure* wurde nach Ij von 6 mMol $KHCO_3$ oder *Natriummaleat* auf das 20fache erhöht u. ließ sich durch gleichzeitige Ij von Fa nicht beeinflussen. R. STRUFE. 4597

**Glucose-6-phosphatdehydrogenase und Renin in den Nieren von hypertensiven oder adrenalektomierten Ratten.** R. Hess und F. Gross. (Amer. J. Physiol. **197.** 869—72. Okt. 1959. Basel, Univ., Inst. of Pathol. u. CIBA Ltd., Pharm. Dep., Res. Labor.) (Engl.)

*Glucose-6-phosphatdehydrogenase* (I), deren Nachw. mittels einer histochem. Meth. erfolgte, konnte in den Macula densa der distalen Tubuli der normalen Rattenniere nachgewiesen werden. Nach Hypertensivierung durch Überdosen von *Cortexonacetat* (50 mg/kg Körpergewicht) u. Verabreichen von 1%ig. Salz-Lsg. als Trinkwasser nahm I innerhalb von 4 Wochen fast bis auf 0 ab. Dies war in einseitig nephrektomierten Tieren ausgeprägter als in ungeschädigten Tieren. Der Geh. an *Renin* sank in den Nierenextrakten zusammen mit dem Verlust an I in den Maculazellen. Umgekehrt wurde aber bei adrenalektomierten Tieren ein deutliches Ansteigen der I-Wrkg. der Macula densa beobachtet. A. HESSE. 4597 □

**Untersuchung der tubulären Rückresorption von Inosit.** M. C. Colas, R. Perlès und M. C. Blayo. (C. R. Séances Soc. Biol. Filiales **153.** 1182—85. 24/11. 1959. Paris, Hôp. Claude Bernard, Labor. de Centre de Réanimation respiratoire; Fac. de Pharm., Labor. de Chim. biol.) (Franz.)

Es wird durch Mannit- u. Kreatiningaben u. anschließende *Inosit*-Injektion beim Hund eine Hyperinosämie hervorgerufen. Durch *Inosit*-Best. im Harn u. im Plasma wird der Grad der Rückresorption in der Harnröhre bestimmt. Das Maximum der Rückresorption entspricht hoher Konz. im Plasma. G. ZIEBARTH. 4597 □

**Die Nierenausscheidung von Ascorbinsäure, Glykokoll und Alanin bei der Katze.** J. Gillissen und R. Taugner (unter Mitarbeit von: K. Bauer, G. Bein, E. Engeling, D. Kamradek, H. Kamradek und R. Karle). (Z. ges. exp. Med. **134.** 179—86. 1961. Heidelberg, Univ., Physiol. Inst.) (Dt.)

Für *Ascorbinsäure* ließen sich bei der Katze diureseabhängige tubuläre Rückresorptionsmaxima nachweisen (osmot. Diurese führt zu einer Verminderung der Rückresorption; mit zunehmender Plasma-Konz. stellen sich auch bei stärkster Diurese annähernd konst., wenn auch erniedrigte Rückresorptionswerte ein), während die Rückresorption von *Glykokoll* u. *dl-Alanin* bei der Katze keine Beschränkung im Sinne tubulärer Maxima aufweist (osmot. Diurese führt auch hierbei, bes. deutlich bei d-Alanin, zu einer Verminderung der Rückresorption). U. TAUSENDFREUND. 4597 □

**Die Wirkung der Kost auf die Verteilung von Harnstoff und Elektrolyten in den Nieren des Schafes.** Bodil Schmidt-Nielsen und Roberta O'Dell. (Amer. J. Physiol. **197.** 856—60. Okt. 1959. Durham, N.C., Duke Univ., Dep. of Zool.) (Engl.)

Bei normaler Eiweißaufnahme steigt die Konz. an *Harnstoff* (I) in der Niere des Schafes (u. anderer Säugetiere) von der Rinde zur Papille, die I-Konz. im Harn ist gewöhnlich höher als die des Gewebes. Unter eiweißarmer Kost findet sich die höchste I-Konz. im inneren Streifen der äußeren Markzone (5—15 mal höher als im Harn); an der Papillenspitze ist die I-Konz. nur wenig höher als im Urin. — Bei normaler Eiweißkost ist die *Elektrolyt*-Konz. in der Papille gewöhnlich höher als im Harn. — Die osmot. Konz. im inneren Streifen der äußeren Markzone entspricht ziemlich der des Harnes. U. TAUSENDFREUND. 4597 □

**Über die Kallikreinausscheidung im Harn nach experimenteller Nierenschädigung.** E. Werle und R. Vogel. (Arch. int. Pharmacodynam. Thérap. **126.** 171—86. Juni 1960. München, Univ., Chirurg. Klinik, Klin.-Chem. Inst.) (Dt.)

Die an die intakte Tubulusfunktion gebundene Ausscheidung von *Kallikrein* (**I**; die säuernde Wrkg. der Kohlensäureanhydratase spielt keine begünstigende Rolle) erweist sich nach Nierentubulusschädigung durch *Salyrgan, Uranylacetat* u. *Spermin* im Harn von Ratten als stark vermindert. Das gleichzeitig im Urin erscheinende inakt. **I** (in manchen Fällen auch *Kallikreininaktivator* aus dem Blutplasma) ist kein durch Seruminaktivator nachträglich inaktiviertes **I**, sondern *Kallikreinogen* (**II**), daß das geschädigte Nierenfilter passiert hat (eine Unterscheidung zwischen inakt. **I** aus **II** u. aus der **I**-Inaktivator-Verb. ist durch Trypsin möglich, welches **I** nur aus **II** freisetzt).
U. TAUSENDFREUND. 4597 □

**Die Verwendung von radiojodiertem Hippuran für individuelle Nierenfunktionprüfungen.** Robert A. Nordyke, Manuel Tubis und William H. Blahd. (J. Lab. clin. Med. **56.** 438. Sept. 1960. Los Angeles, Calif., Vet. Admin. Center, Radioisotope Serv.; Univ. of California, Med. Center, Dep. of Med. and Radiol.) (Engl.)

*Na-o-*$^{131}$*J-Hippurat* (*Hippuran*) vereinigt alle Vorzüge zur externen radiograph. Best. der Nierenfunktion (keine Leberausscheidung, schnelle Nierenpassage).
U. TAUSENDFREUND. 4597 □

**Wirkung von Glukagon auf den Glucose- und Acetatstoffwechsel in der isolierten Rattenleber.** P. R. Davoren und J. Bornstein. (Amer. J. Physiol. **197.** 887—92. Okt. 1959. Melbourne, Univ. of Melbourne, Dep. of Biochem.) (Engl.)

Mit Hilfe einer einfachen Meth., die die Durchströmung der isolierten Rattenleber mit geringem Fl.-Vol. gestattet, wurde die Wrkg. von gereinigtem *Glukagon* (**I**) auf den *Glucose-* u. *Acetat*-Stoffwechsel geprüft [$^{14}C_{(1)}$-Glucose, $^{14}C_{(1)}$-Acetat]. **I** führt zu einer Steigerung der Ausnutzung von nichtmarkiertem endogenen Substrat; **I** fördert den Eintritt von nichtmarkiertem Material in den Stoffwechselweg an einem Punkt, der nach Brenztraubensäure u. bei oder vor α-Ketoglutarsäure liegt. Die beobachtete Verdünnung des ausgeatmeten $^{14}CO_2$ wird teilweise auf einen verstärkten Abbau von Fetten zurückgeführt. U. TAUSENDFREUND. 4597 □

**Die Aldolaseaktivität des Blutserums bei der Botkinschen Krankheit.** Ss. A. Zeidler und I. G. Bulkina. (Лабораторное Дело [Laboratoriumswesen] **6.** Nr. 5. 16—21. Sept. Okt. 1960. Moskau, 1. Med. Ssestschenow-Inst., Lehrst. für Infektionskrankheiten.) (Russ.)

Die Best. der *Aldolase* (**I**)-Aktivität bei 106 Patienten mit BOTKINscher Krankheit (Hepatitis) ergab die höchsten Werte während der ersten 10 Tage der Erkrankung (22—37, normal 5). Im weiteren Verlauf der Krankheit nimmt die **I**-Aktivität allmählich ab u. beträgt am 60. Tag durchschnittlich 11. Eine Normalisierung des **I**-Wertes war bei der Entlassung nicht bei allen Patienten festzustellen. Bei leichtem Verlauf der Krankheit ist der **I**-Wert niedriger u. nimmt rascher ab als bei schwerem Verlauf. Zwischen der Größe der **I**-Aktivität u. dem funktionellen Zustand der Leber besteht keine Parallele. Ein hoher **I**-Wert wird häufig auch bei anderen, mit einem Ikterus einhergehenden Erkrankungen festgestellt. Ein fortschreitender Ikterus mit Verschlechterung des Gesamtzustandes des Patienten bei einer niedrigen **I**-Aktivität spricht eher für einen mechan. Ikterus als für die BOTKINsche Krankheit. E. RENTZ. 4597 □

**Die Thymol-Veronalprobe bei der Botkinschen Krankheit von Kindern.** W. P. Alferow. (Лабораторное Дело [Laboratoriumswesen] **6.** Nr. 5. 21. Sept./Okt. 1960. Leningrad, San.-Hyg. Med. Inst., Lehrst. für Kinderkrankheiten.) (Russ.)

Bei Anwendung der *Thymol-Veronal*-Probe wird der Grad der Trübung der Lsg. nach Zusatz von Blutserum vom Vf. durch die Größe der im Elektrophotocolorimeter beobachteten Extinktion ausgedrückt. Die Größe der Extinktion, welche bei 35 gesunden Kindern im Mittel 0,16 (0,03—0,3) betrug, lag bei 154 Kindern mit BOTKINscher Krankheit (Hepatitis) im Mittel bei 0,76 (0,23—1,7). Die Extinktion ist am höchsten während der ersten 19 Tage der Erkrankung. Eine direkte Beziehung zur Schwere der Erkrankung besteht nicht. Bei 57 Reconvaleszenten war der Wert 6—12 Monate nach der Entlassung normal (0,02—0,33). Der Extinktionswert ist auch bei anderen Erkrankungen erhöht, jedoch niedriger als bei der BOTKINschen Krankheit: Bei 14 Kindern mit Rheumatismus betrug er 0,15 (0,02—0,57), bei 8 Kindern mit Pneumonie 0,29 (0,04—0,59) u. bei 7 Kindern mit akuter Nephritis 0,14 (0,05—0,25).
E. RENTZ. 4597 □

**Proteinsynthese in perfundierter Rattenleber.** David Jensen und Harold Tarver. (J. gen. Physiol. **39.** 567—83. 20/3. 1956. Berkeley, Univ. of California, School of Med., Dep. of Physiol. Chem.) (Engl.)

Nachdem durch die rasche Aufnahme von koll. $^{32}$P-Chromphosphat u. den Gallenfluß die Funktionstüchtigkeit von perfundierten Rattenlebern festgestellt worden war, wurde die Perfusions-Fl. (Rattenblut, verd. mit Phosphatpuffer u. Glucose-Lsg.) mit

$^{14}$C-Lysin bzw. $^{14}$C-Histidin oder $^{35}$S-Methionin versetzt. Der Einbau der Aminosäuren in Plasmaprotein geht 1–2 Std. lang rasch vonstatten u. wird durch Zusatz eines kompletten Aminosäuregemisches nicht beeinflußt. Die tägliche Protein-Synth. wurde zu 230 mg je 100 g Ratte errechnet. — Auf die Berücksichtigung notwendiger Korrekturen zur Berechnung der Ergebnisse aus den beobachteten Werten bei ähnlichen Stoffwechsel-Verss. mit Isotopen wird hingewiesen. H. KLUGE. 4597□

**Die Bilirubinfraktion bei verschiedener Gelbsucht.** R. P. Solotnitzkaja. (Лабораторное Дело [Laboratoriumswesen] **6.** Nr. 5. 30–34. Sept./Okt. 1960. Moskau, Zentralinst. für Ärztefortbldg., Lehrst. für Labordiagnostik des Botkin-Krankenhauses; Biochem. Labor.) (Russ.)

An 31 Patienten mit parenchymatösem, 9 mit mechan., 4 mit hämolyt. Ikterus u. an 12 gesunden Personen führte Vf. die getrennte Best. des *direkten Bilirubins* (I) u. des *indirekten Bilirubins* (II) im Blutserum nach VARELA-FUENTES [1934] durch u. fand bei den gesunden Personen einen **II**-Geh. von 0,27–0,54 mg%, während **I** in allen Fällen fehlte. Bei parenchymatösem Ikterus betrug der **I**-Geh. 4,5–25,5, der **II**-Geh. 0,75–3,87 mg%. Die Zunahme von **I** weist hier auf eine Störung der bilirubinsezernierenden Funktion der Leberzellen hin. Die etwas später einsetzende Zunahme des **II**-Geh., welche der Schwere der Erkrankung parallel geht, spricht für eine Störung der Umwandlung von **II** in **I** (Synth. des Bilirubinglucuronids). Beim mechan. Ikterus betrug der **I**-Geh. 2,8–21,1, der **II**-Geh. 1–1,27 mg%. Der Anstieg von **II** zeigt hier die beginnende Störung der Leberfunktion an. Beim hämolyt. Ikterus betrug der **I**-Geh. 1,4–2,5, der **II**-Geh. 0,98–2,1 mg%. Hier weist **II** auf die gesteigerte Hämolyse, **I** auf Störungen im Leberparenchym hin. E. RENTZ. 4597□

**Identifizierung von Metaboliten des Sulfobromphthaleins.** G. M. Grodsky, J. V. Carbone und R. Franska. (J. clin. Invest. **38.** 1981–88. Nov. 1959. San Francisco, Calif., San Francisco Gen. Hosp. [Univ. of California Serv.], Metabolic Unit for Res. in Arthritis and Allied Diseases, Dep. of Med.; Univ. of California, School of Med.) (Engl.)

Nach Injektion von *Bromsulfophthalein* (**I**) konnten aus dem Acetonextrakt der Galle durch verschiedene Chromatographie-Verf. sowie elektrophoret. **I** u. zwei **I**-haltige Stoffwechsel-Prodd. (**II**) isoliert werden. Nach Hydrolyse der ninhydrinpositiven **II** mit HCl wurde papierchromatograph. *Glycin* u. *Glutaminsäure* gefunden, von *Cystein* konnten nur Spuren identifiziert werden. Durch Hydrolyse mit 48%ig. *HBr* wurde *Cystein* nicht zerstört u. konnte einwandfrei nachgewiesen werden. Ebenso konnte durch Behandlung der **II** mit RANEY-Ni aus *Cystein* entstandenes *Alanin* erhalten werden. Mit $K_2CrO_7$–$AgNO_3$ konnte die Ggw. eines Mercaptids in **II** festgestellt werden. Vff. schließen, daß **I** zum Teil als Mercaptid mit *Cystein* oder *Glutathion* ausgeschieden wird. Synthet. Komplexe von **I** mit *Cystein* u. *Cystin* oder *Glutathion* wiesen die gleiche chromatograph. Beweglichkeit auf wie **II**. P. WALSMANN. 4597□

**Die Auswirkung der Leberfunktion auf den zirkulierenden Spiegel von Sulfobromphthalein und seine Stoffwechselprodukte.** John V. Carbone, Gerold M. Grodsky und Virginia Hjelte. (J. clin. Invest. **38.** 1989–95. Nov. 1959. San Francisco, Calif., San Francisco Gen. Hosp. [Univ. of California Serv.], Metabolic Unit for Res. in Arthritis and Allied Diseases; Univ. of California, School of Med., Dep. of Med.) (Engl.)

Die Ausscheidung von *Sulfobromphthalein* (**I**) wurde an 87 Patienten (Pat.) geprüft u. erwies sich als empfindlicher Leberfunktionstest. Die Ausscheidungs-Geschw. von **I** wurde nach Acetonextraktion, Chromatographie durch spektrophotometr. Messung bestimmt. Bei 17 Pat. mit normaler Leberfunktion waren 45 Min. nach Injektion von **I** nur noch Spuren von **I** u. **I**-Stoffwechsel-Prodd. vorhanden, dagegen wurden bei 10 Pat., die an Virus-Hepatitis erkrankt waren, noch 56,4% **I** nachgewiesen, davon lagen 8% als **I**-Stoffwechsel-Prodd. vor. 33 Pat., die an Lebercirrhose litten, hatten noch 31,8% **I**, von denen nur 16,9% als Stoffwechsel-Prodd. gebunden waren. Bei 10 Pat. mit extrahepat. Obstruktion betrug der **I**-Geh. 40%, 41% davon lagen als Metaboliten vor. Durch Gabe von *Methyltestosteron* verursachte intrahepat. Obstruktion zeigte einen geringeren **I**-Spiegel von 19,6%, davon 38,9% in gebundener Form. Bzgl. weiterer Vers.-Ergebnisse, wie Serumprotein- u. *Albumin*-Best., *Phosphatase*- u. *Bilirubin*-Best. sowie der statist. Auswertung der Einzelergebnisse muß auf die Originalarbeit verwiesen werden. P. WALSMANN. 4597□

**Leberfunktion der regenerierenden Rattenleber. $CrPO_4$-Kolloidaufnahme und Gallenfluß.** George F. Leong, Rita L. Pessotti und Ralph W. Brauer. (Amer. J. Physiol. **197.** 880–86. Okt. 1959. San Francisco, Calif., U.S. Naval Radiol. Defence Labor.) (Engl.)

Es konnte gezeigt werden, daß regenerierendes Lebergewebe (Ratte) Veränderungen der spezif. Funktion ($CrPO_4$-Extraktion u. Gallensekretion isolierter Leber-Präpp.)

während der Dauer der akt. Gewebeproliferation unterworfen ist. Im Falle der KUPFFER-Sternzellen bleibt die gesteigerte Aktivität auch noch nach Beendigung der Restaurierung bestehen (Best. der phagocytot. Aktivität unter Verw. von $Cr^{32}PO_4$-Koll.-Partikeln). Die Größe der wiederhergestellten Leber bleibt hinter der Kontrollgröße zurück.

U. TAUSENDFREUND. 4597☐

**Der Einfluß chemischer Mittlersubstanzen auf den Gehalt des Rattenhirns an „P-Substanzen".** Nikola Serafimov und Pavao Stern. (Arch. int. Physiol. Biochim. **66.** 653—57. Nov. 1958. Sarajevo, Fac. de Méd., Inst. de Pharmacol.) (Franz.)

Das Rattenhirn enthält normalerweise 14—19 E. *Substanz P* (**I**; v. EULER [1942])/g. Prostigmin, Adrenalin, Noradrenalin, 5-Hydroxytryptamin, Histamin, Faktor I (FLOREY u. Mitarbeiter, C. **1957.** S. 3323) u. γ-Aminobuttersäure beeinflussen diese **I**-Menge nicht. Zufuhr von 80 mg **I**/100 g intraperitoneal verdoppelt den **I**-Geh. des Rattenhirns.

K. MAIER. 4598☐

**Die Veränderung des Gehaltes und Zustandes von Kupfer im Hirngewebe und Blut bei Erregung und Hemmung des Zentralnervensystems.** W. R. Ssoroka. (Украïнський Біохімічний Журнал [Ukrain. biochem. J.] **32.** 718—24. 1960. Stalino, Med. Inst., Lehrstuhl für Biochem.) (Ukrain.; Auszug: Engl.)

In Verss. mit Hunden wird nachgewiesen, daß das *Cu* im Hirngewebe vorwiegend an Eiweiß in einer Form gebunden ist, die keiner Ultrafiltration unterliegt. Bei subkutaner Zufuhr von Na-Coffeinbenzoat (**I**) wird der Geh. des Hirngewebes an freiem u. gebundenem Cu vermindert. Unter der Einw. von **I** wird der Geh. des vom Gehirn abfließenden Blutes an Cu, bes. an freiem Cu, erhöht. In der Ae.-Narkose ist der Geh. des Hirngewebes an freiem u. gebundenem Cu erhöht. In dem vom Gehirn kommenden Blut ist der Cu-Geh. vermindert.

O. LEBTAG. 4598☐

**Die Veränderung des Phosphorumsatzes im oberen sympathischen und nodularen Halsganglion bei einigen funktionellen Zuständen.** M. N. Baranow. (Биохимия [Biochemie] **25.** 781—86. Sept./Okt. 1960. Leningrad, Physiol. Pawlow-Inst. der Akad. der Wiss. der UdSSR, Labor. für Biochem. des Nervensyst.) (Russ.; Auszug: Engl.) — Vgl. C. **1960.** 2605.

Untersucht wurden anorgan. P (**I**), Phosphokreatin (**II**), labiler P (**III**) von Adenosintriphosphorsäure, Phospholipid (**IV**), P-haltige Komponente (**V**) der Lipoproteine, Eiweißrest (**VI**), Nucleinsäure (**VII**) u. säurelösl. Rest (**VIII**) im sympath. (SG) u. parasympath. Ganglion (PG). Es zeigte sich, daß in der Norm im Vgl. zum SG im PG die Geschw. der Erneuerung von **IV** u. **VIII** geringer, der **II**-Geh. höher ist. Beim elektr. Reiz des SG wird die Erneuerung von **III**, **II** u. **V** beschleunigt. Bei langem Reiz (30 Min.) nimmt **V** ab, **I** zu. Bei der Einw. von Pachycarpin nimmt im SG die Geschw. der **III**-Erneuerung zu, die von **VI** u. **VIII** ab. Im GP erfolgen hierbei keine wesentlichen Veränderungen des Umsatzes der P-Verbindungen. Bei Pachycarpin-Einw. wird die Erneuerung von **VI** im Vgl. zur Erregung (nicht zur Norm) im SG verzögert.

O. LEBTAG. 4598☐

**Pharmakologische Untersuchungen über die Beziehungen zwischen Hypothalamus und Cortex.** E. Gellhorn und H. M. Ballin. (Arch. int. Pharmacodynam. Thérap. **122.** 265—77. Nov. 1959. Minneapolis, Minn., Univ. of Minnesota, Dep. of Physiol., Labor. of Neurophysiol.) (Engl.)

An Katzen untersuchten Vff. die Beeinflussung des Elektrocorticogramms (ECG; Ableitung an der Dura mater) u. des Hypothalamogramms (Elektroden im hinteren Hypothalamus) bei Injektion von *Barbituraten* (**I**), *Cardiazol* (**II**) u. *Strychnin* (**III**) in den hinteren Hypothalamus sowie nach i.m. oder i.v. Injektion von **I** oder *Chlorpromazin* (**IV**). Hypothalam. Injektion von **I** führt zum Auftreten gruppierter Potentiale u. zur Umkehrung des Frequenzspektrums, die sonst üblicherweise auftretende Exzitation nach nociceptiven Stimuli wird abgeschwächt oder aufgehoben. Nach hypothalam. Injektion von **II** oder **III** tritt dagegen eine stärkere Asynchronität im ECG auf sowie Verschiebung zu Potentialen höherer Frequenz. Nociceptive Stimuli werden jetzt verstärkt. Nach i.m.- oder i.v.-Injektion von **I** oder **IV** kommt es anfänglich zu einer Depression der Aktivität des Cortex ohne Beeinflussung des Hypothalamus. Dann zeigt bei vorherrschender Synchronität im ECG das Hypothalamogramm vermehrte Asynchronität. Schließlich zeigt sich in beiden vermehrte Synchronität als Zeichen der Depression.

R. TIMMLER. 4598☐

**Untersuchungen über Blitzlichtphotolyse von Sehpigmenten. 1. Mitt. Nach Blitzbelichtung in Lösungen von Froschrhodopsin vorhandene Pigmente.** C. D. B. Bridges. (Biochem. J. **79.** 128—34. April 1961. London, Inst. of Ophthalmol., Visual Res. Div.) (Engl.)

Nach Belichtung wss. alkal. (pH 8,2—8,7) Digitonin-Lsgg. von Frosch (*Rana temporaria*)-*Rhodopsin* (**I**) durch Blitze (Xenon-Entladungsröhre) von 4 ms Dauer waren in den bestrahlten Lsgg. 2 Farbstofftypen feststellbar, eine therm. instabile mit $\lambda_{max}$ 477 m$\mu$ ging innerhalb 1 Std. bei 25° im Dunkeln in alkal. *Indicatorgelb* (II) über, eine andere, therm. beständige u. lichtempfindliche, hatte $\lambda_{max}$ 494 m$\mu$. Letzte bestand aus 2 Komponenten, eine lichtempfindliche (52,3 ± 3,2%) mit $\lambda_{max}$ 486 ± 2 m$\mu$, u. Ausgangs-I. Bei Bldg. der 2. Type in Lsgg. mit 0,01—0,03m $NH_2OH$ änderten sich Zus. u. Menge nicht. Blitzbelichtung von II, d. h. einer alkal. Lsg. von Frosch-I, die durch normales Licht völlig ausgebleicht worden ist, gab nur ca. 3% Ausgangs-I.

K. MAIER. 4598□

**Untersuchungen über Blitzlichtphotolyse von Sehpigmenten. 2. Mitt. Die Bildung thermisch beständiger lichtempfindlicher Farbstoffe in Lösungen von Frosch-Rhodopsin bei Blitzbelichtung.** C. D. B. Bridges. (Biochem. J. **79.** 135—43. April 1961.) (Engl.) — 1. vgl. vorst. Referat.

Alkal. (pH 8,2—8,7) wss. Digitonin-Lsgg. von Frosch-*Rhodopsin* (I) wurden verschieden intensiven 4 ms Lichtblitzen (Xenon-Entladungsröhre) ausgesetzt. Bei allen Temp. < 0° enthielten die Lsgg. 50—65% Glycerin gegen Einfrieren. Einw. der vollen Lichtintensität u. 1 Std. langes Belassen im Dunkeln bei 25° führte zu einem therm. beständigen, lichtempfindlichen Gemisch (Fraktion 2) als Ausgangs-I u. einem neuen Farbstoff mit $\lambda_{max}$ 486 m$\mu$ (*P 486*). Bei Verminderung der Blitzintensität auf ca. $^1/_{1000}$ betrug Fraktion 2 ca. 97% des nichtbelichteten I u. enthielt kein *P 486* (wahrscheinlich nichtgebleichtes I). Mit steigender Blitzintensität nahm die Ausbeute an Fraktion 2 stetig auf ein Minimum von 22% ab u. stieg dann wieder auf 33% an. Der *P 486*-Anteil der Fraktion 2 stieg von 0% bei geringer Blitzintensität auf 46—57% bei maximaler Intensität an. 0,01m $NH_2OH$ beeinflußte Zus. u. Ausbeute von Fraktion 2 nicht. Wurde eine Lsg. bei 25° in ca. 1½ Std. Abstand mehrmals belichtet, dann enthielt Fraktion 2 einen zunehmenden Anteil *P 486*. Vermutlich besteht Fraktion 2 aus ungebleichtem Ausgangs-I u. einer rekonstituierten konst. Mischung aus I u. *P 486*. Das rekonstituierte Material entsteht durch Bestrahlung einer intermediären Verb., die sogar bei —40° instabil ist.

K. MAIER. 4598□

**Geschwindigkeit der anaeroben Glykolyse in Abhängigkeit von der Struktur im Schweinemuskel.** J. Wismer-Pedersen und E. J. Briskey. (Nature [London] **189.** 318—20. 28/1. 1961. Roskilde, Dänemark, Danish Meat Res. Inst.; Madison, Wis., Univ. of Wisconsin, Dep. of Animal Husbandry, Meats Div.) (Engl.)

Der pH-Abfall in Schweinemuskulatur nach dem Tode verläuft nach mindestens 4 verschiedenen Formen. Darunter: allmählicher Abfall auf pH ca. 5,7 innerhalb 8 Std. mit äußerstem pH von 5,3 bis 5,7 (a) u. rascher Abfall innerhalb 1½ Std. auf pH ca. 5,1 u. folgender Anstieg auf pH 5,3—5,6 (b). In a sinkt der pH erst bei ca. 4° auf den Minimalwert, in b bereits bei 36—40°. Der Unterschied im pH-Verlauf ist durch verschieden starke anaerobe Glykolyse bedingt [durch *Glykogen*- u. *Lactat* (I)-Best. ermittelt]. Leichenstarre tritt in b 30—45 Min. nach dem Tode ein, in a nach 4—6 Stunden. Die Menge des abpreßbaren W. steigt in b sehr rasch an (gleichzeitig durch teilweise Proteindenaturierung bedingte Aufhellung der Fleischfarbe). Proteindenaturierung wird auch aus verstärkter Anfärbbarkeit der Muskeln mit *Safranin, Orange C* u. *Kongorot* in b gefolgert. Aus Biopsie-Verss. 3 Wochen vor der Schlachtung folgt, daß beim Typ b der *Gesamtglykogen*-Geh., der Geh. des an Protein gebundenen *Glykogens*, der I-Geh. u. die *Phosphorylase*-Aktivität gegenüber a erhöht sind; der *Pyruvat*-Geh. ist dagegen — vermutlich infolge langsamerer Rückbldg. aus I — gegenüber a erniedrigt. — Auf die Bedeutung rascher Abkühlung des Fleisches nach dem Schlachten wird hingewiesen.

S. DITTMANN-MITZSCHERLICH. 4599□

## E₆. Pharmakologie. Therapie. Toxikologie. Hygiene

**Biologische Zusammenhänge der Wirkung energiereicher Strahlen. Stand der Erkenntnisse in ernährungswissenschaftlicher Sicht.** W. Herbst. (Vitalstoffe-Zivilisationskrankh., Konventber. **1959.** 61—63. Freiburg/Br., Univ., Radiolog. Inst.) (Dt.)

Vortrag über Strahlen-Einw. auf den lebenden Organismus, biolog. Substanzen u. Nahrungsmittel.

G. KIRSTEN. 4601

**Untersuchungen über die Einwirkung von Röntgenstrahlen auf Erythrocyten und ihre Bedeutung für die Ausbildung einer Anämie nach Ganzkörperbestrahlung.** Walter Sauerbier. (Strahlentherapie **107.** 468—77. Nov. 1958. Frankfurt/M., Max-Planck-Inst. für Biophysik.) (Dt.)

Durch Markierung des Blutes von Kaninchen mit $Na_2{}^{51}CrO_4$ (in vitro) u. Best. des Einbaus von $^{59}Fe$ in vivo wird bzgl. der Lebensdauer der Erythrocyten ermittelt: Die normale Lebensdauer ist 65—68 Tage, die tägliche Bldg.-Geschw. ist 1,5%, die Rate der durch Altersabbau täglich aus dem Blut entfernten Erythrocyten beträgt 1,2% der Gesamtzahl. Um den Einfl. einer Röntgenbestrahlung auf die Erythrocyten zu bestimmen, wurden entnommene Blutproben in vitro mit 50 kV-Röntgenstrahlen mit einer Dosis bis zu 230 kr bestrahlt, mit $Na_2{}^{51}CrO_4$ markiert u. reinjiziert. An später entnommenen Blutproben wird durch Aktivitäts-Best. gefunden, daß bei Dosiswerten bis zu 550 r keine Änderungen der Überlebenszeiten peripherer Erythrocyten auftreten. Nach Applikation von 10 kr (230 kr) scheiden 20% (100%) der reinjizierten Zellen aus der Blutbahn aus. Die Strahlenempfindlichkeit der Zellen ist abhängig vom Alter der Zellen. Der empfindliche Bereich im Sinne der Eintreffertheorie ist 40 $\mu$. Als biolog. Einheiten des Treffer-Vol. werden Enzymeinheiten aufgefaßt, die durch eine Primärionisation inaktiviert werden u. deren Ausfall zum Zelltod infolge Unterbrechung der energieliefernden Stoffwechselprozesse führt. W. Reusse. 4601□

**Die Anwendung von radioaktivem Gold in der gynäkologischen Strahlentherapie. Grundlagen und klinische Erfahrungen.** Dieter Hofmann. (Strahlentherapie **111.** 167—81. Febr. 1960. Gießen, Univ., Frauenklinik.) (Dt.)

Vf. berichtet zusammenfassend über eigene u. in der Literatur veröffentlichte Ergebnisse der Behandlung von gynäkolog. Tumoren durch intracavitäre, intraperitoneale u. intrapleurale Injektionen mit $^{198}Au$, ferner über Dosierungsfragen, die Wirkungsweise der angelagerten Radiogoldteilchen, Indikationen, Kontraindikationen sowie Allgemeinreaktionen. Bei unterschiedlichen Ergebnissen im einzelnen besteht Übereinstimmung in dem Sinne, daß das Radiogold günstige Palliativerfolge herbeiführt. W. Reusse. 4601□

**Untersuchungen über einen biologischen Strahlenschutz.** 38. Mitt. **Der Einfluß von Cysteamin und Serotonin auf die Reticulocyten und den Eisenstoffwechsel bestrahlter Tiere.** Dieter Eltgen, Ruprecht Koch und Hanns Langendorff. (Strahlentherapie **114.** 118—27. Jan. 1961. Freiburg/Br., Univ., Radiolog. Inst.) (Dt.) — 27. vgl. Strahlentherapie **113.** [1960.] 603.

An ♀ Mäusen u. ♂ Ratten wurde der Schutzeffekt von *Cysteamin* (**I**) u. *Serotonin* (**II**) im subletalen u. supraletalen Strahlendosisbereich untersucht. Als Test-Meth. werden Änderungen der *Reticulocyten*-Werte u. des Eisenstoffwechsels herangezogen, da die Mortalität in den untersuchten Strahlendosisbereichen nicht verwendbar ist. Für die Reticulocyten-Best. wurden kleine Blutmengen zur gleichen Tageszeit aus den Schwanzgefäßen entnommen u. die Reticulocyten nach der Meth. von Heilmeyer geprüft u. gezählt. Für die Eisenstoffwechsel-Unterss. wurden nur Ratten verwendet u. der Einbau von $^{59}Fe$ in junge Erythrocytenpopulationen nach intraperitonealer Injektion von 2,5 $\mu c$ trägerfreiem $^{59}FeCl_3$ in einer 3,8%ig. Ammoniumcitrat-Lsg. 24 Std. nach Bestrahlung (150 kV, 20 mA, 0,43 mm Cu, 132,5 r/min) verfolgt. Die Best. der Eisenresorption aus dem Serum erfolgte an Mäusen. Der strahlenbedingte Reticulocytenabfall nach Bestrahlung mit 75 r wird bei Mäusen durch **I** u. weniger durch **II** gehemmt. Dagegen versagt der Schutzeffekt von **I** u. **II** bei Ratten nach dem Reticulocytentest völlig, so daß ein unterschiedliches Verh. beider Tierarten anzunehmen ist. Ebenso wird die Verminderung des $^{59}Fe$-Einbaus in junge Erythrocytenpopulationen nach Ganzkörperbestrahlung mit 75 r durch **I**- oder **II**-Applikation bei Ratten nicht beeinflußt. Auch die nach Bestrahlung mit 1600 bzw. 3200 r auftretende Eisenresorptionsverzögerung aus dem Serum wird durch intraperitoneale **II**-Applikation nicht aufgehoben. G. Faust. 4601□

**Zur Strahlenschutzwirkung und Toxikologie Sulfhydrylgruppen-tragender Pyridoxinderivate.** R. Koch. (Naunyn-Schmiedebergs Arch. exp. Pathol. Pharmakol. **238.** 116—17. 1960. Freiburg/Br.) (Dt.)

Nachdem gefunden wurde, daß *5-Mercaptopyridoxin* (**I**) die Resistenz gegenüber energiereichen Strahlen erhöht, wurden andere Derivv. von Pyridoxin hinsichtlich ihrer strahlenprotektiven Eigg. untersucht. Als Vers.-Tiere wurden Mäuse verwendet. Es werden die eingesetzte Dosis beim Bestrahlungs-Vers., die $DL_{50}$ intraperitoneal u. die $DL_{50}$ bei Röntgenbestrahlung angegeben. Bei **I**, *5-Mercaptopyridoxinthioacetat* u. *4-Desoxy-5-mercaptopyridoxin* wurde eine gesicherte strahlenschützende Wrkg. nachgewiesen, während *Pyridoxin* (**II**), *5-Mercaptomethylpyridin* u. *4.5-Dimercaptopyridoxin* nicht strahlenprotektiv sind. Die Strahlenschutz-Wrkg. von **I** ist an die Sulfhydrylgruppe u. eine spezielle Konfiguration gebunden, während **II** als 5-Phosphat in den 5-Hydroxytryptophanstoffwechsel eingreift u. durch Freisetzung von Serotonin strahlenschützend wirken kann. G. Faust. 4601□

**Die Dekorporierung mikrotoxischer Elemente.** Th. Bersin. (Vitalstoffe-Zivilisationskrankh., Konventber. **1959.** 80—84. St. Gallen.) (Dt.)

Zur gefahrlosen Entfernung überschüssiger bzw. schädlicher Metallionen aus dem Organismus, die Störungen im Zellstoffwechsel hervorrufen, werden geeignete Chelatbildner eingesetzt. Verw. als Therapeutica finden (dekorporierte Ionen in Klammern): *$CaNa_2$-Äthylendiamintetraacetat* [$Pb^{2+}$, $Cu^+$, $Cr^{3+}$ bzw. $CrO_4^{2-}$, $Mn^{2+}$, $MnO_4^-$, $Cd^{2+}$, $Hg^+$, $Hg^{2+}$, $Co^{2+}$, $Be^{2+}$], *β.β-Dimethylcystein* [$Cu^{2+}$], *Dihydroxyäthylglycin* [$Fe^{2+}$. $Fe^{3+}$], *Thioacetamid* [$Tl^+$, $Tl^{3+}$], *Dimercaptopropanol* [$Hg^+$, $Hg^{2+}$, $Ni^{2+}$ bzw. $Ni(CO)_4$] u. ein *$Fe(OH)_3$-Kohlenhydratkomplex* [$Cd^{2+}$]. Radioakt. Isotope der Elemente Na, Cs, Sr, Ce, Yt, La, U, Th, Ra u. Pu werden ebenfalls durch Chelatbildner oder erhöhte Gaben sog. „kalter" Salze oder Komplexe des entsprechenden Elements ausgeschwemmt. Vf. diskutiert den Entw.-Stand dieses Gebietes. G. KIRSTEN. 4606□

**Freie Fettsäuren des Plasmas und Fettleber infolge seltener Erden.** Fred Snyder und Nelson Stephens. (Proc. Soc. exp. Biol. Med. **106.** 202—04. Jan. 1961. Oak Ridge, Tenn., Inst. of Nucl. Studies, Med. Div.) (Engl.)

*Ce* (2 mg/kg i.v.) bewirkt bei Ratten zunächst eine Abnahme der Glucose im Serum u. später eine Zunahme der freien Fettsäuren im Plasma mit nachfolgender fettiger Degeneration der Leber bei normalen ♀, nicht aber bei hypophysektomierten, diabet. oder ♂ Tieren, u. auch nicht, wenn Ce in Form eines Komplexes oder von Partikelchen (Hydroxyd) zugeführt wird. K. ZINGRAF. 4606□

**Mineralhaushaltstörungen bei der experimentellen Sublimatvergiftung.** 3. Mitt. **Doppelseitige Nephrektomie mit und ohne Sublimatvergiftung.** U. Gessler und W. Caliebe. (Z. ges. exp. Med. **134.** 139—47. 1961. Freiburg/Br., Med. Poliklin.) (Dt.) — 1. vgl. C. **1961. 7657.**

Da die Elektrolythaushaltstörungen bei durch *Sublimat* (**I**)-Vergiftung hervorgerufener Anurie von denen der **I**-induzierten Polyurie abweichen, wurden bei nephrektomierten Ratten die etwa vorhandenen Gemeinsamkeiten oder grundsätzlichen Unterschiede bei den beiden Rk.-Arten zu klären versucht. **I**-Vergiftung führte [mit Ausnahme der intracellulären $K(K_i)$-Vermehrung] zu einer Verstärkung der durch Nephrektomie bewirkten Befunde: Erhöhung von extracellulärem $K(K_e)$, Rest-N u. intracellulärem $Na(Na_i)$ sowie Verminderung des extracellulären $Na(Na_e)$, Cl, pH u. der Alkalireserve. Die muskulären Quotienten $K_i/K_e$ u. $Na_e/Na_i$ waren bei **I**-Vergiftung stärker verkleinert; der muskuläre Quotient $K_i/K_e$ verkleinert sich mit dem Abfall der Alkalireserve bzw. mit der Zunahme der Acidose. U. TAUSENDFREUND. 4606□

**Die Gefahren beim Gebrauch von Paraffinum liquidum in Nahrungsmitteln, Kosmeticis und als Abführmittel.** D. G. Steyn. (Vitalstoffe-Zivilisationskrankh., Konventber. **1959.** 76—77. Pretoria, Univ., Dep. of Pharmacol., Inst. of Pathol.) (Engl.)

Kurze Übersicht der beim Genuß von fl. Paraffin beobachteten Krankheitszustände u. Organschäden. G. KIRSTEN. 4607□

**Entgiftungsuntersuchungen.** 84. Mitt. **Der Stoffwechsel von $^{14}$C-Anilin beim Kaninchen und bei anderen Tieren.** D. V. Parke. (Biochem. J. **77.** 493—503. Dez. 1960. London, St. Mary's Hosp. Med. School, Dep. of Biochem.) (Engl.) — 83. vgl. C. **1961. 8378.**

Kaninchen schieden per os zugeführtes *$^{14}$C-Anilin* (**I**) innerhalb 3 Tagen zu 70 % im Harn als *p-Aminophenol* (**II**; 51 %), *o-Aminophenol* (**III**; 9 %), *m-Aminophenol* (0,1 %), *Phenylsulfamidsäure* (5,5 %), **I**-*N-Glucuronid* (3,5 %) u. *Acetanilid* (0,2 %) aus, während die isomeren Dihydroxyaniline u. freies o- u. p-Acetamidophenol fehlten. Die Atemluft enthielt bis zum 3.—4. Tag kein nachweisbares **I** u. bis zu 0,4 % der Dosis als $CO_2$. Die $CO_2$-Ausscheidung begann am 2. Tag u. dauerte bis zum 4. Tag. Die Gesamt-$^{14}$*C*-Ausscheidung in 3 Tagen betrug in Harn, Atemluft (bis 1 %) u. Faeces (1 %) 75—90 %. Der Rest verblieb in den Geweben u. wurde langsam als $CO_2$ u. in Form von Umwandlungs-Prodd. ausgeschieden. Nach oraler **I**-Gabe schieden Kaninchen freie Glucuronsäure im Harn aus. Hunde schieden ca. 20 % in 16 Std. u. ca. 50 % in 2 Tagen im Harn aus (als **III** 25 %, **II** 11 %, **I**-Konjugate 5 %). Bei Kaninchen u. Hund ergab sich kein Anhalt für N-Methylierung oder Entaminierung von **I** oder Mercaptursäurebildung. *Nitrosobenzol* (**IV**), *Azoxybenzol* (**V**), *Azobenzol* u. *Benzidin* kamen im Harn nicht vor. Papierchromatograph. wurden 2 nichtidentifizierte Metabolite nachgewiesen, die auch im Harn von Kaninchen nach **IV**- oder **V**-Zufuhr beobachtet worden sind. Das **II**/**III**-Verhältnis im Harn nach **I**-Zufuhr betrug: „gerbil" 15; Meerschweinchen 11; Goldhamster 10; Kaninchen 6; ♂ Ratte 6; ♀ Ratte 2,5; Küken 4; Maus 3; Frettchen 1; Hund 0,5; Katze 0,4. Beim Hund ändert sich dieses Verhältnis mit der Zeit. Es wird angenommen, daß mindestens 2 verschiedene Enzym-Syst. an der **I**-Hydroxylierung beteiligt sind.

Versuche: *$^{14}$C-Anilin*, Kp. 184°, aus $^{14}$C-Nitrobenzol durch katalyt. $H_2$-Übertragung mit Cyclohexan–Pd-Schwarz; 91 % (Ausbeute). — *Anilin-N-glucosiduronsäure*, $NH_4$-Salz, 1 Mol Kristall-**I**, $C_{12}H_{18}N_2O_6 \cdot C_6H_7N$, F. 122° (Zers.), aus Glucuron, wss. $NH_3$ u. **I** in A.-W. (Raum-Temp.); Nadeln (50 %ig. wss. A.), $[\alpha]_D^{22}$ $-77° \rightarrow -17° \pm 1°$ (c = 2,0; W.). K. MAIER. 4607□

**Entgiftungsuntersuchungen.** 85. Mitt. **Der Stoffwechsel von $^{14}$C-m-Dinitrobenzol beim Kaninchen.** D. V. Parke. (Biochem. J. **78.** 262—71. Febr. 1961.) (Engl.) — 84. vgl. vorst. Referat.

Nach oralen Gaben von 100 mg *$^{14}$C-m-Dinitrobenzol* (I) scheiden Kaninchen während der ersten beiden Tage 65—93% im Harn u. 1—5% in den Faeces aus. Die wesentlichen Stoffwechsel-Prodd. sind im Harn *2.4-Diaminophenol* (**II**; 31%), *m-Phenylendiamin* (**III**; 21%), *m-Nitranilin* (**IV**; 14%) u. *2-Amino-4-nitrophenol* (**V**; 14%), daneben Spuren von **I** (0,7%), *2.4-Dinitrophenol* (**VI**; 0,1%), *4-Amino-2-nitrophenol* (**VII**; 0,8%), *m-Nitrophenylhydroxylamin* (**VIII**; 0,8%), *m-Nitrosonitrobenzol* (**IX**; 25%), u. *3.3'-Dinitroazoxybenzol* (**X**; 0,3%). *2.6-* u. *3.5-Dinitrophenol* (**XI**, **XII**), *2-Amino-6-nitrophenol*, *3-Amino-5-nitrophenol*, *2.6-* u. *3.5-Diaminophenol* kommen höchstens in Mengen von $<$0,05% der Dosis vor. Bei oralen Dosen von inaktivem **I** erscheinen 30% als Glucuronidkonjugate u. 6% als Estersulfate. **II**, **III**, **IV**, **V**, **VI**, **X**, **IX** u. unverändertes **I** oder Derivv. desselben wurden nach **I**-Zufuhr aus Harn isoliert, **VII** papierchromatograph. u. spektroskop. bestimmt. Die UV-Absorptionsspektren von **VI**, **XI** u. **XII** in 0,1n HCl u. 0,1n NaOH wurden bestimmt. **VII** wurde nach saurer u. nach enzymat. Hydrolyse zu 2,0 bzw. 0,8% der Dosis ermittelt. Bei der Best. nach Säurehydrolyse wird als Artefakt aus **VIII** gebildetes **VII** miterfaßt. Bei 2 Verss. mit *$^{14}$C*-**I** entstand kein **III**. Aureomycin hemmt die Red. von **I** zu **III**. Diskussion eines Red.-Mechanismus für aromat. Nitro-Verbb. unter Beteiligung freier Flavinradikale. *$^{14}$C*-**I**, F. 91°, wurde als Nebenprod. bei der Herst. von *$^{14}$C*-Nitrobenzol erhalten. Angabe von $R_F$-Werten u. Farb-Rkk. von I-Metaboliten. K. MAIER. 4607 □

**Freisetzung von Pressoraminen aus der Nebennierenrinde der Katze durch zwei Histaminanaloge.** S. E. Lindell, H. Westling und T. White. (Arch. int. Pharmacodynam. Thérap. **127.** 410—12. 1/9. 1960. Lund, Univ. of Lund, Inst. of Physiol.) (Engl.)

Die beiden Histamin (**I**)-ähnlichen Substanzen *2-β-Aminoäthylpyridin* u. *3-β-Aminoäthyl-1.2.4-triazol* üben nach intraarterieller Injektion in die Nähe der Nebennieren auf den Blutdruck der Katze u. die Nickhaut eine Wrkg. wie **I** aus, so daß sie offenbar wie **I** zur Freisetzung von Pressoraminen führen. U. TAUSENDFREUND. 4607 □

**Alkalische Phosphatasen des Knochens und des Knochenmarkes bei Osteolathyrismus der Ratte.** A. Aschkenasy, M. Auffret und M. Piette. (C. R. Séances Soc. Biol. Filiales **153.** 562—65. 30/7. 1959. Pitie, Centre de Rhumatologie de l'Hôpital.) (Franz.)

Die tox. Substanzen des Mehls der Platterbse, die zur Schädigung des Knochensyst. führen, sind *β-Aminopropionitril* u. *Aminoacetonitril* (**I**). **I** wurde von Vff. an Ratten per Schlundsonde verfüttert (5—20 mg/Tag) u. nach Ablauf von ca. 4—5 Wochen die *alkal. Phosphatasen* (**II**) in den affizierten Knochen u. im Knochenmark bestimmt. Nach **I** sinkt die Aktivität von **II** im Knochenmark, steigt aber in den Knochen selbst. H. SCHIMMASSEK. 4608 □

**Über die Störungen im Fettstoffwechsel im Verlauf einer Phalloidin-Vergiftung, beobachtet beim Kaninchen; Einfluß der Liposäure.** Léon Binet, Madeleine Marquis und Denise Quivy. (C. R. hebd. Séances Acad. Sci. **248.** 1461—65. 9/3. 1959.) (Franz.)

*Phalloidin* (**I**) bewirkt an Kaninchen — ähnlich wie *Tween 80* (**II**) — zuerst eine vorübergehende Hypolipämie mit nachfolgender (ca. 24 Std.) Hyperlipämie. Letzte wird durch Vorbehandlung der Tiere mit *Liposäure* verdoppelt. Liposäure besitzt unter diesen Bedingungen keinen antilipäm. Effekt. H. SCHIMASSEK. 4608 □

**Reinigung von Skorpiongift (Androctonus australis L.).** François Miranda und Serge Lissitzky. (Biochim. biophysica Acta [Amsterdam] **30.** 217—18. Okt. 1958. Marseille, Fac. de Méd. et de Pharm., Labor. de Chim. Biol.) (Franz.) — Vgl. C. **1961.** 14371.

*Skorpiongift* wird durch Extraktion mit 0,9%ig. NaCl, Fällung mit Aceton, Dialyse u. Säulenchromatographie an Amberlite IRC 50 rein dargestellt, hat ein geringes Molgew., den isoelektr. Punkt bei pH 8,5—9 u. wird durch proteolyt. Enzym inaktiviert. Das Absorptionsspektrum wird angegeben. G. ZIEBARTH. 4609 □

**Verfärbungen von Atebrin- und Resochinlösungen durch körpereigene, reduzierende Substanzen nach UV-Bestrahlung.** G. Urban und W. A. Behrendt. (Naunyn-Schmiedebergs Arch. exp. Pathol. Pharmakol. **238.** 140—42. 1960. Berlin.) (Dt.)

1%ig. *Atebrin* (**I**)-Lsgg. von pH 7 wurden nach Zusatz von 0,5% *Cystein* (**II**), 1,25% *Glutathion* (**III**) oder 0,5% *Ascorbinsäure* (**IV**) 2—3 Std. unter Wasserkühlung mit UV-Licht bestrahlt. Während nach Beendigung der UV-Bestrahlung kaum eine Farbänderung der **I**-Lsgg. beobachtet wurde, wurden die Lsgg. bei fortgesetzter Einw. von Sonnenlicht orange u. dann braun, schließlich nach 4 Wochen schwarzbraun, während reine **I**-Lsgg. auch nach Bestrahlung unverändert gelb blieben. Unbestrahlte **I**-Lsgg. mit **II**-, **III**- oder **IV**-Zusätzen verfärbten sich langsamer, bes. wenn sie vor Licht-Einw. geschützt wurden. Da weder durch $H_2$ in statu nascendi noch durch Oxydation mit $H_2O_2$ keine Braunfärbung der **I**-Lsgg. zustande kam, kann die Verfärbung durch **II**, **III** u. **IV** nicht nur auf eine Oxydation oder Red. zurückgeführt werden, obgleich bei Bestrahlung in $N_2$-Atmosphäre nur geringfügige Veränderungen auftreten. Wie die **I**-Lsgg. werden auch *Resochin* (**V**)-Lsgg. nach **II**-, **III**- oder **IV**-Zusatz durch Bestrahlung verfärbt, u. zwar am stärksten durch **IV**. Bei Menschen, deren Haut durch **I** gelb gefärbt war, wurde nach Sonnenbestrahlung eine schwarzbraune Verfärbung beobachtet. Der gebildete Farbstoff schützt wie **I** die Haut gegen Lichtschäden. **I** u. **V** verhinderten nach Auftragen auf die Haut bei UV-Bestrahlung die Entw. eines Erythems. G. FAUST. 4610□

**Die Wirkung des Chlortetracyclins auf die Immunisierung. 2. Mitt. Der Einfluß auf die Bildung schützender Antikörper nach Impfung mit einem lebenden avirulenten Stamm von Erysipelothrix rhusiopathiae.** M. S. Cooper und G. A. Allen. (J. Immunology **83**. 232—36. Sept. 1959. Pearl River, N.Y., Amer. Cyanamid Co., Lederle Labor., Div. Biol., Dev. Labor.) (Engl.)

*Chlortetracyclin* (**I**) wurde an Mäuse im Futter ab 2. Tag vor der Impfung mit einem lebenden avirulenten Rotlaufbakterienstamm 2 Wochen lang verabfolgt. 1 Woche später erfolgte die Infektion mit virulenten Bakterien. **I** hemmte die Bldg. schützender Antikörper erheblich. E. FISCHOEDER. 4611□

**Einige Hemmstoffe der durch Histamin und durch Formaldehyd ausgelösten Entzündung bei Mäusen.** B. J. Northover und G. Subramanian. (Brit. J. Pharmacol. Chemotherapy **16**. 163—69. April 1961. Vellore, S. India, Christian Med. Coll., Dep. of Pharmacol.) (Engl.)

Die Formalinentzündung der Mäusepfote wurde beim intakten Tier durch *Phenylbutazon, Methocarbamol, B.C. 8402* (*Na-α-4-Phenylphenoxypropionat*; **I**), *B.C. 8422s* (*Na-α-4-Hydroxyphenoxypropionat*), *B.C. 8424s* (*Na-α-4-Carboxyphenoxypropionat*), *Na-Acetylsalicylat, Amidopyrin, Tolazolin* (**II**), **II** + *B.C. 7586* (*Na-α-4-sek.-Butylphenoxypropionat*; **III**), **III**, *Na-Salicylat* (**IV**), nicht aber durch 0,9% NaCl, *Cortisonacetat* (**VI**), *Na-Gentisat, N-Acetyl-p-aminophenol, Atropinsulfat* (**VII**), **VII** + *Physostigmin*, **VII** + *Neostigmin*, **VII** + *Edrophonium*, **VII** + *Diisopropylfluorphosphonat* (**V**), *Adrenalin* oder *Ephedrin* verhütet. Bei adrenalektomierten Tieren wirkten **III** u. **VII** + **V** hemmend, NaCl fördernd, u. **IV** war unwirksam. Die erhöhte Capillarpermeabilität infolge von Histamin wurde bei intakten Tieren durch **IV**, **VI** u. Mepyraminmaleat, nicht aber durch **I**, **III** oder NaCl, u. bei adrenalektomierten Tieren durch **IV**, nicht aber durch NaCl, aufgehoben. K. ZINGRAF. 4615□

**Die pharmakologischen Eigenschaften von Glycyrrhetinsäurehydrogensuccinat (Dinatriumsalz).** R. S. H. Finney und A. L. Tárnoky. (J. Pharmacy Pharmacol. **12**. 49—57. Jan. 1960. Leicester, Coll. of Technol.; Reading, Royal Berkshire Hosp.) (Engl.)

Im „Cotton-pellet"-Test bei der Ratte zeigt *Dinatriumglycyrrhetinsäurehydrogensuccinat* (**I**) eine bedeutende entzündungshemmende Wirksamkeit; 12 mg **I**/200 g Körpergewicht (subkutan) entsprechen 5 mg Hydrocortison. Die intraperitoneale $DL_{50}$ beträgt für **I** bei Mäusen 111 mg/kg u. die i.v. $DL_{50}$ 43 mg/kg. Einmalige orale oder subkutane Gaben von 250 mg **I**/kg werden von Mäusen u. orale Gaben von 500 mg **I** von Katzen vertragen. In chron. intraperitonealen Verss. zeigte sich bei Ratten (2mal wöchentlich 2,5 mg **I**) eine verstärkte Gewichtszunahme, die durch die antidiuret. Wrkg. von **I** bedingt ist. Ebensolche Ergebnisse zeigen die chron. Verss. bei täglichen oralen Gaben von 25 mg **I** u. bei täglichen subkutanen Injektionen von 50 mg **I**. Veränderungen waren dabei im Magen–Darm-Trakt u. in den Nieren entstanden. Die Leberfunktionsprüfungen bei Kaninchen waren normal. In höheren Konzz. hat **I** einen lokalschädigenden Effekt. Bei Ratten wird der Wasser- u. Mineralstoffwechsel verändert, aber nicht bei Katzen. Bei Kaninchen hat **I** keinen Einfl. auf die 17-Ketosteroid- oder 17-Hydroxycorticosteroid-Ausscheidung. **I** hat eine geringe hämolyt. u. antikoagulierende Wrkg. in hohen Konzz. in vitro. G. KIMMERLE. 4615

**Analyse des von Adrenalin und anderen sympathicomimetischen Aminen auf das Elektrocorticogramm des nichtnarkotisierten Kaninchens ausgeübten Weckeffekts.** A. Capon. (Arch. int. Pharmacodynam. Thérap. **127**. 141—62. 1/8. 1960. Bruxelles, Univ., Labor. de Pathol. Générale.) (Franz.)

Die beim nichtnarkotisierten curarisierten Kaninchen durch i.v. Injektion von *Adrenalin* (**I**) u. *Noradrenalin* hervorgerufenen vasomotor. Rkk. (Hautvasoconstriction u. Carotishochdruck gingen dem Beginn der reticular-corticalen Erregung stets 1—8 Sek. voraus). *Vasopressin* löst ähnliche Erregungseffekte aus. Eine adrenolyt. wirksame Verb., wie Regitin, modifiziert vasomotor. u. reticular-caroticale Rkk. im gleichen Maße. Direkte Injektion sympathicomimet. Amine in den arteriellen Kopfkreislauf ruft zwar im Bereich der äußeren Carotisarterie eine starke u. frühzeitige Vasoconstriction hervor, jedoch meist keinen Erregungseffekt. Intraarterielle *Amphetamin*-Injektion löst einen frühzeitigen Erregungseffekt aus, *Ephedrin* dagegen nicht. Nach diesen Verss. wirkt I anscheinend nicht direkt auf hypothet. adrenoceptive Neuronen im reticulären Syst., sondern dessen Weckeffekt ist im wesentlichen mit dem arteriellen Hochdruck u. örtlichen vasomotor. Erscheinungen im Hirnstamm verknüpft. K. MAIER. 4620□

**Ventilatorische und zirkulatorische Effekte von Mecholyl, Histamin, Serotonin und Serpasil auf die Lungen vom anästhesierten Hund mit geschlossenem Brustkorb.** Ernst O. Attinger. (J. Pharmac. Belgique [N. S.] **14** (**41**). 22–33. Jan./Febr. 1959. Boston, Mass., Tufts Univ. School, Lung Stat.; Boston City Hosp.) (Engl.)

Am mit Nembutal anästhesierten Hund mit geschlossenem Brustkorb untersucht Vf. mit einer besonderen Meth. (Intubation, Oesophagusballonsonde, Katheter im linken u. rechten Herzen u. Körperplethysmograph) die gegenseitige Abhängigkeit der ventilator. u. hämodynam. Effekte in den Lungen nach *Mecholyl* (I), *Histamin* (II), *Serotonin* (III) u. *Serpasil* (IV). I bewirkt Bradycardie u. Bronchoconstriction, u. die Hämodynamik in den Lungen wird prim. durch sek. mechan. Effekte bestimmt. II verursacht periphere Vasodilatation u. möglicherweise Lungenkongestion. Die Änderungen in den physikal. Eigg. der Lungen sind im allg. infolge der geänderten Hämodynamik sek. Natur. III führt zu merklicher Vaso- u. Bronchoconstriction. IV steigert das Herzminuten-Vol., das in den Lungen geringfügig sek. auf die hämodynam. u. ventilator. Mechanik einwirkt. Veränderungen in den physikal. Eigg. der Lungen können also bis zu einem gewissen Grade durch hämodynam. Änderungen nach Injektionen von II, III u. IV bedingt sein. K. BÖHM. 4620□

**Über den Mechanismus der von Ganglioplegica auf die gastrointestinale Beweglichkeit ausgeübte Wirkung.** M. R. Gavend, M. Gavend und J. Mercier. (J. de Physiol. **52**. 643–53. Juli/Aug. 1960. Marseille, Fac. de Méd. et de Pharmacie, Labor. de Pharmacol.) (Franz.)

Beim Hund in Choralnarkose üben einige ganglienblockierende Agentien (I), wie *Tetraäthylammonium, Hexamethonium, Pentamethonium, Pentamethazene, Spartein,* auf die gastrointestinale Beweglichkeit eine starke, anregende Wrkg. von cholinerg., nicht von Nicotincharakter, aus. Diese bleibt nach Vagotonie, nicht aber nach Splanchnicotonie oder Lumbalanästhesie, erhalten. Sie scheint durch Erregung parasympath. spinaler Zentren durch I hervorgerufen zu werden. K. MAIER. 4620□

**Einige nystagmographische Methoden zur Untersuchung der Wirkung von Pharmaca auf das Labyrinth. Der Einfluß von Cinnarazin, Hyoscin, Largactil und Nembutal auf das Vestibularsystem.** L. B. W. Jongkees und A. J. Philipszoon. (Acta physiol. pharmacol. neerl. **9**. 240–75. Juli 1960. Amsterdam, Wilhelmina Gasthuis Univ., Dep. of Otorhinolaryngology.) (Engl.)

Die elektronystagmograph. Unters. der Erregbarkeit des Labyrinths durch Pharmaca verschiedener pharmakolog. Gruppen ergab bei Menschen u. Kaninchen eine stark signifikante unterdrückende Wrkg. des Antihistamins *Cinnarazin* auf das Labyrinth, während *Hyoscin* (I) dessen Erregbarkeit zu verstärken schien. *Chlorpromazin* beeinflußte nur die zentrale Nystagmusphase. *Nembutal* hemmte in einer tiefe Narkose hervorrufenden Dosierung nur die vestibularen Augenreflexe. Nur I hatte auf die corneoretinale Potentialdifferenz (CRP) einen geringfügigen Effekt, die übrigen Pharmaca nicht. Vff. nehmen an, daß die Veränderungen des Nystagmogramms als Ergebnis der Behandlung kein Ausdruck einer Änderung der CRP, sondern einer veränderten Vestibularfunktion sind. K. MAIER. 4620□

**Beitrag zur Untersuchung des Mechanismus der sedativen Wirkung von Reserpin.** Laia Buchel und Jeanne Lévy. (J. de Physiol. **52**. 727–33. Juli/Aug. 1960. Paris, Fac. de Méd., Labor. de Pharmacol. chim.) (Franz.)

Unters. der Verstärkung der hypnot. Wrkg. von A., Chloralhydrat u. Hexobarbitone durch *Reserpin* (I) bei Ratten ergab, daß I, i.v. unmittelbar nach Beendigung des durch diese Verbb. ausgelösten Schlafs gegeben, eine Rückkehr in tiefen Schlaf bewirkt. *Chlorpromazin* wirkt ebenso, jedoch wird nur I von Iproniazid antagonist. beeinflußt. Die Möglichkeit einer direkten zentralen I-Wrkg., gefolgt von einer indirekten, wird diskutiert. K. MAIER. 4620□

**Ein Vergleich der Toxizität und Antihistaminwirkung von Antihistamin und Alfadryl Spofa in Gewebekulturen.** Josef Tobiška. (Českoslov. Biol. **6**. 309–13. Juli 1957. Brno, Farmaceutické fakulty, Cytofarmakologická laboratoř.)

Es wurde eine vergleichende Unters. über Toxizität u. Antihistamin-Wrkg. von *Antihistamin* u. *Alfadryl Spofa* sowie der Antihistamin-Präpp. *Antistin, Benadryl, Histadyl, Perazil, Pyribenzaminhydrochlorid* u. *Theophorin* durchgeführt, wobei sich die Antihistamin-Wrkg. des Antihistamins im Gegensatz zu Verss. in vivo größer erwies als die des Alfadryls. W. F. EBEL. 4625□

**Untersuchungen an α-n-Propylamino-2-methylpropionanilid, einem neuen Lokalanästheticum.** Sten Wiedling. (Acta pharmacol. toxicol. [København] **17.** 233—44. 1960. Södertälje, Sweden, AB Astra.) (Engl.)

Vf. untersucht die pharmakolog. Eigg. u. Toxizitäten von *α-n-Propylamino-2-methylpropionanilid* (I). Die an der Kaninchencornea geprüfte lokalanästhet. Wrkg. u. Wrkg.-Dauer einer 2% ig. I-Hydrochlorid-Lsg. entspricht der einer 2 % ig. *Xylocain* (II)-Lösung. I verursacht bei mit Pentymal-Na anästhetisierten Kaninchen einen geringeren Blutdruckabfall als II, besitzt jedoch einen etwas schwächeren Antagonismus gegen die Pressor-Wrkg. von *Adrenalin* (Konz.: 1 : 50—80000). Die antagonist. Wrkg. von I auf die durch *Acetylcholin, Histamin* oder $BaCl_2$ am Meerschweinchendarm ausgelösten Spasmen sind im Vgl. mit *Diphenhydramin* bedeutungslos. Die $DL_{50}$ von I-*Hydrochlorid* (Maus) beträgt 0,82 (subkutan), 0,31 (intraperitoneal) u. 0,062 (i.v.) g/kg; II: 0,44, 0,21, 0,038. Die Gewebetoxizität von I ist geringfügig, u. Reizungen werden nicht beobachtet. P. FAHRNLAENDER. 4627□

**Konstitution und Wirkung am Beispiel morphinähnlich wirkender Verbindungen.** Victor Leutner. (Arzneimittel-Forsch. **10.** 505—09. Juli 1960. Grenzach, Baden.) (Dt.)

Beziehungen zwischen Konst. u. Wrkg. werden in den morphinähnlich wirkenden Verb.-Klassen *Pethidin-, Methadon-, Morphinan-, Dithienylbutenylamin-* u. *Benzimidazol*-Gruppe besprochen. Morphinantagonisten sind als Indicatoren des morphinähnlichen Wrkg.-Charakters einer Verb. von Wichtigkeit. Der Trennung morphinähnlicher Effekte durch Synth. von Verbb. mit nur therapeut. erwünschten Eigg. des Morphins ist man mit der Herst. einiger Analgetica, wie (—)-*3-Hydroxy-N-[3.3-dimethylallyl]-morphinan*, nähergekommen. K. MAIER. 4627□

**Wirkung des D-Tubocurarins auf den Herzsympathicus.** A. Baisset und A. Boer. (C. R. Séances Soc. Biol. Filiales **150.** 1998—2003. 1956, herausgeg. 26/4. 1957. Fac. de Méd., Labor. de Phys. et Pharmacol.) (Franz.)

Intramuskuläre Injektion von *D-Tubocurarin* beim Hund in schwachen Dosen von 0,5—1 μ/kg akzentuiert u. verlängert die Wrkg. einer i.v. Insulininjektion. Prüfung auf sympathicolyt. Wrkg. zeigte unter diesen Bedingungen keinen Effekt auf die ganglionären u. peripheren Herzsympathicussynapse. Weiterführende Unterss. der Wrkg. verschiedener i.v. Injektionen mit 3 bzw. 11 μ D-Tubocurarin/kg auf das stellare Ganglion u. die periphere Herzsympathicusleitung unter Stimulierung des Sympathicus- u. Thoraxstrangs durch Kondensatorentladungen höchster Intensität bestätigten die bereits bekannten Eigg. dieser Droge: Gangliopleg. Wrkg. bei höheren Dosen, fehlende Wrkg. auf die peripheren Sympathicus-Verbb. jedoch selbst bei sehr hohen Dosen. Das zeigt, daß zur Erklärung der Auslösung der Insulinhypoglykämie durch D-Tubocurarin an einer peripheren gangliopleg. u. sympathicolyt. Wrkg., wie früher angegeben, nicht festgehalten werden kann. J. MALPRICHT. 4628□

**Transpulmonale Resorption von Ergotamintartrat bei Gefäßkopfschmerz.** Lester S. Blumenthal und Marvin Fuchs. (Med. Ann. District Columbia **30.** 10—12. 59. Jan. 1961. Washington, D.C., George Washington Univ., School of Med.) (Engl.)

Die mit dem MEDIHALER-Zerstäuber je Anwendung verabfolgte Menge von 0,36 mg *Ergotamintartrat* führte zu zufriedenstellender Besserung bei 35 von 42 Fällen mit Gefäßkopfschmerz. Der Erfolg stimmt damit mit dem durch andere Ergotaminanwendungsweisen gut überein. Die Wrkg. tritt ebenso rasch ein wie bei i.v. Injektion. Die Nebenwrkg. sind minimal. U. TAUSENDFREUND. 4628□

**Die Wirkungen einer Reihe gesättigter und ungesättigter Bistrimethylammoniumverbindungen auf das Herz.** Hollis G. Schoepke und F. E. Shideman. (J. Pharmacol. exp. Therapeut. **129.** 322—27. Juli 1960. Madison, Wis., Univ. of Wisconsin, Cardiopulmonary Res. Labor., Dep. of Pharmacol. and Toxicol.) (Engl.)

Vff. untersuchen eine Reihe gesätt. u. ungesätt. bis-quart. Ammonium-Verbb. am isolierten Herzohr (Katze) u. am Herz–Lunge-Präp. (Hund) auf inotrope u. chronotrope Wirkungen. *Hexamethylen-bis-[trimethylammoniumchlorid]* u. folgende α.ω-Bis-[trimethylammonium]-dibromide: *Hexen-(2)-, Hexin-(2)-, Hexin-(3)-, Pentamethylen-, Penten-(2)-, Pentin-(2)-, Tetramethylen-, Buten-(2)-* u. *Butin-(2)-*. Die ungesätt. Verbb. besitzen muscarinartige Wrkg., aber keine Ganglion stimulierende. Die gesätt. Verbb. sind dagegen frei von inotropen u. chronotropen Wirkungen. Die die Herztätigkeit hemmende Wrkg. ist bei den Verbb. mit $C_5$- oder $C_6$-Kette am stärksten, wenn vom $C_{(2)}$ eine Dreifachbindung ausgeht, wird diese nach $C_{(3)}$ verschoben, so verringert sich diese Wirkung. Aus den Ergebnissen wird ferner auf die Verschiedenartigkeit der Receptoren für inotrope bzw. chronotrope Wrkg. geschlossen. P. FAHRNLAENDER. 4630□

**1.3-Dialkyl-6-thioxanthine: eine neue Reihe von Bronchodilatatoren und Coronarvasodilatatoren.** A. K. Armitage und K. R. H. Wooldridge. (Nature [London] **188.** 1107—08. 24/12. 1960. Dagenham, Essex, May and Baker Ltd., Res. Labor.) (Engl.)

Aus *Xynthinen* wurden durch mehrstd. Erhitzen mit $PS_5$ in sd. Pyridin die *6-Thioxanthin*-Derivv. (I) in sehr guter Ausbeute erhalten. I sind pharmakolog. qual. Theophyllin sehr ähnlich, jedoch, in Form der Cholinsalze, in einigen Fällen Cholintheophyllinat (II) hinsichtlich bronchodilatator. u. coronardilatator. Wirksamkeit vielfach in vitro überlegen. Als Diuretica sind I II unterlegen. *3-Isobutyl-1-methyl-6-thioxanthin, Cholinsalz,* F. 145—147°, blaßgelbe, krist. Verbb.; *Cholin-6-thiotheophyllinat,* F. 146 bis 149°. K. MAIER. 4630□

**Untersuchung der coronargefäßerweiternden Mittel aus der Gruppe der Chromone. Basische und Äthylester der Chromon- und Flavonoxyacetate.** P. Da Re, A. Colleoni und I. Setnikar. (Farmaco [Pavia], Ediz. sci. **13.** 561—73. Aug. 1958. Milano, Labor. Farm. S.P.A.-Sez di Chim. Terap.) (Ital.)

Von den 12 geprüften Äthylestern erwies sich das Äthylflavonyl-(7)-oxyacetat als das aktivste Deriv. mit coronargefäßerweiternder Wirkung. Es zeitigt eine mittlere Zunahme der Coronargefäßdurchströmung um ca. 80% bei einer Konz. von 3,16 mg/Liter am isolierten Kaninchenherzen (LANGENDORFF). Toxizität intraperitoneal: $DL_{50}$ = 3200 mg/kg bei der Ratte. Die zur Prüfung des Einfl. des veresternden Alkohols dargestellten weiteren 10 bas. Ester der Chromon- u. Flavonoxyessigsäuren zeigten in der Mehrzahl der Derivv. eine verschwindende coronardilatator. u. antispast. Aktivität.

Versuche: Während die Äthylester aus den Chromon- u. Flavonhydroxyden durch Kondens. mit einem Halogenäthylacetat nach bekannten Verff. erhalten werden, erfolgt die Darst. der bas. Ester durch Kondens. der Na- oder K-Salze mit einem β-Dialkylaminoäthylchloridhydrochlorid in Isopropylalkohol. Es wurden dargestellt: *2.3-Dimethylchromonyl-(7)-oxyessigsäure,* $C_{13}H_{12}O_5$, F. 197—198°; *-äthylester,* $C_{15}H_{16}O_5$, F. 123 bis 125°; *2-Methylchromonyl-(7)-oxyessigsäure,* $C_{12}H_{18}O_5$, F. 276—277°; *-äthylester,* $C_{14}H_{14}O_5$, F. 90—92°; *2.3-Dimethylchromonyl-(6)-oxyessigsäure,* $C_{13}H_{12}O_5$, F. 181—182° *-äthylester,* $C_{15}H_{16}O_5$, F. 100,5—102,5°; *2-Äthyl-3-methylchromonyl-(7)-oxyessigsäure;* $C_{14}H_{14}O_5$, F. 169—171°; *-äthylester,* $C_{16}H_{18}O_5$, F. 89—90°; *Flavonyl-(7)-oxyessigsäure,* $C_{17}H_{12}O_5$, F. 267—269°; *-äthylester,* $C_{19}H_{16}O_5$, F. 123,5—124°; *3-Methylflavonyl-(7)-oxyessigsäure,* $C_{18}H_{14}O_5$, F. 207—209°; *-äthylester,* $C_{20}H_{18}O_5$, F. 204—206°; *K-2.3-Dimethylchromonyl-(7)-oxyacetat* (101,0% K); *Na-2.3-Dimethylchromonyl-(6)-oxyacetat* (101,0% Na); *K-2-Äthyl-3-methylchromonyl-(7)-oxyacetat* (99,7% K); *Na-Flavonyl-(7)-oxyacetat* (98,5% Na); *Flavonyl-(7)-oxyessigsäure-β-dimethylaminoäthylesterhydrochlorid,* $C_{21}H_{21}O_5 \cdot NHCl$, F. 177—180°; *-β-diäthylaminoäthylesterhydrochlorid,* $C_{23}H_{25}NO_5 \cdot HCl$, F. 199 bis 200°; *-β-piperidinoäthylesterhydrochlorid,* $C_{24}H_{25}NO_5 \cdot HCl$, F. 210—212°; *2-Äthyl-3-methylchromonyl-(7)-oxyessigsäure-β-diäthylaminoäthylesterhydrochlorid,* $C_{20}H_{27}NO_5 \cdot HCl$, F. 158—161°; *-β-dimethylaminoäthylesterhydrochlorid,* $C_{18}H_{23}NO_5 \cdot HCl$, F. 195 bis 197°; *-β-piperidinoäthylesterhydrochlorid,* $C_{21}H_{27}NO_5 \cdot HCl$, F. 190—192°; *2.3-Dimethylchromonyl-(7)-oxyessigsäure-β-diäthylaminoäthylesterhydrochlorid,* $C_{19}H_{25}NO_5 \cdot HCl$, F. 189—191°; *-β-piperidinoäthylesterhydrochlorid,* $C_{20}H_{25}NO_5 \cdot HCl$, F. 189—190°; *2.3-Dimethylchromonyl-(6)-oxyessigsäure-β-diäthylaminoäthylesterhydrochlorid,* $C_{19}H_{25}NO_5 \cdot HCl$, F. 192—193°; *-β-piperidinoäthylesterhydrochlorid,* $C_{20}H_{25}NO_5 \cdot HCl$, F. 107—110°. J. MALPRICHT. 4630□

**Untersuchungen über Veratrumalkaloide.** 29. Mitt. **Die Wirkung einiger Germinester und von Veratridin auf Blutdruck, Puls und femoralen Blutstrom am Hund.** J. M. Benforado, W. Flacke, C. R. Swaine und W. Mosimann. (J. Pharmacol. exp. Therapeut. **130.** 311—20. Nov. 1960. Boston, Mass., Harvard Med. School, Dep. of Pharmacol.) (Engl.) — 28. vgl. C. **1960.** 3953.

4 Germinester, nämlich *Germerin* (**I**, $C_{37}H_{59}NO_{11}$), *Neogermitrin* (**II**, $C_{36}H_{55}NO_{11}$), *Desacetylgermitetrin* (**III**, $C_{39}H_{61}NO_{13}$), *Germitetrin* (**IV**, $C_{41}H_{63}NO_{14}$), unterschiedlich in der Zahl der Esterbindungen u. der Art der beteiligten Säuren u. *Veratridin* (**V**, $C_{36}H_{51} \cdot NO_{11}$) wurden auf ihre Wrkg. auf Blutdruck, Puls, rechten Vorhofdruck u. Blutstrom im durchströmten Hinterschenkel des Hundes untersucht. Es bestanden keine qual. Unterschiede zwischen **I, II, III** u. **V. IV** zeigte einen langsameren Eintritt der Wrkg. u. längere Dauer mit niedrigeren Höchstwerten. Die Schwankungen in der Stärke zwischen den Estern waren nur gering, insgesamt waren sie 3—5mal stärker als **V**. Alle untersuchten hypotensiven Ester verursachten eine durch Atropin nicht beeinflußte Vasodilatation im vasculären Bett der Schenkelarterie. Ihre Größe steht nicht in enger Beziehung zur Größe der begleitenden Hypotension, u. es ist wahrscheinlich, daß der Blutdruckabfall auf die Alkaloide nicht ganz auf eine Abnahme des peripheren Widerstands zurückzuführen ist. H. AMAN. 4630□

**Untersuchungen über Veratrumalkaloide. 30. Mitt. Die Wirkung einiger Germinester auf Herzminutenvolumen und Gefäßtonus unter Beobachtung des durch Drogen induzierten Abfalls des positiven inotropen sympathischen Tonus.** W. Flacke, J. M. Benforado, C. R. Swaine und W. Mosimann. (J. Pharmacol. exp. Therapeut. **130.** 321—27. Nov. 1960. Boston, Mass., Harvard Med. School, Dep. of Pharmacol.) (Engl.) — 29. vgl. vorst. Referat.

Es wurde die Art der durch *Veratridin, Germerin, Neogermerin, Desacetylgermitetrin* u. *Germitetrin* hervorgerufenen Hypotonie am Offenbrust-Präp. des Hundes untersucht. Min.-Vol. u. Gefäßtonus nahmen nach i.v. Injektion wirksamer Dosen aller Alkaloide ab, u. beides bewirkt Blutdrucksenkung. Während dieser Periode waren die Vorhofdrucke entweder gering vermindert, unverändert oder erhöht. In 19 von 31 Rkk. waren die Fülldrucke angestiegen. In diesen Fällen ist die Abnahme des Min.-Vol. wahrscheinlich auf eine Verminderung der Kontraktilität des Herzmuskels zurückzuführen. Eine solche nervös bedingte Verminderung unter der Wrkg. von Drogen, von denen bekannt ist, daß sie den sympath. Vasoconstrictortonus herabsetzen, deutet die Existenz eines neurogenen positiv inotropen Tonus an. H. AMAN. 4630□

**Der Einfluß von Cocarboxylase auf die durch Strophanthin ausgelösten Veränderungen der Serumelektrolyte.** Dieter Michel. (Ärztl. Forsch. **13.** I 535—I 541. 10/11. 1959. Aschaffenburg, Städt. Krankenhaus; Leipzig, Medizin. Klinik.) (Dt.)

*Strophanthin-* bzw. *Digitoxin*-Injektion hat regelmäßig eine Erhöhung des Serum-K auf Kosten des intracellulären K zur Folge, während auf den Ca-, Na- u. NaCl-Spiegel keine signifikanten Glykosid-Einfl. festgestellt werden konnten. Der Glykosideffekt auf K kann durch Verabreichung von *Cocarboxylase* modifiziert werden: Während isolierte Cocarboxylaseinjektionen zu einer Senkung des Serum-K-Spiegels führen, wird, kombiniert mit Strophanthin, die durch Strophanthin bedingte Erhöhung des Serum-K paralysiert. Die Ergebnisse sind durch Verss. bestätigt u. statist. gesichert. Vff. führen das unterschiedliche Verh. darauf zurück, daß nach alleiniger Strophanthininjektion die Rkk. für die restitutiven K-Verschiebungen gestört sind u. daß sie durch Cocarboxylase wieder normalisiert werden. Ob die Cocarboxylase dabei über den Kohlenhydratstoffwechsel direkt oder über Phosphorylierungsprozesse in der Muskelzelle wirksam wird (in beiden Fällen spielt Cocarboxylase eine Rolle), ist noch nicht geklärt. Der therapeut. Effekt des Einfl. von Cocarboxylase bei Glykosidindikationen besteht wahrscheinlich darin, daß ein gewisser, für die Glykosidtherapie wesentlicher K-Verlust der Zelle (= erhöhtes Serum-K) nicht überschritten wird. Ein zu großer Verlust an intracellulärem K führt zu tox. Glykosideffekten, denen so vorgebeugt werden kann. Klin. Beobachtungen sprechen sogar für eine Steigerung der Glykosidwirksamkeit durch Cocarboxylase. Wahrscheinlich steht mit dem Einfl. von Cocarboxylase auf die restitutiven K-Verschiebungen auch ihr therapeut. Effekt bei Muskelkrämpfen in Verbindung. — 86 Literaturangaben, 3 Tabellen, 3 Abbildungen. H. SCHÄBITZ. 4630□

**Emesiskontrolle bei Krebspatienten durch Trimethobenzamid.** Bruce I. Shnider und G. Lennard Gold. (Med. Ann. District Columbia **30.** 7—9. 59. Jan. 1961. Washington, D.C., Georgetown Univ., School of Med.; District of Columbia Gen. Hosp.) (Engl.)

*Trimethobenzamid* (*4-[2-Dimethylaminoäthoxy]-N-[3.4.5-trimethoxybenzoyl]-benzylamin*) (**I**; *Tigan*, HOFFMANN-LA ROCHE) wird als wirksames u. sicheres Antiemeticum bei neoplast. Erkrankungen angesehen. Von 57 mit **I** behandelten Patienten (Dosierung anfangs 200 mg peroral oder i.m., anschließend 100—200 mg 4mal/Tag) reagierten 30 gut, 12 teilweise, 15 nicht; es trat bei den erfolgreichen Fällen ein deutlicher Unterschied zu Placebo zutage. Die Latenzzeit bis zum Wrkg.-Eintritt beträgt 20 Min. bis 2 Std. nach peroraler, 20 Min. nach i.m. Verabreichung, die Wrkg. hielt durchschnittlich 3 Std. an. U. TAUSENDFREUND. 4646□

**Die Wirkung von Piperazin auf die Succinatbildung durch Ascaris lumbricoides.** E. Bueding, H. J. Saz und G. W. Farrow. (Brit. J. Pharmacol. Chemotherapy **14.** 497—500. Dez. 1959. New Orleans, La., Louisiana State Univ., School of Med., Dep. of Pharmacol.) (Engl.)

Inkubation von *A. lumbricoides* mit *Piperazin* (**I**) verminderte reversibel die Bldg. von *Succinat* (**II**), wobei zwischen lähmenden u. die **II**-Bldg. hemmenden **I**-Konzz. weitgehend Parallelität bestand. **I** beeinflußte den Einbau von *$^{14}C_{(2)}$-Lactat* in **II** durch *Ascaris*-Muskelstreifen nicht. Die Hemmung der **II**-Bldg. durch **I** beruht vermutlich auf einem myoneuralen Block. Anscheinend hängt die **II**-Bldg. mit der Lieferung von Energie für die Muskelkontraktion zusammen. K. MAIER. 4649□

**Die Verwendung von radioaktiv markierten Verbindungen zur Untersuchung der Stoffwechselzwischenbeziehung von Wirt und parasitischen Helminthen.** Richard D. Stoner und Lawrence V. Hankes. (Proc. int. Conf. peaceful Uses Atomic Energy **10.** 529—33. 1956. Brookhaven, Nat. Labor.) (Engl.)

Die Ggw. von eingekapselten *Trichinella spinalis*-Larven in Muskeln von infizierten Mäusen (SWISS) verändert den Einbau von $^{14}C_{(1)}$-, $^{14}C_{(2)}$-*Glycin* (I), $^{14}C_{(1)}$- oder $^{14}C_{(2)}$-*DL-Alanin* (II) in das Muskelprotein nicht. Unreife Larven bauen größere Mengen $^{14}C$ aus I u. II in die Muskulatur ein als reife. Hat die Infektion schon vor längerer Zeit stattgefunden, so ist die $^{14}C$-Aktivität in den eingekapselten Larven infolge Austausches von Stoffwechsel-Prodd. zwischen Larve u. Wirt genauso hoch wie im Gewebe des Wirts. Auch eingekapselte Larven nehmen so am Stoffwechsel des Wirts teil.
G. KIMMERLE. 4649

**Klinische Prüfung von Griseofulvin bei 327 Patienten mit Dermatomykosen.** Marc A. Weiner, James Q. Gant jun. und Arnold H. Gould. (Med. Ann. District Columbia **30.** 1—6. 58. Jan. 1961. Washington, D.C., Vet. Admin., Vet. Benefits Office; George Washington Univ., School of Med.; Georgetown Univ., School of Med.) (Engl.)

Bericht über 1jährige Erfahrungen mit *Griseofulvin* (I; *Fulvicin*, SCHERING CORP.) bei 327 Patienten in Dosierungen von 500—750 mg/Tag für Erwachsene peroral, für Kinder 100 mg/Tag. I wird als wertvollstes Mittel zur Behandlung der verschiedensten Dermatomykosen ohne schwere tox. Nebenwrkg. angesehen. Vollständig waren die Erfolge bei *Tinea capitis, barbae, corporis* u. *cruris*; bei *Tinea pedis* führte I in den meisten Fällen (68) zum Erfolg, in den restlichen Fällen (26) zur Besserung. Persistierende Fälle zeigten meist intertriginösen Charakter zusammen mit Hyperhydrosis u. vielfach Infektion mit *T. mentagrophytes*; in diesen Fällen ist zusätzlich lokale keratolyt. Therapie erforderlich. Onychomykose der Fingernägel benötigt 3—8, der Zehennägel 12 u. mehr Monate zur Ausheilung. U. TAUSENDFREUND. 4661□

**Das Problem der Methämoglobinämie beim Menschen unter besonderer Berücksichtigung von Nitrat- und Nitritvergiftungen bei Säuglingen und Kindern.** D. G. Steyn. (Vitalstoffe — Zivilisationskrankh., Konventber. **1959.** 75—76. Pretoria, Univ., Dep. of Pharmacol., Inst. of Pathol.) (Engl.)

Kurze Übersicht der bei *Nitrat*- bzw. *Nitrit*-Vergiftung auftretenden Krankheitszustände u. möglicher hygien. Maßnahmen zu deren Vermeidung. G. KIRSTEN. 4675□

**Drei tödliche Alkoholvergiftungen; die Rolle endokriner Faktoren bei der Überempfindlichkeit gegenüber Alkohol.** I. Gy. Fazekas. (Arch. Toxikol. **18.** 205—12. Juli 1960. Szeged, Ungarn, Univ., Inst. für gerichtl. Med.) (Dt.)

Bericht über 3 tödliche A.-Vergiftungen: a) 24 Jahre, chondrodystroph. Zwerg, 1,83 g/kg (tödliche Dosis A./kg); b) 20 Jahre, ♀, 3,4 g/kg; c) 4½ Jahre, ♀, 1,37 g/kg. Alle diese Werte bleiben weit unter den für Erwachsene u. Kinder angegebenen 6 bis 8 g/kg bzw. 3 g/kg zurück. In allen 3 Fällen wurde eine Hypoplasie der Nebennieren, ferner Status thymicus, in den letzten 2 Fällen Hyperplasie der Thyreoidea, sowie Hypo- u. Hyperfunktionsveränderungen der Adenohypophyse gefunden. Diese innersekretor. Störungen werden mit der A.-Überempfindlichkeit in Zusammenhang gebracht.
K. BÖHM. 4675□

**Plötzlicher Tod durch Trichloräthylen-Vergiftung bei Einwirkung dieses Giftes über längere Zeit.** W. Schollmeyer. (Arch. Toxikol. **18.** 229—35. Juli 1960. Jena, Friedrich-Schiller-Univ., Inst. für gerichtl. Med. u. Kriminalistik.) (Dt.)

Ein Fall einer gewerblichen *Trichloräthylen* (Tri)-Vergiftung mit tödlichem Ausgang wird beschrieben. Das Gift konnte chem. im Gehirn nachgewiesen werden. Die histolog. Veränderungen, bes. in der Leber, sprechen für eine seit längerer Zeit bestehende Tri-Einwirkung. Der Tod ist wahrscheinlich durch eine akute Gift-Einw. (Einnahme von Tri?) bei bestehenden erheblichen Organschädigungen durch Tri eingetreten, ohne daß die Vergiftung aufgeklärt werden konnte. K. BÖHM. 4675□

**Tödliche Vergiftung (Selbstmord) mit Mysoline und Phenobarbiturat.** I. Gy. Fazekas und B. Rengel. (Arch. Toxikol. **18.** 213—23. Juli 1960. Szeged, Univ., Inst. für gerichtl. Med.) (Dt.)

Kurze Angaben über die chem. u. pharmakolog. Eigg. von *Mysoline* (*5-Äthylhexahydro-4.6-dioxo-5-phenylpyrimidin*; I) u. über 8 in der Literatur beschriebene I-Vergiftungsfälle, davon einer mit tödlichem Ausgang. In einem eigenen Fall (♀, 21 Jahre) trat nach Einnahme von 19,75 g I + 3,2 g *Phenobarbiturat* (II) nach ca. 30 Std. der Tod ein. Sektionsbefund u. histolog. Unterss. ergaben vor allem Leber- u. Nierenschädigungen, auf die der Tod zurückzuführen sein dürfte. K. BÖHM. 4675□

**Tödliche Vergiftung eines Kindes mit Wenckebach-Tabletten (Digitalis-Chinin-Strychnin).** I. Gy. Fazekas. (Arch. Toxikol. **18.** 224—28. Juli 1960. Szeged, Univ. Inst. für gerichtl. Med.) (Dt.)

Ein 3jähriger Junge hatte 10—15 WENCKEBACH-Tabletten eingenommen, was 10—15 mg *Strychnin*, 0,5—0,75 g *Chinin* u. 0,5—0,75 g *Digitalis* entspricht. Der Tod trat nach 6¾ Std. ein. Histolog. wurden Lungenödem u. beginnende Pneumonie, nekrotisierende Nephrose, Nekrose in der Leber, Schädigung der Herzmuskelzellen sowie Hirnödem u. schwere Ganglienzelldegeneration in der Hirnrinde u. den Stammganglien gefunden. K. Böhm. 4675 □

## F. Pharmazeutische Chemie. Desinfektion

**Granulat als ein die Tabletten beeinflussender Faktor.** Jarmila Šimaljaková (Wiss. Z. Martin-Luther-Univ. Halle-Wittenberg, math.-naturwiss. R. **8.** 237–43. 1958/59. Bratislawa, Komenski-Univ., Pharmazeut. Fak.) (Dt.)

Der Einfl. von Pulveranteilen im Tablettengranulat wurde untersucht im Hinblick auf Mischungs-, Fließ- u. Entmischungs-Eigg. sowie auf Festigkeit u. Struktur der daraus hergestellten Tabletten. Ein pulverfreies Granulat läßt sich am besten verarbeiten. Eine Meth. zur Herst. eines Schüttelgranulats („Meth. des Feuchtigkeitsausgleichs") wird beschrieben. S. Erbe. 4766 □

**Sinn und Inhalt der modernen Pharmakognosie.** H. Flück. (Dtsch. Apotheker-Ztg. **100.** 1199–1202. 13/10. 1960. Zürich.) (Dt.)

Vortrag. H. Herper. 4782 □

**Versuchskulturen von Ammi visnaga (L.) Lam. und Ammi maius L.** B. Akačić und D. Kuštrak. (Planta med. [Stuttgart] **8.** 203. Juni 1960. Zagreb [Jugoslawien].) (Dt.) – Vgl. C. **1960.** 5901.

Entw., Vegetationsperiode, Anbaubedingungen u. Erträge von *Ammi visnaga* (L.) u. *Ammi maius* L. (I) werden durch Vers.-Anbau in der Umgebung von Zagreb festgestellt. Der Khellin-Geh. von *Fructus Ammeos visnaga* wurde papierchromatograph. u. der Furocumarin-Geh. der Früchte von I wurde gravimetr. bestimmt. I. Geibler. 4782 □

**Heilpflanzen und Arzneimittel pflanzlicher Herkunft im Iran.** 4. Mitt. Ahmad Parsa. (Qualitas Plantarum Mater. vegetabiles [Den Haag] **7.** 65–136. 14/5. 1960. Teheran, Univ. and Museum of Natural History.) (Engl.) – 3. vgl. C. **1961.** 3079.

Übersicht. – 67 Literaturangaben. H. Herper. 4782

**Über die Bereitung von Penicillinsalben.** F. Gstirner. (Dtsch. Apotheker-Ztg. **100.** 690–93. 23/6. 1960. Bonn, Univ., Pharmazeut. Inst.) (Dt.)

Vf. gibt eine Übersicht über die Herst. von *Penicillin*-Salben. Gefordert wird eine asept. Bereitung mit steriler Salbengrundlage. Zahlreiche Rezepturen werden angegeben. – 17 Literaturhinweise. S. Erbe. 4792 □

**Diuretica.** B. Helwig. (Dtsch. Apotheker-Ztg. **100.** 1341–47. 17/11. 1960. Stuttgart.) (Dt.)

Übersicht. H. Herper. 4806 □

**Untersuchung des bei der Einwirkung eines Schwefelsäure-Salpetersäure-Gemisches auf Atropin in der Kälte entstehenden Reaktionsproduktes.** P. Febvre und G. Roret. (Ann. pharmac. franc. **18.** 48–53. Jan./Febr. 1960. Clermont-Ferrand, Fac. de Méd. et Pharm., Labor. de Pharm. galen.) (Franz.)

Das bei der Einw. von konz. $H_2SO_4$ u. rauchender $HNO_3$ (7 : 2 ml) auf *Atropin* (**I**) entstehende Rk.-Prod. ist papierchromatograph. mit Butanol–HCl–W. nicht in mehrere Bestandteile zu zerlegen, ist also eine einheitliche Verb. u. zeigt den gleichen $R_F$-Wert wie **I**. Bei der Einw. von konz. $H_2SO_4$ u. rauchender $HNO_3$ (6 : 3 oder 5 : 5 ml) entstehende Rk.-Gemisch wird papierchromatograph. in 3 Bestandteile zerlegt, von denen der am schnellsten wandernde mit genannter Verb. ident. ist, u. als *Dinitroatropamin* (**II**), F. 120°; Hydrochlorid, F. 180°, identifiziert wurde. **II** u. Dinitro-**I** polymerisieren als freie Basen leicht, ihre Salze sind stabil. Eigg. der nitrierten Base u. ihres Hydrochlorids sowie IR-Spektren von **I** u. **II** werden angegeben. S. Erbe. 4806 □

**Anwendung der modifizierten Vitali-Morin-Reaktion zur Bestimmung einiger Solanaceen-Zubereitungen des Codex.** P. Febvre und G. Roret. (Ann. pharmac. franc. **18.** 45–48. Jan./Febr. 1960. Clermont-Ferrand, Fac. de Méd. et Pharm., Labor. de Pharm. galen.) (Franz.)

Vff. empfehlen zur Geh.-Best. von *Belladonna-*, *Datura-* u. *Hyoscyamus*-Blättern u. -Tinkturen, von *Hyoscyamusöl*, von *Atropinsulfat-* u. *Scopolaminhydrobromid*-Ampullen die bereits früher [1957] beschriebene modifizierte Vitali-Morin-Reaktion. Arbeitsvorschriften im Original. S. Erbe. 4880 □

**Komplexometrische Gehaltsbestimmungen offizineller Arzneistoffe.** Bernhard Schmitz. (Dtsch. Apotheker-Ztg. **100.** 693–96. 23/6. 1960. Frankfurt/M., Andreae-Noris Zahn AG., Zentrallabor.) (Dt.)

Vf. gibt Vorschriften zur Best. von Bi in *Bismutum subcarbonicum* (DAB. 6), *subnitricum, subsalicylicum, tribromphenylicum, subgallicum, oxychloratum* (Erg.-B. 6)

u. *metallicum.* Die Geh.-Best. erfolgt durch Titration mit 0,1n EDTA-Lsg. unter Verw. von Methylthymolblau als Indicator. Genaue Arbeitsvorschriften im Original.

S. ERBE. 4880□

**Stabilitätsuntersuchungen und Methoden zur Analyse von Sympatol-Lösungen.** Devendra K. Agrawal und K. Steiger-Trippi. (J. mondial Pharmac. **1960.** Nr. 2. 1—16. Sep. Zürich, ETH, Pharmazeut. Inst., Galen. Labor.) (Engl.)

Die Haltbarkeit von *Sympatol* (I)-Lsgg. wird mittels 3 Meth. untersucht. Bei der colorimetr. Meth. werden 1,5 mg I in wss. Lsg. mit 3 ml 15% ig. $HgSO_4$-Lsg. (in 5n $H_2SO_4$) 10 Min. im sd. Wasserbad erhitzt, nach dem Abkühlen mit 3 ml frisch bereiteter 0,1% ig. $NaNO_2$-Lsg. versetzt u. nach 15 Min. auf 50 ml mit dest. W. aufgefüllt. Die Extinktion wird in 1-cm-Küvetten im PULFRICH-Photometer bei 500 m$\mu$ bestimmt. Die UV-spektrophotometr. Meth. basiert auf der Messung der Extinktion bei 223 u. 273 m$\mu$. Das Verhältnis $\varepsilon_{223}:\varepsilon_{273}$ ist 5,86 : 1. Das orangefarbene Zers.-Prod. zeigt eine Verschiebung des UV-Spektrums. Die Extinktion des Zers.-Prod. beträgt bei 223 m$\mu$ ca. $^3/_4$ u. bei 273 m$\mu$ das 2fache der Extinktion von I. Für die quant. papierchromatograph. Best. werden 25—200 $\mu$g I auf Papier WHATMAN Nr. 1 absteigend mit Äthylacetat–95% ig. Essigsäure–W. (3 : 1 : 3) chromatographiert. Die Entw. erfolgt mit diazotiertem p-Nitranilin. Die besprühten Chromatogramme werden 3—5 Min. getrocknet u. dann durch eine 0,5n Lsg. von NaOH in A. gezogen. Der NaOH-Überschuß wird durch Filterpapier beseitigt. Die quant. Auswertung erfolgt planimetrisch. Eine unter $N_2$ hergestellte u. abgefüllte wss. Lsg. von 6,0 g I, 0,1 g Na-Metabisulfit u. 3,1 g Weinsäure in 100 ml W. kann 15 Min. bei 120° sterilisiert werden u. ist bei 20° ca. 2 Jahre haltbar. S. ERBE. 4880□

**Photometrische Bestimmung von Meprobamat.** G. Lagrange und J. J. Thomas. (XVIII$^e$ Congr. int. Sci. pharmac., Bruxelles **1958.** 395—401. 1960.) (Franz.) — C. **1960.** 11028.

F. THOMAS. 4880□

**Die Hydrierung bei der Analyse der Gemische von Barbituraten.** S. de Tiège-Robinet und C. L. Lapière. (XVIII$^e$ Congr. int. Sci. pharmac., Bruxelles **1958.** 373 bis 378. 1960.) (Franz.) — C. **1960.** 11029. F. THOMAS. 4880□

**Die Dünnschichtchromatographie in der Arzneimittelanalyse.** H. Gänshirt und A. Malzacher. (Arch. Pharmaz. Ber. dtsch. pharmaz. Ges. **293/65.** 925—32. Okt. 1960. Biberach a. d. Riß, Dr. Karl Thomae G.m.b.H.) (Dt.)

Mit Hilfe der Dünnschichtchromatographie an Kieselgel, dem 2% Leuchtstoff ZS-Super (RIEDEL DE HAEN) zugesetzt war, konnten folgende Arzneimittelgemische getrennt werden: *Coffein/Phenacetin/Acetylsalicylsäure* (A), *Coffein/Phenacetin/2-[β-Chloräthyl]-2.3-dihydro-4-oxo-[benzo-1.3]-oxazin* (I) (B), *Theophyllin/Papaverin/Luminal* (C), *Coffein/3.5-Dioxo-1.2-diphenyl-4-n-butylpyrazolidin* (II)/I (D), *Amidopyrin/5-Äthyl-5-[2.5-endomethylen-Δ³-tetrahydrophenyl]-barbitursäure*/II/*Codeinphosphat* (E) u. *Nicotinsäure-3-butoxyäthylester/Nonylsäurevanillylamid* (F). Als Fließmittel für die Gemische A, B u. C dienten Mischungen aus Methanol–Eisessig–Ae.–Bzl. (1 : 18 : 60 : 120) sowie Ae.–Eisessig–Bzl. (12 : 5 : 80), während D sich in Ae.–Chlf.–Methanol (50 : 50 : 1) trennen ließ. Die Bestandteile von E wurden durch aufeinanderfolgendes Entwickeln mit Bzl.–A. (9 : 1) u. Aceton–Phosphatpuffer pH 5,5 (1 : 1) getrennt. Für F dient n-Butanol–Eisessig (10 : 1) als Fließmittel. Die Auswertung erfolgte unter der UV-Lampe oder durch Besprühen mit bekannten Reagentien. Ein Aufarbeitungsschema für Tabletten, Salben u. Linimente wird mitgeteilt. W. KRÜGER. 4880□

**Titrationen in nichtwässerigem Medium mit Perchlorsäure in Eisessig.** Melanie Rink. (Pharmazie **15.** 519—23. Okt. 1960. Bonn, Univ., Pharmazeut. Inst.) (Dt.)

Vortrag. — Zahlreiche Verbb. mit heterocycl. gebundenem N lassen sich in wasserfreiem Medium mit $HClO_4$ in Eisessig titrieren, wobei die Endpunktserkennung entweder potentiometr. oder visuell erfolgt. Als Indicatoren werden verwendet: Tropäolin 00, Metanilgelb, Chinaldinrot, Kristallviolett, Fettblau B, Brillantgrün, Brillantkresylblau, Malachitgrün, α-Naphtholbenzein, Nilblau A sowie Sudan III u. IV, deren Eignung bei jeder Titration jeweils empir. zu ermitteln ist. Da W. den Potentialsprung verschlechtert, wird dem Eisessig 5,7% Acetanhydrid zugesetzt. Ist dadurch eine Acetylierung des zu titrierenden Stoffs zu befürchten, kann man auch 99—100% ig. Eisessig anwenden. Zusatz inerter Lsgm., wie Chlf., Bzl., $CCl_4$, Chlorbenzol, oder Dioxan, verbessert bisweilen den Potentialsprung. Nach dieser Meth. wurden bestimmt: *Coramin, Coffeincitrat* u. *-natriumsalicylat, Antipyrin, Pyramidon, Narcotinhydrochlorid, Strychninsulfat* u. *-nitrat, Dicodid, Cholincitrat, Luminal-Na, Novocain, Neoteben, Pantocain, Adrenalin, Ephedrin, Histamindihydrochlorid* u. *Pilocarpinhydrochlorid.* W. KRÜGER. 4880□

**Neue Methoden der Morphinbestimmung im Opium.** A. Baerheim Svendsen. (Pharmazie **15.** 550—52. Okt. 1960. Oslo-Blindern, Univ. Oslo, Pharmazeut. Inst.) (Dt.)

Vortrag. — Der wss. Opiumauszug wird über saurem $Al_2O_3$ gereinigt, auf WHATMAN-Nr. 1-Papierstreifen mit PARTRIDGE-Gemisch chromatographiert u. durch Anfärben eines Streifens die Lage der Morphinflecken der anderen Streifen ermittelt. Jene Stellen werden ausgeschnitten, eluiert u. das *Morphin* (I) mit Phosphorwolframmolybdänsäure colorimetriert. Die Elutionstechnik ist der direkten Densitometrie auf dem Papier überlegen. Bei Anwendung von 100—200 $\mu$g I beträgt der Fehler $\pm 10\%$. Die Reinigung der Opiumauszüge durch Papierelektrophorese ergibt höhere Werte, was auf eine unvollständige Trennung des I von Nebenalkaloiden zurückgeführt wird.

W. KRÜGER. 4880□

---

Ciba Ltd., Basel, Schweiz, **Herstellung von Granulaten in Tablettenform** für therapeut. akt. Substanzen. Man vermischt die akt. Komponente u. das Streckmittel mit einem Gleitmittel, z. B. Talkum, Stearinsäure u./oder Mg-Stearat, unter Zusatz eines Bindemittels, wie Gelatine, gelöst in Wasser. Die feuchte Masse preßt man durch ein Sieb, trocknet die Granalien u. verpreßt sie. (**Ind. P. 57 671** vom 19/6. 1956, ausg. 10/7. 1958.) H. NEBELSIEK. 4767

Hans Voigt, Berlin, **Gewinnung von Khellin und Khellinin** enthaltenden Arznei-Lsgg. aus Ammi visnaga-Drogen, dad. gek., daß man diese mit konz. wss. Milchsäure-Lsg. extrahiert. Man kann Milchsäure auch als Lsg.-Vermittler für die gewonnenen Chromone verwenden. (**D. A. S. 1 090 378** Kl. 30h vom 18/12. 1957, ausg. 6/10. 1960.)

K. KOEBKE. 4783

Curta & Co. G. m. b. H. (Erfinder: Adolf Schmidt), Frankfurt/M., **Herstellung einer für die parenterale Verabreichung geeigneten wässerigen Lösung des Theophyllins** in therapeut. hochwirksamer Konz., dad. gek., daß man als Lösungs-Vermittler *[2-carbamylphenoxy]-essigsaures Na* verwendet. Die Lsg. hat ein pH von 6,1 bis 6,3 u. kann durch Puffersubstanzen auf 7,0 eingestellt werden, ist sterilisierbar u. besitzt bei voller Theophyllin-Wrkg. mit einem unverfälschten Wrkg.-Spektrum auch bei cardialer Belastung keine unerwünschten Nebenwirkungen. (**D. A. S. 1 106 923** Kl. 30h vom 10/11. 1959, ausg. 18/5. 1961.) W. HEYER. 4791

Tanabe Seiyaku Co. Ltd., Osaka (Erfinder: Sataro Imado, Sakai), Japan, **Chelate des 2-wertigen Eisens,** bes. der allg. Formel I (R = H, Alkyl; X = O, S; R' = Alkyliden, Vanillyliden) erhält man dadurch, daß man ein Alkali- oder $NH_4$-Salz einer 2-Amino-3-hydroxy- oder 2-Amino-3-mercaptocarbonsäure, bes. 2 Mol., mit einem wasserlösl. Fe-Salz, bes. 1 Mol., u. einem Aldehyd, bes. 2 Mol., bei 50—60° umsetzt. — Aus 3,6 g DL-Threonin, 2,5 g $NaHCO_3$ in 20 cm³ W. u.

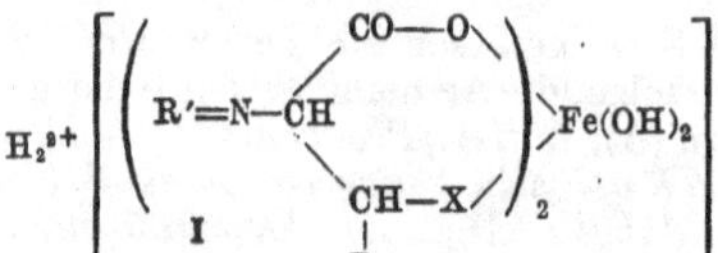

I

4,2 g $FeSO_4 \cdot 7H_2O$ in 20 cm³ W. bei 50°, dann Zusatz von 3 cm³ 35%ig. wss. Acetaldehyd → 5,7 g *Bis-[N-äthyliden-DL-threoninat]-Fe(II)-dihydrat,* $C_{12}H_{24}FeN_2O_8$; Ausbeute 99%. — Butyraldehyd → *Bis-[N-butyliden-DL-threoninat]-Fe(II)-dihydrat,* $C_{16}H_{32} \cdot FeN_2O_8$. — L-Cysteinhydrochloridmonohydrat + $FeCl_2 \cdot 4H_2O$ → *Bis-[N-äthyliden-L-cysteinat]-Fe(II)-dihydrat,* $C_{10}H_{20}FeN_2O_6S_2$. — Vanillin → *Bis-[N-vanillyliden-DL-threoninat]-Fe(II)-dihydrat,* $C_{24}H_{32}FeN_2O_{12}$. — L-Serin → *[N-Äthyliden-L-serinat]-Fe(II)-dihydrat,* $C_{10}H_{20}FeN_2O_8$. — *Bis-[N-propyliden-L-serinat]-Fe-dihydrat,* $C_{12}H_{24}FeN_2O_8$. — *Bis-[N-butyliden-L-serinat]-Fe-dihydrat,* $C_{14}H_{28}FeN_2O_8$. — *Bis-[N-vanillyliden-L-serinat]-Fe-dihydrat,* $C_{22}H_{28}FeN_2O_{12}$. — *Bis-[N-vanillyliden-L-cysteinat]-Fe-dihydrat,* $C_{24}H_{32} \cdot FeN_2O_{10}S_2$. — *Heilmittel* gegen *Eisenmangelanämie.* (**D. A. S. 1 103 918** Kl. 12o vom 21/12. 1959, ausg. 6/4. 1961. Jap. Prior. 22/12. 1958, 28/2. u. 6/11. 1959.) G. KRAUSS. 4807

Knud Abildgaard-Elling, Kopenhagen, Dänemark, **Herstellung von N-Oxyden tertiärer Aminoalkohole und deren Salzen** aus den entsprechenden Aminoalkoholen durch Oxydation mit $H_2O_2$ oder Persäuren. — Man läßt eine Lsg. von 70 (g) N-Lauryl-N-methyl-2-aminoäthanol in 230 dest. W. mit 55 ml 30%ig. $H_2O_2$ 3 Tage bei normaler Temp. stehen, zersetzt das überschüssige $H_2O_2$ mit Platinschwarz, filtriert, wenn die Peroxyd-Rk. negativ geworden ist, u. dampft das Filtrat im Vakuum zur Trockne. Der Rückstand wird aus Bzl. umkristallisiert. F. des gereinigten Oxyds: 78—79°. Analog: *N-Myristyl-N-methyl-2-aminoäthanol-N-oxyd,* dessen *Hydrochlorid* bei 70—75° zu einer viscosen, klaren Masse sintert, die bis 140° nicht dünnfl. wird. — Mittel *gegen Ascariden.* (**Ind. P. 57 031** vom 10/4. 1956, ausg. 7/1. 1959. E. Prior. 18/4. 1955.)

C. LÜTTGEN. 4807

C. F. Boehringer & Soehne, Mannheim, **Oral anwendbares Mittel zur Behandlung von Diabetes,** gek. durch einen Geh. an n-Butylsulfanilylharnstoff. — Kurvenbilder. (**Ind. P. 58 001** vom 27/7. 1956, ausg. 19/1. 1959. Can. Prior. 19/9. 1955.)

C. LÜTTGEN. 4807

Sudbir Lal Mukherjee und Albert David Ltd., Calcutta, Indien, **Herstellung von $N^1$-n-Butyl-$N^3$-p-acetylaminobenzolsulfonylharnstoff,** F. 193—194°, durch Rk. von p-Acetamidobenzolsulfonylharnstoff mit n-Butylamin. — *$N^1$-n-Butyl-$N^3$-p-acetylaminobenzolsulfonylharnstoff,* F. 145—146°. — *Heilmittel.* (**Ind. P. 58 506** vom 27/9. 1956, ausg. 11/8. 1958.) H. Nebelsiek. 4807

Farbwerke Hoechst Akt.-Ges., vormals Meister Lucius & Brüning, Frankfurt/M., **Herstellung von basisch substituierten Buttersäureamiden,** dad. gek., daß man die Aminogruppe in Verbb. der allg. Formel $CH_3 \cdot CH(OH)CH(NH_2)CONR_1R_2$ (I) in Ggw. von HCOOH mit $CH_2O$ (II) umsetzt oder in Ggw. von **II** katalyt. hydriert. In der Formel bedeutet $R_1$ einen $C_1$—$C_4$-Alkylrest oder H u. $R_2$ einen evtl. substituierten Phenylrest. $R_1$ u. $R_2$ können zusammen mit dem N-Atom einen heterocycl. Ring bilden. — Man erhitzt 720 (g) α-Amino-β-hydroxybuttersäure-p-phenetidid, 340 100% ig. HCOOH, 540 40% ig. **II** u. 3000 W. 5 Std. auf dem Wasserbad, säuert mit verd. HCl an, filtriert, klärt mit Tierkohle, filtriert u. macht mit verd. NaOH alkalisch. Ausbeute: 648 *α-Dimethylamino-β-hydroxybuttersäure-p-phenitidid* F. 98°. Analog aus α-Amino-β-hydroxybuttersäure-p-carbäthoxyanilid *α-Dimethylamino-β-hydroxybuttersäure-p-carbäthoxyanilid,* F. 85°. Weiterhin wird die Herst. beschrieben von: *α-Dimethylamino-β-hydroxybuttersäure-[6-methoxy-1.2.3.4-tetrahydrochinolid],* F. 97,5°, *α-Dimethylamino-β-hydroxybuttersäure-[N-methyl-p-phenetidid],* F. 82°, u. *α-Dimethylamino-β-hydroxybuttersäure-[N-n-butyl-p-anisidid],* F. 101°. — *Pharmazeutica* mit analget. u. sedativer Wirkung. (**Ind. P. 57 485** vom 30/5. 1956, ausg. 4/3. 1958.) C. Lüttgen. 4807

Soc. des Usines Chimiques Rhône-Poulenc, Seine, Frankreich (Erfinder: Paul Gailliot und Jean Robert), **Herstellung von Iminodibenzylderivaten** der allg. Formel I (A = $-CH_2-CH(A'-)-CH_2$, wobei A' = Einfachbindung oder 2wertiger KW-Stoffrest mit 1—3 C-Atomen; die organ. Reste R können gleich oder verschieden sein, u. $N(R)_2$ können auch N-Heterocyclen sein; die Benzolkerne können auch substituiert sein) durch Rk. von Iminodibenzyl (II) mit den entsprechenden Halogen-Verbb. $(R)_2N-A(Hal)-N(R)_2$ oder durch andere bekannte Meth. zur Einführung eines Restes $[(R)_2N]_2A-$ an ein heterocycl. sek. N-Atom. — 1std. Kochen von 6,65 (g) II u. 1,52 $NaNH_2$ in Toluol unter $N_2$, langsame Zugabe einer 11,5% ig. toluol. Lsg. von 1.3-Bis-[dimethylamino]-2-chlorpropan u. 10std. Kochen, Ausziehen mit 1n HCl, Alkalisieren u. Ausäthern liefert 6,14 eines Gemisches von *5-[2'.3'-Bis-(dimethylamino)-propyl-(1')]-* (III) u. *5-[1'.3'-Bis-(dimethylamino)-propyl-(2')]-iminodibenzyl,* das in Isopropanol durch Behandlung mit äthanol. HCl III als *Hydrochlorid,* F. 230—232° (Kofler), liefert. — *Therapeutica.* (**F. P. 1 172 515** vom 26/10. 1955, ausg. 11/2. 1959. **D. A. S. 1 072 623** Kl. 12p vom 25/7. 1956, ausg. 7/1. 1960. **Oe. P. 196 879** vom 7/8. 1956, ausg. 25/3. 1958. Beide F. Prior. 26/10. 1955.) H.-J. Nitzschke. 4807

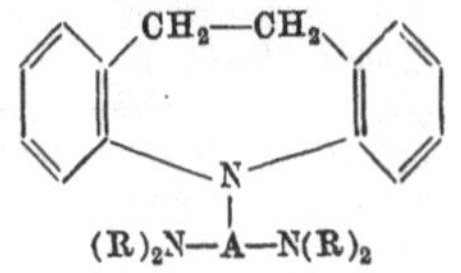

I

Takeda Pharmaceutical Industries Ltd., Osaka (Erfinder: Sueo Tatsuoka, Suita, Yoshio Ueno, Takarazuka, Kuniyoshi Tanaka, Toyonaka, Hiroshi Morimoto, Kobe, Hayao Nawa, Amagasaki, Jisaburo Ueyanagi, Nishinomiya, Ritsuo Nakamori und Toshiro Matsuoka, Kyoto), Japan, **Herstellung von α-Kaininsäure** u. ihren Derivv. der Formel **I** oder **II,** worin X eine der folgenden Gruppen darstellt: $(CH_3)_2CH-\overset{|}{C}H-$; $CH_2{=}C(CH_3)-\overset{|}{C}H-(CH_3)_2C{=}\overset{|}{C}-$ oder $CH_3CO-\overset{|}{C}H-$, wobei $R_1$ u. $R_2$ = H oder $CH_3$ u. $R_3$ = H oder einen niedrigmol. Alkyl-, Alkoxycarbonyl- oder niederen Alkanoylrest darstellt, wobei die ster. Konfiguration der Gruppe $>CH-COOR_2$ bzgl. der Gruppe $>N-R_3$ der L-Form entspricht, dad. gek., daß man eine Verb., die die gleiche planare Strukturformel wie das End-Prod. aufweist, in welcher jedoch die genannte ster. Konfiguration bzgl. der Iminogruppe der D-Form entspricht, einer Umlagerung der D-Form in die L-Form durch Erhitzen unterwirft. — Aus β-N-Acetylkaininsäure in W. unter Zusatz von $Ba(OH)_2$, Erhitzen auf 200° (ca. 6 Std.), Entfernen des Ba durch Fällen mit $H_2SO_4$ u. Konzentrieren des Filtrats im Vakuum → *α-Kaininsäure,* F. 251° (Zers.). Analog aus β-Dihydrokaininsäure → *α-Dihydrokaininsäure,* F. 272° (Zers.); aus β-N-Acetylkaininsäuremethylesterlacton → *α-N-Acetylkaininsäuremethylesterlacton,* Kp.$_3$ 210°; aus β-Kaininsäurelacton → *α-Kaininsäurelacton,* F. 276° (Zers.). Beschrieben wird weiter die Herst. von: *α-Isokaininsäuredimethylester,* F. 149°; *α-Allokaininsäure,* F. 237° (Zers.),

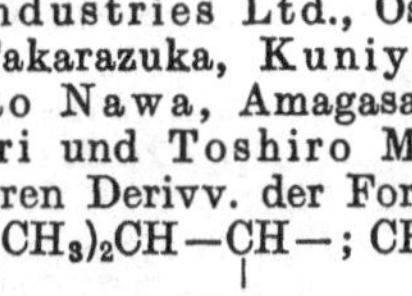

I

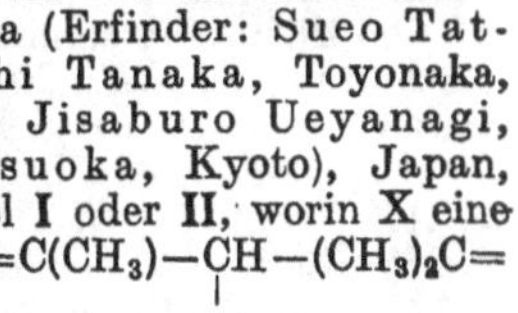

II

u. aus β-Allo-2-carboxy-3-carboxymethyl-4-acetylpyrrolidin, F. 213° (Zers.), durch ca. 8std. Erhitzen der wss. Lsg. auf 160—180° → *α-Allo-2-carboxy-3-carboxymethyl-4-acetylpyrrolidin,* F. 205° (Zers.). — *Wurmmittel.* (**Schwz. P. 346 545** vom 29/3. 1956, ausg. 15/7. 1960. **D. A. S. 1 064 519** Kl. 12p vom 31/3. 1956, ausg. 3/9. 1959. Beide Jap. Prior. 31/3. u. 13/8. 1955.) W. Heyer. 4807

Ciba Akt.-Ges., Basel, Schweiz, **Herstellung von 10-substituierten Thianaphtheno-[3.2:b]-indolen** der allg. Formel **I**, worin X = KW-Stoffrest, R = Aminogruppe, B = H, Halogen, Alkyl-, Alkoxy-, $NO_2$- oder Aminogruppe, dad. gek., daß man in 10-H-Thianaphtheno-[3.2:b]-indole den Rest RX einführt, ggf. andere Kernsubstituenten durch Red. oder Hydrolyse umwandelt u. die Basen in Salze oder quatern. Ammonium-Verbb. überführt.

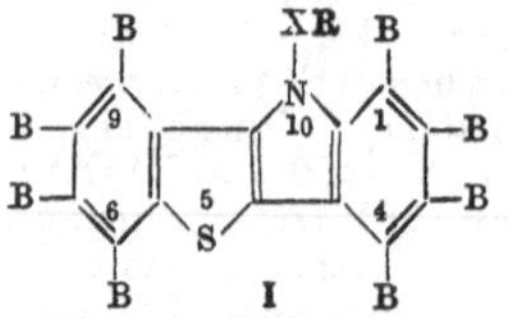

I

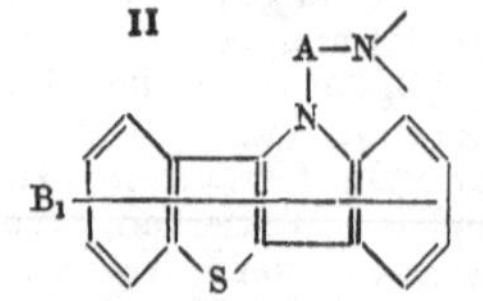

II

— Zu 5,16 (g) 7-Chlorthianaphtheno-[3.2:b]-indol (III) in Toluol setzt man 0,8 Na-Amid, kocht 4 Std., setzt 2,72 2-Diäthylaminoäthylchlorid zu u. kocht 3 Std.; nach Abkühlen, Filtrieren u. Eindampfen gewinnt man aus Essigsäureäthylester *7-Chlor-10-[2'-diäthylaminoäthyl]-thianaphtheno-[3.2:b]-indol; Hydrochlorid,* F. 213—215°. — Ähnlich folgende Thianaphtheno-[3.2:b]-indole: *7-Chlor-3-methoxy-10-[2'-dimethylaminopropyl]-, Hydrochlorid,* F. 225—229°. — *3-Nitro-10-[2'-diäthylaminoäthyl]-,* F. 88—90°; *Hydrochlorid,* F. 258—259°. — *6-Chlor-10-[2'-dimethylaminopropyl]-, Hydrochlorid,* F. 256—259°. — *7-Chlor-10-[2'-äthylaminoäthyl]-, Hydrochlorid,* F. 310—314° (Zers.). — *7-Methoxy-10-[2'-piperidinoäthyl]-, Hydrochlorid,* F. 258—261°. — *7-Methoxy-10-[6'-piperidinohexyl]-, Tartrat,* F. 81—85°. — *10-[3'-Aminopropoxy]-, Hydrochlorid,* F. >300°. — *3-Amino-10-[2'-diäthylaminoäthyl]-, Dihydrochlorid,* F. 214° (Zers.). — *7-Chlor-10-[2'-dimethylaminopropyl]-,* F. 105—108°; *Hydrochlorid,* F. 262 bis 264°; *Methansulfonat,* F. 162—163°; *Tartrat,* Erweichung bei 75°; *Sulfat,* F. 197 bis 198°. *Methochlorid* (·$1C_2H_5OH$), F. 247—250°. — *8-Methyl-10-[2'-dimethylaminopropyl]-, Hydrochlorid,* F. 204—205°, *d-Tartrat,* F. 115° (Zers.). — *7-Brom-,* F. 280 bis 282°. — **III**, F. 269—270°. — *2-Chlor-,* F. 265—268°. — *4-Chlor-,* F. 164—166°. — Als Ausgangsstoffe wurden verwendet: 7-Chlor-3-methoxy-, 3-Nitro-, 6-Chlor-, 7-Chlor-, 7-Methoxy-, 7-Methoxy-10-[6'-bromhexyl]-, 10-[2'-Cyanäthyl]-thianaphtheno-[3.2:b]-indol, 7-Methoxythianaphtheno-[3.2:b]-indol-10-essigsäure, F. 318—320° (Zers.), 1-Dimethylamino-2-chlorpropan, 2-Diäthylaminoäthylchlorid, 2-Äthylaminoäthylchlorid, 1.2-Dibromäthan, Piperidin, N-[α-Chloracetyl]-piperidin, 6-Chlor-3-hydroxythianaphthen, Phenylhydrazin, m-Bromthiophenol, Chloressigsäure, 6-Brom-3-hydroxy-, F. 158 bis 160°, u. 3-Hydroxythianaphthen. — Analog nachst. Verbb. der allg. Formel **II**, worin $B_1$ u. —A—N$<$ (in dieser Reihenfolge) folgende Bedeutung haben (die angegebenen FF. beziehen sich sämtlich auf die *Hydrochloride*): *H,* $CH_2CH(CH_3)N(CH_3)_2$, F. 202 bis 206°. — *H,* $(CH_2)_3N(CH_3)_2$, F. 189—191°. — *H,* $(CH_2)_3N(CH_3)$*-Cyclopentyl,* F. 200 bis 204°. — *2-Cl,* $CH_2CH_2$*-Piperidino,* F. 264—266°. — *2-Cl,* —$CH_2CH(CH_3)N(CH_3)_2$, F. 182—184°. — *2-Cl,* $(CH_2)_3N(CH_3)_2$, F. 261—263°. — *3-Cl,* $CH_2CH(CH_3)N(CH_3)_2$, F. 245° (Zers.). — *4-Cl,* $CH_2CH_2$*-Piperidino,* F. 284—286°. — *4-Cl,* $CH_2CH(CH_3)N(CH_3)_2$, F. 225—227°. — *6-Cl,* $(CH_2)_3N(CH_3)_2$, F. 172—176°. — *7-Cl,* $CH_2CH_2N(CH_3)_2$, F. >275°. — *7-Cl,* $CH_2CH_2$*-Pyrrolidino,* F. >300°. — *7-Cl,* $CH_2CH_2$*-Piperidino,* F. 273—278°. — *7-Cl,* $CH_2CH_2$*-Morpholino,* F. 288—292°. — *7-Cl,* $(CH_2)_3N(CH_3)_2$, F. >275°. — *7-Cl,* $(CH_2)_3 \cdot N(C_2H_5)_2$, F. 185—187°. — *8-Cl,* $CH_2CH(CH_3)N(CH_3)_2$, F. 255—256° (Zers.). — *9-Cl,* $CH_2CH(CH_3)N(CH_3)_2$, F. 252—256°. — *2.7-Cl*$_2$, $CH_2CH(CH_3)N(CH_3)_2$, F. 267—270°. — *3.7-Cl*$_2$, $(CH_2)_3N(CH_3)_2$, F. >275°. — *7.8-Cl*$_2$, $CH_2CH(CH_3)N(CH_3)_2$, F. 267—279°. — *8.9-Cl*$_2$, $CH_2CH(CH_3)N(CH_3)_2$, F. 272—274°. — *7-Br,* $CH_2CH(CH_3)N(CH_3)_2$, F. 257 bis 258° (Zers.). — *8-Br,* $CH_2CH(CH_3)N(CH_3)_2$, F. 260—262°. — *7-F,* $CH_2CH(CH_3) \cdot N(CH_3)_2$, F. 267—271° (Zers.). — *8-F,* $CH_2CH(CH_3)N(CH_3)_2$, F. 255—257°. — *7-*$CH_3O$, $CH_2CH(CH_3)N(CH_3)_2$, F. 272—274°. — *3.7-*$(CH_3O)_2$, $CH_2CH(CH_3)N(CH_3)_2$, F. 244 bis 246°. — *7-*$C_2H_5O$, $CH_2CH(CH_3)N(CH_3)_2$, F. 295—297°. — *7-Cl, 9-*$CH_3$, $CH_2CH(CH_3) \cdot N(CH_3)_2$, F. 252—255°. — *3-Cl, 7-*$CH_3O$, $CH_2CH(CH_3)N(CH_3)_2$, F. 270—272°; *freie Base,* F. 137°. — *3-Cl, 7-*$C_2H_5O$, $CH_2CH(CH_3)N(CH_3)_2$, F. 282—285°; *freie Base,* F. 174 bis 176°. — *3-Cl, 7-*$C_2H_5O$, $(CH_2)_3N(CH_3)_2$, F. 292—294°. — *H,* $CH_2CH_2N(C_2H_5)_2$, F. 191—193°. — *H,* $CH(CH_3)(CH_2)_3N(C_2H_5)_2$, *d-Tartrat,* F. 80—85°. — Ferner *10-unsubstituierte Thianaphtheno-[3.2:b]-indole,* in denen $B_1$ folgende Bedeutung hat: *3-Cl,* F. 281—283°. — *9-Cl,* F. 124—128°. — *2.7-Cl*$_2$, F. 237—239°. — *3.7-Cl*$_2$, F. 260—262°. — *7.8-Cl*$_2$, F. 247—249°. — *8.9-Cl*$_2$, F. 188—190°. — *8-Br,* F. 223—225°. — *7-F,* F. 261 bis 264°. — *8-F,* F. 239—241°. — *7-*$CH_3O$, F. 275—277°. — *3.7-*$(CH_3O)_2$, F. 253—255°. — *3-Cl, 7-*$CH_3O$, F. >300°. — *3-Cl, 7-*$C_2H_5O$, F. 295—300°. — *7-Cl, 9-*$CH_3$, F. 168—172°. —

*7-Cl, 3-$CH_3O$*, F. 232—234°. — *Pharmazeutica.* (**Oe. P. 198 262** vom 29/11. 1956, ausg. 25/6. 1958. A. Prior. 2/12. 1955, 28/3. u. 18/9. 1956.) S. BÖTTCHER. 4807

Sandoz Akt.-Ges., Basel, Schweiz, **3.5-Diketopyrazolidinderivate** nebenst. Formel ($R_1$ = niedere Alkylgruppe; $R_2$ = H, Alkyl-, Aryl-, Acylrest; $R_3$ u. $R_4$ = Alkyl-, Aryl-, Cycloalkyl-, Aralkyl-, Alkarylgruppe) werden durch Umsetzung entsprechend in 1-Stellung unsubstituierter 3.5-Diketopyrazolidine mit N-Alkyl-4-halogenpiperidinen gewonnen u. aus dem Rk.-Gemisch durch fraktionierte Kristallisation, Dest. oder Chromatographie isoliert. Ggf. kann anschließend die 2-Acylgruppe abgespalten werden. — Ähnliche Verbb. ($R_1$ u. $R_2$ = niederer Alkylrest; $R_3$ wie vorst.; $R_4$ = H) werden durch Kondens. von ω-[N-Alkylpiperidyl-(4)]-ω'-alkylhydrazinen, bes. von ω-[1-Methylpiperidyl-(4)]-ω'-isopropylhydrazin (I), mit entsprechenden substituierten Cyanessigsäureestern, z. B. Propyl-, Phenyl- (II) oder Benzylcyanessigsäureäthylester, u. anschließende Hydrolyse der gebildeten 3-Iminopyrazolon-Derivv. erhalten. — 1-[N-Methylpiperidyl-(4')]-3.5-diketopyrazolidine: *2-Phenyl-4.4-diäthyl-*, $Kp._{0,1}$ 130 bis 160°, aus 2-Phenyl-4.4-diäthyl-3.5-diketopyrazolidin in alkohol. KOH durch 5tägiges Erwärmen mit 1-Methyl-4-brompiperidin auf 80°. *Hydrochlorid*, F. 255 bis 260° (A./Ae.). — Analog: *4.4-Diäthyl-*, F. 188—189° ($CH_3OH$/Ae.). — *4.4-Dibenzyl-*, F. 154—155° (Aceton/Ae.), aus dem wie vorst. erhaltenen 2-Benzoyl-Deriv. durch 6std. Kochen mit Diäthylamin in Äther. — *4.4-Di-[n-propyl]-*, F. 149—151° (Aceton/PAe.). — *4.4-Di-[n-butyl]-*, F. 116—118° (Bzl./PAe.). — *4-Äthyl-4-phenyl-*, F. 238—240° ($CH_3OH$/W.). — *4.4-Diphenyl-*, F. 173—174° (A.). — *2.4.4-Trimethyl-*, *Hydrochlorid*, F. 261—262° (Zers.; A./Ae.). — *2-Isopropyl-4.4-diphenyl-*, *Hydrochlorid*, F. 247—252° (Zers.; A./Ae.). — *2-Acetyl-4.4-diäthyl-*, *Hydrochlorid*, F. 195—199° (A./Ae.). — *2-Benzoyl-4.4-diäthyl-*, F. 104—105° (Ae./PAe.). — *2-Acetyl-4.4-dibenzyl-*, Öl. *Jodmethylat*, F. 230—232° (A./Ae.). — *2-Isopropyl-4-phenyl-*, F. 247—250° ($CH_3OH$), aus I durch 1std. Erhitzen mit II auf 150° unter $N_2$ u. 3 Std. lang auf 180°, 2std. Hydrolyse des Kondens.-Prod. in sd. 0,5n HCl, Alkalisieren mit $NH_4OH$ u. Chlf.-Extraktion. *Monohydrat*, F. 245—250° (W.), Prismen. — Analog: *2-Methyl-4-äthyl-*, *Hydrochlorid*, F. 248—251° (Zers., A./Ae.). — *2-Isopropyl-4-äthyl-*, *Hydrobromid*, F. 208—214° (Zers., A.), quadrat. Plättchen. — *2-Äthyl-4-butyl-*, *Hydrobromid*, F. 217—222° (Zers.; A. oder Isopropanol), Nadeln. — *2-Methyl-4-benzyl-*, *Monohydrat*, F. 155—165° (Zers.; $CH_3OH$/Ae.). — *2-Isopropyl-4-cyclohexyl-*, *Hydrochlorid*, F. 245—250° (Zers.; A./Ae.), Nadeln. — *Antipyret.* u. *antirheumat. Substanzen.* (**Oe. PP. 204 549** vom 5/5. 1958, ausg. 25/7. 1959. Schwz. Prior. 29/5. 1957 u. **204 550** vom 23/5. 1958, ausg. 25/7. 1959. Schwz. Prior. 28/5., 4/9. u. 24/9. 1957.) EBERHARD RIEDEL. 4807

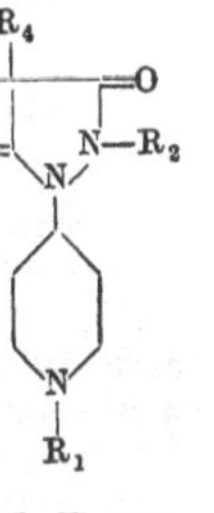

Sandoz Akt.-Ges., Basel, Schweiz, **1-[N-Alkylpiperidyl-(4')]-pyrazolone-(5),** die in 3-Stellung einen bes. 5- oder 6gliedrigen heterocycl. Rest, ggf. in 4-Stellung eine Alkyl-, Alkenyl-, Alkinyl- oder Aralkyl- u. in 2-Stellung eine Alkylgruppe tragen, werden durch Kondens. von [N-Alkylpiperidyl-(4)]-hydrazinen, bes. [N-Methylpiperidyl-(4)]-hydrazin (I), mit entsprechenden substituierten β-Ketocarbonsäuren, z. B. α-Thenoylessigsäure oder deren Estern oder Amiden erhalten. — 1-[N-Methylpiperidyl-(4')]-pyrazolone-(5): *3-[Piperidyl-(4')]-*, F. 233—237° (Zers., A.), aus Isonicotinoylessigsäureäthylester in Bzl. durch Rk. mit I unter Selbsterwärmung u. 15 Min. Erhitzen auf 100°. *Dihydrobromid*, F. 185—189° (Zers.; $CH_3OH$/Ae.). — Analog: *3-[Pyridyl-(4')]-4-äthyl-*, $Kp._{0,5}$ 205—230°. *Dihydrobromid*, F. 214—217° (Zers.). — *3-[Pyridyl-(3')]-*, F. 200—202° (A.). — *3-[Thienyl-(2')]-4-äthyl-*, F. 177—178° (Isopropanol). — *3-[Indolyl-(3')]-*, F. 245—248° (Zers.; A.). — *3-[Furyl-(2')]-*, F. 213—216° (Zers.; A.). — *3-[Thienyl-(2')]-*, F. 216—218° (Zers.; Isopropanol). — *3-[Thienyl-(2')]-4-allyl-*, F. 133 bis 135° (Zers.; Isopropanol). — *3-[Thienyl-(2')]-4-[propin-(2)-yl]-*, F. 150—152° (Zers.; A.). — *3-[Thienyl-(2')]-4-benzyl-*, F. 201—203° (Zers.; A.). — *1(2)-[N-Methylpiperidyl-(4')]-(12)-methyl-3-[furyl-(2')-pyrazolon-(5)*, *Hydrobromid*, F. 225—228° (Zers.; $CH_3OH$/Ae.). — *1-[N-(n-Butyl)-piperidyl-(4')]-3-[thienyl-(2')]-pyrazolon-(5)*, F. 178—180° (Zers.; Isopropanol). — *Analget.* u. *antipyret. Verbb.* mit nur geringer Toxizität. (**Oe. P. 204 551** vom 4/6. 1958, ausg. 25/7. 1959. Schwz. Prior. 11/6., 5/7., 24/9. 1957 u. 10/2. 1958.) EBERHARD RIEDEL. 4807

May & Baker Ltd., Dagenham, Essex, übert. von: Arthur Adams, Upminster, und Ronald Slack, London, England, **Herstellung von 4'-Formylbenzal-4-thiosemicarbazonformylanilin-pyridin-4-carboxyhydrazon,** F. > 300° (Zers.) durch Umsetzen von 4'-Formylbenzal-4-thiosemicarbazonformylanilin, erhalten durch Kondens. von p-Aminobenzaldehydthiosemicarbazon mit Terephthalaldehyd, mit Pyridin-

4-carbonsäurehydrazid in Dimethylformamid. Das Prod. wird zu Suspensionen oder Tabletten verarbeitet. — *Arzneimittel mit antibakteriellen Eigenschaften.* (**A. P. 2 940 970** vom 19/12. 1958, ausg. 14/6. 1960. E. Prior. 17/1. 1958.) W. Heyer. 4807

American Cyanamid Co., New York, N.Y., übert. von: Paul F. Dreisbach, Somerville, N.J., V.St.A., **Sulfamoylsulfanilamide** der allg. Formel I, wobei R, $R_1$ u. $R_2$ bes. Alkylreste sind, werden hergestellt durch Rk. eines N.N-Dialkylsulfaminsäurechlorides der Formel $R_2NSO_2Cl$ mit einem Sulfanilamid-Deriv. in einem Lsgm., z. B. Pyridin, bei 80—150°. — Aus Sulfanilamid u. Dimethylsulfamoylchlorid durch Erwärmen in Pyridin erhält man

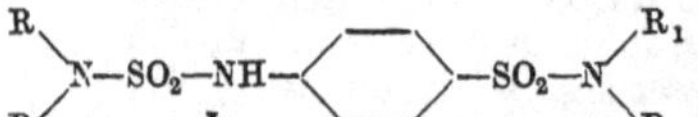

I

*$N^4$-Dimethylsulfamoylsulfanilamid*, F. 153—156°. Analog werden folgende *Sulfanilamide* hergestellt: *$N^4$-Diäthylsulfamoyl-*, F. 158—159,7°; *$N^4$-Dipropylsulfamoyl-*, F. 139,5 bis 141°; *$N^4$-Dimethylsulfamoyl-$N^1$-butyl-*, F. 91,1—92,5°; *$N^4$-Dimethylsulfamoyl-N.'N'-dimethyl-*, F. 165,3—167,3°; *$N^4$-Dimethylsulfamoyl-$N^1$-guanyl-*, F. 218—219°; *$N^4$-Dimethylsulfamoyl-$N^1$-[pyrimidyl-(2)]-*, F. 194—196°; *$N^4$-Dimethylsulfamoyl-$N^1$-[thiazolyl-(2)]-*, F. 187—189°; *$N^4$-Dimethylsulfamoyl-$N^1$-[pyridyl-(2)]-*, F. 187—189°. — Wirksam gegen *Epilepsie.* (**A. P. 2826594** vom 27/9. 1955, ausg. 11/3. 1958. **E. P. 792 561** vom 13/9. 1956, ausg. 26/3. 1958. A. Prior. 27/9. 1955.) A. Dandl. 4807

Allied Chemical & Dye Corp., New York, N.Y., übert. von: Max B. Mueller, Westwood, N.J., V.St.A., **Nicotinsäure.** Man löst Isocinchomeronsäure (2.5-Pyridindicarbonsäure, herstellbar durch Rk. von Paraldehyd mit $NH_3$ u. $NH_4$-Acetat u. Oxydation mit $HNO_3$ oder mit $H_2SO_4$ in Ggw. eines Katalysators) in wss. $NH_3$ u. erhitzt die wss. Lsg. des entstandenen Diammoniumisocinchomeronats auf 225—325° u. 500—1500 lbs./sq.in. ca. 2 Min. bis 2 Std.; anschließend wird das pH auf 3,4—3,6 eingestellt, wodurch wenigstens 99%ig. Nicotinsäure ausgefällt wird; Ausbeute 99,5%. — Diagramme. — *Heilmittel.* (**A. P. 2 834 786** vom 1/9. 1955, ausg. 13/5. 1958.) G. Krauss. 4807

Nepera Chemical Co., Inc., V.St.A., **Herstellung von Therapeuticis,** dad. gek., daß man ein leicht zersetzliches quatern. Ammoniumhydroxyd in wss. Lsg. mit einem Dialkylxanthin umsetzt. — 37,8 (Gewichtsteile) eines 47%ig. wss. Cholinbicarbonats werden mit 18 Theophyllin bis zur Lsg. auf 80—90° erhitzt, dest., mit Isopropanol nochmals dest., filtriert u. gewaschen: *Cholintheophyllinat*, Ausbeute 90,5%. — *Cholin-8-brom-* u. *-8-nitrotheophyllinat*, aus 8-Brom- bzw. 8-Nitrotheophyllin. (**F. P. 1 186 815** vom 3/8. 1955, ausg. 2/9. 1959.) S. Böttcher. 4807

Mead Johnson & Co., übert. von: Rolland Frederick Feldkamp und Yao Hua Wu, Evansville, Ind., V.St.A., **10-[Pyrrolidyl-(3')-methyl]-phenthiazinderivate** (I). Zu Belg. P. 559 952; C. **1961.** 5894 ist nachzutragen: Analog werden folgende I hergestellt: *1'-Methyl-*, *Hydrochlorid*, F. 187,5—189°, *Methobromid*, F. 215 bis 217°. — *1'-Benzyl-*, *Hydrochlorid*, F. 207—209°. — *3-Chlor-[1'-äthyl]-*, $Kp._{0,08}$ 185 bis 195°, *Hydrochlorid*, F. 138—140°. — *3-Chlor-[1'-methyl]-*, *d-Bitartrat*, F. 100° (Zers.), *Hydrochlorid*, F. 189—191°. — *3-Chlor-[1'-n-propyl]-*, $Kp._{0,08}$ 203—210°, *Hydrochlorid*, F. 168—169°. — *3-Chlor-[1'-butyl]-*, $Kp._{0,2}$ 215—220°, *Hydrochlorid*, F. 125—126°. — *3-Methoxy-[1'-methyl]-*, $Kp._{0,4}$ 177—185°, F. 167—169°. — *Heilmittel.* (**A. P. 2 945 855** vom 21/10. 1958, ausg. 19/7. 1960.) H. Bräucker. 4807

Ciba Ltd., Basel, Schweiz, **Trennen von Reserpin und Deserpidin** aus ihren Gemischen, bes. aus Rauwolfia- u. Alstoniaextrakten, durch Überführen des Reserpins (**I**) in das Thiocyanat. — Man gibt zu einer Lsg. von 0,05 (Teilen) **I** u. 0,05 Deserpidin (**IV**) in 2 Chlf. u. 50 Ae. 10 einer Lsg. von Thiocyansäure, hergestellt aus 10 einer 0,1 n $NH_4$-Thiocyanat-Lsg. in $CH_3OH$ (**II**), 10 **II** u. 2 Eisessig, füllt mit Ae. auf 100 auf u. gibt unter Rühren tropfenweise 25 PAe. zu. Nach 15 Min. filtriert man das ausfallende I-Thiocyanat (**III**), F. 239—240° (Zers.) ab, wäscht mit Ae., suspendiert in **II**, gibt $NH_4OH$ zu u. filtriert nach einigen Std. das reine **I** ab, das mit W., **II** u. **II**-Ae.-Gemischen gewaschen u. getrocknet wird. Das nach dem Abtrennen des **III** anfallende Filtrat wird mehrmals mit 2n Essigsäure ausgeschüttelt, der Extrakt unter Kühlen mit $NH_4OH$ alkal. gemacht u. der Nd. abfiltriert. Er besteht aus 85(%) **IV** u. 15 **I** in einer Menge von 0,037 Teilen. (**Ind. PP. 57 086** vom 17/4. 1956 u. **58 141** vom 13/8. 1956, beide ausg. 12/3. 1958.) C. Lüttgen. 4807

Laboratoires Français de Chimiothérapie, Frankreich (Erfinder: Léon Velluz, Georges Muller und André Allais), **Herstellung von *l*-10-Chlorreserpin (I)**, F. 300° (Zers.), $[\alpha]_D^{20}$ $-120 \pm 5°$ (c = 0,5; Chlf.). 3-Chlor-4-methoxy-6-nitrotoluol wird

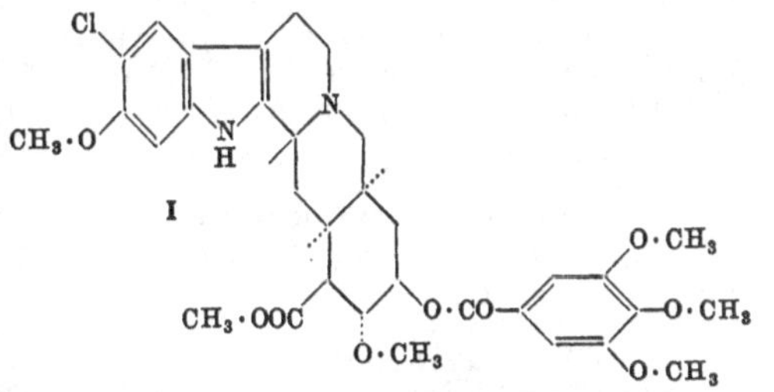

I

mit Diäthyloxalat in Ggw. von K-Äthylat in *3-Chlor-4-methoxy-6-nitrophenylbrenztraubensäureäthylester* (*K-Enolat*) u. dieser durch Red. mit Fe u. HCl in *5-Chlor-6-methoxy-indol-2-carbonsäureäthylester*, F. 182° ($CCl_4$), übergeführt. Durch Verseifung u. Decarboxylierung erhält man *5-Chlor-6-methoxyindol*, $C_9H_8ClNO$, gelbliche Nadeln, F. 109—110°. Durch Behandlung mit wss. Dimethylamin (34%ig), Essigsäure u. $CH_2O$-Lsg. (30%ig) erhält man *5-Chlor-6-methoxygramin*, F. 161°. Dieses wird mit Tetrahydrofuran u. Dimethylsulfat in Ggw. von etwas Essigsäure behandelt. Das ausgeschiedene Öl wird krist., getrocknet u. in W. mit KCN 1 Std. bei 60—70° erwärmt: *5-Chlor-6-methoxyindolyl-(3)-acetonitril*, $C_{11}H_9ClN_2O$, F. 155°. Durch Hydrierung mit $H_2$ u. RANEY-Ni entsteht *5-Chlor-6-methoxytryptamin* (II), $C_{11}H_{13}ClN_2O$, F. 163—164°. 1β-Carboxymethyl-2β-methoxycarbonyl-3α-methoxy-4β-acetoxy-6β-formylcyclohexan wird in Ae. mit $CH_2N_2$ in $CH_2Cl_2$ behandelt u. das Umsetzungs-Prod. mit **II** in Tetrahydrofuran 15 Min. stehengelassen unter Bldg. des *10-Chlor-11.17α-dimethoxy-16β-methoxycarbonyl-18β-acetoxy-2.3;3.4-diseco-Δ$^{4,21}$-20α-yohimben-3-säuremethylesters*. Durch Red. mit $KBH_4$ erhält man *10-Chlor-11.17α-dimethoxy-16β-methoxycarbonyl-18β-acetoxy-3-oxo-2.3-seco-20α-yohimban*, F. 232°; $[\alpha]_D^{20}$ −22° (c = 0,5; Chlf.). Daraus durch Verseifung mit methanol. NaOH *10-Chlor-11.17α-dimethoxy-16β-carboxy-18β-hydroxy-3-oxo-2.3-seco-20α-yohimban*, welches durch Erhitzen mit Essigsäure, Essigsäureanhydrid u. Na-Acetat (2½ Std. lang bei 80°) in *l-10-Chlor-11.17α-dimethoxy-16β-carboxy-18β-hydroxy-3-oxo-2.3-seco-20α-yohimbanlacton*, $C_{22}H_{25}ClN_2O_5$, übergeht; F. 210°. $[\alpha]_D^{20}$ −78° (c = 0,5; A.). Es wird mit $POCl_3$ in *d-10-Chlor-11.17α-dimethoxy-16β-carboxy-18β-hydroxy-Δ$^{3,14}$-20α-yohimbenlacton*, $C_{22}H_{23}ClN_2O_4$, übergeführt; F. >300°; $[\alpha]_D^{20}$ +14±5° (c = 0,5; Dimethylformamid). Durch Red. mit Zn-Staub u. Essigsäure entsteht das entsprechende *Yohimban-Deriv.*, welches mit Na-Methylat in Methanol (3 Std. lang unter Rückfluß erhitzt) in *10-Chlor-11.17α-dimethoxy-16β-methoxycarbonyl-18β-hydroxy-3β.20α-yohimban*, harzartiges Prod., übergeht. Dieses wird in Pyridin mit 3.4.5-Trimethoxybenzoylchlorid 17 Std. lang bei 75° gehalten unter Bldg. von I. — *Therapeuticum*. (**F. P. 1 205 153** vom 18/7. 1957, ausg. 1/2. 1960.) M. F. MÜLLER. 4807

Ciba Ltd., Basel, Schweiz, **Isolieren von Raunescin und Isoraunescin** aus Rauwolfia canescens. Man behandelt die Fraktion, die die schwachbas. Alkaloide enthält u. vom größten Teil des Reserpins u. Deserpidins befreit ist, mit $HNO_3$. Nach dem Abtrennen behandelt man die Nitratfraktion mit alkal. Lsg. u. erhält dann die freien Alkaloide auf chromatograph. Wege. (**Ind. P. 57 539** vom 6/6. 1956, ausg. 24/7. 1958.) H. NEBELSIEK. 4807

Sandoz Akt.-Ges., Basel, Schweiz, **Podophyll- und Pikropodophyllsäurehydrazide.** Bei der alkal. Hydrazinspaltung von Pikropodopyllin (I), das durch alkal. Epimerisierung von Podophyllotoxin (II) erhalten wird, entsteht Pikropodophyllsäurehydrazid (III), das auch bei analoger Rk. von **II** überwiegend neben Podophyllsäurehydrazid (IV) gebildet wird. **IV** kann bei Hydrazinspaltung von **II** in Ggw. saurer Mittel gewonnen werden. **III** u. **IV** bilden mit Carbonyl-Verbb. in gleicher Weise *mitosehemmend wirksame Hydrazone*. — *Pikropodophyllsäurehydrazid* (III), F. 152—154° (W.), aus I durch 1std. Kochen mit abs. Hydrazin in $CH_3OH$; rhomb. Blättchen; $[\alpha]_D$ −106° (c = 0,4; A.). — *Podophyllsäurehydrazid* (IV), F. 198—199° ($CH_3OH$), aus **II** durch 1std. Erhitzen mit abs. Hydrazin in $CH_3OH$ in Ggw. von Eisessig auf dem Wasserbad; Prismen; $[\alpha]_D$ −202° (c = 0,4; A.). — Pikropodophyllsäurehydrazide: *Isopropyliden-*, F. 128—130° (Aceton/W.), aus **III** durch Erwärmen mit Aceton; $[\alpha]_D$ −98° (c = 0,4; Chlf.). — *Benzyliden-*, F. 218—220° ($CH_3OH$), aus **III** u. Benzaldehyd durch 1std. Erwärmen in $CH_3OH$ auf dem Wasserbad. — Analog (opt. Drehungen im folgenden bei c = 0,4—0,5; A.): *Anisyliden-*, F. 130—132° (Bzl./Ae.); $[\alpha]_D$ −82,1°. — *[2-Phenyläthyliden]-*, F. 205—206° (Bzl.). — *p-Methylbenzyliden-*, $[\alpha]_D$ −80,4°. — *[3.4-Dimethoxybenzyliden]-*, $[\alpha]_D$ −105°. — *[Naphthyl-(2)]-methylen-*, F. 223—225° (Essigester); $[\alpha]_D$ −58,1°. — *o-Chlorbenzyliden-*, F. 202—203° (Essigester); $[\alpha]_D$ −70,2°. — *m-Chlorbenzyliden-*, F. 205—206° (Essigester); $[\alpha]_D$ −81,6°. — *p-Chlorbenzyliden-*, $[\alpha]_D$ −68,7°. — *Furfuryliden-*, F. 211—213° (Essigester); $[\alpha]_D$ −92,4°. — *Thenyliden-*, $[\alpha]_D$ −91,9°. — *[Pyridyl-(2)]-methylen-*, F. 200—201° (Bzl.); $[\alpha]_D$ −59,4°. — *[Pyridyl-(3)]-methylen-*, F. 209—210° (Bzl.); $[\alpha]_D$ −69,5°. — *[Pyridyl-(4)]-methylen-*, $[\alpha]_D$ −65,9°. — *p-Di-*

*methylaminobenzyliden-*, F. 200—203°; $[\alpha]_D$ —101°. — *Salicyliden-*, $[\alpha]_D$ —151°. — *[3-Sulfonylbenzyliden]-*, *Na-Salz*, $[\alpha]_D$ —43,7°. — *Hexyliden-*, F. 187—188° (Essigester); $[\alpha]_D$ —72,1°. — *Cyclohexyliden-*, F. 226—227° (Chlf./$CH_3OH$); $[\alpha]_D$ —29,9° (c = 0,6; Chlf./$CH_3OH$ 1:1). — *[1-Methylpiperidyliden-(4)]-*, F. 233—234° (Chlf./$CH_3OH$); $[\alpha]_D$ —34,4° (c = 0,6; Chlf./$CH_3OH$ 1:1). — *[1-Phenyläthyliden]-*, F. 212—213° ($CH_3OH$/Essigester); $[\alpha]_D$ —59,8°. — Podophyllsäurehydrazide: *Isopropyliden-*, F. 128 bis 130° (Aceton); $[\alpha]_D$ —246° (c = 0,4; Chlf.). — *Benzyliden-*, F. 142—144° (Bzl./Ae.). — *[2-Phenyläthyliden]-*. — *p-Methylbenzyliden-*, $[\alpha]_D$ —319°. — *[3.4-Dimethoxybenzyliden]-*, $[\alpha]_D$ —255°. — *Naphthyl-(2)]-methylen-*, $[\alpha]_D$ —329°. — *o-Chlorbenzyliden-*, $[\alpha]_D$ —310°. — *m-Chlorbenzyliden-*, $[\alpha]_D$ —295°. — *p-Chlorbenzyliden-*, $[\alpha]_D$ —302,8°. —*Furfuryliden-*, $[\alpha]_D$ —347°. — *Thenyliden-*, $[\alpha]_D$ —340°. — *[Pyridyl-(2)]-methylen-*, $[\alpha]_D$ —316°. — *[Pyridyl-(3)]-methylen-*, $[\alpha]_D$ —305°. — *[Pyridyl-(4)]-methylen-*, $[\alpha]_D$ —322°. — *p-Dimethylaminobenzyliden-*, $[\alpha]_D$ —316°. — *Salicyliden-*, $[\alpha]_D$ —216°. — *[3-Sulfonylbenzyliden]-*, *Na-Salz*, $[\alpha]_D$ —259°. — *Anisyliden-*, $[\alpha]_D$ —311°. — *n-Hexyliden-*, $[\alpha]_D$ —259°. — *Cyclohexyliden-*, $[\alpha]_D$ —250°. — *[1-Methylpiperidyliden-(4)]-*, $[\alpha]_D$ —240°. —*n-Octyliden-*, $[\alpha]_D$ —234°. — *n-Decyliden-*, $[\alpha]_D$ —215°. — *n-Undecyliden-*, $[\alpha]_D$ —216°. — *n-Dodecyliden-*, $[\alpha]_D$ —208°. — *n-Tridecyliden-*, $[\alpha]_D$ —188°. — *n-Tetradecyliden-*, $[\alpha]_D$ —198°. — *n-Hexadecyliden-*, $[\alpha]_D$ —202°. — *n-Octadecyliden-*, $[\alpha]_D$ —195°. (**Oe. P. 203 642** vom 31/5. 1958, ausg. 25/5. 1959. **F. P. 1 208 266** vom 2/6. 1958, ausg. 23/2. 1960. Beide Schwz. Prior. 3/6., 26/6., 10/7. 1957 u. 19/2. 1958.) EBERHARD RIEDEL. 4807

Council of Scientific & Industrial Research, Neu-Delhi (Erfinder: Coimbatore Ramadorai Krishna Murti und V. Verma, Lucknow), Indien, **Herstellung von Eiweißhydrolysaten für orale Anwendung.** Man hydrolysiert das aus entfettetem Ölkuchen von Senf- u. Sesamölsaat isolierte Protein bei 65—70° 6—8 Std. mit Papain, bis eine klare Lsg. entstanden ist, die im Vakuum bei $< 45°$ konz. u. zu Granulaten getrocknet werden kann. (**Ind. P. 59 455** vom 24/1. 1957, ausg. 30/3. 1959.) C. LÜTTGEN. 4807

Georges Louis Quesnel und Pierre Jean Jules Merveau, Frankreich, **Herstellung von Hypophosphiten organischer Basen** durch doppelte Umsetzung von Na-Hypophosphit mit z. B. Anilinsulfat, p-Phenylendiaminhydrochlorid oder Aneurin in Methanol. (**F. P. 1 201 688** vom 10/7. 1958, ausg. 4/1. 1960.) S. BÖTTCHER. 4809

G. D. Searle & Co., Chicago, Ill., V.St.A. (Erfinder: Luis E. Miramontes, Miguel A. Romero und O. Fritsche, Mexico, Mexico), **$\Delta^4$-6α-Methyl-17α-acetoxypregnen-3.20-dion,** F. 214,5—216°, erhält man durch Spaltung von $\Delta^4$-6α-Methyl-16α, 17α-epoxypregnen-3.20-dion, F. 130—134°; $[\alpha]_D$ 129,5°, mit HBr in Essigsäure, anschließende Entbromierung mit RANEY-Ni in Methanol → *$\Delta^4$-6α-Methyl-17α-hydroxypregnen-3.20-dion*, F. 215—217°, u. übliche Acetylierung mit Acetanhydrid in Ggw. von p-Toluolsulfonsäure. — *Heilmittel.* (**D. A. S. 1 101 415** Kl. 12o vom 24/9. 1958, ausg. 9/3. 1961. A. Prior. 27/9. 1957.) U. SIEVERS. 4809

American Cyanamid Co., New York, N.Y. (Erfinder: Seymour Bernstein, Pearl River, N.Y., und Ruddy Littell, River Vale, N.J.), V.St.A., **$\Delta^4$-12α-Halogenpregnen-16α.17α.21-triol-3.11.20-trione** erhält man durch Hydroxylierung der entsprechenden 16-Ene mit einem milden Oxydationsmittel u. anschließende Acylierung der 16α- u. der 21-ständigen Hydroxygruppe. — Man setzt z. B. $\Delta^{4.16}$-12α-Brompregnadien-21-ol-3.11.20-trion-21-acetat in Bzl.-Pyridin mit $OsO_4$ um u. acetyliert anschließend → *$\Delta^4$-12α-Brompregnen-16α.17α.21-triol-3.11.20-trion-16α.21-diacetat*, F. 228—229°; $[\alpha]_D^{24}$ 26°. — Man kann auch z. B. $\Delta^{4.16}$-12α-Brompregnadien-21-ol-3.11.20-trion-21-acetat mit $KMnO_4$ in wss. Aceton hydroxylieren → *$\Delta^4$-12α-Brompregnen-16α.17α.21-triol-3.11.20-trion-21-acetat*, F. 263°; $[\alpha]_D$ 39°. — *Heilmittel* sowie Zwischenprodd. zu deren Herstellung. (**D. A. S. 1 083 813** Kl. 12o vom 19/5. 1958, ausg. 23/6. 1960. A. Prior. 21/6. 1957.) U. SIEVERS. 4809

Upjohn Co., übert. von: Frank H. Lincoln jun. und John A. Hogg, Kalamazoo, Mich., V.St.A., **Herstellung von in 2-Stellung durch niedriges Alkyl substituierten Pregnenen.** Inhaltlich ident. mit E. P. 794 489; C. **1959.** 6895; E. P. 794 485; C. **1959.** 5574; D. A. S. 1 025 874; C. **1959.** 5574; vgl. ferner: A. P. 2 852 538; C. **1960.** 1264. Zu ergänzen sind: *$\Delta^{4.17(20)}$-2-Äthyl-11β-hydroxy-21-acetoxypregnadien-3-on*, F. 149 bis 151°. — *$\Delta^4$-2-Methyl-11β.17α-dihydroxy-21-acetoxypregnen-3.20-dion*, F. 133—135°; $[\alpha]_D$ 158°. (**A. P. 2 923 720** vom 31/1. 1955, ausg. 2/2. 1960.) U. SIEVERS. 4809

Merck & Co., Inc., Rahway, N.J. (Erfinder: Glen Edward Arth, Cranford, David Johnston, New York, N.Y., und Lewis Hastings Sarett, Princeton, N.J.), V.St.A., **$\Delta^{1.4}$-16-Methylpregnadien-17α-ol-3.20-dione** erhält man durch Bebrütung der entsprechenden Pregnane oder $\Delta^4$- Pregnen mit einer Kultur eines Organismus der Gattung *Schizomyces* oder durch Dehydrierung mit $SeO_2$. — Als Mikroorganismen kommen vor allem die der Arten *Bacillus sphaericus*, *Nocardia* u. *Mycobacterium* in Frage. — Es wird die Herst. der 1-Dehydroanalogen des 16α-Methylcortisons u. -hydrocortisons sowie die von deren 9α-Fluoranalogen, jedoch ohne Angabe physikal. Daten, beschrieben. — $\Delta^4$-16α-Methylpregnen-17α.21-diol-3.11.20-trion-21-acetat + Se $O_2$ in tert. Butanol u. in Ggw. von Eisessig u. Acetanhydrid → *$\Delta^{1.4}$-16α-Methylpregnadien-17α.21-diol-3.11.20-trion-21-acetat*, F. 208—212°. — *Heilmittel.* (**Schwz. P. 345 647** vom 27/2. 1958, ausg. 31/5. 1960. **Belg. P. 564 914** vom 18/2. 1958, ausg. 15/7. 1960. Beide A. Prior. 27/2. 1957.) U. Sievers. 4809

Upjohn Co. (Erfinder: Milton Edwin Herr, John Claude Babcock, J. Allan Campbell, John Alexander Hogg und Raymond Leroy Pederson), Kalamazoo, Mich., V.St.A., **6α-Fluorverbindungen der Androstanreihe.** Man setzt z. B. $\Delta^4$-6α-Fluor-9.11-oxido-17β-hydroxy-17α-methylandrosten-3-on-17-acetat in $CH_2Cl_2$–Tetrahydrofuran mit HF bei — 60° um → *$\Delta^4$-6α.9α-Difluor-11β.17β-dihydroxy-17α-methylandrosten-3-on-17-acetat*, F. 210° (Zers.), $[\alpha]_D$ 74°; daraus durch $CrO_3$-Oxydation in Essigsäure → *$\Delta^4$-6α.9α-Difluor-17β-hydroxy-17α-methylandrosten-3.11-dion*, F. 239° (Zers.). — Man kann auch z. B. *5α.6α-Oxido-17β-hydroxy-17α-methylandrostan-3.11-dion-3-äthylenketal*, F. 219—225°, $[\alpha]_D$ — 32°, in $CH_2Cl_2$ bei normaler Temp. mit 48% ig. HF spalten → *6β-Fluor-5α.17β-dihydroxy-17α-methylandrostan-3.11-dion*; daraus durch Dehydratisierung mit HCl-Gas in Chlf.-A. → *$\Delta^4$-6α-Fluor-17β-hydroxy-17α-methylandrosten-3.11-dion.* — Analog: *$\Delta^4$-6α-Fluor-11β.17β-dihydroxy-17α-methylandrosten-3-on*, F. 210° (Zers.); $[\alpha]_D$ 107°. — *Heilmittel.* (**D. A. S. 1 101 412** Kl. 12o vom 12/2. 1959, ausg. 9/3. 1961. A. Prior. 19/2. 1958.) U. Sievers. 4809

Upjohn Co. (Erfinder: Raymond Leroy Pederson, Milton Edwin Herr, John Claude Babcock, J. Allan Campbell und John Alexander Hogg), Kalamazoo, Mich., V.St.A., **$\Delta^{1.4}$-6α-Fluorandrostadiene** erhält man durch Dehydrierung der entsprechenden 1.2-Dihydroverbb. auf chem. oder mikrobiolog. Wege. Vorhandene 17β-OH-Gruppen können acyliert u. erhaltene 3.17-Diacylate partiell hydrolysiert werden. Ferner können entsprechende 6β-Fluorverbb. in die 6α-Fluorverbb. übergeführt werden. — Man bebrütet z. B. 6α-Fluor-11β-hydroxy-4-androsten-3.17-dion mit *Septomyxa affinis* → *$\Delta^{1.4}$-6α-Fluor-11β-hydroxyandrostadien-3.17-dion.* — $\Delta^4$-6α-Fluor-17β-hydroxyandrosten-3-on + $SeO_2$ in tert.-Butanol → *$\Delta^{1.4}$-6α-Fluor-17β-hydroxyandrostadien-3-on*, F. 182—184°. — *Heilmittel.* (**D. A. S. 1 095 276** Kl. 12o vom 12/2. 1959, ausg. 22/12. 1960. A. Prior. 19/2. u. 9/6. 1958.) U. Sievers. 4809

Takeda Pharmaceutical Industries Ltd., Osaka (Erfinder: Takezi Hasegawa, Takeshi Takahashi, Toyonaka, Masamoto Nishikawa, Nishinomiya, und Hikoichi Hagiwara, Osaka), Japan, **11-oder 19-Hydroxysteroide** erhält man durch Bebrütung von 11.19-Didesoxysteroiden mit einem Mikroorganismus der Gattung *Corticium* unter üblichen aeroben u. submersen Bedingungen. — Man bebrütet z. B. 17-Hydroxydesoxycorticosteron mit einer Kultur von *Corticium vagum* → *11.17-Dihydroxycorticosteron*, F. 205—207°; $[\alpha]_D^{20}$ 162°; Addukt mit 0,5 Mol Chlf., F. 196 bis 198° (Zers.); $[\alpha]_D^{20}$ 137°. — Bei der Aufarbeitung des Gärungs-Prod. fällt ferner als Nebenprod. *17.19-Dihydroxydesoxycorticosteron*, F. ca. 200°; *Diacetat*, F. 190—191°, neben *11-Epihydrocortison*, an. — Analog wurden Desoxycorticosteron u. 1-Dehydro-17-hydroxydesoxycorticosteron in die entsprechenden bekannten 11-Hydroxyverbb. übergeführt. $\Delta^4$-Androsten-3.17-dion lieferte → *$\Delta^4$-Androsten-19-ol-3.17-dion*, F. 165°; $[\alpha]_D$ 180°. — *Heilmittel* sowie Zwischenprodd. zu deren Herstellung. (**D. A. S. 1 100 623** Kl. 12o vom 19/11. 1957, ausg. 2/3. 1961. **E. P. 849 843** vom 14/11. 1957, ausg. 28/9. 1960. **F. P. 1 215 550** vom 18/11. 1957, ausg. 19/4. 1960. **A. P. 2 966 444** vom 13/10. 1959, ausg. 27/12. 1960. Alle Jap. Prior. 19/11. 1956.) U. Sievers. 4809

Schenley Industries, Inc., V.St.A. (Erfinder: Fernando Carvajal), **Herstellung von Streptomycin,** dad. gek., daß man Streptomyces griseus mit einer Nährlsg. aus $(NH_4)_2SO_4$, $NaNO_3$, $K_2HPO_4$, NaCl, $MgSO_4 \cdot 7\ H_2O$, $FeSO_4 \cdot 7\ H_2O$, $ZnSO_4 \cdot 7\ H_2O$, $MnSO_4 \cdot 4\ H_2O$, $CaCO_3$, W., Dextrose u. Dextrin aerob kultivierte. — Diagramme. (**F. P. 1 188 417** vom 14/6. 1955, ausg. 22/9. 1959. A. Prior. 20/12. 1954.) S. Böttcher. 4811

Farbwerke Hoechst Akt.-Ges., vormals Meister Lucius & Brüning, Frankfurt/M. (Erfinder: Kurt Wallenfels und Hans Bender, Freiburg/Breisgau), **Verfahren zur Gewinnung eines dextranähnlichen Polysaccharids aus Pullularia pullulans** mittels eines Kohlenhydrate (Glucose, Fructose, Saccharose) enthaltenden Gärmediums, wobei man *Aureobasidium pullulans* (**I**) verwendet u. das gebildete Prod. aus dem Kulturfiltrat isoliert. Als wachstumsfördernde Substanz für **I** wird Thiamin u. als Stimulans der Polysaccharid-Bldg. ein durch Erhitzen von Glucose oder anderen

Kohlenhydraten erhaltenes Prod. verwendet; beide können auch gleichzeitig zugesetzt werden. — Beispiel: 1 Liter Nährlsg. nach Czapek-Dox (pH 7,2) beimpft man nach Autoklavieren (30 Min. bei 0,5 atü) mit 50 ml ($6 \cdot 10^8$ Zellen/ml) einer 48 Std. alten Vorkultur von I u. bebrütet bei 27° 120 Std. unter Belüftung. Die Zellen werden bei 6000 U/Min. abzentrifugiert u. das Kulturmedium bei 20000 U/Min. vorgereinigt. Das Polysaccharid fällt man mit dem 1,2fachen Vol. Aceton aus. Ausbeute 6,6 g = 22% der vorgelegten Glucose. Nach 4—5maligem Umfällen des Rohprod. aus W. mit Aceton erhält man ein rein weißes, körniges Prod. mit einem Drehwert von $[\alpha]_D^{20}$ +168°. (**D. A. S. 1 096 850** Kl. 6b vom 24/7. 1959, ausg. 12/1. 1961.) L. Macher. 4813

Crest Foods Co., Inc., übert. von: Bernard R. Weinstein, Ashton, Ill., V.St.A., **Herstellung eines Antacidums,** dad. gek., daß man ein Milchprotein, bes. Lactalbumin u./oder Casein, in wss. Lsg. bei pH 8—10,5 mit $CaCO_3$, Ca-Lactat, $CaSO_4$, $Ca(OH)_2$, Ca-Gluconat u./oder $Al(OH)_3$ versetzt, das Gemisch ca. 30—45 Min. auf ca. 140—190° F erhitzt u. die Lsg. dann trocknet, bes. sprühtrocknet. Als Antacidum-Komponenten werden auch $Mg(OH)_2$, Mg-Trisilicat, Bi-Subnitrat, -Subcarbonat u. -Subgallat genannt. (**A. P. 2 940 897** vom 8/5. 1956, ausg. 14/6. 1960.) W. Heyer. 4815

Merck & Co., Inc. (Erfinder: R. T. Smith), Rahway, N.J., V.St.A., **Arzneimittel,** enthaltend *$\Delta^{1.4}$-Pregnadien-17α.21-diol-3.11.20-trion* („*Prednison*") oder *$\Delta^{1.4}$-Pregnadien-11β.17α.21-triol-3.20-dion* („*Prednisolon*") u. *2-Methyl-2-n-propylpropandiol-(1.3)* („*Meprobamat*") eignen sich zur Behandlung von Arthritis u. Spondylitis. (**Belg. P. 564 697** vom 11/2. 1958, ausg. 15/7. 1960. **E. P. 847 290** vom 19/2. 1958, ausg. 7/9. 1960. Beide A. Prior. 28/2. 1957.) K. Koebke. 4815

Mead Johnson & Co., übert. von: John A. Huggins und Neil H. Mercer, Evansville, Ind., V.St.A., **Laxans,** bestehend aus einem nichttox. Salz der Dialkylsulfobernsteinsäure mit 5—10 C-Atomen in der Alkylgruppe, bes. dem *Dioctyl-Na-sulfosuccinat*, einem Cascara sagrada-Extrakt, bes. einem entsprechenden wasserlösl. Methanol-Extrakt u. einem nichtionogenen oberflächenakt. Prod. mit einem Molgew. von 6000 bis 9000, bes. 7500, das durch Kondens. von Äthylenoxyd mit Propylenoxyd u. Propylenglykol erhalten wird, z. B. „Pluronic F 68". (**A. P. 2 938 832** vom 7/2. 1956, ausg. 31/5. 1960.) W. Heyer. 4815

Commonwealth Scientific & Industrial Research Organization, East-Melbourne, Victoria, Australien, **Beifuttermittel oder therapeutische Mittel für Wiederkäuer.** Spurenelemente, z. B. Co-, Fe-, Cu-, Mo-, Mn-, B- u. J-Verbb., bes. die Oxyde, Sulfate, Chloride, Oxychloride, Nitrate, Permanganate, Molybdate, Jodide, Jodate u. dgl., Antibiotica, Hormone, sonstige biolog. akt. Stoffe, Schädlingsbekämpfungsmittel, bes. Phenothiazin, Gleitmittel, z. B. Graphit u. Stearinsäure, Zucker, Stärke, pflanzliche Gummiarten, Trägerstoffe, z. B. Ton, u. Austauscherharze werden in feingemahlenem Zustand innig vermischt. Das Gemisch wird darauf ca. 10 Min. auf ca. 1000° erhitzt u. unter Druck zu harten, runden oder flachen Pillen von ca. 5 g Gewicht u. mittlerer Dichte (3,5—4,0) geformt. Beschwerungsmittel, z. B. metall. Fe, können der Masse noch zugefügt werden. Die Pillen sollen einen Ø von 1,5—2,5 cm haben. Sie werden, z. B. durch die Haut, in den Pansen von Schafen, Hammeln oder Hornvieh gebracht, wo sie sehr lange Zeit verbleiben u. sich langsam auflösen. Die Pillen können auch in kleine Behälter eingefüllt werden, die verschlossen werden. Der Geh. an Co soll ca. 0,1—1,0 mg betragen. Sie dienen *zur Beseitigung von Mangelkrankheiten.* (**Belg. P. 562 124** vom 4/11. 1957, ausg. 3/6. 1960. Aust. Prior. 5/11. 1956.) H. Karst. 4815

Schering Akt.-Ges. (Erfinder: Hans Priewe und Alexander Poljak), Berlin, **Röntgenkontrastmittel,** enthaltend als schattengebende Substanz kernjodierte β-Phenylpropionsäureester der Formel I, worin $R_1$ u. $R_2$ entweder einzeln niedere Alkyle mit 1—6 C-Atomen oder gemeinsam mit dem N-Atom einen ggf. weitere Heteroatome enthaltenden Ring mit 5—6 Gliedern bedeuten, $R_3$ ein niederes Alkyl mit 1—6 C-Atomen ist u. n 2 oder 3 bedeutet. — Beispiel: β-[3-Dimethylaminomethylenamino-2.4.6-trijodphenyl]-propionsäuremethylester. (**D. A. S. 1 099 696** Kl. 30h vom 30/9. 1959, ausg. 16/2. 1961. **Zusatz zu D. A. S. 1 080 266; C. 1960. 14454.**) K. Koebke. 4825

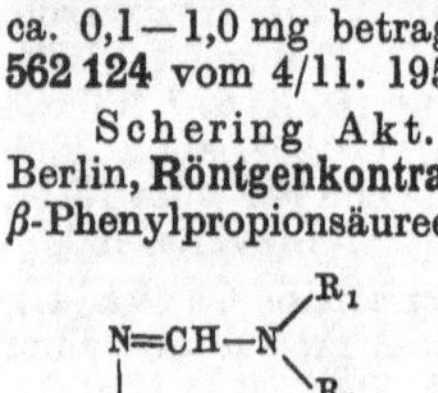

I

Ludwig Merckle K. G. Chem.-pharm. Fabrik, Blaubeuren/Württ. (Erfinder: Gustav Rauch, Bad Reichenhall), **Herstellung mikrobieller Stoffwechselprodukte,** bes. aus symbiot. Mikroorganismen (I), dad. gek., daß der Nährlsg., in der die gewebs- bzw. organoaffinen I als Kulturen gezüchtet werden, Substrate zugesetzt werden, die dem natürlichen Milieu entsprechen u. aus Milch u./oder Extrakten lebender Gewebe bzw. Organe des betreffenden Milieus gewonnen werden, worauf die an Stoffwechsel-Prodd. angereicherte Nährlsg. von den I getrennt u. aufgearbeitet wird. Die Prodd. können noch in Fraktionen aufgespalten u./oder im Vakuum oder durch Versprühen getrocknet, durch Anlagerung an Adsorptionsmittel stabilisiert oder mit anorgan. oder organ. Verbb. weiter umgesetzt werden. — Nach einem Beispiel werden I (Enterokokken, Bact. coli, Bact. bifidum usw.) auf fl., halbsynthet. Nährboden vermehrt, sterile Darmschleimhaut von Embryonen gesunder Schlachttiere fein zerkleinert zugesetzt u. die Masse bei ca. 37⁰ bebrütet. Die nach keimfreier Filtration der überstehenden Fl. gewonnenen Stoffwechsel-Prodd. können peroral oder parenteral verabfolgt werden. (**D. A. S. 1 079 279** Kl. 30h vom 7/6. 1956, ausg. 7/4. 1960.) H. Schindler. 4829

American Cyanamid Co., New York, N.Y., übert. von: James Joyce Hagan, Cedar Grove, Ralph Edward Clarke, Westwood, N. J., und Frank B. Ablondi, Pearl, River, N.Y., V.St.A., **Gewinnung von Plasminogen** aus menschlichem Placenta-Material, dad. gek., daß man die Cohnsche Fraktion $III_2$ u. die Euglobulin-Fraktion des Ausgangsmaterials bei pH 8—11,5 in W. suspendiert, die Suspension auf pH 1—4 ansäuert, mit bes. NaCl, die Ionenstärke auf 0,15—0,70 einstellt, den Nd. abtrennt, die Lsg. mit gewaschenem u. aktiviertem Mg-Silicat unter Einstellen des pH auf 4—7 versetzt, das adsorbierte Plasminogen mit Säure bei einem pH von 2—3 eluiert, das Eluat wieder auf eine Ionenstärke von 0,15—0,70 bringt u. die Lsg. auf ein pH von 6—9 einstellt. Die Lsg. wird dann steril filtriert. (**A. P. 2 923 665** vom 7/11. 1956, ausg. 2/2. 1960.) W. Heyer. 4829

Chemische Werke Hüls Akt.-Ges. (Erfinder: Georg Schäfer, Wilhelm Rosenthal und Karl-Jürgen Bock), Marl, **Desinfektionsmittel**, gek. durch einen Geh. an zweifach chlor- oder bromsubstituierten Alkoholen mit 4 oder mehr C-Atomen im Mol. der allg. Formeln I oder II, in denen X ein Cl- oder Br-Atom u. $R_1$ bis $R_5$ H-Atome, gesätt. Alkylgruppen mit höchstens 10 C-Atomen oder einer der Reste eine Phenylgruppe bedeuten, wobei jedoch mindestens einer der Reste $R_1$ bis $R_5$ eine Alkylgruppe mit 1—10 C-Atomen darstellt. Man kann oberflächenakt. Stoffe zusetzen. (**D. A. S. 1 095 995** Kl. 30i vom 6/6. 1958, ausg. 29/12. 1960.) K. Koebke. 4833

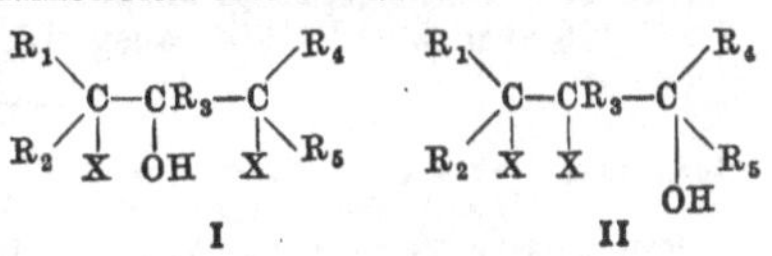

I II

United States Movidyn Corp., übert. von: Zdenek Vaclav Moudry, Northfield, Ill., V.St.A., **Herstellung von oligodynamisch wirkenden Desinfektionsmitteln.** Man stellt eine wss. Lsg. eines wasserlösl. Salzes eines oligodynam. Metalles her, bringt sie mit Gelatine, die frei von ionisierbarem Halogen, auf eine Viscosität von 20—40 Millipoise, einen I.P. von pH 7,8—8,3 u. einem pH-Wert von 3—5 u. bestrahlt sie 1—60 Sek. mit einem Licht von einer Intensität von mindestens 45 mW/sq.ft., wobei mindestens 40 (%) der Strahlung im Ultrarot u. mindestens 25 im UV u. ein beträchtlicher Teil der Strahlen bei 3130—3660 Å liegt. Man erhält eine stabile koll. Dispersion von oligodynam. Metallpartikeln. (**A. P. 2 927 052** vom 20/3. 1953, ausg. 1/3. 1960.) K. Koebke. 4833

Alfred Rieche, Günter Hilgetag, Annelise Martini, Elfride Bayer, Berlin, und Olfried Nejedly, Erfurt, **Desinfizierend und desodorierend wirkende Seifen, Cremes, Puder, Tinkturen.** Sie enthalten als wirksame Bestandteile Verbb. des 2-Thiontetrahydro-1.3.5-thiodiazins der allg. Formel I (R, R′ = Alkyl-, Aralkyl-, hydroaromat. oder Arylreste, die auch halogeniert sein können; R″ = H oder Alkylrest) allein oder zusammen mit Verbb. der Dihydroxydiphenylmethanreihe, welche Halogenatome u. ggf. Alkylreste im Kern enthalten, z. B. *Bis-[p-chlor-m-kresyl]-methan* u. *Hexachlorophen.* (**D. P. [DDR] 19 609** Kl. 30h vom 6/2. 1957, ausg. 5/8. 1960 [Wirtschaftspatent].) M. F. Müller. 4833

I 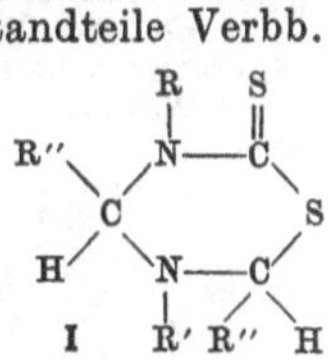

Günther Spengler, München, **Alkoxy-, Acyloxy- oder Arylamin-Olefin-Mercurisalz-Additionsprodukte** erhält man durch Rk. von Olefinen mit Hg[II]-salzen einer organ. Säure u. mindestens 4 C-Atome enthaltenden Alkoholen, aliphat. oder aromat. Säuren, Enolen oder prim. bzw. sek. aromat. Aminen. Durch Rk. von 3 $cm^3$ Styrol (**I**) mit 3 g $Hg(CH_3COO)_2$ u. 12 $cm^3$ Isoamylalkohol (**II**), etwas Eisessig bei 40⁰ u. Zus. von 0,5—1 $cm^3$ methanol. KOH erhält man nach Verdampfen von überschüssigem **I, II** u. $CH_3COOH$ bei Unterdruck *2-Phenyl-2-isoamyloxyäthylmercuriacetat.* — *Physiolog. wirksame Stoffe* u. *Bactericide.* (**E. P. 835 771** vom 25/10. 1956, ausg. 28/5. 1960. D. Prior. 29/10. 1955.) J. Mühleisen. 4833

Schenley Industries, Inc., New York, N.Y., übert. von: Leon Katz, Springfield, N. J., und William Schroeder, West Lafayette, Ind., V.St.A., **Benzisothiazolone** der allg. Formel I (Z = ggf. durch Halogenatome, Hydroxy-,

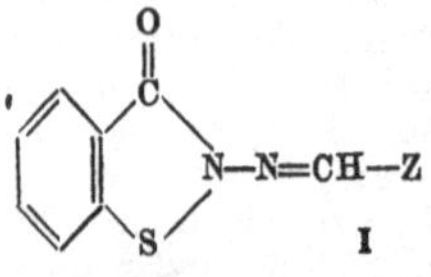

I

Carboxy-, Alkoxy- oder Alkylgruppen substituierter Phenyl- oder Chinolylrest) werden erhalten durch Rk. eines Benzyliden- oder Chinolylmethylenthiosalicylsäurehydrazids mit $SOCl_2$ oder einem aromat. Sulfonsäurechlorid in Ggw. eines säurebindenden Mittels oder durch ringschließende Oxydation von Bis-[benzyliden- bzw. chinolylmethylen]-dithiosalicylsäurehydraziden mittels $J_2$ in Pyridin oder durch Rk. von o-Chlorsulfenylbenzoesäurechlorid mit Benzyliden- bzw. Chinolylmethylenhydraziden. — Zu einer Lsg. von 3,25 (g) 2.4-Dichlorbenzylidenthiosalicylsäurehydrazid (F. 211—216°) u. 0,66 KOH in 50 ml Dioxan wird unter Rühren eine Lsg. von 0,88 Benzolsulfochlorid in 10 ml Dioxan zugetropft u. das Gemisch nach beendeter Zugabe noch $1^1/_2$ Std. gerührt. Danach wird mit der gleichen Vol.-Menge W. versetzt u. der entstandene Nd. abgetrennt → *2-[2'.4'-Dichlorbenzylidenamino]-benzisothiazolon* (II), aus $CH_3OH$, F. 232—234°. — Zu 3,25 (g) Bis-(2.4-dichlorbenzyliden)-dithiosalicylsäurehydrazid in 25 ml Pyridin wird unter Rühren bei 5—10° eine Lsg. von 2,54 $J_2$ in 15 ml Pyridin getropft u. danach mit ca. 80 ml $CH_3OH$ versetzt → II, Nadeln vom F. 232—234°. — Es werden ferner folgende Benzisothiazolone hergestellt: *2-[3'.4'-Dichlorbenzylidenamino]-*, F. 238—239°. — *2-[2'-Methoxybenzylidenamino]-*, F. 195—196°. — *2-[2'-Äthoxybenzylidenamino]-*, F. 160—162°. — *2-[2'-n-Propoxybenzylidenamino]-*, F. 115—117°. — *2-[2'-n-Butoxybenzylidenamino]-*, F. 115—116°. — *2-[2'-n-Amyloxybenzylidenamino]-*, F. 103—104°. — *2-[4'-β-Chloräthoxybenzylidenamino]-*, F. 175—177°. — *2-[4'-β-Diäthylaminoäthoxybenzylidenamino]-*, F. 220°. — *2-[4'-Chinolylmethylenamino]-5-chlor-*, F. 214—216°. — *2-[4'-Chinolylmethylenamino]-5.7-dichlor-*, F. 253 bis 254°. — *2-[4'-Chinolylmethylenamino]-6-methylsulfonyl-*, F. 271—272°. — *Bakteriostatica* mit Wrkg. gegen gram-positive u. gram-negative Bakterien. (**A. PP. 2 767 172** u. **2 767 174** vom 29/12. 1954, ausg. 16/10. 1956.) H. BRÄUCKER. 4833

---

**Johnson & Johnson**, New Brunswick, N.J., V.St.A., *Verbandstoff*. (**Aust. P. 161 017** vom 3/7. 1952, ausg. 24/2. 1955. A. Prior. 13/10. 1951. — C. **1955**. 11425 [E. P. 721 573].)

**F. Hoffmann-La Roche & Co. Akt.-Ges.**, Basel, Schweiz, *Propinylcarbinole*. (**Schwed. P. 156 331** vom 28/5. 1954, ausg. 2/10. 1956. Schwz. Prior. 12/6. 1953. — C. **1957**. 10009 [D. A. SS. 1 004 166 u. 1 004 167].)

**Soc. des Usines Chimiques Rhône-Poulenc**, Frankreich (Erfinder: **Robert Michel Jacob** und **Raymond Jacques Horclois**), *Basische Phenoläther*. (**F. P. 1 190 522** vom 4/1. 1957, ausg. 13/10. 1959. — C. **1960**. 13121 [Oe. P. 202 135].)

**Farbwerke Hoechst Akt.-Ges., vormals Meister Lucius & Brüning**, Deutschland, *Sulfonylharnstoffe*. (**F. P. 195 278** vom 6/12. 1957, ausg. 16/11. 1959. D. Prior. 6/12. 1956. — C. **1959**. 13258 [D. A. S. 1 032 734].)

**Farbenfabriken Bayer Akt.-Ges.**, Deutschland, *Chinonguanylhydrazonderivate*. (**F. P. 1 199 202** vom 23/12. 1953, ausg. 11/12. 1959. D. Prior. 24/12. 1952, 30/1. u. 16/6. 1953. — C. **1958**. 10503 [Oe. P. 190 521].)

**F. Hoffmann-La Roche & Co. Akt.-Ges.**, Basel, Schweiz, *Diacylierte Hydrazine*. (**Schwed. P. 156 337** vom 30/10. 1953, ausg. 2/10. 1956. Schwz. Prior. 2/12. 1952. — C. **1956**. 11510 [Oe. P. 182 711].)

**Asta-Werke Akt.-Ges., Chemische Fabrik**, Brackwede (Erfinder: **Herbert Arnold, Friedrich Bourseaux**, Bielefeld, und **Norbert Brock**, Wadersloh), *Herstellung von Phosphorsäure- bzw. Thiophosphorsäure-Derivaten*. (**Oe. P. 204 565** vom 18/7. 1958, ausg. 25/7. 1959. D. Prior. 24/7. 1957. — C. **1960**. 3960 [D. A. S. 1 061 780].)

**Ciba Pharmaceutical Products, Inc.**, Summit, N.J., V.St.A., übert. von: **Karl Hoffmann**, Binningen, **Alfred Hunger, Jindrich Kebrle** und **Alberto Rossi**, Basel, Schweiz, *1-[Dialkylaminoalkyl]-5-nitro-2-naphthylmethylbenzimidazole und deren im Naphthylmethylrest substituierte Derivate*. (**A. P. 2 945 043** vom 19/6. 1958, ausg. 12/7. 1960. Schwz. Prior. 17/7. 1957. — C. **1960**. 7937 [D. A. S. 1 074 588].)

**F. Hoffmann-La Roche & Co. Akt.-Ges.**, Basel, Schweiz, *Cumarinderivate*. (**Schwed. P. 156 340** vom 20/3. 1953, ausg. 2/10. 1956. Schwz. Prior. 15/4. 1952. — C. **1955**. 7981 [D. B. P. 924 450].)

**Ciba Ltd.**, Basel (Erfinder: **Jean Druey**, Riehen, und **Konrad Maier**, Basel), Schweiz, *Herstellung von 1-Aza-2-niederem alkyl-6-[tert.-amino-niederem alkylamino]-9-methylthioxanthonen*. (**Jap. A. S. 3073/1959** vom 17/8. 1956, ausg. 27/4. 1959. Schwz. Prior. 19/8. 1955 u. 13/7. 1956. — C. **1959**. 6572 [D. A. S. 1 037 458].)

**Parke, Davis & Co.**, Detroit, Mich., V.St.A., *Herstellung von 4-Phenyl-1-[ω-acylaminoalkyl)-piperazinen*. (**Aust. P. 162 905** vom 22/10. 1952, ausg. 2/6. 1955. A. Prior. 26/10. 1951. — C. **1956**. 4804 [E. P. 721 417].)

**VEB Deutsches Hydrierwerk Rodleben**, Deutschland, *Phthalazone*. (**F. P. 1 195 511** vom 6/5. 1958, ausg. 18/11. 1959. D. Prior. 6/5. 1957. — C. **1959**. 11348 [D. A. S. 1 046 625].)

**Soc. des Usines Chimiques Rhône-Poulenc**, Paris (Erfinder: **Robert Michel Jacob**, Ablon sur Seine, **Raymond Jacques Horclois**, Malakoff/Seine, und **Edouard Suau**, Choisy le Roi/Seine), Frankreich, *Phenthiazinderivate*. (**Oe. PP. 205 032** u. **205 033** vom 10/1. 1958, ausg. 25/8. 1959. F. Prior. 15/1., 15/3. u. 25/9. 1957. — C. **1961**. 1296 [D. A. S. 1 075 620].)

**Sandoz Soc. An.**, Schweiz, *Mercaptophenthiazinderivate*. (**F. P. 1 195 234** vom 21/11. 1957, ausg. 16/11. 1959. Schwz. Prior. 23/11., 20/12. 1956 u. 22/2. 1957. — C. **1960**. 9312 [Oe. P. 199 191].)

**Soc. des Usines Chimiques Rhône-Poulenc**, Frankreich (Erfinder: **Robert Michel Jacob** und **Raymond Jacques Horclois**), *Phenthiazinpiperazinderivate*. (**F. P. 1 190 523** vom 7/2. 1957, ausg. 13/10. 1959. — C. **1960**. 15835 [D. A. S. 1 076 691].)

**Soc. des Usines Chimiques Rhône-Poulenc**, Paris, Frankreich, *Herstellung von 8-Chlortheophyllinat von 10-[3'-Dimethylaminopropyl]-1-(oder-3)-chlorphenothiazin*. (**Aust. P. 162 715** vom 16/12. 1952, ausg. 19/5. 1955. F. Prior. 5/1. 1952. — C. **1956**. 13782 [F. P. 1 056 894].)

**J. R. Geigy Akt.-Ges.**, Basel (Erfinder: **Walter Schindler**, Riehen), Schweiz, *N-Aminoalkylderivate von Azepinen.* (**E. P. 828 495** vom 12/11. 1957, ausg. 17/2. 1960. Schwz. Prior. 13/11. 1956. **Schwz. P. 349 988** vom 13/11. 1956, ausg. 31/12. 1960. — C. **1960.** 11395 [Oe. P. 200 578].)

**Ciba Ltd.**, Basel, Schweiz (Erfinder: **Alfred Becker**), *Herstellung von reinen Alkaloiden.* (**Jap. A. S. 3242/1959** vom 15/3. 1957, ausg. 30/4. 1959. Schwz. Prior. 9/4. 1956 u. 25/2. 1957. — C. **1961.** 2372 [Aust. P. 219 158].)

**Nepera Chemical Co., Inc.**, Yonkers, N.Y. (Erfinder: **Max N. Huffmann**, Okla.), V.St.A., *Herstellung von Steroidverbindungen.* (**Jap. A. S. 3227/1959** vom 9/12. 1955, ausg. 30/4. 1959. — C. **1957.** 2017 [A. P. 2 705 239].)

**Upjohn Co.**, V.St.A. (Erfinder: **Philip Franklin Beal III** und **John Alexander Hogg**), *Steroidketale.* (**F. P. 1 195 204** vom 5/5. 1955, ausg. 16/11. 1959. A. Prior. 2/6. 1954. — C. **1959.** 897 [D. A. S. 1 005 962].)

**Syntex Soc. An.**, Mexico (Erfinder: **Jorge Rosenkranz** und **Esteban Volkov**), *3-Alkoxy-19-nor-$\Delta^{2,5,10}$-androstadien-17-one.* (**F. P. 1 195 212** vom 19/2. 1957, ausg. 16/11. 1959. Mexican. Prior. 21/2. 1956. — C. **1959.** 11352 [D. A. S. 1 035 654].)

**Armour & Co.**, Chicago, Ill., V.St.A., *ACTH-Präparat.* (**E. P. 845 704** vom 16/11. 1956, ausg. 24/8. 1960 A. Prior. 17/11. 1955. — C. **1960.** 15148 [D. A. S. 1 076 327].)

**Laboratoires Français de Chimiothérapie**, Paris, Frankreich, *Herstellung von optisch aktiven Zwischenprodukten bei der Chloramphenicolsynthese.* (**Schwed. P. 156 621** vom 31/7. 1953, ausg. 23/10. 1956. F. Prior. 28/11. 1952. — C. **1950/54.** 1177 S [F. P. 1 067 283].)

**Carlo Erba S. p. A.**, Mailand, Italien, *Herstellung von Monoestern von Chloramphenicol.* (**Ind. P. 49 286** vom 30/3. 1953, ausg. 26/6. 1954. Can. Prior. 24/4. 1952. — C. **1958.** 14128 [Holl. P. 78 806].)

**Parke, Davis & Co.**, Detroit, Mich., V.St.A., *O-Diazoacetyl-(1)-serin.* (**Schwed. P. 156 529** vom 2/5. 1953, ausg. 23/10. 1956. — C. **1957.** 8012 [D. B. P. 954 423].)

**Unilever Ltd.**, Port Sunlight, England, *Zahnpflegemittel.* (**Ind. P. 49 041** vom 23/2. 1953, ausg. 7/7. 1954. — C. **1957.** 2017 [A. P. 2 723 217].)

# G. Analyse. Laboratorium

**Eine Methode zur Trocknung kleiner Flüssigkeitsproben.** H. G. Wager. (Analyst **86.** 266—67. April 1961. Cambridge, Low Temp. Res. Stat.) (Engl.)

Vf. beschreibt eine App. zur Trocknung von kleinen Fl.-Proben mit Hilfe eines geeigneten Trocknungsmittels u. gleichzeitiger schneller Luftbewegung. Die in kleine Bechergläser gefüllten Proben befinden sich neben dem Trocknungsmittel (gewöhnlich konz. $H_2SO_4$) in einem großen Exsiccator, der mit einem Rührer versehen ist. Letzterer wird über eine flexible Kupplung mit einem Motor ($^1/_{25}$ H.P.) verbunden. Proben von bis zu 20 ml werden über Nacht bis zur Trockne eingedampft. Die Geschw. der Wasserabgabe ist bis zu einem gewissen Grade abhängig von der Anzahl der Proben in bezug auf die Oberfläche des Trocknungsmittels sowie von der Umdrehungs-Geschw. des Rührers. A.-enthaltende Proben können ebenfalls mit $H_2SO_4$ getrocknet werden. Der einzige Nachteil der App. liegt darin, daß Proben mit flüchtigen Anteilen die anderen im Exsiccator befindlichen Proben verunreinigen. P. FRENZEL. 5022□

**Tisch zur Auftragung von Proben und Entwicklungskammer für die Papierchromatographie.** A. R. Neurath und F. Frič. (Chem. Zvesti **14.** 80—83. Jan. 1960. Bratislava, Slov. akad., Biol. ústav, odd. fyziol. rastlín.) (Slowak.)

Beide App. sind auf den Abb. wiedergegeben. Die Chromatographiekammer ist in eine größere Kammer eingelegt; dadurch kann man mit Hilfe eines Ultrathermostaten konst. Temp. beibehalten. Z. PECHAN. 5062□

**Die Wirksamkeit der Trennung bei der Chromatographie organischer Elektrolyte auf gepuffertem Papier.** Edward Soczewinski. (Nature [London] **188.** 391—92. 29/10. 1960. Lublin, Acad. of Med., Dep. of Phys. Chem.) (Engl.)

Als Maß für die Selektivität der papierchromatograph. Trennung zweier Verbb. dient die Differenz ihrer $R_F$-Werte, $\Delta R_F$. Im Falle organ. Elektrolyte, die in undissoziierter Form $R_F$-Werte nahe 1 geben, läßt sich die Trennung oftmals durch die Änderung des pH der wss. Phase verbessern. Bei Kenntnis der pK-Werte u. der Verteilungs-Koeff. kann ein für die Trennung optimaler pH berechnet werden, der durch das Maximum der Funktion $\Delta R_F/\Delta pH$ gegeben ist. E. MOISAR. 5062□

**Die Verwendung von Tetracyanoäthylen als farbgebendes Reagens bei der Papierchromatographie aromatischer Verbindungen.** D. S. Tarbell und Therese Huang. (J. org. Chemistry **24.** 887—88. Juni 1959. Rochester, N.Y., Univ. of Rochester, Dep. of Chem.) (Engl.)

Die Beobachtung, daß Tetracyanoäthylen (TCNE) mit vielen, im wesentlichen polycycl. Aromaten farbige Komplexe bildet, wurde zur Indication dieser Verbb. bei der papierchromatograph. Analyse angewendet. Bei Verw. einer aceton. TCNE-Lsg. als Sprühmittel werden viel größere Farbabstufungen erhalten als es mit anderen Indicationsmitteln (Pikrinsäure, Trinitrofluorenon) möglich ist. Die Nachw.-Empfindlichkeit liegt z. B. bei 1 $\gamma$ für *Pyren*, bei 10 $\gamma$ für *Naphthalin.* F. MADER. 5062□

**Photometrische Titrationen. 1. Mitt. Allgemeine Betrachtungen und die Theorie chelometrischer Titrationen ohne Anwendung eines Indicators.** H. Flaschka. (Talanta [London] **8.** 381—94. Juni 1961. Atlanta, Ga., Georgia Inst. of Technol., School of Chem.) (Dt.)

Vf. behandelt theoret. die Besonderheiten der chelometr. Titration eines Metalls sowie die von zwei Metallen nacheinander in derselben Lsg. mit photometr. Endpunkt ohne Verw. eines Indicators u. leitet Formeln zur Berechnung der Titrationskurven ab. Es wird gezeigt, daß im Falle der Titration eines einzelnen Metalls eine wesentlich geringere Stabilität des Titrationskomplexes als bei Endpunkts-Meth., die nicht auf Extrapolation beruhen, erforderlich ist. Für die Titration zweier Metalle nacheinander in derselben Lsg. ist ein Verhältnis der Stabilitäts-Konst. der Komplexe der beiden zu titrierenden Metalle von ca. 100—200 ausreichend. Möglichkeiten der photometr. Endpunktsanzeige ohne Indicator in Verbindung mit anderen Endpunkts-Meth. werden diskutiert u. vom Standpunkt des Selektivitätsproblems aus betrachtet. GERHARD SCHULZE. 5066□

**Analysen für die Industrie. Neue Entwicklung in der Karl-Fischer-Titration.** A. M. G. Macdonald. (Ind. Chemist **36.** 292—94. Juni 1960.) (Engl.)

Neue Vorschriften zum Ansetzen u. Stabilisieren der Lsgg., der Endpunkterkennung u. Einrichtungen zur automat. Titration werden mitgeteilt u. diskutiert. — 28 Literaturhinweise aus den Jahren 1954—1959. H.-G. MOSLÉ. 5074□

## a) Elemente und anorganische Verbindungen

**Die quantitative Analyse von Radionucliden in Proben aus dem Fabrikationsprozeß und der Umgebung eines Betriebes.** A. L. Boni. (Analytic. Chem. **32.** 599—604. Mai 1960. Aiken, S.C., E. I. du Pont de Nemours & Co., Savannah River Plant.) (Engl.)

Vf. beschreibt eine analyt. Meth. zur radiochem. Trennung u. quant. Gewinnung von *Ru, Zr, Nb, Np, Co, Fe, Zn, Sr, Seltene Erden, Cr* u. *Cs* aus zahlreichen natürlichen Materialien. Die Meth. beruht im Prinzip auf der Trennung mit Anionenaustauschern, jedoch werden auch Fällungs-Meth. verwendet. Die Ausbeute der einzelnen Isotopen ist $>$95% bei einer Standardabweichung von $\pm$4%. Die Dekontaminationsfaktoren sind bei den Austauschertrennungen $> 10^4$ u. bei den gravimetr. Trennungen $> 10^3$. Wasserproben werden nach Eindampfen zur Trockne in einer Mischung aus 3n HCl u. 0,1nHF gelöst, wobei bei schwerlösl. Proben nochmals bis zur Trockne eingedampft u. in HCl–HF gelöst wird. Biolog. Proben werden vor der Auflösung verascht. Sämtliche Fällungen erfolgen unter Zusatz von Trägersubstanzen. Zuerst wird Ru zu 99,9% als Sulfid durch therm. Zers. von Thioacetamid in einer Mischung von 2n HCl u. 0,08n HF durch 2malige Fällung abgetrennt. $J_2$ wird evtl. aus einer $HNO_3$-Lsg. abgedampft. Dann wird Sr durch 2fache Fällung als $Sr(NO_3)_2$ aus einer mindestens 80%ig. $HNO_3$-Lsg. isoliert. Ba kann als $BaCrO_4$ abgetrennt werden, während Ca bis zu Konzz. von 100 mg pro Probe nicht stört. Die Lanthaniden einschließlich Y werden als Fluoride aus einer Mischung von 0,1n $H_2SO_4$ u. 0,3n HF gefällt. Die Fällung ist quant., u. die abgetrennte Lsg. kann direkt zur Trennung von Zr u. Nb von den anderen Elementen mit einem Dowex-2-Harz benutzt werden. Zr u. Nb werden quant. mit einer Mischung aus 6n HCl u. 0,5n HF eluiert. Bei Verw. einer Mischung aus 11n HCl u. 0,5n HF wird zuerst nur Zr eluiert. Nach der Abtrennung von Zr u. Nb wird die Lsg. zur Trockne eingedampft, der Rückstand in konz. HCgl elöst u. auf die Austauschersäule gegeben. Np wird quant. mit einer Mischung aus 8,5n HCl u. 0,5n HF, Co mit 5n HCl, Fe mit 0,5n HCl u. Zn mit 0,005n HCl entfernt. Cs wird als Wolframatophosphat aus 4n $HNO_3$ gefällt. Die Fällung ist bei vorheriger Abtrennung von Zr u. Nb spezifisch. Nach Oxydation der Cr-Ionen mit NaOH–$H_2O_2$ wird die Lsg. auf das Harz (Hydroxydform) gegeben u. $CrO_4^{2-}$ mit 2 m KSCN-Lsg. quant. eluiert. Bei der Analyse von biolog. Proben, bei denen nach der Veraschung größere Mengen von Phosphaten, Sulfaten, Alkali- u. Erdalkalimetallen auftreten, wird nach der Abtrennung von Ru die Lsg. eingedampft u. der Rückstand in HCl gelöst. Aus der Lsg. werden sodann mit Dowex-2 Np, Zr, Nb, Co, Fe u. Zn von Cr, Cs, den Seltenen Erden u. Sr, die nicht adsorbiert werden, getrennt. Np, Nb, Zr u. Co werden gemeinsam quant. mit einer Mischung aus 6n HCl u. 0,5n HF eluiert u. wie beschrieben weiterbehandelt. Im Eluat werden Sr als $Sr(NO_3)_2$ u. die Seltenen Erden als Hydroxyde mit einer Mischung aus 4n NaOH u. 3%ig. $H_2O_2$ gefällt. Cs u. Cr werden dann wie beschrieben abgetrennt. J. KRAETSCH. 5106□

**Analytische Anwendung von komplexen Borverbindungen mit Phenolcarbonsäuren.** W. A. Nasarenko und Ss. Ja. Winkowetzka. (Доповіді Академії Наук Української РСР [Ber. Akad. Wiss. UkrainSSR] **1960.** 196—97. Inst. für allg. u. anorgan. Chem. der Akad. der Wiss. der UkrainSSR.) (Ukrain.; Auszug: Engl.)

Die B-Komplexe mit o-Phenolcarbonsäure bilden mit organ. Farbstoffbasen Verbb., die mit organ. Lsgm. extrahiert werden können. Der B-Komplex mit Salicylsäure (I) bildet mit Methylviolett (II) ein Verb., die mit 25% ig. Tributylphosphat-Lsg. in $CCl_4$ extrahiert werden kann. Vor der I-Zugabe muß die B-Lsg. einem pH von 2 haben. Vor der Extraktion muß man die Lsg. mindestens 30 Min. stehenlassen. Für 3 ml $H_3BO_3$ benötigt man 1 ml II-Lösung. Die colorimetr. Best. muß 15 Min. nach der Extraktion erfolgen. Bei einer B-Konz. von 0,2—16 γ/ml gehorcht der gefärbte Komplex dem Beerschen Gesetz. Mo, W, V u. Fe(III) geben unlösl. gefärbte Verbb., die nicht extrahiert werden. Bei der Best. von 10 γ B stören 500 γ Cr, 300 γ U, 300 γ Sb, 200 γ As, 100 γ Al, 10 γ Th, 2 γ Mo, 2 γ W u. 2 γ Fe nicht. O. Lebtag. G 258□

**Beitrag zum Nachweis des Kohlensulfoxyds.** H. Gamsjäger. (Mikrochim. Acta [Wien] **1960.** 758—61. Loeben, Montanist. Hochschule, Chem. Inst.) (Dt.)

Vf. beschreibt eine Meth. zum Nachw. von COS, die auf der katalyt. Wrkg. des COS auf die Jod-Azid-Rk. $2\,N_3^- + J_2 \rightarrow 2\,J^- + 3\,N_2$ beruht. Das COS wurde durch schwaches Saugen mit einer Wasserstrahlpumpe durch die als Vorlagen dienenden Waschflaschen mit 33% ig. NaOH sowie mit der Jod-Azid-Lsg. (3 g $NaN_3$ in 100 ml 0,1 n $J_2$-Lsg. gelöst; ausnutzbares Vol. der 2. Waschflasche ca. 1 ml) gesaugt. Zur Beobachtung empfiehlt Vf. eine Mikroskopierlampe mit Mattglasscheibe u. eine Lupe. Die Nachw.-Grenze für COS liegt bei der beschriebenen Anordnung zwischen 25 u. 50 μg. Die Empfindlichkeit läßt sich bis zur Nachw.-Grenze von 5—10 μg steigern, wenn man das COS durch Absorption in 5% ig. alkohol. KOH-Lsg. sammelt. Vor Zugabe der Jod-Azid-Lsg. wird die Lsg. mit verd. Essigsäure gegen Phenolphthalein neutralisiert. Liegt COS neben sehr viel $CO_2$ vor, so ist eine Anreicherung über eine saure $PdCl_2$-Lsg. erforderlich. $CO_2$ reagiert nicht mit dem Reagens, während COS in $CO_2$ u. PdS übergeht. Letzteres katalysiert als Sulfid ebenfalls die Jod-Azid-Reaktion. Nach dieser Arbeitsweise wurde COS in 99,6% ig. $CO_2$ nachgewiesen. Gerhard Schulze. G 260□

**Schnellmethode zur gravimetrischen Bestimmung der Kieselsäure.** Pietro Pássera, L. Garzón Ruipérez und J. Salas Sanceledonio. (Inform. Quím. analít. **14.** 38—40. März/April 1960. M.T.S., Roldan, S. A. Aceros, Labor.) (Span.)

Als bestes Verf. zum Unlöslichmachen der $SiO_2$ erweist sich das Erwärmen mit $H_2SO_4$ in folgender Ausführung: Man schmilzt 0,2 g Probe mit 10 Linsen NaOH einige Min. im Ni-Tiegel, dann unter Zusatz von wenig $Na_2O_2$ 5 Min. bei 650—700°, prüft die Vollständigkeit des Aufschlusses, löst mit 100 ml warmem W., setzt überschüssige HCl zu u. kocht einige Min. zwecks Auflösung abgesplitterter Ni-Flitter. Dann setzt man 100 ml $H_2SO_4$ (1 : 1) zu, kocht bis zur Abscheidung reichlicher $SiO_2$-Klumpen u. fügt nach Abkühlen auf 60° 40 ml 1% ig. Gelatine-Lsg. oder Papierbrei zu, um nach 5 Min. durch Doppelfilter zu filtrieren u. den Nd. erst mit warmer 10% ig. HCl u. 5—6 mal mit warmem W. zu waschen. Nach Veraschen des Filters glüht man einige Min. bei 1000°. Die so erhaltene $SiO_2$ ist außerordentlich rein, so daß sich die Behandlung mit HF erübrigt. Fehler $< 0,5\%$ bei Analysen von Silicaten, Eisenerzen u. Si-Legierungen. W. Metzener. G 261□

**Schnellanalysenverfahren für Silicate (Ölschiefer, Schlacken, Tone, Zemente usw.) und Eisenerze.** León Garzón Ruipérez. (Inform. Quím. analít. **14.** 64—70. Mai/Juni 1960. Ponferrada.) (Span.)

Zusammenstellung bekannter Verff. zur Best. von Feuchtigkeit, $SiO_2$, $Al_2O_3$, $TiO_2$, $Fe_2O_3$, CaO u. MgO, mit denen in 3 Std. genaue Ergebnisse im Industrie-Labor. zu erreichen sind. W. Metzener. G 261□

**Bestimmung von Radioantimon durch Extraktion mit Diisobutylcarbinol.** R. W. Lowe, S. H. Prestwood, R. R. Rickard und E. I. Wyatt. (Analytic. Chem. **33.** 874—76. Juni 1961. Oak Ridge, Tenn., Oak Ridge Nat. Labor., Analyt. Chem. Div.) (Engl.)

Vff. entwickelten zur Best. von $^{125}Sb$ in verschieden zusammengesetzten radioakt. Spaltprodd. eine flüssig–flüssig-Extraktion. Die wss. Probe-Lsg. wird 7 m an HCl u. 6 m an $H_3PO_4$ gemacht, mit 3 Tropfen einer frisch bereiteten 1 m $NaHSO_3$-Lsg. [Sb(IV) → Sb(III)], ferner mit 100 mg $Ce(SO_4)_2 \cdot 2\,(NH_4)_2SO_4 \cdot 2\,H_2O$ [Sb(III) → Sb(V)] versetzt u. schließlich mit einer Diisobutylcarbinol–n-Heptan-Mischung (1 : 1 Vol.-%; 2,5fache Menge der wss. Lsg.) extrahiert. Das Sb(V) wird mit 2 mal 5 ml 1 m NaOH aus der organ. Phase abgetrennt u. mit einem γ-Scintillationsspektrometer quant. gemessen. Während der Analyse gehen 5% des Sb verloren; Trägersubstanzen sind nicht erforderlich. Das Verh. von 25 Radioisotopen sowie U u. Th bei der Extraktion wird tabellar. angegeben. Die in 30 Min. durchzuführende Analyse ist wegen ihrer Einfachheit für Fernbedienungsanlagen geeignet. W. Hein. G 266□

**Die Bestimmung von Lithium in silicatischen Mineralien (Zinnwalditkonzentrat) mittels Flammenphotometrie.** J. Liebig und H. Bredehorst. (Analytica chim. Acta [Amsterdam] **24.** 573—75. Juni 1961. Bitterfeld, VEB Elektrochem. Kombinat, Forsch.-Labor. für anorg. Chem.) (Dt.)

Eine Kompensation der bei der direkten flammenphotometr. Li-Best. in Zinnwalditkonzentraten auftretenden Störungen durch Begleitelemente, wie Si, Fe, Mn, Mg, Al, K u. Na, mit Hilfe von Rahmen-Lsgg. für alle auftretenden Kombinationen wird zu umfangreich. Vff. trennen daher die Schwer- u. Erdalkalimetalle durch einen Anionenaustauscher (Wofatit L 150, Körnung 0,3—0,4 mm) in der Oxalat- u. EDTA-Form ab u. nehmen eine Auftrennung der Alkalimetalle mit einem Kationenaustauscher (Wofatit KPS 200, Körnung 0,2—0,3 mm, $H^+$-Form) vor. Im Vgl. dazu wird eine vorherige Abtrennung der Störelemente mit CdO u. bas. Pb-Carbonat durchgeführt. Ca. 1 g Konzentrat wurde mit einem Gemisch aus 5 ml konz. $HNO_3$ u. 10 ml HF-Lsg. (40% ig.) dreimal aufgeschlossen, der Rückstand dreimal mit konz. $H_2SO_4$ abgeraucht u. anschließend mit 25 ml 50% ig. $H_2SO_4$ solange gekocht, bis die Lsg. klar erschien. Photometriert man die geeignet verd. Lsgg. der aufgeschlossenen Substanz gegen Rahmen-Lsgg. mit entsprechenden Na- u. K-Mengen direkt in der Flamme, so ergeben sich bei Li-Konzz. zwischen 2 u. 4% $Li_2O$ um bis zu 8% zu hohe Li-Werte. Nimmt man eine Auftrennung der Alkalimetalle am Kationenaustauscher ohne vorherige Abtrennung von Fe, Al, Mn usw. vor, so wird die Säule in kurzer Zeit blockiert. Die genauesten Ergebnisse werden erhalten, wenn die Abtrennung von Fe, Al, Mn usw. am Anionenaustauscher erfolgt u. wenn man das Filtrat dieser Trennung zwei- bis dreimal mit 10 ml konz. $H_2SO_4$ abraucht, um die aus dem Austauscher eluierte organ. Substanz zu zerstören, dann die Lsg. zur Alkalitrennung auf den Kationenaustauscher gibt u. anschließend unter Verw. von Na- u. K-Rahmen-Lsgg. photometriert. GERHARD SCHULZE. G 273 □

**Fluorimetrische Bestimmung von Beryllium in Bronzen mit Morin.** Záviš Holzbecher und Jiří Pokorný. (Chem. Listy **54**. 470—73. Mai 1960. Praha, TH für Chem., Inst. für analyt. Chem.) (Tschech.)

Es wird ein modifiziertes Verf. zur fluorimetr. Best. von *Be* mit *Morin* (**I**) beschrieben, nach dem 0,05—5% Be in *Bronzen* (**II**) mit ±5% relativer Genauigkeit schnell bestimmt werden können. Zur Beseitigung des störenden Einfl. einiger Metalle (Cu, Ni, Co, Mg, Fe, Mn) hat sich *Komplexon III* (**III**) bewährt. Arbeitsvorschrift: 0,5 g Probe (Be-II) wird in 15 ml $HNO_3$ (1 : 1) gelöst, die Lsg. vorsichtig gekocht, abgekühlt, filtriert, das Filter mit 1% ig. $HNO_3$ gewaschen u. das Filtrat auf 500 ml mit W. aufgefüllt. Hiervon werden 50 ml wiederum auf 500 ml verd. u. von dieser letzten Lsg. 1—10 ml, je nach dem Be-Geh., in einen 100-ml-Meßkolben abgemessen; das aliquote Lsg.-Vol. ist so zu wählen, daß es ca. 2 $\mu$g Be enthält. Alsdann werden 10 ml 5% ig. III-Lsg. u. 5,0 ml 2n NaOH-Lsg. zugesetzt, die Fl. wird auf ca. 80 ml mit W. verd., mit 1,0 ml 0,02% ig. I-Lsg. in A. versetzt u. zur Marke aufgefüllt. Die NaOH- u. I-Lsgg. sind genau abzumessen, da die Fluorescenz der resultierenden Lsg. von ihrer Menge abhängt. Die Fluorescenzintensität dieser Lsg. durch UV-Strahlung der Hg-Leuchte wird im DUBOSCQ-Colorimeter mit jener der *Be-Eichlsg.* von 10 $\mu$g Be/10 ml verglichen; diese darf nur zu einer Messung verwendet werden, da ihre Fluorescenz im UV-Licht nach längerer Zeit sinkt. Der Be-Geh. in der Probe wird aus der betreffenden Eichkurve ermittelt; zu ihrer Aufstellung werden *Be-Eichlsgg.* mit 0—10 $\mu$g Be/100 ml benutzt. Zur Herst. der Eichlsgg. verwendet man eine mit 2,5 ml konz. HCl angesäuerte, wss. Lsg. von 0,0492 g $BeSO_4 \cdot 4\,H_2O$ in 250 ml (10 $\mu$g Be/ml), von der eine geeignete Menge in 100 ml-Meßkolben pipettiert u. analog wie die Probe-Lsg. behandelt wird. Durch Pb, Sn, Al, Zn, Cu, Ni, Co u. Mg wird die Meth. selbst bei $>$1000fachem Überschuß nicht beeinträchtigt. Fe stört erst bei $>$100fachem, Mn bei $>$3fachem Überschuß, Nitrate haben keinen Einfluß. Die fluorimetr. Be-Best. in II dauert nur 10—15 Min., u. die Ergebnisse stimmen mit jenen langwieriger gravimetr. Analysen gut überein.
K. KÁMEN/Prag. G 281

**N. N-Dicarboxymethylaminomethylchinizarin als neuer Metallochromo-Indicator für Calcium.** S. Stankoviansky, V. Podaný, F. Jasinger und P. Majer. (Chem. Zvesti **14**. 265—74. April 1960. Bratislava, Komenského univ., Kat. analyt. chém.) (Slowak.)

Vff. stellten *N.N-Dicarboxymethylaminomethylchinizarin* als Indicator zur komplexometr. Ca-Best. durch Kondens. von Iminodiessigsäure mit Chinizarin in Ggw. von Formaldehyd her. Die Verb. eignet sich zur Best. von bis 1200 mg $Ca^{2+}$ in 100 ml Lsg.; $Sr^{2+}$ läßt sich gemeinsam mit $Ca^{2+}$ titrieren. Die Meth. liefert gute Resultate auch in Ggw. kleinerer Mengen $Pb^{2+}$, $Hg^{2+}$, $Sn^{2+}$, $Bi^{3+}$, $Sb^{3+}$, $Al^{3+}$, $Co^{2+}$, $Ni^{2+}$, $Tl^+$ sowie größerer Mengen $Na^+$, $K^+$, $Cl^-$, $NO_3^-$, $SO_4^-$, $CH_3COO^-$, $CrO_4^{2-}$, dagegen wirken Mg, Ba, Fe, Cu u. Phosphate störend. M. ŠIMEK. G 283 □

**Bestimmung der Barium- und Strontiumkonzentration in NaCl- und KCl-Kristallen.** J. Trnka. Collect. czechoslov. chem. Commun. **25**. 2232—34. Aug. 1960. Praha, Tschechoslow. Akad. der Wiss., Instit. für techn. Phys.) (Dt.)

Zur Best. sehr kleiner Mengen von Ba u. Sr in NaCl- u. KCl-Kristallen wird ein polarograph. Verf. unter Verw. des von SEMERAMO (vgl. Chemie **55.** [1942.] 351) beschriebenen Differentialanschlusses mit 2 elektrolyt. Syst. empfohlen, u. zwar mit Rücksicht darauf, daß das Halbstufenpotential von Ba (Sr) jenem von Na (K) sehr nahe liegt u. daher die übliche polarograph. Best. in Ggw. eines äußerst großen Überschusses an Na (K) nicht möglich ist. Das Schaltschema des Anschlusses ist im wesentlichen dem von HEYROVSKÝ verwendeten analog (vgl. Chem. Listy **40.** [1946.] 222). Die beiden Tropfelektroden sind so zu wählen, daß eine gleiche Strömungs-Geschw. bei beiden erzielt wird; etwaige kleine Unterschiede lassen sich durch Einstellen der Hg-Behälterhöhe beseitigen. Das synchrone Abtropfen wird mittels eines elektromagnet. Klopfers gewährleistet. Die Tropfdauer beträgt ca. 0,7 Sekunden. In das eine polarograph. Gefäß werden 2 ml einer Lsg. von ca. 1 g reinem NaCl (KCl) in 5 ml W. u. in das andere dasselbe Vol. der analogen Lsg. des zu analysierenden Salzes gegeben u. mit je 5 Tropfen 0,5%ig. Gelatine-Lsg. versetzt, worauf die Differentialkurve von $-1{,}6$ V an registriert wird. Die Eigen-Best. erfolgt nach der Meth. der Standardzugaben, indem man der Probe-Lsg. eine gewisse Menge der Ba(Sr)-Standard-Lsg. u. der Vergleichs-Lsg. dasselbe Vol. W. zugibt u. die entsprechende Kurve aufnimmt. Aus dem Verhältnis beider Stufenhöhen wird der Ba(Sr)-Geh. in der Probe berechnet. Das Halbstufenpotential von Ba beträgt $-1{,}92$ V, jenes von Sr ist noch negativer; die Sr-Stufe ist nicht so gut ausgebildet wie die von Ba, da sie durch die bereits beginnende Red. von $K^+$ ($Na^+$) ungünstig beeinflußt wird. Ba kann noch in ca. $3 \cdot 10^{-5}$ mol. Konz. [$1 \cdot 10^{-5}$m Ba auf 1 m NaCl (KCl)] bestimmt werden; bei Sr ist die Empfindlichkeit der Best. fast um eine Größenordnung kleiner. Die gleichzeitige Best. beider Elemente ist nicht möglich. K. KÁMEN/Prag. G 285

**Die Abtrennung von radioaktivem Zink aus Reaktorkühlwasser mit Hilfe einer Isotopenaustauschmethode.** W. B. Silker. (Analytic. Chem. **33.** 233—35. Febr. 1961. Richland, Wash., Gen. Electric Co., Hanford Atomic Prod. Operat.) (Engl.)

Vf. beschreibt eine Meth. zur Abtrennung von radioakt. $^{65}$Zn aus dem Reaktorkühlwasser durch Isotopenaustausch mit inertem Zn in Form von Zn-Amalgam. Es werden ca. 98,9% des $^{65}$Zn bei einer Standardabweichung von 4,7% von allen anderen radioakt. Verunreinigungen, ausgenommen $^{64}$Cu u. Spuren von $^{56}$Mn, abgetrennt. $^{64}$Cu kann durch vorherige Extraktion mit Cd-Amalgam quant. entfernt werden. Analysengang: 100 ml des zu untersuchenden Kühlwassers werden mit Weinsäure bis zu einer Konz. von 0,1 m versetzt u. zu 6 ml Amalgam in einen Scheidetrichter (125 ml) gegeben. Sodann wird die Mischung ca. 8 Min. mit einer Schüttelmaschine geschüttelt; die Amalgamphase wird in ein geeignetes Gefäß überführt u. mit einem $\gamma$-Strahlenspektrometer analysiert. Während bei Ersatz der Weinsäure durch 0,1—1 m $NH_4OH$ u. 1 m HCl keine wesentlichen Unterschiede in den Vers.-Ergebnissen auftraten, wurde die Ausbeute an Zn bei Verw. von 1 m Lsgg. von $H_2SO_4$, $HNO_3$, NaCl u. $Na_2SO_4$ um 70—80% verringert.

J. KRAETSCH. G 288□

**Tüpfelanalytischer Nachweis von Cadmium in Metallauflagen.** John G. Sabo. (Chemist-Analyst **49.** 78. Sept. 1960. Clifton, N.J.) (Engl.)

1—2 Tropfen $NH_4NO_3$-Lsg. werden 45 Sek. lang mit der zu prüfenden Metalloberfläche in Kontakt gebracht u. dann in Filterpapier aufgesogen. Anschließend wird das Papier mit 1 Tropfen 10%ig. $Na_2S$-Lsg. befeuchtet. Ein sofort auf dem Papier erscheinender gelber Fleck ist der Nachw. für die Ggw. von Cd. G. PANKOW. G 289□

**Bestimmung von Sauerstoff in Yttrium und Yttriumfluorid mit der Inertgas-Schmelzmethode.** Charles V. Banks, Jerome W. O'Laughlin und George J. Kamin. (Analytic. Chem. **32.** 1613—16. Nov. 1960. Ames, Iowa, Iowa State Univ., Inst. for Atomic Res. and Dep. of Chem.) (Engl.)

Y u. $YF_3$ werden, ähnlich wie Zr (ELBING u. GOWARD, C. **1961.** 14037) in einem zuvor entgasten Graphittiegel zusammen mit der dreifachen Menge Pt auf 2100—2200° erhitzt u. das dabei entstehende CO mittels Ar herausgespült. Das CO wird anschließend bei 160° mit $J_2O_5$ zu $CO_2$ oxydiert, das konduktometr. in $Ba(OH)_2$-Lsg. bestimmt wird. Zur Vermeidung von Störungen bei der Sauerstoff-Best. in $YF_3$, die von einer Rk. zwischen dem bei 2200° teilweise verdampfenden $YF_3$ u. dem $SiO_2$ der Glas-App. herrühren, wird in den Gasstrom vor der Oxydation des CO zu $CO_2$ ein MgO-Reagenz geschaltet. Die Meth. wird mit anderen Verff. verglichen u. erweist sich als sehr genau.

G. PANKOW. G 300□

**Radiochemische Bestimmung von Cer durch flüssig-flüssig-Extraktion.** J. J. McCown und R. P. Larsen. (Analytic. Chem. **32.** 597—99. Mai 1960. Lemont, Ill., Argonne Nat. Labor., Chem. Engng. Div.) (Engl.) — Vorl. Mitt. vgl. C. **1961.** 6613.

Vff. beschreiben eine schnelle u. quant. radiochem. Meth. zur Best. von bei Kernspaltungsprozessen entstehendem radioakt. $^{144}$Ce, die auf der verschiedenen Extrahierbarkeit von Ce(III) u. Ce(IV) mit Bis-[2-äthylhexyl]-phosphorsäure (I) beruht. Der

Extraktionsprozeß erlaubt eine sehr gute u. schnelle Trennung von anderen Spaltelementen. Die Ausbeute beträgt im Durchschnitt 98,5 ± 0,8%. Ein Vgl. der Extraktions-Meth. mit der Meth., Ce als Jodat zu fällen, ergab bei bestrahlten U-Legg. eine mittlere Abweichung von 1—3%, wobei in Ce enthaltender Phase nur 2% der Aktivität auf fremde Spalt-Prodd. zurückzuführen war. Da Ce quant. abgetrennt wird, ist eine Ausbeute-Best. nicht notwendig, u. es kann entweder $\beta$- oder $\gamma$-Zählung zur Analyse benutzt werden. Der Variations-Koeff. ist ± 1,4%. Arbeitsvorschrift: Nach Zusatz eines aliquoten Teils der zu untersuchenden Probe (Gesamtaktivität $10^5$—$10^7$ cpm), dessen Konz. an $Cl^-$ <0,1m sein muß, zu 5—10 ml einer frisch zubereiteten Mischung aus 10m $HNO_3$ u. 1m $KBrO_3$ wird ein gleichgroßes Vol. einer 0,75m Lsg. von I in n-Heptan hinzugefügt, 2 Min. lang gerührt oder geschüttelt, die wss. Phase abgezogen, die organ. Phase nochmals 2mal mit frischer $HNO_3$–$KBrO_3$-Lsg. behandelt, die wss. Phase verworfen, ein gleichgroßes Vol einer frisch bereiteten Mischung aus 10m $HNO_3$ u. 3%ig. $H_2O_2$ zugesetzt u. 10 Min. lang gerührt. Danach werden zu der abgetrennten wss. Phase 10—20 mg Ru als Träger, der durch Auflösen von 2,43 g $RuCl_4$ in 3n HCl u. Auffüllen auf 10 ml mit 3n HCl erhalten wird, u. 2 ml konz. $HClO_4$ zugesetzt. Man dampft bis zur Entw. starker $HClO_4$-Nebel ein, fügt nach Abkühlung 10—20 mg Ru-Träger hinzu, dampft bis zur Trockne ein u. löst dann das Ce in einigen ml 6n HCl. Anschließend wird auf ein geeignetes Vol. verd. u. die Aktivität gemessen. J. Kraetsch. G 304□

**Bestimmung von Lanthan, Cer, Praseodym und Neodym als Hauptkomponenten durch Röntgenstrahlemissionsspektroskopie.** David R. Maneval und Harold L. Lovell. (Analytic. Chem. **32.** 1289—92. Sept. 1960. Pennsylvania State Univ., Pa., Coll. of Mineral Ind., Dep. of Mineral Praparation.) (Engl.)

0,1 g der Probe wird mit 10 g Na-Borat p. a. aufgeschmolzen u. auf vorgeheizten Al-Platten mit Asbesträndern zu einheitlichen Tabletten gegossen. Mit einer *General Electric* X RD 5-Röntgenstrahlfluorescenzausrüstung (Proportionalitätszähler A 4952 F, Zählrohr 4 S PG u. LiF als Analysenkristall) werden die Intensitäten der $L\alpha_1$-Linien von La u. Ce sowie die $L\beta_1$-Linien von Pr u. Nd gemessen u. an Hand von Eichkurven ausgewertet. Das Verf. ist in bezug auf Genauigkeit, Schnelligkeit, Bequemlichkeit u. Wirtschaftlichkeit anderen Verff. überlegen. Die Wahl der speziellen Analysenlinien u. des Analysatormaterials, Störmöglichkeiten durch die Linien anderer Seltener Erden u. durch prinzipielle Fehler werden diskutiert. Die Meth. dient der industriellen Kontrolle mit einer Streugrenze von ± 5% (relativ) u. sollte durch entsprechende Korrekturen u. Weiterentwicklungen zu einer Präzisions-Best. zu verbessern sein. W. Kupfer. G 306□

**Über die radiometrische Bestimmung des Hafniumgehaltes im Zirkonium.** Nikola Getoff. (Atompraxis **5.** 472—74. 1959. Wien.) (Dt.) — Vgl. C. **1960.** 14984.

Radiometr. Best.-Möglichkeiten für Hf-Spuren in Zr u. umgekehrt werden diskutiert. Der große Unterschied der Absorptionsquerschnitte von Hf u. Zr für therm. Neutronen bietet bes. Möglichkeiten zur Anwendung der Aktivierungsanalyse, deren Erfassungsgrenzen besprochen werden. Erfahrungen mit der Radioindicatoranalyse mittels Zusatz einer bestimmten Menge $^{181}Hf$ zum Zr–Hf-Gemisch werden mitgeteilt u. zur Erläuterung wird ein Beispiel durchgerechnet. G. Pankow. G 323□

**Spektrophotometrische Bestimmung von Niob mit Ascorbinsäure.** G. E. Janauer und J. Korkisch. (Analytica chim. Acta [Amsterdam] **24.** 270—75. März 1961. Wien, Univ., Analyt. Inst.) (Dt.)

Es wird eine Meth. zu spektrophotometr. Best. von Nb mit Ascorbinsäure (I) beschrieben. Das Absorptionsmaximum des gelben Komplexes liegt bei 345 m$\mu$. Unter gleichen Bedingungen durchgeführte Messungen ergaben, daß für den entsprechenden Ta-Komplex das Maximum bei 330 m$\mu$ liegt. Die Einfll. der HCl-Konz., der I-Konz. sowie der Temp. u. der Zeit wurden untersucht. Bei Nb-Geh. von 0,5—8% werden 0,5 g der Probe ½ Std. lang mit 5 g $K_2CO_3$ aufgeschlossen u. die Schmelze mit 100 ml W. ausgelaugt. 1 ml dieser Lsg. mit 20—400 $\mu$g Nb/ml bringt man in einen 10 ml-Kolben, in den vorher 0,5 g I eingewogen wurden, setzt 1 ml 2,5 m Na-Acetat-Lsg., 0,6 ml 1n HCl u. etwas W. zu, entfernt aus der Probe- u. der Blind-Lsg. im Vakuumexsiccator 1 Std. lang das $CO_2$, füllt die Kolben zur Marke auf, bringt sie auf gleiche Temp. u. ermittelt die Extinktion nach 10 Min.; sie ist ca. 30 Min. lang konstant. Für Nb-Geh. von 0,01—4,0% verwendet man 0,1—2 g Einwaage u. 10 g $K_2CO_3$ u. entnimmt der Lsg. 10 ml, die man auf 50 ml verd. u. mit 1n HCl gegen Phenolphthalein titriert (Verbrauch a ml). 5—25 ml dieser Lsg. mit 25—2000 $\mu$g Nb gibt man zu 2,5 g I in ein Becherglas, setzt 5 ml 2,5m Na-Acetat-Lsg. u. a · 0,6 ml 4n HCl mal der Anzahl der ml an zugesetzter Nb-Lsg. zu, behandelt im Vakuumexsiccator wie oben u. füllt auf 50 ml auf. Die Eichkurve ist in beiden Fällen gleich. 2—40 $\mu$g bzw. 0,5—40 $\mu$g Nb/ml sind bestimmbar; der prozentuale Fehler beträgt ± 3 bis 4%. Die Reihenfolge der Reagenszugabe ist ohne Einfl., doch empfiehlt es sich, I in den trockenen Kolben einzuwägen. Der Einfl. folgender Fremdionen wurde untersucht: $PO_4^{3-}$, $SO_4^{2-}$, $Cl^-$, $J^-$, $Br^-$, $NO_3^-$, $F^-$, $Cr_2O_7^{2-}$, $UO_2^{2+}$, $Al^{3+}$, $VO_3^-$, $MoO_4^{2-}$, $WO_4^{2-}$, $Ni^{2+}$, $Co^{2+}$ u. $MnO_4^{2-}$ sowie EDTA u. Ta. 20% Ta (bezogen auf Nb) verursachen einen Fehler von +8%, mißt man jedoch die Extinktion bei 360 m$\mu$, so ergeben erst ca. 40% Ta den gleichen Fehler. Auch Ta läßt sich mit I photometr. bestimmen, doch ist die Meßgenauigkeit geringer. Gerhard Schulze. G 331□

**Trennung von Niob und Tantal durch N-Benzoyl-N-phenylhydroxylamin.** A. K. Majumdar und Bijoli K. Pal. (Analytica chim. Acta [Amsterdam] **24.** 497—98. Mai 1961. Calcutta, Jadavpur Univ., Dep. of Inorg. and Analyt. Chem.) (Engl.)

Zur Trennung u. gravimetr. Best. von Nb u. Ta mit Hilfe von N-Benzoyl-N-phenylhydroxylamin empfahlen Majumdar u. Mukherjee (C. **1960.** 6606) einen pH-Bereich von 3,5—6,5 zur Ausfällung des Nb u. einen pH-Wert <1,5 zur Ausfällung von Ta aus tartrathaltigen Lösungen. Langmyhr u. Hongslo (C. **1960.** 13470) geben dagegen an, daß im pH-Bereich von 4,5—5,0 bessere Ergebnisse erzielt wurden. Eine erneute Überprüfung lieferte nach der ursprünglichen Meth. die gleichen guten Ergebnisse. Gerhard Schulze. G 332□

**Bestimmung von Wismut als Wismutphosphat durch Ausfällen aus homogener Lösung.** Harley H. Ross und Richard B. Hahn. (Analytic. Chem. **32.** 1690—92. Nov. 1960. Detroit, Mich., Wayne State Univ., Dep. of Chem.) (Engl.)

Störungen, die bei der Fällung von Bi als Phosphat durch das Mitreißen anderer Ionen im voluminösen, schwer zu filtrierenden Bi-Phosphat-Nd. entstehen, können durch Verw. von $HPO_3$ als Fällungsreagens verhindert werden. $HPO_3$ hydrolysiert in saurer Lsg. u. die entstehende $H_3PO_4$ reagiert mit Bi unter Bldg. eines kristallinen, leicht zu filtrierenden Nd., der nur ca. $^1/_{30}$—$^1/_{50}$ des Vol. einnimmt, das bei der herkömmlichen Bi-Phosphatfällung erhalten wird. G. Pankow. G 334□

**Komplexometrische Titration von Chrom (III)-Ion in Chromsäurelösungen.** R. Weiner und E. Ney. (Z. analyt. Chem. **161.** 432—33. 1958. Innsbruck, Univ., u. Zirl, Chlorat-Chemie G. m. b. H., Labor.) (Dt.) — Vgl. C. **1960.** 10000.

Die komplexometr. Titration von Cr(III) wird durch Ggw. großer Mengen Chromsäure gestört. Um die Chromsäure vor der Zugabe von ÄDTA aus der Lsg. zu entfernen, wird zunächst Hg(I)-Nitrat tropfenweise in geringem Überschuß zugesetzt u. anschließend der Überschuß durch Zugabe von NaCl-Lsg. als Chlorid gefällt. G. Pankow. G 335□

**Photometrische Bestimmung von Chrom in Stählen und Aluminiumlegierungen.** Walter D. Nordling. (Chemist-Analyst **49.** 78—79. Sept. 1960. Providence, R.I., Grinnell Corp.) (Engl.)

Die photometr. Cr-Best. bei Analysen von Stählen u. Al-Legg. wird über den stark gefärbten Cr(III)-EDTA-Komplex vorgenommen. Störendes Fe(III) wird, im Gegensatz zu älteren Meth., bei denen das Fe als Hydroxyd abgetrennt wurde, nach Auflösen der Leg. mit Ascorbinsäure zu Fe(II) red., welches nur einen farblosen Komplex liefert. Es wird bei pH 0,6—0,8 gearbeitet. Zur Cr-Best. mit EDTA in Bronzen muß das Cu vor der Zugabe des Komplexbildners abgetrennt werden. Al-Legg. werden in Fluoroborsäure gelöst, dabei bleibt der Cu-Anteil ungelöst zurück u. muß im Rückstand bestimmt werden. G. Pankow. G 335□

**Die Kokristallisation von Ultramikromengen Molybdän mit α-Benzoinoxim. Bestimmung von Molybdän im Meerwasser.** Herbert V. Weiss und Ming Gon Lai. (Talanta [London] **8.** 72—76. Febr.—März 1961. San Francisco, Calif., U. S. Naval Radiol. Defence Labor., Chem. Technol. Div.) (Engl.)

Vff. benutzen die Kokristallisation von Ultramikromengen Mo mit α-Benzoinoxim zur Anreicherung u. Abtrennung des Mo im Meerwasser. Der Einfl. der Konz. des Trägers (α-Benzoinoxim) u. der des pH-Wertes auf die Kokristallisation wurden untersucht. Um die sehr geringe Mo-Konz. bestimmen zu können, wurde $^{99}$Mo als radioakt. Tracer verwendet. Die Verteilung des α-Benzoinoxims auf die feste u. die fl. Phase wurde photometr. bestimmt. Bei einer Reagens-Konz. von 30 mg/10 ml Probe-Lsg. sind nur 15,5% des Oxims auskrist., die ca. 25% des Mo enthalten, während bei Verw. von 120—200 mg Reagens über 90% des Oxims mit der quant. Mo-Menge auskristallisieren. Die quant. Ausfällung des Mo ist in einem pH-Bereich von 1,8—5,5 möglich. Die Best. des Mo-Geh. im Meerwasser ergab mit 12,2 $\mu$g/Liter einen höheren Wert als bei Verw. eines Eisen-Trägers. Das Oxim wird durch Oxydation in saurer Lsg. zerstört u. das Mo durch Ionenaustausch gereinigt. Ferner muß der Verlust an Mo während der chem. Prozesse durch eine radiometr. Korrektur berücksichtigt werden. K. Ohls. G 336□

**Über die Trennung von Uran und Vanadin.** Ju. W. Moratschewski, A. I. Beljajewa und L. W. Iwanowa. (Журнал Аналитической Химии [J. analyt.

Chem.] **13.** 570–75. Sept./Okt. 1958. Leningrad, Shdanow-Univ.) (Russ.; Auszug: Engl.) — Vgl. C. **1961.** 4111.

Die Schwierigkeit der Trennung beider Elemente beruht auf der Bldg. wenig lösl. komplexer Uranovanadate der Zus.: $[UO_2(OH)_2VO_3]^-$, $[UO_2(OH)(VO_3)_2]^-$ u. $[UO_2 \cdot (VO_3)_3]^-$ zwischen pH 2,2 u. 6,5, die in diesen Grenzen unabhängig vom pH-Wert ist. Die Bldg.-Geschw. verringert sich mit Vergrößerung der V-Konz. der Lsg. u. beträgt bei einer Ausgangs-Konz. von $5 \cdot 10^{-4}$ Mol/Liter U u. der 3fachen Menge V 3 Monate. Temp.-Erhöhung begünstigt die Abscheidung. Im stärker sauren Medium wird das Gleichgewicht zugunsten der Dissoziation beeinflußt: $[UO_2(OH)_2VO_3]^- \rightleftharpoons UO_2(OH)_2 + VO_3^-$. Eine völlige Trennung kann nur in stark sauren oder stark alkal. Lsgg. erreicht werden, am besten mit Cupferron. Die Phosphattrennung ist weniger günstig u. muß mit einem Phosphatüberschuß erfolgen. — Zur Abtrennung des U von großen Mengen Alkali- oder Erdalkalimetallen oder zur Isolierung aus stark verd. Lsgg. bedient man sich der geringen Löslichkeit der Uranovanadate, indem man eine solche Lsg. bei pH 3,5–7 mit dem ca. 3fachen Überschuß an $NH_4VO_3$ versetzt u. zum Sieden erhitzt. — Die Löslichkeit der Ammoniumsalze der vorst. 3 Uranovanadinsäuren wurde bestimmt. S. ECKERT. G 339□

**Ferrimetrische Bestimmung von Uran(IV) mit Rhodamin 6 G als Fluorescenzindicator.** Seetaramaraju Sagi und G. Gopala Rao. (Talanta [London] **5.** 154–61. Sept./Okt. 1960. Waltair, India, Andhra Univ., Chem. Dep.) (Engl.)

U(VI)-Lsgg. werden in einem JONES-Reduktor zu U(IV)-reduzierten u. dann in einem im einzelnen beschriebenen, mit einer UV-Lampe ausgestatteten Gerät mit einer Fe(III)-Alaun-Lsg. in Ggw. von Rhodamin 6 G bis zum Verschwinden der Fluorescenz titriert. Die Umsetzung erfolgt bei 98–100° in 2–3n HCl mit einer Genauigkeit von ± 0,4%. Sie ist bequemer als die übliche potentiometr. Titration. Zn u. niedere Cr-Konz. stören die Best. nicht. Höhere Cr-Geh. (0,5–1 g) maskieren die Fluorescenz. V, Mo u. a. im JONES-Reduktor zu reduzierende Kationen, die mit Fe(III) reagieren, müssen abwesend sein. W. KUPFER. G 339□

**Indirekte volumetrische Bestimmung von Uran in Gegenwart von Eisen.** József Lovasi. (Kohászati Lapok [Ung. Z. Hüttenwes.] **94.** 86–88. Febr. 1961.) (Ung.)

Vf. empfiehlt Fe in Ggw. von Sulfosalicylsäure komplexometr., in einem zweiten Lsg.-Anteil Fe u. U nach Red. in $H_2SO_4$ u. $H_3PO_4$ enthaltender Lsg. mit Al, die Menge beider durch Titration mit $K_2Cr_2O_7$-Maß-Lsg. zu bestimmen. Die Menge von U ergibt sich aus der Differenz. Nitrat u. Nitrit müssen vorher entfernt werden. Analysendauer 20 Minuten. J. PLANK. G 339

**Spurenanalyse durch Kombination von Ionenaustausch und Röntgenstrahlenfluorescenz.** J. N. Van Niekerk, J. F. De Wet und F. T. Wybenga. (Analytic. Chem. **33.** 213–15. Febr. 1961. Pretoria, South African Council for Sci. and Ind. Res., Nat. Phys. Res. Labor.) (Engl.)

Vff. beschreiben eine schnelle Meth. zur Best. von *U* in U enthaltenden Lsgg. der Uranindustrie bei U-Konzz. von wenigen ppm mit Hilfe der Röntgenstrahlenfluorescenzanalyse (RFA). Das U wird innerhalb von 5 Min. mit einem festen oder fl. anion. Austauscherharz extrahiert u. dann direkt mit dem Röntgenspektrographen analysiert. Die Genauigkeit beträgt 3–5%, u. die kleinste nachweisbare Konz. bei Benutzung von Mo-Strahlung war 0,1 ppm. Störungen durch Fe(III)-Ionen werden durch Verw. eines inneren Standards, wie z. B. $Y_2(SO_4)_3$ beseitigt, während Ionen, wie $[Co[CN)_6]^{4-}$ u. die Polythionate die Adsorption von U am Ionenaustauscher nicht beeinflussen. Bei Verw. von kation. Austauschern kann mit Hilfe dieser Meth. der Anwendungsbereich der RFA wesentlich erweitert werden, z. B. zum Nachw. nahe verwandter Elemente ohne chem. Trennung. J. KRAETSCH. G 339□

**Röntgenstrahlfluorescenzanalyse von Plutonium.** W. S. Turnley. (Talanta [London] **6.** 189–95. 1960. Denver, Colo., Dow Chem. Co., Rocky Flats Plan.) (Engl.)

Die Handhabung des hochtox. Materials erfordert spezielle Geräte u. Vorsichtsmaßnahmen, die im einzelnen beschrieben werden. Die Analysen werden mit einer Norelco-Röntgenfluorescenz-Ausrüstung (Scintillationsdetektor, LiF-Analysatorkontrolle, Mo-Röhre) vorgenommen. Die Meth., bei der Y als innerer Standard benutzt wird, ist geeignet zur Pu-Best in festen u. fl. Proben im Bereich von 10 ppm. Feste Proben werden in feuchte $Al(OH)_3$–MgO-Mischungen eingebettet, getrocknet u. gemessen. In Oxydproben beträgt die Abweichung ± 0,63%, in fl. ± 1,24% u. bei Schlämmen mit niederen Pu-Geh. zwischen 10–1820 ppm ca. ± 9,92%. Die Meth. wird von anderen Kationen u. Anionen nicht gestört. W. KUPFER. G 343□

**Die Bestimmung von Plutonium durch Massenspektrometrie unter Verwendung eines 242-Plutonium-Tracers.** R. K. Webster, A. A. Smales, D. F. Dance und

L. J. Slee. (Analytica chim. Acta [Amsterdam] **24.** 371—80. April 1961. Harwell, Berks, Atom. Energy Res. Establ., Analyt. Chem. Branch.) (Engl.)

Vff. beschreiben eine auf dem Isotopenverdünnungs-Verf. mit anschließender Massenspektroskopie beruhende Meth. zur Best. von Pu in bestrahlten U-Proben mit $^{242}$Pu als Tracer. Die Abtrennung des Pu erfolgt mit über 90%ig. Ausbeute über einen Ionenaustauscher, wobei der Geh. an U auf Werte $<0,01\%$ u. an anderen radioakt. Prodd. auf Werte $<0,1\%$ (bezogen auf die Anfangs-Geh.) sinkt. Zur Best. werden ca. 0,1 $\mu$g Pu benötigt, u. die Genauigkeit der Meth. beträgt bei 1 Analyse $\pm$ 0,6% u. bei 5 Analysen $\pm$ 0,4%. Für 2 massenspektrograph. Analysen ist 1 Tag erforderlich, während für alle anderen notwendigen Operationen bei 6 Proben 2 Tage gebraucht werden. $^{241}$Am u. $^{242}$Cm stören in geringen Konzz. nicht; die Geh. an $^{238}$Pu u. $^{242}$Pu waren in den untersuchten Proben so gering (0,01—0,1 bzw. 0,01%), daß prakt. nur $^{239}$Pu vorhanden war. Weiterhin untersuchten Vff. die Anwendungsmöglichkeiten der Meth. für Kontrollanalysen. Arbeitsvorschrift: Ca. 2 g Tracer-Lsg. (Lsg. von ca. 0,1 $\mu$g 98,4%ig. $^{242}$Pu in 1 g 3n $HNO_3$ geeicht gegen eine Standard-Lsg. von $^{239}$Pu in verd. HCl) u. 2 g einer Lsg. der Probe in 3n $HNO_3$ (Pu-Geh. ca. 0,2 $\mu$g) werden durch 1 Min. langes kräftiges Schütteln vermischt. Nach Eindunsten von 2 g der Lsg. ohne Sieden bis zur Trockne, Auflösen des Rückstandes in ca. 2 ml einer 0,1%ig. Lsg. von $NH_2OH \cdot HCl$ in 1n HCl (I) u. Zusatz von 3 Tropfen 20%ig. $NH_2OH \cdot HCl$-Lsg. wird wieder zur Trockne eingedunstet, der Rückstand mit 2 ml konz. $HNO_3$ erwärmt, die Lsg. gerade bis zur Trockne eingedampft, der Rückstand in 2 ml 8n $HNO_3$ gelöst u. die Lsg. auf den Ionenaustauscher (De-acidite FF, 200 mesh) gegeben. Nach 8maligem Waschen der Säule mit je 2 ml 8n $HNO_3$ eluiert man das Pu 3mal mit je 1 ml I-Lsg., dampft das Eluat mit einer IR-Lampe auf ca. 0,3 ml ein u. überführt die Lsg. tropfenweise unter gleichzeitigem Eindunsten jedes Tropfens auf einen Objektträger. Nach Lösen des Rückstandes in wenig konz. $HNO_3$ u. erneutem Eindunsten wird der Rückstand mit wenig W. aufgenommen u. massenspektrometr. analysiert. J. KRAETSCH. G 343□

**Coulometrischer Titrator mit elektronisch gesteuertem Potential für Plutonium-Analysen.** M. T. Kelley, H. C. Jones und D. J. Fisher. (Talanta [London] **6.** 185—88. 1960. Oak Ridge, Tenn., Oak Ridge National Labor.) (Engl.)

Das von KELLEY u. Mitarbeitern (C. **1960.** 7616) beschriebene Coulometer wurde durch eine Änderung des Integratorstromkreises verbessert. Das Gerät wird an Hand der Blockschaltskizzen für red. u. oxydierende Titration beschrieben. Ein Verf. zur Pu-Best. wird skizziert. W. KUPFER. G 343□

**Die Bestimmung von Plutonium in bestrahlten Uranbrennstoff-Lösungen durch Coulometrie bei kontrolliertem Potential.** F. A. Scott und R. M. Peekema. (Talanta [London] **6.** 196. 1960. Richland, Wash., Gen. Electric Comp.) (Engl.)

Vortragsbericht. Beschreibung einer Routine-Best. von Pu im Bereich von 0,5 bis 50 g/Liter. W. KUPFER. G 343□

**Aktivierungsanalyse von Mangan in Gußeisen und hochlegierten Stählen.** P. Bouten und J. Hoste. (Talanta [London] **8.** 322—29. Mai 1961. Ghent, Univ., Inst. for Analyt. Chem.) (Engl.)

Vff. beschreiben 2 Meth. zur direkten Best. von Mn in Gußeisen u. hochlegierten Stählen ohne chem. Trennungsgang mit Hilfe der Neutronenaktivierungsanalyse unter Benutzung von Fe oder anderen in den Stählen vorkommenden, langlebigen Elementen als inneren Standard zur Vermeidung von Fehlern durch die Selbstabschirmung u. Schwankung der Stärke des Neutronenstromes. Bei der 1. Meth. (integrale $\gamma$-Zählung nach 4 Std. bei einer ca. 10 Min. langen Bestrahlung) stören $^{52}$V, $^{66}$Cu, $^{51}$Ti, $^{94m}$Nb, $^{60m}$Co u. $^{101m}$Mo nicht, während für die langlebigen Elemente Korrekturen auf Grund der Zerfallskurve angebracht werden müssen. Ni verursacht bei einem Verhältnis Ni:Mn = 10:1 einen Fehler von ca. 0,1%. Bei der 2. Meth. (Messung der Impulsstärke unter Verw. eines Impulshöhendiskriminators, der nur $\gamma$-Strahlen mit Energien $>1,5$ MeV anzeigt), treten allg. keine Störungen durch andere in Stählen vorhandene Elemente auf, da nur Mn eine Strahlungsenergie $>1,5$ MeV aufweist. Die Standardabweichung betrug hier 2,8%. Die Resultate zeigten eine vorzügliche Übereinstimmung mit den nach klass. chem. Meth. erhaltenen Ergebnissen. J. KRAETSCH. G 350□

**Die Bestimmung von Eisen und Mangan durch Atomabsorption.** J. E. Allan. (Spectrochim. Acta [London] **1959.** 800—06. Nov. Hamilton, New Zealand, Rukuhia Soil Res. Stat., Dep. of Agricult.) (Engl.)

Das Licht einer Hohlkathodenlampe durchstrahlt eine Luft–$C_2H_2$-Flamme, in die die Lsg. der zu bestimmenden Elemente zerstäubt wird, u. tritt dann in den Spektrographen ein. Als empfindlichste Linien für die Absorption wurden für Fe 2483,3 Å u. für Mn 2794,8 Å ermittelt. Bei Konzz. von 2,0 ppm Fe bzw. 1,3 ppm Mn wurde die opt. Dichte $\log I_0/I = 0,1$ gefunden. In einer Lsg., die je 10 ppm Fe u. Mn enthielt, beeinflußten je

3000 ppm K u. Ca, je 1000 ppm Na u. Mg u. 500 ppm P die Meßergebnisse nicht. Die Meth. ist frei von Störungen, schnell u. einfach, wenn auch nicht ganz so empfindlich wie manche colorimetr. Verfahren. K. Ross. G 354□

**Die Bestimmung von Chrom, Eisen und Aluminium mit Äthylendiaminetetraacetat bei gleichzeitiger Anwesenheit aller drei Kationen.** R. Patzak und G. Doppler. (Z. analyt. Chem. **156.** 248—57. 1957. Wien, Univ., II. chem. Inst., Lehrkanzel für analyt. Chem.) (Dt.)

Fe(III), Cr(III) u. Al(III) werden nebeneinander bei variierten pH- u. Temp.-Bedingungen bei der Rücktitration eines ÄDTA-Überschusses mit $FeCl_3$-Lsg. komplexometr. bestimmt. Bei pH 1,5—2,0 u. 50—60° wird ohne vorherige Erwärmung auf höhere Temp. zunächst nur Fe bestimmt. Unter den gleichen Bedingungen, aber nach vorherigem Aufkochen für 5 Min. bei pH 5,0 wird die Summe von Fe u. Cr erhalten, während die Titration bei pH 5,0 u. 40° nach 5 Min. langem Erhitzen auf Siede-Temp. die Summe aller drei Metallkationen liefert. Störungen durch Fremdionen (bes. Ti) können umgangen werden. G. Pankow. G 354□

**Die Bestimmung von Kobalt in hitzebeständigen Legierungen.** H. Kirtchik und F. H. Swearingen. (Analyst **86.** 188—95. März 1961. Evendale, Ohio, Gen. Electric Co., Flight Propuls. Labor. Dep.) (Engl.)

Vff. beschreiben eine Meth. zur Co-Best. in Legg., die auf der Fällung des Co mit einem Gemisch aus Phenylthiohydantoin u. Thioglykolsäure beruht. Dadurch kann die Mitfällung von Fe u. Ni derart zurückgedrängt werden, daß eine anschließende potentiometr. Titration mit $K_3[Fe(CN)_6]$ in Ggw. von Äthylendiamin möglich wird. Das Äthylendiamin ermöglicht durch Komplex-Bldg. des $Co^{3+}$ eine quant. Oxydation des $Co^{2+}$ durch Hexacyanoferrat (III) u. bewirkt eine exakte Anzeige des Endpunktes bei der potentiometr. Titration. Die Co-Best. kann neben Fe, Ni, Al, Cr, Cu, Mn, Mo, Nb, Si, Ta, Ti, V, W u. Zr erfolgen. Für Legg., die mehr als 3% Co enthalten, muß man mit einem relativen Fehler von $\pm$ 4% rechnen. K. Ohls. G 355□

**Analytische Anwendungen der Chelone.** 19. Mitt. **Spektrophotometrische und absorptiometrische Mikrobestimmung des Kobalts mit AEGT.** F. Bermejo Martínez und M. Paz Castro. (Inform. Quím. analít. **13.** 129—34. Sept./Okt. 1959. Santiago de Compostela, Fac. Cie., Labor. Quím. analít.) (Span.) — 18. vgl. C. **1961.** 15142.

Bei Verw. des Äthylenglykol-bis-[β-aminoäthyläther]-N.N.N'.N'-tetraessigsäure (**I**; AEGT)-Co(III)-Komplexes zur *Co*-Best. dient **I** zugleich als Stabilisator für Co(III) u. als Komplexbildner. Die Absorptionskurven des **I**-Co(III)-Komplexes mit 100 μg Co/ml zeigen 2 Maxima, eines bei 385 mμ, das bei extremen pH sich abschwächt zu einem Wendepunkt der Kurve, u. das zweite bei 565 mμ, das bei extremen pH zu kürzeren Wellen wandert, während es bei mittleren pH, ca. 8,75, wenig vom pH abhängt. Ähnliche Formen haben auch die Absorptionskurven von ADCT·$Co^{3+}$ u. AEDT·$Co^{3+}$. Sie wurden beim gleichen pH 8,75 u. bei gleicher Co-Konz. 100 μg/ml verglichen. Gegenüber den anderen Komplexen ist das längerwellige Maximum des **I**·$Co^{3+}$ mehr ins sichtbare Gebiet verschoben u. hat kleinere opt. Dichte. — Verf.: Als Vorratseich-Lsg. dient 0,1 m $CoSO_4$-Lsg; zu bestimmten Teilen davon gibt man 2 ml 5%ig. **I**-Lsg., die mit NaOH ins Di-Na-Salz übergeführt wird, 5 ml 30%ig. $H_2O_2$ u. 3 ml 2%ig. $NH_3$-Lsg., wodurch zusammen mit dem vorhandenen $SO_4^{2-}$ ein Puffer entsteht, der das ggf. nachzukorrigierende pH auf 8,75 bringt. Man erwärmt 1 Min. auf 60—70°, kühlt ab u. füllt auf 25 ml auf. Die in geeigneter Weise in Lsg. gebrachte Probe wird von störenden Elementen, $Fe^{3+}$, $Mn^{3+}$, $Cu^{2+}$, $Ni^{2+}$ u. $Cr^{3+}$, befreit u. den gleichen Bedingungen wie die Eich-Lsgg. angepaßt, um mit Ilford-Grünfilter Nr. 605 gemessen zu werden. Die purpurviolette Farbe der Komplex-Lsg. ist bei pH 9 > 3 Tage haltbar. Zwischen 10 u. 250 μg Co/ml gilt unter den Analysenbedingungen das Beersche Gesetz. **I**-Überschuß stört nicht. Die opt. Dichte der Analysen-Lsg. mit 100 μg Co/ml ist zwischen pH 6,5 u. 9,5 konst.; bei kleinerem pH ist die Oxydation unvollständig, bei größerem ist der Komplex zersetzlich. W. Metzener. G 355□

**Das Barium-di-Natrium-Salz der Äthylendiamintetraessigsäure in der Chelometrie: Anwendung auf die Bestimmung von Kupfer und Zink.** F. Sierra Jiménez und C. Sánchez-Pedreño. (Inform. Quím. analít. **14.** 91—99. Juli/Aug. 1960. Murcia, Univ., Fac. Cie., Labor. Quím. analít.) (Span.)

Es wird die Verw. des Ba-di-Na-Äthylendiamintetraacetats (**I**) als Komplexbildner für Schwermetalltitrationen vorgeschlagen, weil der niedrige Wert seines pK 7,76 die Umsetzung mit $Cu^{2+}$ u. $Zn^{2+}$ (pK ihrer Komplexe 18,80 bzw. 16,50) erleichtert, wobei im Gegensatz zum Umsatz mit $Na_2$-$H_2$-Äthylendiamintetraacetat (**II**, EDTA) keine $H^+$ frei werden. Das Verf. läßt sich erweitern für den Fall, daß Komplex-Bldg. zwischen dem frei werdenden $Ba^{2+}$ u. dem Indicator die Rk. stört, indem man neutrale $SO_4^{2-}$- oder $F^-$-Salze zusetzt, um die $Ba^{2+}$ auszufällen. — Ausführung: Herst. von 0,05 m **I**-Lsg.:

Man mischt 18,605 g **II** mit 15,775 g $Ba(OH)_2$, löst mit Magnetrührer in geringster Menge dest. W., verd. allmählich auf 1000 ml, filtriert u. stellt von dieser Lsg. verschiedene Verdünnungen her. — Zink: Zur Zn-Salz-Lsg. gibt man NaOH bis zur gerade beginnenden Fällung, danach wenig $NH_4$-Salz bis zur Klärung, so daß das pH zwischen 6 u. 7 liegt. Man fügt zu 10 ml der ca. 0,01 m Probe-Lsg. einige Tropfen 1%ig. *Eriochromschwarz T* Lsg.- (**III**) in A. zu, darauf 5 ml 0,05 m $K_2SO_4$-Lsg. (1—2 ml bei verdünnteren Probelösungen). Man titriert dann 0,05—0,01 m Zn-Lsgg. gegen **I**-Lsgg. ungefähr gleicher Konz., dagegen 0,001 bzw. 0,0001 m Zn-Lsgg. gegen 0,002 bzw. 0,001 m **I**-Lsgg. bis zum Umschlag nach Blau. — Zn in Ggw. von Cu: Das Verf. entspricht dem vorigen mit der Änderung, daß man vor dem Indicatorzusatz 1—5 ml (je nach der auszuschaltenden Cu-Konz.) 25%ig. $Na_2S_2O_3$-Lsg. zugibt. — Zn in Ggw. von Fe (u. Cu): Zur Probe-Lsg. gibt man 1—2 g Na-Tartrat u. verd. NaOH bis zum pH 7—8, wobei die Lsg. durchsichtig u. farblos werden muß. Dann gibt man wie oben $K_2SO_4$-Lsg. u. **III** zu, wodurch sich die Lsg. weinrot, nicht rötlich färben muß (ist auch Cu zugegen, so wird jetzt noch $Na_2S_2O_3$ zugesetzt). Danach wird gegen **I**-Lsg. titriert, bis die Farbe vorübergehend blau erscheint, aber nach kurzer Zeit wieder weinrot wird. — Zn + Cu. Bei Neutralisierung wie oben bzw. zwecks Cu-Best. bis pH 4—5, fügt man 5—10 ml 0,05 m $K_2SO_4$-Lsg. (je nach Metallmenge) u. einige Tropfen frisch bereitete, wss., gesätt. *Murexid*-Lsg. zu, so daß die Lsg. gelb wird u. so während der Titration von Zn-reichen Lsgg. bleibt, während Cu-reiche Lsgg. dabei eine grüne Farbe annehmen. In allen Fällen aber schlägt die Farbe im Äquivalenzpunkt nach Blau um, entsprechend der des bei der Komplex-Bldg. frei werdenden Indicators. Zahlreiche Beleganalysen, die nur bei extremer Verdünnung kleine positive Fehler aufweisen. W. METZENER. G 358□

**Die Anwendung von Metallchromo-Indicatoren in der Colorimetrie. 1. Mitt. Die spektrophotometrische Bestimmung von kleinen Kupfer-Mengen mit Analoga des Glycinthymolblaus.** M. Koch, V. Svoboda und J. Körbl. (Talanta [London] 5. 141—46. Sept./Okt. 1960. Brno, School of Agricult., Dep. of Chem. u. Res. Centre of the Lachema Plant.) (Engl.)

Die Möglichkeit der spektrophotometr. Best. des *Cu*-Geh. im $\mu$g-Bereich wurde mit 5 Metallindicatoren, nämlich Prolin (**I**), Sarkosin (**II**), Glycin (**III**) (vgl. C. **1958.** 10457), Methylalanin (**IV**) u. Serinthymolblau (**V**) untersucht. Dazu werden die Absorptionsspektren der Cu-Komplexe in Hexamethylentetramin–HCl-Puffern bei pH 4,2—6,2 aufgenommen u. der Einfl. zahlreicher Kationen u. Anionen geprüft. Von den 5 Indicatoren erweist sich **I** als günstigster, da er sehr empfindlich ist — der m-Extinktions-Koeff. beträgt 19600 bei 595 m$\mu$ —, die Absorption der Cu-**I**-Komplexe relativ unempfindlich ist, der Cu-**I**-Komplex von anderen Kationen u. Anionen am wenigsten gestört wird u. die Farbe prakt. unbegrenzt stabil ist. Größere Mengen Fe(II), Co(II), Ni(II), Zn(II), Pb(II), Be(II) u. $UO_2$(II) sowie alle Anionen, die Cu komplex binden, also vor allem $J^-$, Dithionit, $Fe(CN)_6{}^{3-}$, $Fe(CN)_6{}^{4-}$, Oxalat, Citrat u. Tartrat, stören. W. KUPFER. G 358□

**Colorimetrische Bestimmung von Palladium in Uranspaltlegierungen.** L. E. Ross, G. Kesser und E. T. Kucera. (Analytic. Chem. **32.** 1367—68. Sept. 1960. Argonne, Ill., Argonne Nat. Labor., Chem. Eng. Div.) (Engl.)

In Ggw. von Ru, Mo, Zr, Rh u. U wird Pd aus saurer Lsg. (pH 1,0—2,0) in Ggw. von Äthylendiamintetraacetat, das zugleich als Puffer u. als Komplexbildner wirkt, mit 1%ig. 2-Nitroso-1-naphthol (**I**)-Lsg. versetzt u. der Pd-**I**-Komplex mit Toluol extrahiert. Die organ. Phase wird zur Entfernung von überschüssigem Reagens mit verd. NaOH gewaschen u. bei 370 m$\mu$ gemessen. Aus Eichkurven wird der Pd-Geh. entnommen. Das Verf. ist auch zur Best. von Pd in Zn u. Cd geeignet. W. KUPFER. G 365□

**Spektralanalytische Untersuchungen an Wolframerzen.** 2. Mitt. K. Rossmanith und Z. G. Hanna. (Mh. Chem. **91.** 238—48. 1960. Wien, Univ., Anorg. u. Phys.-chem. Inst.) (Dt.) — 1. vgl. C. **1961.** 9538.

Das für die spektrograph. Analyse von Wolframit ausgearbeitete Verf. wurde auf Scheelite angewendet. Co, Ni, Cu, V, Sn, Bi, As, Cr u. Pb ließen sich bis herab zu 0,001%, Sb u. Mo bis zu 0,03% bei einem mittleren Fehler von 3—9% bestimmen. Das Problem der P-Best. wird durch ein Anreicherungs-Verf. (1:20) gelöst, bei dem P zu $PO_4{}^{3-}$ oxydiert u. dieses gemeinsam mit zugesetztem $AsO_4{}^{3-}$ durch Magnesiamixtur gefällt wird. Nach Abtrennen des As durch $H_2S$ u. des vorhandenen Fe als Rhodanid durch Ae. wird das zurückbleibende $PO_4{}^{3-}$ auf einer $Al_2O_3$-Matrix niedergeschlagen, ohne daß störendes W oder Fe mitgehen. Als Bezugselement wird Ga verwendet. W. KRÜGER. 5292□

## b) Organische Verbindungen

**Die Bestimmung von Stickstoff durch Gaschromatographie.** R. H. Reitsema und N. L. Allphin. (Analytic. Chem. **33.** 355—59. März 1961. Littleton, Colo., Ohio Oil Co., Denver Res. Center.) (Engl.)

Vff. beschreiben folgende gaschromatograph. Meth. zur Best. von N in reinen organ. Verbb. u. in' Gemischen: Meth. A (Best. von C : N in reinen Verbb.): Nach vollständiger katalyt. Verbrennung der Verb. bei 700° über CuO unter Verw. von He als Trägergas (TG) u. Trocknen des Gasstroms mit $MgClO_4$ erfolgt unter Benutzung einer mit Silicagel gefüllten Säule die Trennung von $NO_2$ u. $CO_2$ u. anschließende Best. der Gase mit einer Wärmeleitfähigkeitszelle als Detektor. Die maximale Abweichung betrug ca. 0,15% bei Verw. von mit Hilfe bekannter Substanzen aufgenommener Eichkurven. Bei Meth. B ist eine Best. von C : N von Verbb. in Gemischen durch Vgl. der bei den beiden folgenden Trennungsgängen (TR) erhaltenen Peaks möglich. 1. TR: Nach Passieren einer normalen Fl.–Gas-Trennsäule wird der Gasstrom (He als TG) unter Ausschaltung der Silicagelsäule direkt analysiert. Der 2. TR wird wie der 1. unter zusätzlicher Verw. der Silicagelsäule durchgeführt. Bei Benutzung von $CO_2$ als TG (Meth. C, bes. für kleine N-Geh. geeignet) wird unter Ausschaltung der Silicagelsäule u. evtl. auch der Fl.–Gas-Säule nur der abs. Gesamtgeh. an N in reinen Verbb. u. in Mischungen durch Messung des $NO_2$-Geh. erhalten. Der relative Fehler lag bei einer Analysendauer von 2—3 Min. zwischen 1 u. 3% u. bei sehr niedrigen N-Geh. (ca. 0,01%) bei ca. 10%. Meth. D (Feststellung, welche Verbb. in einem Gemisch N enthalten): Unter Verw. der Gas–Fl.-Säule wird sowohl mit He als auch mit CO als TG je 1 TR durchgeführt. Peaks, die bei beiden TR auftreten, sind N-haltigen Verbb. zuzuschreiben, während Peaks, die nur beim 1. TR auftreten, Komponenten ohne N zuzuordnen sind.

J. Kraetsch. 5352□

**Die Mikro-Kjeldahl-Bestimmung von Stickstoff. Eine Untersuchungen über die Einflüsse zugesetzter Salze und Katalysatoren.** P. R. W. Baker. (Talanta [London] **8.** 57—71. Febr./März 1961. London, Sir John Cass Coll.; Beckenham, Kent, Wellcome Res. Labor.) (Engl.)

Die Einfll. zahlreicher Faktoren auf die Mikro-Kjeldahl-Best. von N, wie Temp., Konz. an $K_2SO_4$, Entfärbungszeit u. die Wrkg. von einfachen bzw. gemischten Katalysatoren, wurden untersucht. Außerdem wurden die Kpp. von Lsgg., die bis zu 2 g $K_2SO_4$/ml $H_2SO_4$ enthielten, bestimmt. Der Kp. der $H_2SO_4$ wird bei Katalysatorzusatz nur wenig erhöht. Ein größerer Zusatz an $K_2SO_4$, als er sonst üblich ist, wird zur Erhöhung des Kp. der $H_2SO_4$ empfohlen. Die Wrkg. von HgO, Se, $H_2SeO_3$, $H_2SeO_4$, $CuSO_4$, $TiO_2$, $FeCl_3$, $FeSO_4$, $Fe_2(SO_4)_3$, $H_2[PtCl_6]$, $MoO_3$, $V_2O_5$, $(VO)SO_4$, $CrO_3$, Te als einfache u. von HgO + Se, HgO + $CuSO_4$, Se + $CuSO_4$, HgO + Se + $CuSO_4$, $V_2O_5$ + Se u. HgO + Te als gemischte Katalysatoren wurde untersucht. Unter den untersuchten Bedingungen erwies sich HgO als geeignetester Katalysator. Bei der Verw. von HgO u. einer Salz-Konz. von 1,5 g/ml wurden bei allen Verss. quant. Ergebnisse erhalten. Alle anderen Katalysatoren führten zu Minderbefunden. Ohne Katalysator erhält man bis zu einer Salz-Konz. von 2,5 g/ml (Kp. der Lsg. 430°) quant. Werte. Die optimale Salz-Konz. liegt wegen der sonst zu großen Entfärbungszeit bei 1,5 g/ml. Die Entfärbungszeit beträgt dann durchschnittlich 20 Minuten. K. Ohls. 5352□

**Anwendung der Gas–Flüssigkeits-Chromatographie zur Analyse einiger Kohlenwasserstoffgemische.** B. A. Rudenko, Ss. Ss. Jufit, L. N. Iwanowa und W. F. Kutscherow. (Известия Академии Наук СССР, Отделение Химических Наук [Nachr. Akad. Wiss. UdSSR, Abt. chem. Wiss.] **1960.** 1147—52. Juli. Zelinsky-Inst. für org. Chem. der Akad. der Wiss. der UdSSR.) (Russ.)

Zur Analyse einiger *KW-Stoff-Gemische*, darunter der Diene, wird eine einfache App. beschrieben, mit deren Hilfe man nach der Gas–Fl.-Chromatographie Stoffe mit einem Siedepunkt $<$ 150° analysieren kann. Die Kolonne enthält mit Dibutylphthalat getränkte Kieselgur. Mit dieser App. wurden qual. u. quant. Analysen von Katalysaten, die Isopren, Isopenten, asymm. Methylisopropyläthylen, 2.3 Dimethylbutadien u. a. enthalten, durchgeführt. Eine vorherige Eichung der App. mit bekannten Mischungen zeigte, daß bei konst. Vol. der eingeführten Probe die Höhe des Knicks oder der Kurvenfläche dem Geh. der Komponente in der Mischung proportional ist. Die App. gestattet eine Best. von 1% Isopren in 2.3-Dimethylbutadien oder von 2% 2.3-Dimethylbutadien in Isopren. Man kann weiter 0,5% einer Beimischung von Tetramethyläthylen in 2.3-Dimethylbutan bestimmen. E. Steinberg. G 500□

**Verwendung eines üblichen Massenspektrometers als Detektor in der Gaschromatographie.** L. P. Lindeman und J. L. Annis. (Analytic. Chem. **32.** 1742—49. Dez. 1960. Richmond, Calif., California Res. Corp.) (Engl.)

Bei der gaschromatograph. Analyse von $C_5$—$C_8$-*KW-Stoff*-Gemischen haben einige Komponenten so ähnliche Retentionszeiten, daß sie gemeinsam in einer einzigen Spitze aus der Säule austreten. Durch direktes Überführen des Gases von der Wärmeleitfähigkeitszelle des Gaschromatographen über ein Capillarrohr zu dem Gaseinlaß eines Massenspektrometers werden die Massenspektren der verschiedenen Komponenten erhalten. Aus den Daten dieser Massenspektren werden die relativen Konz. der Komponenten berechnet. W. Hein. G 510□

**Die photometrische Bestimmung von Alkoholen mit Vanadinoxinat.** Motoharu Tanaka. (Talanta [London] **5.** 162—67. Sept./Okt. 1960. Nagoya, Japan, Nagoya Univ., Fac. of Sci., Labor. of Analyt. Chem.)

Vanadinoxinat (I) u. Alkohol stehen mit ihrer Additionsverb. (rot) im Gleichgewicht, so daß bei I-Überschuß der Alkohol-Geh. durch Extinktionsmessungen bestimmt werden kann. Die Lage der Absorptionsmaxima (470 u. 635 m$\mu$) des Differenzspektrums ($E_1-E_2$; $E_1$: Extinktion der I-Lsg. in Chlf.; $E_2$: Extinktion der I-Lsg. in Chlf. + Alkohol) ist von der Natur des Alkohols unabhängig. Die $E_1-E_2$-Werte werden vom Lsgm. stark beeinflußt, wobei $\Delta$E mit steigender DK. des Lsgm. sinkt. Bei Kenntnis der $\Delta\,\varepsilon_{635}$-Werte können noch 1 $\mu$Mol *Methyl-, Äthyl-, n-Propyl-, n-Butyl-* (**II**), *tert.-Butyl-* (**III**), *iso-Amyl-, n-Octyl-* u. *Benzylalkohol, Äthylenglykolmonomethyl-* u. *-butyläther* bestimmt werden. Der außerordentlich niedrige $\Delta\,\varepsilon_{635}$-Wert von **III**, der auf die ster. gehinderte OH-Gruppe zurückgeführt wird, gestattet die Unterscheidung der Isomeren **II** u. **III**. Die $\Delta\,\varepsilon_{635}$-Werte der Alkohole $\geqq C_5$ sind fast gleich, so daß in Mischungen verschiedener Alkohole der gesamte OH-Gruppen-Geh. bestimmt werden kann. U. Uhlich. G 550□

**Charakterisierung von Hydroxylverbindungen. Identifizierung ihrer 3.5-Dinitrobenzoate durch Röntgenstrukturanalyse.** Kenneth J. Garska, Robert C. Douthit und Victor A. Yarborough. (Analytic. Chem. **33.** 392—95. März 1961. South Charleston, W.Va., Union Carbide Chem. Co., Dev. Dep.) (Engl.)

Die Daten der Röntgenstrukturanalyse der *3.5-Dinitrobenzoate* folgender *Alkohole* (**I**) werden mitgeteilt (mit FF.): *Methanol* 108°, *Äthanol* 91—93°, *Propanol-(1)* 72—73,5°, *Butanol-(1)* 63°, *Pentanol-(1)* 42—43°, *Hexanol-(1)* 60°, *Heptanol-(2)* 48,5°, *Heptanol-(3)* 53°, *Octanol-(1)* 61—62°, *Octadecanol-(1)* 72—73°, *Docosanol-(1)* 84—85°, *Propanol-(2)* 124°, *2-Methylpropanol-(1)* 87°, *Butanol-(2)* 76—77°, *1.1-Dimethyläthanol* 142—143°, *2-Methylbutanol* 66—68°, *2-Äthoxypropanol* 87—88°, *2-Äthylbutanol* 50—51°, *2-Methylpentanol* 45—47°, *2.2-Dimethylbutanol* 51°, *2-Äthyl-4-methylpentanol, 4-Methylpentanol-(2)* 62—63°, *Cyclopentylmethanol* 92—93°, *1.1-Dimethyloctadecanol* 54—55°. An Hand der mitgeteilten stärksten Linien ist es möglich, die Komponenten in Gemischen auch quant. (Eichung Reflexion gegen Konz.) zu bestimmen; die Minimalkonz. eines noch erkennbaren **I** beträgt ca. 1%. Heinz Nestler. G 550□

**Quantitative Bestimmung von pentasubstituierten Glycerinen durch Perjodat-Oxydation.** Erica Henry-Basch und Pierre Fréon. (C. R. hebd. Séances Acad. Sci. **248.** 2597—99. 4/5. 1959. Paris, P. C. B IX, Labor. de Chim.) (Franz.) — Vgl. C. **1960.** 442.

Es wird die Perjodatoxydation substituierter Pentantriole-(2.3.4) zeitlich verfolgt. Bei *symm. Triolen* (**I**) ist die Oxydation noch 25—35 Std., bei *asymm. Triolen* (**II**) nach 5—6 Std. nach Verbrauch von 2 Atomen O je Mol. beendet. Vom Typ **I** werden untersucht: 3-n-Propyl-, 3-n-Butyl-, 3-iso-Amyl-, 3-Phenyl-, 3-p-Tolyl- u. 3-Methyl-2.4-dimethylpentantriol-(2.3.4) sowie vom Typ **II**: 2-Äthyl-, 2-n-Propyl- u. 2-n-Butyl-3.4-dimethylpentantriol-(2.3.4). H. Gleinig. G 580□

**Eine Schnellbestimmung von Harnstoff.** O. M. Forsell und I. P. Palva. (Ann. Med. exp. Biol. fenn. **38.** 293—95. 1960. Joensuu, Finland, Central Hosp. of Northern Carelia.) (Engl.)

Bei der colorimetr. Best. des Harnstoffs mit Diacetylmonoxim wird unter Druck eine gleichmäßige u. stabile Farb-Lsg. erhalten, so daß die Meth. für Routine-Unterss. geeignet ist. H. Struck. G 880□

**Bestimmung des Doppelbindungsgehalts in aliphatischen Stickstoffverbindungen höheren Molekulargewichts. Abwandlung der Jodzahlmethode von Wijs.** Albert J. Milun. (Analytic. Chem **33.** 123—25. Jan. 1961. Minneapolis, Minn., General Mills, Inc., Cent. Res. Labor.) (Engl.)

*Prim.* u. *sek. Amine* der Fettsäurereihe werden zunächst durch 5 Min. bis 1 Std. langes Erwärmen mit Acetanhydrid acetyliert. Es wird mit Eisessig oder Chlf. verd. u. unter Hg(II)-Acetatzusatz wie üblich die JZ. bestimmt. *Tert. Amine* geben gute Werte nach dem Wijs-Schnellverf., wenn die Probe nicht zu groß gewählt wird u. wenn Eisessig statt Chlf. als Lsgm. dient. Bei *quatern.* $NH_4$*-Salzen* wird nach dem 30-Min.-Wijs-Verf. gearbeitet. Man setzt Na-Laurylsulfat vor Beginn der Jodometrie zu, wodurch das $NH_4$-Kation als Laurylsulfat gebunden wird u. nicht stören kann. E. Dehmlow. G 910

**Ionenaustauschchromatographie der Aminosäuren. Untersuchung der Effekte bei hohen Drücken und großen Durchflußgeschwindigkeiten.** Paul B. Hamilton. (Analytic. Chem. **32.** 1779—81. Dez. 1960. Wilmington, Del., Alfred I. du Pont Inst. of the Nemours Found.) (Engl.)

Vf. beschreibt die Konstruktion von Capillaraustauschersäulen, die eine chromatograph. Trennung von Aminosäuren bei Drücken bis zu 600 lbs./sq.in. u. Durchfluß-Geschw. bis zu 0,17 cm/s ermöglichen. Die Brauchbarkeit dieser zu Batterien hintereinandergeschalteten Säulen wird überprüft, wobei sich eine Kombination von 3 Säulen am günstigsten erweist. Die Säulen sind 108 cm lang, haben einen Durchmesser von 0,218, 0,286, 0,414 oder 0,636 cm u. werden mit den Kationenaustauschern Dowex 50-X 8 oder Dowex 50 W-X 8 vom Korndurchmesser 2,4, 4,6 oder $8{,}0 \cdot 10^{-3}$ cm beschickt. Untersucht wird der Druck als Funktion des Korndurchmessers, der Säulenlänge, der Durchfluß-Geschw. u. der Temperatur. Am Beispiel der Zweistoffgemische Asparaginsäure–Serin u. Glycin–Alanin wird der Einfl. der Durchfluß-Geschw. u. des Korndurchmessers auf die Trennung der Komponenten diskutiert. W. Hein. G 950□

**Ionenaustauschchromatographie der Aminosäuren. Analyse des Diffusions-(Massentransport-) Mechanismus.** Paul B. Hamilton, Donald C. Bogue und Roberta A. Anderson. (Analytic. Chem. **32.** 1782—92. Dez. 1960.) (Engl.) — Vgl. vorst. Referat.

Auf der Theorie des Ionenaustausches bei der Säulenchromatographie basierend werden algebraische Gleichungen in expliziter Form angegeben, die die Versuchsbedingungen — wie Korndurchmesser, Säulendurchmesser, Säulenlänge, Durchfluß-Geschw., Temp., pH-Wert u. $Na^+$-Konz. — mit einbeziehen. Die Gleichungen werden an Hand der experimentellen Befunde, die sich bei der chromatograph. Trennung von Cysteinsäure, Taurin, Asparaginsäure, Serin, Glutaminsäure, Glycin, Alanin, Glucosamin u. Valin durch Elution einer mit dem Kationenaustauscher Dowex 50-X 8 beladenen Säule (vgl. l. c.) ergaben, überprüft. Der Einfl. der Säulenvariablen auf die Form der Elutionskurven wird eingehend beschrieben, wobei der Erfassung u. der Aufklärung der Rolle des Massentransportes in der fl. u. der festen Phase sowie durch die Längsdiffusion bes. Bedeutung zukommt. In einigen Fällen werden numerische Werte für den Diffusions-Koeff. in der festen Phase erhalten. Für die praktische Anwendung einer einfachen Gleichung auf Zweistofftrennungen sind einige Variable genau zu kontrollieren, um reproduzierbare Ergebnisse zu erhalten. W. Hein. G 950□

**Analyse von Phenylalkanen durch Gaschromatographie.** C. F. Spencer und J. F. Johnson. (J. Chromatogr. [Amsterdam] **4.** 244—48. Sept. 1960. Richmond, Calif., California Res. Corp.) (Engl.)

Die Meth. zur Analyse von *Phenylalkanen* mit 12 bis 20 C-Atomen durch Gaschromatographie wird beschrieben. Als fl. Phase wird Asphalt eines mittelöstlichen Öls bei Temp. von 240—320° verwendet. Retentionszeiten von Phenylalkanen u. n-Paraffinen als Vgl.-Substanzen bei 240, 270 u. 320° sind in Tabellen zusammengefaßt. W. Leipnitz. G 1010□

**Analyse von Gemischen isomerer Trichlorbenzole und isomerer Tetrachlorbenzole nach den Infrarotabsorptionsspektren.** Ss. B. Bardenstein, R. W. Dshagatzpanjan und W. I. Setkin. (Заводская Лаборатория [Betriebs-Lab.] **26.** 167—71. 1960.) (Russ.)

Die zu analysierenden Gemische werden zunächst durch Vakuumdest. in die Isomeren der Trichlorbenzole (**I**) u. Tetrachlorbenzole (**II**) getrennt u. dann spektroskop. untersucht, wobei als Lsgm. $CCl_4$ dient. Die entsprechenden Spektrogramme werden gezeigt. Die IR-Absorptionsspektren der Isomeren von **I** u. **II** werden mittels des IR-Spektrometers IKS-II (mit NaCl-Prisma u. Nernststift als Strahlungsquelle) aufgenommen, wobei eine Küvette für flüchtige Fll. mit einer Absorptionsschicht von 0,617 mm u. Reinpräpp. von **I** u. **II** verwendet werden. Die auf der Messung der opt. Dichte der Gemische beruhende Analyse dauert ca. $2^1/_2$—3 Std. bei einer Fehlergrenze von nicht mehr als 8%. E. v. Pezold. G 1010

**Chromatographie phenolischer Verbindungen auf Borat-imprägniertem Papier.** Leonard Jurd. (J. Chromatogr. [Amsterdam] **4.** 369—75. Nov. 1960. Albany, Calif., Western Reg. Res. Labor.) (Engl.)

Es ließ sich spektrophotometr. feststellen, daß $Na_2HPO_4$ nur stark saure phenol. Hydroxylgruppen ionisiert, während $NaBO_3$ die meisten phenol. Hydroxylgruppen ionisiert u. dadurch niedrigere $R_F$-Werte bei Imprägnierung mit Borat erhalten werden. Durch Borsäure-Natriumacetat werden die Hydroxylgruppen der Phenole nicht ionisiert. Phenolgemische, die o-Dihydroxylgruppierungen enthalten, haben auf mit Borsäure-Natriumacetat imprägniertem Papier niedrigere $R_F$-Werte als auf einfachem Papier. W. Leipnitz. G 1060□

**Trennung halogenierter Phenole durch Papierchromatographie.** Harold S. Choguili und Donald E. Bissing. (Analytic. Chem. **32.** 440. März 1960. Hays, Kans., Fort Hays Kansas State College, Chem. Labor.) (Engl.)

Vff. trennen Gemische aus o- u. *p-Chlorphenol* (I), o- u. *p-Bromphenol* u. o- u. *p-Jodphenol* durch zweidimensionale Papierchromatographie. Die Chromatogramme werden 1. mit Bzl. + Essigsäure + Wassergemisch (2:2:1) u. 2. senkrecht dazu mit 20%ig. HCl entwickelt. Das Anfärben der Flecke erfolgt durch Besprühen mit p-Nitrobenzoldiazoniumfluoborat u. durch nachfolgende Behandlung mit methanol. KOH. Die Flecke (Hellrot bei I, sonst dunkelrot) verblassen sehr schnell. Die $R_F$-Werte werden angegeben. U. Uhlich. G 1060 □

**Die photometrische Bestimmung von 2.4.6-Trichlorphenol.** Roy U. Schenk. (Chemist-Analyst **49.** 14—15. März 1960. Ithaca, N.Y., Cornell Univ.)

Die photometr. Best. von durch Wasserdampf-Dest. aus Nahrungsmitteln bzw. Exkrementen abgetrennten *2.4.6-Trichlorphenol* mit 4-Aminoantipyrin (vgl. Gottlieb u. Marsh, Ind. Engng. Chem., analyt. Edit. **18.** [1946.] 16 sowie Ettinger, Ruchhoft u. Lishka, C. **1954.** 6800) wurde durch Verw. eines Phosphatpuffers, pH 7,6—8,0, verbessert. Die Absorption bei 500 m$\mu$ ist bis zu Konzz. $\leqq$ 0,6 mg/100 ml linear, die Streuung der Werte $<$ 1%. G. Bock. G 1060 □

**Die Bestimmung von 2.4-Diaminophenol und seiner Salze.** D. V. Parke. (Analyst **86.** 12—15. Jan. 1961. London, St. Mary's Hospital Medical School, Biochem. Dep.) (Engl.)

*2.4-Diaminophenol* (I) u. seine *Salze* werden mit $K_2S_2O_8$ zu 2-Amino-chinonimin (rot) oxydiert u. dessen Extinktien bei 500 m$\mu$ bestimmt. Die vom pH der Lsg. (am günstigsten 4,5) abhängige Rk. gestattet die Erfassung von noch 10 $\mu$g I, der Fehler beträgt für 5—1000 $\mu$g $\pm$ 2%. o- u. p-Aminophenol, Phenol, 2-Amino-4-nitro- u. 4-Amino-2-nitrophenol stören die Best. nicht, dagegen größere Mengen von m-Nitroanilin u. m-Phenylendiamin. Die Meth. eignet sich zur I-Best. in Urin in Ggw. anderer Metabolite von *m-Dinitrobenzol*. U. Uhlich. G 1320 □

**Papierelektrophorese von Hexanhexolen und Produkten der milden Oxydation des Mesoinosits.** M. Traisnel und P. Balatre. (Bull. Soc. Chim. biol. **42.** 151—57. 30/4. 1960. Lille, Fac. de Méd. et de Pharmacie, Lab. de Pharmac. Galénique.) (Franz.)

Fußend auf früheren Unterss. von Foster (Nature [London] **1953.** 279) wurden die Komplexe kettenförmiger Polyole mit Natriumborat u. die Prodd. der milden Oxydation des Mesoinosits, die *Scyllomesoinosose* u. die *Epimesoinosose*, papierelektrophoret. getrennt. Die Entw. der Flecke erfolgte durch Anfärbung mit Bromthymolblau (gelb auf blauem Grund). H.-J. Struck. G 1870 □

**Bestimmung der Methylindane.** S. H. Hastings und D. E. Nicholson. (Analytic. Chem. **32.** 138. Jan. 1960. Baytown, Texas, Humble Oil and Refining Co.) (Engl.)

Die isomeren *1*-(I), *2*-(II), *4*-(III) u. *5-Methylindane* ($C_{10}H_{12}$, IV) können in Mischungen (0—100%) nebeneinander IR-spektroskop. (CsBr-Prisma, Lsgm. $CCl_4$, Schichtdicke 0,100 mm) mit einer Genauigkeit von $\pm$ 2% bestimmt werden. Angegeben werden die Analysenbanden 22.43 (I), 24.03 (II), 20.26 (III) u. 23.76 $\mu$ (IV), die verwendeten Spaltbreiten sowie die relativen Extinktions-Koeff. der Verbb. bei den 4 Analysenwellenlängen. U. Uhlich. G 2650 □

**Die spektrofluorometrische Bestimmung von Anthracen, Fluoren und Phenanthren in Mischungen.** Glenn A. Thommes und Elmer Leininger. (Talanta [London] **7.** 181—86. Febr. 1961. East Lansing, Mich. Michigan State Univ., Kedzie Chem. Labor.) (Engl.)

Es wird eine Meth. zur spektrofluorometr. Best. von *Anthracen* (I), *Fluoren* (II) u. *Phenanthren* (III) in Mischungen miteinander angegeben. Die Best. beruht auf der selektiven Anregung (365 m$\mu$) des I-Spektrums u. der gemeinsamen Anregung (265 m$\mu$) der Spektren von II u. III u. Intensitätsmessungen bei 400, 350 u. 316 m$\mu$. Störungen werden durch empir. Korrekturen vermieden. Im Konz.-Bereich 0—5 ppm ist der mittlere relative Fehler kleiner als 5%. U. Uhlich. G 2850 □

**Fluorometrische Bestimmung von Cumöstrol auf Papierchromatogrammen.** A. L. Livingston, E. M. Bickoff, Jack Guggolz und C. Ray Thompson. (Analytic. Chem. **32.** 1620—22. Nov. 1960. Albany, Calif., Agricult. Reg. Serv., Western Reg. Res. Labor.) (Engl.)

Eine Best. von *Cumöstrol* (I) nach vorheriger papierchromatograph. Trennung. mit 50%ig. Essigsäure als Laufmittel wird beschrieben. Die Substanzmenge in den I-Flecken wird anschließend durch Messung der Intensität der Fluorescenz der Flecken im UV-Licht (3660 Å) in einem Fluorometer bestimmt. 0 2—1,0 $\mu$g I können bei einer Fehlerbreite von 7% noch erfaßt werden. E. Moisar. G 3211 □

**Chromatographische Analyse der Zucker in Form komplexer Borationen.** Anund Hallén. (Acta chem. scand. **14.** 2249—50. 1960. Stockholm, Karol. Inst., Chem. Dep. II.) (Engl.)

Vf. beschreibt ein modifiziertes chromatograph. Verf. zur Zuckeranalyse, bei dem durch Verw. von Elutionsfll. mit höherer Ionenstärke die unbequem großen Effluentvoll. vermieden werden. An Säulen mit Dowex-2 X 8 (mit Borat vorbehandelt) wurden die Zucker adsorpiert. Durch 0,01 m $Na_2B_4O_7$- u. 0,2 m $NaHCO_3$-Lsg. wurden zuerst die Paare *Lyxose* + *Mannose*, *Ribose* + *Fucose*, *Arabinose* + *Galctose* u. *Xylose* + *Glucose* u. darauf *Galacturonsäure* u. *Glucuronsäure* mit Boratpuffer der dreifachen Konz. eluiert. E. Moisar. G 3400

**Das Versagen der alkalischen Methoden zur Bestimmung des Polymerisationsgrades von Kohlenhydraten. Vergleich mit der Chloritmethode.** Herbert F. Launer und Yoshio Tomimatsu. (Analytic. Chem. **33.** 79—83. Jan. 1961. Albany, Calif., West. Region. Res. Labor.) (Engl.)

Vff. vergleichen die von ihnen entwickelte Chlorit-Meth. (vgl. C. **1959.** 16435) zur Best. des Aldehyd-Geh. u. damit des Polymerisationsgrades von *Kohlehydraten* (untersucht: *Amylopektin* aus Reis, Weizen, Erbsen, *Amylose* aus Erbsen, verschiedene *Dextrane, Araban, Perjodat-behandelte Maisstärke* u. *Dextrane, Polygalakturonid*) mit älteren Meth., die in alkohl. Lsg. arbeiten: Cu-Tartrat-Meth., Hypojodit-Meth., Hexacyanoferrat(III)-Methode. Prakt. bei allen Polysacchariden wurde mit den älteren Meth. starker Mehrverbrauch an Reagens beobachtet, da starke Depolymerisation u. Oxydation durch Luft-$O_2$ auftrat. Die Chlorit-Meth. liefert dagegen gute Werte. E. Dehmlow. G 3400□

**Alkaloidbestimmungen nach der Hochfrequenzmethode.** F.-E. Raurich Sas und A. Tarrés Torras. (Inform. Quím. analít. **14.** 1—19. Jan./Febr. 1960. Barcelona, C.S.I. C. Inst. „Alonso Barba" Fac. Farm., Labor. Técn. fís. aplic., Labor. Quím. analít. farmacéut.) (Span.)

Es wird zunächst ein Überblick über die Hochfrequenz-Verff. zur Konz.-Best. gegeben. Verbesserungen wurden angebracht an der App. von Jensen u. Parrack (Ind. Engng. Chem., analyt. Edit. **18.** [1946.] 595) u. von Hall (C. **1953.** 7615). Beim ersten wurde die Batterie durch eine elektron. stabilisierte Stromquelle ersetzt, die aus der Netzspannung von 125 V gespeist wurde. Dabei konnte die Spannung der Oscillatorplatte zwischen 175 u. 275 V variiert werden, während die Gitterspannung auf 6,3 V gehalten wurde. Doch war die Stabilisierung nicht vollkommen, bedingt durch eine zwar einschränkbare Überempfindlichkeit, durch die Selbstkontrolle des Oscillators u. durch die den Stromkreis bildenden Materialien. Bei dem App. von Hall wird die Feineinstellung des Oscillators dadurch verbessert, daß diese an einem Kristalloscillator erfolgt. Der App. kann dann nicht nur als elektron. Voltmeter, sondern auch als Amperemeter u. Ohmmeter dienen. Nach Erprobung dieses 2. App. durch einfache Neutralisations-Rkk. wurden bas. u. neutrale Hydrochloride, Hydrobromide u. Sulfate von Chinin, bas. Hydrochloride u. Sulfate von Chinidin, Chinchonin u. Cinchonidin, bas. Hydrochloride u. Hydrobromide von Cinochonidin, Hydrochlorid u. Phosphat von Codein, Hydrochlorid u. Acetat von Morphin u. die Hydrochloride von Äthylmorphin, Papaverin, Heroin u. Äthylnarcein gegen 0,1 n NaOH titriert u. die Konz. aus dem oder den Knickpunkten Spannung gegen Menge NaOH ermittelt. Fehler ±2%. W. Metzener. G 3500

**Oxalatmethode zur Alkaloidbestimmung in Ephedra unter Anwendung der Permanganatometrie. 4. Mitt. Über quantitative Methoden zur Bestimmung von Alkaloiden.** M. I. Gorjajew, R. N. Ssasonowa, Ss. A. Moschkewitsch und I. M. Schabanow. (Журнал Прикладной Химии [J. angew. Chem.] **33.** 748—50. März 1960. Inst. für chem. Wiss. Alkaloidlab. der Akad. der Wiss. der KasachSSR.) (Russ.) — 3. vgl. C. **1961.** 14754.

Es wird eine differentielle Best.-Meth. der Ephedraalkaloide durch Titrieren ihrer Oxalate gegen Permanganat im sauren Medium vorgeschlagen. Während *Ephedrin* u. *Pseudoephedrin* im neutralen Medium leicht oxydiert werden, werden ihre Sulfate, die sich beim Zufügen von verd. $H_2SO_4$ (1:100) zur wss. Lsg. der Alkalioxalate bilden, durch 0,1 n $KMnO_4$-Lsg. nicht oxydiert. Die ersten Tropfen der $MKnO_4$-Lsg. reagieren sehr langsam mit der Oxalsäure, doch, wenn sich durch die Rk. genügend $Mn^{2+}$-Ionen in der Lsg. gebildet haben, geht die Rk. bei 60° fast momentan vor sich. Best. der Ephedraalkaloide: Das Alkaloidgemisch wird mit einer 2%ig. Oxalsäure-Lsg. bis zur neutralen Rk. (Lackmus) versetzt, bis zur völligen Lsg. der Alkaloide erwärmt, daraufhin so lange im Kühlschrank stehen gelassen, bis das Oxalat des Ephedrins ganz auskrist. ist, das Oxalat abfiltriert (im Filtrat befindet sich Pseudoephedrinoxalat), auf dem Filter in verd. $H_2SO_4$ gelöst, die Lsg. auf 80—90° erwärmt u. unter starkem Schütteln mit 0,1 n. $KMnO_4$-Lsg. bis zum Verschwinden der Färbung titriert. Die Lsg. des Pseudoephedrinoxalats wird ebenso titriert. E. Steinberg. G 3500□

**Oxidimetrische Bestimmung von Indigo mit Kaliumjodat.** G. Gopala Rao und N. Venkateswara Rao. (Acta chim. Acad. Sci. hung. **26.** 489—94. 1961. Waltair, India, Andhra Univ., Dep. of Chem.) (Engl.)

Die Best. von Indigo erfolgt in schwefelsaurer Lsg. durch Zugabe von $KJO_3$-Maß-Lsg. u. NaCl-Lsg., Stehen bei zum Verschwinden der blauen Farbe, Versetzen mit KJ u. Titration des ausgeschiedenen $J_2$ mit Thiosulfat. W. Hampel. G 3550□

**Mikroanalytische Trennung von Steroiden durch Gaschromatographie.** C. C. Sweeley und E. C. Horning. (Nature [London] **187.** 144—45. 9/7. 1960. Bethesda, Md., National Heart Inst., Labor. of Chemistry of National Products.) (Engl.)

Unter Verw. von mit Äthylenglykolisophthalsäurepolyester überzogenem Celit als fester Trägerphase gelingt die gaschromatograph. Trennung (Trägergas Ar, Säulen-Temp. 220—280°) kleiner Proben (50 $\mu$g) Steroidgemische. Getrennt wurde das Gemisch *Androstan* + *Androstanon-(17)* + *Cholesterinmethyläther* + *Cholestanolmethyläther* + *Cholestanon* + *Androstandion-(3.17)* + *$\Delta^4$-Androstendion-(3.17)*. Die feste Trägerphase eignet sich auch zur Trennung von Methylestern langkettiger gesätt. u. ungesätt. Fettsäuren. Die Trennung der Methylester der Öl- u. Stearinsäure erfolgt jedoch nicht quantitativ. U. Uhlich. G 3700□

**Über die Chromatographie der Eiweißstoffe auf Calciumphosphatgel.** Je. Ss. Sujewa, L. S. Markossjan und N. I. Prosskurjakow. (Биохимия [Biochemie] **26.** 209—11. März/April 1961. Moskau, Lomonossow-Univ., Lehrstuhl für Biochem. der Pflanzen; Bach-Inst. für Biochem. der Akad. der Wiss. der UdSSR.) (Russ., Auszug: Engl.)

*Eialbumin, Serumalbumin* u. *Weizenalbumin* (I) wurden nach Tiselius (vgl. C. **1957.** 7456) auf Säulen mit $Ca_5(PO_4)_3OH$ durch stufenweise Eluierung mit Phosphatpuffer allmählich steigender Konz. fraktioniert. Es zeigte sich, daß bei I die Aktivität der $\beta$-Aktivität nur in einer geringen Zahl von Fraktionen konzentriert ist u. in den übrigen Fraktionen völlig fehlt. So ist diese Aktivität in der 7. Fraktion 16,5mal höher als in der Ausgangsprobe. O. Lebtag. G 4070□

**Nachweis der Nucleinsäurekomponenten nach der kombinierten Methode der Elektrodialyse und der Rundpapierchromatographie.** Je. K. Alimowa, G. D. Bolgowa und A. T. Asstwatzaturjan. (Биохимия [Biochemie] **26.** 221—24. März/April 1961. Rostow a. Don, Med. Inst., Lehrstuhl für Biochem. u. Lehrstuhl für Pharmakol.) (Russ.; Auszug: Engl.)

Am Beispiel von *Ribonucleinsäure* (I) u. *Desoxyribonucleinsäure* (II) beschreiben Vff. die Trennung der Hydrolysate mittels Elektrodialyse in Purin- u. Pyrimidinbasen sowie in die Kohlenhydratfraktion. Die Unters. der so erhaltenen Fraktionen erfolgt nach der Meth. der Rundpapierchromatographie. Das Verf. ermöglicht ein Arbeiten mit 2,5 mg I oder II u. mehr. O. Lebtag. G 4090□

## d) Medizinische und toxikologische Analyse

**Eine exakte und rasche komplexometrische Serum-Kaliumbestimmung.** W. Herbinger und W. Hubmayer. (Klin. Wschr. **38.** 822—24. 15/8. 1960. Linz, Allg. öffentliches Krankenh., inn. Abt. und Zentrallabor.) (Dt.)

Beschreibung einer komplexometr. Best. des Serum-*K* in Analogie zur komplexometr. Ba- u. Ca-Best.; der Zeitbedarf für eine Analyse beträgt ca. 25—30 Min., serienmäßig lassen sich 6 Best./Std. durchführen. U. Tausendfreund. 5728□

**Die Schnellbestimmung der Serumlipoide.** 3. Mitt. W. Weigel. (Pharmazie **12.** 612—13. Sept. 1957. Berlin, Univ., Charité, II. Med. Klinik.) (Dt.) — 1. vgl. C. **1957.** 7135; — 2. vgl. Fette, Seifen, Anstrichmittel **58.** [1956.] 1038.

Zur Best. der Serumlipoide wird 0,2 ml Serum mit 6 ml Extraktionsgemisch (A. + Chlf. 3:1) gemischt u. zum Sd. erhitzt. Nach Erkalten wird auf 10 ml aufgefüllt u. 5 ml dieser Lsg. werden eingedampft. Der Rückstand wird in 1 ml PAe. aufgenommen, 5 ml *Aceton* (I) werden zugegeben u. auf 1 ml eingedampft. Dann fügt man 7 ml I-$CaCl_2$-Lsg. (I wasserfrei, mit $CaCl_2$ gesätt.) zu u. hält 1 Std. bei 4°, wobei sich die P-Lipoide abscheiden. Nach dreimaligem Reinigen des Nd. mit derselben Lsg. u. Zentrifugieren wird nach Vakuumtrocknung mit 3 ml konz. $H_2SO_4$ (II) u. 0,5 ml 10%ig. $CH_2O$-Lsg. versetzt u. 60 Min. im sd. Wasserbad erhitzt, gekühlt, mit 3 ml II verd. u. in 0,5 cm-Küvette mit Filter S 43 (Pulfrich-Photometer) photometriert. Faktor auf Phosphatidmenge, berechnet als Lecithin, 1,443. Die Eichkurve kann z. B. mit Stearinsäure hergestellt werden. Ph. Fresenius. 5728

**Elektrophoretische Untersuchungen des Hämoglobins von gealtertem menschlichen Blut und der Maceration von Flecken menschlichen Blutes.** M. Muller, G. Fontaine, P.-H. Muller und A. Gourguechon. (Rev. franç. Études clin. biol. **6.** 177—81. Febr. 1961. Lille, Inst. de Méd. légale, Labor. d'immunochimie.) (Franz.)

Bei der Papierelektrophorese läuft *Hämoglobin* (I) von 2 Jahre alten Blutflecken (BF) rascher als I von 2 Jahre lang bei 4° eingelagertem Blut u. dieses rascher als frisches. Diese Reihenfolge ist bei der Agar-Gel-Elektrophorese gerade umgekehrt. Die Unterschiede werden auf chem. Veränderungen von I (Umwandlung in Sulfhämoglobin) zurückgeführt. Ein Teil von I aus gealtertem Blut u. aus BF wird in Methämoglobin (II) umgewandelt, das auf Papier etwas langsamer läuft als frisches I. Eine Fraktion dieses II reagiert mit Serumalbumin unter Bldg. eines Methämalbuminkomplexes.

K. ZINGRAF. 5762 □

---

**Bacto-Strip Akt.-Ges.**, Zollikon-Zürich, Schweiz, übert. von: **Friedrich Josef Förg**, München, *Durchführung bakteriologischer Arbeiten.* (**A. P. 2 904 474** vom 26/9. 1955, ausg. 15/9. 1959. D. Prior. 4/10. 1954. — **C. 1958.** 9873 [F. P. 1 145 174].)

# H. Angewandte Chemie

## I. Allgemeine chemische Technologie

**Widerstandsgesetze für innen berieselte und gasdurchströmte senkrechte Rohre.** H. Brauer. (Chemie-Ing.-Techn. **32.** 719—25. Nov. 1960. Duisburg-Huckingen, Mannesmann-Forschungsinst.) (Dt.)

Aus den theoret. Beziehungen für das Widerstandsgesetz werden für die verschiedenen Strömungsbereiche einfache Gesetze entwickelt, die es erlauben, das Verh. von Gasströmungen in einem berieseltem, senkrechten Rohr, wie sie bei der Kondensation, Absorption, Rektifikation u. Verdampfung auftreten, zu deuten. Bei der Ableitung wurde vorausgesetzt, daß der Flüssigkeitsfilm eine glatte Oberfläche besitzt. Da diese aber meist wellig ist, hängt die Widerstandszahl auch von einer Rauhigkeitsfunktion ab. Es wird jedoch angenommen, das sich diese Funktion durch dimensionslose Kennziffern bilden läßt. Dadurch würde sich nur der Aufbau der Gleichungen etwas ändern, die Kenngrößen aber würden vollständig zur Beschreibung des Widerstands ausreichen.

M. LASER. 5800 □

**Untersuchung der Wärme- und Stoffbilanz der Apparatur UKGS-100-1 zur Gewinnung von Sauerstoff nach der Claude-Methode.** Józef Roliński und Tomasz Wartanowicz. (Przemysł chem. **39.** 34—42. Jan. 1960. Warszawa, Politechn., Zakł. Fiz. ogoln. „C“, Zakł. Techn. cieplnej.) (Pol.)

Die App. russ. Produktion liefert 130 $Nm^3/h$ 99,6%ig. $O_2$ mit 1,04 $kWh/Nm^3$ Energieverbrauch.

F. URBAN. 5802 □

**Eigenschaften von Bitumen-Überzügen von unterirdischen Stahlrohrleitungen.** F. Baldi. (Metano, Petrolio nuove Energie **12.** 1—6. Jan. 1958. Sesto San Giovanni, A. F. L. Falck, Centro Ric. e Controlli.) (Ital.)

Für eine gleichförmige Verteilung von Bitumen enthaltenden Überzügen auf unterirdischen Rohrleitungen (Gas-, Öl- u. Wasserleitungen) wird eine neue konduktometr. Meth. benutzt. In einem zylinderförigen mit 3%ig. NaCl-Lsg. beschickten Bad wird das zu untersuchende Rohrstück gestellt u. der Widerstand zwischen Rohrwand u. der Wand der Badaußenseite als Elektrode gemessen. Mit diesem Verf. können örtliche Fehlstellen in den Überzügen der im aggresiven u. von Wanderströmen durchflossenen im Boden verlegten Rohrleitungen rasch u. leicht festgestellt werden.

G. PLATZER. 5802 □

**Die Anwendungen der Sonnenenergie.** C. C. Furnas. (J. Solar Energy Sci. Engng. **1.** Nr. 2/3. 68—74. April/Juli 1957. Buffalo, Univ.) (Engl.)

Überblick über die bisherige Verw. der Sonnenenergie u. Diskussion der Möglichkeiten für die Zukunft.

R. JUNGE. 5802 □

**Über hohe Temperaturen und neue Materialien.** Leslie E. Simon. (J. Solar Energy Sci. Engng. **1.** Nr. 2/3. 3—8. April/Juli 1957. Niagara Falls, N.Y., Carborundum Co., Res. and Dev.) (Engl.)

Übersicht über die heute verfügbaren hochtemperaturfesten Materialien. Die Probleme, die bei ihrer Entw., Prüfung u. Anwendung auftreten, werden diskutiert.

R. JUNGE. 5804 □

**Materialien und Oberflächen für Sonnenöfen.** Ralph H. Wight. (J. Solar Energy Sci. Engng. **1.** Nr. 2/3. 84—93. April/Juli 1957. Pittsburgh, Ra., J. W. Fecker, Inc.) (Engl.)

Auf Grund von Reflexions- u. Durchlässigkeitsmessungen bei verschiedenen Wellenlängen, teils aus bekannten Daten, folgt, daß ein durch farbloses Tafelglas geschützter Ag-Spiegel höheren Wrkg.-Grad hat als ein ungeschützter u. dieser einen höheren als

ein mit Quarz überzogener Al-Spiegel. Es wird unter Annahme einer 15%ig. Beschattung durch Einbauten der Wrkg.-Grad einiger aus verschiedenem Material hergestellten Sonnenöfen berechnet u. Formeln zur Berechnung des Wrkg.-Grades gegeben.
R. Junge. 5804□

**Industrielle Betrachtungen über Sonnenöfen.** Frank E. Edlin. (J. Solar Energy Sci. Engng. **1.** Nr. 2/3. 52—54. April/Juli 1957. Wilmington, Del., E. I. du Pont de Nemours & Co., Engng. Dep.) (Engl.)

Sehr gut konstruierte Sonnenöfen sind für Forschungszwecke wegen der erzielbaren hohen Temp. wünschenswert. Für industrielle Zwecke muß mit Investitionen von 150 bis 200 Dollars pro sq. ft. Reflektoroberfläche gerechnet werden. Als Kraftquellen sind Sonnenöfen nur konkurrenzfähig, wenn die Reflektorkosten 1—2 Dollars pro sq.ft. nicht überschreiten, was wahrscheinlich durch Verw. glasfaserverstärkter Polyesterharze realisierbar sein wird. R. Junge. 5812□

**Sonnenöfen und ihre Anwendungen.** Félix Trombe. (J. Solar Energy Sci. Engng. **1.** Nr. 2/3. 9—15. April/Juli 1957. Paris, Centre National la Recherche Scientifique.) (Engl.)

Bei dem in Montlouis im Bau befindlichen 1000 kW-Sonnenofen werden 62 einzelne 6 m × 7 m große Reflektoren, zusammengesetzt aus 50 cm × 50 cm großen Ag-hinterlegten Glasspiegeln, durch je 4 Photozellen gesteuert. Der Hohlspiegel von ca. 54 cm Ø ist ähnlich wie der des 70 kW-Ofens gebaut. Sein unterer Teil ist abgeschnitten u. seine Aufstellung gegenüber der Vertikalen leicht geneigt. Der drehbare Ofen gestattet u. a., Schmelztiegel aus $Al_2O_3$, $SiO_2$ oder Mullit bei ca. 2000° herzustellen u. darin dann bei ca. 1500—1600° Metalle (in 80 kg-Chargen) zu schmelzen oder chem. Rkk. an Mineralien (100 kg) durchzuführen. Die Wirtschaftlichkeit wird etwa der von Bogenöfen entsprechen u. besser sein als die von Hochfrequenzöfen. R. Junge. 5812□

**Neuere sowjetische Forschungen auf dem Gebiet der Verdampfung.** J. Jackson. (Brit. chem. Engng. **5.** 270—73. April 1960.) (Engl.)

Übersicht über 3 sowjet. Veröffentlichungen über Verdampfer in chem. Anlagen.
Gerhard Günther. 5816□

**Die Einwirkung einiger Netzmittel auf die Zerstäubung von Kalkstein und Quarz.** A. Z. Frangiskos und H. G. Smith. (Progr. Mineral. Dressing [Stockholm] **1957.** 67—84. 1958. Athen u. Leeds, Univ., Mining Dep.) (Engl.)

Unterss. über den Einfl. von Netzmitteln auf die Zerstäubung von Kalkstein (in Ggw. von NaOH- u. $Na_2CO_3$-Lsg.) u. Quarz (in Ggw. von $AlCl_3$- u. $CuSO_4$-Lsg.) zeigen, daß die Zerkleinerung chem. Aspekte aufweist. Wenn Kristalle, die durch Valenzbindungen zusammengehalten werden, zerbrechen, werden die elektr. Restkräfte durch die in der umgebenden Phase anwesenden Stoffe kompensiert. Auf diese Weise wird der Bruch von Gesteinen unterstützt, indem die Wiedervereinigung der sofort gebildeten Bruchflächen verhindert wird. — Diskussion. W. Wesly. 5820□

**Kationenaustauschharze vom schwach sauren Typ.** E. Virasoro. (Rev. Fac. Ing. Quím. **27.** 91—98. 1958.) (Span.)

Es werden 2 Typen von schwach sauren Kationenaustauschharzen untersucht. Typ A wird durch 2-stufige Polykondensation erhalten: in der 1. Stufe wird Salicylsäure in saurem, schwach saurem oder alkal. Medium mit $CH_2O$ unter teilweiser Bldg. von 2-Hydroxy-3.5-bis-[hydroxymethyl]-benzoesäure kondensiert u. in der 2. Stufe das erhaltene Prod. in alkal. Medium mit Phenol u. $CH_2O$ weiterkondensiert u. das Harz in der Na-Form verschieden lange auf 140—150° erhitzt. Zur Herst. von Typ B werden in ein Phenol-$CH_2O$-Harz akt. $CH_2COOH$-Gruppen durch Kondensation mit Monochloressigsäure in alkal. Medium eingeführt u. nach Bldg. des Resols erhitzt. Die Austauschkapazität (mÄquivalente/g trockenes Harz) beträgt bei Typ A je nach Herst., 4,5—7,5, bei Typ B 4,5—0,5. Der Quellungsgrad in W. ist in der ionisierten Na-Form größer als in der sauren Form; bei Typ B ist der Unterschied kleiner als bei Typ A.
R. K. Müller. 5826□

**Quellungsgrad des Anionenaustauschers Acuolite A und andere Vergleichseigenschaften.** Enrique Virasoro. (Rev. Fac. Ing. Quím. **27.** 75—89. 1958.) (Span.)

Acuolite A (I) ist ein durch Cokondensation von Phenol u. Polyäthylenpolyaminen mit $CH_2O$ erhaltenes Anionenaustauschharz vom Typ Amberlite IR-4 B mit prim., sek. u. tert. akt. $NH_2$-Gruppen. Der Quellungsgrad S (Vol. des gequollenen I/Trocken-Vol.) in W. beträgt für die OH-Form 1,7, für die Cl-Form 3,1. Die gefundenen Werte für S, Dichte, Gesamtkapazität, Hydratation u. Austauschgeschw. (OH-Form ca. 5,62 mÄquivalente/g in trockenem Zustand) von I werden mit denjenigen von aliphat. Polyaminen (aus Äthylendiamin u. Diäthylentriamin) verglichen. R. K. Müller. 5826□

**Organische Verschmutzung stark basischer Anionenaustauscherharze.** A. L. Wilson. (J. appl. Chem. **9.** 352—59. Juli 1959. Leatherhead Surre, Central Electricity Res. Labor. Randals Farm Lane Kingston Road.) (Engl.)

Es hat sich gezeigt, daß Huminsäuren, wenn sie in Rohwasser von Kraftwerken vorkommen, von den stark bas. Anionenaustauscherharzen einer Mischbettentsalzungsanlage absorpiert werden u. dadurch einen Rückgang der Kapazität nach sich ziehen. Vf. stellte Unterss. an mit dem Ziel, eine Meth. zur Entfernung der Huminsäuren auszuarbeiten. Als Ergebnis dieser Arbeiten wird empfohlen, das verschmutzte Harz period. mit NaCl/NaOH-Lsg. zu regenerieren. Als am vorteilhaftesten erwies sich 2 m NaCl + 1,5 m NaOH. Auch die Verw. weitporiger bzw. schwach vernetzter Harze wirkt einer Verschmutzung entgegen. H. J. Gründel. 5826□

**Beitrag zur Untersuchung der „Differential-Absorption".** I. V. Robu. (Lucrările Inst. Petrol, Gaze Geol. Bucureşti **5.** 125—39. 1959.) (Rum.) — Vgl. C. **1961.** 15148 u. 6266.

Der Massentransport zwischen einer mobilen u. einer stationären Phase unter Berücksichtigung der „Differential-Absorption" wird untersucht. Die Wechselbeziehungen der successiven Differential-Absorptions-Parameter werden abgeleitet u. überprüft. W. Wesly. 5848□

**Industrielle Staubabscheidung.** Gilbert G. Schneider. (Metalurgia y Electr. **24.** 99—106. Dez. 1960.) (Span.)

Übersicht über die hauptsächlichen industriellen Verff. zur Abscheidung von Staub aus Gasen u. über Faktoren, welche beim Bau von Entstaubungsanlagen berücksichtigt werden müssen. Es wird ein Beispiel für eine Zementfabrik u. für eine Sinter-Erzröstungsanlage mit Sinterband gegeben. M. Hagedorn. 5850□

**pH-Regelung für Kühltürme.** Anonym. (Ind. Engng. Chem., int. Edit. **51.** 41A—42A. Aug. 1959.) (Engl.)

Beschreibung der automat. pH-Einstellung im Kühlwasser-Syst. der Raffinerie der Phillips Petroleum Co. in Borger, Texas. Durch Einstellung des pH-Wertes 6 wird erreicht, daß in den Wärmeaustauschern keine alkal. Krusten auftreten. Gerhard Günther. 5858□

**Regelung der thermischen Energie einer Hochtemperaturquelle.** Bertram Bussell, K. G. Lindh, R. D. Kopa und G. E. Gwynne. (J. Solar Energy Sci. Engng. **1.** Nr. 2/3. 75—77. April/Juli 1957. Los Angeles, Univ. of Calif.) (Engl.)

Eine 3 ft. x 5 ft. große, zusammengesetzte Graphitfläche wird direkt mit 300 kW Gleichstrom auf 5000° in einer Muffel aufgeheizt. Nach raschem, hydraul. geregeltem Heraussenken aus der Muffel wird die auf den Vers.-Körper abgestrahlte Energie nach Messung mit Ag-Konstantan-Thermoelementen durch zwischen Strahler u. Probe angeordnete, wassergekühlte, rotierende Al-Lamellen geregelt. R. Junge. 5886□

**Die Unterbringung radioaktiver Abfälle.** W. L. Templeton. (Ind. Chemist **36.** 229—31. Mai 1960.) (Engl.)

Referat über eine von IAEA u. UNESCO einberufene Tagung in Monaco im November 1959. Gerhard Günther. 5894□

---

Visco Products Co., übert. von: Willard H. Kirkpatrik, Sugar Land, Tex., V.St.A., **Oxyalkylierte Hydroxyverbindungen,** bestehend aus Estern, Salzen oder Amiden von oxyalkylierten Hydroxycarbonsäuren bzw. -sulfonsäuren, wobei auf 1—2 Hydroxylgruppen 1—3 Carbonsäure- oder Sulfonsäuregruppen entfallen, mindestens eine Hydroxylgruppe oxyalkyliert ist u. die Oxyalkylgruppen (I) aus Oxypropylen- (**II**) oder aus einem Gemisch von **II** u. Oxyäthylengruppen (**III**) bestehen, wobei weiter mindestens 20 Gewichts-% sämtlicher **I** in den hochmol. Verbb. (**IV**) aus **II** gebildet sind, mindestens 60 Gewichts-% des Molgew. der **IV** den **I** zuzuschreiben sind u. das Molgew. der **I** mindestens 1000 betragen soll, falls die **I** aus einem Gemisch von **II** u. **III** bestehen, u. mindestens 1200, besser noch mindestens 2000, falls die **I** nur aus **II** bestehen. Das Molgew. der **IV** soll 20000 nicht übersteigen. Als Ausgangsmaterial verwendet man z. B. Methylglykolat, Äthyllactat, das Na-Salz der $\beta$-Hydroxybuttersäure, der 12-Hydroxystearinsäure oder das der Citronensäure. Die **IV** dienen zur *Demulgierung von Emulsionen, bes. in der Erdölindustrie.* (**A. P. 2 881 204** vom 13/2. 1953, ausg. 7/4. 1959.) K. Sarre. 5825

Werner Mull und Carl Wildhagen, Braunschweig, **Reinigung von Industriegasen.** Durch Einblasen von selektiv lösenden Fll., wie W., Glykol, $H_2SO_4$ u. $CaCl_2$-Lsg., in Form eines Nebels im Gegenstrom zu den unter Atmosphärendruck in einer Rohrleitung strömenden Gasen kann aus diesen z. B. W., S, $H_2S$ oder $CO_2$ entfernt werden. (**E. P. 820 206** vom 22/8. 1955, ausg. 16/9. 1959. D. Prior. 27/8. 1954.) G. Frikell. 5851

Imperial Chemical Industries Ltd. (Erfinder: Walter Plaut und Geoffrey Lowrie Fairs), **Filter zur Entfernung von Nebeln aus Gasen,** bestehend aus ggf. komprimierten *Fasermatten* aus *Glas-*, *Polyvinylacetat-*, *Polyacrylnitril-*, *Cellulosetriacetat-*, *Nylon-*, *Polyesterfasern* oder dgl., die mit einem *Siliconüberzug*, z. B. erhalten durch Hydrolyse von *Methylchlorsilan*, versehen worden sind. Filterkörper aus thermoplast. oder aus Glasfasern können durch Hitze- u. Druckanwendung räumlich fixiert u. dann mit dem Siliconüberzug versehen worden sein. (**Aust. P. 221 611** vom 26/11. 1957, ausg. 11/6. 1959. E. Prior. 28/11. 1956.) H. Möllering. 5851

---

**Seitz-Werke Theo & Geo Seitz,** Bad Kreuznach, *Filtermittel.* (**Oe. P. 211 328** vom 11/9. 1958, ausg. 10/10. 1960. D. Prior. 14/9. 1957. — C. **1960.** 15520 [F. P. 1 202 495].)

**Hans Karl Müller,** Männedorf, Schweiz, *Abtrennen von Feststoffen aus Flüssigkeiten.* (**Schwz. P. 343 366** vom 28/10. 1955, ausg. 15/2. 1960. Zusatz zu Schwz. P. 333 492; C. 1959. 13596. — C. **1960.** 5931 [F. P. 1 154 174].)

**Yarrow & Co. Ltd.,** Glasgow (Erfinder: **Robert Emond Liddel,** Coatbridge, Lanarkshire), England, *Filtrieren von Flüssigkeiten mittels mehrerer parallel geschalteter Filterkammern.* (**D. A. S. 1 063 122** Kl. 12d vom 4/9. 1956, ausg. 13/8. 1959. **F. P. 1 170 172** vom 7/9. 1956, ausg. 12/1. 1959. Beide E. Prior. 8/9. 1955. — C. **1959.** 2578 [E. P. 794 446].)

**Süddeutsche Kalkstickstoff-Werke Akt.-Ges.,** Trostberg, *Trennen von Feststoffen aus Gasen.* (**It. P. 513 156** vom 9/12. 1953. — C. **1959.** 585 [E. P. 761 999].)

**Universal Oil Products Co.,** V.St.A., *Extraktion von Aromaten.* (**F. P. 1 189 889** vom 10/12. 1956, ausg. 7/10. 1959. — C. **1960.** 10352 [E. P. 806 421].)

**N. V. Philips' Gloeilampenfabrieken** (Erfinder: **Alewijn Verboon**), *Radioaktive Strahlenquelle.* (**Aust. P. 221 589** vom 15/3. 1957, ausg. 11/6. 1959. Holl. Prior. 17/3. 1956. — C. **1958.** 13873. [D. A. S. 1 027 810].)

**Badische Anilin- & Soda-Fabrik Akt.-Ges.,** Deutschland, *Herstellung sehr fein verteilter fester Stoffe.* (**F. P. 70 664** vom 26/11. 1956, ausg. 5/6. 1959. D. Prior. 2/12. 1955. Zusatz zu F. P. 1 109 779; C. 1959. 12024. — C. **1959.** 16753 [E. P. 796 647].)

**N. V. de Bataafsche Petroleum Mij.,** Holland, *Wärmezufuhr für ein Bett fein verteilter feuerfester Stoffe durch Verbrennung brennbarer Flüssigkeiten.* (**F. P. 1 190 074** vom 18/11. 1957, ansg. 9/10. 1959. Holl. Prior. 20/11. 1956. — C. **1959.** 9694 [D. A. S. 1 041 474].)

## II. Betriebsschutz. Feuerschutz

**Gesundheitsschädliche Faktoren in den Flachs- und Hanfröstereien.** Kazimierz Aścik. (Przegląd włókienniczy **14.** 189—92. April 1960.) (Pol.)
Übersicht über mikrobiolog., chem. u. techn. bedingte Gefahren. F. Urban. 5932□

**Die Gefahren von Sprengladungen beim Mehrfachsprengen von Kohle.** John Nagy, Irving Hartmann, Edward N. Kawenski und Robert W. Van Dolah. (U.S. Dep. Interior, Bur. Mines, Rep. Invest. **1960.** Nr. 5613. 1—23.) (Engl.)

Es wurden Unterss. angestellt hinsichtlich der verschiedenen Faktoren, die zu einer Gasentzündung durch eine Sprengladung führen können. Die Verss. haben ergeben, daß, wenn sich das Gas unter bestimmten Bedingungen auch entzünden kann, die Wahrscheinlichkeit der Entzündung unter normalen Bergwerksbedingungen jedoch gering ist. Die Verw. der zulässigen Sprengstoffe, der verhältnismäßig kurze Zeitabstand beim Sprengen benachbarter Bohrlöcher, das Sprengen bis zu einem 6-Zoll-Schnitt u. die entsprechende Sorgfalt beim Anbringen der Löcher gewährleisten sichere Sprengung u. sind im Bergwerkbetrieb allg. üblich. Die Verss. haben auch gezeigt, daß das Gewicht der Ladung kein prim. Faktor zur Entzündung des Gases ist. Die erstickende Wrkg. einer ersten Ladung auf die Zündwrkg. einer zweiten wurde in bes. Verss. bestätigt. F. Rosendahl. 5936□

**Mechanismus des Löschens von brennenden Flüssigkeiten durch Wasserbesprühung.** D. J. Rasbash, Z. W. Rogowski und G. W. V. Stark. (Combust. and Flame **4.** 223—234. Sept. 1960. Boreham Wood, Fire Res. Stat., Dep. of Sci. and Ind. Res. and Fire Off. Comm. Joint Fire Res. Organiz.) (Engl.)

Die Verss. über das Löschen von brennenden Fll. mit Hilfe von Wasserbesprühung wurde in einem Gefäß von 30 cm Ø durchgeführt. Die Leichtigkeit des Löschens hängt ab a) von der Art der Fl., b) der Zeit zwischen Anzünden u. Löschen, c) der Wassertröpfchengröße, d) der Richtung des Wassersprühers. Fll. wie Kerosin oder A. konnten gut gelöscht werden, obwohl in einigen Fällen etliche Zeit dazu erforderlich war. Bei Fll. wie Petroleum oder Bzl. hing der Löscherfolg vor allem davon ab, ob Flammen nahe der brennenden Oberfläche gebildet wurden; die stabilen Flammen konnten nur gelöscht werden, wenn seit Brennbeginn nicht mehr als 6—10 Sek. verflossen waren u. die Sprührichtung horizontal über das Feuer erfolgte. Die Wassertröpfchengröße war ausschlaggebend; je kleiner die Tröpfchen, desto kürzer die Löschzeit.
G. Talsky. 5944□

## III. Elektrotechnik

**Über die Möglichkeit einer Antibiotica-Anwendung zum Schutz der äußeren Faserhüllen von unterirdischen Kraftstromkabeln gegen die Zerstörung durch Mikroorganismen.** N. A. Krassilnikow, R. A. Shukowa und W. B. Jaschisch. (Микробиология [Mikrobiologie] **29.** 446—50. Mai/Juni 1960. Moskau, Inst. für Mikrobiol. der Akad. der Wiss. der UdSSR.) (Russ.; Auszug: Engl.)

Gegen Cellulose zersetzende Mikroorganismen wirken am stärksten Biomycin, Streptomycin, Terramycin u. Vivusin 1609 u. die Kultur-Fll. von Actinomyces vimosus, Act. lavendulae u. Act. fluorescens. Die Antibiotica wurden in wss. Lsg. in einer Konz. von 1 mg/ml verwendet. Die Verss. wurden unter aeroben u. anaeroben Bedingungen durchgeführt. K. Sattler. 5956□

**Zukünftige Aufgaben der technischen Entwicklung auf dem Gebiet der elektrochemischen Stromquellen.** Hans Bode. (Chemie-Ing.-Techn. **33.** 99—102. Febr. 1961. Frankfurt/M., Zentrallabor. Accumulatorenfabrik.) (Dt.)

Die Abweichungen der idealen u. realen Zellen werden diskutiert. Dann werden die Anforderungen an ortsfeste wie bewegliche Stromquellen zusammengestellt: Spannung, Energiedichte, Wartung, Lebensdauer, Lagerfähigkeit, Temp-Verh., mechan. Stabilität, Zuverlässigkeit, Wrkg.-Grad, Kosten. Die Fortentw. der üblichen Batterien wie Anfertigungen für Spezialzwecke werden behandelt. Auf die Überwindung der Hemmungen im Elektrolyten, in der Doppelschicht u. in der Elektrode wird eingegangen. M. Wiedemann. 5970□

**Untersuchung der Technologie von Erdalkalisulfid-Luminophoren mit langem Nachleuchten.** T. A. Krassnowa. (Известия Академии Наук СССР, Серия Физическая [Nachr. Akad. Wiss. UdSSR, physik. Ser.] **23.** 1376—78. Nov. 1959.) (Russ.)

Die Herst. der Luminophore kann ausgeführt werden durch 1. Durchsetzen der Charge mit $SrCO_3$ u. S (mit anschließender Bldg. von SrS) oder 2. Durchsetzen der Charge mit vorher gebildetem SrS (Herst. durch Überleiten von $H_2S$ über $SrCO_3$ bei 850—900°). Der SrS-Geh. der erhaltenen Präpp. schwankt zwischen 95 u. 98%. Die Charge wird trocken vorbereitet, die Komponenten in der Kugelmühle vermischt u. anschließend gesiebt. Bi u. Cu werden als Aktivatoren in wss. Lsg. zugesetzt, danach wird die Charge bei 100° getrocknet. — Das Maximum der charakterist. Strahlung liegt im Gebiet von 480 m$\mu$. In einer tabellar. Übersicht wird das Auslöschen der Luminescenz in Abhängigkeit von der Temp. angegeben. — Unter dem Einfl. der Luftfeuchtigkeit zersetzen sich die Luminophore hydrolytisch. Zum Schutz werden Lacke auf Grundlage von Kunstharzen, Plaste u. Emaille verwandt. Vff. beschreiben die Änderung der Nachleuchthelligkeit von mit Melaminformaldehydlack, Polybutylmetacrylatlack u. Plasten auf der Grundlage von Polyäthylen behandelten Luminophoren. Vff. stellen die Überlegenheit der beschriebenen Luminophore gegenüber denen der Marke FKP-03-K in bezug auf Helligkeit u. Nachleuchtdauer fest. D. Hoene. 5974□

**Neue Konstruktion einer Elektronenröhre mit negativem Widerstand.** V. Orlinov. (Доклады Болгарской Академии Наук [C. R. Acad. bulg. Sci.] **10.** 273—76. Juli/Aug. 1957. Bulgar. Akad. der Wiss., Physikal. Inst.) (Dt.)

Vf. beschreibt eine neuartige Elektronenröhre mit negativem Widerstand, die nach dem von Rothe u. Kleen (Die Bedeutung der Elektronenoptik in der Technik der Verstärkerröhre, Z. techn. Physik **XII.** [1936.] 635) vorgeschlagenen elektronenopt. Prinzip der Stromverteilung arbeitet. Der Minimalwert des mittleren negativen Widerstandes der vorgeschlagenen Röhre ist 9,50 k$\Omega$, dürfte sich jedoch durch Verbesserung der Fokussierung noch wesentlich verringern lassen. D. Jörchel. 5974□

**Die technische Bedeutung der Abscheidespannung bei der elektrolytischen Gewinnung von Wasserstoff und Sauerstoff.** Alarich von Pichler. (Chemie-Ing.-Techn. **33.** 95—98. Febr. 1961. Duisburg, Demag Elektrometallurgie.) (Dt.)

Die Anteile der Spannung bei der elektrolyt. Zers. von W. zur Gewinnung von $O_2$ u. $H_2$, reversible Spannung der Knallgaskette, Überspannung u. Badspannung werden erörtert. Die Meth. zur Herabsetzung, was eine Verringerung der aufzuwendenden Energie bedeuten würde, werden erwähnt, auf die Vergrößerung der Oberflächen wird ausführlich eingegangen auch unter Beachtung der wirtschaftlichen Seite. Ferner werden Energie u. Wärmeverteilung in der Zelle diskutiert. M. Wiedemann. 5992□

---

N. V. Philips' Gloeilampenfabrieken, Eindhoven (Erfinder: Gerard Heinrich Jonker, Gerard Willem van Oosterhout, Geldrop, und Jan Heinrik van Santen, Eindhoven), Holland, **Gesinterter elektrischer Widerstand** mit

*Perowskit*-Struktur. Das leitende Material besteht im wesentlichen aus oxyd. Verbb. von Fe u./oder Cr, in welchen diese Metalle sowohl in 3- als auch in 4wertiger Form enthalten sind u. ggf. anwesendes Mn ausschließlich in 4wertiger Form vorliegt. Vgl. F. P. 1 126 683; C. **1958.** 12212. (**Holl. P. 95807** vom 26/6. 1954, ausg. 15/11. 1960.) F. BÖHM. 5955

Montecatini Soc. Gen. per l'Industria Mineraria e Chimica und Karl Ziegler (Erfinder: Marco Ferrari und Aldo Fior), **Isolieren von elektrischen Kabeln** mit einer z. B. 2 mm dicken Schicht von Polypropylen (Molgew. 100000); im Vgl. mit Polyäthylen oder Guttapercha werden größere Leichtigkeit, Biegsamkeit u. mechan. Festigkeit der Kabel, auch bei höherer Wärmebeanspruchung, erzielt. (**Aust. P. 221 103** vom 29/10. 1957, ausg. 30/4. 1959. It. Prior. 2/11. 1956.) K. DEMMLER. 5957

Elektroisola, Národní Podnik (Erfinder: Josef Ruzicka und Bohumil Martinec, Kolin), Tschechoslowakei, **Herstellung von Glimmerplatten** zur *elektr. Isolierung* aus Abfallglimmer. Nach dem Erhitzen, z. B. auf 880° während 10 Min., werden die Teilchen kurzfristig, z. B. 15 Min., in einer 5% ig. wss. Zucker-Lsg. eingeweicht u. wieder getrocknet. Nach Zusatz von Hefezellen in feuchter Atmosphäre erfolgt, bedingt durch das bei der Gärung entwickelte $CO_2$, eine Trennung der einzelnen Glimmerschichten. Da sich alle Rückstände leicht entfernen lassen, können die natürlichen Bindekräfte bei der Herst. von Formkörpern aus einer wss. Suspension des aufgeschlossenen Materials gute mechan. Festigkeit u. hohe Isolierwerte bewirken. (**E. P. 852 645** vom 20/12. 1957, ausg. 26/10. 1960. Tschech. Prior. 4/1. 1957.) G. FRIKELL. 5957

Reynolds Metals Co., Richmond, Va. (Erfinder: Clarence F. Manning, Harrods Creek, Thomas E. Lewis jun. und John Staley, Loiusville, Ky.), V.St.A., **Aluminiumfolien für elektromagnetische Wicklungen.** Streifen von Al-Folie werden zunächst mechan. von den Rauhigkeiten an den Schneidkanten befreit, dann in einer aus $H_3PO_4$ u. einer verhältnismäßig geringen Menge $HNO_3$ bestehenden wss. Lsg. bei 65,5—104,4° chem. poliert u. schließlich bei 2,69—3,23 A/dm² während 6—13 Min. in einem Bad aus 15—18% ig. $H_2SO_4$ bei normaler Temp. anod. oxydiert. (**D. A. S. 1087867** Kl. 48a vom 8/2. 1956, ausg. 25/8. 1960. A. Prior. 9/2. 1955.) G. FRIKELL. 5957

N. V. Philips' Gloeilampenfabrieken (Erfinder: Evert Willem Gorter, Gerald Heinrich Jonker, Henricus Petrus Johannes Wijn und Johannes Antonius Schulkes), **Ferromagnetisches Material.** Ein Gemisch aus $BaCO_3$, $Fe_2O_3$ u. $CoCO_3$, entsprechend der Summenformel $Ba_3Co_2Fe_{24}O_{41}$, wird in Ggw. von A. in der Kugelmühle vermahlen, bei 1000° an der Luft vorgesintert, wieder in Ggw. von A. gemahlen, getrocknet u. nach Zusatz einer Bindemittel-Lsg. tablettiert. Die Tabletten werden in $O_2$-Atmosphäre bei 1280—1300° gesintert. — Andere geeignete Gemische zeigen die Summenformeln: $Ba_3Co_{0,65}Zn_{1,35}Fe_{24}O_{41}$; $Ba_3Co_{0,5}Zn_{1,5}Fe_{24}O_{41}$; $Ba_3Zn_2Fe_{24}O_{41}$; $Ba_3Mg_2Fe_{24}O_{41}$ u. $Ba_3Ni_2Fe_{24}O_{41}$. (**Aust. P. 221 806** vom 13/5. 1957, ausg. 25/6. 1959. Holl. Prior. 16/5. u. 21/9. 1956.) H. MÖLLERING. 5959

Karl Heinz Vogt, Düsseldorf (Erfinder: Walter Trinks, Rhöndorf bei Königswinter), **Herstellung negativer Großoberflächenelektroden für Bleiakkumulatoren,** bes. solcher, bei denen der Träger der akt. Masse aus Fasern oder Fäden eines Materials besteht, die nicht an den elektrochem. Prozessen teilnehmen, wobei man von formierten positiven Großoberflächenelektroden ausgeht u. diese auf elektrolyt. Weg zu negativen Großoberflächenelektroden red., dad. gek., daß die elektrolyt. Red. unter Anwendung eines feinverteilte Kohlenstoffteilchen enthaltenden Elektrolyten durchgeführt wird, oder daß man eine Kohlenanode anwendet, die während der elektrolyt. Red. in dem Elektrolyten feinverteilte Kohlenstoffteilchen bildet. (**D. A. S. 1 105 931** Kl. 21b vom 28/1. 1960, ausg. 4/5. 1961.) F. LAASS. 5971

N. V. Philips' Gloeilampenfabrieken (Erfinder: Salomon Boone), **Herstellung von großoberflächigen Tantal- oder Niobelektroden für elektrische Sammler,** indem der bes. aus demselben Metall bestehende Kern mit einem Hydrid dieser Metalle, z. B. durch Elektrophorese, überzogen u. in inerter Atmosphäre oder im Vakuum erhitzt wird, wobei sich eine poröse gesinterte Metallschicht bildet. (**Aust. P. 219 642** vom 27/3. 1958, ausg. 5/2. 1959. Holl. Prior. 30/3. 1957.) K. DEMMLER. 5971

Comp. de Saint-Gobain (Erfinder: Jean André Paymal), Neuilly-sur-Seine, Frankreich, **Strahlungsdosimeter** aus Mn-haltigem Glas enthält weitere, teils stabilisierende, teils sensibilisierende Komponenten aus der Gruppe Fe, Sn, V u. Cr; Beispiel: 0,3—3 (Gewichts-%) Mn als MnO, 0,05—0,3 Fe als $Fe_2O_3$, 0,5—4 Sn als $SnO_2$. (**D.A.S. 1 102 299** Kl. 21g vom 1/6. 1959, ausg. 16/3. 1961. F. Prior. 2/6. 1958.) H. KESSEL. 5979

Auergesellschaft Akt.-Ges. (Erfinder: Friedrich Klauer), Berlin, **Strahlungsmeßgerät.** Hinter einer Aussparung eines durch die Strahlung erregten Leuchtschirms sind auf einer strahlendurchlässigen Drehscheibe mit verschiedener konst.

Helligkeit fluorescierende Vergleichsfelder angeordnet. (**D. B. P. 948 344** Kl. 21g vom 27/8. 1954, ausg. 30/8. 1956. Anmeldung bekanntgemacht 1/3. 1956.) H. KESSEL. 5979

Heinz Maier-Leibnitz, München, **Strahlungsmeßgerät** zum selektiven Nachweis einer bestimmten Art oder einer bestimmten Energie einer Strahlung, die mit einem Stoff quantenhaft in Wechselwrkg. tritt u. an Hand von Lichtemission nachgewiesen wird. Es ist mindestens je ein aus dem genannten Stoff (z. B. Polystyrol–Anthracen) bestehendes Nachw.-Element **A** u. mindestens je ein derartiges Nachw.-Element **B** vorgesehen, von denen jeweils mindestens eine Dimension klein gegen die anderen u. so bemessen ist, daß sie auch klein gegen die Reichweite einer zusammen mit der nachzuweisenden Strahlung auftretenden Störstrahlung ist. Die Nachw.-Elemente **A** u. **B** sind zu Gruppen zusammengefaßt, die in Antikoinzidenz geschaltet sind. (**D. A. S. 1 016 852** Kl. 21g vom 17/3. 1955, ausg. 3/10. 1957.) H. KESSEL. 5979

Bernhard Heß, Regensburg, **Röntgen- und γ-Strahlenmessung** mit Hilfe des Unterschieds des äußeren Photoeffekts verschiedener Stoffe. Ein poröser Körper (z. B. aus Be, C, W, Ta, Pb, Mo, Au oder Ag) mit großer Oberfläche, z. B. mit offenen Poren, ist außen u. in den Poren mit einer Isolierschicht (z. B. aus einem Lack oder einer isolierenden Verb. des Materials des porösen Körpers) versehen, auf die ein Stoff mit einem von dem porösen Körper abweichenden äußeren Photoeffekt aufgebracht ist. Die beiden elektr. voneinander isolierten, in sich aber elektr. kurzgeschlossenen Stoffe (Elektroden) sind mit einem Strommesser oder einem Elektrometer verbunden. (**D. A. S. 1 097 047** Kl. 21g vom 16/7. 1959, ausg. 12/1. 1961.) H. KESSEL. 5979

Sprague Electric Co., North Adams, übert. von: Preston Robinson, Williamstown, Mass., V.St.A., **Bildung von Oxydschichten auf Tantal- und Niob-Folien** als Dielektrikum zur Verwendung als Anoden für Elektrolytkondensatoren. Die Folien werden zunächst zwischen 500 u. 2000° in $H_2$ erhitzt, die hierdurch aufgerauhte Oberfläche wird dann im Vakuum bei erhöhter Temp. (350°) entgast u. dann oxydiert. (**A. P. 2 917 419** vom 6/3. 1958, ausg. 15/12. 1959.) H. BAUR. 5983

---

**LICENTIA Patent-Verwaltungs-G. m. b. H.**, Hamburg, *Herstellung von Halbleitern.* (**E. P. 852 550** vom 13/3. 1958, ausg. 26/10. 1960. D. Prior. 13/3. 1957. — C. **1960.** 10710 [D. A. S. 1 064 483].)

**Montecatini Soc. Gen. per l'Industria Mineraria e Chimica**, Mailand, Italien, *Widerstandskörper.* (**Ind. P. 57 632** vom 15/6. 1956, ausg. 16/12. 1958. — C. **1960.** 254 [F. P. 1 146 052].)

**Westinghouse Electric Corp.**, übert. von: **Herbert F. Minter** und **Newton C. Foster**, Pittsburgh, Pa., V.St.A., *Elastische Polyester-Formmasse.* (**A. P. 2 871 420** vom 21/12. 1953, ausg. 27/1. 1959. — C. **1959.** 15799 [Jap. A. S. 1391/1958].)

**Union Carbide Corp.**, New York, N.Y., V.St.A., *Scheider für galvanisches Primärelement.* (**Ind. P. 58 218** vom 22/8. 1956, ausg. 28/8. 1958. Can. Prior. 9/4. 1956. — C. **1959.** 10365 [D. A. S. 1 046 710].)

**Union Carbide Corp.**, New York, N.Y., V.St.A., *Separatoren.* (**Ind. P. 58 340** vom 5/9. 1956, ausg. 21/8. 1958. Can. Prior. 4/4. 1956. — C. **1960.** 13152 [A. P. 2 872 498].)

**Godfrey L. Cabot, Inc.**, Boston, Mass., V.St.A., *Herstellung eines Rußes mit den Eigenschaften des in Trokkenbatterien verwendbaren Acetylenrußes.* (**Ind. P. 58 314** vom 3/9. 1956, ausg. 6/2. 1959. — C. **1960.** 14820 [E. P. 788 195].)

**N. V. Philips' Gloeilampenfabrieken** (Erfinder: **Alan Ernest Owen**), *Widerstandsphotozelle.* (**Aust. P. 218 787** vom 24/9. 1957, ausg. 18/12. 1958. E. Prior. 27/9. 1956. — C. **1959.** 9697 [D. A. S. 1 035 805].)

**A. H. Hunt (Capacitors) Ltd.**, London, England, *Kondensator.* (**Ind. P. 58 081** vom 7/8. 1956, ausg. 25/9. 1958. — C. **1960.** 8988 [Aust. P. 212 959].)

**Stamicarbon N. V.**, Heerlen, übert. von: **Geert J. de Jong**, Amsterdam, Holland, *Selektivpermeable Membranen.* (**A. P. 2 867 575** vom 27/8. 1954, ausg. 6/1. 1959. Holl. Prior. 29/8. 1953. — C. **1959.** 4593 [Aust. P. 200 511].)

## IV. Wasser. Abwasser

**Über die Rolle des Kupfers bei der Korrosion der Siederohre von Hochdruckkesseln.** Klára Kovács. (Nehézvegyipari Kutató Intézet Közleményei [Mitt. Forsch.-Inst. chem. Schwerind.] **1.** 159—70. Juli 1958. Veszprém, Nehézvegyipari Kut. Int.) (Ung.)

Zur Unters. des Fe/Cu-Lokalelements diente ein Makromodell in Lsgg. von 500, 1000 u. 2000 mg NaOH/Liter. Die korrosive Wrkg. hängt in erster Linie vom pH-Wert u. vom $O_2$-Geh. des Kesselwassers ab. Bei pH 12 ist Fe passiv, Cu geht infolge des sich an der Cu-Oberfläche einstellenden Lsg.-Potentials in Lösung. Im pH-Bereich 9,6—12 sind beide Metalle passiv. Dieser günstige Bereich kann durch Behandeln des Kesselwassers mit Alkali u. $NH_3$ aufrechterhalten werden. Im Bereich pH 7,5—9,6 ist Fe lösl. u. Cu passiv (Beschleunigung der Siedekorrosion). Bei pH $< 7,5$ übt Cu in Ggw. von $O_2$ eine gefährliche korrodierende Wrkg. aus, es steigert bei pH $< 5,4$ auch in Abwesenheit von $O_2$ die Korrosion des Fe. N. SEILER. 6030□

**Zur Frage der Abwasserableitung ins Meer.** B. M. Rasskin. (Гигиена и Санитария [Hyg. u. Sanitätswes.] **26.** Nr. 5. 81—84. Mai 1961. Jalta, Städt. Infektionskrankenhaus, Bakteriol. Labor.) (Russ.)

Übersicht an Hand der Literatur. — 20 Literaturangaben. O. Lebtag. 6036□

**Detergentienhaltige Abwässer und Celluloseabbau im Wasser.** Gerhard Klust und Hans Mann. (Vom Wasser **26.** 93—109. 1959, herausgeg. Mai 1960. Hamburg, Bundesforschungsanst. für Fischerei.) (Dt.)

Untersucht wurde der Einfl. von Dodecylbenzolsulfonaten (vom Tetrapropylentyp, Keryltyp u. vom Phenyltyp) auf die Zers. pflanzlicher Cellulose im Wasser. Die Labor.-Verss. wurden in Faulgläsern u. in Aquarien durchgeführt. Konzz. von 10 mg/Liter behindern bereits merklich den natürlichen Celluloseabbau. Den ungünstigsten Einfl. hat dabei der Phenyltyp. Da der natürliche Celluloseabbau in Zusammenhang mit den Fischereierträgen steht, wurde die Wrkg. dieser Detergentien auf Karpfenteiche untersucht u. eine Minderung des Fischertrags festgestellt. Cocosfettsäuren u. -fettalkohole beeinflussen kaum den Celluloseabbau. H. Czech. 6038□

**Bakterieller Abbau von Alkylbenzylsulfonaten. 2. Mitt Belebtschlamm-Durchmischung.** Ross E. McKinney und Eugene J. Donovan. (Sewage ind. Wastes **31.** 690—96. Juni 1959. Cambridge, Mass., Inst. of Technol.) (Engl.) — 1. vgl. Sewage ind. Wastes **31.** [1959.] 549.

Die handelsüblichen Alkylbenzylsulfonate (I) im Abwasser werden bei der biolog. Abwasserklärung nicht vollständig abgebaut, die im Ablauf verbleibenden I verursachen Schwierigkeiten wegen der durch sie bedingten Schaumbildung. Das Belebtschlamm-Verf. muß so geführt werden, daß ein Maximum an biolog. Wirksamkeit u. Minimum an nicht abgebauten I erzielt werden. Eine Steigerung des bisher beobachteten Abbaues von ca. 70% auf 80% läßt sich mit der Belebtschlammdurchmischung („complete-mixing activated sludge") erreichen. Der Unterschied zwischen diesem u. dem konventionellen Verf. besteht darin, daß im ersten das zufließende Abwasser mit dem gesamten Inhalt des Belüftungsbehälters gründlich durcheinandergemischt u. dadurch während der Belüftungsperiode die geringstmögliche Konz. an organ. Substanz eingehalten wird, während im herkömmlichen Verf. die Konz. an organ. Substanz von einem Maximum unmittelbar nach der Füllung auf ein Minimum am Ende der Belüftung absinkt. Das Misch-Verf. bezweckt mit der Konstanthaltung der Konz. an organ. Substanz die Entw. der optimalen Bakterienanzahl; das herkömmliche Verf. verhindert durch den Wechsel von Nahrungsfülle u. -mangel die Entw. des bakteriellen Wachstums zu maximaler Leistungsfähigkeit. Beim ersten Verf. wird der Abbau durch eine große Anzahl von Organismen im Hungerzustand, im zweiten durch eine geringe Anzahl Organismen mit ausreichendem Nährstoffangebot bewirkt. Ob aus den bisherigen Beobachtungen u. Erfahrungen ein allgemeingültiger Weg zur Beseitigung der Schaum-Bldg. in Kläranlagenabläufen abgeleitet werden kann, ist durch weitere u. umfassendere Unterss. noch zu klären. M. Gremminger. 6044

**Bestimmung der Strömungsparameter von Schlamm.** John M. Sirman. (Water Sewage Works **107.** 417—21. Nov. 1960. Newark, Del., Univ., Civil Eng. School.) (Engl.)

Ein nichtrostendes Capillarviscosimeter wird zur Messung der Viscosität von Abwasserschlamm mit einer Festsubstanz-Konz. von 2,8—10,5% angewandt, wobei man die Strömungskurven aus den erhaltenen Daten durch Auftragen von Schubverformung gegen 8 V/D (V = mittlere Fließ-Geschw. im Rohr, D = innerer Rohrdurchmesser) erhält. Dabei zeigte sich, daß mit zunehmender Festkörpermenge das Verh. von der Newtonschen Gleichung abweicht. Mit Hilfe dieser Meth. lassen sich die günstigsten Rohrleistungen für Schlammtransport ermitteln. J. Eggert. 6048□

**Über eine einfache Bestimmung des Salzgehaltes in Wässern verschiedener Herkunft.** P. Weisgerber. (Vom Wasser **26.** 237—40. 1959, herausgeg. Mai 1960. Essen, TÜV.) (Dt.)

Überarbeitung eines von Leick ausgearbeiteten Verf. zur schnellen u. einfachen Best. des Salz-Geh. durch $H^+$-Ionenaustausch an starksauren Kationenaustauschern. Aus dem Verbrauch an n-NaOH bei der anschließenden Titration erhält man direkt den Geh. an Salzen starker nichtflüchtiger Säuren in mVal/Liter. Befriedigende Ergebnisse wurden in Vers.-Reihen mit Chloriden, Sulfaten u. Nitraten der Alkalien u. Erdalkalien sowie mit synthet. Wässern erzielt. Verf. ist anwendbar für Leitungswasser, Kesselspeisewasser Kesselwasser, Kühlwasser u. andere vergleichbare Gebrauchs- u. Abwässer
H. Czech. 6054□

**Phosphat- und Aluminium-Bestimmungen. Neue Methoden zu Serienuntersuchungen für hydrobiologische Wasseranalysen. — Einige Daten zum Aluminiumgehalt des Balatonsees und einiger Bäche der Umgebung des Balatonsees.** Béla Entz.

(Ann. Inst. biol. (Tihany) Hung. Acad. Sci. **25.** 173—78. 1958.) (Ung.; Auszug: Dt.)

Beschreibung der Best. des $PO_4^{3-}$ mit „*Eiconogen*" (*1-Amino-2-naphthol-4-sulfonsäure*) nach der Halbmikro-Meth. von MAUCHA: 5 ml der Wasserprobe werden mit 1 ml Mo–$H_2SO_4$ u. 0,2 ml Eiconogen versetzt u. auf 10 ml aufgefüllt. Nach 10 Min. kann der Farb-Vgl. bei 37° mit einer ebenso vorbereiteten $KH_2PO_4$-Standard-Lsg. vorgenommen werden (sofort oder innerhalb 24 Std.). Zur Al-Best. werden 10 ml W. mit 0,4 ml 10%ig. HCl u. 1 Tropfen gesätt. $KMnO_4$-Lsg. u. nach 10 Min. mit 0,4 ml 20%ig. KSCN-Lsg. u. ca. 20 mg *Ascorbinsäure* versetzt. Dann gibt man 1,2 ml Acetatpuffer-Lsg. u. 0,4 ml 0,1%ig. *Aluminon*-Lsg. (*$NH_4$-Salz der Aurintricarbonsäure*) hinzu. Als Vgl. dient eine Al-Sulfat-Lsg., die 0,5 $\mu g$ $Al^{3+}$/ml enthält. Die Färbung ist 24 Std. lang haltbar; bei visueller Beobachtung beträgt die Genauigkeit $\pm 0{,}005$ mg/Liter, mit dem PULFRICH-Stufenphotometer $\pm 0{,}002$ mg/Liter $Al^{3+}$. Im Balaton-See liegt der Al-Geh. des W. bedeutend niedriger, als früher behauptet wurde. H. ECKSTEIN. 6060 □

**Zur Methodik bakteriologischer Flußwasseruntersuchungen.** D. Thon und A. Beling. (Vom Wasser **26.** 68—80. 1959, herausgeg. Mai 1960. Göttingen.) (Dt.)

Mit Hilfe eines von Vff. entwickelten Arbeitskoffers werden am Entnahmeort Keim-Geh.-Best. u. Unterss. über die Colizahl unter Verw. der Membranfilter-Meth. ausgeführt. Die erhaltenen Ergebnisse werden mit Werten verglichen, die später im Labor. ermittelt wurden. Es erwies sich, daß Wasserproben spätestens 2—3 Wochen nach Entnahme verarbeitet sein müssen. H. CZECH. 6064 □

---

Warren C. Horton, Chicago, Ill., übert. von: Oliver Bacon, Tampa, Fla., V.St.A., **Klärung, Enthärtung und Entfärbung von Wasser** mittels einer Komposition aus 20—70 (%) Kalkstein (I), 5—20 NaOH (II), 5—20 $NaAlO_2$ (III) u. 20 bis 70 Al-, Fe(III)- oder Fe(II)-Sulfat (IV). Bes. gute Ergebnisse werden erzielt mit folgenden Zus. 50 I, 10 II, 10 III, 30 IV oder 40 I, 10 II, 10 III, 40 IV. (**A. P. 2 866 759** vom 10/5. 1955, ausg. 30/12. 1958.) E. LINDEMANN. 6031

Staat Israel und Alexander Zarchin, Tel Aviv, Israel, **Entfernung von in Wasser gelösten Stoffen.** Die Fl. (See- u. sonstiges Salzwasser, Abläufe der Marmeladen- oder Zuckerindustrie) wird bis nahe an den Gefrierpunkt vorgekühlt u. dann kontinuierlich in eine Verdampfungszone unter red. Druck, bes. vom Dampfdruck des Rohwassers bei der Gefrier-Temp., eingespeist. Hierbei verdampft unter adiabat. Bedingungen ein Teil des W., ein anderer Teil gefriert zu prakt. reinem Eis. Letzteres wird von der konz. Mutterlauge unter red. Druck abgezogen u. mit dem Wasserdampf zum Reinwasser vereinigt. Dieses u. die Mutterlauge werden zur Kühlung des Rohwassers im Wärmeaustausch benutzt. — Vorrichtung. (**E. P. 806 727** vom 19/10. 1956, ausg. 31/12. 1958.) E. LINDEMANN. 6041

---

**VEB Farbenfabrik Wolfen**, Wolfen (Erfinder: **Arthur Splittgerber**, Berlin-Steglitz, und **Adolf Richter**, Dessau), *Erzeugung von Kaliumionen enthaltendem Kesselspeisewasser.* (**D. P. [DDR] 20 661** Kl. 85b vom 27/1. 1957, ausg. 13/1. 1961 [Wirtschaftspatent]. — **C. 1960.** 14 478 [Oe. P. 203 421].)

## V. Anorganische Industrie

**Die Entfernung von Schwefelsäurenebeln.** H. G. Markward. (Ind. Chemist **36.** 220—22. Mai 1960. Huntington, Heberlein & Co. Ltd.) (Engl.)

Vf. beschreibt eine Anlage zur Entfernung von *Schwefelsäure*-Nebeln aus den Abgasen einer KACHKAROFF-Anlage, die für täglich 50 t $H_2SO_4$ ausgelegt ist. Die Entnebelungsanlage besteht aus einem keram. Filter, einem Tropfenfänger u. einem nachgeschalteten Ventilator. Als Baumaterial wurde im wesentlichen mit Polyvinylchlorid verkleideter Stahl benutzt. Der $SO_3$-Geh. der Abluft wird in dieser Anlage von 0,309—0,745 auf 0,002—0,020 g $SO_3$/cu.ft. gedrückt. GERHARD GÜNTHER. H 253 □

**Aktivierung der Holzkohle mit Dampf in Abhängigkeit zu ihren Sauerstoffkomplexverbindungen an der Oberfläche und zu ihrem Oberflächenverhalten.** D. D. Singh, Sat Parkash und Balwant Rai Puri. (Indian J. appl. Chem. **21.** 187—92. 1958. Hoshiarpur, Panjab Univ., Dep. of Chem.) (Engl.)

Es wurde die Wrkg. von in Dampf bei verschiedenen Temp. aktivierter Holzkohle auf die an der Oberfläche vorhandenen Sauerstoffkomplex-Verbb. u. auf das Oberflächen-Verh. des Prod. im einzelnen untersucht. Eine Aktivierung bei 1000° lieferte ein Prod. mit einer maximalen Oberfläche, entsprechend einem maximalen Dampfadsorptionsvermögen. Dagegen nahmen die $O_2$-Komplexe nennenswert ab, wodurch eine Verringerung der sauren u. hydrophilen Eigg. der Holzkohle verursacht wurde. Der Einfl. von gebundenem $O_2$, z. B. in $CO_2$, auf die Veränderung dieser Eigg. wird besprochen u. die Notwendigkeit hervorgehoben, dieses Problem eingehend zu erörtern, um ein Prod. mit erheblich größerer Wrkg. bei der Entfernung von Feuchtigkeit, Alkalien u. alkal. Dämpfe zu erhalten. H. Schöberl. H 260□

**Gewinnung von Natriumcarbonat und -hydrogencarbonat mit Hilfe von Ionenaustauschern.** D. W. Besugly. (Журнал Прикладной Химии [J. angew. Chem.] **32.** 262—68. Febr. 1959. Charkow, Polytechn. Lenin-Inst.) (Russ.)

Die Darst. von Natriumcarbonat u. -hydrogencarbonat unter Ausnutzung natürlich vorkommender Natriumchloridsole wird beschrieben. Diese 5—10% NaCl enthaltende Sole wird ohne sorgfältige Reinigung von $Mg^{2+}$-Salzen u. ohne Konz.-Erhöhung unter Verw. von Ionenaustauschern aufgearbeitet. Der Ammoniakkreislauf gleicht im Prinzip dem des Solvay-Verfahrens. Als Ionenaustauscher wurden verschiedene einfach zugängliche u. billige Sulfokohlen verwendet. W.-D. Heussner. H 274□

**Die Rückgewinnung von Uranhexafluoriddämpfen.** J. L. Powell, W. R. Foresshee und Seymour Bernstein. (Ind. Engng. Chem., int. Edit. **51.** 919—20. Aug. 1959. Paducah, Ky., Union Carbide Nuclear Co.) (Engl.)

Vff. berichten über Verss. zur Abscheidung von $UF_6$ aus Abgasen durch eine mit chem. Rk. verbundene Absorption in einem bei 400°F gehaltenen Fließbett von $UF_4$. Das eingesetzte Abgas war Luft mit 0—3% $F_2$ u. 1—10000 ppm $UF_6$. Der Reinigungsgrad betrug über 99% bei End-Konzz. von weniger als 10 ppm $UF_6$. Ggw. von HF stört bei diesem Verf. nicht. Gerhard Günther. H 339□

**Sorptionseigenschaften von Romensk- und Rewowsk-Tonen der Ukrainischen SSR.** Ss. N. Kusmenko und L. Ja. Kurilenko. (Журнал Прикладной Химии [J. angew. Chem.] **32.** 268—72. Febr. 1959.) (Russ.)

Es werden die Sorptions-Eigg. von Romensk- u. Rewowsk-Tonen mit denen von Charkowsker „Selenka" u. „Gumbrin" verglichen. Getestet wurden die Sorptions-Eigg. mit organ. Lsgm.-Dämpfen (Bzl., Toluol, Xylol) u. wss. Farbstoff-Lsgg. (Malachitgrün, Methylenblau, Fuchsin). Gute Ergebnisse konnten bei der Regeneration von Transformatoren- u. Flugzeugölen durch Romensk- u. Rewowsk-Tonen erzielt werden.

W.-D. Heussner. 6156□

---

Allied Chemical Corp. (Erfinder: James K. Farrell), New York, N.Y., V.St.A., **Herstellung von Wasserstoffperoxyd** durch Hydrierung eines Gemisches eines alkylierten 5.6.7.8-Tetrahydroanthrachinons mit dem entsprechenden alkylierten Anthrachinon unter Bldg. des entsprechenden Tetrahydroanthrahydrochinons bzw. Anthrahydrochinons, anschließende Oxydation der letzteren Verbb. mit elementarem $O_2$ u. Abtrennung des gebildeten $H_2O_2$, dad. gek., daß während der Oxydation zwischen 0,002 u. 0,25 Gew.-% einer wasserlösl. anorgan. alkal. Substanz, z. B. Ammoniak oder Alkalihydroxyd, in dem Rk.-Gemisch anwesend sind, wobei die alkal. Substanz vor der Abtrennung des $H_2O_2$ von dem Rk.-Gemisch mit Säure, die im 3—4fachen Überschuß angewendet werden kann, neutralisiert wird. — Beispiel: Eine Lsg., die Acetophenon, Caprylalkohol u. Xylol als Lsgm., sowie ein Gemisch von 61 (%) 2-Äthyltetrahydroanthrachinon u. 39 2-Äthylanthrochinon enthielt, wurde nach Hydrierung mit Pd als Katalysator bei 30° oxydiert, wofür 20—27 Min. erforderlich waren, während bei Zusatz von 0,03 Gew.-% NaOH, bezogen auf das Rk.-Gemisch, nur 4—5 Min. für die Oxydation gebraucht wurden. Dem alkal. oxydierten Gemisch wurden 0,05 Gew.-% $H_2SO_4$ zugesetzt; das $H_2O_2$ konnte ohne Schwierigkeiten durch Emulgierung mit W. extrahiert werden. — Verfahrensschema. (**D. A. S. 1 104 493** Kl. 12i vom 6/10. 1959, ausg. 13/4. 1961. A. Prior. 6/10. 1958.) K. Demmler. H 241

Columbia-Southern Chemical Corp., Pittsburgh, Pa. (Erfinder: William Stanford Straub, Akron, Ohio, und Charles Jacob Sindlinger, Corpus Christi, Tex.), V.St.A., **Konzentrieren von Wasserstoffperoxyd,** wobei eine wss. $H_2O_2$-Lsg. in einem Verdampfer teilweise verdampft u. ein Gemisch aus den entstandenen Dämpfen u. nichtverdampfter $H_2O_2$-Lsg. vom oberen Teil des Verdampfers abgezogen u. einem Abscheider zugeführt wird, in dem der Dampf von der nichtverdampften $H_2O_2$-Lsg. abgetrennt u. die nichtverdampfte $H_2O_2$-Lsg. dem Verdampfer wieder zugeführt wird, dad. gek., daß man die zu verdampfende $H_2O_2$-Lsg. dem Verdampfer über einen mit dessen unterem Ende in unbehinderter Verb. stehenden, ca. das gleiche Fl.-Niveau aufweisenden Vorratsbehälter zuführt, der mindestens die 5fache Gewichtsmenge der im Verdampfer u. in den Rückfluß-Vorr. enthaltenen $H_2O_2$-Lsg. enthält u. einen wesentlich größeren Durchmesser als der Verdampfer besitzt, u. daß man die Beschickung sowie die aus dem Abscheider zurückgeführte Lsg. an einer Stelle in den Verdampfer einführt, die wesentlich unterhalb der Zone liegt, in der die Verdampfung einsetzt. — Zum Beispiel werden 50% der $H_2O_2$-Lsg. beim Durchgang durch den Verdampfer verdampft u. die Konz. des $H_2O_2$ im Kreislaufstrom auf 55—70 Gew.-% gehalten. — Vorrichtung. (**D. A. S. 1 105 855** Kl. 12i vom 15/5. 1959, ausg. 4/5. 1961. A. Prior. 23/5. 1958.) K. Demmler. H 241

Commonwealth Industrial Gases Ltd., Alexandria bei Sidney, Australien, **Entfernen von Sauerstoff oder Wasserstoff aus inerten Gasen oder Gasgemischen,** wie $N_2$ oder Edelgase, dad. gek., daß man dem Gas $H_2$ bzw. $O_2$ in annähernd stöchiometr. Verhältnis zum vorhandenen $O_2$ bzw. $H_2$ zumischt u. katalyt. zu W. umsetzt. Durch Beimischung von gereinigtem Gas zu dem Rohgas wird der $O_2$- bzw. $H_2$-Geh. im Rohgas in konst. Verhältnis zu dem zugemischten $H_2$ bzw. $O_2$ gehalten. — Schema. (**Aust. P. 162 179** vom 10/2. 1954, ausg. 7/4. 1955. E. Prior. 12/2. 1953.) C. Lüttgen. H 243

Commercial Solvents Corp., New York, N.Y., V.St.A., **Herstellung von Salpetersäuredämpfen,** dad. gek., daß man kontinuierlich fl. $HNO_3$ in ein schmelzfl. Salzgemisch einträgt. (**E. P. 829 857** vom 6/3. 1958, ausg. 9/3. 1960. A. Prior. 21/6. 1957.) A. Gradl. H 243

Farbwerke Hoechst Akt.-Ges., vormals Meister Lucius & Brüning, Werk Gendorf (Erfinder: Günter Rummert, Burghausen), **Durchführung exothermer chemischer Reaktionen zwischen Gasen und Flüssigkeiten.** Eine gasförmige Komponente des Rk.-Gemisches wird am einen Ende in Richtung einer Schraubentangente in einen als Cyclon gestalteten Rk.-Raum mit einer solchen Strömungs-Geschw. eingeführt, daß sich ein an der Wand des Rk.-Raumes gleitender Wirbel ausbildet, während man gleichzeitig axial vom anderen Ende her mindestens eine andere Komponente zuführt, so daß die exotherme Rk. in der Mischzone der Rk.-Teilnehmer längs der Achse des Rk.-Raumes ohne unmittelbare Beaufschlagung seiner Wandung abläuft u. daß die sich bildenden Rk.-Prodd. am erstgenannten Ende des Rk.-Raumes durch ein axiales Rohr abgeführt werden. Die hierzu benutzte Vorr. besteht aus einem Reaktor mit mindestens einem in der Nähe des einen Endes in das Innere tretenden, tangential zu einer nach dem entgegengesetzten Ende verlaufenden Schraubenlinie gerichteten Zufuhrrohr, einer axial am letztgenannten Ende einmündenden Zuführleitung u. einer vom erstgenannten Ende her axial in das Innere des Rk.-Raumes reichenden Ableitung für die Rk.-Produkte. Der für das Wandmaterial des Reaktors am wenigsten aggressive Rk.-Teilnehmer wird vom erstgenannten Ende her in Richtung einer Schraubentangente eingeführt. Einer der Rk.-Partner kann im Überschuß zugeführt werden. — Beispiele: Bldg. von *HCl* aus $Cl_2$ u. $H_2$ oder von überhitztem Wasserdampf aus einem Knallgasgemisch. — Zeichnungen. — Vgl. F. P. 1 153 431; C. **1960.** 7631. (**Schwz. P. 343 375** vom 31/12. 1955, ausg. 15/2. 1960. D. Prior. 31/12. 1954.) W. Matthaes. H 247

Farbenfabriken Bayer Akt.-Ges. (Erfinder: Franz Bencker, Freiburg, Richard Schlee und Fritz Overdick), Leverkusen, **Entfernen von Chlorkohlenwasserstoffen aus Chlorgas** nach D. A. S. 1 034 156; C. **1959.** 918 dad. gek., daß die Aufsättigung der Aktivkohle mit $Cl_2$ mit einem Gemisch von $Cl_2$ u. einem Inertgas durchgeführt wird, wodurch eine Überhitzung des Aktivkohlefilters vermieden wird. (**D. A. S. 1 100 603** Kl. 12i vom 19/12. 1959, ausg. 2/3. 1961.) K. Demmler. H 247

Bataafse Petroleum Mij. N. V., Den Haag, Holland (Erfinder: Robert le Roy Magovern, El Cerrito, und Harold Charles Ries, Berkeley, Calif., V.St.A.), **Verdampfen von flüssigem Jod oder einer wässerigen Lösung, die Jodwasserstoff und/oder Jod enthält,** wobei man die zu verdampfende Fl. einem porösen Bett, das ein freies Vol. von 30—80% des Gesamtvol. aufweist, aus feuerfesten Körpern zuführt, dad. gek., daß die zu verdampfende Fl. in direkte Berührung mit heißen Gasen, bes. Verbrennungsgasen, gebracht wird, wobei die Geschw. der Fl.-Zufuhr zu dem Bett im Verhältnis zu der Zufuhr der heißen Gase so geregelt wird, daß nur ein Teil der Fl. verdampft wird, während der restliche unverdampft bleibende Teil im Kreislauf zu dem Bett zurückgeführt wird; bes. läßt man die zu verdampfende Fl. im Gegenstrom zu den heißen Gasen durch das Bett tropfen. — Vorrichtung. (**D. A. S. 1 106 735** Kl. 12i vom 27/1. 1958, ausg. 18/5. 1961. A. Prior. 28/1. 1957.) K. Demmler. H 249

James Wilkinson & Son Ltd., Sheffield, England (Erfinder: Rowland Yeardley Eagers), **Herstellung von Bortrifluorid.** Man erhitzt $BF_3$-Trihydrat mit konz., bes. rauchender $H_2SO_4$, bis die $H_2SO_4$ auf nicht weniger als 85 Gew.-% verd. ist.

Zum Beispiel benutzt man 95% ig. $H_2SO_4$ u. 58% $BF_3$ enthaltendes $BF_3$-Trihydrat. (**E. P. 842 515** vom 31/3. 1958, ausg. 27/7. 1960.) K. DEMMLER. H 258

Union Carbide Corp., übert. von: Wilbur R. Lauzau, Fostoria, Ohio, V.St.A., **Bornitrid** wird dadurch erhalten, daß $B_2O_3$ u. Dicyandiamid in Ggw. von $NH_4Cl$ in Abwesenheit von $O_2$ zusammengeschmolzen werden u. die Schmelze so lange erhitzt wird, bis keine flüchtigen Substanzen mehr entweichen. Auf 1 Mol Dicyandiamid sollen nicht weniger als 2 Mol $B_2O_3$ u. 2 Mol $NH_4Cl$ entfallen. (**A. P. 2 922 699** vom 11/12. 1957, ausg. 26/1. 1960.) K. WOLK. H 258

Wacker-Chemie G.m.b.H., München (Erfinder: Eduard Enk, Julius Nickl und Horst Teich, Burghausen), **Herstellung von hochreinem Silicium** durch reduktive Zers. von Halogensilanen an erhitzten Abscheidungskörpern, dad. gek., daß das den Abscheidungsraum verlassende Gasgemisch durch eine erhitzte Fest- oder Wirbelschicht aus gekörntem Al geleitet u. das absublimierte $AlCl_3$ unterkühlt u. an großen Oberflächen abgeschieden wird. — Zeichnung. (**D. A. S. 1 105 397** Kl. 12i vom 18/2. 1960, ausg. 27/4. 1961.) A. GRADL. H 261

W. C. Heraeus G.m.b.H., Platinschmelze, Hanau (Erfinder: Harald Schäfer, Stuttgart), **Herstellung von reinem Silicium,** wobei Si in Ggw. von Si-Tetrahalogeniden verflüchtigt wird, dad. gek., daß in einem Rk.-Raum mit aus $SiO_2$-Glas bestehenden Wänden ein vorgereinigtes Si unter Einw. von Si-Tetrahalogeniden etwa bei 0,01—10 at u. 1000—1300° verflüchtigt u. bei erniedrigter Temp. als reines Si abgeschieden wird. — Vgl. E. P. 754 554; C. **1957.** 10849. (**D. B. P. 974 625** Kl. 12i vom 20/3. 1953, ausg. 30/3. 1961. Anmeldung bekanntgemacht 2/2. 1956.) A. GRADL. H 261

New Jersey Zinc Co., New York, N.Y., übert. von: Luther D. Fetterolf, Palmerton, Pa., V.St.A., **Herstellung feinteiliger Kieselsäure,** dad. gek., daß man $SiO_2$-Sand mit Kohle u. S-haltigem Material bei so hohen Temp. zur Rk. bringt, daß gasförmiges SiS u. CO entsteht, worauf das Gasgemisch unter Luftzusatz in einer Verbrennungkammer verbrannt wird. — Vgl. D. A. S. 1 048 893; C. **1959.** 9072. (**A. P. 2 912 342** vom 27/6. 1955, ausg. 10/11. 1959.) A. GRADL. H 261

Farbenfabriken Bayer Akt.-Ges., Leverkusen (Erfinder: Werner Joseph und Ernst Podschus, Leverkusen, und Gustav Kaule, Opladen), **Calcinieren von durch Fällung gewonnenen Kieselsäure- und Silicatfüllstoffen** von trauben- oder schwammartigem Aggregatzustand, dad. gek., daß man diese feinverteilt in einer Heißgasströmung so hoher Turbulenz erhitzt, daß die Teilchen bei einer Verweilzeit von 1 Sek. u. weniger in der Calcinierungszone die gewünschte Temp. von 500—1000° erreichen. (**D. A. S. 1 106 297** Kl. 12i vom 2/1. 1958, ausg. 10/5. 1961.) A. GRADL. H 261

Wacker-Chemie G. m. b. H., München (Erfinder: Eduard Enk, Julius Nickl und Horst Teich, Burghausen), **Kontinuierliche Herstellung von Silicochloroform und/oder Siliciumtetrachlorid** durch Rk. von Si oder metall. Si-haltigen Stoffen mit HCl bei 250—1200° in einer Wirbelschicht, wobei HCl über einen Anströmboden zugeführt wird, dad. gek., daß innerhalb der Wirbelschicht ein Kegel angebracht wird, der mit der Basis zentr. auf dem Anströmboden aufsitzt u. gleichzeitig als Kühlfläche dient, wobei unterhalb des Kegels an der Rk. nichtteilnehmende Stoffe u. feste Rk.-Prodd. kontinuierlich ausgeschleust werden. — Zeichnung. (**D. A. S. 1 105 398** Kl. 12i vom 10/3. 1960, ausg. 27/4. 1961.) A. GRADL. H 261

E. I. du Pont de Nemours & Co., V.St.A. (Erfinder: Keith Clark Brinker), **Herstellung von Phosphorpentafluorid.** Durch ein mit akt. Kohle gefülltes Rk.-Gefäß wird $PF_3$ u. $Cl_2$ oder $Br_2$ als Gemisch geführt u. auf mindestens 250°, bes. 300—600°, unter Ausschluß von W. erhitzt, wobei eine Mischung von $PF_5$ u. $PBr_3$ oder $PCl_3$ gewonnen wird. Das Rk.-Prod. kann als saurer Katalysator, als Rk.-Beschleuniger u. zur Synth. von Tetrafluoräthylen durch unmittelbaren Kontakt mit C bei 2000° dienen. (**F. P. 1 187 572** vom 9/12. 1957, ausg. 14/9. 1959. A. Prior. 22/1. 1957.) W. WITTHOLZ. H 264

Henkel & Cie. G. m. b. H. (Erfinder: Bruno Blaser und Karl-Heinz Worms), Düsseldorf, **Herstellung von Fluoriden der hypophosphorigen und phosphorigen Säure,** dad. gek., daß man hypophosphorige oder phosphorige Säure oder Säuren des P, die bei der Hydrolyse phosphorige Säure liefern, mit wasserarmer, bes. wasserfreier HF (I) umsetzt. Rk.-Gleichungen: $H_2P(:O)OH + 3\,HF = H_2PF_3 + 2\,H_2O$; $HP(:O)(OH)_2 + 3\,HF = PF_3 + 3\,H_2O$; $HP(:O)(OH)_2 + 4\,HF = HPF_4 + 3\,H_2O$. Beispiele: Fast wasserfreie $H_3PO_2$ wird bei tiefen Temp. (—78°) in überschüssigem I gelöst. Ansteigenlassen der Temp. auf +30° dest. $H_2PF_3$ ab. Kp. der reinen Verb. +1 bis +3°, F. —52°. — Wasserfreie $H_3PO_3$ wird bei —78° in wasserfreiem HF gelöst u. bei —78° eine $PF_3$-Fraktion u. bei —40 bis 0° eine $PHF_4$-Fraktion abdest.; erhalten wurden 69 (% der Theorie) *$PF_3$* u. ca. 10—12 *$PHF_4$*. (**D. A. S. 1 106 736** Kl. 12i vom 12/1. 1960, ausg. 18/5. 1961.) K. DEMMLER. H 264

International Minerals & Chemical Corp., übert. von: Kyle D. Clevenger, Lakeland, Fla., V.St.A., **Klären von anorganischen, sauren Phosphatlösungen,** dad. gek., daß der Lsg. ein borhaltiges Klärmittel, bes. $H_3BO_3$ oder deren Salze, in Mengen zugegeben wird, die noch keine Vergrößerung der Absetz-Geschw. bewirken, u. daß sodann die Lsg. in einen geklärten u. einem die Verunreinigungen enthaltenden Teil getrennt wird. (**A. P. 2 929 777** vom 11/12. 1958, ausg. 22/3. 1960.) A. Gradl. H 264

International Minerals & Chemical Corp., Chicago, Ill. (Erfinder: Robert Charles Mazurek, Lakeland, Fla.), V.St.A., **Klären von sauren, anorganischen Phosphatlösungen,** dad. gek., daß man diese Lsgg. mit einem Klärmittelgemisch (a u. b) verrührt, sedimentieren läßt u. dann dekantiert. a sind Klärmittel aus der Gruppe, die aus Tallöl, Seifenabgeschäumtem, Tallölpech, der Harzsäurefraktion, der Fettsäurefraktion oder der unverseifbaren Fraktion von Tallöl, aus den aliphat. Fettsäuren mit ca. 10—20 C-Atomen u. ihren Alkalimetallseifen, aus Harzsäuren u. ihren Alkalimetallseifen u. aus deren Gemischen bestehen; b sind Alkalimetallsilicate. (**D. A. S. 1 097 420** Kl. 12i vom 26/11. 1958, ausg. 19/1. 1961. A. Prior. 30/12. 1957.) A. Gradl. H 264

Imperial Chemical Industries Ltd., London, England (Erfinder: Marcel George Deriaz und George Ernest Edwards), **Zersetzung von bei der Chloralkalielektrolyse nach dem Quecksilberverfahren erhaltenem Amalgam** durch W. oder verd. Hydroxyd-Lsgg. erfolgt dadurch, daß die Zers. nicht (wie üblich) in Ggw. von Graphit, sondern an Titan oder Titan-Legg., die in Kontakt mit leicht amalgamierbaren Metallen, bes. Fe oder Ni, stehen, vorgenommen wird. (**E. P. 851 461** vom 11/6. 1958, ausg. 19/10. 1960.) K. Wolk. H 272

Olin Mathieson Chemical Corp., New York (Erfinder: Howard D. Batha und Herman B. Urbach, Tonwanda), N.Y., V.St.A., **Herstellung von $NaBH_4$,** dad. gek., daß $B_2H_6$ in ein Gemisch aus NaH u. einer Verb. $RO(CH_2CH_2O)_nR'$ (R u. R' = Alkyl $C_1$—$C_4$, n = 1—4), z. B. Äthylenglykoldiäthyläther, bei 35—75° eingeleitet wird. (**D. A. S. 1 072 597** Kl. 12i vom 11/10. 1958, ausg. 7/1. 1960. **E. P. 835 869** vom 24/9. 1958, ausg. 25/5. 1960. Beide A. Prior. 17/10. 1957.) H. Kobs. H 274

Metallgesellschaft Akt.-Ges., Frankfurt/M. (Erfinder: Egon Wiberg, München, und Gerhard Schrauzer, Dayton, Ohio, V.St.A.), **Herstellung hochkomplexer Hydride** a $M_s(M_tH_4)_n$-b $M_tH_3$ [$M_s$ = Metall dei I. bis III. Hauptgruppe des Period. Syst. mit der Wertigkeit n; $M_t$ = Element der III. Hauptgruppe; a entweder = 1 (dann b = 2—16) oder = 2 (dann b = 1)], dad. gek., daß man a $M_s(M_tH_4)_n$ mit b $M_tH_3$ unter Ausschluß von $O_2$ u. Feuchtigkeit aneinander anlagert. Beispiele: 2 $LiAlH_4 \cdot AlH_3$; $LiAlH_4 \cdot 3\,BH_3$; $Ca(AlH_4 \cdot 4\,BH_3)_2 \cdot 6\,(C_2H_5)_2S$. — Reduktionsmittel; Spezialtreibstoffe. (**D. A. S. 1 066 553** Kl. 12 i vom 13/7. 1957, ausg. 8/10. 1959. **E. P. 840 572** vom 10/1. 1958, ausg. 6/7. 1960. D. Prior. 13/7. 1957.) H. Kobs. H 294

Metal Hydrides, Inc. (Erfinder: Alfred Armond Hinckley und Frank Paul Del Guidice), Beverly, Mass., V.St.A., **Herstellung von $NaAlH_4$** aus NaH u. $AlCl_3$ in Tetrahydrofuran, dad. gek., daß das $AlCl_3$ als Diäthylätherat u. das NaH als Dispersion in einem KW-Stoff (**I**), die durch Hydrieren einer Na-Dispersion in **I** erhalten wurde, angewandt wird. (**D. A. S. 1 070 149** Kl. 12i vom 4/1. 1958, ausg. 3/12. 1959. **A. P. 2 900 224** vom 30/11. 1954, ausg. 18/8. 1959.) H. Kobs. H 294

British Petroleum Co. Ltd., London, John Charles Stalley, John Norman Haresnape und Roy Turner, Sunbury-on-Thames, England, **Herstellung von Tonerde** mit großer Oberfläche bzw. hoher Porengröße durch Behandlung von Al-Amalgam bei > 80°, bes. 95°, mit W., das bis zu 2,5 Gewichts-% eines organ. Koll., bes. Stärke oder Gerbsäure, enthält, bzw. mit W. allein. Das gebildete $Al(OH)_3$ trennt man ab u. calciniert bei ca. 550—900°. — Vgl. D. A. S. 1 054 425; C. **1960.** 7632. (**E. PP. 815 513 u. 815 514** vom 20/3. 1956, ausg. 24/6. 1959.) H. Nebelsiek. H 294

Dorr-Oliver, Inc., Stamford, übert. von: Thomas D. Heath, Westport, Conn., V.St.A., **Calcinieren von Tonerde.** Man läßt die feinen Teilchen von $Al_2O_3$-Hydrat nacheinander verschiedene Fließbettzonen passieren, zuerst die Vorerhitzungszone, dann die Calcinier- u. zum Schluß die Kühlzone. Dabei führt man einen Teil des bereits teilweise calcinierten End-Prod. in die Kühlzone nochmals ein, aber nur soviel, daß hier deren Temp. nicht < 800° F sinkt. Dem anderen Teil des teilcalcinierten Prod. setzt man der Calcinierzone zu. Die der Kühlzone zugesetzten Feinstoffe gehen dabei in wasserfreie, nichthygroskop. $Al_2O_3$ über. — Vorr., Zeichnung. (**A. P. 2 867 429** vom 25/3. 1957, ausg. 6/1. 1959.) H. Nebelsiek. H 294

Union Carbide Corp., übert. von: Howard M. Dess, Grand Island, N.Y., V.St.A., **Reinigung von Titantetrachlorid** von in ihm erhaltenem $Si_2OCl_6$ (**I**) erfolgt dadurch, daß das unreine $TiCl_4$ mit einer auf **I** fluorierend wirkenden Substanz (Alkalibifluorid, bes. $KHF_2$ oder $BF_3$ oder $TiF_4$) während längerer Zeit unter Rückflußkühlung am Sieden erhalten wird, wobei I in Verbb. der allg. Formel $Si_2OF_xCl_{6-x}$ (x = 1—6) übergeht, deren Kp. < als der von I (136,0°) u. auch < als der von $TiCl_4$ (136,4°) ist, worauf die niedrigsd. Verbb. aus dem Gemisch abdest. werden. (**A. P. 2 927 843** vom 20/2. 1956, ausg. 8/3. 1960.) K. WOLK. H 321

Columbia-Southern Chemical Corp., V.St.A. (Erfinder: Ricardo Cortez), **Herstellung von Metallchloriden.** Die zu chlorierenden Stoffe werden in einem $Cl_2$-Strom suspendiert u., unter Bldg. einer Flamme, reagieren gelassen. Die Chlorierungswärme ist so hoch, daß die Flamme ohne Zuführung zusätzlicher Wärme aufrechterhalten wird. Die Chlorierungs-Prodd. werden in dem Maße, wie sie in der Flamme entstehen, abgeführt. Beispiel: Herst. von $TiCl_4$ aus $TiC$ u. $Cl_2$ Abbildung. (**F. P. 1 211 540** vom 14/8. 1958, ausg. 16/3. 1960. A. Prior. 15/11. 1957.) M. NECKERMANN. H 321

United Kingdom Atomic Energy Authority, London, England, **Reinigen von Plutoniumlösungen.** Man schickt die Lsg. zuerst durch ein Adsorbens, z. B. Zirkoniumphosphat, Bariumjodat oder einen Zeolith. Dabei wird Pu adsorbiert u. noch geringe Mengen von Spalt-Prodd., während deren Hauptmenge in Lsg. bleibt. Um diese geringen Mengen an Spalt-Prodd. zu erhalten, behandelt man das Adsorbens mit einer stark verd., wss. Lsg. eines Gemisches aus $HNO_3$ u. $H_3PO_4$. Anschließend erhält man das Pu durch Behandlung mit 7 mol. $HNO_3$. — Vgl. A. P. 2 894 810; C. **1960.** 12806. (**E. P. 826 910** vom 31/8. 1945, ausg. 27/1. 1960. A. Prior. 29/8. 1944.) H. NEBELSIEK. H 343

Oesterreichische Stickstoffwerke Akt.-Ges., Linz, Österreich **Rückgewinnung von Edelmetallen** aus diese enthaltenden Gasen. Man leitet die Gase nacheinander jeweils durch zwei der drei folgenden Schichten: a) gebrauchte Netze aus Pt oder Pt-Legg., b) gasdurchlässige, säureunlösl. feuerfeste Stoffe, u. c) gasdurchlässige, granulierte Feststoffe, wie CaO, MgO, SrO oder BaO. Die Edelmetalle schlagen sich auf den einzelnen Oberflächen nieder u. werden z. B. bei b) u. c) mit einem geeigneten Lsgm. herausgelöst, das wohl die Edelmetalle, aber nicht die Feststoffe in Lsg. bringt. — Vgl. Oe. PP. 201619 u. 203 022; C. **1960.** 13801. (**E. P. 830 674** vom 5/7. 1957, ausg. 16/3. 1960. Aust. Prior. 5/7. u. 6/7. 1956.) H. NEBELSIEK. H 360

---

**Laporte Chemicals Ltd.**, Luton, England, *Herstellung von Wasserstoffperoxyd.* (**Ind. P. 49 736** vom 15/6. 1953, ausg. 21/1. 1955. — C. **1957.** 10584 [D. B. P. 963 150].)

**Laporte Chemicals Ltd.**, Luton, England, *Konzentrieren von $H_2O_2$-Lösungen.* (**Ind. P. 49 768** vom 20/6. 1953, ausg. 19/8. 1954. — C. **1954.** 5001 [E. P. 696 779].)

**Elchemie G. m. b. H.**, Kufstein-Schaftenau, Österreich, *Wasserstoffperoxydlösungen.* (**Norw. P. 90 110** vom 10/2. 1956, ausg. 7/10. 1957. Oe. Prior. 10/2. 1955. — C. **1959.** 4273 [Oe. P. 190 904].)

**Montecatini Soc. Gen. per l'Industria Mineraria e Chimica**, Mailand, Italien, *Abtrennen von Ammoniak und Kohlendioxyd aus Abgasen.* (**Ind. P. 49 532** vom 11/5. 1953, ausg. 19/7. 1954. — C. **1956.** 14151 [E. P. 740 638].)

**Ciba Akt.-Ges.**, Basel (Erfinder: **Fritz Kern**, Binningen), Schweiz, *Kondensieren von sublimierbaren Metallchloriden.* (**D. A. S. 1 063 117** Kl. 12a vom 25/5. 1957, ausg. 13/8. 1959. Schwz. Prior. 15/6. 1956. **Schwz. P. 346 527** vom 15/6. 1956, ausg. 15/7. 1960. — C. **1960.** 3992 [Oe. P. 199 615].)

**Badische Anilin- & Soda-Fabrik Akt.-Ges.**, Ludwigshafen/Rh., *Schwefeldioxydhaltige Gase.* (**Norw. P. 90 120** vom 7/4. 1951, ausg. 7/10. 1957. D. Prior. 27/5. 1950. — C. **1954.** 3774 [Oe. P. 175 573].)

**A/B Atomenergie**, Stockholm, Schweden, *Extraktion von Uranverbindungen.* (**Belg. P. 561 050** vom 24/9. 1957, ausg. 20/5. 1960. Schwed. Prior. 26/9. 1956. — C. **1959.** 16449 [D. A. S. 1 056 108].)

**Commonwealth Scientific & Industrial Research Organization**, Melbourne, Australien, *Kontinuierliche Extraktion von Uran aus U-haltigen Flüssigkeiten.* (**Ind. P. 56 175** vom 28/12. 1955, ausg. 12/3. 1958. Aust. Prior. 4/1. 1955. — C. **1959.** 14850 [Aust. P. 205 608].)

---

**Melvin Jensen Astle**, Industrial organic nitrogen compounds. New York: Reinhold; London: Chapman & Hall. 1961. (VII + 392 S. m. Tab.) = American Chemical Society. Monographs no. 150. 5 £. 12 s.

## VI. Silicatchemie. Baustoffe

**Über die „spontane" Zerstörung von Gegenständen aus gehärtetem Glas.** W. P. Kiritschenko. (Стекло и Керамика [Glas u. Keram.] **17.** Nr. 6. 33—34. Juni 1960.) (Russ.)

Die spontane Zerstörung von Isolatoren aus gehärtetem Glas geht von Fremdeinschlüssen aus, die einen ∅ von 0,02—0,4 mm haben. Die Einschlüsse sind Verunreinigungen des Glassandes, meist Schwermetalloxyde, die einen anderen Ausdehnungs-Koeff. als das Glas haben. Die Differenz der Ausdehnungs-Koeff. ist entscheidend für den Zeitpunkt der beginnenden Zerstörung. Dabei entstehen radiale, vom Einschluß ausgehende Risse. HORST BRAUN. 6200□

**Über die Natur der geschmolzenen Gläser des Systems Bleioxyd-Kieselsäure.** W. I. Minenko, Ss. M. Petrow und N. Ss. Iwanowa. (Стекло и Керамика [Glas u. Keram.] **17.** Nr. 6. 34—37. Juni 1960.) (Russ.)

In einer Korundzelle befindet sich eine PbO–$SiO_2$-Schmelze, an die eine Potentiometerschaltung angeschlossen wird, mit der die EMK gemessen werden kann. Diese ist der O-Ionenaktivität direkt proportional. Die Messung erfolgt bei konst. Temp. auf 0,1 mV genau. Es wurde bei 800, 940, 1000, 1100 u. 1200° gemessen, wobei die PbO-Konz. bei jedem Vers. um 1–2% geändert wurde. Die EMK änderte sich sprunghaft bei Zus. der Schmelze, die folgenden Verbb. entsprachen: 4 PbO · $SiO_2$, 2 PbO · $SiO_2$, 3 PbO · 2 $SiO_2$, PbO · $SiO_2$, 2 PbO · 3 $SiO_2$, PbO · 2 $SiO_2$. Dabei bestehen in der Schmelze Ionengruppen, die durch die Gleichgewichts-Rk. $Si_xO_y^{z-} \rightleftharpoons Si_xO_{y-1}^{(z-2)-} + O^{2-}$ miteinander verbunden sind. Die EMK-Änderung u. damit die Änderung der O-Ionenaktivität kennzeichnet die Beständigkeit der $Si_xO_y^{z-}$-Ionen. Die in der Schmelze vorhandenen Ionengruppen bleiben im festen Glas erhalten u. bestimmen dessen Eigg., wie Darst. der Abhängigkeit des Spezif. Gew. u. der Molrefraktion von der Zus. der Schmelze zeigen.

HORST BRAUN. 6200□

**Aufbau und Eigenschaften der Phosphat-Trübgläser.** Herbert Schönborn. (Silikattechnik **10.** 390–400. Aug. 1959. Jena, VEB Jenaer Glaswerk Schott & Gen.) (Dt.)

Es werden die Vorgänge der Trübungs-Bldg. eines Phosphatglases unter verschiedenen Temp.- u. Zeitbedingungen untersucht. Durch Messung von Teilchen-Konz. u. Teilchengröße wurde das ausgeschiedene Gesamt-Vol. bestimmt. Es wird gezeigt, daß bei einem bestimmten Geh. an Trübungsmittel die ausgeschiedene Gesamtmenge allein von der jeweiligen Temp. abhängig ist, unabhängig davon, ob diese Temp. von oben oder von unten her erreicht wird, sowie unabhängig von der durch verschieden lange Vers.-Dauer bestimmter Größe u. Konz. der trübenden Teilchen. Weiterhin werden durch falsche Ofenführung hervorgerufene Glasfehler, z. B. anomal große Teilchen u. Kristall-Bldg. diskutiert. Vf. kommt zu der Ansicht, daß es sich bei den normalen Trübungsteilchen um das Metaphosphat CaO · $P_2O_5$ handelt. Dagegen dürfte es sich bei den typ. Kristallausscheidungen, die das Rauhwerden des Glases hervorrufen, um das Dicalciumphosphat 2 CaO · $P_2O_5$ handeln. Abschließend werden lichttechn. Fragen behandelt.

L. SCHWIEGK. 6200□

**Mineralogische Eigenschaften von einigen indischen Tonen.** 1. Mitt. **Tone aus Kusumpur, Kot Ransipur, Bhandak und Neyveli.** B. M. Bishui und J. Prasad. (Centr. Glass ceram. Res. Inst., Bull. [Calcutta] **6.** 76–84. April/Juni 1959. Calcutta, Central Glass and Ceramic Res. Inst.) (Engl.)

Mit Hilfe chem. Analysen, Röntgenstrahlen, Differentialthermoanalysen, der Best. des Kationenaustauschvermögens u. der Elektronenmikroskopie wurden obige Tone untersucht u. verglichen. Kusumpur-Ton wird in der Nähe von Delhi gefunden, wobei der Vorrat auf $10^5$–$10^6$ t geschätzt wird. Kot Ransipur liegt nahe Bombay. Die Ausdehnung der Tonfelder beträgt 25 acres mit einer Mächtigkeit von 6–10 ft. Weißer Neyveli-Ton wird im südlichen Distrikt Madras in 165 ft Tiefe u. einer Schichtdicke von 10 ft abgebaut. Bhandak-Ton sticht man im Chanda-Distrikt. Bhandak-Ton scheint den höchsten Geh. an Kristallen aufzuweisen. Neyveli-Ton besteht aus feinem Kaolin u. enthält gemeinsam mit Kusumpur-Ton $\alpha$-Quarz. Elektronenmkr. Aufnahmen des Tones aus Kot Ransipur zeigen, daß dieser Ton neben hexagonalen Kaolinkristallen auch röhrenförmige Strukturen von Halloysit enthält.

H. SCHUMANN. 6208□

**Kontrollmethode zur Untersuchung von Glasur-Farbe und -Textur.** Richard L. Dana und Jack F. Day. (Ceram. Age **75.** Nr. 6. 28–30. Juni 1960. U.S. Ceramic Tile Co.) (Engl.)

Vff. beschreiben eine Meth., die auf Grund von spektrophotometr. Messungen in einfacher Weise die Durchführung von Kontroll-Unterss. an Glasurfarben u. -Texturen gestattet. Diese Kontrolle ist eine Hilfe bei der Entw. u. Herst. bestimmter Glasuren u. erleichtert die Beurteilung von Güte u. Gleichmäßigkeit der erhaltenen Produkte.

E. HAHN. 6212□

**Reaktionen von Tonen mit Calciumcarbonat und Alkalisalzen unterhalb 950°.** K. H. Karsch und H. E. Schwiete. (Ziegelindustrie **14.** 221–25. 2. April-H. 1961. Aachen, Inst. für Gesteinshüttenkunde.) (Dt.)

Es werden Rkk. zwischen verschiedenen Tonen u. den üblichen Komponenten der Rohmassen unterhalb 950° mittels der dynam. Differenzcalorimetrie (DDK) untersucht, sowie die Feststellungen durch Röntgenzählrohraufnahmen u. chem. analyt. Best. verfolgt. Die thermochem. Unterss. erstrecken sich auf den Einfl. verschiedener anorgan. Salze auf die $CaCO_3$-Zers. in Ggw. von verschiedenen Tonen. Das Auftreten einer Schmelzphase der Alkalisalze vor der $CaCO_3$-Zers. führt zu einer Rk. zwischen Ton u. $CaCO_3$ unterhalb 900°. Die unterschiedliche Rk.-Fähigkeit der Tonmineralien wird auch unterhalb 900° bestätigt. Sie nimmt vom Fireclay über den Illit u. Montmorillonit zum Kaolinit ab. Bei der Rk. zwischen Illit u. NaCl oder $Na_2SO_4$ bilden sich chlor- oder sulfathaltige Mineralien (Sodalith oder Nosean).

W. GOTTWALD. 6216□

**Die Erzeugung von Silicasteinen in Ägypten.** 1. Mitt. **Rohstoffe.** M. Y. Bakr und H. M. Nabih. (Sprechsaal Keram., Glas, Email **93.** 629—33. 20/12. 1960.) (Dt.) — C. **1961.** 977. G. BAUER. 6218□

**Über die Verwendung von Sandstein für die Erzeugung von Silicasteinen.** János Grofcsik. (Nehézvegyipari Kutató Intézet Közleményei [Mitt. Forsch.-Inst. chem. Schwerind.] **1.** 21—25. Juli 1958. Veszprém, Nehézvegyipari Kut. Int.) (Ung.)

Aus Sand oder Sandstein konnten bei hoher Temp. stabile Silicasteine von niedrigem spezif. Gew. $<2{,}38$ hergestellt werden, deren Verwendbarkeit in MARTIN-Ofengewölben erwiesen wurde. Als Mineralisator wurde eine 1% MgO entsprechende Menge Dolomit, zur besseren Verkittung der Körner statt Kalkmilch $CaCl_2$ zugegeben. N. SEILER. 6218□

**Schweißkeramiken.** William M. Conn. (Centr. Glass ceram. Res. Inst., Bull. [Calcutta] **6.** 61—68. April/Juni 1959. Kansas City, Mo.) (Engl.)

Die Schweißkeramiken werden vom Vf. in vier Gruppen eingeteilt: 1. Flußmittel, bestehend aus einer Mischung wenig hochgeglühter Bestandteile (Ton, Kalk, Ferromangan). 2. Agglomeratflußmittel enthalten Bestandteile, die weder Gas noch Dämpfe während des Schweißens entwickeln u. mittels Wasserglas, Ton oder Li-Verbb. zusammengehalten werden. Zwecks Entfernung des physikal. gebundenen W. werden sie auf 150° erhitzt. Diese Keramiken sind feinverteilt u. besitzen eine große Oberfläche. 3. Glasflußmittel enthalten Ca–Mg-Metasilicate, denen F-Verbb. zugesetzt werden. Das Glas wird in einem Lichtbogenschmelzofen bei 1200—1300° 10—24 Std. geschmolzen. 4. Gebrannte Flußmittel verlieren im keram. Röstofen bei 600° das physikal. u. chem. gebundene Wasser. Sie bestehen vorwiegend aus Tonerde, die bei 900° in Mullit übergeht. Zugesetzte Fluoride sorgen für gleichmäßige Beschaffenheit des Materials. Gebrannte Flußmittel werden nach der nassen u. trockenen Meth. hergestellt, wobei Vf. für die Produktion Drehrohr- neben Tunnelöfen empfiehlt. Schmelzflüsse mit hohem $Al_2O_3$-Geh. geben gute Schweißstellen u. krist. zu glasartigen Schlacken. Die geringe Viscosität von reinen Al-Schmelzen in Nähe des F. ermöglicht den Durchtritt von Gas u. Luft. Eine Entgasung der Schmelze tritt durch Zufügen von groben Substanzkörnern ein. Da die Körner nur an der Oberfläche schmelzen, weisen die zurückbleibenden Kerne eine krist. poröse Struktur auf. Die Oberflächentension u. Viscosität ist im Gegensatz zu den Glastypen selbst bei Metallen mit verunreinigter Oberfläche zufriedenstellend. H. SCHUMANN. 6220□

**Durchsichtiges Tiegelmaterial für hohe Temperaturen.** R. C. DeVries und C. F. Moehle. (Amer. ceram. Soc. Bull. **39.** 270—71. Mai 1960. Schenectady, N.Y., Gen. Electric Res. Labor.) (Engl.)

Um Schmelz- oder Lösungsvorgänge bei hohen Temp. zu beobachten, werden durchsichtige Schmelztiegel aus MgO-Einkristallen mit Hohlräumen von 0,1—1,0 ccm verwendet. Die Heizwendel liegen direkt um den rechteckigen Tiegel. Der Tiegel ist mehrmals verwendbar u. wird im Vgl. zu undurchsichtigen $Al_2O_3$-Tiegeln bei Temp. von 900° von Fluoriden nur wenig angegriffen. Vff. untersuchen die Schmelzvorgänge des Gemisches $KF$–$BaTiO_3$ bei 1100°. Zur Beobachtung dient ein ZEISS-Stereomikroskop mit einer 80fachen Vergrößerung im Abstand von 95 mm. H. SCHUMANN. 6220

**Die Wirkung von Flußspat und Kiesabbrand auf den Reaktionsverlauf von Zementrohmehlen unterhalb 1100°.** Erich Vogel. (Silikattechnik **10.** 415—19. Aug. 1959. Nienburg/Saale, VEB Zementwerke, Hauptlabor.) (Dt.)

Es wurde die reaktionsfördernde Wrkg. von Flußspat- u. Kiesabbrandzusätzen auf den Brennprozeß des Zementrohmehls untersucht. Als Vgl.-Maß dienten der Entsäuerungsgrad, der Geh. an freiem Kalk, die Schwindung u. die elektr. Leitfähigkeit. Geringe Mengen Flußspat u. Kiesabbrand bewirken schon von 700° an eine Beschleunigung des Rk.-Ablaufs. Dabei zeigt Flußspat eine intensivere Wrkg. als Kiesabbrand. Die reaktionssteigernde Wrkg. ist nicht proportional der zugesetzten Menge. Als neue Größe zur Charakterisierung des Rk.-Geschehens beim Zementbrennen $>600°$ wurde der Brenngrad eingeführt (Definition für sulfatfreie Rohmehle: $\alpha = 100\cdot[CaO - (1{,}27\ CO_2 + CaO\ frei)]/CaO$; für sulfathaltige Rohmehle ist die Einführung von Zusatzgliedern erforderlich). L. SCHWIEGK. 6222□

**Die Verwendung von Löslichkeitsbestimmungen für die Beurteilung von Gips.** S. K. Guha und Sudhir Sen. (Centr. Glass ceram. Res. Inst., Bull. [Calcutta] **6.** 55—60. April/Juni 1959. Calcutta, Central Glass and Ceramic Res. Inst.) (Engl.)

Mit Hilfe von Leifähigkeitsmessungen werden Lsgg. von Gips u. Gips-Prodd. sowie das freie u. gebundene W. obiger Substanz in Abhängigkeit von der Brenn-Temp. bestimmt. Vff. benutzen als Vers.-Substanz vorwiegend Bikaner Gips. Nach 2 Std. entsteht bei 300—400° ein Gips, dessen Löslichkeitserhöhung aus der Bldg. von Hemihydrat resultiert. Unter Vernachlässigung der im Gips vorhandenen Verunreinigungen werden für gute Gipssorten Lsg.-Mengen von 0,76 g $CaSO_4$/100 ml $H_2O$ u. 0,80 g $CaSO_4$/100 ml $H_2O$ angegeben. Lsg.-Werte unter 0,76 g/100 ml $H_2O$ zeigen zusätzliche Mengen von Gips u. über 0,80 g $CaSO_4$/100 ml $H_2O$ von Anhydrit an. Die Erhärtungszeit steigt mit zunehmendem Anhydrit-Geh. bis zu einem Maximum an, um bei einer Brenn-Temp. von 300° u. einem Löslichkeitsanstieg auf 0,86 g $CaSO_4$/100 ml $H_2O$ wieder abzunehmen. Die Löslichkeits-Best. werden mit 10 g Substanz in 100 ml Leitfähigkeitswasser unter Aufwirbeln mit Luft durchgeführt. Nach 1 Min. wird abfiltriert, der Verlauf verworfen u. 25 ml des klaren Filtrats auf 250 ml aufgefüllt u. die Leitfähigkeit gemessen. Die Zeiteinsparung gegenüber gravimetr. Analysen ist erheblich.

H. SCHUMANN. 6226☐

**Löslichkeit und Erhärtungsvermögen von gebranntem Gips.** S. K. Guha und Sudhir Sen. (Centr. Glass ceram. Res. Inst., Bull. [Calcutta] **6.** 69—75. April/Juni 1959. Calcutta, Central Glass and Ceramic Res. Inst.) (Engl.)

Durch Leitfähigkeitsmessungen wird die Kristallisations-Geschw. von $CaSO_4 \cdot 2 H_2O$ in einer gesätt. Gips-Lsg. in Abhängigkeit von der Zeit gemessen. Nach Zugabe von Leim u. Gips stellten Vff. eine Abnahme der Löslichkeit des Gipses fest. Zwei Typen von $CaSO_4 \cdot 2 H_2O$ werden in einem Gips festgestellt. Die erste Form entsteht durch die Adsorption von $H_2O$ u. Hydratation u. die zweite Art durch Lsg.-Rekristallisation. Die Lsg.-Zeit nimmt mit Abnahme der uncalcinierten Substanz bei steigenden Temp. (150—220°) zu u. fällt bei höheren Calcinier-Temp. (220—300°) wieder ab. Vff. verwendeten Bikaner Gips mit Lsgg. von 0,80 g $CaSO_4$/100 cm³ $H_2O$ (I) u. 0,76 g $CaSO_4$/100 cm³ $H_2O$ (II) bei einer Temp. von 30°. Mit Lsg. I sind obige Verss. nach Zusatz von 0,1 g Leim oder 0,1 g Gips bzw. eines Gemisches beider Substanzen durchgeführt worden, während Lsg. II mit 0,1 g Quarz u. 0,1 g Anhydrit versetzt wird. Eine weitere Vers.-Serie geht von einer Bezugs-Lsg. aus, die 60 bzw. 100 g Gips in 100 cm³ $H_2O$ enthält. Die Erhärtungszeit nach dem Rühren beträgt 30 Sekunden. In bestimmten Abständen wird eine genaue Menge 1 Min. lang geschüttelt u. abgesaugt. Die Löslichkeit wird im Filtrat mit Hilfe der Leitfähigkeit ermittelt. Nach Zusatz von 0,1 u. 1 g $CaSO_4$ zum trockenen Gips sowie 0,1 g NaCl, 0,1 g $K_2SO_4$ u. 0,1 g Borax zur Lsg. des Gipses auftretende Effekte sind graph. ausgewertet worden. H. SCHUMANN. 6226☐

**Eine neue Methode der Analyse von Gas im Glas.** W. T. Slawjanski, Je. N. Kresstnikowa und M. W. Prosskurjakow. (Стекло и Керамика [Glas u. Keram.] **17.** Nr. 6. 29—33. Juni 1960.) (Russ.)

Die neue App. zur Gas-Best. in Glas besteht aus 3 Teilen: Vorr. zur Zerkleinerung der Glasprobe im Vakuum, gasanalyt. Teil u. Gasometer-Syst., in dem Gasgemische zur Eichung des Thermopaarmanometers hergestellt werden können. Die Gas-Best. beruht auf der Druckverringerung bei Ausfrierung bzw. Sorption der einzelnen Bestandteile des Gemisches. Bestimmt wurden $O_2$, $N_2$, $CO_2$, S-Gase u. Wasserdampf. $O_2$ wurde von einer W-Spirale ($U = 3$ V; $J = 1,5$ A) sorbiert, $CO_2$, S-Gase u. Wasserdampf in einer Kühlfalle fraktioniert ausgefroren u. $N_2$ als Rest bestimmt. Die Druckanzeige des Manometers hängt ab von der Temp. u. von der Art des Gasgemisches. Mit Luft u. mit künstlichen Gasgemischen wurden Eichkurven aufgenommen. HORST BRAUN. 6242☐

---

General Electric Co. Ltd., London, England (Erfinder: Nigel Conrad Tombs), **Herstellung keramischer dielektrischer und ferromagnetischer Verbindungen.** Als Ausgangsstoff dienen Oxyd-Pulver, die einem Druck von 10—35 t/in.² unterworfen u. anschließend gesintert werden. — Zum Beispiel ergibt ein Gemisch von NiO, ZnO u. $Fe_2O_3$ nach dem Pressen u. Sintern bei 1300° einen Ni-Zn-Ferrit der Formel $Ni_{0,5}Zn_{0,5}Fe_2O_4$. Aus $BaCO_3$ u. $Fe_2O_3$ wird ein Bariumferrit der Formel $BaFe_{12}O_{19}$ in entsprechender Weise erhalten. (**E. P. 828 066** vom 21/11. 1955, ausg. 17/2. 1960.) G. FRIKELL. 6221

LICENTIA Patent-Verwaltungs-G. m. b. H., Frankfurt/M., **Metallisierung eines keramischen Körpers,** bes. zwecks Herst. von Lötverbindungen. Man bringt zunächst eine dünne Schicht CoO (zweckmäßig als wss. Suspension) auf. Dann wird, z. B. bei 1100°, gesintert, jedoch nur so lange, daß lediglich ein Teil des CoO mit dem keram. Material reagiert. Die verbleibende CoO-Schicht wird dann, bes. durch Erhitzen im Vakuum auf ca. 500°, reduziert. Die Red. kann in einem Arbeitsgang mit dem Schmelzen der Lötmasse in Ggw. des anzulötenden Gegenstandes erfolgen. (**Holl. P. 95 852** vom 16/2. 1954, ausg. 15/11. 1960. D. Prior. 20/2. 1953.) F. BÖHM. 6221

Antonin Lev, Prag, Tschechoslowakei, **Herstellung von Hartziegeln.** Um auch minderwertige Tone für die Herst. harter Keramikkörper verwenden zu können, wird der Ton mit einem Zusatz von Zement oder Zementklinkern gemischt, gepreßt u. unter Druck dampfgehärtet. Das Gemisch besteht z. B. aus 80 (Gew.-%) trockenem Ton u. 20 Zement u. wird bei einem Wasser-Geh. von 10—15% mit 140—160 kg/cm² Druck gepreßt. Die Härtung erfolgt innerhalb 4 Std. mit Dampf von 8 atü u. 160—180°. (**E. P. 843 735** vom 19/9. 1958, ausg. 10/8. 1960.) G. FRIKELL. 6229

Siemens-Schuckertwerke Akt.-Ges., Berlin und Erlangen (Erfinder: Heinrich Fehn, Fürth/Bayern), **Härten elektrophoretisch niedergeschlagener Glimmerschichten** aus einer Suspension calcinierten Glimmers, dad. gek., daß nasse, frisch niedergeschlagene Glimmerschichten mit sek. Ammoniumphosphat behandelt, getrocknet u. zur Aushärtung erwärmt werden. Zur Aushärtung kann z. B. 10 Std. auf 200° u. 5 Std. auf 400° erhitzt werden. (**D. A. S. 1 074 354** Kl. 48a von 27/9. 1957, ausg. 28/1. 1960.) H. HÄNLE. 6235

Mole Norton S. p. A., Corsico, Mailand, Italien, **Bindemittel für die Herstellung von Schleifscheiben**, dad. gek., daß es neben 45% eines Phenol–Formaldehyd-Harzes eine aromat. halogenierte Verb. enthält, die bei normalem Druck erst oberhalb 200° verdampft. Z. B. verleihen Dekachlorbiphenyl, Tribromphenol, Tribromanilin, Dibromacetanilid den Scheiben große Dauerhaftigkeit. (**It. P. 509 092** vom 20/11. 1953.) K. KOEBKE. 6239

---

**F. L. Smidth & Co. A/S**, Kopenhagen, Dänemark, *Verbesserungen bei der Zementgewinnung*. (**Ind. P. 58 878** vom 13/11. 1956, ausg. 21/7. 1958. — C. **1960**. 14154 [Aust. P. 215 370].)

**Whiffen & Sons Ltd.** (Erfinder: **John Gilmour Hawkins**), *Thermoplastisches Material*. (**Aust. P. 220 870** vom 18/2. 1957, ausg. 16/4. 1959. E. Prior. 8/3. 1956. — C. **1960**. 7299 [Oe. P. 204 785].)

## VII. Agrikulturchemie. Schädlingsbekämpfung

**Wasserstabilität von Aggregaten in erhitzten Böden.** K. Subba Rao und P. T. Ramacharlu. (Soil Sci. **84.** 439—43. Dez. 1957. New Delhi, Defence Sci. Labor.) (Engl.)

Normaler sowie auf 60, 150, 225, 360, 600, 800 u. 1000° erhitzter Alluvialboden des Ganges bei Delhi wurde der Trocken- u. Naßsiebanalyse unterworfen. Resultate: Die Trockensiebanalyse ergab, daß die Erhitzung keine merkliche Veränderung der Korngrößenverteilung bewirkte. Die Naßsiebanalyse zeigte, daß die Aggregate der normalen Böden gegen W. instabil sind; sie zerfielen beim Schütteln mit Wasser. Durch Erhitzen auf 360° u. darüber werden die Aggregate gegen W. stabil. B. SCHEIFELE. 6302

**Chelatisierung und senkrechte Bewegung der Bodenbestandteile.** H. J. Atkinson und J. R. Wright. (Soil Sci. **84.** 1—11. Juli 1957. Ottawa, Canada, Dep. of Agric., Sci. Serv., Chem. Div.) (Engl.)

An Bodensäulen wurde demonstriert, daß die Auslaugung von kalkhaltigem Boden mit einem chelatisierenden Agens (*EDTA*) die Mobilisierung, den Transport u. die Wiederablagerung von Fe u. Al bewirken kann, wobei ein Profil mit gut definierten Horizonten entsteht. B. SCHEIFELE. 6304

**Eine spektrophotometrische Methode zur Analyse von Chelatlösungen und ihre Anwendung bei der Untersuchung von Eisenchelaten in Böden und Pflanzen.** D. G. Hill-Cottingham. (Soil Sci. **84.** 43—49. Juli 1957. Bristol, Long Ashton Res. Stat.) (Engl.)

Es wird eine spektrophotometr. Meth. zur quant. Best. der *Fe-Chelate* (**I**) u. der *Ca-Chelate* (**II**) von *EDTA*, *HEEDTA*, *HEEDDA*, *DTPA*, *CDTA* u. *Chel 138* [*Äthylenbis-(o-hydroxyphenylessigsäure)*] beschrieben. Diese Meth. basiert darauf, daß einerseits die **I**-Lsgg. ein Absorptionsmaximum bei Wellenlängen aufweisen, bei denen die freien Chelatoren sowie die **II** nicht stören, u. andererseits die **II** in saurer Lsg. bei Zugabe von überschüssigen $Fe^{3+}$-Ionen in **I** übergeführt u. dann als solche bestimmt werden können. Mittels dieser Meth. wurde festgestellt, daß in stark kalkhaltigen Böden die Sorption von **I** an Ton u. der Austausch des Fe der **I** gegen Ca stark von der Natur des Chelators abhängig ist. Weiter wurde gefunden, daß die Ggw. von Phosphationen im Ton u. die Konz. der Boden-Lsg. an $Ca^{2+}$ das Verh. einiger **I** wesentlich beeinflussen. Schließlich wurde wahrscheinlich gemacht, daß durch die Pflanzen das ganze **I**-Mol. aufgenommen wird. B. SCHEIFELE. 6304

**Adsorption von Plutonium durch Böden.** D. W. Rhodes. (Soil Sci. **84.** 465—71. Dez. 1957. Richland, Wash., Gen. Electric Co.) (Engl.)

Es wurden abgemessene Mengen Bodenmaterial u. Pu-Lsg. (Konz. ca. $10^{-4}$ m) bis zur Einstellung des Gleichgewichts geschüttelt, die Suspension zentrifugiert u. die Konz. an Pu in der überstehenden Fl. ermittelt. Bei pH $> 2$ u. $< 9$ bildet Pu ein Polymeres oder

Radiokoll. mit positiver Ladung, das rasch vom Boden aufgenommen wird. Die Desorption kann mit organ. Anionen erfolgen, die mit Pu Komplexe bilden.

B. SCHEIFELE. 6304

**Kinetik der Phosphataufnahme im System Boden–Pflanze.** Maurice Fried, C. E. Hagen, J. F. Seiz del Rio und J. E. Leggett. (Soil Sci. **84.** 427–37. Dez. 1957. Beltsville, Md., US Dep. of Agric., Soil and Water Conservation Res. Div., Agric. Res. Serv.) (Engl.)

Die Geschw. des Übergangs von P aus dem Boden in die Boden-Lsg. wurde verglichen mit der Geschw., mit der P aus der Boden-Lsg. durch die Pflanze absorbiert wird. Bei Bridger-, Caribou- u. Nibley-Boden betrug erstere mindestens 13–15 lbs./acre·h, während letztere nur $^1/_{250}$ dieses Wertes ausmachte. B. SCHEIFELE. 6304

**Wird der Phosphorit durch den Boden oder die Pflanzen zersetzt?** W. W. Butkewitsch. (Почвоведение [Bodenkunde] **1960.** Nr. 8. 74–80. Aug.) (Russ.)

Die Zers. des *Phosphorits* (I) durch den Boden wird durch dessen Adsorptionskapazität u. Sättigungsdefizit an Basen bestimmt. Gleichzeitig bestimmen diese Eigg. in noch größerem Ausmaß die Fähigkeit der Pflanzen, I zu zerlegen u. auszunutzen. Durch diese Faktoren wird die unterschiedliche Rk. der verschiedenen Böden auf die P-Düngung charakterisiert. Bei Gaben von Superphosphat bildet dieses rasch schwerer aufnehmbare P-Formen, wonach zwischen dem Phosphat u. dem Boden ein Gleichgewicht entsteht; bei Gaben von I bildet dieser sehr langsam, oft im Verlauf von Jahren, leichter aufnehmbare Formen. Somit wird eine Annäherung in der Wrkg. des Superphosphats bedingt. Der Übergang des I in leichter aufnehmbare Formen geht durch partielle Zerstörung des in I enthaltenen $CaCO_3$ vor sich, durch welche das Verhältnis $CaCO_3:P_2O_5$ in I-Teilchen zugunsten von $P_2O_5$ verändert wird. Dadurch wird die P-Aufnahme durch die Pflanzen aus den I-Teilchen erleichtert. M. GORDIENKO. 6304□

**Die Dynamik der mikrobiologischen Prozesse in Roterden der Teeplantagen Grusiens.** N. A. Darasselija. (Почвоведение [Bodenkunde] **1960.** Nr. 8. 62–70. Aug.; Inst. für Bodenkunde, Agrotechnik u. Melioration der Akad. der Wiss. der GrusinSSR.) (Russ.; Auszug: Engl.)

Für die Roterde ist ein verhältnismäßig niedriger Geh. an Mikroorganismen u. nitrifizierenden Cellulosebakterien u. ein hoher Geh. an ammonifizierenden Bakterien u. Pilzen charakteristisch. Stark vertreten ist *Clostridium pasteurianum.* In der Rhizosphäre u. im wurzelnahen Bereich der Teepflanzen wechselt die Zus. der Mikroflora u. ist hauptsächlich durch kleine sporenfreie Stäbchen (*Bac. agile, desmolyticum, dachune, Pseudomonas fluorescens* u. a.) vertreten. Es besteht ein direkter Zusammenhang zwischen der qual. u. quant. Zus. der Mikroflora u. der Rk. der Roterde. Bei Gaben von physiolog. saurer Düngung, wie $(NH_4)_2SO_4$, werden einige Gruppen von Mikroorganismen unterdrückt. Dagegen wird die Mikroflora durch Gaben von Stallmist mit mineral. Düngern quant. u. qual. günstig beeinflußt. M. GORDIENKO. 6306□

**Isopropyl-N[-3-chlorphenyl]-carbamat und andere Carbamate als Spritzmittel zur Auslichtung der Früchte bei Halehaven-, Ambergem- und Elberta-Pfirsichen.** Frank Horsfall jun. und R. C. Moore. (Proc. Amer. Soc. horticult. Sci. **68.** 63–69. Dez. 1956. Blackburg, Va., Virginia Agric. Exp. Stat.) (Engl.)

Zur Auslichtung der Früchte wurden einige Zeit nach der Blühperiode (30–48 Tage) Pfirsichbäume der Sorten Halehaven (**a**), Ambergem (**b**) u. Elberta mit Sprays auf Basis *T 515* [**I**, Wirkstoff: *Isopropyl-N-(3-chlorphenyl)-carbamat*], *T 640* [**II**, Wirkstoff: *Allyl-N-(3-chlorphenyl)-carbamat*], *5518* [**III**, Wirkstoff: *Isopropyl-N-(m-tolyl)-carbamat*], *5520* [**IV**, Wirkstoff: *2-Chloräthyl-N-(3-chlorphenyl)-carbamat*], *5521* [**V**, Wirkstoff: *1-Chlorpropyl-(2)-N-(3-chlorphenyl)-carbamat*], *5522* [Wirkstoff: *1-Chlorpropyl-(2)-N-(m-tolyl)-carbamat*], *5523* [Wirkstoff: *2-Chloräthyl-N-(m-tolyl)-carbamat*] sowie *L 461* (**VI**) behandelt. Der Wirkstoff des **VI**-Sprays war der gleiche wie der des **I**-Sprays, jedoch enthielt der **VI**-Spray im Gegensatz zu allen anderen Sprays kein Xylol. Gute Ergebnisse ließen sich bei **a** mit 200 u. 300 ppm **VI** u. bei **b** mit 600 ppm **II**, 600 ppm **IV** u. 200, 500 u. 800 ppm **V** erzielen. Zu stark auslichtend wirkten bei **b** 400, 600 u. 800 ppm **III** u. 100, 200 u. 300 ppm **VI.** Mit 600 ppm **IV** oder 200 u. 800 ppm **V** behandelte Früchte von **b** waren früher reif als die Kontrollen. Gipfelständige Schößlinge von **a** zeigten nach Spritzungen mit 100, 300 u. 500 ppm **VI** ein stärkeres Wachstum als bei unbehandelten Bäumen. Gegenüber der gleichen Carbamat-Konz. waren die verschiedenen Pfirsichsorten unterschiedlich empfindlich. Die **I**- u. **VI**-Sprays hatten bei gleicher Aufwandmenge eine verschiedene Auslichtungswirkung. W. KREIPE. 6312

**Verwendung von Herbiciden zu umgepflanztem Sellerie in Südkalifornien.** C. A. Shadbolt, R. A. Brendler und B. J. Hall. (Calif. Agric. **14.** Nr. 4. 6–7. April 1960.) (Engl.)

Zur Unkrautvernichtung ohne größeren Schaden für Sellerie eigneten sich 4 bis 8 (lb./acre) *CDEC* (I), 1—2 *Neburon* (II) u. 4—6 *CIPC* (III). Durch Stoddard-*Solvent*, ein selektiv wirkendes emulgierbares Öl (20 gal. mit W. auf 100 gal. verd.) wurde die herbicide Wrkg. von **I** u. **III** verstärkt. **II** u. **III** verursachten nach dem Umpflanzen eine größere Ertragsminderung als bei Anwendung vor dem Umpflanzen.

EBERHARD MÜLLER. 6312□

**Zur Bekämpfung des Grauschimmels Botrytis cinerea Pers. an Erdbeeren.** Heinrich W. K. Müller. (Nachrichtenbl. dtsch. Pflanzenschutzdienstes [Braunschweig] **13.** 65—68. Mai 1961. Hamburg, Pflanzenschutzamt, Staatsinst. für angew. Botanik.) (Dt.)

Bei der Bekämpfung des Grauschimmels an Erdbeeren wurden in Spritz-Verss. im Frühjahr 1960 die Spritztermine, die Anzahl der Spritzungen u. die Konz. der Spritzbrühe variiert, um Auswirkung auf Befall u. Geschmack der Früchte zu studieren. Ferner wurden kurative Spritzungen durchgeführt. Als Spritzmittel dienten die Fungicide *TMTD* u. *Orthophaltan.* Bei starkem Befall der Erdbeerfrüchte ab Mitte der Ernte genügte je eine Blütenspritzung zu Beginn u. eine am Ende der Hauptblüte mit der relativ hohen Aufwandmenge von 5 kg TMTD/ha, wobei sich diese 2 Blütenspritzungen wirksamer als eine Fruchtspritzung erwiesen, welche außerdem den Geschmack der Früchte nachteilig beeinflussen kann. Für den Erfolg ist die völlige Benetzung der Pflanzen wichtig (Mindestbedarf an Spritz-Fl. 2000 Liter/ha). Orthophaltan (0,2%) erreichte nicht die fungicide Wrkg. von TMTD gegen Botrytis cinerea.

P. WILDE. 6312□

**Ausleseversuche mit einigen synthetischen Verbindungen bezüglich ihrer Giftwirkung auf Stubenfliegen bei Anwendung als Raumsprays.** P. G. Piquett und W. A. Gersdorff. (J. econ. Entomol. **51.** 791—93. Dez. 1958.) (Engl.)

Von 111 geprüften Verbb. erwiesen sich die nachst. aufgeführten als genügend wirksam, um weitere Verss. zu rechtfertigen: *Chrysanthemsäure* (**I**)-*2.4-Dimethylbenzylester*, **I**-*6-Chlorpiperonylester*, **I**-*p-Äthylbenzylester*, **I**-*Piperonylester*, **I**-*m-Isopropoxybenzylester*, *Cyclopropancarbonsäure* (**II**)-*2.2-Dimethyl-3-(2-methylpropyl)-piperonylester*, **I**-*α-(1.1-Dimethylpropyl)-piperonylester*, **I**-*Cuminylester*, **I**-*o-Allyloxybenzylester*, **I**-*m-Allyloxybenzylester*, **I**-*m-Äthoxybenzylester*, **II**-*2.2-Dimethyl-3-(2-methylpropyl)-2.4-dimethylbenzylester*, **I**-*2.3-Dimethoxybenzylester*, **I**-*m-Propoxybenzylester*, **I**-*m-sek.-Butoxybenzylester*, **I**-*m-Methoxybenzylester*, **I**-*m-(2-Methallyloxy)-benzylester*, **I**-*o-Methylbenzylester*.

FRITZ MÜLLER/Ludwigshafen. 6312

**Die Kirschfruchtfliegenbekämpfung mit dem Kaltnebelverfahren vom Hubschrauber aus.** Herbert Engel. (Nachrichtenbl. dtsch. Pflanzenschutzdienstes [Braunschweig] **13.** 73—78. Mai 1961. Freiburg/Br., Pflanzenschutzamt.) (Dt.)

Bericht über Erfahrungen, die bei Bekämpfungsaktionen mit *DDT*- u. *Methoxychlor*-Nebel-Lsgg. gemacht wurden. P. WILDE. 6312□

**Die stabilisierende Wirkung von Piperonylbutoxyd auf ultraviolettem Licht ausgesetzte Pyrethrine.** J. M. Donaldson und J. H. Stevenson. (J. Sci. Food Agric. **11.** 370—73. Juli 1960. Ascot, Berks., Imperial Coll. Field Stat.) (Engl.)

Ein Gemisch von *Piperonylbutoxyd* (**I**) u. *Pyrethrin* (**II**) wirkt nicht wesentlich giftiger auf ausgewachsene Ephestia cautella (Walk.) als **II** allein. Die von anderer Seite berichtete Stabilisierung von **II** durch **I** im UV-Licht läßt sich daher biolog. ohne Komplikation an E. cautella durch synergist. Wirksamkeit verfolgen. Eine Stabilisierung wird nicht beobachtet. W. WESLY. 6312□

**Die Bewährung des Kaltnebelverfahrens bei einem Großeinsatz zur Bekämpfung der Kohlschotenmücke (Dasymeura brassicae Winn.).** Manfred Waede. (Nachrichtenbl. dtsch. Pflanzenschutzdienstes [Braunschweig] **13.** 70—73. Mai 1961. Kiel-Kitzeberg, Biolog. Bundesanstalt, Inst. für Getreide-, Ölfrucht- u. Futterpflanzenkrankheiten.) (Dt.)

Der Erfolg des Kaltnebel-Verf. gegen die Rapsschädlinge Dasyneura brassicae Winn. (Kohlschotenmücke) u. Ceuthorrynchus assimilis Payk. (Kohlschotenrüßler) wurde unter Anwendung des bienenunschädlichen Insekticids *Thiodan* in einer Aufwandmenge von 5 Liter/ha (1500 g reiner Wirkstoff/ha) auf einer Gesamtfläche von 364 ha getestet, wobei Kaltnebelgeräte mit 3 Ausstoßdüsen verwendet wurden. Bekämpfungserfolg zeigte sich bes. bei Bekämpfung zu Beginn der Vollblüte. Behandlung abblühender Bestände blieb fast wirkungslos, da die Eiablage der Mücken dann größtenteils schon erfolgt ist. Dieses Kaltnebel-Verf. ist auch für den Großeinsatz gut geeignet.

P. WILDE. 6312□

**Neue Insekticide gegen Orangen-Tortrix, geprüft an Apfelbäumen von Watsonville.** Harold F. Madsen und Louis A. Falcon. (Calif. Agric. **14.** Nr. 4. S 5. S 11. April 1960. Berkeley, Calif., Univ. of California.) (Engl.)

Die Wirksamkeit der angewandten Mittel nahm ab in der Reihenfolge: *TDE*, *Sevin*, *Methyltrithion*, *Ethion*, *Äthyl-Guthion*, *DDT* (unwirksam). Außer TDE war nur noch Sevin genügend wirksam. EBERHARD MÜLLER. 6312□

**Zur Bekämpfung der Buchenwollschildlaus (Cryptococcus fagi Bär.) mit chemischen Mitteln.** K. Küthe und K. Krämer. (Anz. Schädlingskunde verein. Schädlingsbekämpfung **34.** 42—43. März 1961. Frankfurt/M., Pflanzenschutzamt.) (Dt.)

Verss. zur Bekämpfung der Buchenwollschildlaus mit *Folidol-Öl* (**I**), *Selinon* (**II**), *Metasystox* (**III**), *Gusathion* (**IV**) u. *Malathion* (**V**) ergaben: Mit **I** (0,5%) u. mit **II** (1%) konnte sowohl bei der Winter- als auch bei der Frühjahrsbehandlung ein voller Abtötungserfolg erzielt werden. Mit **IV** (0,1%) konnte bei Sommerbehandlung ebenfalls ein voller Abtötungserfolg erzielt werden. Bei **I** war erst nach längerer Zeit ein voller Erfolg festzustellen, der durch das Fehlen von Jungläusen gek. war, während bei Anwendung von **V** Jungläuse später in großer Zahl auftraten. **III** (0,1%) versagte völlig, auch **V** (0,2%) zeigte keine genügende Wirkung. **I** u. **II** können zu verschiedenen Jahreszeiten eingesetzt werden; bei **II** ist Rücksicht auf Unterkulturen zu nehmen. P. WILDE. 6312□

**Die Bedeutung von Netzmitteln für die Toxizität einiger Insekticide.** Albert Hartzell und Frank Wilcoxon. (Contr. Boyce Thompson Inst. **20.** 421—24. Juli/Sept. 1960.) (Engl.)

Bei der Prüfung von *S-(2.3-Dicarbomethoxypropyl)-O.O-dimethyldithiophosphat* (**I**) u. *S-(1.2-Biscarbäthoxyäthyl)-O.O-dimethyldithiophosphat* (Malathion, **II**) gegen Spinnmilben wurde gefunden, daß die akaricide Wrkg. stark von der Konz. des zugesetzten Netzmittels *Triton X-155* (**III**), eines Alkylarylpolyätheralkohols, abhängt. So läßt sich bei einer **I**-Konz. von 40 ppm die Tötungsrate von 11% (ohne **III**) auf 71% bei 2500 ppm **III**, 81% bei 5000 ppm **III** u. 88% bei 10000 ppm **III** steigern.

EBERHARD MÜLLER. 6312□

**Feuchtigkeitsbestimmung in unkultivierten Böden mit einer Neutronensonde.** Robert A. Merriam. (Iowa State J. Sci. **34.** 641—47. 15/5. 1960. Glendora, Calif., Forest Serv., U.S.D.A., Pacific Southwest Forest and Range Exp. Stat., Watershed Management Res.) (Engl.)

Bei der Unters. des Wasserhaushalts von unkultivierten Böden wird eine Neutronensonde verwendet u. der Vorteil gegenüber gravimetr. u. Widerstandsmeß-Meth. festgestellt. Als Quelle für die schnellen Neutronen dient 5 mc Ra–Be-Mischung, als Detektor für die im feuchten Erdreich gebremsten, langsamen Neutronen ein $BF_3$-Zähler. Das verwendete Gerät zeigte eine Änderung von 1 Vol.-% Feuchtigkeit mit einer Differenz von 150 Impulsen pro Min. an. J. WOLFF. 6324□

**Absorbiertes $Na^+$, Kationenaustauschvermögen und prozentuale Na-Sättigung alkalischer Böden.** W. P. Kelley. (Soil Sci. **84.** 473—78. Dez. 1957. Univ. of Calif.) (Engl.)

An Hand der Ergebnisse neuerer Unterss. (10 Literaturangaben) werden gewisse Schwierigkeiten diskutiert, die sich bei der Unters. von Alkaliböden (Best. der Menge an absorbiertem $Na^+$, der prozentualen Na-Sättigung sowie des Kationenaustauschvermögens) ergeben. B. SCHEIFELE. 6324

**Verwendung von 8-Hydroxychinolin und seleniger Säure zur Bestimmung von pflanzenverfügbarem Phosphor.** M. O. Ghani und A. Islam. (Soil Sci. **84.** 445—51. Dez. 1957. Dacca Univ.) (Engl.)

Zur Best. des pflanzenverfügbaren *P* aus Böden wird folgende Meth. empfohlen: 1 g Boden wird 2 Std. lang mit 200 ml einer Extraktions-Lsg. geschüttelt, die aus 100 ml 0,5n *Essigsäure* (**I**) mit 0,5% *seleniger Säure* (**II**) u. 100 ml 0,5n **I** mit 0,5% *8-Hydroxychinolin* besteht. Nach Entfernung der gelben Farbe u. der **II** wird P im Extrakt in üblicher Weise colorimetr. bestimmt. B. SCHEIFELE. 6324

**Die Papierchromatographie von Ferbam, Maneb, Nabam, Thiram, Zineb und Ziram.** W. P. McKinley und Shirlean A. Magarvey. (J. Assoc. off. agric. Chemists **43.** 717—20. Aug. 1960. Ottawa, Dep. of National Health and Welfare, Food and Drug Labor.) (Engl.)

Das Verf. trennt die 6 *Dithiocarbamate* (**I**) in 2 Gruppen u. unterscheidet zwischen Verbb. mit Thion- oder Thiolgruppen u. anderen Verbindungen. Der Nachw. der einzelnen **I** mit $NaN_3$–$J_2$ wird beschrieben. W. WESLY. 6328□

**Die Inhibierung von menschlicher Plasmacholinesterase durch Sevin, Parathion, Phosdrin, Trithion und Systox: Ein Vergleich von zehn Enzymproben und die Verwendung von Sevin als Bezugsstoff.** George Yip und J. W. Cook. (J. Assoc. off. agric. Chemists **43.** 740—42. Aug. 1960. Washington, D.C., Dep. of Health, Educat. and Welfare, Food and Drug Administ.) (Engl.)

An 10 menschlichen Plasmaproben ausgeführte Unterss. über die Wirksamkeit von Cholinesterase nach Rk. mit Sevin, Parathion, Trithion, Phosdrin u. Systox zeigen, daß für jede Probe fast die gleiche Inhibitor-Konz. nötig ist. Für jede Verb. u. für jedes Plasma wird eine Inhibierungskurve aufgenommen u. die für eine 50% ig. Inhibierung erforderliche Konz. bestimmt. Sevin kann zur Prüfung der Stabilität von organ. Phosphaten verwendet werden. W. WESLY. 6328□

**Die Infrarotspektren von organischen Phosphat-Pflanzenschädlingsbekämpfungsmitteln und ihre Anwendung auf einige Fragen der Analyse von Phosphat-Pflanzenschädlingsbekämpfungsmitteln.** D. F. McCaulley und J. W. Cook. (J. Assoc. off. agric. Chemists **43**. 710—17. Aug. 1960. Washington, D.C., Dep. of Health, Educat. and Welfare, Food and Drug Admin.) (Engl.)

Übersicht über die IR-Spektren (Abb.) einer Reihe von organ. Phosphat-Pflanzenschädlingsbekämpfungsmitteln u. die Reihenfolge ihrer Eluierung aus einer Florisilsäule. — 25 Literaturangaben. W. WESLY. 6328□

---

Ministerul Industriei Petrolului si Chimiei (Erfinder: Andrei Wohl, Gheorghe Chirita und Elvira Radulescu), Rumänien, **Herstellung von Phosphatdünger** durch Erhitzen von Rohphosphat, bes. Apatit, mit NaCl u. Sand, ggf. unter Zusatz von Kohle, welche das Calcinations-Prod. porös macht u. die Rk. katalyt. fördert. — Ein Gemisch aus 100 (Teilen) Kola-Apatit, 16 Quarzsand, 30 NaCl u. 20—40 Kohle oder Koks werden unter Zusatz von 1,5 Wasserglas als Bindemittel im Betonmischer bei 200—400° granuliert u. im Drehrohrofen bei 1150—1250° calciniert. Die nach dem Abkühlen zerkleinerte Masse hat 29—30(%) Gesamt-$P_2O_5$, 27—28 in 2% ig. Citronensäure lösl. u. 26—27 in $NH_4$-Citrat lösl. $P_2O_5$.) **F.P. 1175551** vom 20/5. 1957, ausg. 27/3. 1959. Rumän. Prior. 21/5. 1956.) W. WITTHOLZ. 6283

Pittsburgh Coke & Chemical Co., Pittsburgh, Pa. (Erfinder: Waldo Buford Ligett, Pontiac, Mich., und Calvin Newton Wolf, New York, N.Y.), V.St.A., **Das Pflanzenwachstum beeinflussendes Präparat,** dad. gek., daß es außer einem inerten Träger u. einem oberflächenakt. Mittel als Wirksubstanz eine monomere α-Cyan-β-(m-chlorphenyl)-acrylsäure oder eine monomere α-Cyan-β-(p-chlorphenyl)-acrylsäure oder ein Salz einer dieser Säuren enthält. Bes. geeignet sind die Na-, K-, Li-, Ca-, Mg-, Cu-, Zn-, Fe-, Mo- u. Mn-Salze der Säuren. Die Mittel dienen zur Verhinderung des Aufblühens von Blütenknospen, Verzögerung des Wachstums von Holzpflanzen, Sträuchern oder Bäumen, Verzögerung des Blühens von Obstbäumen u. dergleichen. — Vgl. D. A. S. 1 051 847; C. **1960.** 9007. (**Schwz. P. 341 182** vom 6/5. 1953, ausg. 14/11. 1959. A. Prior. 6/5. 1952.) H. KARST. 6297

Badische Anilin- & Soda-Fabrik Akt.-Ges., Ludwigshafen/Rh. (Erfinder: Gustav Steinbrunn, Schwegenheim, und Adolf Fischer, Mutterstadt), **Mittel zur Bekämpfung unerwünschten Pflanzenwachstums,** enthaltend einen Ester aus einem Hydroxyalkylharnstoff-Deriv. der allg. Formel I, in der X für H, Cl, einen Alkylrest mit höchstens 3 C-Atomen, einen Methoxy- oder Äthoxyrest steht, Y einen Hydroxy- oder Dihydroxyalkylrest mit höchstens 4 C-Atomen bedeutet u. n = 1 oder 2 ist, u. einzelnen oder mehreren, gleichen oder verschiedenen niederen Fettsäuren oder substituierten Phenoxyfettsäuren in Form einer Lsg. oder einer Emulsion oder in Verbindung mit bekannten phytotox. Trägerstoffen. — Man erhält die Ester z. B. durch Rk. eines Hydroxyalkylharnstoff-Deriv. mit der entsprechenden Säure in Ggw. eines Katalysators u. eines niedrigsd. KW-stoffes, wie Bzl., bei Siede-Temp. u. anschließende Destillation. — Beispiele: Ester aus N-Hydroxypropyl-N-p-chlorphenyl-N'.N'-dimethylharnstoff u. Dichlorbuttersäure. (**D. A. S. 1106548** Kl. 45l vom 4/8. 1959, ausg. 10/5. 1961.) H. NEBELSIEK. 6313

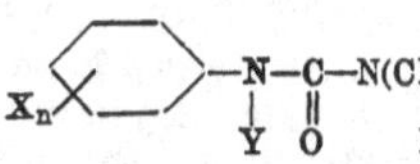

I

Dow Chemical Co. (Erfinder: Burton V. Torrnman), **Herbicide,** bestehend aus *2.2-Dichlorbuttersäure* oder ihren Salzen u. einem Trägerstoff, werden z. B. hergestellt, indem man 25 (Gewichtsteile) 2.2-Dichlorbuttersäure, 10 eines dimeren Arylpolyätheralkohols („Triton X-155") u. 65 Xylol mechan. mischt u. einen Teil des erhaltenen Konzentrats in W. emulgiert, so daß die Emulsion 0,4 lbs./100 Gallonen Gemisch enthält. An Stelle der Säure wird bes. ihr Na-Salz angewendet. — Vgl. E. P. 815 200; C. **1960.** 11444. (**Aust. P. 218 126** vom 26/6. 1957, ausg. 20/11. 1958.) K. DEMMLER. 6313

Chemische Werke Albert (Erfinder: Hans Heuber), Wiesbaden, **Behandlung von Saat- und Pflanzengut zwecks Steigerung der Ernteerträge** von Kulturpflanzen, dad. gek., daß Gemische aus *fungiciden* Substanzen, wie organ. Hg-Verbb. u. in W. schwer lösl., aber für die Pflanzen assimilierbaren Cu-Verbb. — wobei die Konz. der letzteren über die fungicide Wirksamkeit der Mischung hinaus ausschließlich der Nährstoff-Wrkg. dient —, in Mischung mit weiteren schwerlösl. assimilierbaren Spurenelement-Verbb. in feinstverteilter, fester Form vor der Saat mit oder ohne Verw. von Haft- u. Netzmitteln auf die Oberfläche des Saat- u. Pflanzgutes aufgetragen u. zusammen mit dem Saatgut in den Erdboden gebracht werden. Die in den üblichen Hg-Saatgutbeizen mit $<2\%$ Hg enthaltenen Füllstoffe werden durch die Carbonate, Oxyde, Borate u. dgl. des Cu, Zn, Mn oder Fe ersetzt. Verwendete Mengen ca. 600 g des Gemisches je 100 kg Saatgut. Steigerung der Ernteerträge, die durch Ergebnisse aus Vgl.-Verss. nachgewiesen wird. (**D. B. P. 974 693** Kl. 16 vom 2/10. 1948, ausg. 13/4. 1961. Anmeldung bekanntgemacht 13/12. 1951.) H. Karst. 6313

Mountain Copper Co. Ltd., England, übert. von: Charles Parkes Matzinger, Berkeley, Calif., V.St.A., **Kupfer-Pentachlorphenolat,** verwendbar als *Fungicid*, erhält man in reiner Form, wenn man Cu(II)-Hydroxyd zu einer Lsg. von Pentachlorphenol in einem niedermol. aliphat. Alkohol zugibt, das Gemisch bis zur Lsg. des Cu(II)-Hydroxyds rührt u. das Prod. durch Zusatz von W. in feinverteilter Form ausfällt. — So kann man 1236 g 95%ig. Pentachlorphenol in 2 Liter A. lösen, 216 g Cu(II)-Hydroxyd (Cu-Geh. 63,5%) langsam unter Rühren zugeben, bis eine klare, tiefdunkelrote Lsg. entstanden ist, die Lsg. in 12 Liter W. gießen u. weiterrühren. Man erhält Cu-Pentachlorphenolat als thixotrop., gelartiges Prod., das beim Verdünnen mit W. leicht Dispersionen liefert. (**A. P. 2 938 045** vom 2/6. 1959, ausg. 24/5. 1960.) A. Mohr. 6313

Rohm & Haas Co., Philadelphia, übert. von: Roderick C. Cary, Bristol, Pa., V.St.A., **Dinitrophenyl-4-pentenoate** der allg. Formel I (ein $R = NO_2$, das andere R = Alkyl mit 4—10 C-Atomen, Cycloalkyl, Alkylcycloalkyl, Aryl, Alkaryl, Aralkyl)

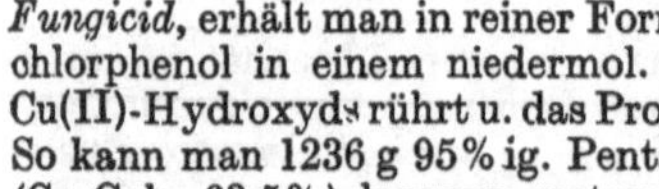

I

erhält man durch Rk. des entsprechenden Phenolats bzw. Phenols mit 4-Pentenoylhalogenid in einem inerten Lsgm. bei 10—80° in Ggw. von Alkali oder einem tert. Amin. — Aus 2.6-Dinitro-4-cyclohexylphenol in Octan u. 4-Pentenoylchlorid in Ggw. von Benzyldimethylamin bei 10—21°, dann bei 60—80° → *2.6-Dinitro-4-cyclohexylphenyl-4'-pentenoat*, aus Bzn. F. 74—75°; VZ. 324. — *2.4-Dinitro-6-cyclohexylphenyl-4'-pentenoat*, aus A. u. PAe. F. 81,5—82°. — *2.4-Dinitro-6-methylheptylphenyl-*, rotes Öl; *2.6-Dinitro-4-(1.1.3.3-tetramethylbutyl)-phenyl-*; *2.6-Dinitro-4-nonylphenyl-*; *2.6-Dinitro-4-decylphenyl-*; *2.4-Dinitro-6-decylphenyl-*; *2.6-Dinitro-4-tert.-butylphenyl-*, braunes Öl; *2.6-Dinitro-4-tert.-amylphenyl-*; *2.6-Dinitrophenyl-*; *2.4-Dinitro-6-phenylphenyl-*, aus A. u. PAe. F. 55—57°; *2.6-Dinitro-4-tert.-octylphenyl-*; *2.6-Dinitro-4-tert.-nonylphenyl-4'-pentenoat*. — *Fungicide, Miticide, Insekticide* u. *Bakterdcide*, bes. gegen *Tetranychus bimaculatus, Podosphaera leucotricha* u. *oxyacanthae, Erysiphe graminis* u. *cichoracearum, Microsphaera euonymi, Uncinula necator, Sphaerotheca humuli, Erysiphe polygoni, Microsphaera alni, Phyllactinia corylea, Oidium tabaci* u. *tingitanium, Salmonella typhosa, Micrococcus pyogenes var. aureus*. — Vgl. D. A. S. 1 071 410; C. **1960.** 14838. (**A. P. 2 861 915** vom 1/6. 1956, ausg. 25/11. 1958.) G. Krauss. 6313

Boots Pure Drug Co. Ltd., Nottingham, England, **Herstellung organischer Isothiocyanate.** *Bis-[3-isothiocyanatophenyl]-sulfon*, $C_{14}H_8N_2O_2S_3$, F. 119—122° (Trichloräthylen), aus Bis-[3-aminophenyl]-sulfon in 2n HCl durch Umsetzung mit Thiophosgen, das ggf. auch in situ durch Red. von Trichlormethansulfenylchlorid mit $SnCl_2$ hergestellt werden kann, in Chlf. u. Isolierung aus den Chlf.-Phasen. — Analog: *4-Chlorphenyl-4-isothiocyanatophenylsulfon*, $C_{13}H_8ClNO_2S_2$, F. 149° (Chlf./PAe.), aus 4-Aminophenyl-4-chlorphenylsulfon. — *Bis-[4-isothiocyanatophenyl]-sulfoxyd*, $C_{14}H_8N_2OS_3$, F. 138 bis 140° (Bzn.), aus Bis-[4-aminophenyl]-sulfoxyd. — *Fungicide*. (**Oe. P. 204 546** vom 5/2. 1957, ausg. 25/7. 1959. E. Prior. 24/2. u. 28/2. 1956.) Eberhard Riedel. 6313

Boots Pure Drug Co. Ltd. (Erfinder: Herbert Aubrey Stevenson, John Ray Marshall und Anthony Frederick Hanes), **Fungicide Mittel,** enthaltend ein organ. Isothiocyanat der allg. Formel I, in welchem der Phenylkern X durch wenigstens

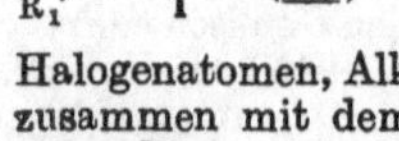

I

einen Isothiocyanatrest substituiert ist, $R_1$ H oder einen Alkylrest, $R_2$ einen Alkylrest, einen Alkylrest, der einen Phenylsubstituenten enthält, einen Cycloalkylrest, einen Alkenylrest, einen Phenylrest oder einen Phenylrest mit einzelnen oder mehreren Halogenatomen, Alkylalkoxy- oder Nitroresten als Substituenten bedeuten oder $R_1$ u. $R_2$ zusammen mit dem N-Atom einen heterocycl. Rest darstellen, in Kombination mit einem Dispergiermittel u./oder einem Suspendierungsmittel in wss. Lösung. — Die Herst. der Verbb. ist bekannt. — Beispiele: p-Isothiocyanatobenzolsulfonamide: *N.N-Dimethyl-*, F. 96—97°; *N-Methyl-*, F. 137—139°; *N-Cyclohexyl-*, F. 141—143°; *N-Äthyl-*, F. 122—124°; *N-Isopropyl-*, F. 108—111°; *N.N-Diäthyl-*, F. 68—70°; *N-n-Butyl-*, F. 119—123°; *N-n-Propyl-*, F. 119—121°; *N-Benzyl-*, F. 128—131°; *N-Phenyl-*, F. 121—124°; *N-Isobutyl-*, F. 136—141°; *N.N-Di-n-butyl-*, F. 51,5—52,5°; *N-n-Pentyl-*,

F. 113—115°; *N-(p-Chlorphenyl)-*, F. 123—126°; *N.N-Diisobutyl-*, F. 134—137°; *N.N-Di-n-propyl-*, F. 48—51°; *N-Octyl-*, F. 109—112°; *N-n-Hexyl-*, F. 114—115°; *N-n-Heptyl-*, F. 110—112°; *N-(3-Methylbutyl)-*, F. 135—136°; *N-sek.-Butyl-*, F. 100—102°; *N-(4-Methylpentyl)-*, F. 92—94°; *N-n-Dodecyl-*, F. 110°; *N-Allyl-*, F. 100—101°; *N.N-Di-n-pentyl-*, F. 35—37°; *N-o-Chlorphenyl-*, F. 153—156°; *N-m-Chlorphenyl-*, F. 115—117°; *N-p-Methxyphenyl*, F. 125—126°; *N-o-Methoxyphenyl-*, F. 119—121°; *N-p-Äthoxyphenyl-*, F. 135 bis 137°; *N-m-Nitrophenyl-*, F. 137—139°; *N-Methyl-N-phenyl-*, F. 112—117°; *N-n-Propyl-N-phenyl-*, F. 128—129°; *N-n-Butyl-N-phenyl-*, F. 97—98°; *N-Äthyl-N-phenyl-*, F. 110°; *N-Benzyl-N-methyl-*, F. 123—124°; *N-Äthyl-m-isothiocyanatobenzolsulfonamid*, F. 77°. (Zwischen-Prodd.): *N.N-Diisobutyl-p-acetamidobenzolsulfonamid*, F. 137—138°; Sulfanilsäureamide: *$N^1.N^1$-Diisobutyl-*, F. 147—150°; *$N^1.N^1$-Di-n-propyl-*, F. 121—124°; *$N^1$-n-Hexyl-*, F. 126—129°; *$N^1$-n-Heptyl-*, F. 119—121°; *$N^1$-(3-Methylbutyl)-*, F. 125—127°; *$N^1$-sek.-Butyl-*, F. 132—135°; *$N^1$-(4-Methylpentyl)-*, F. 140—142°; *$N^1.N^1$-(Di-n-pentyl)-*, F. 55—58°; *$N^1$-(o-Chlorphenyl)-*, F. 169—172°; *$N^1$-(m-Chlorphenyl)-*, F. 132—135°; *$N^1$-(o-Methoxyphenyl)-*, F. 197—201°; *$N^1$-Phenyl-$N^1$-n-propyl-*, F. 105 bis 107°; *$N^1$-n-Butyl-$N^1$-phenyl-*, F. 68—70°; *$N^1$-Äthyl-$N^1$-phenyl-*, F. 135°; *$N^1$-Benzyl-$N^1$-methyl-*, F. 131—134°; *$N^1$-n-Pentyl-*, F. 124—127°; p-Isothiocyanatobenzolsulfonsäureamide: *Piperidid*, F. 125—128°; *Pyrrolidid*, F. 117—118°; *Morpholid*, F. 113—114°; *3-Methylpiperidid*, F. 105—107°; *2-Methylpiperidid*, F. 86—88°; *$\Delta^3$-Tetrahydropyridid*, F. 98—101°; *4-Methylpiperidid*, F. 108—111°. (Zwischen-Prodd.): *Sulfanilsäure-3-Methylpiperidid*, F. 125—130°; *-2-Methylpiperidid*, F. 109—117°; *-4-Methylpiperidid*, F. 110—112°; *-$\Delta^3$-Tetrahydropyridid*, F. 172—175°; *-p-Isothiocyanato-N-(p-tolyl)-benzolsulfonamid*, F. 111—113°; *-p-Isothiocyanato-N-(o-tolyl)-benzolsulfonamid*, F. 163 bis 166°. — Vgl. Oe. P. 201 924; C. **1960.** 11086. (**Aust. P. 215 133** vom 29/1. 1957, ausg. 12/6. 1958. E. Prior. 3/2., 9/5., 15/5. u. 28/5. 1956.) H. NEBELSIEK. 6313

Dow Chemical Co. (Erfinder: Eugene Ellis Kenaga), Midland, Mich., V.St.A., **Herstellung eines Milbenbekämpfungsmittels** durch Vermischen von 4-Nitrophenyldiäthyldithiophosphat mit 4-Chlorphenyl-4-chlorbenzolsulfonat im Mengenverhältnis von 1 : 2—3 unter Zusatz eines feinverteilten üblichen Trägerstoffs oder eines Netz- u. Dispergiermittels. — Man verwendet 126—453 g des Gemisches auf 378 Liter W. u. bei Stäuben 0,03—5 Gew.-% Gemisch. — Bes. Wrkg. *gegen Rotmilbe* u. *Spinnmilbe.* — Vgl. E. P. 663 136; C. **1952.** 6920. (**D. B. P. 974 269** Kl. 45l vom 3/12. 1949, ausg. 10/11. 1960. Anmeldung bekanntgemacht 10/7. 1952. A. Prior. 2/2. 1949.) H. NEBELSIEK. 6313

Farbenfabriken Bayer Akt.-Ges., Leverkusen (Erfinder: Gerhard Schrader, Wuppertal), **Herstellung von substituierten Vinylthiolphosphonsäureestern** der allg. Formel $RP(:O)(OR_1)(SR_2)$, in der R ein alkyl-, alkoxy- oder arylsubstituierter Vinylrest, $R_1$ ein Alkylrest mit vorzugsweise 1—4 C-Atomen u. $R_2$ ein substituierter Alkylrest ist, dad. gek., daß man substituierte Vinylthionophosphonsäureesterchloride der allg. Formel $R-P(:S)(OR_1)Cl$, in der R u. $R_1$ die obige Bedeutung haben, mit Alkalihydroxyd verseift u. die entstandenen Verseifungs-Prodd. mit Alkylchloridgruppen enthaltenden Verbb. umsetzt. — Eine Lsg. von 64 g Styrylthionophosphonsäureäthylesterchlorid in 130 cm³ A. wird mit 30 cm³ W. u. einer Lsg. von 29 g KOH in 60 cm³ W. versetzt u. 2 Std. auf 70° gehalten, worauf 36 g Diäthylaminoäthylchlorid zugegeben werden u. 3 Std. bei 70—80° gerührt wird. Nach Gießen in W. wird das abgeschiedene Öl in Bzl. aufgenommen u. nach Waschen u. Trocknen der Lsg. wird das Bzl. im Vakuum entfernt. Man erhält 47 g *Styrylthiolphosphonsäure-O-äthylester-S-diäthylaminoäthylester* als gelbes Öl. Analog erhält man den *Isobutenylthiolphosphonsäureester*, farbloses Öl, $Kp._{0,01}$ 96°, u. den *Diisobutenylthiolphosphonsäureester*, schwachgelbes Öl. — Weiter werden hergestellt: *Diisobutenyl-*, $Kp._{0,01}$ 100°; *β-Methoxyvinyl-*, $Kp._{0,01}$ 90°; *Styryl-*, $Kp._{0,01}$ 134° u. *Isobutenylthiolphosphonsäure-O-äthyl-S-äthylmercaptoäthylester*, $Kp._{0,01}$ 88°, sowie *Diisobutenylthiolphosphonsäure-O-äthyl-S-propylmercaptoäthylester*, $Kp._{0,01}$ 114°. — *Insekticide.* (**D. A. S. 1 105 413** Kl. 12o vom 2/11. 1957, ausg. 27/4. 1961.) J. MÜHLEISEN. 6313

Ciba Soc. An., Basel, Schweiz, **Herstellung organischer Phosphorverbindungen** der allg. Formeln **I** bzw. **II**, worin R, $R_1$ u. $R_2$ = Alkyl-, Cycloalkyl-, Aralkyl-, Aryl- oder heterocycl. Reste, $R_3$ = H, Alkylrest oder Halogen, $R_4$ = aromat. oder heterocycl. Rest, X u. Y = O, S, NH oder NR, Z = O oder S sind dad. gek., daß man Verbb. der Formeln **III** oder **IV** mit Verbb. der Formel **V** umsetzt, wobei $R_5$ = Alkylrest, Hal = Halogen u. Me = Alkalimetall bedeuten. — Beschrieben wird die Rk. von Trimethylphosphit mit α.α-Dichlorbenzoylessigsäureäthylester (**VI**, $Kp._{0,008}$ 110°), u. -methylester (**VII**, $Kp._{0,2}$ 100—102°) in Chlorbenzol unter Bldg. eines Öls, $Kp._{0,04}$ 154—158°, mit α.α-

Dichlor-p-chlorbenzoylessigsäuremethylester ($Kp._{0,2}$ 121—129°), α-Chlor-p-nitrobenzoylessigsäuremethylester (**VIII**, Kp. 106—107°), α.α-Dichlorfuroylessigsäureäthylester; von Triäthylphosphit mit **VI, VII** u. **VIII**; von **VI** mit Diäthylallylphosphit ($Kp._{12}$ 64—66°),

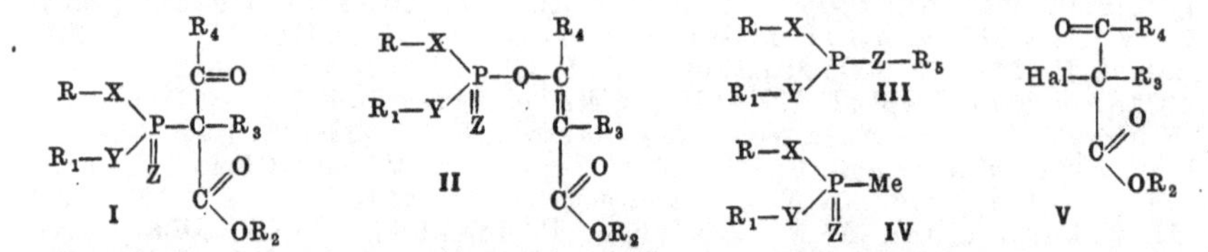

Diäthyltetrahydrofurfurylphosphit ($Kp._{0,4}$ 59°), Äthyläthylenphosphit ($Kp._{10}$ 49°), O.O-Diäthyl-N.N-diäthylamidophosphit. — Als Ausgangsstoffe sind ferner folgende Benzoylessigsäureester genannt: α.α-Dichlor-, Propylester, α.α-Dichlor-p-chlor-, Äthylester, α-Chlor-o-chlor-, Methylester ($Kp._{0,18}$ 130—134°), α.α-Dichlor-o-chlor-, Äthylester, α-Chlor-p-nitro-, Äthylester, α.α-Dichlor-p-chlor-m-nitro-, Äthylester (F. 68—69°), α.α-Dichlor-p-methyl-, Äthylester, α.α-Dichlor-p-methoxy-, Äthylester. Ferner Hexahydro-**VII** (F. 62°, $Kp._{0,12}$ 102—103°), $(C_2H_5O)_2P-OCH_2C_6H_5$ ($Kp._{0,3}$ 84°), $(C_2H_5O)_2POC_6H_5$ ($Kp._{0,3}$ 50°), $(C_2H_5O)_2POC_6H_4Cl$ (p). — *Schädlingsbekämpfungsmittel.* (**F. P. 1 190 017** vom 23/10. 1957, ausg. 8/10. 1959. Schwz. Prior. 25/10. 1956. **Belg. P. 563 003** vom 6/12. 1957, ausg. 3/6. 1960. **Oe. P. 203 018** vom 2/11. 1957, ausg. 25/4. 1959.) S. BÖTTCHER. 6313

American Cyanamid Co., V.St.A. (Erfinder: Richard William Young), **Herstellung von Alkylcarbamoylmethyl-O.O-dimethyldithiophosphaten** der allg. Formel $RNHCOCH_2SP(:S)(OCH_3)_2$ (**I**), worin R = Alkylrest, dad. gek., daß man ein Gemisch aus Alkylcarbamoylmethylhalogenid, einem Salz der O.O-Dimethyldithiophosphorsäure, einem tert. Amin u. einem aromat. KW-Stoff unter Rühren kocht u. vom tert. Aminhalogenid abfiltriert. — *S-[N-Methylcarbamoylmethyl]-O.O-dimethyldithiophosphat*, F. 52—53°, u. *S-[N-(tert.-Butyl)-carbamoylmethyl]-O.O-dimethyldithiophosphat*, F. 58—60,5°, aus O.O-Dimethyldithiophosphorsäure oder ihrem K-Salz u. N-Methyl- bzw. N-[tert.-Butyl]-chloracetamid. — Analog Verbb. der Formel **I** mit R = *Äthyl-*, F. 67—68°, *n-Propyl-*, F. 63,5—64°, *Isopropyl-*, F. 76—77°, *Allyl-*, F. 57,5—58°, *n-Butyl-*, F. 30,5—31°, *Isobutyl-*, F. 68,5—69°. — *Insekticide.* (**F. P. 1 189 942** vom 6/9. 1957, ausg. 8/10. 1959. A. Prior. 1/7. 1957.) S. BÖTTCHER. 6313

Farbenfabriken Bayer Akt.-Ges., Deutschland (Erfinder: August Dörken und Gerhard Schrader), **Herstellung von Thiophosphorsäureestern** der allg. Formel **I**, worin R = Alkylrest, X u. X' = O oder S, A = S, SO oder $SO_2$, $R_1$ u. $R_2$ = Alkyl- oder Arylreste sind, dad. gek., daß man 1.3-Dialkyl- oder -Diarylmercaptopropanole-(2) mit Dialkylthionophosphorsäurehalogeniden oder die entspr. Halogenpropane mit Salzen von Dialkylthiol- oder -thionophosphaten umsetzt u. ggf. die Mercapto- in die Sulfoxyd- oder Sulfongruppe überführt.

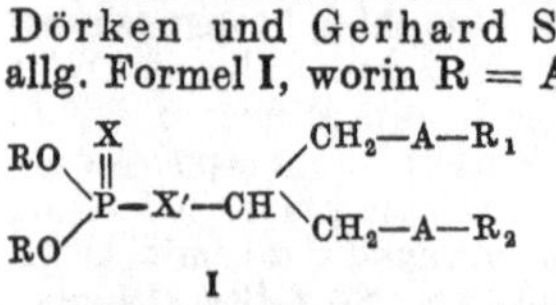

I

— Beschrieben wird die Herst. von Verbb. der Formel **I**, worin R, X, X', A, $R_1$ u. $R_2$ (in dieser Reihenfolge) folgende Bedeutung haben: $C_2H_5$, *O, S, S*, $C_2H_5$, $C_2H_5$; $C_2H_5$, *S, S, S*, $C_2H_5$, $C_2H_5$; $C_2H_5$, *S, O, S*, $C_2H_5$, $C_2H_5$; $C_2H_5$, *S, O, S*, $C_2H_5$, $C_6H_5$; $(CH_3)_2CH$, *S, S, S*, $C_2H_5$, $C_2H_5$; $C_2H_5$, *S, S, S*, $C_2H_5$, $C_6H_5$; $C_2H_5$, *O, S, S*, $C_2H_5$, $C_6H_5$; $C_2H_5$, *O, S, SO*, $C_2H_5$, $C_2H_5$; $C_2H_5$, *O, S*, $SO_2$, $C_2H_5$, $C_2H_5$; $C_2H_5$, *S, S, SO*, $C_2H_5$, $C_2H_5$, wobei als Ausgangsstoffe 1.3-Diäthylmercapto-2-chlorpropan, $Kp._2$ 85°, 1.3-Diäthylmercaptopropanol-(2), $Kp._2$ 95—96°, 1-Äthylmercapto-3-phenylmercaptopropanol-(2), $Kp._{0,01}$ 103°, u. -2-chlorpropan, $Kp._{0,01}$ 99°, Diäthylthiolphosphorsäure-$NH_4$-Salz, Diäthyldithiophosphorsäure, Diäthylthionophosphorsäurechlorid, $NH_4$-Diisopropyldithiophosphat genannt werden. — Analog Verbb. **I**, worin $R = C_2H_5$, $X = S$, $X' = O$ u. A, $R_1$ u. $R_2$ folgende Bedeutung haben: *SO*, $C_2H_5$, $C_2H_5$; $SO_2$, $C_2H_5$, $C_2H_5$; *SO*, $C_2H_5$, $C_6H_5$; $SO_2$, $C_2H_5$, $C_6H_5$. Weitere Verbb **I**, worin R, X, X', A, $R_1$ u. $R_2$ folgende Bedeutung haben: $(CH_3)_2CH$, *S, S, SO*, $C_2H_5$, $C_2H_5$; $(CH_3)_2CH$, *S, S*, $SO_2$, $C_2H_5$, $C_2H_5$; $C_2H_5$, *S, S, SO*, $C_2H_5$, $C_6H_5$; $C_2H_5$, *S, S*, $SO_2$, $C_2H_5$, $C_6H_5$; $C_2H_5$, *O, S*, $SO_2$, $C_2H_5$, $C_6H_5$. — *Schädlingsbekämpfungsmittel.* (**F. P. 1 190 063** vom 15/11. 1957, ausg. 9/10. 1959. D. Prior. 10/10. 1956.) S. BÖTTCHER. 6313

Farbenfabriken Bayer Akt.-Ges., Deutschland (Erfinder: Gerhard Schrader), **Herstellung von Thionophosphorsäureestern.** Zu D. A. SS. 1 022 582; C. **1959.** 5940 u. 1 056 121; C. **1960. 277** ist zu ergänzen: $(C_2H_5O)_2P(O)-SCH(CCl_3)\cdot(S-Cyclohexyl)$, $Kp._{0,01}$ 85°, aus α.β.β.β-Tetrachloräthylcyclohexylthioäther u. Diäthylthiophosphorsäure-$NH_4$-Salz. (**F. P. 1 187 793** vom 27/7. 1957, ausg. 16/9. 1959. D. Prior. 28/7. 1956 u. 27/2. 1957.) S. BÖTTCHER. 6313

Farbenfabriken Bayer Akt.-Ges., Deutschland (Erfinder: Hanshelmut Schlör und Gerhard Schrader), **Herstellung von Thiol- und Thionothiolphosphorsäureestern** der allg. Formel $(RO)_2P(:X)$-$SCH_2$-$CS$-$NH_2$ (I) worin R = Alkylrest u. X = S oder O ist, dad. gek., daß man Chlorthioacetamid mit $NH_4$-Diäthylthiolphosphat -Diisopropyldithiophosphat oder -Diäthyldithiophosphat umsetzt unter Bldg. von Prodd. I mit R u. X = $C_2H_5$, $O$, F. 54°, $(CH_3)_2CH$, $S$, F. 65—68°, $C_2H_5$, $S$, F. 36—37°. — *Schädlingsbekämpfungsmittel*. (**F. P. 1 190 020** vom 25/10. 1957, ausg. 8/10. 1959. D. Prior. 3/11. 1956.) S. BÖTTCHER. 6313

---

**Yuji Minemura, Kosho Shirakawa, Tsumeo Nakajima, Isao Sato, Noboru Seki, Yuji Uchijama, Yoshitoshi Iwata**, Tokyo, **Jensuke Kudo** und **Yoshihiro Matsumoto**, Niigato, Japan, *Gewinnung von Kalkstickstoff*. (**Ind. P. 49 788** vom 24/6. 1953, ausg. 22/8. 1955. — C. **1958.** 5494 [E. P. 771 310].)

**N. V. de Bataafsche Petroleum Mij.**, Den Haag, Holland, *Mittel zum Entblättern von Pflanzen*. (**Ind. P. 49 551** vom 13/5. 1953, ausg. 11/9. 1954. — C. **1959.** 932 [Holl. P. 80 651].)

**Stauffer Chemical Co.** (Erfinder: **Harry Tilles** und **Joe Antognini**), *Pflanzenvertilgungsmittel*. (**Aust. P. 219 675** vom 31/7. 1957, ausg. 5/2. 1959. — C. **1959.** 3953 [D. A. S. 1 031 571].)

**Soc. des Usines Chimiques Rhône-Poulenc**, Paris, Frankreich, *Herstellung von Trihalogenäthylenderivaten*. (**Ind. P. 56 315** vom 16/1. 1956, ausg. 19/3. 1958. E. Prior. 11/2. 1955. — C. **1959.** 1586 [Oe. P. 193 363].)

**Imperial Chemical Industries Ltd.**, London, England, *Oxazoline in der Schädlingsbekämpfung*. (**Ind. P. 49 529** vom 11/5. 1953, ausg. 19/10. 1955. — C. **1956.** 6792 [A. P. 2 714 082].)

**Boots Pure Drug Co. Ltd.**, Nottingham, England, *Herstellung von Benzylphenylsulfidverbindungen*. (**Ind. P. 49 198** vom 16/3. 1953, ausg. 4/6. 1955. E. Prior. 17/3. 1952. — C. **1955.** 6603 [E. P. 713 984].)

**Spofa, Spojené Farmaceutické Závody, Národni Podnik** (Erfinder: **Jaroslav Weichert**), Prag, Tschechoslowakei, *α.γ-Diketo-δ-alkyl-δ-carbalkoxyönanthsäureester*. (**Schwz. P. 349 970** vom 25/10. 1956, ausg. 31/12. 1960. Tschech. Prior. 27/10. 1955. — C. **1960.** 13170 [F. P. 1 161 259].)

**Arvey Corp.**, Chicago, Ill., V.St.A., *Herstellung von Verbindungen für die Schädlingsbekämpfung mit Hilfe der Diels-Alder-Reaktion*. (**Ind. P. 49 550** vom 13/5. 1953, ausg. 28/3. 1955. — C. **1959.** 935 [Holl. P. 81 142].)

**Imperial Chemical Industries Ltd.**, London, England, *Raffinieren von Benzolhexachlorid*. (**Ind. P. 56 962** vom 31/3. 1956, ausg. 20/8. 1958. E. Prior. 4/4. 1955. — C. **1959.** 3626 [F. P. 1 147 255].)

**American Cyanamid Co.**, New York, N.Y., V.St.A., *Schädlingsbekämpfungsmittel*. (**Schwed. P. 156 043** vom 18/2. 1954, ausg. 11/9. 1956. A. Prior. 18/2. 1953. — C. **1958.** 1682 [F. P. 1 096 341].)

**Rohm & Haas Co.**, Philadelphia, Pa., V.St.A., *Schädlingsbekämpfungsmittel*. (**Schwed. P. 156 044** vom 19/6. 1954, ausg. 11/9. 1956. A. Prior. 19/6. 1953. — C. **1958.** 7876 [A. P. 2 778 768].)

**Arvey Corp.**, Chicago, Ill., V.St.A., *Schädlingsbekämpfungsmittel*. (**Ind. P. 49 759** vom 18/6. 1953, ausg. 19/1. 1955. — C. **1954.** 11032 [A. P. 2 655 513].)

**Pest Control Ltd.**, Bourn, England, *Einbringen von Insekticiden in den Boden*. (**Ind. P. 49 737** vom 15/6. 1953, ausg. 15/10. 1954. E. Prior. 16/6. 1952. — C. **1956.** 12385 [E. P. 730 587].)

## VIII. Metallurgie. Korrosion

**Die mit der Anwendung der Elektronenbeschießung in der Metallurgie verknüpften Fragen.** M. P. Thomé und M. C. Bridoux. (Bull. Soc. franç., Électriciens [8] 2. 24—34. Jan. 1961. Saclay, Centre d'Études Nucl., Dep. de Métallurg.) (Franz.)

Übersicht über die thermodynam. Grundzüge der Elektronenbeschießung, die dazu dienenden Geräte u. ihre Anwendung in der Metallurgie, bes. zum Schmelzen u. Schweißen. — 11 Schrifttumshinweise. W. WESLY. 6350□

**Grundlagen für die Entwicklung eines Betriebsviskosimeters.** Erich E. Hofmann und Nabin K. Das. (Arch. Eisenhüttenwes. **32.** 199—208. April 1961. Berlin, TU, Inst. für Eisenhüttenkunde.) (Dt.) M. GEHLEN-KELLER. 6350□

**Zur Anwendung mineralogischer und erzmikroskopischer Verfahren in der Erzaufbereitung.** Hans Schneiderhöhn. (Z. Erzbergbau Metallhüttenwes. **13.** 549—50. Nov. 1960. Sölden über Freiburg/Br.) (Dt.)

Hinweis auf das 1922 herausgegebene Werk „Anleitung zur mkr. Best. u. Unters. von Erzen u. Aufbereitungs-Prodd., bes. im auffallenden Licht" des Vf., in dem die Probleme des obigen Themas eingehend behandelt sind. F. VIER. 6360□

**Beitrag zur Hydrometallurgie ägyptischer oxydischer Kupfererze.** Michel Y. Farah und Abdel Hamid Hassan. (Z. Erzbergbau Metallhüttenwes. **13.** 557—59. Nov. 1960. Kairo, Ägypten.) (Dt.)

Verss., die oxyd. Cu-Erze, die in Form von *Malachit*, *Azurit* u. *Chrysokoll* den präkambr. Granit bei Hamash durchsetzen, durch Sickerlaugung zu behandeln, ließen es möglich erscheinen, ein direktes hydrometallurg. Verf. ohne vorherige Schwerkraftaufbereitung oder Flotation des Chrysokolls durchzuführen. Bei grob zerkleinertem Erz wurde ein Cu-Ausbringen von 75,7% erreicht, das durch weitergehende Zerkleinerung auf 85% gesteigert werden konnte, dabei ist ein Säureüberschuß von 20—30% über den stöchiometr. Bedarf ausreichend. Lsgg. mit Feststoffanteilen bis 1 : 4 können ohne Schwierigkeit verarbeitet werden. Erhöhen der Temp. auf 60° erhöht das Ausbringen um 3,5%. F. Vier. 6360□

**Die neuen Klassierungsgeräte — ihre Entwicklung und derzeitige Anwendung.** Henry W. Hitzrot. (Progr. Mineral Dressing [Stockholm] **1957.** 141—59. 1958. Stamford, Conn., Dorr-Oliver, Inc.) (Engl.)

Mit Diskussion. W. Wesly. 6360□

**Der Einfluß der Ausflußöffnung auf die Wascheigenschaften eines Hydrocyclons.** M. Stas. (Progr. Mineral Dressing [Stockholm] **1957.** 161—92. 1958. Brüssel, Univ. Libre, Coal and Ore Dressing Labor.) (Engl.)

Mit 21 Literaturangaben. Diskussion. W. Wesly. 6360□

**Beseitigung der Glimmentladung in einem Vakuumofen mit Induktionsheizung.** J. P. Burden. (Nature [London] **188.** 221—22. 15/10. 1960. Halifax, N.S., Canada, Nat. Res. Council, Atlant. Reg. Labor.) (Engl.)

Das Auftreten von Glimmentladungen in einem induktionsgeheizten Vakuumofen bei hoher Energieabgabe des Generators kann durch folgende Maßnahmen unterdrückt werden: Einbringen von freihängenden Cu-Drähten in das Kühlwasser des Ofens, Zugabe eines starken Elektrolyten in geringer Konz. zum Kühlwasser u. Aufbringen von Streifen auf der Innenwand des Kühlmantels. H. Schirrwitz. 6370□

**Bemerkungen über Betrieb des Kupolofens mit konstantem Querschnitt.** Stanisław Komorowski. (Przegląd Odlewnictwa **10.** 277—84. Okt. 1960.) (Pol.)

Beim Betrieb bas. Kupolöfen mit Wasserkühlung u. Kaltwind setzt sich Metall an den gekühlten Flächen ab, u. es bildet sich eine zweite, höher gelegene Schmelzzone. Diese Nachteile werden durch andere Gestaltung des Düsen-Syst. u. durch höhere Wind-Geschw. behoben. F. Urban. 6370□

**Der Heißwind-Kupolofen. Sein Zweck als Vorschmelzanlage in Stahlwerken.** Friedrich Lüth. (Iron and Steel **33.** 418—22. Aug. 1960. Cupodel Ltd.) (Engl.)

Auf Grund einer Betrachtung der Führung u. Bedeutung eines Heißwindkupolofens als Vorschmelzanlage im Stahlwerk werden als seine Vorzüge herausgestellt: der Ersatz von Roheisen durch Schrott in der Beschickung, die Betriebsmöglichkeit mit minderwertigem u. billigerem Schrott u. erhöhte Wirtschaftlichkeit. H. Hochstein. 6370□

**Einfluß von dem Gebläsewind zugefügtem Naturgas und Sauerstoff auf die Größe der Brennzone und die Gestell-Temperatur eines schnell arbeitenden Hochofens.** Ju. I. Borissow und L. M. Zylew. (Известия Академии Наук СССР, Отделение Технических Наук, Металлургия и Топливо [Nachr. Akad. Wiss. UdSSR, Metallurg. Brennstoffe] **1960.** Nr. 1. 9—20. Jan./Febr.) (Russ.)

Beim Zusatz von Naturgas zum Gebläsewind eines Hochofens tritt eine Temp.-Erniedrigung u. eine entsprechende Verlangsamung der Koksverbrennung ein. Bei Anreicherung des Gas-Luft-Gemisches mit $O_2$ wird die Temp. in der Verbrennungszone erhöht u. die Koksverbrennung intensiviert. Sowohl beim Zusatz von Naturgas zum Wind als auch bei Anreicherung des Gas-Luft-Gemisches mit $O_2$ wird das Maximum der Verbrennungs-Temp. in Richtung auf das Gestellzentrum hin verschoben. Die Zone der Zirkulation der Gase u. der Materialien wird bei Erhöhung des Naturgas-Geh. im Wind verkürzt u. bei Anreicherung des Gas-Luft-Gemisches mit $O_2$ vergrößert. Unter den Bedingungen der Umlaufbewegung der Gase u. des Kokses vor der Windform führt das Einblasen eines Gemisches aus Luft u. Naturgas in einem Vers.-Hochofen sowie auch eines mit $O_2$ angereicherten Gas-Luft-Gemisches zn einer Verstärkung der Ausdehnung der nach der Zus. des Gichtgases bestimmten Verbrennungszone. Der Bereich des maximalen $CO_2$-Geh. wird sowohl beim Zusatz von Naturgas zum Wind als auch beim Arbeiten mit an $O_2$ angereichertem Gas-Wind-Gemisch weiter von der Form entfernt. Durch die Veränderung des Mengenverhältnisses an Luft, Naturgas u. $O_2$ im Wind kann man normale Bedingungen für die Hochofenschmelze schaffen u. einen forcierten Schnellgang eines neuzeitlichen Hochofens unterhalten. H. Hochstein. 6370□

**Verwendung von Naturgas in der Gießerei.** A. Pointeau. (Métallurgie Construct. mécan. **93.** 241. 243—45. 247. März 1961. Sté. F.I.S.A.) (Franz.)

M. Gehlen-Keller. 6382□

**Kolloidalitätsversuch als ein zusätzlicher Index zur Beurteilung der Formsande.** Jan Buciewicz. (Przegląd Odlewnictwa **10.** 294—97. Okt. 1960.) (Pol.)

Zwischen den koll. Eigg. der Tone u. ihrer Bindefähigkeit in Kernformen besteht ein direkter Zusammenhang. Die koll. Eigg. der Bindetone können durch vergleichende

Messung der Sedimentier-Geschw. der in W. suspendierten, gesiebten Tonteilchen bestimmt werden. F. URBAN. 6382□

**Die Verwendung von Torf in tongebundenen Formsanden.** W. B. Parkes. (B. C. I. R.A. Journal 8. 169—76. März 1960.) (Engl.)

Im Labor. durchgeführte Unterss. als auch zahlreiche prakt. Erfahrungen zeigen, daß Torf ein nützlicher Zusatzstoff bei der Herst. von Grünsandformen ist. Torf ist ebenso wirksam wie Holzmehl zur Verhinderung von Gußstückoberflächenfehlern. Der Zusatz von größeren Beträgen wirkt sich weniger schädlich auf die Form-Eigg. aus u. weiterhin treten Staubeinschlüsse infolge des Brüchigwerdens von lufttrockenen Formen, die vor dem Zulegen längere Zeit gestanden haben, nicht so häufig auf. K. HILLINGER. 6382□

**Aktivierung von Bentonittonen.** Jan Buciewicz und Tadeusz Rzepa. (Prace Inst. Odlewnictwa 9. 201—15. 1959, herausgeg. 1961. Prace opiniowal Hygin Přoszek.) (Pol.)

Nach einer Übersicht über poln. Vork., Eigg. u. Anwendung von Bentonittonen werden deren Aktivierung u. Güteprüfung beschrieben. Die Aktivierung erfolgt auf nassem Wege mit verschiedenen $Na_2CO_3$-Mengen. Die Ergebnisse zeigen die Abhängigkeit der Druckfestigkeit der nassen Formmassen von der $Na_2CO_3$-Zugabe. Die Sinter-Temp. der rohen u. aktivierten Tone u. die höchst zulässigen Trockentemp. werden bestimmt. W. WESLY. 6382□

**Die mechanische Festigkeit der Maskenformen bei der Gießtemperatur.** J. Szekeres. (Fonderia ital. 9. 403—06. Okt. 1960.) (Ital.)

Die Größe der Gußstücke beim Maskenformen-Verf. hängt von der sog. mechan. Wärmefestigkeit (WF) während des Gießens ab, die durch Menge des Härtungsmittels (synthet. Harze), Wandstärke u. Erhitzungsgrad der Kokille, Art des Zusatzes u. Behandlung beeinflußt wird. Dieser Einfl. wird durch Best. der Druck- u. Biegefestigkeit bei 1300° kontrolliert. Zudem wird der Einfl. der Härtungszusätze [*Baumharz* (I), $Al_2O_3$ u. *Graphitschwarz* (II)] in der Kälte u. Wärme untersucht. Die Ergebnisse zeigen, daß die mechan. Festigkeit mit I in der Kälte u. Wärme u. mit II in der Wärme zunimmt, in der Kälte aber abnimmt. Zur Verhinderung der aggressiven Wrkg. einer oxydierenden Atmosphäre auf I werden die Formenporen mit $Na_2SiO_3$ u. a. Substanzen + II angestrichen, 20 Sek. auf 1300° erhitzt u. mit nichtbehandelten Formen verglichen, wobei eine effektive Zunahme der WF gegenüber den nichtbehandelten Maskenformen festgestellt wird. G. PLATZER. 6382□

**Trocknen von Kernen nach dem Dielektrizitäts-(Kapazitäts-) Verfahren.** Włodzimierz Nynkowski. (Przegląd Odlewnictwa 10. 69—74. März 1960.) (Pol.)

Die Hochfrequenztrocknung von Formkernen ist nur bei nicht zu hohen Wasser-Geh. der Form (2—3%) u. bei geometr. einfachen Gebilden, die ein gleichmäßiges Erwärmen gewährleisten, vorteilhaft. Von den Kernbindemitteln sind bei dieser Trocknungsart das Bindemittel *D-extra* (Abfall-Prod. der Nahrungsmittelindustrie) u. *Harnstoff-Formaldehyd*-Harze am günstigsten. Das Trocknen verläuft sehr schnell, der Ausschuß wird von 15 auf 5% gesenkt. F. URBAN. 6382□

**Einfluß der Luftfeuchtigkeit und der Lagerdauer auf das Druckfestigkeitsverhalten von nach dem Kohlensäure-Erstarrungsverfahren hergestellten Kernen.** Inge Bindernagel. (Giesserei 47. 423—27. 11/8. 1960. Düsseldorf.) (Dt.)

Bei direkter Berührung mit W. nehmen die Kerne (z. B. nach dem Einlegen der Kerne in Naßgußformen) in kurzer Zeit beträchtliche Mengen W. auf u. verlieren damit an Festigkeit. Beim Lagern an Luft bis zu sehr hohen relativen Feuchtigkeiten (rund 90%, 20°) konnte ein Trocknen beobachtet werden. Die Trocknung wirkt sich, abhängig von der chem. Zus. u. der Aushärtung des verwendeten Wasserglases, festigkeitserhöhend oder -vermindernd aus. K. HILLINGER. 6382□

**Verminderung des Ausschusses beim Gießen.** Harry W. Dietert. (Mod. Castings 37. Nr. 4. 172—75. April 1960. Detroit, Mich., H. W. Dietert Co.) (Engl.)

Vf. führt die Entstehung des Ausschusses auf 6 Hauptursachen zurück, u. zwar Konstruktion, Metall, Modellzubehör, Formzubehör, Kern- u. Formsand. Ist die Ausschußursache eindeutig erkannt, wird ein Programm aufgestellt, das bei der Herst. des Gusses genau einzuhalten ist. — Ausführungsbeispiele. K. HILLINGER. 6382□

**Schrumpffehler in Eisen-Gußstücken.** J. H. Gittus. (Iron & Steel 33. 494—98. Okt. 552—55. Nov. 584—86. Dez. 1960.) (Engl.)

Untersucht wird der Einfl. verschiedener Faktoren, wie Formenart, Zus., Gieß-Temp. u. dgl., auf die Heftigkeit u. Art von Schrumpffehlern in gußeisernen Gußstücken. Hierbei ergeben sich folgende Faktoren als wichtig: Erniedrigung der durch den Ofen erzielten höchsten Temp., Verringerung der Schmelzzeit, Erhöhung der Gieß-Temp. u.

des *C*-Geh., Senkung des *Si*-Geh., Erhöhung der *Mn*-, *S*- u. *P*-Geh. sowie Senkung des Rüttelindex von Sand. Die innere Porosität ist in den Gußstangenproben mit hohem P- u. niedrigem C-Geh., bes. nach Impfung durch Ferrosilicium in der Pfanne, am stärksten ausgeprägt. Eine Überhitzung des Gußeisens im Ofen verringert diese Porosität. $CO_2$-Prozeß-Formen ergeben weniger Schrumpffehler als Grünsandformen. Schrumpfen u. Porosität werden durch den O-Geh. im Metall in einem weiten Bereich nicht beeinflußt. H. HOCHSTEIN. 6382□

**Magnetisches Wirbelschicht-Rösten der Lissakowsker Erze.** W. W. Tschukin, W. Ja. Miller, Ss. D. Toporkow, W. G. Karelin, W. N. Bogosslowski und L. I. Leontjew. (Сталь [Stahl] **20.** 965—71. Nov. 1960.) (Russ.)

Erzielt werden hohe Anreicherungswerte durch Schnellerwärmung gerösteter Lissokowsker Eisenerze bis 700—900° in einer schwach reduzierenden, 3% CO enthaltenden Atmosphäre aus Rauchgasen im Wirbelschichtverfahren. Hierbei wird im gerösteten Erz nur ein geringer Red.-Grad von 50—60% bei der Red. von $Fe_2O_3$ zu $Fe_3O_4$ erzielt. Die besten Anreicherungswerte werden bei gleichzeitiger Dehydratation des Erzes u. teilweiser Red. des $Fe_2O_3$ zu *Magnetit* erhalten. Das Erreichen eines hohen Effekts der Magnetisierung kann man mit der Bldg. von nicht im Gleichgewicht befindlichen magnet. Fe-Oxyden mit verzerrten Gittern während der Zers. von *Hydrogoethit* ($3Fe_2O_3 \cdot 4H_2O$) bei einer schnellen Erwärmung sowie durch eineBeschleunigung der Red.-Prozesse beim Umbau des Kristallgitters der Fe-Hydroxyde erklären. Die Geschw. des Prozesses des magnetisierenden Röstens von Lissokowsker Erz wird nicht durch die Geschw. der kristallchem. Umwandlungen, sondern durch die Geschw. der Dehydratation des Erzes bzw. durch die Erwärmungs-Geschw. der Erzteilchen begrenzt. Zur Erreichung einer hohen spezif. Leistung der Rk.-Kammer muß man bei alleiniger Zufuhr von Wärme durch die Wirbelschicht zweckmäßig das Rösten bei einer mittleren Gas-Geschw. durchführen, die wesentlich höher ist als die Geschw. der beginnenden Wirbelschichtbildung. Entsprechend der Art der Verteilung der Erzteilchen während ihres Verweilens in der Rk.-Kammer erweist sich ein rechteckiger Querschnitt als rationeller als ein runder. H. HOCHSTEIN. 6390□

**Direkte Reduktionsprozesse. Anwendung auf Eisensande und auf brasilianische Erze.** J. Jackson. (Iron and Steel **34.** 192—93. Mai 1961.) (Engl.)

Neben dem Hochofen können viele prakt. Meth. der direkten Erz-Red. auf die Erzeugung von Fe unmittelbar aus Fe-Erzen angewendet werden. Es wird über die Erfahrungen bei der direkten Red. von Eisensand u. brasilian. Erzen auf Grund von 21 Literaturangaben berichtet. H. HOCHSTEIN. 6390□

**Verfahren zur Reduktion von Eisenerzen mit Gasen.** E. Wicke. (Chemie-Ing.-Techn. **32.** 185—90. März 1960. Hamburg, Univ., Inst. für physikal. Chem.) (Dt.)

Überblick über die zur Fe-Gewinnung außerhalb des Hochofens dienenden neuen Red.-Verff., Wirbelschicht- u. Ruheschicht-Verf., wobei die Red.-Gase im Kreislauf geführt werden. Das *CO–C–Eisen*-Verf. arbeitet in 2 Stufen (C-Abscheidung, Vor- u. End-Red.). W. WESLY. 6390□

**Thermochemische Berechnungen des Hochofenprozesses.** Rolf Lindner. (Jernkontorets Ann. **144.** 859—967. 1960. Jernkontorets Tekn. Forskningsverksamhet.) (Schwed.)

Nach einem Überblick über die derzeitigen Möglichkeiten zur Gewinnung eines vollständigen thermochem. Bildes des Hochofenprozesses wird eine Meth. beschrieben, die angibt, wie der Einfl. der verschiedenen Veränderlichen auf den Koksverbrauch bestimmt wird. Hierzu wird das Hochofen-Verf. in 5 Temp.-Zonen unterteilt u. diesen Zonen werden die entsprechenden Rkk. zugeteilt. Die direkte u. indirekte Red. wird durch Labor.-Verss. berechnet u. bestimmt. Der C-Verbrauch der direkten Red. ist von der Reduzierbarkeit eines Erzes abhängig. Ferner wird eine Abhängigkeit der Zus. u. des Rauminhalts der Verbrennungsgase von der Windfeuchtigkeit ermittelt. Die Wärmetönungen der ablaufenden Rkk. werden angegeben u. es werden Angaben über die Wärmeverluste in den verschiedenen Ofenzonen gemacht. Der Wärmeinhalt von Roheisen, Schlacke, Gichtgas u. Gebläsewind wird mitgeteilt u. eine Wärmebilanz des Hochofen-Verf. für die Herst. verschiedener Roheisensorten aufgestellt, u. es wird der Zusammenhang zwischen dem Si-Geh. des Roheisens, dem Koksverbrauch sowie der Abstich- u. Wind-Temp. herausgestellt. Anhang mit Berechnungsunterlagen. — 34 Literaturangaben. H. HOCHSTEIN. 6400□

**Calciumcarbid als Kupolofenzusatz.** Ryszard Chudzikiewicz, Tadeusz Kukuła und Janusz Birkenfeld. (Przegląd Odlewnictwa **10.** 78—81. März 1960.) (Pol.)

Zusatz von $CaC_2$ im Kupolofen verändert den *S*- u. *C*-Geh. des erzeugten *Gußeisens* nicht. Die Temp. des fl. Eisens in der Rinne wird bis auf 1400—1420° erhöht. Die leichtere Gießfähigkeit des so erzeugten Gußeisens verringert den Ausschuß beim Gießen, vor allem von dünnwandigen Stücken. F. URBAN. 6402□

**Einfluß von Nickel bis zu 37% und von Silicium bis zu 3% auf den eutektischen Kohlenstoffgehalt von Gußeisen.** R. D. Schelleng. (Mod. Castings **37.** Nr. 6. 87—89. Juni 1960. Bayonne, N.J., Internat. Nickel Co., Inc.) (Engl.)

Ni- u. Si-Zusätze vermindern die C-Löslichkeit in fl. Gußeisen. Die Größe dieser durch Si bewirkten Abnahme ist bereits seit Jahren bekannt, jedoch sind die bisherigen Kenntnisse über den Ni-Einfl. wesentlich geringer. Durch Verss. werden die gemeinsamen Einfl. von Ni u. Si auf den eutekt. C-Geh. von Gußeisen festgestellt u. durch die Formel $C_{\text{entekt.}} = 4{,}30 - 0{,}33\ (\%\ \text{Si}) - 0{,}047\ (\%\ \text{Ni}) + 0{,}0055\ (\%\ \text{Ni})(\%\ \text{Si})$ ausgedrückt. Diese Formel gilt nur für Ni-Geh. bis zu 37% u. für Si-Geh. bis zu 3%.
H. HOCHSTEIN. 6404□

**Die Entschwefelung von Stahl im Induktionsofen mit Hilfe von Gleichstrom in der Schlacke.** O. A. Jessin, Ss. I. Popel, Ss. G. Brattschikow, W. N. Rasumow und I. M. Plotnikow. (Журнал Прикладной Химии [J. angew. Chem.] **31.** 1837 bis 1842. Dez. 1958.) (Russ.) — Vgl. C.**1959.** 7605.

Es wird durch Verss. festgestellt, daß für S-reiche Schlacken die Entschwefelung von Stahl durch Elektrolyse in einem Induktionsofen mit zusätzlichem Gleichstrom bei Stromdichten von ca. 1,5 $A/cm^2$ an der Kathode u. ca. 3 $A/cm^2$ an der Anode beginnt. Mit steigender Stromdichte nimmt die Geschw. der Entschweflung zu. Bei gleicher Stromdichte sind Geschw. u. Grad der elektrochem. Entschweflung für Weicheisen niedriger als für hochgekohlten Stahl. Durch Elektrolyse der Schlacke kann eine Entschweflung des darunterliegenden Metalls bewirkt werden. Die Stromausbeute beträgt ca. 10—20%. H. HOCHSTEIN. 6408□

**Der Einfluß von Arsen, Phosphor und Kohlenstoff auf die Eigenschaften von Stahl.** K. F. Starodubow und W. W. Kalmykow. (Сталь [Stahl] **20.** 1034—37. Nov. 1960. Inst. für Eisenmetallurgie der Akad. der Wiss. der UkrainSSR.) (Russ.)

Ein Zusatz von As (bis zu 0,75%) zu normalgeglühten Stählen mit 0,15, 0,45 u. 0,75 (%) C u. 0,015 P übt prakt. keinen Einfl. auf die Zugfestigkeit u. auf die Kerbschlagzähigkeit von unlegiertem Stahl aus. Bei einem unlegierten Stahl mit erhöhtem P-Geh. von 0,060 u. kleinen As-Beimengungen verschlechtert sich jedoch die Kerbschlagzähigkeit des Stahls wesentlich. Bei einem Stahl mit 0,45 u. 0,75 C u. niedrigem P-Geh. verringert ein Zusatz von über 0,30 As die Einschnürung, u. zwar um so stärker, je höher der C-Geh. im Stahl ist; beim Stahl mit 0,75 C wird auch die wahre Bruchspannung erhöht. H. HOCHSTEIN. 6408□

**Siliciumgehalt und Reckalterung von Baustahl.** F. Erdmann-Jesnitzer, I. Sandmann und G. Wünsche. (Technik **15.** 521—28. Aug. 1960. Freiberg/Sa., Bergakad.) (Dt.)

SM-Stähle mit Si-Geh. von 0,00, 0,11, 0,2, 0,3 u. 0,44% wurden durch stat. u. dynam. Verff. sowie durch Verfolgen der Änderung des elektr. Widerstandes auf ihre Alterungsanfälligkeit untersucht. Danach übt Si einen hemmenden Einfl. auf die Reckalterung aus. Der für die Hemmung in niedrig C-haltigen Baustählen optimale Si-Geh. betrug ca. 0,3% Si. Unterss. an Stählen mit *P*-Zusätzen ergaben ein analoges Minimum der Alterungsneigung bei ca. 0,12% P. — 41 Literaturangaben. F. VIER. 6408□

**Die Reaktion hitzebeständiger Legierungen mit feuerfesten Oxyden bei hohen Temperaturen im Vakuum.** W. M. Amonenko, K. G. Romantschenko und A. Ss. Tron. (Сталь [Stahl] **20.** 1002—04. Nov. 1960. Physiko-Techn. Inst. der Akad. der Wiss. der UkrainSSR, Ukrain. Forsch.-Inst. für feuerfeste Stoffe.) (Russ.)

Untersucht wird der Einfl. einer Rk. der warmfesten Legg. vom Typ *EI 617* mit den feuerfesten Tiegelwerkstoffen aus $ZrO_2$, *BeO*, *MgO*, $Al_2O_3$ u. $Al_2O_3 + 1\%\ TiO_2$ unter einem starken Vakuum auf die Eigg. der Legierung. Hierbei wird der Einfl. hoher Temp. der Schmelze, der Behandlungsdauer unter Vakuum u. des Tiegelmaterials auf den Gas-Geh. in der Leg. ermittelt. Die nichtmetall. Einschlüsse in der Leg. sowie die petrograph. Analyse der feuerfesten Stoffe werden erörtert. Hierbei zeigt sich, daß die feuerfesten Tiegelbestandteile $Al_2O_3$, $ZrO_2$, MgO u. BeO mit dem C der Leg. reagieren, wobei die aus den Oxyden entstehenden *Al*, *Zr* u. *Be* in der Schmelze gelöst werden u. *CO* u. *MgO* in die gasförmige Phase übergeführt werden. Dieser Red.-Prozeß wird bei einer Temp.-Erhöhung der Schmelze beschleunigt; die geringste Rk.-Geschw. wurde bei 1450 bis 1500° festgestellt. Zur Verringerung des Geh. an Rk.-Prodd. in der Leg. soll die Schmelze nicht über 20—30 Min. im Vakuum, unabhängig von dem Tiegelmaterial, gehalten werden. Im Zusammenhang mit einer verhältnismäßig geringen Entkohlungs-Geschw. in

Tiegeln aus $ZrO_2$ ist eine vollständigere Desoxydation der oxyd. Einschlüsse in der Schmelze möglich. Bei einer Schmelze in Tiegeln aus $Al_2O_3$ sind die wahrscheinlichsten Rkk. zwischen dem Metall u. dem feuerfesten Stoff die Oxydation des *Cr* u. *Ti* sowie die Red. von $Al_2O_3$ durch C bis zu dem niedrigen Oxyd $Al_2O$ mit nachfolgender Zers. zu $Al_2O_3$ u. A. Durch die petrograph. Meth. wird im feuerfesten Stoff die Ggw. von $CrO_3$ nachgewiesen, was die Rk. des Tiegels mit dem Cr der Leg. beweist. Am stärksten wird die Leg. durch $O_2$ beim Schmelzen in Tiegeln aus MgO verschmutzt. Bei hohen Temp. ist Al ein stärkeres Red.-Mittel als Mg u. red. dieses aus seinem Oxyd, was ebenfalls zu einer Erhöhung des O-Geh. in der Leg. führt. Die chem. Beständigkeit der feuerfesten Stoffe in bezug auf die Leg. nimmt in folgender Reihenfolge zu: MgO $<$ $Al_2O_3$; ($Al_2O_3$ + 1% $TiO_2$) $<$ BeO $<$ $ZrO_2$. H. HOCHSTEIN. 6408□

**Erschmelzen von Ferromangan aus Agglomeraten.** M. A. Kekelidse. (Сообщения Академии Наук Грузинской ССР [Mitt. Akad. Wiss. GrusinSSR] **20.** 683—88. Juni 1958. Akad. der Wiss. der GrusinSSR, Tbilissi, Inst. für Metall u. Bergwesen.) (Russ.)

Während Ferromangan bis jetzt nur aus dem Roherz ausgeschmolzen wurde, ergaben Verss. in 3 Serien, daß die Verw. von gewöhnlichem Agglomerat, noch besser von gängig gemachtem Mn-Agglomerat bessere Ergebnisse liefert als die Verw. von Roherz. Die Charge bestand in Serie 1 aus 5 kg gewaschenem Mn-Erz, in 2 aus 5 kg Agglomerat (aus Serie 1) in 3 aus gängig gemachtem Agglomerat der Serie 2. Zugegeben wurden 1,3 bis 1,4 kg Kalk, 0,3—0,4 Fe-Späne, 1,6—1,7 Koks. Das Ausschmelzen erfolgt bei 40—50 W u. 900—1100 A. In der Serie 3 wird um 5% Mn mehr ausgebracht, die Verflüchtigung des Mn um 4% gesenkt. Der Geh. an P in den Schmelzen sinkt, die Ausnutzung des Mn-Rohstoffes steigt. A. v. WILPERT. 6418□

**Vakuumschmelzen einiger Nichteisenmetalle.** R. Syre. (Rev. Métallurgie **57.** 1107—16. Dez. 1960. Chambéry, Comp. Pechiney.) (Franz.)

Beschrieben wird das Schmelzen im Vakuum von *Be, Ti, Zr, Nb, Mo, Ta* u. *W* im elektr. Ofen mit Abschmelzelektroden. Eingegangen wird auf das Schmelzen unter Elektronenbeschuß. F. VIER. 6420□

**Cyanid-Laugung zur Extraktion von Kupfer aus Zink-Konzentrat.** Norman Hedley und Howard Tabachnik. (Mining Engng. **12.** 158—60. Febr. 1960. Stamford, Conn., American Cyanamid Co.) (Engl.)

Durch eine Behandlung von 15 Min. mit einer 0,25% NaCN enthaltenden Lsg. (hergestellt aus techn. $Ca(CN)_2$ mit einem Geh. von 49,5% NaCN) konnte der *Cu*-Geh. von 0,05 auf 0,013% herabgesetzt werden. Der gleichzeitig gelöste Zn-Anteil war unbedeutend. E. MIESSGANG. 6426□

**Bemerkungen über Manganbronzen.** A. Azzolini und G. Cogito. (Fonderia ital. **9.** 407—13. Okt. 1960. Sesto S. Giovanni, Metallindustria S.R.L.) (Ital.)

Übersicht über Mn-Bronzen, deren chem. Zus. (0,5—3% Mn neben Al, Sn, Fe, Ni), Herst. u. Guß, Behandlung, günstige mechan. Eigg., Korrosionsbeständigkeit u. Verw. für Schiffsschrauben u. andere -zubehöre, Zahnradgetriebe, Pumpengehäuse u. a., als Ersatz für schmiedbares Gußeisen u. zur Herst. von elektr. Maschinen u. Geräten wegen der hohen elektr. Leitfähigkeit u. des niedrigen Schmelzpunkts. G. PLATZER. 6432□

**Die Gewinnung von Aluminium.** L. Ferrand. (J. Four électr. Ind. électrochim. **1961.** 91—92. 95. März.) (Franz.)

Moderne Unters. über die Zus. der elektrolyt. Bäder in Kanada, USA u. Frankreich. — 20 Literaturangaben. M. GEHLEN-KELLER. 6446□

**Einige charakteristische Merkmale des Reinaluminiums im Gußzustand. Vergleichende Untersuchungen an Strangguß-Walzbarren, Rohmasseln und gesondert gegossenen Probestäben aus Reinaluminium Al 99,5.** K. R. Vassel. (Aluminium **36.** 145—50. März 1960. Budapest.) (Dt.)

An Gußproben aus Rein-Al mit 99,5% Reinheit wurde festgestellt, daß die Makro- u. Mikrostruktur in der Hauptsache von der Erstarrungs-Geschw. abhängig ist. Das gilt auch für die elektr. Leitfähigkeit. Die erheblichen Streuungen auch innerhalb des gleichen Stranggußwalzbarrens der mechan. Kenngrößen der Verformungswiderstände u. der Formänderungsfähigkeit werden auf eine inhomogene Makrostruktur zurückgeführt. Die Wärmeausdehnungszahl ist neben dem Fe–Si-Verhältnis auch stark von der Erstarrungs-Geschw. u. von Verunreinigungen abhängig. Bei langsamer Erstarrung u. einem Fe-Si-Verhältnis $<$1,8 treten bei 300—350° u. 500—570° Zusammenschrumpfungen auf, die das Verh. bei Verarbeitung u. Verw. ungünstig beeinflussen. F. VIER. 6446□

**Stranggegossene Aluminium-Zinn-Lager.** D. A. Robins. (Zinn u. seine Verwendung **1960.** Nr. 50. 3—6. Tin Res. Inst.) (Dt.)

Die Unters. strang- u. kokillengegossener Lager aus einer Leg. mit 6% Sn u. 94% Al ergab, daß die Lebensdauer der stranggegossenen Leg. die der kokillengegossenen erheblich übertraf. Das beruht zweifellos auf der günstigeren Gefügestruktur der stranggegossenen Legierung. Darüber hinaus war die Al–Sn-Leg. der üblichen Pb-Bronze in bezug auf die Temp.-Schwankungen u. die Lager-Temp. erheblich überlegen. F. VIER. 6446□

**Aluminium-Magnesium-Gußlegierung mit 11% Magnesium.** Louis Grand. (Rev. d el'Aluminium **1960.** 585—93. Mai. 847—55. Juli/Aug. Chambéry, Comp. Pechiney.) (Franz.)

Die beim Vergießen der Al-Leg. mit 11% Mg auftretenden Schwierigkeiten werden erörtert. Durch Zusatz von *Mn* können die mechan. Eigg. stabilisiert werden. F. VIER. 6446□

**Leichtlegierungen für Gußstücke und Barren zur Serienfertigung in Warmstrangpressen. Die Aluminium-Zinklegierungen „Main Metal"-.** D. Iturrioz. (Metalurgia y Electr. **24.** Nr. 268. 189—97. Jan. 1960.) (Span.)

Übersicht über Zus., Eigg., techn. Bedeutung u. Verw. der neben den Grundmetallen *Al* u. *Zn* noch geringe Zusätze von *Cu* u. *Si* enthaltenden „*Main-Metall*"-Legierungen. A. SANDER. 6446□

**Der Einfluß der Warmverformung auf den Verlauf der Ermüdungsfestigkeitskurven bei Umlaufbiegung von Avional 22.** C. Panseri und L. Mori. (Ist. sperim. Metalli leggeri, Mem. Rapp [11] Nr. **259.** 3—6. 1960. Mailand-Novara, Ist. Sperim. Metalli legg.) (Ital.)

Vff. beschreiben u. erläutern die Ergebnisse (Abb. u. Diagramme) des Einfl. der Warmverformung auf den Verlauf der Ermüdungsfestigkeitskurven bei Umlaufbiegung mit ringförmigen Proben aus *Avional 22.* Es wurde ein wesentlicher Unterschied im Verlauf der Kurven festgestellt: die Kurven im TN-Zustand (ausgelagert) zeigen eine „knieförmige" Unterbrechung, die im TA-Zustand (künstlich gealtert) fehlt, u. erreichen in beiden Zustädnen der Warmverformung denselben Grenzwert ($10^6$ Cyclen). — 11 Literaturhinweise. G. PLATZER. 6446□

**Eigenschaften von kalt gewalztem und geglühtem Titan.** Jack D. Ramsdell und Ernest D. Hull. (U. S. Dep. Interior, Bur. Mines, Rep. Invest. 1960. Nr. **5656.** 1—15. Reno, Nev., Bur. of Mines.) (Engl.)

Elektrochem. gewonnene, durch Mg- bzw. durch Na-Red. hergestellte Ti-Proben wurden hinsichtlich ihrer Rekristallisation, sowie der Wrkg. des Kaltwalzens auf Dehnung u. Biegung u. des Glühens bei 300—800° verglichen. Wesentliche Unterschiede wurden nicht festgestellt. —10 Literaturhinweise. F. HOCHSTETTER. 6448□

**Aufarbeitung eines Kupfer-Uran-Erzes.** G. A. Fester, J. A. Retamar und A. I. A. Ricciardi. (Rev. Fac. Ing. Quím. **27.** 35—41. 1958.) (Span.)

Durch Extraktion mit $H_2SO_4$ wird aus einem Erz mit 0,35 (%) $U_3O_8$, 2,58 CuO u. 0,1 $V_2O_5$ im Labor.-Maßstab ein $U_3O_8$-Konzentrat gewonnen. Nach Entfernen des Cu durch Elektrolyse wird mit NaOH ein Nd. von $Na_2U_2O_7$ gefällt, der 17% $U_3O_8$ enthält. Im Rest verbleiben 7,3 (%) *CuO*, 3,7 $V_2O_5$, 31,8 $Fe_2O_3$ u. 13,6 in W. lösl. Anteile, Glühverlust 13,1%, Differenz ($Al_2O_3$ usw.) 11,3%. R. K. MÜLLER. 6448□

**Eine neue Goldgewinnungsanlage des Witwatersrands.** L. A. Waspe. (Mining Mag. **103.** 329—33. Dez. 1960.) (Engl.)

Beschreibung einer Anlage zur Au-Gewinnung der EAST-RAND-PROPRIETARY MINES LTD.: Sieben, Sortieren, Zerkleinern, Cyanidbehandlung, Filtrieren, Fällen, Schmelzen. W. WESLY. 6452□

**Austausch von Kobalt in Sinterhartmetallen durch einen Eisen-Nickel-Binder.** R. Kohlermann und R. Wehner. (Technik **12.** 736—40. Nov. 1957. Immelborn.) (Dt.)

In den letzten Jahren wurden Hartmetallsorten vielfach mit Fe–Ni-Binder hergestellt. Verschleiß-Verss. zeigen, daß man die mit Co hergestellten Hartmetalle durch Sorten mit Fe–Ni-Binder ersetzen kann, ohne die Zähigkeit zu vermindern. Die Zähigkeit kann zu Gunsten der Verschleißfestigkeit vermindert werden, ohne daß zu spröde Hartmetalle entstehen, wenn man den Co-freien Hartmetallen den gleichen Bindemetall-Geh. in Vol.-% verleiht, wie ihn die Co-haltigen Proben zeigen. — 11 Literaturangaben. W. WESLY. 6476□

**Neues über Eigenschaften und Herstellung metallkeramischer WC–Co-Legierungen.** W. J. Tretjakow. (Technik **12.** 733—35. Nov. 1957. Moskau.) (Dt.)

Übersicht. — 8 Schrifttumshinweise. W. WESLY. 6476□

**Über die Bedeutung der Kerbschärfe bei der Prüfung auf Schlagzähigkeit.** A. Ss. Rachmanow und L. Ss. Liwschitz. (Заводская Лаборатория [Betriebs-Lab.] **25.** 1502—04. 1959. Forsch.-Inst. für Bau von Hauptrohrleitungen.) (Russ.)

Die Veränderung des Radius des Kerbgrundes bei konst. Kerbtiefe beeinflußt bei Proben zur Best. der Kerbschlagzähigkeit von Stahl nur die Verformungsarbeit u. nicht die Zerstörungsarbeit. Die Form (Spitze) der Kerbe beeinflußt die Widerstandsfähigkeit gegen Riß-Bldg. u. nicht den Widerstand gegen die Ausbreitung des bereits entstandenen Risses im Stahl. H. HOCHSTEIN. 6480□

**Die Bedeutung der gleichmäßigen und „konzentrierten" Plastizität des Stahls bei der Streckung.** W. I. Egis. (Заводская Лаборатория [Betriebs-Lab.] **25.** 1486—91. 1959.) (Russ.)

Untersucht werden die Faktoren, welche die gleichmäßigen u. „konzentrierten" Teile der plast. Verformung beim Strecken von Stahl beeinflussen. Auch wird ihre Beziehung zueinander bestimmt u. die größere Bedeutung der Dehnung oder der Quereinschnürung bei der Beurteilung der Eigg. u. der Herst.-Besonderheiten von Stahl erörtert. Die Unters.-Meth. wird beschrieben; die an verschiedenen Stahlsorten gewonnenen Unters.-Ergebnisse mitgeteilt. H. HOCHSTEIN. 6480□

**Ein neues Torsionspendel zur Untersuchung der inneren Reibung in Metallen.** Karl Bungardt, Hans Preisendanz und Helmut Brandis. (Arch. Eisenhüttenwes. **32.** 113—22. Febr. 1961. Krefeld, Deutsche Edelstahlwerke AG.) (Dt.)

Eigg. u. Anwendung im Temp.-Bereich von —780 bis +1500° im Druckbereich von 760—$10^{-5}$ Torr. Messungen an *Reineisen* u. *Reinkobalt* bei Temp. bis ca. 700°. M. GEHLEN-KELLER. 6480□

**Die Anwendungen des Verfahrens der inneren Reibung auf die Untersuchung von Eisen und Stahl. 2. Mitt. Über die Wiedergewinnung der inneren Reibung von schwach gekohlten Stählen nach Kaltbearbeitung.** Kôichi Aoki, Shôzô Sekino und Toshiyuki Fujishima. (Nippon Kinzoku Gakkai-Si [J. Japan Inst. Metals] **24.** 246—49. 1960.) (Jap.; Auszug: Engl.) — 1. vgl. C. **1960.** 15888.

Ermittlung der KÖSTER-Effekte (Kaltbearbeitung durch Zugspannung) an reinem Fe u. an mit Al beruhigtem Stahl u. Unters. der Effekte nach den Theorien von GRANATO-LÜCKE (J. Appl. Phys. **27.** [1956.] 583 u. 789) u. COTTRELL-BILBY. Die innere Reibung von Fe (Stahl) bei Zimmer-Temp. kommt nach 50—200 Std., bei Al-beruhigtem Stahl nach > 1000 Std. zum Gleichgewicht. W. WESLY. 6480□

**Beurteilung der Plastizitätseigenschaften von warmfesten Stählen mit der Zeit.** A. W. Stanjukowitsch und N. D. Saitzew. (Заводская Лаборатория [Betriebs-Lab.] **25.** 1101—06. 1959. Zentr. Polsunow Forsch.-Inst. für Dampfturbinen.) (Russ.)

Für die Beurteilung der Plastizitäts-Eigg. warmfester Materialien läßt sich die Unters.-Meth. mit gleichbleibenden Verformungs-Geschw. anwenden. Die Veränderung dieser Eig. mit der Temp. bei gleichbleibender Verformungs-Geschw. wird in halblogarithm. Koordinaten durch eine V-förmige Kurve beschrieben. Eine Geschw.-Erniedrigung verschiebt die Kurven nach niedrigen Temperaturen. Man kann die Veränderung der geringsten Verformungsfähigkeit des Stahles in Abhängigkeit von der Temp. ermitteln. Sie nimmt mit steigender Temp. zu. Die Abhängigkeit zwischen der relativen Dehnung u. der Verformungs-Geschw. bei gleichbleibender Temp. kann durch eine Exponentialfunktion ausgedrückt werden. Die Intensität der Plastizitätsabnahme beim Bruch mit Verringerung der Verformungs-Geschw. nimmt mit der Temp. bis zu einer bestimmten Grenze zu, fällt dann aber ab. Die Verformungsfähigkeit warmfester Stähle kann man annähernd durch Plastizitätsdiagramme charakterisieren, die auf dem Wege der Extrapolation von Vers.-Werten aufgestellt sind. H. HOCHSTEIN. 6480□

**Verteilung von Dauerfestigkeitsfehlern in Flachproben aus gehärtetem Stahl.** W. S. Hyler, L. P. Tarasov und R. J. Favor. (Proc. Amer. Soc. Testing Mater. **58.** 540—51. 1958. Columbus, Ohio, Battelle Mem. Inst.; Worcester, Mass., Norton Co.) (Engl.)

Untersucht wird die Riß-Bldg. beim Dauerbruch an Flachproben aus gehärtetem Stahl. Hierbei wird die Dauerfestigkeit an gehärtetem Wälzlagerstahl mit ca. 1,5% Cr in Abhängigkeit von der Lage des beginnenden Risses in der Probe ermittelt u. der Einfl. der Oberflächengüte festgestellt. Metallograph. Unterss. werden über die Zusammenhänge zwischen Riß-Bldg. sowie Art u. Lage der nichtmetall. Einschlüsse durchgeführt. H. HOCHSTEIN. 6480□

**Methode zur Auswertung der Prüfergebnisse auf Dauerfestigkeit.** W. I. Nikitin. (Заводская Лаборатория [Betriebs-Lab.] **25.** 1492—96. 1959. Zentr. Polsunow-Dampfturbinen-Inst.) (Russ.) H. HOCHSTEIN. 6480□

**Beurteilung der Sprödbruchneigung von Stahl nach dem Aussehen des Bruches.** Je. M. Schewandin. (Заводская Лаборатория [Betriebs-Lab.] **25.** 1497—1502. 1959.) (Russ.)

Untersucht wird das Verh. von unlegierten u. niedriglegierten Stählen an Kerbschlagproben bzgl. ihrer Neigung zum Sprödbruch auf Grund der Ausbldg. eines faserigen, Zwischen- oder kristallinen Bruches. Auf Grund der Ergebnisse wird angenommen, daß die krit. Temp. der Sprödigkeit bei stat. oder dynam. Belastung u. die krit. Temp. der

Kerbschlagzähigkeit in gleicher Weise geeignet sind, die Spannungen im Stahl anzuzeigen. H. HOCHSTEIN. 6480□

**Einfluß der Oberflächenbehandlung auf Ermüdung und Sprödbruch.** L. Gillemot und M. Tömöry. (Freiberger Forschungsh., Reihe B Heft **50.** 123—35. Mai 1960. Budapest.) (Dt.)

Durch Nitrieren von Ti-Stählen mit einem Ti/C $<$ 4 läßt sich die Dauerfestigkeit scharf gekerbter Probekörper um ca. 100% erhöhen. Die nitrierten Stücke bieten infolge der Duktilität der Randschicht dynam. Beanspruchungen gegenüber volle Sicherheit. Unter dem Einfl. der an *Ti-Stahl* mit einem Ti/C $>$ 4 u. an *Cr–Al–Mo-Stahl* durch Nitrieren, an *Cr 80-Stahl* durch Einsatzhärtung erzielten harten Randschicht erhöht sich die Dauerfestigkeit scharf eingekerbter Probekörper gleichförmig um ca. 150—160%. Dynam. Beanspruchungen widersteht der nitrierte Ti-Stahl u. der Cr–Al–Mo-Stahl trotz der auftretenden Risse verhältnismäßig gut, dagegen zeigt der Cr 80-Stahl eine sehr schlechte Widerstandsfähigkeit gegenüber dynam. Beanspruchungen. — 22 Literaturangaben. H. HOCHSTEIN. 6480□

**Über die Methoden der Temperaturmessung bei der Prüfung auf Ermüdung.** T. P. Sacharowa. (Заводская Лаборатория [Betriebs-Lab.] **25.** 1506—09. 1959.) (Russ.)

Zur Temp.-Best. von Ermüdungsproben aus Fe-Legg. wird das Temp.-Gefälle zwischen der Probenoberfläche u. dem Luftraum des Ofens in Abhängigkeit von der Luft-Temp., der Umdrehungs-Geschw., den geometr. Abmessungen u. der Haltedauer bei der Unters.-Temp. gemessen. Die Meß-Meth. wird im einzelnen beschrieben. Es werden Angaben über die Temp.-Verteilung über die Probenlänge bei Vers.-Temp. von 500—800° gemacht. H. HOCHSTEIN. 6480□

**Einfluß einer Verformungsalterung auf die Vorgänge bei der Wechselbeanspruchung von Stahl.** Hermann Schenck, Eugen Schmidtmann und Hans Kettler. (Arch. Eisenhüttenwes. **31.** 659—69. Nov. 1960. Aachen, Inst. für Eisenhüttenwesen der TH.) (Dt.)

An einem unlegierten Stahl mit 0,22% C werden Unterss. der inneren Vogänge bei der Biegewechselbeanspruchung durch Messung des Elastizitätsmoduls u. der Dämpfung im Kilohertzbereich durchgeführt u. hierbei wird der Einfl. von Belastungshöhe, Vers.-Dauer u. Ruhepausen festgestellt. Die Vers.-Ergebnisse werden mit Hilfe der Versetzungstheorie erörtert. — 60 Literaturangaben. Diskussion. H. HOCHSTEIN. 6480□

**Einfluß von Schwingungen auf das Gefüge und Verbesserung der mechanischen Eigenschaften von Bronzen und Gußeisen.** Bogdan Iwasyk und Mariusz Łabęcki. (Przegląd Odlewnictwa **10.** 74—78. März 1960.) (Poln.)

Mit einem Vibrator der Frequenz 100 Hz wurde erstarrende Bronze u. Grauguß in Schwingung versetzt. In allen unter Schwingung festgewordenen Proben wurde eine Verkleinerung der Korngrößen festgestellt. In Pb-reicher Bronze wird die Segregation von Pb erschwert. In perlit. Gußeisen werden die Graphitblättchen verkleinert. Im Sphäroguß tritt keine Veränderung des Gefüges ein. Die Zugfestigkeit aller Proben erhöht sich um 18%. F. URBAN. 6480□

**Beitrag zur Bestimmung der Kohäsionsfestigkeit niedrigschmelzender Metalle.** Wilhelm Hofmann und Fritz Burat. (Freiberger Forschungsh., Reihe B Heft **50.** 82—89. Mai 1960. Braunschweig, TH, Inst. für Werkstoffkunde u. Schweißtechnik). (Dt.)

Zur Ermittlung der Trennfestigkeit weicher Metalle wurde das Verf. der Kaltpreßlötung verwendet, bei dem man eine Scheibe aus dem weichen Metall, z. B. von *Al, Sn, Pb, Lötzinn*, zwischen 2 Stäbe aus einem harten Metall, z. B. Stahl, Cu oder Al, legt. Durch Verformung unter genügend hohem Preßdruck entstehen Verbindungen Grundmetall–weiches Metall–Grundmetall, aus denen zylindr. Stäbe gedreht werden können. Im Zerreiß-Vers. erhält man Werte der Festigkeiten, die bis zu dem 4fachen über dem Wert der konventionellen Zugfestigkeit des weichen Metalles liegen. Diese Werte werden in erster Näherung als Trennfestigkeiten des weichen Metalles angesehen. In Wirklichkeit erfolgt der Bruch nicht unter einachsigem Zug, sondern als Folge eines mehrachsigen Zugspannungszustandes, an dessen Entstehung nicht nur die elast. u. plast. Eigg. des weichen Metalls, sondern auch die des Grundwerkstoffes beteiligt sind. H. HOCHSTEIN. 6480□

**Differential-Methode zur Messung der Menge an paramagnetischer Phase.** Ja. I. Kagan und Ju. I. Passkal. (Заводская Лаборатория [Betriebs-Lab.] **23.** 1455—56. 1957. Charkow, Elektromechan. Werk.) (Russ.)

Vff. wandelten die magnet.-ballist. Meth. der Best. des Geh. an paramagnet. Phase in Stahl so ab, daß der Fehler der Best. von 22% auf 4% gesenkt werden kann. Das entwickelte Gerät arbeitet nach einem Kompensations-Differentialschema.

G. EWALD. 6480□

**Untersuchungen zur Defektoskopie von Eisenbahnschienen in bewegten Magnetfeldern. 6. Mitt. Untersuchung des magnetischen Stroms im Schienenkopf.** W. W. Wlassow. (Физика Металлов и Металловедение [Physik Metalle Metallkunde] **6.** 794—803. 1958. Inst. für Metallphysik, Ural. Zweigstelle der Akad. der Wiss. der UdSSR.) (Russ.) — 5. vgl. C. **1960.** 10390.

Nach einigen Betrachtungen über die Magnetisierung von Schienen u. eines Schienenmodells wird die Meth. der Magnetfeldmessung erläutert, u. es werden die Resultate einer qual. Unters. des Stromes im Schienenkopf sowie der quant. Bewertung des Stromes mitgeteilt. — 19 Literaturangaben. H. HOCHSTEIN. 6480□

**Elektronenmikroskopische Untersuchung der Kohlenstoffstähle bei Wechselbeanspruchung.** Přemysl Ryš. (Freiberger Forschungsh., Reihe B Heft **50.** 90—101. Mai 1960. Brno.) (Dt.)

Mittels des Elektronenmikroskops wurde die Morphologie der Gleitlinien untersucht, die bei cycl. Beanspruchung durch symm. Biegung auf der metallograph. vorbereiteten Oberfläche von Stahlproben gebildet werden. Hierbei unterscheiden sich diese Gleitlinien grundsätzlich von denen, die nach stat. Beanspruchung entstehen. Die sich bei Ermüdungsbeanspruchung bildenden Gleitlinien entstehen als Folge der plast. Verformung in günstig orientierten Ferritkörnern. Auf Grund des Modells von COTTRELL u. HULL kann vorausgesetzt werden, daß jeder Beanspruchungscyclus zur Bldg. des Oberflächenreliefs, das eine Folgeerscheinung der Gleitung in zwei verschiedenen Syst. ist, beiträgt. Die Gliederung der Gleitlinienoberfläche wächst fortschreitend, bis endlich im Gleitliniengebiet viele sehr kleine submkr. Risse zu entstehen beginnen. Ihr Existenz wurde durch zweierlei Beschallung nachgewiesen. Gleitlinien entstehen u. verbreitern sich ausschließlich in Ferritkörnern. Perlit. Zementit hindert ihre Ausbreitung.
H. HOCHSTEIN. 6482□

**Mikroskopische Bestimmung der Entkohlung in Werkzeugstählen.** Ju. A. Geller und M. N. Fadjuschina. (Заводская Лаборатория [Betriebs-Lab.] **26.** 307—10. 1960. Allunions Forsch.-Inst. für Werkzeuge.) (Russ.)

Untersucht wird die Anwendbarkeit der Meth. von SSADOWSKI [1934] u. von POPOW u. MICHALEW (vgl. C. **1958.** 12620) zur Best. der Entkohlung in den Werkzeugstählen *U12A*, *Ch*, *9 ChS*, *ChWT*, *95 ChGSW* u. *8 SWM*. Hierbei zeigt sich, daß die Meth. von POPOW u. MICHALEW zur Best. der Dicke der entkohlten Schicht in Gegenständen u. Proben aus legierten, jedoch nicht aus unlegierten Stählen angewendet werden kann. Zweckmäßig wird in übereutektoiden Stählen die Dicke der entkohlten Schicht nach dem Verf. von Ssadowski bestimmt, jedoch ist diese Meth. komplizierter u. sehr empfindlich gegenüber einer Temp.-Veränderung der Erwärmungs- u. Abkühlungsmittel.
H. HOCHSTEIN. 6482□

**Röntgendiffraktometrische Bestimmung der Stärke dünner Überzüge auf Metallen.** K. P. Mamedow, I. Ch. Geller und K. M. Mechtijew. (Заводская Лаборатория [Betriebs-Lab.] **26.** 445—46. 1960. Phys. Inst. der Akad. der Wiss. der AserbaidshanSSR.) (Russ.)

Die Intensität von Interferenzlinien überzogener Metalle ist mit der Linienintensität unbedeckter Metalle durch die Beziehung $J = J_0 e^{-\mu_0 x}$; $x = 2 h/\sin \vartheta$ verbunden. ($\mu_0$ linearer Absorptions-Koeff. des Überzugs, h Stärke des Überzugs.) Vff. bestimmten $0{,}3-0{,}6 \cdot 10^{-4}$ cm starke Cd- u. Bi-Überzüge auf Al mittels Cu-$K_\alpha$-Strahlung (maximaler Fehler für Bi 8—10% in Abhängigkeit von der Schichtdicke). Die Meth. ist auch für nichtkristalline Überzüge geeignet. H. JÄGER. 6484□

**Die die Tiefziehfähigkeit von Stahlblech beeinflussenden Faktoren.** R. L. Whiteley. (Blast Furnace Steel Plant **48.** 1245—50. Dez. 1960. Bethlehem, Pa., Bethlehem Steel Co.) (Engl.) — Vgl. C. **1961.** 9187.

Von den die Ziehbarkeit von Stahlblech beeinflussenden Faktoren wird bes. die Anisotropie erörtert u. es wird dargelegt, daß zur Beurteilung der Eignung des Stahles für Tiefziehzwecke nicht nur seine Bildsamkeit, sondern auch seine Anisotropie von maßgebender Bedeutung ist. Die bessere Ziehbarkeit von mit Al beruhigten Stählen gegenüber unberuhigten Stählen wird auf den bedeutenden Unterschied in der mittleren Anisotropie dieser beiden Stahlarten zurückgeführt. So sind die Anisotropieverhältnisse der Ziehqualität beruhigter Stähle höher als die der Ziehqualität unberuhigter Stähle. — 12 Literaturangaben. H. HOCHSTEIN. 6490□

**Untersuchungen über die Tiefziehbarkeit von dünnen Stahlblechen bei erhöhter Temperatur.** F. Eisenkolb. (Blech **4.** 104—07. Nov. 1957. Dresden.) (Dt.)

Die Tiefziehbarkeit bei Temp. von 350—400° ist besser als bei Raum-Temp.; im dazwischenliegenden Temp.-Gebiet tritt eine Verschlechterung auf, die auf Blausprödigkeit zurückgeführt werden kann. M. GEHLEN-KELEN. 6490□

**Grundlagen der funkenerosiven Bearbeitung.** Gottfried Stute. (Elektrotechn. Z., Ausg. A. **82.** 301—06. 8/5. 1961. Frankfurt/M.) (Dt.) M. Gehlen-Keller. 6490□

**Die Eigenschaften der Funkenerosions-Stromkreise.** P. G. Farley. (Metal Treatment Drop Forging **26.** 405—20. Nov. 1959. Birmingham, Coll. of Advanced Technol., Dep. of Electr. Engng.) (Engl.)

Grundzüge von Wesen, Eigg. u. Erzeugung von elektr. Stromkreisen für Funkenerosion. — Diskussion. W. Wesly. 6490□

**Die Verringerung der Form-Abschreckzeit durch Trockeneis.** A. Hegarty. (Metalwork. Product. **104.** 899—900. 18/5. 1960. Ryan Aeronaut. Co.) (Engl.)

Durch Abkühlung des zur Abschreckung von warmfesten *Stählen* angewandten Gebläsewindes mittels Trockeneis auf 40 °F läßt sich die Abkühlzeit auf $^1/_{10}$ verringern W. Wesly. 6492□

**Entgiftung von Cyanidabwässern.** Rita Sietnieks. (Jernkontorets Ann. **144.** 329—37. 1960.) (Schwed.)

Man erhitzt die $CN^-$ enthaltenden, mit $(NH_4)_2SO_4$ versetzten Abwässer der Härtereien auf eine kurz unter dem Kp. liegende Temp., wodurch ohne ein Oxydationsmittel eine Zers. des $CN^-$ stattfindet. W. Wesly. 6492□

**Ein chemisches Behandlungsverfahren, um siliciumgedoptes Aluminium lötfähig zu machen.** Sheldon L. Matlow und Herbert J. Gould. (J. electrochem. Soc. **108.** 198—99. Febr. 1961. El Monte, Calif., Hoffman Electronics Corp.) (Engl.)

Vff. beschreiben ein einfaches chem. Tauch-Verf. zur direkten Abscheidung eines lötfähigen Metalls auf Al. Auf Si-Blättchen (n-leitend, 0,5 Ohm·cm) wird eine ca. $2{,}5 \cdot 10^{-3}$ mm starke Al-Schicht (99,999 %ig.) aufgedampft, nach Legierungs-Bldg. mit Hilfe von Standard-Verff. werden die Proben in einer wss. Lsg. mit 20 g/100 ml $CuSO_4 \cdot 5\,H_2O$ u. 1 ml 48 %ig. HF 5 Min. lang behandelt, gespült, getrocknet, in die methanol. Lsg. eines organ. Flußmittels u. dann in ein Sn–Pb-Lötbad (60/40) bei 200° getaucht. Belastungsproben an paarweise verbundenen Prüflingen zeigen, daß die Festigkeit der Lötverbindung abhängig ist von der Konz. an $CuSO_4$ u. HF sowie von der Behandlungsdauer. Bei längerer Lagerung, die, wenn erforderlich, in abs. $CH_3OH$ erfolgen soll, läßt die Festigkeit auch bei 15 Min. langer Behandlung nach. Zu schnelles Ätzen u. zu lange Behandlungszeiten sind zu vermeiden, da sonst die Al-Schicht entfernt wird u. auf der Si-Oberfläche keine Haftung des Lotes zu erreichen ist. P. Frenzel. 6504□

**Die Wahl der Hartlotlegierungen für Vakuumsysteme.** Walter Hack. (Materials Design. Engng. **52.** Nr. 1. 116—18. Juli 1960. Western Gold and Platinum Works.) (Engl.)

Auf Grund von 3 Eigg. (niedriger Dampfdruck der Bestandteile, Fähigkeit zum Benetzen u. Fließen, Abwesenheit von Verunreinigungen) sollen die Hartlot-Legg. für Vakuum-Syst. ausgewählt werden. Demgemäß eignen sich zum Aneinanderfügen von Stahl–Stahl: Cu-, von Ni–Ni: 72 (%) Ag–28 Cu-, von Cu–Cu: Ag–Cu-, Au–Cu-, Au–Cu–Ni-, von Cu–Ni: Ag–Cu-, Au–Cu-, Au–Cu–Ni-, von Glas–Fe–Co–Ni-Legg.: Au–Cu–Ni-, Au–Ni-, von rostfestem Stahl: 82 Au–18 Ni-; von Mo oder W: Au–Ni-, Au–Cu–Ni-Hartlötlegierungen. W. Wesly. 6504□

**Über die Kinetik der Oxydations-Reduktions-Reaktionen beim Schweißen.** A. A. Jerochin. (Известия Академии Наук СССР, Отделение Технических Наук, Металлургия и Топливо [Nachr. Akad. Wiss. UdSSR, Metallurg. Brennstoffe] **1960.** Nr. 1. 37—43. Jan./Febr.) (Russ.)

Die Oxydation des Metalles beim Schweißen wird in der Hauptsache durch die Versorgung der Schweiße mit $O_2$ begrenzt u. unterliegt in einer Reihe von Fällen den Gesetzen der Diffusionskinetik. Es besteht Grund zu der Annahme, daß die Oxydations-Geschw. des Elementes bis zu einem gewissen Geh. nur von dem Grad der $O_2$-Zufuhr abhängt. Unterhalb dieses krit. Geh. ist die Oxydations-Geschw. der Konz. des Elementes proportional. Beim Schweißen mit einem Überzug oder einem Flußmittel, das eine Fe-haltige Schlacke bildet, wird die Entw. der Oxydations-Rkk. durch den O-Vorrat in der Schlakkenphase bestimmt. Bei einer stark Fe-haltigen Schlacke (in hinreichender Menge) entspricht die O-Konz. im Metall dem Gleichgewicht mit der Schlacke, jedoch verbrennen die Metallbeimengungen auch beim Schweißen mit einem hochlegierten Draht fast vollständig (zu 100—80%). Im Falle eines gasbildenden Oxydationsmittels (Luft, $CO_2$) wird die O-Versorgung begrenzt durch die Geschw. der konvektiven Diffusion des Oxydationsmittels aus dem umgebenden Mittel u. durch die Weiterleitungsbedingungen durch die Schicht der auf der Metalloberfläche entstehenden Oxyde. Die O-Konz. im Schweißgut u. die Stärke der Oxydation der Beimengungen hängen stark von der Konz. des Oxydationsmittels in der Elektrode ab. Beim Schweißen mit handelsüblichen Marken von Überzügen oder Flußmitteln hängt die O-Versorgung auch von der Masse des Oxydationsmittels je Masseneinheit des umgeschmolzenen Metalls u. folglich vom spezif. Gew. des Überzuges ab. H. HOCHSTEIN. 6506☐

**Versuche mit der Sigma-Auftragsschweißung bei Verwendung von Argon-Schutzgas.** R. Nass und E. Brammertz. (Werkstatt u. Betrieb **93**. Nr. 2. 75—84. Febr. 1960. Stuttgart.) (Dt.)

Auf die Stähle *St 50* u. *52* u. Stahlguß *GS 52* können Cr enthaltende Schichten durch Auftragsschweißen aufgebracht werden; die Schichten sind durch höhere Festigkeit u. Härte u. teilweise bessere Verschleißfestigkeit gekennzeichnet. Korrosionsbeständigkeit setzt Zusatz von Werkstoffen mit mindestens 12,5 (%) Cr u. höchstens 0,5 C sowie geschliffene oder polierte Oberflächen voraus. Der Härteverlauf läßt sich durch Auftragen mehrerer Lagen mit verschiedenen Cr-Geh. beeinflussen. W. WESLY. 6506☐

**Untersuchung der Oberflächenverfestigung von Stahl durch Kugelbestrahlung mittels röntgenographischer Methoden.** J. S. Terminassow und J. G. Mjasnikow. (Freiberger Forschungsh., Reihe B Heft **50**. 113—22. Mai 1960. Leningrad.) (Dt.)

Nach der Meth. der FOURIER-Reihen u. der analyt. Meth. ist die Teilung der Effekte zweiter Art (Teilchenzerkleinerung u. Mikroverzerrungen des Gitters) bei Stahlarten *K 45NiCrMoV6* u. *K60SiMn7*, die einer Schrotstrahlbearbeitung unterzogen wurden durchgeführt worden. Es wird festgestellt, daß bei der Schrotbearbeitung ein Anwachsen der Mikroverzerrungen in der Oberflächenschicht der Stahlproben im Laufe der ersten beiden Min. u. eine Zerkleinerung der Kristallblöcke im Laufe von 4—5 Min. der Bearbeitungsdauer stattfinden, wonach die Blöcke die Größe von $2 \cdot 10^{-6}$ cm erreichen. Die Härteveränderung bei der Bearbeitungsdauer entspricht der Veränderung der Mikroverzerrungen. Für die untersuchten Stähle ist der Geschw.-Faktor des Schrotstroms für die Erhaltung des maximal möglichen Oberflächenverfestigungsgrads, der nach der Größe der Mikroverzerrungen bewertet wird, bestimmend. Die Bearbeitungsdauer spielt eine geringe Rolle. Bei der Abätzung der verfestigten Oberflächenschichten zeigt sich in einer Tiefe von ca. 250 $\mu$ die Ggw. einer Schicht, in der der Wert der Mikroverzerrungen um 25% kleiner ist als auf der Oberfläche im Ausgangszustand, was auf die bei der Schrotstrahlbearbeitung entsprechende Erwärmung zurückgeführt werden kann. Die Versetzungsdichte in der verfestigten Schicht beträgt $3 \cdot 10^{11}$ cm$^{-2}$. Diesen Wert muß man für die untere Grenze ihres möglichen Betrags halten. H. HOCHSTEIN. 6510☐

**Eigenschaften und Einsatzbedingungen von Stahldrahtkorn.** Werner Zieler und Peter Ulrich Schmithals. (Draht-Welt **47**. 297—307. April 1961. Dortmund.) (Dt.)

Überblick. — 14 Literaturangaben. M. GEHLEN-KELLER. 6510☐

**Die elektrophoretische Aufbringung von Überzügen bei der Herstellung von Elektronenröhrenerhitzern.** David Fishlock. (Metalwork. Product. **104**. 901—05. 18/5. 1960. Standard Telephones and Cables Ltd.) (Engl.)

Beschreibung der Aufbringung von metall., keram. oder metallkeram. Überzügen durch Elektrophorese, d. h. elektrolyt. Abscheidung aus Suspensionen oder Lösungen. W. WESLY. 6514☐

**Anwendung von asymmetrischem Wechselstrom bei der galvanischen Metallabscheidung (Kupfer–Nickel–Cadmium).** A. M. Oserow und I. N. Eremina. (Galvanotechnik **51**. 606—13. Dez. 1960.) (Dt.)

Untersucht wird der Einfl. von asymm. Wechselstrom bei der elektrolyt. Abscheidung von Cu, Ni u. Cd aus Sulfatbädern auf die Struktur u. Qualität der Niederschläge. Während beim Abscheiden von Cu u. Ni eine deutliche Verbesserung beobachtet wurde, konnte bei Cd kein Einfl. auf die Struktur des Nd. beobachtet werden. F. VIER. 6516☐

**Vermeiden gefährlicher Brüche durch neue massive Cadmiumschutzüberzüge.** Laurence W. Collins jun. (Machinery [New York] **66**. Nr. 12. 110—14. Aug. 1960.) (Engl.)

Beschrieben wird die Herst. von Cd-Überzügen auf Flugzeugteilen durch Aufdampfen im Vakuum, nachdem die Teile vorher durch Glühentladungen gereinigt sind. Die so hergestellten Überzüge haften fest auf der Unterlage u. schützen sie gegen H-Versprödung u. galvan. Korrosion. Sie sind bes. zum Schutz von hochbeanspruchten Stahlteilen geeignet. F. VIER. 6516☐

**Vorschläge für die Oberflächenbehandlung von Geschoßteilen aus Magnesium.** E. I. Weed. (Western Metalworking **19**. Nr. 1. 23—25. Jan. 1961. Pomona, Calif., General Dynamics Corp., Convair Div.) (Engl.)

Zum Schutz der Mg-Gußteile aus *AZ–91* wird eine *Dichromat*-Behandlung mit folgendem Doppelüberzug auf *Epoxyharz*-Basis empfohlen. Für Außenteile wird dann noch ein doppelter *Email–Lack*-Überzug aufgebracht. F. VIER. 6528☐

**Die Abscheidung von Titancarbidüberzügen auf Stahloberflächen.** W. Ruppert. (Metalloberfläche **14.** 193—98. Juli 1960. Frankfurt/M. u. Darmstadt, Metallges. A.G. u. TH.) (Dt.)

Die thermodynam. Grundlagen der Abscheidung von TiC-Überzügen auf Stahloberflächen durch Rk. von gasförmigen $TiCl_4$ mit flüchtigen KW-Stoffen werden erörtert u. die Freien Enthalpien u. Gleichgewichts-Konst. der Rk. berechnet. In Übereinstimmung mit den thermodynam. Ergebnissen wird TiC bei 930° in Form von gleichmäßigen u. in sich gut verwachsenen Überzügen auf Gußeisen u. Stahl abgeschieden, wie Verss. zeigen. Fe mit der Bldg. von flüchtigem $FeCl_2$ ist an der Rk. nur wenig beteiligt. Verunreinigungen in den Rk.-Gasen beeinflussen Farbe u. Glanz der TiC-Überzüge. Auf Cr- u. C-haltigen Stählen u. auf Gußeisen lassen sich bes. gut ausgebildete Überzüge abscheiden. — 29 Literaturangaben. F. VIER. 6528□

**Einige Eigenschaften der Werkstoffkombination Stahl mit Titancarbidüberzug.** H. Wiegand und W. Ruppert. (Metalloberfläche **14.** 229—35. Aug. 1960.) (Dt.) — Vgl. vorst. Referat.

Es wird über folgende Eigg. von auf Stahl aus der Gasphase abgeschiedenen *TiC*-Überzügen berichtet. Aussehen, chem. Verh., Gitter-Konst., Aufwachstexturen, Eigenspannungen, Bearbeitbarkeit, Gleiteigg., Aufwachszustand, Härte u. Oberflächenrauhigkeit. Die Überzüge wachsen ohne Bldg. einer größeren Diffusionsschicht auf Stahl u. Gußeisen auf. Der Graphit des Gußeisens beteiligt sich in fester Form an der Carbidbildung. Die Oberflächenrauhigkeit wird erhöht. F. VIER. 6528□

**Anodische Oxydation zur Herstellung dicker Aluminiumoxydschichten.** P. Lelong, R. Second und J. Hérenguel. (Rev. de l'Aluminium **37.** 67—75. Jan. 1960. Centre de Recherches d'Antony; Saint Denis, Soc. Procol.) (Franz.)

Überblick über die in Frankreich zur Herst. dicker $Al_2O_3$-Schichten (250 $\mu$) entwickelten anod. Verff., die mit sauren Salzen u. organ. Säuren u. bei erhöhter Temp. arbeiten. — 18 Literaturangaben. F. VIER. 6530□

**Untersuchungen über atmosphärische Korrosion.** 1. Mitt. Sandor P. Nagy. (Nehézvegyipari Kutató Intézet Közleményei [Mitt. Forsch.-Inst. chem. Schwerind.] **1.** 149—58. Juli 1958.) (Ung.)

Die Schutz-Wrkg. von Farbüberzügen auf Metallen kann durch beschleunigte Labor.-Meth. nicht befriedigend geklärt werden. Es müssen Aussetzstationen errichtet werden um die korrosive Wrkg. von klimat. Einfl. u. Industrieatmosphären zu untersuchen. N. SEILER. 6538□

**Chromate von Aminen und Chromsäureester als Inhibitoren der atmosphärischen Korrosion.** Ss. A. Ginzberg und A. W. Schreider. (Журнал Прикладной Химии [J. angew. Chem.] **33.** 1594—99. Juli 1960.) (Russ.)

Die Korrosionsverzögerung von *Stahl, Messing, Zn, Ni* u. *Mg*-Legg. durch Cyclohexylammonium u. Dicyclohexylammoniumchromat u. durch Chromsäure-Isoamyl- u. -äthylester wurde untersucht. Die starke Inhibitor-Wrkg. der Chromate läßt bes. Cyclohexylammoniumchromat als Korrosionsschutzmittel für Maschinen aus Stahl u. Buntmetallen geeignet erscheinen. H. JÄGER. 6538□

**Bewitterungsverhalten von Aluminium und Magnesium-Gußstücken in Sand- und Dauerformguß.** L. H. Adam und Marie Dougherty. (Proc. Amer. Soc. Testing Mater. **58.** 194—209. 1958. Philadelphia, Pa., Pitman Dunn Labor.) (Engl.)

In 25 Tabellen werden die Ergebnisse von Bewitterungs-Verss. bzgl. der Fließfestigkeit, Zugfestigkeit u. Dehnung von sand- u. dauerformgegossenem Al u. Mg nach 3jähriger Dauer. Im allg. nahm die Festigkeit nicht mehr als 5% ab. Die Duktilität veränderte sich dagegen bis zu 20%. F. VIER. 6538□

**Wirkung der Chlorverdünnung mit Stickstoff auf die Korrosion von Metallen bei hoher Temperatur.** Ch. L. Zeitlin und W. A. Strunkin. (Журнал Прикладной Химии [J. angew. Chem.] **31.** 1843—49. Dez. 1958. Woroschilow-Inst. für organ. Zwischenprodd. u. Farbstoffe.) (Russ.)

Eine starke Verdünnung von $Cl_2$ durch techn. $N_2$ erniedrigt stark die Korrosions-Geschw. von Al, Fe, Fe-Legg., Ta (in geringerem Grad), die von Cu (über 230°), Ni (über 600°), Pb (über 250°) u. erhöht mit Ausnahme von Al, verhältnismäßig wenig die maximale Temp. einer noch zufriedenstellenden Korrosionsbeständigkeit der Metalle. Eine Reinigung des techn. $N_2$ von $O_2$ erhöht die Aggressivität des $Cl_2$-haltigen Gasstroms. Es werden die Gründe für die Korrosionsbremsung bei Metallen durch Verdünnung von $Cl_2$ mit $N_2$ sowie die Meth. der Verringerung der Aggressivität der verschiedenen gasförmigen Korrosionsmittel erörtert. — 11 Literaturangaben. H. HOCHSTEIN. 6538□

**Reaktionsgeschwindigkeit der Korrosion von Eisen durch Schwefelwasserstoff und die Wirkung von Inhibitoren.** George S. Gardner. (Corrosion [Houston] **16.** 312t—318t. Juli 1960. Ambler, Pa., Amchem Products, Inc.) (Engl.)

Unterss. über die Geschw. der Rk. von Fe u. $H_2S$ in Abwesenheit von $O_2$ u. in Ggw. von NaCl-Lsg. mit u. ohne Ggw. von Öl bei 40 u. 80° führen zur Ermittlung des K-Werts u. zur Berechnung des Temp.-Koeffizienten. Eine Ölphase hat nur geringen Einfl. auf die Rk.-Geschwindigkeit. Entsprechende Unterss. in Ggw. von Korrosionsinhibitoren führt zu geraden Linien. Eine Abhängigkeit des Gewichtsverlusts von der Zeit liegt kaum vor, wenn die Inhibitor-Konz. 50 mg/Liter beträgt. W. WESLY.6538□

**Komplexe Untersuchung der Prozesse der Korrosionsrißbildung.** N. D. Tomaschow, L. A. Andrejew und N. I. Issajew. (Заводская Лаборатория [Betriebs-Lab.] **25.** 1200—03. 1959. Inst. für physik. Chem. der Akad. der Wiss. der UdSSR.) (Russ.)

Eine direkte Beobachtung über das Verh. der während einer korrosiven Rißbldg. entstehenden u. sich ausdehnenden mkr. Risse sowie eine Unters. der Kinetik ihrer Ausdehnung u. des Charakters ihrer Fortpflanzung von der Oberfläche in das Metallinnere sind von großem theoret. Interesse u. führen zur Entw. einer Meth. u. Vorr. zur gleichzeitigen mkr. u. elektrochem. Unters. der Prozesse der Korrosionsrißbildung. Wirkungsweise u. Schaltschema dieser Prüfvorr. werden beschrieben; es wird hierbei bes. auf deren Meß- u. Registrier-App. hingewiesen. An der Leg. MA 2 durchgeführte Messungen über die Änderung des elektrochem. Potentials im Zusammenhang mit dem Auftreten der Risse u. ihrer Weiterentw. bestätigen den elektrochem. Oxydhaut-Mechanismus der Korrosionsrißbildung. Es wird nachgewiesen, daß während der Riß-Entw. neben dem mechan. Faktor die lokalen Mikroelemente eine große Rolle spielen, welche sich beim Riß des natürlichen, im Unters.-Elektrolyten beständigen Oxydhäutchens bilden. H. HOCHSTEIN. 6538□

**Einwirkung der Zusammensetzung und Wärmebehandlung auf die Spannungskorrosionsrisse von austenitischen, rostfreien Stählen.** E. E. Denhard jun. (Corrosion Houston **16.** 359t—369t. Juli 1960. Baltimore, Md., Armco Steel Corp.) (Engl.)

Eine beschleunigte (Zug)Spannungskorrosionsprüfung von austenit., rostfreien Stählen wird durch Einw. der Lsg. u. des Dampfes einer sd. 42 % ig. $MgCl_2$-Lsg. ausgeführt. Von den rostfreien Stählen ist Typ *314* rißfester als *304*, *316* u. *347*. Die Rißfestigkeit steigt mit den Geh. an Ni u. Si; sie wird nicht beeinflußt durch die Geh. an C, N, Mn u. Cr innerhalb der üblichen Grenzen. Die Rißfestigkeit wird etwas durch einen Oxydfilm gesteigert. Änderungen der Wärmebehandlung u. Oberflächenbedingungen beeinflussen die Rißanfälligkeit nur wenig. — 15 Literaturangaben. W. WESLY. 6538□

**Spannungskorrosion von Stählen für Flugzeuge und Raketen.** E. H. Phelps und A. W. Loginow. (Corrosion [Houston] **16.** 325t—335t. Juli 1960. Monroeville, Pa., U.S. Steel Corp., Appl. Res. Labor., Chem.-Metallurgy Div.) (Engl.)

An legierten u. rostfreien Stählen ausgeführte atmosphär. Spannungskorrosions (SK)-Prüfungen zeigen, daß durch Wärmebehandlung gehärtete hochfeste Stähle u. manche Nichteisen-Legg. unter gewissen Bedingungen für atmosphär. SK-Risse anfällig sind. Durch Tempern $>1100°$F werden diese Werkstoffe gegen SK beständig. Durch Kaltbearbeitung zu hoher Festigkeit gehärtete austenit., rostfreie Stähle sind nicht für SK anfällig. Gegenüber Stahl anod. Schutzüberzüge verhindern SK. Die Gefügemerkmale der SK-Risse werden erörtert. W. WESLY. 6538□

**Über den Einfluß von Bleizusätzen auf die Korrosionsfestigkeit von Elektrolytzink.** I. Je. Titowa und T. Chamaganowa. (Журнал Прикладной Химии [J. angew. Chem.] **33.** 1591—94. Juli 1960. Ural. Gorki-Univ.) (Russ.)

Der Einfl. von 0,08—1,35% Pb auf die Korrosionsfestigkeit von Elektrolytzink wurde untersucht. Pb erhöht im bas. u. sauren Medium die Korrosionsfestigkeit. Eine maximale Festigkeit besitzt das eutekt. Gemisch mit 0,5—0,7% Pb.
H. JÄGER. 6538□

**Ein Gesichtspunkt bei der Korrosion von weichem Stahl durch Verbrennungsgase.** T. K. Ross, A. J. Macnab und B. E. Leyland. (J. Inst. Fuel **33.** 540—42. 1 Tafel. Nov. 1960. Manchester, Coll. of Sci. and Technol.; Massachusetts Inst. of Technol.; Carrington, Shell Chem. Comp.) (Engl.)

Es wird die Kurzzeit-Korrosion von weichem Stahl durch $SO_2$ in reduzierender Atmosphäre oberhalb des Taupunkts untersucht. Dabei wird ein Vgl. mit Korrosionen in Ggw. von $O_2$ angestellt. Temp. u. Konz. beeinflussen beide quant. die Korrosions-Geschw., u. zwar mit der Quadratwurzel der $SO_2$-Konzentration. In Mischungen von $SO_2$ u. $N_2$ schreitet die Korrosion nahezu mit der 3. Potenz der Temp. fort, wogegen in Ggw. von $H_2$ diese Beziehung auf etwa die 5. Potenz der Temp. ansteigt.
H. SCHÖBERL. 6538□

**Korrosionsprobleme durch Verbrennungsrückstände bei Schwerölen.** Erwin O. Genzsch. (Keram. Z. **12.** 686—87. Dez. 1960. Darmstadt.) (Dt.)

Überblick über die Erfahrungen in den USA u. über die Forschungsergebnisse zur Verhütung von Korrosionen in Kesselanlagen u. verschiedene Meth. zur Verhütung der Korrosion. F. ROSENDAHL. 6538□

**Erfahrungen über die durch das Nagylengyeler vanadinhaltige Heizöl verursachte Korrosion.** Gyula Bácskai und Emil Maleczki. (Nehézvegyipari Kutató Intézet Közleményei [Mitt. Forsch.-Inst. chem. Schwerind.] **1.** 137—47. Juli 1958.) (Ung.)

Es wurde festgestellt, daß V-haltiges Heizöl allein verwendet sowohl an den Metallkonstruktionen als auch an den feuerfesten Stoffen Korrosion verursacht, während das gleiche Öl, in kohlebeheizten Kesseln als Zusatzbrennstoff verwendet, keine Korrosion hervorrief. Es wird vermutet, daß das in der Kohlenasche vorhandene *Ca* das V als *Ca-Pentavanadat* bindet. — 16 Literaturangaben. N. SEILER. 6538□

**Herabsetzung der Korrosionsgeschwindigkeit in einer Raffinerie unter jährlich 0,005'' durch Aufbereitung des Kühlwassers mit Chromat.** William A. Hess. (Corrosion [Houston] **16.** 18. 20. 21. Juli 1960. Cleveland, Ohio, Standard Oil Co. of Ohio.) (Engl.)

Die Aggressivität eines 30,8° deutsche Härte u. bis 4 mg/Liter $H_2S$ enthaltenden Kühlwassers auf die Fe- bzw. Messingkupons in einer Ölraffinerie wurde durch einen Zusatz von 15—20 mg/Liter $CrO_4^{2-}$ im Kreislaufwasser, dessen Eindickung 2,46 betrug, bekämpft. Der Verlust wurde durch Brunnenwasserzusatz ausgeglichen. Nach 2 Tagen ließ sich auf den Metalloberflächen ein Schutzfilm erkennen. Die Korrosions-Geschw. betrug ca. 0,001''/Jahr. Vorher wurde das Kühlwasser mit 8—12 mg/Liter Metaphosphat behandelt; das Kreislaufwasser zeigte 1,7fache Eindickung. Ein Ersatz der Messing- durch Stahlrohre verminderte die bis dahin erhebliche Korrosions-Geschw. auf 0,005''/Jahr. Die durch Umwandlung von Meta- in Orthophosphat verursachte $Ca_3(PO_4)_2$-Ausscheidung führte dazu, das Verf. zu verlassen. W. WESLY. 6538□

**Über die Korrosionselemente zwischen Silumin und Gußeisen in Kühlwasser.** Gerhard Schikorr. (Z. Metallkunde **50.** 590—95. Okt. 1960. Stuttgart, Chem. Landesuntersuchungsanstalt.) (Dt.)

Die Unters. des Potentials von Silumin u. Gußeisen in W. ergab, daß bei Raumtemp. Silumin edler ist, sich jedoch mit steigender Temp. verunedelt u. oberhalb 60° bis 500 mV unedler als Gußeisen wird. Wird der Zutritt von $O_2$ verhindert, so ist Silumin auch bei Raumtemp. unedler als Gußeisen. Eine starke Erhöhung der Durchlässigkeit der Oxydschicht auf dem Silumin führt dazu, daß $>80°$ Silumin auch in Ggw. von $O_2$ sehr unedel ist. Die Korrosion geht im wesentlichen unter $O_2$-Verbrauch vor sich. Durch Verhinderung des $O_2$-Zutritts kann sie auf $^1/_4$ herabgesetzt, durch Verstärkung dagegen verdreifacht werden. Daneben wurde auch eine geringe Korrosion unter $H_2$-Entw. festgestellt. F. VIER. 6538□

**Auftretende Korrosionserscheinungen an Aluminium-Halbzeug während des Transportes und der Lagerung in Magazinräumen.** H. Greutert. (Aluminium Suisse **10.** 277—82. Nov. 1960. Aluminium Preß- u. Walzwerk Münchenstein Akt.-Ges.) (Dt. u. Franz.)

Beschrieben werden Reibungskorrosionsschäden, Schwitzwasserkorrosion u. Korrosionsschäden infolge schlechter Lagerhaltung. F. VIER. 6538□

**Über die Verhütung der Korrosion von Metallgegenständen während Transport und Lagerung.** 4. Mitt. **Erfahrungen der Transportversuche.** Ferenc Kuhár. (Nehézvegyipari Kutató Intézet Közleményei [Mitt. Forsch.-Inst. chem. Schwerind.] **1.** 171—74. Juli 1958.) (Ung.)

Es wurde die Zuverlässigkeit der Labor.-Prüfverff. im prakt. Dienst erwiesen. Für die Kontrolle der Korrosionsschutzmittel werden verschiedene Schnellprüf-Verff. empfohlen, u. es wird auf die beim Transport sich ergebenden Schädigungsmöglichkeiten hingewiesen. N. SEILER. 6540□

**Einfluß von Silicium im Gußeisen auf den korrodierenden Abrieb.** R. Graham, O. S. Prado, M. H. Collins, E. A. Brandes und H. K. Farmery. (Foundry Trade J. **108.** 805—11. 30/6. 1960. Diskussion **110.** 299—308. 9/3. 1961. Thornton, Shell Res. Ltd. u. Stoke Poges Fulmer Res. Inst., Courtaulds Ltd.) (Engl.)

Ermittelt werden die Gewichtsverluste bei der Korrosion von Graugußproben mit Si-Geh. bis über 4% bei jedoch annähernd gleichem perlit. Grundgefüge durch den Angriff von $H_2SO_4$, DIESEL-Brennstoff mit hohem oder niedrigem S-Geh. sowie durch Verbrennungsgase einer Kesselfeuerung. Die Vers.-Ergebnisse zeigen, daß die gewünschte Korrosionsbeständigkeit durch Einstellung eines niedrigen Si-Geh., der nicht über 1%, zweckmäßig darunter liegen soll, gewährleistet wird. H. HOCHSTEIN. 6546□

**Einfluß von Eisen auf die Abschleifbarkeit von einigen Druckguß-Leichtlegierungen.** G. Bedeschi und D. Gualandi. (Ist. sperim. Metalli leggeri, Mem. Rapp. [10] Nr. **249.** 3—11. 1960. Novara, Ist. Sperim. Metalli Leggeri, Div. Ric.) (Ital.)

Die den Verschleiß beeinflussenden Faktoren, Kontroll-Meth. der Abschleifbarkeit (AS), Vorbereitung des Probematerials, analyt. Kontrolle, AS-Verss. u. metallograph. Betrachtungen (Tabellen u. Mikrogefügeaufnahmen) werden beschrieben. Ein Fe-Geh. von 0,2—1,2% verändert in Legg. der *Al–Si–Cu*-Gruppe mit hohem *Si*-Geh. (8,5%) kaum das Verh. bzgl. des Verschleißes von Schneide- u. Bearbeitungswerkzeugen, ebenso bleibt die AS in Legg. der *Al–Mg*-Gruppe mit einem Fe-Geh. bis 1,2% in erträglichen Grenzen. G. PLATZER. 6546□

**Sklerometer zur Beurteilung der mechanischen Eigenschaften der Oberflächenschichten von Metallen und Legierungen.** M. M. Tenenbaum. (Заводская Лаборатория [Betriebs-Lab.] **26.** 236—38. 1960. Allunions Forsch.- u. Technolog. Projektierungs-Inst. für den Kohle-Maschinenbau.) (Russ.)

Für die Beurteilung der Verschleißfestigkeit von Metallen u. Legg. unter den Betriebsbedingungen von Maschinenteilen, bei denen die Werkstoffoberfläche einer Schlag-Einw. von Schmirgelteilchen oder eines Gegenstücks ausgesetzt ist, kann man als Kennzahl $A_r$ (Arbeit beim Ritzen) verwenden. Für die Durchführung von Unterss. nach dieser Meth. wird ein Sklerometer *ST-4* entwickelt, das ein Miniatur-Schlagpendel ist. Der Aufbau u. die Handhabe dieses Sklerometers werden beschrieben; durch Verss. wird gefunden, daß die Meßgenauigkeit auf der Vorr. nicht unter $\pm$ 1 g·cm liegt. Mit der Vorr. werden Verss. an reinen Metallen, an Stählen, Hartmetallen u. Mineralien durchgeführt. Die Unters.-Ergebnisse zeigen, daß die mit der Vorr. bestimmte Kennzahl $A_r$ von der Härte des Prüflings wesentlich verschieden ist u. den Einfl. der chem. Zus. u. des Materialzustands auf verschiedene mechan. Eigg. der Oberflächenschicht zu untersuchen, gestattet. H. HOCHSTEIN. 6546□

---

Comp. de Raffinage Shell Berre, Frankreich (Erfinder: Louis Robert Laurent und Maurice Robert Chican), **Sintern von Erzen,** bes. von *Fe*-Erzen, ggf. von *Flugstäuben* nach vorangegangener Pelletisierung. Für die Pelletisiernng wird *Bitumenasphalt* als Bindemittel verwendet, das bei der Sinterung als Brennstoff wirkt. Die Sinterung wird z. B. auf einem Rost durchgeführt, auf dem die Pellets durch eine Flamme entzündet u. die weitere Verbrennung durch Hindurchsaugen von Verbrennungsluft aufrechterhalten wird. Es fällt ein poröser Sinter an, der leicht in für den Hochofen geeignete Stückgrößen gebrochen werden kann. (**F. P. 1 218 120** vom 6/2. 1959, ausg. 9/5. 1960.) M. NECKERMANN. 6379

Charlton Adel Taylor, V.St.A., **Direkte Reduktion oxydischer Erze,** z. B. *Magnetit,* erfolgt durch $H_2$ in senkrechtem Rk.-Raum, wobei dessen Temp. abwärts bis zu unterhalb der Sinter-Temp. des Metalloxyds liegendem Wert wächst. Die Temp. wird gesteuert durch Einleiten entweder von $H_2$ u. Verbrennungsluft oder von abgekühltem Gas längs der Rk.-Zone. In sie werden zerkleinerte Erzteilchen eingebracht, die dem Gasstrom entgegen absinken. Der eingeführte $H_2$ ist mindestens ausreichend zur vollständigen Red. des Metalloxyds. Die erzeugten Metallteilchen, bes. *Fe-Schwamm,* werden in nichtoxydierender Atmosphäre abgekühlt, damit sie der Feinheit des Erzes entsprechen. Bevorzugte Bedingungen sind: Temp.-Spanne längs der Rk.-Zone 250—850°, $H_2$-Einw. auf Erz schon vor seinem Einbringen, Abzug gebrauchten Gases am Zonenfuß, wo die Temp. auf 860—1000° ansteigt; Einführen von Verbrennungsluft u. $H_2$ in die Zone mit über Zonen-Temp. erhöhter Temp.; zur Erwärmung der Zone wird Mischung von ca. 75% $H_2$ auf 25% $N_2$ angewendet. — Vgl. Aust. P. 211 241; C. **1960.** 4665. — Zeichnungen. (**F. P. 1 154 494** vom 31/5. 1956, ausg. 10/4. 1958. A. Prior. 1/6. 1955.) K. ACHENBACH. 6381

Union Carbide Corp., New York, N.Y., V.St.A., **Verminderung des S- und C-Gehalts von S-haltigen, hochgekohlten Metallen oder Legierungen,** wobei mit dem betreffenden Metall oder der Leg. ein Metall, welches imstande ist, eine flüchtige S-Verb. zu bilden, gemischt, u. diese Mischung im Vakuum auf eine Temp. unterhalb des F. des sulfidbildenden Metalls erhitzt wird, wobei das gebildete Metallsulfid entweicht, dad. gek., daß *Sn* mit einem *Oxydationsmittel,* z. B. Chromerz gemischt, u. diese Mischung dem S-haltigen, hochgekohlten Metall oder Leg. in einer solchen Menge beigegeben wird, die zur Rk. mit dem gesamten S ausreicht. Bes. wird das Verf. bei der Herst. von *Ferrochrom* angewendet. — Vgl. F. P. 1 181 356; C. **1960.** 10750. (**Oe. P. 205 530** vom 16/8. 1957, ausg. 10/10. 1959. A. Prior. 24/8. 1956.) H. HOCHSTEIN. 6381

Soc. d'Électro-Chimie, d'Électro-Métallurgie et des Aciéries Électriques d'Ugine, Paris, Frankreich, **Metallblöcke mit glatter Oberfläche und gutem**

**Feingefüge** werden mit Hilfe einer gegenüber dem Gießgut prakt. inakt. Schlacke, die nach dem Gießen noch fl. ist u. erhöhte Grenzflächenspannung besitzt, hergestellt. Die Schlacke wird stark überhitzt u. mit dieser die Blockform gefüllt, sodann das Gießgut nachgegossen. Die Schlacke schwimmt in der Blockform auf u. wird in dem Maße aus dieser verdrängt, wie das Gießgut die Form füllt. Die überfließende Schlacke wird zur Wiederverwendung, vorzugsweise in noch fl. Zustand, gesammelt. Zum Gießen wird bevorzugt eine um die Schnauze kippbare Pfanne verwendet. Desoxydierte u. entschwefelte Stahlblöcke erhält man unter Verw. einer Schlacke, deren Anteil an CaO + MgO + $^3/_4$ $Al_2O_3$ 60 oder mehr % beträgt. Unter dem Schutz von Schlacke kann man auch Verbundblöcke aus zwei oder mehreren Metallen herstellen, indem das Verbundgut durch die Schlacke hindurch auf heißes oder schmelzfl. Metall aufgegossen, die Schlacke hierdurch verdrängt u. der Verbundkörper, vorzugsweise unter einer Schlackenschicht, erstarren gelassen wird. — Vgl. F. PP. 1 128 682 u. 67 979; C. **1960.** 12835. (**Belg. PP. 549 219** vom 2/7. 1956, ausg. 20/11. 1959. F. Prior. 5/7. 1955, **549 445** [Zusatz-Pat.] vom 10/7. 1956, ausg. 20/11. 1959. F. Prior. 13/7. 1955, **552 707** vom 17/11. 1956, ausg. 15/1. 1960. F. Prior. 18/11. 1955 u. **552 708** vom 17/11. 1956, ausg. 15/1. 1960. F. Prior. 19/11. 1955.) W. SCHWARZMAIER. 6383

Inland Steel Co., Chikago, Ill., V.St.A., **Reduktion von Eisenoxyderzen mittels CO.** Das zerkleinerte Erz wird kontinuierlich in einer Red.-Kammer mit einem reduzierenden Gas behandelt. Dabei soll der Geh. an $CO_2$ des abgezogenen reduzierenden Gases nicht mehr als 10%, vorzugsweise 5% betragen, um eine optimale Red. zu erzielen. Das entstandene Fe wird zusammen mit unvollkommen red. Erz in einer Schmelzkammer bei einer konst. Temp. geschmolzen u. von der Gangart getrennt, während diese mit festem C weiter red. wird. — Vgl. A. P. 2 889 219; C. **1960.** 11102. (**Oe. P. 207 866** vom 28/12. 1957, ausg. 10/3. 1960. **E. P. 823 493** vom 20/12. 1957, ausg. 11/11. 1959. Beide A. Prior. 28/12. 1956.) G. FRIKELL. 6391

Diamond Alkali Co. (Erfinder: Norman P. Goss), **Herstellung von schwefelarmem Eisen.** Geschmolzenes Roheisen wird in turbulenter spiralförmiger Bewegung, z. B. mittels einer Drehtrommel, mit NaOH gemischt, in Form kleiner Tropfen zu einem Sammelbehälter geführt u. hier von der Schlacke getrennt. Durch die Behandlung findet gleichzeitig eine Red. des *Si*-Geh. statt. — Zeichnung. — Vgl. A. P. 2 866 703; C. **1960.** 9371. (**Aust. P. 218 092** vom 27/5. 1957, ausg. 20/11. 1958. A. Prior. 28/5. 1956.) C. LÜTTGEN. 6401

Centre National de Recherches Métallurgiques, Lüttich, Belgien, **Herstellung von Stahl in einem Drehofen,** dad. gek., daß während des Frischens die Außenwand des Ofens in dem Teil, der sich oberhalb des normalen Badspiegels befindet, kontinuierlich gekühlt wird. Bes. leitet man zu diesem Zweck durch einen Zwischenraum zwischen der Außenwand u. der Ofenauskleidung einen Kühlluftstrom hindurch. (**Belg. P. 565 511** vom 7/3. 1958, ausg. 15/7. 1960.) H. HOCHSTEIN. 6409

Council of Scientific & Industrial Research, Delhi (Erfinder: Bal Raj Nijhawan, Prabhakar Krishna Gupte, Surendra Sahai Bhatnagar und Bijoy Kumar Guha, Jamshedpur), Indien, **Nichtrostender Stahl und Verfahren zu seiner Herstellung.** Der nichtrostende Stahl mit guter Tiefziehfähigkeit, hoher Korrosionsbeständigkeit u. geringer magnet. Permeabilität besteht aus 20—22 (%) *Cr*, 12,0—14,0 *Mn*, 0,5—1,0 *N*, Rest *Fe* mit den üblichen Verunreinigungen. Der Stahl kann ferner noch bis 0,10 *C* sowie 0,8—1,2 *Cu* enthalten. Bei seiner Herst. werden als Rohmaterialien niedriggekohltes Ferrochrom mit oder ohne N, nitriertes elektrolyt. Mn, nitriertes Cr, Cu, Ferrosilicium u. Stahlschrott (Flußstahlschrott, reiner Cr-Stahlschrott oder Cr–Mn-Stahlschrott) verwendet. (**E. P. 833 308** vom 18/4. 1958, ausg. 21/4. 1960. Ind. Prior. 12/10. 1957. **F. P. 1 208 393** vom 9/6. 1958, ausg. 23/2. 1960. E. Prior. 30/12. 1957.) H. HOCHSTEIN. 6411

Deutsche Edelstahlwerke Akt.-Ges., Krefeld (Erfinder: Fritz Frehn und Günter Stempel, Dortmund-Aplerbeck), **Verwendung eines austenitischen Co–Ni-Stahls** mit weniger als 0,1 (%) C, 0,05 bis weniger als 0,25 *B*, 16,0—20,0 *Cr*, 8,0—13,0 *Ni*, ggf. bis zu 4% eines oder mehrerer der Elemente *Mo*, *Nb*, *Ta*, *Si*, Rest *Fe* mit den üblichen Verunreinigungen in Form von nach üblichen Meth., z. B. nach dem Verdüsungs-Verf., erzeugtem Pulver als **Werkstoff für gesinterte poröse Gegenstände,** die im gesinterten Zustand spanlos verformt werden müssen, ggf. geschweißt werden, u. hohe Festigkeit u. Korrosionsbeständigkeit aufweisen müssen u. bes. für Filterzwecke verwendet werden. Zweckmäßig besteht der zu diesen Zweck zu verwendende Stahl aus 0,05 C, 18 Cr, 10 Ni, 2 Mo, 2 Si, Rest Fe mit den üblichen Verunreinigungen. (**D. A. S. 1 089 792** Kl. 18d vom 8/2. 1957, ausg. 29/9. 1960.) H. HOCHSTEIN. 6411

Beteiligungs- und Patentverwaltungsgesellschaft m. b. H. (Erfinder: Hermann Fahlenbrach), Essen, **Herstellen dauermagnetischer Halbzeuge, wie Bänder oder Drähte, aus teilweise austenitischen Eisen-Kobalt-Legierungen.** Solche Legg. mit V- u. Cr-Geh., wobei um mehr als 90% Querschnittsabnahme in mehreren Stufen kaltgewalzt, werden die Temp. unter 60°, bes. unter 30°, gehalten wird. Abschließend wird bei 450—600° heterogenisierend geglüht. Vorgeschlagen wird an *Fe-Co*-Legg. mit 45—55 (%) *Co*; bis 20 *V*; bis 15 *Cr* oder 52,5—53,5 Co, 8—8,5 V; 3—3,5 Cr; oder 51,5—52,5 Co, 12,5—13,5 V; Rest *Fe*. (**D. A. S. 1 084 033** Kl. 40d vom 31/8. 1955, ausg. 23/6. 1960.) GOTTFRIED SCHMIDT. 6435

Vereinigte Aluminium-Werke Akt.-Ges., Bonn (Erfinder: Heinrich Neunzig, Gindorf, und Wolfgang Nies, Grevenbroich), **Gegenstände aus Aluminium, auf denen sich hochglänzende Oberflächen erzeugen lassen.** Zur Herst. werden Al-Gußstücke verwendet mit *Fe*-Geh. unter 0,06%, die 10—30° unter der Solidus-Temp. rekristallisierend geglüht werden. — Vgl. F. P. 1 163 455; C. **1960.** 7672. (**D. A. S. 1 038 292** Kl. 40d vom 16/11. 1955, ausg. 4/9. 1958.) GOTTFRIED SCHMIDT. 6447

Imperial Chemical Industries Ltd., London, England, **Herstellung von Titan** mit niedrigem H-Geh. durch Red. von $TiCl_4$ mit *Na* in inerter Atmosphäre in Ggw. niedriger Ti-Chloride u. durch Laugen des Rk.-Prod. in einer wss. Lsg. aus *Mineralsäure* u. entweder nach E. P. 788 308 einem lösl. *Formiat* u./oder *Oxalat* (z. B. 0,5—2%) oder nach E. P. 788 309 einem lösl. *Phosphit*, z. B. 0,5—3% $Na_2PO_3$. — Vgl. A. P. 2 816 020; C. **1961.** 9192. (**E. PP. 788 308** vom 4/7. 1955 u. **788 309** vom 11/8. 1955, beide ausg. 23/12. 1957.) K. BAYER. 6449

Ciba Akt.-Ges., Basel (Erfinder: Kurt Huber und Ernst Jost, Bern), Schweiz, **Gewinnung von Niob durch Schmelzflußelektrolyse**, bes. in einer durch ein Diaphragma oder eine Scheidewand in einen Anoden- u. Kathodenraum abgeteilten Zelle, dad. gek., daß in eine O-freie Schmelze aus Alkalichloriden, z. B. einer eutekt. Mischung aus *NaCl* u. *KCl*, ein weniger als 4wertiger Nb-Chlorid, bes. $NbCl_3$, eingebracht u. diese Schmelze elektrolysiert wird. — Vorrichtung. (**D. A. S. 1 092 217** Kl. 40c vom 4/9. 1958, ausg. 3/11. 1960. Schwz. Prior. 17/9. 1957.) K. BAYER. 6449

Union Carbide Corp., New York, N.Y., V.St.A., **Erhöhung der katalytischen Aktivität von Legierungen,** dad. gek., daß die Ausgangsmaterialien als Metalle oder metall. Verbb., wie Oxyde, vor dem Legieren einer Bestrahlung von 100—400 Mega-r pro g in wss. Lsg. ausgesetzt werden. (**E. P. 832 484** vom 8/11. 1955, ausg. 13/4. 1960. A. Prior. 17/11. 1954.) C. GÖTZE. 6471

Reinhard Straumann und Fritz Straumann, Schweiz, **Legierung für Uhrenteile und Apparate und Instrumente mit Dämpfungsneigung** aus mindestens einem Element der dritten Reihe der VIII. Gruppe des Period. Syst., mindestens einem Element der Nebengruppe der VI. Gruppe des Period. Syst. mit einem Atomgewicht zwischen 52 u. 184 u. ggf. aus einem oder mehreren der Elemente *Be, Ti, Mn, Si, V, Cu, Al, Ta* u. *Nb* sowie den üblichen Verunreinigungen, dad. gek., daß sie höchstens 0,05% C enthält. Diese Legg. mit sehr geringem C-Geh. sind nichtrostend, leicht bearbeitbar u. nur in geringem Maße brüchig. — Vgl. Schwz. P. 332 571; C. **1960.** 8337. (**F. P. 1 167 028** vom 20/8. 1954, ausg. 19/11. 1958. Schwz. Prior. 26/8. 1953.) H. HOCHSTEIN. 6471

Continental Titanium Metals Corp. Soc. An., Luxemburg (Erfinder: Karl Bungardt und Karl-Heinz Lange, Krefeld), **Aufplattieren von Titan und Titanlegierungen auf einen Grundwerkstoff auf Eisen oder Stahl,** dad. gek., daß ein Grundwerkstoff verwendet wird, der Elemente enthält, die infolge einer größeren Affinität zum C u./oder N als beim Fe die Diffusion von C u./oder N aus dem Grundwerkstoff in die Plattierschicht hemmen oder verhindern, z. B. *Ti, Ta, Nb, Zr, V, W, Mo, Cr, B* oder *Al*. So kann ein Zusatz von Ti in der 4—5fachen Menge des im Fe vorhandenen C oder bis 4 (%) Mn, bis 2 Si u. bis 3 Cu u. bei einem Geh. an Cu ggf. ein Zusatz von bis 1 Ni verwendet werden. (**D. A. S. 1 064 314** Kl. 48b vom 4/8. 1954, ausg. 27/8. 1959.) F. VIER. 6479

Gardner-Denver Co., Denver, Colo., V.St.A., **Aufkohlung einer Schmiedestange mit einer achsialen Bohrung aus einer Stahllegierung** mit 0,17—0,22 (%) C, 0,45—0,65 *Mn*, 0,040 *P*, 0,040 *S*, 0,20—0,35 *Si*, 1,65—2,00 *Ni*, 0,40—0,60 *Cr*, 0,20 bis 0,30 *Mo*, Rest *Fe*, dad. gek., daß die Bohrung mit bei Raumtemp. festen, kleinen Teilchen eines Aufkohlungsmittels, z. B. Holzkohle, Koks oder KCN, gefüllt u. an ihren Enden verschlossen u. dicht versiegelt wird, worauf die Stange hängend in einem fl. Aufkohlungsmittel auf die Aufkohlungs-Temp. erhitzt u. nach der Aufkohlung schroff durch alleinige Berührung der äußeren Oberfläche der Stange mit der Abschreck-Fl. abgekühlt wird, während die Abdichtung der Bohrung aufrechterhalten bleibt. — Abbildung. (**Belg. P. 563 522** vom 24/12. 1957, ausg. 17/6. 1960. A. Prior. 27/8. 1957.) H. HOCHSTEIN. 6493

VEB Glashütter Uhrenbetriebe, Glashütte/Sa. (Erfinder: Alfred Beck, Dresden), **Herstellen selbstkompensierender Unruhspiralfedern aus Ni–Fe-Legierungen,** die durch Lösungsglühen, Abschrecken u. Ausscheidungshärten vergütet werden, dad. gek., daß nur die Oberfläche des Federbandes mit den aushärtenden Metallkomponenten, z. B. *Mo, Ti, Be,* durch therm. Zers. der flüchtigen Metall-Verb. u. Diffusionsglühen angereichert wird. — Vgl. F. P. 1 141 169; C. **1960.** 10054. (**D. A. S. 1 077 027** Kl. 48b vom 29/12. 1955, ausg. 3/3. 1960.) GOTTFRIED SCHMIDT. 6493

Soc. An. Cockerill-Ougree, Seraing, Belgien, **Herstellung von Warmwalzen** durch Wärmebehandlung eines Walzenkörpers aus einem *Stahl* mit 0,8—1% *C* u. unter 5% eines anderen Leg.-Elementes, dad. gek., daß die Walze zunächst bei 975° homogenisiert, darauf beim Durchschreiten des Temp.-Bereiches zwischen 900 u. 1000° langsam abgekühlt, erneut bei 800—900° mit nachfolgender langsamer Abkühlung geglüht u. schließlich einer dritten Glühung von 8—48 Std. Dauer bei Temp. zwischen 625 u. 715° unterworfen wird. Zweckmäßig wird dem Walzenstahl bei seiner Herst. zur Erzielung eines feinen austenit. Kornes *Ti* oder *Al,* z. B. in Form eines aus 49,8 (%) Si, 21,6 Al u. 28 Ca bestehenden Zusatzmittels zugesetzt. (**Belg. P. 566 776** vom 14/4. 1958, ausg. 12/8. 1960. **E. P. 834 973** vom 8/5. 1958, ausg. 18/5. 1960. Beide Luxemburg. Prior. 9/8. 1957.) H. HOCHSTEIN. 6493

Siemens-Planiawerke Akt.-Ges. für Kohlefabrikate, Meitingen, **Herstellung von Aluminiumüberzügen auf einem Grundmetall oder von gepulverten Aluminiumlegierungen** durch Behandeln der zu überziehenden Metalloberfläche, z. B. aus Fe, Ni oder Mo oder eines Metallpulvers, zur Herst. der gepulverten Al-Leg., mit dampfförmigen Al-Subchlorid (AlCl u./oder $AlCl_2$), das durch Rk. eines Fremdmetallchlorides mit Al bei Temp. über 500°, bes. über 900°, gebildet ist u. wobei zwischen der Bldg. des Subchlorides u. der Rk. mit dem Grundmetall keine Abkühlung vorgenommen wird. Als Fremdmetallchlorid kann $SiCl_4$ oder $TiCl_4$ verwendet werden. — Vgl. D. A. S. 1 038 372; C. **1960.** 8339. (**E. P. 798 853** vom 31/5. 1955, ausg. 30/7. 1958. Oe. Prior. 31/5. 1954.) F. VIER. 6517

Sri Rohini Kanta Adhikary, Calcutta, Indien, **Reinigen und Verkupfern von Metallgegenständen,** dad. gek., daß man diese zunächst mit einer wss. Lsg. von $CuSO_4$, $H_2SO_4$, *Alkalicyanid* (I) u. *Chromsäure* u. anschließend mit einer wss. Lsg. von $CuSO_4$, I, *NaOH* oder *KOH*, *Borax* u. evtl. $KMnO_4$ behandelt. (**Ind. P. 49 315** vom 7/4. 1953, ausg. 18/3. 1955.) C. LÜTTGEN. 6517

Mond Nickel Co. Ltd. (Erfinder: Frank Herbert Reid), **Herstellen eines Elektroniederschlags von Rhodium** aus einem Elektrolyten, der im wesentlichen aus Rh-Sulfat, -Phosphat, -Fluoborat oder einem Gemisch dieser Salze besteht. Dem Elektrolyten wird zwecks Vermeidung oder Verringerung des Reißens oder Brechens des Nd. wenigstens 0,05 (g/Liter) Selensäure zugesetzt. — Beispiel: Bei der Elektrolyse eines Elektrolyten mit 10 Rh-Sulfat u. 70 ml/Liter $H_2SO_4$ wurde ein 0,0007″ dicker, brüchiger Nd., bei Zusatz von 0,4 (g/Liter) Selensäure ein 0,0012″ dicker bruch- u. rißfreier Nd. erhalten. — Vgl. F. P. 1 174 957; C. **1960.** 12159. (**Aust. P. 215 532** vom 2/5. 1957, ausg. 3/7. 1958. E. Prior. 10/5. 1956.) K. DEMMLER. 6527

American Chemical Paint Co. (Erfinder: G. F. Otto), Ambler, Pa., V.St.A., **Erzeugen von die Verformung erleichternden Überzügen auf nichtrostendem Stahl.** Inhaltlich ident. mit F. P. 1 127 905; C. **1958.** 11367. (**Belg. P. 536 560** vom 16/3. 1955, ausg. 30/1. 1959. A. Prior. 2/12. 1954.) H. BAUR. 6529

American Chemical Paint Co., Ambler, Pa., V.St.A., **Erzeugen von festhaftenden Überzügen auf nichtrostendem Stahl.** An Stelle der im Belg. P. 536 560 genannten Säuren wird $HNO_3$ u./oder $H_3PO_4$ verwendet. Beispiel: 15 (g) *Mangancarbonat,* 12 *Oxalsäure,* 12 $H_3PO_4$ (75%ig.), 5 *Natriumthiosulfat,* W. auf 1 Liter. — Vgl. A. P. 2 813 816; C. **1959.** 7287. (**Belg. P. 541 259** vom 13/9. 1955, ausg. 14/8. 1959. A. Prior. 16/5. 1955. **Zusatz zu Belg. P. 536560; s. vorst. Ref.**) H. BAUR. 6529

Cities Service Research & Development Co., New York, N.Y., übert. von: William B. Hughes, Tulsa, Okla., V.St.A., **Korrosionsschutz von Eisenmetallen** gegen den Angriff korrodierender, $CO_2$ u. $H_2S$ enthaltender Flüssigkeiten. Diesen wird eine Verb. der allg. Formel I zugesetzt, in der R der saure Rest einer Dicarboxylsäure ist (z. B. der Bernstein-, Sebacin-, Terephthal- oder Mucinsäure). (**A. P. 2 924 571** vom 16/11. 1955, ausg. 9/2. 1960.) H. BAUR. 6539



I

Cities Service Research & Development Co., New York, N.Y., übert. von: William B. Hughes, Tulsa, Okla., V.St.A., **Zum Korrosionsschutz für Eisenmetalle gegen korrodierende Flüssigkeiten,** die als saure Bestandteile $CO_2$ oder $H_2S$ enthalten (Rohöl), wird ein Rk.-Prod. zugesetzt, das durch Neutralisation von 1—2 Mol sauren *Alkylphosphats* mit 2—12 C-Atomen mit 1 Mol *Alkyl-1.3-diamin* mit einem Molgew. zwischen ca. 242 u. ca. 320 erhalten wird. (**A. P. 2 891 909** vom 16/11. 1955, ausg. 23/6. 1959.) H. BAUR. 6539

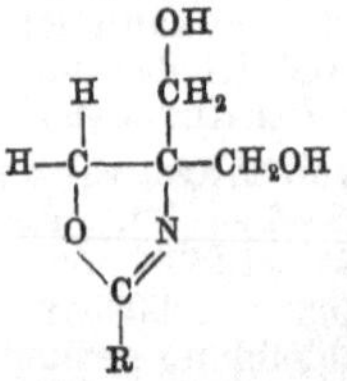

Commercial Solvents Co., übert. von: George N. Butter, Terre Haute, Ind., V.St.A., **Mittel zur Verhinderung der Korrosion** besteht zum größeren Teil aus einem Mineralöl-Lsgsm. u. ca. 0,04 bis 10% aus einem substituierten Oxazolin der Formel I, in der R ein $C_{17}H_{35}$- oder $C_{17}H_{33}$-Rest ist. Beispiel: *2-[8-Heptadecenyl]-4.4-bis-[hydroxymethyl]-2-oxazolin.* (**A. P. 2 905 644** vom 24/7. 1956, ausg. 22/9. 1959.) H. BAUR. 6539

Commissariat à l'Énergie Atomique, Paris (Erfinder: Roger Caillat, Sévres, und Raymond Darras, Gif-sur-Yvette, Seine-et-Oise), Frankreich, **Schutz von Magnesium und seine Legierungen gegen Oxydation** bei höheren Temp., in feuchter oder trockener Atmosphäre bzw. unter der Einw. von Strahlungen. In die zu schützenden Objekte umgebende oxydierende Atmosphäre werden geringe Mengen einer F-haltigen Verb. in Dampfform eingeführt (HF), wobei der Geh. an elementarem F je Liter der oxydierenden Atmosphäre wenigstens in der Größenordnung von $2—3 \cdot 10^{-6}$ ist. Als F-haltige Verb. kann eine Fl. mit höherem Dampfdruck verwendet werden, deren Dämpfe von der oxydierenden Atmosphäre aufgenommen werden (Trifluormethylbenzol). (**D. A. S. 1 101 905** Kl. 48d vom 17/4. 1959, ausg. 9/3. 1961. F. Prior. 25/4. 1958. **F. P. 1 195 420** vom 25/4. 1958, ausg 17/11. 1ä59.) H. BAUR. 6445

---

**L. & C. Steinmüller G. m. b. H.**, Gummersbach/Rhld., **W. Wenzel, D. Schwencke**, Bad Godesberg, und **H. Schenck**, Aachen, *Agglomeration von Feinerzen.* (**Belg. P. 559 976** vom 10/8. 1957, ausg. 22/4. 1960. — C. **1960.** 10395 [F. P. 1 180 225].)

**Chemical Construction Corp.**, New York, N.Y., V.St.A., *Ausfällen von Nichteisenmetallen aus einer Lösung.* (**Ind. P. 49 457** vom 27/4. 1953, ausg. 22/1. 1954. — C. **1957.** 11428 [E. P. 742 892].)

**Union Carbide Corp.**, New York, NY. (Erfinder: **Edward Francis Kurzinski**, Cranford, N.J., **John Francis Collins**, Niagara Falls, N.Y., **Homer Clayton Barnes jun.**, Butler, und **George Paul Dahm**, Linden, N.J.), V.St.A., *Herstellung von Gußeisen mit kugelförmiger Graphitausbildung.* (**D. A. S. 1 091 139** Kl. 18b vom 30/12. 1954, ausg. 20/10. 1960. A. Prior. 30/12. 1953 u. 10/5. 1954. — C. **1959.** 2602 [Schwz. P. 323 988].)

**Régie Nationale des Usines Renault**, Billancourt, Frankreich, *Erzeugung von kupferhaltigem Temperguß hoher Zähigkeit.* (**D. A. S. 1 102 196** Kl. 18c vom 16/2. 1953, ausg. 16/3. 1961. F. Prior. 20/2. u. 27/11. 1952. — C. **1955.** 1831 [F. P. 1 050 961].)

**Lips N. V.** Drunen (Erfinder: **Erwin Thurnwald**, Vlijmen), Holland, *Einführen von Magnesium oder dgl. in eine Eisenschmelze.* (**D. A. S. 1 096 939** Kl. 18b vom 23/1. 1956, ausg. 12/1. 1961. Holl. Prior. 24/1. 1955. — C. **1959.** 9724 [E. P. 794 287].)

**Dortmund-Hörder Hüttenunion Akt.-Ges.**, Dortmund, *Herstellung von Stahl mit geringem P- und C-Gehalt durch Windfrischen.* (**Belg. P. 556 897** vom 23/4. 1957, ausg. 26/2. 1960. D. Prior. 23/4. 1956. — C. **1960.** 15900 [E. P. 813 296].)

**Centre National de Recherches Métallurgiques**, Liège, Belgien, *Herstellung von Stahl durch Frischen von Roheisen in einem bodenblasenden Konverter.* (**E. P. 820 357** vom 18/2. 1958, ausg. 16/9. 1959. Luxemburg. Prior. 19/3. 1957. — C. **1960.** 15899 [F. P. 1 192 897].)

**Dortmund-Hörder Hüttenunion Akt.-Ges.**, Dortmund, *Frischen von Stahl.* (**E. P. 838 503** vom 22/11. 1956, ausg. 22/6. 1960. D. Prior. 22/11. 1955. Zusatz zu E. P. 830 173; C. 1961. 5667. — C. **1961.** 1357 [F. P. 70 659].)

**Bochumer Verein für Gußstahlfabrikation Akt.-Ges.**, Bochum (Erfinder: **Werner Coupette** und **Adolf Sickbert**, Wattenscheid-Eppendorf), *Entschwefeln von Stahl.* (**D. A. S. 1 102 788** Kl. 18b vom 13/1. 1955, ausg. 23/3. 1961. — C. **1960.** 3685 [A. P. 2 848 317].)

**Inland Steel Co.**, Chicago, Ill., V.St.A., *Herstellung von Stahl.* (**Schwed. P. 156 235** vom 21/5. 1953, ausg. 25/9. 1956. A. Prior. 22/5. 1952. — C. **1955.** 6842 [A. P. 2 668 759].)

**Ford (France) Soc. An.** (Erfinder: **Eric Raymond Morgan** und **John Cornelius Shyne**), Frankreich, *Tiefziehstahl.* (**F. P. 71 864** vom 16/7. 1957, ausg. 1/2. 1960. A. Prior. 24/7. 1956. Zusatz zu F. P. 1 148 532; C. 1959. 948. — C. **1958.** 11366 [A. P. 2 772 154].)

**Hadfields Ltd.**, Sheffield, England, *Stahllegierung.* (**Schwed. P. 156 236** vom 20/8. 1953, ausg. 25/9. 1956. E. Prior. 22/8. 1952. — C. **1956.** 7932 [F. P. 1 082 371].)

**Pechiney Comp. de Produits Chimiques et Électrométallurgiques**, Paris, Frankreich, *Chlorid-Fluoridbäder für die Schmelzfluß-Elektrolyse.* (**Ind. P. 56 975** vom 3/4. 1956, ausg. 12/5. 1958. — C. **1960.** 14177 [D. A. S. 1 044 420].)

**Titan Co., Inc.**, New York, N.Y., V.St.A., *Elektrolytische Gewinnung von schwerschmelzenden Metallen.* (**It. P. 512 664** vom 14/12. 1953. A. Prior. 13/12. 1952. Zusatz zu It. P. 495 183; C. 1959. 16875. — C. **1959.** 2608 [E. P. 777 829].)

**Chemical Construction Corp.**, New York, N.Y., V.St.A., *Gewinnung von Nickel und Kobalt aus sauren Lösungen.* (**Ind. P. 49 060** vom 26/2. 1953, ausg. 8/8. 1955. Can. Prior. 9/5. 1952. — C. **1956.** 6519 [A. P. 2 694 005].)

**Mond Nickel Co. Ltd.**, London, England, *Nickel-Chrom-Eisenlegierungen mit einer $Ni_3$(Ti, Al)-Phase.* (**Ind. P. 56 833** vom 16/3. 1956, ausg. 12/3. 1958. — C. **1959.** 10390 [E. P. 785 271].)

**Reinhard Straumann**, Waldenburg, Schweiz, *Nickellegierung.* (**D. A. S. 1 088 233** Kl. 40b vom 4/7. 1952, ausg. 1/9. 1960. Schwz. Prior. 12/2. 1952. Zusatz zu D. B. P. 870 762; C. 1954. 183. — C. **1956.** 13842 [E. P. 720 122].)

**Climax Molybdenum Co.**, New York, N.Y., V.St.A., *Warmverformbare Gußstücke aus Wolfram- und Molybdänlegierungen.* (**Schwed. P. 154 921** vom 17/3. 1952, ausg. 19/6. 1956. A. Prior. 30/3. u. 6/10. 1951. Zusatz zu Schwed. P. 144 609; C. 1957. 7246. — C. **1959.** 14873 [D. B. P. 960 930].)

**Montecatini Soc. Gen. per l'Industria Mineraria e Chimica** und **Giuseppe de Varda**, Mailand, Italien, *Herstellung von Aluminium durch Schmelzflußelektrolyse.* (**Ind. P. 57 552** vom 7/6. 1956, ausg. 2/5. 1958. — C. **1961.** 1359 [E. P. 815 076].)

**Montecatini Soc. Gen. per l'Industria Mineraria e Chimica**, Mailand, Italien, *Gewinnung von Aluminium durch Schmelzflußelektrolyse.* (**Ind. P. 56 008** vom 7/12. 1955, ausg. 31/7. 1958. — C. **1961.** 1359 [E. P. 815 076].)

**United States Steel Corp.**, Pittsburgh, Pa., V.St.A., *Elektrolyt zum galvanischen Abscheiden von Aluminium.* (**Belg. P. 546 819** vom 6/4. 1956, ausg. 23/10. 1959. A. Prior. 29/7. 1955. Zusatz zu Belg. P. 539 320; C. 1960. 12844. — C. **1959.** 16474 [A. P. 2 762 764].)

**Wacker-Chemie G. m. b. H.**, Deutschland, *Reinigung von Metallen der IV. Gruppe des Periodischen Systems.* (**F. P. 1 126 820** vom 29/6. 1955, ausg. 3/12. 1956. D. Prior. 23/7. 1954. — C. **1960.** 13489 [Oe. P. 196 361].)

**Imperial Chemical Industries Ltd.**, Millbank, England, *Gewinnung von Titan aus reinem Halogenid.* (**Belg. P. 515 246** vom 31/10. 1952, ausg. 6/8. 1954. E. Prior. 1/11. 1951 u. 11/6. 1952. — C. **1956.** 1440 [E. P. 717 930].)

**National Lead Co.**, New York, N.Y., übert. von: **Kjell A. Svanstrom**, Metuchen, und **William R. Opie**, Fords, N.J., V.St.A., *Elektrolytische Herstellung von Titan.* (**A. P. 2 749 295** vom 18/10. 1951, ausg. 5/6. 1956. — C. **1955.** 9662 [F. P. 1 064 892].)

**New Jersey Zinc Co.** (Erfinder: **Earl Wilson Andrews**), *Elektrolysezelle für die Herstellung von Titan.* (**Aust. P. 219 601** vom 24/10. 1956, ausg. 5/2. 1959. A. Prior. 29/11. 1955. — C. **1961.** 1359 [E. P. 811 881].)

**Duisburger Kupferhütte**, Duisburg, *Gewinnung von Cadmium und Thallium.* (**Holl. P. 95 659** vom 26/4. 1956, ausg. 15/10. 1960. D. Prior. 28/4. 1955. — C. **1959.** 286 [D. A. S. 1 023 229].)

**Gebrüder Böhler & Co. Akt.-Ges.**, Wien, Österreich, *Gesinterte Hartmetallegierungen.* (**Schwed. P. 156 275** vom 26/10. 1951, ausg. 25/9. 1956. — C. **1955.** 5890 [F. P. 1 043 475].)

**Diamond Alkali Co.** (Erfinder: **Norman P. Goss**), Cleveland, Ohio, V.St.A., *Behandlung von Metalldrähten, -blechen, -formstücken und dergleichen, insbesondere zu deren Vorbereitung vor einem Kaltbearbeitungsprozeß.* (**D. A. S. 1 101 904** Kl. 48d vom 6/4. 1956, ausg. 9/3. 1961. A. Prior. 6/4. 1955. — C. **1959.** 2280 [Oe. P. 193 224].)

**Dortmund-Hörder Hüttenunion Akt.-Ges.**, Dortmund, *Verfahren zur Oberflächenbehandlung von metallischen Gegenständen.* (**E. P. 804 597** vom 9/5. 1956, ausg. 19/11. 1958. D. Prior. 10/5. 1955. — C. **1961.** 1006 [F. P. 1 152 732].)

**Patelhold Patentverwertungs- & Elektro-Holding Akt.-Ges.**, Glarus, Schweiz, *Oberflächenhärtung bei Metallen.* (**It. P. 513 416** vom 2/2. 1954. — C. **1957.** 10874 [Schwz. P. 312 599].)

**Gardner-Denver Co.** (Erfinder: **Floyd R. Anderson**), Denver, Colo., V.St.A., *Einsatzhärtung von Hohlkörpern, insbesondere Bohrstangen mit axialer Bohrung.* (**D. A. S. 1 103 953** Kl. 18c vom 31/10. 1957, ausg. 6/4. 1961. — C. **1959.** 5294 [A. P. 2 804 411].)

**Vennootschap onder de Firma Exploitatie-Onderneming van Octrooitrechen „Noortich"**, Holland, *Hartlöten oder Schweißen von Aluminium oder Aluminiumlegierungen.* (**F. P. 1 180 893** vom 7/8. 1957, ausg. 10/6. 1959. — C. **1959.** 13627 [Holl. P. 87 519].)

**Union Carbide & Carbon Corp.**, New York, N.Y., V.St.A. (Erfinder: **A. E. Shrubsall**), *Schweißstab.* (**Belg. P. 556 048** vom 22/3. 1957, ausg. 26/2. 1960. A. Prior. 27/3. 1956. — C. **1961.** 8826 [A. P. 2 807 562].)

**Soc. d'Électro-Chimie, d'Électro-Métallurgie et des Aciéries Électriques d'Ugine**, Paris (Erfinder: **Louis Guitton**, Ugine, Savoyen), Frankreich, *Verbessern der Korrosionsbeständigkeit von nichtrostendem Stahl.* (**D. B. P. 974 436** Kl. 48 d vom 14/7. 1949, ausg. 22/12. 1960. Anmeldung bekanntgemacht 23/11. 1950. F. Prior. 15/9. 1945. A. Prior. 15/8. 1946. — C. **1953.** 6970 [F. P. 997 966] u. C. **1954.** 9623 [F.P. 57 772].)

**General Electric Co.**, New York, N.Y., V.St.A., *Elektrolytisches Ätzen von Tantal.* (**Aust. P. 161 949** vom 11/12. 1953, ausg. 31/3. 1955. A. Prior. 17/12. 1952. — C. **1957.** 3390 [D. B. P. 942 004].)

**Comp. des Meules Norton Soc. An.**, Frankreich (Erfinder: **Neil Norman Ault**), *Stab aus Aluminiumoxyd für das Spritzverfahren.* (**F. P. 1 200 262** vom 14/3. 1958, ausg. 21/12. 1959. A. Prior. 19/3. 1957. — C. **1960.** 15183 [A. P. 2 882 174].)

**DEHYDAG Deutsche Hydrierwerke G. m. b. H.**, Düsseldorf, *Galvanisches Abscheiden glänzender Metallüberzüge.* (**Belg. P. 540 855** vom 27/8. 1955, ausg. 14/8. 1959. D. Prior. 5/11. 1954. Zusatz zu Belg. P. 536 575; C. 1960. 7332. — C. **1958.** 7258 [D. A. S. 1 014 404].)

**DEHYDAG Deutsche Hydrierwerke G. m. b. H.**, Düsseldorf, *Galvanisches Abscheiden von Metallüberzügen.* (**E. P. 828 200** vom 18/1. 1956, ausg. 17/2. 1960. D. Prior. 19/1. 1955. Zusatz zu E. P. 762 257; C. 1958. 14520. — C. **1958.** 555 [D. A. S. 1 007 592].)

**N. V. Philips' Gloeilampenfabrieken**, Eindhoven, Holland, *Erzeugung einer Wolfram- und/oder Molybdänschicht.* (**Holl. P. 95 637** vom 24/9. 1955, ausg. 15/10. 1960. E. Prior. 27/9. 1954. — C. **1960.** 3372 [D. B. P. 971 563].)

**Fulmer Research Institute Ltd.**, Stoke Poges, England (Erfinder: **Eric Adolf Brandes**), *Herstellung von Aluminiumüberzügen auf Silicium-Aluminium-Stählen.* (**E. P. 788 401** vom 17/2. 1955, ausg. 2/1. 1958. — C. **1960.** 16929 [Belg. P. 545 027].)

**United Chromium, Inc.**, New York, N.Y., V.St.A., *Plattieren von Chrom.* (**Aust. P. 161 151** vom 8/12. 1952, ausg. 3/3. 1955. — C. **1954.** 10813 [F. P. 1 045 610].)

**General American Transportation Corp.**, V.St.A. (Erfinder: **Paul Talmey** und **Glenn A. Enyart**), *Vernickeln.* (**F. P. 1 207 642** vom 2/7. 1958, ausg. 17/2. 1960. **Oe. P. 208 174** vom 18/7. 1958, ausg. 25/3. 1960. Beide A. Prior. 7/11. 1957. — C. **1960.** 16930 [A. P. 2 874 073].)

**Max Schlötter** (Erfinder: **Ingeborg Geldbach** und **Alfred Geldbach**), Geislingen/Steige, *Galvanisches Abscheiden von Zinnüberzügen.* (**E. P. 842 898** vom 1/1. 1957, ausg. 27/7. 1960. D. Prior. 16/1. 1956. — C. **1958.** 7259 [D. A. S. 1 009 880].)

**Felten & Guilleaume Carlswerk Eisen und Stahl Akt.-Ges.**, Deutschland, *Herstellung von Überzügen aus Zinn oder Zinn-Kupfer ohne Strom.* (**F. P. 1 210 628** vom 22/11. 1956, ausg. 9/3. 1960. D. Prior. 30/11. 1955. — C. **1961.** 1724 [D. A. S. 1 072 050].)

**Comp. des Meules Norton Soc. An.**, Frankreich, *Spritzstab aus Zirkoniumdioxyd zum Herstellen von Überzügen.* (**F. P. 1 189 287** vom 4/12. 1957, ausg. 1/10. 1959. A. Prior. 6/12. 1956. — C. **1961.** 653 [A. P. 2 876 121].)

**Metallgesellschaft Akt.-Ges.**, Frankfurt/M. (Erfinder: **Gaillard Ward Dell**, Detroit, Mich., V.St.A.), *Aufbringen von Überzügen auf Metalle.* (**D. A. S. 1 096 153** Kl. 48d vom 16/1. 1958, ausg. 29/12. 1960. A. Prior. 31/1. 1957. — C. **1959.** 15836 [Oe. P. 200 411].)

**Metallgesellschaft Akt.-Ges.**, Frankfurt/M. (Erfinder: **Montagu Hyams**, London, England), *Erzeugen einer Gleitschicht auf Metalloberflächen.* (**D. A. S. 1 096 151** Kl. 48d vom 25/5. 1955, ausg. 29/12. 1960. E. Prior. 8/6. 1954. — C. **1958.** 10203 [E. P. 767 572].)

**Metallgesellschaft Akt.-Ges.**, Frankfurt/M. (Erfinder: **Edwin W. Goodspeed**, Royal Oak, und **Gaillard W. Dell**, Detroit, Mich., V.St.A.), *Erzeugen von die mechanische Verformung erleichternden Überzügen auf nichtrostendem Stahl.* (**D. A. S. 1 103 109** Kl. 48d vom 18/5. 1955, ausg. 23/3. 1961. A. Prior. 28/5. 1954. — C. **1959.** 950 [F. P. 1 131 540].)

**Metallgesellschaft Akt.-Ges.** (Erfinder: **Heinz Keller**, **Richard Tuch** und **Willy Werner**), Frankfurt/M., *Aufbringen chemischer Überzüge auf gestapelte Blechabschnitte.* (**D. A. S. 1 101 092** Kl. 48d vom 26/6. 1956, ausg. 2/3. 1961. — C. **1960.** 988 [Oe. P. 197 166].)

**Metallgesellschaft Akt.-Ges.**, Frankfurt/M. (Erfinder: **Gaillard Ward Dell**, Detroit, und **Frank G. Pollard**, Ferndale, Mich., V.St.A.), *Herstellen von festhaftenden Schutzüberzügen auf Metalloberflächen, deren Hauptbestandteil Titan ist.* (**D. A. S. 1 103 715** Kl. 48d vom 18/1. 1956, ausg. 30/3. 1961. A. Prior. 7/2. 1955. — C. **1959.** 951 [Oe. P. 193 680 u. F. P. 1 146 769].)

**Norton Co.**, Worcester, Mass., V.St.A. (Erfinder: **N. N. Ault**), *Zirkoniumdioxydstäbe für das Flammspritzverfahren.* (**Belg. P. 568 000** vom 6/12. 1957, ausg. 3/6. 1960. A. Prior. 6/12. 1956. — C. **1961.** 653 [A. P. 2 876 121].)

**Norton Co.**, Worcester, Mass., V.St.A. (Erfinder: **W. M. Wheildon jun.**), *Herstellung von Überzügen auf feste Körper zum Schutz gegen Oxydation.* (**Belg. P. 555 617** vom 8/3. 1957, ausg. 12/2. 1960. A. Prior. 9/3. 1956. — C. **1961.** 1363 [F. P. 1 172 867].)

**United States Steel Corp.**, V.St.A. (Erfinder: **Richard Armstrong Neish**), *Elektrolytisch aufgebrachte Überzüge auf Eisen.* (**F. P. 70 572** vom 8/10. 1956, ausg. 29/5. 1959. A. Prior. 22/6. 1956. Zusatz zu F. P. 1080914; C. 1955. 10134. — C. **1959.** 8717 [D.A.S. 1 040 871].)

**Metallgesellschaft Akt.-Ges.**, Frankfurt/M. (Erfinder: **Rudolf Kallenbach**, Essen), *Lösung zur Erzeugung von Phosphatschichten auf Metallen, wie Eisen, Zink und Aluminium.* (**D. A. S. 1 096 152** Kl. 48d vom 20/3. 1956, ausg. 29/12. 1960. A. Prior. 8/4. 1955. — C. **1959.** 951 [F. P. 1 149 507].)

**Metallgesellschaft Akt.-Ges.**, Frankfurt/M. (Erfinder: **Robert François Victor Dété**, Paris, Frankreich). *Erzeugen von Phosphatschichten auf Eisen und Zink.* (**D. B. P. 974 503** Kl. 48d vom 29/6. 1951, ausg. 19/1. 1961. Anmeldung bekanntgemacht 17/4. 1952. F. Prior. 8/9. 1950. — C. **1954.** 8899 [F. P. 1 024 432].)

**Metallgesellschaft Akt.-Ges.** (Erfinder: **Heinz Keller** und **Hellmuth Kempf**), Frankfurt/M., *Mittel zur Herstellung und/oder Ergänzung von schichtbildenden Phosphatierungslösungen.* (**D. A. S. 1 093 648** Kl. 48d vom 30/10. 1953, ausg. 24/11. 1960. Zusatz zu D. A. S. 1 088 308; C. 1961. 9199. — C. **1960.** 1321 [Oe. P. 196 198].)

**Metallgesellschaft Akt.-Ges.**, Frankfurt/M. (Erfinder: **Heinz Keller**, Frankfurt/M., **Rudolf Brodt**, Weiskirchen, und **Hellmuth Kempf**, Frankfurt/M.), *Mittel zur Herstellung und/oder Ergänzung von schichtbildenden Phosphatierungslösungen.* (**D. A. S. 1 093 647** Kl. 48d vom 31/12. 1952, ausg. 24/11. 1960. Zusatz zu D. A. S. 1 088 308; C. 1961. 9199. — C. **1960.** 1321 [Oe. P. 196 198].)

**E. I. du Pont de Nemours & Co.**, Wilmington, Del., V.St.A., *Herstellung von Piperazinderivaten.* (**Holl. P. 95 979** vom 4/9. 1956, ausg. 15/11. 1960. A. Prior. 7/10. 1955. — C. **1959.** 3638 [F. P. 1 154 297].)

**E. I. du Pont de Nemours & Co.**, Wilmington, Del., V.St.A., *Herstellung von N.N'-Bis-[(1-Aminocycloalkyl)-methyl]-alkylendiaminen.* (**Holl. P. 95 700** vom 6/10. 1956, ausg. 15/10. 1960. A. Prior. 7/10. 1955. — C. **1959.** 3638 [F. P. 1 154 298].)

**Universal Oil Products Co.**, Des Plaines (Erfinder: **Ralph Brewster Thompson**, Hinsdale), Ill., V.St.A., *Verhüten der Korrosion von Metallen durch in organischen Flüssigkeiten vorhandenes Wasser.* (**D. A. S. 1 101 902** Kl. 48d vom 12/5. 1954, ausg. 9/3. 1961. A. Prior. 13/5. 1953. — C. **1958.** 4621 [E. P. 762 228].)

**Michel Louis Julien Bernard**, Vernon, Eure, Frankreich, *Schutz von Metallen gegen den Angriff von starken Säuren, wie Schwefel-, Salpeter- und Salzsäure.* (**D. A. S. 1 098 783** Kl. 48d vom 7/7. 1956, ausg. 2/2. 1961. F. Prior. 1/2. 1956. — C. **1959.** 619 [F. P. 1 148 779].)

---

**A. I. Beljajew**, Der Elektrolyt von Aluminiumbädern. Moskau: Metallurgisdat. 1961. (199 S. m. Abb.) 75 Kop. [Russ.]

**W. B. Schewtschenko** und **B. N. Ssudarikow**, Die Technologie des Urans. Moskau: Gossatomisdat. 1961. (330 S. m. Abb.) 1 Rbl. 63 Kop. [Russ.]

## IX. Organische Industrie

**Untersuchungen über die thermische Zersetzung von Propan-Butan-Gemischen.** Tadeusz Mazoński und Marian Taniewski. (Przemysł chem. **39.** 170—75. März 1960.) (Pol.) — Vgl. C. **1959.** 17458.

Natürliches Flüssiggas (Propan:Butan = 7:3 bis 3:7) wurde bei 600—800° in röhrenförmigen Reaktoren zersetzt. Die Pyrolyse zu Olefinen verläuft bei Temp. <700° von Vers. zu Vers. anders. Mit steigender Temp. werden die Ergebnisse reproduzierbar. Bei höherer Temp. ist die optimale Verweilzeit des Gases kleiner u. die Olefinausbeute u. das Verhältnis $C_2H_4/C_3H_6$ größer. Mit steigender Verweilzeit bei konst. Temp. steigt der Umsetzungsgrad u. die Bldg. von Methan u. $H_2$. Der $C_2H_4$-Geh. im Crackgas nimmt aber ab. Die Ausbeute an Olefinen u. das Verhältnis $C_2H_4/C_3H_6$ durchlaufen mit steigender Verweilzeit ein Maximum. Der Logarithmus der optimalen Verweilzeit ist zur Temp. direkt proportional. In Abhängigkeit vom Konstruktionsmaterial der Reaktoren nimmt die Olefinausbeute in der Reihenfolge $SiO_2$, Cu, Hochtemperaturstahl, nichtrostender Stahl ab. Bei 800° Rk.-Temp. verschwinden diese Unterschiede. Die Ergebnisse stimmen mit denen der Pyrolyse synthet. Flüssiggase überein. F. URBAN. H 510□

**Äthylenreinigung-Entmethanisierung.** J. R. Fair, W. L. Bolles und W. R. Nisbet. (Chem. Engng. Progr. **54.** Nr. 12. 39—46. Dez. 1959. Monsanto Chemical Co.) (Engl.)

Vortragsbericht über die Entfernung von $CH_4$ aus Pyrolyseäthylen durch Tieftemperatur Dest., durch Auswaschen des $C_2H_4$ mit aromat. KW-Stoffen oder einer Propan-Propen-Fraktion sowie durch Adsorption an Aktivkohle mit ausführlicher Beschreibung der Verff. u. Kostenvergleichen. F. HELLER. H 520□

**Acetylenentfernung aus polyäthylenreinem Äthylen.** R. E. Reitmeier und H. W. Fleming. (Chem. Engng. Progr. **54.** Nr. 12. 48—51. Dez. 1958. Louisville, Ky., Catalysts and Chemicals, Inc.) (Engl.)

Vortragsbericht über die Entfernung von Acetylenresten aus *Reinstäthylen* durch selektive Hydrierung unter bes. Berücksichtigung der angewandten Katalysatoren. F. HELLER. H 520□

**Hochreine Aromaten — ein Gewinn bei der Äthylenherstellung.** W. M. Swanson und C. H. Watkins. (Chem. Engng. Progr. **54.** Nr. 12. 56—59. Dez. 1958. Des Plaines, Ill., Universal Oil Products Co.) (Engl.)

Vortragsbericht über die Abtrennung der als Neben-Prodd. der Crackung von KW-Stoffen zu *Äthylen* anfallenden Aromaten. Nach dem von Vff. beschriebenen Verf. werden zunächst aus dem Leichtöl die KW-Stoffe durch Dest. abgetrennt u. in der $C_6$—$C_8$-Fraktion die Olefine, Diene, S- u. N-Verbb. durch Hydrierung an Co-Mo-Kontakten in gesätt. KW-Stoffe übergeführt. Die Abtrennung der Aromaten erfolgt aus dem Gemisch nach dem Udex-Verf. durch Extraktion mit W.-Glykol-Gemischen. Die erhaltenen Aromaten besitzen eine Reinheit von >99,9%. Eine ausführliche Kalkulation zeigt die Wirtschaftlichkeit des Verfahrens. F. HELLER. H 1010□

---

Imperial Chemical Industries Ltd. (Erfinder: Walter Theodore Dent und Hubert William Dyson Stubbs), **Stabilisieren der Farbbeständigkeit von aromatischen Aminen** der Formel $X-C_6H_4-NR_2R_3$ (X = OH oder $NHR_1$, $R_1$ u. $R_2$ = KW-Stoffreste, $R_3$ = H oder KW-Stoffrest), die als die Nachdunklung bewirkende Verunreinigung wenigstens eine aromat. Verb. mit einer prim. Amingruppe aufweisen. Man verringert den Geh. an diesen Verunreinigungen durch Dest. mit einem prim. oder sek. Alkohol, bes. Isoamylalkohol, in Ggw. eines Katalysators, der den Alkohol zum entsprechenden Aldehyd oder Keton dehydrieren u. die Kondens.-Prodd. dieses Aldehyds oder Ketons mit der prim. Aminogruppe hydrieren kann, z. B. RANEY-Ni, auf <1 Gew.-% u. behandelt das aromat. Amin mit einem aliphat., eine $\alpha$–$\beta$-Doppelbindung aufweisenden Aldehyd, z. B. Crotonaldehyd, in einer 5 Gew.-% nicht übersteigenden Menge. In den Beispielen u. Tabellen wird die Stabilisierung der Farbbeständigkeit des mit N-sek.-Butyl-p-phenylendiamin verunreinigten N.N'-Di-sek.-butyl-p-phenylendiamins gezeigt. Verw. der stabilisierten aromat. Amine als *Antioxydantien* in organ. Stoffen. (**Aust. P. 220 876** vom 11/7. 1957, ausg. 16/4. 1959. E. Prior. 13/7. 1956 u. 12/4. 1957.) K. DEMMLER. 6599

Socony Mobil Oil Co., Inc., New York, N.Y., übert. von: Brunner C. Barnes und Rasiklal H. Parekh, Dallas, Tex., V.St.A., **Gewinnung von Propan aus Naturgas,** welches $CH_4$, $C_2H_6$, $C_3H_8$ u. höhere KW-Stoffe enthält. Das Naturgas wird zur Absorption von $C_2H_6$, $C_3H_8$ u. höheren KW-Stoffen mit einem Waschöl in Kontakt gebracht. Durch Einblasen von Dampf werden die absorbierten KW-Stoffe aus dem Waschöl ausgetrieben. Die KW-Stoffe u. der Dampf werden kondensiert. Das W. wird vom KW-Stoffkondensat abgetrennt u. fl. $C_2H_6$, $C_3H_8$ u. höhere KW-Stoffe sowie darin gelöstes W. erhalten. Ein Teil des letzteren wird als Rückfluß in die Abstreifzone geführt.

In einer Fraktionierzone wird das Äthan abdest. u. das Propan sowie die höher sd. KW-Stoffe bleiben zurück. Dann wird das Propan von dem Gemisch abdest. u. dabei noch etwas W., welches noch im Gemisch enthalten ist u. nicht mit dem abdest. Äthan entfernt wurde, mit abdestilliert. Das Kondensat aus beiden wird teilweise als Rückfluß in der letzten Fraktionierzone verwendet. Der andere Teil wird getrocknet. — Zeichnung. (**A. P. 2 945 073** vom 28/1. 1957, ausg. 12/7. 1960.) E. KAHLES. H 510

Chemische Werke Hüls Akt.-Ges. (Erfinder: Ricardo Marin und Hermann Sauer), Marl, Kr. Recklinghausen, **Herstellung von niedrig chlorierten, niedermolekularen aliphatischen Chlorkohlenwasserstoffen** durch Chlorierung gesätt., niedermol. aliphat. KW-Stoffe in der Gasphase, dad. gek., daß man das $Cl_2$ u. den KW-Stoff enthaltende Gasgemisch durch in einen Sammelraum mündende Rk.-Rohre (I) leitet, welche vor Beginn der Rk. bis in die Nähe der Umsetzungs-Temp. vorerhitzt werden, u. das ausreagierte Gasgemisch im Gegenstrom zur Strömungsrichtung in den I aus dem Sammelraum ableitet. — Vorr., Zeichnung. (**D. A. S. 1 101 382** Kl. 12o vom 22/5. 1959, ausg. 9/3. 1961.) J. MÜHLEISEN. H 510

Chemetron Corp., Chicago, Ill., übert. von: Merle Likins, John F. Strotman, Louisville, Ky., und Donald O. McCarthy, Tuscola, Ill., V.St.A., **Selektive Hydrierung von Olefine enthaltenden Acetylenen und Diolefinen** erfolgt bei 100—400°F u. einer Raum-Geschw. (Gas-Vol./Katalysator-Vol./Std.) von 425—1600 in Ggw. von 0,01—0,09% Pd auf $Al_2O_3$ mit einem Poren-∅ an der Oberfläche von höchstens 800 Å u. einem Poren-Vol. von 0,0—0,4 $cm^3/g$. — $Al_2O_3$-Tabletten (Filtrol G 90) werden 8 Std. bei 1100° F calciniert, dann in einer Trommel mit einer Lsg. von 9,3 g Pd je Liter (als $PdCl_2$) besprüht; die Masse wird 6 Std. bei 950° F calciniert; Pd-Geh. 0,04%; Poren-Vol. 0,27 $cm^3/g$. Über diesen Katalysator wird eine Mischung aus 0,1 (%) Methan, 4 $C_2$-KW-Stoffen, 1,1 $C_3H_4$, 89 $C_3H_6$, 5,8 $C_3H_8$ u. 0,03 $C_4$ + $C_5$-KW-Stoffen zusammen mit der 3fachen Menge $H_2$, bezogen auf Propadien, bei 200° F u. 275 lbs./sq. in. geleitet; $C_3H_4$ wird 95—100%ig. in *Propylen* übergeführt, dessen Verlust nach 40 Tagen nur 0,5—2 beträgt. Der Katalysator wird durch Behandeln mit Dampf bei 750° F wiederbelebt. (**A. P. 2 946 829** vom 15/7. 1958, ausg. 26/7. 1960.) G. KRAUSS. H 520

Esso Research and Engineering Co., Del., übert. von: Arthur W. Langer jun., Plainfield, N.J., V.St.A., **Für die Hydratisierung von Olefinen zu Alkoholen und Äthern** werden Ionenaustauscherharze verwendet, deren H-Ionen teilweise durch Metallionen ersetzt sind. Als Olefine dienen Monoolefine mit 2—12 C-Atomen. Die Hydratisierung wird bei 250—425° F u. 600—3000 lbs./sq. in. in einem Katalysatorfestbett ausgeführt. Die Ionenaustauscher werden durch Einführen von Sulfonsäure-, Schwefelsäure-, Phosphorsäure- oder Phosphonsäuregruppen in arylgruppenhaltige Harze hergestellt. Als solche kommen in Frage Phenol–Formaldehydharze, Harze aus Styrol, Vinyltoluol, Acrylnitril, Acrylamid, Methylacrylat, Methylmethacrylat oder deren Homologe. Als Metallionen dienen Cu, Ag, Fe, Co, Ni, Cr, Mo, W, U, Ca, Sr, Ba, Ra, Sn, Ti, Mn, Cd, Be, Mg, Al, Li, La, Pt, Pd, $VO^+$ u. andere. — Ein Cu-haltiger Hydratisierungskatalysator aus einem handelsüblichen Austauscherharz aus 92% Styrol u. 8% Divinylbenzol, dessen Sulfonsäuregruppen mit Na abgesätt. sind, wird mit $H_2SO_4$ regeneriert u. mit dest. W. gewaschen. 430 (Teile) der Säureform werden mit 67 $CuCl_2 \cdot 2\,H_2O$ u. 1000 W. aufgeschlämmt, 2mal mit dest. W. gewaschen u. abgesaugt. Man erhält ein Prod., dessen H-Ionen zu 61% durch Cu ersetzt ist. Mit dem Katalysator wird ein Festbett gefüllt u. bei 350—400° F werden *Propylen* u. W. im Mol-Verhältnis 1:1 bei 1000 lbs./sq. in. in solcher Menge darübergeleitet, daß das stündlich überströmende Propylen im fl. Zustand das gleiche Vol. einnehmen würde wie der Katalysator. (**A. P. 2 891 999** vom 15/11. 1954, ausg. 23/6. 1959.) A. DANDL. H 550

Distillers Co. Ltd., England (Erfinder: Richard Norman Lacey und Hubert Jowitt), **Herstellung von tertiären Acetylenalkoholen,** dad. gek., daß man ein Keton bei 0—30° unter Ausschluß von W. in Ggw. eines Alkalialkoxyäthylats, das man aus Alkoxyäthanol u. wss. Alkalihydroxyd bei vermindertem Druck durch Dest. mit Bzl. oder Toluol hergestellt hat, mit $C_2H_2$ umsetzt, aus dem Alkalisalz den Alkohol durch W. in Freiheit setzt u. destilliert. — 196 (Teile) 48,8%ig. KOH werden während $6^1/_4$ Std. zu 531 n-Butoxyäthanol in Ggw. von 3,8% Toluol gegeben u. bei 170 Torr. unter Rühren gekocht. Man fraktioniert u. erhält K-n-Butoxyäthylat in n-Butoxyäthanol. In diese Lsg. leitet man unter Rühren bei 0° $C_2H_2$ ein u. setzt während 4 Std. 65,7 Aceton zu. Man hydrolysiert u. fraktioniert *2-Methylbutin-(3)-ol-(2)*. — Ähnlich *3-Methylpentin-(1)-ol-(3)*, aus Methyläthylketon. — *Dehydrolinalool*, Kp.$_3$ 64 bis 67°, aus 6-Methylhepten-(5)-on-(2). (**F. P. 1 182 792** vom 16/9. 1957, ausg. 29/6. 1959. E. Prior. 29/9. 1956.) S. BÖTTCHER. H 560

E. I. du Pont de Nemours & Co., übert. von: John MacMillan Bruce jun., Wilmington, Del., V.St.A., **Fluorcarbonsäuren** erhält man durch Rk. von Fluorolefinen der allg. Formel $C_nF_{2n+1}CF{=}CF_2$ u. $\overline{C_nF_{2n}-CF{=}C}F$ mit $O_2$ bzw. Luft bei 100 bis 300° in Ggw. eines Perfluor-KW-Stoffs u. anschließende Hydrolyse des als Zwischen-Prod. erhaltenen Säurefluorids. — Man preßt z. B. auf ein Gemisch aus 75 $cm^3$ Perfluordimethylcyclohexan u. 10 g Hexafluorpropylen 280 lbs./sq. in. Luft auf u. erhitzt 2 Std. lang unter Rühren auf 200°, bringt anschließend das Rk.-Gemisch mit $Ca(OH)_2$ auf ein pH von 6,6, filtriert von $CaF_2$ ab u. dampft das Filtrat bei 70° im Vakuum ein, wobei man 2,5 g *Ca-Perfluoracetat* erhält. Weitere Beispiele: Perfluorcyclopenten → *Perfluorbernsteinsäure*; *Diamid*, F. 258°. Perfluorhepten-(1) → *Perfluorhexoylfluorid* (Kp. 64°); + $NH_3$ → *Perfluorhexoylamid*, F. 115—117°. — Zwischen-Prodd. u. Dispergiermittel. (**A. P. 2 927 941** vom 10/1. 1958, ausg. 8/3. 1960.) O. Müller-Meiningen. H 800

American Oil Co., Tex., übert. von: Earl Vance Kirkland, La Marque, Tex., V.St.A., **Herstellung von Estern mehrwertiger Alkohole,** die prakt. säurefrei sind u. als *Schmierstoffe* dienen, erfolgt durch Zerlegen eines Gemisches aus gerad- u. verzweigtkettigen aliphat. Monocarbonsäuren, die man bes. durch katalyt. CO-Red. nach dem sog. Synthol-Verf. erhält u. die z. B. aus 80% $C_7$—$C_{12}$- u. 20% $C_{12}$—$C_{30}$-Carbonsäuren bestehen u. zwischen 150 u. 500° sieden, in eine niedrig, z. B. < 90°/1 Torr, u. eine höher, z. B. > 90°/1 Torr, sd. Fraktion durch Dest., worauf man einen Unterschuß der höher sd. Fraktion mit einem Polyalkohol, bes. einem Polyglykol, bes. Triäthylenglykol, verestert, worauf man den erhaltenen Teilester mit der niedrigsd. Fraktion (I) völlig verestert u. den I-Überschuß abdestilliert. (**A. P. 2 939 874** vom 30/12. 1957, ausg. 7/6. 1960.) O. Müller-Meiningen. H 800

Monsanto Chemical Co., St. Louis, Mo., übert. von: Edward L. Doerr und William E. Weesner, Dayton, Ohio, V.St.A., **Herstellung von Polyglykolestern** die als Zwischenprodd., Netz- u. Reinigungsmittel dienen. Man setzt Tetrapropylen oder Triisobutylen in Ggw. eines stark sauren anorgan. Katalysators, z. B. $BF_3$–$H_3PO_4$, bei 50—100° u. 50—1000 at mit CO um, zerlegt das Rk.-Prod. mit W. u. setzt die erhaltene tert.-$C_{13}$-Carbonsäure (Kp.$_{1,3-1,4}$ 120—140°; $n_D^{25}$ ca. 1,444) mit 5—20 Mol $C_2H_4O$ um. (**A. P. 2 904 585** vom 24/2. 1958, ausg. 15/9. 1959.) O. Müller-Meiningen. H 800

Gulf Research & Development Co., übert. von: Norman W. Franke, Penn Township, Allegheny County, Charles M. Selwitz, Monroeville, und Arthur C. Whitaker, Pittsburgh, Pa., V.St.A., **Herstellung von verzweigtkettigen Fettsäuren** (I) durch „Oxo"-Rk. eines CO–$H_2$-Gemisches mit einem Olefin-KW-Stoff, z. B. Hexen, in Ggw. eines Hydroformylierungskatalysators, z. B. Co-2-Äthylhexanoat, bei 150—450° F u. 1500—5000 lbs./sq.in., Zers. des Katalysators, z. B. durch Erhitzen des Rk.-Gemisches auf 200—400° F bei 150—250 lbs./sq.in., Red. der erhaltenen Aldehyde, z. B. in Ggw. von Ni bei 400—500° F u. 500—1500 lbs./sq.in. zu den entsprechenden „Oxo"-Alkoholen, die man bei 100—250° F. abdest., worauf man die sog. Bodenfraktion mit 20—90%ig., bes. 50—70%ig., $HNO_3$ bei 25—150°, bes. 50—100°, u. 1—1500, bes. 500—1000, lbs./sq.in. oxydiert, die wss. von der organ. Schicht trennt, u. die I aus letzterer, bes. nach Auswaschen der $HNO_3$ mit W., durch Dest. gewinnt. (**A. P. 2 945 050** vom 21/5. 1957, ausg. 12/7. 1960.) O. Müller-Meiningen. H 810

Esso Research and Engineering Co., Elizabeth, N.J., V.St.A. (Erfinder: Rodney Thomas William Hall, Colin Lambert Southall und Eric Newman White), **Herstellung von Gemischen aus $C_{12}$–$C_{42}$-Carbonsäuren** (I) erfolgt durch Oxydation von Weichwachsen (II) mit 20—70 C-Atomen, einem F. von 100—195° F u. einem S-Geh. > 0,3—2 Gew.-% u. 5—30% Öl, aus dem die II isoliert werden, mit Luft (90 bis 200 $cm^3$/s·kg) bei einer Temp. < 135°, bes. bei 100—130°, in Ggw. von 0,5—2,5 Gew.-% eines wasserlösl. permangansauren Salzes, bes. von $KMnO_4$, bis zum Erreichen einer SZ. > 40 u. < 100 innerhalb von 1—4 Tagen. Die I lassen sich durch Behandeln der Oxydatschmelze mit einem O-haltigen Lsgm., z. B. $CH_3OH$ voneinander trennen. Als unlösl. Fraktion erhält man die Carbonsäuren > $C_{30}$, bes. $C_{35}$—$C_{41}$, die zum Emulgieren von Bitumen in wss. Alkalien dienen. Die Säuregemische < $C_{30}$ dienen zur Herst. von Seifen, Reinigungsmitteln u. als Zusätze zu Korrosionsschutzmitteln. (**E. P. 816 670** vom 14/3. 1957, ausg. 15/7. 1959.) O. Müller-Meiningen. H 810

Shell Development Co., New York, N.Y., übert. von: Curtis W. Smith, Berkeley, Calif., V.St.A., **Carbonsäureester von ein- oder mehrwertigen Alkoholen** erhält man durch Rk. eines α-Peroxyäthers mit 4—18 C-Atomen u. höchstens 2 O-Atomen im Ring der allg. Formel I mit einer Äthylen-Verb. der allg. Formeln R'C(R')=C(R')R' oder $H_2C{=}C(R')-C(R'){=}CH_2$ (R u. R' = H, gleicher oder verschiedener organ. Rest, bes. Alkyl, Aralkyl, Aryl; R' = auch Halogen; Y = H, KW-Stoffrest oder Formel **II**; X = 2wertiger organ. Rest mit 1—15 C-Atomen) in Ggw. von 0,25—5, bes.

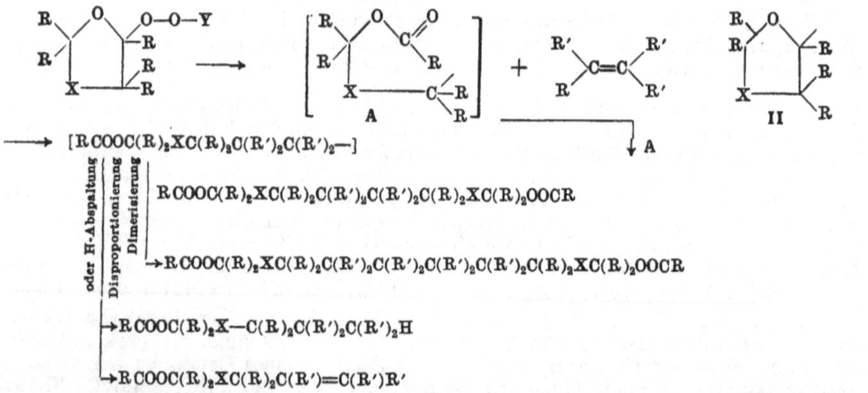

1—3, Mol einer Redox-Verb. (Metallionen von Fe, Cr, V, Co, Cu, Mn; $NaHSO_3$, Na-Formaldehydsulfoxylat, *l*-Ascorbinsäure, reduzierend wirkende Zucker), bes. 0,5—2 Äquivalenten einer Säure ($H_2SO_4$, HCl, $H_3PO_4$) oder unter neutralen oder alkal. Bedingungen u. eines wss. oder wasserfreien Lsgm. (Methanol, A., tert.-Butanol, Ae., Dioxan, Methyl- oder Äthylacetat, Bzl., W.) bei —15 bis +50°, bes. 0—25°, vermutlich nach dem Rk.-Schema: (vgl. auch J. Amer. chem. Soc. **76**. [1954.] 2322—25). — Aus 20 g 2-Hydroperoxytetrahydropyran (**III**) in 100 $cm^3$ Methanol u. 20 g Butadien (**IV**) in Ggw. von 55 g $FeSO_4 \cdot 7\ H_2O$ in 300 $cm^3$ W. bei —5 bis +5° nach Extraktion mit Ae. → *ω-(2-Tetrahydropyranyloxy)-n-butylformiat*, $Kp._1$ 100—134°; *6-Dodecen-1.12-dioldiformiat*, $C_{14}H_{24}O_4$, $Kp._1$ 135—140°; u. Mischung aus *6.10-Hexadecadien-1.16-dioldiformiat*, $C_{18}H_{30}O_4$, $Kp._1$ 171 bis 175°, u. *6-Vinyl-8-tetradecen-1.14-dioldiformiat* neben wenig 6.7-Divinyldodekan-1.12-diol; die gleichen Verbb. sind auch aus tert.-Butyl-2-tetrahydropyranylperoxyd erhältlich. — Mit 2 Mol Isopren (**V**) entstehen die Diformiate von *6.10-*, *6.11-* u. *7.10-Dimethyl-6.10-hexadecadien-1.16-diolen* u. deren *Isomere*, wie *6-Vinyl-6.8-dimethyl-*, *6-Isopropenyl-8-methyl-* u. *6-Vinyl-6.9-dimethyl-8-tetradecen-1.14-diol*; mit 1 Mol → *6-Methyl-6-dodecen-1.12-dioldiformiat*, *5-Vinyl-5-methyldecan-1.10-diolformiat* u. *5-Isopropenyldecan-1.10-dioldiformiat*. Mit 2 Mol Chloropren (**VI**) → *Dichlor-6.10-hexadecadien-1.16-dioldiformiat* u. deren *Isomere*; mit 1 Mol → *6-Chlor-6-dodecen-1.12-diformiat* u. dessen Isomere. — 1 Mol Maleinsäuredimethylester → *2-Carbomethoxy-6-formoxyhexansäuremethylester*; 2 Mol → *5.6.7.8-Tetracarbomethoxy-1.12-diformoxydodecan*. — 1 Mol Methacrylsäuremethylester → *2-Methyl-7-formoxyheptan-2-säuremethylester*; 2 Mol → *6.7-Dimethyl-6.7-dicarbomethoxy-1.12-diformoxydodecan*. — α-Methylstyrol → *6-Phenylheptylformiat*; *5-Methyl-5-phenyl-1.10-diformyloxydecan* u. *6.7-Dimethyl-6.7-diphenyl-1.12-diformyloxydodecan*. — Methacrylsäurenitril → *6-Cyanheptylformiat*; *5-Methyl-5-cyan-1.10-diformyloxydecan* u. *6.7-Dimethyl-6.7-dicyan-1.12-diformyloxydodecan*. — 2-Hydroperoxy-2-methyltetrahydropyran + **IV** → *6.10-Hexadecadien-1.16-dioldiacetat* u. *6-Dodecen-1.12-diodiacetat* u. deren Isomere. — 2-Methylfuran + 30%ig. $H_2O_2$ → 2-Hydroperoxy-2-methyl-2.5-dihydrofuran + **IV** → *1.10-Diacetoxy-2.5.8-decatrien* u. *1.14-Diacetoxy-2.5.9.12-tetradecatetraen*. — Monohydroperoxydioxan + **IV** → *3.10-Dioxa-6-dodecen-1.12-dioldiformiat*; *3.14-Dioxa-6.10-hexadien-1.16-dioldiformiat*. — Ferner können umgesetzt werden unter anschließender Verseifung des Esters zum Diol: 2-Hydroperoxy-1-oxacyclohexan + **IV** → *7.11-Octadecadien-1.18-diol*; **III** + 1.3-Pentadien → *8.9-Dimethyl-6-10-hexadecadien-1.16-diol*; **III** + 2.3-Dimethyl-**IV** → *6.7.10.11-Tetramethyl-6.10-hexadecadien-1.16-diol*. — **III** + 2-Phenyl-1.3-**IV** → *6.10-Diphenyl-6.10-hexadecadien-1.16-diol*. — 2-Hydroperoxy-1-oxacyclononan + **IV** → *9.13-Docosadien-1.22-diol*. 2-Hydroperoxy-1-oxacyclodekan + **V** → *10.14-Dimethyl-1.14-tetracosadien-1.24-diol*. — 2-Hydroperoxy-6-methyltetrahydropyran + **IV** → *7.11-Octadecadien-2.17-diol*. 2-Hydroperoxy-6-äthyltetrahydropyran + **V** → *8.12-Dimethyl-8.12-eicosadien-3.18-diol*. — 2-Hydroperoxy-6-heptyltetrahydropyran → *13.17-Triacontadien-7.23-diol*. 2-Hydroperoxy-6-phenyltetrahydropyran + **IV** → *1.16-Diphenyl-6.10-hexadecadien-2.15-diol*. 2-Hydroperoxy-6-butyltetrahydropyran + **VI** → *10.14-Tetracosadien-10.14-dichlor-5.20-diol*. 2-Hydroperoxy-6.6-dimethyltetrahydropyran + **IV** → *2.17-Dimethyl-7.11-octadecadien-2.17-diol*. 2-Hydroperoxy-5-methyl-5-propyltetrahydrofuran + **IV** → *4.17-Dimethyl-8.12-eicosadien-4.17-diol*. 2-Hydroperoxy-2.9.9-trimethyl-1-oxacyclononan + **IV** → *2.24-Dimethyl-10-14-tetracosadien-2.24-diol*. — **III** + 1.3-Pentadien → *5.10-Dimethyl-6-vinyl-8-tetradecen-1.54-diol*. **III** + 2.3-Dimethyl-1.3-**IV** → *6-Isopropenyl-6.8.9-trimethyl-8-tetradecen-1.14-diol*. 2-Hydroperoxy-6-isopropyltetrahydropyran + **IV** → *2.17-Di-*

*methyl-8-vinyl-10-octadecen-3.16-diol.* 2-Hydroperoxy-4-phenyltetrahydropyran + **IV** → *3.12-Diphenyl-6-vinyl-8-tetradecen-1.14-diol.* 2-Hydroperoxy-6-propyltetrahydropyran + **VI** → *9.11-Dichlor-9-vinyl-11-eicosadien-4.17-diol.* 2-Hydroperoxy-5-methyl-5-pentyltetrahydrofuran + **IV** → *6.17-Dimethyl-10-vinyl-12-docosadien-5.18-diol.* Weiter sind umsetzbar: 2-Hydroperoxy-3-methyltetrahydrofuran, Di-(2-tetrahydropyranyl)-peroxyd, 2-Hydroperoxy-3-isopropyl-, 2-Hydroperoxy-4-isobutyl-, 2-Hydroperoxy-5-decyltetrahydropyran, 2-(5-Hydroperoxytetrahydropyranyl)-äthyläther, 2-(3-Phenyl-5-hydroperoxytetrahydropyranyl)-octadecyläther, Bis-2-(5-hydroperoxytetrahydropyranyl)-äther, 2-Acetoxy-5-hydroperoxytetrahydropyran, 2-Hydroperoxytetrahydropyran-5-aldehyd, 2-Acetyl-5-hydroperoxytetrahydropyran, 2-Hydroperoxy-1-oxacyclodecan u. 2-Hydroperoxy-1-oxacyclotridecan (sämtliche Peroxyde sind erhältlich nach J. Amer. chem. Soc. **73.** [1951.] 913—14; **76.** [1954.] 1173—74 u. A. PP. 2 479 284 u. 2 514 168) mit Styrol, 4-Methylvinylbenzol, 3-Chlor-1-vinylbenzol, α-Chlorstyrol, Vinylnaphthalin, Diphenyläthylen, 1-Phenyl-1-cyclohexen, Inden u. dessen Homologen, Acrolein, α-Chloracrolein, Methacrolein, Croton-, Tiglin-, β-Methylcroton-, Zimt-, α-Methylzimtaldehyd, α-Äthylacrolein, 2-Hexanal, 1-Formylcyclo-1-hexen, Acryl-, α-Chloracryl-, Methacryl-, Croton-, α-Chlorcroton-, Angelica-, β.β-Dimethylacryl-, 2-Hexen-, Malein-, Citracon-, Dimethylmalein-, Zimtsäure, deren Methyl-, Äthyl-, Isopropyl-, Isobutylester, Methylvinyl-, Äthylvinyl-, Phenylvinyl-, Äthylisopropenyl-, Propylpropenyl-, Methyl-α-phenylvinylketon, Mesityloxyd, 4-Chlor-3-nonen-2-on, 4-Chlor-3-äthyl-3-hexen-2-on, 3-Hexen-2.5-dion, 4-Phenyl-3-hexen-2-on, 2-Cyclohexenon, Acryl-, Croton-, α-Äthylacryl-, α.β-Dimethylacryl-, α-Phenylacryl-, α-Naphthylacryl-, α-(2-Chlorbutyl)-acryl-, β-(2-Chloräthyl)-acryl-, β-Hexylacryl-, β-n-Decylacrylnitril, Äthylen, Isobutylen, Amylene, Cyclohexen, Vinylidenchlorid, Vinylacetat, 1.3.5-Hexatrien, 2.4-Octadien, 1.1-Dimethyl-3-tert.-butyl-1.3-**IV**, 1.4-Diphenyl-1.3-**IV**, 2-Benzyl-1.3-**IV**, 2-Cyclohexyl-1.3-**IV**, 2-(Cyclo-3-hexen)-1.3-**IV**, 1.1-Diphenyl-3.5-hexadien, Cyclopentadien, 1.3-Cyclohexadien, 1-Methyl-2.4-cyclopentadien, 2-Methyl-1.3-cyclopentadien, Mono- u. Dimethyl-1.3-cyclohexadien, 1-Vinyl-1-cyclohexen, 1-tert.-Butyl-1.3-cyclohexadien, 1.3-Cycloheptadien, 2.3-Dichlor-1.3-**IV**, 1-Chlor-2.4-cyclopentadien, 1-Chlormethyl-2.4-cyclohexadien, die entsprechenden F- u. Br-Verbb., 2.4-Hexadien-1-ol, 1.3-Hexadien-5-ol, 2.4-Octadien-6-ol, 2.4.6-Octatrien-1-ol, 2-Methoxy-1.3-**IV**, 2-Äthoxy-1.3-**IV**, 1-Äthoxy-2.3-cyclohexadien, Vinylacryl-, Sorbin-, 4-Methyl-2.4-pentadien-, Muconsäure, deren Methyl-, Äthyl-, tert.-Butyl-, 2-Äthylhexyl- u. Decylester, 1-Cyan-1.3-**IV**, 3-Nitro-1.3-**IV**. — Die Diole sind *Zwischen-Prodd.* zur Herst. von *fäden-* u. *faserbildenden Polycarbonsäureestern*; deren *Mono-* u. *Diester* sind *Weichmacher* für *Harze*; die tert.-Diole geben bei der Wasserabspaltung *Tetraene*; durch Oxydation der prim. Diole entstehen *langkettige Carbonsäuren*, die zur Herst. von *Alkydharzen* dienen; ein Teil der Diole läßt sich mit Vinylchlorid, Methacrylsäuremethylester u. Styrol mischpolymerisieren, die Polymeren lassen sich mit Diisocyanaten *vernetzen* u. mit $H_2SO_4$ oder $H_3PO_4$ zu *Ionenaustauscherharzen* verestern. — Bei der Rk. der Diene mit den Peroxyden entstehen 2 : 1- u. 2 :2-Addukte u. Iosmere der allg. Formeln $RCOOC(R)_2XC(R)_2CH_2C(R')=C(R')CH_2CH_2C(R')=C(R')CH_2C(R)_2XC(R)_2OOCR$; $RCOOC(R)_2XC(R)_2CH_2C(R')(C[R']=CH_2)CH_2C(R')=C(R')CH_2C(R)_2XC(R)_2OOCR$; $RCOOC(R)_2XC(R)_2CH_2C(R')(C[R']=CH_2)C(R')(C[R']=CH_2)CH_2C(R)_2XC(R)_2OOCR$; $RCOOC(R)_2XC(R)_2CH_2C(R')=(C')R')CH_2C(R)_2XC(R)_2\cdot OOCR$ u. $RCOOC(R)_2XC(R)_2C(R')(C[R']=CH_2)CH_2C(R)_2XC(R)_2OOCR$. (**A. P. 2 820 813** vom 30/12. 1954, ausg. 21/1. 1958.) G. KRAUSS. H 850

Swift & Co., übert. von: Burton H. Robin, Chicago, Ill., V.St.A., **Halogenhydroxyfettsäuren, deren Ester, Amide oder Halogenhydroxyalkohole** erhält man durch Rk. der entsprechenden Olefin-Verbb. mit $Cl_2$ oder $Br_2$ in Ggw. von Ätzalkali u. W. oder eines Alkalihypohalogenits in Ggw. einer Mineralsäure. Man gibt z. B. 282 (g) 80—90 %ig. Ölsäure (Geh. an mehrfach ungesätt. Verbb. 8—9%) (**I**) zu 110 $cm^3$ 10n NaOH (**II**), löst die erhaltene Seife (**III**) in sd. W., kühlt auf 25°, salzt **III** mit 300 $cm^3$ gesätt. NaCl-Lsg. aus, bringt das pH der Lsg. durch Zusatz von 210 $cm^3$ **II** auf 13 u. leitet unter Rühren $Cl_2$ ein, bis das pH auf 11,0 gefallen ist. Nach Abstellen der $Cl_2$-Zufuhr fällt das pH des Gemisches unter 11, bis alles $Cl_2$ reagiert hat, worauf das pH infolge der Bldg. von NaOH wieder zu steigen beginnt. Wenn das pH 11,0 wieder erreicht ist, wird wieder $Cl_2$ eingeleitet, bis nach 10 Std. das pH beim Abstellen des $Cl_2$-Stroms konst. bleibt. Überschüssiges NaOCl wird mit 32 %ig. $NaHSO_3$-Lsg. zersetzt u. das End-Prod. wird durch Zugabe von $H_2SO_4$ isoliert. Viscoses Öl; JZ. 3,3; Cl-Geh. 10,4 berechnet u. gefunden. Man kann auch 141 **I** bei einer Temp. $< 25°$ zu 500 $cm^3$ einer 1,5m NaOCl-Lsg. zusetzen, worauf das pH von 11,5 auf 9,5 fällt u. anschließend innerhalb 1 Std. unter weiterem NaOCl-Zusatz bis auf pH steigt u. bei 3 std. Rühren konst. bleibt. Das erhaltene viscose Öl besitzt die JZ. 16,7, berechnet 0; Cl-Geh. gefunden 9,2, berechnet 10,8). Weitere Beispiele für die Behandlung von Methyloleat u. Oleylalkohol. Ausgangsprodd. zur Herst. von

Dihydroxy- u. Epoxyfettsäuren u. ihrer Derivate. — Vorr., Zeichnung. (**A. P. 2 936 314** vom 16/5. 1957, ausg. 10/5. 1960.) O. Müller-Meiningen. H 850

Callery Chemical Co., Pittsburgh, Pa., übert. von: George L. Cunningham und Frank Pretka, Cleveland, Ohio, V.St.A., **Trialkylborate** (I) erhält man bei der Behandlung von Alkali- oder Erdalkali-Tetraalkoxyboraten (II) mit $CO_2$ in Ggw. eines Lsgm., welches I löst u. für Alkali- oder Erdalkali-Alkylcarbonate unlösl. ist. In I u. II sollen die Alkylgruppen niedrigmol. sein. I wird als alkohol. Schlamm verwendet. Die Rk. wird bei normaler Temp. ausgeführt. Als Lsgm. kommen Perchloräthylen, Trichloräthylen, vegetabil. Öle, wie Baumwollsamenöl, oder Mineralöle in Betracht. — Na-Tetramethoxyborat in gesätt. methanol. Lsg. ergibt *Trimethylborat*, welches mittels Dest. vom Methanol befreit wird. (**A. P. 2 938 920** vom 1/12. 1955, ausg. 31/5. 1960.) G. König. H 980

AFN, Inc., übert. von: Jawad H. Murib, St. Bernard, und Edward A. Grannen jun., Cincinnati, Ohio, V.St.A., **Trialkylborane** erhält man durch Rk. eines B-Oxyds (I) mit Al-Trialkylen oder Alkyl-Al-Halogeniden in Ggw. von $H_2$ u. Al, In, Tl oder Ga. I kann sein $B_2O_3$ oder $Na_2B_4O_7$ sowie $NaBO_2$ u. B-Suboxyd oder -Subborat. — Ein Gemisch von 13,85 (Teilen) Al, 17,63 $B_2O_3$ u. 18 $(CH_3)_3Al$ wird in einem Autoklaven mit $H_2$ unter einem Druck von 1000 lbs./sq.in. 7½ Std. auf 100° erhitzt, wobei man als Hauptprod. $(CH_3)_3B$ erhält. (**A. P. 2 934 566** vom 7/4. 1958, ausg. 26/4. 1960.) J. Mühleisen. H 980

Soc. des Usines Chimiques Rhône-Poulenc, Frankreich (Erfinder: Henri Normant und Patrice Perrin), **Herstellung von Methyl-Mg-Verbindungen**, 87% *$CH_3MgO-SO_2-OCH_3$* u. 13% *$Mg(CH_3)_2$*, dad. gek., daß man Mg in Diäthylenglykoldiäthyl- oder einem anderen Polyäthylenglykoldialkyläther mit Dimethylsulfat umsetzt. (**F. P. 71 267** vom 17/4. 1957, ausg. 2/11. 1959. **Zusatz zu F. P. 1 163 209; C. 1959. 15191.**) S. Böttcher. H 980

Ethyl Corp., New York, N.Y., übert. von: John T. Balhoff, Baton Rouge, La., V.St.A., **Alkylaluminiumverbindungen** erhält man durch Rk. von Al mit $H_2$ u. Olefinen, wobei das Al vor der Rk. durch Vermahlen mit 0,001—10 Mol-% eines organ. Peroxyds, bezogen auf Al, unter einer inerten Fl. auf eine Teilchengröße von $< 25\,\mu$ zerkleinert wird. — 11 (Teile) Al werden mit 0,4 Benzoylperoxyd in einer Kugelmühle unter Hexan 12 Std. gemahlen, bis eine durchschnittliche Teilchengröße von ca. 3 $\mu$ erreicht ist. Bei der Rk. des Gemisches mit Äthylen u. $H_2$ im Autoklaven bei 140° u. einem Druck von 1000 lbs./sq.in. während 4½ Std. erhält man in guter Ausbeute *Triäthylaluminium* u. *Diäthylaluminiumhydrid*. (**A. P. 2 943 102** vom 24/2. 1959, ausg. 28/6. 1960.) J. Mühleisen. H 980

Velsicol Chemical Corp., übert. von: Hyman M. Molotsky, Chicago, Ill., V.St.A., **Substituierte Derivate von α.α.α.2.3.4-Hexachlortoluol** der allg. Formel I erhält man durch Umlagerung von Hexachlorbicyclo-[2.2.1]-heptadienen-(2.5) der allg. Formel II bei 190—295°, bes. bei 220—260°, wobei in den Formeln $R_2$ H, aliphat.-, cycloaliphat.- u. Aryl-Reste u. $R_2$ dieselben Reste außer H bedeuten. Die Verbb. der Formel II entstehen durch Addition von Acetylen-Derivv. an Hexachlorcyclopentadien (III). — Durch Rk. von 2,24 (Mol) III mit 1,27 Propargylchlorid (IV) bei einer Temp. bis zu 145° erhält man nach Entfernen von nicht umgesetztem III das III-IV-Addukt, Kp.$_{1,3}$ 122°, $n_D^{20}$ 1,5665, das in III als Lsgm. 1 Std. auf 220—245° erhitzt wird. Nach Entfernen von nicht umgesetztem Addukt bei Unterdruck erhält man rohes *Chlormethyl-α.α.α.2.3.4-hexachlortoluol*, F. 91—92,5°, Kp.$_{0,8}$ 155—158°, $n_D^{20}$ 1,6183. — Analog erhält man aus dem rohen Addukt von III u. 1.4-Dichlor-2-butin, Kp.$_{1,6}$ 155—157°, rohes *5.6-Bis-[chlormethyl]-α.α.α.2.3.4-hexachlortoluol*, Kp.$_2$ 17°, $n_D^{20}$ 1,6180. Die Addukte von III u. Phenylacetylen, Äthylpropiolat u. Propargylalkohol, letztes Addukt verestert mit Essigsäureanhydrid, ergeben *Phenyl-α.α.α.2.3.4-hexachlortoluol*, Kp.$_{1,4}$ 200°, $n_D^{20}$ 1,6402, *Carbäthoxy-α.α.α.2.3.4-hexachlortoluol*, Kp.$_{0,5}$ 197°, $n_D^{20}$ 1,5814 u. *Acetoxymethyl-α.α.α.2.3.4-hexachlortoluol*, Kp.$_{0,5}$ 154 bis 156°, $n_D^{20}$ 1,5855. — *Insekticide, Fungicide, Vulkanisiermittel, Lsgm.* u. Zwischenprodukte. (**A. P. 2 946 817** vom 8/1. 1957, ausg. 26/7. 1960.) J. Mühleisen. H 1010

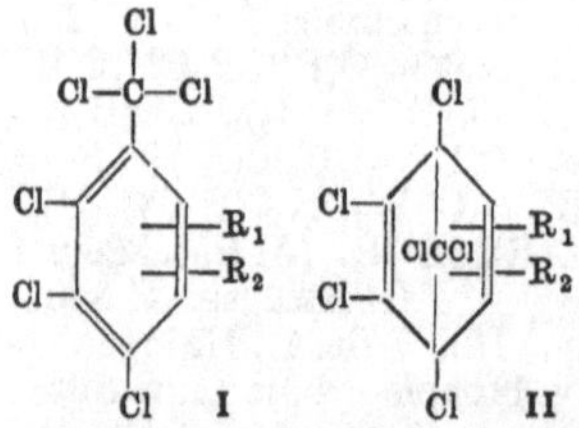

Universal Oil Products Co., Des Plaines, übert. von: Vladimir Haensel, Hinsdale, Ill., V.St.A., **Herstellung von Äthylbenzol.** Eine Erdölfraktion, die Äthylcyclohexan u. Methyläthylcyclopentan, enthält, wird in eine schwere Fraktion, die Äthylcyclohexan vom Kp. > 261—269° F u. in eine leichte Fraktion, die von Äthylcyclohexan prakt. frei ist u. Methyläthylcyclopentan enthält, vom End-Kp. 261—269° F.

zerlegt. Die schwere Fraktion wird bei 600—1050° F an einem Katalysator von 0,01—1 (Gew.%) Pt u. 0,1—5 Halogen auf einem Tonerdeträger bei 50—1000 lb./sq.in. u. einer Raumströmungsgeschwindigkeit von 1—10,5 Vol. KW-Stoff/Vol.Katalysator/Std. in Ggw. von $H_2$ bei einem $H_2$:KW-Stoff-Verhältnis von 0,5—20 katalyt. umgewandelt. Die leichte Fraktion wird gleichfalls an einem Katalysator aus 0,02—2 (Gew.-%) Pt u. 0,2—8 Halogen auf einem Tonerdeträger bei 610—1060° F, 50—1000 lb./sq.in. u. einer Raumströmungsgeschwindigkeit von 0,5—10 u. einem molaren $H_2$: KW-Stoff-Verhältnis von 0,5—20 katalyt. umgewandelt. Als Rk.-Prod. dieser Umwandlungen wird Äthylbenzol erhalten. — Zeichnung. (**A. P. 2 892 876** vom 2/11. 1956, ausg. 30/6. 1959.) E. Kahles. H 1010

Universal Oil Products Co., Des Plaines, Ill., V.St.A. (Erfinder: Herman Samuel Bloch), **Abtrennen von in Kohlenwasserstoffen enthaltenen organischen Verbindungen** erfolgt durch Extraktion in fl. Zustand, bes. im Gegenstrom, mit einem Glykoläther der allg. Formel $HO(C_2H_4O)_x—(C_3H_6O)_yH$ (x = 1—6; y = 1—5), der 0,5—40, bes. 0,5—20, % W. enthalten kann, bei 30—200°, bes. 100—180°, u. 0,5—25 at. Bes. können abgetrennt werden: *Phenole* u./oder *Thiophenole* aus ihren Mischungen mit aliphat. u. aromat. KW-Stoffen; *Bzl.* aus seinen Mischungen mit Paraffinen, Olefinen oder Naphthenen; *Mercaptane* u. *Alkylsulfide, Monocarbonsäuren, Mononitro-, Monoamino-, Monomercapto-* u. *Monohydroxyl-Verbb.* aus ihren Mischungen mit KW-Stoffen, *Monoolefine* u. *Cycloolefine* aus KW-Stoffen. — Getrennt wird eine Mischung aus 25% Bzl. u. Methylcyclopentan mit $HOC_2H_4OC_3H_6OH$, Kp. 235—240° (hergestellt aus Propylenglykol u. Äthylenoxyd in Ggw. von 1% NaOH-Pulver bei 80°). Als Extraktionsmittel sind noch verwendbar: $HOC_2H_4OCH(CH_3)CH_2OCH_2CH(CH_3)OH$; $HOC_2H_4OC_2H_4OCH_2CH(CH_3)OH$; $HOCH(CH_3)CH_2OC_2H_4OC_2H_4OC_2H_4OCH_2CH(CH_3)OH$. — (**E. P. 821 998** vom 7/5. 1958, ausg. 14/10. 1959.) G. Krauss. H 1060

E. I. du Pont de Nemours & Co., übert. von: Walter Murray Edwards und Ivan Maxwell Robinson, Wilmington, Del., V.St.A., **Diaminsalze von Pyromellitsäurediestern** der allg. Formeln I u. II (X = O oder S) werden durch Vermischen der Lsgg. der Reaktionsteilnehmer in äquimol. Mengen bei leicht erhöhter Temp. hergestellt. Als Lsgm. dienen Alkohole oder Alkohol-Gemische. Geeignete Diamine sind Trimethylen-, Tetramethylen-, Hexamethylen-, 2.2-Dimethylpropylen-, 1.1.3-Trimethylpropylen-, 1.1.6.6-Tetramethylhexamethylen-, 3.3-Dimethylpentamethylen-, 3-Methylhexamethylen-, 3-Methoxyhexamethylen-, 2.5-Dimethylhexamethylen-, 2.2.5.5-Tetramethylhexamethylen-, m-Phenylendiamin, Bis-(4-aminocyclohexyl)-methan, Bis-(p-aminophenyl)-äther, 2.4-Bis-(amino-tert.-butyl)-toluol, Bis-(p-amino-tert.-butylphenyl)-äther, 1.4-Bis-(β-methyl-δ-aminopentyl)-benzol, Bis-(3-aminopropyl)-äther, 1.2-Bis-(3-aminopropoxy)-äthan, 1.2-Bis-(3-aminopropoxy)-propan, 3-Methylheptamethylendiamin, 5-Methylnonamethylendiamin, Heptamethylendiamin, Oktamethylendiamin, Nonamethylendiamin, Dekamethylendiamin, 9.9-Bis-(3-aminopropyl)-fluoren, 1.4-Bis-(1.1-dimethyl-5-aminopentyl)-benzol, 2.17-Diaminoeicosadecan, 2.11-Diaminododecan. — 4,5928 (Teile) Pyromellitsäurediäthylester u. 2,9660 2.11-Dodecandiamin werden unter $N_2$ in 50%ig. wss. A. gelöst u. erwärmt, bis sich eine homogene Lsg. gebildet hat. Unter Entfernung der flüchtigen Bestandteile wird nach u. nach auf 285° (1½ Std.) u. dann 30 Min. auf 325° erwärmt. Das Prod. wird bei 200° unter Druck zu einem dünnen Film verformt, der in m-Kresol vollständig lösl. ist. — Die Diaminsalze dienen zur Herst. von Polypyromellitsäureimiden, indem man sie auf etwa 135° erhitzt. (**A. P. 2 880 230** vom 13/6. 1955, ausg. 31/3. 1959.) A. Dandl. H 1240

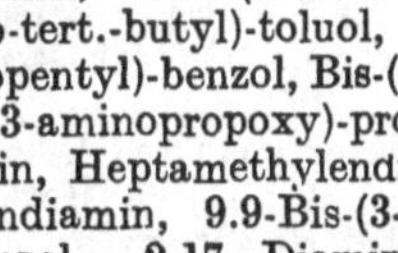


(X = O oder S) I

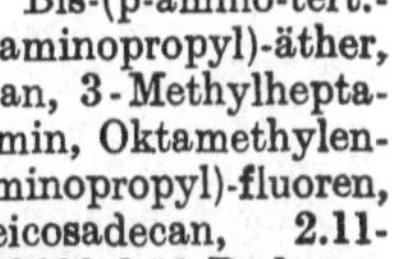


II

American Cyanamid Co., New York, N.Y., übert. von: Kenneth W. Saunders, Darien, und Edwin M. Smolin, Stamford, Conn., V.St.A., **Vinylarylverbindungen** erhält man durch Cracken von 1.1-Diarylalkanen (Alkan mit wenigstens 2 C-Atomen) in Ggw. eines Katalysators aus Kaolin–Al-Silicat, der durch Behandeln von Kaolin mit frisch hydrolysiertem Alkylorthosilicat (Methyl-, Propyl-, Butylorthosilicat), bes. Äthylorthosilicat, hergestellt u. dann auf 350—550° erhitzt wurde. Die Verweilzeit beträgt 0,004—0,4, bes. 0,04—0,1, Sek.; die KW-Stoffe können mit Dampf, $N_2$, $H_2$, CO, Methan, Äthan, Bzl. verd. werden. Die Wiederbelebung des Katalysators erfolgt mit Luft u. Dampf bei 590—650°. — 1.1-Ditolyläthan → *Methylstyrol.* — 1.1-Dixyläthan → *Dimethylstyrol.* — 1.1-Bis-[p.p'-dichlorphenyl]-äthan → *Chlorstyrol.* Weitere Ausgangsstoffe sind: 1-Phenyl-1-tolyl-, 1-Phenyl-1-xylyl-, 1-Tolyl-1-xylyläthan; 1.1-Diphenyl-, 1-Phenyl-1-tolyl-, 1.1-Ditolyl-, 1-Tolyl-1-xylyl-, 2.2-Ditolylpropan; 1.1-Bis-(chlorphenyl)-äthan, 1.1-Bis-(hydroxyphenyl)-äthan, 1.1-Dikresyläthan, 2.2-Dikresylpropan, 1.1-Dinaphthyläthan, 1.1-Dixenyläthan, 1-Tolyl-1-naphthyläthan

u. deren Halogen- u. Hydroxy-Derivate. (**A. P. 2 864 872** vom 1/5. 1956, ausg. 16/12. 1958.) G. Krauss. H 1410

Imperial Chemical Industries Ltd., London, England, **Herstellung von Benzanthron.** Man oxydiert Benzanthracen (I) in Toluol bei 35—70° mit 35%ig. $HN_3$ u. trennt nach Zugabe von W. die gebildeten Benzanthronkristalle, F. 170—173°, ab. Man kann bei dem Verf. direkt von dem bei der Pyrolyse von α-Benzylnaphthalin anfallenden Gemisch aus I u. Dihydrobenzanthren (II) ausgehen. Das II wird dabei unverändert wiedergewonnen. (**Ind. P. 59 221** vom 27/12. 1956, ausg. 31/1. 1958. E. Prior. 4/1. 1956.) C. Lüttgen. H 2950

UCLAF, Frankreich (Erfinder: Bruno Vaterlaus und André Furlenmeier), **Herstellung von 8-Carboxy-1.2.3-trimethoxydibenzo-[a;c]-cycloheptadien-(1.3)**, F. 184°, $[\alpha]_D^{20}$ 0° (c = 0,5%; Chlf.). Man setzt N-Desacetylthiocolchicin in Methanol mit Methyljodid zu *N.N-Dimethyl-N-desacetylthiocolchicin*, F. 169—170° (Zers.), $[\alpha]_D^{20}$ = 150° (c = 0,5%; Chlf.), um, behandelt dessen *Methojodid*, F. 201—203° (Zers.), mit $Ag_2O$ unter Bldg. von *8-Carbomethoxy-9-methylmercapto-1.2.3-trimethoxydibenzo-*[α;c]-*cycloheptadien-(1.3)*, F. 159—160°, $[\alpha]_D^{20}$ 0° (c = 0,5%; Chlf.); dieses wird an Raney-Ni hydriert zu *8-Carbomethoxy-1.2.3-trimethoxydibenzo-*[a;c]-*cycloheptadien-(1.3)*, F. 152°, $[\alpha]_D^{20}$ 0° (c = 0,5%; Chlf.), welches man verseift. (**F. P. 1 195 222** vom 7/8. 1957, ausg. 16/11. 1959.) S. Böttcher. H 2950

Établissements Luchaire und Pierre Jean Louis Robert Pillorget, Frankreich, **Kontinuierliche Herstellung von Furfurol** (I) unter gleichzeitiger Gewinnung von feuchten *Düngestoffen* aus pflanzlichen Abfällen, bes. Küchenabfällen, durch Vermischen mit verd. $H_3PO_4$, oder $H_2SO$ in der Wärme u. anschließende Hydrolyse unter Einleiten von Wasserdampf. Das fl. Hydrolysat wird in einer Kolonne mit Wasserdampf unter Druck zum Sieden gebracht, das übergehende Gemisch von I u. Wasserdampf wird kondensiert u. I wird als techn. Prod. gewonnen. Daraus wird durch Dest. reines I erhalten. Der vom Hydrolysat befreite pflanzliche Rückstand, welcher die $H_3PO_4$ u. dgl. enthält, wird mit $Ca_3(PO_4)_2$ neutralisiert u. dann einen Monat zur Gärung gelagert. Dabei wird als Nebenprod. $CH_4$ gewonnen. — Vier schemat. Zeichnungen der Anlage. (**F. P. 1 199 377** vom 22/2. 1958, ausg. 14/12. 1959.) M. F. Müller. H 3061

Menley & James Ltd., London, England, **Herstellung von 5-Nitrofurfurolsemicarbazon** (I). Man stellt aus 223 (g) Harnstoff u. 292 40%ig. Hydrazin in wss. Lsg. durch 5std. Kochen eine Lsg. von Semicarbazid her, die mit W. auf ca. 1,8 Liter verd. u. filtriert wird. Das Filtrat wird mit W. auf 2 Liter aufgefüllt. 100 ml dieser Lsg. erhitzt man dann mit 40,7 Nitrofurfuroldiacetat, 16 konz. $H_2SO_4$ u. 75 W. 2 Std. auf 85°, kühlt auf 30° ab u. filtriert das ausgeschiedene I ab, das nach dem Reinigen in einer Ausbeute von 30,6 erhalten wird. (**Ind. P. 59135** vom 15/12. 1956, ausg. 8/2. 1958. E. Prior. 3/1. 1956.) C. Lüttgen. H 3061

Laboratoires Français de Chimiothérapie, Frankreich (Erfinder: Gérard Nomine und Lucien Penasse), **Herstellung von 7-Chlor-6-methoxytryptamin** (I). 2-Chlor-m-anisidin wird diazotiert u. mit 3-Carboxypiperidon-(2)-K zu *2'.3'-Dioxopiperidin-3'-[2-chlor-3-methoxyphenylhydrazon]*, F. 215°, kondensiert. Mit HCl in Methanol wird das Prod. zu *7-Methoxy-8-chlor-1.2.3.4-tetrahydro-1-oxo-β-carbolin*, F. 260°, cyclisiert, das man mit K-Äthylat zu *6-Methoxy-7-chlortryptamin-2-carbonsäure*, F. 315°, verseift. Die Säure wird mit HCl u. Essigsäure decarboxyliert zu I. In eine Lsg. von I in $CH_2Cl_2$ leitet man $CO_2$ unter Bldg. des I-*Salzes von 6-Methoxy-7-chlortryptaminocarbonsäure*, F. 145—147°, aus dem man durch Erwärmen in Toluol im $N_2$-Strom I, F. 149°, rein erhält. (**F. P. 1 196 824** vom 14/8. 1957, ausg. 26/11. 1959.) S. Böttcher. H 3081

Distillers Co. Ltd. (Erfinder: John Dell Bower), Edinburgh, Schottland, **Reinigen von Pyridin,** welches durch Rk. von $CH_2O$, Acetaldehyd u. $NH_3$ in der Dampfphase erhalten wurde, dad. gek., daß man das rohe Pyridin mit wss. Alkalihydroxyd erhitzt, bes. unter Rückfluß die Lsg. dest. u. aus dem Rückstand das Pyridin durch Wasserdampf-Dest. gewinnt. (**E. P. 794 618** vom 7/3. 1956, ausg. 7/5. 1958.) W. Heyer. H 3231

VEB Farbenfabrik Wolfen (Erfinder: Franz Runge, Günther Naumann und Manfred Morgner), Wolfen, **Herstellung von Vinylpyridin und Vinylchinolin** durch Dehydrieren der entsprechenden Äthylverbb. in der Dampfphase bei ca. 600—650° in Ggw. eines Dehydrierungskatalysators (ZnO, Oxyde oder Hydroxyde von Alkalibzw. Erdalkalimetallen u./oder Al- oder Cr-Oxyd). — Aus 4-Äthylpyridin → *4-Vinylpyridin*, $Kp._{30}$ 89—90°; aus 2-Methyl-3-äthylpyridin → *2-Methyl-3-vinylpyridin*, $Kp._{15}$ 96—100°. (**E. P. 828 205** vom 14/3. 1956, ausg. 17/2. 1960.) W. Heyer. H 3231

Pittsburgh Coke & Chemical Co., übert. von: Harold L. Dimond, Pittsburgh, Pa., V.St.A., **Gewinnung von γ-Picolin** aus Gemischen mit ß-Picolin u. 2.6-Lutidin, dad. gek., daß man das wss. Gemisch mit Oxalsäure versetzt, ca. 10% der bas. Stoffe abdest., die Lsg. abkühlt, das gebildete γ-Picolinoxalat abtrennt, bei einer Bad-Temp. von 150—200° zers. u. das γ-Picolin nach Entfernen der Oxalsäure mit konz. wss. NaOH über heißer NaOH trocknet. (**A. P. 2 818 411** vom 21/6. 1955, ausg. 31/12. 1957.) W. HEYER. H 3231

Mid-Century Corp., Chicago, Ill., V.St.A. (Erfinder: Alfred Saffer und Robert Samuel Barker), **Herstellung von Pyridin-3-carbonsäure u. Pyridin-4-carbonsäure** durch Oxydation von in einem organ. Lsgm. wie Benzoesäure oder $CH_3COOH$ gelöstem 3-Methylpyridin bzw. 4-Methylpyridin mit $O_2$ in Ggw. eines Katalysators, bes. Mn- oder Co-Salzen, u. $NH_4Br$ bei 150—275° u. einem Druck von 0—1500 lb./sq.in.; das Rk.-Prod. wird filtriert u. das wird Filtrat durch Dest. von dem Lsgm. befreit. Der Rückstand enthält Pyridin-3- bzw. 4-carbonsäure, welche in bekannter Weise gereinigt wird. (**E. P. 824 293** vom 12/3. 1956, ausg. 25/11. 1959. **F. P. 1 186 822** vom 21/3. 1956, ausg. 2/9. 1959. Beide A. Prior. 22/3. 1955.) W. HEYER. H 3231

Standard Oil Co., übert. von: Ellis K. Fields, Chicago, Ill., V.St.A., **Herstellung von Pyridin-3-carbonsäure und Pyridin-4-carbonsäure** durch Oxydation von 3-Methyl- bzw. 4-Methylpyridin oder 4-(β-Hydroxyäthyl)-pyridin in fl. Phase mit mol. $O_2$ in Ggw. einer niedermol. gesätt. aliphat. Säure, bes. $CH_3COOH$, sowie Mn- oder Co-Salzen als Katalysatoren bei einer Temp. von 350—425° F, bes. 370—400°F, u. einem Druck bis zu 1500 lb./sq.in.; das Rk.-Prod. wird abgekühlt, filtriert u. die Mutterlauge wird be 120—160° destilliert. Aus dem Rückstand kann weitere *Isonicotinsäure*, F. 315—316°, isoliert werden. (**A. PP. 2 946 800 u. 2 946 801** vom 5/6. 1957, ausg. 26/7. 1960.) W. HEYER. H 3231

Abbott Laboratories, Chicago, übert. von: Morris Freifelder und Irvin W. Sangrelet, Waukegan, Ill., V.St.A., **Herstellung von Nicotinamid**, F. 128—130°, durch Rk. von Tetrahydrofurfurylnicotinat mit wss. $NH_4OH$ oder $NH_3$ im Überschuß bei Raumtemperatur. Der bei der Rk. entstehende Tetrahydrofurfurylalkohol wird zusammen mit dem W. abdest. u. der Rückstand wird getrocknet. (**A. P. 2 932 648** vom 6/10. 1958, ausg. 12/4. 1960.) W. HEYER. H 3231

VEB Leuna-Werke „Walter Ulbricht“, Leuna, Kr. Merseburg, **Herstellung von Piperidin und N-Alkylpiperidinen** durch Hydrierung von Pyridin (I) in Ggw. von fl. $NH_3$ u./oder von prim., sek. oder tert. aliphat. Aminen, bes. im Verhältnis 0,5—25 Mol/Mol I, unter Zusatz entsprechender Hydrierungskatalysatoren. — I wird mit $NH_3$ u. $H_2$ bei 180—200° u. 50—200 at Druck über einem Katalysator der Zus. 2 Ni-$Al_2O_3$ geleitet: *Piperidin* (**II**), daneben höhere Basen, bes. *Dipiperidinopentan*. — Analog aus I mit Diäthylamin *N-Äthylpiperidin* neben **II** u. höheren Basen. (**Oe. P. 205 501** vom 15/3. 1958, ausg. 10/10. 1959.) EBERHARD RIEDEL. H 3231

Imperial Chemical Industries Ltd., London, England (Erfinder: Walter Hepworth), **Herstellung von 1-Methyl-6-nitro-4-chinolon-3-carbonsäure**, F. 262 bis 264°, durch Nitrieren von 1-Methyl-4-chinolon-3-carbonsäure bei Raum-Temp. u. in Ggw. von konz. $H_2SO_4$ oder $H_3PO_4$. (**E. P. 822 586** vom 15/2. 1957, ausg. 28/10. 1959.) W. HEYER. H 3231

Soc. des Usines Chimiques Rhône-Poulenc, Frankreich, **Herstellung von γ-Hydroxypropylpiperazinen**, z. B. *1-Phenyl-*, F. 73°, *1-[2'-Hydroxyäthyl]-*, F. 101°, *1-[2'-(Tetrahydropyranyloxy)-äthyl]-*, Kp.$_1$ 162—163°, *1-[2'.2'-Diäthoxyäthyl]-*, Kp.$_1$ 148—152°, *1-[2'-(Hydroxyäthoxy)-äthyl]-*, Kp.$_1$ 160—165°, *1-[2'-(Tetrahydropyranyloxyäthoxy)-äthyl]-4-[3''-hydroxypropyl]-piperazin*, Kp.$_1$ 190—193°, *1-Methyl-4-[3'-hydroxy-2'-methylpropyl-(1')]-*, Kp.$_{20}$ 135—137°, u. *1-[3'-Hydroxy-2'-methylpropyl-(1')]-piperazin*, Kp.$_1$ 120—125°, dad. gek., daß man Piperazin, 1-Phenyl-, 1-[2'-Hydroxyäthyl]-, 1-[Tetrahydropyranyloxyäthyl]-, 1-[2'.2'-Diäthoxyäthyl]-, 1-[2'-Hydroxyäthoxyäthyl]-, 1-[2'-Tetrahydropyranyloxyäthoxyäthyl]-, bzw. 1-Methylpiperazin in Ggw. von Alkali mit Allyl- bzw. Methallylalkohol kocht. (**F. P. 71 268** vom 17/4. 1957, ausg. 2/11. 1959. **Zusatz zu F. P. 1 167 912; C. 1960. 4675.**) S. BÖTTCHER. H 3272

Wyandotte Chemicals Corp., Wyandotte, übert. von: John T. Patton jun., Wyandotte, Mich., V.St.A., **Abtrennen von Isopropanolamin aus Mischungen mit 2.5-Dimethylpiperazin**, dad. gek., daß man der Mischung Chlorbenzol zusetzt u. destilliert. Bei 128—130° dest. eine 13% Isopropanolamin enthaltende azeotrope Chlorbenzol-Isopropanolamin-Mischung über. (**A. P. 2 940 973** von 2/12. 1953, ausg. 14/6. 1960.) L. STADELMANN. H 3272

Monsanto Chemical Co., St. Louis, Mo., übert. von: William C. Hammann, Dayton, Ohio, V.St.A., **Dihydropyridazinone** der Formel I (in der R = Alkyl mit 1—6 C-Atomen, R' = H oder niederes Alkyl, R'' = H oder Alkyl mit 1—10 C-Atomen ist) werden durch Rk. eines ggf. monosubstituierten Hydrazins mit einer 4-Ketocarbonsäure, deren Estern oder Salzen u. Ringschluß, ggf. in Ggw. von Katalysatoren, erhalten. — Eine Mischung von 3-Methyl-4-oxoheptansäure, A. u. einer 45%ig. Lsg. von Hydrazinhydrat in W. wird 2 Std. am Rückfluß gekocht → *5-Methyl-6-propyl-4.5-dihydro-3(2H)-pyridazinon*, F. 77—78°. — Zwischenprodd. für die Synth. von physiolog. akt. Verbb., biolog. Giften, wie Herbiciden. (**A. P. 2 945 857** vom 6/5. 1955, ausg. 19/7. 1960.) A. DANDL. H 3272

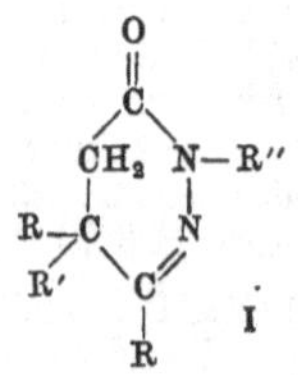

I

Armour & Co., V.St.A. (Erfinder: R. R. Herr, T. Enkoji und T. J. Bardos), **Herstellung von Derivaten der Uracil-5-sulfonsäure** (I), dad. gek., daß man Uracil oder seine Derivv. mit Chlorsulfonsäure umsetzt unter Bldg. von I-*Chlorid*, F. > 300°, das man mit Anilin zum I-*Anilid*, F. 267—268°, mit Dimethylamin zu *5-[N.N-Dimethylsulfamoyl]-uracil*, F. 340—342° (Zers.), mit Phenol zu *Phenyluracil-5-sulfonat*, F. 250 bis 253°, mit p-Toluidin zu I-*p-Toluidid* umsetzen, mit Zn-Pulver zu *5-Mercaptouracil* reduzieren kann. — *6-Aminouracil-5-sulfonylchlorid*, Zers. bei 265°, aus 6-Aminouracil; daraus *6-Aminouracil-5-sulfonsäureanilid*, F. 259—260°. (**F. P. 1 188 439** vom 22/3. 1956, ausg. 22/9. 1959. A. Prior. 23/3. 1955.) S. BÖTTCHER. H 3272

Food Machinery & Chemical Corp. (Erfinder: Richard Williamson Cummins und Richard Howard Westfall), **Herstellung von roher Cyanursäure** in gekörnter Form durch Erhitzen von Harnstoff auf 240—360°, bes. 280—340°. Das Verf. kann kontinuierlich in einem Drehofen durchgeführt werden, in dem sich ein Bett von gekörnter Cyanursäure von konst. Niveau befindet. Durch Digerieren mit heißen wss. Lsgg. starker Säuren, z. B. 3—15%ig. HCl, wird das Rohprod. gereinigt. (**Aust. P. 219 684** vom 8/10. 1957, ausg. 5/2. 1959. A. Prior. 8/10. 1956.) K. DEMMLER. H 3313

American Cyanamid Co., New York, N.Y. (Erfinder: Stephen Joseph Groszos, Cincinnati, Ohio, und Stanley Frank Stafiej, Stamford, Conn.), V.St.A., **Herstellung von Borazolen** der allg. Formel I, in der R einen Alkyl-, Aralkyl-, Aryl- oder Alkarylrest u. R' einen ungesätt. aliphat. KW-Stoffrest mit einer Äthylenbindung u. wenigstens 2 u. höchstens 4 C-Atomen bedeutet, dad. gek., daß man ein entsprechendes B.B'.B''-Trihalogenborazol (II) mit einer Verb. der Formel R'MgX' oder R'M, in der R' die obige Bedeutung hat, M für ein Alkalimetall steht u. X' Halogen ist, in einem Verhältnis von 1 (Mol) II zu wenigstens 3 der metallorgan. Verb. unter prakt. wasserfreien Bedingungen bei einer Temp. von ca. —75° bis zu dem Kp. des Rk.-Gemisches, jedoch unterhalb der Zers.-Temp. des Rk.-Prod. umsetzt. — Eine durch Rk. von 0,218 (Mol) Allylbromid in 50 cm³ Ae. mit 0,218 Mg in 100 cm³ Ae. erhaltene Lsg. von Allylmagnesiumbromid wird langsam zu einer Suspension von 0,0364 Mol B.B'.B''-Trichlor-N.N'.N''-triphenylborazol in 100 cm³ Ae. gegeben u. das Gemisch wird 2 Std. zum Sieden erhitzt. Bei der Aufarbeitung des Prod. erhält man in 78%ig. Ausbeute → *B.B'.B''-Triallyl-N.N'.N''-triphenylborazol*, F. 98—99° (aus Ae.-$CH_3OH$-Gemisch), als farblose Kristalle. Weiter werden hergestellt (III = B.B'.B''-Triallyl): III-*N.N'.N''-trimethylborazol*, Kp.$_{1,3}$ 110—112°; III-*N.N'.N''-tritolylborazol*, F. 98—100°; III-*N.N'.N''-tribenzylborazol*, F. 86—88°; *B.B'.B''-Tripropenyl-N.N'.N''-tricyclohexylborazol*, F. 78—80°; *B.B'.B''-Trimethylallyl-N.N'.N''-triphenylborazol* u. ferner (IV = B.B'.B''-Trivinyl): IV-*N.N'.N''-trimethylborazol*, Kp.$_{1,5}$ 93—95°; IV-*N.N'.N''-tritolylborazol*, F. 178—180°; IV-*N.N'.N''-tribenzylborazol*, F. 157—159°, u. IV-*N.N'.N''-tricyclohexylborazol*, F. 145—147°. — Flammverhütungsmittel, Weichmacher, Zusätze zu Treibstoffen, Vernetzer für Harze, Scintillationszähler, Insekticide, Baktericide, Germicide, Fungicide u. Zwischenprodd. für Harpzolymere. (**D. A. S. 1 100 629** Kl. 12o vom 22/1. 1959, ausg. 2/3. 1961. A. Prior. 21/2. 1958. **A. P. 2 954 401** vom 21/2. 1958, ausg. 27/9. 1960.) J. MÜHLEISEN. H 3313

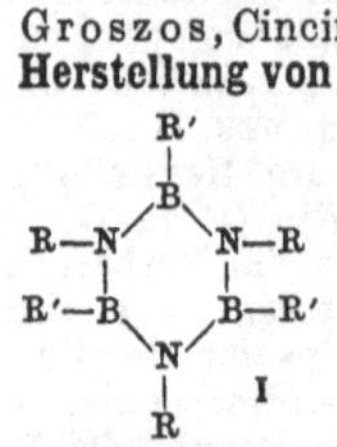

I

Dow Corning Corp., V.St.A. (Erfinder: Herbert J. Fletcher), **Herstellung cyclischer Diorganosiloxane**, dad. gek., daß man ein anderes Siloxan mit ≧ 20 Gew.-% eines Lsgm. mit Kp. > 250° in Ggw. von Alkalihydroxyden oder -silanolen erhitzt, bis das Lsgm., ggf. unter vermindertem Druck, abdestilliert. — *Hexamethylcyclotrisiloxan* aus Oktamethylcyclotetrasiloxan (I) durch Erhitzen mit Diphenyläther u. Diphenyl u. $KO[(CH_3)_2SiO]_3K$ auf 226—253°. — *Monovinylheptamethyl-* u. *Divinylhexamethylcyclotetrasiloxan*, aus Tetramethyltetravinyltetrasiloxan u. I. — *Tris-[trifluorpropyl]-tri-*

*methylcyclotrisiloxan*, aus Trifluorpropylmethylsiloxanen. (**F. P. 1 186 880** vom 21/3. 1957, ausg. 3/9. 1959. A. Prior. 26/4. 1956.) S. BÖTTCHER. H 3380

Laboratoires Français de Chimiothérapie, Frankreich (Erfinder: Georges Muller und Roland Bardoneschi), **Herstellung von *l*-11-Methoxy-17α-cyan-16β-carbomethoxy-18β-[3'.4'.5'-trimethoxybenzoyloxy]-3β.20α-yohimban,** F. 298°, $[\alpha]_D^{20}$ 107° (c = 0,5%; Chlf.). 2α-Brom-8β-hydroxy-3β.5β-epoxy-1.2.3.4.4aα.5.8.8aα-oktahydronaphthalin-1β-carbonsäurelacton (F. 152°; $[\alpha]_D^{20}$ +93° [c = 0,5%; Chlf.]) wird in Dimethylformamid mit KCN umgesetzt zu der *d-2α-Cyan-Verb.*, F. 178°, $[\alpha]_D^{20}$ 66° (c = 0,5%; Aceton), diese wird mit $H_2SO_4$ u. N-Bromsuccinimid behandelt unter Bldg. von *l-6α-Brom-7β.8β-dihydroxy-2α-cyan-3β.5β-epoxy-4aα.8aα-dekahydronaphthalin-1β-carbonsäure-1.8-lacton*, F. 212° (Zers.), $[\alpha]_D^{20}$ −54° (c = 0,5%; A.). Dieses wird mit $CrO_3$ oxydiert zu *l-6α-Brom-8β-hydroxy-2α-cyan-3β.5β-epoxy-7-oxo-4aα.8aα-dekahydronaphthalin-1β-carbonsäurelacton*, F. 210° (Zers.), $[\alpha]_D^{20}$ −46° (c = 0,5%; Dimethylformamid), das man mit Zn in Essigsäure behandelt unter Bldg. von *l-3β-Hydroxy-2α-cyan-7-oxo-1.2.3.4.4aα.7.8.8aα-oktahydronaphthalin-1β-carbonsäure* (**I**), F. 252°, $[\alpha]_D^{20}$ −125° (c = 0,5%; A.). Deren *Methylester*, F. 172°, $[\alpha]_D^{20}$ −99° (c = 0,5%; A.) wird mit Essigsäureanhydrid in das *3β-Acetoxy-Deriv.* (**II**), F. 103°, $[\alpha]_D^{20}$ −142° (c = 0,5%; A.), übergeführt. **I** wird acetyliert zu *l-3β-Acetoxy-2α-cyan-7-oxo-1.2.3.4.4aα.7.8.8aα-oktahydronaphthalin-1β-carbonsäure*, F. 200°, $[\alpha]_D^{20}$ −160° (c = 0,5%; A.). **II** wird über sein Ozonid in *1β-Carboxymethyl-2β-carbomethoxy-3α-cyan-4β-acetoxy-6β-formylcyclohexan* übergeführt, dessen *Methylester* mit 6-Methoxytryptamin umgesetzt wird zu *18β-Acetoxy-11-methoxy-17α-cyan-16β-carbomethoxy-2.3; 3.4-diseco-$\Delta^{21}$-20α-yohimben-3-säuremethylester*. Dieser wird hydriert, verseift u. cyclisiert zu *d-11-Methoxy-17α-cyan-18β-hydroxy-3-oxo-16β-carbomethoxy-2.3-seco-20α-yohimban*, F. 233°, $[\alpha]_D^{20}$ 32° (c = 0,5%; A.), dieses wird acetyliert zu *d-11-Methoxy-17α-cyan-18β-acetoxy-3-oxo-16β-carbomethoxy-2.3-seco-20α-yohimban*, F. 200°, $[\alpha]_D^{20}$ +48° (c = 0,5%; A.), Cyclisierung mit $POCl_3$ → *l-11-Methoxy-17α-cyan-18β-acetoxy-16β-carbomethoxy-$\Delta^{3,14}$-20α-yohimben*, F. 280 bis 285°, $[\alpha]_D^{20}$ −13° (c = 0,5%; Chlf.), hydriert zu *l-11-Methoxy-17α-cyan-18β-acetoxy-16β-carbomethoxy-20α-yohimban*, F. 290°, $[\alpha]_D^{20}$ −96° (c = 0,5%; Dimethylformamid), u. *-3β.20α-yohimban*, F. 305°, $[\alpha]_D^{20}$ −120° (c = 0,2%; Dimethylformamid). Letzteres wird zu *l-11-Methoxy-17α-cyan-18β-hydroxy-16β-carbomethoxy-3β.20α-yohimban*, F. 295°, $[\alpha]_D^{20}$ −155° (c = 0,5%; Dimethylformamid), verseift u. mit 3.4.5-Trimethoxybenzoylchlorid umgesetzt. (**F. P. 1 196 812** vom 21/6. 1957, ausg. 26/11. 1959.) S. BÖTTCHER. H 3500

Soc. des Usines Chimiques Rhône-Poulenc (Erfinder: Charles Sannié), Frankreich, **Herstellung von Steroidsapogeninen** durch Hydrolyse der Saponine aus den Rhizomen von *Ruscus aculeatus L.* — *Ruscogenin* (*$\Delta^5$-22a-Spirosten-3β.19-diol*), F. 198—202° (A.): 1000 (g) Rhizome werden getrocknet, zerpulvert (Korngröße 0,3 bis 0,8 mm) u. 10 Tage in mit Toluol vermischtem W. (ca. 3:120) auf 30—40°, bes. 37—40°, erwärmt. Das daraus isolierte Prod. wird mit Ae. extrahiert, die Ae.-Phasen werden eingedampft, der Rückstand wird in $CH_3OH$ aufgenommen, mit $H_2SO_4$ versetzt u. 2 Std. gekocht. Die methanol. Lsg. wird mit W. vermischt u. mit Ae./PAe. (3 : 1) extrahiert; Kristalle; $[\alpha]_D^{16}$ −119°; Ausbeute 6 g. (**F. P. 1 179 952** vom 25/1. 1956, ausg. 29/5. 1959.) EBERHARD RIEDEL. H 3650

Institut des Corps Gras (Centre Technique Industriel), Frankreich (Erfinder: Jean Paul Sisley, Aldo Uzzan und Constantin Trizis), **Extraktion von Sterinen,** die bei der Dest. natürlicher Fettsäuren anfallen, dad. gek., daß man vor der Extraktion mit NaOH in methanol. Lsg. verseift, den kristallisierenden Anteil mit Aceton extrahiert u. das Filtrat destilliert. (**F. P. 1 199 645** vom 14/5. 1958, ausg. 15/12. 1959.) S. BÖTTCHER. H 3700

Commonwealth Engineering Co. of Ohio, Dayton, übert. von: Earl H. Foote jun., Atwater, Ohio, V.St.A., **Herstellung von Dextranformal** durch Umsetzen von nativem wasserlösl. Dextran mit einem Molgew. von ca. 1000 in angesäuertem Methanol mit $CH_2O$ im Mol-Verhältnis 2 : 1 bei 30—35° unter Rückfluß. Bei einer Rk.-Zeit von 30—60 Min. erhält man ein in W. lösl. Dextranformal. Ein in W. unlösl. Rk.-Prod. erhält man bei einer Umsetzungszeit von 2—3 Std. u. unter Erhöhung des Anteils an $CH_2O$. — Nach Abschluß der Rk. dest. man das nicht umgesetzte $CH_2O$ zusammen mit dem $CH_3OH$ bei 20—25 mm Hg ab, versetzt das Rk.-Gemisch mit $Ca(OH)_2$ bis zum Neutralpunkt, filtriert u. isoliert das in W. lösl. Dextranformal aus dem Filtrat. Das in W. unlösl. Rk.-Prod. isoliert man aus dem Ca-haltigen Nd., indem man diesen mit Xylol, Toluol oder Aceton extrahiert. (**A. P. 2 893 987** vom 16/2. 1956, ausg. 7/7. 1959.) W. HEYER. H 4050

Crookes Laboratories Ltd., London, England (Erfinder: Stephen Ernest Michael), **Trennung von Blutproteinen,** bes. zur Gewinnung von Albumin. Menschliches oder tier. Blutserum wird mit angesäuerten organ. Fll., z. B. niederen Alkoholen oder aliphat. Ketonen, die Albumin lösen, behandelt. Die Lsg. wird von den ungelösten Bestandteilen, bes. Globulinen, abgetrennt. Durch Einstellung der Lsg. auf pH 4,5—6 mit einer anorgan. oder organ. Base wird das Albumin ausgefällt, mit Methanol u. dann mit Ae. ausgewaschen u. getrocknet. Das Prod. stellt ein in W. völlig lösl. weißes Pulver dar. (**E. P. 826 275** vom 4/3. 1957, ausg. 31/12. 1959.) W. KRANZ. H 4070

---

**Minnesota Mining & Mfg. Co.**, St. Paul, Minn., V.St.A., *Herstellung von Fluorsulfonsäuren*. (**It. P. 512 334** vom 20/1. 1954. A. Prior. 29/1. 1953. — C. **1958**. 1426 [F. P. 1 096 273].)

**Rheinpreussen Akt.-Ges. für Bergbau und Chemie**, Homberg (Erfinder: **Herbert Kölbel**, Moers, und **Robert Langheim**, Homberg), *Stufenweise CO-Hydrierung*. (**D. A. S. 1 095 799** Kl. 12o vom 15/2. 1954, ausg. 29/12. 1960. — C. **1959**. 9050 [E. P. 787 122].)

**Ruhrchemie Akt.-Ges.**, Oberhausen, *Kohlenoxydhydrierung*. (**Ind. P. 56 236** vom 5/1. 1956, ausg. 23/5. 1958. — C. **1958**. 2871 [D. A. S. 1 017 151].)

**N. V. de Bataafsche Petroleum Mij.**, Den Haag, Holland, *Trennen von Kohlenwasserstoffgemischen*. (**Schwed. P. 156 006** vom 13/4. 1954, ausg. 11/9. 1956. E. Prior. 13/4. 1953. Zusatz zu Schwed. P. 130 924; C. 1952. 4056. — C. **1959**. 11066 [D. A. S. 1 048 565].)

**General Aniline & Film Corp.**, New York, N.Y., V.St.A., *Herstellung von Alkyljodiden*. (**E. P. 851 683** vom 1/6. 1959, ausg. 19/10. 1960. A. Prior. 18/6. 1958. — C. **1960**. 14182 [A. P. 2 899 471].)

**Farbwerke Hoechst Akt.-Ges., vormals Meister Lucius & Brüning**, Frankfurt/M., *Herstellung von aliphatischen Fluorverbindungen*. (**E. P. 853 297** vom 4/2. 1957, ausg. 2/11. 1960. D. Prior. 3/2. 1956. — C. **1958**. 10500 [D. A. S. 1 020 968].)

**E. I. du Pont de Nemours & Co.**, Wilmington, Del., V.St.A., *Trennen von Monovinylacetylen und Acetylen*. (**E. P. 788 380** vom 3/4. 1956, ausg. 2/1. 1958. A. Prior. 19/4. 1955. — C. **1960**. 4999 [A. P. 2 796 448].)

**Soc. Belge de l'Azote et des Produits Chimiques du Marly Soc. An.**, Lüttich, Belgien, *Pyrolyse von Kohlenwasserstoffen*. (**Oe. P. 200 127** vom 8/6. 1957, ausg. 25/10. 1958. — C. **1960**. 9723 [D. A. S. 1 070 620].)

**Esso Research and Engineering Co.**, V.St.A. (Erfinder: **Isidor Kirshenbaum, Stanley B. Mirviss** und **Elroy J. Inchalik**), *Alkohole*. (**F. P. 1 186 963** vom 12/4. 1957, ausg. 4/9. 1959. A. Prior. 18/4. 1956. — C. **1960**. 297 [E. P. 808 055].)

**Ruhrchemie Akt.-Ges.**, Oberhausen-Holten, *Alkylhydroperoxyde*. (**Oe. P. 205 013** vom 11/7. 1957, ausg. 25/8. 1959. — C. **1960**. 7681 [D. A. S. 1 059 454].)

**Badische Anilin- & Soda-Fabrik Akt.-Ges.**, Deutschland, *Extraktion von Acrylamid*. (**F. P. 1 182 933** vom 18/9. 1957, ausg. 1/7. 1959. D. Prior. 19/9. 1956. — C. **1960**. 6997 [E. P. 805 029].)

**Deutsche Gold- und Silber-Scheideanstalt vormals Roessler**, Frankfurt/M., *Herstellung von ω-Halogencarbonsäurenitrilen*. (**It. P. 512 366** vom 4/2. 1954. D. Prior. 2/4. 1953. — C. **1957**. 11151 [Oe. P. 187 519].)

**Usines de Melle**, Melle, Frankreich, *Azeotrope Entwässerung von Essigsäure-Wasser-Gemischen*. (**It. P. 510 903** vom 27/10. 1953. F. Prior. 5/1. 1953. — C. **1957**. 3392 [D. B. P. 946 799].)

**E. I. du Pont de Nemours & Co.**, V.St.A. (Erfinder: **Arthur Francis Kirby**), *Glutarsäurederivate*. (**F. P. 1 188 834** vom 19/12. 1957, ausg. 25/9. 1959. A. Prior. 28/12. 1956. — C. **1960**. 1325 [D. A. S. 1 057 088].)

**Sugar Research Foundation, Inc.**, V.St.A. (Erfinder: **Henry Bohn Hass** und **Philip Salomon Skell**), *Äthylendiamin und heterocyclische N-Verbindung*. (**F. P. 1 189 879** vom 24/11. 1956, ausg. 7/10. 1959. A. Prior. 23/3. 1956. — C. **1960**. 17617 [Aust. P. 216 477].)

**Badische Anilin- & Soda-Fabrik Akt.-Ges.**, Deutschland (Erfinder: **Otto von Schickh**), *ω.ω'-Diaminoalkane*. (**F. P. 1 195 706** vom 7/5. 1958, ausg. 19/11. 1959. D. Prior. 10/5. 1957. — C. **1960**. 13844 [D. A. S. 1 058 062].)

**Farbenfabriken Bayer Akt.-Ges.**, Leverkusen (Erfinder: **Hans Leuchs, Walter Salzer** und **Wilhelm Schacht**, Wuppertal-Elberfeld), *Herstellung von Aminhydrochloriden oder quartären Ammoniumchloriden*. (**Oe. P. 201 577** vom 5/2. 1958, ausg. 10/1. 1959. D. Prior. 12/3. 1957. — C. **1960**. 12847 [D. A. S. 1 059 913].)

**Upjohn Co.**, Kalamazoo, Mich., V.St.A., *Herstellung von N-sulfonierten Aminoalkoholen*. (**E. P. 838 709** vom 18/9. 1956, ausg. 22/6. 1960. A. Prior. 22/9. 1955. — C. **1959**. 295 [D. A. S. 1 032 731].)

**Petrochemicals Ltd.**, London, England, *Herstellung von Alkylaluminiumsesquichloriden*. (**Belg. P. 562 900** vom 3/12. 1957, ausg. 3/6. 1960. E. Prior. 5/12. 1956 u. 19/9. 1957. — C. **1960**. 9383 [E. P. 811 076].)

**Monsanto Chemical Co.**, St. Louis, Mo., V.St.A., *Herstellung von Phosphorylamiden*. (**E. P. 848 952** vom 27/2. 1957, ausg. 21/9. 1960. A. Prior. 27/2. 1956. — C. **1960**. 17472 [A. P. 2 852 550].)

**Farbwerke Hoechst Akt.-Ges., vormals Meister Lucius & Brüning**, Frankfurt/M., *Herstellung von Alkyltitanhalogeniden*. (**E. P. 848 887** vom 17/12. 1956, ausg. 21/9. 1960. D. Prior. 16/12. 1955 u. 18/8. 1956. — C. **1960**. 9383 [F. P. 1 170 237].)

**Studiengesellschaft Kohle m. b. H.**, Mülheim/Ruhr, *Herstellung von Borkohlenwasserstoffen*. (**E. P. 847 518** vom 21/2. 1957, ausg. 7/9. 1960. D. Prior. 21/2. 1956. — C. **1959**. 5629 [D. A. S. 1 084 176].)

**Farbwerke Hoechst Akt.-Ges., vormals Meister Lucius & Brüning**, Frankfurt/M.-Höchst, *Titanalkylverbindungen*. (**Oe. P. 197 832** vom 14/12. 1956, ausg. 27/5. 1958. D. Prior. 16/12. 1955 u. 18/8. 1956. — C. **1960**. 9383 [F. P. 1 170 237].)

**Standard Oil Co.**, Chicago (Erfinder: **Arthur P. Lien**, Hammond, Ind., und **David A. McCaulay**, Chicago), Ill., V.St.A., *Anreicherung und Trennung von Xylolisomeren durch Extraktion aus Kohlenwasserstoffgemischen*. (**D. A. S. 1 097 425** Kl. 12o vom 20/9. 1950, ausg. 19/1. 1961. A. Prior. 25/8. 1948. — C. **1953**. 6358 [A. P. 2 528 892].)

**Mid-Century Corp.**, Chicago, Ill., V.St.A., *Herstellung von Triisopropylbenzol*. (**Ind. P. 57 623** vom 15/6. 1956, ausg. 8/8. 1958. — C. **1959**. 4968 [E. P. 789 366].)

**Universal Oil Products Co.**, V.St.A. (Erfinder: **Julian Maris Mavity**), *Alkylierung von Aromaten*. (**F. P. 1 187 015** vom 23/7. 1957 ausg. 4/9. 1959. A. Prior. 23/7. 1956. — C. **1959**. 17474 [A. P. 2 818 452].)

**California Research Corp.**, Wilmington, Del., V.St.A., *Herstellung von Phthalsäuren.* (**Ind. P. 56 735** vom 6/3. 1956, ausg. 22/1. 1958. — **C. 1959.** 2617 [F. P. 1 144 410].)

**Distillers Co. Ltd.**, England (Erfinder: **David James Hadley** und **Edward James Gasson**), *Aromatische Imide und Nitrile.* (**F. P. 1 182 871** vom 17/9. 1957, ausg. 30/6. 1959. E. Prior. 19/9. 1956. — **C. 1960.** 4026 [E. P. 803 901].)

**Henkel & Cie. G. m. b. H.**, Deutschland, *Carboxylierung.* (**F. P. 1 182 866** vom 17/9. 1957, ausg. 30/6. 1959. D. Prior. 2/10. 1956. — **C. 1959.** 11406 [D. A. S. 1 048 905].)

**Henkel & Cie. G. m. b. H.**, übert. von: **Hubert Schirp** und **Werner Stein**, Düsseldorf. *Gewinnung von Terephthalsäure aus Lösungen, die Alkaliterephthalate enthalten.* (**A. P. 2 938 050** vom 11/6. 1956, ausg. 24/5. 1960. D. Prior. 24/11. 1955. — **C. 1959.** 8720 [E. P. 793 921].)

**Badische Anilin- & Soda-Fabrik Akt.-Ges.**, Deutschland, *Herstellung von Monohalogenderivaten des Cyclooctatetraens.* (**F. P. 1 199 339** vom 12/2. 1958, ausg. 14/12. 1959. D. Prior. 20/2. 1957. — **C. 1960.** 15223 [D. A. S. 1 035 648].)

**J. R. Geigy Akt.-Ges.**, Basel, Schweiz, *Herstellung von cycloaliphatischen 1.2-Diaminen.* (**Ind. P. 57 593** vom 12/6. 1956, ausg. 1/9. 1958. — **C. 1958.** 8193 [Oe. P. 192 397].)

**Soc. des Usines Chimiques Rhône-Poulenc**, Frankreich (Erfinder: **Charles Sannié** und **Jacques Joseph Panouse**), *N.N-Disubstituierte 1-[β-Aminoäthyl]-cyclohexen-(1)-one-(3).* (**F. P. 1 179 954** vom 11/2. 1956, ausg. 29/5. 1959. — **C. 1959.** 13639 [D. A. S. 1 041 040] u. **C. 1960.** 5647 [Oe. P. 198 741].)

**Farbwerke Hoechst Akt.-Ges., vormals Meister Lucius & Brüning**, Deutschland, *Radioaktives Ruthenocen.* (**F. P. 1 187 517** vom 5/12. 1957, ausg. 11/9. 1959. D. Prior. 6/12. 1956. — **C. 1959.** 12057 [D. A. S. 1 049 860].)

**J. R. Geigy Soc. An.**, Schweiz, *3.5-Dioxopyrazolidine.* (**F. P. 1 188 426** vom 27/9. 1955, ausg. 22/9. 1959. — **C. 1960.** 6325 [Schwz. P. 336 831].)

**Synfarma, Národní Podnik**, Prag, Tschechoslowakei, *Verbesserte Herstellung von 1.2-Diphenyl-3.5-dioxo-4-alkylpyrazolidinen.* (**Ung. P. 143 342** vom 4/7. 1955, ausg. 1/10. 1956. Tschech. Prior. 7/7. 1954. — **C. 1959.** 3305 [F. P. 1139 277].)

**Ciba Ltd.**, Basel, Schweiz, *Di-(aryloxazolyl)-äthylen-Derivate.* (**E. P. 835 894** vom 15/6. 1956, ausg. 25/5. 1960. Schwz. Prior. 17/6. 1955. — **C. 1959.** 5301 [F. P. 1 154 528].)

**Ciba Ltd.**, Basel, Schweiz, *Dicarbonsäureester und Amide, sowie deren Herstellung.* (**E. P. 835 891** vom 15/6. 1956, ausg. 25/5. 1960. Schwz. Prior. 17/6. 1955. — **C. 1959.** 3305 [Oe. P. 192 403].)

**Nepera Chemical Co., Inc.**, V.St.A., *Herstellung von Nicotinsäurederivaten.* (**F. P. 1 179 956** vom 24/2. 1956, ausg. 29/5. 1959. — **C. 1960.** 10410 [Schwz. P. 341 154].)

**F. Hoffmann-La Roche & Cie. Soc. An.**, Schweiz (Erfinder: **Charles William Den Hollander**), *Racemisierung von Oktahydroisochinolinderivaten.* (**F. P. 1 189 902** vom 17/11. 1956, ausg. 8/10. 1959. A. Prior. 16/1. 1956. — **C. 1960.** 9036 [Aust. P. 215 744].)

**Farbenfabriken Bayer Akt.-Ges.**, Deutschland, *Aminochinone.* (**F. P. 1 188 425** vom 10/9. 1955, ausg. 22/9. 1959. D. Prior. 10/9. 1954. — **C. 1950.** 4675 [E. P. 784 181].)

**Nepera Chemical Co., Inc.**, Yonkers, N.Y., V.St.A. (Erfinder: **Floyd Edmond Anderson**), *Nicotinsäurederivate.* (**E. P. 820 169** vom 21/2. 1956, ausg. 16/9. 1959. — **C. 1960.** 10410 [Schwz. P. 341 154].)

**Universal Oil Products Co.**, Des Plaines, Ill., V.St.A., *Kondensationsprodukte aus Zuckern und aromatischen Kohlenwasserstoffen.* (**Ind. P. 55 690** vom 28/10. 1955, ausg. 26/9. 1958. — **C. 1959.** 6637 [E. P. 796 739].)

**Universal Oil Products Co.**, V.St.A., *Kondensationsprodukte aus Kohlehydraten und Aromaten.* (**F. P. 1 169 537** vom 29/10. 1955, ausg. 29/12. 1958. — **C. 1960.** 12507 [Aust. P. 205 216].)

## X. Färberei. Organische Farbstoffe

**Die Beziehung zwischen der Farbstoffaufnahme und den Eigenschaften der Baumwollfaser.** R. Crespo. (Textile Res. J. **31.** 80—81. Jan. 1961. Barcelona, Spanien; Patronato „Juan de la Cierva“, Sección Textil.) (Engl.)

Es wird der Einfl. des Reifegrades (57% u. 78%) von Baumwolle auf die Aufnahme von Chlorantinlichtgrün BLL u. Diphenylechtrot 5 BL untersucht. Gefärbt wurde mit 1% Farbstoff-Lsgg. bei 95°, Flotte 1 : 100 u. 10 g bzw. 20 g NaCl/Liter. Die Färbe-Verss. zeigen, daß die Farbstoffaufnahme um so höher ist, je geringer der Reifegrad der zu färbenden Baumwolle. — 1 Tabelle. H. G. Fröhlich. 7002□

**Neuere Erfahrungen beim Färben von Cellulosetriacetatfasern.** E. Koller. (SVF Fachorgan Textilveredlung **11.** 254—56. Mai 1956. Binningen.)

Das Färben von Arnel mit Dispersionsfarbstoffen (Latylreihe) wird beschrieben. Bessere Farbstoffausnützung bringt eine Vorquellung für tiefere Töne. J. Miller. 7020□

**Anwendung von Küpenfarbstoffen in unveresterter und veresterter Form auf Triacetatfasern. Eine vorläufige Mitteilung.** J. Müller. (SVF Fachorgan Textilveredlung **11.** 241—43. Mai 1956. Frankfurt/M.-Fechenheim, Casella Farbwerke Mainkur A. G.)

Die Färbung von Acetatfasern geht nach dem Verf. für Polyacrylnitrilmaterialien (Verf. IF/Casella) einwandfrei nach dem Klotzen des Farbstoffs in Form der Küpensäure unter Zusatz eines Verdickungsmittels u. Rongalit C oder Manofast bzw. Formamidinsulfinsäure. Anschließend wird sofort 10 Min. bei 1,5 atü gedämpft, dann mit Bichromat–Essigsäure oxydiert u. geseift. Verwendet werden *Indigosol-* bzw. *Anthrasol-* u. *Alcianfarbstoffe* (ICI), z. B. *Alciangelb GX*, die sehr echte Färbungen lieferten.

J. Miller. 7020□

**Über das Färben und Ausrüsten von Geweben aus Polyacrylnitrilfasern und deren Fasergemischen.** Karol Janiszewski und Henryk Jędraszczyk. (Przegląd włókienniczy **14.** 432–38. Aug. 1960.) (Pol.)

Übersicht. F. Urban. 7020□

**Fortschritte beim Färben und Drucken von Polyesterfasern.** Dorel Marian. (Amer. Dyestuff Reporter **49.** 399–402. 30/5. 1960. Paris, France, C. Franç. Mat. Col.) (Engl.)

Neue, zum Färben u. Drucken von Polyesterfaserstoffen entwickelte Esterophilfarbstoffe werden behandelt. Sie können bei erhöhter oder normaler Temp. in Ggw. von Carriern angewendet werden u. sind licht- u. sublimierecht. Ihre allg. Konstit., sowie Beispiele für ihre industrielle Anwendung in der Färberei u. im Direkt- u. Vigoreuxdruck sowie Angaben über ihre Verw. in Kombination mit anderen Farbstoffen werden mitgeteilt. Gottfried Lange. 7020□

**Reibechte Dispersionsfärbungen auf Polyestergeweben mit ®Ekalin F.** H. Husy. (SVF Fachorgan Textilveredlung **16.** 67–68. Jan. 1961.) (Dt.)

Das nichtionogene Färbereihilfsmittel *Ekalin F* kann auch im Nachseifprozeß bei Carrier-Polyesterfärbungen vorteilhaft eingesetzt werden, ebenso bei Mischungen Polyester/Wolle. A. Reiff. 7020□

**Das Bedrucken von Triacetatgeweben.** F. Fortess. (SVF Fachorgan Textilveredlung **11.** 280–83. Mai 1956. Summit, N.J., Celanese Corp.)

Vf. beschreibt das Drucken mit Dispersionsfarbstoffen mit der Vorbereitung des Gewebes, Herst. der Druckpaste, Fixieren der Drucke, Nachseifen zur Entfernung von Oberflächenfarbstoff u. Nachbehandlung der Gewebe. Die Echtheit solcher Farbstoffe auf Arnel ist gut, auch das O-Fading ist befriedigend. Das Bedrucken mit harzgebundenen Pigmenten läßt sich auf diese Weise ebenfalls mit guter Wasch- u. Reibechtheit durchführen. Gefärbt wird mit einer wss. Pigmentsuspension. Trocknen u. Härten geschieht bei 150°, 3–5 Minuten. Auch Küpendrucke lassen sich licht-, reib- u. sublimierecht erzielen. Meth. ist angegeben. Ätzbare Dispersionsfarbstoffe lassen sich auf Arnel anbringen. Rezept wird angegeben. J. Miller. 7022□

**Qualitätsverbesserung von Direktfarbstoffen.** László Légrádi und Tibor Kovács. (Magyar Kémiai Folyóirat [Ung. Z. Chem.] **67.** 1–3. Jan. 1961. Füzfögyártelep, Farbenfabrik.) (Ung.)

Statt der bei der Herst. des Direktfarbstoffs Dianilbraun (C. I. Direct Brown 44) wurde Sulfanilsäure wurde 2-Amino-1-chlorbenzol-4-sulfonsäure (I) verwendet u. dadurch die Lichtechtheit des chlorhaltigen Prod. erhöht.

Versuche: *2-amino-1-chlorbenzol-4-sulfonsaures Natrium*, $C_6H_5ClNNaO_3S$, aus 2-nitro-1-chlorbenzol-4-sulfonsaurem Na mit Fe in wss. Essigsäure, 2 Std. am Rückfluß; 90% (Ausbeute). — *S-Benzylisothiuronium-Deriv.*, F. 153°. — *Farbstoff*, $C_{30}H_{22}Cl_2N_{12}\cdot Na_2O_6S_2$, F. >360°, aus diazotierter **I** durch Kupplung mit aus m-Phenylendiamin bereitetem Basischbraun, 6 Std. bei 20°; braun; 93,3%. P. Tolnay. 7052

**Der Chemismus der Leukoester von Küpenfarbstoffen.** 4. Mitt. **Oxydation mit Lösungen von salpetriger Säure.** A. Johnson und A. P. Lockett. (J. Soc. Dyers Colourists **76.** 412–18. Juli 1960. Manchester, Univ., Coll. of Sci. Technol., Dep. of Text. Chem.) (Engl.) — 3. vgl. C. **1960.** 5320.

Werden die $H_2SO_4$-Ester der Leukoverbb. von Küpenfarbstoffen mit salpetrigsauren Lsgg. bei völligem Ausschluß von $O_2$ zur Rk. gebracht, so werden nur die Sulfogruppen hydrolysiert; der resultierende Leukofarbstoff wird dann durch salpetrige Säure oxydiert. In Ggw. von $O_2$ erfolgt die Rk. rascher, wobei die Mehrzahl der Sulfogruppen durch direkte Oxydation mit OH-Radikalen über eine Ketten-Rk. umgewandelt werden. Die Rk. wird durch $H_2O_2$ (oder $HO_2$-Radikal) eingeleitet u. durch homolyt. Spaltung der Pernitrosalpetrigen Säure u. ihre Rückbldg. in $NO_2$ u. $HNO_2$ unterstützt. Das techn. Verf. kann modifiziert werden. Gottfried Lange. 7068□

---

Ciba Soc. An., Basel, Schweiz, **Färben von Hydroxylgruppen enthaltenden Materialien,** bes. *Cellulosetextilmaterial.* Man behandelt diese mit wasserlösl. diazotierbaren Aminen oder Kupplungskomponenten, die einen monohalogenierten heterocycl. Rest enthalten, fixiert diese mit Hilfe von säurebindenden Mitteln u. Wärme auf der Faser u. bringt sie dann, ggf. nach Diazotierung, in üblicher Weise mit Kupplungskomponenten bzw. mit diazotierten Aminen zur Reaktion. Eine ge-

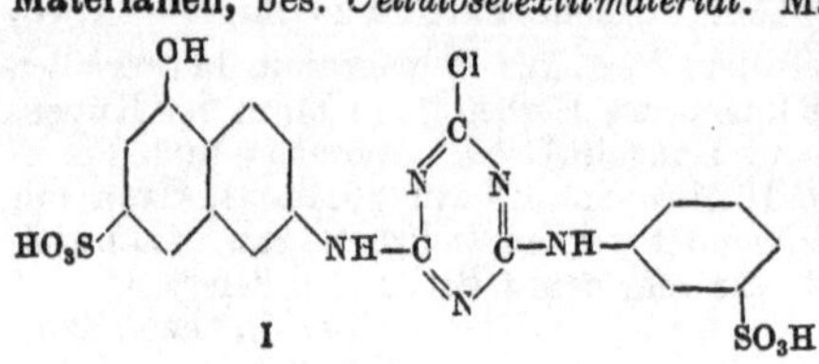


I

eignete Kupplungskomponente ist z. B. die Verb. der Formel I, die nach der Fixierung auf der Faser z. B. mit diazotiertem p-Nitranilin gekuppelt wird, wobei eine orangene Färbung entsteht. (**Belg. P. 566 417** vom 3/4. 1958, ausg. 29/7. 1960. Schwz. Prior. 3/4. 1957 u. 11/3. 1958.) F. Böhm. 7021

Howards of Ilford Ltd., Ilford, England (Erfinder: Reginald Frank York und William Colin Favager), **Färben von Polyamid- oder Polyalkylenterephthalatfasern** mit Dispersionsfarbstoffen (I). Als Hilfsmittel, die die Farbstoffaufnahme erhöhen bzw. beschleunigen, verwendet man das Cyclohexylamid einer Sulfonsäure der Benzolreihe. — Nylongewebe färbt man z. B. im Flottenverhältnis 1 : 50 in einem Bad, das neben 1 $cm^3$/Liter Triäthanolamindodecylsulfat je 2,5%, bezogen auf Gewebe, I u. *p-Toluolsulfonsäurecyclohexylamid* enthält. (**E. P. 831 141** vom 11/5. 1955, ausg. 23/3. 1960.) F. Böhm. 7021

J. R. Geigy Soc. An., Basel, Schweiz, übert. von: Laszlo Auer, South Orange, N.J., V.St.A., **Öl-in-Wasser-Emulsion für den Zeugdruck** besteht aus einem Gemisch zweier wss. Dispersionen. Die eine enthält 40—66 (Gewichts-%) eines mit W. nicht mischbaren KW-Stoff-Lsgm. u. 0,3—0,8 eines wasserlösl. Celluloseäthers mit einer Viscosität von mindestens 1200 cps in 2%ig. wss. Lsg. bei 20°, die andere Dispersion ein in einem mit W. nicht mischbaren organ. Lsgm. gelöstes wasserunlösl. Amin–Aldehyd-Harz u./oder ein Polymerisat bzw. Mischpolymerisat aus Vinylchlorid, Isobutylen, Chloropren, Vinylchlorid–Vinylacetat oder Butadien–Acrylnitril. — Vgl. E. PP. 774 080; C. **1958.** 6680 u. 790 477; C. **1959.** 8336. (**A. P. 2 825 707** vom 4/5. 1953, ausg. 4/3. 1958. **Schwz. P. 339 178** vom 4/5. 1954, ausg. 15/8. 1959. A. Prior. 4/5. 1953.) F. Böhm. 7023

Laszlo Auer, South Orange, N.J., V.St.A., **Öl-in-Wasser-Emulsion für den Zeugdruck** enthält als Binder einen mehrwertigen Ester einer mehrfach ungesätt. Monocarbonsäure, die sich von einem natürlichen Fett oder Öl ableitet, u. zwar entweder ein Alkydharz auf Basis styrolmodifizierter Fettsäuren, ein styrolmodifiziertes Öl oder einen Pentaerythrit–Glycerin-Mischester einer mit Maleinsäureanhydrid modifizierten Fettsäure. Als Emulgator dient eine Seife, ein Fettsäureester eines Polyäthylenglykols, ein quatern. Ammoniumsalz mit langen Alkylresten, ein Fettalkoholsulfonat, ein Polyäthylen-Kondens.-Prod. einer Fettsäure, eines Fettalkohols oder eines natürlichen Öls, ein Nonaäthylenglykolester oder ein Na-Salz eines organ. Sulfonats. Die Emulsion enthält ferner als Schutz-Koll. Casein, Ammoniumcaseinat, Methylcellulose, Na-Carboxymethylcellulose, Traganth, Dextrin, Stärke, Na-Polyacrylat oder Polymethacrylat, wasser- oder alkalilösl. Hydroxyäthylcellulose, ein wasserlösl. Salz des Additions-Prod. von Maleinsäure u. Styrol oder ein Alginat. — Vgl. A. P. 2 825 708; s. nachst. Referat u. E. P. 790 477; C. **1959.** 8336. (**E. P. 792 466** vom 14/6. 1954, ausg. 26/3. 1958. **Belg. P. 538 942** vom 13/6. 1955, ausg. 3/7. 1959. A. Prior. 14/6. 1954.) F. Böhm. 7023

J. R. Geigy Soc. An., Basel, Schweiz, übert. von: Laszlo Auer, South Orange, N.J., V.St.A., **Herstellung von pigmentierten harzhaltigen Öl-in-Wasser-Emulsionen zum Färben oder Bedrucken von Textilien.** Man stellt zunächst eine wss. Pigmentdispersion her, wobei man ein Fettalkoholsulfonat als Dispergiermittel verwendet. Dann arbeitet man einen Emulgator u. ein Polyesterharz ein, das mehrfach ungesätt. Polyester gebunden enthält. Die Emulsion kann bis zu 20 (%) organ. oder bis zu 40 anorgan. Pigmente enthalten. — Vgl. E. PP. 774 078; C. **1958.** 9069, 792 466; s. vorst. Referat u. 790477; C. **1959.** 8336. (**A. P. 2 825 708** vom 4/5. 1953, ausg. 4/3. 1958. **Schwz. P. 339 176** vom 4/5. 1954, ausg. 15/8. 1959. A. Prior. 4/5. 1953.) F. Böhm. 7023

American Cyanamid Co., übert. von: Fausto Ramirez, New York, N.Y., V.St.A., **Phosphoniumcyclopentadienylide** der allg. Formel $[R_1R_2R_3PC_5H_5]^-$, worin $R_1$, $R_2$, $R_3$ ggf. substituierte Alkyl-, Cycloalkyl-, Alkenyl-, Aryl- oder heterocycl. Reste bedeuten, erhält man durch Kondens. von Phosphinen der Formel $R_1R_2R_3P$ mit einem Dihalogencyclopentadien, wobei sich Phosphoniumhalogenide bilden, die dann mit starken Alkalien umgesetzt werden. — Zu einer Lsg. von 22 (Teilen) Cyclopentadien in 45 Chlf. gibt man bei —30 bis —40° 35,5 Br u. kühlt weiter bis auf —75°. Die Lsg. versetzt man mit 175 $(C_6H_5)_3P$ in 900 Chlf.; man läßt das Gemisch sich erwärmen u. erhitzt unter Rückfluß. Nach Entfernung von Chlf. wird der Rückstand in $CH_3OH$ gelöst u. mit 45 NaOH in 175 W. versetzt, wobei $[(CH_3)_3PC_5H_5]^-$ abgeschieden wird. Die Prodd. kuppeln leicht mit aromat. Diazoverbb., wobei *Azofarbstoffe* erhalten werden. (**A. P. 2 930 814** vom 25/4. 1957, ausg. 29/3. 1960.) J. Mühleisen. 7053

J. Körbl, Lysa Nad Labem, Tschechoslowakei, **Phthalein- und Fluorescinderivate,** deren H-Atome in o-Stellung zu den phenol. OH-Gruppen durch die Gruppierung $—CH_2N(CH_2COOH)_2$ ersetzt sind, werden durch Kondens. der Farbstoffe mit Iminodiessigsäure (**I**) u. Formaldehyd (**II**) in der Weise erhalten, daß man in saurem

Milieu, z. B. in Ggw. von aliphat. Monocarbonsäuren, wie Essigsäure, u. eines Alkali- oder Ammoniumsalzes einer schwachen Säure, z. B. Na-Acetat oder auch des Na- oder $NH_4$-Salzes von I, arbeitet, das Rk.-Gemisch konz. u. das Rk.-Prod. mit schwach polaren Lsgm., wie A., ausfällt. — Nach dem Verf. erhält man reinere Prodd. als nach dem alkal. Kondens.-Verfahren. Auch können nach dem neuen Verf. weitere Verbb., wie Xylenol- u. Thymolsulfonphthaleine, als Ausgangs-Prodd. dienen, die nach dem alkal. Kondens.-Verf. nicht oder nur schlecht umsetzbar sind. Die erhaltenen Prodd. dienen als *Indicatoren zur analyt. Metallbestimmung.* — 60 (Teile) feingepulvertes Fluorescein, 53 I, 80 Acetattrihydrat u. 40 einer wss. 37 %ig. II-Lsg. erhitzt man in 500 Eisessig im geschlossenen Gefäß ca. 2—8 Std. unter Rühren bei 50—70° bis zur vollständigen Lsg.

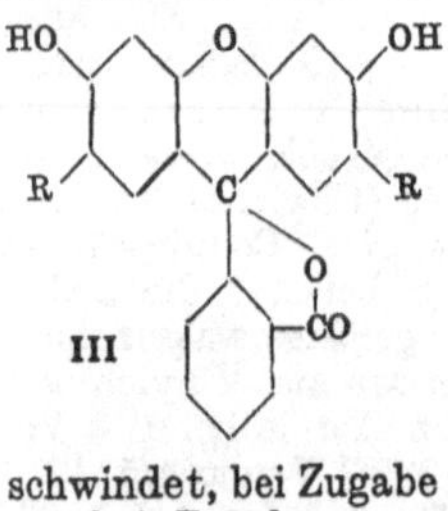
III

aller Bestandteile. Durch Dest. red. man das Vol. etwa auf die Hälfte, läßt erkalten, fällt durch Zugabe von 1000—2000 A., saugt ab, wäscht mit A. u. Ae. u. trocknet an der Luft. Das rohe Na-Salz löst man in 360 W., gibt eine gesätt. Lsg. von 120 Na-Acetat u. 4800 A. hinzu, dekantiert die Fl. nach 2 Std., mischt den Rückstand mit A. u. saugt nach 1—3 Std. das krist. Farbstoffsalz der Zus. III [R = $-CH_2-N(CH_2COOH)_2$] ab. III, eine krist., rotorange Substanz, ist in 2—3 Teilen W. lösl. u. zersetzt sich beim Erhitzen. Sie zeigt in sehr verd. Lsgm. eine gelbgrüne Fluorescenz, die in alkal. Lsg. verschwindet, bei Zugabe von bestimmten Metallsalzen, z. B. einem Ca-Salz, wieder auftritt, um bei Zugabe von metallkomplexbildenden Mitteln erneut zu verschwinden. — In ähnlicher Weise können weitere entsprechende Derivv. erhalten werden mit: Phenolphthalein; o-Kresol-, Xylenol- oder Thymolphthalein; Thymol-, o- oder m-Kresol-, Phenol-, Xylenol- oder Dichlorphenolsulfonphthalein. (**Belg. P. 561 642** vom 15/10. 1957, ausg. 20/5. 1960. **E. P. 858 019** vom 15/10. 1957, ausg. 4/1. 1961. Beide Tschech. Prior. 16/10. 1956.) O. Roick. 7057

General Aniline & Film Corp., New York, N.Y., übert. von: Milton L. Hoefle, David I. Randall und Edgar E. Renfrew, Easton, Pa., V.St.A., **Anthrachinonfarbstoffe** der allg. Zus. I [ein R = $NO_2$, das andere R = OH, X = H, Halogen oder niedriger Alkylrest, Y = H oder $-CH_2(OC_2H_4)_nOH$, n = 1—3], die Celluloseacetat (E), Nylon, Dacron, Orlon, Dynel, Acrilan u. a. polymere Substanzen bei guter Substantivität in gut licht-, wasch- u. rauchgasechten Tönen färben, erhält man durch Kondens. eines 1.8- bzw. 1.5-Dihydroxy-4.5- bzw. -4.8-dinitroanthrachinons mit einem geeignet substituierten Aminobenzol. — Durch 7½std. Erhitzen von 165 (Gewichtsteilen) 4.5-Dinitrochrysazin (II) u. 281 2.2'-(4-Amino-2.6-tolylendimethoxy)-diäthanol u. 1750 Nitrobenzol unter Rühren bei 150° erhält man einen Farbstoff (III), der E grünstichigblau färbt. Analog erhält man weitere Farbstoffe aus: II u. 2-m-Aminobenzyloxyäthanol, färbt rotstichiger als III; II u. 2-(5-Amino-o-tolylmethoxy)-äthanol, blauer Farbstoff wie III; II u. 2-(2-m-Aminobenzyloxyäthoxy)-äthanol. Die mit 4.8-Dinitroanthrarufin erhaltenen Farbstoffe sind im Farbton etwas grünstichiger. (**A. P. 2 945 867** vom 30/12. 1952, ausg. 19/7. 1960.) O. Roick. 7059

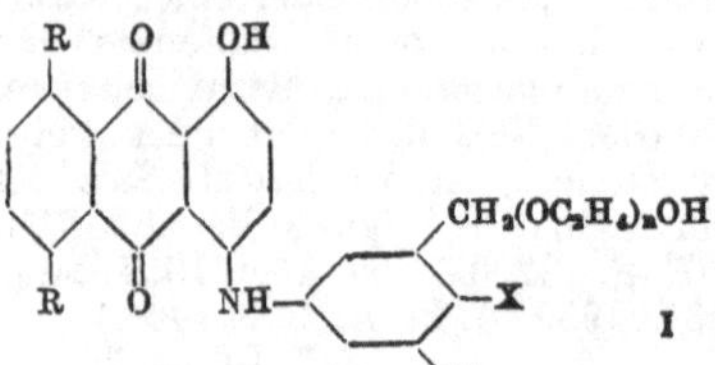
I

Ciba Akt.-Ges., Basel, Schweiz, **Wasserlösliche Farbstoffe,** die zum Färben u. Bedrucken von polyhydroxylierten Materialien faseriger Struktur sowie synthet. Fasern, wie regenerierter Cellulose u. natürlichen Fasern, wie Leinen, bes. aber Baumwolle (A) geeignet sind, erhält man in der Weise, daß man Trihalogen-1.3.5-triazin (I), bes. Cyanurchlorid (II), einerseits mit einem Farbstoff, der neben einer acylierbaren Aminogruppe einen heterocycl., beidseitig an je einen aromat. Kern ankondensierten Sechsring aufweist, der in p-Stellung zu einer Ketogruppe als einziges Heteroatom ein S- oder N-Atom enthält, u. ggf. andererseits mit Ammoniak, einer Hydroxyl-Verb. oder einem höchstens sek. Amin so kondensiert, daß mindestens ein Halogenatom im Triazinring erhalten bleibt u. die mit I zur Rk. kommenden Umsetzungsteilnehmer so gewählt werden, daß mindestens einer eine wasserlösl. machende Gruppe enthält. — Zu einer Lsg. von 18,5 (Gewichtsteilen) II in 80 Aceton gibt man 100 Eis, versetzt die erhaltene Suspension mit einer auf 0° abgekühlten Lsg. von 19,5 Na-Salz von 1-Aminobenzol-3-sulfonsäure (III) in 300 W. u. gibt hierzu tropfenweise 55 Raumteile 2n $Na_2CO_3$ bei 0—4° unter konst. Aufrechterhaltung von pH 5—7, gibt die erhaltene Lsg. sofort in eine Lsg. von 34,3 Na-Salz von 1-Amino-4-methylthioxanthonsulfonsäure (IV) in 1000 W., trägt bei 35—40° 55 2n $Na_2CO_3$ tropfenweise ein u. beachtet dabei die Aufrechterhaltung eines pH-Wertes von 5,5—7,5 sowie bei dem folgenden 2std. Rühren einen pH-Wert von 7,0—7,5. Der mit NaCl ausgesalzene Farbstoff der Zus. **V**, filtriert, gewaschen mit 15% NaCl-Lsg. u. im Vakuum bei 80° getrocknet, färbt **A** sehr gut wasch-, chlor- u. lichtecht gelb. Durch Rk. äquimol. Mengen **II** u. **IV** wird ein Farbstoff mit 2 reaktionsfähigen Cl-Atomen erhalten, färbt **A** gelb. — In ähnlicher Weise können weitere Farbstoffe erhalten werden aus: **II**, 1-Aminobenzol-2.5-disulfonsäure u. **IV**, färbt gelb; 2.4-Dichlor-6-phenylamino-1.3.5-triazin-4′-sulfonsäure u. dem sulfonierten Kondens.-Prod. aus 1.5-Diaminoanthrachinon u. Thiosalicylsäure, färbt grau; 2.4-Dichlor-6-phenylamino-1.3.5-triazin-3′-sulfonsäure (**VI**) u. α-Aminonaphthothioxanthonsulfonsäure, färbt khaki; **VI** u. 1-(4′-Aminophenylamino)-4-methylthioxanthonsulfonsäure, färbt braunorange; **VI** u. 1-(4′-Aminophenylamino)-4-nitrothioxanthonsulfonsäure [erhältlich durch Rk. von 1-Chlor-4-nitrothioxanthon mit überschüssigem 1.4-Diaminobenzol (**VII**) in sd. Dioxan, rotbraune Kristalle aus wss. Pyridin, u. Sulfonieren mit 10% $SO_3$ enthaltendem Oleum), färbt **A** braunviolett; **II** u. 1-Phenylamino-4-aminothioxanthonsulfonsäure [**VIII**, erhältlich durch Rk. von Anilin mit 1-Chlor-4-nitrothioxanthon (**IX**) zum 1-Phenylamino-4-nitrothioxanthon (F. 228°), Red. der $NO_2$-Gruppe u. Sulfonieren], Farbstoff mit 2 reaktionsfähigen Cl-Atomen, färbt gelborange; **VI** u. 1-(4′-Aminophenylamino)-4-nitrothioxanthon-S-dioxydsulfonsäure (erhältlich durch Oxydation von **IX** in Eisessig mit $H_2O_2$, Kondens. der erhaltenen Verb. mit **VII** in sd. Nitrobenzol u. Sulfonieren), färbt grauviolett; **VI** u. **VIII**, färbt gelborange; **II**, 4-Aminobenzoesäure u. **VIII**, färbt gelborange; **II**, 1-Amino-4-(4′-aminophenylamino)-anthrachinon-2.3′-disulfonsäure u. **VIII**, färbt grün; **VI** u. 1.4-Diaminothioxanthonsulfonsäure (**X**), färbt gelb; **II**, **X** u. $NH_4OH$, Farbstoff der Zus. **XI**, färbt gelb; **II**, **X** u.

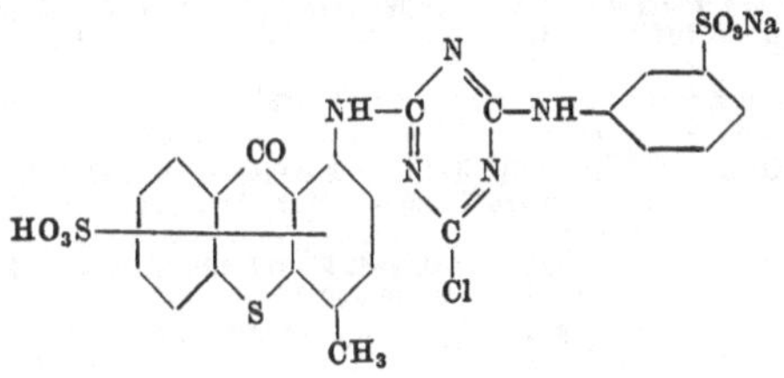

V

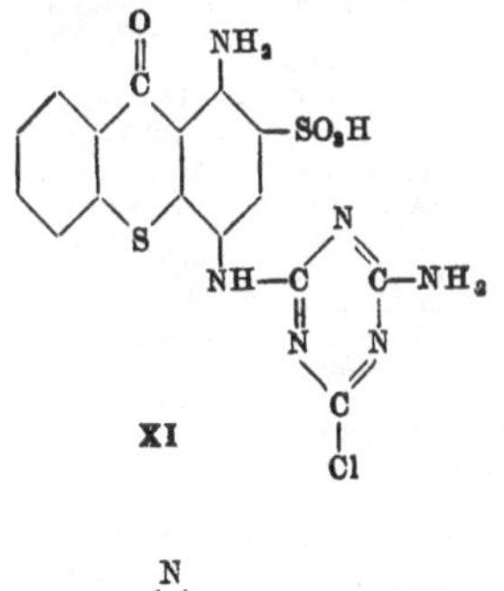

XI

1-Hydroxybenzol-3-sulfonsäure, färbt gelb; 2.4-Dichlor-6-phenylamino-1.3.5-triazin-2′-sulfonsäure u. 1-Äthylamino-4-aminothioxanthonsulfonsäure, färbt orangegelb; 1 Mol 1-(4′-Aminophenylamino)-4-aminothioxanthonsulfonsäure u. 2 Mol **VI**, färbt braungelb; **VI** u. 1-Aminoacridonsulfonsäure, Farbstoff der Zus. **XII**, färbt gelb; **VI** u. 1-Amino-

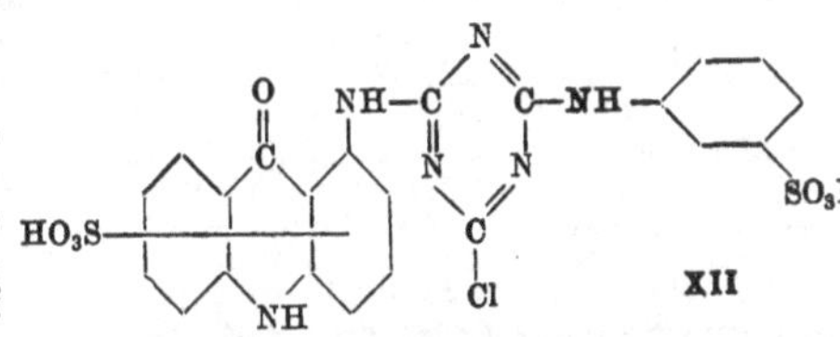

XII

acridon-4-carbonsäure, färbt gelb; **VI** u. 1-Anilino-4-aminoacridonsulfonsäure, färbt gelborange. — Färbebeispiele. (**Belg. P. 563 284** vom 17/12. 1957, ausg. 3/6. 1960. **F. P. 1 192 397** vom 16/12. 1957, ausg. 26/10. 1959. Beide Schwz. Prior. 18/12. 1956.)

O. ROICK. 7063

---

**Sandoz Akt.-Ges.**, Basel (Erfinder: **Ernest Merian**, Bottmingen), Schweiz, *Beständiges Färbepräparat.* (**Schwz. P. 348 950** vom 20/7. 1955, ausg. 15/11. 1960. — **C. 1960.** 4361 [E. P. 800 200].)

**Gevaert Photo-Producten N. V.**, Mortsel, Belgien, *Verbesserung der Färbbarkeit von Fasern, Filmen und Textilien aus Polyacrylnitril.* (**Ind. P. 56 940** vom 29/3. 1956, ausg. 17/3. 1958. E. Prior. 30/3. 1955. — **C. 1960.** 7004 [F. P. 1 153 625].)

**Comp. Française des Matières Colorantes**, Paris, Frankreich, *Herstellung von Farbstoffen.* (**It. P. 513 014** vom 13/1. 1954. F. Prior. 13/1. 1952. — **C. 1950/54.** 2875 S [F. P. 1 072 634].)

**Imperial Chemical Industries Ltd.**, London, England, *Färbeverfahren.* (**Belg. P. 554 079** vom 10/1. 1957, ausg. 29/1. 1960. E. Prior. 11/1. u. 7/12. 1956. — **C. 1959.** 7967 [D. A. S. 1 031 758].)

**Imperial Chemical Industries Ltd.**, London, **Walter Percival Mills, Ian Durham Rattee** und **William Elliot Shepnen**, Manchester, England, *Färbeverfahren.* (**E. P. 826 375** vom 7/3. 1956, ausg. 6/1. 1960. — **C. 1960.** 16600 [Aust. P. 215 226].)

**Imperial Chemical Industries Ltd.**, London, England (Erfinder: **Ronald Leonard Denyer** und **Harry Rose Hadfield**), *Textilfärbeverfahren.* (**E.P. 842 415** vom 21/11. 1956, ausg. 27/7. 1960. — **C. 1960.** 5651 [D. A. S. 1 059 398].)

**Nederlandse Organisatie voor Toegepast-Natuurwetenschappelijk Onderzoek ten Behoeve van Nijverheid, Handel en Verkeer**, Den Haag, Holland, *Färben von Textilien mit Küpenfarbstoffen.* (**Ind. P. 57 108** vom 19/4. 1956, ausg. 11/1. 1957. — **C. 1958.** 13638 [D. A. S. 1 025 825].)

**Ciba Akt.-Ges.**, Basel (Erfinder: **Erich Matter**, Riehen, und **Otto Albrecht**, Neue Welt), Schweiz, *Färben von Fasern aus Polyacrylnitril*. (**D. A. S. 1 092 878** Kl. 8m vom 23/7. 1957, ausg. 17/11. 1960. Schwz. Prior. 10/10. 1956. — C. **1960.** 11826 [A. P. 2 891 835].)

**Farbwerke Hoechst Akt.-Ges., vormals Meister Lucius & Brüning**, Frankfurt/M., *Färben von Fasern aus aromatischen Polyestern*. (**E. P. 824 269** vom 4/1. 1956, ausg. 25/11. 1959. D. Prior. 5/1. 1955. — C. **1958.** 3455 [D. B. P. 964 318].)

**Laszlo Auer**, South Orange, N.J., V.St.A., *Pigmentierte Harzemulsionen*. (**Ind. P. 54 716** vom 14/6. 1955, ausg. 11/4. 1958. — C. **1950/54.** 5732 S [A. P. 2 681 322].)

**Farbwerke Hoechst Akt.-Ges., vormals Meister Lucius & Brüning**, Frankfurt/M., übert. von: **Ernst Fischer**, Offenbach/M., *Erzeugung echter Drucke*. (**A. P. 2 920 933** vom 14/9. 1955, ausg. 12/1. 1960. D. Prior. 18/9. 1954. — C. **1957.** 8945 [D. A. S. 1 003 177].)

**Farbenfabriken Bayer Akt.-Ges.**, Leverkusen, übert. von: **Erich Lehmann**, Burscheid, **Helmut Kleiner** und **Hans-Joachim Manderla**, Köln, *Erzeugung von Oxydationsfärbungen oder -drucken*. (**A. P. 2 926 060** vom 9/1. 1958, ausg. 23/2. 1960. D. Prior. 16/1. 1957. — C. **1959.** 4313 [D. A. S. 1 030 810].)

**Farbenfabriken Bayer Akt.-Ges.**, Leverkusen (Erfinder: **E. Lehmann, H. Kleiner** und **H. J. Manderla**), *Oxydationsfärbungen*. (**Belg. P. 563 947** vom 14/1. 1958, ausg. 17/6. 1960. D. Prior. 16/1. 1957. — C. **1959.** 4313 [D. A. S. 1 030 810].)

**Farbenfabriken Bayer Akt.-Ges.**, Leverkusen (Erfinder: **B. Bienert, M. Groll** und **H. Prochaska**), *Erzeugung von Weiß- und Buntätzen*. (**Belg. P. 566 957** vom 19/4. 1958, ausg. 12/8. 1960. D. Prior. 20/4. 1957. — C. **1960.** 13851 [D. A. S. 1 068 662].)

**Farbenfabriken Bayer Akt.-Ges.**, Leverkusen, *Appretieren von Faserstoffen*. (**Schwed. P. 155 110** vom 24/8. 1951, ausg. 10/7. 1956. D. Prior. 30/10. 1950. — C. **1955.** 3011 [D. B. P. 908 133].)

**Ciba Soc. An.**, Basel, Schweiz, *Färben und Bedrucken von Kunstfasern*. (**Schwed. P. 155 504** vom 18/12. 1954, ausg. 7/8. 1956. Schwz. Prior. 18/12. 1953. — C. **1957.** 6528 [D. B. P. 953 965].)

**Ciba Ltd.**, Basel, Schweiz, *Erzeugung von Prägeeffekten auf Geweben*. (**Holl. P. 95 894** vom 16/3. 1955, ausg. 15/11. 1960. Schwz. Prior. 17/3. 1954. — C. **1958.** 8764 [D. B. P. 967 311].)

**Imperial Chemical Industries Ltd.**, London (Erfinder: **Frederick Richard Alsberg** und **Arthur Hutchinson Wyld**, Manchester), England, *Erzeugung von Reserven unter Reaktivfarbstoffen*. (**D. A. S. 1 092 881** Kl. 8n vom 10/4. 1958, ausg. 17/11. 1960. E. Prior. 10/4. 1957 u. 12/3. 1958. — C. **1960.** 17286 [A. P. 2 895 785].)

**Farbenfabriken Bayer Akt.-Ges.**, Leverkusen, *Färben und Imprägnieren von Leder*. (**E. P. 830 841** vom 27/9. 1957, ausg. 23/3. 1960. D. Prior. 15/10. 1956. — C. **1959.** 15847 [D. A. S. 1 056 090].)

**Farbenfabriken Bayer Akt.-Ges.**, Leverkusen (Erfinder: **Kurt Breig**, Köln, und **Eugen Glietenberg**, Leverkusen), *Diazoaminoverbindungen*. (**Schwz. P. 350 664** vom 14/5. 1956, ausg. 31/1. 1961. D. Prior. 30/6. u. 15/9. 1955. — C. **1960.** 7350 [Oe. P. 194 840].)

**Ciba Soc. An.**, Basel, Schweiz, *Monoazofarbstoffe der Stilbenreihe*. (**Schwed. P. 155 436** vom 4/7. 1955, ausg. 31/7. 1956. Schwz. Prior. 9/7. 1954. — C. **1959.** 632 [D. B. P. 963 461].)

**Farbwerke Hoechst Akt.-Ges., vormals Meister Lucius & Brüning**, Frankfurt/M., *Wasserunlösliche Monoazofarbstoffe*. (**E. P. 844 394** vom 25/3. 1957, ausg. 10/8. 1960. D. Prior. 23/3. 1956. — C. **1960.** 3704 [D. A. S. 1 019 416].)

**VEB Farbenfabrik Wolfen** (Erfinder: **Günther Eßbach** und **Kurt Lippold**), Wolfen, Kr. Bitterfeld, *Herstellung eines gemischten kobalthaltigen Azofarbstoffs*. (**D. A. S. 1 044 315** Kl. 22a vom 14/9. 1956, ausg. 20/11. 1958. — C. **1960.** 13531 [D. P. [DDR] 15 292].)

**Farbenfabriken Bayer Akt.-Ges.**, Leverkusen, *Herstellung kupferhaltiger Trisazofarbstoffe*. (**Holl. P. 94 589** vom 30/5. 1956, ausg. 15/6. 1960. D. Prior. 2/6. 1955. — C. **1958.** 14456 [D. B. P. 963 460].)

**J. R. Geigy Akt.-Ges.**, Basel, Schweiz, *Herstellung von braunen Lederfarbstoffen*. (**It. P. 512 959** vom 29/1. 1954. Schwz. Prior. 30/1. 1953. — C. **1959.** 4976 [F. P. 1 092 092].)

**National Cash Register Co.**, Dayton, Ohio, V.St.A., *Derivate des Leukauramins*. (**D. A. S. 1 094 386** Kl. 22b vom 3/1. 1957, ausg. 8/12. 1960. A. Prior. 10/1. 1956. — C. **1960.** 10770 [E. P. 804 087].)

**Farbenfabriken Bayer Akt.-Ges.** (Erfinder: **Heinz-Werner Schwechten**), Leverkusen, *Grünstichiggelbe Küpenfarbstoffe der Anthrachinonreihe*. (**Schwz. P. 349 016** vom 1/8. 1955, ausg. 15/11. 1960. D. Prior. 7/8. 1954. Zusatz zu Schwz. P. 343 563; C. 1959. 13323. — C. **1959.** 13323 [A. P. 2 830 989].)

**J. R. Geigy Akt.-Ges.** (Erfinder: **Peter Hindermann, Hans-Peter Kölliker** und **Peter Trautzl**), Basel, Schweiz, *1-Amino-4-arylamino-anthrachinon-2-sulfonsäuren*. (**Schwz. P. 348 220** vom 28/12. 1956, ausg. 30/9. 1960. — C. **1960.** 5983 [A. P. 2 870 173].)

**Farbenfabriken Bayer Akt.-Ges.**, Leverkusen (Erfinder: **W. Müller, R. Raue** und **H. Knop**), *Basische Methinfarbstoffe*. (**Belg. P. 567 902** vom 21/5. 1958, ausg. 12/8. 1960. D. Prior. 23/5. 1957. — C. **1959.** 12062 [D. A. S. 1 049 994].)

**Sandoz Ltd.**, Basel, Schweiz, *Wasserunlösliche Styrylfarbstoffe*. (**E. P. 843 644** vom 17/7. 1957, ausg. 4/8. 1960. Schwz. Prior. 18/7., 7/9. 1956 u. 17/5. 1957. — C. **1960.** 3705 [A. P. 2 850 520].)

**Ciba Soc. An.**, Schweiz, *Indigoide Farbstoffe*. (**F. P. 1 154 355** vom 2/7. 1956, ausg. 8/4. 1958. Schwz. Prior. 7/7. 1955. — C. **1960.** 1338 [Schwz. P. 336 922].)

**Cassella Farbwerke Mainkur Akt.-Ges.**, Deutschland, *Herstellung von Schwefelfarbstoffen*. (**F. P. 68 512** vom 25/8. 1955, ausg. 2/5. 1958. D. Prior. 26/8. 1954. Zusatz zu F. P. 1 103 365; C. 1957. 14215. — C. **1957.** 13488 [D. B. P. 952 657].)

**Farbenfabriken Bayer Akt.-Ges.**, Leverkusen (Erfinder: **Berthold Bienert**, Leverkusen, **Kurt Breig** und **Manfred Groll**, Köln-Stammheim), *Herstellung von wasserunlöslichen Azophthalocyaninfarbstoffen*. (**F. P. 1 165 425** vom 10/10. 1956, ausg. 24/10. 1958. **Oe. P. 194 034** vom 10/10. 1956, ausg. 27/12. 1957. Beide D. Prior. 11/10. 1955. — C. **1960.** 7006 [D. A. S. 1 066 305].)

**Durand & Huguenin Akt.-Ges.**, Basel, Schweiz, *Wasserlösliche, beizenziehende Azophthalocyaninfarbstoffe*. (**It. P. 512 062** vom 13/1. 1954. Schwz. Prior. 14/1. 1953. — C. **1957.** 10624 [Schwz. PP. 311 212, 312 914 bis 312 919, 314 551 u. 314 552].)

**Ciba Akt.-Ges.**, Basel (Erfinder: **Christian Zickendrath** und **Eugen Koller**, Binningen), Schweiz, *Herstellung acetonlöslicher Phthalocyaninfarbstoffe*. (**D. A. S. 1 094 898** Kl. 22e vom 10/3. 1958, ausg. 15/12. 1960. Schwz. Prior. 18/3. 1957. — C. **1960.** 10072 [A. P. 2 897 207].)

**Ciba Ltd.**, Basel, Schweiz, *Halogenierung organischer Verbindungen*. (**E. P. 820 171** vom 15/3. 1956, ausg. 16/9. 1959. Schwz. Prior. 18/3. 1955. — C. **1959.** 3655 [F. P. 1 144 397].)

## XIa. Farben. Anstriche. Lacke. Naturharze

**Reinigen und Lackieren von Metallen. 1. Mitt. Ist Ihre Lackierung so modern wie Ihr Produkt?** J. H. Goodyear. (Ind. Heating **27.** 1893—94. 1896, 1907. Sept. 1960. Lansdale, Pa.) (Engl.)

Behandelt werden Aussehen u. Korrosionsresistenz der Lackierung, Vorbehandlungs- u. Auftragsverfahren. B. SCHEIFELE. 7090□

**Einige Leuchtfarben und -pigmente. Beitrag zu ihrer Kenntnis.** 1. Mitt. **Organische Leuchtfarben.** Tomislav Kopsić. (Ind. y Quím. **18.** 789—90. 1958.) (Span.)

Überblick u. Beschreibung von 8 Typen von Lumogenfarbstoffen. R. K. MÜLLER. 7092□

**Einige Leuchtfarben und -pigmente. Beitrag zu ihrer Kenntnis.** 2. Mitt. **Leuchtfarben auf der Grundlage von Zinksulfid.** Gustavo Malek. (Ind. y Quím. **18.** 791—93. 798. 1958.) (Span.) — 1. vgl. vorst. Referat.

Überblick: Herst. u. Reinigung der Zn-Lsg., Fällung des ZnS, Weiterbehandlung, Aktivierung mit Cu oder Co, Fertigstellung, Eigenschaften. R. K. MÜLLER. 7092□

**Öllösliche unmodifizierte Phenolharze.** 1. Mitt. **Darstellung und Charakterisierung von p-tert.-Butylphenol–Formaldehyd-Harz.** S. P. Purohit und P. K. Choudhury. (Indian J. appl. Chem. **21.** 114—16. 1958. Calcutta, Univ., Coll. of Sci. and Technol., Dep. of appl. Chem.) (Engl.)

Vff. stellen niedermol. *p-tert.-Butylphenol-Formaldehyd-Harze* dar u. untersuchen diese hinsichtlich ihres Einfl. auf Trocknungszeit u. Film-Eigg. trocknender Öle. R. LAFFERENZ. 7096□

**Zur Charakterisierung einiger oxäthylierter Verbindungen.** G. Carrière. (Fette Seifen einschl. Anstrichmittel **57.** 563—64. Aug. 1955. Vlaardingen, Holland, Unilever Res. Labor., Abt. Waschmittel-Entw.)

Die Struktur oxäthylierter Verbb., z. B. Polyglykoläthern, kann mit Hilfe der Mol.-Refr. bestimmt werden. Unterss. an Handels-Prodd. gaben befriedigende Ergebnisse. M. SCHENK. 7096

**Kommentar zu „Einfluß der Oberfläche von kaltgewalztem Stahl auf die Anstrichqualität und auf deren Prüfung".** R. M. C. Logan. (Off. Digest Federat. Soc. Paint Technol. **32.** 1013—15. Juli 1960. Amstelveen, Holland, Van Leer Group, Metal Containers Labor.) (Engl.)

Bemerkungen zu der Arbeit von GROSSMAN JUN., C. **1960.** 17626. K. WEKUA. 7106□

**Wash Primer als Haftgrund für metallische Oberflächen.** H. Kohlhase. (Fertigungstechn. u. Betr. **10.** 613—19. Okt. 1960. Sömmerda.) (Dt.)

Unbearbeitete, sandgestrahlte, phosphatierte Prüflinge aus Tiefziehstahlblech, Grauguß u. Al sowie aus alkal. gebeiztem, chem. u. elektrolyt. oxydiertem Al wurden mit u. ohne (Zweitopf-) Wash Primer-Auftrag (I) u. anschließender Lackierung mit Alkydharzgrundlack geprüft auf Haftfestigkeit mittels Gitterschnittprobe u. ERICHSEN-Tiefung sowie auf Korrosionsbeständigkeit im Salzsprühtest, durch Klima-Einw. im Klimaschrank sowie teilweise im Natur-Vers. in Industrieluft. Resultate: Auf Al wurde die Haftfestigkeit in fast allen Fällen durch I beachtlich erhöht, ebenso die Korrosionsbeständigkeit auf nichtphosphatiertem Al. Auf unbearbeitetem u. sandgestrahltem Stahlblech u. Grauguß wurde die Haftfestigkeit durch I verbessert, auf phosphatiertem Eisen jedoch beeinträchtigt. Die Korrosionsbeständigkeit von Eisen wurde durch I durchweg verstärkt, doch ist die Anwendung von I auf phosphatiertem Eisen mit Rücksicht auf die Verschlechterung der Haftfähigkeit nicht zu empfehlen. B. SCHEIFELE. 7106□

**Eintopf-Urethanüberzüge.** Maurice E. Bailey, Gilbert C. Toone, G. R. Skreckoski und George S. Wooster. (Off. Digest Federat. Soc. Paint Technol. **32.** 486—94. April 1960.) (Engl.)

Beschreibung eines Eintopf–Urethan-Anstriches, der lagerungsfest ist u. bequeme Anwendung als gewöhnliches Anstrichbindemittel findet. Die Fabrikation des Anstriches ist ähnlich wie beim Alkydharz, nur daß hier an Stelle von Dicarbonsäuren oder Anhydriden ein Diisocyanat gebraucht wird. K. WEKUA. 7106□

**Untersuchung der Giftigkeit einer Schutzschicht aus einem Gemisch von Siliconen und Polytetrafluoräthylen.** A. Gancberg. (Ind. chim. belge **24.** 1486—90. Dez. 1959. Union Chim. Belge, Div. Spécialités Chim., Labor. de Silicones.) (Franz.)

Chem. u. physiolog. Unterss. einer aus einem Gemisch von Siliconen u. Polytetrafluoräthylen bestehenden Schutzschicht zeigen deren Ungiftigkeit in normalem u. überhitztem Zustand, was im Schrifttum bestätigt wird. — 16 Schrifttumshinweise. W. WESLY. 7106□

**Destruktiv destilliertes Terpentinöl aus Zypern.** E. E. L. Edwards und G. E. Howard. (Trop. Sci. 2. 97—98. 1960.) (Engl.)

Beschreibung u. Kennzahlen eines Terpentinöls von *Pinus halepensis* var. *brutia*, das in der Qualität dem schwed. Sulfat-Terpentinöl entspricht. B. SCHEIFELE. 7140□

---

Farbwerke Hoechst Akt.-Ges., vormals Meister Lucius & Brüning (Erfinder: Wilhelm Eckert), Frankfurt/M., **Einheitliche Mono- und Dinitroderivate des 1.4.5.8-Naphthoylendibenzimidazols,** die bei recht klaren, öl- u. lösungsmittelechten Farbtönen als *Pigmentfarbstoffe*, z. B. für den Steindruck, für Papier, zum Färben von Lacken, zur Herst. von Druckfarben u. zum Färben in der Spinnmasse geeignet sind, erhält man durch Nitrierung, zweckmäßig in konz. $H_2SO_4$, $H_2SO_4$-Monohydrat, Oleum oder $ClSO_3H$, der aus dem Gemisch der isomeren 1.4.5.8-Naphthoylendibenzimidazole nach bekannten Verff. abgetrennten cis- u. trans-Isomeren. — 20 (Gewichtsteile) des feinpulverisierten cis-Isomeren trägt man in 250 konz. $H_2SO_4$ ein, läßt bei 0—10° 8 $HNO_3$ (spezif. Gewicht 1,52) eintropfen u. rührt bei dieser Temp. 3 Std. lang weiter. Man erhält 23 eines orangeroten Pulvers. Mit dem trans-Isomeren erhält man in ähnlicher Weise einen gelben Pigmentfarbstoff. (**D. A. S. 1 104 093** Kl. 22e vom 5/4. 1958, ausg. 6/4. 1961.) O. ROICK. 7093

Farbenfabriken Bayer Akt.-Ges., Leverkusen (Erfinder: Max Coenen, Krefeld, Dorothea Lauerer, Leverkusen, Max Pestemer, Opladen, und Gustav Buchwald, Krefeld), **Ultraviolettschutzfilter** nach D. A. S. 1 087 902; gek. durch einen Geh. an Verbb. der allg. Formel Ar·C(R''')=C(R', R''), worin R''' Alkyl, Aralkyl, Aryl, Amino, alkyliertes Amino, Hydroxyl u. Alkoxy, Mercapto u. Alkylmercapto; Ar einen Benzolring, der durch eine oder mehr Hydroxy- oder Alkoxygruppen, u. ggf. weitere Substituenten substituiert sein kann; R' = CN, COOH, COX, $(CH_2)_n$·COOH, $(CH_2)_n$·COOR, R'' = H, R, CN, COX, wobei X für Alkyl, Aryl, substituiertes Alkyl oder Aryl, OR, R—NR, $NH_2$, R für H, Alkyl, Aryl, substituiertes Alkyl oder Aryl, Cycloalkyl u. n für eine ganze Zahl, bes. 1 oder 2, stehen kann. — Geeignete Verbb. sind z. B. 4-Hydroxyphenyl-β-methyl-α-carbmethoxyzimtsäuremethylester, 4-Hydroxyphenyl-β-methyl-α-cyanzimtsäureäthylester, 4-Methoxy-β-methyl-α-cyanzimtsäuremethylester, 4-Methoxy-β-methyl-α-cyanzimtsäureäthylester, 4-Methoxy-β-methyl-α-cyanzimtsäureamid u. das entsprechende Nitril, 4-Hydroxyphenyl-β-methyl-α-acetylzimtsäureäthylester oder deren Amid, α-Cyan-β-hydroxyzimtsäurenitril, p-Methoxy-m-chlor-α-cyan-β-methoxyzimtsäurenitril, α-Cyan-β-(cyclohexylamino)-zimtsäurenitril u. p-Methoxy-m-chlor-α-cyan-β-methylmercaptozimtsäurenitril. — Ein handelsüblicher *Celluloselack*, dem 0,5% seines Gewichts an α-Cyan-β-phenylaminozimtsäurenitril zugesetzt wurden, wird auf Prüfbleche aufgestrichen u. 12 Std.lang unter der Hg-Dampflampe belichtet. Er zeigt im Gegensatz zu einem nicht mit einem solchen Farbstoff versehenen Aufstrich keine wesentliche Vergilbung. (**D. A. S. 1 103 136** Kl. 57b vom 6/12. 1956, ausg. 23/3. 1961. **Zusatz zu D. A. S. 1 087 902; C.1961. 6022.**) E. FUCHS. 7097

Solvic Soc. An. (Erfinder: Robert De Coene und Georges Lobet), Brüssel, Belgien, **Herstellung von Mischpolymeren** mit überwiegenden Mengen an *Vinylchlorid* (I) durch Mischpolymerisation von I, Vinylacetat u. einer ungesätt. α.β-Dicarbonsäure oder deren Anhydrid, dad. gek., daß man die Polymerisation in wss. Suspension in Ggw. eines Stabilisators, einer in W. unlösl., als Katalysator (II) dienenden organ. Peroxyd- oder Azo-Verb. u. einer mindestens zum Inlösunghalten des II ausreichenden Menge eines KW-Stoffes durchführt. — Nach einem Beispiel besteht ein Ansatz aus 2000 (Teilen) W., 4 Gelatine, 2 Benzoylperoxyd, 20 Toluol, 50 Maleinsäureanhydrid, 150 Vinylacetat u. 850 I, der bei 60° unter $N_2$ polymerisiert wird. Nichtumgesetztes I wird als Gas entfernt u. das Mischpolymerisat getrocknet. Es ist in einer Mischung aus Methyläthylketon u. Toluol klar u. farblos löslich. — *Überzüge* für Metall, Glas oder Holz. (**D. A. S. 1 105 181** Kl. 39c vom 22/8. 1958, ausg. 20/4. 1961. **E. P. 837 397** vom 3/12. 1958, ausg. 15/6. 1960. Beide Belg. Prior. 31/12. 1957.) H. SCHINDLER. 7107

Beck, Koller & Co. (England) Ltd., Liverpool, England (Erfinder: Henry Wilfred Keenan), **Lacke und Überzugsmittel auf der Grundlage von ungesättigten Polyestern** enthalten an Stelle von Wachsen zur Beseitigung der Luft-Inhibition bei der Trocknung 0,07—2 Gewichts-% Stearylstearat oder den Stearylester von Cocosnußölfettsäuren. (**E. P. 850 762** vom 16/7. 1958, ausg. 5/10. 1960.) M. BÖTTCHER. 7107

Phillips Petroleum Co., Del., übert. von: Donald E. Carr, Bartlesville, Okla., V.St.A., **Überzugsmittel** für Rohre u. Rohrleitungen enthalten 100—300 (Teile) Füllstoffe, 100 eines Bindemittels, das aus 50—85(%) Bitumen, 10—30 eines natürlichen oder synthet. Kautschuks u. 5—30 eines chlorierten Polyäthylens besteht. (**A. P. 2 918 940** vom 28/10. 1957, ausg. 29/12. 1959.) M. Böttcher. 7107

Alton Linwood Seaver III, Weymouth, Mass., V.St.A., **Abziehbare Überzüge bildende Auftragsmassen** enthalten in einem organ. Lsgm. verteilt 10—25(%) Celluloseacetobutyrat, 8—18 Weichmacher u. 0,2—1,5 Sojabohnenlecithin. Zweckmäßig verwendet man eine Mischung aus einem schnell verdunstenden Lsgm. (Aceton u./oder Methyläthylketon) u. einem langsam verdunstenden (Toluol u. Butanol). (**A. P. 2 927 036** vom 25/4. 1957, ausg. 1/3. 1960.) P. Krug. 7107

---

**Devoe & Raynolds Co., Inc.**, New York, N.Y., V.St.A., *Modifiziertes Epoxydharz.* (**Ind. P. 56 743** vom 6/3. 1956, ausg. 3/6. 1958. — C. **1960.** 5328 [Aust. P. 212 546].)

**Richard Nilson Aktiebolag**, Stockholm, Schweden, *Herstellung verbesserter trocknender Öle.* (**Ind. P. 58 112** vom 9/8. 1956, ausg. 9/10. 1958. — C. **1959.** 12392 [Oe. P. 194 502].)

**Farbenfabriken Bayer Akt.-Ges.**, Leverkusen (Erfinder: **Heinz Ehring** und **Karl Raichle**, Krefeld), *Herstellung von Lackrohstoffen.* (**D. B. P. 974 491** Kl. 39c vom 30/6. 1951, ausg. 12/1. 1961. Anmeldung bekanntgemacht 17/12. 1953. — C. **1956.** 2037 [F. P. 1 058 138].)

**Minnesota Mining & Mfg. Co.**, St. Paul, Minn., V.St.A. (Erfinder: **P. V. Palmquist** und **J. V. Erwin**), *Reflektierende Schutzschichten.* (**Belg. P. 538 269** vom 18/5. 1955, ausg. 3/7. 1959. A. Prior. 3/6. 1954. — C. 1959. 17501 [F. P. 1 132 891].)

**Rohm & Haas Co.**, Philadelphia, Pa., V.St.A., *Herstellung von vernetzten Acrylsäurepolymeren.* (**It. P. 512 382** vom 9/2. 1954. A. Prior. 12/2. 1953. — C. **1957.** 6602 [F. P. 1 099 120].)

## XIb. Plaste (Kunstharze. Plastische Massen)

**Die Einwirkung energiereicher Strahlen auf Kunststoffe.** J. Schurz. (Atomkernenergie **1956.** 349—50. Okt. 1956. Graz, Univ., Inst. für physikal. Chem.) (Dt.)

Unters. der Vorgänge, die bei der Einw. von Röntgen-, Elektronen- u. Reaktorstrahlen auf *Polyäthylen, Polystyrol, Terylen, Nylon, Rohkautschuk, Polydimethylsiloxan, Neoprene, Polyvinylacetat, Polymethylmethacrylat, Teflon, Polyisobutylen* u. *Thiokol* ablaufen. G. Kurdal. 7170□

**Lebende Polymere.** R. Castelli. (Materie plast. **26.** 1062—67. Nov. 1960.). (Ital.)

Übersichtliche Beschreibung der Bldg., Eigg. u. Anwendung von „lebenden" Polymer-Prodd. u. der verwendeten Katalysatoren. Bes. werden Naphthalin-Alkalimetall-Komplexe, z. B. grünes Naphthalin-Na, u. als Lsgm. Tetrahydrofuran verwendet, welches ein gutes Solvatationsvermögen für Carbanionen aufweist u. keine Protonen abgibt. Polymere aus Styrol, Butadien, Isopren, Äthylenoxyd u. Oktamethylcyclotetrasiloxan können an ihren „lebenden" Enden durch Rkk. mit z. B. W., $CO_2$, $CS_2$ oder $O_2$ gestoppt oder durch andere Monomere zu Blockcopolymeren modifiziert werden. G. Piekarski. 7170□

**Die für Fußbodenbeläge aus Kunststoffen geforderten Eigenschaften.** Ch. Saint Mleux. (Ind. Plast. mod. **9.** Nr. 8. 15. Sept./Okt. 1957.) (Franz.)

Die für Fußbodenbedeckung auf Kunststoffbasis geforderten Eigg. (Trockenzeit, Toxizität, Temp., Aussehen, Gebrauchsfestigkeit, Haftfestigkeit u. a.) werden kurz erörtert. R. Schäff. 7170□

**Rohrverbindungen für Ziegler-Polyäthylen-Rohre.** K. Richard, E. Gaube und G. Diedrich. (Kunststoffe **50.** 325—31. Juni 1960. Frankfurt/M.-Höchst, Farbwerke Hoechst AG.) (Dt.)

Zum Verbinden von Rohren aus Ziegler-Polyäthylen sind sowohl Schweiß-Verbb. als auch lösbare Flansch- u. Fitting-Verbb. entwickelt worden, die ausführlich beschrieben werden. — 27 Abbildungen. I. Kalzendorf. 7172□

**Das Hochfrequenzschweißen von Hart-PVC.** G. Hartung. (Plaste u. Kautschuk **4.** 289—96. Aug. 1957. Halle/Saale, Zentralinst. für Schweißtechnik.) (Dt.)

Besprechung des Verf., von Festigkeits-Unterss., der Schweißzeitbegrenzung, der Schlagzähigkeit der Schweiß-Verb., des Schweißens mit Weichpolyvinylchloridzusatz u. des Schweißens fortlaufender Nähte. R. Schäff. 7172

**Über die Emulsionspolymerisation mit Polyacroleinschwefligsäure-Lösung als Emulgator.** Harald Cherdron. (Kunststoffe **50.** 568—70. Okt. 1960. Mainz, Univ., Organ.-chem. Inst.) (Dt.)

Vf. beschreibt makromol. Emulgatoren aus Homopolymerisaten des Acroleins (Ac) in wss. $SO_2$ (PAc–$SO_2$). PAc–$SO_2$ eignet sich zur Emulsionspolymerisation von Ac, Acrylnitril (AN), Vinylacetat, Acrylsäuremethylester, Styrol u. Chloropren. Vf. untersucht die Emulsionspolymerisation von Ac u. AN in PAc–$SO_2$ mit dem Redox-Syst. $K_2S_2O_8/AgNO_3$ als Initiator u. diskutiert die Abhängigkeit der Brutto-Geschw. der

Polymeren-Bldg. von der Initiator- u. Emulgatorkonzentration. Die Ergebnisse weichen teilweise von der Theorie von SMITH u. EWART (J. chem. Physics **16.** [1948.] 592) ab. H. J. TASCHOW. 7172□

**Über die Herkunft der Pyrolyseprodukte des Phenol-Formaldehydharzes.** W. D. Moissejew, M. B. Neiman und Je. N. Rasspopowa. (Пластические Массы [Plast. Massen] **1960.** Nr. 6. 11—13.) (Russ.)

Zur Gewinnung des Harzes wurde $^{14}C$-Formaldehyd verwendet, der die Methylenbrücken bildete. Aus der Aktivität der bei 800 u. 550° gewonnenen Zers.-Prodd. $H_2$, $CH_4$, CO ,$CO_2$ u. Koks geht hervor, daß der größte Teil des C der Methylengruppen (ca. 76%) in den Graphit übergeht u. die Gase nicht aus den Methylengruppen, sondern aus den aromat. Ringen entstehen. J. v. SCHROEDER. 7176□

**Isopolyamide und Interpolyamide.** Jean Hacquard. (Ind. Plast. mod. **9.** Nr. 8. 43—44. 49—51. Sept./Okt. 1957. Soc. Rhodiacéta, Serv. Mat. Plast., Labor. Rech. et Contrôles.) (Franz.)

Kurze Übersicht über Herst., Eigg., Verarbeitung u. Anwendung von Polyamiden. R. SCHÄFF. 7180□

**Hydrolyse von Dimethyldichlorsilan durch Natriumaluminatlösungen.** I. K. Stawitzki und Ss. N. Borissow. (Высокомолекулярные Соединения [Hochmolekulare Verbind.] **1.** 1496—1501. Okt. 1959. Allunions Forschungsinst. für synthet. Kautschuk.) (Russ.)

Dimethyldichlorsilan (**I**) wurde in Abwesenheit von Lsgm. mit Na-Aluminat-Lsg. (**II**) hydrolysiert. **II** wird aus $AlCl_3$ (**III**) u. wss. NaOH erhalten. Die Konsistenz der bei der Hydrolyse gebildeten Polyorganoaluminiumsiloxane hängt vom Ausgangsverhältnis zwischen **I** u. **III** ab. Bei einem Mol-Verhältnis von 6:1 bis 15:1 entstehen klebrige weiße Polymere; bei einem Verhältnis von 20:1 bis 45:1 werden schmierige viscose Prodd. gebildet, welche beim Stehen an der Luft in Ggw. von Alkali sich in spröde Gele umwandeln. Bei einem Mol-Verhältnis von 60:1 entstehen ölartige Polymere, die nicht gelatinisieren. Die neutralisierten u. getrockneten Polymere, die bei einem Mol-Verhältnis $<$ 60:1 dargestellt wurden, sind spröde u. unschmelzbar, lösen sich jedoch in Benzol. Die ölartigen Polymere wurden bei 90—100° in Ggw. von 0,1—0,2 Gew.-%. KOH zu höhermol. Prodd. weiter polymerisiert, wobei weiche, durchsichtige, benzollösl. Polymere erhalten wurden. Ihre Ähnlichkeit mit Siliconkautschuken ist nur eine äußerliche; sie lassen sich nicht vulkanisieren. Ein Zusatz von $SiO_2$ führt zum Abbau des Polymeren. Das Polymer hat ein Molgew. von ca. 17000 u. enthält 0,3% Al. H. WERGIN. 7188□

**Festigkeitsverhalten eines glasfaserverstärkten ungesättigten Polyesterharzes im einachsigen Spannungszustand bei Quellung in Wasser.** F. J. Frank. (Kunststoffe **50.** 550—55. Okt. 1960. München, TH, Forschungsstelle für Kunststoffe.) (Dt.)

Vf. stellte aus reinem u. aus mit Glasmatte verstärktem, bei 70° gehärtetem Polyesterharz (PE) Prüfstäbe her, an denen Kurzzeitprüfungen durchgeführt wurden u. das Kriech-Verh. im Anlieferungszustand nach Einw. von W. bis 400 Std. bei 50° studiert wurde. Diese Unterss. führten zu folgenden Vorstellungen von der Struktur des reinen PE u. der Art der Spannungsübertragung zwischen Glasmatte u. PE. Das reine PE besteht aus engvernetzten Bereichen (Elementarteilchen), die durch Sekundärvalenzen verbunden sind. Durch Wassereinlagerung zwischen die Elementarteilchen u. in die Grenzfläche zwischen PE u. Glas wird die Möglichkeit der Kraftübertragung herabgesetzt. Da die Kräfte immer mehr durch das W. übertragen werden, nähert sich das Kriech-Verh. dem einer NEWTONschen Flüssigkeit. H. J. TASCHOW. 7204□

**Konduktometrische Bestimmung von freien Säuren in Polyesterharzen.** Viliam Valenta. (Chem. Zvesti **13.** 610—19. Okt. 1959. Bratislava, Výskumný ústav kábelov a izolantov.) (Slowak.)

Malein- u. Phthalsäure liegen in Polyesterharzen teils als freie Säuren, teils als Anhydride vor. Durch Hydrolyse in wss. Lsg. werden die Anhydride in freie Säuren übergeführt u. die Summe der Säuren wird durch konduktometr. Titration bestimmt. 0,2—0,3 g der Probe wird in 100 ml Aceton gelöst, die Lsg. mit 100 ml W. allmählich vermischt u. mit 0,02n NaOH-Lsg. titriert. Das Resultat wird als Maleinsäure ausgedrückt. Eine Best. der sauren Ester ist auch möglich, da die Differenz zwischen der Titration unter Verw. von Phenolphthalein als Indicator u. der konduktometr. Titration der Menge der sauren Ester entspricht. V. FIC. 7210□

**Zur Analyse von Epoxyharzen.** E. Gulinsky und H. Gruber. (Fette, Seifen, Anstrichmittel **59.** 1093—95. Dez. 1957. Münster.) (Dt.)

Ausführungen über qual. u. quant. Meth. zur Best. von Epoxy-, Hydroxyl- u. Esterwert. B. SCHEIFELE. 7210□

Esso Research and Engineering Co., V.St.A., **Herstellung von Alkoholen und Estern,** die als *Weichmacher* Verw. finden, dad. gek., daß man eine Olefinfraktion $C_6$—$C_8$, Kp. 38—130°, die durch Cracken gewonnen wurde u. die auch Diolefine u. tert. Olefine enthält, durch Erhitzen von Cyclodienen befreit, dann in Ggw. von 0,2—2 Gew.-% $AlCl_3$ bei —10 bis +70° polymerisiert, durch Extraktion u. Fraktionierung die $C_6$-Fraktion, Kp. 57—71°, isoliert, mit CO u. $H_2$ in Ggw. von Co-Carbonyl zu Aldehyden umsetzt, die man zu Alkoholen hydriert. Diese können mit Dicarbon-, bes. Phthalsäure, verestert werden. — Schema der Anlage. (**F. P. 1 198 466** vom 20/1. 1958, ausg. 8/12. 1959.) S. BÖTTCHER. 7171

Phillips Petroleum Co., Bartlesville, Okla., V.St.A., **Steuerung einer in flüssiger Phase verlaufenden Polymerisation.** In einem prakt. abgeschlossenen, eine Fl.- u. eine Dampfphase enthaltenden Rk.-Raum (I) regelt man die konst. zu haltenden Verf.-Variablen, wie Temp., Druck, Konz., Verweilzeit des Beschickungsmaterials u. die Gesamtaktivität des Katalysators in Abhängigkeit von den auftretenden Druckänderungen im I durch Regel-Vorr., die auf diese Druckänderungen ansprechen. So kann man die Strömungs-Geschw. der Monomeren in Abhängigkeit von den Druckänderungen im I u. durch eine weitere Regel-Vorr. die Zufuhr-Geschw. des Katalysators in Abhängigkeit von den Änderungen der Strömungs-Geschw. der Monomeren steuern. Die Höhe des Fl.-Spiegels wird z. B. durch eine Schwimmerregulierung, die Temp. durch Steuerung des Kühlmittelzuflusses in Abhängigkeit von den Änderungen der Temp. im I konst. gehalten. Diese Arbeitsweise eignet sich bes. zur Polymerisation von Olefinen mit Chromoxyd enthaltenden Katalysatoren. Vorr. zur Durchführung des Verf. sind beschrieben (2 Zeichnungen). Man erhält Polymerisate von gleichmäßiger Beschaffenheit. (**Belg. P. 555 680** vom 11/3. 1957, ausg. 12/2. 1960. A. Prior. 12/3. 1956.) M. MAIERHAUSER. 7173

Esso Research and Engineering Co., Del., übert. von: Charles W. Seelbach, Cranford, und William John Gilbert McCulloch, Plainfield, N.J., V.St.A., **Polymerisation von α-Olefinen** der allg. Formel $R—CH=CH_2$ (R=KW-Stoffrest) wird in Ggw. eines Katalysators aus a) teilweise red. Ti-Halogenid, b) 0,1 bis 1,0 Mol Ti-Metall pro 4 Mol Ti-Halogenid, c) soviel einer Al-Alkyl-Verb., daß sich Al/Ti wie 0,1/20 verhält, bei einem Druck von 50—1500 lbs./sq.in. u. 20—100° vorgenommen. Die Monomeren-Konz. beträgt 20—30%. Als Al-Alkyl-Verbb. dienen z. B. $Al(C_2H_5)_3$ oder $AlCl(C_2H_5)_2$, als Ti-Halogenid TiCl. (**A. P. 2 893 984** vom 2/4. 1956, ausg. 7/7. 1959.) A. DANDL. 7173

Phillips Petroleum Co., übert. von: Williams B. Reynolds, Bartlesville, Okla., V.St.A., **Polymerisation von Verbindungen,** die $CH_2=C=$-Gruppen enthalten, in Ggw. von Lsgm. u. einem Katalysator, bestehend aus einem feinverteilten Metall u. einer Verb. von Metallen. Das Verf. eignet sich für Äthylen, Propylen, 1-Buten, 1-Hepten, 1-Hexen, 1-Octen u. deren Isomere, 1.5-Hexadien, 1.4-Pentadien, 1.4.7-Octatrien, Cyclohexen, Styrol u. substituierte Styrole, 1.3-Butadien, 2-Methyl-1.3-butadien, 2.3-Dimethyl-1.3-butadien, 2-Methyl-1.3-pentadien, Chloropren, 1-Cyanobutadien, 2.3-Dimethyl-1.3-pentadien, 2-Methyl-3-äthyl-1.3-pentadien, Methoxybutadien, 2-Phenylbutadien, Acrylnitril, Methacrylnitril, Methylacrylat- u. -methacrylat, Vinylacetat u. -chlorid, 2-Methyl-5-vinylpyridin, 4-Vinylpyridin usw.; als Lsgm. dienen Paraffine u. Cycloparaffine, wie Butan, Pentan, Isooctan, Cyclohexan, Methylcyclohexan, Bzl., Toluol, Xylol, als feinverteilte Metalle dienen Na, K, Li, Cs, Rb, Mg, Be, Zn, Cd, Ga, In, Tl, Al u. deren Legg., als Metall-Verbb. dienen Halogenide oder Komplexsalze dieser Halogenide mit Alkali-, Ammoniumhalogeniden oder organ. Halogeniden, Oxyde, Oxyhalogenide u. Hydride von Ti, Zr, Hf, Th, Ge, Ce, Sn u. Pb in Verbindung mit einem organ. Halogenid, $MoO_3$ u. Alkalimolybdate, ggf. zusammen mit einem organ. Halogenid, Oxyhalogenide, Hydroxyhalogenide u. Oxyhydroxyhalogenide des Mo, W, Se, Te, Po, oder deren Komplexsalze mit Alkalihalogeniden oder Ammoniumhalogeniden, ggf. in Verbindung mit einem organ. Halogenid, Oxyde u. Oxyhalogenide von Vanadium, ggf. zusammen mit einem organ. Halogenid, Chromylhalogenide in Verbindung mit organ. Halogeniden, sowie verschiedene Salze. (**A. P. 2 899 418** vom 21/11. 1955, ausg. 11/8. 1959.) A. DANDL. 7173

Phillips Petroleum Co., V.St.A. (Erfinder: William Clarence Lanning und Gerald Thomas Leatherman), **Olefinpolymerisation** mit Cr-Oxydkatalysatoren, die etwas 6wertiges Cr enthalten. Die Mischung aus Olefin (Äthylen) u. Verdünnungsmittel (Isooctan) steht während der Polymerisation in Berührung mit einer gasförmigen Olefinphase, u. man führt mindestens so viel Olefin zu, wie monomeres Olefin polymerisiert wird. — Man führt z. B. Äthylen schneller in die Rk.-Zone, als es polymerisiert wird, u. zugleich Verdünnungsmittel. Der Katalysator ist in dem Verdünnungsmittel dispergiert, u. die polymerisierende Mischung wird stark gerührt, wobei man über der Mischung Äthylengas hält, bei 66,5—232° u. wenigstens 7 kg/cm² arbeitet, aus dem oberen Teil der Polymerisationszone Polymeres, Verdünnungsmittel u. Monomeres abzieht u. trennt. — Zeichnung. (**F. P. 1 161 227** vom 18/10. 1956, ausg. 25/8. 1958. A. Prior. 19/10. 1955.) M. PANKOW. 7173

Phillips Petroleum Co., V.St.A. (Erfinder: John Ernest Cottle), **Kontrollieren katalytischer Prozesse, insbesondere der Polymerisation von 1-Olefinen** in fl. Phase mit Katalysatoren, wie Th- oder Zr-Oxyd, u. MgO, ZnO oder SrO. Bei dem kontinuierlichen Verf. zieht man das Polymerisatgemisch aus dem Rk.-Raum ab, trennt die nicht in Rk. getretenen Anteile ab u. leitet sie zurück. In die Rückleitung ist ein Strömungsmesser eingebaut, der je nach Stärke der Strömung die Zufuhr an Katalysator oder Monomerem zum Rk.-Raum verringert oder verstärkt. (**F. P. 1 157 872** vom 23/8. 1956, ausg. 4/6. 1958. A. Prior. 25/8. 1955.) M. PANKOW. 7173

Esso Research and Engineering Co., V.St.A. (Erfinder: Arthur W. Langer jun.), **Katalysatoren für die Olefinpolymerisation.** Man hält den durch Rk. einer reduzierenden Metall-Verb. [$(C_2H_5)_2AlCl$] mit einer reduzierbaren Verb. ($TiCl_4$) erhaltenen Katalysator noch kürzere oder längere Zeit bei —100 bis +90°; hierdurch wird die Wirksamkeit des Katalysators verbessert. — Man löst $(C_2H_5)_2AlCl$ in n-Heptan zu einer 0,74 Gew.-%ig. Lsg., die man mit der äquimol. Menge $TiCl_4$ in einer 1,18 Gew.-%ig. Lsg. mischt u. dann 10—15 Min. bei 55° hält, worauf der Katalysator zur *Polymerisation von Äthylen* dient. (**F. P. 1 156 583** vom 27/7. 1956, ausg. 19/5. 1958. A. Prior. 28/7. 1955.) M. PANKOW. 7173

Imperial Chemical Industries Ltd., London, übert. von: John Woolley Batty, Arthur Lambert und Gerald Scott, Manchester, und Leslie Seed, Northwich, England, **Ester der untersalpetrigen Säure,** RON=NOR′ (I), erhält man bei der Rk. von Metallhyponitriten, bes. AgNO, u. R-Halogenen oder Halogen-R-Halogenen in Ggw. eines inerten KW-Stoffs als Lsgm. unter Kühlung auf —20 bis +10°. Die reinen Ester sind explosiv. In I bedeuten R u. R′ organ. Reste, die mindestens eine O-Ätherbindung enthalten, vorzugsweise am α-Atom. Man erhält auch Verbb. der Formel: X·O·CHY·O·N=N—OCHY·O·X, wobei X = Alkyl-, Alkoxyalkyl-, Cycloalkyl-, oder Arylgruppen u. Y = H, Alkyl-, Cycloalkyl-, Aryl-, Alkoxy-, Alkoxyalkylgruppen, die mit X auch einen Ringschluß geben können. — AgNO u. Monochlormethyläther werden mit Eis gekühlt u. mit A. versetzt u. 16 Std. bei 0° gerührt. Man filtriert vom AgCl u. erhält *Bis-methoxymethylhyponitrit.* — Es werden ferner hergestellt: *Isobutoxymethyl-*, *α-Methoxybenzyl-*, *Bis-chlormethoxymethyl-*, *α-Isobutoxyäthyl-*, F. —10 bis 0°, *α-Methoxyisobutyl-*, *tert.-Butoxymethyl-*, *Tetrahydroxypyranyl-*, F. 43,2° (Zers.), *Äthoxycarbäthoxymethyl-*, *Dodecyloxymethyl-*, F. 43,3° (Zers.), *Octan-2-oxymethyl-*, *Isoamyloxymethyl-*, *α.α.α′.α′-Tetraäthoxyäthyl-*, *Cyclohexoxymethyl-*, F. 39,9° (Zers.), *1.3-Dimethylbutoxymethyl-*, *(β-Äthoxy)-äthoxymethyl-hyponitrit.* — *Katalysatoren für die Polymerisation* von Äthylenbindungen enthaltender Verbindungen. (**A. P. 2 913 481** vom 29/4. 1957, ausg. 17/11. 1959. **Aust. P. 223 252** vom 1/5. 1957, ausg. 3/9. 1959. Beide E. Prior. 2/5. 1956.) G. KÖNIG. 7173

Phillips Petroleum Co., V.St.A. (Erfinder: Peter John Canterino, Major Lewy Gallaugher, William Bryan Reynolds und Paul John Boeke), **Veränderung von aliphatischen Olefinpolymeren,** wie solchen aus Äthylen u./oder Propylen. Man erhitzt die Polymeren vom Molgew. ≧20000 weniger als 30 Min. auf 315—482°, bes. 371—427° in Abwesenheit von Luft u. erhält Polymere mit niedrigerem Molgewicht. Die Polymeren werden mit Cr-Oxydkatalysatoren, die 6wertiges Cr enthalten, hergestellt. Das modifizierte Polymere ist besser verarbeitbar, z. B. spritzbar; es kann zur *Imprägnierung von Papier* für Papierbecher, zur Herst. von *Polierwachs* u. zum Heraufsetzen des F. von Wachs, z. B. Paraffinwachs, dienen. (**F. P. 1 163 689** vom 28/12. 1956, ausg. 30/9. 1958. A. Prior. 30/12. 1955 u. 29/11. 1956.) M. PANKOW. 7173

Hercules Powder Co., übert. von: Albert S. Matlack, Wilmington, Del., V.St.A., **Polymerisation von Äthylen** ggf. in Ggw. von Lösungsmitteln. Als Katalysator werden Hydride von Ti, Zr, Hf, V, Nb, Ta, Mn u. der anderen Metalle der IV., V. u. VII. Nebengruppe des period. Syst. der Elemente verwendet. (**A. P. 2 891 044** vom 27/5. 1957, ausg. 16/6. 1959.) A. DANDL. 7173

Dow Chemical Co., V.St.A. (Erfinder: Frank A. Bartolomeo, Harvey D. Ledbetter und James M. McDuff), **Stabilisieren von Polymeren,** die mit ZIEGLER-Katalysatoren erhalten wurden. Man macht nach der Polymerisation, z. B. des Äthylens, die Katalysatorreste durch Behandlung mit Verbb. der Formel RR′R″N unwirksam (R = H, Alkyl, Hydroxyalkyl; R′ u. R″ jedes für sich = H oder Alkyl, wenn R = H oder Alkyl u. R' u. R'' jedes für sich = H oder Hydroxyalkyl, wenn R = H oder Hydroxyalkyl), z. B. mit $NH_3$, Dimethylamin, Di-, Triäthanolamin, Isopropanolamin, β-Hydroxybutylamin, wobei man zweckmäßig bei 70—80° arbeitet. Nach dieser Behandlung kann das Polymere mit Lsgm. u. W. nachbehandelt werden. — So suspendiert man 30 g frisches Polyäthylen in ca. 400 $cm^3$ Butanol u. gibt bei 70° 10 $cm^3$ Dimethylamin tropfenweise zu, hält dann noch 30 Min., filtriert, suspendiert wieder in Butanol, rührt 15 Min. bei 75°, filtriert, suspendiert in A., saugt ab u. trocknet. (**F. P. 1 157 860** vom 20/8. 1956, ausg. 4/6. 1958. A. Prior. 16/9. 1955.) M. PANKOW. 7173

Monsanto Chemical Co. (Erfinder: Iral Otis Salyer und Allen Stewart Kenyon), **Stabilisieren von Ziegler-Polymerisaten** erfolgt durch Zusatz geringer Mengen Polyvinylchlorid-Stabilisierungsmittel, z. B. organ. Sn-Verbb., wie das Diacetat von Dianhydrotrisdibutylstannandiol, oder Sr-Stearat oder epoxydiertes Sojaöl. Ferner ist ein Zusatz von 0,01—5% Dibutylzinnmaleat angegeben. — Dem Polymerisat kann ferner ein Kautschuk-Antioxydans, bes. Sulfide von monohydr. Dialkylphenol, zugesetzt werden. (**Aust. P. 222 018** vom 30/8. 1956, ausg. 9/7. 1959. A. Prior. 2/9. 1955.) H. MÖLLERING. 7173

Monsanto Chemical Co. (Erfinder: Robert John McManimie), **Verminderung der Verfärbung von Ziegler-Polymerisaten (I).** Die frisch hergestellten I, die noch etwas Katalysatorrückstand enthalten, werden — zweckmäßig unter $O_2$-Ausschluß durch Anwendung eines inerten Gases — mit einem Alkohol, bes. einem Alkanol mit 1—8 C-Atomen, bei 90° behandelt. — Mit *Triisobutylaluminium* polymerisiertes *Äthylen* wird als Polymerenschlamm abgetrennt u. der feuchte Filterkuchen unter $N_2$ mit sd. *Isobutanol* behandelt. (**Aust. P. 222 017** vom 29/8. 1956, ausg. 9/7. 1959. A. Prior. 31/8. 1955.) H. MÖLLERING. 7173

Phillips Petroleum Co., V.St.A. (Erfinder: Robert Ralph Goins), **Gewinnung von Polymeren aus ihren Lösungen.** Man verdampft einen Teil der Lsgm. bei einer Temp. < F. des Polymeren, preßt den Rückstand unter solchen Bedingungen, daß noch vorhandenes Lsgm. entweicht u. spritzt das Polymere. So polymerisiert man *Äthylen* mit Cr-Oxydkatalysator in Cyclohexan, trennt den Katalysator von der Lsg. nach Erhitzen auf 160° unter 7 kg/$cm^2$ u. Entfernung des Monomeren u. entfernt aus dem Filtrat die Hälfte des Lsgm., erhitzt die ca. 10%ig. Lsg. auf 204° u. läßt sie in einen evakuierten Raum von 71° bei 0,77 kg/$cm^2$ laufen, den das Polymere mit einem Geh. an 10% Lsgm. verläßt. Das Polymere wird nun in einer Schnecke komprimiert u. getrocknet u. mittels der Strangpresse verarbeitet. — Zeichnung. (**F. P. 1 153 543** vom 25/5. 1956, ausg. 12/3. 1958. A. Prior. 31/5. 1955.) M. PANKOW. 7173

UCLAF (Erfinder: Henri Guinot und Philipp Le Henaff), Frankreich, **Thiodiglykolsaures Cadmium** erhält man durch Umsetzung von wss. Na-Thiodiglykolat-Lsg. mit einer wss. Lsg. eines Cd-Salzes, bes. $CdCl_2$, bei normaler oder erhöhter Temp.; Ausbeute 82%. — *Stabilisator* gegen Hitze- u. Licht-Einw. *für Polyvinylchlorid.* (**F. P. 1 184 545** vom 26/2. 1957, ausg. 22/7. 1959.) EBERHARD RIEDEL. 7173

Vinyl Products Ltd., Carshalton, Surrey, England (Erfinder: John Edwin Oakley Mayne, Henry Warson und Ralph Manuel Levine), **Herstellung von Polyvinylacetalen** durch Rk. eines Aldehyds von mindestens 2 C-Atomen mit dem Hydrolyse-Prod. eines Polyvinylesters bei anfangs < 25°, steigend bis 60—65° in Ggw. von $H_2SO_4$. Nach einem Beispiel wird von wss. Polyvinylalkohol-Lsg. u. Butyraldehyd ausgegangen. Die Endprodd. enthalten 70—77% Butyralgruppen gegen 80% der Theorie. (**E. P. 821 092** vom 3/12. 1954, ausg. 30/9. 1959.) H. SCHINDLER. 7173

Dow Chemical Co. (Erfinder: Arthur Foster Roche, Earnway Avery Barber, Bernard Heman Tubbs und Floy Bernard Nagle), **Gut verpreßbares Kunstharzgemisch.** Dem Latex eines Mischpolymerisates aus (30:70 bis 70:30) *Styrol* u. *Butadien* werden ca. 5% *Polyäthylenglykol* (Molgew. 200—400) zugesetzt. Das hieraus abgeschiedene, getrocknete u. so weichgemachte Harz ist gut verträglich mit *Styrol-*, *Vinyltoluol-* oder *Vinylxylol-Polymerisaten.* Geeignete Gemische enthalten 15—40% Latexharz u. 85—60% Alkenylarylharz. (**Aust. P. 221 966** vom 15/5. 1957, ausg. 2/7. 1959.) H. MÖLLERING. 7173

Esso Research and Engineering Co., V.St.A., **Regulierung der Zusammensetzung eines zu polymerisierenden Ansatzes aus Isobutylen und Styrol** bzw. Alkenen mit 3—5 C-Atomen u. polymerisierbaren Monoolefinen mit einem Ring. Für große Ansätze mischt man die beiden Monomeren im etwa genauen Verhältnis, z. B. bei 36,4° (Styrol u. $CH_3Cl$ haben bei 36,4° gleiche Dichte), u. 7 kg/$cm^2$, um die Mischung fl. zu halten, bestimmt die Dichte u. gibt so viel eines der beiden Monomeren zu, bis der der gewünschten Mischung entsprechende Dichtewert erreicht ist [z. B. 50 (Vol.-%) Styrol u. 50 Isobutylen haben bei 36,4° eine Dichte von 0,734], verd. dann mit dem Lsgm.

($CH_3Cl$), kühlt auf Polymerisation-Temp. u. gibt den Katalysator zu. (**F. P. 1 165 041** vom 11/7. 1956, ausg. 16/10. 1958.) M. PANKOW. 7173

Catalin Ltd., Essex, England (Erfinder: John Edward Seager Whitney, Eric Leighton Holmes und Colin John Smeed Standen), **Schnellhärten von Formaldehydkondensationsprodukten**, die im sauren Bereich gehärtet werden können, allein oder zusammen mit aromat. Epoxy-Verbb., ist möglich mit Boroxyd, Borsäure oder deren Ester, zusammen mit einer organ. Verb., die wenigstens 2mal — getrennt durch 2 C-Atome — die COH-, CO- oder COOH-Gruppe enthält. Es kann auch das Rk.-Prod. der beiden Komponenten angewandt werden. — Zu 100 [Teilen] Phenol-Formaldehyd-Resol werden bei Zimmer-Temp. 10 des Katalysators aus 28,5 Orthoborsäure u. 71,5 Glycerin gegeben. Die Temp. steigt auf ca. 40°. Nach ca. 30 Std. ist das Härten beendet (nach 12 Std. bei 80°). — Vgl.-Verss. mit anderen Härtern. (**E. P. 824 251** vom 31/5. 1955, ausg. 25/11. 1959.) F. KOCH. 7177

Shell Development Co., New York, N.Y., übert. von: Rudolph F. Fischer, Oakland, und Thomas F. Mika, Orinda, Calif., V.St.A., **Aldehyd-Polyerythrit-Polymerisate.** Das Rk.-Prod. enthält ungefähr 1 (Mol) Tripentaerythrit mit 5 eines $\alpha.\beta$-äthylen. ungesätt. Alkenals, das nicht mehr als 10 C-Atome besitzt, wobei ein Säurekatalysator verwendet wird. — Als Beispiel werden in ein Rk.-Gefäß mit Rückflußkondensator, Rührer, Heiz- u. Kühlmittelzuleitungen 5 (Teile) einer Lsg. von p-Toluolsulfonsäure in 5W., 1420 Acrolein u. 490 Dipentaerythrit gefüllt. Die Rk.-Mischung wird unter Rühren u. Rückfließen in Lsg. gebracht, wozu 3 Std. notwendig sind. Dann wurden 25 $NaHCO_3$ der Lsg. hinzugefügt u. 1 Std. gerührt. Die Mischung wurde gefiltert u. der Überschuß an Acrolein bei normalem Druck entfernt, W. durch Vakuum beseitigt. Das Prod., 805 Teile, ist farblos, geruchlos u. bei 80—100° fließfähig; es ist lösl. in Toluol, Aceton, Bzn., unlösl. in Wasser. (**A. P. 2 895 945** vom 30/7. 1956, ausg. 21/7. 1959.) W. SCHLITT. 7177

Riken Gosei Jushi Kabushiki Kaisha (Erfinder: Tsutomu Akita und Shin Oishi), Tokyo, Japan, **Herstellung ungesättigter Polyesterharze.** Man löst Vinylmonomere, die ungesätt. Alkydharze vernetzen, ganz oder teilweise in ungesätt. Polyestern, die mit Alkylestern $\alpha.\beta$-ungesätt. Säuren substituiert sind, mit Peroxydkatalysatoren allein oder zusammen mit Polymerisationsreglern zu der Lsg. I. Ferner gibt man andere Vinylmonomere oder solche enthaltende ungesätt. Polyester-Fll. allein oder mit Polymerisationsbeschleunigern oder dann mit Polymerisationsstabilisatoren zu einer Fl. II zusammen, mischt bei der Verw. I u. II u. läßt bei Raum-Temp. oder unter Erwärmen härten. — So erhält man I, wenn man 6 (Teile) einer 60%ig. Methyläthylketonperoxyd-Lsg. in Dimethylphthalat in 100 eines fl. ungesätt. Polyesterharzes gibt, das man erhält, wenn man zu 70 eines ungesätt. Alkydharzes (III; aus 2,1 Mol Propylenglykol u. je 1 Mol Malein- u. Phthalsäureanhydrid im $CO_2$-Strom bei 100—200°) 30 Diäthylmaleat u. 0,02 Hydrochinon gibt, u. II, wenn man in 50 III 0,02 Hydrochinon, 0,1 festes Paraffin u. 50 Styrol gibt u. in 100 der so erhaltenen Fl. 3 Co-Naphthenat. Die Lsgg. sind für sich mehrere Monate bei Raum-Temp. stabil, wenn aber I u. II im Vol.-Verhältnis 1:2 gemischt werden, erhält man in 20 Min. bei 25° Gel-Bldg. u. bald danach ein durchsichtiges zähes harzartiges Produkt. (**Jap. A. S. 5140 /1959** vom 19/5. 1956, ausg. 19/6. 1959.) M. PANKOW. 7177

N. V. de Bataafsche Petroleum Mij., Den Haag, Holland, **Epoxyharze** erhält man durch Rk. von mehrwertigen Phenolen (I) mit $>1$ Äquivalent eines Epihalogenhydrins u. einem Alkalimetallhydroxyd in Ggw. von 0,1—13% eines einwertigen Phenols (berechnet auf das Gewicht von I). — Eine Lsg. von 1 (Mol) Bis-phenol (II) in 10 Epichlorhydrin (III) wird nach Zugabe von 1—2% W. u. 5% Phenol mit 2 Mol NaOH langsam versetzt, wobei die Temp. auf 95—97° gehalten wird. Nach Abdestillieren von überschüssigem III im Vakuum wird das Prod. bei 90° mit 300 Teilen Bzl. versetzt; beim Abkühlen fällt NaCl aus. Aus der Lsg. wird Bzl. abdestilliert, wobei man den Glycidylpolyäther von II mit einem Epoxywert von 0,541/100 g u. einer Viscosität von 70 P erhält, während das ohne Zusatz von II erhaltene Prod. eine Viscosität von 150 P aufweist. Bei 2std. Erhitzen des Prod. mit 10 Teilen des 2-Äthylhexoatsalzes von 2.4.6-Tris-(dimethylaminomethyl)-phenol auf 65° erhält man nach dem Vergießen eine Harzschicht mit einer BARCOL-Härte von 34, die biegsam u. stoßunempfindlich ist. — Klebstoffe, Überzüge, Imprägnierungsmittel u. Vergußmassen. (**E. P. 837 745** vom 28/11. 1957, ausg. 15/6. 1960. A. Prior. 30/11. 1956.) J. MÜHLEISEN. 7177

Badische Anilin- & Soda-Fabrik Akt.-Ges. (Erfinder: Johann Lenz und Hans Scheuermann), Ludwigshafen/Rh., **Herstellung von pulverförmigen, wasserlöslichen, härtbaren, mit Resorcin modifizierten Kondensationsprodukten aus**

**Aminoplaste bildenden Verbindungen und Aldehyden,** dad. gek., daß man beschränkt wasserlösl. Kondens.-Prodd. aus Aminoplaste bildenden Verbb. u. Aldehyden, die je Amino- bzw. Amidgruppe 0,8—1,2 Mol Formaldehyd u. wasserlöslichmachende Verbb. in Mengen von ca. 0,2—1,2%, bezogen auf das Kondens.-Prod., einkondensiert enthalten, nach Zugabe von 5—20 Gewichtsteilen Resorcin, bezogen auf das Kondens.-Prod., bei 75° weiterkondensiert, u. nach Erreichung der gewünschten Viscosität die erhaltene Harz-Lsg. durch Versprühen trocknet. — 3534 (Teile) 30% ig. Formaldehyd vom pH 8,0 u. 1000 Harnstoff werden 10 Min. auf 90—93° erwärmt. Nach Zugabe von 198 $NaHSO_3$ u. 8 $Na_2SO_3$ wird binnen 20 Min. auf 80° gekühlt. Das pH der Lsg. wird durch Zugabe von verd. $H_2SO_4$ auf 4,5 eingestellt. Man kondensiert so lange weiter, bis die Auslaufzeit im Formbecher 3 80—85 Sek. beträgt. Nach Neutralisierung mit NaOH kühlt man auf 55° ab, gibt 330 Resorcin zu, stellt das pH wieder auf 8,0 ein u. kondensiert bei 55° so lange weiter, bis die Auslaufzeit 200 Sek. beträgt. (**D. A. S. 1 102 394** Kl. 39c vom 6/11. 1957, asug. 16/3. 1961.) W. SCHLITT. 7181

National Distillers Products Corp., V.St.A., **Herstellung linearer Polyamide** durch Erhitzen mindestens einer Verb. aus der Serie der Stereoisomeren der Formel A auf 150—400° (R = H oder R'CO; R' = H, aliphat., aromat., cycloaliphat., heterocycl., $NH_4$- oder quatern. Ammonium-Rest); solche Verbb. sind cis-4-Aminocyclohexylessigsäure (F. 289,5°), die trans-Verb. (F. 308—310°), deren Mischungen (I), Salze u. Ester, cis-Äthyl-4-acetylaminocyclohexylacetat (F. 60—62°), die trans-Verb. (F. 115—116°), deren Mischung, trans-Äthyl-4-benzoylaminocyclohexylacetat (F. 142°). — Man erhitzt 100 (Gewichtsteile) I u. 20 W. unter $N_2$ 10 Std. auf ca. 275°. Man erhält Polymere mit hohem F., die aus Lsgg. in Dimethylformamid, Formamid, Phenolen zu *Fäden, Folien, Schläuchen* verarbeitet werden können. (**F. P. 1 160 999** vom 2/2. 1955, ausg. 18/8. 1958.) M. PANKOW. 7181

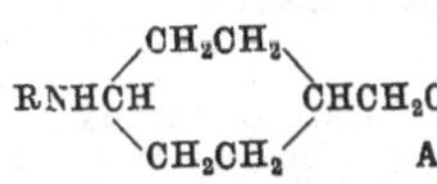
A

Alberto Gasparetto, Mailand, Italien, **Aufarbeiten von Polyamidrückständen** durch alkal. Verseifung, dad. gek., daß man die Verseifungs-Lsg. in dünner Schicht auf Schalen verteilt, das Diamin daraus abdest. u. aus dem Rückstand die Dicarbonsäure gewinnt. — Vorr., Zeichnung. (**It. P. 513 109** vom 7/5. 1953.) K. KOEBKE. 7181

Imperial Chemical Industries Ltd., England, **Herstellung organischer Diisocyanate,** z. B. **Dibenzofuran-3,8-diisocyanat,** $Kp._{0,3}$ 176—180°, dad. gek., daß man 3.8-Diaminodibenzofuran in o-Dichlorbenzol mit $COCl_2$ umsetzt. — Mit Polyestern, z. B. aus Adipinsäure u. Äthylenglykol, bilden die Diisocyanate *Polyurethane* von großer Reißfestigkeit. (**F. P. 1 197 283** vom 17/6. 1958, ausg. 30/11. 1959.) S. BÖTTCHER. 7181

Nippon Raihihorudo Kagaku Kogyo Kabushiki Kaisha, Tokyo (Erfinder: Teikai Asano, Amagasaki, und Shozaburo Nomura, Ashiya), Japan, **Herstellung poröser Polyurethanharze.** Durch Zusatz von festem $CO_2$ zu dem Rk.-Syst. Porösmachen u. Härtung. — Zu einer Mischung von 60 (Teilen) Polylyte 8650 (Polyester–Polyurethan-Harz), 25 W., 0,5 Polyäthylenoxydmonooleat u. 0,6 N-Methylmorpholin gibt man bei 25° u. Überdruck 10 festes $CO_2$ u. dann 20 Toluoldiisocyanat, füllt während des Treibens in eine Form, nachdem die Temp. wieder 20° erreicht hat, u. hält 20 Min., wobei sich ein weiches Prod., Dichte ca. 0,04, bildet, läßt 24 Std. stehen u. erwärmt dann 30 Min. auf 80°. (**Jap. A. S. 4835/1959** vom 13/11. 1956, ausg. 11/6. 1959.) M. PANKOW. 7181

Union Carbide Corp., übert. von: Donald L. Bailey, Snyder, und William T. Black, Buffalo, N.Y., V.St.A., **Organopolysiloxane mit Diformylbutyl- bzw. Diformylcyclopentylresten** am Si erhält man durch Rk. von Organopolysiloxanen, die am Si eine Cyclohex-3-enylgruppe bzw. eine Bicyclo-(2.2.1)-hept-5-enyl-2-gruppe aufweisen, mit Ozon, wobei diese Gruppen ozonisiert werden, u. anschließende Hydrierung des Ozonids. Die Ausgangssiloxane erhält man durch Hydrolyse von hydrolysierbaren Silanen mit den obigen ungesätt. Gruppen, ggf. in Ggw. von üblichen hydrolysierbaren Organosilanen bzw. durch Hydrolyse von Silanen, welche obige Diformylreste enthalten. — 4,12 (Mol) Äthyltrichlorsilan u. 0,83 Cyclohexenyltrichlorsilan werden mit 7,6 A. umgesetzt, worauf das Prod. mit 4,95 W. u. 300 cm³ Isopropanol teilweise hydrolysiert wird; durch 30 g des Äthyl-, Äthoxy- u. Cyclohexenylgruppen enthaltenden Siloxans in 100 cm³ Methanol wird bei ca. —40° $O_3$ durchgeblasen, worauf die Lsg. in Ggw. von 0,5 g Pd-Schwarz mit $H_2$ bei einem Druck von 3 at hydriert wird. Nach Filtrieren wird der Lsg. Toluol (II) zugesetzt u. W. u. Methanol mit **II** durch azeotrope Vakuum-Dest. entfernt. Man erhält 27 g eines Äthylpolysiloxans, das am Si Äthoxy- u. 1.4-Diformyl-2-butylreste enthält. *Zwischenprodd.*, die mit *OH-Gruppen enthaltenden Kondensationsharzen Mischpolymere* ergeben. (**A. P. 2 947 770** vom 13/5. 1955, ausg. 2/8. 1960.) J. MÜHLEISEN. 7189

**Phillips Petroleum Co.**, V.St.A. (Erfinder: **John Paul Hogan** und **Robert Louis Banks**), *Katalysatoren für die Olefinpolymerisation.* (**F. P. 1 144 587** vom 22/1. 1955, ausg. 15/10. 1957. A. Prior. 1/6. u. 20/12. 1954. — C. **1960.** 7011 [E. P. 804 641].)

**N. V. Kunstzijdespinnerij Nyma**, Nijmegen, Holland, *Polymerisieren von Acrylnitril.* (**Schwed. P. 156 027** vom 8/12. 1952, ausg. 11/9. 1956. Holl. Prior. 14/1. 1952. — C. **1956.** 5977 [F. P. 1 072 589].)

**Standard Oil Co.**, Chicago, Ill., V.St.A., *Polymerisation von gasförmigen Monoolefinen.* (**Ind. P. 56 720** vom 5/3. 1956, ausg. 13/10. 1958. — C. **1960.** 665 [E. P. 786 014].)

**Standard Oil Development Co.**, Elizabeth, N.J., V.St.A., *Polymerisieren von Äthylen.* (**It. P. 513 047** vom 6/2. 1954. A. Prior. 29/5. 1953. — C. **1958.** 4943 [F. P. 1 095 677].)

**N. V. de Bataafsche Petroleum Mij.** (Erfinder: **Christiaan P. van Dijk** und **Franciscus J. F. van der Plas**), *Ziegler-Polymerisation von Olefinen.* (**Aust. P. 218 730** vom 11/8. 1956, ausg. 18/12. 1958. — C. **1960.** 13537 [Holl. P. 92 983].)

**Montecatini Soc. Gen. per l'Industria Mineraria e Chimica**, Mailand, Italien, *Mischpolymerisate von ungesättigten, Vinylgruppen enthaltenden Kohlenwasserstoffen.* (**Ind. P. 56 772** vom 12/3. 1956, ausg. 15/4. 1958. — C. **1958.** 10791 [Oe. P. 194 131].)

**Koppers Co., Inc.**, Pittsburgh, Pa., V.St.A., *Polymerisationsverfahren.* (**E. P. 826 563** vom 15/6. 1956, ausg. 13/1. 1960. A. Prior. 5/7. 1955. — C. **1960.** 5332 [D. A. S. 1 055 816].)

**Rohm & Haas Co.**, Philadelphia, Pa., V.St.A., *Quaternäre Ammoniumverbindungen enthaltender Mischpolymerisate.* (**E. P. 834 410** vom 13/3. 1956, ausg. 11/5. 1960. A. Prior. 21/3. 1955. — C. **1959.** 6971 [A. P. 2 810 713].)

**Rohm & Haas Co.**, Philadelphia, Pa., V.St.A., *Herstellung von Acrylsäure- und Methacrylsäureestern.* (**It. P. 512 409** vom 28/11. 1953. A. Prior. 4/12. 1952. — C. **1958.** 4336 [E. P. 738 954].)

**Farbwerke Hoechst Akt.-Ges., vormals Meister Lucius & Brüning**, Frankfurt/M. (Erfinder: **Werner Grundmann**, Hofheim/Taunus, **Herbert Bestian, Heinz Joachim Bahr** und **Siegfried Sommer**, Frankfurt/M.), *Aufarbeiten von Polyolefindispersionen.* (**Schwz. P. 349 415** vom 6/10. 1956, ausg. 30/11. 1960. **E. P. 840 691** vom 8/10. 1956, ausg. 6/7. 1960. Beide D. Prior. 8/10. 1955. — C. **1960.** 1345 [D. A. S. 1 028 339].)

**Rottweiler Kunstseidefabrik Akt.-Ges.** (Erfinder: **Hans Binder**), Rottweil, *Herstellung von Polyacrylnitril-Lösungen.* (**D. B. P. 974 244** Kl. 39b vom 28/3. 1951, ausg. 3/11. 1960. Anmeldung bekanntgemacht 5/2. 1953. — C. **1955.** 4715 [F. P. 1052 286].)

**Karl Ziegler**, Mülheim/Ruhr, *Katalysator für Äthylenpolymerisation.* (**E. P. 819 867** vom 15/8. 1955, ausg. 9/9. 1959. D. Prior. 16/8. 1954. — C. **1959.** 3315 [Oe. P. 194 607].)

**Monsanto Chemical Co.**, St. Louis, Mo., übert. von: **Costas H. Basekis**, Longmeadow, Mass., V.St.A., *Polymeres Calciumsalz.* (**A. P. 2 891 931** vom 8/8. 1952, ausg. 23/6. 1959. — C. **1957.** 3404 [E. P. 743 606].)

**Badische Anilin- & Soda-Fabrik Akt.-Ges.**, Ludwigshafen/Rh., *Polymerisate von olefinisch ungesättigten Kohlenwasserstoffen.* (**E. P. 824 195** vom 13/7. 1956, ausg. 25/11. 1959. D. Prior. 16/7. 1955. — C. **1959.** 15852 [F. P. 1 156 374].)

**Badische Anilin- & Soda-Fabrik Akt.-Ges.**, Ludwigshafen/Rh., *Herstellung von lichtstabilen Polystyrolen.* (**It. P. 510 810** vom 30/10. 1953. D. Prior. 13/11. 1952. — C. **1955.** 6152 [D. B. P. 923 508].)

**Imperial Chemical Indudustries Ltd.**, London, übert. von: **William Robert Burton** und **Norman Standring**, Blackley, England, *Hochpolymere Polymethylenterephthalate.* (**A. P. 2 932 625** vom 9/2. 1956, ausg. 12/4. 1960. E. Prior. 29/6. 1955. — C. **1959.** 6312 [E. P. 783 814].)

**Union Carbide Corp.** (Erfinder: **B. Phillips, P. S. Starcher, Ch. W. McGary jun.** und **Ch. T. Patrick jun.**), New York, N.Y., V.St.A., *Umsetzung von Diepoxyden.* (**Belg. P. 563 326** vom 18/12. 1957, ausg. 17/6. 1960. A. Prior. 20/12. 1956. — C. **1960.** 9046 [Oe. P. 204 278].)

**N. V. Onderzoekingsinstituut Research**, Arnheim (Erfinder: **Gijsbertus Johannes Zoetbrood**, Velp), Holland, *Herstellung makromolekularer Polymethylenterephthalate.* (**Schwz. P. 350 111** vom 12/4. 1956, ausg. 31/12. 1960. Holl. Prior. 6/5. 1955. — C. **1959.** 11746 [Holl. P. 87 085].)

**Devoe & Raynolds Co., Inc.**, Louisville, Ky. (Erfinder: **Sylvan Owen Greenlee**, Racine, Wis.), V.St.A., *Kondensationsprodukte aus Hydroxyl- und Epoxyverbindungen.* (**D. B. P. 974 567** Kl. 39c vom 1/10. 1950, ausg. 9/2. 1961. A. Prior. 14/9. 1943 u. 12/5. 1944. — C. **1954.** 5866 [E. P. 675 171].)

**Union Carbide Corp.**, New York, N.Y., V.St.A. (Erfinder. **F. N. Hill** und **J. T. Fitzpatrick**), *Polymerisation von Epoxyden.* (**Belg. P. 566 483** vom 4/4. 1958, ausg. 29/7. 1960. A. Prior. 5/4. 1957. — C. **1960.** 8363 [A. P. 2 866 761].)

**Farbenfabriken Bayer Akt.-Ges.** (Erfinder: **Reinhold Hornle, Jurgen Korner** und **Hans Raab**), *Gefärbte Polyurethanschaumstoffe.* (**Aust. P. 218 750** vom 2/10. 1956, ausg. 18/12. 1958. D. Prior. 1/10. 1955. — C. **1959.** 4644 [D. A. S. 1 028 771].)

**Imperial Chemical Industries Ltd.**, London, England, *Herstellung von Polyester-Polyisocyanatreaktionsprodukten.* (**Ind. P. 56 699** vom 2/3. 1956, ausg. 26/2. 1958. E. Prior. 4/3. 1955. — C. **1959.** 7979 [F. P. 1 146 868].)

**Imperial Chemical Industries Ltd.** (Erfinder: **Eric Arthur Packer** und **John Francis Wood**), London, England, *Polyurethan-Schaumstoffe.* (**E. P. 839 187** vom 4/3. 1955, ausg. 29/6. 1960. — C. **1959.** 7979 [F. P. 1 146 869].)

**Ciba Ltd.**, übert. von: **Hans Gassmann**, Basel, Schweiz, *Polyätherurethane.* (**A. P. 2 946 767** vom 9/8. 1956, ausg. 26/7. 1960. Schwz. Prior. 12/8. 1955. — C. **1959.** 12070 [Oe. P. 197 582].)

**Henkel & Cie. G. m. b. H.**, Düsseldorf, *Härter für Aminoplaste.* (**Belg. P. 566 268** vom 31/3. 1958, ausg. 29/7. 1960. D. Prior. 28/6. 1957. — C. **1959.** 16176 [D. A. S. 1 057 327].)

**Rohm & Haas Co.**, Philadelphia, Pa., V.St.A., *Herstellung von Cyanaminonitrilen.* (**It. P. 512 704** vom 27/2. 1953. A. Prior. 12/3. 1952. — C. **1957.** 9789 [A. P. 2 743 291].)

**Rohm & Haas Co.**, Philadelphia, Pa., V.St.A., *Herstellung von harzartigen Kondensationsprodukten von Formaldehyd und Bis-aminotriazinen.* (**It. P. 512 807** vom 27/2. 1953. A. Prior. 12/3. 1952. — C. **1958.** 11089 [D. A. S. 1 013 072].)

**Essener Steinkohlenbergwerke Akt.-Ges.**, Essen (Erfinder: **Edwart Dietzel** und **Karlheinz Frassek**, Gelsenkirchen), *Polyäthylenformmaterial.* (**Jap. A. S. 989/1959** vom 6/8. 1957, ausg. 26/2. 1959. D. Prior. 7/8. 1956 u. 19/2. 1957. **F. P. 1 183 053** vom 13/7. 1957, ausg. 2/7. 1959. D. Prior. 13/7. u. 7/8. 1956 u. 19/2. 1957. — C. **1960.** 12859 [Oe. P. 207 113].)

---

**Kunststoffe**, plásticos. Revista alemana para la producción y elaboración de plásticos. Año 1, 1957, Nr. 1. München: Hanser. 1957. Zeitschrift erscheint zweimonatlich. Einzelnr. DM 8,—.
—, Year book 1961. A classified guide to the plastics industry. London: Iliffe. 1961. (709 S. m. Tab.) 45 s.
**Phillip Morgan**, ed., British plastics. Progress in plastics; papers and discussions at the International Plastics Convention. 1959. New York: Macmillan. 1960. (216 S. m. Abb. u. Diagr.) $ 12,—.

## XII. Kautschuk

**Fabrikationsverfahren und -materialien.** Ernest Morris. (Ann u. Rep. Progr. Rubber Technol. **23.** 120—22. 1959.) (Engl.) — Vgl. C. **1960.** 4692.

Fortschrittsbericht 1958/1959 über die Verfahrenstechnik in der Kautschukindustrie. — 15 Literaturangaben. M. WINIKER. 7220☐

**Untersuchung der Gelatinierung von Kautschuklatex mit Hilfe radioaktiver Isotope.** D. M. Ssandomirski und M. K. Wdowtschenkowa. (Коллоидный Журнал [Kolloid-J.] **22.** 69—73. Jan./Febr. 1960. Moskau, Forschungs-Inst. für Gummi- u. Latexartikel.) (Russ.; Auszug: Engl.)

Die Ausfällung des Kautschuks durch ZnO (bis zu 13%) wird für *Polychloropren-* u. *Butadienstyrollatices* mit Hilfe von $^{65}Zn$ untersucht. ZnO bildet mit $NH_3$ u. den Schutz-Koll. unlösl. Verbb., wobei bis zu 95% der Schutz-Koll. entfernt werden. Das Äquivalent an Zn, das an 1 g Kautschuk gebunden wird, ist unabhängig von der Menge des Gelierungsmittels, abhängig vom Latextyp, vermindert sich bei der künstlichen Alterung u. der Dialyse des Latex u. erhöht sich etwas bei verd. Latex (weiträumiges Gel). Bei Alterung u. Dialyse erfolgt eine Aggregation der Latexglobularpartikel. O. KRAMM. 7222☐

**Untersuchung der Festigkeits- und hochelastischen Eigenschaften von Kautschuklösungen und Vulkanisaten bei erhöhten Deformationsgeschwindigkeiten.** A. A. Trapesnikow und T. W. Assonowa. (Коллоидный Журнал [Kolloid-J.] **20.** 398—99. Mai/Juni 1958. Moskau, Inst. für physikal. Chem. der Akad. der Wiss. der UdSSR.) (Russ.; Auszug: Engl.)

An 4-, 6- u. 10%ig. Dekalin-Lsgg. von *Naturkautschuk* werden die Spannungskräfte bei Deformations-Geschw. von 14—5000%/s am Elastoviscosimeter untersucht. Sie durchlaufen ein Maximum der Verformung, das für hohe Scherspannungen 5000% erreicht. Aus Messungen am Elastorelaxometer ergeben sich für Deformations-Geschw. von 1100%/s nur Verformungen von 1100%. Durch $S_2Cl_2$ vulkanisierte 20%ig. Lsgg. zeigen Verformungen von 4000—5000%, wonach die Mol.-Ketten zwischen den Vernetzungsstellen sich um das 40—50fache deformieren lassen. O. KRAMM. 7222☐

**Ionenausfällung aus carboxylhaltigen Butadienstyrollatices.** D. M. Ssandomirski, Ju. L. Margolina, B. A. Dogadkin und L. Ss. Krochina. (Коллоидный Журнал [Kolloid-J.] **20.** 293—97. Mai/Juni 1958. Moskau, Lomonossow-Inst. für Chem. Feintechnol. u. Forschungsinst. für Gummi- u. Latexartikel.) (Russ.; Auszug: Engl.)

Vff. untersuchen durch $CaCl_2$ ausgefällte Filme der *carboxylhaltigen Butadienstyrol* (70:30)-*Latices KL 4* mit 4% Methacrylsäure (I) u. KL 10 (10% I). Die Ablagerungs-Geschw. nimmt mit steigendem I-Geh. u. steigendem pH-Wert zu. Die physikal.-mechan. Kennwerte der Latexfilme (vulkanisiert u. unvulkanisiert) werden durch den pH-Wert beeinflußt (höhere Festigkeit u. Gleichgewichtsmodul, niedrigere Dehnung u. Quellung in Bzl. bei steigendem pH). Durch Trocknen gewonnene Latexfilme sind prakt. pH-unabhängig. Vulkanisierte KL 4-Filme geben gegenüber KL 10 höhere Festigkeit u. höheren Gleichgewichtsmodul, geringere Dehnung u. Quellung in Benzol. Mit steigendem pH-Wert u. I-Geh. nimmt der gebundene Ca-Anteil des Latexfilms zu (22,5% bei KL 10 u. pH 10,4; 0,4% bei KL 4 u. pH 3,5). Die Bindung erfolgt an der Säuregruppe. O. KRAMM. 7222☐

**Forschung auf dem Gebiet hochtemperaturbeständiger Elastomerer.** William Postelnek. (Ind. Engng. Chem. **50.** 1602—07. Nov. 1958. Dayton, Ohio, Wright-Patterson Air Force Base, Wright Air Dev. Center.) (Engl.)

Übersicht über die bisher bekannt gewordenen neu entwickelten hochtemperaturbeständigen Elastomeren: F-haltige Acryl-Elastomere [*Poly-FBA* bzw. *1 F 4* = Poly-[1.1-H-perfluorbutyl]-acrylat u. *2 F 4* = Poly-[3-trifluormethoxy-1.1-H-perfluorpropyl]-acrylat von MINNESOTA MINING & MANUF. Co.], *Kel F-Elastomere* = Trifluorchloräthylen–Vinylidenfluorid-Mischpolymerisat von KELLOGG Co., Fluoralkyl-Silicongummi = *Silastic LS-53* von DOW CORNING CORP., Polyestergummi (Polyester aus Adipylchlorid u. Hexafluorpentandiol von HOOKER ELECTROCHEM. Co.), Hexafluorpropylen–Vinylidenfluorid-Mischpolymerisat (*Kel F-214* von KELLOGG bzw. *Viton A* von DUPONT) u. zukünftige Forschung („anorgan. Polymere" u. a.). R. SCHÄFF. 7224☐

**Die plastoelastischen Eigenschaften des Kautschuks SKN-26.** A. Ss. Nowikow und F. Ss. Tolstuchina. (Коллоидный Журнал [Kolloid-J.] **20.** 361—67. Mai/Juni 1958. Moskau, Forschungsinst. der Reifenind. (Russ.; Auszug: Engl.)

Die plastoelast. Eigg. von *Butadiennitrilkautschuk* SKN 26 (I) in fester Phase werden bei 82° in Abhängigkeit vom Molgew., der Zus. der Fraktion u. der Art des Füllstoffs untersucht. Die Unters. erfolgt durch kinet. Messung der Scherkraft-Entw. bei konst. Belastung u. der elast. Erholung nach Entlastung. In einem großen Unters.-Bereich gilt für die Abhängigkeit der Viscosität vom Molgew. die Gleichung: $\lg \eta = A \cdot \lg M + B$. Bei gleicher charakterist. Viscosität der Lsgg. ist das Fließ-Verh. der Schmelze prakt. unabhängig von der fraktionellen Zus. des I. Der Elastizitätsmodul steigt mit Verringerung des Polydispersitätsgrades. Durch Zusatz von Kreide u. Ruß werden die Viscosität u. die hochelast. Deformation erhöht; das Fließen gehorcht dem FRENKEL-EYRING-Viscositätsgesetz. Durch die Füllstoffe wird die Aktivierungsenergie des Fließens nicht beeinflußt. Die letzten Unterss. werden auch an *Polyisobutylen* ausgeführt. O. KRAMM. 7224□

**Struktur von Gallerten. 14. Mitt. Der Einfluß der Natur des Plastifikators auf die physikalisch-mechanischen Eigenschaften von gefülltem Divinylstyrol-Kautschuk.** M. P. Swerew, Je. A. Jeroschkina und P. I. Subow. (Коллоидный Журнал [Kolloid-J.] **20.** 329—31. Mai/Juni 1958. Dnepropetrowsk, Chem.-Technol. Inst.; Physik.-Chem. Karpow-Inst.) — 10. vgl. C. **1960.** **1069.**

Die Unters. der Abhängigkeit der Bruchfestigkeit der Vulkanisate von *Divinylstyrolkautschuk SKS-30 A* von der Konz. u. Struktur des Weichmachers unter Verw. von Kanalruß als Füllmittel ergab, daß bei jeder Geschw. der Verformung (50 u. 500 mm/min.) die Bruchfestigkeit in Ggw. von polaren Weichmachern höher ist als in Ggw. von unpolaren Weichmachern. Die relative Längenzunahme ist in Ggw. der unpolaren Weichmacher höher. Aus der Kinetik der Adsorption der Moll. von SKS-30 A aus der Lsg. an der Oberfläche des Kanalrußes in Ggw. eines Weichmachers geht hervor, daß in Ggw. eines polaren Weichmachers die Gleichgewichtsadsorption stärker ist als in Ggw. des unpolaren Weichmachers. Dies erklärt sich daraus, daß die Moll. der polaren Verb. die polaren Gruppen auf der Oberfläche der Füllmittelteilchen schützen. Als Weichmacher wurden verwendet: Dibutylphthalat, Dibutylsebacinat, Toluol, Grünseife, Ditolylmethan, Bzl., Tetralin. O. LEBTAG. 7224□

**Mischungsbestandteile.** G. W. Usherwood. (Annu. Rep. Progr. Rubber Technol **23.** 52—58. 1959.) (Engl.)

Fortschrittsbericht 1958/59. — 110 Literaturangaben. M. WINIKER. 7226□

**Die Wechselwirkung zwischen Kautschuk, Schwefel und Messing.** Z. Rigbi. (Bull. Res. Council Israel, Sect. C **6 C.** 67—69. Nov. 1957. Haifa, Rubber Res. Assoc.) (Engl.)

Vf. berichtet über Unterss. u. deren Ergebnisse bei der S-Vulkanisation von Kautschuk in Ggw. von Messingpulver (Härtemessungen). Bei mangelhaftem Luftausschluß waren die Vulkanisate sehr weich u. klebrig. Neben der Wrkg. des S bei der direkten Vulkanisation scheint eine chem. Wechselwrkg. zwischen Kautschuk, S u. Messing für die starke Härtezunahme solcher Mischungen verantwortlich zu sein. Bei Dicumylperoxyd-Vulkanisation wird dagegen der rein physikal. Füllstoffeffekt des Messing gefunden (C—C-Bindungen). R. SCHÄFF. 7228□

**Schaumgummi.** A. Cooper. (Annu. Rep. Progr. Rubber Technol. **23.** 106—14. 1959.) (Engl.) — Vgl. C. **1960.** **4373.**

Fortschrittsbericht 1958/59. — 132 Literaturangaben. M. WINIKER. 7230□

**Maschinenteile aus Gummi.** K. L. Johnson. (Annu. Rep. Progr. Rubber Technol. **23.** 89—94. 1959.) (Engl.) — Vgl. C. **1960.** **5338.**

Fortschrittsbericht 1958/1959. — 65 Literaturangaben. M. WINIKER. 7230□

---

E. I. du Pont de Nemours & Co. (Erfinder: Dexter Brayton Pattison), Wilmington, Del., V.St.A., **Herstellung von Polyurethanelastomeren** mit den Einheiten $-[-(NH \cdot BNH \cdot CO \cdot OGOCONH)_n BNH(-COOROCONHBNH)_m-]-$ [OGO = der von End-H-Atomen freie Rest von polymeren Glykolen, wie Glykolpolyalkylenäther, Glykolpolyalkylenätherthioäther, Glykolpolyalkylenarylenäther, Glykolpolyalkylenarylenätherthioäther mit einem Molgew. $\geqq 750$; B = 2wertiger organ., gegen die Isocyanatgruppen indifferenter Rest; ORO = Rest (ähnlich OGO) eines nichtpolymerisierten Glykols; n = ganze Zahl $>0$; m = ganze Zahl, einschließlich 0; keine der Struktureinheiten ist mit der folgenden mittels eines der Reste —COOGOCO— u. —COOROCO— verbunden; wenigstens 60 Gew.-% des Polymeren sind mittels des

Restes OGO aufgebaut, wobei jedoch einer der Reste —OGO—, B oder —ORO— eine Seitenkette mit der C=C-Gruppe enthält u. diese Seitenkette sich wenigstens einmal pro jede Einheit mit dem Molgew. 8000 des Polymeren wiederholt]. Man erhält die Polyurethane durch Rk. eines polymeren Glykols mit einem organ. Diisocyanat in Ggw. eines nichtpolymeren Glykols, wobei einer der Rk.-Teilnehmer die Seitenkette mit der C=C-Gruppe enthält, oder durch Rk. des polymeren Glykols mit überschüssigem Diisocyanat u. dessen Weiter-Rk. mit einem verschiedenen, polymerisierten u. nichtpolymerisierten Glykol (Seitenkette wie vorst.) oder umgekehrt von nichtpolymerem Glykol mit Diisocyanat u. dann mit polymerem Glykol (Seitenkette wie vorst.). — 190,6 (Teile) Glykolpolytetramethylenäther (Molgew. 953) u. 31,2 4-Methylcyclohexen-(3)-1.1-dimethanol versetzt man bei 80—85° in 30 Min. mit 69,8 Toluoldiisocyanat, heizt noch 30 Min. weiter u. erhitzt im geschlossenen, mit Polytetrafluoräthylen ausgekleideten Behälter 4 Tage auf 85° u. 1 Tag auf 100°. 100 des Polymeren (Molgew. 1457) mischt man mit 30 Ruß, 5 ZnO, 2 S; 1 Mercaptobenzthiazol u. 1 Tetramethylthiuramdisulfid u. hält 1 Std. bei 134° in der Presse. — Ferner ist die Herst. des Hydroxyketals I als Zwischenprod. angegeben: $Kp._{14}$ 125°, $n_D^{25}$ 1,4559; daraus mit Allylbromid *2-Methyl-2-äthyl-5-allyloxymethyl-5-methyl-1.3-dioxan*, $Kp._{14}$ 113°; $n_D^{25}$ 1,4460; daraus *2-[Allyloxymethyl]-2-methylpropandiol-(1.3)*, $Kp._{13}$ 140°, $n_D^{25}$ 1,4628. — Resorcinmonoallyläther ($Kp._{0,8}$ 110—122°) → *4-Allylresorcin* ($Kp._1$ 109—126°) → *2.2'-[4-Allyl-m-phenylendioxy]-diäthanol*, $Kp._{0,4}$ 173—189° (PAe.). — o-Allylphenylglycidyläther ($Kp._1$ 102—110°) → *3-[o-Allylphenoxy]-propandiol-(1.2)*. — Eugenylglycidyläther ($Kp._1$ 132 bis 145°); *3-[4-Allyl-2-methoxyphenoxy]-propandiol-(1.2)*, $Kp._1$ 165 bis 181°. — Die kautschukartigen Polymeren können als *Ersatz für Kautschuk* in Reifen, Luftschläuchen, Kabelmuscheln, Schuhen, Schwämmen dienen. (**F. P. 1 157 159** vom 4/8. 1956, ausg. 27/5. 1958. **E. P. 801 023** vom 23/7. 1956, ausg. 3/9. 1958. **Belg. P. 550 103** vom 4/8. 1956, ausg. 4/12. 1959. Alle A. Prior. 4/8. 1955 u. 2/7. 1956.)

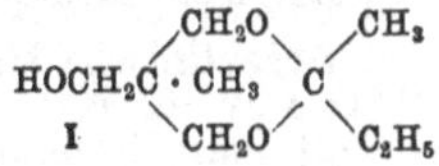


M. PANKOW. 7225

E. I. du Pont de Nemours & Co., Wilmington, Del., V.St.A., **Polyalkylenätherpolymere** mit einem Molgew. von mindestens 30 000 erhält man durch Rk. von Tetrahydrofuran (I) mit einer oder mehreren Verbb. (II) der Formeln HRC—CHR (über O verbunden) u. $RHC—CR_2—CRH$ (über O verbunden), worin R H oder ggf. substituierte KW-Stoffreste bedeuten, in Ggw. eines kation. Polymerisationskatalysators. Dabei sollen mindestens $33^1/_3$ Mol-% der Ausgangsstoffe I bedeuten, u. die II sollen eine olefin. C—C-Bindung enthalten, so daß in dem Polymeren auf 10000 Struktureinheiten mindestens 1 C=C-Bindung kommt. — Ein Gemisch von 360 g I u. 28,5 g 1-Allyloxy-2.3-epoxypropan wird mit 0,75 g $SbCl_5$ versetzt u. das Gemisch 48 Std. lang bei 0° gehalten, wobei man ein weiches, gummiartiges Polymerisat erhält, das nach Lösen in 2900 g I, 30 g konz. $NH_4OH$-Lsg. u. 40 g W. durch Zugabe zu Eiswasser niedergeschlagen, wieder in 3340 g I u. 2,5 g Phenyl-β-naphthylamin gelöst, in viel W. gegossen u. wieder niedergeschlagen wird. Durch Trocknen bei 100° erhält man ein weiches, *gummiartiges* Polymerisat, das mit Füllstoffen u. S vermahlen durch 2std. Erhitzen auf 150° ein Elastomer mit einer Zerreißfestigkeit von 3100 lbs./sq.in. u. einer Bruchdehnung von 340% ergibt. — *Elastomere*. (**E. P. 834 158** vom 3/3. 1958, ausg. 4/5. 1960. A. Prior. 6/2. u. 8/3. 1957.)

J. MÜHLEISEN. 7231

---

**Comp. Française Thomson-Houston**, Seine, Frankreich (Erfinder: **Moyer Manley Safford** und **Robert Lee Myers**), *Mischungen aus Organopolysiloxanen und Polybutadienen*. (**F. P. 1 170 317** vom 26/3. 1957, ausg. 13/1. 1959. A. Prior. 27/3. 1956. — C. **1960**. 10783 [A. P. 2 867 603].)

**E. I. du Pont de Nemours & Co.** (Erfinder: **James E. Mallonee**), Wilmington, Del., V.St.A., *Stabile wässerige Dispersionen härtbarer Polyurethane*. (**D. A. S. 1 097 678** Kl. 39c vom 28/6. 1954, ausg. 19/1. 1961. A. Prior. 30/6. 1953. — C. **1960**. 1351 [Jap. A. S. 1141/1958].)

**B. F. Goodrich Co.**, New York, N.Y., V.St.A., *Halogenieren von Kautschuk*. (**It. P. 512 383** vom 12/2. 1954. A. Prior. 2/3. 1953. — C. **1957**. 9792 [F. P. 1 099 182].)

**R. T. Vanderbilt Co., Inc.**, New York, N.Y., übert. von: **Jack C. Bacon**, Noroton Heights, Conn., V.St.A., *Vulkanisationsbeschleuniger für Chlorbutadien-Polymerisate*. (**A. P. 2 943 078** vom 26/2. 1957, ausg. 28/6. 1960. — C. **1960**. 11843 [E. P. 813 779].)

**Farbenfabriken Bayer Akt.-Ges.** (Erfinder: **H. Holtschmidt**, **O. Bayer** und **G. Nischk**), Leverkusen, *Füllstoffe in vernetzten, Thioätherbindungen aufweisenden Polyurethanen*. (**Belg. P. 567 624** vom 13/5. 1958, ausg. 12/8. 1960. D. Prior. 15/5. 1957. — C. **1959**. 13958 [D. A. S. 1 045 641].)

**United States Rubber Co.**, New York, N.Y., V.St.A., *Blähmittel für die Schaumkautschukherstellung*. (**E. P. 828 643** vom 31/5. 1957, ausg. 24/2. 1960. A. Prior. 23/8. 1956. — C. **1960**. 5021 [A. P. 2 858 282].)

**American Cyanamid Co.**, New York, N.Y., übert. von: **Frank A. V. Sullivan**, Glenbrook, Conn., V.St.A., *Herstellung von Methylen-bis-phenolen*. (**A. PP. 2 796 444** u. **2 796 445** vom 4/11. 1954, ausg. 18/6. 1957. — C. **1958**. 7905 [E. P. 776 518].)

**Esso Research and Engineering Co., V.St.A. (Erfinder: Francis P. Ford),** *Butylkautschukmischung.* (F. P. 1 163 107 vom 23/10. 1956, ausg. 23/9. 1958. A. Prior. 26/10. 1955. — C. 1960. 5998 [E. P. 806 905].)

**Wingfoot Corp.,** Akron, Ohio, V. St.A., *Stichfeste Schicht für Autoreifen.* (It. P. 512 642 vom 16/10. 1953. A. Prior. 17/6. 1953. — C. 1959. 6817 [Belg. P. 529 700].)

## XIII. Ätherische Öle. Parfümerie. Kosmetik

**Einige ätherische Öle.** 10. Mitt. G. A. Fester, J. A. Retamar und A. I. A. Ricciardi. (Rev. Fac. Ing. Quím. **27.** 5—22. 1958.) (Span.) — 9. vgl. C. **1960.** 12186.

In verschiedenen Pflanzen werden folgende Komponenten der äther. Öle nachgewiesen: *Psila spartioides*: α-Pinen (I), β-Pinen, D-Limonen, wahrscheinlich γ-Terpinolen, Crypton, ein aromat. Keton (vielleicht ein Dimethylacetophenon) u. eine Säure $C_{10}H_{19}COOH$; *Senecio eriophyton*: Isovaleriansäureester u. stark rechtsdrehende Sesquiterpene; *Lepechina floribunda*: Sesquiterpenalkohol (Salviol), ident. mit Ledol; *Lippia turbinata*: Lippion, Lippiaphenol, Piperitonoxyd; *Myrceugenia glaucescens*: Cineol (II) u. ein Prod. mit F. 236—240°; *Stenocalyx Micheli*: II; *Nectandra falcifolia*: D-I, Eucalyptol u. wahrscheinlich Safrol; *Allophylus edulis*: Bei Wasserdampf-Dest. der Blätter viel $NH_3$, wahrscheinlich mit Aminobasen u. Sesquiterpenen; *Mentha arvensis*: Wenig Menthol, mehr Menthon. R. K. Müller. 7262□

**Argentinische ätherische Öle und ihre Eigentümlichkeiten.** G. A. Fester, J. A. Retamar und A. I. A. Ricciardi. (Rev. Fac. Ing. Quím. **27.** 25—33. 1958.) (Span.) — Vgl. vorst. Referat.

Im äther. Öl von *Minthostachys verticillata* wird kein *Menthol* (I) nachgewiesen, das sicher nur bei *Mentha piperita* u. *arvensis* gefunden wurde. Kristallite, die sich im Winter aus Pfefferminzöl abscheiden, sind nicht I, sondern ein Hydroxylacton; daneben wird in einer Probe auch *D-Isomenthon* nachgewiesen. Im Öl aus *Mentha rotundifolia* findet sich hauptsächlich *Carvon*. Vork. u. chem. Natur von *Lippion* werden erörtert; es findet sich neben *Dihydrolippion* u. *Piperiton* im Öl aus *Satureja parvifolia*. Neu ist das Vork. von *Crypton* u. *Ledol* im Öl aus *Psila spartioides* bzw. *Lepechinia floribunda* u. *Sphacele parviflora*. In einer Tabelle werden die in äther. Ölen aus argentin. Vork. von Pflanzen gefundenen Verbb. zusammengestellt. R. K. Müller. 7262□

**Polnische Pflanzen in der Kosmetik.** Jakub Mowszowicz. (Farmacja polska **15.** 9. 15/1. 22—24. 31/1. 39—40. 15/2. 1959. Łódź, Univ., Kat. Systemat., Geograf. Roślin.) (Pol.)

Übersicht über z. T. vergessene u. heute noch in der Kosmetik benutzte Pflanzen. F. Urban. 7284

**Ionenaustauscher in der kosmetischen Industrie.** Gavern. T. Walker. (Seifen-Öle-Fette-Wachse **86.** 379. 8/6. 1960.) (Dt.)

Kurze Übersicht über die Verw. von Ionenaustauschern in Desodorantien, Antiperspirantien u. in Körperpudern. Bes. eignet sich das Präp. Amberlite XE-64 (USA) zur Einarbeitung in Kosmetica. F. Thomas. 7284□

**Sonnenfilter und ihre Brauchbarkeit.** John M. Knox. (Amer. Perfumer **75.** Nr. 8. 42—44. Aug. 1960. Houston, Tex., Baylor Univ., Coll. of Med., Dep. of Dermatol.) (Engl.)

Sonnenfilter sollen die Haut vor jeglicher Schädigung durch Sonnenlicht bewahren. Als wirksame Substanzen bei der Herst. von Sonnenfiltern findet in erster Linie *p-Aminobenzoesäure* mit ihren Derivv. Verwendung. Weiterhin können Anthranilate, Salicylate, Cinnamate, Pyrone, Benzimidazole, Carbazole usw. für diesen Zweck eingesetzt werden. Vf. prüft 24 handelsübliche Wirkstoffe an der rasierten Bauchhaut von Albinokaninchen. Bestimmt wird hierbei die „minimal erythema dose" (MED). — 14 Literaturangaben. G. Lossner. 7284□

**Theoretische Betrachtungen über die Herstellung von Öl/Wasser-Cremes und milchigen Produkten.** M. Marilier. (Soap, Perfum, Cosmet. **33.** 849—50. Aug. 1960. Dijon, Labor. Monot.) (Engl.)

Als sehr wertvoll erweist sich bei der Herst. von Emulsionen der H.L.B. (hydrophile-lipophile balance!)-Wert. Hiermit ist es möglich, die Stabilität der zu erzeugenden Emulsionen teilweise vorauszuberechnen. Ein krit. H.L.B.-Wert wird eingeführt, bei dem stabile Emulsionen zu erhalten sind. Bei Präpp., die außerhalb der krit. H.L.B.-Werte ihrer Bestandteile hergestellt wurden, tritt schnell Sedimentation auf. Eine Auswahl zu dispergierender Substanzen wird in 3 Gruppen eingeteilt, die charakterist. Beschaffenheit der physikal. Konst. der damit hergestellten Emulsionen aufweisen. G. Lossner. 7284□

**Untersuchung aromatischer Stoffe mit Hilfe von Prüfgeräten.** Ernst T. Theimer. (Drug Cosmet. Ind. **85**. 754—55. 824. 830—31. Dez. 1959. Internat. Flavors and Fragrances, Inc., van Ameringen-Haebler Div.) (Engl.)

An Beispielen bekannter Riechstoffe bzw. Riechstoffgemische wird die Anwendung der gaschromatograph. u. verschiedener spektralanalyt. Meth. (UV, IR, Massen- u. Kernresonanzspektrographie) zur Analyse u. Strukturaufklärung organ. Verbb. erläutert. H. SONTAG. 7292□

**Zur Bestimmung des Haftvermögens von Puder-Bestandteilen.** H. Neugebauer und S. Grüner. (Fette, Seifen, Anstrichmittel **61**. 994—95. Okt. 1959. Karlsruhe, Wolff & Sohn.) (Dt.)

Das von Vff. entwickelte u. einfach u. mit geringer Fehlerbreite durchgeführte Verf. ist gek. durch die Verw. eines wildlederartigen Kunststoffs (YAK) als künstlicher Oberfläche mit reproduzierbaren Eigg. u. einem hinsichtlich des Haftvermögens von Puderstoffen der lebenden menschlichen Haut sehr ähnlichem Verhalten. Die Haftzahl H (nach JAKOBI u. LANTZSCH) wird durch Best. der Remission des auf YAK haftenden Puderanteils mit Hilfe eines Photometers mit Fluorescenzeinrichtung nach gegebener Formel festgelegt. Ausführliche Arbeitsvorschrift. H. SONTAG. 7294□

## XIV. Zucker. Kohlenhydrate. Stärke

**Düngung der Mutter-Zuckerrüben und der Setzlinge in der Zone des bewässerten Zuckerrübenbaus.** P. W. Pressnjakow. (Сахарная Промышленность [Zucker-Ind.] **34**. Nr. 2. 62—66. Febr. 1960.) (Russ.)

Gaben von 100 (kg/ha) N, 150 $P_2O_5$ u. 70 $K_2O$ bewirkten im 1. Vers.-Jahr eine Erhöhung des Durchschnittsgewichts der Zuckerrüben von 457 auf 534 g u. des Hektarertrags von 486 auf 570 dz. Stecklinge der gedüngten Variante brachten im 2. Jahr einen um 2,8 dz/ha höheren Samenertrag als die von der ungedüngten Variante. Im 3. Vers.-Jahr war der Zuckerrübenertrag von den Samen der gedüngten Variante um 29 dz/ha (Zuckerausbeute um 6,1 dz/ha) höher als von den der ungedüngten Variante. Auf die winterliche Lagerung der Mutterzuckerrüben wirkte die mineral. Düngung günstig. Auf der an beweglichem $P_2O_5$ ärmeren Grauerde äußerte sich die Wrkg. der verstärkten P-Düngung in einer Erhöhung der Rübensamenerträge um 4—5 dz/ha. Verstärkte N- u. K-Gaben waren dagegen weniger wirksam. Bei Verdoppelung der P-Gabe stieg der Zucker-Geh. in den Rüben um 0,4%, die Zuckerausbeute um 3,7 dz/ha im Vgl. zur Variante mit normaler P-Gabe. M. GORDIENKO. 7406□

**Beschleunigung des Absetzens des Saftes der 1. Saturation durch Zusatz von Polyacrylamid.** B. Ss. Shalow. (Сахарная Промышленность [Zucker-Ind.] **34**. Nr. 3. 38—39. März 1960.) (Russ.)

Vf. erreicht bei Zugabe von 0,4 $cm^3$ 0,25%ig. Polyacrylamid-Lsg. eine optimale Beschleunigung des Absetzens des Saftes der 1. Saturation bei einer Alkalität von 0,12% CaO. GOTTFRIED SCHREIBER. 7412□

**Ein Versuch zur Verwendung von Kalkstein mit Fraktionsdurchmessern von 20—100 mm.** P. P. Tkatschenko. (Сахарная Промышленность [Zucker-Ind.] **34**. Nr. 3. 44—45. März 1960. Zuckerfabrik „Großer Oktober".) (Russ.)

Die Verw. von maschinell zerkleinertem Kalkstein mit Fraktionsdurchmessern von 20—100 mm für die Saturation in der Zuckerindustrie wird aus Rentabilitätsgründen befürwortet. GOTTFRIED SCHREIBER. 7412□

**Berechnung einer zusätzlichen Ausbeute an Zucker auf Kosten des Reinheitsgrades der Melasse.** I. N. Akindinow. (Сахарная Промышленность [Zucker-Ind.] **34**. Nr. 3. 15—16. März 1960.) (Russ.)

Vf. gibt eine neue, einfache Formel für die Berechnung einer erhöhten Zuckerausbeute bei gleichzeitiger Verminderung des Reinheitsgrads der Melasse an. GOTTFRIED SCHREIBER. 7418□

**Zeitgemäße Methoden der Melasseverwendung.** Alicja Drabikowska. (Gaz. Cukrownicza **62**. 364—68. Dez. 1960.) (Pol.)

Übersicht über Zus. der Melasse u. Möglichkeiten der Verwertung der Zucker- u. Nichtzuckerstoffe. F. URBAN. 7418□

**Umkochung bei sinkender technologischer Rübenqualität.** Luboš Schmidt. (Listy Cukrovarnické **74**. 183—86. 15/8. 1958.) (Tschech.)

Definition der Umkochungszahl u. statist. Übersicht über die Entw. der Umkochungszahl in den Kampagnen 1953—56 tschech. Rohzuckerfabriken. E. SCHMELING. 7438□

**Trockenapparat für Zucker.** Jan Buteńko. (Gaz. Cukrownicza **62**. 309—10. Okt. 1960.) (Pol.)

Beschrieben wird ein Tellertrockner, in dem der Zucker von Teller zu Teller abgestreift wird, während Warmluft darüber streicht. Der Abstand von Teller zu Teller ist klein, um den Abrieb zu verkleinern. F. Urban. 7438□

**Verfahren zur Bestimmung sehr geringer Zuckermengen mit Hilfe einer colorimetrischen Vergleichsanalyse.** P. Gorzanowsky und F. E. Bartholomae. (Zucker **13**. 560—61. 15/11. 1960. Stuttgart.) (Dt.)

Eine halbquant. Meth. zur Best. sehr geringer Zuckermengen, bes. in Kondensaten, Speise- u. Kanalwässern wird beschrieben. Dabei werden in kalibrierten Reagensgläsern 2 ml des zu untersuchenden W. mit 2 ml 0,1%ig. α-Naphthol-Lsg. u. 5 ml konz. $H_2SO_4$ vermischt, zuletzt unter Kühlen. Nach 1 Min. wird die Färbung mit einem colorimetr. Farbsatz verglichen u. die Konz. sofort in % Zucker angegeben. W. Willenberg. 7488□

**Betriebsschnellanalyse zur Bestimmung des Invertzuckers, der Milchsäure und der Aminosäuren in Zuckerfabrikationsprodukten.** V. Prey, P. Szabolcs und I. Szabolcs. (Z. Zuckerind. **9** (**84**). 614—17. 20/12. 1959. Wien, TH, Inst. für organ. Chem.) (Dt.)

Es werden verhältnismäßig einfache u. schnell auszuführende Meth. zur Best. des *Invertzuckers* (I), der *Milchsäure* (II) u. der *Aminosäuren* (III) in Zuckerfabriks-Prodd. entwickelt. Für die Best. des I verwenden Vff. die Formazan-Rk., für die anderen Stoffe eine Mischbettaustauschersäule. Colorimetr. Messung der Farb-Rk. des ammoniakal. Eluats, einmal mit $CuSO_4$- u. Thymol-Lsg. (Best. von II) u. außerdem mit dem „Blauzahlreagens" (Best. der III). G. Hofer. 7488□

## XV. Gärungsindustrie

**Automatische Antischaum- und Nährmedienkontrolle für Gärung im Laboratoriumsmaßstab.** W. H. Bartholomew und Dave Kozlow. (Ind. Engng. Chem. **49**. 1221—22. Aug. 1957. Milwaukee, Wis., Pabst Labor., Div. of Pabst Brewing Co.) (Engl.)

Es werden die Vorteile von automat. Antischaum- u. Nährmedienkontrolleinrichtungen für Labor.-Fermenter beschrieben, so die Einfachheit der Bedienung u. ihre einwandfreie u. sterile Funktion, wobei Kontamination nur in vernachlässigbarem Betrag auftritt. R. Leschber. 7500□

**Wirkung der Gibberellinsäure auf die Herstellung von Gerstenmalz.** J. Bártfay und A. Osztróvszky. (Branntweinwirtschaft **100**. 293—98. 11/7. 1960. Budapest, Forschungsinst. für Gärungsind.) (Dt.)

In der Weiche mit 1 mg Gibberellinsäure (I) pro Liter behandelte u. während der Keimung mit I enthaltendem W. berieselte Gerste zeigte gegenüber normal gekeimter Gerste eine beschleunigte Keim-Entw. u. eine erhöhte Aktivität der stärkeabbauenden Enzyme β-Amylase u. Amyloglucosidase, bes. aber der α-Amylase. Bei der Unters. der Wrkg. von 1, 2 u. 3 mg I pro Liter auf die Keimung der Gerste bei pH 7,6—7,8 lieferten 2 mg I pro Liter die besten Ergebnisse. Dieses hochakt. Malz ließ sich durch schonende Trocknung bei 50° unter reichlicher Belüftung gut konservieren, wobei die Diastasekapazität abnahm, Dextrinierungswert u. Amyloglukosidase-Geh. aber unverändert blieben. Malz mit 95% Trockensubstanz wies bis zu einem Monat keine Abnahme der ursprünglichen Enzymaktivität auf. Nur 4% dieses Malzes, bezogen auf Stärke, waren zur Stärkeverzuckerung (jodnormal) erforderlich. Gleichzeitig verbesserte sich das Maltose–Dextrin-Verhältnis. — 13 Literaturangaben. W. Kreipe. 7540□

**Versuche zur Bilanzierung der Schwefelverbindungen von der Würze bis zum Bier. 2. Mitt. Die Bildung von Schwefelwasserstoff während der Haupt- und Nachgärung.** W. Kleber und P. Lampl. (European Brewery Convent., Proc. Congr. **1957**. 377—88. München, Wiss. Stat. für Brauerei.) (Dt.) — 1. vgl. C. **1957**. 1549.

In Anstellwürze (Stammwürze-Geh. 12,5, 11,4 u. 11,5%) wurde gelöster $H_2S$ (64,8—67,2 γ S/Liter) nachgewiesen. Während der Gärung nimmt die Menge an gelöstem $H_2S$ bis zum 4. Gärtage zu u. sinkt dann ab. Im Bier wurde gelöster $H_2S$ entsprechend 42,6—47,5 γ S/Liter gefunden. Bei langsamer Vergärung wird mehr $H_2S$ ausgewaschen. Die Bldg. von $H_2S$ verläuft parallel der Intensität der Gärung. Der $H_2S$-Geh. in den Gärgasen lag bei Würzen mit Stammwürze-Geh. 11,5, 13,8 u. 16,2% zwischen 48,5 u. 847 γ S/m³. Die Hefe nimmt während der Vermehrung S auf. Mit einer 4fachen Hefevermehrung ging eine ca. 4fache S-Aufnahme zur Zellsubstanz-Bldg. parallel. — Diskussion. H.-G. Schultze-Berndt. 7544□

**Deutung und Auswertung von Untersuchungsergebnissen unter besonderer Berücksichtigung aktueller Probleme.** G. Franke. (Brauwelt, Ausg. B. **100.** 772—84. 27/5. 1960. München, Wiss. Stat. für Brauerei.) (Dt.)

Neuere Meth. zur Unters. der Brauerei-Roh-, Zwischen- u. Fertigprodd. werden einer krit. Betrachtung unterzogen u. die damit gewonnenen Resultate diskutiert. Auf die Verunreinigung des W. durch Reinigungsmittel u. auf die daraus für die Brauindustrie resultierenden Probleme wird bes. eingegangen. K.-U. RIEDEL. 7544□

**Untersuchungen über die Farbstoffe roter Trauben.** Pascal Ribéreau-Gayon. (Dtsch. Lebensmittel-Rdsch. **56.** 217—23. Aug. 1960. Bordeaux, Fac. des Sci., Labor. d'Oenol. et Chim. agr.) (Dt.)

Die roten Farbstoffe (Anthocyane; I) der Traubenhüllen von 14 Arten der Gattung *Vitis* wurden mit 1%ig. HCl extrahiert, papierchromatograph. getrennt u. identifiziert; zweidimensionale Trennung mit n-Butanol–Essigsäure–W. (4 : 1 : 5), wobei obere u. untere Phase als Laufmittel dienten. Insgesamt wurden 22 verschiedene I gefunden. Der häufigste Traubenfarbstoff ist das Monoglucosid des *Malvidins. Cyanidin-* u. *Päonidin*-haltige I kommen häufig vor, aber meist in geringen Konzentrationen. I-Aglykone wurden in den Trauben nicht gefunden. I-Diglucoside kommen bei den amerikan. Arten vor u. fehlen bei Vitis vinifera. Es wird eine einfache papierchromatograph. Meth. zur Unterscheidung von Amerikaner- u. Vitis vinifera-Rebsorten beschrieben. Der Verlauf der I-Bldg. während der Traubenreife wurde verfolgt u. festgestellt, daß die I-Bldg. sehr stark von den klimat. Bedingungen abhängt. — 24 Literaturangaben. F. RADLER. 7554□

**Stoffwechsel organischer Säuren bei der Vergärung von Apfel- und Birnenwein.** 2. Mitt. **Nichtflüchtige organische Säuren der Mostäpfelsäfte und der geschwefelten Apfelweine.** G. C. Whiting und R. A. Coggins. (J. Sci. Food Agric. **11.** 337—43. Juni 1960. Bristol, Univ., Dep. of Agric. and Horticult., Long Ashton Res. Stat.) (Engl.) — 1. vgl. C. **1959.** 17540.

Aus Apfelmost u. -wein wurden die nichtflüchtigen organ. Säuren mit Ionenaustauschern extrahiert, auf einer Silicagelsäule fraktioniert u. anschließend papierchromatograph. getrennt u. identifiziert. Folgende Säuren wurden nachgewiesen: *Äpfelsäure* (**I**), *Chinasäure* (**II**), *Bernsteinsäure* (**III**), *Milchsäure* (**IV**), *Citramalsäure, Citronensäure, Shikimisäure, Benzoesäure, 2-Methyl-2.3-* (**V**), *3-Methyl-2.3-* (**VI**), *2-Äthyl-2.3-* (**VII**) u. *3-Äthyl-2.3-dihydroxybuttersäure* (**VIII**), *2-Ketogluconsäure* (**IX**), *Gluconsäure* (**X**), *Schleimsäure, Fumarsäure* (**XI**), *α-Hydroxyglutarsäure* (**XII**) u. **XII**-Lacton sowie einige nicht identifizierte Säuren. Hauptbestandteil des Apfelsafts sind **I** u. **II**, bei der Gärung entstehen **III**—**XII**. Das Vork. von Mono-, Di- u. Trigalakturonsäure deutet auf den Abbau von Pektinen im Apfelwein. F. RADLER. 7556□

**Erfahrungen mit der Methode von Rebelein zum Nachweis naturreiner und gezuckerter Weine.** K. Hennig und A. Lay. (Z. Lebensmittel-Unters. u. -Forsch. **111.** 505—12. 18/3. 1960. Geisenheim, Inst. für Biochem. u. Weinchem.) (Dt.)

Die Meth. von REBELEIN zur Ermittlung des K-Werts, der einen Hinweis auf einen Zuckerzusatz zum Wein geben soll, aus dem Geh. von Wein an *Glycerin* u. *Butylenglykol*, wurde an 60 Weinen überprüft. 45% der Weine ergaben nicht zutreffende Werte, so daß auf Grund der möglichen Streuungen das Verf. vor Gericht nicht zur Beurteilung von gezuckerten oder naturreinen Weinen herangezogen werden kann. F. RADLER. 7606□

---

Fromageries Bel-La Vache qui rit, Paris, Seine, Frankreich, **Herstellung von Futterhefe** von hohem Nährwert aus enteiweißter Molke oder einem Gemisch von Molke u. Buttermilch, die durch Erhitzen auf 80° (pH 4,5—4,7) u. anschließendes Erhitzen auf 92—94° während 5 Min. von Lactalbumin befreit werden, worauf nach Dekantieren u. Filtrieren ihr Kohlenhydrat-Geh. durch die Kombination von zwei oder drei Hefestämmen der Gruppen *Sacch. lactis Bel, Sacch. lactis Dombrowski, Sacch. fragilis Jörgensen* oder auch *Candida pseudotropicalis* [(Cast.) Basgal var. lactosa (HARRISON) DIDDENS u. LODDER] vergoren wird. Die erhaltene Hefe wird getrocknet u. gebrochen. Als Nährsalze verwendet man Ammonsulfat, K-Phosphat bzw. sonstige, das Hefewachstum fördernde Substanzen. Die Anfangs-Konz. an Hefezellen beträgt wenigstens 700 Millionen je ml, das pH 2,5—2,8, die Gärtemp. 25—28°, Belüftung 300—400 $m^3$/h je 3500 kg Preßhefe. Die kombinierte Anwendung zweier oder dreier Hefestämme steigert die Hefeausbeute. Die variable Lactose-Konz. kann maximal 100 g/Liter, minimal 5 g/Liter betragen. Von dem wenigstens aus 2 Bottichen bestehenden Gärsyst.

erhält der erste die Anstellhefe (= $^1/_5$ oder mehr der Maischemenge). Sobald eine Zell-Konz. von 1,5—2·$10^9$ je ml (65—75 g/Liter Hefe zu 72—75% $H_2O$) erreicht ist, wozu ein Molkezufluß von 600—700 Liter/h u. 500—600 $m^3$ Luft/h nötig sind, fließt die Gär-Fl. in den zweiten Bottich, aus dem sie nach 1 Std. zwecks Abseparierens kontinuierlich abgezogen wird. Lüftung im zweiten Bottich 150—250 $m^3$ Luft/h. Nach Waschen mit NaCl-Lsg. (5 g/Liter) u. Trocknen sind mehr als 90% der Zellen geplatzt. An Vitaminen enthält die Hefe Vitamin $B_1$ u. $B_2$, $B_{12}$, PP, Niacin, Pyridoxin, Pantothensäure, Biotin, ferner Ergosterin; an Aminosäuren: Arginin, Histidin, Lysin, Tyrosin, Tryptophan, Methionin, Phenylalanin, Cystin. (**E. P. 835 544** vom 20/6. 1956, ausg. 25/5. 1960. F. Prior. 22/6. 1955.) L. MACHER. 7507

Dumont Frères & Cie., Chassart, Belgien, **Umhüllung zur Frischerhaltung von Hefe,** bei der die Hefe den in der Umhüllung noch vorhandenen $O_2$ im Verlaufe eines natürlichen Stoffwechselprozesses aufbraucht u. bei der ein weiterer Zutritt von $O_2$ von außen verwehrt u. so die Hefe in einem anaeroben Medium verwahrt wird. Die Umhüllung besteht aus einem aus plast. Material (Polyäthylen) gefertigten Beutel, der W. u. $O_2$ gegenüber undurchlässig u. der mit einem Verschluß versehen ist. Die Öffnung des Beutels ist durch zwei überstehende Ränder hermet. verschlossen. Ein Öffnen ist nur durch den inneren Druck des durch die Hefe erzeugten $CO_2$ möglich. Der Beutel kann in einer Kartonschachtel untergebracht werden, wobei im Beutel mehrere ausgewogene u. luftdicht verpackte Hefestückchen enthalten sein können, die einzeln in geschwefeltes oder paraffiniertes Papier eingehüllt sind. Vgl. mit gewöhnlich verpackter Preßhefe zeigten, daß die erfindungsgemäße Verpackung sowohl hinsichtlich Temp.-Haltung, Gewichtsabnahme, Oberflächengestaltung, Konservierung u. Autolyse als auch geschmacklich u. geruchlich eine bessere Haltbarkeit bewirkt. (**E. P. 852 946** vom 23/2. 1959, ausg. 2/11. 1960. F. Prior. 25/2. 1958.) L. MACHER. 7507

E.A. Staley Mfg. Co., Decatur, Ill., V.St.A., **Herstellung von Amyloglucosidase (I)** in erhöhter Ausbeute durch submerse Kultivierung von *Aspergillus phoenicis* (Staley 298 u. Staley 298,3) in einem assimilierbaren C, N u. Mineralsalze enthaltenden wss. Nährmedium, in dem Aspergillus von $\alpha$-Amylase weitgehend befreite **I** zu bilden vermag. Die N-Quelle wird in Form von Maisquellwasser, Maisschrot, Maisstärke, die Mineralsalze als $NH_4$-, Mg-, K-, $PO_4$-Ionen eingesetzt. Den Impfbouillon bereitet man durch Sterilisieren eines Gemisches von Maisschrot, Maisquellwasser, Maisstärke mit W. u. einer ausreichenden Menge an Kalilauge, um das pH auf ca. 7 einzustellen. Nach Beimpfen wird der Pilz 24 Std. unter Rühren u. Belüften gezüchtet. Das Gärmedium läßt sich aus 1—15 (%) Maisschrot, aus 0,1—0,2 $(NH_4)_2SO_4$, aus 0,01—10 $MgSO_4 \cdot 7H_2O$ u. aus 0,01—0,2 $K_2HPO_4 \cdot 3H_2O$ zusammenstellen, in das man das Inoculum serienweise 4—5mal überimpft, bei 20—40° gären läßt, wobei man das anfängliche pH von 5,8—6,2 nach Absinken auf 3,8—4,2 durch Alkalizusatz aufrechterhält. Unter Rühren belüftet man ca. 20 Std. bei 2 Vol. Luft/min. — Zeichnung. (**Belg. P. 562 081** vom 31/10. 1957, ausg. 30/4. 1958.) L. MACHER. 7509

A.E. Staley Mfg. Co., Decatur, Ill., V.St.A., **Herstellung von Amyloglucosidase (I)** durch submerse, aerobe Kultivierung von *Aspergillus phoenicis A.T.C.C. 13156* oder *Aspergillus phoenicis A.T.C.C. 13147* in einem wss. Nährmedium, das assimilierbare Quellen von N, C (Maisquellwasser, Kornfrucht, Kornstärke) u. Mineralsalze enthält. Mit **I** läßt sich Stärke in Dextrose überführen. Das pH des Gärmediums von 5,8—6,2 wird, sobald es auf 3,8—4,2 gefallen ist, durch period. Alkalizusatz auf dieser Höhe gehalten. Das Gärmedium bereitet man aus 10% gelbem Pferdezahnmais, aus ca. 0,7 Gew.-% $(NH_4)_2SO_4$, ca. 0,05 Gew.-% $MgSO_4 \cdot 7H_2O$ u. ca. 0,1% $K_2HPO_4 \cdot 3H_2O$ mit einem vegetativen Inoculum der erwähnten Aspergillusarten, das 4—5 Tage durch serienweise Übertragung kultiviert wird. Die bei 30—38° verlaufende Gärung dauert 6—7 Tage, wobei mit 1,5 Vol. Luft/min unter Rühren belüftet wird. — Zeichnung. (**E. P. 834 334** vom 6/8. 1957, ausg. 4/5. 1960.) L. MACHER. 7509

Andrew Andor Recsei, Santa Barbara, Calif., V.St.A., **Alkoholische und nichtalkoholische Getränke** (Wein, Bier, Whisky, Ginger Ale, carbonisierte, alkoholfreie Getränke oder konz. Grundstoffe, die nach Verdünnung mit W. Limonaden ergeben), werden durch Zusatz von Glycin u./oder Alanin geschmacklich verbessert. Beide Verbb. sind als harmlose Aminosäuren in bestimmten Dosen gesundheitsfördernde Additive. Glycin u. $\alpha$-Alanin haben süßlichen Geschmack, $\beta$-Alanin ist geschmacklos. Erfindungsgemäß wurden alle drei Verbb. verwendet. Vor der Gärung zugesetzt, dienen sie als Hefenährstoffe, so daß nach der Gärung noch ein weiterer Zusatz erforderlich ist. Für die Verbesserung von Wein erwiesen sich 0,2—1,5% Glycin oder Alanin als ausreichend. Trockne Weißweine wurden schon durch 0,2—0,75% verfeinert. Rote Tafelweine erforderten 0,5—1,5%, um ihre Herbheit zu mildern. Minderwertige Weine ließen sich nicht verbessern. Schaumweine erfahren eine Qualitätsverbesserung. Bier verträgt sie nur in 0,05—0,1%, wobei herbes Bittere beseitigt wird. In Whisky ist die Lsg. mit steigendem Alkohol-Geh. erschwert; 1,0% Glycin ergab eine mildere Note. (**E. P. 839 711** vom 18/10. 1957, ausg. 29/6. 1960. A. Prior. 19/11. 1956.) L. MACHER. 7531

National Distillers & Chemical Corp., New York, N.Y., übert. von: Earl G. La Roe, Cincinnati, Ohio, V.St.A., **Fumarsäure durch submerse Vergärung von Kohlenhydraten** (Glucose, Fructose, Saccharose, Invertzucker, Maltose, invertierte, hochwertige Melasse, Sirupe, verschiedene Stärkearten, Getreide u. vermälzte Getreidearten usw.) sowie von Kohlenhydrate enthaltenden Substanzen mittels eines Stammes von *Rhizopus oryzae*, wobei der N-haltige Nährstoff aus Ammonsulfat u. Harnstoff besteht u. zur Einleitung der Gärung in ca. 20—70% ig. Gewichtsmenge, bezogen auf die erforderliche Gesamt-N-Menge vorhanden ist; die restliche Menge wird im Laufe der Gärung zugesetzt. Die erforderliche Menge des N-haltigen Nährstoffs beträgt auf ca. 25—30 Teile Kohlenhydrate 1 Teil N. Die Züchtung des Rhizopusstamms erfolgt durch Schüttelkultur in einer Invertzucker, $CaCO_3$, $(NH_4)_2SO_4$, $MgSO_4$, $KH_2PO_4$, $ZnSO_4$ u. $Fe_2(SO_4)_3$ enthaltenden Nähr-Lsg., 24 Std. bei 30°. Dieses Inoculum wird in 0,5—25% ig. Menge aufgewendet. Das Pilzmycel kann wiederverwendet werden. (**A. P. 2 912 363** vom 28/11. 1955, ausg. 10/11. 1959.) L. MACHER. 7579

Koninklijke Nederlandsche Gist- en Spiritusfabriek N. V., Delft, Holland, **Herstellung von ß-Carotin und verwandten Carotinen** mittels Mikroorganismen der Ordnung *Mucorales* in einem außer assimilierbaren C- u. N-Quellen, Thiamin u. Mineralsalze enthaltenden fl. Nährmedium, das noch einen Überschuß an stimulierenden Stoffen aufweist. Die Kulturen läßt man submers, aerob bei Temp. von 25—35° u. pH-Werten von 5,0—7,0 inkubieren. Als C-Quelle gebraucht man Glucose, als N-Quelle Asparagin, Sojamehl, als Stimulans $\beta$-Ionon u./oder assimilierbare Lipoide u./oder oberflächenakt. Mittel (Alkylarylpolyätheralkohole u. Rk.-Prodd. aus Sorbit u. Fettsäure); $\beta$-Ionon soll erst 24—48 Std. nach Gärbeginn zugesetzt werden. Als kombinierte C–N-Quellen verwendet man nichthydrolysierte Körnerfrüchte (Mais, Hafer, Reis, Gerste, Sojamehl, Sojabohnen, Roggen) u./oder nichthydrolysierte Samen in Mengen von 3—15%. Als Lipoide kommen Fette, Öle u./oder Bestandteile einer Fettsäure in Mengen von 1—6% in Betracht. Als Mikroorganismen der Familie *Choanephoraceae* kommen die Arten *Choanephora conjuncta, Choanephora cucurbitarum*, von der Gattung *Blakeslea* die Arten *Blakeslea trispora, Blakeslea circinans* in verschiedenen Kombinationen in Betracht, wobei man sie in entgegengesetzten Paarungstypen (+ u. —) einsetzt. (**Belg. P. 564 918** vom 18/2. 1958, ausg. 15/7. 1960. A. Prior. 18/2. u. 1/7. 1957.) L. MACHER. 7579

## XVI. Nahrungs-, Genuß- und Futtermittel

**Physikalische und biochemische Veränderungen in gefrorenen Lebensmitteln.** J. Kuprianoff. (Przemysł Spożywczy **14.** 642—51. 1960. Karlsruhe.) (Pol.)

Übersicht. — 12 Literaturangaben. F. URBAN. 7636□

**Synthetische Farbstoffe in Lebensmitteln.** Stanisław Krauze und Lech Piekarski. (Przemysł Spożywczy **14.** 314—22. 1960. Warszawa.) (Pol.)

Übersicht über Meth. der Best. der Schädlichkeit von Farbstoffen für den Organismus, über Kontroll-Meth. der Färbung von Lebensmitteln u. über die neue poln. Verordnung zur Färbung von Lebensmitteln. — 40 Literaturangaben. F. URBAN. 7638□

**Zur Anwendung von flüssigem Zucker in der Nahrungsmittelindustrie.** Jerzy Łękawski. (Przemysł Spożywczy **14.** 528—32. 1960. Warszawa.) (Pol.)

Herst.-Verf. u. Vorteile der Anwendung von Zuckerlösungen. F. URBAN. 7642□

**Eine vergessene Getreideart: Der Spelz (Dinkel).** R. Jacquot, J. Adrian und A. Rerat. (Z. Acker- u. Pflanzenbau **111.** 279—88. Okt. 1960. Bellevue, Labor. für Biochem. der Ernähr. des C.N.R.S.) (Dt.)

Es wird auf die fragliche Herkunft, Anbau u. Verw. des Spelzes sowie die Zus. u. den Ernährungswert im Vgl. zu einem Landweizen eingegangen. H. PÖTTER. 7664□

**Bromatologische und chemische Untersuchung einiger hydrierter Weizenarten.** Luzmila Díaz Contreras. (An. Fac. Farmac. Bioquím. **6.** 161—66. 1955. Lima.) (Span.)

15 Literaturhinweise. H. GUISCHARD. 7664□

**Der Vitamingehalt des Getreides.** Karl Schmorl. (Dtsch. Lebensmittel-Rdsch. **51.** 98—100. April 1955. Coburg.) (Dt.)

Vf. vergleicht die Geh. an Vitaminen in Brotgetreide, die von ihm bestimmt wurden, mit den Werten aus der Literatur u. untersuchte die Abhängigkeit des Vitamin-Geh. vom Ausmahlungsgrad. E. WIEHR. 7670□

**Die Erhaltung der essentiellen Fettsäuren bei der Mehlbehandlung.** J. B. M. Coppock, N. W. R. Daniels und P. W. Russell Eggitt. (Chem. and Ind. **1960**. 17—18. 2/1. Cambridge, Technol. Res. Stat. Spillers Ltd.) (Engl.)

Weizenmehl wurde mit $Cl_2$, $ClO_2$ u. Mischungen beider in unterschiedlicher Dosierung behandelt. Geringe Dosen Oxydationsmittel haben keinen nennenswerten Einfl. auf den Geh. des Mehls an *essentiellen Fettsäuren* (**a**). 35 g $ClO_2$/280 lbs. Mehl bewirken einen Abbau der **a** beim Lagern des Mehls, der wahrscheinlich auf der Zerstörung der natürlichen Antioxydantien (Tocopherole) beruht. 175 g $ClO_2$/280 lbs. Mehl bewirken schnelle Zerstörung der **a**. Zugleich werden kleine Mengen *Dichlorstearinsäure* gebildet, wie spektralphotometr. sichergestellt wurde. E. LÜCK. 7670□

**Mikrobiologische Bestimmung des Thiamins in peruanischem Mehl, Brot, Nudeln und Kuchen.** Gloria Yolanda Orrillo M. (An. Fac. Farmac. Bioquím. **6.** 47—56. 1955. Lima.) (Span.)

35 Literaturhinweise. H. GUISCHARD. 7674□

**Bestimmung von Vitamin C in verschiedenen Kartoffelarten (Solanum tuberosum).** Concepción Myrick M. (An. Fac. Farmac. Bioquím. **6.** 227—35. 1955. Lima.) (Span.)

18 Literaturangaben. H. GUISCHARD. 7678□

**Verbesserung der Qualität von Kartoffelgranulat durch Wirbelschichttrocknung.** Mabry T. Roby und Morris Simon. (Food Technol. **13.** 327—31. Juni 1959. Chicago, Ill., Quartermaster Res. and Engng. Command U. S. Army, Quartermaster Food and Container Inst. for the Armed Forces.) (Engl.)

Durch Wirbelschichttrocknung läßt sich *Kartoffelgranulat* (**a**) mit 5% W. herstellen. Das so hergestellte **a** ist qual. besser als solches mit 7% Feuchtigkeit. Das **a** mit 5% W. hat außerdem bessere Lagereigenschaften. E. LÜCK. 7678□

**Die Verwendung von Soja-Reinprotein (zur Herstellung) fleischloser wurstähnlicher Produkte nach Art von Frankfurter Würstchen und Mettwurst.** S. S. Frank und S. J. Circle. (Food Technol. **13.** 307—13. Juni 1959. Moscow, Idaho, Univ. of Idaho, Agric. Exp. Stat., Dep. of Home Econom. Res. and Animal Husbandry.) (Engl.)

Sojareinprotein läßt sich zur Herst. fleischloser „Würstchen" ähnlich Frankfurter Würstchen u. Mettwurst verwenden. Die so hergestellten Erzeugnisse entsprechen den Original-Prodd. in Aussehen, Struktur, Farbe, Geschmack u. Nährwert. E. LÜCK. 7684□

**Charakteristik der wichtigsten Bestandteile von Früchten polnischer Produktion.** Zofia Charłampowicz und H. Walczak. (Przemysł Spożywczy **14.** 269—76. 1960. Poznań.) (Pol.)

Übersicht über die chem. Zus. von 35 poln. Obstsorten mit Angabe des Nährwerts u. Vgl. der Werte mit Literaturangaben. F. URBAN. 7688□

**Der Einfluß des Wassergehaltes auf die Lagereigenschaften von Brasil-Nüssen.** G. Ayerst und D. Budd. (J. Sci. Food Agric. **11.** 390—96. Juli 1960. Slough, Bucks., Pest Infestat. Labor.) (Engl.)

Es wurde der Einfl. des Wasser-Geh. auf die Atmungsintensität (**a**) von Brasil-Nüssen (Bertholletia excelsa) untersucht. Zwischen 20 u. 32% Wasser-Geh. (entsprechend einer relativen Luftfeuchtigkeit $>$80%) ist die **a** sehr hoch, unterhalb 15% Wasser-Geh. (75% relative Luftfeuchtigkeit) nimmt sie rasch ab. Nüsse mit 10—11% W. sind lagerstabil in bezug auf mikrobiolog. Veränderungen. E. LÜCK. 7688□

**Die Trennung der organischen und anorganischen Anionen in filtriertem Tomatenpüree durch Verteilungschromatographie.** Donald B. Bradley. (J. agric. Food Chem. **8.** 232—34. Mai/Juni 1960. Riverton, N.Y., Campbell Soup Co., Agric. Res. Dep.) (Engl.)

Die Anionen von filtriertem Tomatenpüree wurden über Dowex-50 aufgetrennt. Durch acidimetr. Titration wurde sichergestellt, daß $>$94% der vorhandenen Säuren wiedergefunden wurden. Es wurden folgende Anionen gefunden: *Essigsäure, Milchsäure, Fumarsäure* (zusammen 1,2—2,7% des Geh. an Gesamtsäure), *Pyrrolidoncarbonsäure* (5,5—6,7), *Äpfelsäure* (4,4—8,8), *Citronensäure* (51,5—55,5), $H_3PO_4$ (4,4—8,9), *HCl* (2,4—15,8), $H_2SO_4$ (4,6—6,2) u. *Galakturonsäure* (3,7—7,1). Der Geh. an *Citronensäure* lag in verschiedenen Mustern bei 52,5—65,8 mÄquivalent/Liter. E. LÜCK. 7688□

**Das Plankton als Nahrungsmittel.** Maurice Rose. (Rev. brasil. Quím. **96.** 548—68. Dez. 1958; **97.** 42—56. Jan. 160—62. 166. 168. 170. 172. Febr. 1959. Alger, Fac. des Sci.) (Port.)

Allg. Überblick. Vf. berichtet über Definition des *Planktons* (I), seine biolog. Zus. u. Vork. im Meer, Best. von I, chem. Zus. von I, Energie- u. Nährwert. Darst. der Versuchs-Ergebnisse über chem. Zus. von Mollusken, Crustaceen u. Fischen. Wirtschaftliche Perspektiven. H. Guischard. 7690

**Faktoren, die das Verhalten von Frucht- und Gemüsesäften beeinflussen, die durch „Puff-Trocknung" im Vakuum getrocknet wurden.** G. K Notter, J. E. Brekke und D. H. Taylor. (Food Technol. **13.** 341—45. Juni 1959. Albany, Calif., Western Reg. Res. Labor.) (Engl.)

In Modell-Verss. wurde gefunden, daß sich Prodd. mit einem Geh. von über 50% Invertzucker oder Dextrose nur schwierig im Vakuum „pufftrocknen" lassen („puff"-Trocknung besteht in einer schnellen Evakuierung des Prod., wodurch die eingeschlossene Luft eine starke Vol.-Vergrößerung bewirkt). Erzeugnisse mit mehr als 25% Fructose (I) ergaben keine freifließenden Trockenprodd. mehr. Fruchtsäfte mit geringem I-Geh. waren am geeignetsten für die „puff"-Trocknung. E. Lück. 7706□

**Milchsäureherstellung durch Vergärung von Citrusschalensaft.** John J. Kagan, Walter Pilnik und M. Doreen Smith. (J. agric. Food Chem. **8.** 236—38. Mai/Juni 1960. Rehovot, Israel, Centr. Citrus Prod. Res. Labor.; Toronto, Canada, Univ., Dep. of Food Chem.) (Engl.)

Durch gewisse Lactobacillen läßt sich der Saft von Citrusschalen, der bei der Herst. von anderen Citrus-Prodd. als Nebenprod. anfällt, auf *Milchsäure* (I) verarbeiten. Die Gärung wird bei 45° in Ggw. von $CaCO_3$ durchgeführt, durch das die gebildete **I** kontinuierlich abgefangen wird. E. Lück. 7706□

**Variationen im Stickstoffgehalt von Teeblättern.** D. N. Baruna und S. B. Deb. (J. Sci. Food Agric. **11.** 366—70. Juli 1960. Assam, India, Ind. Tea Assoc., Tocklai Exp. Stat.) (Engl.)

Der *N*-Geh. von Teeblättern hängt von der Düngung u. von genet. Faktoren ab. Außerdem ist er in verschiedenen Blatteilen sehr unterschiedlich. E. Lück. 7724□

**Isolierung von China- und Shikimisäure aus den Trieben des Teestrauches.** M. N. Saprometow. (Биохимия [Biochemie] **26.** 373—84. März/April 1961. Moskau, Timirjasew-Inst. für Physiol. der Pflanzen der Akad. der Wiss. der UdSSR.) (Russ.; Auszug: Engl.)

Mit Hilfe der Ionenaustauschchromatographie wurden in dem mit Hautpulver u. $Pb(CH_3COO)_2$ gereinigten Methanolextrakt von jungen Teestrauchtrieben **3%** an organ. Säuren von Nichtphenolcharakter nachgewiesen. Aus dem Säuregemisch wurde durch Chromatographieren an Amberlit IRA-400 eine *L-Chinasäure* (I) isoliert; F. 180,5 bis 181,5°; $[\alpha]_D^{25}$ —42,8° (c = 1,3; $H_2O$). Aus **I** wurde ein Acetyl-Deriv. hergestellt: F. 215,5°; $[\alpha]_D^{25}$ —44,7° (c = 1,3; $H_2O$). Das opt.-inakt. **I**-Lacton schmilzt bei 170°. Der Geh. an freier **I** der Teestrauchtriebe beträgt 1,5% der Trockensubstanz, der Geh. an veresterter **I** 1,0%. In ähnlicher Weise wurde aus den Trieben die *Shikimisäure* (II) isoliert; F. 182,5—183,5°. Das Benzylamin-Deriv. von **II** schmilzt bei 133,0—133,5°. Der **II**-Geh. der Triebe beträgt 0,035% (bezogen auf Trockensubstanz).

O. Lebtag. 7724□

**Untersuchung der Kohlenhydrate nach der Methode der Papierchromatographie unter Anwendung eines Densitometers.** M. A. Bokutschawa und N. I. Skobelewa. (Биохимия [Biochemie] **26.** 361—65. März/April 1961. Moskau, Bach-Inst. für Biochem. der Akad. der Wiss. der UdSSR.) (Russ.; Auszug: Engl.)

Unter Anwendung eines photoelektr. Densitometers vom Syst. Schipalow (vgl. C. **1959.** 1302) wurden papierchromatograph. die Zucker im grünen Blatt des Teestrauchs u. im fertigen Tee untersucht. In den Blättern von 2 sowjet. Sorten wurden *Saccharose* (I), *Fructose* (II) u. *Glucose* (III) nachgewiesen. Der **I**-Geh. war wesentlich höher als der Geh. an **III**. Das Teeblatt aus Mazesta war reicher an **II** als das Blatt aus Tschakwa. Der nach der alten Meth. hergestellte Tee enthält **II** u. **III**, der nach der neuen Technologie gewonnene Tee außerdem noch **I**, Teeblätter u. fertiger Tee aus China zeigen in ihrer Kohlenhydrat-Zus. keine merklichen Unterschiede zu den sowjet. Sorten.

O. Lebtag. 7724□

**Chemische Zusammensetzung von indischem Tee.** V. Subrahmanyan, D. S. Bhatia, C. P. Natarajan, R. Venkateswara Rac, R. Nagarajan, N. Chandrasekhara, John Sebastian und E. Sankaran Nambudiry. (J. Proc. Instn. Chemists (India) **31.** 167—70. Juli 1959. Mysore, Central Food Technol. Res. Inst.) (Engl.)

Übersicht über die Zus. von ind. Tee. In ind. schwarzem Tee wurden gefunden, (% der Trockensubstanz Min.-Maximum-Durchschnitt): Asche (4,23–12,05–6,07), Aschenalkalität in g $K_2O$ pro 100 g (1,05–2,23–1,70), wss. Extrakt (32,12–47,50–40,30), Rohfaser (7,40–20,72–11,78), Coffein (2,12–5,10–3,51) u. Tannine (7,75–21,04–12,92).

Auf Grund der Analysenwerte werden Mindestanforderungen aufgestellt. Manche Werte unterliegen jahreszeitlichen Schwankungen. E. LÜCK. 7724□

**Die Natur der Kohlenhydrate in Palmgur.** M. R. Joshi und Kamala Sohonie. (J. sci. ind. Res. [New Delhi], Sect. C **15.** 281. Dez. 1956. Bombay, Inst. of Sci., Dep. of Biochem.) (Engl.)

Vff. identifizieren u. bestimmen die Zucker verschiedener Sorten Palmgur papierchromatographisch. Es wurden *Saccharose, Glucose* u. *Fructose* nachgewiesen. Die nichtreduzierenden überwiegen bei weitem die reduzierenden Zucker. P. TEICHGRÄBER. 7742□

**Der Einfluß der Tocopherol-Anreicherung von Schweinefutter auf die Lagerfähigkeit von Gefrier-Schweinefleisch.** M. V. Zaehringer, S. V. Bring, C. A. Rickard und W. P. Lehrer jun. (Food Technol. **13.** 313—17. Juni 1959. Moscow, Idaho, Univ. of Idaho, Agric. Exp. Stat., Dep. of Home Econom. Res. and Animal Husbandry.) (Engl.)

Verfütterung von *Vitamin E* (I) an Schweine für mehrere Wochen hat einen günstigen Einfl. auf die Stabilität des Gefrierfleisches gegen chem. Oxydationen. Die Wrkg. ist dosisabhängig. Nach 6—9monatiger Lagerung trat meist Geschmacksabfall ein, der aber von der Verfütterung von I oder bestimmten Proteinen oder Futterkompositionen unabhängig war. E. LÜCK. 7750□

**Die Beziehungen zwischen Fleisch-pH und Salzdiffusion (in das Fleisch).** L. Körmendy und Gy. Gantner. (J. Sci. Food Agric. **11.** 377—80. Juli 1960. Budapest, Hungarian Meat Res. Inst.) (Engl.)

Schweinefleisch wurde unter definierten Bedingungen eingepökelt. Es wurde keine signifikante Beziehung zwischen dem pH-Wert des Fleisches u. der innerhalb von 24 Std. aufgenommenen NaCl-Menge festgestellt. E. LÜCK. 7750□

**Der Einfluß der Gefrierlagerung und Herstellungsänderungen auf den Keimgehalt, die Schmackhaftigkeit und den Aneuringehalt von Schinken, italienischem Reis und Hühnchen.** Leeta C. West, May C. Titus und Frances O. van Duyne. (Food Technol. **13.** 323—27. Juni 1959. Urbana, Ill., Univ. of Illinois, Dep. of Home Econom.) (Engl.)

Frisch zubereiteter gekochter italien. Reis, frischer Schinken u. frisch gebackene Hühnchen waren in geschmacklicher Hinsicht u. im Keim-Geh. besser als gefriergelagerte Erzeugnisse. Im Geh. an *Aneurin* zeigten sich keine Unterschiede. E. LÜCK. 7750□

**Änderungen in der Adenosintriphosphataseaktivität und (im Gehalt an) Sulfhydrylgruppen bei Kabeljau-Fleisch während der Gefrierlagerung.** J. J. Connell. (J. Sci. Food Agric. **11.** 245—49. Mai 1960. Aberdeen, Torry Res. Stat.) (Engl.)

Während bei einer Lagerung bei —29° keine Änderung der Adenosintriphosphataseaktivität u. des Geh. an Sulfhydrylgruppen zu beobachten war, trat bei —22 u. —14° innerhalb von maximal 170 Wochen eine Abnahme ein. E. LÜCK. 7752□

**Chemisch-bromatologische Untersuchung der peruanischen und der chinesischen Garnele.** María Hilda Cueto M. (An. Fac. Farmac. Bioquím. **6.** 154—57. 1955. Lima.) (Span.)

12 Literaturhinweise. H. GUISCHARD. 7752□

**Arsengehalt einiger Muscheln der peruanischen Küste.** Carlos Moyano Santos. (An. Fac. Farmac. Bioquím. **6.** 218—26. 1955. Lima.) (Span.)

80 Literaturangaben. H. GUISCHARD. 7752□

**Einfluß nicht mit Dampfinjektion arbeitender Vakuumsysteme auf die Milch.** A. C. Smith, L. R. Glazier, J. M. Moore und L. R. Dowd. (Amer. Milk Rev. **22.** Nr. 7. 40—43. Juli 1960. Univ. of Connecticut, Dairy Dep.) (Engl.) — Vgl. C. **1960.** 9754.

Während Vakuum-Verff. mit Dampfinjektion Entfernung von durch die Fütterung bedingten Fehlgeschmack durch den injizierten Dampf bewirken, wird dieser Effekt bei Verff. ohne Dampfinjektion durch den beim Kochen unter Vakuum entstehenden Wasserdampf erzielt. Schnellkühlung hat infolge Verstärkung des Vakuums erhöhte Dampf-Entw. u. damit bessere Wrkg., aber auch erhöhten Milchverlust zur Folge (ca. 0,1%/Grad F Temp.-Abfall). Vff. besprechen verschiedene Syst. (Zweikammer- u. Einkammer-Syst. mit u. ohne Dampf-Kondens.). Werden 0,5% Milchverlust in Kauf genommen, so läßt sich eine beträchtliche Geschmacksverbesserung erzielen. Bei bes. intensivem Fehlgeschmack (z. B. Silagegeschmack) ist Schnellkühlung über einen größeren Temp.-Bereich erforderlich. Die Entfernung von Zwiebel- u. starkem Malzgeschmack sowie ranzigem u. Oxydationsgeschmack gelingt durch injektionslose Syst. nur unvollkommen. HANS THIELE. 7756□

**Untersuchungen über Faktoren der Haltbarkeit von Butter.** E. Pijanowski, F. Bijok, R. Antczak und M. Kosowski. (Przemysł Spożywczy **14.** 393—97. 1960. Warszawa.) (Pol.)

Ungesalzene *Butter*, die durch Zusatz von $NaHCO_3$ u. $Na_2HPO_4$ auf pH 6,6 gepuffert wurde, ist weniger haltbar als ungepufferte Butter. Neutralisieren u. Puffern des Butterplasmas ist nur sinnvoll, wenn die Butter gesalzen ist, da dann die Entw. der proteolyt. Bakterien gehemmt wird. *Carotin* (10 mg/kg) u. *Diacetyl* (**I**, 5 mg/kg) beschleunigen die Autoxydation der Butter nicht. Ebensowenig wirksam ist die Kombination von *Tocopherol* u. **I**. F. Urban. 7758□

**Gewaschene und nichtgewaschene Butter. 2. Mitt. Chemische Faktoren.** R. R. Riel, A. H. White und W. A. McGugan. (J. Dairy Sci. **39.** 1351—58. Okt. 1956.) (Engl.) — 1. vgl. White u. Mitarbeiter, C. **1957.** 12036.

Best. des Cu- u. Fe-Geh., der Peroxydzahl, des Säuregrads u. des pH-Werts von 170 Proben gewaschener u. nichtgewaschener Butter vor u. nach Lagerung ergaben, daß außer einer geringen Abnahme des Cu-Geh. u. einer Zunahme des pH-Werts um 0,2 Einheiten durch Waschen u. Lagerung unter den Vers.-Bedingungen keine meßbaren Veränderungen eintraten. E. Wiehr. 7758□

**Gewaschene und nichtgewaschene Butter. 3. Mitt. Mikrobiologische Aspekte.** A. H. White und K. N. Smith. (J. Dairy Sci. **39.** 1359—63. Okt. 1956.) (Engl.) — 2. vgl. vorst. Referat.

Um die Abhängigkeit der Haltbarkeit von Butter vom Waschen zu bestimmen, wurden 170 vergleichbare Proben Butter mikrobiolog. untersucht. Die Ergebnisse zeigten, daß durch das Waschen der Butter keine wesentlichen Veränderungen der Bakterienanzahl eintreten. E. Wiehr. 7758□

**Die Biochemie von Käse.** G. M. Moir. (J. New Zealand Inst. Chem. **24.** 93—105. Juni 1960. Wallaceville Dairy Labor.) (Engl.)

Vortrag. Allg. grundlegende Ausführungen mit bes. Berücksichtigung von Cheddarkäse. Eberhard Müller. 7760□

**Vom Steinbuscherkäse.** Kurt Kretschmer. (Molkerei-Ztg., Welt d. Milch **15.** 65—66. 20/1. 1961.) (Dt.)

Herst., Behandlung u. Reifung von Steinbuscherkäse. J. Lehmberg. 7760

**Die Qualität der auf den Böden der Turiner „Vauda" erzeugten Futterpflanzen.** Ettore Bottini. (Ann. Reale Accad. Agric. Torino **100.** 237—49. 1957/58.) (Ital.) — C. **1961.** 12304. R. K. Müller. 7782□

**Neuverteilung des Stickstoffs in Futtergräsern und -leguminosen während des Welkens und der Ensilierung.** C. J. Brady. (J. Sci. Food. Agric. **11.** 276—84. Mai 1960. Victoria, Australia, Commonwealth Sci. and Ind. Res. Organ., Fodder Conserv. Sect.) (Engl.)

Beim Welken u. Silieren trat bei allen untersuchten Futterpflanzen ein Ansteigen des Geh. an Nichtprotein-N ein. Der Geh. an $\alpha$-Amino-N nahm ab. Beim Silieren trat bis zu 25% des vorhandenen N in einer nicht näher charakterisierten N-Fraktion auf, d. h. weder als Amino-N noch als flüchtiger N noch als Amid-N. E. Lück. 7782□

**Massenspektroskopische Untersuchung der durch Silage gebildeten nitrosen Gase.** Li Chuan Wang und R. H. Burris. (J. agric. Food Chem. **8.** 239—42. Mai/Juni 1960. Madison, Wis., Univ. of Wisconsin, Coll. of Agric., Dep. of Biochem.) (Engl.)

Die bei der Silage entstehende *NO*-Menge erreicht 1 Tag nach Füllung des Silos ein Maximum, während nach weiteren 2 Tagen der NO-Geh. wieder stark zurückgeht. Das im Siliermaterial enthaltene $NO_3'$ kann, wie Tracer-Analysen zeigten, auch in $N_2O$ u. $N_2$ umgewandelt werden. Das in Silos häufig anzutreffende $NO_2$ entsteht nicht direkt, sondern aus NO durch Oxydation. Die $NO_2$-Bldg. wird bei anaerober Silierung unterdrückt. E. Lück. 7782□

**Die Aminosäure-Zusammensetzung des Herings (Clupea harengus) und des Heringsmehls. Aminosäureabbau während der Bearbeitung.** Gjermund Boge. (J. Sci. Food Agric. **11.** 362—65. Juli 1960. Straumsgrend, Herring Oil and Meal Ind. Res. Inst.) (Engl.)

Die gefundene Aminosäure-Zus. entsprach Literaturangaben. Während der Heringsmehl-Herst. unter normalen Bedingungen trat keine Veränderung ein. Nur Behandlung unter Druck u. hohen Temp. führte zu einer teilweisen Zerstörung gewisser Aminosäuren, bes. von *Cystin, Histidin, Tryptophan* u. *Lysin*. E. Lück. 7786□

**Der Einsatz von Fett bei Futtermitteln.** O. H. M. Wilder. (J. Amer. Oil Chemists' Soc. **37.** 510—12. Okt. 1960. Chicago, Ill., American Meat Inst., Div. of Animal Feeds.) (Engl.)

Vortrag. An Hand der geschichtlichen Entw. hinsichtlich des Einsatzes von Fett bei der Tierernährung, wobei ökonom.-fabrikator. sowie chem. (Fettverderben in den Futtermitteln u. Stabilisierung) Fragen eine Rolle spielen, wird die Nützlichkeit einer rationellen Verw. bei der Fütterung von Schwein, Rind, Schaf, Huhn, Truthahn u. Pelztieren dargelegt; Ausführungen über die fabrikator. u. fütterungsmäßigen Vorteile bei der Herst. von Futtermitteln mit Fettzusatz; tabellar. Angaben über den Effekt des Fettzusatzes, seiner Höhe u. seiner Art bei der Geflügel-, Schweine- u. Rinderfütterung; Hinweise auf die bei der Fütterung der mit Fett versetzten Prodd. bisweilen aufgetretenen Schwierigkeiten (Lagerung, Erwärmung, Herst. der homogenen Mischungen bei tiefer Temp., Abstimmung des Fett- auf den Protein- u. Vitamin-Geh. des Präp., Auftreten von Unverträglichkeit u. Erkrankung der Tiere durch gewisse Bestandteile der verwendeten Fette). K. TÄUFEL. 7786□

**Die Bestimmung enzymatisch hydrolysierter Lebensmittelproteine und daraus hergestellter Erzeugnisse.** G. C. Esh, S. K. Ganguly und U. P. Basu. (J. Proc. Instn. Chemists [India] **31.** 160—66. Juli 1959. Calcutta, Bengal Immunity Res. Inst.) (Engl.)

Übersicht über verschiedene Meth. zur Best. von Aminosäuren in Eiweißhydrolysaten aus Lebensmitteln. E. LÜCK. 7792□

**Über die Teilnahme der Aminosäuren an der Melanoidinbildung beim Brotbacken.** W. L. Kretowitsch und A. N. Ponomarewa. (Биохимия [Biochemie] **26.** 237—43. März/April 1961. Moskau, Technolog. Inst. der Lebensmittelind.) (Russ.; Auszug: Engl.)

Vff. beschreiben eine Meth. zur quant. Best. der freien *Aminosäuren* (I) im Weizen- u. Roggenmehl sowie im daraus gewonnenen Teig u. Brot, die darauf beruht, daß die freien I bei Eiskühlung mit W. extrahiert, die gelösten Eiweiße, Schleimstoffe u. Dextrine mit A. gefällt u. die I in der Kationitkolonne mit Austauschharz KU-2 von den Zuckern u. Salzen getrennt werden. Die I werden mit Ammoniak-Lsgg. in A. u. W. eluiert, im Vakuum konzentriert u. quant. papierchromatograph. bestimmt. Danach enthalten Weizen- u. Roggenmehl etwas *Asparaginsäure* (II) u. *Glutaminsäure* (III). Die Veränderungen der nachst. Verbb. im Teig u. im Brot wurden untersucht: II, III, *Serin, Glycin, Threonin, Alanin, Glutamin, γ-Aminobuttersäure, Valin, Tyrosin, Leucin, Isoleucin, Phenylalanin* u. *Methionin.* Im Vgl. zum Mehl nahm im Roggenmehlteig die Menge der freien I zu. In der Rinde von Roggen- u. Weizenbrot beobachtete man eine Abnahme der freien I während des Backens. Diese Abnahme war um so größer, je höher der Geh. des Teiges an direkt reduzierenden Zuckern war. Die freien I sind demnach an der Melanoidin-Bldg. während des Backprozesses beteiligt. O. LEBTAG. 7800□

**Colorimetrische Untersuchungen an Erdbeerpräserven.** Gideon E. Livingston, Chee-Teck Tan und Zakaria I. Sabry. (Food Technol. **13.** 303—06. Juni 1959. Amherst, Mass., Univ. of Massachusetts, Dep. of Food Technol.) (Engl.)

Erdbeerpräserven verschiedener Vorbehandlung wurden colorimetr. bzw. spektralphotometr. auf ihren Geh. an *Pelargonidin-3-monoglucosid* u. *Hydroxymethylfurfurol* untersucht. Die dadurch gefundenen „Farbzahlen" standen in gewisser Beziehung zur Qualität der Präserven. E. LÜCK. 7808

**Die Bestimmung von Thioharnstoff in Citrus- (Orangen-) Schalen.** W. O. Winkler. (J. Assoc. off. agric. Chemists **43.** 585—87. Aug. 1960. Washington, D.C., Dep. of Health, Education, and Welfare, Food and Drug Admin.) (Engl.)

Man extrahiert die Farbstoffe mit Ae., vermischt die extrahierte Probe mit wasserfreiem $Na_2SO_4$, extrahiert mit einem Gemisch aus 2 (Vol.) Äthylacetat u. 1 Aceton, engt auf ca. $^1/_4$ ein, filtriert, extrahiert Thioharnstoff (I) mit W., versetzt mit $H_3PO_4$ u. GROTE-Reagens u. bestimmt nach 75 Min. die Absorption von I bei 610 m$\mu$. Die gefundenen Werte betragen 66—87% der Theorie. Die Unterss. sollen fortgesetzt werden.

W. WESLY. 7808□

**Die Verwendung der Gaschromatographie zur Bestimmung der Äthylenproduktion gelagerter Äpfel.** D. F. Meigh. (J. Sci. Food Agric. **11.** 381—85. Juli 1960. Maidstone, Kent, Ditton Labor.) (Engl.)

Beschreibung einer App., die es gestattet, die *Äthylen* (I)-Produktion reifender Äpfel quant. zu verfolgen. Das Verf. gibt von 1—1000 ppm I gut reproduzierbare Analysenergebnisse. Hohe $CO_2$-Konzz. (>4%) hemmen die I-Entstehung, nicht aber die Atmung der Äpfel. E. LÜCK. 7808□

**Oxydative Fettranzidität in Lebensmitteln.** 2. Mitt. **Walnüsse und andere Nüsse.** A. L. Tappel, F. W. Knapp und K. Urs. (Food Res. **22.** 287—95. Mai/Juni 1957.) (Engl.) — 1. vgl. C. **1955.** 10403.

Als wichtigste Ursache der geringen Lagerfähigkeit von *Walnüssen* (in Stücken) erwies sich die Oxydation durch Luftsauerstoff. Es ist also wichtig, die Walnüsse unter Luftausschluß zu lagern. Als objektive Meth. zur Best. der oxydativen Ranzidität der Walnüsse ist der *Thiobarbitursäure*-Test (Arbeitsvorschrift) geeignet, dessen Ergebnisse mit denen der organolept. Bewertung gut übereinstimmen. Diese gute Übereinstimmung besteht nicht bei Haselnüssen, Pecannüssen u. Mandeln. M. WINIKER. 7808

**Beobachtungen im Zusammenhang mit der Interpretation von Keimzahlen in Tomatenpüree.** K. Vas, Ilona Fábri, Natalia Kutz, Ágnes Láng, Tekla Orbányi und Gabriella Szabó. (Food Technol. **13.** 318—22. Juni 1959. Budapest, Inst. of Res. in Canning, Meat Packing and Refrigeration u. Hungarian Control Stat. for Tomato Products.) (Engl.)

Ausführungen zur Signifikanz von Keimzahlen in Tomatenprodukten. E. LÜCK. 7808□

**Vergleich der Enzym- und der Waring-Blendor-Methode zur Kollagenbestimmung in Rindfleisch.** Ruby Adams, Dorothy L. Harrison und J. L. Hall. (J. agric. Food Chem. **8.** 229—32. Mai/Juni 1960. Manhattan, Kans., Kansas State Univ., Dep. of Foods and Nutrit. and Chem.) (Engl.)

Die WARING-BLENDOR-Meth. zur Best. von *Kollagen* (**a**) in Rindfleisch (HARTLEY u. HALL, Food Res. **14.** [1949.] 195) wurde als brauchbar bei rohem, aber als unreproduzierbar bei gekochtem Rindfleisch befunden. Meist sind die in gekochtem Fleisch gefundenen **a**-Werte zu hoch. Die mit der enzymat. Meth. gefundenen Werte sind niedrig, zeigen aber gute Übereinstimmung mit der Zartheit u. der Schnittfestigkeit des Fleisches. Dieser Meth. zur **a**-Best., die auf einem proteolyt. Abbau bestimmter Fleisch-Eiweiß-Anteile beruht, wird der Vorzug gegeben. E. LÜCK. 7850□

**Die optimalen Bedingungen für die Hydrolyse bei der mikrobiologischen Bestimmung der Aminosäuren Methionin und Cystin in Hühnerfleisch.** Jack L. Fry und W. J. Stadelman. (J. agric. Food Chem. **8.** 243—44. Mai/Juni 1960. Lafayette, Ind., Purdue Univ.) (Engl.)

Die acidimetr. Titration ist nach Vff. besser als turbidimetr. Verff. zur mikrobiolog. Best. von Aminosäuren befunden. 4std. Hydrolyse mit 3n HCl gab bei *Cystin*, 8std. Hydrolyse bei *Methionin* die besten Werte. E. LÜCK. 7850□

**Untersuchungsmethoden und der Einfluß des Gefrierens auf die Mikroflora von Hühnerpasteten.** Mary Jeanne Fanelli und John C. Ayres. (Food Technol. **13.** 294—300. Juni 1959. Ames, Iowa, Iowa State Coll., Dep. of Dairy and Food Ind.) (Engl.)

Übersicht über die in Hühnerpasteten auftretenden Mikroorganismen u. die Meth. zu deren Auszählung u. Identifizierung. Gramnegative, nichtsporenbildende Bakterien, grampositive Kokken u. Hefen waren die Hauptvertreter der Mikroflora. Gefrierenlassen durch Überblasen mit Kaltluft führte zu einer Reduzierung des Geh. an Streptokokken, Staphylokokken, Colibildnern, Hefen u. Schimmelpilzen, nicht aber an anerob. lebenden Mikroorganismen. E. LÜCK. 7850□

**Änderungen der chemischen Zusammensetzung von Fischgewebe bei der Lagerung.** A. N. Bose und D. Roy Chowdhury. (J. Proc. Instn. Chemists [India] **31.** 171—74. Juli 1959. Calcutta, Jadavpur Univ., Food Technol. Labor.) (Engl.)

Der Geh. von Fisch an *Trimethylamin* u. $NH_3$ nimmt zwar während der Lagerung laufend zu, doch kann man die entsprechenden Analysenwerte nicht reproduzieren u. daher nicht zur analyt. Verfolgung des Verderbs heranziehen. Zusätze von Natriumbenzoat zum Eis bei der Fischlagerung waren ohne wesentlichen Effekt. E. LÜCK. 7852□

**Ausrüstungen für den Penicillinnachweis in Milch unter Feldbedingungen.** F. V. Kosikowski. (Amer. Milk Rev. **22.** Nr. 7. 38—39. 114—15. Juli 1960. Cornell Univ., Dairy Dep.) (Engl.)

Vf. beschreibt eine handliche Zusammenstellung der für einen Schnelltest auf *Penicillin* (**I**) unter Feldbedingungen nötigen Gerätschaften bestehend aus Plastikpetrischale mit Agar ohne organ. Nährstoffe, beimpft mit *Bac. subtilis*-Sporen, 0,25 in. Filterpapierscheiben mit Nährstoffgemisch u. Pinzette in luftdichter Verpackung. Die Filterpapierscheiben werden in die zu prüfende Milch getaucht u. auf den Agar aufgelegt, wobei die Nährstoffe in diesen hineindiffundieren u. das Wachstum der Keime ermöglichen. Liegt **I** oder ein anderes Antibioticum vor, so ergeben sich wie bei bereits bekannten Verff. nach 3—6 Std. bei 35° Hemmzonen. Alle positiven Proben sind nach Erhitzen auf 180° F (Inaktivierung milcheigener Hemmstoffe) erneut zu testen. Die Anwendung von Penicillinase-Scheiben ermöglicht eine Identifizierung von **I**. HANS THIELE. 7856□

**Zur quantitativen Bestimmung von Jod in Milch.** Š. Németh und M. Menkyna. (Mikrochim. Acta [Wien] **1958.** 510—12. Bratislava, ČSR. Endokr. Inst. der Slowak. Akad. der Wiss.)

Bei verschiedenen Verff. zur quant. Jod-Best. führt die Veraschung im sauren Medium leicht zu Jodverlusten. Die Meth. der Blutjod-Best. von BARKER u. Mitarbeitern (J. clin.

Invest. **30.** [1951.] 55) vermeidet diese Verluste durch Beibehaltung des alkal. Veraschungsmediums u. vollständige Zerstörung des organ. Materials bei 600°. Sie wird wegen ihrer Einfachheit u. Genauigkeit zur Best. von Jod in Milch empfohlen.

Versuche: Alkalisierung von 1 ml Milch, Trocknen durch 2std. Eintauchen in sd. Wasserbad, Veraschung u. Auflösung in HCl–$H_2SO_4$-Gemisch. Colorimetrie zwecks Intensivierung der Farb-Rk. nach GROSSMANN u. GROSSMANN (C. **1956.** 1399).

J. MALPRICHT. 7856□

**Bestimmung von Lipase-Tributyrinase in der Milch.** B. M. Sumcow. (Przemysł Spozywczy **14.** 261–63. 1960. Moskau, Med. Inst., Lehrstuhl für Biochem.) (Pol.)

Die Aktivität der Lipase in der Milch wird durch Messung der Oberflächenspannung vor u. nach Inkubation bestimmt. Als Substrat wird *Buttersäuretriglycerid* (I) verwendet. Da ein Teil von I beim Mischen mit der Milch vom Milcheiweiß adsorbiert wird u. dann nicht mehr hydrolysiert werden kann, muß eine Korrektur des Ergebnisses eingeführt werden. Die nach dieser Meth. ermittelte Aktivität der Milchlipase ist nur halb so groß, wie die der Lipase des Blutserums derselben Kühe. Die Aktivität ist im 4., 5. u. 6. Lactationsmonat höher als am Anfang oder am Ende der Lactationszeit.

F. URBAN. 7856□

**Lactosekristallisation in Eiscreme. 2. Mitt. Anteil und Menge beeinflussende Faktoren.** T. A. Nickerson. (J. Dairy Sci. **39.** 1342–50. Okt. 1956.) (Engl.) — 1. vgl. C. **1955.** 5447.

Zur Best. der in Eiscreme auskristallisierter *Lactose* (I) wird eine polarimetr. Meth. beschrieben u. der Einfl. von Temp., Geh. an Nicht-Fett-Bestandteilen u. vorhandenen Kristallkeimen auf den Geh. an auskristallisiertem I untersucht. E. WIEHR. 7856□

**Veränderungen der Analysenwerte von Butter während der Lagerung.** S. C. Roy und A. R. Sen. (J. Proc. Instn. Chemists [India] **31.** 153–59. Juli 1959. West Bengal Public Health Labor.) (Engl.)

Die REICHERT-Zahl zeigte bei gelagerter Butter unerklärliche Veränderungen, ebenso der Refraktionswert. Das Ausmaß der Ranzidität zeigte keine sichere Korrelation mit dem Ausfall des KREIS-Tests. E. LÜCK. 7858□

**Vereinfachter Baudouin-Test zum Nachweis der Verfälschung von Butter und Ghee durch Vanaspati.** O. P. Kapur, M. Srinivasan und V. Subrahmanyan. (J. Proc. Instn. Chemists [India] **31.** 177–79. Juli 1959. Mysore, Central Food Technol. Res. Inst.) (Engl.)

Beschreibung einer Modifikation des BAUDOUIN-Tests zum Nachw. von Vanaspati (hydriertes Pflanzenöl) in Butter u. Ghee (Büffelmilchbutter). E. LÜCK. 7858□

---

N. V. Tervalon, Mij. voor Voedingsmiddelen op Wetenschappelijke Basis, Utrecht, Holland, **Bifidus-aktives Kindernährmittel.** Einem Kindernährmittel wird ein Prod. zugesetzt, das wenigstens 80% *Lactulose* (I) enthält, u. zwar in einem Mengenverhältnis, daß im Endprod. auf 70 Kalorien 0,25–7 g I kommen. — Zum Beispiel werden 150 (g) I-Kristalle mit 1000 Vollmilchpulver u. 230 Lactose, sowie Vitaminen gemischt. 15 dieser Mischung gelöst in 85 W. ergeben ein bifidusakt. Mittel, das in 100 $cm^3$ 70 Kalorien enthält. — Angaben über die Herst. von I. — Vgl. Oe. P. 206 586; C. **1960.** 13226. (**Belg. P. 555 637** vom 8/3. 1957, ausg. 12/2. 1960. Holl. Prior. 10/3. 1956.) W. KRANZ. 7643

Andreas Lendvai, Wien, Österreich, **Herstellung eines Autolysates aus Eiweißstoffen** durch Abbau des Eiweißstoffes, z. B. Hefe, bei 40–60° in Anwesenheit eines Zuckers oder eines Zuckerpolymeren, welches als Spaltprod. Zucker ergibt. Vor dem Erhitzen des Eiweiß-Zucker-Gemisches wird der Eiweißstoff mit einer Teilmenge des Zuckerzusatzes bei 25–30° in alkohol. Gärung versetzt, bis das Vol. der Masse merklich, ca. auf das 1,5fache, zugenommen hat. — Vgl. Oe. P. 204 698; C. **1960.** 8382. (**D. A. S. 1 077 043** Kl. 53i vom 17/9. 1958, ausg. 3/3. 1960. Oe. Prior. 19/9. u. 3/10. 1957.)

W. KRANZ. 7647

---

**F. Hoffmann-La Roche & Co. Akt.-Ges.**, Basel, Schweiz, *trans-Lycopin und trans-1.1'.2.2'-Tetrahydrolycopin und 2.6.11.15-Tetramethylhexadeca-2.4.6.8.10.12.14-heptaen-1.16-dial.* (**E. PP. 792 593** u. **792 594** [Zusatz-Pat.] vom 25/6. 1956, ausg. 2/4. 1958. Beide Schwz. Prior. 27/6. 1955. — C. **1959.** 10759 [D. A. S. 1 038 033].)

**N. V. Philips' Gloeilampenfabrieken**, Eindhoven, Holland, *Vitaminpräparat.* (**Dän. P. 84 115** vom 5/12. 1951, ausg. 23/12. 1957. Holl. Prior. 8/12. 1950. — C. **1955.** 4234 [Schwz. P. 298 125].)

**General Foods Corp.**, New York, N.Y., V.St.A., *Puddingpulver.* (**Aust. P. 160 870** vom 10/11. 1953, ausg. 17/2. 1955. A. Prior. 9/4. 1953. — C. **1957.** 286 [E. P. 741 076].)

**N. V. „Tervalon"**, Utrecht, Holland, *Herstellung eines bifidusaktiven Konzentrats.* (**Ind. P. 49 735** vom 15/6. 1953, ausg. 9/8. 1954. — C. **1961.** 3184 [Schwz. P. 343 769].)

**W. Rosenthal** und **J. S. Davis jun.**, New York, N.Y., V.St.A., *Behandlung von Tabak.* (**Belg. P. 566 053** vom 25/3. 1958, ausg. 29/7. 1960. A. Prior. 27/3. 1957. — C. **1960.** 14551 [D. A. S. 1 079 520].)

**M. A. Fladmark**, Oslo, Norwegen, *Gewinnung von Fischleimwasser.* (**Schwed. P. 155 191** vom 3/2. 1945, ausg. 26/6. 1956. — C. **1953.** 8741 [A. P. 2 590 303].)

**Armour & Co.**, Chicago (Erfinder: **James Harwood**, Western Springs), Ill., V.St.A., *Beifuttermittel für Tiere.* (**D. A. S. 1 095 095** Kl. 53g vom 16/7. 1956, ausg. 15/12. 1960. A. Prior. 29/7. 1955. — C. **1959.** 7993 [F. P. 1 155 669].)

**Knud Abildgaard-Elling**, Kopenhagen, Dänemark, *Penicillinhaltiges Futtermittel.* (**Ind. P. 49 714** vom 11/6. 1953, ausg. 4/8. 1955. — C. **1957.** 287 [F. P. 1 102 785].)

## XVII. Fette. Seifen. Wasch- u. Reinigungsmittel. Wachse. Bohnermassen usw.

**Die antioxydierende Wirkung von Citronen- und Citraconsäure auf Öle und Fette.** Heinz Anders. (Dtsch. Lebensmittel-Rdsch. **51.** 104—06. April 1955. Berlin.) (Dt.)

Übersicht über die Anwendung von Citronen- u. Citraconsäure als Fettstabilisatoren. E. WIEHR. 7878□

**Macauba, Acrocomia Sclerocarpa. Seine Bedeutung für die südamerikanische Fettwirtschaft.** J. Poliakoff. (Oléagineux **16.** 37—40. Jan. 1961.) (Franz.)

*Macauba* (*Acrocomia sclerocarpa* Mart., *A. quisqueyena* Bailey, *A. adorata* Hoehne, *A. mocayagba* bzw. *A. glaucaphylla* Barb. Rod), zur großen Familie der Palmen gehörig, wird botan. hinsichtlich der Frucht sowie der Zus. des Frucht- u. des Samenöls charakterisiert; ersteres stellt bei Zimmer-Zemp. ein Öl (F. 5—8°; VZ. 194; JZ. 82,7), letzteres ein Fett (F. 22—26°; VZ. 233—253; JZ. 16—31) darunter Hinweis auf die vielseitigen Verw.-Möglichkeiten wird festgestellt, daß die Ölpalme (*Elaeis guineensis*) die beste Ölpflanze für das feucht-trop. Klima, die Acrocomia-Arten dagegen für das Klima mit unregelmäßiger Beregnung (Südamerika, Südafrika) darstellen. K. TÄUFEL. 7894□

**Untersuchung der Wirkung des Gallussäureäthyl- und -propylesters auf die Beständigkeit von Rapsöl.** Adolf Stawowczyk. (Acta polon. pharmac. **17.** 229—36. 1960. Kraków, Akad. Med., Zakł. Farmac. stosow.) (Pol.)

Unter ungünstigen Bedingungen, also im Sonnenlicht bei Luftzutritt u. bei erhöhter Temp., haben *Gallussäureäthyl-* u. *-propylester* (0,01—0,05%) eine gewisse Antioxydations-Wrkg. bei Rapsöl. Bei richtiger Aufbewahrung des Öls ist dieser Zusatz aber entbehrlich. Die zugesetzten Gallussäureester lassen sich durch Farbrkk. (z. B. mit $FeCl_3$) oder nach papierchromatograph. Trennung mit n-Butanol–Essigsäure–W. (4 : 1 : 5) im Rapsöl leicht nachweisen. F. URBAN. 7894□

**Qualitätsprüfung verschiedener Maiskeimsorten und ihre Eignung für die Maisölgewinnung.** W. Kempf. (Stärke **13.** 10—11. Jan. 1961. Detmold, Bundesforschungsanstalt für Getreideverarbeitung.) (Dt.)

An ca. 250 Maiskeimmustern wurden Wasser-Geh., Rohfett u. freie Fettsäure bestimmt. Angola-Weißmais besitzt mit 60% Rohfett den höchsten Fettanteil. USA-Mais enthält mit 3,7% den höchsten Anteil freier Fettsäuren. Durch Mischen verschiedener Sorten läßt sich die gewünschte Zus. eines Öls erreichen. B. T. LASSER. 7894□

**Sorbinsäure als Antifermentativum für Margarine und andere Nahrungsmittel.** Erich Lueck. (Olii minerali, Grassi Saponi, Colori Vernici **37.** **543—45.** Dez. 1960. Frankfurt/M.-Höchst, Farbwerke Hoechst AG.) (Ital.)

*Sorbinsäure*, deren Eigg. ausführlich beschrieben werden, verhütet in Konzz. von 0,1—0,5% fermentative Veränderungen in Margarine u. anderen Nahrungsmitteln. H. P. FIEDLER. 7900□

**Entwicklung und Bedeutung der oberflächenaktiven Substanzen.** W. Hagge. (Olii minerali, Grassi Saponi, Colori Vernici **37.** 528—33. Dez. 1960. Leverkusen, Farbenfabriken Bayer AG.) (Ital.)

Übersicht. H. P. FIEDLER. 7912□

**Weißgrad und Sauberkeit bei der Wäsche.** A. Kling. (Wäscherei-Techn. u. -Chem. **14.** 26—42. Jan. 1961.) (Dt.)

Bei der Messung des Weißgrads besteht die Forderung, diesen möglichst nur in einer einzigen Zahl auszudrücken. Um aufzuzeigen, inwieweit dieser Forderung durch Anwendung geeigneter Weißgradformeln entsprochen werden kann, werden die verschiedenen Meßanordnungen beschrieben, um einen Zusammenhang zwischen physikal. Meth. u. mathemat. Auswertungen erkennen zu können. Da bei der Durchführung einer Weißgradmessung die physikal. u. physiolog. Gegebenheiten eine Rolle spielen, werden der Sehmechanismus u. die Prinzipien des Spektral- u. Helligkeits-Verf. zur Festlegung der Farbe eines Körpers erläutert. Bei der Bewertung des Weißgrads ist es wichtig, durch welche Manipulationen dieser erreicht bzw. erhöht wurde. Es gibt hierzu 3 Möglichkeiten: physikal. u. chem. Prozesse, substraktive Farbmischung u. additive Farbmischung, die ausführlich behandelt werden. Da bei der objektiven Messung opt. aufgehellter Gewebe der Meßanordnung u. der Beleuchtungsgeometrie größte Bedeutung zukommt, werden diese beiden Punkte detailliert erörtert. Es wird die Schlußfolgerung gezogen, daß bei der Weißgradmessung 2 Werte zu berücksichtigen sind: 1. der Wert, der durch vollkommene meßtechn. Erfassung der Fluorescenz der opt. Aufheller resultiert u. 2. der Wert, der bei vollkommener Ausschaltung der letzteren erhalten wird. Erst dann kann man auf die Sauberkeit der Wäsche schließen. L. JENTGEN. 7912□

**Die Bestimmung der Bleichwirkung in Abhängigkeit vom Bleichmittelverbrauch.** O. Oldenroth. (Wäscherei-Techn. u. -Chem. **14.** 18—24. Jan. 1961.) (Dt.)

Zur Klärung der Frage nach einer reproduzierbaren Best. der Bleichintensität (BI) wurden Gewebeanfärbungen mit verschiedenen synthet. Farbstoffen auf ihre Eignung als Bleichindicatoren erprobt. Als zweckmäßig hat sich eine Anfärbung mit *Immedialgrün BTN extra* erwiesen, die sich sowohl zur Überprüfung für die Peroxyd- als auch die Chloritbleiche eignet. Für die Peroxydbleiche werden die für die beschriebenen Bleichverss. verwendeten Badansätze angegeben. Es werden der Einfl. der Waschmittel-Lsg. u. die Abhängigkeit der BI von der $H_2O_2$-Konz. sowie vom Zeit- u. Temp.-Einfl. untersucht. Abschließend werden die BI-Werte bei unterschiedlichen Arbeitsbedingungen gegenübergestellt. Aus dem prakt. gleichen $O_2$-Verbrauch resultieren recht abweichende Schädigungsfaktoren u. BI. Bei der Chloritbleiche (Na-Hypochlorit) wird die $Cl_2$-Konz. durch die Anwesenheit von Eiweiß-Wäscheschmutz nachteilig beeinflußt. Die angestellten Verss. berechtigen zu der Empfehlung, die Chlorbleiche nicht in schmutzigen, d. h. eiweißhaltigen Bädern durchzuführen, da die Bleich-Wrkg. ungenügend ausfällt u. zu einer höheren Chloranwendung Veranlassung gibt, die schädigend auf die Fasern wirkt. L. JENTGEN. 7912□

**Reinigungsmittel auf Proteinbasis.** H. L. Sanders und M. Nassau. (Soap chem. Specialties **36.** Nr. 1. 57—59. 122. Jan. 1960. Chicago, Ill., Stepan Chemical Co.; Maywood, N.J., Maywood Chem. Works.) (Engl.)

Ein unsulfoniertes Waschmittel (*Maypon*) entsteht durch Umsetzung von unlösl. Protein mit Alkali zu wasserlösl. Polypeptiden u. durch weitere Rk. mit Fettsäurechloriden. Die so erhaltenen Fettsäureamide der Polypeptide werden in ihren Eigg. u. Anwendungsmöglichkeiten als industrielle Reinigungsmittel, Textilhilfsmittel, Haushaltwaschmittel, Shampoos in der Kosmetik u. als medizin. Handreinigungsmittel beschrieben. M. LOSSNER. 7916□

**Aussichten für Polymere in Glanzpoliermitteln.** Richard H. Cahill und Lloyd H. Perry. (Soap chem. Specialties **37.** Nr. 2. 85—88. 125. Febr. 1961. Cambridge, Mass., UBS Chemical Co.) (Engl.)

Die Tendenz, Wachsemulsionen für Zwecke der Beschichtung u. Pflege von Oberflächen, namentlich der Fußböden u. Möbel, teilweise oder völlig durch Polymerisat-Dispersionen zu ersetzen, ist unverkennbar. Voraussichtlich werden die bisherigen u. neue Mischpolymerisate unter Verw. von anion-, möglicherweise auch kationakt. sowie nichtionogenen Emulgatoren zu Dispersionen führen, die Überzüge von hohem Glanz, großer mechan. Festigkeit, zugleich auch relativ einfacher Wiederentfernbarkeit liefern. Die bereits eingetretene u. noch zu erwartende Kostensenkung für Emulsionspolymerisate wird ihre Einführung erleichtern. W. PRESTING. 7926□

**Über die Anwendung der papierchromatographischen Analyse auf dem Fettgebiet.** 2. Mitt. **Über das Samenöl von Trichosanthes anguina. Identifizierung der konjugierten Fettsäure des Öles.** D. K. Chowdhury. (Nahrung. **4.** 17—23. 1960.) (Dt.) — 1. vgl. C. **1961.** 10021.

Im Samenöl von *Trichosanthes anguina* wurde eine konjugierte Triensäure nachgewiesen, die als *α-Eläostearinsäure* identifiziert wurde. M. WINIKER. 7932□

**Eine allgemeine Methode zur chromatographischen Analyse von Mono-, Di- und Triglyceriden und von Mono- und Diestern von Äthylenglykol und Polyäthylenglykol.** Gerald J. Papariello, Sunis Chulkaratana, Takeru Higuchi, J. E. Martin und V. P. Kuceski. (J. Amer. Oil Chemists Soc. **37.** 396—99. Aug. 1960. Madison, Wis., Univ. of Wisconsin, School of Pharmacy; Chicago, Ill., G. P. Hall Comp.) (Engl.)

Vff. beschreiben eine Meth. zur chromatograph. Trennung u. Best. von Gemischen der Ester von Glycerin, Äthylenglykol u. Polyäthylenglykol. Das Adsorbierungsmittel war Silicagel u. die mobile Phase eine Reihe von Lsgm. mit steigender Polarität (für Glycerinester: A 40% Isopropyläther in Isooctan, B 70% Ae. in Isooctan, C 20% abs. A. in Isopropyläther, für Glykolester: A 3% Methanol in Isopropyläther, B 12% Methanol in Isopropyläther, C 10% Methanol in Chlf., D 35% Methanol in Chlf.). 3% Di- u. Monoglyceride konnten in Triglyceriden eindeutig identifiziert u. quant. bestimmt werden. Nach vorhergehender Extraktion mit abs. A. wurden 1% Monoglyceride zu ca. 98% wiedergefunden. E. WIEHR. 7936□

**Analytische Untersuchung von oberflächenaktiven Substanzen. 1. Mitt. Verwendung von Ionenaustauschharzen zur Trennung von anionaktiven und nichtionogenen Substanzen.** A. Arpino und V. de Rosa. (Olii minerali, Grassi Saponi, Colori Vernici **37.** 521—27. Dez. 1960. Milano, Staz. Speriment. Olii e Grassi.) (Ital.)

Die Unterss. wurden an verschiedenen Gemischen von *Na-Dodecylbenzolsulfonat* u. äthoxyliertem *Octylphenol* (Molgew. 610,0) durchgeführt. Werden die Lsgg. über eine näher beschriebene Kolonne (Abb.) gegeben, welche ein 1 : 1-Gemisch der Ionenaustauschharze *Dowex*-50X80($H^+$) u. *Dowex*-1X2($CH_3COO^-$) enthält, so kann der nichtionogene Anteil durch Elution mit Isopropylalkohol oder besser Methanol u. nachfolgende gravimetr. Best., anschließend der anion. Anteil durch Elution mit 0,5n HCl in Isopropanol u. nachfolgende gravimetr. oder besser volumetr. Best. mit ausreichender Genauigkeit bestimmt werden. — Beleganalysen. H. P. FIEDLER. 7942□

---

Hans P. Kaufmann, Münster/Westf., **Verfahren zur Schmelzpunkterhöhung von Ölen und Fetten** durch katalyt. Hydrierung in Lsg., dad. gek., daß man als Lsgm. die bei der Extraktion von Saaten anfallenden Miscellen benutzt u. diese in an sich bekannter Weise in einer kontinuierlich arbeitenden App. der Einw. von Katalysator u. $H_2$ aussetzt. Das Hydrierungs-Prod. kann anschließend noch einer Umesterung unterworfen werden. (**D. A. S. 1 106 906** Kl. 23d vom 8/8. 1958, ausg. 18/5. 1961.) C. LÜTTGEN. 7881

Louis Gilles und Henri Chausse, Frankreich, **Alkalische Raffination von fetten Ölen** in wss. Medium, z. B. mit NaOH oder KOH, unter Zusatz von Borax durch kräftiges Rühren (1 Std. bei 80—106°). — 1000 kg Erdnußöl (5% Säure-Geh.) werden mit einem Gemisch von 13,5 Liter NaOH (36° Bé), 75 Liter W. u. 25 kg Borax verrührt. (**F. P. 1 119 201** vom 1/12. 1954, ausg. 18/6. 1956.) M. F. MÜLLER. 7895

Westfalia Separator Akt.-Ges., Deutschland (Erfinder: Peter Steinacker), **Reinigen und Entwässern von pflanzlichen Ölen,** bes. von *Palmöl* u. *Olivenöl*, durch Zentrifugieren unter kontinuierlicher Entfernung eines wss. Schlammkonzentrats aus bes. Kanälen. — 5 schemat. Zeichnungen. (**F. P. 1 135 905** vom 24/8. 1955, ausg. 6/5. 1957. D. Prior. 4/9. 1954.) M. F. MÜLLER. 7895

Westfalia Separator Akt.-Ges., Deutschland, **Gewinnung von Olivenöl** aus Preß-Fll. u. -schlämmen von Ölfrüchten durch Zentrifugieren mit der Maßgabe, daß vor dem Schleudern das ölhaltige Gut mit NaCl oder einem ähnlichen Salz oder mit einem Netzmittel oder einem Enzym bei ca. 80° vorbehandelt wird. Dadurch wird eine leichtere Trennung der freien u. gebundenen Öltröpfchen von dem W. u. der Fruchtmasse ermöglicht. — Verfahrensschema. (**F. P. 1 132 873** vom 3/5. 1955, ausg. 18/3. 1957.) M. F. MÜLLER. 7895

René Fabre, Frankreich, **Extraktion von Olivenöltrestern** mit Lsgm. in einer Extraktions- u. Dest.-App. nach Art eines SOXHLET-Apparates. Die App. besteht aus einer mit einer Dampfschlange beheizten Dest.-Blase, auf die eine Extraktionskammer aufgesetzt ist. Das aus der Dest.-Blase abdestillierende Lsgm. gelangt in einen über dem Extraktionsgefäß befindlichen Kondensator u. von dort in den Extraktor. (**F. P. 1 147 339** vom 11/4. 1956, ausg. 21/11. 1957.) M. F. MÜLLER. 7895

E. F. Drew & Co., Inc., V.St.A., **Verbesserung von Kopraöl für Speisezwecke** durch Erhitzen mit einem Triglycerid einer Fettsäure mit 4—10 C-Atomen, z. B. Capron-, Caprin-, Capryl-, Valerian- oder Buttersäure, auf 55—60° u. höher bis 200 u. 220°. — 200 (g) Kopraöl u. 50 des Triglycerids der Caprin- u. Caprylsäure werden mit 9 Na-Methylat (8,4%ig. Suspension in Xylol) unter Zuleiten eines $N_2$-Stroms $1^1/_2$ Std. bei 55—57° verrührt. Nach dem Zusatz von 10%ig. wss. HCl bis zur Neutralisation wird das Öl mit Wasserdampf bei 175° u. 8—9 mm desodorisiert. (**F. P. 1 148 462** vom 2/12. 1955, ausg. 10/12. 1957.) M. F. MÜLLER. 7895

Suzanne Jouffroy, Frankreich, **Toiletteseifen-Papier.** Als Trägerstoff für das Reinigungsmittel aus Seife oder anderen bekannten Schaummitteln, z. B. sulfonierten Fettalkoholen, wird an Stelle des bekannten Papiers ein dünnes Blatt aus plast. Material in poröser schwammartiger Form verwendet. (**F. P. 1 120 959** vom 18/3. 1955, ausg. 18/7. 1956.) M. F. MÜLLER. 7911

Rohm & Haas Co., V.St.A. (Erfinder: George Lincoln Brown und Earl William Lane), **Herstellung von Alkylphenoxypolyäthoxyalkanolen** der allg. Formel $R-C_6H_4-(OC_2H_4)_n-(OA)_mOH$ (I), worin R = Alkylrest mit 8—9 C-Atomen, A = Alkylenrest mit 3—4 C-Atomen, n = 7—16 u. m = 1—10, dad. gek., daß man Alkylphenole in alkal. Medium in $N_2$-Atmosphäre mit Olefinoxyden umsetzt. — $C_8H_{17}\cdot C_6H_4\cdot(OC_2H_4)_{9,7}(OC_3H_6)_3OH$, aus Octylphenol, Äthylenoxyd u. Propylenoxyd in Ggw. von Na. — $C_9H_{19}\cdot C_6H_4(OC_2H_4)_{9,7}(OC_3H_6)_3OH$ u. $C_8H_{17}\cdot C_6H_4(OC_2H_4)_{9,7}(OC_4H_8)OH$ in Ggw.

von KOH. — $C_8H_{17} \cdot C_6H_4(OC_2H_4)_{9,3}(OC_3H_6)_{3,5}OH$ aus $C_8H_{17} \cdot C_6H_4(OC_2H_4)_{9,3}OH$. Ferner $C_8H_{17} \cdot C_6H_4(OC_2H_4)_{16}(OC_3H_6)_{2,8}OH$; $C_8H_{17} \cdot C_6H_4(OC_2H_4)_{16}(OC_3H_6)_{4,8}OH$; $C_9H_{19} \cdot C_6H_4(OC_2H_4)_{9,7}(OC_4H_8)_{1,1}OH$; $C_9H_{19} \cdot C_6H_4(OC_2H_4)_{16}(OC_4H_8)_{2,5}OH$; $C_8H_{17} \cdot C_6H_4(OC_2H_4)_7(OC_3H_6) \cdot (OC_4H_8)OH$; $C_9H_{19} \cdot C_6H_4(OC_2H_4)_7(OC_3H_6)(OC_4H_8)OH$; $C_8H_{17} \cdot C_6H_4(OC_2H_4)_{9,7}(OC_3H_6)_2 \cdot (OC_4H_8)OH$; $C_8H_{17} \cdot C_6H_4(OC_2H_4)_{12,5}(OC_3H_6)_{5,1}(OC_4H_8)_2OH$; $C_8H_{17} \cdot C_6H_4(OC_2H_4)_{16}(OC_3H_8)_{2,8} \cdot (OC_4H_8)_3OH$; $C_9H_{19} \cdot C_6H_4(OC_2H_4)_{16}(OC_3H_6)_{2,8}(OC_4H_8)_3OH$; $C_8H_{17} \cdot C_6H_4(OC_2H_4)_{16}(OC_3H_6)_{2,2} \cdot (OC_4H_8)_{2,2}OH$ u. $C_8H_{17} \cdot C_6H_4(OC_2H_4)_{16}(OC_3H_6)_7(OC_4H_8)_{1,1}OH$. — Weitere Verbb. der Formel I, worin R = $C_8H_{17}$ u. A = $C_3H_6$ u. n u. m folgende Werte haben: 9,7; 4. — 9,7; 3,5. — 7; 2. — 7,5; 2,9. — 7,5; 4,9. — 9,7; 2. — 9,7; 2,9. — 9,7; 4,2. — 9,7; 5,2. — 9,7; 7. — 12,5; 2,9. — 12,5; 5,1. — 12,5; 6,9. — 12,5; 9,6. — 16; 7,8. — 16; 9,4. — 16; 10. — 16; 14,1. — $C_9H_{19} \cdot C_6H_4(OC_2H_4)_{7,5}(OC_3H_6)_{1,1}OH$; $C_9H_{19} \cdot C_6H_4(OC_2H_4)_{9,7} \cdot (OC_3H_6)_{4,7}OH$; $C_9H_{19} \cdot C_6H_4(OC_2H_4)_{12,5}(OC_3H_6)_6OH$; $C_9H_{19} \cdot C_6H_4(OC_2H_4)_{16}(OC_3H_6)_7OH$; $C_8H_{17} \cdot C_6H_4(OC_2H_4)_{12,3}(OC_3H_6)_1(OC_4H_8)_1OH$; $C_8H_{17} \cdot C_6H_4(OC_2H_4)_{12,3}(OC_3H_6)_3(OC_4H_8)_1OH$; $C_8H_{17} \cdot C_6H_4(OC_2H_4)_{12,3}(OC_3H_6)_5(OC_4H_8)_1OH$; $C_8H_{17} \cdot C_6H_4(OC_2H_4)_{16}(OC_3H_6)_3(OC_4H_8)_1OH$; $C_8H_{17} \cdot C_6H_4(OC_2H_4)_{9,7}(OC_4H_8)_{1,1}OH$; $C_8H_{17} \cdot C_6H_4(OC_2H_4)_{12,5}(OC_4H_8)_{2,5}OH$. — *Schaummittel, Waschmittel.* (**F. P. 1 188 070** vom 29/11. 1957, ausg. 18/9. 1959. A. Prior. 29/11. 1956.) S. BÖTTCHER. 7913

British Nylon Spinners Ltd., Pontypool (Erfinder: Kenneth Arthur Brunt, Croesyceiliog, und David Williams, New Inn), Monmouthshire, England, **Herstellung antistatisch wirkender Reinigungsmittel** aus kationakt. Waschrohstoffen(I) u. alkal. oder neutral reagierenden anorgan. Salzen (II), dad. gek., daß man eine alkohol., wss. oder alkohol.-wss. Lsg. von I, das ein quantern. Ammonium-, Phosphonium- oder Morpholiniumsalz ist, mit einer solchen Menge von II mischt, daß die Menge an ungelöst bleibendem II nicht geringer als die Menge I ist, evtl. das Gemisch trocknet u. anschließend mit einem anion. oberflächenakt. Mittel mischt, dessen Menge das 2- bis 1000fache der Menge von I ausmacht. — Man mischt z. B. 9,85 g einer 75%ig. Lsg. von Dioctadecyldimethylammoniumchlorid in Isopropanol mit 6 $CH_3OH$, 12 wasserfreiem $Na_2CO_3$ u. 50 Seifenpulver. (**D. A. S. 1 105 548** Kl. 23e vom 30/10. 1958, ausg. 27/4. 1961. E. Prior. 31/10. 1957.) C. LÜTTGEN. 7913

Horst Busch, Leipzig, **Reinigungslappen für verschmutzte Hände,** der ohne W. anzuwenden ist, dad. gek., daß er mit einem Gemisch aus Na-Tripolyphosphat (I), einem die Haut pflegenden Stoff, bes. einem Ester aus einer höhermol. Fettsäure u. einem höhermol. Fettalkohol, einem waschakt. Na-Alkylsulfonat (II) u. evtl. einem Feuchthaltemittel, bes. Hexantriol, getränkt ist. — Beispiel: Lappen wie Frottiertücher, Waschlappen, Schwämme werden 15 Min. bei ca. 120° gedämpft, dann mit einem Gemisch aus 40 (Teilen) I, 20 Fettsäure-Fettalkohol-Ester u. 40 II getränkt u. zweckmäßig in Dosen aus Kunststoff verpackt. (**D. A. S. 1 106 034** Kl. 30h vom 15/3. 1958, ausg. 4/5. 1961.) E. PETERSEN. 7913

Colgate-Palmolive Co., New York, N.Y. (Erfinder: Harold Eugene Wixon, Jersey City, N.J.), V.St.A., **Stabilisierung von festen Polychlorcyanursäuren,** wie Di- oder Trichlorcyanursäure oder deren Gemische, dad. gek., daß man diesen in Ggw. eines Verdünnungsmittels (I) 5—40 Gew.-% eines ein tert. C-Atom an der Doppelbindung tragenden Olefins zusetzt, wie ungesätt. Terpene (II) oder Tetraisobutylen oder 5-Butyl-4-nonen; als II sind z. B. Limonen u. Myrcen genannt, als I Kieselsäure. — Verw. z. B. zum *Waschen, Scheuern.* (**D. A. S. 1 109 178** Kl. 12p vom 8/4. 1959, ausg. 22/6. 1961. Can. Prior. 14/4. 1958 u. 19/3. 1959.) A. BRÖSAMLE. 7913

---

**Anglo-Scottish Creameries Ltd.**, London, England, *Margarine.* (**Ind. P. 49 994** vom 28/7. 1953, ausg. 14/3. 1955. E. Prior. 8/8. 1952. — **C. 1959.** 9762 [Aust. P. 166 320].)

**Rohm & Haas Co.**, Philadelphia, Pa., V.St.A., *Reinigungsmittel.* (**Belg. P. 510 321** vom 31/3. 1952, ausg. 9/10. 1953. A. Prior. 2/4. 1951. — **C. 1955.** 5928 [E. P. 716 517].)

**Sandoz Akt.-Ges.**, Basel, Schweiz, *Tetramethylnonanolderivat.* (**Schwed. P. 156 419** vom 19/7. 1955, ausg. 9/10. 1956. Schwz. Prior. 21/7. 1954. — **C. 1959.** 12726 [Oe. P. 195 903].)

**Edmond Hustinx**, Maastricht, Holland, *Herstellung von wasserunlöslichen Salzen mehrwertiger Metalle.* (**E. P. 844 683** vom 16/7. 1956, ausg. 17/8. 1960. Holl. Prior. 14/7. 1955. — **C. 1960.** 5353 [Oe. P. 202 672].)

**National Research Council**, übert. von: **Donald F. Stedman**, Ottawa, Ontario, Canada, *Wasserabweisendmachen von Fensterscheiben.* (**A. P. 2 777 772** vom 22/6. 1953, ausg. 15/1. 1957. — **C. 1959.** 4657 [E. P. 758 773].)

## XVIIIa. Holz. Cellulose. Zellstoff. Papier. Papierdruck. Celluloid. Linoleum

**Untersuchung der Kohlenhydratzusammensetzung des Schilfes.** Ch. M. Mirfaisow und M. I. Gorjajew. (Гидролизная и Лесохимическая Промышленность [Hydrolysen- u. holzchem. Ind.] **13.** Nr. 3. 4—6. 1960. Alma-Ata, Chem. Inst. der Akad. der Wiss. der KasachSSR.) (Russ.)

Papierchromatograph. wurde die Zus. der Kohlenhydrate von *Phragmites communis trinuis* aus Kasachstan untersucht. Im wss. Auszug wurden Glucose, Mannose u. Fructose gefunden, deren Gesamtgeh. im reifen Schilf 0,54% u. vor der Blüte 5,01% (auf abs. Trockensubstanz berechnet) betrug. Der trockne Rückstand wurde einer partiellen Hydrolyse mit 2%ig. HCl innerhalb von 5 Std. unterworfen. Das dabei erhaltene Hydrolysat besteht aus Glucose, Mannose, Arabinose, Xylose, Uronsäuren u. Furfurol, deren Mengen (in % auf reduzierende Zucker berechnet) betrugen: 5,75; 10,10; 17,48; 50,00; 5,90; 3,77. Das Cellulosehydrolysat bestand hauptsächlich aus Glucose u. Xylose (80,77 bzw. 12,26%). T. LUKANOFF. 7950□

**Untersuchungen an alten Hölzern. 3. Mitt. Ein altes Pterocarpus-Holz aus Tirupathi.** D. Narayanamurti, B. N. Prasad und G. M. Verma. (Holz Roh- und Werkstoff **19.** 47—50. Febr. 1961. Dehra Dun, Forest Res. Inst.) (Dt.) — 2. vgl. C. **1961.** **699.**

Ein ca. 500 Jahre altes Holzstück einer Pterocarpus-Art wurde auf physikal. Eigg., chem. Zus. u. Widerstand gegen Pilzbefall untersucht. Zum Vgl. wurden Proben von 4 lebenden Pterocarpus-Arten den gleichen Verff. unterworfen. Die physikal. Daten des alten Holzes sind denen von Pt. marsupium oder Pt. macrocarpus ähnlich. Das alte Holz enthält etwas weniger Cellulose u. Pentosane, aber mehr Lignin. Die noch vorhandenen Extraktstoffe bilden einen beachtlichen Schutz gegen Pilzbefall. W. WERGIN. 7952□

**Beitrag zur Kenntnis des Feinbaus der Frühholztracheiden. Beobachtungen an Ultradünnschnitten von Fichtenholz.** Georg Jayme und Dietrich Fengel. (Holz Roh- und Werkstoff **19.** 50—55. Febr. 1961. Darmstadt, TH, Inst. für Cellulosechemie mit Holzforschungsstelle.) (Dt.)

Die Anfertigung von Holzschnitten auf dem Ultramikrotom für die elektronenmkr. Direktbeobachtung wird beschrieben. Auf Querschnitten der Fichte sind im unbehandelten Zustand Mittelschicht (bestehend aus Mittellamelle u. Primärwand), Sekundärwand I u. II u. Tertiärwand gut voneinender zu unterscheiden. Die Primärwand wird erst nach Delignifizierung sichtbar. An den entlignifizierten u. gequollenen Wänden beobachtete Strukturen, wie ungleichmäßige, nicht konzentr. Lamellierung der S II, Verbindungsfibrillen u. -lamellen zwischen den Tracheiden durch den Bereich der Mittellamelle hindurch, können durch Verlagerung bei der Quellung entstanden sein. Der Anteil der einzelnen Wandschichten an der Gesamtdicke der Zellwand wurde gemessen: Primärwand 7,0—14,2%, Sekundärwand I 5,2—10,8%, Sekundärwand II 73,8—84%, Tertiärwand 2,7—4,2%. W. WERGIN. 7952□

**Ermittlung des biologischen Sicherheitsfaktors bei der Schutzbehandlung von Bauholz mit Hydrogenfluoriden.** Bruno Schulze und Walter Richly. (Holz Roh- u. Werkstoff **18.** 343—46. Sept. 1960. Berlin-Dahlem, Labor. für Holzschutztechnik.) (Dt.)

Bei Verw. von Hydrogenfluoriden tritt eine selbsttätige Vergrößerung der Tiefenwrkg. ein, die untersucht wird. Auf der Grundlage der mit KFHF, $NH_4FHF$ u. dem Hydrogenfluoridgemisch Osmol $WB_4$ ermittelten Analysenergebnisse wurden Fluorbilanzen aufgestellt. Hierzu wurde eine spezif. Giftwerteinheit für 100%ig. Hausbock-Eilarvenabtötung festgelegt (12-Wochenwert). Die Multiplikation der wiedergefundenen zonalen Schutzstoffdichte mit der jeweiligen Giftwerteinheit-Zahl ergibt die Giftwerteinheitdichte [$kg/m^3 \cdot$ GWE]. Der Zahlenwert der wiedergefundenen GWE-Dichte entspricht gleichzeitig dem des biolog. Sicherheitsfaktors. Die Sicherheit bei 100 g Salz/$m^2$ u. ca. 300 Tagen Schutzbehandlung ist 6—10fach J. ARNDT. 7952□

**Betrachtungen über die Hemicellulosen in Zellstoffen.** Vazgen Jacopian und Rudolf Wittwer. (Zellstoff u. Papier **9.** 456—61. Dez. 1960. Teltow-Seehof, Dtsch. Akad. der Wiss., Inst. für Faserstoff-Forschung.) (Dt.) — Vgl. C. **1960.** 3736 u. 6012.

In den durchgeführten Verss. ist es nicht gelungen, eine vollständige Trennung der Cellulose (**I**) von den Hemicellulosen (**II**) zu erreichen. Die Möglichkeit, daß in verschiedenen Lsgg. die schwer lösl. **II** von einem Teil der **I** festgehalten werden, kann in Betracht gezogen werden. A. SEUFFERT. 7954□

**Ein Beitrag zum Problem des Eisengehaltes im Kunstfaserzellstoff.** Irena Hocmanová und Ladislav Šutý. (Papír a Celulosa **16.** 52—54. März 1961. Žilina, Severoslov. celulózky a papierne. Bratislava, Katedra chem. technol. dreva a chem. vláken.) (Tschech.)

Zellstoff, der aus wss. Lsgg. $FeCl_3$ sorbiert hatte (10, 20, 30 u. 60 mg Fe/kg), war in 10 (17,5)%ig. NaOH lösl.: 14,7; 14,75; 14,9; 16,6 (8,8; 8,85; 8,9; 9,7)%. Der Höchstwert soll daher $<30$ mg Fe/kg betragen. Bei verschiedenen Zellstoffen mit verschiedenen Fe-Geh. wird dessen Einfl. auf die Löslichkeit durch den Einfl. des α-Cellulose-Geh. überdeckt. Beim Sulfit-Verf. erhöhte sich der Fe-Geh. des Zellstoffs, wenn als Antichlor unfiltrierte Turmsäure benutzt wurde; Filtration senkt Fe auf die Hälfte. Bei Herst. von Viscosen wird aus den üblichen Eisen-App. so viel Fe aufgenommen, daß der Fe-Geh. der Viscosefaser ca. 10mal größer ist als im Zellstoff. In streifigen Geweben hatten die dunkleren Teile keinen eindeutig höheren Fe-Gehalt. H. Demus. 7956□

**Carbonatisierung von $Na_2S$-Schmelzen** Ants Teder. (Kungl. Tekn. Högskolans Handl. **1961**. Nr. 169. 1—27.) (Engl.)

Die Umsetzung von geschmolzenem $Na_2S$ mit $CO_2$ wird untersucht im Hinblick auf die techn. Wiedergewinnung von Soda (u. Schwefel) aus den Schmelzen der Zellstoffablauge-Verbrennungsöfen beim Natriumsulfit–Holz-Aufschluß. Aus qual. Verss. geht hervor, daß, wie bereits aus den Gleichgewichtsberechnungen folgt, der höchste Umsatz zu Soda erzielt wird, wenn ein Gemisch von gleichen Teilen $CO_2$ u. W. in das geschmolzene $Na_2S$ eingeleitet wird. Zur Zeit ist das Verf., auch beim Arbeiten mit erhöhtem Druck, wirtschaftlich nicht tragbar. M. Hagedorn. 7960□

**Über die kolloide Löslichkeit von Harzen aus Sulfitzellstoff und Kolophonium.** Ss. L. Talmud, A. N. Turshetzkaja, W. A. Wolkow, G. P. Iwaschkin und Ju. M. Fedotow. (Коллоидны Журнал [Kolloid-J.] **22**. 477—81. Juli/Aug. 1960. Leningrad, Technol. Inst., Lehrstuhl für physik. u. Kolloidchem.) (Russ.; Auszug: Engl.)

Die Unters. der Syst. *Harz* (I)–*W*. u. *Kolophonium* (II)–*W*. im Hinblick auf die in verschiedenen Industrien, vor allem beim Holzaufschluß, auftretenden Harzschwierigkeiten ergab, daß auch die nach Koagulation der emulgierten u. suspendierten Anteile durch $Al_2(SO_4)_3$ erhaltenen völlig klaren Lsgg. noch wesentliche Anteile von **I** u. **II** in einem koll. Zustand enthalten. Ähnliche Verhältnisse hat man beim Sulfitaufschluß in Ggw. oberflächenakt. Stoffe oder bei der Gewinnung von **II**-Leim bei Vorliegen von **I**-Seifen (Resinaten) in höheren Konzz. oder in Ggw. von Na-Caseinat. M. Ulmann. 7962□

**Untersuchungen über Ausbeute und Eigenschaften von ungebleichten und gebleichten Zellstoffen nach neueren Sulfitkochverfahren.** A. Vethe, V. Lorås und F. Løschbrandt. (Norsk Skogind. **14**. 167—78. Mai 1960. Oslo, Papirind. Forskn.-Inst.) (Norw.)

Mit techn. Hackschnitzeln aus Fichte (Picea excelsa) wurden folgende 3 Aufschluß-Verff. in Autoklaven verglichen: Zweistufen-Verf. mit 3%ig. $Na_2SO_3$-Lsg. bei pH 9—10 sowie 125° in 1. Stufe u. mit saurer Ca-Bisulfitsäure in 2. Stufe (Meth. Kramfors), einstufiger Aufschluß mit $NaHSO_3$ bei pH 4—4,5 u. 155° sowie nach dem konventionellen sauren Ca-Bisulfit-Verf. bei 118°. Bei den 3 Reihen wurden bestimmt die Zellstoffausbeute, der Aufschlußgrad durch die η-Zahl, weiter Weißgeh. u. Festigkeit im ungebleichten sowie gebleichten Zustand. Beim Verf. nach Meth. Kramfors war bei sonst gleichen Daten die Stoffausbeute um 3—4,5% des Holzes höher als bei den anderen Verfahren. Vff. erklären dies durch das Verh. des Glucomannans (I) in der 1. Stufe bei höherem pH-Wert 6—8, wodurch I vorübergehend gelöst, aber danach wieder auf den Fasern abgeschieden wird. Die Ausbeute an gebleichtem Stoff nach der Zweistufen-Meth. Kramfors ist maximal 54%, bei den anderen 2 Koch-Verff. 50—51% des Holzes. — 14 Diagramme, 20 Literaturhinweise. E. Borchers. 7962□

**Die Technologie der halbsauren Natriumbisulfitkochung von Zellstoffen und Halbzellstoffen aus Bast und Rinde enthaltendem Holz.** Ján Fellegi, Ján Janči, Rudolf Zemánek und Miroslav Karhánek. (Papír a Celulosa **16**. 25—30. Febr. 1961. Bratislava, Výsk. úst. papiero a celulosy.) (Slovak.)

Das Verf. begünstigt bei pH 4,0—4,5 der Kochlsg. (3—4% $SO_2$, 1,45—1,95% $Na_2O$) die Sulfonierung des Lignins u. unterdrückt die Konkurrenz-Rk.: Kondens. des Lignins bzw. die Rk. mit Polyphenolen aus Bast u. Rinde. Verf.: die Kochlsg. (prakt. ohne freies $SO_2$) wird mit ca. 100° gleichzeitig mit den Holzspänen langsam in den Kocher gefüllt ($^1/_2$—$^3/_4$ Std.); die Luft soll entweichen u. eine hohe $HSO_3$-Konz. die Sulfonierung begünstigen. Nach der drucklosen Imprägnierung wird ein Teil Lsg. abgezogen (im Kreislauf wiederverwendet) u. mit einer Stoffdichte 1 : 3—3,2 bei ca. 120° kurz mit 4—6 atü gedrückt u. in ca. 2 Std. auf 160 (180)° erhitzt u. noch 2 Std. (40 Min.) gekocht. Der Druck über der Kochlsg. beträgt bei 60 (70)% Ausbeute (**A**) bei 160 → 180° 8 → 12 (7 → 11,5) atü, während der Kochung sinkt der pH-Wert auf 2,5—3,5, freies $SO_2$ entsteht 5—8% vom Ausgangswert. Die Rinde enthält 3% Gerbstoffe u. mehr Lignin als das Holz, der Bast weniger Lignin, aber 7—12% Gerbstoffe neben Wachs erschweren die Imprägnierung. 2×2×2 cm Würfel aus Fichtenholz (1. völlig entrindet, 2. auf einer Seite mit Bast, 3. auf einer Seite mit Bast u. Rinde) wurden klass. u. drucklos imprägniert, verschieden gekocht u. zerschnitten. Die Dunkel- bis Schwarzfärbung (Kondens. des Lignins mit Gerbstoffen) geht hauptsächlich von der Rinde, weniger vom Bast aus u. greift (durch Gerbstoffdiffusion) in die angrenzende Holzschicht über u. nimmt stark ab in Richtung: klass. → drucklose Imprägnierung, $Ca(HSO_3)_2$ → $NaHSO_3$ + freies $SO_2$ → $NaHSO_3$ (halbsauer)-Verf., so daß bei letzterem nur die Rinde etwas verfärbt, aber zerkocht ist u. zerfällt. Vorteile des Verf.: Zellstoff leicht zerfaserbar, bei 60 (63)% **A** nur 5 (15)% Spuckstoff. Rezirkulation der Ablauge (verlangsamt die Kochung) 0 → 50% bewirkt bei 160 (180)° 70,5 → 76,9 (52 → 59,4)% **A**, 51,2—47 (63,8 → 52,2) Weißgrad. Verarbeitung des Holzes mit Bast u. Rinde spart Arbeit u. 2—5% Holzverlust u. bewirkt wenig Verunreinigungen. Zellstoff aus Fichte bei 56 → 80% **A**: bei 20° S.R.-Reißlänge m 10000, Berstdruck ca. 7 kg/cm², Falzzahl 900 → 500; bei 45 → 70% **A**: 56 → 48 Weißgrad/%MgO. Patentanmeldung PU-2410/60.

H. DEMUS. 7962□

**Probleme der Mahlung von Strohzellstoff.** Ferdinand Wultsch. (Papier **14**. 283—87. Juli 1960.) (Dt.)

Die Mahlung von Fichten- u. Strohzellstoff wurde getrennt sowie als Gemisch durchgeführt u. die Eigg. der aus diesen Stoffen gefertigten Papiere verglichen. Es wurde gefunden, daß bei der getrennten Mahlung beider Faserstoffe Papiere mit höheren Festigkeiten erzeugt werden. Zur Verbilligung von Papieren u. Verbesserung der Oberflächenbeschaffenheit u. Durchsicht ist es durchaus möglich, Fichtenzellstoff weitgehend durch Strohzellstoff zu ersetzen. H. MEYER. 7976□

---

Avesta Jernverks A/B, Avesta, Schweden (Erfinder: S. O. Berg), **Vorbehandeln von cellulosehaltigem Material.** Das Verf. gem. Schwed. P. 152 117, wird dahin abgeändert, daß der Wasser-Geh. des Materials beim Trocknen u. Evakuieren $<$18% liegen soll. (**Schwed. P. 155 661** vom 7/7. 1954, ausg. 14/8. 1956. **Zusatz zu Schwed. P. 152 117; C. 1960. 10 800.**) K. H. KÄHLER. 7957

Buckeye Cellulose Corp., Cincinnati, Ohio, übert. von: Donald F. Durso, Memphis, Tenn., V.St.A., **Nach dem Vorhydrolyse-Sulfat-Verfahren hergestellter Holzzellstoff für die Viscoseerzeugung,** der beim Tauchen als Schicht oder als Aufschlämmung leicht filtrierbare Lsgg. liefert u. einen oberflächenakt. Stoff enthält, dad. gek., daß als akt. Mittel ein Kondens.-Prod. aus raffiniertem Tallöl (ca. 25—35% Harzsäuren enthaltend) u. einer Mischung von Propylenoxyd (I) u. Äthylenoxyd (II) im Verhältnis 1 : 3 bis 3 : 1 verwendet wird, wobei das II ggf. nach dem I endständig einkondensiert werden kann, u. auf 1 (Mol) Tallöl 2—100 Alkylenoxyd, bes. 5—10 II u. 7—14 I treffen. — Beispiele, Kurven. (**A. P. 2 931 734** vom 18/7. 1958, ausg. 5/4. 1960.)

G. VOGEL. 7957

Babcock & Wilcox Co., New York, übert. von: Frederick H. Richter, Glen Cove, N.Y., V.St.A., **Korrosionsverhütung beim chargenweisen Zellstoffaufschluß in eisernen Kochern,** dad. gek., daß man eine Charge des Rohstoffs mit Kochfl. bei mindestens 275°F u. Überdruck eine bestimmte Zeit lang kocht, den Kocherinhalt entleert, den Kocher durch Füllen mit einer nicht korrodierenden Kühlfl. (z. B. W.) unter den Kp. der Kochfl. kühlt u. dann wieder mit Rohstoff u. Kochfl. als nächster Charge füllt. — Zeichnung. (**A. P. 2 938 825** vom 30/1. 1953, ausg. 31/5. 1960.) G. VOGEL. 7957

A/B Hedemora Verkstäder, Hedemora, Schweden (Erfinder: L. G. Malm), **Herstellung von Sulfitkochsäure aus Sulfitablaugen.** In einer Kontaktapp. wird in einer Stufe *Sulfitablauge* im Gegenstrom zu $SO_2$-haltigem Gas geführt, so daß die ablaufende Ablauge 0,8% freies $SO_2$ enthält. In einer anderen Stufe, die Kalk oder Dolomit enthält, wird W. mit $SO_2$ zusammengeführt, bis die ablaufende Säure ebenfalls 0,8% $SO_2$ enthält. Beide säurehaltigen Lsgg. werden zu etwa gleichen Teilen miteinander vermischt. Schaumbildende Ablaugen werden wegen der schaumfördernden $CO_2$, die sich hierbei bilden würde, nicht mit Carbonat behandelt. (**Schwed. P. 155 821** vom 30/11. 1953, ausg. 28/8. 1956.) K. H. KÄHLER. 7963

Columbia Cellulose Co. Ltd., übert. von: Morris Wayman und Gordon R. Harris, Prince Rupert, British Columbia, Canada, **Zellstoffgewinnung aus Holz,** dad. gek., daß Holzspäne, in denen kein Holzteilchen weiter als 0,015 in. von der Oberfläche entfernt ist, oder mechan. erzeugter Stoff, z. B. Asplund-Fasern, mit 10—40%ig. Peressigsäure aufgeschlossen werden (Temp. 60—100°, Verhältnis von Fl. : Holz = 8—20 : 1). — Beispiele. Herst. von durchsichtigem oder Photopapier u. Cellulosederivaten. (**A. P. 2 939 813** vom 25/4. 1956, ausg. 7/6. 1960.) G. VOGEL. 7965

I. P. Bemberg Akt.-Ges. (Erfinder: Heribert Koren, Paul Schubert, Franz Hoelkeskamp und Rolf Linder), **Herstellung von Filmen aus einer ammoniakalischen Kupferoxydcelluloselösung.** Die aus dem Schlitz mit gleicher Dicke

u. Geschw. austretende Lsg. wird von einer Rolle mit einer bis zu 50% höheren Geschw. als der Austritts-Geschw. gezogen, durch ein 5—12, bes. 8—12%ig., NaOH-Bad u. anschließend durch ein Säurebad geführt, wobei eine Längsstreckung vermieden u. ein Verhältnis von Quer- zu Längsbeanspruchung von 1 : 1 bis 1,5 : 1 aufrechterhalten wird. (**Aust. P. 219 526** vom 5/8. 1957, ausg. 29/1. 1959.) K. DEMMLER. 7971

Process Evaluation & Development Corp. (Erfinder: Clarence Birdseye), **Herstellung von gemischter Zellstoffpulpe** aus im wesentlichen sklerenchymat. u. parenchymat. Fasermaterialien, indem letztere unter kontinuierlicher Bewegung in einem langgestreckten zylindr., z. B. mit Förderschnecke ausgerüsteten, Behälter der Einw. von komprimiertem Dampf sowie von Chemikalien, z. B. einer 65 g $Na_2O$/Liter enthaltenen NaOH-Lsg., ausgesetzt werden, wobei das parenchymat. Material dem sklerenchymat. Material erst in einer späteren Behandlungsstufe u. in wenigstens 2 Teilmengen zugesetzt wird. — Zeichnung. (**Aust. P. 219 597** vom 7/9. 1956, ausg. 5/2. 1959.) K. DEMMLER. 7975

Aktiebolaget Celleco, Stockholm (Erfinder: Bengt Gotthard Janson, Wallvik), Schweden, **Entharzen von in Wasser suspendierten Zellstoffasern,** dad. gek., daß man die Suspension durch eine Zentrifugalspritzdüse kegelmantelförmig zerteilt u. gegen eine zur Mittelachse der Strahlen senkrecht stehende Filterfläche spritzt, auf welcher die guten Fasern ohne Verstopfung des Filters zurückbleiben. Die Regelung der Wrkg. erfolgt durch Veränderung der Menge der Suspension u. der Entfernung der Düse vom Filter. (**D. A. S. 1 103 738** Kl. 55b vom 3/2. 1959, ausg. 30/3. 1961. **E. P. 850 896** vom 5/2. 1959, ausg. 12/10. 1960. Beide Schwed. Prior. 10/2. 1958.) G. VOGEL. 7979

Bowaters Development & Research Ltd., London, England, **Schaumbekämpfung in der Papierfabrik,** dad. gek., daß eine Mischung eines Schaumbekämpfungsmittels, bes. eines Kondens.-Prod. aus einer Fettsäure oder Hydroxyfettsäure u. Äthylenoxyd, mit W. kontinuierlich auf die nasse Bahn aufgesprüht wird. Es wird bes. ein Prod. aus 1 (Mol) Rizinolsäure u. 2,5 Äthylenoxyd verwendet u. die wss. Mischung mit Preßluft kurz nach dem Stoffauflauf versprüht. — Zeichnungen. (**Ind. P. 53 039** vom 2/11. 1954, ausg. 16/6. 1956. E. Prior. 6/11. 1953.) G. VOGEL. 7983

S. D. Warren Co., Boston, Mass. (Erfinder: Robert Thompson Hart, Gorham, Me.), V.St.A., **Herstellung von wasserfesten Streichpapieren,** wobei die Papieroberfläche mit einer wss. Streichmasse überzogen wird, welche neben feinverteilten Pigmentstoffen ein in wss. disperser Phase koll. dispergiertes, durch freie mehrwertige Metallionen koagulierbares Protein enthält, dad. gek., daß drei- oder mehrwertige Metalle in Form einer alkal. Chelatkomplex-Verb., die Anionen einer Hydroxycarbonsäure u. ein oder mehrere OH-Gruppen enthält, gelöst werden u. mit dem Protein u. den Pigmenten zu einer Streichmasse dispergiert werden u. daß nach dem Auftragen der Streichmasse durch Verdampfen der fl. Phase der Dispersion der Chelatkomplex zerstört u. das Protein koaguliert wird. — Vgl. F. P. 1 148 456; C. **1959.** 4011. (**D. A. S. 1 057 439** Kl. 55f vom 28/10. 1955, ausg. 14/5. 1959. **E. P. 816 679** vom 27/10. 1955, ausg. 15/7. 1959. Beide A. Prior. 4/11. 1954.) P. MAYER. 7987

---

**Conté Soc. An.**, Paris, Frankreich, *Kunstholzmasse zur Herstellung von Bleistiften.* (**Ind. P. 57 126** vom 23/4. 1956, ausg. 9/10. 1957. — C. **1959.** 10433 [Oe. P. 200 341].)

**Deutsche Gold- und Silber-Scheideanstalt vormals Roessler**, Frankfurt/M., *Konservieren von cellulosehaltigen Stoffen.* (**Schwed. P. 155 641** vom 20/3. 1954, ausg. 14/8. 1956. D. Prior. 11/4. 1953. — C. **1956.** 4593 [D. B. P. 932 632].)

**National Cylinder Gas Co.**, Chicago, Ill., V.St.A., *Schutz von Cellulose gegen Schädigung durch Pilze, Bakterien Holzbohrer usw.* (**Ind. P. 57 303** vom 9/5. 1956, ausg. 23/8. 1957. — C. **1957.** 3983 [A. P. 2 749 256].)

**N. V. Philips' Gloeilampenfabrieken**, Eindhoven, Holland, *2.5-Dichloralkaliphenolat.* (**Dän. P. 84 029** vom 7/11. 1953, ausg. 9/12. 1957. Holl. Prior. 10/11. 1952. — C. **1957.** 12043 [E. P. 750 819].)

**Hermann Gewecke**, Wiesbaden, *Imprägnieren von Holz.* (**It. P. 512 639** vom 2/10. 1953. — C. **1958.** 13389 [Oe. P. 191 144].)

**H. Gewecke**, Wiesbaden, *Imprägnieren von Holz.* (**Schwed. P. 155 452** vom 13/3. 1952, ausg. 31/7. 1956. Schwz. Prior. 13/3. 1951. — C. **1954.** 8013 [Schwz. P. 294 785].)

**American Zinc, Lead & Smelting Co.**, St. Louis, Mo., V.St.A., *Imprägnieren von Holz.* (**E. P. 834 818** vom 11/6. 1956, ausg. 11/5. 1960. A. Prior. 20/7. 1955. — C. **1960.** 5683 [F. P. 1 153 793].)

**Omnium de Produits Chimiques pour l'Industrie et l'Agriculture O. P. C. I. A.** und **Isorel Soc. pour la Fabrication d'Isolants & Revêtements Ligneux**, Paris, Frankreich, *Flammfestmachen von cellulosehaltigem Material, z. B. Holz oder Pflanzenfasern.* (**Belg. P. 562 135** vom 5/11. 1957, ausg. 3/6. 1960. F. Prior. 6/11. 1956 u. 4/11. 1957. — C. **1960.** 14910 [D. A. S. 1 081 652].)

**Gebr. Böhler & Co. Akt.-Ges.** (Erfinder: **Friedrich Kienzle**, Bruck a/Mur), Österreich, *Filtrieren von lange Fasern enthaltenden Flüssigkeiten der Zellstoff- und Papierindustrie.* (**F. P. 1 084 410** vom 24/7. 1953, ausg. 19/1. 1955. Oe. Prior. 24/7. 1952. — C. **1957.** 13843 [E. P. 758 701].)

**Badische Anilin- & Soda-Fabrik Akt.-Ges.**, Ludwigshafen/Rh., *Herstellung von Zellstoff.* (**Schwed. P 154 945** vom 25/2. 1955, ausg. 19/6. 1956. D. Prior. 10/3. 1954. — C. **1956.** 10626 [D. B. P. 942 553].)

**Valite Corp.**, New Orleans, La., V.St.A., *Aufschluß von cellulosehaltigem Material.* (**Holl. P. 94 983** vom 23/10. 1951, ausg. 15/8. 1960. — C. **1959.** 3336 [A. P. 2 810 647].)

**Brown & Root, Inc.**, Houston, Tex., übert. von: **Edward L. Powell**, Lookout Mountain, Tenn., V.St.A., *Zellstoffgewinnung aus Bagasse.* (**A. P. 2 932 600** vom 25/2. 1953, ausg. 12/4. 1960. — C. **1957.** 11752 [E. P. 758 766].)

**Stora Kopparbergs Bergslags A/B**, Falun, Schweden, *Rückgewinnung von Alkali und Schwefel aus Sulfitablaugen.* (**Schwed. P. 155 389** vom 14/7. 1955, ausg. 24/7. 1956. — C. **1958.** 10236 [A. P. 2 800 388].)

**J. R. Schnell**, Bern, **A. Schnell**, Zürich, und **P. Rieben**, Peseux, Schweiz, *Umwandlung von Sulfitablauge in feste Körper.* (**Schwed. P. 155 822** vom 15/12. 1953, ausg. 28/8. 1956. Schwz. Prior. 15/12. 1952. — C. **1956.** 9884 [F. P. 1 101 634].)

**Lansil Ltd.**, Lancaster, England, *Ausfällen von Celluloseacetat.* (**Schwed. P. 155 689** vom 20/8. 1951, ausg. 21/8. 1956. E. Prior. 25/8. 1950 u. 1/8. 1951. — C. **1954.** 10378 [D. B. P. 906 750].)

**Courtaulds Ltd.**, London, England, *Cellulosetriester.* (**Schwed. P. 155 599** vom 2/1. 1952, ausg. 14/8. 1956. E. Prior. 4/1. 1951. — C. **1956.** 1478 [E. P. 699 027].)

**R. T. Vanderbilt Co., Inc.**, New York, N.Y., übert. von: **William L. Craig**, Westport, Conn., V.St.A., *Herstellung von Papier.* (**A. P. 2 935 438** vom 2/3. 1956, ausg. 3/5. 1960. — C. **1961.** 1412 [E. P. 832 636].)

**American Cyanamid Co.**, New York, N.Y., V.St.A., *Geleimtes Papier.* (**Schwed. P. 155 576** vom 31/3. 1952, ausg. 7/8. 1956. A. Prior. 18/4. 1951. — C. **1955.** 4966 [E. P. 711 404].)

**Bradford Dyers' Association Ltd.**, Bradford, und **Bleachers Association Ltd.**, Manchester, England, *Ornamentieren von schrumpfbarem Material, wie Gewebe und Folien.* (**Ind. P. 56 483** vom 6/2. 1956, ausg. 5/4. 1958. E. Prior. 10/2. 1955. — C. **1960.** 10445 [Aust. P. 213 105].)

**Oxford Paper Co.**, Rumford, übert. von: **Glenn Harold Perkins**, Mexico, Maine, V.St.A., *Flachdruckfolie.* (**A. P. 2 930 317** vom 19/12. 1956, ausg. 29/3. 1960. — C. **1959.** 16509 [D. A. S. 1 051 294].)

**Dow Chemical Co.**, Midland, Mich., V.St.A., *Ätzen von Druckplatten.* (**E. P. 818 744** vom 12/9. 1957, ausg. 19/8. 1959. A. Prior. 28/9. 1956. — C. **1960.** 12880 [D. A. S. 1 071 717].)

**Esso Research and Engineering Co.**, Del., übert. von: **Andrew F. Sayko**, Westfield, und **Raymond G. Newberg**, Roselle Park, N.J., V.St.A., *Klebstoff für Schichtpapier- und Pappenherstellung.* (**A. P. 2 935 486** vom 5/7. 1955, ausg. 3/5. 1960. — C. **1959.** 4661 [D. A. S. 1 026 460].)

## XVIII b. Textilfasern

**Untersuchungen über Textil-Schlichten.** 3. Mitt. **Anwendung von α-Amylase bei der Herstellung von Stärkeschlichten.** Noboru Azuma und Fujio Bekku. (J. Soc. Textile Cellulose Ind., Japan [Sen-i Gakkaishi] **13.** 472—76. Juli 1957. Tokyo, Japan, Tokyo Inst. of Techol., Dep. of Text.) (Jap.; Auszug: Engl.) — 2. vgl. C. **1960.** 15951.

Unterss. über den Abbau von Stärkelsgg. durch Zusatz von α-Amylase zur Stärkelösung. Die auf diese Weise erhaltenen Stärkeschlichten dringen leichter in das Garn ein, so daß auch ein höherer Anteil an Stärkeschlichte vom Garn fixiert werden kann. Auf diese Weise lassen sich die Festigkeitseigg. sowie die Abriebfestigkeit der geschlichteten Garne deutlich verbessern. Ein zu weitgehender Zusatz an α-Amylase zu Stärkelsg. führt allerdings zu einer Faserschädigung. — 4 Figuren, 1 Tabelle. H. G. Fröhlich. 8030□

**Neue Verdickungsmittel in der Textilindustrie.** W. Porges. (Textil-Rdsch. [St. Gallen] **15.** 126—30. März 1960. Kreuzlingen, Meypro AG.) (Dt.)

Wie Beispiele zeigen, liegen die Vorteile der von Meypro AG. auf Basis von veräthertem Carubin aufgebauten Handelsmarken vor allem in rascher Kaltwasserlöslichkeit, Erzielung stabiler Druckpasten u. leichter Auswaschbarkeit, so daß sie einen Einsatz der Marken auch im Gemisch mit anderen Verdickern in modernen Druck-Verff. sowie für Appreturen vorteilhaft ermöglichen. R. Junge. 8032□

**Über die Anwendung verschiedener Reaktanten für die Knitterfestausrüstung von Cellulosegewebe.** Jerzy Brzeziński. (Przegląd włókienniczy **14.** 501—04. Sept. 1960.) (Pol.)

Die Knitterfestausrüstung erfolgt durch Imprägnieren mit Methylolharnstoff-Derivv. u. anschließende Wärmebehandlung. Zusatz wss. Acrylharzdispersionen verhindert eine Verschlechterung der Reiß- u. Reibfestigkeit des Gewebes durch die Knitterfestausrüstung. Um die Einw. von Cl bei der Hypochloritbleiche auf die Aminharze im Gewebe zu vermindern, wird ein Teil der cycl. Harnstoff-Derivv. durch Dimethyloltriazon ersetzt. Die Reaktivität der Harze gegen Cl kann auch durch höhere Kondens.-Temp. erniedrigt werden. F. Urban. 8032□

**Die Zersetzung von Natriumchlorit in Bleichlösungen.** Kazimierz Aścik. (Przegląd włókienniczy **14.** 438—39. Aug. 1960.) (Pol.)

Die Zers. von $ClO_2^-$ zu $ClO_2$, $Cl^-$ u. $ClO_3^-$ wird in der Bleichlauge durch die Ggw. der Faser nicht beeinflußt. Der Anteil des $ClO_2^-$, der sich unter $O_2$-Entw. zersetzt, ist allein für die Bleichwrkg. verantwortlich. Die Menge des von der Faser beim Bleichen verbrauchten atomaren O ist dem erreichten Weißgrad proportional. F. Urban. 8032□

**Temperaturverteilung bei Anwärmung der Gewebe im Bereich naher und mittlerer Infrarotstrahlen.** Henryk Jakubowicz. (Przegląd włókienniczy **14.** 482—85. Sept. 1960.) (Pol.)

Die Ungleichmäßigkeit der Temp.-Verteilung bei IR-Strahlung steigt mit der Leistung des Strahlers pro Vol.-Einheit. Keram. Strahler erwärmen das zu trocknende Gut gleichmäßiger als Lampenstrahler. F. URBAN. 8038□

**Die Beziehung zwischen der Entwicklung der Baumwollfaser und den Fasereigenschaften.** Lyle E. Hessler. (Textile Res. J. 31. 38—43. Jan. 1961. Lubbock, Tex., Cotton Res. Committee of Texas, Test. Res. Labor.; Texas Technol. Coll.) (Engl.)

18 verschiedene Baumwollsorten mit unterschiedlichen Faser-Eigg. wurden zu verschiedenen Zeiten geerntet u. auf ihre chem. u. physikal. Eigg., wie Cellulose-Geh., Wasseraufnahme, Farbstoffaufnahme, Wandstärke, Stapel, Feinheit, Reifegrad, Querschnittsform usw. untersucht. Die Auswertung aller Ergebnisse zeigt, daß die Reife u. Wachstumsbedingungen des Baumwollhaares in der Samenkapsel einen deutlichen Einfl. auf die chem. u. physikal. Eigg. der Baumwollfaser ausüben. — 4 Tabellen. H. G. FRÖHLICH. 8044□

**Über den Mechanismus des Verlustes an Kupfer von Baumwollgeweben während aktinischer Einwirkungen unter den Bedingungen der Bewetterung.** 1. Mitt. **Vorläufige Versuche mit Kupfercarbonat.** G. R. F. Rose, J. B. Clifford und C. H. Bayley. (Textile Res. J. **31.** 1—14. Jan. 1961. Ottawa, Canada, Nat. Res. Council of Canada.) (Engl.)

Ausführliche Unterss. über die Ursache des Abbaus der meisten Fungicide auf Baumwollgeweben als Folge des aktin. Einfl. während der Bewetterung. Hierzu wurde in gebleichter Baumwollware $CuCO_3$ erzeugt (aus $CuSO_4 \cdot 5\,H_2O$ mit $Na_2CO_3$) u. die so präparierten Gewebe bis zu 64 Std. mit dest. W. mit u. ohne Unterbrechung u. Zwischentrocknung ausgelaugt bzw. bis zu 21 Tage belichtet (bei 3—4000 Å) u. anschließend der Verlust an Cu bestimmt. Die Ergebnisse zeigen, daß die Anwesenheit von W. oder das Auslaugen mit W. die Faserschädigung durch Licht-Einw. der Cu-Verb. begünstigt u. die entstehenden Oxydations-Prodd. der Cellulose den Verlust an Cu fördern, z. B. durch Löslichmachen der Cu-Verbindung. — 8 Figuren, 7 Tabellen, 18 Literaturzitate. H. G. FRÖHLICH. 8044□

**Der Einfluß der chemischen Dekortierung von verschieden intensiv geröstetem Flachsstroh auf die Ungleichmäßigkeitsverminderung der grundlegenden physikalischen Eigenschaften der Fasern und Garne.** Zbigniew Szałkowski. (Przegląd włókienniczy **14.** 165—68. April 1960.) (Pol.)

Die chem. Dekortierung (Kochen mit $NaOH + Na_2SO_3$) von geröstetem Flachsstroh bewirkt eine Vergleichmäßigung der physikal. Eigg. der Faser. Bei vollständig geröstetem Flachs ist aber ein Abfall der Festigkeit zu verzeichnen. F. URBAN. 8050□

**Superkontraktion von Wolle in wässeriger LiBr-Lösung. Die Einwirkung von freiem $Br_2$ und ihr Einfluß auf den Disulfidaustausch.** W. G. Crewther und L. M. Dowling. (Textile Res. J. **31.** 31—37. Jan. 1961. Parkville, Victoria, Australien, Wool Res. Labor., C.S.I.R.O.) (Engl.)

Zur Unters. des Einfl. der SH-Gruppen auf die Superkontraktion wurde 56er Corriedale Wolle mit N-Äthylmaleimid-Lsg. (I) bei pH 7,3, 30° während 4 Tagen behandelt, gewaschen u. luftgetrocknet. Der SH-Geh. der Wolle wurde hierdurch von 17,2 auf 5,5 $\mu$Mol/g herabgesetzt. Die mit **I** behandelte Wolle zeigt in 6 m LiBr-Lsg. bei pH 6 u. 98,5° eine deutlich herabgesetzte Superkontraktion, während in 1 n HCl + 4 m LiBr-Lsg. die Superkontraktion gleich der unbehandelten Wolle ist. Eine Vorbehandlung der Wolle in wss. 1%ig. $NaHSO_3$-Lsg. während 90 Min. bei 30° beschleunigt die Superkontraktion in 4 m LiBr-Lsg. bei pH 8 stärker als in 1 n HCl + 4 m LiBr. Diese Ergebnisse deuten darauf hin, daß die Rk. zwischen SH- u. SS-Gruppen die Superkontraktion erleichtert. Die Anwesenheit von $Br_2$ in der LiBr-Lsg. erleichtert in 1 n HCl-Lsg. die Superkontraktion, während dieselbe bei pH 6 verzögert wird. Dieser Befund wird auf die Rk. des freien $Br_2$ mit den SH-Gruppen während der Superkontraktion zurückgeführt, so daß die Rk. zwischen den SH- u. SS-Gruppen nicht stattfinden kann. Die Vers.-Ergebnisse werden ausführlich diskutiert. — 10 Figuren, 2 Tabellen, 13 Literaturzitate. H. G. FRÖHLICH. 8060□

**Superkontraktion und Löslichkeit von alkalibehandelter Wolle.** K. J. Whiteley. (Textile Res. J. 31. 82—83. Jan. 1961. Kensington, N.S.W., Australien, Univ. of New South Wales, School of Wool Technol.) (Engl.)

Es wird der Einfl. einer alkal. Behandlung von Wolle mit 0,05 m $K_2CO_3$-Lsg. während 1 Std. bei 50° auf die Superkontraktion sowie die $NH_4OH$-Löslichkeit nach Peressigsäureoxydation untersucht. Die hierbei erhaltenen Ergebnisse zeigen in allen Fällen, daß die Superkontraktion in kochender 3%ig. Na-Metabisulfit-Lsg., in 2% Peressigsäure bei 22° u. 1 n HCl + 4 m NaJ bei 98,5° sowie die Löslichkeit in 1 n $NH_4OH$-Lsg. nach Oxydation mit 2% Peressigsäure (bis zu 24 Std.) der alkal. behandelten Wolle deutlich herab-

gesetzt wird. Dieser Befund wird auf die Bldg. von H-Brücken oder Lanthionin nicht dagegen auf eine Disulfidaustausch-Rk. zurückgeführt. — 4 Figuren.
H. G. FRÖHLICH. 8060□

**Stabilisieren von Wollgeweben durch Polymerisation auf der Faseroberfläche.** R. E. Whitfield, L. A. Miller und W. L. Wasley. (Textile Res. J. **31.** 74. Jan. 1961. Albany, Calif., U.S. Dep. of Agricult., Western Reg. Res. Labor.) (Engl.)

Es wird ein neues Verf. zur schrumpffreien Ausrüstung von Wollgeweben beschrieben. Danach wird die Ware zunächst 15 Sek. mit einer wss. Lsg. eines Diamins (8% Lsg. von Hexamethylendiamin) u. anschließend 15 Sek. mit einer Disäuredichlorid-Lsg. (2% Sebacinsäurechlorid-Lsg.) in $CCl_4$ behandelt. Hierbei bildet sich durch Polymerisation auf der Faseroberfläche ohne Wärmeanwendung fast augenblicklich ein Polyamid. Danach wird gewaschen u. getrocknet. Das so behandelte Wollgewebe wird in seinen Eigg. (Griff, Dehnung, Reiß- u. Scheuerfestigkeit, Steifheit, chem. Resistenz usw.) in keiner Weise beeinflußt. Zur Erzielung eines waschbeständigen schrumpffreien Effektes genügt eine Ablagerung $< 5\%$ an Polyamid auf der Faseroberfläche. H. G. FRÖHLICH. 8060□

**Untersuchungen über das Filzen.** 2. Mitt. **Zusammenhänge zwischen der Kräuselung der Wolle und der Filzgeschwindigkeit.** W. G. Crewther und L. M. Dowling. (Textile Res. J. **31.** 14—18. Jan. 1961. Parkville, Victoria, Australien, Wool Res. Labor., C.S.I.R.O.) (Engl.) — 1. vgl. C. **1960.** 15952.

In Fortsetzung der Unterss. über die Ursachen beim Filzen tier. Haare werden Verss. an Merinowollen mitgeteilt (64er/70er), deren Kräuselung durch Behandlung mit einer Lsg. aus 15% Phenol + 2% $CH_2O$ variiert wurde, ohne die Wolle selbst zu schädigen. Durch 1—2 Min. dauernde Behandlung in der kochenden Lsg, läßt sich die Wolle prakt. entkräuseln, während nach längerer Behandlung (5 Min.) sich eine sehr starke Kräuselung ausbildet. Die ausgeführten Filz-Verss. haben ergeben, daß die prakt. entkräuselte Wolle am raschesten u. die am stärksten gekräuselte Wolle am langsamsten filzt. Die Ergebnisse deuten daraufhin, daß bei gleicher Feinheit das Filzvermögen mit zunehmender Kräuselung abnimmt. — 5 Figuren. H. G. FRÖHLICH. 8060□

**Eine neue Methode in der Anwendung von Lindankristallen zum Schutz von in Schachteln verpackter Wollware gegenüber Insektenfraß.** Hamilton Laudani, Roy E. Bry und L. L. McDonald. (J. econ. Entomol. **52.** 525—27. Juni 1959. Savannah, Ga., Stored-Product Insects Labor.) (Engl.)

Ausführliche Lager-Verss. an in Schachteln aufbewahrter Wollware haben gezeigt, daß man hierbei mit 5 g/cu.ft. Lindan-Kristallen ($\gamma$-Hexachlorcyclohexan) einen 3jährigen Schutz einschließlich der Larven des Teppichkäfers erreicht, während eine Menge von 46 g/cu.ft. Naphthalin nur für einen 1jährigen Schutz ausreicht. Gleichzeitig wird darauf hingewiesen, daß man die Lindan-Kristalle auch auf Papier aufbringen kann u. dann die so imprägnierten Papiere an Stelle der Kristalle verwendet. In diesem Falle benötigt man etwa die doppelte Menge an Lindan pro cu.ft. (10—20 g).
H. G. FRÖHLICH. 8062□

**Youngscher Modul von Keratin unter Druck.** E. F. Denby. (Textile Res. J. **31.** 69—70. Jan. 1961. Ryde, N.S.W., Australien, Wool Res. Labor., C.S.I.R.O.) (Engl.)

Es wird der YOUNGsche Modul von Pferdehaar unter Druck bei 0 u. 100% relativer Luftfeuchtigkeit bestimmt. Hierbei wurden $9{,}5 \pm 0{,}9\ g/cm^2 \cdot 10^7$ für 0% u. $2{,}8 \pm 0{,}4\ g/cm^2 \cdot 10^7$ für 100% gefunden. Die Werte für den YOUNGschen Modul unter Spannung lauten: $4.4\ g/cm^2 \cdot 10^7$ für $0^0$ u. $1{,}2\ g/cm^2 \cdot 10^7$ für 100% Feuchtigkeit. Die erhaltenen Ergebnisse stützen das 2 Phasenmodell für Keratinfasern, wonach im trocknen Zustand zwischen der Kittsubstanz (matrix) u. den Fibrillen nur geringe, im nassen Zustand jedoch deutlich Unterschiede bestehen, da das W. die Kittsubstanz quillt u. die Bindungen lockert.
H. G. FRÖHLICH. 8066□

**Untersuchungen über Kaninhaare.** 16. Mitt. **Verhalten bei wiederholtem Zusammenpressen und Erholenlassen von Kaninhaarbausch in Luft und destilliertem Wasser.** Sakio Ikeda und Saburo Okajima. (J. Soc. Textile Cellulose Ind., Japan [Sen-i Gakkaishi] **13.** 466—71. Juli 1957. Tokyo, Japan, Tokyo Metropolitan Univ., Fac. of Technol.) (Jap.; Auszug: Engl.) — 15. vgl. J. Soc. Textile Cellulose Ind., Japan [Sen-i Gakkaishi] **13.** [1957.] 392.

Ausführliche Unterss. über das Verh. eines Kaninhaarbausches beim wiederholten Zusammendrücken u. Erholenlassen in Luft u. Wasser. Die an 2 verschiedenen Angorakanin-Proben erhaltenen Ergebnisse zeigen, daß die spezif. Dichte t ($cm/g \cdot cm^{-2}$) unter einem bestimmten Druck p mit der Anzahl der Zusammendrückungen in dest. W. abnimmt. Den gleichen Gang findet man auch beim Arbeiten in Luft, jedoch deutlich geringer ausgeprägt. Die Neigung der Drucklinie log t/log p ändert sich in Abhängigkeit der untersuchten Faser. — 13 Literaturzitate, 11 Figuren. H. G. FRÖHLICH. 8066□

**Untersuchungen über Kaninhaare. 19. Mitt. Einfluß der Beizbedingungen auf die Gewichtszunahme des gebeizten Haares.** Sakio Ikeda und Saburo Okajima. (J. Soc. Textile Cellulose Ind., Japan [Sen-i Gakkaishi] **14.** 175—82. März 1958. Fukazawa-Cho, Setagaya-Ku, Tokyo, Japan; Tokyo Metropolitan Univ., Fac. of Technol.) (Jap.; Auszug: Engl.) — 18. vgl. C. **1961.** 346.

Angora-Kanin wurde mit Lsgg. bestehend aus 0,5—4,5% Hg $(NO_3)_2$, 1—5% $HNO_3$ u. 0,1—0,5% $NaNO_2$ bei Temp. von 20—60° während 5—85 Min. tauchgebeizt, geschleudert u. anschließend 30 Min. bei 95° getrocknet. Die stat. Auswertung der zahlreichen Beizverss. ergab, daß mit steigender Konz. an $HNO_3$ u. Na $NO_2$ in der Beizlsg. u. zunehmender Behandlungsdauer das Gewicht des gebeizten Haares zunimmt. Die Erhöhung der $Hg(NO_3)_2$-Konz. macht sich dagegen nur innerhalb der 5%-Grenze bemerkbar, während mit der Erhöhung der Temp. beim Tauchbeizen die Gewichtszunahme quadrat. ansteigt. — 11 Literaturzitate, 22 Tabellen, 4 Figuren. H. G. FRÖHLICH. 8066□

**Die oxydative Löslichkeitsverringerung von Proteinen.** C. Earland, J. G. P. Stell und A. Wiseman. (J. Textile Inst., Trans. **51.** T 817—T 827. Dez. 1960. Bradford, York, Bradford Inst. of Technol.) (Engl.)

Es wird die Vergilbung von Wolle u. Seide nach Einw. von Oxydationsmitteln wie Permanganat u. $ClO_2$, K-Nitrosodisulfonat [ON $(SO_3Na)_2$], näher untersucht. Hierbei wurde eine Abnahme der Löslichkeit des Faserproteins gefunden. Auf Grund der ausgeführten Unterss. wird angenommen, daß die Abnahme der Löslichkeit durch das Vergilben als Folge oxydativer Einw. mit der Bldg. melaninartiger Querbrücken, die sich aus den Tyrosinresten bilden, zusammenhängt. Der Chemismus der Bldg. derartiger melaninartiger Querbrücken wird an Hand von Formelbilder erläutert u. diskutiert. — 4 Figuren, 21 Literaturzitate. H. G. FRÖHLICH. 8068□

**Die Polarographie und die Möglichkeit ihrer Anwendung in der Textilindustrie.** István Rusznak, Ferenc Péter und Bela Mihalik. (Przegląd włókienniczy **14.** 112—15. März 1960.) (Pol.) — Vgl. C. **1960.** 8392.

Grundlagen der Polarographie. F. URBAN. 8096□

**Die Polarographie und die Möglichkeit ihrer Anwendung in der Textilindustrie.** István Rusznák, Ferenc Péter und Béla Michalik. Przegląd włókienniczy **14.** 156—61. April 1960.) (Pol.) — Vgl. vorst. Referat.

Übersicht über die prakt. Durchführung von polarograph. Messungen, über spezielle Meth. u. ihre Anwendung zur Best. von α-Cellulose, Pentosanen, der Methylenblau-Zahl, der Cu-Zahl, des O-Geh. der Viscose-Lsgg., der Hydrolyse von Faserproteinen u. zur Best. der Färbung u. Ausrüstung von Textilien. — 12 Literaturangaben.

F. URBAN. 8096□

---

E.I. du Pont de Nemours & Co., Wilmington, Del., übert. von: James H. Young, Niagara Falls, N.Y., V.St.A., **Peroxydbleichlaugen.** Die Lsgg. mit pH 11—14 enthalten 0,05—2% $H_2O_2$ u. als Stabilisiermittel 0,03—0,05% eines wasserlösl. Mg-Salzes, bes. Epsomsalz, $(MgSO_4 \cdot 7\,H_2O)$, gemischt mit 1—4 (Mol) Gluconsäure, deren Lacton oder Alkalisalz auf 1 Mg-Salz. Bleichen von Textilgut, Holzzellstoffen u. Gemischen aus Baumwolle u. Polyamidfasern. — Mengenbeispiele, Tabellen. (**A. P. 2 927 082** vom 19/1. 1956, ausg. 1/3. 1960.) G. VOGEL. 8027

Ciba Ltd., Basel, Schweiz, **Wasserlösliche quaternäre Ammoniumverbindungen** erhält man aus Aminen, die wenigstens 2 tert. Aminogruppen enthalten, wobei jedes C-Atom an 2 N-Atome gebunden ist, mit Epihalogenhydrin, bes. Epichlorhydrin, als Quaternierungsmittel. — Z. B. wird ein Gemisch aus N-Alkyltrimethylendiaminen, in denen die Alkylreste denen von Fettsäuren des Talgs entsprechen, im $N_2$-Strom mit Äthylenoxyd auf 135—140° erhitzt u. dann mit Epichlorhydrin quaterniert. — *Hilfsmittel für Textilien,* Leder, Papier, Formkörper, Filme, Klebstoffe. — Vgl. Schwz. P. 344 730; C. **1960.** 14917. (**Ind. P. 54 548** vom 23/5. 1955, ausg. 20/3. 1957.)

H. NEBELSIEK. 8029

Bleachers' Association Ltd., Manchester, England (Erfinder: Henry Bristow McCance und Frederick Richard Wilfred Sloan), **Knitterfestmachen von Cellulosegewebe.** Man behandelt das Gut mit wss. Medium, das einen Geh. an filmbildendem Polyalkohol aufweist, u. ferner ein Vernetzungsmittel u. einen in W. lösl. Polyester mit freien Säuregruppen enthält. — Zu 10 (g) *Polyvinylalkohol* (97% hydrolysiert) setzt man 80 W. von 90°, kühlt auf 25° ab u. vermischt mit 10 *Dimethyloläthylenharnstoff* u. 10 *Tetramethylolacetylendiharnstoff,* sowie 2 *Polyester* (erhalten aus 0,5 Mol Triäthylenglykol u. 1 Mol Bernsteinsäure) in 20 Wasser. — Die Ausrüstung mit diesem Ansatz auf Kunstseide, Baumwolle oder dgl. ist, nachdem z. B. $3^1/_2$ Min. bei 135° vergütet ist, auch *naßknitterecht.* (**E. P. 846 287** vom 11/3. 1957, ausg. 31/8. 1960.)

H. MÖLLERING. 8033

Celanese Corp. of America, New York, N.Y., V.St.A., **Stabilisieren und Bleichen von Textilien aus Celluloseestern** mit niedrigem Hydroxylgehalt. Man behandelt mit üblichen Bleichflotten ($H_2O_2$, Peressigsäure, Oxalsäure, NaOCl, $NaClO_2$) bei einer Temp. von mindestens 250° F unter entsprechendem Druck, oder man behandelt das Gut erst mit einer üblichen Reinigungs-Lsg. (z. B. Seife u. Na-Hexametaphosphat enthaltend) bei der genannten Temp. u. bleicht dann bei niedrigerer Temperatur. Während der gesamten Behandlung soll ein Schrumpfen durch entsprechende mechan. Mittel verhindert werden. (**E. P. 828 096** vom 14/2. 1957, ausg. 17/2. 1960. A. Prior. 14/2. 1956.) F. BÖHM. 8033

British Celanese Ltd., London, England (Erfinder: George Frederick Bull, Ralph James Mann, Maitland Walton Alford und Boleslaw Krzesinski), **Verbesserte Bügelfestigkeit von Cellulosetriacetat-Textilien.** Man behandelt das Gut mit wss. Lsgg. von $C_1-C_4$-Carbonsäureestern mehrwertiger Alkohole, bes. von Diäthylenglykol, wie *Diäthylenglykoldiacetat* (I), *Glycerindi-* oder *-triacetat*. — Ein Gewebe wird mit einer wss. 30% ig. Lsg. von **I** behandelt, auf 55% Flottenaufnahme abgequetscht u. bei 100—104,5° getrocknet. Man kann das imprägnierte Gut auch durch eine auf 120—145° gehaltene Schmelze von WOOD-Leg. (**II**) führen. — Nach E. P. 852 730 erreicht man den gleichen Effekt durch Behandlung des Textilguts bei mindestens 100° mit einem Quellmittel, wie Benzylalkohol (**III**) oder γ-Butyrolacton. — Garn wird getränkt mit einem Gemisch aus 500 (Teilen) W., 250 **III** u. 250 Isopropylalkohol u. anschließend gedämpft oder durch eine Schmelze von **II** geführt. (**E. PP. 852 729** u. **852 730** vom 29/3. 1956, ausg. 2/11. 1960.) H. MÖLLERING. 8033

Hickson & Welch Ltd., Ings Lane, Castleford, Yorkshire, England (Erfinder: Dennis A. W. Adams und Asim K. Sarkar), **Optische Bleichmittel** der allg. Formel **I** (A = **II**, **III** oder **IV**; $R_1$ = H oder KW-Stoffrest; $R_2$ = H, KW-Stoffrest, Hydroxyalkyl- oder Polyäthanoxygruppe) sowie ihre Salze. Man geht aus von Bis-o-aminoazofarbstoffen **V**, welche mit einem Alkalihypochlorit, Cu-$NH_4$-Sulfat oder anderen Oxydationsmitteln bei höheren Temp. oxydiert werden. — 9,4 (g) 4.4'-Diamino-

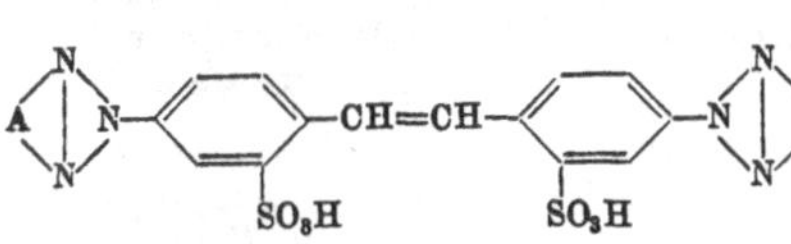

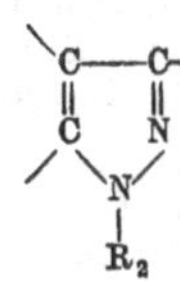

II

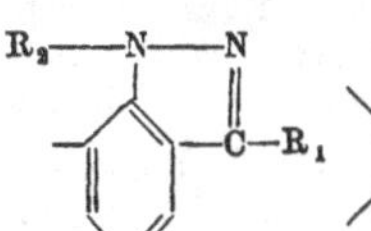

III

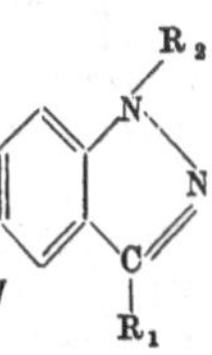

stilben-2.2'-disulfonsäure werden in W. in Ggw. von $Na_2CO_3$ gelöst, diazotiert u. mit 8,7 1-Phenyl-3-me-

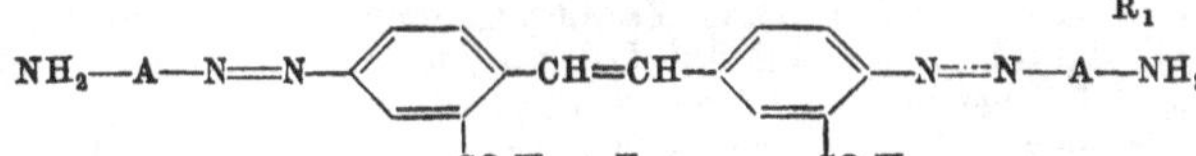

thyl-5-aminopyrazol gekuppelt. Der entstandene Bisazofarbstoff wird in Pyridin mit 50 $CuSO_4$ in W. unter Rückfluß erhitzt: *4.4'-Bis-{1'''-phenyl-3'''-methylpyrazolo-[4."5":4'''.5''']-triazolyl}-stilben-2.2'-disulfonsäure* (**VI**). Weiter sind das **VI**-*Cu-Salz* u. die entsprechenden *Na-Disulfonate* der *1'''-[p-Tolyl]-*, *1'''-[p-Chlorphenyl]-Verb.* u. *4.4'-Bis-{indazolo-[4".5":6'''.7''']-triazolyl}-stilben-2.2'-disulfonsäure* (*Di-Na-Salz*) beschrieben. — Dem Reinigung- u. Waschmittel werden ca. 0,05% an opt. Bleichmittel zugesetzt. Beispiel: 30% Na-Dodecylbenzolsulfonat, 25 Na-Metasilicat-Pentahydrat, 25 $Na_4P_2O_7$, 0,05 opt. Bleichmittel u. 19,95 $Na_2SO_4$. (**F. P. 1 198 674** vom 31/1. 1958, ausg. 9/12. 1959. E. Prior. 1/2. 1957 u. 13/1. 1958. **E. P. 835 779** vom 1/2. 1957, ausg. 25/5. 1960. **Schwz. P. 351 974** vom 28/1. 1958, ausg. 30/3. 1961. E. Prior. 1/2. 1957.) M. F. MÜLLER. 8033

Deering Milliken Research Corp., Oconce County, übert. von: Kermit S. La Fleur, Union, S. C., V.St.A., **Chrom-III-Komplexverbindungen von Fluorcarbonsäuren** der allg. Formel $CF_3-Z-C_nH_{2n}COOH$ (Z = $CH_2$-, —CO-, —D-, —CHOH—; n = 1—15), z. B. 4.4.4-Trifluor-3-ketobutan- oder 3-Hydroxy-4.4.4-trifluorbuttersäure, dienen zum *Ölabstoßendmachen von Textilgeweben.* (**A. P. 2 904 571** vom 14/12. 1953, ausg. 15/9. 1959.) O. MÜLLER-MEININGEN. 8037

Courtaulds Ltd., London, England (Erfinder: Frank Ward), **Flammfeste Cellulosetextilien.** Man imprägniert das Gut mit einer wss. Lsg. von einem *Aminoplastvorkondensat*, z. B. *Harnstoff–$CH_2O$-Vorkondensat*, ggf. einem Katalysator, u. einem Phosphoramidatester der Formel $(RO)_2P(:O)NH_2$, wobei R ein Halogenalkylrest ist, trocknet u. vergütet durch Erwärmen. — Imprägnierlsg.: 20 (g) *Melamin*, 110 Bis-2-[chloräthyl]-amidophosphat, 120 W. u. 80 *$CH_2O$-Lsg.* (40% ig.). Der Ansatz wird auf 70° erhitzt, abgekühlt u. zur Imprägnierung verwendet. (**E. P. 835 581** vom 31/12. 1956, ausg. 25/5. 1960.) H. MÖLLERING. 8037

Mo och Domsjö Aktiebolag, Örnsköldsvik, Schweden, **Verbessern der Filtrierbarkeit von Viscoselösungen,** dad. gek., daß 0,01—1, bes. 0,02—0,5%, *Octadecenyl-* bzw. *Octadecylpolyglykoläther,* berechnet auf Cellulose, zugesetzt werden. (**Norw. P. 90135** vom 23/2. 1957, ausg. 14/10. 1957. Schwed. Prior. 31/1. 1957.) K. H. KÄHLER. 8075

E. I. du Pont de Nemours & Co., Wilmington, Del., übert. von: Eugene Cameron Pontius, Chester, Va., V.St.A., **Herstellung von Fäden aus Viscose** unter Verw. von Modifizierungsmitteln zur Erzielung einer glatten Oberfläche u. starker Mantelzone. Um die bei derartigen Verff. häufig auftretenden Fadenbrüche zu vermeiden, setzt man der Viscose soviel eines lösl. Salzes von N-Methylcyclohexyldithiocarbaminsäure (I) u. dem Spinnbad soviel einer organ. N-Verb., z. B. N-Methylcyclohexylamin, zu, wie der Gleichung $X = (0{,}084 \pm 0{,}012) - (4{,}8 \cdot 10^{-4})Y$ entspricht ($X$ = % I; $Y$ = N-Geh. in Teilen pro Million). Im übrigen soll das Spinnbad 4—12 (%) $H_2SO_4$, 5—25 $Na_2SO_4$ u. 2—15 $ZnSO_4$ enthalten u. die Abzugs-Geschw. mindestens 60 Yards/Min. betragen. Ferner soll möglichst folgende Bedingung eingehalten werden: $X = (0{,}084 \pm 0{,}012) - (4{,}8 \cdot 10^{-4})Y - (0{,}025 \pm 0{,}003)(9{,}5 - S) + (0{,}0006 \pm 0{,}00007)(44 - T) + (0{,}007 \pm 0{,}0008)(9{,}5 - Z)$ ($Z$ = % $ZnSO_4$; $S$ = % $H_2SO_4$; $T$ = Temp. der Viscose in °C). (**A. P. 2891836** vom 26/4. 1955, ausg. 23/6. 1959.) F. BÖHM. 8075

Eastman Kodak Co., Rochester, N.Y., übert. von: John R. Caldwell und Winston J. Jackson, Kingsport, Tenn., V.St.A., **Polyamide aus Norcamphanaminocarbonsäuren,** die bis zu 50% durch aliphat. Aminosäuren ($C_{5-11}$), Caprolactam oder Gemische von gesätt. Dicarbonsäuren ($C_{4-11}$) u. Diaminen ($C_{2-12}$) ersetzt sein können. *Norcamphan-5-amino-2-carbonsäure,* F. > 300°, erhalten aus Bicyclo-[2.2.1]-hept-5-en-2-carbonsäure durch Rk. mit Benzonitril in Ggw. von $H_2SO_4$ bei 20° u. anschließende Hydrolyse mit wss. HCl, Reinigen über Ionenaustauscher u. Kristallisieren aus Isopropanol. Nach den Mengenbeispielen wird in Kresol homopolymerisiert oder mit 6-Caprolactam, 7-Amino-n-heptancarbonsäure oder Adipinsäure–Hexamethylendiamin im Gemisch u. Kresol mischpolymerisiert. Die FF. der Endprodd. liegen zwischen 230 u. 300°. *Fäden* aus der Schmelze mit guter Anfärbbarkeit für alle Farbstoffe. (**A. P. 2917490** vom 16/1. 1958, ausg. 15/12. 1959.) H. SCHINDLER. 8081

Mitsubishi Rayon Co. Ltd., Tokyo, übert. von: Hidenari Suyama, Hiroshima-ken, Eiji Kobayashi, Rikita Sakata, Ikuzo Hata, Tokyo, Mitutaka Uzumaki, Masao Ishii, Hiroshima-ken, Takayuki Kiyota, Toyama-ken, und Hajime Haioka, Yamaguchi-ken, Japan, **Herstellung von Fäden aus Polyvinylalkohol.** Man erhitzt Polyvinylalkohol in festem Zustand, bis er in kaltem W. unlösl., aber in heißem W. noch lösl. ist (z. B. 6 Std. auf 75° unter Vermahlen), läßt ihn mit einem Aldehyd oder Acetal reagieren (z. B. durch Behandlung mit wss. $H_2SO_4$ enthaltender $CH_2O$-Lsg. bei 40°), löst das Rk.-Prod. in heißem W. u. verspinnt nach dem Trockenspinnverfahren. Die so erhaltenen Fäden werden verstreckt, hitzebehandelt (z. B. 1 Min. bei 210°) u. dann weiter acetalisiert (z. B. mittels 4%ig. $CH_2O$-Lsg., die $H_2SO_4$ u. $Na_2SO_4$ enthält, bei 60°). Man erhält Fäden mit guten physikal. Eigg., bes. von hoher Beständigkeit gegen heißes Wasser. (**A. P. 2890927** vom 24/1. 1958, ausg. 16/6. 1959.) F. BÖHM. 8081

---

**Imperial Chemical Industries Ltd.,** London, England, *Kontinuierliches Bleichen von Textilien aus Pflanzenfasern.* (**Ind. P. 57967** vom 24/7. 1956, ausg. 8/5. 1957. E. Prior. 28/7. 1955. — C. **1960.** 6367 [E. P. 803021].)

**Traitements Chimiques des Textiles,** Vieux-Thann, Frankreich, *Knitterechte Cellulosetextilien.* (**E. P. 837508** vom 8/4. 1958, ausg. 15/6. 1960. F. Prior. 11/4. 1957. — C. **1960.** 16984 [D. A. S. 1077178].)

**Rohm & Haas Co.,** Philadelphia, Pa., V.St.A., *Ungesättigte Carbaminsäureester und Thioäther.* (**E. P. 840891** vom 6/7. 1956, ausg. 13/7. 1960. A. Prior. 15/7. 1955. — C. **1959.** 15872 [A. P. 2806838].)

**Ciba Ltd.,** Basel, Schweiz, *Herstellung von Diimidazolderivaten.* (**Ind. P. 57197** vom 30/4. 1956, ausg. 10/6. 1957. — C. **1959.** 3338 [F. P. 1152112].)

**Ciba Soc. An.,** Basel, Schweiz, *Neue Imidazoliumverbindungen.* (**Schwed. P. 155414** vom 22/1. 1955, ausg. 31/7. 1956. Schwz. Prior. 22/1. u. 20/7. 1954. — C. **1957.** 5735 [D. B. P. 955683].)

**J. R. Geigy Akt.-Ges.,** Basel, Schweiz, *Fluorescierende Mono-1.2.3-triazolverbindungen.* (**Schwed. P. 155229** vom 5/9. 1952, ausg. 17/7. 1956. Schwz. Prior. 6/9. 1951 u. 11/1. 1952. — C. **1955.** 5692 [E. P. 717889].)

**Imperial Chemical Industries Ltd.,** London, England, *Bedrucken, Imprägnieren und Überziehen von Faserstoffen.* (**Ind. P. 56088** vom 17/12. 1955, ausg. 7/2. 1958. E. Prior. 24/12. 1954. — C. **1959.** 3005 [F. P. 1147452].)

**Albright & Wilson Ltd.,** Birmingham, England, *Herstellung von halogenhaltigen Polymerverbindungen von Nitrilomethylolphosphorverbindungen.* (**Ind. P. 55977** vom 5/12. 1955, ausg. 6/6. 1959. — C. **1958.** 4360 [F. P. 1136493].)

**Ciba Akt.-Ges.,** Basel, Schweiz, *Fixieren von Aminoplasten auf Textilien.* (**E. P. 842402** vom 7/5. 1957, ausg. 27/7. 1960. Schwz. Prior. 8/5. 1956. — C. **1960** 5867 [Aust. P. 214460].)

**N. V. de Bataafsche Petroleum Mij.**, Den Haag, Holland, *Härten von Polyepoxyden.* (**Holl. P. 95 049** vom 20/7. 1954, ausg. 15/8. 1960. A. Prior. 21/7. 1953. — C. **1958.** 6130 [F. P. 1 109 462].)

**Courtaulds Ltd.**, London, übert. von: **Frederick John Weymouth**, Coventry, England, *Herstellung von Polypeptiden mit Pentamethylguanidin als Katalysator.* (**A. P. 2 930 780** vom 6/1. 1958, ausg. 29/3. 1960. E. Prior. 22/2. 1955. — C. **1959.** 15220 [F. P. 1 148 813].)

**Robert Lenz**, Krefeld, *Verkleben von Stoffen, bes. Wäschekragen.* (**Belg. P. 567 574** vom 10/5. 1958, ausg. 12/8. 1960. — C. **1959.** 9768 [D. A. S. 1 036 200].)

**Badische Anilin- & Soda-Fabrik Akt.-Ges.**, Ludwigshafen/Rh., *Konservieren und Präparieren von Fäden.* (**Holl. P. 95 082** vom 25/5. 1955, ausg. 15/8. 1960. D. Prior. 26/5. 1954. — C. **1958.** 12278 [D. A. S. 1 028 076].)

**Sandoz Akt.-Ges.**, Basel, Schweiz, *Schutz von Celluloseextilien.* (**Schwed. P. 155 109** vom 23/11. 1953, ausg. 10/7. 1956. Schwz. Prior. 25/11. 1952. — C. **1957.** 1562 [E. P. 749 324].)

**Food Machinery & Chemical Corp.**, San Jose, Calif., V.St.A., *Kontinuierliches Bleichen von Baumwollgewebe.* (**Ind. P. 57 533** vom 6/6. 1956, ausg. 21/8. 1958. E. Prior. 16/11. 1955. — C. **1959.** 10436 [F. P. 1 147 951].)

**Food Machinery & Chemical Corp.**, San Jose, Calif., V.St.A., *Bleichen von Cellulosefasern.* (**Ind. P. 57 534** vom 6/6. 1956, ausg. 27/7. 1958. E. Prior. 23/1. 1956. — C. **1958.** 8512 [D. A. S. 1 021 823].)

**Imperial Chemical Industries Ltd.**, London, England, *Verrottungsfeste Textilien.* (**Schwed. P. 155 597** vom 26/1. 1954, ausg. 14/8. 1956. E. Prior. 30/1. 1953. — C. **1957.** 3696 [E. P. 750 501].)

**Albright & Wilson Ltd.**, Birmingham, England, *Herstellung von wärmehärtbaren polymeren Stoffen, die Phosphor, Stickstoff und Halogen enthalten.* (**Ind. P. 55 978** vom 5/12. 1955, ausg. 17/9. 1958. — C. **1958.** 6709 [Oe. P. 195 643].)

**Farbenfabriken Bayer Akt.-Ges.**, Leverkusen, *Mottenschutzmittel.* (**Schwed. P. 155 934** vom 30/7. 1955, ausg. 4/9. 1956. D. Prior. 23/8. 1954. — C. **1957.** 297 [D. B. P. 946 102].)

**Rayonier, Inc.**, übert. von: **Reid Logan Mitchell, James Wesley Berry**, und **William Hughes Wadman**, Shelton, Wash., V.St.A., *Viscoseverfahren.* (**A. P. 2 937 922** vom 24/3. 1954, ausg. 24/5. 1960. — C. **1958.** 1465 [F. P. 1 102 017].)

**American Enka Corp.**, Enka, N. C., V.St.A., übert. von: **Egidius Welfers**, Heinsberg, *Herstellung von geformten Gebilden aus Viscose.* (**A. P. 2 940 818** vom 25/10. 1955, ausg. 14/6. 1960. D. Prior. 25/11. 1954. — C. **1958.** 8225 [Oe. P. 191 074].)

**Phrix-Werke Akt.-Ges.**, Hamburg, *Herstellung künstlicher Fäden oder Fasern aus regenerierter Cellulose.* (**Holl. P. 95 827** vom 25/4. 1952, ausg. 15/11. 1960. D. Prior. 12/6. 1951. — C. **1953.** 8250 [D. B. P. 871 810].)

**Algemeene Kunstzijde Unie N. V.**, Arnheim, Holland (Erfinder: **Bernard Forestier Walker**, Asheville, N.C., V.St.A.), *Spinnen von Cellulosehydratfäden mit einer Hautstruktur.* (**D. A. S. 1 090 816** Kl. 29b vom 5/7. 1958, ausg. 13/10. 1960. A. Prior. 19/8. 1957. — C. **1960.** 7384 [Oe. P. 204 171].)

**Vereinigte Glanzstoff-Fabriken Akt.-Ges.**, Wuppertal, *Erniedrigung der Streckspannung beziehungsweise Erhöhung der Verstreckbarkeit von frisch nach dem Viscosespinnverfahren gesponnenen Fäden.* (**Belg. P. 567 067** vom 24/4. 1958, ausg. 12/8. 1960. D. Prior. 21/6. 1957. — C. **1960.** 5688 [D. A. S. 1 058 692].)

**Heberlein & Co. Akt.-Ges.**, Wattwil, Schweiz, *Musterung von Kreppgewebe.* (**Schwed. P. 155 111** vom 22/10. 1953, ausg. 10/7. 1956. Oe. Prior. 23/10. 1952. — C. **1956.** 7965 [E. P. 732 210].)

**Farbwerke Hoechst Akt.-Ges., vormals Meister Lucius & Brüning**, Frankfurt/M., *Herabsetzung der $ClO_2$-Bildung in Bleichbädern.* (**Schwed. P. 155 503** vom 18/11. 1954, ausg. 7/8. 1956. D. Prior. 15/12. 1953. — C. **1958.** 1185 [F. P. 1 117 236].)

**Mo och Domsjö A/B**, Örnsköldsvik, Schweden, *Senken des Molekulargewichts von Holzzellstoff* (**Schwed. P. 155 388** vom 29/10. 1953, ausg. 24/7. 1956. — C. **1960.** 14562 [A. P. 2 902 481].)

**Imperial Chemical Industries Ltd.**, London, England, *Verspinnen von Eiweißlösungen.* (**It. P. 512 958** vom 29/1. 1954. E. Prior. 28/4. 1953. — C. **1957.** 297 [E. P. 742 890].)

**Vereinigte Glanzstoff-Fabriken Akt.-Ges.**, Wuppertal, *Herstellung von Fäden und Fasern.* (**Holl. P. 95 951** vom 12/4. 1956, ausg. 15/11. 1960. D. Prior. 8/8. 1955. — C. **1959.** 6674 [D. A. S. 1 033 843].)

**Soc. Rhodiaceta**, Paris (Erfinder: **Jean Gobet**, Francheville-le-Haut), Frankreich, *Herstellung geformter Gebilde, besonders Textilien.* (**Schwz. P. 348 777** vom 26/1. 1957, ausg. 31/10. 1960. F. Prior. 28/1. 1956. — C. **1958.** 7926 [F. PP. 1 142 023, 1 142 024 u. 1 142 025].)

**Polyplastic**, Paris (Erfinder: **Yvan Landler**, Sceaux, und **Pierre Lebel**, Asnière, Seine), Frankreich, *Lösliche Polymere.* (**D. A. S. 1 099 170** Kl. 39c vom 25/11. 1957, ausg. 9/2. 1961. F. Prior. 2/2. 1957. — C. **1960.** 13568 [F. P. 1 166 174].)

**Vereinigte Glanzstoff-Fabriken Akt.-Ges.**, Wuppertal-Elberfeld, *Herstellung von Fäden durch Schmelzspinnverfahren.* (**Schwed. P. 155 157** vom 14/3. 1953, ausg. 10/7. 1956. D. Prior. 21/4. 1952. — C. **1956.** 14539 [F. P. 1 075 983].)

**E. I. du Pont de Nemours & Co.**, Wilmington, Del., V.St.A., *Herstellung von Filmen und Fäden.* (**Schwed. P. 155 441** vom 10/5. 1952, ausg. 31/7. 1956. A. Prior. 12/5. 1951 u. 25/3. 1952. — C. **1957.** 2628 [A. P. 2 708 617].)

**Ciba Ltd.**, Basel, Schweiz, *Aufhellen von Materialien, besonders Textilfasern, aus Polyacrylnitril und Polyvinylchlorid.* (**Ind. P. 56 487** vom 6/2. 1956, ausg. 19/7. 1958. — C. **1959.** 15542 [Oe. P. 191 832].)

**Chemstrand Corp.**, Decatur, Ala., V.St.A., *Herstellung von Lösungen von Acrylnitril-Vinylpyridinmischpolymerisaten.* (**Holl. P. 95 986** vom 15/10. 1956, ausg. 15/11. 1960. — C. **1960.** 16301 [A. P. 2 918 447].)

**B. F. Goodrich Co.**, New York, N. Y., V.St.A., *Mischpolymerisate aus Vinylidencyanid.* (**Schwed. P. 155 642** vom 23/5. 1953, ausg. 14/8. 1956. A. Prior. 24/6. 1952. — C. **1954.** 8483 [A. PP. 2 654 724 u. 2 654 728].)

**B. F. Goodrich Co.**, New York, N.Y., V.St.A., *Mischpolymerisate aus Vinylidencyanid.* (**Schwed. P. 155 643** vom 29/5. 1953, ausg. 14/8. 1956. A. Prior. 24/6. 1952. — C. **1954.** 8483 [A. PP. 2 654 724 u. 2 654 728].)

**B. F. Goodrich Co.**, New York, N.Y., V.St.A., *Polymere aus Vinylidencyanid und ungesättigten aliphatischen Carbonsäuren.* (**Schwed. P. 155 644** vom 30/5. 1953, ausg. 14/8. 1956. A. Prior. 11/6. 1952. — C. **1954.** 8483 [A. P. 2 657 197].)

**Perfogit S. p. A.**, Mailand, Italien, *Polymerisation von 11-Aminoundecansäure.* (Ind. P. 56 717 vom 5/3. 1956, ausg. 5/2. 1958. — C. 1959. 16200 [E. P. 790 170].)

**Imperial Chemical Industries Ltd.**, London, England, *Verminderung der statischen, elektrischen Ladung von synthetischen Fasern.* (Ind. P. 57 544 vom 7/6. 1956, ausg. 18/1. 1958. E. Prior. 20/6. 1955. — C. 1960. 5689 [F. P. 1 154 017].)

**Hans C. Bick, Inc.**, Readig, Pa., V.St.A., *Textilausrüstung.* (It. P. 512 504 vom 20/11. 1952. A. Prior. 21/11. 1951. — C. 1956. 7965 [E. P. 734 791].)

**Owen-Corning Fiberglas Corp.**, Toledo, Ohio, V.St.A., *Überzogene Fäden aus hitzebeständigem Material, bes. aus Glas.* (Belg. P. 534 668 vom 5/1. 1955, ausg. 26/9. 1958. — C. 1959. 12733 [Schwz. P. 330 050].)

**Midland Silicones Ltd.**, London, England, *Chlorsiloxane.* (E. P. 844 279 vom 18/9. 1958, ausg. 10/8. 1960. A. Prior. 11/12. 1957. — C. 1961. 708 [A. P. 2 911 427].)

**American Cyanamid Co.**, New York, N.Y., V.St.A., *Nichtklebbares Plastmaterial.* (Schwed. P. 155 367 vom 22/6. 1953, ausg. 24/7. 1956. A. Prior. 11/7. 1952. — C. 1957. 4279 [E. P. 735 151].)

## XIX. Brennstoffe. Erdöl. Mineralöle

**Anwendung des Monochromators zur Untersuchung von Veränderungen der Feinstruktur von Kohle und Koks.** M. F. Kessler und V. Večeříková. (Sborník Prací hornického Ústavu ČSAV 2. 137–47. 1959.) (Tschech.)

Mit monochromat. $CuK\alpha_1$-Röntgenstrahlen erhaltenen Beugungsdiagramme von Kohle u. Koks wurden ausgewertet (Tabellen). Die Monochromatisierung erfolgte mit nach Johanson gekrümmtem Quarzkristall. Bei Verw. monochromat. Strahlung sind die Beugungsdiagramme der Kohle kontrastreicher u. ermöglichen eine genaue Berechnung der Gitterdimension, da die Interferenzlinie der typ. (0 0 2)-Ebene aus der Untergrundschwärzung stärker hervortritt, auch bei weniger durchkohlter Steinkohle.
N. Medić. 8126□

**Über die hydrolytische Spaltung oxydierter Steinkohlen.** R. N. Smirnow. (Доклады Академии Наук СССР [Ber. Akad. Wiss. UdSSR] **133**. 383—85. 11/7. 1960. Inst. für fossile Brennstoffe der Akad. der Wiss. der UdSSR.) (Russ.)

Bei der Carboxylierung von oxydierten Steinkohlen geht auch ihre hydrolyt. Spaltung vor sich. Die Carboxylierung wurde mit NaOH u. $CO_2$ nach Kolbe durchgeführt. Der nach dem Ansäuern entstandene Nd. wurde mit heißem 70%ig. A. behandelt. Der in A. unlösl. Teil bestand hauptsächlich aus Huminsäuren. Von den niedermol., in A. lösl. Hydrolyse-Prodd. wurden zur Charakterisierung Derivv. hergestellt, das Molgew. bestimmt, die IR- u. Röntgenspektren aufgenommen. Danach verhielt sich die Kohle sowohl aromat. wie olefinisch. Diese Besonderheit läßt sich mit der incoplanaren Struktur u. dem homoannularen Charakter der Hydrolyse-Prodd. erklären. Am Aufbau der Kohle sind hauptsächlich konjugierte Doppelbindungs-Syst. beteiligt, u. nicht hexagonale aromat. Struktur, wie dies von van Krevelen u. Mitarbeitern (vgl. C. **1959**. 1652) angenommen wird. Die leichte Carboxylierungsmöglichkeit führt zu der Annahme, daß in der Natur unter bestimmten Bedingungen Huminsäuren ohne Beteiligung von Lebewesen entstehen können. Horst Braun. 8126□

**Entgasung von Kohlen in der Wirbelschicht. Einfluß technologischer Bedingungen auf die Halbkoksqualität.** Ginter Kulikowski, Julian Nadziakiewicz und Janusz Warmuziński. (Koks-Smoła-Gaz 5. 138—46. Juli/Aug. 1960. Gliwice, Inst. Chem. Przeróbki Węgla.) (Pol.)

Steinkohlen aus 3 Zechen wurden mit einer Korngröße von 3, z. T. bis 8 mm, in Wirbelschicht unter Anwendung heißer Verbrennungsabgase entgast. Der Verlauf der Entgasung, gemessen am Geh. des Halbkokses an flüchtigen Substanzen, ist für die 3 Kohlen bis 500° ähnlich. Die Entgasung ist der Verweilzeit in der Wirbelschicht proportional. Das Schüttgewichts des erhaltenen Halbkokses ist in erster Linie vom Geh. an flüchtigen Substanzen abhängig. Zu schnelles Entgasen führt zu niedrigen Schüttgewichten. Unter konst. Bedingungen existiert eine optimale Korngröße der Kohle, bei der die Entgasung am weitesten fortschreitet. F. Urban. 8126□

**Thermodynamische Eigenschaften von Verbrennungsprodukten in Düsenmaschinen und Gasturbinen, und eine neue einfache Methode für die Berechnung ihrer Werte.** Keikichi Tanaka, Kiyoshi Idehara und Misao Yurigusa. (Trans. Japan. Soc. mechan. Engr. 26. 1652—61. Nov. 1960.) (Jap.; Auszug: Engl.)

Aus einer Diskussion der thermodynam. Eigg. der Verbrennungs-Prodd. folgt im Hinblick auf die verschiedenen Kraftstoff-Zus., daß ihre Werte fast nur vom C/H-Verhältnis abhängen; ist das C/H-Verhältnis konst., dann können andere Bestandteile vernachlässigt werden. Entropie, Enthalpie, spezif. Wärme, adiabat. Konst. usw. der Verbrennungs-Prodd. verändern sich fast linear mit 1/n (n = Faktor des Luftüberschusses).
G. Gattow. 8128□

**Spontane Erhitzungsverzögerung von zerstäubten Kraftstoffen.** Kazuo Iinuma und Kiroku Yamazaki. (Trans. Japan. Soc. mechan. Engr. **26.** 1662—67. Nov. 1960.) (Jap.; Auszug: Engl.)

Für verschiedene Arten fl. Kraftstoffe (KS) wird bei Normaldruck die spontane Erhitzungsverzögerung (EV) gemessen, indem der KS in heiße Luft (Temp.-Bereich: 250 bis 900°) zerstäubt wird. Die EV-Werte verhalten sich nicht linear zur Temp., sondern biegen in einem Temp.-Bereich von 600—700° ab. Die zeitlichen Schwankungen in der EV des zerstäubten KS werden größer mit tieferer Temperatur. G. GATTOW. 8128□

**Aufbereitung der feinkörnigen Kohlen nach dem Convertol-Verfahren.** Václav Bortlik. (Sborník Prací hornického Ústavu ČSAV **2.** 164—71. 1959.) (Tschech.)

Das Convertol-Verf. wurde im Labor.-Maßstab überprüft. Der Einfl. von Geh. an Feinstkörnern, Netzmitteln, Elektrolyten, Schlammverdichtung, Temp. u. pH auf die Zusammenballung von Kohlenteilchen wurde untersucht. Bei optimaler Schlammverdichtung von 460—600 g/Liter betrug der Ölverbrauch 6,0—5,7%. Erhöhung der Temp., alkal. Medium u. NaCl-Zusatz verringern den Ölverbrauch. Durch 0,02—0,05% Netzmittelzusatz wurde der Ölverbrauch um $^1/_3$ herabgesetzt. Der Wasser-Geh. gewonnener Kohlenkonzentrate von 8—12% ist günstiger als bei Flotationskonzentraten. N. MEDIĆ. 8134□

**Briketts aus Lignin.** F. Ss. Lapschin. (Гидролизная и Лесохимическая Промышленность [Hydrolysen- u. holzchem. Ind.] **13.** Nr. 7. 25—26. 1960. Krasnodar, Hydrolysenwerk.) (Russ.)

Kurze Beschreibung einer Trocken- u. Brikettieranlage für Hydrolysenlignin. Die erhaltenen Briketts besitzen einen Heizwert von 500 kcal/kg bei einem Aschen-Geh. von 9,1% u. einem Feuchtigkeits-Geh. von 10—15%. R. WITTWER. 8136□

**Der Chemismus der Verkokung, untersucht an polymeren Steinkohle-Modellstoffen. 4. Mitt. Pyrolyse von Modellstoffen ohne besondere funktionelle Gruppen.** P. M. J. Wolfs, H. I. Waterman und D. W. van Krevelen. (Brennstoff-Chem. **40.** 241—51. 26/8. 1959. Holland, TH in Delft, Labor. für Chem. Technol., u. Staatsmijnen in Geleen, Zentrallabor.) — 3. vgl. C. **1961.** 13050.

Polymere Modellstoffe, aufgebaut durch Kondens. von aromat. KW-Stoffen u. $CH_2O$, wurden einer Pyrolyse unterzogen, bei der durch Anwendung radioakt. $CH_2O$ in den Ausgangs-Prodd. nicht nur die Zahl der Brücken je Aromat-Vielkern genau bestimmt werden konnte, sondern es war auch möglich, den Mechanismus der Pyrolyse durch Kombination radiochem., thermogravimetr. u. elementar-analyt. Unters.-Meth. genau zu verfolgen. Es sind 2 Phasen zu unterscheiden, u. zwar die Prim.-Verkokung als eine Art von Depolymerisation, bei der sich der H zugleich aufs neue über die Bruchstücke verteilt. Diese Bruchstücke verdampfen in Form von Teer, der Rest kondensiert zu Halbkoks. Die Prim.-Verkokung ist ein statist. Vorgang, der im Grunde durch einen Mangel an reaktivem H beherrscht wird. Während der Prim.-Verkokung wird dieser H von den aliphat. $CH_2$-Brücken abgespalten, während die aromat. C—H-Bindungen intakt bleiben. Der aromat. H wird erst während der Sek.-Verkokung abgestoßen, bei der überhaupt keine Teer-Bldg. mehr auftritt. Dieser abgespaltene H bildet z. T. $CH_4$, wobei der C jedoch nicht speziell an Brückenstrukturen, sondern dem ganzen C-Skelett entzogen wird, wenn auch der C der ursprünglichen $CH_2$-Gruppen bei dieser $CH_4$-Bldg. in geringem Maße bevorzugt ist. H. SCHÖBERL. 8142□

**Über die statistische Beurteilung der Gleichmäßigkeit von Hüttenkoks.** J. Resler und O. Havel. (Paliva **40.** 233—39. Aug. 1960.) (Tschech.)

Vff. beschreiben die Berechnung statist. Parameter nach einer verkürzten Meth. u. statist. Auswertung 6monatiger Best. von Asche-, Wasser-Geh. u. mechan. Eigg. des Kokses. Die Beurteilung der Qualität u. der Herst.-Bedingungen wird an Beispielen aus 6 Kokereien erläutert. N. MEDIĆ. 8144□

**Versuche über die Verringerung des Schwefel- und Aschegehaltes des Borsoder Braunkohlenkokses auf chemischem Wege.** Pál Takács und Aurél Bognár. (Nehézvegyipari Kutató Intézet Közleményei [Mitt. Forsch.-Inst. chem. Schwerind.] **1.** 93—99. Juli 1958. Veszprém, Nehézvegyipari Kut. Int.) (Ung.)

Vff. versuchten durch Chlorierung sowie durch Behandlung des Kokses mit reduzierenden Gasen u. $NH_3$ den S- u. Asche-Geh. herabzusetzen. Durch Steigerung der Temp. u. der $Cl_2$-Menge konnte der Asche- u. S-Geh. bedeutend verringert werden. Die $NH_3$-Behandlung war bes. in Ggw. von $Al_2O_3$- u. $Al(OH)_3$-Katalysatoren wirksam. Es zeigte sich, daß diese Wrkg. auf dem die Al-Salze verunreinigenden $Cl^-$ beruhte. N. SEILER. 8144□

**Eine Methode zur Bestimmung der Porosität von mineralischen Kohlen.** I. L. Ettinger und E. S. Zhupakhina. (Fuel **39.** 387—92. Sept. 1960. Moscow District, Luberzi, The Mining Inst. of the Acad. of Sci. of the USSR.) (Engl.)

Vff. beschreiben Meth. zur Best. der wahren Dichte von Kohlen, bei denen mit einem Benetzungsmittel versetztes W. verwandt wird, u. Meth. zur Best. der Teilchendichte, indem deren Oberfläche mit einem undurchlässigen Film überzogen wird, welcher bei der Hydrolyse eines Dampfes einer organ. $SiO_2$-Verb. entsteht. Die Ergebnisse zeigen gute Übereinstimmung mit Messungen der He-Dichte u. der Teilchendichte, welche durch geometr. Messungen ermittelt wurden. Die Porosität einer Reihe von Kohlen, welche aus den bestimmten Mengen errechnet wurde, zeigte gute Übereinstimmung mit den von MOFFAT u. WEALE gefundenen Werten. H. SCHÖBERL. 8146□

**Über den Einfluß der Dampfüberhitzungstemperatur bei der Druckvergasung.** Wolfgang Roth. (Freiberger Forschungsh., Reihe A, Heft **169.** 59—76. Juli 1960. Leipzig.) (Dt.)

Vortrag u. Diskussion über die Vergasung von Knorpelkohle (Körnung 2—10 mm, 20—22% Wasser-Geh.) bei ca. 23 at Druck u. Vergaserdampf-Temp. von 300, 375 u. 500°. Bei diesen Temp. ergibt sich ein völlig konst. $CO_2$-Geh. im Rohgas u. eine CO-Geh.-Zunahme im Reingas von 1,5% je 100° Dampf-Temp.-Absenkung (DTA) auf Kosten des $H_2$-Gehalts. Der $CH_4$-Geh. bleibt dabei konstant. Die Änderung der Gasqualität hinsichtlich Heizwert, Verbrennungswärme u. Dichte ist nur gering, so daß bei DTA trotzdem ein den Stadtgasnormen entsprechendes Gas erhalten wird. Bei DTA von 500 → 375° steigt der spezif. $O_2$-Bedarf langsam um ca. 7%, steigt jedoch rasch um weitere 14% bei einer DTA bis auf 300°. Dem steigenden $O_2$-Bedarf steht eine Abnahme des spezif. Dampfbedarfs um 15% (500 → 375°) bzw. weitere 8% (375 → 300°) gegenüber. Vf. diskutiert die techn. u. wirtschaftlichen Auswirkungen dieser Ergebnisse bzgl. Dampf-Zers.-Grad, Gaswasseranfall, C-Geh. sowie Gas- u. Wärmeausbeute (WA). Mit der DTA ändern sich der spezif. Brennstoffbedarf u. die WA nicht, wohl aber die Zus. der fl. anfallenden Produkte. Unter den beschriebenen Vers.-Bedingungen ergibt sich durch DTA eine Verbesserung der Wirtschaftlichkeit des Verfahrens. G. KIRSTEN. 8148□

**Herstellung von Stadtgas durch kontinuierliche thermische Umwandlung von Handelsbutan.** E. Halfyard. (Gas Times **94.** Nr. 952. 25—27. 30. Nov. 1960.) (Engl.)

Auf der Insel Guernsey wurde eine Flüssiggasumwandlungsanlage in Betrieb genommen, die nach dem Verf. von SIMON-CARVES-OTTO den Rohstoff katalyt. mit Luft u. Wasserdampf in ein sog. Spaltgas umwandelt, das überwiegend aus CO, $H_2$ u. $N_2$ neben geringen Konzz. von $CO_2$ u. $CH_4$ besteht. Dieses Gas hat einen Heizwert von etwas unter 300 B.t.u./cu.ft. Durch Kaltcarburierung mit dem ursprünglichen Flüssiggas wird der Heizwert auf 450 (500) B.t.u./cu.ft. angehoben. Die Anlage kann täglich 1300000 cu.ft. bei 450 B.t.u./cu.ft. u. einem Dichteverhältnis von 0,55 (Luft = 1) liefern. Beschreibung der Anlage u. der Überwachungseinrichtungen. F. SCHUSTER. 8156□

**Berechnungsverfahren für die Diffusionserscheinungen in Kugelgasbehältern.** I. Keunen. (Gaswärme **9.** 337—45. Nov. 1960. Leopoldsburg, Belgien.) (Dt.) — Vgl. C. **1960.** 17662.

Zur Berechnung der Größe der Mischschicht aus einzufüllendem Brenngas u. Luft in einem in Betrieb zu nehmenden Kugelgasbehälter wird eine die Ergebnisse bestimmende dimensionslose Kennzahl (Füllungszahl) abgeleitet, die vom Reinheitsgrad der ersten Kugelfüllung in bezug auf den $O_2$-Geh., von der Diffusionszahl Gas in Luft (0,21 $cm^2/s$ für Ferngas in Luft), vom Kugeldurchmesser u. von der einigermaßen frei wählbaren Zeit zum Einleiten eines dem Kugelinhalt entsprechenden Gas-Vol. abhängt.
F. SCHUSTER. 8156□

**Die selektive Abtrennung von Mono- und Diphenolen aus Braunkohlen-Generatorgas.** Jenö Kárpáti. (Nehézvegyipari Kutató Intézet Közleményei [Mitt. Forsch.-Inst. chem. Schwerind.] **1.** 121—27. Juli 1958. Veszprém, Nehézvegyipari Kut. Int.) (Ung.)

Selektive Wäsche des bis knapp 100° gekühlten Braunkohlen-Generatorgases durch in schnellen Tropfen frei fallendes W. läßt bis zu 13,6 g/Liter Diphenole (I) gewinnen. Der I-Geh. steigt bis zu 18 g/Liter bei mehrmaliger Rückführung der Lösung. Fraktionierte Kondens. des Generatorgases liefert bei 70° 12,3 g/Liter I u. 0,5 g Monophenole (II). Abkühlung in zweiter Stufe auf 35° läßt 1,9 g/Liter I u. 6,2 g/Liter II abscheiden. N. SEILER. 8174□

**Die Qualität einheimischer Steinkohlenteere und der technische Fortschritt in Teerverarbeitung in kontinuierlichen Destillationseinrichtungen.** Jerzy Szuba. (Koks-Smoła-Gaz **5.** 211—15. Nov./Dez. 1960. Gliwice, Politechn. Śląska, Kat. Chem. Przeróbki Węgla.) (Pol.) — Vgl. C. **1960.** 12884.)

Poln. Kohlenteere lassen sich nach ihrer Dichte in 4 Typen mit 30, 35, 40 u. 45% Öl-Geh. einteilen. Bei der Teer-Dest. ist eine rationelle Aufteilung der Ölfraktionen nötig, um die wertvollen Komponenten möglichst quant. zu gewinnen. Bei der Aufteilung von

Carbolöl, Naphthalinöl u. Spülöl auf 3, 12 u. 6,6% (bezogen auf wasserfreien Teer) wird im Naphthalinöl 91,2% des Naphthalins erhalten. F. URBAN. 8176□

**Endgültige Zusammensetzung der organischen Substanz des Green-River-Ölschiefers.** John Ward Smith. (U.S. Dep. Interior, Bur. Mines, Rep. Invest. Nr. **5725.** 1—16. 1961. Washington, U.S. Dep. of the Interior, Bur. of Mines.) (Engl.)

Es wurden 10 Ölschieferproben aus verschiedenen Bereichen der Mahagony-Zone der Green-River-Formation in Colorado u. Utah analysiert. Der Mineralanteil wurde durch Vorbehandlung der Proben mit HCl, HF u. gesätt. Borsäure-Lsg. weitgehend entfernt. Bei der schrittweisen Behandlung sowie der nachfolgenden Trocknung des verbleibenden organ. Anteils wurde eine oxydative Einflußnahme weitgehend vermieden. Der organ. Anteil wurde in üblicher Weise analysiert; bei der Berechnung der Endwerte wurde der Rest-Geh. der Proben an Cl, F u. Pyrit berücksichtigt. Die Analyse ergab folgende Durchschnittswerte (Gew.-%): 80,5 $\pm$ 0,4 C, 10,3 $\pm$ 0,1 H, 2,4 $\pm$ 0,1 N, 1,0 $\pm$ 0,1 S u. 5,8 $\pm$ 0,5 O. Die für die einzelnen Proben ermittelten Werte weichen nur unerheblich von den Durchschnittswerten ab. H. P. FIEDLER. 8180□

**Technische Maßnahmen zum Schutz des Grundwassers bei der unterirdischen Mineralöllagerung.** F. Zachen. (Erdoel-Z. Bohr- u. Födertechn. **77.** 204—09. Mai 1961. Hamburg, Mineralölwirtschaftsverband e. V.) (Dt.)

Nach Darlegung der Ursachen für eine Verunreinigung des Grundwassers u. des Verh. von Mineralöl im Erdreich werden 7 verschiedene Leckanzeige-Vorr. angegeben. O. HENNING. 8186□

**Prüfung der Eignung von Benzorbon und Tonerde zur Desodorierung von Erdgas.** J. Romováček und J. Gášek. (Paliva **38.** 44—46. Febr. 1958. Praha VŠCHT.) (Tschech.)

Beim Durchleiten von Erdgas zum Gaswerk wird es mit (15—20 mg/m) Methyl- oder Äthylmercaptan odorisiert, um Entweichungen feststellen zu können. Beim katalyt. Reformingprozeß an einem Ni-Katalysator wirkt das Mercaptan als Kontaktgift u. muß daher entfernt werden. Verss. zeigen, daß an akt. Kohle Benzorbon u. $Al_2O_3$ die Adsorption der Mercaptane in ungenügendem Umfang erfolgt, daß also diese Maßnahme ungeeignet ist. R. K. MÜLLER. 8186□

**Untersuchungen über das Cambay-Rohöl. 1. Mitt. Die Auswertung des Rohöls, seine Eigenschaften.** Ishwar Chandra, I. B. Gulati, A. N. Basu und A. Lahiri. (J. sci. ind. Res. [New Delhi], Sect. A **19.** 376—78. Aug. 1960. Jealgora, Centr. Fuel Res. Inst.) (Engl.)

Das Rohöl wird im Urzustand u. nach der Entwässerung untersucht. Das Rohöl hat nur einen geringen S-Geh. u. nur geringe leichtsd. Anteile. Ein hoher Fließpunkt von 35° läßt auf einen Wachs-Geh. von 10,6% schließen. Auch alle anderen Charakteristiken deuten auf ein paraffin. Öl hin. Gegenüber einem Öl aus Nahorkatiga zeigt es große Unterschiede. F. ROSENDAHL. 8188□

**Untersuchungen auf dem Gebiet der Entwässerung des bulgarischen Erdöls.** Krum Kaischew. (Годишник на Химико-Технологическия Институт (София) [Annu. Inst. chim.-technol. (Sofia)] **2.** Nr. 2. 1—11. 1955.) (Russ.; Auszug: Dt.)

Es werden die Ergebnisse der thermochem. Unterss. über die Entwässerung des bulgar. Erdöls, das als eine beständige, schwer trennbare Emulsion „Wasser im Erdöl" aufgefaßt wird, angegeben. Um die Rolle der Temp. u. der Dauer des Absetzens hinsichtlich des Entwässerungseffektes zu bestimmen, wurde das Erdöl im Autoklaven einer therm. Behandlung unterzogen. Als Deemulgator wurde der neutralisierte, schwarze Kontakt NSK (Sulfurierungs-Prod. der Kerosin-Solarfraktion des bulgar. Erdöls) benutzt. Deemulgator-Konz., Temp. u. Absetzdauer wurden während des Vers. variiert. Zusammenfassend wird festgestellt, daß die thermochem. Meth. zwar ausreichend für einen guten Entwässerungseffekt ist, jedoch keine vollkommene Entwässerung gewährleistet. Dazu mußte als Deemulgator ein Typ vom „Batumer NSK" verwendet werden. Beim Sulfurieren der Kerosin-Solarfraktion des bulgar. Erdöls kann ein Deemulgator erhalten werden, der in seiner Wrkg. dem sowjet. annähernd entspricht. H. NOACK. 8190

**Die Lösungen von Kohlen in Steinkohlenölen zur Gewinnung von Pech.** W. N. Nowikow und B. Ss. Gurewitsch. (Журнал Прикладной Химии [J. angew. Chem.] **32.** 628—36. März 1959. Örtliches Forschungsinst. für Kohlechemie.) (Russ.) — Vgl. FILIPPOW u. GOROWOI; C. **1958.** 9389.

Für die Gewinnung von Pech können Steinkohlen mit geringem Umwandlungsgrad verwendet werden, besser eignen sich jedoch Gas- u. Fettkohlen, die sich bei relativ niedrigen Temp. leicht u. vollständig lösen. Als Lsgm. werden Peche u. Anthracenfraktionen angewandt. Optimal für den Lösevorgang sind 350°; bei höheren Temp. entstehen Verluste an niedrigsd. Destillaten. Die Größe der Kohlen hat keinen Einfl. auf die Lösegeschwindigkeit. Je nach Dosierung der Kohle u. Art des Lsgm. lassen sich verschiedene Kohlenölpeche herstellen. Die Erhöhung des Kohleanteils führt zur Erhöhung der Erweichungs-Temp. der Peche, Erhöhung des Asche-Geh. u. Erniedrigung des Geh. an flüchtigen Stoffen. Deshalb ist es nicht zweckmäßig, den Kohleanteil über 35—40% zu steigern. Die aus Gas- oder Fettkohle u. leichten Pechen oder Pechteer hergestellten Kohlenölpeche ähneln den Steinkohlenteeren; bei Zusatz von Öl sind sie weniger fest u. besitzen teilweise die Elastizität von Gummi. H. VOGEL. 8226 □

---

René Brunel, Marius Brunel und Ange Fallone, Rhône, Frankreich, **Verbrennen von Brennstoffen (z. B. Butan) durch katalytische Oxydation.** Der Katalysator besteht aus einem Gewebe aus reinen Asbestfasern, welches selbst oder ggf. seine Fasern mit einer geeigneten Substanz (z. B. Pt, Th-Oxyd) imprägniert sind. — 2 Zeichnungen. (**F. P. 1 136 829** vom 16/9. 1955, ausg. 20/5. 1957.) T. OPPERMANN. 8129

Lummus Co., New York, übert. von: August H. Schutte, Hastings on Hudson, N.Y., V.St.A., **Verkoken von flüssigen Kohlenwasserstoffen.** Heißes Kontaktmaterial wird kontinuierlich zu einer Überführungszone geleitet, in der es ein kompaktes Bett bildet. In dieses Bett wird unter Druck Dampf im Gemisch mit KW-Stoffen eingeblasen, wobei ein Teil der Feststoffe mit nach oben in die Überführungsleitung gerissen wird, in die dann noch zusätzlich KW-Stoffe eingeleitet werden. Die KW-Stoffe werden dabei verkokt. — Zeichnungen. (**A. P. 2 928 786** vom 28/5. 1948, ausg. 15/3. 1960.) E. KAHLES. 8145

Badische Anilin- & Soda-Fabrik Akt.-Ges. (Erfinder: Ferdinand Markert und Willibald Funk), Ludwigshafen/Rh., **Erzeugung von Brenngas,** bes. Synthesegas, durch Vergasen eines feinverteilten Brennstoffes in ruhender Schicht, der der Brennstoff u. das Vergasungsmittel von oben zugeführt, aus der das Nutzgas unten abgezogen u. die period. zwecks Aufbereitung durch von unten eingeführte Gase oder Dämpfe in wallende Bewegung versetzt wird. Zum Vermeiden eines unerwünschten Geh. des erzeugten Gases an KW-Stoffen wird der Brennstoff in einem dem Gaserzeuger vorgeschalteten Raum durch Teilumsetzung mit einem Teil des Vergasungsmittels bei so hoher Temp. vorentgast, daß die durch Entgasung entstehenden KW-Stoffe gespalten werden. Die Entgasungs-Prodd. werden der ruhenden Schicht zugeführt. Die für die Spaltung der KW-Stoffe der Vorentgasung erforderliche Wärme wird durch Einw. eines exotherm reagierenden Vergasungsmittels auf den Brennstoff erzeugt. Letzterer kann einen hohen Geh. an flüchtigen Bestandteilen aufweisen. (**D. A. S. 1 095 977** Kl. 24e vom 25/8. 1954, ausg. 29/12. 1960.) W. HAUSWALD. 8149

Esso Research and Engineering Co., übert. von: John F. Moser jun. und Frank B. Johnson, Baton Rouge, La., V.St.A., **Verkoken von Rückstandsöl.** Das Öl wird in eine Wirbelschicht von feinverteilten Stoffen bei 900—1200° F verkokt. Die CONRADSON-Zahl (I) des Öles wird bestimmt u. die Abhängigkeit der Viscosität u. der I in dem Einsatz gut ermittelt. Auf Grund der kontinuierlichen Kontrolle des Verkokens wird die Viscosität festgestellt. Die Raumströmungs-Geschw. wird auf 0,74 Gew./Gew./Std. gehalten. — Zeichnungen. (**A. P. 2 927 073** vom 7/10. 1953, ausg. 1/3. 1960.) E. KAHLES. 8161

Union Oil Co. of California, Los Angeles, übert. von: Paul W. Fischer und Vincent Kenny, Whittier, und John W. Scheffel, Fullerton, Calif., V.St.A., **Gewinnung von Öl aus Ölsanden.** Der Ölsand wird in einer Mischzone mit 0,1 bis 2,5 Barrel nichtflüchtigem KW-Stoff-Lsgm. je Tonne Sand u. mit 0,75—5 Barrel je Tonne Sand einer wss. 30%ig. Na-Silicat-Lsg. gemischt. Dieses Gemisch wird auf 160—250° F gebracht u. dann einer Trennzone zugeführt. Die Ölschicht wird über der Oberfläche der Na-Silicat-Lsg. abgezogen, ohne daß der in die Trennzone eingebrachte Gemischbrei aus Öl, Ölsand, Na-Silicat-Lsg. u. KW-Stoff mit dieser in Berührung kommt. Vom Boden der Trenn- u. Absetzzone wird der abgesetzte Sand abgezogen. Die Ölschicht wird in Lsgm. u. KW-Stofföl zerlegt u. das erstere zur Mischzone zurückgeleitet. — Zeichnungen. (**A. P. 2 903 407** vom 16/4. 1956, ausg. 8/9. 1959.) E. KAHLES. 8191

Sun Oil Co., Philadelphia, übert. von: James L. Jezl, Swarthmore, Pa., V.St.A., **Antioxydationsmittel für Mineralöle.** Zur Erhöhung der Oxydationsstabilität gibt man den Ölen 0,01—2,0 Gew.-% dl-Methionin, dl-Methioninanhydrid oder d-Methionin zu. (**A. P. 2 940 933** von 26/9. 1956, ausg. 14/6. 1960.) P. UNGER. 8193

Sun Oil Co., Philadelphia, übert. von: James L. Jezl, Swarthmore, Pa., V.St.A., **Erdölraffination.** Unbehandeltes Erdöl, welches bas., Nicht-KW-Stoffe enthaltendes Material führt, wird mit Verbb. mit $<$ 5 C-Atomen, z. B. Alkanolen der Formel ROH, in der R einen Alkylrest bedeutet, u. aliphat. gesätt. Ketonen, behandelt in Ggw. von 0,01—40 Vol.-% (bezogen auf diese Verbb.) einer Säure, die bei 25° eine

Ionisations-Konst. von mindestens $1 \cdot 10^{-3}$ hat. Das Erdöl ist mit dieser Verb. während der ganzen Säurebehandlung in Berührung. Die Säuremenge (wasserfreie Säure) beträgt mindestens 0,01 Vol. pro 100 Vol. Erdöl, jedoch nicht > 4 Vol. pro 100 Vol. Erdöl. Die anwesende Wassermenge ist nicht > 20 Teile auf 100 Teile der Verb.; dann trennt man das Erdöl in fl. Phase von der fl. Verb. ab. — Beispiele: Mischung aus Alkanol u. Keton, Methanol u. höheren Alkanolen; Beispiele für die Säuren: $H_2SO_4$, HCl. — Zeichnung. (**A. P. 2 921 896** vom 13/12. 1954, ausg. 19/1. 1960.) P. UNGER. 8195

Phillips Petroleum Co., übert. von: Robert J. Hogan, Bartlesville, Okla., V.St.A., **Hydrocracken von schweren Kohlenwasserstoffölen.** Das Öl wird bei 700 bis 1000° F, 500—5000 lbs./sq.in. einer Raumströmungs-Geschw. von 0,1—10 in Ggw. von 1000—10000 cu.ft. $H_2$ je barrel Öl mit einem Katalysator aus 1—10 (Gew.-%) Ni u. 0,01—10 Ag auf einem porösen Träger aus Tonerde oder Kieselsäure–Tonerde in Kontakt gebracht. (**A. P. 2 926 130** vom 12/11. 1957, ausg. 23/2. 1960.) E. KAHLES. 8199

Shell Oil Co., übert. von: Harry D. Evans, Oakland, Calif., V.St.A., **Gewinnung von katalytisch gecracktem Leichtbenzin** mit einem niedrigen Endsiedepunkt. Das Crack-Prod. wird dest. u. die Überkopffraktion, die Leichtbenzin u. leichtere KW-Stoffe enthält, wird teilweise kondensiert, während die anderen KW-Stoffe anschließend kondensiert werden. Die übrigbleibende Gasfraktion wird komprimiert u. gekühlt. Das Kompressorkondensat wird dem unteren Teil eines Absorbers zugeführt, während in den oberen Teil die Teile des Kondensats der Überkopffraktion als Waschöl eingeleitet werden. Aus dem Absorber wird das Leichtbenzin u. das Rückstandsgas abgezogen. — Zeichnungen. (**A. P. 2 939 834** vom 26/8. 1957, ausg. 7/6. 1960.) E. KAHLES. 8201

Pure Oil Co., Chicago, übert. von: Elmer L. Miller, Cary, und Hillis O. Folkins, Crystal Lake, Ill., V.St.A., **Isomerisierungskatalysatorherstellung.** Ein calcinierter Kieselsäure–Tonerde-Träger, der 50—95 Gew.-% $SiO_2$ enthält, wird mit einer $C_2$—$C_5$-, durch F-substituierten aliphat. Säure u. mit einer Lsg. einer reduzierbaren Edelmetall-Verb. imprägniert u. dann bei 750—975° F der getrocknete imprägnierte Träger mit $H_2$ reduziert. — Zeichnung. (**A. P. 2 943 129** vom 7/10. 1958, ausg. 28/6. 1960.) E. KAHLES. 8201

Gulf Research & Development Co., Pittsburgh, übert. von: William C. Starnes, Winfield Township, und Robert C. Zabor, Shaler Township, Pa., V.St.A., **Isomerisieren von leichten Paraffinen.** Die Paraffine, $H_2$ u. $Cl_2$, HCl oder KW-Stoffhalogenide werden mit einem Pt–Tonerde-Katalysator in Kontakt gebracht. Die KW-Stofffraktion besteht aus mindestens 90% $C_5$—$C_7$-Paraffinen. Es wird bei 600—900° F, 375—600 lbs./sq.in. einer Raumströmungs-Geschw. von über 5 Vol./Vol./Std. gearbeitet. Der Halogen-Geh. des Einsatz-Prod. beträgt 10—150 ppm. (**A. P. 2 944 097** vom 31/12. 1957, ausg. 5/7. 1960.) E. KAHLES. 8201

Engelhard Industries, Inc., Newark, N. J., V.St.A., **Isomerisieren von n-Paraffinen.** Hierzu wird ein Katalysator verwendet, der 0,01—2 (%) Platinmetall, 2—50 Al-Halogenid–FRIEDEL-CRAFTS-Katalysator enthält. Die $C_4$—$C_9$-KW-Stoffe werden in Dampfphase bei 150—450° F in Ggw. von freiem $H_2$ u. 0,05—35 Halogenwasserstoff isomerisiert. (**E. P. 830 882** vom 21/5. 1958, ausg. 23/3. 1960. A. Prior. 16/9. 1957.) E. KAHLES. 8201

Standard Oil Co., Chicago, übert. von: John B. Malloy, Lansing, Ill., V.St.A., **Hydroformieren mit einem Platin–Tonerde-Katalysator.** Das Schwerbenzin wird auf 900—950° F erhitzt u. durch eine 1. Rk.-Zone geleitet. Die Rk.-Prodd. der 1. Zone werden wieder auf 900—950° F erhitzt u. durch eine 2. Rk.-Zone geleitet, die auf 900 bis 980° F gehalten wird. Die Rk.-Prodd. dieser 2. Zone werden durch eine Kühlzone geführt u. der $H_2$-Strom abgetrennt, der zur 1. Erhitzungszone zurückgeleitet wird. Die beiden Rk.-Zonen werden nach Bedarf mit einer Auswechselzone ausgetauscht, wobei in der abgeschalteten Zone der Katalysator regeneriert wird. Die Rk.-Prodd. dieser Zwischenreaktionszone werden so abgekühlt, daß das Kondensat alle KW-Stoffe vom Kp. > 300° F enthält. Das Kondensat wird fraktioniert; die Überkopffraktion hat einen Kp. < 230° F. Die Bodenfraktion wird mit den Rk.-Prodd. der letzten Rk.-Zone vereinigt, während die Überkopffraktion zusammen mit $H_2$ u. nichtkondensierten KW-Stoffen zur letzten Rk.-Zone geführt wird. — Zeichnungen. (**A. P. 2 916 433** vom 31/1. 1955, ausg. 8/12. 1959.) E. KAHLES. 8201

Esso Research and Engineering Co., übert. von: Kenneth Earl Draeger und Lloyd Arthur Nicolai, Baton Rouge, La., V.St.A., **Hydroformieren von Kohlenwasserstofffraktionen,** wie Schwerbenzin, die Di- u. Monoolefine enthalten. Die Schwerbenzindämpfe werden zu einem Wirbelbett von feinverteiltem Katalysator geleitet. Das Hydroformat wird mit einem Teil des Hydroformierungskatalysators als verd. Suspension über dem Wirbelbett gehalten u. dabei das diolefinhaltige Hydroformat unter Hydroformierungsbedingungen hydriert; dabei werden die Diolefine zu den entsprechenden Monoolefinen hydriert u. die KW-Stoffe gecrackt. — Zeichnung. (**A. P. 2 916 434** vom 3/1. 1956, ausg. 8/12. 1959.) E. KAHLES. 8201

M. W. Kellogg Co., Jersey City, übert. von: William J. Degnen, Westfield, N.J., V.St.A., **Hydroformieren von Kohlenwasserstoffen.** Die am Katalysator festgehaltenen Rk.-Prodd. werden abgestreift. Hierzu wird der verbrauchte Katalysator mit einem inerten Gas als verd. Suspension in ein dichtes Katalysatorbett in einer Trennzone eingeführt, wo das Gas vom Katalysator getrennt wird. Aus dieser Trennzone wird der Katalysator zu einer Abstreifzone geleitet u. dort abgestreift. — Vorr., Zeichnungen. (**A. P. 2 926 133** vom 29/2. 1956, ausg. 23/2. 1960.) E. KAHLES. 8201

Koninklijke Zwavelzuurfabrieken v/h Ketjen N. V. (Erfinder: Johan Pieter Abrahams), Amsterdam, Holland, **Katalysatorträger aus $Al_2O_3$.** Die bei 450—850° calcinierte Tonerde wird mit einer Säure, bes. HCl, behandelt, bis $\leq$ 20% des $Al_2O_3$ gelöst sind; dann wird die saure Lsg. abgetrennt, das $Al_2O_3$ (Rückstand) gewaschen, getrocknet u. bei 500—850° calciniert. Das Prod., mit Pt imprägniert, zeigt bei *Reformierungs-*, *Hydrierungs-* oder *Desulfurierungs-Rkk.* auch bei niedrigem Pt-Geh. ausgezeichnete Wirksamkeit. (**D. A. S. 1 078 097** Kl. 12g vom 28/1. 1959, ausg. 24/3. 1960. Holl. Prior. 1/2. 1958.) H. KOBS. 8201

Socony Mobil Oil Co., Inc., übert. von: Raymond R. Halik, Oak Ridge, Tenn., V.St.A., **Katalytisches Reformieren von Kohlenwasserstoffen.** Bei der Reformierung wird der Katalysator mit 0,3—0,7 Gew.-% W. u. $O_2$ beladen. Beim Reformieren fließt der Katalysator abwärts durch die Rk.-Zone, während die KW-Stoffdämpfe sowie ein $H_2$-reiches Rücklaufgas in die Rk.-Zone eingeleitet werden. Der regenerierte Katalysator enthält geringe Mengen W. u. lose gebundenen $O_2$. Zur Kontrolle dieser vom Katalysator festgehaltenen Mengen an W. u. $O_2$ wird aus der Rk.-Zone ein Teil des Katalysators in der Nähe des Katalysatoreinlasses in die Zone abgezogen u. auf den Geh. an W. u. $O_2$ geprüft. — Zeichnungen. (**A. P. 2 883 334** vom 15/8. 1952, ausg. 21/4. 1959.) E. KAHLES. 8201

Shell Development Co., New York, N.Y., übert. von: Dante H. Sarno, El Cerrito, Calif., V.St.A., **Katalytische Reformierung und Isomerisierung von straight-run-Leichtbenzin.** Das straight-run-Leichtbenzin wird in 2 Fraktionen, vom Kp. 95 bis 150° F bis End-Kp. 160—175° F u. vom Kp. 160—175° F bis End-Kp. 210—240° F zerlegt. Die höhersd. Fraktion wird bei 850—1000° F in Ggw. von zugesetztem $H_2$ u. einem Dehydrierungskatalysator katalyt. reformiert. Das Reformat wird in 2 Fraktionen zerlegt, die unter 185—225° F bzw. über 185—220° F sieden. Die niedriger sd. Reformatfraktion wird zusammen mit einer höhersd. Isomerisatfraktion extrahiert u. ein paraffinreiches Raffinat sowie ein aromatenreicher Extrakt erhalten. Ein Teil des Raffinats wird mit der niedrigsd. straight-run-Leichtbenzinfraktion gemischt u. dieses Gemisch wird in Ggw. von $H_2$ u. eines Edelmetallkatalysators bei 650—850° F isomerisiert. Das Isomerisat wird fraktioniert u. 2 Fraktionen vom Kp. unterhalb 135—145° F u. oberhalb 135—145° F werden erhalten. Die höhersd. Isomerisatfraktion wird mit der niedrigsd. Reformatfraktion gemischt. — Zeichnungen. (**A. P. 2 913 393** vom 18/2. 1958, ausg. 17/11. 1959.) E. KAHLES. 8201

Esso Research and Engineering Co., übert. von: Maurice W. Mayer, Summit, N.J., V.St.A., **Isotherme katalytische Reformierung von Schwerbenzin** in Ggw. eines Pt-haltigen Katalysators. Der Katalysator wird in mehreren senkrechten, an der Außenwand liegenden parallelen Rohren untergebracht, während sich im Innern des Raumes die Heizzone befindet. Diese Heizzone ist in mehrere Abteilungen unterteilt, in denen sich Brenner befinden. Durch die Rohre wird ein Strom von Schwerbenzin u. $H_2$ geleitet. — Vorr., Zeichnungen. (**A. P. 2 925 377** vom 1/4. 1955, ausg. 16/2. 1960.) E. KAHLES. 8201

Standard Oil Co., übert. von: Bernard L. Evering, Chicago, Ill., und Alan K. Roebuck, Dyer, Ind., V.St.A., **Reformierungs-Hydroformierungs-System.** Schwerbenzin wird fraktioniert. Die leichte Schwerbenzinfraktion vom End-Kp. 200° F wird an einem alkalisierten Chromoxyd-Tonerde-Katalysator bei 975—1125° F u. bei Atmosphärendruck bis 200 lbs./sq.in. sowie einer Raumströmungs-Geschw. 1—10 Vol./Vol./Std. reformiert. Die schwere Schwerbenzinfraktion vom Kp. 200—400° F wird an einem Pt-Tonerde-Katalysator in mindestens 3 Erhitzungs-Rk.-Stufen bei 850 bis 1000° F, 100—400 lbs./sq.in. in Ggw. von rückgeführtem $H_2$ hydroformiert. Vom Hydroformat werden die gasförmigen KW-Stoffe abgetrennt u. dann das schwere Hydroformat dest. u. eine leichte u. eine schwere Fraktion erhalten. Die erstere wird der

Reformierungszone der leichten Schwerbenzinfraktion zugeführt. Das von den gasförmigen KW-Stoffen befreite Reformat wird mit dem schweren Hydroformat gemischt. — Zeichnungen. (**A. P. 2 918 422** vom 31/10. 1956, ausg. 22/12. 1959.)
E. KAHLES. 8201

N. V. de Bataafsche Petroleum Mij., Holland (Erfinder: William V. Medlin und George E. Liedholm), **Ausführung katalytischer Kohlenwasserstoff-Umwandlungsreaktionen** in einem Zweibett-Rieselfließverf., wobei der Katalysator durch einen Gasstrom von dem unteren Bett nach dem oberen gefördert wird, um danach durch ein Rohr wieder in das untere gefördert zu werden. Das erste Bett dient für die katalyt. Umwandlung, das zweite für die Regenerierung des Katalysators. — 5 Abb.; Diagramm. (**F. P. 1 148 029** vom 21/2. 1956, ausg. 3/12. 1957. A. Prior. 23/2. 1955.)
M. F. MÜLLER. 8201

Sinclair Refining Co., New York, N.Y., übert. von: Marvin F. L. Johnson, Homewood, Ill., Carl D. Keith, Munster, Ind., und Warren E. Stewart, Park Forest, Ill., V.St.A., **Regenerieren von Platin-Tonerde-Reformierungskatalysatoren.** Die auf dem Katalysator niedergeschlagenen C-haltigen Verunreinigungen werden mit einem aus einem inerten Gas u. $O_2$ bestehenden Gas, dessen $O_2$-Geh. nicht über 1,5 Vol.-% ausmacht, abgebrannt, wobei das Katalysatorbett auf 500—900° F u. der $H_2O$-Partialdruck des abziehenden Gases unter 50 mm Hg gehalten werden. Nachdem prakt. alles C abgebrannt ist, wird das Katalysatorbett auf 800—950° F bei prakt. wasserfreier Atmosphäre gebracht, wobei der $O_2$-Partialdruck für die Dauer von 30 Min. zur Überführung des Pt in das Oxyd auf 0,2—3 at gehalten wird. Der Pt-Tonerde-Katalysator besteht aus $\gamma$-$Al_2O_3$, ist großporig u. hat eine große Oberfläche, wobei das $\gamma$-$Al_2O_3$ durch Trocknen u. Calcinieren eines zu 65—95% aus Trihydrat bestehenden Al-Oxydhydrats hergestellt wurde. Der Geh. an Pt beträgt 0,1—1 Gew.-%, wobei der Abstand der Kristalle größer als 50 Å voneinander ist, wie mit Röntgenstrahlen feststellbar ist. Der Katalysator hat vor dem Einsatz eine Oberfläche von 350—550 $m^2$/g. (**A. P. 2 922 766** vom 31/5. 1955, ausg. 26/1. 1960.)
E. KAHLES. 8201

Eastman Kodak Co., Rochester, N.Y., übert. von: John W. Thompson, Kingsport, Tenn., V.St.A., **Gefärbte Kohlenwasserstoffe,** bes. *gefärbtes Gasolin*, erhält man durch Zusatz von 1,50—100 mg pro gallone des Erdöldestillats an Farbstoffen folgender Art: N-sek.-Butyl-p-(4-nitrophenylazo)-anilin; N-Isobutyl-p-(4-nitrophenylazo)-anilin, N-n-Butyl-p-(4-nitrophenylazo)-anilin u. N-Äthyl-p-(4-nitrophenylazo)-o-toluidin. (**A. P. 2 925 333** vom 24/5. 1955, ausg. 16/2. 1960.)
P. UNGER. 8205

Ethyl Corp., New York, N.Y. (Erfinder: Raymond G. Lyben, Detroit, Mich.), V.St.A., **Antiklopfmittelgemisch.** Dasselbe enthält eine Organobleiverb. u. Spülmittel (I). In I ist mindestens 1 Mol-% Halogen in Form einer der folgenden Verbb. enthalten: a) $C_{5-20}$-Poly-(tert.-halogen)-KW-Stoffe oder $C_{4-20}$-Mono-(tert.-halogen)-KW-Stoffe, in denen das halogentragende C-Atom an andere C-Atome einfach gebunden ist u. zu den H-substituierten C-Atomen in $\alpha$-Stellung steht; b) sek. $C_{3-8}$-KW-Stoffe mit 1—2 Halogenen, in denen jedes Halogen an ein C-Atom gebunden ist, das an 2 andere nicht halogentragende aliphat. C-Atome einfach, sowie an 1 H gebunden ist, das Verhältnis C-Halogen mindestens 3:1 ist, mindestens 1 H an 1 C-Atom in $\alpha$-Stellung zum halogensubstituierten C-Atom steht u. nur 1 Halogen an 1 C gebunden ist; c) $C_{2-20}$-Halogenhydrine mit 1—4 Hydroxylgruppen u. 1—6 Halogenen, in denen mindestens 1 Halogen an einem C sitzt, welches nicht $>2$ C von dem OH-substituierten C entfernt ist; d) aromat. $C_{8-20}$-KW-Stoffe mit 1—4 Halogenen, in denen jedes Halogen an ein nicht aromat. gesätt. C-Atom gebunden ist, das in $\alpha$-Stellung zu einem doppelt gebundenen Ring-C-Atom u. einem H-substituierten C-Atom steht; e) Gemische von 1. tert.-$C_{4-20}$-Polyhalogen-KW-Stoffen mit 2—6 Halogenen, in denen mindestens 1 Halogen je an 1 tert. C-Atom u. ein C-Atom, das einfach an nicht $>2$ C-Atome einfach gebunden ist, substituiert ist, mit 2. $C_{2-3}$-Halogen-KW-Stoffen mit 2—3 Br- oder Cl-Atomen. Beispiele: 2.3-Dibrom-2.3-dimethylbutan u. 2-Brom-3-methylpropan. — Vgl. D. A. S. 1 058 785 u. A. P. 2 849 304; C. **1959.** 16522. (**E. P. 804 763** vom 31/5. 1956, ausg. 19/11. 1958. A. Prior. 31/5. 1955. **A. PP. 2 849 302, 2 849 303,** beide vom 31/5. 1955, ausg. 26/8. 1958 u. **2 869 993** vom 31/5. 1955, ausg. 20/1. 1959.)
E. DREWS. 8209

Esso Research and Engineering Co., Del., übert. von: George A. Weisgerber, Iselin, und John O. Smith jun., North Plainfield, N.J., V.St.A., **Heizöl, Diesel- und Düsentreibstoff,** bestehen aus einem Erdöldestillat mit mindestens 10% gecrackten KW-Stoffen mit Zusätzen von 0,001—0,2 Gew.-% einer Mischung aus je 1—3 Teilen 2.4-Dinitrophenyloctadecylsulfid u. dem Zn-Salz einer Petroleumnaphthensäure vom Molgew. 150—300. (**A. P. 2 895 815** vom 19/11. 1956, ausg. 21/7. 1959.)
E. DREWS. 8213

N.V. de Bataafsche Petroleum Mij., Den Haag (Erfinder: Johannes Wilhelmus Augustinus Schrakamp und Johan Leonard van der Minne, Amsterdam), Holland, **Herstellung von stabilen Schmierölsuspensionen** von Salzen 2wertiger Metalle in einem Mineralöl in Ggw. von Emulgierungsmitteln, ausgehend von einer wss. Lsg. eines Salzes einer organ. Säure, z. B. des Ca-, Ba-, Mg-, Zn-, Cd- oder Pb-Salzes der Ameisen-, Essig- oder Propionsäure, sowie von Nitriten der genannten Metalle. Die wss. Salz-Lsg. wird mit einem Mineralöl in eine Emulsion vom W.-in-Öl-Typ durch geeignete Wahl des Emulgierungsmittels übergeführt. Durch Verdampfen wird ein Teil des W. der Salz-Lsg. entfernt u. die erhaltene Suspension mit einem Schmieröl gemischt. — Das Mittel dient zum *Schmieren von Verbrennungsmotoren*, bes. *Dieselmotoren* (**F. P. 1 148 873** vom 12/3. 1956, ausg. 17/12. 1957. **Belg. P. 545 990** vom 12/3. 1956, ausg. 9/10. 1959. **E. P. 791 413** vom 12/3. 1956, ausg. 5/3. 1958. Alle Holl. Prior. 14/3. 1955. **Holl. P. 87 354** vom 14/3. 1955, ausg. 15/1. 1958.) M. F. MÜLLER. 8221

Esso Research and Engineering Co., V.St.A., **Synthetisches Schmiermittel** aus einem Ester der allg. Formel $RS(CH\cdot R'\cdot CHR''\cdot O)_n\cdot CH\cdot R'\cdot CHR''\cdot O\cdot CO\cdot R'''$, welcher erhalten wird durch Kondens. eines Mercaptans mit einem Alkylenoxyd bei 10—60° in Ggw. von NaOH oder $NaOCH_3$ u. Veresterung (R u. R''' = Alkylgruppen mit 1—36 C-Atomen; n = 1—25; R' u. R'' = H oder Alkylgruppen mit 1—6 C-Atomen; der Ester enthält 20—130 C-Atome im Molekül. Die Ausgangsmercaptane sind z. B. Isooctyl-, tert.-Octyl-, n-Octyl-, Isodecyl-, Dodecyl-, Lauryl-, Tridecyl- u. Hexadecylmercaptan, die Alkylenoxyde sind z. B. Äthylen-, Propylen-, n-Butylen- u. Isobutylenoxyd. — Aus Dodecylmercaptan u. Äthylenoxyd wird in Ggw. von NaOH ein Prod. mit $Kp._5$ 181—187° gewonnen, das mit seiner $C_{13}$-Säure aus dem Oxo-Verf. verestert wird: Viscosität bei 37,8° = 35,5 cSt; Viscositätsindex 104; Tropfpunkt —45°; Flammpunkt 171°. (**F. P. 1 148 201** vom 26/4. 1956, ausg. 5/12. 1957.) M. F. MÜLLER. 8223

---

**Union Rheinische Braunkohlen Kraftstoff Akt.-Ges.**, Wesseling, *Vergasen von flüssigen oder festen Brennstoffen.* (**Ind. P. 56 651** vom 28/2. 1956, ausg. 5/5. 1958. E. Prior. 3/1. 1956. — **C. 1959.** 11773 [D. A. S. 1 050 008].)

**Directie van de Staatsmijnen in Limburg**, Heerlen, Holland, *Brenngasgemische.* (**Schwed. P. 155 262** vom 28/12. 1948, ausg. 17/7. 1956. Holl. Prior. 29/12. 1947 u. 8/5. 1948. — **C. 1955.** 4001 [D. B. P. 908 516].)

**Fernand Hellwig**, Zürich, Schweiz, *Herstellung von Mischgas.* (**It. P. 512 589** vom 19/1. 1954. — **C. 1957.** 13851 [D. A. S. 1 009 753].)

**Esso Research and Engineering Co.**, Elizabeth, N.J., V.St.A., *Herstellung von Stadtgas.* (**F. P. 834 343** vom 10/9. 1957, ausg. 4/5. 1960. A. Prior. 10/10. 1956. — **C. 1960.** 11524 [D. A. S. 1 070 771].)

**Max Gerhold**, Graz, Österreich, *Thermisch-katalytische Umwandlung von höhermolekularen gasförmigen und flüssigen Kohlenwasserstoffen in im wesentlichen aus niedermolekularen Kohlenwasserstoffverbindungen und $H_2$ bestehende Gase.* (**Ind. P. 57 493** vom 31/5. 1956, ausg. 14/10. 1957. — **C. 1958.** 7003 [D. A. S. 1 021 121].)

**Imperial Chemical Industries Ltd.**, London, England (Erfinder: **Robert William Gunn Preston** und **Michael Taylor**), *Kohlenwasserstoffe mit verminderter Schaumfähigkeit.* (**E. P. 831 883** vom 20/3. 1957, ausg. 6/4. 1960. — **C. 1960.** 9430 [D. A. S. 1 065 967].)

**Dorr-Oliver, Inc.**, Stamford, Conn., V.St.A., *Entfernen von Wasser, Feststoff, wachs- und gummiartigen Verunreinigungen aus Kohlenwasserstoffen.* (**Ind. P. 56 432** vom 31/1. 1956, ausg. 11/8. 1958. — **C. 1959.** 15228 [Oe. P. 200 693].)

**Anglo-Iranian Oil Co. Ltd.**, London, England, *Entfernen von Schwefelwasserstoff aus Kohlenwasserstoffen.* (**It. P. 509 864** vom 12/11. 1953. E. Prior. 18/11. 1952. — **C. 1957.** 833 [F. P. 1 086 712].)

**N. V. de Bataafsche Petroleum Mij.**, Den Haag, Holland, *Umwandlung von Mercaptanen in Disulfide.* (**Schwed. P. 155 902** vom 10/3. 1954, ausg. 4/9. 1956. Holl. Prior. 12/3. 1953. — **C. 1958.** 602 [F. P. 1 097 348].)

**California Research Corp.**, Wilmington, Del., V.St.A., *Entmetallisieren von Kohlenwasserstofffraktionen* (**Ind. P. 57 193** vom 30/4. 1956, ausg. 30/4. 1957. — **C. 1959.** 8012 [E. P. 797 857].)

**California Research Corp.**, Wilmington, Del., V.St.A., *Katalysator für das Cracken von Kohlenwasserstoffen.* (**Ind. P. 56 546** vom 13/2. 1956, ausg. 2/7. 1958. — **C. 1960.** 12553 [Aust. P. 213 446].)

**Universal Oil Products Co.**, Des Plaines, Ill., V.St.A., *Aktivieren von Edelmetallkatalysatoren zur Umwandlung von Kohlenwasserstoffen.* (**Ind. P. 57 450** vom 28/5. 1956, ausg. 16/9. 1957. — **C. 1960.** 15964 [Belg. P. 548 263].)

**Ruhrgas Akt.-Ges.**, Essen (Erfinder: **Werner Wustrow** und **Helmut Kratz**, Essen), *Cracken von Kohlenwasserstoffen.* (**D. B. P. 974 261** Kl. 26a vom 11/7. 1952, ausg. 10/11. 1960. Anmeldung bekanntgemacht 2/8. 1956. — **C. 1950/54.** 3658.S [F. P. 1 081 039].)

**N. V. de Bataafsche Petroleum Mij.**, Den Haag, Holland, *Katalytisches Cracken von Kohlenwasserstoffölen.* (**Ind. P. 56 314** vom 16/1. 1956, ausg. 16/8. 1958. — **C. 1959.** 3348 [E. P. 786 603].)

**Esso Research and Engineering Co.**, Elizabeth, N.J., V.St.A., *Verkoken von schweren Kohlenwasserstoffen.* (**Belg. P. 540 717** vom 22/8. 1955, ausg. 14/8. 1959. A. Prior. 23/8. 1954. — **C. 1957.** 2371 [A. P. 2 735 806].)

**Anglo-Iranian Oil Co. Ltd.**, London, England, *Herstellung von Katalysatoren.* (**It. P. 510 103** vom 2/1. 1952. E. Prior. 15/1. 1951. — **C. 1956.** 8247 [F. P. 1 047 391].)

**British Petroleum Co. Ltd.**, London, England, *Reformierung von Erdölkohlenwasserstoffen.* (**Belg. P. 567 686** vom 14/5. 1958, ausg. 12/8. 1960. E. Prior. 13/9. 1956. F. Prior. 5/9. 1957. — **C. 1959.** 12739 [D. A. S. 1 050 478].)

**British Petroleum Co. Ltd.**, London, England, *Katalytische Reformierung von Erdölkohlenwasserstoffen.* (**Belg. P. 568 254** vom 2/6. 1958, ausg. 12/8. 1960. E. Prior. 7/12. 1956. F. Prior. 5/12. 1957. — C. **1959.** 16832 [D. A. S. 1 060 076].)

**Standard Oil Development Co.**, Elizabeth, N.J., V.St.A., *Reinigen von Rohbenzol.* (**It. P. 512 346** vom 22/1. 1954. A. Prior. 28/1. 1953. — C. **1956.** 13011 [F. P. 1 091 152].)

**Gulf Research & Development Co.**, Pittsburgh, Pa., V.St.A., *Motorentreibstoff.* (**Belg. P. 566 072** vom 26/3. 1958, ausg. 29/7. 1960. A. Prior. 5/4. 1957. — C. **1960.** 4078 [D. A. S. 1 065 216].)

**California Research Corp.** (Erfinder: **Warren Lowe** und **Robert A. Stayner**), *Treibstoffgemisch.* (**Aust. P. 219 612** vom 14/2. 1957, ausg. 5/2. 1959. A. Prior. 29/3. 1956. — C. **1960.** 4719 [D. A. S. 1 065 661].)

**California Research Corp.**, Wilmington, Del., V.St.A., *Kraftstoffgemisch.* (**Ind. P. 56 505** vom 8/2. 1956, ausg. 5/5. 1958. — C. **1958.** 11119 [D. A. S. 1 025 670].)

**E. I. du Pont de Nemours & Co.**, Wilmington, Del., V.St.A., *Heiz- und Treiböl.* (**E. P. 842 990** vom 2/11. 1956, ausg. 4/8. 1960. A. Prior. 28/11. 1955. — C. **1959.** 7344 [A. P. 2 805 925].)

**A/B Separator**, Stockholm, Schweden, *Reinigen von Schweröl.* (**Schwed. P. 155 437** vom 22/6. 1955, ausg. 31/7. 1956. — C. **1959.** 10113 [D. A. S. 1 041 188].)

**Joh. A. Benckiser G. m. b. H., Chemische Fabrik**, Ludwigshafen/Rh., *Herstellung von Diamin-N.N.N'.N'-tetrakisphosphorsäurederivaten.* (**E. P. 847 050** vom 22/7. 1958, ausg. 7/9. 1960. D. Prior. 31/8. 1957. — C. **1959.** 13361 [D. A. S. 1 047 781].)

**General Electric Co.**, Schenectady, N.Y., V.St.A., *Organophosphorsiliciumverbindungen.* (**E. P. 836 241** vom 13/5. 1957, ausg. 1/6. 1960. A. Prior 31/5. 1956. — C. **1959.** 11776 [A. P. 2 843 615].)

**Esso Research and Engineering Co.**, New York, N.Y., V.St.A., *Synthetisches Schmieröl.* (**Schwed. P. 155 546** vom 21/10. 1953, ausg. 7/8. 1956. A. Prior. 24/10. 1952. — C. **1957.** 3994 [F. P. 1 087 523].)

**Esso Research and Engineerng Co.**, New York, N.Y., V.St.A. *Schmieröl.* (**Schwed. P. 155 783** vom 5/11. 1952, ausg. 28/8. 1956. E. Prior. 6/11. 1951. — C. **1955.** 9481 [E. P. 719 633].)

**Esso Research and Engineering Co.**, New York, N.Y., V.St.A., *Schmierölkomposition.* (**Schwed. P. 155 259** vom 8/8. 1952, ausg. 17/7. 1956. E. Prior. 23/8. 1951. — C. **1950/54.** 4360 S [F. P. 1 062 155].)

**N. V. de Bataafsche Petroleum Mij.**, Den Haag, Holland, *Schmiermittel zur Metallbearbeitung.* (**Oe. P. 209 465** vom 14/4. 1959, ausg. 10/6. 1960. A. Prior. 16/4. 1958. — C. **1960.** 13898 [D. A. S. 1 075 257].)

**California Research Corp.**, San Francisco, Calif., V.St.A., *Schmiermittel.* (**Holl. P. 94 806** vom 6/11. 1954, ausg. 15/7. 1960. — C. **1957.** 1570 [F. P. 1 093 718].)

**N. V. de Bataafsche Petroleum Mij.**, Den Haag, Holland, *Schmierfett.* (**Holl. P. 95 159** vom 15/5. 1956, ausg. 15/8. 1960. A. Prior. 17/5. 1955. — C. **1958.** 7642 [D. A. S. 1 011 111].)

**Fürstlich Hohenzollernsche Hüttenverwaltung**, Laucherthal, *Verbundgleitlager.* (**Schwed. P. 155 798** vom 27/10. 1953, ausg. 28/8. 1956. — C. **1958.** 8519 [Oe. P. 191 680].)

## XX. Schieß- und Sprengstoffe. Zündmittel

**Wärmezündung von Sprengstoffen.** John Zinn und Charles L. Mader. (J. appl. Physics **31.** 323—28. Febr. 1960. Los Alamos, N. Mex., Univ. of Calif., Sci. Lab.) (Engl.)

Ausgehend von einer Gleichung von Frank-Kamenetski (Acta physicochim. URSS **10.** [1939.] 365) werden entsprechend der Theorie der Wärmeexplosion nichtlineare Wärmeleitungsgleichungen entwickelt u. mittels einer Digitalrechenmaschine numer. Lsgg. erhalten. Vff. berechnen die Zeiten bis zum Eintritt der Explosion von von außen erhitzten Kugeln, Zylindern u. Platten aus *Hexogen* (I), 75/25 *Cyclotol* (I-TNT; II), 50/50 *Pentolite* (Nitropenta-II) sowie II. Der Vgl. dieser Werte mit experimentell bestimmten Zeiten zeigt befriedigende Übereinstimmung außer bei II, da die zur Berechnung benutzten Literaturwerte für die Aktivierungsenergie u. die Zahl der Zusammenstöße stark voneinander abweichen. Die Werte für I u. Cyclotol liegen eng beieinander, bei 50/50 Pentolite u. Cyclotol wirkt II hauptsächlich als Verdünnungsmittel, da es sich nicht unterhalb von Temp. zersetzt, bei denen die Selbsterhitzung durch die andere Komponente sehr schnell ist. Die Vers.-App. wird beschrieben. H. Freiwald. 8292 □

**Ein modernisierter Photochronograph.** Klaus Schriever. (Explosivstoffe **9.** 55—60. März 1961. Berlin-Charlottenburg.) (Dt.)

Bei der physikal. Unters. der Pulver u. Sprengstoffe spielt die Best. der Verbrennungs- u. Detonations-Geschw., sowie die zeitliche Entw. u. Aufeinanderfolge dieser Vorgänge eine wichtige Rolle. Der hier beschriebene Hohltrommelphotochronograph ist mit einem Objektiv „Astro Tachar“ 1:1,8 mit einer Brennweite von 150 mm ausgestattet u. arbeitet mit Film-Geschw. bis 200 m/s. Das Filmformat ist 100 × 1000 mm. Die Drehzahl wird sowohl elektromagnet. gemessen als auch mit Hilfe eines Zeitmarkengebers durch Lichtimpulse auf dem Film für die Auswertung festgehalten. Es wird eine Reihe von Anwendungsbeispielen genannt sowie einige Aufnahmen gezeigt. G. Bauer. 8320 □

**Polarographische Bestimmung von Dimethyl- und Dibutylphthalaten in Treibsätzen durch Anwendung von Zinkamalgam zur Überwindung der Störungen von Nitroglycerin.** J. Townend und E. Macinotosh. (Analyst **86.** 338—42. Mai 1961. Chepstow, Mon., Caerwent, Nav. Ord. Insp. Lab.) (Engl.)

Vff. beschreiben die Best. von Phthalaten in Ggw. von Nitroglycerin. Ein Ae.-Extrakt des Treibsatzes wird in 25 ml A. gelöst u. diese Lsg. mit 6 ml Zn-Amalgam 1 Std.

kräftig geschüttelt. 25 ml werden mit 10 ml 20% ig. Tetramethylammoniumbromid-Lsg. u. bis zum Umschlag von Kresolrot–Thymolblau mit Tetramethylammoniumhydroxyd-Lsg. versetzt u. auf 50 ml mit A. aufgefüllt. Unter $N_2$ wird in Ggw. von 0,5% ig. Gelatine-Lsg. von 1,4 bis —1,8 V gegen die Hg-Bodenanode polarographiert. Vff. wenden die Meth. zur Analyse verschiedener 2bas. Treibstoffe an. G. KRIEN. 8326□

---

Olin Mathieson Chemical Corp. (Erfinder: Ralph Luyties Cook), **Rauchloses Pulver,** dessen Körner mit einem Überzug aus einem Gemisch bedeckt sind, das aus feinteiligem $KNO_3$ oder $NaNO_3$ u. wenigstens aus einem feinteiligen anorgan. Salz, wie $Ba(NO_3)_2$, $LiNO_3$, $K_2SO_4$, $BaSO_4$, $Li_2SO_4$, $Na_2SO_4$, $K_2CO_3$, $Li_2CO_3$ oder $CaCO_3$ besteht, wobei der Überzug 0,10—1,5 Gew.-% des Pulvers beträgt. — Ein aus 83 (%) Nitrocellulose, 10 Nitroglycerin, 6 Dibutylphthalat u. 1 Diphenylamin bestehendes Pulver kann z. B. mit einem Gemisch aus gleichen Teilen $KNO_3$ u. $K_2SO_4$ überzogen sein, wobei der Überzug 0,70 Gew.-% des Pulvers ausmacht. (**Aust. P. 221 002** vom 13/6. 1957, ausg. 23/4. 1959.) K. DEMMLER. 8301

United States of America, Secretary of Navy, übert. von: Herman A. Liebhafsky, Schenectady, und Arthur F. Winslow, Scotia, N.Y., V.St.A., **Elektrischer Zünder,** dad. gek., daß zwischen 2 Elektroden ein Zündsatz, bestehend aus 2—3,7 g Ag-Staub (feiner als 400 Maschen), 1—1,2 g $Ba(N_3)_2$ u. 2—3,5 g eines Bindemittels mit 0,126—0,22 g Nitrocellulose-Geh., untergebracht ist. (**A. P. 2 942 546** vom 30/3. 1950, ausg. 28/6. 1960.) A. GRADL. 8309

---

**Licencia Találmányokat Ertékesítö Vállalat** (Erfinder: **József Kota**), Ungarn, *Sicherheitszündverfahren für Sprengladungen in Bergwerken.* (**F. P. 1 153 526** vom 23/5. 1956, ausg. 12/3. 1958. Ung. Prior. 27/5. 1955. — **C. 1959.** 5676 [D. A. S. 1 034 528].)

**Albert Augustin Alexandre Darche,** Bondy, Frankreich, *Progressivpulver.* (**E. P. 835 560** vom 10/7. 1956, ausg. 25/5. 1960. Belg. Prior. 12/7. 1955. F. Prior. 9/8. 1955. — **C. 1960.** 14927 [Belg. P. 545 377].)

**Imperial Chemical Industries Ltd.** (Erfinder: **James Blair**), *Kontinuierliche Herstellung von flüssigen, explosiven Salpetersäureestern.* (**Aust. P. 210 890** vom 5/12. 1956, ausg. 14/11. 1957. E. Prior. 23/12. 1955. — **C. 1960.** 3752 [E. P. 808 103].)

## XXI. Leder. Gerbstoffe

**Die Wasserausnutzung in der Lederindustrie.** Alexandra Petrovici. (Ind. uşoară **3.** 315—18. Aug. 1956.) (Rum.)

Übersicht über die Anforderungen der Gerbereibetriebe an die Qualität des W., die Wrkg. von hartem W. u. die Verff. der Wasserenthärtung. R. K. MÜLLER. 8330□

**Die Gerbstoffe Acacia arabica.** 1. Mitt. **Fraktionierende Extraktion und papierchromatographische Untersuchungen der Frucht.** H. Endres, H. El Sissi und M. Hilal. (Egypt. J. Chem. **2.** 375—83. 1959. München, Max-Plank-Inst. für Eiweiß- u. Lederforschung, sowie Dokki-Cairo, Ägypten, Nat. Res. Center.) (Dt.)

Die Frucht der *Acacia arabica* wurde unter Ausschluß oxydativer Veränderungen mit Ae., Essigester, A. u. W. extrahiert. Die hierbei erhaltenen Fraktionen wurden auf ihren Geh. an Gerbstoff untersucht u. außerdem papierchromatograph. zweidimensional aufgetrennt: 1. Richtung: Eisessig–Ameisensäure–W. (6:2:92); 2. Richtung: Butanol–Eisessig–W. (14:1:5). Die Ergebnisse zeigen, daß der Gerbstoff Acacia arabica, der zur Klasse der kondensierbaren Gerbstoffe zuzuordnen ist, aus einem Gemisch aus 30—35 verschiedenen phenol. Substanzen besteht. — 13 Literaturangaben. H. G. FRÖHLICH. 8336□

**Die Verwendung von synthetischen Gerbstoffen der Marke Romatan bei der Erzeugung von Bodenledern in der Rumänischen Volksrepublik.** Nicolas Sucitulescu und Ion Dimitrescu. (Kožarštví **7.** 74—75. März 1957. Bucuresti Hauptverwaltg. der Leder- u. Gummiind. u. Min. für Leichtind.)

Kurze Beschreibung systemat. Verss. zur Klärung des bestmöglichen Einsatzes von Romatan für die Erzeugung von Vacheledern. Bei rein pflanzlicher Gerbung wird ein Anteil von 30% Syntanen, bei kombiniert gegerbten der Anteil an Syntanen zusammen mit mineral. Gerbsalzen bis 40% angegeben. J. A. SAGOSCHEN. 8336

**Über die wechselseitigen Wirkungen zwischen den verschiedenen Klassen der spannungsaktiven Verbindungen und den verschiedenen Ledersorten.** G. Otto. (Rev. techn. Ind. Cuir **47.** 5—9. Jan. 1955.) (Franz.)

Vf. untersucht die bei der Leder-Herst. so vielseitig als Weichmacher, Emulgator, Konservator, Gerb-, Farb- u. Fettstoffträger verwendeten spannungsakt. Stoffe in ihrem wechselseitigen Verh. zur Hautfaser, zu dem Chrom, pflanzlich oder kombiniert gegerbten

Leder u. auch untereinander auf Grund ihrer, die spezif. Eigg. bestimmenden anion., kation. oder nichtionogenen Eigenladung. Es werden Beispiele für die Verw. der drei Gruppen bzw. der betreffenden Handels-Prodd. der BADISCHEN ANILIN- u. SODA-FABRIK angegeben. A. BEUTHER. 8338□

**Einflüsse verschiedener Aufbereitungs-, Gerbe- u. Nachbehandlungsverfahren auf die Oberflächenergiebigkeit von Chromoberleder.** Charles A. Danon. (Commun. Fac. Sci. Univ. Ankara, Sér. B **7.** 45—76. 1956. Ankara, Univ., Inst. de Chim. Appl. et Ind.) (Franz.)

Unter Berücksichtigung der Oberflächenergiebigkeit, der Handelsqualität u. des Aussehens sowie der Reißfestigkeit werden an Hand detaillierter Verss. die verschiedenen Behandlungs-Meth. für Chromoberleder besprochen u. gegeneinander abgewogen. Mit Arsenik enthaarte Leder besitzen mit 88,5% die größte Oberflächenergiebigkeit bei guter Reißfestigkeit. Das Aussehen läßt jedoch sehr zu wünschen übrig. Der Vers., großen Flächengewinn (87,6%) durch Trocknen unter Spannung nach dem Gerben, Färben usw. zu erzielen, liefert zwar ein besseres, aber noch nicht voll befriedigendes Aussehen bei sehr guter Reißfestigkeit. Die beste Qualität ergibt die Chrombehandlung in Kombination mit Phthalat. Trotz mittelmäßiger Flächenergiebigkeit von 80,4% ist das Aussehen gut, ähnlich dem der Spitzenqualitäten bei höchster Reißfestigkeit (536 kg/cm$^2$). Die Kombination der verschiedenen beschriebenen Behandlungs-Verff. zur Erzielung optimaler Qualitäts-Eigg. verspricht interessante Ergebnisse. — 41 Literaturangaben. J. MALPRICHT. 8340□

**Kunstleder aus Lederabfällen als vollwertiger Rohstoff.** Robert Piełka. (Przegląd Skórzany **15.** 62—64. März 1960.) (Pol.)

Gemahlene u. zerfaserte Lederabfälle werden mit Kunststoffemulsionen vermischt u. gepreßt. Die Menge u. Art der angewandten Emulsion ist für die Eigg. des Kunstleders entscheidend. F. URBAN. 8352

**Eine einfache Methode zur Gehaltsbestimmung von Fetten in Leder und Häuten.** J. Pore und J. Dolo. (Rev. techn. Ind. Cuir **52.** 181—92. Sept. 1960.) (Franz.)

Beschreibung einer App. u. Meth. zur Best. des Fett-Geh. in Leder durch Extraktion der gewogenen Lederprobe mit einer bestimmten Menge PAe. oder Hexan u. Best. des aus einem aliquoten Teil der Lsg. nach Verdampfen des Hexans zurückbleibenden Fettes gravimetr. oder volumetrisch. Die Meth. ist bei gleicher Genauigkeit schneller u. einfacher als die SOXHLET-Methode. A. BEUTHER. 8360□

---

Magyar Állam, Budapest (Erfinder: Franz Kolos, Stefan Róna, Simontornya, und Ladislaus Wiedner, Budapest), Ungarn, **Schnellkälken von Häuten** erfolgt durch Eintragen der Häute in eine wss. Lsg. von Sulfiden u. oder Sulfhydraten u. Bewegungen der Häute 2—8 Std. bei 25—35°, vorteilhaft bei 28°. Anschließend setzt man 4—8%, bezogen auf die Häute, gelöschten Kalk hinzu u. bewegt die Masse bis eine Auflösung des gelöschten Kalkes erfolgt ist. Nach 2—8 Std. enthaart man manuell oder maschinell. Anschließend unterwirft man die Häute dem üblichen Schnellkalkverfahren. Die Gesamteinw. soll 24 Std. nicht überschreiten, vorteilhaft hält man 20—22 Std. ein. Die $Na_2S$-Menge soll in der 1. Behandlungsstufe zwischen 0,3 u. 0,8 Gewichts-% des 60%ig. Salzes betragen. Das Verhältnis der Häute zur Fl.-Menge soll zwischen 1:1,1 u. 1:3 liegen. **Ung. P. 143 616** vom 5/8. 1955, ausg. 1/8. 1957.) G. KÖNIG. 8335

Council of Scientific & Industrial Research, Neu-Delhi (Erfinder: Ramanujam Selvarangan und Biraj Mohan Das, Madras), Indien, **Gerben von Schlangenhäuten.** Die in üblicher Weise geweichten, gekalkten u. entkalkten Häute werden nach dem Pickeln mit Säure oder Calgon mit normalem oder bas. Al-Salz, z. B. $Al_2(SO_4)_3$, $AlCl_3$, Alaun oder bas. Al-Salzen organ. Säuren gegerbt u. anschließend gelickert. Das Verf. bedeutet eine ca. 75%ig. Verkürzung u. ca. 50%ig. Verbilligung gegenüber dem traditionellen Verf. der Weißgerbung. (**Ind. P. 53 197** vom 23/11. 1954, ausg. 4/1. 1957.) C. LÜTTGEN. 8337

Dow Corning Corp. (Erfinder: John W. Gilkey), **Hydrophobierungsmittel für Leder,** bestehend aus einem Gemisch von **Organosiloxanen** u. 15—50% *β-Dicarbonyl-Zr-Verbb.*, die durch partielle Hydrolyse von $Zr(OR)_4$ oder Rk. von $ZrCl_2$ mit *β*-Diketonen oder deren Estern-RC(:O)CHR—C(:O)OR erhalten sind. — Geeignet ist, z. B. eine Lsg. von Mischpolymeren (75:25) aus *Dimethylsiloxan* u. *Phenylmethylsiloxan* u. der aus $ZrCl_2 \cdot 8\,H_2O$ u. *Acetylaceton* erhaltenen Verb. $Zr[-O-C(CH_3)=CH-CO=CH_3]_4$ in Perchloräthylen als Lederimprägniermittel. (**Aust. P. 221 988** vom 15/10. 1957, ausg. 2/7. 1959. A. Prior. 23/1. 1957.) H. MÖLLERING. 8341

**St. Lawrence Corp. Ltd.**, Montreal, Canada, *Gerbverfahren*. (**Belg. P. 542 427** vom 28/10. 1955, ausg. 28/8. 1959. A. Prior. 26/1. 1955. — C. **1960**. 14242 [F. P. 60 892].)

**Farbenfabriken Bayer Akt.-Ges.**, Leverkusen (Erfinder: **H. Schultheis, H. Hertlein** und **D. Delfs**), *Synthetischer Gerbstoff*. (**Belg. P. 566 513** vom 5/4. 1958, ausg. 29/7. 1960. D. Prior. 6/4. 1957. — C. **1959**. 9779 [D. A. S. 1 031 930].)

**Böhme Fettchemie G. m. b. H.**, Düsseldorf, *Einfetten von Leder*. (**Holl. P. 95 376** vom 8/11. 1954, ausg. 15/9. 1960. D. Prior. 9/11. u. 11/11. 1953. — C. **1958**. 13943 [F. P. 1 111 898].)

**Farbenfabriken Bayer Akt.-Ges.**, Deutschland (Erfinder: **Kurt Eitel, Gustav Mauthe** und **Wilhelm Graulich**), *Widerstandsfähigmachen von gegerbtem Leder gegen Hitzeeinwirkung*. (**F. P. 1 197 476** vom 30/6. 1958, ausg. 1/12. 1959. D. Prior. 1/7. 1957. — C. **1960**. 12558 [Oe. P. 206 103].)

## XXII. Leim. Klebstoffe usw.

**Rheologie von Klebstoffen: Klebstoff aus Cashewnußschalenflüssigkeit-Einfluß der Viscosität des Kondensates auf die Adhäsion.** C. P. Dhamaney und R. C. Gupta. (Composite Wood **6**. 41—45. Sept./Nov. 1959. Dehra Dun, Indien, For. Res. Inst.) (Engl.)

Unter Verw. eines in Trichloräthylen gelösten, aus Cashewnußschalen-Fl. u. $CH_2O$ kondensierten Klebstoffes wurden bei 140°, 21 at. Preßdruck u. 15 Min. Preßzeit Sperrholzprüfkörper verleimt. Die Bindefestigkeit ist der Viscosität des Klebstoffes proportional. Die Viscosität wird in Abhängigkeit von der Kondensationsdauer graph. dargestellt. H. Liese. 8384□

**Chemische Modifizierung von Proteinen und Adhäsion.** D. Narayanamurti und B. K. Handa. (Composite Wood **6**. 46—53. Sept./Nov. 1959. Dehra Dun, Indien, Forest Res. Inst.) (Engl.)

Casein, Protein von Lathyrus sativus, Blutalbumin u. Gelatine wurden acetyliert, alkyliert, mit Phthalsäure verestert u. desaminiert. Der Einfl. dieser Verff. auf die Verleimungs-Eigg., Hygroskopizität u. Viscosität ihrer Lsgg. wurde untersucht. Ihre Eigg. als Holzleime werden im allg. verschlechtert. Die relativen Viscositäten der unmodifizierten Proteine lagen höher als die der behandelten. H. Liese. 8384□

---

B. B. Chemical Co. Ltd., Leicester, England, **Herstellung bestimmter Längen eines biegsamen Materials in Bandform**, wobei jede Länge mit selbstklebendem *Klebstoff überzogen* ist. Das biegsame Band, bes. aus Papier, Gewebe, Polyesterharz (Rk.-Prod. aus Terephthalsäure u. Glykol), Glasfaserschicht oder Metallfolie wird von einer Rolle abgerollt u. an einer Klebstoffauftrags-Vorr. vorbeigeführt, wo es fortlaufend mit einer auf höhere Temp. gebrachten Klebstoffschmelze eines Klebstoffs überzogen wird, der bei Abkühlung auf Raum-Temp. selbst klebend wird. Nach der Abkühlung werden vom Band fortlaufend die gewünschten Längen abgeschnitten. Eine geeignete Klebmasse besteht aus 31,2 Gewichtsteilen Polyvinyläther mit hohem Molgew. von ca. 100000 u. einer Viscosität von 27000 cP (bei 25° mit Brookfield-Viscosimeter) in 10%ig. Toluol-Lsg., 31,2 Gewichtsteilen Polyvinyläthyläther mit einem niedrigen Molgew. von ca. 20000—40000 u. einer Brookfield-Viscosität bei 25° in 10%ig. Toluol-Lsg. von 7,6 cP u. 37,6 Gewichtsteilen niedrigmol. Polystyrol (Brookfield-Viscosität von 1,4 P bei 25° in 10%ig. Toluol, F. 75°, spezif. Gew. bei 20° 1,06 u. $n_D^{20}$ 1,59). Dieses Gemisch wird durch Zusammenschmelzen bei ca. 132° hergestellt. (**E. P. 849 923** vom 28/2. 1957, ausg. 28/9. 1960. A. Prior. 1/3. u. 15/8. 1956.) E. Fuchs. 8383

Ciba (A. R. L.) Ltd., Duxford, Cambridge, England (Erfinder: Donald Arthur Hubbard, Harry Goddard, Anthony Morris Cottrel und Frank Bird), **Herstellung von festen stabilen Harnstoff-Formaldehyd-Kondensaten** durch Erhitzen eines Gemischs von Harnstoff mit 1,5—2 Mol-Äquivalenten $CH_2O$ bei pH 6,5—8 auf 80—100°, während 2—6 Min., Abkühlen, Einstellen des pH-Wertes auf 6,5—6,7 u. Vakuum-Dest. bei 35—50°, bis 55—70% als fester Rückstand verbleiben. Das Prod. wird nach Zusatz von z. B. Ameisensäure auf 100° erhitzt u. dient dann als *Klebstoff*. — Mengenbeispiele. (**E. P. 834 316** vom 6/6. 1957, ausg. 4/5. 1960.) H. Schindler. 8389

Karl Seifert, Berlin, **Erhöhung des Haftvermögens von Leimen auf Polykondensatbasis auf unpolaren Oberflächen, die ganz oder teilweise mit harzartigen Stoffen behaftet sind.** Die Oberflächen werden mit Maleinsäure oder ihren Lsgg. behandelt, dann mit Leimen versehen u. heiß aneinandergepreßt. Ggf. werden den Leimen Maleinsäure oder ihre Lsgg. zugesetzt. — Beschrieben ist das Verf. zum Verleimen von Gurjunholzfurnieren mittels Harnstoffharzleimen. (**D. P. [DDR] 19 336 Kl. 22i** vom 18/6. 1957, ausg. 25/7. 1960 [Wirtschaftspatent].) M. F. Müller. 8389

American-Marietta Co. (Erfinder: David Lester McConaughy), **Verbinden von Metallfolien** mittels eines Klebmittels bei 150—500°F u. einem Druck von 20—60 lbs./sq.in, wobei das Klebmittel 1. aus einer Harzkomponente, z. B. einem Mischpolymerisat aus Vinylchlorid, Vinylacetat u. Maleinsäure im Verhältnis von 86:13:1, 2. aus einem Plastifizierungsmittel, z. B. 2-Äthylhexylphthalat oder o-Kresyl-p-toluolsulfonat, u. 3. aus einer inerten Komponente, z. B. $SiO_2$ oder Ton, besteht. Zum Beispiel können Al-Folien mit einem Klebmittel aus 70 (Gewichtsteilen) Harz, 30 2-Äthylhexylphthalat u. 7 $SiO_2$-Aerogel verbunden werden. (**Aust. P. 219 611** vom 7/2. 1957, ausg. 5/2. 1959. A. Prior. 16/3. 1956.) K. DEMMLER. 8389

Johnson & Johnson, übert. von: Charles Bartell, New Brunswick, Charles L. Weidner, Cranbury, und Richard M. Smith, Nixon, N. J., V.St.A., **Druckempfindliches Klebband.** Als Klebstoff, der auf ein poröses saugfähiges Papierband aufgetragen ist, dient eine wss. Dispersion von Polychloropren mit einem Zusatz von 0,2—10% einer Aminoessigsäure der Formel $\genfrac{}{}{0pt}{}{R_1}{R_2}\!\!>\!N{-}CH_2{-}COO{-}D$, worin $R_1$ für H, $-CH_2CH_2OH$, $-CH_2COO-D$ u. $-(CH_2)_xNR_3-CH_2COO-D$, u. $R_2$ u. $R_3$ für H, $-CH_2CH_2OH$, $-CH_2COO-D$ u. $-CH_2COOR_4$ stehen, wobei $R_4$ ein Alkylrest mit 2—5 C-Atomen ist. D ist ein Kation wie $H^+$, $Na^+$, $K^+$, $Li^+$, $NH_4^+$ u. $NA_3H^+$, worin A gleich H, Alkyl u. Hydroxyäthyl ist; x bedeutet 2—4. Geeignet sind z. B. die Salze der Äthylendiamintetraessigsäure. Durch diesen Zusatz sollen die mechan. Eigg. verbessert werden. (**A. P. 2 937 109** vom 7/5. 1956, ausg. 17/5. 1960.) E. FUCHS. 8389

## XXIV. Photographie

Pierre-Frédéric Cuvier, Frankreich, **Photographisch erzeugte Stereobilder für Aufsichts- und Durchsichtsbetrachtung.** Das Positivbild wird in der üblichen Weise auf einem Linsenrasterfilm von 0,15 mm Dicke u. einem Linsendurchmesser von 0,05 mm erzeugt. Die Bildschicht wird dann mit einer Folie belegt, die sehr stark diffuses Licht erzeugt, z. B. mit einer solchen aus Polyäthylen von 0,5 mm Dicke. Auf diese wird noch ein Material geklebt, das das Licht sehr stark reflektiert, z. B. barytiertes Papier. (**F. P. 1 193 362** vom 17/3. 1958, ausg. 2/11. 1959.) A. KALIX. 8591

Imperial Chemical Industries Ltd., London, England (Erfinder: Edward George Gazzard, Dennis John Thomas Howe und Richard William Tomlinson), **Herstellung von Halogensilberemulsion.** Ein Teil der beim Verf. des E. P. 793 554 verwendeten Gelatine wird durch ein filmbildendes Polymerisat (I) ersetzt; das mit Gelatine mischbar u. für kaltes W. sowie photograph. Behandlungsbäder durchlässig ist. Beispiele für **I**: Polyacrylamide u. Polyacrylate, bes. Polyalkylmethacrylate, ferner Mischpolymerisate aus Methylmethacrylat (**II**) mit Methacrylsäure (**III**) in Verhältnissen von 70:30, 60:40 oder 50:50, weiterhin Mischpolymerisate aus **II** + **III** + Butylmethacrylat in Mengenverhältnissen von 30:60:10 oder 40:40:20, weiterhin Polyamide u. -Thioamide, Polyester, z. B. Polyäthylenadipat u. -terephthalate, Harnstoff-, Melamin- u. Phenol–Formaldehyd-Harze, Cellulose-Derivv. usw. Mengenbeispiel: Auf 40 (Teile) Gelatine werden 1100 einer 8%ig. Lsg. eines I in einem Gemisch von 65% W. + 35% Methanol verwendet. Den damit gegossenen Schichten können Verbb. wie 1.2.3.4-Diepoxybutan, 1.4-Divinylbenzoldioxyd, Glycidester oder -äther von mehrwertigen Alkoholen usw. zugeführt werden. (**E. P. 832 091** vom 13/2. 1957, ausg. 6/4. 1960. **Zusatz zu E. P. 793554; C. 1960. 15632.**) A. KALIX. 8601

Eastman Kodak Co., übert. von: Stewart H. Merrill, Cornelius C. Unruh und Earl M. Robertson, Rochester, N.Y., V.St.A., **Photopolymerisierbare Stoffe** bilden p-Polyvinylarylphenone, in denen der Arylrest ein- oder mehrkernig, substituiert oder unsubstituiert sein kann. Zur Empfindlichkeitssteigerung werden hochmol. Alkohole wie Borneol, 12-Hydroxystearinsäure oder ihr Äthylester oder p.p'-Dimethylaminobenzhydrol zugesetzt. Bes. geeignet sind: Polyvinylbenzophenon (aus Polystyrol + Benzoylchlorid in $CS_2$ mittels $AlCl_3$), Polyvinyl-p-chlorbenzophenon, -p-methoxybenzophenon, -β-naphthophenon, -o-carboxybenzophenon sowie der Polyvinylalkoholester von p-Benzoylphenoxyessigsäure. Von den Prodd. werden ca. 2%ig. Lsgg. in Dioxan, Methyläthylketon, Chlf. oder Bzl. hergestellt u. auf Zn- oder Al-Platten gegossen. Die belichteten Stellen werden unlösl. in Dioxan usw. (**A. P. 2 831 768** vom 19/1. 1956, ausg. 22/4. 1958.) A. KALIX. 8601

Friedrich August Heinrich, Wien, Österreich, **Auftragen von lichtempfindlichen Schichten auf Platten im Tauchverfahren.** Die berechnete Menge der aufzutragenden schichtbildenden Lsg. wird in eine Küvette gebracht, die die Form einer Kasette mit einer Schlitzöffnung hat u. deren lichte Weite nur um einige mm breiter ist als der Plattendicke entspricht. Der Schlitz ist oben trichterförmig verbreitert, um die durch Eintauchen der Platte aus der Küvette verdrängte Fl. vorübergehend aufnehmen zu können. Zum Belichten wird eine Lsg. verwendet, die möglichst unmittelbar nach dem Herausziehen der eingetauchten Platte erstarrt. (**Oe. P. 208 220** vom 21/4. 1958, ausg. 25/3. 1960.) A. KALIX. 8601

Eastman Kodak Co. (Erfinder: Donald Warren Heseltine und Leslie George Scott Brooker), Rochester, N.Y., V.St.A., bzw. Kodak-Pathé, Frankreich, **Sensibilisatoren** sind nicht dissoziierte planare Cyanine der allg. Formel **I**. Hierin ist R eine Alkylgruppe, $R_1$ gleich R, ein H-Atom oder eine Arylgruppe, Z stellt die zur Bldg. eines 5- oder 6gliedrigen Heterocyclus nötigen Atome dar, m ist 1, 2 oder 3 u. n ist, wenn Z einen 5gliedrigen Heterocyclus bildet gleich 1, im Falle eines sechsgliedrigen Heterocyclus gleich 2. Y ist der Rest eines kondensierten Heterocyclus mit angulärem N-Atom, bes. ein Rest gemäß den Formeln **II, III u. IV** oder **II**, hierbei jedoch an Stelle von $CH_3$ der Rest **IV**. Die Darst. erfolgt nach bekannten Verff., z. B. durch Kondens. der entsprechenden quart. Cyclammoniumsalze mit einer Verb. der Formel **II**, die an Stelle von =C eine reaktionsfähige $CH_2$-Gruppe enthält. Bei ankondensierten Resten **III** ist die $CH_3$-Gruppe noch so reaktionsfähig, daß an dieser Stelle ein Rest **IV** ankondensiert werden kann. — Beispiele: 5-(3-Äthyl-2-(3H)-benzothiazolyliden)-2-methylthiazolin-4-on, F. 224—225° (Zers.); 5-(3-Äthyl-2(3 H)-benzothiazolyliden)-2-methylthiazolin-4-on, F. 230—231°, Absorptionsmaximum (AM) 525 mμ; 5-(3-Äthyl)-2-(3 H)-benzothiazolyliden)-äthyliden-2-methylthiazolin-4-on, F. 228—229° (Zers.), AM = 555 mμ; 7-Methyl-3-[3-methyl-2(3 H)-benzoxazolyliden)-imidazo-[1.2a]-pyridin-2(3H)-onhydrojodid, F. 211 bis 213° (Zers.); 7-Methyl-3-(3-methyl)-2(3H)-benzothiazolyliden)-imidazo-[1.2a]-pyridin-2(3H)-onhydrojodid, F. 192—193° (Zers.); 7-Methyl-3-(3-methyl-2(3H)-thiazolinyliden)-

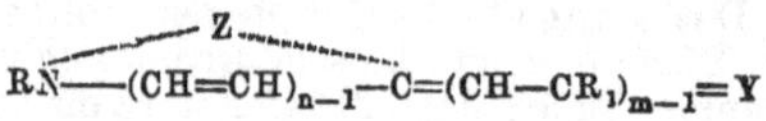

I

II

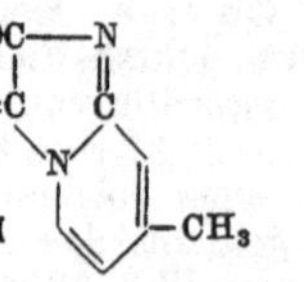

III

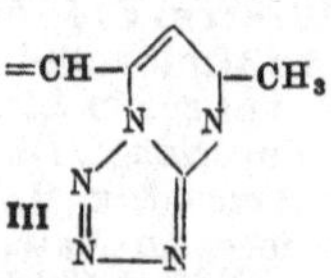

IV

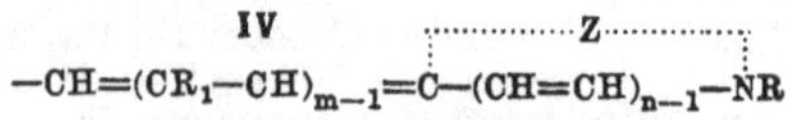

äthyliden]-imidazo-[1.2a]-pyridin-2(3H)-on, F. 246—247° (Zers.), AM = 490 mμ; 3-[(Äthyl-2(3 H)-benzoxazolyliden)-äthyliden]-7-methylimidazo-[1.2a]-pyridin-2(3H)-on, F. 224—225°, AM = 535 mμ; 3-[(3-Äthyl-2(3H)-benzothiazolyliden)-äthyliden]-7-methylimidazo-[1.2a]-pyridin-2-(3H)-on, F. 253—254° (Zers.), AM = 565 mμ; 7-[(3-Äthyl-2(3H)-benzothiazolyliden)-propenyl]-5-methyltetrazol-[a]-pyrimidin, F. 190—191°, 5.7-Di-[3-äthyl-2(3H)-benzothiazolyliden)-propenyl]-tetrazolo-[a]-pyrimidin, F. 205—206° (Zers.); 1-Phenyl-5-[(1.3.3-trimethyl-2(3H)-indolyliden)-äthyliden]-2-[3-(1.3.3-trimethyl)-2-(3H)-indolyliden)-propenyl-4.6(1H, 5H)-pyrimidindion, F. 275—277° (Zers.); 5-[(1-Äthyl-2(1H)-chinolyliden)-äthyliden]-2-[3-(1-äthyl-2(1 H)-chinolyliden)-propenyl]-1-phenyl-4.6-(1 H, 5 H)-pyrimidindionhydrojodid, F. 244—246° (Zers.), AM = 650 mμ; 5-(3-Äthyl-2(3H)-benzothiazolyliden)-2-(3-äthyl-2(3H)-benzothiazolylidenmethylthiazolin-4-on, F. > 320°, AM = 535 mμ; 5-(3-Äthyl-2(3H)-benzothiazolyliden)-2-(3-äthyl-2(3H)-benzothiazolyliden)-propenylthiazolin-4-on, F. 224 bis 225° (Zers.), AM = 550 u. 665 mμ; 5-[(3-Äthyl-2(3H)-benzothiazolyliden)-äthyliden]-2-[(3-äthyl-2(3H)-benzothiazolyliden)-methyl]-2-thiazolin-4-on, F. 306—307°, AM = 620 mμ; 2-(3-Äthyl-2(3H)-benzothiazolyliden)-propenyl-5-(3-äthyl-2(3H)-benzothiazolyliden)-äthylidenthiazolin-4-on, F. 183—185°; 3-Äthyl-5-(3-äthyl-2(3H)-benzoxazolyliden)-äthyliden-2-[5-(3-äthyl-2(3H)-benzoxazolyliden)-äthyliden-4-oxo-2-thiazolinyl]-methylen-4-thiazolidon, F. 306—307° (Zers.), AM = 525 u. 685 mμ; 3-(3-Methyl-2(3 H)-benzoxazolyliden)-7-[(3-methyl-2(3 H)-benzoxazolyliden)-methyl]-imidazo-[1.2a]-pyridin-2(3H)-onhydrojodid, F. 274—275° (Zers.), AM = 490 mμ; 7-[(3-Äthyl-2(3H)-benzothiazolyliden)-propenyl]-3-(3-methyl-2(3H)-benzthiazolyliden)-imidazo-[1.2a]-pyridin-2(3H)-onhydrojodid, F. 228—229° (Zers.), AM = 620 mμ; 7-[(3-Methyl-2(3H)-benzothiazolyliden)-methyl]-3-[(3-methyl-2-(3H)-thiazolinyliden)-äthyliden]-imidazo-[1.2a]-pyridin-2(3H)-onhydrojodid, F. 296—297°, AM = 510 mμ; 3-[(3-Äthyl-2(3H)-benzoxazolyliden)-äthyliden]-7-[(3-äthyl-2(3H)-benzoxazolyliden)-propenyl]-imidazo-[1.2a]-pyridin-2(3H)-onhydrojodid, F. 240—241° (Zers.), AM =670 mμ; 3-[(3-Äthyl-2(3H)-benzothiazolyliden)-äthyliden]-7-[(3-methyl-2(3H)-benzothiazolyliden)-methyl]-imidazo-[1.2a]-pyridin-2(3H)-on, F. 285 bis 287°, AM = 570 u. 665 mμ. Strukturformeln u. Herst.-Verff. aller Verbb. im Original. Diese Farbstoffe sensibilisieren Halogensilberemulsionen sowohl im Bad-Verf. als auch als Emulsionszusatz, Dosierung: 5—100 mg auf 1 Liter fl. Emulsion. (**D. A. S. 1 082 118** Kl. 57b vom 28/8. 1957, ausg. 19/5. 1960. A. Prior. 30/8. 1956. **F. P. 1 196 827** vom 30/8. 1957, ausg. 26/11. 1959. A. Prior. 30/8. 1956 u. 15/7. 1957.) A. KALIX. 8605

Eastman Kodak Co., übert. von: Jonas John Chechak und Jean Elmore Jones, Rochester, N.Y., V.St.A., bzw. Kodak-Pathé, Frankreich, **Supersensibilisierung.** Als Grund-Sensibilisatoren werden Dicarbocyanine der allg. Formel I verwendet, als Supersensibilisatoren heterocycl. Basen der allg. Formel **II.** Hierin sind $R_1$ u. R Alkyl- oder Carboxyalkylgruppen, Z bedeutet die zur Bldg. von 5- oder 6gliedrigen, in Cyaninfarbstoffen üblichen Heterocyclen erforderlichen Atome u. $Z_1$ die zur Bldg. eines Chinolin-, Benzoxazol-, Benzselenazol-, Naphthoselenazol-, Naphthothiazol- oder Benzthiazolringes nötigen Atome, X ist ein Säurerest u. n = 1 oder 2, $Z_2$ = $Z_1$ oder ein Benzimidazolring u. $R_2$ ein Rest mit mindestens 4 C-Atomen u. einem Molgew. von wenigstens 71. An Stelle von **II** können auch Bis-Heterocyclen der allg. Formel **III** verwendet werden, in der D ein 2wertiger organ. Rest, z. B. ein Alkylen-, Arylen-, Vinylen- oder Dithiaalkylenrest ist, d = 1—2. Dosierung: 0,010—0,300 g **I** auf 1 Mol Halogensilber, Mengenverhältnis **I**:**II** (bzw. **III**) = 1:5—1:100. — Beispiele für **I**: 3.3'-Diäthyl-

I II III

oxathiadicarbocyaninjodid u. 3.3'-Di-β-hydroxyäthylthiadicarbocyaninbromid; Beispiele für **II**: 2-Phenyl- u. 2-Acetoacetamidobenzthiazol; Beispiele für **III**: 1.5-Bis-(2-benzothiazolylthio)-pentan u. 1.4-Bis-(5-phenyl-2-oxazolyl)-benzol. (**A. P. 2 848 329** vom 14/5. 1956, ausg. 19/8. 1958. **F. PP. 1 195 613** u. **1 195 614** vom 13/5. 1957, ausg. 18/11. 1959. Beide A. Prior. 14/5. 1956.) A. KALIX. 8605

Kodak-Pathé, Frankreich, **Herstellung von 1.2.4-Triazol-3-thiolen,** dad. gek., daß man eine Verb. der Formel I erwärmt oder eine Verb. der Formel II mit $CS_2$ umsetzt u. das Rk.-Prod. in Ggw. von $NH_3$ oder Aminen erwärmt (x = Vinylenrest, NH, O, S oder N=CR', wobei R' = H oder Alkyl, Y u. Z = H, Alkyl- oder OH-Gruppe oder gemeinsam ein ringschließender Rest; $R_1$, $R_2$ u. $R_3$ = H oder Alkylrest, $R_1$ u. $R_2$ auch gemeinsam mit N = heterocycl. Rest, wobei dann $R_3^-$ = Doppelbindung). — *2'.3'-Dihydrobenzthiazol-[3'.2':4.5]-triazolo-(1.2.4)-3-thiol,* F. 243°, aus Benzthiazolyl-(2)-hydrazin u. $CS_2$ in Pyridin. — *1'.2'-Dihydrochinolin-[1'.2':4.5]-triazolo-(1.2.4)-3-thiol,* F. 265—266°, aus Chinolyl-(2)-hydrazin. — *2'.3'-Dihydrobenzoxazol-*

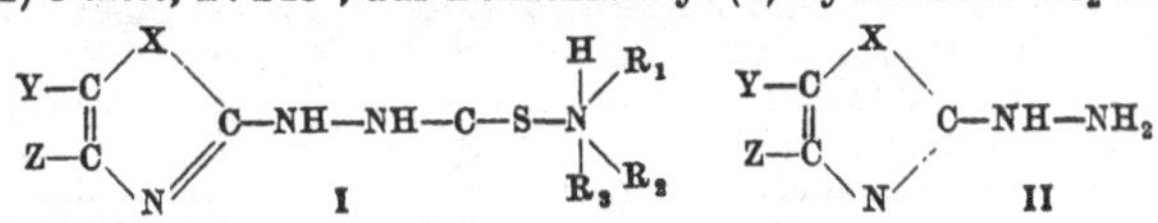

I II

*[3'.2':4.5]-triazolo-(1.2.4-thiol,* F. 256—257°, aus Benzoxazolyl-(2)-hydrazin. — *4-Hydroxy-3-mercapto-6-methyl-1.2.3a.7-tetrazainden,* F. 280°, neben dem *6-Hydroxy*-Isomeren aus 2-Hydrazino-4-hydroxy-6-methylpyrimidin. — *1'.2'-Dihydro-6'-chlorchinolin-[1'.2':4.5]-triazolo-(1.2.4)-3-thiol,* F. 298°, aus 2.6-Dichlorchinolin u. Hydrazinhydrat über *6-Chlor-2-hydrazinochinolin* (F. 185°). — *1'.2'-Dihydro-6'-methylchinolin-[1'.2':4.5]-triazolo-(1.2.4)-3-thiol,* F. 295—296° (Zers.), aus 2-Hydrazino-6-methylchinolin. — *1'.2'-Dihydro-4'-methylchinolin-[1'.2':4.5]-triazolo-(1.2.4)-3-thiol,* F. 298°, aus 2-Hydrazino-4-methylchinolin. — *Schleierverhütungsmittel* in der *Photographie.* (**F. P. 1 192 194** vom 4/7. 1957, ausg. 23/10. 1959.) S. BÖTTCHER. 8611

Eastman Kodak Co., übert. von: Carl F. Smith und Walter R. White, Rochester, N.Y., V.St.A., **Haftschicht für Gelatine-Halogensilberemulsionen auf Polystyrolfilmen.** Auf mol. orientierte Polystyrolfilme wird eine 2—6%ig. Lsg. eines Dreikomponentenpolymerisats (I) in einem Gemisch aus 70—85 (%) Isopropylalkohol + 15—30 Aceton aufgetragen, die außerdem 0,5—10 (bezogen auf das Gewicht von I) an $CrCl_2 \cdot 6\,H_2O$ enthält. Auf diese kann unmittelbar die Gelatine-Halogensilberemulsion aufgetragen werden, zweckmäßig ist jedoch die Anbringung einer weiteren Hilfsschicht aus einem der üblichen Gemische aus Gelatine u. Nitrocellulose. — Beispiel für **I**: 50 bis 88 n-Butylmethacrylat + 10—40 Methylmethacrylat + 2—10 Methacrylsäure. Vor dem Aufgießen jeder Schicht muß die darunterliegende stark getrocknet werden. (**A.P. 2875056** vom 14/2. 1958, ausg. 24/2. 1959.) A. KALIX. 8613

Technical Operations, Inc., Burlington, übert. von: Gershon M. Goldberg, Arlington, und James E. Lu Valle, Lexington, Mass., V.St.A., **Latensifizierungsverfahren.** Die belichtete Schicht wird vor ihrer Entw. mit einer Lsg. behandelt, die 0,001—0,0125 Mol Na- oder K-Mitrosodisulfonat ($Na_2[NO(SO_3)_2]$) enthält. (Herst. nach J. Amer. chem. Soc. **74.** [1952.] 3394 u. Chem. and Ind. **1953.** 244.) Zur Erhöhung ihrer Haltbarkeit wird die Lsg. mit $Na_2CO_3$ + $NaHCO_3$-Gemisch auf ein pH von 10—11 eingestellt. (**A. P. 2 938 793** vom 23/12. 1957, ausg. 31/5. 1960.) A. KALIX. 8619

Agfa Akt.-Ges., Leverkusen (Erfinder: Ottmar Wahl, Baden-Baden, und Karl-Heinz Menzel, Köln), **Entwickler für belichtetes Halogensilber.** Als Entwicklersubstanz werden Pyrazolinobenzimidazol-Derivv. der allg. Formel I verwendet. Hierbei

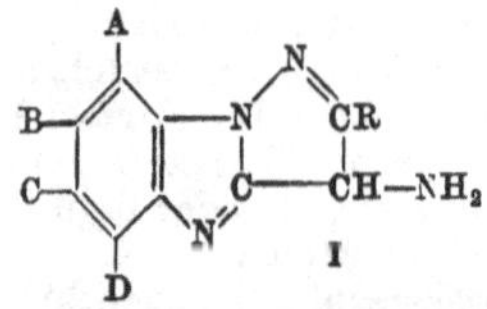

I

ist R ein H-Atom oder ein einwertiger organ. Rest, bes. ein Alkyl-, Aryl- oder heterocycl. Rest oder die Gruppe COOR', OR oder NR'R'', in der R' u. R'' H-Atome oder Alkylreste darstellen. A, B, C u. D sind H- oder Halogenatome, OH-, $NH_2$-, COOH-, $SO_3H$-, Alkyl-, Hydroxyalkyl-, Aralkyl- oder Arylreste; 2 dieser Substituenten bilden ggf. zusammen einen ankondensierten Benzolkern. Sie bilden in Mengen von 5—7,5 g im Liter in Ggw. von Alkali u. Sulfit kräftige Schwarzweißentwickler; ihre Oxydations-Prodd. bilden mit den üblichen Farbkupplungen Farbstoffe in allen Tönen (Tabelle). Diese können durch Behandlung mit wss. Lsgg. von Schwermetallsalzen (Ni, Co, Cu, Zn, Mn usw.) in sehr lichtbeständige Metallkomplex-Verbb. umgewandelt werden. Beispiele: Pyrazolinobenzimidazolcarbonsäure, Zers. ab 270°; 3-Phenylpyrazolinobenzimidazolsulfonsäure, Zers. ab 310°; 3-Carboxy-4-aminopyrazolinobenzimidazol-5-sulfonsäure, Zers. ab 280°; 4-Aminopyrazolinobenzimidazol-3.5'-dicarbonsäure, Zers. ab 260°; 2-Methyl-4-aminopyrazolinobenzimidazol, Zers. ab 175°; 4-Aminopyrazolinobenzimidazol-3-carbonsäureamidsulfat, Zers. ab 220°. (**D. A. S. 1 099 349** Kl. 57b vom 12/11. 1958, ausg. 9/2. 1961.)
A. KALIX. 8619

Radio Corp. of America, New York, N.Y. (Erfinder: Meyer Louis Sugarman jun., Princeton, N.Y.), V.St.A., **Herstellung von Flachdruckformen nach dem elektrostatischen Verfahren,** wobei man die Oberfläche einer elektr. leitenden Unterlage (I) mit einer *photoleitenden Schicht* überzieht, elektr. auflädt, bildmäßig belichtet u. mit einem Fettfarbe annehmenden Pulver entwickelt. Als I verwendet man eine feuchtigkeitsfeste Papierfolie, die man mit einem in einem dielektr., filmbildenden Trägerstoff, z. B. Siliconharz, suspendierten Photoleiter, z. B. ZnO, überzieht. Die Stellen der entwickelten Folie, die nicht drucken sollen, werden z. B. mit einer wss. Lsg. von Zn-Acetat hydrophil gemacht. (**D. B. P. 974 162** Kl. 57d vom 31/8. 1955, ausg. 29/9. 1960. Anmeldung bekanntgemacht 24/5. 1956.)
K. KITTLER. 8625

Kodak Ltd., London, England (Erfinder: Ilmari Fritiof Salminen, Charles Robert Barr und Anthony Loria), **Farbkuppler für photographische Entwickler und Emulsionen.** Für die farbige Entw. verwendet man einen Kuppler, der eine Perfluoralkylcarbonsäureamidgruppe im Mol. in nichtkuppelnder Stellung enthält. Die Kuppler können im Mol. die Gruppe $-CO-CH_2-CO-$, einen Benzoylacetanilid- oder einen 5-Pyrazolonrest enthalten. Geeignet ist z. B. das α-Benzoyl-4-trifluoracetamidoacetanilid, (p) $C_6H_5 \cdot CO \cdot CH_2 \cdot CONH-C_6H_4-NH \cdot CO \cdot CF_3$. Die mit solchen Kupplern erhältlichen Farbbilder besitzen eine höhere Wärmestabilität. (**E. P. 825 311** vom 29/7. 1957, ausg. 16/12. 1959. **F. P. 1 192 239** vom 8/10. 1957, ausg. 23/10. 1959. Beide A. Prior. 8/10. 1956.)
E. FUCHS. 8631

Mabel Stewart, übert. von: Carl K. Stewart †, Detroit, Mich., und Walter A. Kleinert, Bloomfield Township, Calif., V.St.A., **Vervielfältigung von auf Metallplatten befindlichen Originalzeichnungen.** Die Zeichnung wird im Reflexkopier-Verf. auf eine Glasplatte kopiert, auf der sich eine sehr dünne Bichromatfischleimschicht (I) befindet. Diese wird dann mit einem stark lichtundurchlässigen Farbstoff (Methylviolett oder Nigrosin) eingefärbt u. zwecks Auswaschung der unbelichteten Schichtteile mit W. entwickelt. Diese Glasplatte mit der Duplikatzeichnung kann zur Herst. von Zwischenkopien benutzt oder auf andre Metallplatten kopiert werden, die gemäß der Zeichnung zugeschnitten werden sollen. Hierzu kann die gleiche I-Schicht oder eine solche aus Schellack u. Bichromat verwendet werden. (**A. P. 2 852 373** vom 19/8. 1943, ausg. 16/9. 1958.)
A. KALIX. 8645

Oskar Erik Gustav Thorslund, Stockholm, Schweden, **Reproduktionsverfahren,** bei dem man von einem Schwarzweißbild durch Malen ein Farbbildoriginal herstellt, von diesem verschiedene Farbauszüge durch Photographieren durch verschiedene Farbfilter herstellt u. von diesen Auszügen Druckplatten für jede der Druckfarben herstellt, dad. gek., daß über das Schwarzweißbild ein durchsichtiges Material gelegt wird, das zur Herst. des Farbbildoriginals in Farbtönen bemalt wird, die sich in bezug auf Helligkeit zu der den Farbtönen im gewünschten Farbdruck umgekehrt verhalten, u. daß das Farbbildoriginal danach gegen einen nichtlichtreflektierenden Hintergrund durch die Farbfilter spiegelverkehrt photographiert wird, wodurch sich Farbauszüge positiven Charakters im Verhältnis zum Farbdruck direkt beim Photographieren ergeben. (**Schwz. P. 325 492** vom 21/7. 1954, ausg. 31/12. 1957.)
A. GRADL. 8645

International Business Machines Corp., New York, N.Y., V.St.A., **Xerographisches Verfahren zur Herstellung von gedruckten Schaltungen.** Von der gezeichneten Vorlage der Schaltung wird man sich bekannterweise ein latentes elektro-

stat. Bild erzeugt u. mit einem säurefesten Harzpigment entwickelt. Das Pigmentbild wird auf die Metallfolie abgepreßt, die zur Herst. der Schaltung dienen soll u. dort durch Anschmelzen fixiert. Dann wird die Folie in der üblichen Weise bis auf ihren Träger durchgeätzt. (**E. P. 842 633** vom 18/12. 1936, ausg. 27/7. 1960. A. Prior. 21/12. 1955.)
A. KALIX. 8647

Eastman Kodak Co., Rochester, N.Y., V.St.A., übert. von: Edward B. Knott, Wealdstone, England, **Verhinderung des Bronzierens der Bilder bei der Hochglanz-Heißtrocknung.** Der lichtempfindlichen Schicht oder einem der Bäder für ihre Naßbehandlung nach der Belichtung wird ein Tetrazainden der allg. Formel I zugesetzt. Hierin ist $R_1$ eine Alkylgruppe mit 1—4 C-Atomen, eine Aralkylgruppe mit 7—8 C-Atomen oder ein Benzolrest, $R_2 = R_1$ oder ein H-Atom, eine Alkylthiogruppe mit 1—2 C-Atomen, eine Aralkylthiogruppe oder eine Arylthiogruppe, $R_3$ ist ein H- oder Halogenatom oder eine Alkylgruppe. — Beispiele: 6-Methyl-1.3.3a.7-I-4-thiol, F. > 300°, gelbe Nadeln; 6-Phenyl-1.3.3a.7-I-4-thiol, gelbe Nadeln, F. > 300°; 5-Brom-6-Methyl-1.3.3a.7-I-4-thiol, gelbe Mikrokristalle, F. 215°; 2.6-Dimethyl-1.3.3a.7-I-4-thiol, gelbe Nadeln, F. 286° (Zers.); 6-Methyl-2-Methylthio-1.3.3a.7-I-thiol, gelbe Kristalle, F. 265°; 5-Äthyl-6-methyl-1.3.3a.7-I-4-thiol, gelbe Nadeln, F. 270—273°; 5-Isobutyl-6-methyl-1.3.3a.7-I-4-thiol, gelbe Kristalle, F. 270°, Zers.; 5-Phenyl-1.2.3a.4-I-7-thiol, gelbe Nadeln, F. 173°, nach Wiederverfestigung F. 250°; 6-Äthyl-5-methyl-1.2.3a.4-I-7-thiol, gelbe Platten, F. 238°; 5-Methyl-1.2.3a.4-I-7-thiol, F. 218°. Herst. z. B. nach Chem. Ber. **42.** [1909.] 4638. — Dosierung: 0,1—0,5 g auf 1 Mol Halogensilber in der Schicht. (**A. P. 2 933 388** vom 3/10. 1957, ausg. 19/4. 1960.)
A. KALIX. 8651

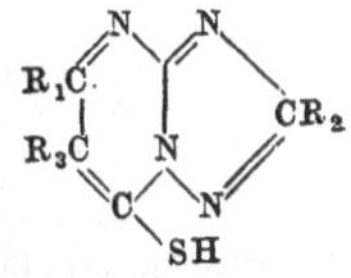


I

---

**Eastman Kodak Co.**, übert. von: **Richard E. Maurer**, Rochester, N.Y., V.St.A., *Vorgerastertes lichtempfindliches Direktpositivmaterial.* (**A. P. 2 912 326** vom 9/4. 1954, ausg. 10/11. 1959. — C. **1959.** 3015 [F. P. 1 147 412].)

**E. I. du Pont de Nemours & Co.**, Wilmington, Del., V.St.A. (Erfinder: **C. Weaver**), *Halogensilberschichten aus synthetischen Polymerisaten.* (**Belg. P. 556 473** vom 6/4. 1957, ausg. 26/2. 1960. A. Prior. 6/4. 1956. — C. **1959.** 11119 [D. A. S. 1 037 851].)

**H. F. J. Wenzl**, Luzern, Schweiz, *Photographisches Rohpapier.* (**Belg. P. 566 832** vom 16/4. 1958, ausg. 12/8. 1960. — C. **1959.** 8766 [D. A. S. 1 044 612].)

**Kodak Soc. An.**, Brüssel, Belgien, *Sensibilisatoren.* (**Belg. P. 565 762** vom 15/3. 1958, ausg. 29/7. 1960. F. Prior. 3/4. 1957. — C. **1960.** 13581 [F. P. 1 170 594].)

**Kodak-Pathé**, Frankreich, *Supersensibilisierung.* (**F. P. 1 192 174** vom 15/5. 1957, ausg. 23/10. 1959. A. Prior. 21/5. 1956. — C. **1960.** 6719 [A. P. 2 860 981].)

**Gevaert Photo-Producten N. V.**, Mortsel, Belgien, *Verhinderung von Farbschleierbildung.* (**Belg. P. 563 975** vom 15/1. 1958, ausg. 17/6. 1960. D. Prior. 17/1. 1957. — C. **1958.** 12000 [D. A. S. 1 026 621].)

**Agfa Akt.-Ges.**, Leverkusen, *Photographisches Material mit Tonwert-Korrektur für Aufnahme und Kopie.* (**E. P. 845 217** vom 20/6. 1957, ausg. 17/8. 1960. D. Prior. 26/6. 1956. — C. **1959.** 6350 [D. A. S. 1 046 491].)

**General Aniline & Film Corp.**, New York, N.Y., V.St.A., *Haftschichten für Photomaterial.* (**Belg. P. 566 602** vom 9/4. 1958, ausg. 29/7. 1960. A. Prior. 15/4. 1957. — C. **1960.** 1725 [D. A. S. 1 062 111].)

**Agfa Akt.-Ges.**, Leverkusen (Erfinder: **J. Geiger, A. Ossenbrunner** und **M. Coenen**), *Lichthofschutzschicht.* (**Belg. P. 566 228** vom 29/3. 1958, ausg. 29/7. 1960. D. Prior. 29/3. 1957. — C. **1959.** 10782 [D. A. S. 1 045 798].)

**E. I. du Pont de Nemours & Co.**, Wilmington, Del. (Erfinder: **Robert William Upson**, Fair Haven, und **Vincent Joseph Webers**, Red Bank, N. J.), V.St.A., *Herstellung wasserlöslicher, durch Erhitzen unlöslich werdender Mischpolymerer.* (**D. A. S. 1 097 685** Kl. 39c vom 31/10. 1956, ausg. 19/1. 1961. A. Prior. 9/11. 1955. — C. **1960.** 2066 [A. P. 2 831 781].)

**Agfa Akt.-Ges.**, Leverkusen (Erfinder: **W. Pelz, L. Burgardt** und **O. Wahl**), *Entwickler.* (**Belg. P. 563 392** vom 20/12. 1957, ausg. 17/6. 1960. D. Prior. 22/12. 1956. — C. **1959.** 6682 [D. A. S. 1 029 229].)

**Kodak Ltd.**, London, England (Erfinder: **Jonas John Chechak, John Sagal jun.** und **Albert Charles Smith jun.**), *Verbesserte Ausnutzung der Empfindlichkeit durch die Entwicklung.* (**E. P. 841 536** vom 30/11. 1956, ausg. 20/7. 1960. A. Prior. 1/12. 1955. — C. **1959.** 12109 [D. A. S. 1 048 476].)

**Minnesota Mining & Mfg. Co.**, St. Paul, Minn., V.St.A., *Thermokopierverfahren.* (**Belg. P. 560 955** vom 19/9. 1957, ausg. 20/5. 1960. A. Prior. 2/4. 1956. — C. **1960.** 13582 [D. A. S. 1 078 438].)

**Eastman Kodak Co.**, übert. von: **Robert E. Chan, Herbert B. Cowden** und **William B. Kendall**, Rochester, N.Y., V.St.A., *Kontakt-Bilderzeugungsverfahren.* (**A. P. 2 865 745** vom 25/8. 1955, ausg. 23/12. 1958. — C. **1960.** 13583 [F. P. 1 159 222].)

**Gestetner Ltd.**, London, England, *Kopierschichten für die Photolithographie.* (**Ind. P. 57 399** vom 22/5. 1956, ausg. 20/9. 1957. E. Prior. 9/6. 1955. — C. **1960.** 1726 [F. P. 1 150 359].)

**Agfa Akt.-Ges.** (Erfinder: **Edith Weyde**), Leverkusen, *Herstellung von Positivbildern nach dem Silbersalzdiffusionsverfahren.* (**D. B. P. 974 191** Kl. 57b vom 6/12. 1953, ausg. 13/10. 1960. Anmeldung bekanntgemacht 17/3. 1955. — C. **1959.** 1666 [F. P. 1 114 759].)

**Kodak Ltd.**, London, England (Erfinder: **Keith Elden Whitmore** und **Herbert Samuel Elins**), *Photographisches Reproduktionsverfahren.* (**E. P. 799 588** vom 29/2. 1956, ausg. 13/8. 1958. A. Prior. 1/3. 1955. — C. **1959.** 15557 [F. P. 1 149 704].)

**Radio Corp. of America**, New York, N.Y., V.St.A., *Xerographisches Verfahren.* (**Belg. P. 533 514** vom 20/11. 1954, ausg. 9/5. 1958. — C. **1958.** 10831 [D. A. S. 1 017 911].)

**Haloid Co.**, Rochester, N.Y., V.St.A. (Erfinder: **Lewis Edmund Walkup**), *Xerographisches Verfahren.* (**Schwz. P. 330 512** vom 15/7. 1954, ausg. 31/7. 1958. A. Prior. 16/7. 1953 u. 4/6. 1954. — C. **1960.** 9440 [D. A. S. 1 063 899].)

**Battelle Development Corp.**, Columbus, Ohio, V.St.A., *Entwickler für latente xerographische Bilder.* (**E. P. 823 057** vom 10/2. 1956, ausg. 4/11. 1959. A. Prior. 18/2. u. 14/3. 1955. — C. **1960.** 5703 [D. A. S. 1 063 898].)

**Haloid Xerox, Inc.**, Rochester, N.Y., übert. von: **Earnest Paul Mathews, Eugene C. Ricker** und **Paul G. Andrus**, Columbus, Ohio, V.St.A., *Verfahren zur Entwicklung von latenten xerographischen Bildern.* (**A. P. 2 859 128** vom 14/3. 1955, ausg. 4/11. 1958. — C. **1960.** 5703 [D. A. S. 1 063 898].)

**Agfa Akt.-Ges.**, Leverkusen, *Farbentwicklung.* (**Belg. P. 539 271** vom 24/6. 1955, ausg. 17/7. 1959. D. Prior. 8/7. 1954. — C. **1958.** 2324 [D. A. S. 1 013 966].)

**Agfa Akt.-Ges.**, Leverkusen, *Herstellung lichtstabiler Mehrfarbenbilder nach dem Farbentwicklungsverfahren.* (**Belg. P. 540 767** vom 24/8. 1955, ausg. 14/8. 1959. D. Prior. 30/8. 1954. — C. **1959.** 7683 [F. P. 1 130 214].)

**Agfa Akt.-Ges. für Photofabrikation**, Leverkusen, *Farbentwicklung.* (**E. P. 795 476** vom 8/7. 1955, ausg. 21/5. 1958. D. Prior. 8/7. 1954. — C. **1958.** 1476 [D. B. P. 955 028].)

**Imperial Chemical Industries Ltd.**, London, England, *Farbkuppler.* (**It. P. 512 450** vom 10/2. 1954. E. Prior. 13/2. 1953. — C. **1959.** 675 [E. P. 737 692].)

**Gevaert Photo-Producten N. V.**, Mortsel, Belgien (Erfinder: **Jan Jaeken** und **Robert Leopold Jansseune**), *Farbkuppler für Gelb.* (**F. P. 1 203 594** vom 19/3. 1958, ausg. 20/1. 1960. E. Prior. 20/3. 1957. — C. **1959.** 12743 [D. A. S. 1 036 369].)

**General Aniline & Film Corp.**, New York, übert. von: **James E. Bates, Carl E. Johnson** und **Donald E. Tritten**, Binghamton, N.Y., V.St.A., *Ausbleichverhinderung bei farbentwickelten Blaubildern.* (**A. P. 2 913 338** vom 10/1. 1957, ausg. 17/11. 1959. — C. **1959.** 3351 [D. A. S. 1 043 806].)

**Gevaert Photo-Producten N. V.**, Belgien, *Maskenverfahren zur Herstellung korrigierter Teilfarbenauszüge.* (**F. P. 1 189 561** vom 7/1. 1958, ausg. 5/10. 1959. D. Prior. 8/1. u. 20/2. 1957. — C. **1960.** 1051 [D. A. S. 1 061 617].)

**Imperial Chemical Industries Ltd.**, London, England, *Farbmaskenherstellung.* (**Belg. P. 544 737** vom 26/1. 1956, ausg. 25/9. 1959. E. Prior. 28/1. 1955 u. 11/1. 1956. — C. **1958.** 14489 [D. A. S. 1 013 514].)

**Carl Allers Etablissement A/S**, Kopenhagen, Dänemark, *Photographisches Aufnahmeverfahren für Originale, die treppenförmig übereinander angeordnet sind, z. B. Karteikarten.* (**Belg. P. 566 334** vom 1/4. 1958, ausg. 29/7. 1960. Dän. Prior. 2/7. 1956. F. Prior. 31/3. 1958. — C. **1960.** 5703 [D. A. S. 1 063 459].)

**Technicolor Corp.**, Hollywood, Calif., V.St.A., übert. von: **Alan G. Tull**, Pinner, England, *Blankfilm für den Absaugedruck.* (**A. P. 2 930 691** vom 28/3. 1955, ausg. 29/3. 1960. — C. **1959.** 8022 [D. A. S. 1 038 400].)

**John Williams**, Berwyn, Ill., V.St.A., *Herstellung von Kunststoff-Klischees.* (**E. P. 827 613** vom 10/7. 1956, ausg. 10/2. 1960. — C. **1960.** 4711 [F. P. 1 157 340].)

**Dr. Bekk und Kaulen, Chemische Fabrik G. m. b. H.**, Lövenich, Bez. Köln (Erfinder: **Walter Krohe**), *Photomechanische Herstellung von Metallklischees.* (**E. P. 817 686** vom 19/12. 1955, ausg. 6/8. 1959. — C. **1958.** 7011 [F. P. 1 140 108].)

**E. I. du Pont de Nemours & Co.**, übert. von: **Elmore Louis Martin**, Wilmington, Del., V.St.A., *Photopolymerisierbare Gemische, die zur Herstellung von Druckreliefs geeignet sind.* (**A. P. 2 902 365** vom 14/8. 1956, ausg. 1/9. 1959. — C. **1960.** 15594 [E. P. 825 795].)

**General Aniline & Film Corp.**, New York, N.Y., V.St.A., *Diazotypiematerial.* (**It. P. 513 067** vom 18/2. 1954. — C. **1959.** 16836 [Holl. P. 85 134].)

**National Cash Register Co.**, V.St.A., *Vervielfältigungsverfahren.* (**F. P. 1 192 167** vom 19/3. 1957, ausg. 23/10. 1959. A. Prior. 22/3. 1956. — C. **1960.** 2060 [D. A. S. 1 073 685].)

Redaktionsschluss: 11. August 1961

Herausgeber: Prof. Dr. Heinrich Bertsch, Berlin, u. Prof. Dr. Dr. h. c. Wilhelm Klemm, Münster. Chefredakteure und verantwortlich für den Inhalt: Dr. Willi Barz (komm.), Berlin N 4, Schiffbauerdamm 19, Fernsprecher: 425571, u. Dr. Eugen Klever, Berlin W 30, Geisbergstraße 39, Fernsprecher: 249541.

©

Verlag: Akademie-Verlag GmbH, Berlin W 8, Leipziger Str. 3—4 (Fernsprecher: 220441, Telex-Nr. 011773, Postscheckkonto Berlin 35021), und Verlag Chemie, GmbH, Weinheim/Bergstr. (Fernsprecher: Weinheim 3635 [Sammelnummer]; Fernschreiber: 0465516 chemieverl wnh; Postscheckkonten: Frankfurt/M. 145314 u. Berlin [West] 7430). Bestellnummer: 1007/132. Das Chemische Zentralblatt erscheint wöchentlich. Preis des Jahrganges einschl. Autoren-, Patent-, Sach- u. Formelregister: DM 960,—; einseitig bedruckte Ausgabe: DM 1050,—. Abgabe der Zeitschrift nur mit sämtlichen Registern. Abbestellungen nur bis spätestens 6 Wochen vor Ablauf des Kalenderjahres.



Satz u. Druck: VEB Leipziger Druckhaus, Leipzig, III/18/203. X. 61.
Veröffentlicht unter der Lizenznummer ZLN 5002 des Ministeriums für Kultur, Hauptverwaltung Verlagswesen.
Printed in Germany.

MIX
Papier | Fördert
gute Waldnutzung
FSC® C083411

Zeitfracht Medien GmbH
Ferdinand-Jühlke-Straße 7
99095 Erfurt, Deutschland
produktsicherheit@kolibri360.de